2012 年 8 月 8 日，本书原著者布鲁诺·西西里安诺教授（前排中）来访西安交通大学，与本书译者张国良教授（左一）、曾静副教授（后排）、敬斌副教授（右一）及编辑们就译稿进行交流。

译者们赠送布鲁诺·西西里安诺教授一幅书法作品，内容是张国良教授专为布鲁诺·西西里安诺教授来访所作的一首古体诗。

布鲁诺·西西里安诺教授为本书出版题写祝语

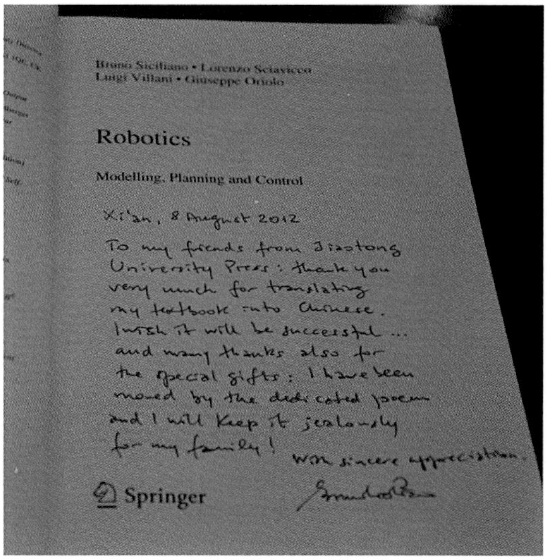

布鲁诺·西西里安诺教授题写的祝语

布鲁诺·西西里安诺教授题写的祝语：

Xi'an，8 August 2012

To my friends from Jiaotong University Press：Thank you very much for translating my textbook into Chinese. I wish it will be successful... and many thanks also for the special gifts：I have been moved by the dedicated poem and I will keep it jealously for my family！

With sincere appreciation
Bruno Siciliano

参考译文：

西安，2012 年 8 月 8 日

致来自交通大学出版社的朋友：非常感谢你们把我编写的教材翻译为中文。我预祝它成功！并感谢这一特别的礼物：我被这首专为我而写的诗*感动了，我会为我和我的家人珍藏它！

怀着诚挚谢意的
布鲁诺·西西里安诺

---

* 指前页下图照片中展示的译者张国良教授赠布鲁诺·西西里安诺教授的书法作品中专为他来访而作的古体诗。

国外名校最新教材精选

机器人学
建模、规划与控制

Robotics: Modelling, Planning and Control

〔意〕
布鲁诺·西西里安诺
(Bruno Siciliano)
洛伦索·夏维科
(Lorenzo Sciavicco)
路易吉·维拉尼
(Luigi Villani)
朱塞佩·奥里奥洛
(Giuseppe Oriolo)
著

张国良 曾 静 陈励华 敬 斌 译

西安交通大学出版社
Xi'an Jiaotong University Press

Translation from the English language edition:
"Robotics: Modelling, Planning and Control"
by Bruno Siciliano, Lorenzo Sciavicco, Luigi Villani, Giuseppe Oriolo (Edition: 1)

陕西省版权局著作权合同登记号:25-2011-212

图书在版编目(CIP)数据

机器人学:建模、规划与控制/(意)西西里安诺(Siciliano,B.)等著;张国良等译.—西安:西安交通大学出版社,2013.11(2023.4重印)
(国外名校最新教材精选)
书名原文:Robotics: modelling, planning and control
ISBN 978-7-5605-5784-7

Ⅰ.①机… Ⅱ.①西… ②张… Ⅲ.①机器人学-高等学校-教材
Ⅳ.①TP24

中国版本图书馆CIP数据核字(2013)第259606号

书　　名　机器人学:建模、规划与控制
著　　者　布鲁诺·西西里安诺,洛伦索·夏维科,路易吉·维拉尼,朱塞佩·奥里奥洛
译　　者　张国良　曾　静　陈励华　敬　斌

出版发行　西安交通大学出版社
(西安市兴庆南路1号　邮政编码710048)
网　　址　http://www.xjtupress.com
电　　话　(029)82668357　82667874(市场营销中心)
(029)82668315(总编办)
传　　真　(029)82669097
印　　刷　西安日报社印务中心

开　　本　787 mm×1 092 mm　1/16　**印张**　30　**字数**　722千字
版次印次　2015年11月第1版　2023年4月第6次印刷
书　　号　ISBN 978-7-5605-5784-7
定　　价　86.00元

如发现图书印装质量问题,请与本社市场营销中心联系。
订购热线:(029)82665248　(029)82667874
投稿热线:(029)82664954
读者信箱:banquan1809@126.com

作者简介

布鲁诺·西西里安诺(Bruno Siciliano),1982 年和 1987 年在意大利那不勒斯大学(Università degli Studi di Napoli Federico II)分获硕士和博士学位;1983—2000 年在该校电气工程与信息技术系任教;2000—2003 年为意大利萨勒诺大学(Università degli Studi di Salerno)教授;2003 年起任那不勒斯大学终身教授,并担任 PRISMA 实验室主任。他是美国机械工程师协会会士(ASME Fellow);国际自动控制联合会会士(IFAC Fellow);美国电气与电子工程师协会会士(IEEE Fellow),并于 2008—2009 年担任该协会机器人与自动化学会(IEEE RAS)会长,2010 年获得该学会授予的杰出贡献奖(2010 IEEE RAS Distinguished Service Award),2015 年又获得该学会授予的乔治·萨里迪斯领导奖(2015 IEEE RAS George Saridis Leadership Award)。2013 年他带领的研究团队获得欧洲研究委员会高级研究人员基金(ERC Advanced Grant)。他还曾任 Springer 出版社多个学术丛书的主编及 IEEE 多种学术期刊的主编,并著述颇丰,已被翻译为多种文字出版,并发表了两百余篇学术论文。

洛伦索·夏维科(Lorenzo Sciavicco),1963 年毕业于意大利罗马第一大学(Università di Roma La Sapienza),获硕士学位;1968—1995 年在那不勒斯大学(Università degli Studi di Napoli Federico II)工学院任教,1995 年后为罗马第三大学(Università degli Studi "Roma Tre")计算机工程与自动化系机器人学专业教授。他是意大利机器人控制领域的开拓者和奠基人,他所带领的研究团队曾获许多学术奖项。他著有多部学术著作,并发表了近百篇学术论文。

路易吉·维拉尼(Luigi Villani),1996 年获意大利那不勒斯大学(Università degli Studi di Napoli Federico II)博士学位;现为该校电气工程与信息技术系系务委员,自动控制专业副教授;2005 年他已获得教授任职资格;2000—2010 年担任 IEEE Control Systems Society 学术会议文集编委会副主编,2007—2011 年担任 *IEEE Transactions on Robotics* 副主编,2005—2011 年担任 *IEEE Transactions on Control Systems Technology* 副主编,2015 年 6 月起担任 *IEEE Robotics and Automation Letters* 副主编。他是多部学术著作的作者,并发表了上百篇学术论文。

朱塞佩·奥里奥洛(Giuseppe Oriolo),1992 年获罗马第一大学(Università di Roma La Sapienza)博士学位;1994 年起在该校任教,现为该校信息工程与自动控制系副教授;曾任 *IEEE Transactions on Robotics* 副主编(2001—2005)和主编(2009—2013)及 IEEE 多次国际学术会议的组织委员会主席或论文集主编。他还是多部学术著作和上百篇学术论文的作者。

谨以此书献给我们的家人

丛书序

控制工程与信号处理正在不断繁荣与发展。和一般科学研究一样，新思想、新概念、新阐释自然而然出现后，会被讨论、应用、放弃或归入主流学科范例中。有时这些创新的概念会与控制和信号处理这一大学科类别中的一个新子类结合。新旧之间的交战最初会发生在学术会议上，或通过互联网和学术期刊呈现。新概念再成熟一些后，会出现科学或工程方面的专著。

当控制与信号处理的某一个新概念相关资料足够丰富，这些资料就会发展成为一本专门指南，或成为大学生、研究生或工程师的一门课程。“控制与信号处理高级教程”(*Advanced Textbooks in Control and Signal Processing*)正是这样一套对该学科时兴与创新内容系统介绍的教材。希望潜在的著者们能够欢迎这一出版机会，在这一系列教材中对新出现的控制与信号处理技术的某些方面进行结构化的系统介绍。

机器人早已经在科幻作品中大量出现了。“机器人”这一名称来自于剧作家卡雷尔·恰佩尔(Karel Capek)的戏剧《罗萨姆的万能机器人》(*Rossum's Universal Robots*，1920 年)。艺术家关注的是机械外表如同人的两足机器人(通常称为 androids)，这毫不令人惊奇。这一关注点也是这一类电影作品的主题，比如根据艾萨克·阿西莫夫小说改编的电影《我，机器人》(*I, Robot*)，还有斯坦利·库布里克的电影《人工智能》(*A. I.*)。不过，本书中所要告诉读者的是已经广泛应用于工业之中的机器人技术以及商业应用中原型阶段的快速入门。如下图所示，当前机器人可根据其移动特性进行分类。

机器人中最大的一类是固定机器人。这类机器人通常用于重复性的精密机械作业或是体力工作，可以说遍及现代工业自动化的许多领域。对这一类机器人主要关注结构化环境中的任务实现。目前看来极有可能的是随着技术的发展，移动机器人的应用数量将显著增加，而且，机器人技术在非结构化环境中的任务和应用越多，这类趋势越明显。

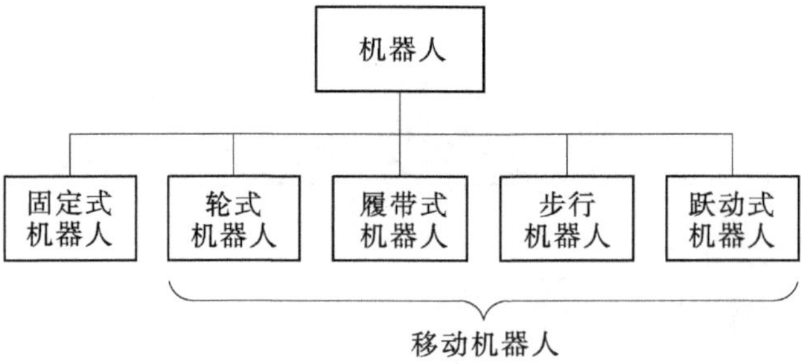

那么什么是机器人学呢？《简氏词典》(*The Chamber's Dictionary*，2003 版)给出的简洁定义为：解决机器人设计、构造和使用的技术分支。这一定义当然抓住了“控制与信号处理高级教程”这一系列中“机器人学”部分的精髓，这部分由布鲁诺·西西里安诺、洛伦索·夏维科、路易吉·维拉尼、朱塞佩·奥里奥洛所著，是先前版本《机械手建模与控制》(*Modelling and Control of Robot Manipulators*，2000，ISBN：978－1－85233－221－1)的扩展与修订版。由上图可以看出，机器人覆盖了很广泛的类型，这本书则试图展现一种机器人学的统一方法，同时重点关注两种主要类型的机器人：固定机器人和轮式机器人。本教材的章节安排遵循新的学科分类，该分类具有自身的新特征，机器人学当然属于这一类别的学科。机器人学总的研究范围涉及机械、电子、信号处理、控制工程、计算机、数学建模的交叉，而在这一极为广泛的框架下，作者选择的是“建模、规划与控制”的主题，余下的部分还有多年来机器人设计与操作的基础部分。教材还中包括轮式机器人的材料，机器人控制中所用到的视觉等一些有趣的创新。因此，这本书提供了在新应用中所包含和发展技术领域的完整理论基础。

本丛书是用于高级课程的教材系列之一，丛书中各卷具有有益于教学的特点。本卷(书)共有 12 章，涉及基础和专业主题，每章最后还有习题部分。5 个附录可提供书中所用部分高级方法更为深入的资料。还有篇幅很长的参考文献与索引。参考文献和索引的详细资料使本书既可作为参考书使用，也可作为有关课程学习的教材。希望学生、研究者、学者、工程技术人员能够通过这本书获得机器人学研究的巨大帮助。

前言

最近25年里，机器人领域引起很多学者越来越多的兴趣，致力于机器人学研究的文献也颇为引人瞩目，这不但反映在教科书和专著中，也反映在专业期刊上。浓厚的兴趣也来自于机器人学的多学科特征，机器人学是一门根源于不同领域的科学。控制论、机械学、计算机、生物工程、电子学(这些都是最重要的，其他的尚未提及)毫无疑问共同推动了这门科学的发展。

尽管机器人学是相对年轻的学科，不过其基础理论已经在经典教科书中广为传播。在机器人学中，不管是传统的工业机器人领域，还是先进场景以及最近15年引起研究团队持续增长的关注的服务机器人中，建模、规划和控制都起着最基础的作用。

本书的前两位作者在1995年出版了《机械手建模与控制》一书，并在2000年推出了它的第2版，这本书是该书的后续。原书融基础理论与技术以及更先进的内容为一体的教学目标在本书中以一种严格的形式被跟进和肯定。

本书中基本原理与技术方面的内容主要集中在前六章，关注的是机械手结构，包括运动学、静力学与轨迹规划，机器人执行器、传感器、控制单元技术。

接下来的六章是提高部分的内容，主要是机械手动力学和运动控制、根据外部传感器数据(力与视觉)与环境交互、移动机器人与运动规划。

书中内容划分为12章，并包括5个附录。

第1章中，在一般的机器人叙述里点明了工业与先进应用的不同之处，介绍了最常见的机械手的机械结构和轮式移动机器人，接下来的章节中要展开讲述的主题也会在此处介绍。

第2章中，以系统、概括的方式介绍了运动学，也就是Denavit-Hartenberg法。用公式表示了运动学正解方程，建立了关节空间变量和操作空间变量的关系。采用该方程可得到机械手工作空间以及运动学标定技术。分析逆运动学问题，对典型机械手结构得出封闭形式的解。

第 3 章介绍了微分运动学，采用几何雅可比矩阵描述了关节速度与末端执行器线速度、角速度的关系，指出了几何雅可比矩阵与分析雅可比矩阵的不同之处，雅可比矩阵成为表征机械手的基本工具，因为该矩阵可以进行独特位形的确定、冗余分析、力与施加在末端执行器上的力矩、可操纵性椭球体上所求关节转矩之间关系的表达。此外，即使对没有封闭形式解的机械手，雅可比矩阵也可以用公式表示逆运动学问题的求解算法。

第 4 章探讨的是轨迹规划技术，该技术涉及根据期望点序列完成多项式插值计算，处理的计算包括点对点运动和系列点运动两种情况。在关节空间和操作空间生成轨迹的技术都有所介绍，特别是操作空间。

第 5 章主要是执行器与传感器。执行系统总的特征描述了之后，介绍的是电气与液压驱动器的控制方式。叙述了机器人中最常见的本体传感器与外部传感器。

第 6 章介绍机器人控制系统的功能体系结构。描述了编程环境的特征，特别强调了示教与面向机器人编程。最后讨论了工业机器人控制系统的通用硬件体系模型。

第 7 章推导了机械手动力学，这在运动学仿真、机械手结构分析与控制算法综合中起到基础作用。考虑执行器可得动力学模型，用到了两种方式，一种基于拉格朗日公式，一种基于牛顿-欧拉公式。前者从概念上来说更为简单也更成体系，而后者可以用递归方式计算动力学模型。介绍了动力学模型的典型特性，包括参数的线性性，这一特性可用于模型辨识技术。最后解释了操作空间中表达动力学模型的变换。

第 8 章处理的是自由空间运动控制问题，指出了关节空间分散与集中控制策略之间的区别。对于前者，介绍了独立关节控制技术，该技术典型应用于工业机器人控制中。作为集中控制的前提，介绍了计算转矩前馈控制技术。介绍的先进方法包含重力补偿 PD 控制、逆动力学控制、鲁棒控制与自适应控制。集中技术可扩展到操作空间控制。

第 9 章解决的是与工作环境接触的机械手力控制问题。机械柔量与阻抗概念定义为操作空间控制方式到受约束运动情况的自然扩展。最后结合描述交互任务的自然与人工约束公式介绍了混合力/力矩控制策略。

第 10 章介绍的是应用机器人系统周围环境信息的视觉控制。根据场景中目标估计相机位置与方向的问题可通过解析与数值两种技术解决。介绍了立体视觉与适当的相机标定所获得的优点之后，讨论了两种主要的视觉控制策略，即操作空间和图像空间，混合视觉控制方案有效组合了两方面各自的优点。

第11章是关于轮式移动机器人的详细介绍，在此扩展了前几章建模、规划和控制几个方面的内容。至于所关心的建模，需要区分运动学模型与动力学模型，前者表现出很强的转轮所施加的约束类型的特征，后者考虑的是作用在机器人上的力。运动学模型的特定结构被巧妙应用于路径规划和轨迹规划。控制问题可固定为两种主要的运动任务：轨迹跟踪与位形校正。本章进一步指出如何应用里程定位方式实现控制方案。

第12章是障碍物在工作空间表示的情况下，重新完成第4章和第11章分别处理过的机械手与移动机器人规划问题。在这一框架中，运动规划是在位形空间的有效公式化表达。介绍了用于移动机器人的几种规划技术：回缩、单元分解、概率规划、人工势场。最后探讨了机械手实例的扩展。

这一章总结了本书的主要内容，接下来的5个附录包括了背景方法的回顾。

附录A主要是线性代数，介绍的是矩阵、向量以及相关运算的基本概念。

附录B介绍的刚体力学的基本内容，这部分是学习机械手运动学、静力学和动力学的预备知识。

附录C是线性系统反馈控制原理，还介绍了非线性系统基于李亚普诺夫理论的一些总的控制方法。

附录D是机械系统受不完全约束控制中所需要的微分几何的一些概念。

附录E关注图搜索算法及其在运动规划方法应用上的复杂度。

根据以上所介绍方法，本书内容可被灵活组织，以用作自动化、计算机、电气、电子或机械工程专业高年级本科生或研究生在机器人学方面的教学参考书。

从教学角度来看，书中不同主题按照实用方式展开，而且逐步加大难度。所出现的问题及确定的合适工具都是用来寻找以工程为目标的求解方法。每一章都有简短的导言，用于说明基本原理和该章要达到的目的。书中用于研究需要的部分放在5个附录中介绍，其目的在于使不同专业学生具备相同的学习背景。

书中包含超过310张插图和60余个计算实例，具有仿真的实例研究贯穿整本书。介绍了机械手逆运动学算法，轨迹规划技术，逆动力学计算，运动、力和视觉控制算法，以及移动机器人运动控制的计算机实现结果的相当多细节，以帮助读者理解有关理论的发展，以及在实际问题应用中的灵活性。另外，全书各章后给出了将近150个习题，有些包括了对书中内容更进一步的研究。本书还配有MATLAB程序完成的电子解答手册(可从www.springer.com/978-1-84628-641-4下载)，对选用本书作为教材的读者可免费提供。本书还在每一章最后给出了和该领域发展相关的参考文献(超过250篇)。

最后，作者要感谢所有对本书的准备提供帮助的人。

原书中的工作是现在这本书的基础，感谢 Pasquale Chiacchio 与 Stefano Chiaverini 分别撰写轨迹规划和力控制部分，感谢 Fabrizio Caccavale 与 Ciro Natale 对第2版内容的修订给予的极大帮助。

特别感谢 Alessandro De Luca 对本书大部分内容提出的意见，感谢 Vincenzo Lippiello，Agostino De Santis，Marilena Vendittelli 与 Luigi Freda 对一些章节给予的贡献。

布鲁诺·西西里安诺(Bruno Siciliano)
洛伦兹·夏维科(Lorenzo Sciavicco)
路易吉·维拉尼(Luigi Villani)
朱塞佩·奥里奥洛(Giuseppe Oriolo)
于那不勒斯和罗马
2008年7月

本书原著者慕课网址：

https://mooc.federica.eu/c/robotics_foundations_i_robot_modelling

二维码：

目　录

丛书序

前言

第1章　引言 ………………………………………… (1)
1.1　机器人学 ………………………………………… (1)
1.2　机器人机械结构 ………………………………… (3)
1.2.1　机器人机械手 ………………………………… (3)
1.2.2　移动机器人 …………………………………… (7)
1.3　工业机器人学 …………………………………… (10)
1.4　先进机器人学 …………………………………… (18)
1.4.1　野外机器人 …………………………………… (18)
1.4.2　服务机器人 …………………………………… (19)
1.5　机器人建模、规划与控制 ……………………… (22)
1.5.1　建模 …………………………………………… (22)
1.5.2　规划 …………………………………………… (22)
1.5.3　控制 …………………………………………… (23)
参考资料 …………………………………………… (24)

第2章　运动学 ……………………………………… (28)
2.1　刚体的姿态 ……………………………………… (28)
2.2　旋转矩阵 ………………………………………… (29)
2.2.1　基本旋转 ……………………………………… (29)
2.2.2　向量的表示 …………………………………… (30)
2.2.3　向量的旋转 …………………………………… (32)
2.3　旋转矩阵的合成 ………………………………… (32)
2.4　欧拉角 …………………………………………… (34)
2.4.1　*ZYZ* 角 ……………………………………… (35)
2.4.2　*RPY* 角 ……………………………………… (36)
2.5　角和轴 …………………………………………… (37)
2.6　单位四元数 ……………………………………… (39)
2.7　齐次变换 ………………………………………… (40)
2.8　正运动学 ………………………………………… (41)
2.8.1　开链 …………………………………………… (43)
2.8.2　Denavit - Hartenberg 法 ……………………… (44)
2.8.3　闭链 …………………………………………… (46)
2.9　典型机械手结构运动学 ………………………… (49)
2.9.1　三连杆平面臂 ………………………………… (49)
2.9.2　平行四边形臂 ………………………………… (51)
2.9.3　球形臂 ………………………………………… (53)
2.9.4　拟人臂 ………………………………………… (54)
2.9.5　球形腕 ………………………………………… (55)
2.9.6　斯坦福机械手 ………………………………… (56)
2.9.7　带球形腕的拟人臂 …………………………… (57)
2.9.8　DLR 机械手 …………………………………… (59)
2.9.9　类人机械手 …………………………………… (61)
2.10　关节空间与操作空间 ………………………… (62)
2.10.1　工作空间 …………………………………… (64)
2.10.2　运动学冗余 ………………………………… (65)
2.11　运动学标定 …………………………………… (66)
2.12　逆运动学问题 ………………………………… (67)
2.12.1　三连杆平面臂的求解 ……………………… (68)
2.12.2　带球形腕机械手的求解 …………………… (70)
2.12.3　球形臂的求解 ……………………………… (71)
2.12.4　拟人臂的求解 ……………………………… (71)
2.12.5　球形腕的求解 ……………………………… (74)
参考资料 …………………………………………… (74)
习题 ………………………………………………… (74)

第3章　微分运动学和静力学 ……………………… (77)
3.1　几何雅可比矩阵 ………………………………… (77)
3.1.1　旋转矩阵求导 ………………………………… (78)
3.1.2　连杆速度 ……………………………………… (79)
3.1.3　雅可比矩阵计算 ……………………………… (81)
3.2　典型机械手结构的雅可比矩阵 ………………… (83)
3.2.1　三连杆平面臂 ………………………………… (83)
3.2.2　拟人臂 ………………………………………… (84)
3.2.3　斯坦福机械手 ………………………………… (85)

3.3　运动学奇点 …………………………………… (85)
3.3.1　奇点解耦 ……………………………… (87)
3.3.2　腕奇点 ………………………………… (87)
3.3.3　臂奇点 ………………………………… (88)
3.4　冗余分析 ……………………………………… (89)
3.5　逆微分运动学 ………………………………… (91)
3.5.1　冗余机械手 …………………………… (91)
3.5.2　运动学奇点 …………………………… (93)
3.6　分析雅可比矩阵 ……………………………… (94)
3.7　逆运动学算法 ………………………………… (97)
3.7.1　(广义-)逆雅可比矩阵 ……………… (98)
3.7.2　雅可比矩阵转置 ……………………… (99)
3.7.3　方向误差 …………………………… (101)
3.7.4　二阶算法 …………………………… (104)
3.7.5　逆运动学算法之间的对比 ………… (105)
3.8　静力学 ……………………………………… (108)
3.8.1　运动静力学二元性 ………………… (109)
3.8.2　速度和力变换 ……………………… (110)
3.8.3　闭链 ………………………………… (111)
3.9　可操纵性椭球体 …………………………… (112)
参考资料 ………………………………………… (116)
习题 ……………………………………………… (116)

第 4 章　轨迹规划 …………………………………… (118)
4.1　路径和轨迹 ………………………………… (118)
4.2　关节空间轨迹 ……………………………… (119)
4.2.1　点对点运动 ………………………… (119)
4.2.2　通过系列点的运动 ………………… (123)
4.3　操作空间轨迹 ……………………………… (131)
4.3.1　路径基元 …………………………… (132)
4.3.2　位置 ………………………………… (134)
4.3.3　指向 ………………………………… (136)
参考资料 ………………………………………… (137)
习题 ……………………………………………… (138)

第 5 章　执行器与传感器 …………………………… (139)
5.1　关节执行系统 ……………………………… (139)
5.1.1　传动装置 …………………………… (140)
5.1.2　伺服发动机 ………………………… (140)
5.1.3　功率放大器 ………………………… (143)
5.1.4　能源 ………………………………… (143)
5.2　驱动 ………………………………………… (144)
5.2.1　电气驱动 …………………………… (144)
5.2.2　液压驱动 …………………………… (147)
5.2.3　传动装置影响 ……………………… (148)
5.2.4　位置控制 …………………………… (150)
5.3　本体传感器 ………………………………… (152)
5.3.1　位置传感器 ………………………… (152)
5.3.2　速度传感器 ………………………… (155)
5.4　外部传感器 ………………………………… (155)
5.4.1　力传感器 …………………………… (155)
5.4.2　距离传感器 ………………………… (158)
5.4.3　视觉传感器 ………………………… (162)
参考资料 ………………………………………… (166)
习题 ……………………………………………… (166)

第 6 章　控制体系 …………………………………… (167)
6.1　功能体系 …………………………………… (167)
6.2　编程环境 …………………………………… (170)
6.2.1　示教 ………………………………… (171)
6.2.2　面向机器人编程 …………………… (172)
6.3　硬件体系 …………………………………… (173)
参考资料 ………………………………………… (175)
习题 ……………………………………………… (175)

第 7 章　动力学 ……………………………………… (177)
7.1　拉格朗日公式 ……………………………… (177)
7.1.1　动能计算 …………………………… (178)
7.1.2　势能计算 …………………………… (182)
7.1.3　运动方程 …………………………… (183)
7.2　动力学模型的典型性质 …………………… (184)
7.2.1　矩阵阵 $\dot{\boldsymbol{B}}-2\boldsymbol{C}$ 的反对称性 ……… (184)
7.2.2　动力学参数的线性性 ……………… (186)
7.3　简单机械手结构的动力学模型 …………… (189)
7.3.1　两连杆笛卡儿臂 …………………… (189)
7.3.2　两连杆平面臂 ……………………… (190)
7.3.3　平行四边形臂 ……………………… (198)
7.4　动力学参数辨识 …………………………… (202)
7.5　牛顿-欧拉公式 ……………………………… (204)
7.5.1　连杆加速度 ………………………… (206)
7.5.2　递归算法 …………………………… (207)
7.5.3　示例 ………………………………… (209)

7.6 动力学正解与逆解问题 …… (211)
7.7 轨迹的动态标度 …… (213)
7.8 操作空间动力学模型 …… (214)
7.9 动力学可操作椭球 …… (216)
参考资料 …… (217)
习题 …… (218)

第8章 运动控制 …… (220)
8.1 控制问题 …… (220)
8.2 关节空间控制 …… (221)
8.3 分散控制 …… (224)
8.3.1 独立关节控制 …… (225)
8.3.2 分散前馈补偿 …… (232)
8.4 计算转矩前馈控制 …… (235)
8.5 集中控制 …… (237)
8.5.1 重力补偿PD控制 …… (238)
8.5.2 逆动力学控制 …… (239)
8.5.3 鲁棒控制 …… (241)
8.5.4 自适应控制 …… (246)
8.6 操作空间控制 …… (249)
8.6.1 总体方案 …… (249)
8.6.2 重力补偿PD控制 …… (250)
8.6.3 逆动力学控制 …… (252)
8.7 不同控制方案的比较 …… (253)
参考资料 …… (263)
习题 …… (263)

第9章 力控制 …… (265)
9.1 机械手与外部环境的交互 …… (265)
9.2 柔量控制 …… (266)
9.2.1 被动柔量 …… (266)
9.2.2 主动柔量 …… (267)
9.3 阻抗控制 …… (271)
9.4 力控制 …… (275)
9.4.1 包含内位置回路的力控制 …… (276)
9.4.2 包含内速度回路的力控制 …… (277)
9.4.3 并联力/位置控制 …… (277)
9.5 约束运动 …… (280)
9.5.1 刚性环境 …… (280)
9.5.2 柔性环境 …… (283)
9.6 自然约束与人工约束 …… (284)
9.6.1 任务分析 …… (285)
9.7 混合力/力矩控制 …… (288)
9.7.1 柔性环境 …… (289)
9.7.2 刚性环境 …… (292)
参考资料 …… (294)
习题 …… (294)

第10章 视觉伺服系统 …… (296)
10.1 用于控制的视觉 …… (296)
10.1.1 视觉系统配置 …… (297)
10.2 图像处理 …… (298)
10.2.1 图像分割 …… (298)
10.2.2 图像解释 …… (301)
10.3 位姿估计 …… (303)
10.3.1 解析解 …… (303)
10.3.2 相互作用矩阵 …… (307)
10.3.3 算法解 …… (310)
10.4 立体视觉 …… (314)
10.4.1 核面几何 …… (314)
10.4.2 三角测量 …… (315)
10.4.3 绝对定向 …… (316)
10.4.4 根据平面单应性实现的3D重建 …… (317)
10.5 相机标定 …… (318)
10.6 视觉伺服问题 …… (320)
10.7 基于位置的视觉伺服 …… (322)
10.7.1 重力补偿PD控制 …… (323)
10.7.2 速度分解控制 …… (323)
10.8 基于图像的视觉伺服 …… (325)
10.8.1 重力补偿PD控制 …… (325)
10.8.2 速度分解控制 …… (326)
10.9 不同控制方案之间的比较 …… (328)
10.10 复合视觉伺服 …… (333)
参考资料 …… (337)
习题 …… (337)

第11章 移动机器人 …… (339)
11.1 非完整约束 …… (339)
11.1.1 可积性条件 …… (341)
11.2 运动学模型 …… (344)
11.2.1 独轮车 …… (345)

11.2.2 两轮车 …………………………… (346)
11.3 链式系统 …………………………… (348)
11.4 动力学模型 …………………………… (351)
11.5 规划 …………………………… (353)
11.5.1 规划和时间律 …………………………… (354)
11.5.2 平滑输出 …………………………… (355)
11.5.3 路径规划 …………………………… (356)
11.5.4 轨迹规划 …………………………… (360)
11.5.5 最优轨迹 …………………………… (361)
11.6 运动控制 …………………………… (363)
11.6.1 轨迹跟踪 …………………………… (364)
11.6.2 校正 …………………………… (369)
11.7 里程定位 …………………………… (372)
参考资料 …………………………… (374)
习题 …………………………… (375)

第 12 章 运动规划 …………………………… (377)
12.1 问题的规范描述 …………………………… (377)
12.2 位形空间 …………………………… (378)
12.2.1 距离 …………………………… (379)
12.2.2 障碍 …………………………… (380)
12.2.3 障碍举例 …………………………… (380)
12.3 基于回缩的路径规划 …………………………… (383)
12.4 基于单元分解的路径规划 …………………………… (386)
12.4.1 精确分解 …………………………… (386)
12.4.2 近似分解 …………………………… (388)
12.5 概率规划 …………………………… (390)
12.5.1 PRM 方法 …………………………… (390)
12.5.2 双向 RRT 方法 …………………………… (391)
12.6 基于人工势场的规划方法 …………………………… (393)
12.6.1 引力势场 …………………………… (393)
12.6.2 斥力势场 …………………………… (394)
12.6.3 总势场 …………………………… (396)
12.6.4 规划方法 …………………………… (396)
12.6.5 局部极小值问题 …………………………… (397)
12.7 机器人机械手情形 …………………………… (399)
参考资料 …………………………… (401)
习题 …………………………… (401)

附录 A 线性代数 …………………………… (403)
A.1 定义 …………………………… (403)
A.2 矩阵运算 …………………………… (404)
A.3 向量运算 …………………………… (407)
A.4 线性变换 …………………………… (409)
A.5 特征值与特征向量 …………………………… (410)
A.6 双线性型与二次型 …………………………… (411)
A.7 广义逆 …………………………… (412)
A.8 奇异值分解 …………………………… (413)
参考资料 …………………………… (414)

附录 B 刚体力学 …………………………… (415)
B.1 运动学 …………………………… (415)
B.2 动力学 …………………………… (416)
B.3 功与能 …………………………… (419)
B.4 约束系统 …………………………… (419)
参考资料 …………………………… (421)

附录 C 反馈控制 …………………………… (422)
C.1 线性系统单输入/单输出控制 …………………………… (422)
C.2 非线性机械系统的控制 …………………………… (426)
C.3 李亚普诺夫直接法 …………………………… (427)
参考资料 …………………………… (429)

附录 D 微分几何 …………………………… (430)
D.1 向量场与李氏括号 …………………………… (430)
D.2 非线性可控性 …………………………… (432)
参考资料 …………………………… (434)

附录 E 图搜索算法 …………………………… (435)
E.1 复杂度 …………………………… (435)
E.2 广度优先搜索和深度优先搜索 …………………………… (436)
E.3 A^* 算法 …………………………… (436)
参考资料 …………………………… (437)

参考文献 …………………………… (438)

索引 …………………………… (453)

第1章　引言

机器人学(robotics)是对一类能代替人类完成体力活动和决策制定的机器的研究。本书引言的目的，是指明与工业机器人(robots in industrial)应用相关的问题，并指明先进机器人学(advanced robotics)所带来的发展前景。引言部分还将给出机器人机械手(robot manipulators)和移动机器人(mobile robots)最常用的机械结构分类方法，简要介绍机器人建模、规划与控制(modelling, planning and control)等内容，这些主题将在后续章节进行详细研究。本章最后列出了全书内容所涉及的专业领域和相关领域的研究主题与参考资料。

1.1　机器人学

机器人学具有深厚的文化基础。多少世纪以来，人类坚持不懈地想要寻求自己的替身，这些替身可以在各种情况下模仿人类与周围环境进行互动的行为。哲学、经济学、社会学以及科学定律等是激发并维持这种研究热情的几大动因。

人类最大的雄心之一，是想要赋予自己所创造的作品以生命。提坦神普罗米修斯用粘土造人和赫费斯托斯铸造青铜奴隶巨人泰拉斯的传说，都说明希腊神话深受这种雄心的影响，这种雄心也体现在有关弗兰肯斯坦的现代故事中。

恰如巨人泰拉斯被赋予了保卫克里特岛抵抗侵略的使命，在工业时代，机械生命(自动机器)被赋予了代替人类进行低级劳动的任务。这一概念于1920年由捷克剧作家卡雷尔·恰佩尔(Karel Capek)在戏剧《罗萨姆的万能机器人》(*Rossum's Universal Robots*，*R.U.R.*)中提
出，在该剧中他杜撰出robot这一术语，用源于斯拉夫语中表示“强迫劳动”的词语robota来指 1[①]
代Rossum制造的自动机器。在这个科幻故事中，自动机器最终奋起反抗人类。

其后，随着科幻小说的发展，机器人行为中常常被赋予情感的成分。这使得机器人与它的制造者越来越相似。

值得注意的是Rossum的机器人被描述为是由有机物制造的生命体。机器人以机械构件的形象出现始于20世纪40年代，当时一位著名的俄罗斯科幻小说作家艾萨克·阿西莫夫(Isaac Asimov)将机器人设想为徒有人类外形而完全不具备人类情感的自动机器。其行为完全听从于一个“正电子”大脑，该大脑由人类输入的程序控制，使机器人的行为能够遵从一定的伦理规则。其后阿西莫夫提出用“机器人学”这一术语来指代在如下三条基本定律的基础上致力于机器人研究的科学。

① 此为边码，大致标示原著该页结束位置。

定律 1　机器人不得伤害人类,也不能坐视人类受到伤害而无所作为。

定律 2　机器人必须服从人类的命令,但不得违背定律 1。

定律 3　机器人必须保护自己,但不得违背定律 1 和定律 2。

基于这些定律形成的行为规则后来成了机器人设计的规范,并成为工程师或技术专家设计制造产品的隐性规则。

受到科幻作品的影响,普通民众总是把机器人想象成具有人的特点,能够像人一样地说话、行走、具有视力和听觉,而且具有电影《大都市》(*Metropolis*)中机器人的外形,以及机器人电影先驱《星球大战》(*Star Wars*)和更近时期源于阿西莫夫小说的《我,机器人》(*I, Robot*)等影视作品中的形象。

根据对上述科幻场景的一种科学阐释,机器人被看做是一种能够影响其所处工作环境的机器,而无关其外表。这种影响是通过其内置的根据一定规则设定的行为模式,并由机器人通过感知其状态和环境而获取的数据决定的。事实上,机器人学通常被定义为研究感知和行为之间的智能联系的科学。

基于机器人的这一定义,一个实际的机器人系统(robotic system)是一个复杂系统,其功能由多个子系统来实现。如图 1.1 所示。

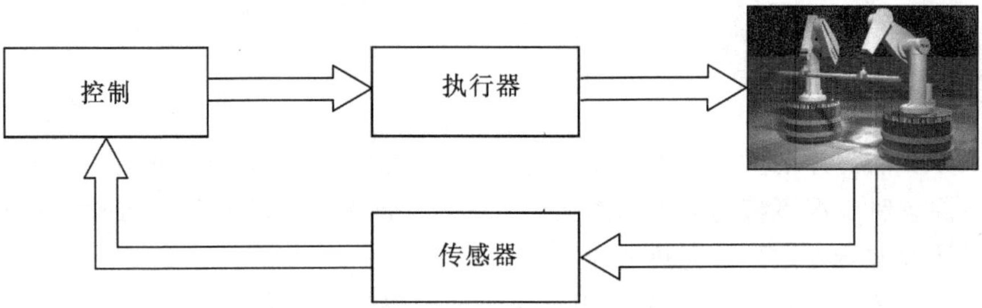

图 1.1　机器人系统的构成

机器人最基本的组成是其机械系统。机械系统(mechanical system)通常由一套运动装置
(轮系、履带、机械腿)和一套操作装置(机械手、末端执行器、人工手)构成。图 1.1 中所示的机
2 械系统就是由两个机械手(操作装置)构成,每套操作装置都装载在一个移动小车上(运动装
置)。这样一个系统的实现有赖于铰链式机械系统的具体设计以及材料的选择。

实现移动和操作行为的能力由执行系统(actuation system)提供,执行系统使机器人的机械组件具有运动能力。执行系统的概念涉及到运动控制(motion control)的具体构成,包括伺服电机、驱动器和传动装置。

感知能力由传感系统(sensory system)实现,传感系统包括能够获取机械系统内部状态数据的传感器(本体传感器,例如位置传感器)和能获取外部环境数据的传感器(外部传感器,例如压力传感器和照相机)。传感器系统的实现有赖于材料特性、信号调制,数据处理以及信息提取等内容。

由感知到行为的智能联系能力由控制系统(control system)实现,控制系统能够在机器人本身及其环境因素约束下,根据通过任务规划技术设定的目标来指挥动作的执行。控制系统的实现服从与人体功能控制相同的反馈原理,或许还需要充分利用关于机器人系统组成的描述(建模)。控制论一词即涵盖了控制、机器人运动监测、人工智能及专家系统以及算法结构、编程环境等内容。

由此可见，机器人学是一门涉及到机械、控制、计算机和电子等领域的交叉学科。

1.2　机器人机械结构

机械结构是机器人的关键特征。机器人可以分成具有固定底座的机器人机械手和具有移动底座的移动机器人两种类型。下面介将绍这两类机器人的几何特性。 3

1.2.1　机器人机械手

机器人机械手的机械机构由一系列刚性构件（连杆）通过链接（关节）联结起来，机械手的特征在于具有用于保证可移动性的臂（arm），提供灵活性的腕（wrist）和执行机器人所需完成任务的末端执行器（end-effector）。

机械手的基础结构是串联运动链或开式运动链（open kinematic chain）。从拓扑的观点看，当只有一个序列的连杆联结链的两端时，运动链称为开式的。反之，当机械手中有一个序列的连杆形成回路时，相应的运动链称为闭式运动链（closed kinematic chain）。

机械手的运动能力由关节保证。两个相邻连杆的连接可以通过移动关节（prismatic *joint*，又称棱柱关节）或转动关节（revolute joint，又称旋转关节）实现。在一个开式运动链中，每一个移动关节或转动关节都为机械结构提供一个自由度（degrees of freedom ，DOF）。移动关节可以实现两个连杆之间的相对平移，而转动关节可以实现两个连杆之间的相对转动。由于转动关节相较移动关节更为简捷和可靠，通常作为首选。另一方面，在一个闭式运动链中，由于闭环带来的约束，自由度要少于关节数。

在机械手上必须合理地沿机械结构配置自由度，以保证系统能够有足够的自由度来完成指定的任务。通常在三维（3D）空间里一项任意定位和定向的任务中需要 6 个自由度，其中 3 个自由度用于实现对目标点的定位，另外 3 个自由度用于实现在参考坐标系中对目标点的定向。如果系统可用的自由度超过任务中变量的个数，则从运动学角度而言，机械手是冗余（redundant）的。

工作空间（workspace）是机械手末端执行器在工作环境中能够到达的区域。其形状和容积取决于机械手的结构以及机械关节的限制。

在机械手中，臂的任务是满足腕的定位需求，进而由腕满足末端执行器的定向需求。从基关节开始，可以按臂的类型和顺序，将机械手分为笛卡儿型（Cartesian）、圆柱型（cylindrical）、球型（spherical）、SCARA 型和拟人型（anthropomorphic）等。

笛卡儿机械手的几何构形由三个移动关节实现，其特点是它的三轴相互垂直（图 1.2）。从朴素的几何观点看，每一个自由度对应于一个笛卡儿空间变量，因此在空间中能够很自然地完成直线运动。笛卡儿结构能提供很好的机械刚性。腕在工作空间中的定位精度上处处为常量。这就是由长方体构成的工作空间（图 1.2）。由于所有的关节都是移动关节，所以该结构 4
虽然精确性高，但是灵活性差。要对目标进行操纵，需要从侧面方向去接近目标。另一方面，如果想要从顶部靠近目标，笛卡儿机械手可以通过如图 1.3 所示的龙门架（gantry）结构实现。这种结构可以给操作空间带来大的容积，而且能够对大体积和大重量的目标进行操作。笛卡

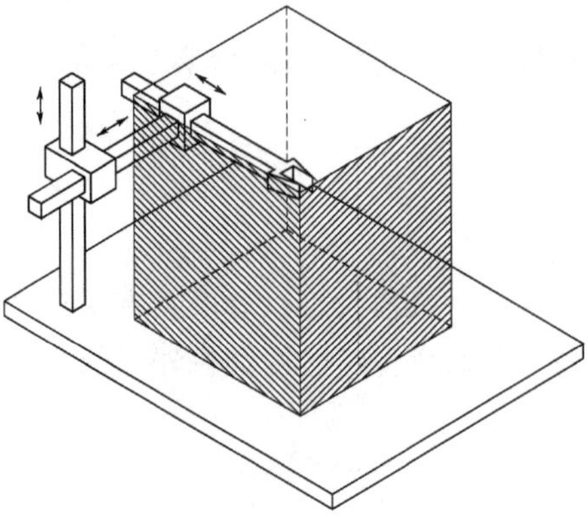

图 1.2　笛卡儿机械手及其工作空间

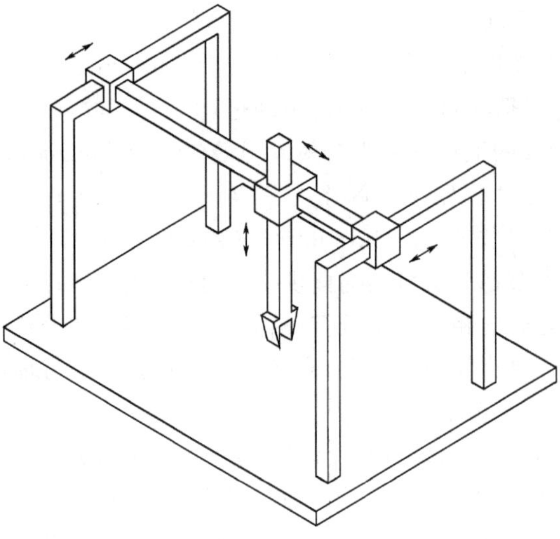

图 1.3　龙门架机械手

儿机械手用于材料抓取和装配。笛卡儿机械手通常采用电动机进行关节驱动，偶尔会用到气动发动机。

圆柱形机械手的几何构形与笛卡儿机械手的区别在于，其第一个移动关节被转动关节所
5 替代(图 1.4)。如果工作任务是按圆柱坐标描述，在此情形下每一个自由度仍然对应于一个笛卡儿空间变量。圆柱形结构提供了良好的机械刚度，其腕的定位精度有所降低，而水平方向的动作能力则有所提高。其工作空间是空心圆柱体的一部分(图 1.4)。由于具备水平方向的移动关节，圆柱形机械手的腕部适合向水平方向的孔接近。圆柱形机械手主要用于平稳地运送大型目标，在这种情形下使用液压发动机比使用电动机更合适。

球形机械手的几何构形与与圆柱形机械手的不同点在于，其第二个移动关节被转动关节所替代(图 1.5)。当工作任务用球坐标系描述时，其每一个自由度对应一个笛卡儿空间变量。球形机械手的机械刚性比上述两种几何构形要差，而其机械结构则更复杂。其径向操作能力
6 较强，但腕的定位精度降低了。其工作空间是中空的球形的一部分(图 1.5)。它也可以加上一个支撑底座，这样就可以操作地面上的目标。球形机械手主要用于机械加工，其关节驱动通

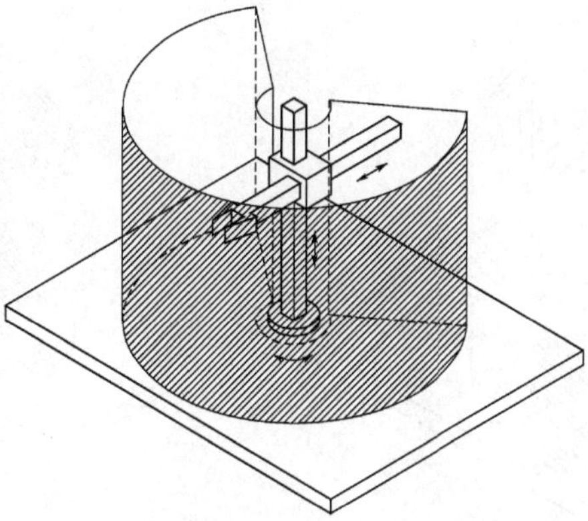

图 1.4　圆柱形机械手及其工作空间

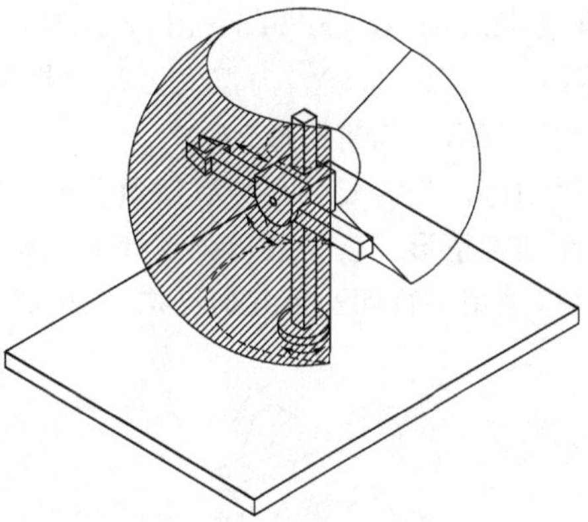

图 1.5　球形机械手及其工作空间

常使用电动机。

SCARA 型机械手具有一种特殊的几何构形。在这种几何构形中，两个转动关节和一个移动关节通过特别的布置，使得所有的运动轴都是平行的(图 1.6)。SCARA 是 Selective Compliance Assembly Robot Arm(选择性柔性装配机器人臂)的首字母缩写，它表征这种结构的机械特点在于能够带来垂直方向装载的高度稳定性和水平方向装载的灵活性。因此，SCARA 结构非常适合于垂直装配任务。为满足工作任务在笛卡儿坐标系中垂直方向上任务分量的描述，这种结构保持了与笛卡儿空间中变量和自由度的一致性。由于增加了腕与第一
个关节轴之间的距离，因此腕的定位精度有所降低。其典型工作空间如图 1.6 所示。SCARA 7
机械手适合操纵较小的目标，关节由电动机驱动。

拟人型机械手的几何构形由三个转动关节实现。其第一个关节的旋转轴与另外两个关节的旋转轴垂直，而另外两个关节的旋转轴是平行的(图 1.7)。由于其结构和功能与人类的胳膊相似，相对应地称第二个关节为肩关节，第三个关节由于联结了胳膊和前臂，所以称为肘关节。拟人型机械手的结构是最灵活的一种，因为其所有关节都是转动型的。另一方面，拟人型机械手的自由度与笛卡儿空间变量之间失去了对应性，所以腕的定位精度在工作空间内是变化的。拟人型机械手的工作空间近似于球形空间的一部分(图 1.7)，相较于其负担而言，工作空间的容积较大。其关节通常由电机驱动。拟人型机械手具有很广阔的工业应用范围。

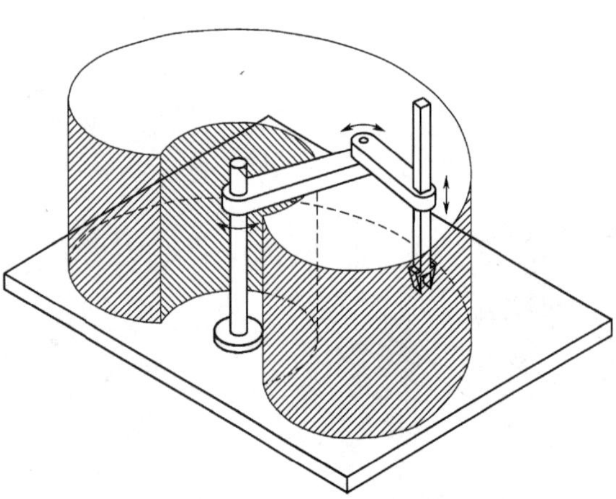

图 1.6 SCARA 机械手及其工作空间

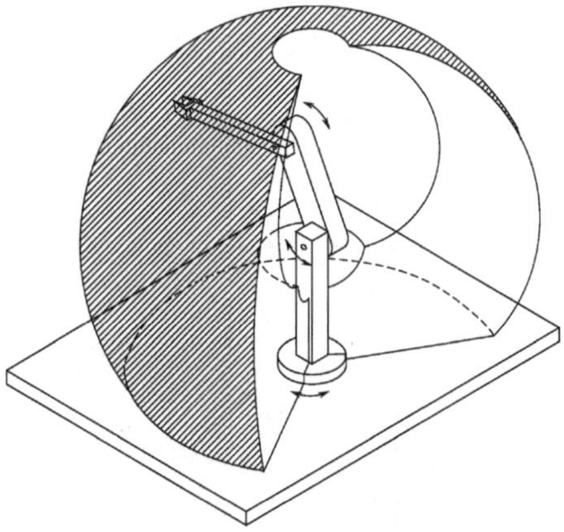

图 1.7 拟人型机械手及其工作空间

8 根据国际机器人学联合会(International Federation of Robotics，IFR)的最新报告，到2005年止，全世界安装的机器人机械手中，59%为拟人型几何构形，20%为笛卡儿几何构形，12%为圆柱形几何构形，8%为SCARA几何构形。

上述机械手都具有开式运动链。当需要较大的有效负载时，机械结构需要获得更高的强度以保证相应的定位精度。在这种情形下就需要借助于闭式运动链。例如，对一个拟人型结构，其肩关节和肘关节之间可以采用平行四边形几何结构，以构成一个闭式运动链(图 1.8)。

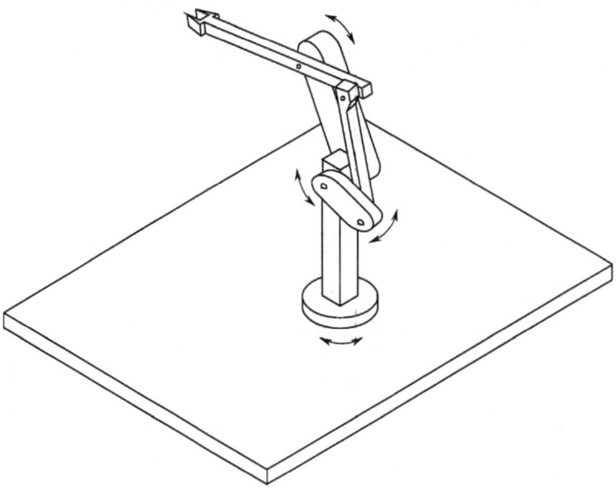

图 1.8 平行四边形结构机械手

一种较有意思的闭链结构并联几何构形(图 1.9)，这种构形由多个运动链连接基座和末端执行器。相对于开链机械手，这种结构的基本优势在于有很高的结构刚性，因此有可能达到较高的操作速度，不足之处是工作空间被缩减。

如图 1.10 所示的几何构形是混合型的，因为它由一个并联臂和一个串联运动链构成。这种结构适合于执行在竖直方向上需要很大力量的操纵任务。

上述结构的机械手要能够实现腕的定位，进而要求腕能够实现机械手末端执行器的定向。

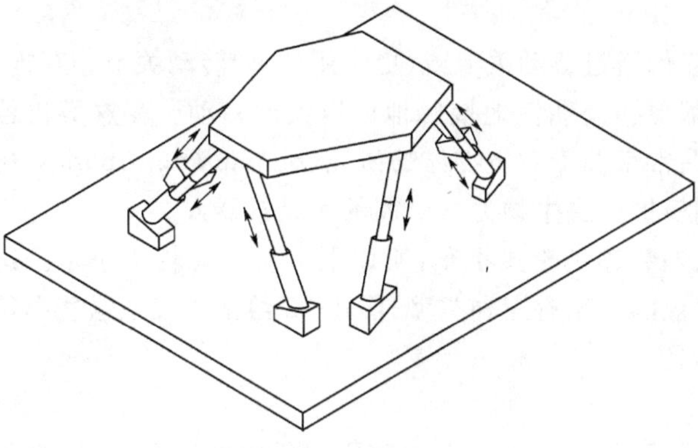

图 1.9 并联机械手

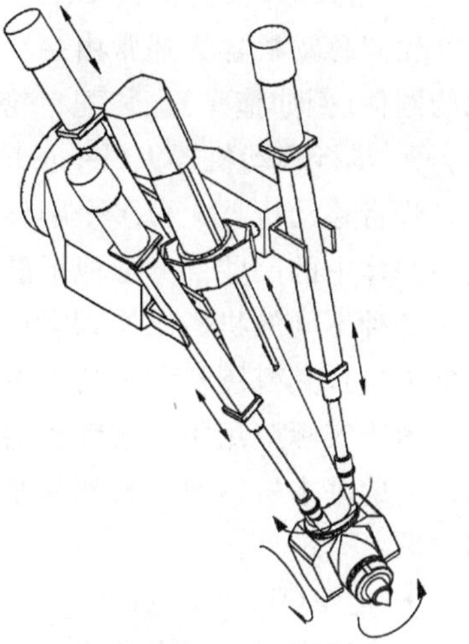

图 1.10 混合复联机械手

如果要求机械手能够在3维空间中任意定向，腕至少需要由转动关节提供3个自由度。由于腕构成了机械手的终端部分，所以其结构必须紧凑，这将增加其机械设计的复杂度。不深究结构上的细节问题，一种赋予腕最高灵活性的方法是由三个转动轴交于一点来实现的。这种情 9
形的腕称为球形腕(spherical wrist)，如图1.11所示。球形腕的关键特征是实现了末端执行器定位和定向之间的解耦，臂完成交叉点的前方点的定位任务，而腕确定末端执行器的方向。从机械的角度看，如果不采用球形手腕，则实现起来会比较简单些。但这样一来定位和定向是耦合的，这将增加协调臂的动作和腕的动作来完成指定任务的复杂度。

末端执行器需要根据机器人所执行任务来指定。如果任务是抓取物料，末端执行器就由适合抓取对象的形状和尺寸的钳子构成(图1.11)。如果是用来完成加工和装配任务，则相应的末端执行器就是一个专门的工具或器件，例如喷灯、喷枪、铣刀、钻头或螺丝刀等。

机器人机械手具有的多功能性和灵活性并不意味着其机械结构足以完成所给定的任务。机器人的选择实际上是受限于应用条件的，它带来的约束包括工作空间维数、形状、最大有效负载、定位精度以及机械手的动态性能等等。

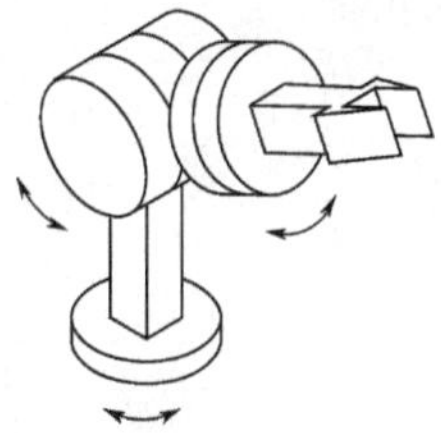

图 1.11 球形腕

1.2.2 移动机器人

移动机器人的主要特征是有一个移动基座使得机器人可以在特定环境中自由移动。与机械手不同，这种机器人大多应用于服务性工作，因此需要具备广泛的和自主的移动能力。从机械的角度看，移动机器人是由一个或多个配置了运动系统(locomotion system)的刚体构成。这种描述包括了以下两大类移动机器人[①]：

① 在此不考虑其他类型的机械移动系统。在这些没有提及的机械移动系统中，有一种是很值得一提的，那就是轨形移动，它是受到蛇的步态的启发，针对不平坦的地形和起伏性的移动很有效，而且不需要特殊装置就可以实现。还有其他类型的不局限在地面上运动方式，如飞行和航行。

• 轮式移动机器人(wheeled mobile robot)

10 轮式移动机器人通常由一个刚体(基座或底盘)和一套使其能在地面移动的轮系构成。其他的刚体(例如拖车)也装配有轮子，它们可能通过转动关节与基座相连。

• 步行移动机器人(legged mobile robot)

步行移动机器人由多个刚体构成，它们通过移动关节或(更常用的是)转动关节相互连接。这些刚体中的一些部分形成下肢，其末端(足)周期性地接触地面以实现移动。在这类机器人中有各种不同的机械结构，其设计灵感通常来源于对生物体的研究(biomimetic robotics，仿生机器人学)，其范围从双足仿人机器人到模拟昆虫生物力学效能的六足机器人。

由于实际应用中的移动机器人绝大多数都是轮式小车，所以下文仅考虑轮式小车。这类机器人的基本机械要素自然是车轮。常规的车轮有三种类型，图 1.12 给出了表征这些车轮的示意图：

• 定轮(fixed wheel)

定轮可以绕穿过车轮中心且垂直于轮面的轴转动。车轮牢固地固定在底盘上，底盘相对于车轮的指向是固定的。

• 导向轮(steerable wheel)

导向轮有两个旋转轴。第一个轴与定轮的轴相同，第二个轴垂直并穿过车轮中心。这使得车轮可以相对底盘调整其方向。

• 自位轮(caster wheel)

自位轮也有两个旋转轴，但其垂直方向的轴并不穿过车轮中心，而是距车轮中心有一个固定的偏移量。这种布置使得车轮可以自由转动，快速地与底盘运动方向校准一致。因而自位轮被用于为静态平衡提供支撑点，而不影响到基座的运动性能。例如，自位轮常常用于购物车

11 和轮椅。

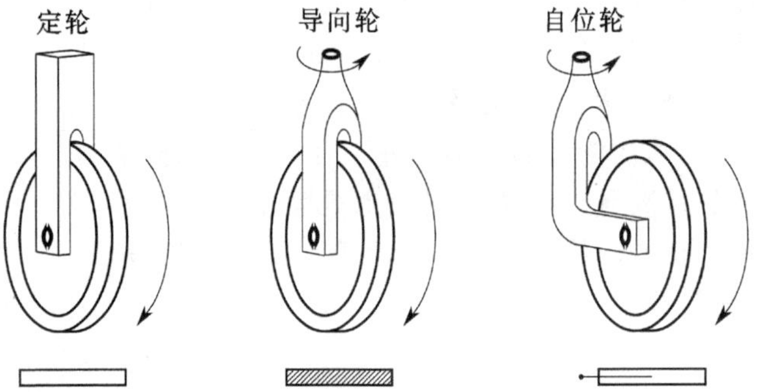

图 1.12 三种传统轮系及其典型代表

采用不同方式将这三种传统的轮子结合起来，可以构成不同的运动学结构。下面简要介绍最常用的布局形式。

在差动(differential-drive)式小车上，有两个带普通旋转轴的定轮和一个或多个自位轮。自位轮通常较小，其功能是保持机器人的静态平衡(图 1.13)。两个定轮是分别独立控制的，因为可能需要任意给定轮子的角速度，而自位轮是从动的。若两个定轮的角速度大小相等方向相反，则这种机器人可以作定点旋转(即不需要移动两轮之间的中点)。

采用同步驱动(synchro-drive)的运动学配置(图1.14)可以得到相似的移动性。这种机器人布置了三个导向轮,车轮仅由两个电机通过同步链或传送带的机械耦合进行同步驱动。第一个电机控制车轮绕水平轴旋转,为车体提供驱动力(牵引),第二个电机控制轮子绕垂直轴旋转,以影响车轮的方向。注意到运动过程中底座的指向保持不变。在这种机器人上,常常也会用第三个电机来使基座上部(转台)相对基座的下部进行旋转。当需要对一个方向传感器(例如照相机)进行任意定向时,或者需要修正定向误差时,这种设计是很有用的。

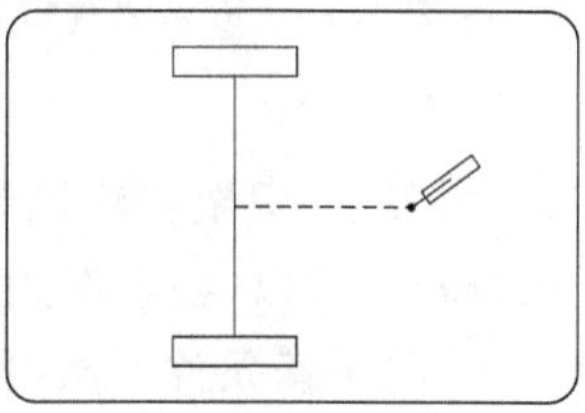

图1.13 差动式移动机器人

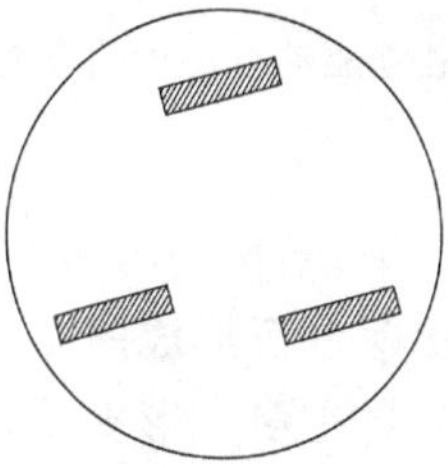

图1.14 同步驱动式移动机器人

在三轮(tricycle)式移动机器人上(图1.15),车体后部轮轴上安装有两个定轮,由一个电
机驱动以控制其牵引①,前面安装有一个导向轮,导向轮由另一个电机驱动以改变其方向,起 12
到舵机的作用。另外,也可以选择让两个后轮是从动的,而前轮在掌控方向的同时提供牵引。

在汽车式(car-like)移动机器人上,在车的后部轮轴上安装两个定轮,在前部轮轴上安装两个导向轮,如图1.16所示。在上述情形下,由一个电机提供牵引(前部或后部),另一个电机改变前轮相对于小车的方向。值得指出的是,为了避免滑动,当小车沿曲线运动时两个前轮的方向必须不一致。特别是内侧轮子比外侧轮子要控制得稍紧一些。这由一种名为阿克曼转向器(ackermann steering)的特定装置来保证。

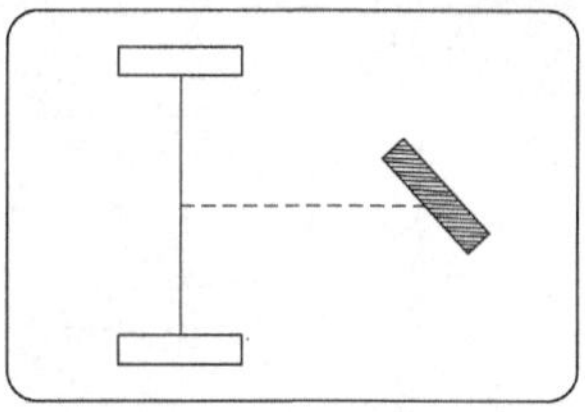

图1.15 三轮式移动机器人

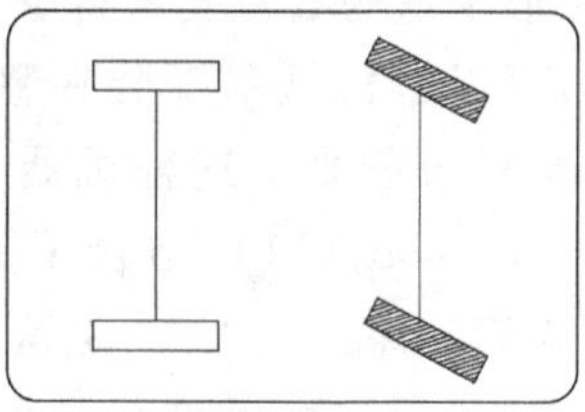

图1.16 汽车型移动机器人

最后提一下如图1.17所示的机器人,它有三个自位轮,通常这三个轮子按照均衡方式排列。三个轮子的牵引速度是独立驱动的。与上述各种类型的机器人不同,这种小车是全向(omnidirectional)的。事实上,它能够及时朝任何笛卡儿方向移动,同时在该点处调节好自己的方向。

除了上述的常规车轮,还有其他特殊类型的车轮,其中尤为特别的是麦克纳姆(Mecanum)轮或称瑞典(Swedish)轮,如图1.18所示。这是一种固定轮,在其外侧边缘安装有从动
滚筒,典型的每个滚筒的转动轴都相对轮面倾斜45°。在两条平行轴上成对安装了4个这种车 13

① 当在这两个轮子之间分配牵引力矩的时候必须考虑到这样的事实,即一般说来它们的运动速度是不同的。平均分配牵引的机械结构是特异的。

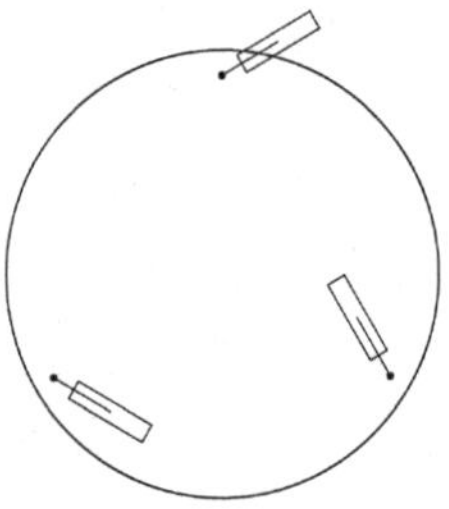

图 1.17　有三个独立驱动自位轮的全向移动机器人

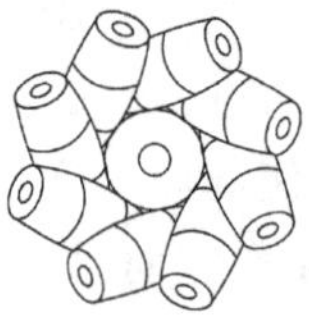

图 1.18　麦克纳姆轮

轮的小车也是全向的。

在轮式机器人设计中，结构的力学平衡通常不是问题。尤其是，只要三轮机器人的重心落在车轮和地面之间的接触点所形成的支撑三角形（support triangle）以内，它都是静态平衡的。多于 3 个轮子的机器人具有多边形支撑，这就更容易保证上述的平衡条件。然而应该指出，当机器人在不平整地面移动时，需要一个悬挂系统来保持每个车轮和地面的接触。

与机械手情形不同，移动机器人的工作空间（定义为机器人能到达的周围环境区域）可以是无限的。不过，非全向移动机器人的局部机动性总是被缩减的。例如，如图 1.15 所示的三轮机器人不能即时向平行于后轮轴的方向移动。虽然如此，三轮小车仍然可以被操纵，使得在运动的最后，得到在该方向上的净位移。换句话说，很多移动机器人都受到不能即时行动的约束，但实际上并不排除其到达工作空间中任意点和任意方向的可能性。这也就就意味着机器人的自由度数（其意义为容许即时运动的方向的数量）比位形变量的数目要来得少。

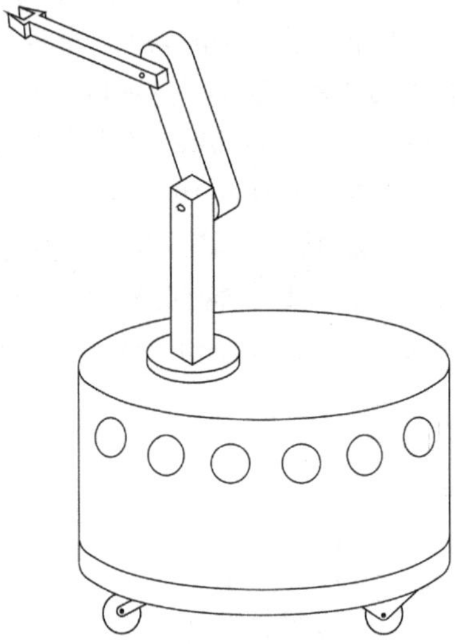

图 1.19　将拟人型机械手安装在差动小车上构成的移动机械手

很显然，可以将机械手安装在移动小车上，使两者的机械结构融合起来。这种机器人叫做移动机械手（mobile manipulator），它结合了关节臂的灵活性与底座的无限移动性。图 1.19 是这种机械结构的一
14 个示例。然而，移动机械手的设计面临额外的困难，例如机器人的静态力学平衡和动态力学平衡问题，两套系统的驱动问题等。

1.3　工业机器人学

工业机器人学（industrial robotics）是有关工业机器人设计、控制和应用的学科。目前工业机器人产品已经达到成熟技术的水平。机器人工业应用的含义是指机器人在几何及物理特征大多事先已知的结构化环境（structured environment）中进行操作。因此需要有限的自治性。

早期的工业机器人是在 20 世纪 60 年代基于两种技术的影响而发展起来的，即用于精确制造的数控机器和用于放射性物质处理的遥控操纵装置。与其先驱比较起来，第一代机器人

机械手的特征是：

- 多功能性，就机械手末端使用的不同末端执行器而言；
- 对未知环境的适应性，就传感器的使用而言；
- 定位的精确性，就采用的反馈控制技术而言；
- 执行的可重复性，就多种操作的可编程性而言；

其后数十年间，工业机器人得到了很大的普及，并成为自动制造系统的基本组成部分。机器人技术得以日益广泛地应用于制造工业的主要原因包括降低制造成本、提高生产效率和提 15
高产品质量，以及有可能将人从制造系统中有害或令人不愉快的工作中解脱出来。

通常意义下，自动化一词是指在制造加工中用机器代替人类的技术，加工不仅限于手动操作，还包括生产流程状态信息的智能化处理。因此，自动化综合了制造加工中典型的工业技术以及进行信息处理的计算机技术。自动化可以分为三种层次，即刚性自动化、可编程自动化和柔性自动化。

刚性自动化（rigid automation）适于面向大批量制造同一类型产品的生产背景。由于需要高效率高质量地制造大批量零部件，所以需要使用特定目标的机器遵循固定的操作流程来生产加工件。

可编程自动化（programmable automation）适于面向少量到中等批量制造不同类型产品的生产背景。为了适应需要制造的产品的变化，可编程自动化系统允许生产加工件的操作流程能够比较容易进行改变。使用的机器更通用，并且能够制造属于同一组技术的不同产品。当今市场上能买到的大多数产品都是由可编程自动化系统生产出来的。 16

柔性自动化（flexible automation）是可编程自动化的发展。其目的是尽量减少在不同生产批次之间进行转换时对操作流程和所采用机器进行必要的重新编程所带来的时间损失。柔性制造系统（flexible manufacturing system，FMS）的实现需要计算机技术和工业技术的有力结合。

工业机器人的重要特征是其多功能性和柔性。根据广为接受的美国机器人学会的定义，机器人是一种通过不同的程式化运动来完成移动原料、零配件、工具或专用设备等各种不同任务的可重复编程多功能机械手。这一可以追溯到 1980 年的定义也反应了机器人技术的现状。

由于其可编程的优势，工业机器人成为可编程自动化系统的典型组成部分。但是机器人同时也可以在刚性自动化系统和柔性自动化系统中完成相应的任务。

根据上面提到的 IFR 报告，截至 2006 年，全世界范围内有将近 100 万工业机器人付诸使用，其中一半在亚洲，三分之一在欧洲，16％在北美。拥有机器人数量最多的前四个国家是日本、德国、美国和意大利。过去 15 年安装的机器人数量如图 1.20 所示，预计到 2007 年末，机器人的年销售量将比上年增长 10％。接下来的年度将小幅上涨，到 2010 年末，全世界使用的机器人数量将达到 1 200 000 台。

在同一份报告中显示，工业机器人的平均服务年限是 12 年左右，这一时限在不久的将来可能会增加到 15 年。一项有趣的统计是基于工人总数的机器人密度，这一密度值的变化范围从（日本——译者注）每 1 万名工人配备 349 个机器人到韩国的 187 个，德国 186 个，意大利 13 17
个。在美国每 1 万名工人仅配备 99 个机器人。一个包括控制单元和开发软件的 6 轴工业机器人的平均价格从 2 万到 6 万欧元不等，取决于其尺寸和应用。

汽车工业仍然是工业机器人最重要的使用者。图 1.21 只给出了 2005 年和 2006 年的情

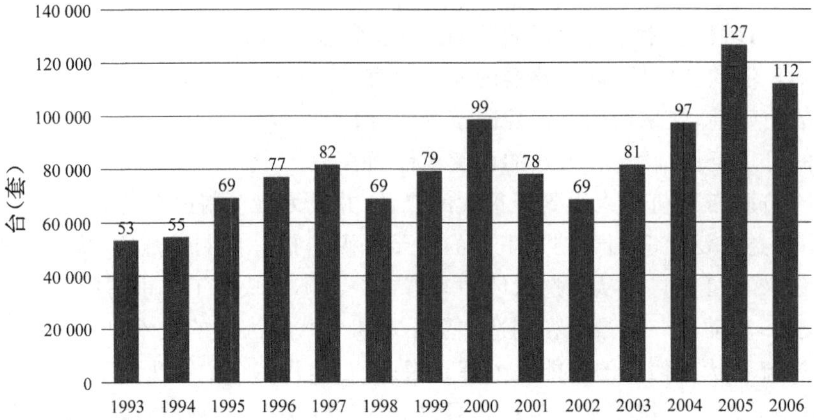

图 1.20　世界范围内工业机器人年度安装数

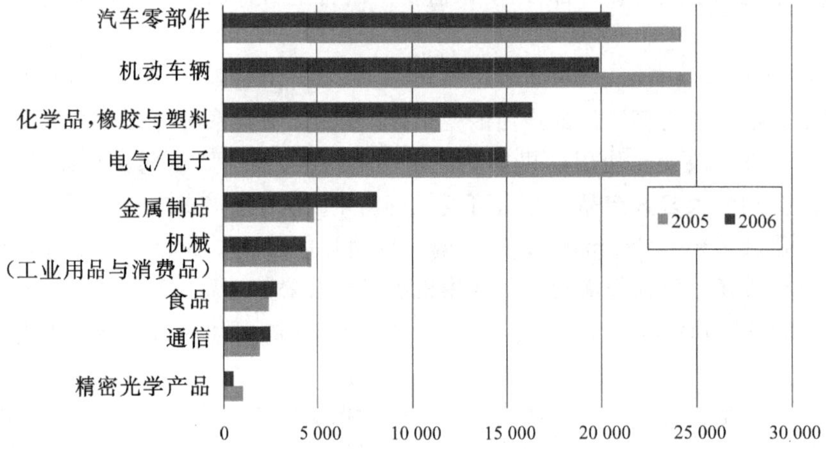

图 1.21　主要行业的工业机器人年供应量

况，但也显示出化工和电器/电子工业的重要性正在增加，新兴的工业应用如金属制造业构成了一个具有高投资潜力的领域。

工业机器人具有的三种基本能力，即材料搬运能力、操作能力和测量能力，使其在制造过程中具有重要作用。

在制造过程中，每一个加工对象都需要从工厂的一个地方被传递到另一个地方，以进行储存、加工、装配和包装。在传递过程中，对象的物理特性不能受到任何的改变。机器人能够抓取一个物体，沿预设路径移动并将其放下，这使得机器人成为一个进行材料搬运的理想选择对象。其典型应用包括：

- 码垛(将物品整齐地放置在货盘上)
- 仓库装载和卸载
- 轧模机及机床管理
- 零件排架

- 包装

在这些应用中，除机器人外，也使用自动导引车辆(automated guided vehicles，AGV)以确保将零件和工具从车间的一个制造单元转移到下一个制造单元(图 1.22)。与传统的车辆固 18
定导引路径(感应导引线圈、磁条或可见光线路)相比，现代的自动导引车辆使用了配置有微处理器和传感器(激光、里程计、GPS)的高科技系统，这样就可以在工厂布局图中定位，而且可以对其工作流程和功能加以管理，使其可以完全集成到 FMS 中。先进应用中使用的移动机器人可以被看作是自动导引车辆的自然进化，这一点与自治的加强有关。

图 1.22　用于材料抓取的 AGV(来源于 E&K 自动控制公司)

所谓制造是将目标从原材料转换为最终的制成品，在这个过程中，零件要么经过加工改变其物理特性，要么经过装配其他零件而使其功能发生改变。机器人既能够操纵物体又能够操作工具，这使得它适合在制造中使用。其典型应用包括：

- 弧焊和电焊
- 喷绘和喷涂
- 胶合与密封
- 激光切割和液压切割
- 研磨和钻孔
- 铸造及冲模
- 去毛刺及磨削
- 旋螺丝、配线及紧固
- 机械和电器组件的装配
- 电路板装配 19

在制造过程中，除了材料搬运和操作之外，有必要通过测量来检测产品质量。由于机器人具有探查三维空间的能力并可以测量机械手的状态，因此机器人可以作为测量装置来使用。典型的应用包括：

- 对象检查
- 勾画轮廓线
- 检测制造瑕疵

图 1.23 给出了欧洲在 2005 年和 2006 年应用于不同工作的机器人数量，图中显示材料搬运机器人需求数量是焊接机器人需求数量的两倍，同时还有数量有限的机器人仍用于装配。

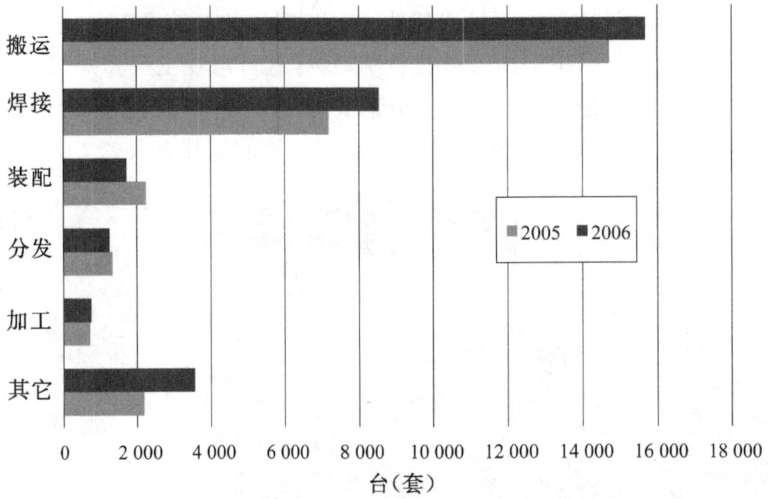

图 1.23 欧洲用于制造工作的工业机器人的年度供应量

下面将从机器人的特性和应用领域这两个方面介绍一些工业机器人。

图 1.24 的 AdeptOne XL 机器人具有四关节 SCARA 结构。采用的是直流电机。最大行程为 800 mm，重复精度为水平方向 0.025 mm，垂直方向 0.038 mm。移动关节的最大速度为 1200 mm/s，三个转动关节的最大速度从
20 650°/s 到 3300°/s 不等。最大有效负载①为 12 kg。其典型工业应用包括小零件的材料搬运、装配和包装。

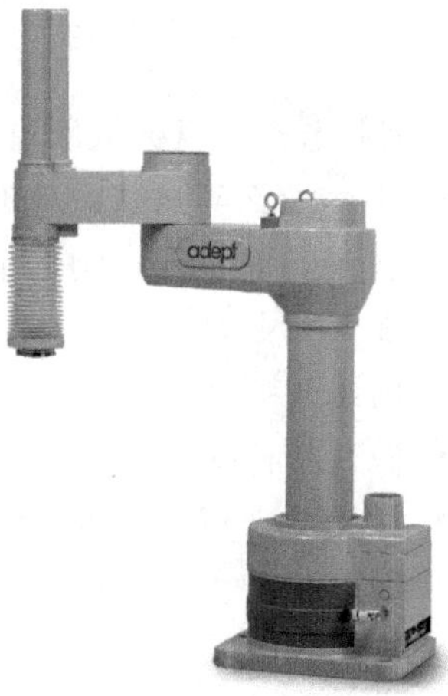

图 1.24 AdeptOne XL 机器人(来源于 Adept Technology 公司)

图 1.25 所示的 COMAU Smart NS 机器人具有带球形手腕的六关节拟人型结构。它有四个型号，其水平方向的操作范围从 1650 nm 到 1850 mm 不等，重复精度为 0.05mm。内部三个关节的最大速度从 155 170°/s 到 170°/s 不等，外部三个关节的最大速度从 350°/s 到 550°/s 不等。最大有效负载为 16 kg。可以架设在地板上和天花板上。其典型工业应用包括弧焊、轻重量搬运，装配和技术加工。

图 1.26 所示的 ABB IRB 4400 机器人同样具有六关节拟人型结构，但与前者不同的是，其连接肩关节和肘关节之间的是平行四边形型闭链结构而不是开链结构。其不同型号的水平方向的操作范围从 1960 mm 到 2550 mm 不等，重复精度
21 从 0.07 mm 到 0.1 mm 不等。末端执行器的最大速度为 2200 mm/s。最大有效负载为 60 kg。可以架设在地板上和结构架上。

① 重复精度和有效载荷是工业机器人数据列表中的典型参数。前者衡量机械手回到之前到达位置的能力，而后者表明机器人末端执行器将携带的平均载荷。

图 1.25 COMAU Smart NS 机器人(来源于 COMAU SpA Robotica 公司)

图 1.26 ABB IRB 4400 机器人(来源于 ABB Robotics 公司)

其典型工业应用包括材料搬运、机器放料、碾磨、胶合、铸造、喷涂及装配。

图 1.27 所示的 KUKA KR 60 喷涂机器人由五轴结构组成,采用龙门架式安装方法安装在滑轨上,也可以按竖直安装方式。其线性单元行程最小为 400 mm,最大为 20 m(视客户的要求而定),最高速度达 3200 mm/s。另一方面,机器人有效负载为 60 kg,伸展范围为 820 mm,重复精度为 0.15 mm。前两个关节的最高速度分别为 120°/s 和 166°/s,而外部三个关节的最高速度从 260°/s 到 322°/s 不等。其典型工业应用包括机器放料、弧焊、修边、涂层、密封、等离子和液压切割。

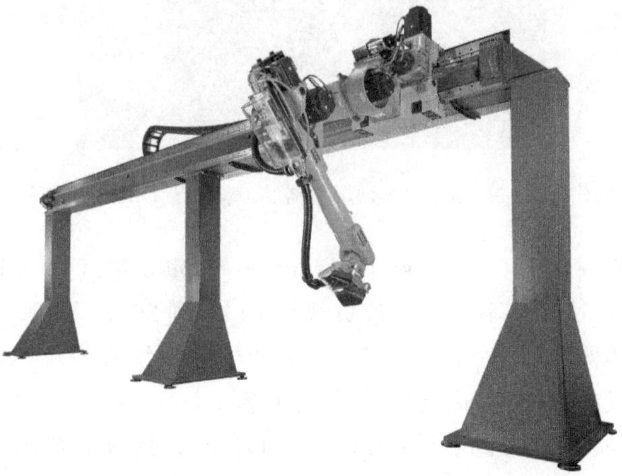

图 1.27 KUKA KR 60 喷涂机器人(来源于 KUKA Roboter 公司)

图 1.28 所示的 ABB IRB 340 FlexPicker 机器人采用四轴并联几何构形。由于其重量较轻,而且可以安装在地板上,该机器人可以在一分钟内传送 150 件物品(运动周期仅为 0.4s),在有效负载为 1 kg 的情况下,其最高伸展速度为 10 m/s ,加速度为 100 m/s^2,重复精度为 0.1 mm。其“纯净”铝质型号特别适合用于食品包装及制药工业。

如图 1.29 所示的 Fanuc M-16iB 机器人采用带球形腕的六关节拟人型结构。其两个型

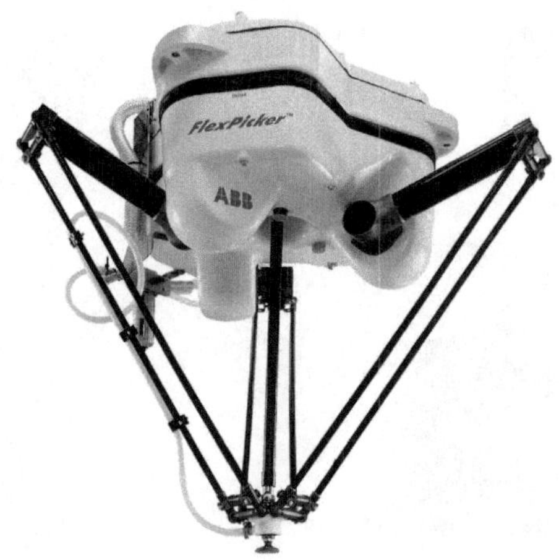

图 1.28　ABB IRB 340 FlexPicker 机器人(来源于 ABB Robotics 公司)

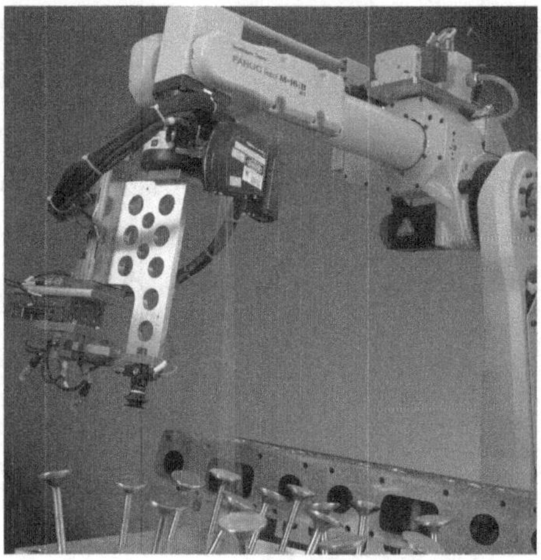

图 1.29　Fanuc M－16iB 机器人(来源于 Fanuc 公司)

号的水平方向的伸展范围从 1667 mm 到 1885 mm 不等,重复精度为 0.1 mm。三个内部关节
的最高速度从 165°/s 到 175°/s 不等。有效负载从 10 kg 到 20 kg 不等。其特别之处在于控制
22 单元中包含了集成传感器,包括一个基于 3D 视觉的伺服系统和一个六轴压力传感器。该机
器人用于搬运任意放置的物体,修边、密封和液压切割。

图 1.30 所示的轻质机器人(light weight robot,LWR)具有七轴结构,是 DLR (the Ger-
man Aerospace Agency)在 2006 年向 KUKA 进行技术转让的结果。由于采用了轻质材料,并
且在关节部位采用了力矩传感器,该机器人能够操纵 7 kg 到 14 kg 的有效负载,而其结构重
量不过 15 kg。其水平伸展距离为 868 mm,关节速度从 110°/s 到 210°/s。另一方面,第七运
23 动轴为机器人提供了运动冗余,这使得可以针对需要执行的任务,将机器人改装成更为灵活的
姿态。这种机械手是最先进的工业产品之一,由于其轻质的特点,它能够实现与环境的有效交
互,并保证与人接触时的安全性。

在大多数进行对象操作的工业应用中,钳子是典型的末端执行器。但是当需要加强操作

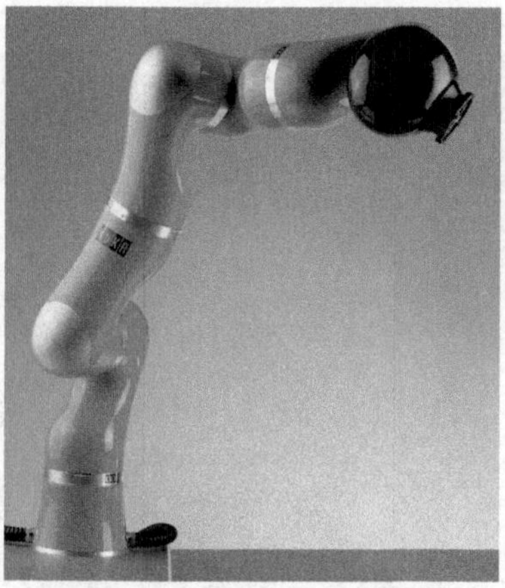

图 1.30　KUKA LWR 机器人(来源于 KUKA Roboter 公司)

性和灵活性时,需要用到多触点机器人手。

如图 1.31 所示的 BarrettHand,在手掌底部周围有一个固定手指和两个活动手指,可以操作不同尺寸、不同形状和不同方位的对象。

如图 1.32 所示的 SCHUNK 仿生手是从 DLR 和哈尔滨工业大学(中国) 向 SCHUNK 进行技术转让的结果。其特点是有三个独立排列的手指和一个类似于人类大拇指的对向手指。手指关节装有磁性角度传感器和力矩传感器。这种手的灵敏性很好,与人手的特征接近。

图 1.31　BarrettHand(来源于 Barrett Technology 公司)

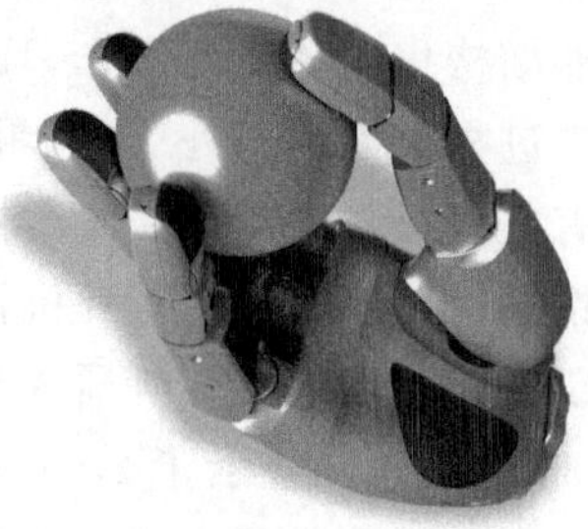

图 1.32　SCHUNK 仿生手(来源于 SCHUNK Intec 有限公司)

DLR 制造的类人机器人 Justin 的双臂采用了轻质机器人(LWR)技术,这种机器人由一个拟人型结构的三关节躯干、两个七轴手臂和一个具有传感器的头组成。图 1.33 显示的是该机器人在执行必须用手进行的操作任务,其手是 SAH 拟人型手的原型号。

以上这些应用描述了机器人作为工业自动化系统组成部分的使用现状。这些都是在结构性很强的工作环境下进行的,这样就没有充分挖掘机器人在工业应用中的所有可能用途。如果期望处理机器人需要适应变化工作环境的问题,可以考虑先进机器人产品。从这一角度看 24
来,在传统工业机器人系统向革新性先进机器人的转变过程中,应该考虑上述的轻质机器人、机器人手以及类人机械手的应用。

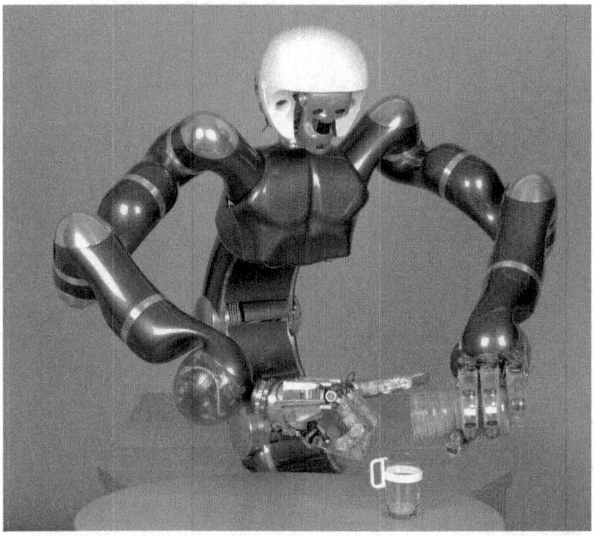

图 1.33 Justin 类人机器人机械手(来源于 DLR)

1.4 先进机器人学

先进机器人学这一术语通常是指研究如下机器人的科学：机器人的显著特征是自治，在少量结构化或非结构化的环境中工作，环境的几何或物理特征事先未知。

当今的先进机器人学尚处于发展初期。事实上，由于相关技术尚未成熟，先进机器人还只具有雏形。有很多强烈的动机激励着在这一领域的创新，从没有人类工作人员或人类工作人员不安全的情况(field robots，野外机器人)，直到开发旨在提高生活质量这一具有潜在广阔市场的产品(service robots，服务机器人)。

如图 1.34 的柱状图显示了 2006 年末非工业应用机器人的保有数量以及直到 2010 年的预测数字。这些应用由机器人与之交互的环境的复杂程度、不确定性和变化性所表征。下面
25 给出相应的示例。

1.4.1 野外机器人

问题的背景是在人类难以生存或有危险的环境中部署机器人。这些机器人需要执行探测任务，利用配置的适用传感器向远程操作员反馈与环境有关的有用数据。典型的场景有火山探测、有毒气体或辐射污染区域干预，以及深海探测或空间探测。众所周知，NASA 成功地向火星发送了移动机器人(rovers，漫游者)(图 1.35)，机器人在火星表面巡行，穿过岩石分布的地区，经过山地和裂缝。漫游者在一定程度上受到来自地球的遥控，同时也充分发挥自主性对环境进行了成功的探测。2001 年 9 月 11 日纽约双子塔倒塌后，一些微型机器人被部署在世贸大厦遗址以穿透废墟寻找幸存者。

相似的场景还包括由于隧道火灾或地震引起的灾难。在这类情形下，存在着爆发次生灾害的危险，以及需要逃离有害气体或建筑物坍塌的危险。这时候，人类救援队可以与机器人救

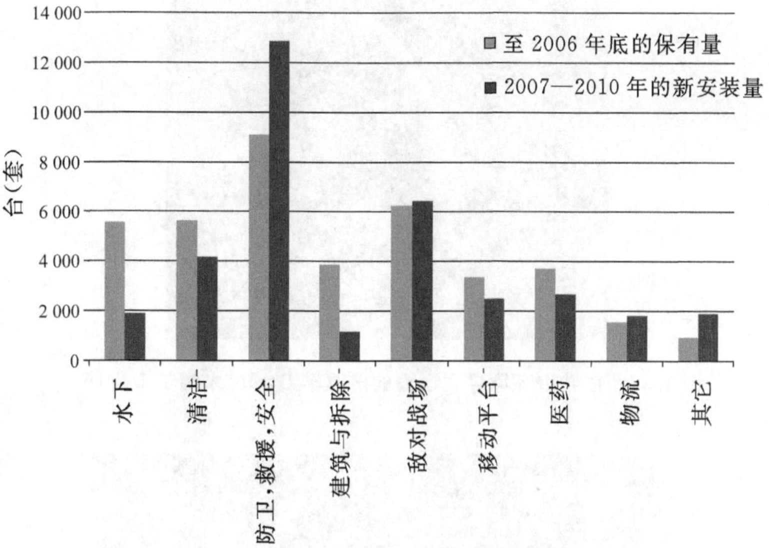

图1.34　非工业应用机器人柱状图

图1.35　探险者登陆车部署的漫游者于1997年探测了250 m^2 的火星表面(来源于NASA)

图1.36　无人汽车Stanley自主驾驶行进了132 km，用时6 h 53 min(来源于DARPA)

援队进行合作。在战场上也可以应用机器人，可以使用无人自动飞行器和导弹，也可以使用装有照相机的遥控机器人来探测建筑物。2005年10月的“大挑战”(Grand Challenge)就是由美国国防部先进研究项目局(DARPA)资助的，目的在于发展能携带武器和传感器的自动战车，以减少士兵的数量。 26

1.4.2　服务机器人

自动驾驶车辆也用于民用，例如用于大规模传输系统(图1.37)，可以对降低污染水平做出一定的贡献。这种车辆是致力于城区交通管理的所谓智能交通系统(Intelligent Transportation Systems，ITS)的一部分。其他采用移动机器人可以带来潜在优势的切实可行的应用还有博物馆导游(图1.38)。

许多国家在建立与人类日常生活共处的服务机器人新市场方面进行了投资。根据上面提

图 1.37 在城市环境自主运输的电驱车 Cycab(来源于 INRIA)

图 1.38 Rhino，在 Real World Interface 公司 B21 基础上采用同步传动的移动平台，是最早用于博物馆导游的机器人之一(来源于 Deutsches Museum Bonn)

到的 IFR 报告，到 2005 年已售出 190 万台家用服务机器人(图 1.39)和 100 万个玩具机器人。

目前已经具备了相应的技术，可以将尚处于原型阶段的用于加强老人和病人日常生活自理能力的机器人转化为商业产品。自动轮椅、助行升降器、辅助喂食器以及能够让残疾人完成体力活动的康复机器人等，都是这类服务机器人的例子。可以预见的是，除了通用的服务员型、助手型机器人以外，还将开发
27 出集成了机器人技术和远程通信模块的健康保健系统用于家庭服务管理(智能建筑)。

图 1.39 真空吸尘机器人 Roomba，采用差分驱动运动学系统，自主打扫和清洁地板(来源于 I-Robot 公司)

有几种机器人系统用于医疗应用。外科手术辅助系统利用了机器人的高精确性来定位工具，如臀部假体注入。以及在最低限度侵入式外科手术，如心脏外科手术中，外科手术医生可以舒服地坐着，通过控制台观察手术区域的 3D 影像，并通过触摸屏远程操作外科手术器械(图 1.40)。

进一步地，在诊断和内窥镜外科手术系统中，采用小型遥控机器人在人体内部腔体例如肠

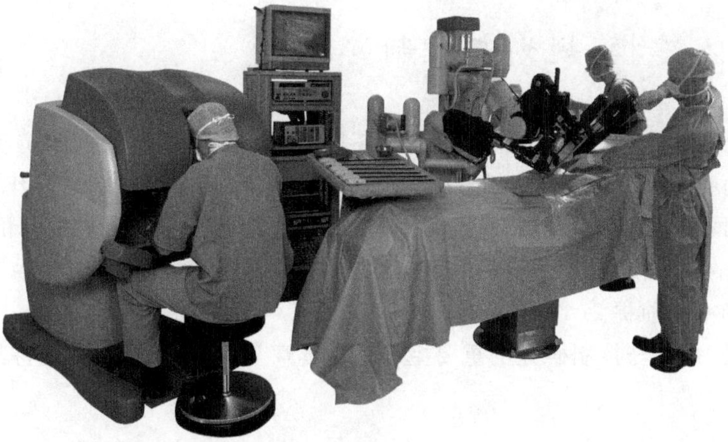

图 1.40　用于腹腔镜外科手术的达芬奇机器人系统(来源于 Intuitive Surgical Inc)

胃系统中运行,可以实时传送图像,或介入到活组织切片检查、给药及切除肿瘤中。 29

最后,在运动神经康复系统中,一个偏瘫病人可以穿上外骨骼,外骨骼可以按照临床医学家制定的计划与患者进行积极交互,提供支撑并纠正其动作。

另一个广阔市场来源于休闲娱乐,机器人可以作为儿童的玩具同伴,或者老年人的生活同伴。比如日本开发的类人机器人(图 1.41)和宠物机器人(图 1.42)。完全有理由相信,服务机器人将自然地融入我们的社会生活。将来,机器人必将像现在的个人电脑一样普及,或者像 20 年前的家用电视一样。机器人技术也将为科学界提供无处不在的挑战性话题。

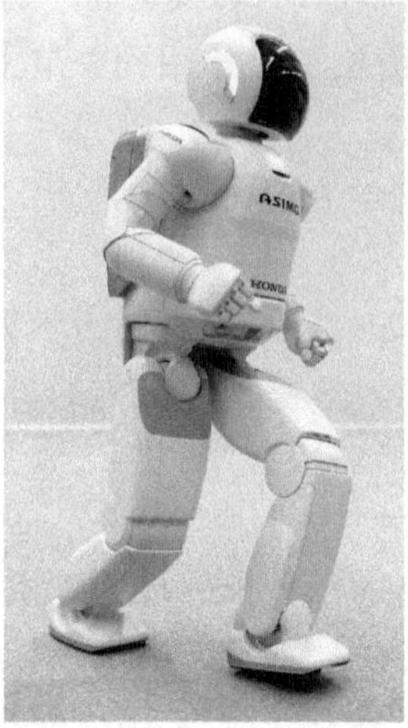

图 1.41　Asimo 类人机器人,1996 年投放市场,被赋予了更自然的移动性和人-机器人交互能力(来源于 Honda Motor 公司)

图 1.42　AIBO 狗已被称为近年来最广泛传播的娱乐机器人(来源于 Sony 公司)

1.5 机器人建模、规划与控制

在所有机器人应用中,完成一个一般性任务需要执行赋予机器人的指定动作。正确执行
29 相应的动作交由控制系统完成,控制系统为机器人执行器提供与期望运动作相一致的指令。运动控制要求对机械结构、执行器及传感器的特征进行精确分析。分析的目的在于导出描述输入/输出关系的数学模型以刻画机器人组成的特征。因此,对机器人机械手进行建模是制定运动控制策略的必要前提。

机器人建模、规划与控制研究的重要主题是后续章节所考虑的问题,现将其简述如下。

1.5.1 建模

机器人机械结构的运动学分析,是描述相对一个固定参考笛卡儿坐标系的运动,其中不考虑导致结构运动的力和力矩。在此很有必要对运动学和微分运动学加以区分。对于一个机器人机械手,运动学(kinematics)描述的是关节位置与末端执行器位置和方向之间的解析关系。微分运动学(differential kinematics)则是通过雅可比矩阵描述关节运动与末端执行器运动在速度方面的解析关系。

运动学关系的公式化表示,使得对机器人学两个关键问题——所谓的正运动学问题和逆运动学问题——的研究成为可能。正运动学利用线性代数工具,确定一个系统性和一般性方
30 法,将末端执行器的运动描述为关节运动的函数。逆运动学考虑前一问题的逆问题,其解的本质作用是将自然地在工作空间中指定给末端执行器的期望运动,转换为相应的关节的运动。

获得一个机械手的运动学模型,对确定处于静态平衡位形时作用到关节上的力和力矩与作用到末端执行器上的力和力矩之间的关系也是有用的。

第 2 章致力于运动学研究。第 3 章致力于微分运动学和静力学的研究。而附录 A 是线性代数的有用复习。

机械手运动学是系统而一般地推导其动力学(dynamics)的基础,动力学即是将机械手的运动方程描述为作用在其上的力和力矩的函数。获得动力学模型对结构的机械设计、执行器
31 的选择、控制策略的确定以及机械手运动的计算机仿真都非常有用。第 7 章主要进行动力学研究,而附录 B 给出了刚体力学(rigid body mechanics)的复习。

移动机器人建模要求预先对车轮带来的运动学约束进行分析。根据机械结构的不同,这种约束可能是可积的,也可能不可积。这将直接影响到机器人的移动性。移动机器人的运动学模型本质上是对约束条件容许下的瞬时运动的描述。另一方面,动力学模型考虑了反作用力,并描述了上述运动与作用在机器人上的广义力之间的关系。这些模型可以通过规范化形式表示出来,以便于规划设计和控制技术。移动机器人的运动学和动力学分析将在第 11 章展示,而附录 D 包括了微分几何的一些有用概念。

1.5.2 规划

机械手任务分配的问题在于,是在关节处指定运动还是直接在末端执行器处指定运动。

在材料搬运任务中，只需要指定抓取和放下目标的位置（点对点运动）就可以了，而在加工任务中，末端执行器必须遵循一条期望轨迹（路径运动）。轨迹规划（trajectory planning）的目的是从对期望运动的简明描述出发，生成相关变量（关节或末端执行器）的时间律。第 4 章致力于机器人机械手的轨迹规划。

移动机器人的运动规划问题，是生成一条轨迹，以将机器人小车从给定的初始位形带到期望的最终位形。这个问题比机器人机械手问题更复杂，因为在轨迹生成中必须考虑由车轮带来的运动学约束。第 11 章在移动机器人运动学模型中研究了特殊的微分结构，给出了一些解决的方法。

一旦在移动机器人工作空间中出现障碍物，规划的运动必须防止碰撞以保证安全。这一运动规划（motion planning）问题，对机器人机械手和移动机器人都可以采用位形空间的概念，采用有效方式进行公式化表示。其求解技术本质上是算法技术，包括确定性方法、随机性方法和启发式方法。第 12 章致力于运动规划问题，而附录 E 提供了一些图上搜索算法（graph search algorithms）的基本概念。

1.5.3　控制

实现由控制律指定的运动需要使用执行器和传感器。第 5 章描述了机器人最常用的执行器和传感器的功能特征。 32

第 6 章的内容是机器人控制系统的硬件体系和软件体系。控制系统的功能是实现控制律以及与操作人员的接口。

生成的轨迹构成了机械结构运动控制系统的参考输入。机器人机械手控制的问题在于寻找由关节执行器提供的力和力矩的时间特性，以保证参考轨迹的执行。这一问题相当复杂，因为机械手是一个链接系统，一个连杆的运动会影响其他连杆的运动。机械手的运动方程毫无疑问地揭示出在关节之间存在耦合动态影响，除非是在各轴两两垂直的笛卡儿结构中。关节的力和力矩的综合不能以动力学模型信息为唯一的基础，因为该模型并未完全描述真实的结构。因此，机械手控制需要闭合反馈回路。通过计算参考输入和本体传感器所提供数据之间的偏差，反馈控制系统能够满足执行规定轨迹的精度要求。

第 8 章致力于介绍运动控制技术，而附录 C 给出了反馈控制（feedback control）的基本原理。

移动机器人控制与机器人机械手的类似问题有着本质区别。原因在于其可用控制输入的数量远少于机器人结构中变量的数量。一个重要的结论是，使机器人沿轨迹运动（跟踪问题）的控制器结构与针对将机器人带到给定位形（调节问题）的控制器结构不可避免地是不同的。进一步，由于移动机器人的本体传感器不可能输出有关小车的位形数据，因此有必要研究机器人在环境中的定位方法。轮式移动机器人的控制设计问题将在第 11 章讨论。

如果机械手的任务要求在机器人和环境之间进行交互，控制问题需要参考外部传感器提供的数据：在与环境接触过程中发生的力交换，以及照相机检测到的目标位置。第 9 章致力于机器人机械手的力控制（force control）技术，而第 10 章描述视觉控制（visual control）技术。

参考资料

在过去的 30 年中，机器人学这一领域激起了越来越多的学者的兴趣，成立了一个有名的
33 国际研究团体，发表了大量的研究成果，包括教材和著作以及专门的机器人学杂志。因此在引言的最后，有必要为希望对机器人进行深入了解的读者提供精心挑选的参考资料。

除了给出那些与这本教材内容关系密切的教材外，后面的列表还包括相关学科的专业书籍、阐述研究状态的文献、科学杂志以及一系列的国际会议。

基本教材

- J. Angeles, Fundamentals of Robotic Mechanical Systems: Theory, Methods, and Algorithms, Springer - Verlag, New York, 1997.
- H. Asada, J. - J. E. Slotine, Robot Analysis and Control , Wiley, New York, 1986.
- G. A. Bekey, Autonomous Robots, MIT Press, Cambridge, MA, 2005.
- C. Canudas de Wit, B. Siciliano, G. Bastin,(Eds.), Theory of Robot Control , Springer - Verlag, London, 1996.
- J. J. Craig, Introduction to Robotics: Mechanics and Control , 3rd ed. , Pearson Prentice Hall, Upper Saddle River, NJ, 2004.
- A. J. Critchlow, Introduction to Robotics, Macmillan, New York, 1985.
- J. F. Engelberger, Robotics in Practice, Amacom, New York, 1980.
- J. F. Engelberger, Robotics in Service, MIT Press, Cambridge, MA, 1989.
- K. S. Fu, R. C. Gonzalez, C. S. G. Lee, Robotics: Control, Sensing, Vision, and Intelligence, McGraw - Hill, New York, 1987.
- W. Khalil, E. Dombre, Modeling, Identification and Control of Robots, Hermes Penton Ltd, London, 2002.
- A. J. Koivo, Fundamentals for Control of Robotic Manipulators, Wiley, New York, 1989.
- Y. Koren, Robotics for Engineers, McGraw - Hill, New York, 1985.
- F. L. Lewis, C. T. Abdallah, D. M. Dawson, Control of Robot Manipulators, Macmillan, New York, 1993.
- P. J. McKerrow, Introduction to Robotics, Addison - Wesley, Sydney, Australia, 1991.
- R. M. Murray, Z. Li, S. S. Sastry, A Mathematical Introduction to Robotic Manipulation, CRC Press, Boca Raton, FL, 1994.
- S. B. Niku, Introduction to Robotics: Analysis, Systems, Applications, Prentice - Hall, Upper Saddle River, NJ, 2001.
- R. P. Paul, Robot Manipulators: Mathematics, Programming, and Control MIT Press, Cambridge, MA, 1981.
- R. J. Schilling, Fundamentals of Robotics: Analysis and Control, Prentice - Hall, Englewood Cliffs, NJ, 1990.

- L. Sciavicco, B. Siciliano, Modelling and Control of Robot Manipulators, 2nd ed., Springer, London, UK, 2000.
- W. E. Snyder, Industrial Robots: Computer Interfacing and Control, Prentice - Hall, Englewood Cliffs, NJ, 1985. 34
- M. W. Spong, S. Hutchinson, M. Vidyasagar, Robot Modeling and Control, Wiley, New York, 2006.
- M. Vukobratovi'c, Introduction to Robotics, Springer - Verlag, Berlin, Germany, 1989.
- T. Yoshikawa, Foundations of Robotics, MIT Press, Boston, MA, 1990.

专业书籍

与机器人建模、规划和控制相关的主题：

- 机械手机械设计
- 操作工具
- 带弹性器件的机械手
- 并联机器人
- 移动装置
- 移动机器人
- 水下机器人与空间机器人
- 控制体系
- 运动控制与力控制
- 机器视觉
- 多传感器数据融合
- 遥控机器人
- 人-机器人交互

以下的书籍致力于这些主题：

- G. Antonelli, Underwater Robots: Motion and Force Control of Vehicle - Manipulator Systems, 2nd ed., Springer, Heidelberg, Germany, 2006.
- R. C. Arkin, Behavior - Based Robotics, MIT Press, Cambridge, MA, 1998.
- J. Baeten, J. De Schutter, Integrated Visual Servoing and Force Control: The Task Frame Approach, Springer, Heidelberg, Germany, 2003.
- M. Buehler, K. Iagnemma, S. Singh, (Eds.), The 2005 DARPA Grand Challenge: The Great Robot Race, Springer, Heidelberg, Germany, 2007.
- J. F. Canny, The Complexity of Robot Motion Planning, MIT Press, Cambridge, MA, 1988.
- H. Choset, K. M. Lynch, S. Hutchinson, G. Kantor, W. Burgard, L. E. Kavraki, S. Thrun, Principles of Robot Motion: Theory, Algorithms, and Implementations, MIT Press, Cambridge, MA, 2005.
- P. I. Corke, Visual Control of Robots: High - Performance Visual Servoing, Research Studies Press, Taunton, UK, 1996.

- M. R. Cutkosky, Robotic Grasping and Fine Manipulation, Kluwer, Boston, MA, 1985.
- H. F. Durrant - Whyte, Integration, Coordination and Control of Multi - Sensor Robot Systems, Kluwer, Boston, MA, 1988.
35 • A. Ellery, An Introduction to Space Robotics, Springer - Verlag, London, UK, 2000.
- A. R. Fraser, R. W. Daniel, Perturbation Techniques for Flexible Manipulators, Kluwer, Boston, MA, 1991.
- B. K. Ghosh, N. Xi, T. - J. Tarn,(Eds.), Control in Robotics and Automation: Sensor - Based Integration, Academic Press, San Diego, CA, 1999.
- K. Goldberg,(Ed.), The Robot in the Garden: Telerobotics and Telepistemology in the Age of the Internet, MIT Press, Cambridge, MA, 2000.
- S. Hirose, Biologically Inspired Robots, Oxford University Press, Oxford, UK, 1993.
- B. K. P. Horn, Robot Vision, McGraw - Hill, New York, 1986.
- K. Iagnemma, S. Dubowsky, Mobile Robots in Rough Terrain Estimation: Motion Planning, and Control with Application to Planetary Rovers Series, Springer, Heidelberg, Germany, 2004.
- R. Kelly, V. Santiba. nez, A. Lor'. a, Control of Robot Manipulators in Joint Space, Springer - Verlag, London, UK, 2005.
- J. - C. Latombe, Robot Motion Planning, Kluwer, Boston, MA, 1991.
- M. T. Mason, Mechanics of Robotic Manipulation, MIT Press, Cambridge, MA, 2001.
- M. T. Mason, J. K. Salisbury, Robot Hands and the Mechanics of Manipulation, MIT Press, Cambridge, MA, 1985.
- J. - P. Merlet, Parallel Robots, 2nd ed., Springer, Dordrecht, The Netherlands, 2006.
- R. R. Murphy, Introduction to AI Robotics, MIT Press, Cambridge, MA, 2000.
- C. Natale, Interaction Control of Robot Manipulators: Six - degrees - offreedom Tasks, Springer, Heidelberg, Germany, 2003.
- M. Raibert, Legged Robots that Balance, MIT Press, Cambridge, MA, 1985.
- E. I. Rivin, Mechanical Design of Robots, McGraw - Hill, New York, 1987.
- B. Siciliano, L. Villani, Robot Force Control , Kluwer, Boston, MA, 2000.
- R. Siegwart, Introduction to Autonomous Mobile Robots, MIT Press, Cambridge, MA, 2004.
- S. Thrun, W. Burgard, D. Fox, Probabilistic Robotics, MIT Press, Cambridge, MA, 2005.
- D. J. Todd, Walking Machines, an Introduction to Legged Robots, Chapman Hall, London, UK, 1985.
- L. - W. Tsai, Robot Analysis: The Mechanics of Serial and Parallel Manipulators, Wiley, New York, 1999.

有关研究现状的汇编

- M. Brady,(Ed.), Robotics Science, MIT Press, Cambridge, MA, 1989.

- M. Brady, J. M. Hollerbach, T. L. Johnson, T. Lozano - P'erez, M. T. Mason, (Eds.), Robot Motion: Planning and Control , MIT Press, Cambridge, MA, 1982.
- R. C. Dorf, International Encyclopedia of Robotics, Wiley, New York, 1988. 36
- V. D. Hunt, Industrial Robotics Handbook, Industrial Press, New York, 1983.
- O. Khatib, J. J. Craig, T. Lozano - P'erez, (Eds.), The Robotics Review 1 , MIT Press, Cambridge, MA, 1989.
- O. Khatib, J. J. Craig, T. Lozano - P'erez, (Eds.), The Robotics Review 2 , MIT Press, Cambridge, MA. , 1992.
- T. R. Kurfess,(Ed.), Robotics and Automation Handbook, CRC Press, Boca Raton, FL, 2005.
- B. Siciliano, O. Khatib,(Eds.), Springer Handbook of Robotics, Springer, Heidelberg, Germany, 2008.
- C. S. G. Lee, R. C. Gonzalez, K. S. Fu,(Eds.), Tutorial on Robotics, 2nd ed. , IEEE Computer Society Press, Silver Spring, MD, 1986.
- M. W. Spong, F. L. Lewis, C. T. Abdallah,(Eds.), Robot Control: Dynamics, Motion Planning, and Analysis, IEEE Press, New York, 1993.

科技期刊

- Advanced Robotics
- Autonomous Robots
- IEEE Robotics and Automation Magazine
- IEEE Transactions on Robotics
- International Journal of Robotics Research
- Journal of Field Robotics
- Journal of Intelligent and Robotic Systems
- Robotica
- Robotics and Autonomous Systems

国际科学会议系列

- IEEE International Conference on Robotics and Automation
- IEEE/RSJ International Conference on Intelligent Robots and Systems
- International Conference on Advanced Robotics
- International Symposium of Robotics Research
- International Symposium on Experimental Robotics
- Robotics: Science and Systems

上述杂志和会议来源于国际科学组织的参考源。还有很多其他的机器人学杂志和会议,它们致力于特定的主题,例如运动学、控制、视觉、计算方法、触觉、工业应用、空间和水下探测、人形机器人以及人机交互。另一方面,其他领域例如机械学、控制、传感器和人工智能的几份杂志和享有声誉的会议,也为机器人学主题提供了广阔的空间。 37

第 2 章　运动学

从机械的角度看，一个机械手可以用一系列通过转动关节或移动关节连接的刚体（连杆）运动链进行概要表示。链的一端安装在基座上，末端执行器则安装在链的另一端。链结构的运动结果可以通过每一连杆相对前一连杆的基本运动合成得到。因而，为了在空间中操作目标，有必要描述出末端执行器的位置和方向。本章基于线性代数知识，通过系统而一般性的方法，推导得出正运动学方程（direct kinematics equation），使末端执行器的位置和方向（简称为位姿）可以表示为相对参考坐标系机械结构中关节变量的函数。其中开链和闭链运动学结构都将考虑。为获得方向的最简表示（minimal representation of orientation），本章将介绍操作空间（operational space）的概念，并建立其与关节空间（joint space）的关系。进一步地，将介绍机械手运动学参数的标定（calibration）技术。在本章最后，由相应于给定末端执行器位姿的关节变量的确定方法，推导了逆运动学问题（inverse kinematics problem）的求解。

2.1　刚体的姿态

刚体（rigid body）可以由其在空间中相对参考坐标系的位置和方向（简记为位姿）进行完整的描述。如图 2.1 所示，令 $O-xyz$ 为标准正交参考坐标系，$\boldsymbol{x}$，$\boldsymbol{y}$，$\boldsymbol{z}$ 为坐标轴的单位向量。

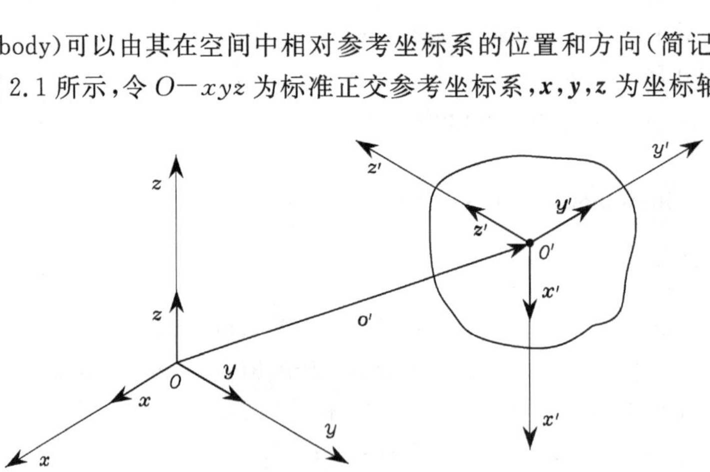

图 2.1　刚体的位置和方向

刚体上的点 O' 相对坐标系 $O-xyz$ 的位置可以表示为关系式

$$\boldsymbol{o}' = o'_x\boldsymbol{x} + o'_y\boldsymbol{y} + o'_z\boldsymbol{z}$$

其中 o'_x，o'_y，o'_z 表示向量 $\boldsymbol{o}' \in \mathbb{R}^3$ 在坐标轴上的分量。O' 的位置可以简写为（3 × 1）向量

$$\boldsymbol{o}' = \begin{bmatrix} o'_x \\ o'_y \\ o'_z \end{bmatrix} \tag{2.1}$$

由于除了方向和模长，其作用点和作用线都是规定的，因此 $\boldsymbol{o}'$ 是有界向量。

为了描述刚体的指向，考虑建立一个固连于刚体的标准正交坐标系，并由其相对参考坐标系的单位向量来表示。令此坐标系为 $O'-x'y'z'$，其原点为 O'，坐标轴的单位向量为 $\boldsymbol{x}'$，$\boldsymbol{y}'$，$\boldsymbol{z}'$。这些向量在参考坐标系 $O-xyz$ 中的表达式为：

$$\begin{aligned} \boldsymbol{x}' &= x'_x\boldsymbol{x} + x'_y\boldsymbol{y} + x'_z\boldsymbol{z} \\ \boldsymbol{y}' &= y'_x\boldsymbol{x} + y'_y\boldsymbol{y} + y'_z\boldsymbol{z} \\ \boldsymbol{z}' &= z'_x\boldsymbol{x} + z'_y\boldsymbol{y} + z'_z\boldsymbol{z} \end{aligned} \tag{2.2}$$

每一单位向量的分量都是坐标系 $O'-x'y'z'$ 的轴相对参考坐标系 $O-xyz$ 的方向余弦。

2.2　旋转矩阵

为使描述简便起见，式(2.2)中描述刚体相对参考坐标系的指向的三个单位向量可以组合为一个(3×3)矩阵。

$$\boldsymbol{R} = [\boldsymbol{x}' \quad \boldsymbol{y}' \quad \boldsymbol{z}'] = \begin{bmatrix} x'_x & y'_x & z'_x \\ x'_y & y'_y & z'_y \\ x'_z & y'_z & z'_z \end{bmatrix} = \begin{bmatrix} \boldsymbol{x}'^{\mathrm{T}}\boldsymbol{x} & \boldsymbol{y}'^{\mathrm{T}}\boldsymbol{x} & \boldsymbol{z}'^{\mathrm{T}}\boldsymbol{x} \\ \boldsymbol{x}'^{\mathrm{T}}\boldsymbol{y} & \boldsymbol{y}'^{\mathrm{T}}\boldsymbol{y} & \boldsymbol{z}'^{\mathrm{T}}\boldsymbol{y} \\ \boldsymbol{x}'^{\mathrm{T}}\boldsymbol{z} & \boldsymbol{y}'^{\mathrm{T}}\boldsymbol{z} & \boldsymbol{z}'^{\mathrm{T}}\boldsymbol{z} \end{bmatrix} \tag{2.3}$$

定义 $\boldsymbol{R}$ 为旋转矩阵。 40

需要注意矩阵 $\boldsymbol{R}$ 的列向量相互正交，原因在于它们表示的是正交坐标系的单位向量，即

$$\boldsymbol{x}'^{\mathrm{T}}\boldsymbol{y}' = 0 \quad \boldsymbol{y}'^{\mathrm{T}}\boldsymbol{z}' = 0 \quad \boldsymbol{z}'^{\mathrm{T}}\boldsymbol{x}' = 0$$

同时，其模长均为 1，即

$$\boldsymbol{x}'^{\mathrm{T}}\boldsymbol{x}' = 1 \quad \boldsymbol{y}'^{\mathrm{T}}\boldsymbol{y}' = 1 \quad \boldsymbol{z}'^{\mathrm{T}}\boldsymbol{z}' = 1$$

因此，矩阵 $\boldsymbol{R}$ 是一个正交矩阵，即

$$\boldsymbol{R}^{\mathrm{T}}\boldsymbol{R} = \boldsymbol{I}_3 \tag{2.4}$$

其中，$\boldsymbol{I}_3$ 表示(3 × 3)单位矩阵。

如果在式(2.4)的两边同时右乘逆矩阵 $\boldsymbol{R}^{-1}$，可以得到以下有用的结论：

$$\boldsymbol{R}^{\mathrm{T}} = \boldsymbol{R}^{-1} \tag{2.5}$$

即旋转矩阵的转置与其逆矩阵相等。进一步地，注意到如果坐标系满足右手法则，则 $\det(\boldsymbol{R}) = 1$，如果满足左手法则，则 $\det(\boldsymbol{R}) = -1$。

如上定义的旋转矩阵属于实(m×m)矩阵中的特殊正交群(special orthonormal group) $SO(m)$，其列为正交的且行列式为 1。在作空间旋转时，$m=3$，在作平面旋转时，$m=2$。

2.2.1　基本旋转

考虑一个坐标系可以通过参考坐标系相对某一坐标轴的基本旋转得到。如果相对坐标轴作逆时针方向旋转，则旋转为正。

假设参考坐标系 $O-xyz$ 绕 z 轴旋转角度 α(图 2.2)，令 $O-x'y'z'$ 为旋转后的坐标系。新坐标系的单位向量可以通过其相对参考坐标系的分量来描述。即

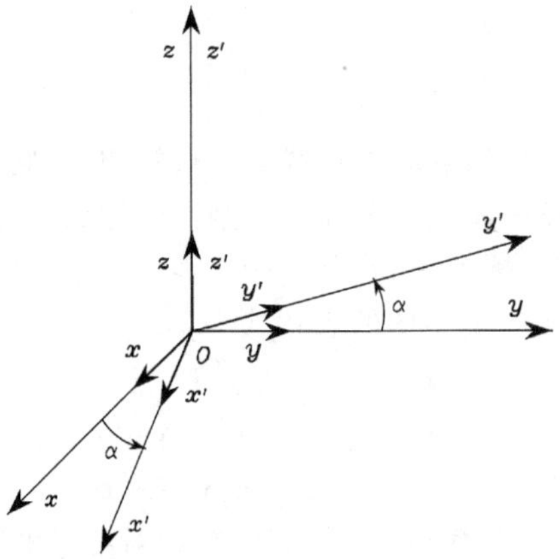

图 2.2 坐标系 O-xyz 绕坐标轴 z 旋转 α 角

41 $$\boldsymbol{x}'=\begin{bmatrix}\cos\alpha\\ \sin\alpha\\ 0\end{bmatrix}\quad \boldsymbol{y}'=\begin{bmatrix}-\sin\alpha\\ \cos\alpha\\ 0\end{bmatrix}\quad \boldsymbol{z}'=\begin{bmatrix}0\\ 0\\ 1\end{bmatrix}$$

从而，坐标系 $O-x'y'z'$ 关于坐标系 $O-xyz$ 的旋转矩阵为

$$\boldsymbol{R}_z(\alpha)=\begin{bmatrix}\cos\alpha & -\sin\alpha & 0\\ \sin\alpha & \cos\alpha & 0\\ 0 & 0 & 1\end{bmatrix}\tag{2.6}$$

类似地，绕 y 轴旋转 β 角及绕 x 轴旋转 γ 的旋转可以分别由下列式子给出

$$\boldsymbol{R}_y(\beta)=\begin{bmatrix}\cos\beta & 0 & \sin\beta\\ 0 & 1 & 0\\ -\sin\beta & 0 & \cos\beta\end{bmatrix}\tag{2.7}$$

$$\boldsymbol{R}_x(\gamma)=\begin{bmatrix}1 & 0 & 0\\ 0 & \cos\gamma & -\sin\gamma\\ 0 & \sin\gamma & \cos\gamma\end{bmatrix}\tag{2.8}$$

这些矩阵将有助于描述绕空间中任一轴的旋转。

容易验证，式(2.6)到式(2.8)中的基本旋转具有如下性质：

$$\boldsymbol{R}_k(-\vartheta)=\boldsymbol{R}_k^{\mathrm{T}}(\vartheta)\quad k=x,y,z\tag{2.9}$$

考虑式(2.6)到(2.8)，旋转矩阵可以被赋予几何意义，即矩阵 $\boldsymbol{R}$ 描述了在空间中将参考坐标系的坐标轴调整到与机器人本体坐标系相应的坐标轴相一致时，所需要绕单个坐标轴进行的旋转。

2.2.2 向量的表示

42 为更深入理解旋转矩阵的几何含义，考虑本体坐标系原点与参考坐标系原点重合的情况(图 2.3)，此时，$\boldsymbol{o}'=\boldsymbol{0}$，其中 $\boldsymbol{0}$ 代表 (3×1) 零向量。

相对于坐标系 $O-xyz$，空间中的一点 $\boldsymbol{P}$ 可以表示为

$$p = \begin{bmatrix} p_x \\ p_y \\ p_z \end{bmatrix}$$

或相对于坐标系 $O-x'y'z'$，点 $\boldsymbol{P}$ 可以表示为

$$p' = \begin{bmatrix} p'_x \\ p'_y \\ p'_z \end{bmatrix}$$

由于 $\boldsymbol{p}$ 和 $\boldsymbol{p}'$ 表示的是同一点 $\boldsymbol{P}$，有

$$\boldsymbol{p} = p'_x\boldsymbol{x}' + p'_y\boldsymbol{y}' + p'_z\boldsymbol{z}' = [\boldsymbol{x}' \quad \boldsymbol{y}' \quad \boldsymbol{z}']\boldsymbol{p}'$$

而且，根据式(2.3)，有

$$\boldsymbol{p} = \boldsymbol{R}\boldsymbol{p}' \tag{2.10}$$

旋转矩阵 $\boldsymbol{R}$ 表示坐标系 $O-x'y'z'$ 中的向量坐标转换为同一向量在坐标系 $O-xyz$ 中的坐标的变换矩阵（transformation matrix）。由式(2.4)的正交性质，逆变换可简单地由下式给出

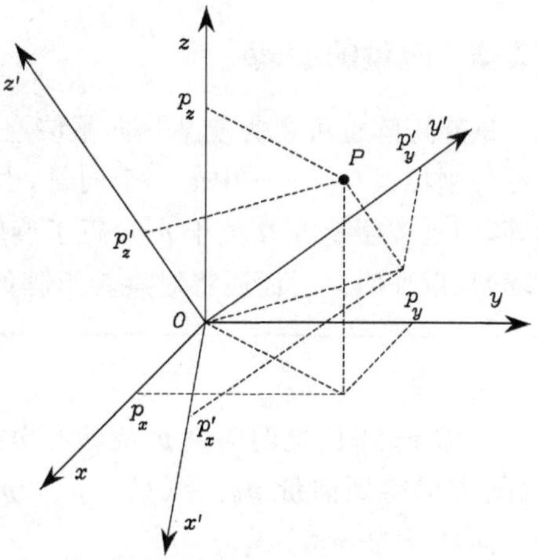

图 2.3　点 P 在两个不同坐标系中的表示

$$\boldsymbol{p}' = \boldsymbol{R}^{\mathrm{T}}\boldsymbol{p} \tag{2.11}$$ 43

例 2.1

考虑坐标原点相同的两个坐标系，这两个坐标系相互之间是通过绕 z 轴旋转 α 角得到的。令 $\boldsymbol{p}$ 和 $\boldsymbol{p}'$ 分别为点 $\boldsymbol{P}$ 在坐标系 $O-xyz$ 和坐标系 $O-x'y'z'$ 下的坐标向量（图 2.4）。基于简单的几何学知识，点 $\boldsymbol{P}$ 在两个坐标系下的坐标之间的关系为

$$p_x = p'_x\cos\alpha - p'_y\sin\alpha$$
$$p_y = p'_x\sin\alpha + p'_y\cos\alpha$$
$$p_z = p'_z$$

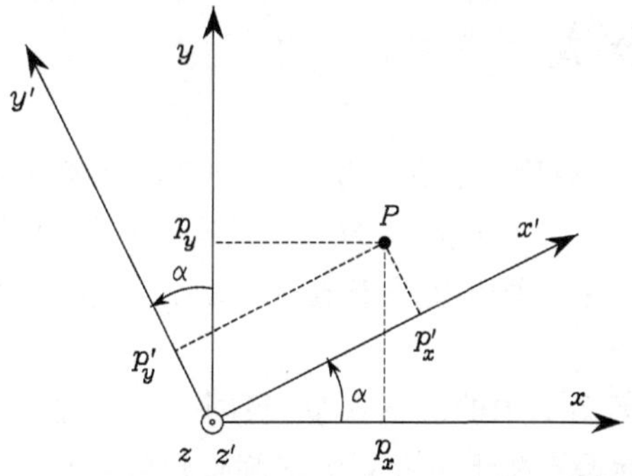

图 2.4　点 $\boldsymbol{P}$ 在旋转后坐标系中的表示

从而，矩阵(2.6)不仅表示一个坐标系相对另一坐标系的指向关系，同时还描述了当原点重合时，一个向量从一个坐标系中到另一个坐标系的转换关系。

2.2.3 向量的旋转

旋转矩阵也可视为使某一向量绕空间中任一轴旋转给定角度的矩阵算子。事实上,令 $\boldsymbol{p}'$ 为参考坐标系 $O-xyz$ 中的一个向量,由于矩阵 $\boldsymbol{R}$ 的正交性,乘积 $\boldsymbol{R}\boldsymbol{p}'$ 得到的向量 $\boldsymbol{p}$ 与 $\boldsymbol{p}'$ 的模相等,但是按照矩阵 $\boldsymbol{R}$ 关于 $\boldsymbol{p}'$ 进行了旋转。模相等这一点可以通过 $\boldsymbol{p}^{\mathrm{T}}\boldsymbol{p}=\boldsymbol{p}'^{\mathrm{T}}\boldsymbol{R}^{\mathrm{T}}\boldsymbol{R}\boldsymbol{p}'$ 并利用式
44 (2.4)加以证明。后面还将对旋转矩阵的这一解释进行讨论。

例 2.2

考虑 xy 平面上的向量 $\boldsymbol{p}'$ 绕参考坐标系的 z 轴旋转 α 角(图 2.5)得到向量 $\boldsymbol{p}$。令 (p'_x, p'_y, p'_z) 为向量 $\boldsymbol{p}'$ 的坐标。向量 $\boldsymbol{p}$ 的分量为

$$p_x = p'_x\cos\alpha - p'_y\sin\alpha$$
$$p_y = p'_x\sin\alpha + p'_y\cos\alpha$$
$$p_z = p'_z$$

易知 $\boldsymbol{p}$ 可以被表示为

$$\boldsymbol{p} = \boldsymbol{R}_z(\alpha)\boldsymbol{p}'$$

其中 $\boldsymbol{R}_z(\alpha)$ 为式(2.6)中相同的旋转矩阵。

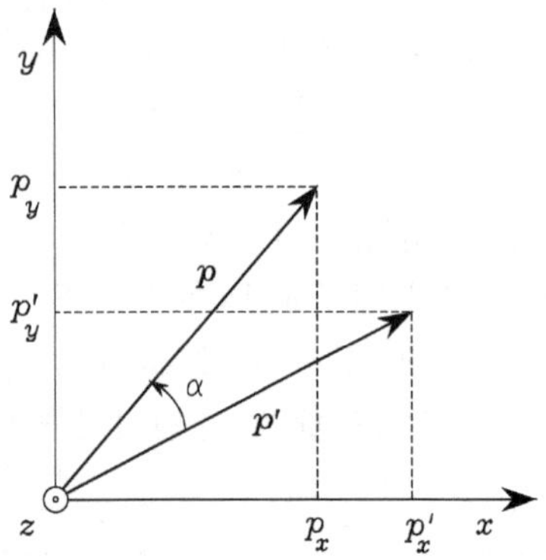

图 2.5 向量的旋转

总之,一个旋转矩阵具有三个等价的几何学意义:

- 它描述了两个坐标系之间的相对指向。其列向量为旋转后坐标系中的轴关于原坐标系中的轴的方向余弦。
- 它表示了同一点在两个不同坐标系(坐标原点重合)下坐标之间的坐标变换。
- 它是将向量在同一坐标系下进行旋转的算子。

2.3 旋转矩阵的合成

为了推导旋转矩阵的合成规则,有必要考虑一个向量在两个不同参考坐标系下的表示。
45 因此,令 $O-x_0y_0z_0$、$O-x_1y_1z_1$、$O-x_2y_2z_2$ 为三个具有同一原点 O 的坐标系。描述空间中任一点位置的向量 $\boldsymbol{p}$ 可以在上述三个坐标系中进行表示。令 $\boldsymbol{p}^0$, $\boldsymbol{p}^1$, $\boldsymbol{p}^2$ 分别代表向量 $\boldsymbol{p}$ 在三个坐标系中的表示①。

首先,考虑向量 $\boldsymbol{p}$ 在坐标系 2 中的表达式 $\boldsymbol{p}^2$ 与同一个向量在坐标系 1 中的表达式 $\boldsymbol{p}^1$ 之间的关系。如果 $\boldsymbol{R}_i^j$ 代表坐标系 i 关于坐标系 j 的旋转矩阵,有

$$\boldsymbol{p}^1 = \boldsymbol{R}_2^1\boldsymbol{p}^2 \tag{2.12}$$

类似地,有

$$\boldsymbol{p}^0 = \boldsymbol{R}_1^0\boldsymbol{p}^1 \tag{2.13}$$
$$\boldsymbol{p}^0 = \boldsymbol{R}_2^0\boldsymbol{p}^2 \tag{2.14}$$

---

① 今后,向量或矩阵的上标表示其分量在其中进行表示的坐标系。

另一方面，将式(2.12)代入式(2.13)，并利用式(2.14)得到

$$\boldsymbol{R}_2^0 = \boldsymbol{R}_1^0 \boldsymbol{R}_2^1 \tag{2.15}$$

式(2.15)中的矩阵关系可以解释为连续旋转的合成。考虑一个坐标系初始状态与坐标系 $O-x_0y_0z_0$ 一致。用矩阵 $\boldsymbol{R}_2^0$ 表示的旋转可以看作是通过两步得到的：

- 首先根据 $\boldsymbol{R}_1^0$ 对给定坐标系进行旋转，使之与坐标系 $O-x_1y_1z_1$ 一致。
- 然后根据 $\boldsymbol{R}_2^1$ 将现在已与坐标系 $O-x_1y_1z_1$ 一致的坐标系进行旋转，使之与坐标系 $O-x_2y_2z_2$ 一致。

注意到完整的旋转可以表示成一系列的部分旋转，每一个部分旋转均相对前一个旋转进行定义，进行旋转的参考坐标系定义为当前坐标系。从而按给定的旋转顺序右乘旋转矩阵，进行连续旋转的合成，如式(2.15)。采用式(2.5)中的记法，有

$$\boldsymbol{R}_i^j = (\boldsymbol{R}_j^i)^{-1} = (\boldsymbol{R}_j^i)^{\mathrm{T}} \tag{2.16}$$

连续旋转也可以一直相对初始坐标系来进行解释。在此情形下，旋转是相对固定坐标系进行的。令 $\boldsymbol{R}_1^0$ 为坐标系 $O-x_1y_1z_1$ 关于固定坐标系 $O-x_0y_0z_0$ 的旋转矩阵，然后令 $\bar{\boldsymbol{R}}_2^0$ 表征坐标系 $O-x_2y_2z_2$ 相对坐标系 0 的矩阵关系，它由坐标系 1 根据矩阵 $\bar{\boldsymbol{R}}_2^1$ 进行旋转得到。由于(2.15)式给出了绕当前坐标系的轴进行连续旋转的合成规则，整体旋转可以被看作是通过以 46
下步骤得到的：

- 首先用坐标系 0 通过旋转 $\boldsymbol{R}_0^1$ 对坐标系 1 进行重排。
- 然后，将当前坐标系的旋转表示为 $\bar{\boldsymbol{R}}_2^1$。
- 最后，通过逆旋转 $\boldsymbol{R}_1^0$ 补偿重排坐标系进行的旋转。

由于上述旋转是关于当前坐标系进行描述的，应用式(2.15)的合成规则可得

$$\bar{\boldsymbol{R}}_2^0 = \boldsymbol{R}_1^0 \boldsymbol{R}_0^1 \bar{\boldsymbol{R}}_2^1 \boldsymbol{R}_1^0$$

考虑式(2.16)，有

$$\bar{\boldsymbol{R}}_2^0 = \bar{\boldsymbol{R}}_2^1 \boldsymbol{R}_1^0 \tag{2.17}$$

其中，得到的 $\bar{\boldsymbol{R}}_2^0$ 不同于式(2.15)中的矩阵 $\boldsymbol{R}_2^0$。由此可知，关于固定坐标系连续旋转的合成，可以通过按照给定的旋转顺序，左乘单个旋转矩阵进行。

回顾旋转矩阵在当前坐标系相对固定坐标系的指向方面的含义，可以意识到，旋转矩阵的列为当前坐标系的轴相对固定坐标系的方向余弦，而其行(其转置矩阵和逆矩阵的列)则为固定坐标系的轴关于当前坐标系的方向余弦。

旋转合成中的一个重要问题，是矩阵乘法不满足交换律。考虑到这一点，可以得出这样的结论，即一般说来两个旋转不可交换顺序，并且其合成关系依赖于单个旋转的顺序。

例 2.3

考虑一个对象及固连于其上的坐标系。图 2.6 显示出改变对象关于当前坐标系的两次连续旋转的顺序所带来的影响。显然，在两种情形下，对象的最终指向是不同的。在相对当前(应为固定，原文似有误——译者注)坐标系进行旋转的情形中，其最终指向也是不同的(图 2.7)。有趣的是，可以发现，相对固定坐标系的旋转顺序带来的影响与相对当前坐标系的旋转顺序带来的影响是互换的。这一点可以通过固定坐标系下的旋转顺序与当前坐标系下的旋转顺序是互换的得到解释。 47

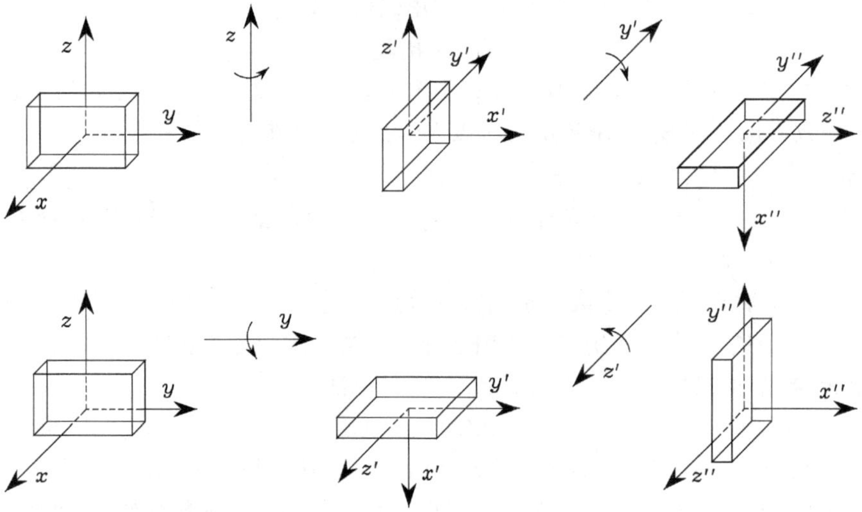

图 2.6 物体绕当前坐标系的轴的相继旋转

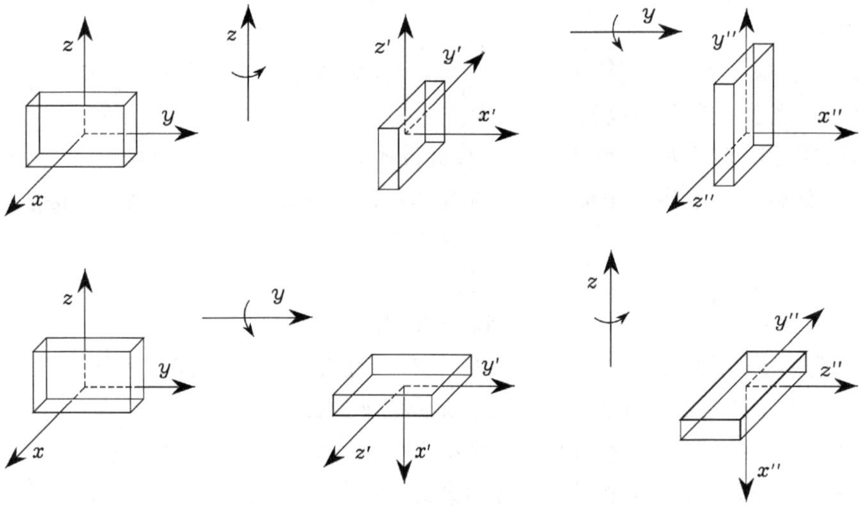

图 2.7 物体绕固定坐标系的轴的连续旋转

2.4 欧拉角

旋转矩阵对于坐标系指向的描述是冗余的。旋转矩阵用了 9 个元素来刻画其特征,而事实上,由于式(2.4)给出的正交性条件带来 6 个约束,这 9 个元素之间不是独立的,而是相关
48 的。这就意味着,只要 3 个参数就足以描述一个刚体在空间中的指向。由 3 个独立的参数对指向进行描述,构成最简表示式。事实上,特殊正交群 $SO(m)$的最简表示需要 $m(m-1)/2$ 个参数,因此,需要用 3 个参数来表示 $SO(3)$,而表示一个平面旋转 $SO(2)$只需要一个参数。

指向的最简表示可以通过三个角度的集合$\phi=[\varphi,\ \vartheta,\ \psi]^{\mathrm{T}}$ 得到。将表示绕一个坐标轴进行基本旋转的旋转矩阵看成是单个角度的函数。这样，一般的旋转矩阵就可以通过 3 个基本旋转的 1 个适当序列的合成来实现，在此过程中需要保证两个连续旋转不是绕平行轴进行的。这就意味着在 27 种可能的组合中，只有 12 种不同的角度集合是可行的，每一集合表示 3 个一组的欧拉角。下面，将对两组欧拉角进行分析，即 *ZYZ* 角和 *ZYX*（或滚动-俯仰-偏航）角。

2.4.1　*ZYZ* 角

用 *ZYZ* 角描述的旋转可以通过如下的基本旋转合成得到(图 2.8)。

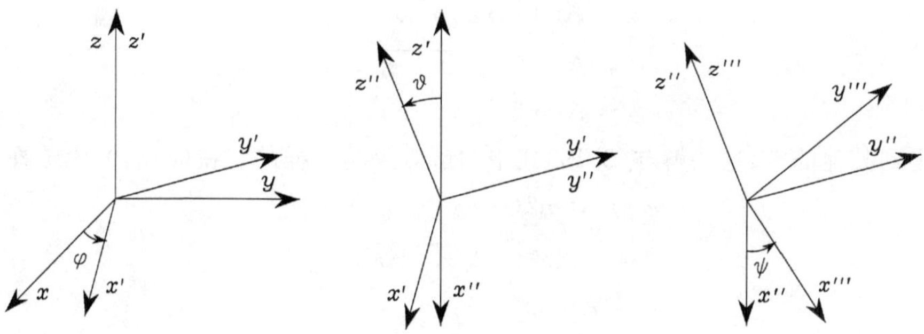

图 2.8　欧拉角的 *ZYZ* 表示

- 将参考坐标系绕 z 轴旋转角度 φ，这一旋转可以用式(2.6)定义的矩阵 $\boldsymbol{R}_z(\varphi)$来描述。
- 将当前坐标系绕 y'轴旋转角度 ϑ，这一旋转可以用式(2.7)定义的矩阵 $\boldsymbol{R}_{y'}(\vartheta)$来描述。
- 将当前坐标系绕 z''轴旋转角度 ψ，这一旋转同样可以用式(2.6)定义的矩阵 $\boldsymbol{R}_{z''}(\psi)$来描述。 49

最终坐标系的指向通过相对当前坐标系旋转的合成得到，因此可以通过右乘基本旋转矩阵来计算，即[①]

$$\boldsymbol{R}(\phi)=\boldsymbol{R}_z(\varphi)\boldsymbol{R}_{y'}(\vartheta)\boldsymbol{R}_{z''}(\psi)$$
$$=\begin{bmatrix} c_\varphi c_\vartheta c_\psi - s_\varphi s_\psi & -c_\varphi c_\vartheta s_\psi - s_\varphi c_\psi & c_\varphi s_\vartheta \\ s_\varphi c_\vartheta c_\psi + c_\varphi s_\psi & -s_\varphi c_\vartheta s_\psi + c_\varphi c_\psi & s_\varphi s_\vartheta \\ -s_\vartheta c_\psi & s_\vartheta s_\psi & c_\vartheta \end{bmatrix} \tag{2.18}$$

确定相应于给定旋转矩阵的欧拉角集合，对逆运动学问题求解很有用。假定旋转矩阵为

$$\boldsymbol{R}=\begin{bmatrix} r_{11} & r_{12} & r_{13} \\ r_{21} & r_{22} & r_{23} \\ r_{31} & r_{32} & r_{33} \end{bmatrix}$$

将此表达式与式(2.18)中 $\boldsymbol{R}(\phi)$的表达式相比较。考虑元素[1，3]和[2，3]，假定 $r_{13}\neq 0$ 及 $r_{23}\neq 0$，有

$$\varphi=\mathrm{Atan2}(r_{23},r_{13})$$

① 记号 c_ϕ 和 s_ϕ 分别是 $\cos\phi$ 和 $\sin\phi$ 的简写。在全书中经常采用这样的简记记号。

其中，Atan2(y,x)为两个自变量的反正切函数①。然后，求元素[1，3]和[2，3]的平方和并利用元素[3，3]，得到

$$\vartheta = \text{Atan2}(\sqrt{r_{13}^2 + r_{23}^2}, r_{33})$$

选择$\sqrt{r_{13}^2 + r_{23}^2}$项的系数为正，将$\vartheta$的取值范围限定在$(0,\pi)$。基于这样的假设，考虑元素[3，1]和 [3，2]，有

$$\psi = \text{Atan2}(r_{32}, -r_{31})$$

故，所求解为

$$\begin{aligned} \varphi &= \text{Atan2}(r_{23}, r_{13}) \\ \vartheta &= \text{Atan2}(\sqrt{r_{13}^2 + r_{23}^2}, r_{33}) \\ \psi &= \text{Atan2}(r_{32}, -r_{31}) \end{aligned} \tag{2.19}$$

也有可能得到其他的解，这些解与(2.19)式中的解效果是一样的。在$(-\pi,0)$中选择ϑ得到

50

$$\begin{aligned} \varphi &= \text{Atan2}(-r_{23}, -r_{13}) \\ \vartheta &= \text{Atan2}(-\sqrt{r_{13}^2 + r_{23}^2}, r_{33}) \\ \psi &= \text{Atan2}(-r_{32}, r_{31}) \end{aligned} \tag{2.20}$$

当$s_\vartheta=0$时，解(2.19)、(2.20)会退化。在这种情形下，可能只能确定φ和ψ的和或差。事实上，如果$\vartheta=0$，π，则连续的旋转φ和ψ是绕当前坐标系的平行轴进行的，这就使得旋转是等价的，见习题 2.2②

2.4.2 *RPY* 角

另一组欧拉角来源于(航空)航海领域中方向的表示。这些是 *ZYX* 角，也称为滚动－俯仰－偏航角，用来指示飞行器姿态的典型改变。在这种情形下，角$\boldsymbol{\phi}=|\varphi, \vartheta, \psi|^{\mathrm{T}}$表示相对固连于飞行器质心的固定坐标系定义的旋转(图 2.9)。

按照滚动-俯仰-偏航角得到的旋转结果可以按照如下步骤获得：

- 将参考坐标系绕x轴旋转角度ψ(偏航角)，这一旋转由如(2.8)式定义的矩阵$\boldsymbol{R}_x(\psi)$描述。
- 将参考坐标系绕y轴旋转角度ϑ(俯仰角)，这一旋转由如(2.7)式定义的矩阵$\boldsymbol{R}_y(\vartheta)$描述。
- 将参考坐标系绕z轴旋转角度φ(滚动角)，这一旋转由如(2.6)式定义的矩阵$\boldsymbol{R}_z(\varphi)$
51 描述。

坐标系的最终指向由相对固定坐标系旋转的合成得到，因此可以通过左乘基本旋转矩阵计算得到，即③

$$\boldsymbol{R}(\boldsymbol{\phi}) = \boldsymbol{R}_z(\varphi)\boldsymbol{R}_y(\vartheta)\boldsymbol{R}_x(\psi)$$

---

① 函数 Atan2(y, x)计算比例 y/x 的反正切，但是使用每个自变量的符号来确定结果角度属于哪一个象限。这就使得能够在 0 到 2π 范围内正确确定角度。

② 在后续章节中，可以看到这些构造表征了所谓的欧拉角表示奇点。

③ 按顺序排列的绕固定坐标系轴的 *XYZ* 旋转序列与绕当前坐标系轴的 *ZYX* 旋转序列是等价的。

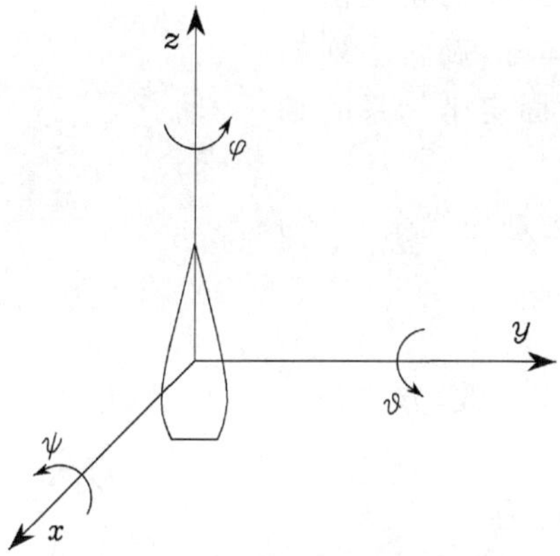

图 2.9　滚动-俯仰-偏航角度的表示

$$
= \begin{bmatrix} c_\varphi c_\vartheta & c_\varphi s_\vartheta s_\psi - s_\varphi c_\psi & c_\varphi s_\vartheta c_\psi + s_\varphi s_\psi \\ s_\varphi c_\vartheta & s_\varphi s_\vartheta s_\psi + c_\varphi c_\psi & s_\varphi s_\vartheta c_\psi - c_\varphi s_\psi \\ -s_\vartheta & c_\vartheta s_\psi & c_\vartheta c_\psi \end{bmatrix} \tag{2.21}
$$

而欧拉角 ZYZ 是如下给定旋转矩阵的逆解

$$
\boldsymbol{R} = \begin{bmatrix} r_{11} & r_{12} & r_{13} \\ r_{21} & r_{22} & r_{23} \\ r_{31} & r_{32} & r_{33} \end{bmatrix}
$$

可以通过将其与式(2.21)中 $R(\phi)$的表达式相比较得到。

当 ϑ 属于区间$(-\pi/2,\ \pi/2)$时，有

$$
\begin{aligned}
\varphi &= \mathrm{Atan2}(r_{21},\ r_{11}) \\
\vartheta &= \mathrm{Atan2}(-r_{31},\ \sqrt{r_{32}^2 + r_{33}^2}) \\
\psi &= \mathrm{Atan2}(r_{32},\ r_{33})
\end{aligned} \tag{2.22}
$$

当 ϑ 属于区间$(\pi/2,\ 3\pi/2)$时，其等价的解为

$$
\begin{aligned}
\varphi &= \mathrm{Atan2}(-r_{21},\ -r_{11}) \\
\vartheta &= \mathrm{Atan2}(-r_{31},\ -\sqrt{r_{32}^2 + r_{33}^2}) \\
\psi &= \mathrm{Atan2}(-r_{32},\ -r_{33})
\end{aligned} \tag{2.23}
$$

当 $c_\vartheta=0$ 时，得到(2.22)和(2.23)中的退化解。此时，有可能只能确定 φ 和 ψ 的和或差。

2.5　角和轴

绕空间中某一轴旋转指定角度的指向的非最简表达式，可以采用 4 个参数进行表示。这一点在机械手末端执行器指向的轨迹规划问题中是有用的。

令 $\boldsymbol{r}=[r_x \quad r_y \quad r_z]^{\mathrm{T}}$ 为关于参考坐标系 $O-xyz$ 的旋转轴的单位向量。为了导出表示绕轴 $\boldsymbol{r}$ 旋转角度 ϑ 的旋转矩阵 $\boldsymbol{R}(\vartheta,\boldsymbol{r})$，方便的做法是对绕参考坐标系的坐标轴的基本旋转进行 52
合成。如果旋转是绕轴 $\boldsymbol{r}$ 逆时针方向进行的，则角度为正。

如图 2.10 所示，一个可能的解决方案是首先将轴 $\boldsymbol{r}$ 旋转必要的角度，使之与 z 轴一致，然

后绕 z 轴旋转 ϑ 度，最后旋转必要的角度使单位向量与初始方向一致。具体地，旋转序列如下所示，其中旋转始终是相对固定坐标系的轴进行的：

- 使得 $\boldsymbol{r}$ 与 z 一致，方法是先绕 z 转 $-\alpha$ 角，再绕 y 转 $-\beta$ 角。
- 绕 z 转 ϑ 角。
- 重排使与 $\boldsymbol{r}$ 的初始指向一致，方法是先绕 y 转 β 角，再绕 z 转 α 角。

归纳起来，最终的旋转矩阵为

$$\boldsymbol{R}(\vartheta,r)=\boldsymbol{R}_z(\alpha)\boldsymbol{R}_y(\beta)\boldsymbol{R}_z(\vartheta)\boldsymbol{R}_y(-\beta)\boldsymbol{R}_z(-\alpha) \tag{2.24}$$

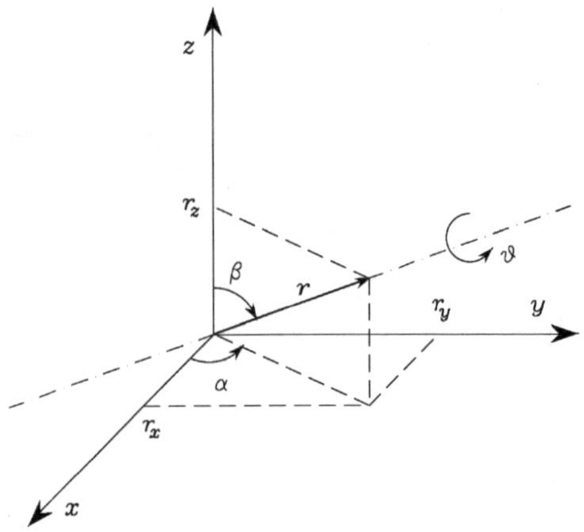

图 2.10 绕一轴旋转一定的角度

通过单位向量 $\boldsymbol{r}$ 的分量，可以提取出需要用于计算式(2.24)中旋转矩阵的超越函数，以便消除对 α 和 β 的依赖。实际上，有

$$\sin\alpha=\frac{r_y}{\sqrt{r_x^2+r_y^2}}\quad\cos\alpha=\frac{r_x}{\sqrt{r_x^2+r_y^2}}$$

53

$$\sin\beta=\sqrt{r_x^2+r_y^2}\quad\cos\beta=r_z$$

于是可以发现相应于给定角度和轴的旋转矩阵为(见习题 2.4)

$$\boldsymbol{R}(\vartheta,\boldsymbol{r})=\begin{bmatrix} r_x^2(1-c_\vartheta)+c_\vartheta & r_xr_y(1-c_\vartheta)-r_zs_\vartheta & r_xr_z(1-c_\vartheta)+r_ys_\vartheta \\ r_xr_y(1-c_\vartheta)+r_zs_\vartheta & r_y^2(1-c_\vartheta)+c_\vartheta & r_yr_z(1-c_\vartheta)-r_xs_\vartheta \\ r_xr_z(1-c_\vartheta)-r_ys_\vartheta & r_yr_z(1-c_\vartheta)+r_xs_\vartheta & r_z^2(1-c_\vartheta)+c_\vartheta \end{bmatrix} \tag{2.25}$$

该矩阵具有如下的性质：

$$\boldsymbol{R}(-\vartheta,-\boldsymbol{r})=\boldsymbol{R}(\vartheta,\boldsymbol{r}) \tag{2.26}$$

即，绕 $-\boldsymbol{r}$ 旋转 $-\vartheta$ 与绕 $\boldsymbol{r}$ 旋转 ϑ 没有区别，因此，这种表示是不唯一的。

如果需要求问题的逆解以计算相应于如下给定旋转矩阵的轴和角度

$$\boldsymbol{R}=\begin{bmatrix} r_{11} & r_{12} & r_{13} \\ r_{21} & r_{22} & r_{23} \\ r_{31} & r_{32} & r_{33} \end{bmatrix}$$

以下结论是有用的：

$$\vartheta=\arccos\left(\frac{r_{11}+r_{22}+r_{33}-1}{2}\right) \tag{2.27}$$

$$\boldsymbol{r}=\frac{1}{2\sin\vartheta}\begin{bmatrix} r_{32}-r_{23} \\ r_{13}-r_{31} \\ r_{21}-r_{12} \end{bmatrix} \tag{2.28}$$

其中 $\sin\vartheta\neq0$。注意表达式(2.27)、(2.28)是通过 4 个变量来描述旋转的，即角度量和轴的单位向量的 3 个分量。但是，易知 r 的 3 个分量不是独立的，而是受到以下条件的约束

$$r_x^2+r_y^2+r_z^2=1 \tag{2.29}$$

如果 $\sin\vartheta=0$，表达式(2.27)和(2.28)将失去意义。为了求解逆问题，有必要直接参考通过旋转矩阵 $\boldsymbol{R}$ 得到的特定表达式，并找到 $\vartheta=0$ 及 $\vartheta=\pi$ 情形下的求解公式。注意到，当 $\vartheta=0$

(不旋转)时,单位向量 $\boldsymbol{r}$ 是任意的(奇异的)。也可以参见习题 2.5.

2.6　单位四元数

角度/轴表达式的不足可以通过一个不同的四参数表达式加以克服。即单位四元数(unit quaternion),也就是欧拉参数,定义为$\mathcal{Q}=\{\eta,\boldsymbol{\epsilon}\}$,其中:

$$\eta = \cos\frac{\vartheta}{2} \tag{2.30}$$ 54

$$\boldsymbol{\epsilon} = \sin\frac{\vartheta}{2}\boldsymbol{r} \tag{2.31}$$

η 称为四元数的标量部分,而$\boldsymbol{\epsilon}=[\epsilon_x \quad \epsilon_y \quad \epsilon_z]^{\mathrm{T}}$ 称为四元数的向量部分。它们受到以下条件的约束

$$\eta^2+\epsilon_x^2+\epsilon_y^2+\epsilon_z^2=1 \tag{2.32}$$

从而将其称为单位四元数。值得一提的是,与角度/轴表达式不同,绕$-\boldsymbol{r}$ 旋转$-\vartheta$ 的四元数与绕 $\boldsymbol{r}$ 旋转 ϑ 的四元数是不一样的(原文为一样的,似有误——译者注)。这就解决了上述的不唯一问题。考虑到式(2.25)、(2.30)、(2.31)和(2.32),相应于给定四元数的旋转矩阵有以下形式(见习题 2.6)

$$\boldsymbol{R}(\eta,\epsilon)=\begin{bmatrix}2(\eta^2+\epsilon_x^2)-1 & 2(\epsilon_x\epsilon_y-\eta\epsilon_z) & 2(\epsilon_x\epsilon_z+\eta\epsilon_y)\\ 2(\epsilon_x\epsilon_y+\eta\epsilon_z) & 2(\eta^2+\epsilon_y^2)-1 & 2(\epsilon_y\epsilon_z-\eta\epsilon_x)\\ 2(\epsilon_x\epsilon_z-\eta\epsilon_y) & 2(\epsilon_y\epsilon_z+\eta\epsilon_x) & 2(\eta^2+\epsilon_z^2)-1\end{bmatrix} \tag{2.33}$$

如果要求解逆问题,以计算相应于如下给定旋转矩阵的四元数

$$\boldsymbol{R}=\begin{bmatrix}r_{11} & r_{12} & r_{13}\\ r_{21} & r_{22} & r_{23}\\ r_{31} & r_{32} & r_{33}\end{bmatrix}$$

以下结论是有用的:

$$\eta=\frac{1}{2}\sqrt{r_{11}+r_{22}+r_{33}+1} \tag{2.34}$$

$$\boldsymbol{\epsilon}=\frac{1}{2}\begin{bmatrix}\operatorname{sgn}(r_{32}-r_{23})\sqrt{r_{11}-r_{22}-r_{33}+1}\\ \operatorname{sgn}(r_{13}-r_{31})\sqrt{r_{22}-r_{33}-r_{11}+1}\\ \operatorname{sgn}(r_{21}-r_{12})\sqrt{r_{33}-r_{11}-r_{22}+1}\end{bmatrix} \tag{2.35}$$

其中,按照惯例,当 $x\geqslant 0$ 时 $\operatorname{sgn}(x)=1$,当 $x<0$ 时 $\operatorname{sgn}(x)=-1$。注意到在式(2.34)中已经隐含了假定 $\eta\geqslant 0$,这相当于角度 $\vartheta\in[-\pi,\pi]$,这样就可以描述所有的旋转。同时,与式(2.27)和式(2.28)中关于角度和轴的表达式的逆解相比,没有式(2.34)和式(2.35)中的奇点现象。(参见习题 2.8)。

从 $\boldsymbol{R}^{-1}=\boldsymbol{R}^{\mathrm{T}}$ 提取的四元数记为$\mathcal{Q}^{-1}$,可以如下进行计算

$$\mathcal{Q}^{-1}=\{\eta,-\boldsymbol{\epsilon}\} \tag{2.36}$$

令$\mathcal{Q}_1=\{\eta_1,\boldsymbol{\epsilon}_1\}$和$\mathcal{Q}_2=\{\eta_2,\boldsymbol{\epsilon}_2\}$分别表示相应于旋转矩阵 $\boldsymbol{R}_1$ 和 $\boldsymbol{R}_2$ 的四元数。相应于乘积 $\boldsymbol{R}_1\boldsymbol{R}_2$ 的四元数为

$$\mathcal{Q}_1 * \mathcal{Q}_2 = \{\eta_1\eta_2 - \boldsymbol{\epsilon}_1^{\mathrm{T}}\boldsymbol{\epsilon}_2,\ \eta_1\boldsymbol{\epsilon}_2 + \eta_2\boldsymbol{\epsilon}_1 + \boldsymbol{\epsilon}_1 \times \boldsymbol{\epsilon}_2\} \tag{2.37}$$

其中四元数乘积算子“$*$”已经正式介绍过了。易知，如果$\mathcal{Q}_2 = \mathcal{Q}_1^{-1}$，则通过(2.37)得到四
55 元数$\{1,\boldsymbol{0}\}$，这是乘积的单位元。同样参见习题2.9。

2.7 齐次变换

如本章开头所述，刚体在空间中的位置可以通过刚体上某一适当的点相对参考坐标系的位置来表示(平移)，而其指向可以通过固连在刚体上的坐标系——以上述点为原点——相对同一参考坐标系的单位向量的分量来表示(旋转)。

如图2.11所示，考虑空间中的任一点P。令$\boldsymbol{p}^0$为点P相对参考坐标系$O_0-x_0y_0z_0$的坐标向量。然后考虑空间中的另一坐标系$O_1-x_1y_1z_1$。令$\boldsymbol{o}_1^0$为描述坐标系1原点相对坐标系0原点的向量，$\boldsymbol{R}_1^0$为坐标系1相对坐标系0的旋转矩阵。同时令$\boldsymbol{p}^1$为点P相对坐标系1的坐标向量。基于简单的几何知识，点P关于参考坐标系的位置可以表示为

$$\boldsymbol{p}^0 = \boldsymbol{o}_1^0 + \boldsymbol{R}_1^0\boldsymbol{p}^1 \tag{2.38}$$

从而，式(2.38)表达了一个有界向量在两个坐标系之间的坐标变换(平移+旋转)。

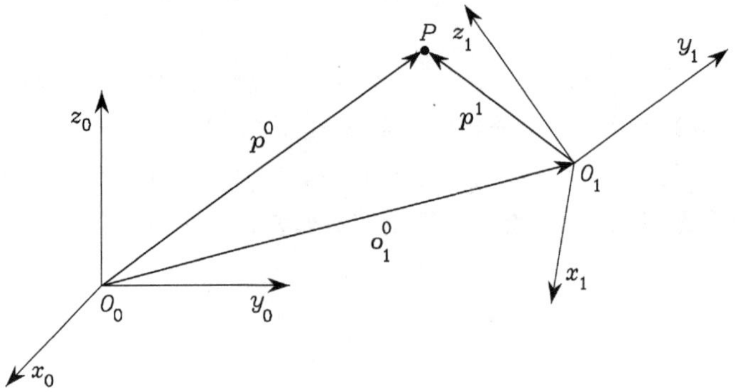

图2.11 点P在不同坐标系中的表示

可以通过在式(2.38)两端同时左乘$\boldsymbol{R}_1^{0\mathrm{T}}$来得到逆变换。考虑到式(2.24)，有

$$\boldsymbol{p}^1 = -\boldsymbol{R}_1^{0\mathrm{T}}\boldsymbol{o}_1^0 + \boldsymbol{R}_1^{0\mathrm{T}}\boldsymbol{p}^0 \tag{2.39}$$

根据式(2.16)，上式可以写为

$$\boldsymbol{p}^1 = -\boldsymbol{R}_0^1\boldsymbol{o}_1^0 + \boldsymbol{R}_0^1\boldsymbol{p}^0 \tag{2.40}$$

为了得到同一点在两个不同坐标系下坐标之间的关系的紧凑表示，在一般向量$\boldsymbol{p}$中加上
56 第4个单位元素，构成$\widetilde{\boldsymbol{p}}$，引入齐次表示(homogeneous representation)，即

$$\widetilde{\boldsymbol{p}} = \begin{bmatrix}\boldsymbol{p}\\1\end{bmatrix} \tag{2.41}$$

通过采用(2.38)中向量$\boldsymbol{p}^0$和$\boldsymbol{p}^1$的表达式，坐标变换可以写为以下的(4×4)矩阵

$$\boldsymbol{A}_1^0 = \begin{bmatrix}\boldsymbol{R}_1^0 & \boldsymbol{o}_1^0\\ \boldsymbol{o}^{\mathrm{T}} & 1\end{bmatrix} \tag{2.42}$$

根据式(2.41)，将这一矩阵称为齐次变换矩阵，由于$\boldsymbol{o}_1^0\in\mathbb{R}^3$，而$\boldsymbol{R}_1^0\in SO(3)$，这一矩阵属于特殊欧几里得群(special Euclidean group)$SE(3)=\mathbb{R}^3\times SO(3)$。

由式(2.42)易知,向量从坐标系 1 到坐标系 0 的变换由一个矩阵表示,这个矩阵包含坐标系 1 相对于坐标系 0 的旋转矩阵和从坐标系 0 的原点到坐标系 1 的原点的平移向量[①]。从而,式(2.38)的坐标变换可以简洁地写为

$$\widetilde{\boldsymbol{p}}^0 = \boldsymbol{A}_1^0 \widetilde{\boldsymbol{p}}^1 \tag{2.43}$$

坐标系 0 与坐标系 1 之间的坐标变换可以通过齐次变换矩阵 $\boldsymbol{A}_0^1$ 描述,矩阵 $\boldsymbol{A}_0^1$ 满足方程

$$\widetilde{\boldsymbol{p}}^1 = \boldsymbol{A}_0^1 \widetilde{\boldsymbol{p}}^0 = (\boldsymbol{A}_1^0)^{-1} \widetilde{\boldsymbol{p}}^0 \tag{2.44}$$

该矩阵用分块矩阵的形式表示为

$$\boldsymbol{A}_0^1 = \begin{bmatrix} \boldsymbol{R}_1^{0\mathrm{T}} & -\boldsymbol{R}_1^{0\mathrm{T}} o_1^0 \\ \boldsymbol{0}^{\mathrm{T}} & 1 \end{bmatrix} = \begin{bmatrix} \boldsymbol{R}_0^1 & -\boldsymbol{R}_0^1 \boldsymbol{o}_1^0 \\ \boldsymbol{0}^{\mathrm{T}} & 1 \end{bmatrix} \tag{2.45}$$

这就给出了式(2.39)、(2.40)所建立结论的齐次表达式形式(见习题 2.10).

注意齐次变换矩阵不再保持正交性;因此一般地有,

$$\boldsymbol{A}^{-1} \neq \boldsymbol{A}^{\mathrm{T}} \tag{2.46}$$

总之,齐次变换矩阵将两个坐标系之间的坐标变换用简洁的形式加以表示。如果两个坐标系坐标原点相同,其退化为先前定义的旋转矩阵。反之,如果坐标系原点不相同,将继续使 57
用具有上标和下标的记号来直接表征当前坐标系和固定坐标系。

类似于旋转矩阵的表示,容易验证一系列的坐标变换可以通过如下乘积构成

$$\widetilde{\boldsymbol{p}}^0 = \boldsymbol{A}_1^0 \boldsymbol{A}_2^1 \cdots \boldsymbol{A}_n^{n-1} \widetilde{\boldsymbol{p}}^n \tag{2.47}$$

其中 $\boldsymbol{A}_i^{i-1}$ 为某一点在坐标系 i 中的表示和同一点在坐标系 $i-1$ 中的表示之间的齐次变换。

2.8 正运动学

机械手是由一系列刚体(连杆)通过运动副(关节)连接起来的。关节从本质上可以分为两类:转动型和移动型;这两类关节的常规表示如图 2.12 所示。整个结构形成一个运动链。链的一端固定在基座上。另一端连接末端执行器(钳子,工具)使得机械手可以操作空间中的对象。

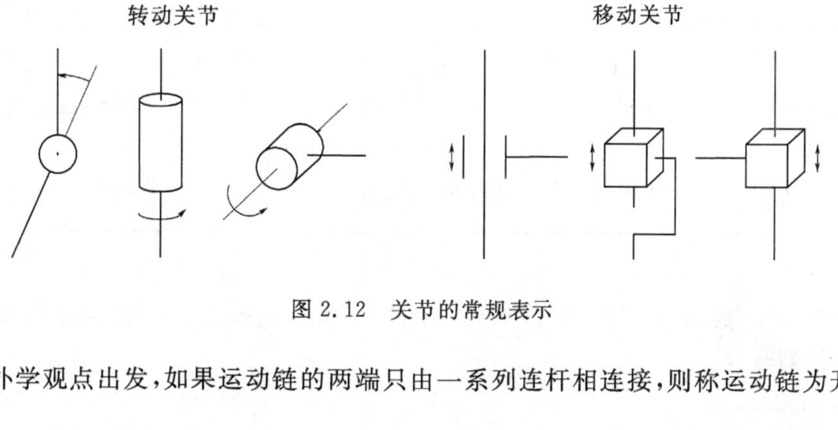

图 2.12 关节的常规表示

从拓扑学观点出发,如果运动链的两端只由一系列连杆相连接,则称运动链为开的。如果

① 从式(2.42)可以看出,矩阵 A 第 4 行的前 3 个元素的值非零产生透视效应,而与第 4 个元素不统一将产生缩放效应。

一系列的连杆形成了闭合的环，则称机械手包含一个闭运动链。

机械手的机械机构由自由度的数量表征，自由度唯一地决定其姿态①。典型地，每个自由度都与一个关节相关联，同时也构成一个关节变量。正运动学的目的，就是由关节变量的函
58 数，计算末端执行器的位姿。

前面已经表明，刚体相对参考坐标系的位姿，是由原点的位置向量和固连在刚体上的坐标系的单位向量来描述的。从而，考虑相对参考坐标系 $O_b-x_by_bz_b$，正运动学方程由齐次变换矩阵表示

$$\boldsymbol{T}_{\mathrm{e}}^{b}(\boldsymbol{q})=\begin{bmatrix}\boldsymbol{n}_{\mathrm{e}}^{b}(\boldsymbol{q}) & \boldsymbol{s}_{\mathrm{e}}^{b}(\boldsymbol{q}) & \boldsymbol{a}_{\mathrm{e}}^{b}(\boldsymbol{q}) & \boldsymbol{p}_{\mathrm{e}}^{b}(\boldsymbol{q})\\ 0 & 0 & 0 & 1\end{bmatrix} \tag{2.48}$$

其中 $\boldsymbol{q}$ 为 $(n\times 1)$ 关节变量向量，$\boldsymbol{n}_{\mathrm{e}}$，$\boldsymbol{s}_{\mathrm{e}}$，$\boldsymbol{a}_{\mathrm{e}}$ 为固连在末端执行器的坐标系的单位向量，$\boldsymbol{p}_{\mathrm{e}}$ 为这个坐标系的原点相对基坐标系 $O_b-x_by_bz_b$ 的原点的位置向量(图 2.13)。注意，$\boldsymbol{n}_{\mathrm{e}}$，$\boldsymbol{s}_{\mathrm{e}}$，$\boldsymbol{a}_{\mathrm{e}}$ 和 $\boldsymbol{p}_{\mathrm{e}}$ 是 $\boldsymbol{q}$ 的函数。

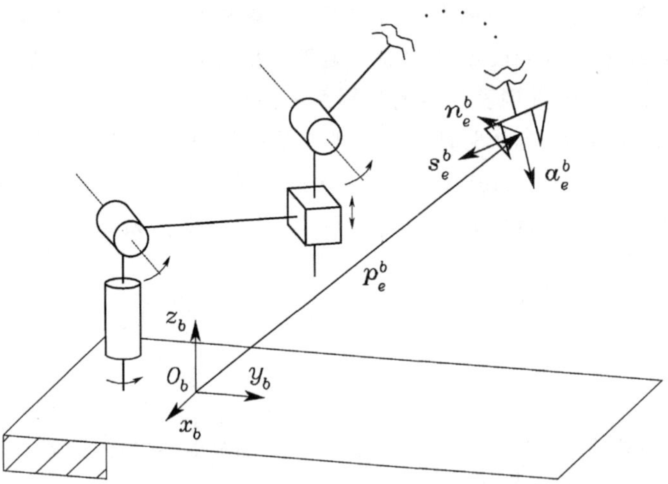

图 2.13 末端执行器坐标系的位置和方向描述

坐标系 $o_b-x_by_bz_b$ 定义为基坐标系。固连在末端执行器的坐标系定义为末端执行器坐标系，通常根据特定任务的几何特性进行选择。如果末端执行器是一个钳子，末端执行器坐标系的原点就定位在钳子的中心，单位向量 $\boldsymbol{a}_{\mathrm{e}}$ 选为接近目标的方向，单位向量 $\boldsymbol{s}_{\mathrm{e}}$ 选为在钳口的滑动平面内且垂直于 $\boldsymbol{a}_{\mathrm{e}}$，单位向量 $\boldsymbol{n}_{\mathrm{e}}$ 与另外两个单位向量垂直且使坐标系 $(\boldsymbol{n}_{\mathrm{e}}, \boldsymbol{s}_{\mathrm{e}}, \boldsymbol{a}_{\mathrm{e}})$ 符合右手法则。

59 计算正运动学的第一种途径，是通过对给定机械手结构进行几何分析得到。

例 2.4

考虑如图 2.14 的两连杆平面臂。基于简单的三角法，选择关节变量、基坐标系和末端执行器坐标系得到②

① 运动链的姿态这一定义表示组成连杆的所有刚体的姿势。当运动链退化为单个刚体时，姿态与刚体的姿势一致。

② 记号 $s_{i\cdots j}$，$c_{i\cdots j}$ 分别表示 $\sin(q_i+\cdots+q_j)$ 和 $\cos(q_i+\cdots+q_j)$。

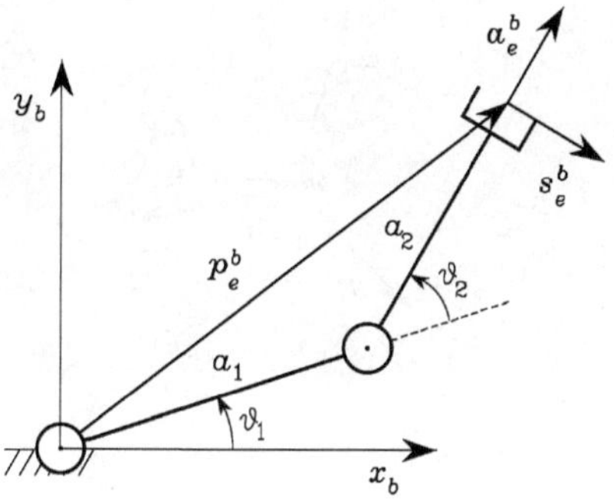

图 2.14　两连杆平面臂

$$\boldsymbol{T}_e^b(\boldsymbol{q}) = \begin{bmatrix} \boldsymbol{n}_e^b & \boldsymbol{s}_e^b & \boldsymbol{a}_e^b & \boldsymbol{p}_e^b \\ 0 & 0 & 0 & 1 \end{bmatrix} = \begin{bmatrix} 0 & s_{12} & c_{12} & a_1c_1 + a_2c_{12} \\ 0 & -c_{12} & s_{12} & a_1s_1 + a_2s_{12} \\ 1 & 0 & 0 & 0 \\ 0 & 0 & 0 & 1 \end{bmatrix} \tag{2.49}$$

不难推出，正运动学问题几何方法的有效性，首先取决于相关变量的适当选取，其次取决于研究者的几何直觉与能力。当机械手结构较为复杂、关节数量增加时，更适当的方法是基于系统而一般的方式，采用相对不够直接的解法。当机械手包含一个或更多闭运动链时，问题变得更加复杂。这种情形下，不能保证可以得到一个式(2.48)中正运动学方程的解析表达式，后面将对此加以讨论。

2.8.1　开链

考虑一个通过 n 个关节连接 $n+1$ 个连杆构成的开链机械手，其中连杆 0 通常固定在地面。假设每一关节为机械结构提供一个与关节变量相对应的自由度。

用于正运动学计算的处理流程结构源于典型的机械手开运动链。实际上，由于每个关节
联接两个连续的连杆，因此合理的方式是，首先考虑连续连杆之间的运动学关系描述，然后再 60
通过递归方式得到整体的机械手运动学描述。为此目的，有必要从连杆 0 到连杆 n，为每个连杆定义一个固连坐标系。从而，坐标系 n 的位置和方向相对坐标系 0 的坐标变换描述(图 2.15)可由下式给出

$$\boldsymbol{T}_n^0(\boldsymbol{q}) = \boldsymbol{A}_1^0(q_1)\boldsymbol{A}_2^1(q_2)\cdots\boldsymbol{A}_n^{n-1}(q_n) \tag{2.50}$$

其中，要求采用递归方式进行正运动学方程计算，并系统性地通过齐次变换矩阵 $\boldsymbol{A}_i^{i-1}(q_i)(i=1,\cdots,n)$的简单乘积运算得到。其中每一齐次变换矩阵都是单个关节变量的函数。

关于式(2.49)中的正运动学方程，描述末端执行器坐标系相对基坐标系的位置和方向的实际坐标变换可以如下给出

$$\boldsymbol{T}_e^b(\boldsymbol{q}) = \boldsymbol{T}_0^b T_n^0(\boldsymbol{q}) T_e^n \tag{2.51}$$

其中 $\boldsymbol{T}_0^b$和 $\boldsymbol{T}_e^n$是两个(典型的)常值齐次变换，分别用于描述坐标系 0 相对基坐标系的位置和方向，同时也分别描述末端执行器坐标系相对坐标系 n 的位置和方向。

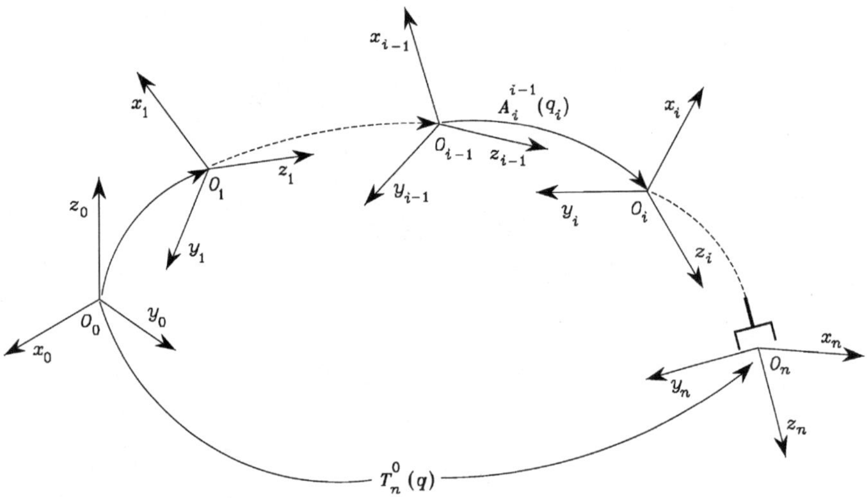

图 2.15　开运动链中的坐标变换

2.8.2　Denavit-Hartenberg 法

为了按照式(2.50)的递归表达式计算一个开链机械手的正运动学方程，需要寻求一种系
61 统的一般化方法，用以定义两个连续连杆的相对位置和方向；这个问题在于确定固连在这两个连杆上的坐标系，并计算它们之间的坐标变换。通常，只要坐标系是固连在其指定连杆上的，则坐标系是可以任意选取的。但是，按一定的规则来定义连杆坐标系，将带来较大的便利。

参考图 2.16，令轴 i 表示将连杆 $i-1$ 连接到连杆 i 的关节的轴；采用 Denavit-Hartenberg (DH)法来定义连杆坐标系 i：

- 沿关节 $i+1$ 的轴的方向选定轴 z_i。

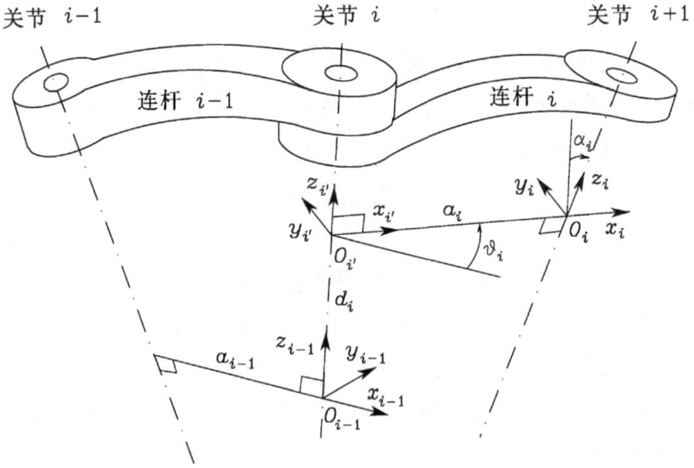

图 2.16　Denavit-Hartenberg 运动学参数

- 原点 O_i 定位于轴 z_i 与轴 z_{i-1} 和 z_i 的公垂线的交点[①]；同样地，将 $O_{i'}$ 定位于公垂线与轴 z_{i-1} 的交点。
- 沿轴 z_{i-1} 和 z_i 的公垂线选择轴 x_i，方向由关节 i 指向 $i+1$。
- 选择轴 y_i 以构成右手系。

在下述情形，按 Denavit - Hartenberg 法给出的关节坐标系的定义不唯一：

- 对坐标系 0 而言，只有轴 z_0 的方向是指定的，因此 O_0 和 x_0 可以任意选择。
- 对坐标系 n 而言，由于没有关节 $n+1$，虽然 x_n 必须与轴 z_{n-1} 垂直，但 z_n 不是唯一定义的。典型地，关节 n 是转动型的，这样 z_n 将依照 z_{n-1} 的方向设置。 62
- 当两个相继的轴平行时，它们的公垂线是不唯一的。
- 当两个相继的轴相交时，x_i 的方向是任意的。
- 当关节 i 为移动型时，z_{i-1} 的方向是任意的。

在上述情形下，可以采用不明确性来简化过程；例如，相继坐标系的轴可以选为平行的。

一旦建立了连杆坐标系，坐标系 i 关于坐标系 $i-1$ 的位置和方向就完全由下列参数给定：

a_i：O_i 和 $O_{i'}$ 之间的距离。

d_i：$O_{i'}$ 沿 z_{i-1} 的坐标。

α_i：轴 z_{i-1} 和轴 z_i 之间的夹角，当绕轴 x_i 逆时针转动时取正。

ϑ_i：轴 x_{i-1} 和轴 x_i 之间的夹角，当绕轴 z_{i-1} 逆时针转动时取正。

4 个参数中有 2 个（a_i 和 α_i）始终为常数，只取决于由连杆 i 建立的相继关节之间的几何连接关系。其他两个参数中只有一个是变量，取决于连接连杆 $i-1$ 和连杆 i 的关节的类型。详述如下：

- 如果关节 i 是转动型的，则变量为 ϑ_i。
- 如果关节 i 是移动型的，则变量为 d_i。

基于这一点，可以通过以下步骤将坐标系 i 和坐标系 $i-1$ 之间的坐标变换表示出来：

- 选择坐标系与坐标系 $i-1$ 排列一致。
- 将选择的坐标系沿轴 z_{i-1} 平移 d_i，并绕轴 z_{i-1} 旋转 ϑ_i；这一系列变换将使当前坐标系按坐标系 i' 排列，并可用齐次变换矩阵描述

$$\boldsymbol{A}_{i'}^{i-1}=\begin{bmatrix} c_{\vartheta_i} & -s_{\vartheta_i} & 0 & 0 \\ s_{\vartheta_i} & c_{\vartheta_i} & 0 & 0 \\ 0 & 0 & 1 & d_i \\ 0 & 0 & 0 & 1 \end{bmatrix}$$

- 将按坐标系 i' 排列的坐标系沿轴 $x_{i'}$ 平移 a_i，并且绕轴 $x_{i'}$ 旋转 α_i；这一系列变换将使当前坐标系按坐标系 i 排列并可用齐次变换矩阵描述为

$$\boldsymbol{A}_{i}^{i'}=\begin{bmatrix} 1 & 0 & 0 & a_i \\ 0 & c_{\alpha_i} & -s_{\alpha_i} & 0 \\ 0 & s_{\alpha_i} & c_{\alpha_i} & 0 \\ 0 & 0 & 0 & 1 \end{bmatrix}$$ 63

① 两条直线的公垂线是连接两条直线的长度最短的线段。

• 坐标变换的结果通过右乘单一变换得到，即

$$\boldsymbol{A}_i^{i-1}(q_i)=\boldsymbol{A}_{i'}^{i-1}\boldsymbol{A}_i^{i'}=\begin{bmatrix} c_{\vartheta_i} & -s_{\vartheta_i}c_{\alpha_i} & s_{\vartheta_i}s_{\alpha_i} & a_i c_{\vartheta_i} \\ s_{\vartheta_i} & c_{\vartheta_i}c_{\alpha_i} & -c_{\vartheta_i}s_{\alpha_i} & a_i s_{\vartheta_i} \\ 0 & s_{\alpha_i} & c_{\alpha_i} & d_i \\ 0 & 0 & 0 & 1 \end{bmatrix} \tag{2.52}$$

注意，从坐标系 i 到坐标系 $i-1$ 的变换矩阵是一个只与关节变量 q_i 有关的函数，如果是转动关节则变量为 ϑ_i，如果是移动关节则变量为 d_i。

简言之，根据 Denavit-Hartenberg 法，可以将如式(2.52)表示的单一坐标变换合成为一个如式(2.50)所示的齐次变换矩阵，以此构建正运动学方程。这一过程可以应用于任何开运动链，并可以容易地写为如下便于操作的形式。

1. 序贯地寻找关节轴并对其进行编号，将轴的方向设为 $z_0,\cdots,z_{n-1}$。

2. 选择坐标系 0 时，将原点定位在轴 z_0 上，并选择 x_0 和 y_0 以构成右手系。如果可行的话，将坐标系 0 与基坐标系设为重合是很有价值的。

对 $i=1,\cdots,n-1$，执行步骤 3 到步骤 5。

3. 将原点 O_i 定位于 z_i 与轴 z_{i-1} 和 z_i 的公垂线的交点。如果轴 z_{i-1} 和 z_i 平行，且关节 i 是转动型的，则选择 O_i 使得 $d_i=0$；如果关节 i 是移动型的，将原点 O_i 定位在关节延展范围的某一参考点，例如，一个机械限位点。

4. 沿着轴 z_{i-1} 和 z_i 的公垂线选择轴 x_i，方向从关节 i 指向关节 $i+1$。

5. 选择轴 y_i 以构成右手系。

按如下步骤完成任务。

6. 选择坐标系 n，如果关节 n 是转动型的，按照 z_{n-1} 设置 z_n；如果关节 n 是移动型的，则任意选择 z_n。x_n 的设定根据步骤 4 进行。

7. 对 $i=1,\cdots,n$，形成参数 $a_i,d_i,\alpha_i,\vartheta_i$ 的表。

8. 在步骤 7 的参数的基础上，从 $i=1,\cdots,n$，计算齐次变换矩阵 $\boldsymbol{A}_i^{i-1}(q_i)$。

9. 计算齐次变换 $\boldsymbol{T}_n^0(\boldsymbol{q})=\boldsymbol{A}_1^0\cdots\boldsymbol{A}_n^{n-1}$，以得出末端执行器坐标系 n 相对于基坐标系 0 的位置和方向。

10. 给定 $\boldsymbol{T}_0^b$ 和 $\boldsymbol{T}_e^n$，计算正运动学方程 $\boldsymbol{T}_e^b(\boldsymbol{q})=\boldsymbol{T}_0^b\boldsymbol{T}_n^0\boldsymbol{T}_e^n$ 以得出末端执行器坐标系相对于基
64 坐标系的位置和方向。

正运动学计算的相关问题中，公认的最大负担是超越函数的计算。另一方面，通过适当地分解变换方程以及引入局部变量，可以减少计算量(加法和乘法)。最后，在方向计算上比较简便的方法是，先算出两个末端执行器坐标系最简表达式的两个单位向量，再通过二者的向量积得出第三个单位向量。

2.8.3 闭链

上述基于 DH 法的正运动学方法利用了开链机械手所固有的递归特性。但是，可以通过如下方式将这种方法扩展到具有闭运动链的机械手情形。

考虑由 $n+1$ 个连杆组成的闭链机械手。由于存在回路，关节数量 l 一定会大于 n；特别地，可以这样理解，闭合回路的数量等于 $l-n$。

如图 2.17 所示，同开运动链一样，连杆 0 到连杆 i 通过前面的 i 个关节顺次连接起来。然后，关节 $i+1'$ 将连杆 i 和连杆 $i+1'$ 连接起来，而关节 $i+1''$ 将连杆 i 与连杆 $i+1''$ 连接起来；假定关节 $i+1'$ 和关节 $i+1''$ 的轴是一致的。虽然没有在图中表示出来，但连杆 $i+1'$ 和 $i+1''$ 都是闭合运动链中的组成部分。特别地，连杆 $i+1'$ 通过关节 $i+2'$ 进一步与连杆 $i+2'$ 连接起来，一直到通过关节 j 与连杆 j 连接起来。同样地，连杆 $i+1'$ 通过关节 $i+2'$ 进一步与连杆 $i+2'$ 连接起来，等等，直到通过关节 k 与连杆 k 连接起来。最后，关节 $j+1$ 将连杆 j 和 k 连接起来形成一个闭合链。一般而言，$j \neq k$。

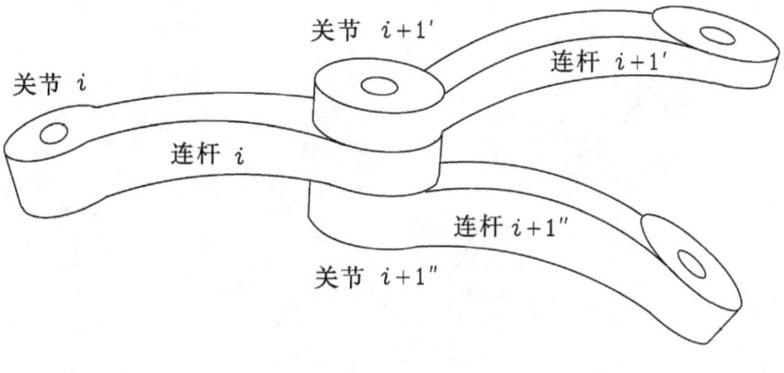

图 2.17　链路中的单个连杆与两个连杆连接

为了在不同的连杆上固定坐标系并应用 DH 法，考虑一个闭运动链。实际上该闭链可以在关节 $j+1$（即连接连杆 j 和连杆 k 的关节）处虚拟断开，得到一个等价的树状结构开运动链，
从而连杆坐标系可以如图 2.18 加以定义。由于连杆 0 到 i 在树的两条分枝之前，可以将其排 65
除在分析之外。同样的道理，对连杆 $j+1$ 到 n 也不加分析。注意到将选择坐标系 i 的轴 z_i 与关节 $i+1'$ 和 $i+1''$ 的轴一致。

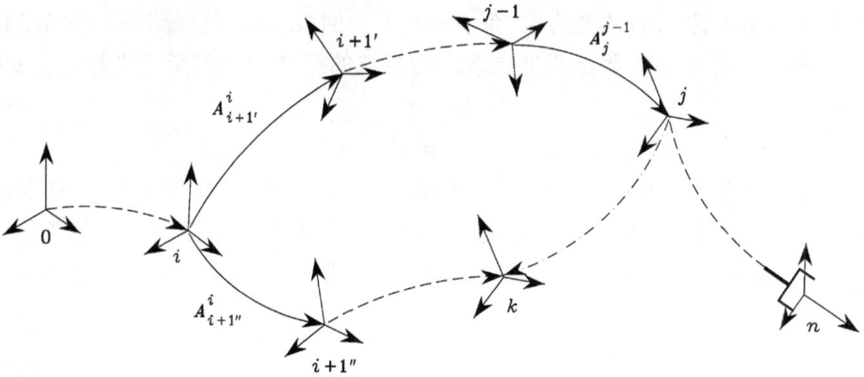

图 2.18　一个闭合运动链中的坐标变换

因此，坐标系 j 相对于坐标系 i 的位置和方向可以如下通过合成齐次变换来加以表示，

$$\boldsymbol{A}_j^i(\boldsymbol{q}') = \boldsymbol{A}_{i+1'}^i(q_{i+1'})\cdots\boldsymbol{A}_j^{j-1}(q_j) \tag{2.53}$$

其中，$\boldsymbol{q}'=[q_{i+1'} \quad \cdots \quad q_j]^{\mathrm{T}}$。同样地，坐标系 k 相对于坐标系 i 的位置和方向可以如下给出

$$\boldsymbol{A}_k^i(\boldsymbol{q}'') = \boldsymbol{A}_{i+1''}^i(q_{i+1''})\cdots\boldsymbol{A}_k^{k-1}(q_k) \tag{2.54}$$

其中，$\boldsymbol{q}''=[q_{i+1''} \quad \cdots \quad q_k]^{\mathrm{T}}$。

由于连杆 j 和 k 通过关节 $j+1$ 相互连接，值得分析的是坐标系 j 和 k 之间的相互位置和方向关系，如图 2.19 所示。注意，由于连杆 j 和连杆 k 连接起来形成了一个闭合链，轴 z_j 和 z_k 是共线的。从而，坐标系 j 和 k 之间必须满足下述方向约束

$$z_j^i(\boldsymbol{q}') = z_k^i(\boldsymbol{q}'') \tag{2.55}$$

其中，两个轴的单位向量可以很方便地参见坐标系 i。

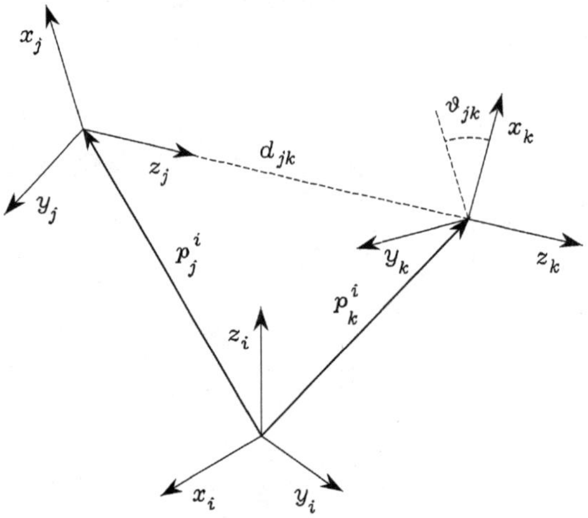

图 2.19　断开关节的坐标变换

另外，如果关节 $j+1$ 是移动型的，轴 x_j 和 x_k 的夹角 ϑ_{jk} 是确定的，从而，除了(2.55)所示的约束之外，还可以得到如下约束：

$$x_j^{i\mathrm{T}}(\boldsymbol{q}')x_k^i(\boldsymbol{q}'') = \cos\vartheta_{jk} \tag{2.56}$$

66 显然，没有必要给轴 y_j 和 y_k 加以类似的约束，因为那将是冗余的。

关于坐标系 j 和 k 之间的位置约束，令 $\boldsymbol{p}_j^i$ 和 $\boldsymbol{p}_k^i$ 分别表示相对于坐标系 i 时，坐标系 j 和 k 的原点位置。将从坐标系 j 的原点到坐标系 k 的原点的距离向量投影到坐标系 j，必须加上如下约束：

$$\boldsymbol{R}_i^j(\boldsymbol{q}')(\boldsymbol{p}_j^i(\boldsymbol{q}') - \boldsymbol{p}_k^i(\boldsymbol{q}'')) = [0 \quad 0 \quad d_{jk}]^{\mathrm{T}} \tag{2.57}$$

其中 $\boldsymbol{R}_i^j = \boldsymbol{R}_j^{i\mathrm{T}}$ 表示坐标系 i 相对于坐标系 j 的方向。在这一点上，如果关节 $j+1$ 是转动型的，则 d_{jk} 为沿轴 z_j 的一个固定偏移量，从而式(2.57)的 3 个方程可以完全描述位置约束。然而，如果关节 $j+1$ 是移动型的，则 d_{jk} 是变化的。因此，仅用(2.57)的前两个方程来描述位置约束，即，

$$\begin{bmatrix} \boldsymbol{x}_j^{i\mathrm{T}}(\boldsymbol{q}') \\ \boldsymbol{y}_j^{i\mathrm{T}}(\boldsymbol{q}') \end{bmatrix}(\boldsymbol{p}_j^i(\boldsymbol{q}') - \boldsymbol{p}_k^i(\boldsymbol{q}'')) = \begin{bmatrix} 0 \\ 0 \end{bmatrix} \tag{2.58}$$

其中 $\boldsymbol{R}_j^i = [\boldsymbol{x}_j^i \quad \boldsymbol{y}_j^i \quad \boldsymbol{z}_j^i]$.

总之，如果关节 $j+1$ 是转动型的，约束为

$$\begin{cases} \boldsymbol{R}_i^j(\boldsymbol{q}')(\boldsymbol{p}_j^i(\boldsymbol{q}') - \boldsymbol{p}_k^i(\boldsymbol{q}'')) = [0 \quad 0 \quad d_{jk}]^{\mathrm{T}} \\ \boldsymbol{z}_j^i(\boldsymbol{q}') = z_k^i(\boldsymbol{q}'') \end{cases} \tag{2.59}$$

而如果关节 $j+1$ 是移动型的，约束为

$$\begin{cases}\begin{bmatrix}\boldsymbol{x}_j^{i\mathrm{T}}(\boldsymbol{q}')\\ \boldsymbol{y}_j^{i\mathrm{T}}(\boldsymbol{q}')\end{bmatrix}(\boldsymbol{p}_j^i(\boldsymbol{q}')-\boldsymbol{p}_k^i(\boldsymbol{q}''))=\begin{bmatrix}0\\0\end{bmatrix}\\ \boldsymbol{z}_j^i(\boldsymbol{q}')=\boldsymbol{z}_k^i(\boldsymbol{q}'')\\ \boldsymbol{x}_j^{i\mathrm{T}}(\boldsymbol{q}')\boldsymbol{x}_k^i(\boldsymbol{q}'')=\cos\vartheta_{jk}\end{cases}\tag{2.60}$$

在上述任一种情形下，都有 6 个必需要满足的方程。需要求解这些方程以得到较少数量 67
的独立关节变量，显然这些关节变量将从表征闭合链自由度的 $\boldsymbol{q}'$ 和 $\boldsymbol{q}''$ 的分量中选取。这些量将作为驱动关节的自然候选对象，而链路中的其他关节(包括断开关节)通常不是驱动关节。这些独立变量，与没有在上述分析中提到的其他关节变量，共同组成了关节向量 $\boldsymbol{q}$，这使得正运动学方程可以如下进行计算

$$\boldsymbol{T}_n^0(\boldsymbol{q})=\boldsymbol{A}_i^0\boldsymbol{A}_j^i\boldsymbol{A}_n^j\tag{2.61}$$

其中，链路闭合后的连续变换序列通常从坐标系 j 重新开始。

通常，除非机械手具有简单的运动学结构，在闭合形式下并不能保证约束一定能求解。换言之，对一个给定的具有特殊几何构形的机械手，例如平面结构，上述方程中的某些方程可能会变得不独立，从而独立方程的数量将小于 6，并可能更易于求解。

最后，在使用 Denavit-Hartenberg 法计算闭链机械手的正运动学方程时，有必要勾画出其操作流程。

1. 在闭链中，选择一个非驱动关节。假定该关节断开，以得到一个树形结构的开链。
2. 根据 DH 法计算齐次变换。
3. 寻找由断开关节连接的两个坐标系的等价约束。
4. 求解约束以得到较少数量的关节变量。
5. 根据上述关节变量表示齐次变换，并通过合成从基坐标系到末端执行器坐标系的各种变换来计算正运动学方程。

2.9 典型机械手结构运动学

本节包含几个典型机械手结构的正运动学方程的算例，这些是工业机器人中经常遇到的。

参考运动链的系统性表达方式，机械手通常以位姿的形式表示，其中，根据 DH 法定义，关节变量的值不为 0。这与机器人机械手在实际编程实现中会出现零参考值可能不同。因此，有必要将常值漂移加到机器人传感系统测量到的关节变量值中，使其与参考值相匹配。 68

2.9.1 三连杆平面臂

考虑图 2.20 中的三连杆平面臂，图中给出了连杆坐标系，由于转动轴都是平行的，最简单的选择就是所有 x_i 轴都与相应连杆的方向一致(轴 x_0 的方向是任意的)而且都处于(x_0,y_0)平面上。这样，所有的参数 d_i 为 0 且关节变量可由轴 x_i 之间的夹角直接给出。DH 参数如表 2.1 所示。

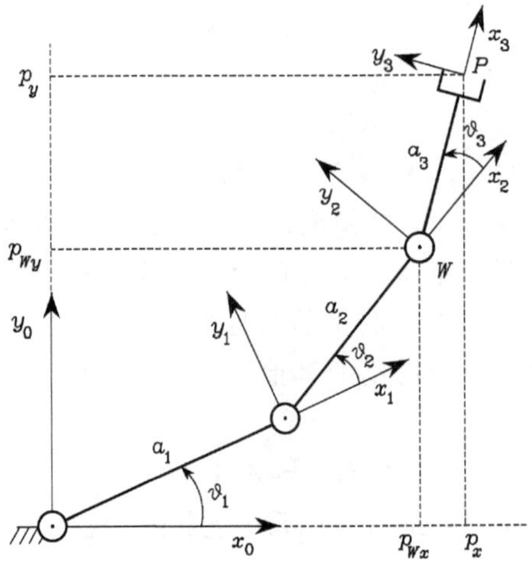

图 2.20　三连杆平面臂

表 2.1　三连杆平面臂的 DH 参数

连杆	a_i	α_i	d_i	ϑ_i
1	a_1	0	0	ϑ_1
2	a_2	0	0	ϑ_2
3	a_3	0	0	ϑ_3

由于所有关节都是转动型的，对每一个关节都具有相同的如式(2.52)所定义的齐次变换矩阵结构，即

69

$$\boldsymbol{A}_i^{i-1}(\vartheta_i)=\begin{bmatrix} c_i & -s_i & 0 & a_ic_i \\ s_i & c_i & 0 & a_is_i \\ 0 & 0 & 1 & 0 \\ 0 & 0 & 0 & 1 \end{bmatrix} \qquad i=1,2,3 \tag{2.62}$$

按式(2.50)计算正运动学方程得

$$\boldsymbol{T}_3^0(\boldsymbol{q})=\boldsymbol{A}_1^0\boldsymbol{A}_2^1\boldsymbol{A}_3^2=\begin{bmatrix} c_{123} & -s_{123} & 0 & a_1c_1+a_2c_{12}+a_3c_{123} \\ s_{123} & c_{123} & 0 & a_1s_1+a_2s_{12}+a_3s_{123} \\ 0 & 0 & 1 & 0 \\ 0 & 0 & 0 & 1 \end{bmatrix} \tag{2.63}$$

其中，$\boldsymbol{q}=[\vartheta_1 \quad \vartheta_2 \quad \vartheta_3]^{\mathrm{T}}$。注意，坐标系 3 的单位向量 $\boldsymbol{z}_3^0$ 与 $\boldsymbol{z}_0=[0 \quad 0 \quad 1]^{\mathrm{T}}$ 一致，其原因是所有的转动关节都平行于轴 $\boldsymbol{z}_0$。显然，$p_z=0$ 且由三个关节共同决定末端执行器在结构平面中的位置。有必要指出，坐标系 3 与末端执行器坐标系(如图 2.13)是不一致的，这是因为得到的趋近单位向量与 $\boldsymbol{x}_3^0$ 一致而与 $\boldsymbol{z}_3^0$ 不一致。因而，假定这两个坐标系原点相同，需要有如下的常值变换，且事先使 n 与 $\boldsymbol{z}_0$ 一致。

$$
\boldsymbol{T}_e^3=\begin{bmatrix}0 & 0 & 1 & 0\\ 0 & 1 & 0 & 0\\ -1 & 0 & 0 & 0\\ 0 & 0 & 0 & 1\end{bmatrix}
$$

2.9.2　平行四边形臂

考虑图 2.21 中的平行四边形臂。由于前两个关节分别将连杆 1′和连杆 1″连接到连杆 0，因此这是一个闭链。选择关节 4 为断开关节，并相应地建立连杆坐标系。其 DH 参数由表2.2 给定，基于平行四边形的结构特征，其中有 $a_{1'}=a_{3'}$ 且 $a_{2'}=a_{1''}$。 70

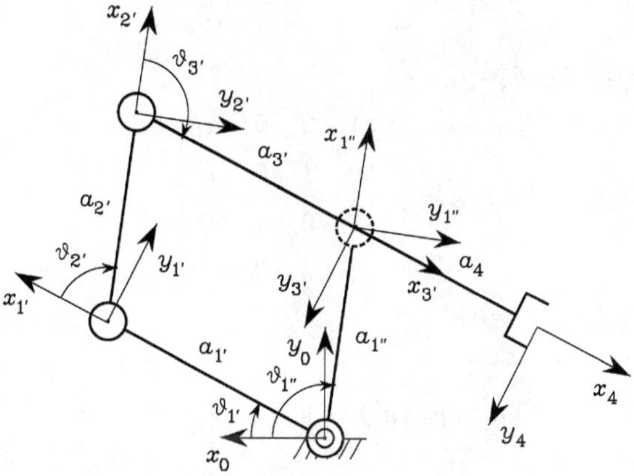

图 2.21　平行四边形臂

表 2.2　平行四边形臂的 DH 参数

连杆	a_i	α_i	d_i	ϑ_i
1′	$a_{1'}$	0	0	$\vartheta_{1'}$
2′	$a_{2'}$	0	0	$\vartheta_{2'}$
3′	$a_{3'}$	0	0	$\vartheta_{3'}$
1″	$a_{1''}$	0	0	$\vartheta_{1''}$
4	a_4	0	0	0

注意，连杆 4 的参数都是常量。由于关节是转动型的，对每一个关节，都具有相同的如式(2.52)所定义的齐次变换矩阵结构。即关节 1′，2′，3′和 1″的结构如式(2.62)所示。从而，树的两个分支的坐标变换分别为：

$$A_{3'}^{0}(\boldsymbol{q}') = A_{1'}^{0}A_{2'}^{1'}A_{3'}^{2'} = \begin{bmatrix} c_{1'2'3'} & -s_{1'2'3'} & 0 & a_{1'}c_{1'} + a_{2'}c_{1'2'} + a_{3'}c_{1'2'3'} \\ s_{1'2'3'} & c_{1'2'3'} & 0 & a_{1'}s_{1'} + a_{2'}s_{1'2'} + a_{3'}s_{1'2'3'} \\ 0 & 0 & 1 & 0 \\ 0 & 0 & 0 & 1 \end{bmatrix}$$

其中 $\boldsymbol{q}' = [\vartheta_{1'} \quad \vartheta_{2'} \quad \vartheta_{3'}]^{\mathrm{T}}$。

且

$$A_{1''}^{0}(q'') = \begin{bmatrix} c_{1''} & -s_{1''} & 0 & a_{1''}c_{1''} \\ s_{1''} & c_{1''} & 0 & a_{1''}s_{1''} \\ 0 & 0 & 1 & 0 \\ 0 & 0 & 0 & 1 \end{bmatrix}$$

其中 $q'' = \vartheta_{1''}$。

最后一个连杆的常值齐次变换为

$$A_{4}^{3'} = \begin{bmatrix} 1 & 0 & 0 & a_4 \\ 0 & 1 & 0 & 0 \\ 0 & 0 & 1 & 0 \\ 0 & 0 & 0 & 1 \end{bmatrix}$$

参考式(2.59)，位置约束为($d_{3'1''} = 0$)

$$R_{0}^{3'}(\boldsymbol{q}')(\boldsymbol{p}_{3'}^{0}(\boldsymbol{q}') - \boldsymbol{p}_{1''}^{0}(q'')) = \begin{bmatrix} 0 \\ 0 \\ 0 \end{bmatrix}$$

同时方向约束满足与 $\boldsymbol{q}'$ 和 q'' 独立。由于 $a_{1'} = a_{3'}$ 且 $a_{2'} = a_{1''}$，可以得到两个独立的约束，即

$$a_{1'}(c_{1'} + c_{1'2'3'}) + a_{1''}(c_{1'2'} - c_{1''}) = 0$$

$$a_{1'}(s_{1'} + s_{1'2'3'}) + a_{1''}(s_{1'2'} - s_{1''}) = 0$$

为了对任意的 $a_{1'}$ 和 $a_{1''}$ 都能够满足约束，必须有

$$\vartheta_{2'} = \vartheta_{1''} - \vartheta_{1'}$$

71

$$\vartheta_{3'} = \pi - \vartheta_{2'} = \pi - \vartheta_{1''} + \vartheta_{1'}$$

从而，关节变量向量为 $\boldsymbol{q} = [\vartheta_{1'} \quad \vartheta_{1''}]^{\mathrm{T}}$。这些关节是驱动关节的当然候选对象①。将 $\vartheta_{2'}$ 和 $\vartheta_{3'}$ 的表达式代入齐次变换 $A_{3'}^{0}$，并计算式(2.61)中的正运动学方程得

$$T_{4}^{0}(\boldsymbol{q}) = A_{3'}^{0}(\boldsymbol{q})A_{4}^{3'} = \begin{bmatrix} -c_{1'} & s_{1'} & 0 & a_{1''}c_{1''} - a_4c_{1'} \\ -s_{1'} & -c_{1'} & 0 & a_{1''}s_{1''} - a_4s_{1'} \\ 0 & 0 & 1 & 0 \\ 0 & 0 & 0 & 1 \end{bmatrix} \tag{2.64}$$

比较式(2.64 和式(2.49)可见，平行四边形臂与两连杆平面臂在运动学意义上是等价的。然而也有显而易见的区别，即两个驱动关节——提供结构自由度——是安装在基座上的。这一点可以极大地简化结构的动力学模型，这将在 7.3.3 节中看到。

① 注意到为 $\vartheta_{2'}$ 和 $\vartheta_{3'}$ 求解方程(2.64)是不可能的，因为它们受到条件 $\vartheta_{2'} + \vartheta_{3'} = \pi$ 的约束。

2.9.3 球形臂

考虑图 2.22 中的球形臂，图中给出了连杆坐标系。注意到坐标系 0 的原点位于 z_0 和 z_1 的交点，因此有 $d_1=0$。类似地，坐标系 2 的原点位于 z_1 和 z_2 的交点。其 DH 参数由表 2.3 给定。

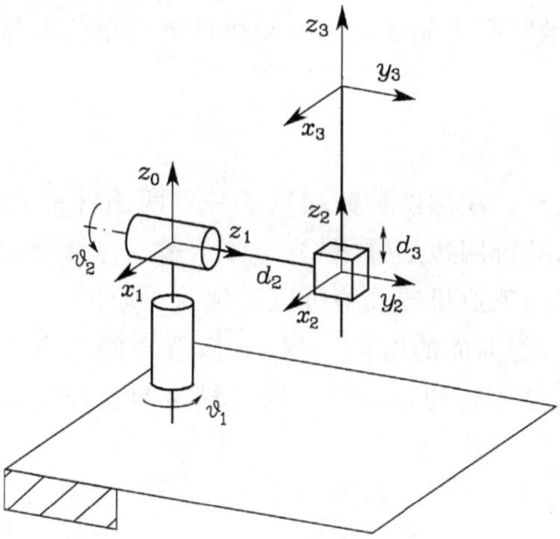

图 2.22 球形臂

表 2.3 球形臂的 DH 参数

连杆	a_i	α_i	d_i	ϑ_i
1	0	$-\pi/2$	0	ϑ_1
2	0	$\pi/2$	d_2	ϑ_2
3	0	0	d_3	0

式(2.52)定义了单个关节的齐次变换矩阵：

$$\boldsymbol{A}_1^0(\vartheta_1)=\begin{bmatrix}c_1 & 0 & -s_1 & 0\\ s_1 & 0 & c_1 & 0\\ 0 & -1 & 0 & 0\\ 0 & 0 & 0 & 1\end{bmatrix}\qquad \boldsymbol{A}_2^1(\vartheta_2)=\begin{bmatrix}c_2 & 0 & s_2 & 0\\ s_2 & 0 & -c_2 & 0\\ 0 & 1 & 0 & d_2\\ 0 & 0 & 0 & 1\end{bmatrix}$$

$$\boldsymbol{A}_3^2(d_3)=\begin{bmatrix}1 & 0 & 0 & 0\\ 0 & 1 & 0 & 0\\ 0 & 0 & 1 & d_3\\ 0 & 0 & 0 & 1\end{bmatrix}$$ 72

计算如式(2.50)的正运动学方程得

$$\boldsymbol{T}_3^0(\boldsymbol{q}) = \boldsymbol{A}_1^0\boldsymbol{A}_2^1\boldsymbol{A}_3^2 = \begin{bmatrix} c_1c_2 & -s_1 & c_1s_2 & c_1s_2d_3 - s_1d_2 \\ s_1c_2 & c_1 & s_1s_2 & s_1s_2d_3 + c_1d_2 \\ -s_2 & 0 & c_2 & c_2d_3 \\ 0 & 0 & 0 & 1 \end{bmatrix} \tag{2.65}$$

其中 $\boldsymbol{q}=[\vartheta_1 \quad \vartheta_2 \quad d_3]^{\mathrm{T}}$。注意，第三个关节对旋转矩阵并没有显著的影响。进一步地，单位向量 $\boldsymbol{y}_3^0$ 的方向仅由第一个关节确定，因为第二个关节 z_1 的转动轴平行于轴 y_3。与前面所述的结构不同，在这种情形下，坐标系 3 能够描述末端执行器的单位向量($\boldsymbol{n}_e$，$\boldsymbol{s}_e$，$\boldsymbol{a}_e$)，即，$\boldsymbol{T}_e^3=\boldsymbol{I}_4$。

2.9.4 拟人臂

考虑图 2.23 中的拟人臂。注意这种臂相当于一个两连杆平面臂绕平面上的一个轴做了一个旋转。从这个角度说，平行四边形臂（似应为拟人臂——译者注）可以用于两连杆平面臂的场合，在一些采用拟人臂的工业机器人中可以看到这一应用。

连杆坐标系如图所示。与前面的结构一样，坐标系 0 的原点选择为位于 z_0 和 z_1 的交点 ($d_1=0$)；进一步地，z_1 和 z_2 是平行的，x_1 和 x_2 的选择与两连杆平面臂是一样的。DH 参数由
73 表 2.4 指定。

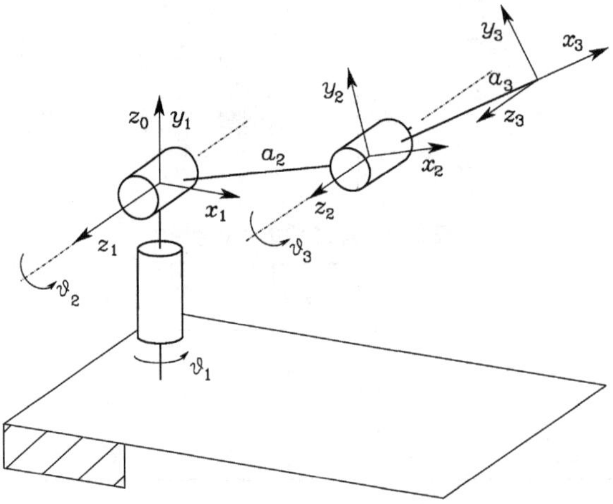

图 2.23　拟人臂

表 2.4　拟人臂的 DH 参数

连杆	a_i	α_i	d_i	ϑ_i
1	0	$\pi/2$	0	ϑ_1
2	a_2	0	0	ϑ_2
3	a_3	0	0	ϑ_3

式(2.52)定义了单个关节齐次变换矩阵：

$$A_1^0(\vartheta_1)=\begin{bmatrix} c_1 & 0 & s_1 & 0 \\ s_1 & 0 & -c_1 & 0 \\ 0 & 1 & 0 & 0 \\ 0 & 0 & 0 & 1 \end{bmatrix}$$

$$A_i^{i-1}(\vartheta_i)=\begin{bmatrix} c_i & -s_i & 0 & a_i c_i \\ s_i & c_i & 0 & a_i s_i \\ 0 & 0 & 1 & 0 \\ 0 & 0 & 0 & 1 \end{bmatrix} \quad i=2,3.$$

按式(2.50)计算正运动学方程得

$$T_3^0(q)=A_1^0A_2^1A_3^2=\begin{bmatrix} c_1c_{23} & -c_1s_{23} & s_1 & c_1(a_2c_2+a_3c_{23}) \\ s_1c_{23} & -s_1s_{23} & -c_1 & s_1(a_2c_2+a_3c_{23}) \\ s_{23} & c_{23} & 0 & a_2s_2+a_3s_{23} \\ 0 & 0 & 0 & 1 \end{bmatrix} \tag{2.66}$$

其中，$q=[\vartheta_1 \quad \vartheta_2 \quad \vartheta_3]^T$。因为 z_3 与 z_2 一致，坐标系 3 与图 2.13 中可能出现的末端执行器坐标系不一致，因此需要一个适当的常值变换。 74

2.9.5　球形腕

考虑如图 2.24 所示的具有特殊结构的腕。关节变量从 4 开始依次编号，因为这种腕通常被安装在一个 6 自由度机械手的 3 自由度臂上。由于所有的转动轴相交于一点，因此腕是球形的，注意到这一点是有意义的。当建立了 z_3，z_4，z_5 并选择了 x_3 之后，x_3 和 x_5 的方向存在不确定性，参见如图 2.24 所示的坐标系。其 DH 参数见表 2.5。

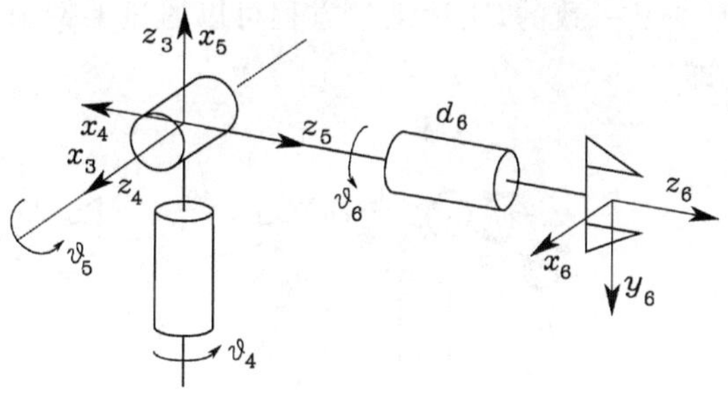

图 2.24　球形腕

表 2.5　球形腕的 DH 参数

连杆	a_i	α_i	d_i	ϑ_i
4	0	$-\pi/2$	0	ϑ_4
5	0	$\pi/2$	0	ϑ_5
6	0	0	d_6	ϑ_6

式(2.52)为单个关节定义了齐次变换矩阵：

$$\boldsymbol{A}_4^3(\vartheta_4)=\begin{bmatrix} c_4 & 0 & -s_4 & 0 \\ s_4 & 0 & c_4 & 0 \\ 0 & -1 & 0 & 0 \\ 0 & 0 & 0 & 1 \end{bmatrix} \qquad \boldsymbol{A}_5^4(\vartheta_5)=\begin{bmatrix} c_5 & 0 & s_5 & 0 \\ s_5 & 0 & -c_5 & 0 \\ 0 & 1 & 0 & 0 \\ 0 & 0 & 0 & 1 \end{bmatrix}$$

75

$$\boldsymbol{A}_6^5(\vartheta_6)=\begin{bmatrix} c_6 & -s_6 & 0 & 0 \\ s_6 & c_6 & 0 & 0 \\ 0 & 0 & 1 & d_6 \\ 0 & 0 & 0 & 1 \end{bmatrix}$$

按式(2.50)计算正运动学方程得

$$\boldsymbol{T}_6^3(\boldsymbol{q})=\boldsymbol{A}_4^3\boldsymbol{A}_5^4\boldsymbol{A}_6^5=\begin{bmatrix} c_4c_5c_6-s_4s_6 & -c_4c_5s_6-s_4c_6 & c_4c_5 & c_4s_5d_6 \\ s_4c_5c_6+c_4s_6 & -s_4c_5s_6+c_4c_6 & s_4s_5 & s_4s_5d_6 \\ -s_5c_6 & s_5s_6 & c_5 & c_5d_6 \\ 0 & 0 & 0 & 1 \end{bmatrix} \tag{2.67}$$

其中 $\boldsymbol{q}=[\vartheta_4\quad\vartheta_5\quad\vartheta_6]^{\mathrm{T}}$。注意，作为坐标系选择的结果，可以从 $\boldsymbol{T}_6^3$ 获得的分块矩阵 $\boldsymbol{R}_6^3$ 与前面得到欧拉角旋转矩阵(2.18)是一致的，也就是说，ϑ_4，ϑ_5，ϑ_6 构成关于参考坐标系 $O_3-x_3y_3z_3$ 的 ZYZ 角度集合。此外，坐标系 6 的单位向量与图 2.13 中可能出现的末端执行器坐标系的单位向量是一致的。

2.9.6　斯坦福机械手

所谓的斯坦福机械手由一个球形臂和一个球形手腕组成(图 2.25)。由于球形臂的坐标系 3 与球形手腕的坐标系 3 是一致的，正运动学方程可以通过上例中式(2.65)、式(2.67)的变换矩阵的简单合成得到，即

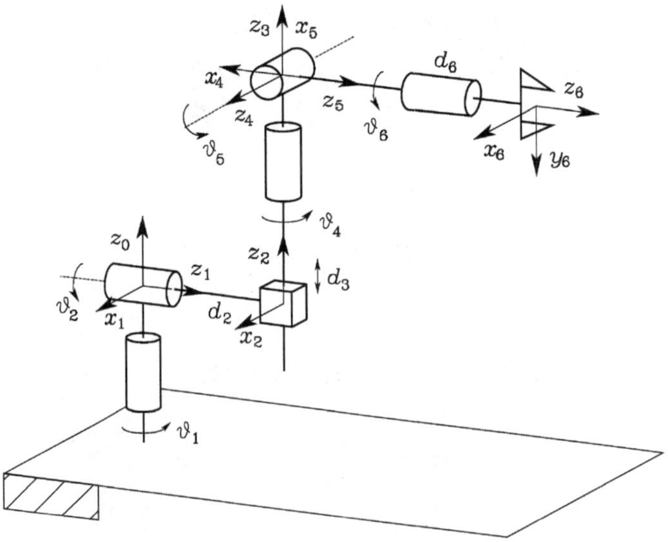

图 2.25　斯坦福机械手

$$T_6^0 = T_3^0 T_6^3 = \begin{bmatrix} n^0 & s^0 & a^0 & p^0 \\ 0 & 0 & 0 & 1 \end{bmatrix}$$

进行乘法运算，得到末端执行器的位置为 76

$$p_6^0 = \begin{bmatrix} c_1 s_2 d_3 - s_1 d_2 + (c_1(c_2 c_4 s_5 + s_2 c_5) - s_1 s_4 s_5) d_6 \\ s_1 s_2 d_3 + c_1 d_2 + (s_1(c_2 c_4 s_5 + s_2 c_5) + c_1 s_4 s_5) d_6 \\ c_2 d_3 + (-s_2 c_4 s_5 + c_2 c_5) d_6 \end{bmatrix} \tag{2.68}$$

且得到末端执行器的方向为

$$n_6^0 = \begin{bmatrix} c_1(c_2(c_4 c_5 c_6 - s_4 s_6) - s_2 s_5 s_6) - s_1(s_4 c_5 c_6 + c_4 s_6) \\ s_1(c_2(c_4 c_5 c_6 - s_4 s_6) - s_2 s_5 s_6) + c_1(s_4 c_5 c_6 + c_4 s_6) \\ -s_2(c_4 c_5 c_6 - s_4 s_6) - c_2 s_5 c_6 \end{bmatrix}$$

$$s_6^0 = \begin{bmatrix} c_1(-c_2(c_4 c_5 s_6 + s_4 c_6) + s_2 s_5 s_6) - s_1(-s_4 c_5 s_6 + c_4 c_6) \\ s_1(-c_2(c_4 c_5 s_6 + s_4 c_6) + s_2 s_5 s_6) + c_1(-s_4 c_5 s_6 + c_4 c_6) \\ s_2(c_4 c_5 s_6 + s_4 c_6) + c_2 s_5 s_6 \end{bmatrix} \tag{2.69}$$

$$a_6^0 = \begin{bmatrix} c_1(c_2 c_4 s_5 + s_2 c_5) - s_1 s_4 s_5 \\ s_1(c_2 c_4 s_5 + s_2 c_5) + c_1 s_4 s_5 \\ -s_2 c_4 s_5 + c_2 c_5 \end{bmatrix}$$

比较式(2.68)的向量 p_6^0 和式(2.65)中与单一球形臂相关的向量 p_3^0，可以看见，由于将末端执行器坐标系原点选为沿 a_6^0 方向与坐标系 3 原点相距 d_6 的位置，因此会产生额外的作用。换句话说，如果 $d_6=0$，位置向量将是相同的。这一特点对机械手的逆运动学求解非常重要，这将在后续内容中看到。

2.9.7　带球形腕的拟人臂

比较图 2.23 和图 2.24，可以看到正运动学方程不能通过变换矩阵 T_3^0 和 T_6^3 相乘得到，这是因为拟人臂的坐标系 3 不可能与球形手腕的坐标系 3 一致。

可以通过两种途径得到整个结构的正运动学。一种途径是在 T_3^0 和 T_6^3 之间插入一个常变换矩阵，这使得两个坐标系能够共线。另一种途径是参见如图 2.26 所示，对整个结构进行坐标系分配的 Denavit-Hartenberg 操作程序。其 DH 参数由表 2.6 指定。

由于第 3 行和第 4 行与两个单一结构的表中的相应行不相同，相关的齐次变换矩阵 A_3^2 和 A_4^3 必须修改为

$$A_3^2(\vartheta_3) = \begin{bmatrix} c_3 & 0 & s_3 & 0 \\ s_3 & 0 & -c_3 & 0 \\ 0 & 1 & 0 & 0 \\ 0 & 0 & 0 & 1 \end{bmatrix} \qquad A_4^3(\vartheta_4) = \begin{bmatrix} c_4 & 0 & -s_4 & 0 \\ s_4 & 0 & c_4 & 0 \\ 0 & -1 & 0 & d_4 \\ 0 & 0 & 0 & 1 \end{bmatrix}$$ 77

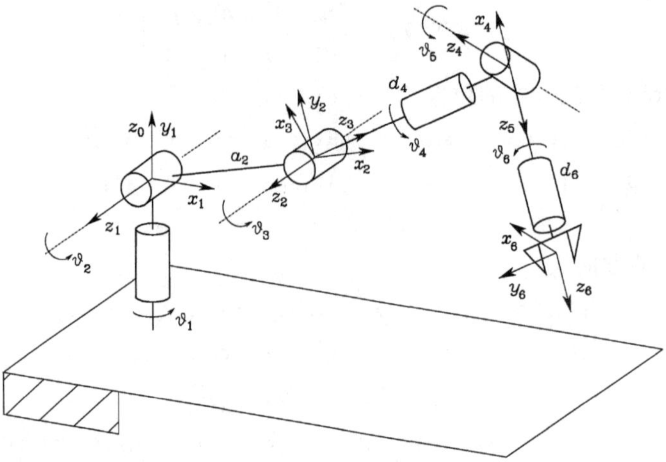

图 2.26　带球形腕的拟人臂

表 2.6　带球形腕的拟人臂的 DH 参数

连杆	a_i	α_i	d_i	ϑ_i
1	0	$\pi/2$	0	ϑ_1
2	a_2	0	0	ϑ_2
3	0	$\pi/2$	0	ϑ_3
4	0	$-\pi/2$	d_4	ϑ_4
5	0	$\pi/2$	0	ϑ_5
6	0	0	d_6	ϑ_6

而其他变换矩阵仍然是相同的。计算正运动学方程,使末端执行器的坐标位置和方向表示为

$$\boldsymbol{p}_6^0 = \begin{bmatrix} a_2 c_1 c_2 + d_4 c_1 s_{23} + d_6 (c_1 (c_{23} c_4 s_5 + s_{23} c_5) + s_1 s_4 s_5) \\ a_2 s_1 c_2 + d_4 s_1 s_{23} + d_6 (s_1 (c_{23} c_4 s_5 + s_{23} c_5) - c_1 s_4 s_5) \\ a_2 s_2 - d_4 c_{23} + d_6 (s_{23} c_4 s_5 - c_{23} c_5) \end{bmatrix} \tag{2.70}$$

及

$$\boldsymbol{n}_6^0 = \begin{bmatrix} c_1 (c_{23} (c_4 c_5 c_6 - s_4 s_6) - s_{23} s_5 c_6) + s_1 (s_4 c_5 c_6 + c_4 s_6) \\ s_1 (c_{23} (c_4 c_5 c_6 - s_4 s_6) - s_{23} s_5 c_6) - c_1 (s_4 c_5 c_6 + c_4 s_6) \\ s_{23} (c_4 c_5 c_6 - s_4 s_6) + c_{23} s_5 c_6 \end{bmatrix}$$

$$\boldsymbol{s}_6^0 = \begin{bmatrix} c_1 (- c_{23} (c_4 c_5 s_6 + s_4 c_6) + s_{23} s_5 s_6) + s_1 (- s_4 c_5 s_6 + c_4 c_6) \\ s_1 (- c_{23} (c_4 c_5 s_6 + s_4 c_6) + s_{23} s_5 s_6) - c_1 (- s_4 c_5 s_6 + c_4 c_6) \\ - s_{23} (c_4 c_5 s_6 + s_4 c_6) - c_{23} s_5 s_6 \end{bmatrix} \tag{2.71}$$

78

$$\boldsymbol{a}_6^0 = \begin{bmatrix} c_1 (c_{23} c_4 s_5 + s_{23} c_5) + s_1 s_4 s_5 \\ s_1 (c_{23} c_4 s_5 + s_{23} c_5) - c_1 s_4 s_5 \\ s_{23} c_4 s_5 - c_{23} c_5 \end{bmatrix}$$

通过设定 $d_6=0$，可以得到腕轴的交点位置。在此情形下，式(2.70)中的向量 $\boldsymbol{p}^0$ 相应于式(2.66)中单一拟人臂的向量 $\boldsymbol{p}_3^0$，这是因为 d_4 给出了前臂长度(a_3)，并且图 2.26 中的轴 x_3 相对图 2.23 中的轴 x_3 旋转了 $\pi/2$。

2.9.8 DLR 机械手

考虑 DLR 机械手，它是基于图 1.30 所示的机器人的实现发展起来的，其特征是自由度为 7，因而自然是冗余的。这种机械手 3 个靠外的关节(手腕)具有两种可能的结构。对于与在 2.9.5 节已介绍过的相似的球形手腕，其运动学结构如图 2.27 所示，其中附加在连杆上的坐标系是显而易见的。

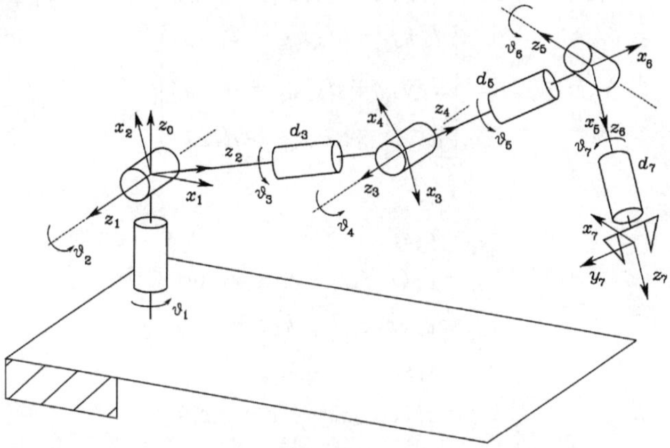

图 2.27　DLR 机械手

对于球形臂的情形，注意已经选定坐标系 0 的原点，使得 d_1 为 0。其 DH 参数如表 2.7 所示。

表 2.7　DLR 机械手的 DH 参数

连杆	a_i	α_i	d_i	ϑ_i
1	0	$\pi/2$	0	ϑ_1
2	0	$\pi/2$	0	ϑ_2
3	0	$\pi/2$	d_3	ϑ_3
4	0	$\pi/2$	0	ϑ_4
5	0	$\pi/2$	d_5	ϑ_5
6	0	$\pi/2$	0	ϑ_6
7	0	0	d_7	ϑ_7

式(2.52)定义了通用的齐次变换矩阵($\alpha_i=\pi/2$)为

$$\boldsymbol{A}_i^{i-1} = \begin{bmatrix} c_i & 0 & s_i & 0 \\ s_i & 0 & -c_i & 0 \\ 0 & 1 & 0 & d_i \\ 0 & 0 & 0 & 1 \end{bmatrix} \quad i = 1,\cdots,6 \tag{2.72}$$

由于 $\alpha_7 = 0$，有

$$\boldsymbol{A}_7^6 = \begin{bmatrix} c_7 & -s_7 & 0 & 0 \\ s_7 & c_7 & 0 & 0 \\ 0 & 0 & 1 & d_7 \\ 0 & 0 & 0 & 1 \end{bmatrix} \tag{2.73}$$

按式(2.50)计算正运动学方程，得到下列关于末端执行器坐标系的表达式

$$\boldsymbol{p}_7^0 = \begin{bmatrix} d_3 x_{d_3} + d_5 x_{d_5} + d_7 x_{d_7} \\ d_3 y_{d_3} + d_5 y_{d_5} + d_7 y_{d_7} \\ d_3 z_{d_3} + d_5 z_{d_5} + d_7 z_{d_7} \end{bmatrix} \tag{2.74}$$

其中

$$\begin{aligned} x_{d_3} &= c_1 s_2 \\ x_{d_5} &= c_1(c_2 c_3 s_4 - s_2 c_4) + s_1 s_3 s_4 \\ x_{d_7} &= c_1(c_2 k_1 + s_2 k_2) + s_1 k_3 \\ y_{d_3} &= s_1 s_2 \\ y_{d_5} &= s_1(c_2 c_3 s_4 - s_2 c_4) - c_1 s_3 s_4 \\ y_{d_7} &= s_1(c_2 k_1 + s_2 k_2) - c_1 k_3 \\ z_{d_3} &= -c_2 \\ z_{d_5} &= c_2 c_4 + s_2 c_3 s_4 \\ z_{d_7} &= s_2(c_3(c_4 c_5 s_6 - s_4 c_6) + s_3 s_5 s_6) - c_2 k_2 \end{aligned}$$

其中

$$\begin{aligned} k_1 &= c_3(c_4 c_5 s_6 - s_4 c_6) + s_3 s_5 s_6 \\ k_2 &= s_4 c_5 s_6 + c_4 c_6 \\ k_3 &= s_3(c_4 c_5 s_6 - s_4 c_6) - c_3 s_5 s_6 \end{aligned}$$

进一步地，可以导出末端执行器的坐标系方向为

80

$$\boldsymbol{n}_7^0 = \begin{bmatrix} ((x_a c_5 + x_c s_5)c_6 + x_b s_6)c_7 + (x_a s_5 - x_c c_5)s_7 \\ ((y_a c_5 + y_c s_5)c_6 + y_b s_6)c_7 + (y_a s_5 - y_c c_5)s_7 \\ (z_a c_6 + z_c s_6)c_7 + z_b s_7 \end{bmatrix}$$

$$\boldsymbol{s}_7^0 = \begin{bmatrix} -((x_a c_5 + x_c s_5)c_6 + x_b s_6)s_7 + (x_a s_5 - x_c c_5)c_7 \\ -((y_a c_5 + y_c s_5)c_6 + y_b s_6)s_7 + (y_a s_5 - y_c c_5)c_7 \\ -(z_a c_6 + z_c s_6)s_7 + z_b c_7 \end{bmatrix}$$

$$\boldsymbol{a}_7^0 = \begin{bmatrix} (x_a c_5 + x_c s_5)s_6 - x_b c_6 \\ (y_a c_5 + y_c s_5)s_6 - y_b c_6 \\ z_a s_6 - z_c c_6 \end{bmatrix} \tag{2.75}$$

其中

$$
\begin{aligned}
x_a &= (c_1c_2c_3 + s_1s_3)c_4 + c_1s_2s_4 \\
x_b &= (c_1c_2c_3 + s_1s_3)s_4 - c_1s_2c_4 \\
x_c &= c_1c_2s_3 - s_1c_3 \\
y_a &= (s_1c_2c_3 - c_1s_3)c_4 + s_1s_2s_4 \\
y_b &= (s_1c_2c_3 - c_1s_3)s_4 - s_1s_2c_4 \\
y_c &= s_1c_2s_3 + c_1c_3 \\
z_a &= (s_2c_3c_4 - c_2s_4)c_5 + s_2s_3s_5 \\
z_b &= (s_2c_3s_4 + c_2c_4)s_5 - s_2s_3c_5 \\
z_c &= s_2c_3s_4 + c_2c_4
\end{aligned}
\tag{2.76}
$$

在带球形手腕的拟人臂情形下会出现这样的情况，即坐标系 4 不能与手腕的基坐标系保持一致。

最后，考虑装配一个不同型号的球形手腕的可能性，其中关节 7 有 $\alpha_7=\pi/2$。在这种情形下，正运动学方程的计算会发生改变，因为运动学参数表的第 7 行发生了改变。特别地，注意，由于 $d_7=0$，$a_7\neq0$，故有

$$
\boldsymbol{A}_7^6 = \begin{bmatrix} c_7 & 0 & s_7 & a_7c_7 \\ s_7 & 0 & -c_7 & a_7s_7 \\ 0 & 0 & 1 & 0 \\ 0 & 0 & 0 & 1 \end{bmatrix} \tag{2.77}
$$

但接下来，坐标系 7 与末端执行器坐标系不一致，如同已经在三连杆平面臂中讨论过的，因为接近单位向量 $\boldsymbol{a}_7^0$ 与 x_7 共线。

2.9.9 类人机械手

术语“类人”是指机器人具有与人体类似的运动学结构。通常认为类人机器人最相关的特
征是双足行走。但是，精确地说，类人机械手是指其具有与人体上半身相类似的运动学关节连 81
接结构：躯干、手臂、类似于人手的末端执行器，以及头部，甚至还包括人工视觉系统。参见第 10 章。

对于图 1.33 中的类人机器人，值得注意的是它有两个末端执行器（在其上装配了双手），而胳膊由两个 DLR 机械手构成，每一个有 7 个自由度，这在前面章节中介绍过。特别地，考虑最后一个关节使得 $\alpha_7=\pi/2$ 这样一种位形。

为简便起见，图 1.33 中，运动学结构允许机器人的头是关节连接的。躯干可以作为一个拟人臂（3 自由度）进行建模，因此该机器人总共有 17 个自由度。

进一步，在拟人躯干的末端执行器和两个机械手的基础框架之间存在一个连接装置。该装置能够保持人形机械手的“胸部”始终与地面垂直。参见图 2.28，这一装置通过位于躯干末端更远的关节表示。从而，相应的参数 ϑ_4 不构成一个自由度，但其值可以改变，以补偿拟人躯干关节 2 和 3 的旋转。

为了计算正运动学方程，可能需要借助于两个树形运动学结构各自对应的参数表，从机械
手的基座到两个末端执行器的每个参数是可以识别的。类似于在拟人臂上装配一个球形手腕
的情形，这意味着由躯干和手臂构成的机械手，其变换矩阵中的某些行会发生改变，这一点在 82

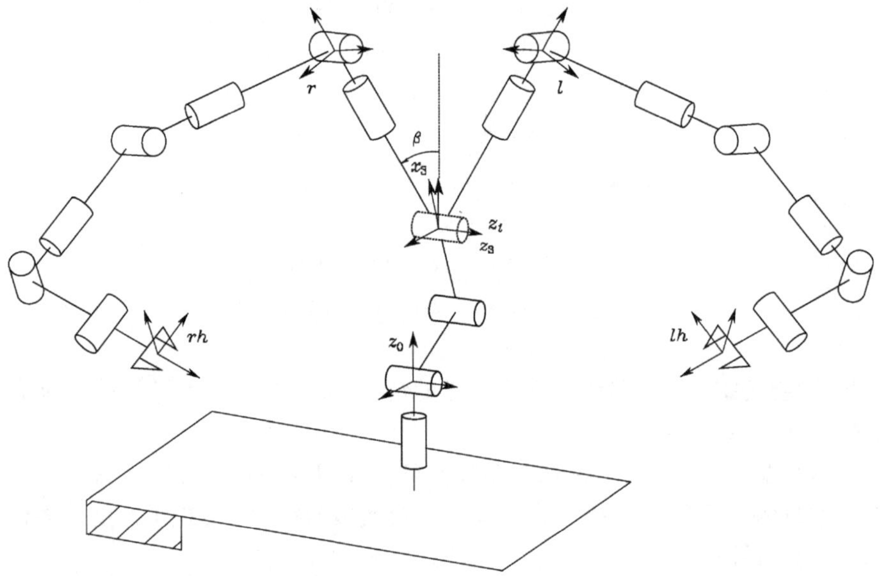

图 2.28 类人机械手

前面的章节中已经介绍过。

另一种选择是,可以考虑相关结构的中间级的变换矩阵。具体地,如图 2.28 所示,如果 t 表示附于躯干的坐标系,r 和 l 分别是右臂和左臂的基坐标系,rh 和 lh 为附于两手(末端执行器)的坐标系,可以如下分别地进行右臂和左臂的计算:

$$\boldsymbol{T}_{rh}^{0}=\boldsymbol{T}_{3}^{0}\boldsymbol{T}_{t}^{3}\boldsymbol{T}_{r}^{t}\boldsymbol{T}_{rh}^{r} \tag{2.78}$$

$$\boldsymbol{T}_{lh}^{0}=\boldsymbol{T}_{3}^{0}\boldsymbol{T}_{t}^{3}\boldsymbol{T}_{l}^{t}\boldsymbol{T}_{lh}^{l} \tag{2.79}$$

其中,矩阵 $\boldsymbol{T}_{t}^{3}$ 描述了位于躯干末端执行器上的关节 4 的运动带来的变换(如图 2.28 中短线所示)。坐标系 4 与图 2.27 中的坐标系 t 一致。关于参数 ϑ_4 的性质,有 $\vartheta_4=-\vartheta_2-\vartheta_3$,这样

$$\boldsymbol{T}_{t}^{3}=\begin{bmatrix} c_{23} & s_{23} & 0 & 0 \\ -s_{23} & c_{23} & 0 & 0 \\ 0 & 0 & 1 & 0 \\ 0 & 0 & 0 & 1 \end{bmatrix}$$

矩阵 $\boldsymbol{T}_{3}^{0}$ 由(2.66)式给出,而将躯干末端执行器坐标系联系到两个机械手的基坐标系的矩阵 $\boldsymbol{T}_{r}^{t}$ 和 $\boldsymbol{T}_{l}^{t}$ 的值为常数。参见图 2.28,这些矩阵的元素取决于角度 β 及坐标系 t 的原点与坐标系 r 和 l 的原点之间的距离。最后,在计算矩阵 $\boldsymbol{T}_{rh}^{r}$ 和 $\boldsymbol{T}_{lh}^{l}$ 的表达式时,为了考虑手腕不同的运动学结构,必须考虑改变 DLR 机械手 DH 参数表中的第行(见习题 2.14)。

2.10 关节空间与操作空间

如前面章节所述,机械手的正运动学方程使得末端执行器坐标系中的位置和方向可以表示为相对基坐标系的关节变量的方程。

如果要为末端执行器指定一项任务,就有必要为末端执行器指定位置和方向,最终以时间

函数的形式指定(轨迹)。这对位置而言容易做到。但另一方面,通过单位三维向量($\boldsymbol{n}_e$, $\boldsymbol{s}_e$, $\boldsymbol{a}_e$)[11]①指定方向则相当困难,因为必须在每一时刻都保证其 9 个分量满足(2.4)给出的正规化约束。这一问题将在第 4 章继续加以讨论。 83

如果采用上述最简表达式之一,末端执行器的方向描述问题就容许获得自然解。在这种情形下,当然可以为选择用以表示方向的角度集合制定运动轨迹。

因此,位置可以用关于结构几何的最小数量的坐标给出,方向可以根据描述末端执行器坐标系相对基坐标系旋转的最简表示(欧拉角)加以指定。这样,就有可能通过($m\times1$)向量来描述末端执行器的位姿,其中 $m\leqslant n$,

$$\boldsymbol{x}_e=\begin{bmatrix}\boldsymbol{p}_e\\ \phi_e\end{bmatrix}\tag{2.80}$$

其中,$\boldsymbol{p}_e$ 描述末端执行器的位置,ϕ_e 描述其方向。

这种位置和方向的表达式容许根据很多本质上独立的变量来描述末端执行器的任务。向量 $\boldsymbol{x}_e$ 定义在指定机械手任务的空间中,因此将这一空间称为操作空间(operational space)。另一方面,关节空间(joint space)(configuration space,位形空间)表示定义如下($n\times1$)关节变量向量 $\boldsymbol{q}$ 的空间。

$$\boldsymbol{q}=\begin{bmatrix}q_1\\ \vdots\\ q_n\end{bmatrix}\tag{2.81}$$

对转动关节,$q_i=\vartheta_i$,对移动关节,$q_i=d_i$。由于位置和方向取决于关节变量,正运动学方程可以写成不同于式(2.50)的形式,即,

$$\boldsymbol{x}_e=\boldsymbol{k}(\boldsymbol{q})\tag{2.82}$$

$\boldsymbol{k}(\cdot)$为($m\times1$)向量函数——一般是非线性的——它使得可以从关节空间变量的信息来计算操作空间变量。

值得注意的是,除了简单情形以外,式(2.82)中函数 $\boldsymbol{k}(\boldsymbol{q})$的方向分量对关节变量的依赖性难以表示。事实上,在一个最一般的六自由度操作空间($m=6$)情形下,函数$\phi_e(\boldsymbol{q})$的三个分量亦不能在封闭形式下进行计算,只能通过旋转矩阵的元素的计算进行,即 $\boldsymbol{n}_e(\boldsymbol{q})$, $\boldsymbol{s}_e(\boldsymbol{q})$, $\boldsymbol{a}_e(\boldsymbol{q})$。在 2.4 中已经给出容许由三个单位向量 $\boldsymbol{n}_e$, $\boldsymbol{s}_e$, $\boldsymbol{a}_e$ 确定欧拉角的公式。 84

例 2.5

再次考虑图 2.20 中的三连杆平面臂。结构的几何特性表明末端执行器位置由两个坐标 p_x 和 p_y 确定,而其方向由末端执行器与轴 x_0 的夹角ϕ确定。将这些操作变量表示为关节变量的函数,则两个位置坐标由式(2.63)中齐次变换矩阵第四列的前两个元素给出,而方向角可以简单地由关节变量的和给出。总之,正运动学方程可以写为以下形式

$$\boldsymbol{x}_e\begin{bmatrix}p_x\\ p_y\\ \phi\end{bmatrix}=\boldsymbol{k}(\boldsymbol{q})=\begin{bmatrix}a_1c_1+a_2c_{12}+a_3c_{123}\\ a_1s_1+a_2s_{12}+a_3s_{123}\\ \vartheta_1+\vartheta_2+\vartheta_3\end{bmatrix}\tag{2.83}$$

这一表达式表明 3 个关节空间变量容许指定至多 3 个独立的操作空间变量。另一方面,

① 为了简便起见,表示参考结构的上标被省略掉了。

如果不涉及方向，有 $\boldsymbol{x}_{\mathrm{e}}=[p_x \quad p_y]^{\mathrm{T}}$，这对一个单纯的末端执行器的定位问题而言存在自由度的运动学冗余。这一概念将在后面加以具体处理。

2.10.1　工作空间

相对于操作空间，机器人性能的另一个指标是所谓的工作空间(workspace)。工作空间是当机械手的所有关节进行所有可能的运动时，末端执行器坐标系的原点所描述的区域。工作空间在习惯上被区分为可达(reachable)工作空间与灵活(dexterous)工作空间。后者是可以从不同的方向到达时末端执行器坐标系原点所描述的区域，而前者是至少从一个方向可以到达时末端执行器坐标系原点所描述的区域。显然灵活工作空间是可达工作空间的子空间。一个自由度小于 6 的机械手不能在空间中任意地得到位置和方向。

工作空间由机械手几何构形和机械关节限制所表征。对于一个自由度为 n 的机械手，其可达工作空间是由单一位置分量的正运动学方程能够得到的点的几何区域，即

$$\boldsymbol{p}_{\mathrm{e}}=\boldsymbol{p}_{\mathrm{e}}(\boldsymbol{q}) \qquad q_{i\mathrm{m}} \leqslant q_i \leqslant q_{i\mathrm{M}} \quad i=1,\cdots,n$$

其中 $q_{i\mathrm{m}}(q_{i\mathrm{M}})$ 表示关节 i 的最小(最大)限制。这个容积是有限、闭合、连贯的——$\boldsymbol{p}_{\mathrm{e}}(\boldsymbol{q})$ 是一个连续函数，从而可以通过其边界曲面进行定义。因为关节是转动型或移动型的，容易意识到这样的曲面是由平面、球形、环形和圆柱形等类型的曲面元素组成的。机器人制造商会在数
85 据手册中以俯视图和平视图的形式给出机械手的工作空间(不含末端执行器)，它提供了评估机器人在预期应用中的性能所需的基本要素。

例 2.6

考虑简单的两连杆平面臂。如果机械关节限度已知，则平面臂能够得到所有相应于图 2.29中矩形中的点的关节空间位形。

可达工作空间可以通过臂平面中矩形边界的图形结构得到。为了达到这一目的，有必要考虑线段 ab,bc,cd,ae,ef,fd 的图像。沿着线段 ab,bc,cd,ae,ef,fd 行进，由于关节的限度，会损失运动性能；沿着线段 ad 行进，由于臂和前臂共线①，也会损失运动性能。进一步地，在点 a 和 d 会产生臂的姿态的改变：当 $q_2>0$ 时，可以得到肘朝下的姿态，而当 $q_2<0$ 时，臂处于肘向上的姿态。

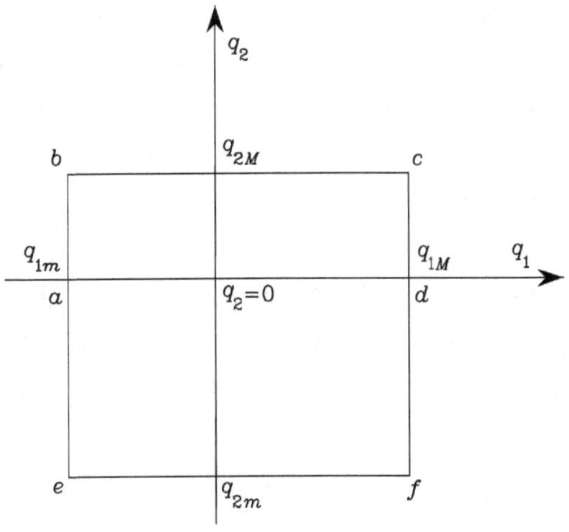

图 2.29　两连杆平面臂的容许位形区域

在臂平面中，在相应于 $q_{1\mathrm{m}}$ 和 $q_2=0(a)$ 的结构 A 处开始作臂的图；然后，描述从 $q_2=-$ 到 $q_{2\mathrm{M}}$ 运动的线段 ab 生成弧 AB。类似地，可以得到后续的弧 BC,CD,DA,AE,EF,FD (图 2.30)。区域 $CDAEFHC$ 外部的轮廓线

① 在后续章节中，可以看到这种结构表征了机械手一个运动学上的奇异性。

限定了工作空间需求。进一步地，区域 $BCDAB$ 相对于肘朝下的姿态，而区域 $DAEFD$ 相应于肘向上的姿态。从而，区域 $BADHB$ 是末端执行器采用两种姿态都可以到达的工作空间。 86

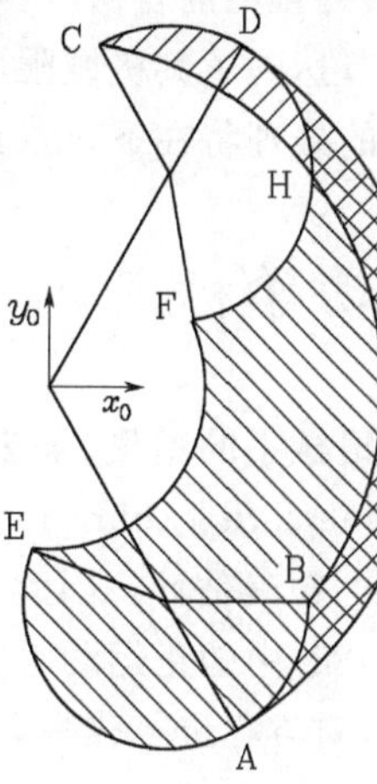

图 2.30　两连杆平面臂的工作空间

在一个实际机械手中，对于给定的关节变量集合，操作空间变量的实际值将偏离通过正运动学解算得到的值。正运动学方程确实依赖于在式(2.82)中没有清晰表示的 DH 参数。如果由于机械误差的原因，结构的机械尺寸与表中相应的参数不相等，在从指定姿态到达的位置和通过正运动学计算出的位置之间将产生偏差。这样的偏差定义为精度(accuracy)；一般这一参数值小于 1 mm，并且与机械手的结构和尺寸有关。精度随着末端执行器在工作空间中的位置而变化，并且当采用机器人面向环境编程时，它是一个重要参数。这将在最后一章中看到。

另一个经常在工业机器人性能数据手册中列出的参数是重复定位精度(repeatability)，这一参数给出了机械手回到先前到达过位置的能力的度量；这一参数是第 6 章中描述可编程机器人示教再现技术的重要参数。重复定位精度不仅取决于机械机构的特性，还取决于传感器和控制器，它以米为单位进行表示，并且其值通常比精度值小。例如，对于一个最大行程为 1.5 m 的机械手，精度在工作空间中从 0.2 mm 到 1 mm 之间变化，而重复定位精度在 0.02 mm 到 0.2 mm 之间变化。

2.10.2　运动学冗余

当机械手自由度的个数大于描述给定任务所必需变量的个数时，称机械手是运动学冗余(kinematically redundant)的。对上面所定义的空间，当操作空间的维度小于关节空间的维度 87
$m<n$ 时，一个机械手一定是冗余的。总之，冗余是一个与指定给机械手的任务有关的概念；一个机械手可能对于某个任务是冗余的而对另一个任务而言是非冗余的。甚至在 $m=n$ 的情形下，当针对特定任务只关系到 r 个操作空间分量，$r<m$ 时，机械手在功能上也可以是冗余的。

再次考虑 2.9.1 节中的 3 自由度平面臂。如果仅末端执行器的位置(在平面内)是指定的，结构就呈现功能性冗余($n=m=3$，$r=2$)；但当同时也指定末端执行器在平面中的方向时($n=m=r=3$)，冗余性就消失了。另一方面，一个 4 自由度的平面臂从本质上讲是冗余的($n=4$，$m=3$)。

考虑典型 6 自由度工业机器人。这种机械手不是本质上冗余的($n=m=6$)，但是相对其执行的任务，它有可能成为在功能上具有冗余性。例如，在激光切割任务中，因为末端执行器绕接近方向的旋转与完成任务无关($r=5$)，因此将会出现功能性冗余，

基于这一观点，会自然地产生一个问题：为什么要有意识地使用一个冗余机械手？回答是，冗余可以为机械手提供其行动的灵活性和多功能性。典型的例子是，人的胳膊有 7 自由

度：3 个在肩膀，1 个在肘，3 个在手腕，而且不考虑手指的自由度。这样的机械手从本质上讲是冗余的；事实上，如果基座和手的位置和方向都是固定的——需要 6 自由度——肘可以移动，这归因于额外可用的自由度，从而使在工作空间中避障成为可能。进一步地，如果冗余机械手的一个关节达到了其机械限度，将可能有另一个关节能够执行末端执行器的规定动作。

冗余问题的处理将在下一章具体描述。

2.11 运动学标定

为了提高机械手的精度，需要尽可能精确地计算正运动学的 Denavit-Hartenberg 参数。运动学标定(kinematic calibration)技术致力于从机械手末端执行器位姿的一系列量测数据中获得 DH 参数的精确估计。因此，运动学标定技术不容许对结构几何参数作直接测量。

考虑式(2.82)中的正运动学方程，除关节变量外，可以考虑强调操作空间变量对固定 DH
88 参数的依赖性，对方程进行改写。令 $\boldsymbol{a}=[a_1 \quad \cdots \quad a_n]^{\mathrm{T}}$，$\boldsymbol{\alpha}=[\alpha_1 \quad \cdots \quad \alpha_n]^{\mathrm{T}}$，$\boldsymbol{d}=[d_1 \quad \cdots \quad d_n]^{\mathrm{T}}$，且 $\boldsymbol{\vartheta}=[\theta_1 \quad \cdots \quad \theta_n]^{\mathrm{T}}$ 表示整个结构的 DH 参数向量；从而式(2.82) 变为

$$\boldsymbol{x}_{\mathrm{e}} = \boldsymbol{k}(\boldsymbol{a},\boldsymbol{\alpha},\boldsymbol{d},\boldsymbol{\vartheta}) \tag{2.84}$$

为保证运动学标定过程的有效性，需要保证机械手位姿量测的高精度。为达到这一目的，可以使用机械装置，使末端执行器以已知精度被限制在给定姿态。另一种选择是，可以使用直接测量系统，它采用三角测量技术测量目标在笛卡儿空间中的位置和方向。

令 $\boldsymbol{x}_m$ 为测量的位姿，$\boldsymbol{x}_n$ 为通过式(2.84)，用参数 $\boldsymbol{a}$，$\boldsymbol{\alpha}$，$\boldsymbol{d}$，$\boldsymbol{\vartheta}$ 的标称值计算得到的标称位姿值。设定固定参数的标称值与机械结构的设计数据相等，设定关节变量的标称值与机械手处于给定姿态时位置传感器提供的数据相等。偏差 $\Delta \boldsymbol{x}=\boldsymbol{x}_m-\boldsymbol{x}_n$ 给出了给定姿态时的精度量测。在小偏差的假定下，近似计算的第一步可以从(2.84)导出如下关系：

$$\Delta x = \frac{\partial \boldsymbol{k}}{\partial \boldsymbol{a}}\Delta \boldsymbol{a} + \frac{\partial \boldsymbol{k}}{\partial \boldsymbol{\alpha}}\Delta \boldsymbol{\alpha} + \frac{\partial \boldsymbol{k}}{\partial \boldsymbol{d}}\Delta \boldsymbol{d} + \frac{\partial \boldsymbol{k}}{\partial \boldsymbol{\vartheta}}\Delta \boldsymbol{\vartheta} \tag{2.85}$$

其中 $\Delta\boldsymbol{\alpha}$，$\Delta\alpha$，$\Delta\boldsymbol{d}$，$\Delta\boldsymbol{\vartheta}$ 表示真实结构参数值与标称值之间的偏差。此外，$\partial\boldsymbol{k}/\partial\boldsymbol{a}$，$\partial\boldsymbol{k}/\partial\boldsymbol{\alpha}$，$\partial\boldsymbol{k}/\partial\boldsymbol{d}$，$\partial\boldsymbol{k}/\partial\boldsymbol{\vartheta}$，表示$(m\times n)$矩阵，其元素为正运动学方程的分量关于单个参数的偏导数①。

将参数合成为一个$(4n\times1)$向量 $\boldsymbol{\zeta}=[\boldsymbol{a}^{\mathrm{T}} \quad \boldsymbol{\alpha}^{\mathrm{T}} \quad \boldsymbol{d}^{\mathrm{T}} \quad \boldsymbol{\vartheta}^{\mathrm{T}}]^{\mathrm{T}}$。令 $\Delta\boldsymbol{\zeta}=\boldsymbol{\zeta}_m-\boldsymbol{\zeta}_n$ 表示参数关于标称值的偏差，$\boldsymbol{\Phi}=[\partial\boldsymbol{k}/\partial\boldsymbol{a} \quad \partial\boldsymbol{k}/\partial\boldsymbol{\alpha} \quad \partial\boldsymbol{k}/\partial\boldsymbol{d} \quad \partial\boldsymbol{k}/\partial\boldsymbol{\vartheta}]$为用于计算参数 $\boldsymbol{\zeta}_n$ 的标称值的$(m\times 4n)$运动学标定矩阵。于是，(2.85)可以简洁地写为

$$\Delta\boldsymbol{x} = \boldsymbol{\Phi}(\boldsymbol{\zeta}_n)\Delta\boldsymbol{\zeta} \tag{2.86}$$

期望从 $\boldsymbol{\zeta}_n$，$\boldsymbol{x}_n$ 的信息和 $\boldsymbol{x}_m$ 的测量值出发计算 $\Delta\boldsymbol{\zeta}$。因为式(2.86)构成了一个有 $4n$ 个未知数、m 个方程的系统，其中 $m<4n$，必须对末端执行器的位姿进行足够数量的测量，以得到一个至少包含 $4n$ 个方程的系统。因此，如果对 l 个位姿进行测量，由式(2.86)得出

$$\Delta\bar{\boldsymbol{x}} = \begin{bmatrix}\Delta\boldsymbol{x}_1\\ \vdots \\ \Delta\boldsymbol{x}_l\end{bmatrix} = \begin{bmatrix}\boldsymbol{\Phi}_1\\ \vdots \\ \boldsymbol{\Phi}_l\end{bmatrix}\Delta\boldsymbol{\zeta} = \bar{\boldsymbol{\Phi}}\Delta\boldsymbol{\zeta} \tag{2.87}$$

89 关于矩阵 $\boldsymbol{\Phi}_i$ 的计算中所需要参数的标称值，可以观察到，其几何参数是常量，而关节变量

① 这些矩阵是参数空间和操作空间之间的变换的雅可比行列式。

取决于处于位姿 i 时操作器的位形。

为了避免矩阵 $\overline{\boldsymbol{\Phi}}$ 的病态条件，建议选择 l 使得 $lm \gg 4n$，然后采用最小二乘方法求解式(2.87)；在此情形下，解的形式为

$$\Delta\boldsymbol{\zeta} = (\overline{\boldsymbol{\Phi}}^{\mathrm{T}}\overline{\boldsymbol{\Phi}})^{-1}\overline{\boldsymbol{\Phi}}^{\mathrm{T}}\Delta\bar{\boldsymbol{x}} \tag{2.88}$$

其中 $(\overline{\boldsymbol{\Phi}}^{\mathrm{T}}\overline{\boldsymbol{\Phi}})^{-1}\overline{\boldsymbol{\Phi}}^{\mathrm{T}}$ 为 $\overline{\boldsymbol{\Phi}}$ 的左广义逆矩阵①。通过用参数 $\boldsymbol{\zeta}_n$ 的理论标称值计算 $\overline{\boldsymbol{\Phi}}$，第一个参数估计由下式给出

$$\boldsymbol{\zeta}' = \boldsymbol{\zeta}_n + \Delta\boldsymbol{\zeta} \tag{2.89}$$

这是一个非线性参数估计问题，如上，这一过程可以迭代进行，直到 $\Delta\boldsymbol{\zeta}$ 收敛到一个给定的阈值。每一步迭代中，标定矩阵 $\overline{\boldsymbol{\Phi}}$ 将由在上一步迭代中通过(2.89)得到的参数估计 $\boldsymbol{\zeta}'$ 更新。类似地，偏差 $\Delta\bar{\boldsymbol{x}}$ 将作为末端执行器的 l 组位姿测量值与采用上一步迭代得到的参数值通过正运动学方程计算得到的相应位姿值之差来进行计算。作为运动学标定过程的结果，将获得实际机械手几何参数更精确的估计，以及对关节传感器测量值更精确的修正。

运动学标定是机器人制造商为了保证数据手册中所标明的精度而进行的工作。机器人用户还可以在测量系统启动中采用其他标定方法，以保证位姿传感器的数据与得到的机械手姿态一致。例如，在增量式(非绝对式)位置传感器中，其标定方法是，将机械结构调整到给定的参考姿态上，然后用相应姿态值初始化位置传感器。

2.12　逆运动学问题

无论以式(2.50)的形式还是以式(2.82)的形式，正运动学方程都是建立关节变量与末端执行器位置和方向之间的函数关系。逆运动学问题则是由给定的末端执行器位置和方向，确定相对应的关节变量。这一问题的求解具有重要意义，其目的是将分配给末端执行器在操作空间的运动，变换为相应的关节空间的运动，使得期望的运动能够得到执行。 90

对式(2.50)中的正运动学方程，只要关节变量已知，末端执行器的位置和旋转矩阵的计算都是唯一的②。而另一面，逆运动学问题就要复杂得多，原因如下：

- 要求解的方程通常是非线性的，因而并非总能找到一个闭合形式的解。
- 可能存在多重解。
- 可能存在无穷多解。例如，在机械手存在运动学冗余情形下。
- 从机械手运动学结构的角度，可能不存在可行解。

仅当给定的末端执行器位置和方向属于机械手的灵活性工作空间时，才能保证解的存在性。

另一方面，多重解的问题不仅取决于自由度的数量，还取决于非零 DH 参数的个数；通常，非零参数的数目越大，可行解的数目越大。对一个没有机械关节限制的 6 自由度机械手，通常有多达 16 个可行解。这种现象的存在要求一些用来在可行解中进行选取的准则(例如，例2.6中肘朝上/朝下的情形)。机械的关节限制有可能会最终减少在实际结构中多重可行解的数量。

---

① 矩阵的广义逆的定义见附录 A.7 节。

② 通常，对式(2.82)也可以这样说，因为欧拉角的定义不唯一。

计算闭合形式的解，要么需要通过代数直觉找到那些包含未知量的重要方程，要么需要通过几何直觉以找到那些结构方面的关键点，这些关键点将方便地将位置和/或方向表达为数量更少的未知量的函数。下面的例子将指出对逆运动学问题求解所需要具有的能力。另一方面，在所有那些没有或很难找到闭合形式解的场合，采用数值解技术也许是适宜的；数值解技术的明显优势是适用于所有的运动学结构，但是通常它们无法得到所有的可行解。在后续章节中，将给出怎样利用采用机械手雅可比的适当算法来求解逆运动学问题。

2.12.1 三连杆平面臂的求解

考虑如图 2.20 所示的机械手，其正运动学方程由式(2.63)给出。现在需要寻求相应于给
91 定末端执行器位置和方向的关节变量 ϑ_1，ϑ_2，ϑ_3。

正如前面所指出的，在这种情形下，用最小数量的参数来指定位置和方向是很方便的，这些参数是：两个坐标 p_x，p_y 和相对轴 x_0 的角度 ϕ。从而，可以参照形如式(2.83)的正运动学方程。

首先给出如下的代数求解方法。给定方向后，关系式

$$\phi = \vartheta_1 + \vartheta_2 + \vartheta_3 \tag{2.90}$$

为需要求解的系统方程之一[①]。从式(2.63)可以得到下列方程组：

$$p_{W_x} = p_x - a_3 c_\phi = a_1 c_1 + a_2 c_{12} \tag{2.91}$$

$$p_{W_y} = p_y - a_3 s_\phi = a_1 s_1 + a_2 s_{12} \tag{2.92}$$

方程组描述了点 W，即坐标系 2 的原点的位置；这仅取决于前两个角 ϑ_1 和 ϑ_2。将式(2.91)和式(2.92)平方并求和得

$$p_{Wx}^2 + p_{Wy}^2 = a_1^2 + a_2^2 + 2a_1 a_2 c_2$$

可得

$$c_2 = \frac{p_{Wx}^2 + p_{Wy}^2 - a_1^2 - a_2^2}{2a_1 a_2}$$

显然，解的存在性要求 $-1 \leqslant c_2 \leqslant 1$，否则，给定点将超出臂的可达工作空间之外。从而，令

$$s_2 = \pm \sqrt{1 - c_2^2}$$

其中，正号对应于肘朝下的姿态，而负号对应与肘朝上的姿态。从而，可以这样计算角 ϑ_2：

$$\vartheta_2 = \mathrm{Atan2}(s_2, c_2)$$

确定角 ϑ_2 之后，角 ϑ_1 可以通过下述方式求得。将 ϑ_2 代入式(2.91)和式(2.92)，得到一个由关于两个未知量 s_1 和 c_1 的两个方程构成的代数系统，其解为

$$s_1 = \frac{(a_1 + a_2 c_2) p_{Wy} - a_2 s_2 p_{Wx}}{p_{Wx}^2 + p_{Wy}^2}$$

$$c_1 = \frac{(a_1 + a_2 c_2) p_{Wx} + a_2 s_2 p_{Wy}}{p_{Wx}^2 + p_{Wy}^2}$$

与前面的类似，有

92
$$\vartheta_1 = \mathrm{Atan2}(s_1, c_1)$$

在 $s_2 = 0$ 的情形下，显然有 $\vartheta_2 = 0$，π；下面将表明，在这种姿态下，机械手处于运动学奇点。但

---

① 如果没有指定 ϕ，则机械手是冗余的，且逆运动学问题有无穷解。

是,角 ϑ_1 可以唯一确定,除非 $a_1=a_2$,且 $p_{W_x}=p_{W_y}=0$。

最后,从式(2.90)得到角 ϑ_3,为

$$\vartheta_3=\phi-\vartheta_1-\vartheta_2$$

下面描述几何求解方法。同前面的类似,方向角由式(2.90)给出,坐标系 2 的原点坐标由式(2.91)和式(2.92)计算。对由连杆 a_1,a_2 及点 W 和点 O 的连线构成的三角形应用余弦定理,得

$$p_{W_x}^2+p_{W_y}^2=a_1^2+a_2^2-2a_1a_2\cos(\pi-\vartheta_2)$$

图 2.31 给出了两个可行的三角形结构。注意到 $\cos(\pi-\vartheta_2)=-\cos\vartheta_2$,有

$$c_2=\frac{p_{W_x}^2+p_{W_y}^2-a_1^2-a_2^2}{2a_1a_2}$$

三角形的存在性要求 $\sqrt{p_{W_s}^2+p_{W_y}^2}\leqslant a_1+a_2$ 成立。当给定点位于机械臂的可达工作空间之外时,这一条件不满足。从而,在可行解假定下,有

$$\vartheta_2=\pm\arccos c_2$$

当 $\vartheta_2\in(-\pi,0)$ 时得到肘向上的姿态,而当 $\vartheta_2\in(0,\pi)$ 时得到肘朝下的姿态。

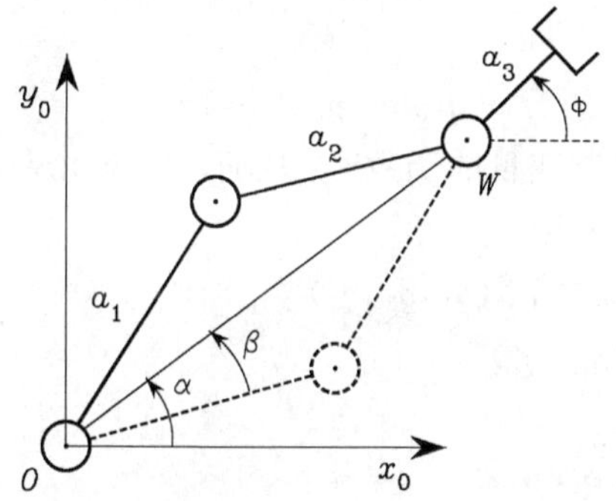

图 2.31　两连杆平面臂的可行姿态

为了找到 ϑ_1,考虑图 2.31 中的角 α 和 β。注意 α 的确定取决于 p_{W_x} 和 p_{W_y} 的符号;从而,有必要如下计算 α:

$$\alpha=\operatorname{Atan2}(p_{W_y},\ p_{W_x})$$

为了计算 β,再次应用余弦定理,得到 93

$$c_\beta\sqrt{p_{W_x}^2+p_{W_y}^2}=a_1+a_2c_2$$

采用上面给出的 c_2 的表达式有

$$\beta=\arccos\left(\frac{p_{W_x}^2+p_{W_y}^2+a_1^2-a_2^2}{2a_1\sqrt{p_{W_x}^2+p_{W_y}^2}}\right)$$

要求 $\beta\in(0,\pi)$,以保持三角形的存在性。从而,有

$$\vartheta_1=\alpha\pm\beta$$

其中,当 $\vartheta_2<0$ 时保持正号,当 $\vartheta_2>0$ 保持负号。最后,通过式(2.90)计算 ϑ_3。

值得注意的是,由于两连杆平面臂与平行四边形臂之间的实质等价性,上述方法可以形式化应用于 2.9.2 节中的臂的逆运动学求解。

2.12.2　带球形腕机械手的求解

大部分现有的机械手在运动学上都比较简单，因为它们通常由前面所介绍的臂和球形腕组成，参见 2.9.6 节～2.9.8 节中的机械手。这种选择的部分原因在于在一般情形下求解逆运动学问题的困难限制。特殊地，当如下条件之一满足时，一个 6 自由度运动学结构具有闭合形式的逆运动学解。

- 三个连续的转动关节的轴相交于同一点，例如对于球形关节而言。
- 三个连续的转动关节的轴平行。

在任一种情形，都需要用到代数的或几何的直觉知识来得到闭合形式的解。

受到前述三连杆平面臂求解方法的启示，可以找到沿这一结构的一个合适的点，该点的位置可以表示为给定末端执行器的位置和方向的函数，同时还可以表示为数量被约简的关节变量的函数。这等价于将逆运动学问题表示为两个子问题，因为位置解和方向解被解耦了。

对带球形腕的机械手而言，一个自然的选择是将这样的点 W 定位于 3 个末端转动轴的交点(图 2.32)。事实上，一旦末端执行器的位置和方向由 $\boldsymbol{p}_e$ 和 $\boldsymbol{R}_e=[\boldsymbol{n}_e \quad \boldsymbol{s}_e \quad \boldsymbol{a}_e]$指定，就可以找到手腕的位置为

94
$$\boldsymbol{p}_W = \boldsymbol{p}_e - d_6\boldsymbol{a}_e \tag{2.93}$$

这是一个确定臂位置的单独关节变量的函数①。从而，在(非冗余的)三自由度臂情形下，可以按照以下步骤进行逆运动学求解：

- 按式(2.93)计算腕的位置 $\boldsymbol{p}_W(q_1, q_2, q_3)$
- 求解逆运动学得到(q_1, q_2, q_3)
- 计算 $\boldsymbol{R}_3^0(q_1, q_2, q_3)$
- 计算 $\boldsymbol{R}_6^3(\vartheta_4, \vartheta_5, \vartheta_6)=\boldsymbol{R}_3^{0\mathrm{T}}\boldsymbol{R}$
- 求解逆运动学得到方向$(\vartheta_4, \vartheta_5, \vartheta_6)$。

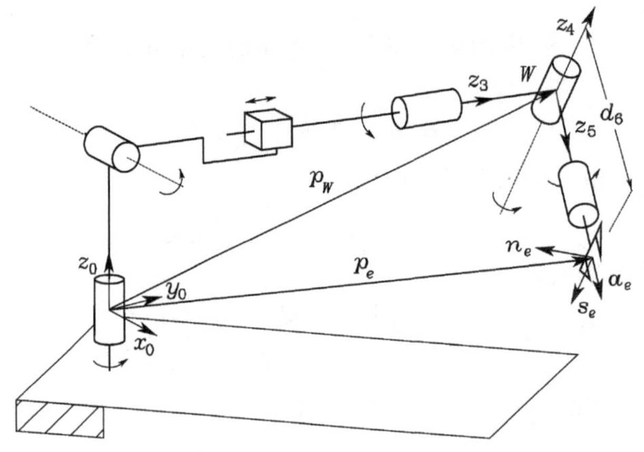

图 2.32　具球形手腕的机械手

---

① 注意，在章节 2.12.1 对三连杆平面机械手隐含地采用了同样的推理方式；对通过只考虑前两个连杆得到的 2 自由度机械手，$\boldsymbol{p}_W$ 描述了 1 自由度腕关节的位置。

从而，基于这样的运动学解耦，使得将臂的逆运动学求解从球形腕的逆运动学求解中分离出来成为可能。下面给出对两种典型臂（球形臂和拟人臂）的求解和对球形腕的求解。

2.12.3　球形臂的求解

考虑图 2.22 所示的球形臂，其正运动学方程由式(2.65)给出。期望寻求相应于给定末端执行器位置 $\boldsymbol{p}_W$ 的关节变量 ϑ_1，ϑ_2，d_3。

为了分离出 $\boldsymbol{p}_W$ 所依赖的变量，比较方便的是相对坐标系 1 来表示 $\boldsymbol{p}_W$ 的位置；因而考虑矩阵方程

$$(\boldsymbol{A}_1^0)^{-1}\boldsymbol{T}_3^0 = \boldsymbol{A}_2^1\boldsymbol{A}_3^2$$

令方程两边矩阵的第 4 列的前 3 个元素相等，得到

$$\boldsymbol{p}_W^1 = \begin{bmatrix} p_{Wx}c_1 + p_{Wy}s_1 \\ -p_{Wz} \\ -p_{Wx}s_1 + p_{Wy}c_1 \end{bmatrix} = \begin{bmatrix} d_3s_2 \\ -d_3c_2 \\ d_2 \end{bmatrix} \tag{2.94}$$

这个方程仅依赖于 ϑ_2 和 d_3。为求解此方程，令

$$t = \tan\frac{\vartheta_1}{2}$$

则

$$c_1 = \frac{1-t^2}{1+t^2} \quad s_1 = \frac{2t}{1+t^2}$$

将其代入(2.94)中方程左边的第 3 个分量，有

$$(d_2 + p_{Wy})t^2 + 2p_{Wx}t + d_2 - p_{Wy} = 0$$

其解为

$$t = \frac{-p_{Wx} \pm \sqrt{p_{Wx}^2 + p_{Wy}^2 - d_2^2}}{d_2 + p_{Wy}}$$

这两个解对应于两种不同的姿态。从而有

$$\vartheta_1 = 2\mathrm{Atan2}(-p_{Wx} \pm \sqrt{p_{Wx}^2 + p_{Wy}^2 - d_2^2},\ d_2 + p_{Wy})$$

一旦 ϑ_1 已知，对式(2.94)的前两个分量求平方和，得

$$d_3 = \sqrt{(p_{Wx}c_1 + p_{Wy}s_1)^2 + p_{Wz}^2}$$

其中只考虑 $d_3 \geqslant 0$ 时的解。注意，ϑ_1 的两个解对应于相同的 d_3 的值。最后，如果 $d_3 \neq 0$，由式(2.94)的前两个分量，有

$$\frac{p_{Wx}c_1 + p_{Wy}s_1}{-p_{Wz}} = \frac{d_3s_2}{-d_3c_2}$$

从而

$$\vartheta_2 = \mathrm{Atan2}(p_{Wx}c_1 + p_{Wy}s_1,\ p_{Wz})$$

注意，如果 $d_3 = 0$，则 ϑ_2 不能唯一确定。

2.12.4　拟人臂的求解

考虑如图 2.23 所示的拟人机械手。期望寻求相应于给定末端执行器位置 p_W 的关节变

量 ϑ_1, ϑ_2, ϑ_3。注意,$\boldsymbol{p}_W$ 的正运动学方程由式(2.66)表示,可以通过如下方式得到:在式
96 (2.70)中设定 $d_6=0$, $d_4=a_3$,并且用 $\vartheta_3+\pi/2$ 替换 ϑ_3,因为对于图 2.23 和图 2.26 中的结构,坐标系 3 分别都是未对准的。从而,有

$$p_{Wx} = c_1(a_2c_2 + a_3c_{23}) \tag{2.95}$$

$$p_{Wy} = s_1(a_2c_2 + a_3c_{23}) \tag{2.96}$$

$$p_{Wz} = a_2s_2 + a_3s_{23} \tag{2.97}$$

与两连杆平面臂情形的过程类似,求式(2.95)~式(2.97)的平方和,得到

$$p_{Wx}^2 + p_{Wy}^2 + p_{Wz}^2 = a_2^2 + a_3^2 + 2a_2a_3c_3$$

从上式易得

$$c_3 = \frac{p_{Wx}^2 + p_{Wy}^2 + p_{Wz}^2 - a_2^2 - a_3^2}{2a_2a_3} \tag{2.98}$$

其中,很显然,解的容许性要求 $-1 \leqslant c_3 \leqslant 1$,或等价地 $|a_2-a_3| \leqslant \sqrt{p_{Wx}^2+p_{Wy}^2+p_{Wz}^2} \leqslant a_2+a_3$,否则,腕关节的位置就会超出机械手可达工作空间。因此,有

$$s_3 = \pm\sqrt{1-c_3^2} \tag{2.99}$$

从而

$$\vartheta_3 = \text{Atan2}(s_3, c_3)$$

根据 s_3 的符号,给出两个解:

$$\vartheta_{3,\text{I}} \in [-\pi, \pi] \tag{2.100}$$

$$\vartheta_{3,\text{II}} = -\vartheta_{3,\text{I}} \tag{2.101}$$

确定了 ϑ_3 之后,就有可能如下计算 ϑ_2。将式(2.95)和式(2.96)平方求和,得

$$p_{Wx}^2 + p_{Wy}^2 = (a_2c_2 + a_3c_{23})^2$$

从上式可得

$$a_2c_2 + a_3c_{23} = \pm\sqrt{p_{Wx}^2 + p_{Wy}^2} \tag{2.102}$$

方程(2.102)和(2.97)两个系统,对解式(2.100)、式(2.101)中的任一个,都容许如下的解:

$$c_2 = \frac{\pm\sqrt{p_{Wx}^2 + p_{Wy}^2}(a_2 + a_3c_3) + p_{Wz}a_3s_3}{a_2^2 + a_3^2 + 2a_2a_3c_3} \tag{2.103}$$

97

$$s_2 = \frac{p_{Wz}(a_2 + a_3c_3) \mp \sqrt{p_{Wx}^2 + p_{Wy}^2}a_3s_3}{a_2^2 + a_3^2 + 2a_2a_3c_3} \tag{2.104}$$

从式(2.103)和式 (2.104) ,有

$$\vartheta_2 = \text{Atan2}(s_2, c_2)$$

根据(2.99)中 s_3 的符号,上式给出了 ϑ_2 的 4 个解。

相应于 $s_3^+ = \sqrt{1-c_3^2}$,有

$$\begin{aligned}\vartheta_{2,\text{I}} = \text{Atan2}(&(a_2 + a_3c_3)p_{Wz} - a_3s_3^+\sqrt{p_{Wx}^2 + p_{Wy}^2},\\ &(a_2 + a_3c_3)\sqrt{p_{Wx}^2 + p_{Wy}^2} + a_3s_3^+p_{Wz})\end{aligned} \tag{2.105}$$

$$\begin{aligned}\vartheta_{2,\text{II}} = \text{Atan2}(&(a_2 + a_3c_3)p_{Wz} + a_3s_3^+\sqrt{p_{Wx}^2 + p_{Wy}^2},\\ &-(a_2 + a_3c_3)\sqrt{p_{Wx}^2 + p_{Wy}^2} + a_3s_3^+p_{Wz})\end{aligned} \tag{2.106}$$

相应于 $s_3^- = -\sqrt{1-c_3^2}$,有

$$\vartheta_{2,\text{III}} = \text{Atan2}((a_2 + a_3c_3)p_{Wz} - a_3s_3^-\sqrt{p_{Wx}^2 + p_{Wy}^2},\ (a_2 + a_3c_3)\sqrt{p_{Wx}^2 + p_{Wy}^2} + a_3s_3^-p_{Wz}) \tag{2.107}$$

$$\vartheta_{2,\text{IV}} = \text{Atan2}((a_2 + a_3c_3)p_{Wz} + a_3s_3^-\sqrt{p_{Wx}^2 + p_{Wy}^2},\ -(a_2 + a_3c_3)\sqrt{p_{Wx}^2 + p_{Wy}^2} + a_3s_3^-p_{Wz}) \tag{2.108}$$

最后，为了计算 ϑ_1，利用(2.102)，足以将式(2.95)、式(2.96)改写为

$$p_{Wx} = \pm c_1\sqrt{p_{Wx}^2 + p_{Wy}^2}$$

$$p_{Wy} = \pm s_1\sqrt{p_{Wx}^2 + p_{Wy}^2}$$

求解上式给出两个解：

$$\vartheta_{1,\text{I}} = \text{Atan2}(p_{Wy}, p_{Wx}) \tag{2.109}$$

$$\vartheta_{1,\text{II}} = \text{Atan2}(-p_{Wy}, -p_{Wx}) \tag{2.110}$$

注意，式(2.110)给出[①]

$$\vartheta_{\text{I},\text{II}} = \begin{cases} \text{Atan2}(p_{Wy}, p_{Wx}) - \pi & p_{Wy} \geqslant 0 \\ \text{Atan2}(p_{Wy}, p_{Wx}) + \pi & p_{Wy} < 0 \end{cases}$$

可以验证。

依照式(2.100)和式(2.101)中 ϑ_3 的值、式(2.105)～式(2.108)中 ϑ_2 的值以及式(2.109)和式(2.110)中 ϑ_1 的值，存在 4 个解：

$$(\vartheta_{1,\text{I}}, \vartheta_{2,\text{I}}, \vartheta_{3,\text{I}}) \quad (\vartheta_{1,\text{I}}, \vartheta_{2,\text{III}}, \vartheta_{3,\text{II}}) \quad (\vartheta_{1,\text{II}}, \vartheta_{2,\text{II}}, \vartheta_{3,\text{I}}) \quad (\vartheta_{1,\text{II}}, \vartheta_{2,\text{IV}}, \vartheta_{3,\text{II}})$$

这 4 种结构表示在图 2.33 中，分别为：肩关节右/肘关节上，肩关节左/肘关节上，肩关节右/肘关节下，肩关节左/肘关节下；显然，对两对解而言，前臂的方向是不同的。

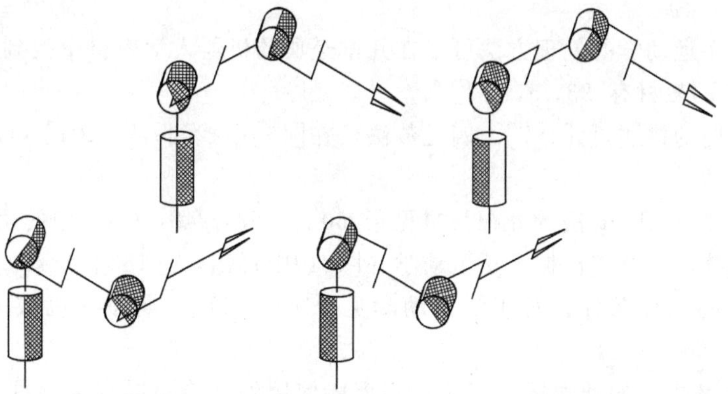

图 2.33　与给定腕关节位置相容的拟人臂的 4 种位形

最后注意，仅当至少有下式成立时，才有可能求解：

$$p_{Wx} \neq 0 \text{ 或 } p_{Wy} \neq 0$$

在 $p_{Wx} = p_{Wy} = 0$ 的情形下，可以得到无穷多解，因为有可能独立于 ϑ_1 的值确定关节变量 ϑ_2 和

① 易知 $\text{Atan2}(-y, -x) = -\text{Atan2}(y, -x)$ 且 $\text{Atan2}(y, -x) = \begin{cases} \pi - \text{Atan2}(y, x) & y \geqslant 0 \\ -\pi - \text{Atan2}(y, x) & y < 0 \end{cases}$

ϑ_3；在后续内容中，可以看到处于这种位形的臂从运动学意义上说是奇异的(见习题2.18)。

2.12.5　球形腕的求解

考虑如图 2.24 所示的球形腕关节，其正运动学方程由式(2.67)给出。期望寻找相应于给定的末端执行器方向 $\boldsymbol{R}_6^3$ 的关节变量 ϑ_4，ϑ_5，ϑ_6。如在前面指出过的，这些角度构成了一个相对坐标系 3 的欧拉角 ZYZ 的集合。因而旋转矩阵已经计算得到

99

$$\boldsymbol{R}_6^3 = \begin{bmatrix} n_x^3 & s_x^3 & a_x^3 \\ n_y^3 & s_y^3 & a_y^3 \\ n_z^3 & s^3 z & a_z^3 \end{bmatrix}$$

通过其在(2.67)中关节变量的表达式，使得可以如式(2.19 和(2.20)直接计算其解。对 $\vartheta_5 \in (0,\pi)$，有

$$\begin{aligned} \vartheta_4 &= \text{Atan2}(a_y^3,\ a_x^3) \\ \vartheta_5 &= \text{Atan2}(\sqrt{(a_x^3)^2 + (a_y^3)^2},\ a_z^3) \\ \vartheta_6 &= \text{Atan2}(s_z^3,\ -n_z^3) \end{aligned} \tag{2.111}$$

对 $\vartheta_5 \in (-\pi, 0)$，有

$$\begin{aligned} \vartheta_4 &= \text{Atan2}(-a_y^3,\ -a_x^3) \\ \vartheta_5 &= \text{Atan2}(-\sqrt{(a_x^3)^2 + (a_y^3)^2},\ a_z^3) \\ \vartheta_6 &= \text{Atan2}(-s_z^3,\ n_z^3) \end{aligned} \tag{2.112}$$

参考资料

机器人机械手运动学的处理方法可以在几本经典的机器人学教材中找到，例如[180, 10, 200, 217]。特定的教材有[23, 6, 151].

对于刚体方向的描述，见[187]。四元数法可在[46]中找到；从 [204] 可以找到如何从旋转矩阵提取四元数。

对 Denavit-Hartenberg 法的介绍最早见于[60]。[53, 248, 111] 中使用了改进的版本。采用齐次变换矩阵计算开链机械手正运动学在[181]中提出，而[183]中给出了逆运动学问题的闭合形式计算的充分条件。对闭链运动学见 [144, 111]。斯坦福机械手的设计归功于[196]。

[188, 98]中考虑了运动学标定问题。不需要使用外部传感器直接测量末端执行器的位置和方向的方法由[68]提出。

在[76, 99, 182]中采用了源于球形腕关节的运动学解耦方法。基于递归算法的逆运动学问题解的数值方法在[232, 86]中提出。

习题

2.1　寻找相应于欧拉角集合 ZXZ 的旋转矩阵。

2.2　讨论欧拉角 ZYZ 在 $s_\vartheta=0$ 情形下的逆解。 100

2.3　讨论滚动-俯仰-偏转角在 $c_\vartheta=0$ 情形下的逆解。

2.4　验证绕任意轴旋转一定角度所对应的旋转矩阵由式(2.25)给出。

2.5　证明相应于旋转矩阵的角度和轴的单位向量由式(2.27)、式(2.28)给出。寻求在 $\sin\theta=0$. 情形下的逆向公式。

2.6　验证相应于单位四元数的旋转矩阵由式(2.33)给出。

2.7　证明关于旋转矩阵及其转置是不变量,即 $\boldsymbol{R}(\eta,\ \epsilon)\epsilon=\boldsymbol{R}^{\mathrm{T}}(\eta,\ \epsilon)\epsilon=\epsilon$。

2.8　证明相应于旋转矩阵的单位四元数由式(2.34)、式(2.35)给出。

2.9　证明四元数乘积如式(2.37)所示。

2.10　通过应用分块矩阵求逆的法则,证明矩阵 $\boldsymbol{A}_0^1$ 由式(2.45)给出。

2.11　列出如图 2.34 的四连杆闭链平面臂的正运动学方程,其中通过移动关节连接的两个连杆相互垂直。

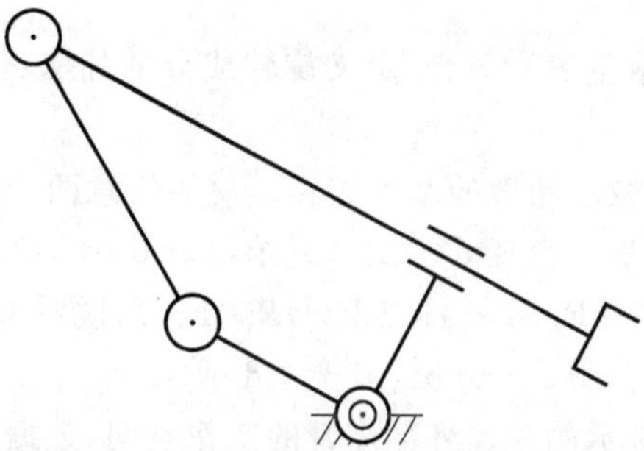

图 2.34　具移动关节的四连杆闭链平面臂

2.12　列出如图 2.35 中的圆柱形臂的正运动学方程。

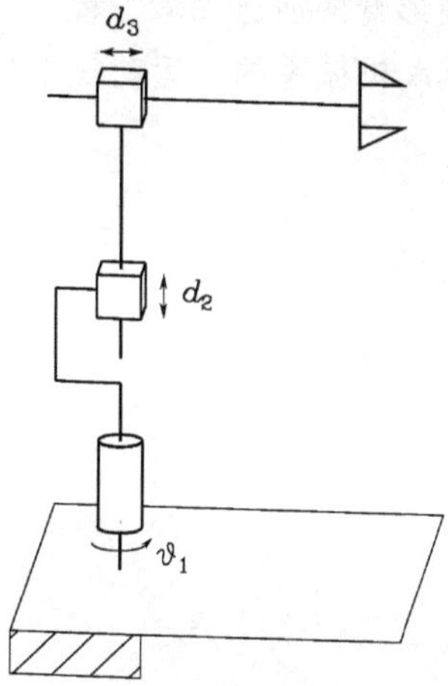

图 2.35　圆柱形臂

2.13　列出如图 2.36 中的 SCARA 机械手的正运动学方程。

2.14　列出如图 2.28 中的类人机械手的完整正运动学方程。 101

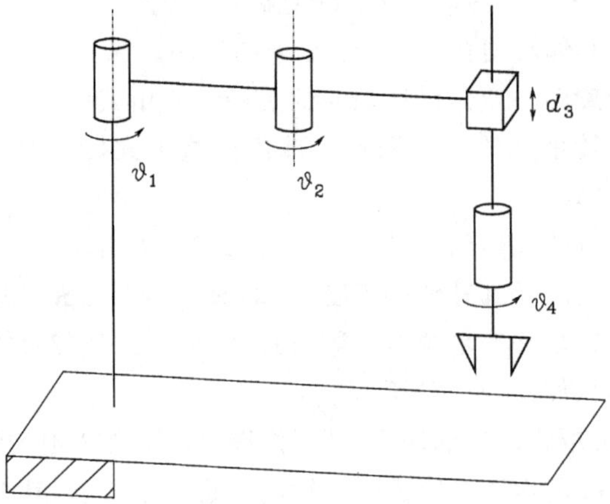

图 2.36 SCARA 机械手

2.15 对方向ϕ的最小数量表示集合,定义旋转成分的加法运算。举例说明,此运算不满足可交换性。

2.16 考虑绕坐标轴的微小角度的基本旋转。说明任意两个基本旋转的结果不依赖于旋转的顺序。[提示:对于一个微小角度 $\mathrm{d}\phi$,近似地有 $\cos(\mathrm{d}\phi)\approx 1$ 及 $\sin(\mathrm{d}\phi)\approx \mathrm{d}\phi\cdots$]。进一步,定义 $\boldsymbol{R}(\mathrm{d}\phi_x, \mathrm{d}\phi_y, \mathrm{d}\phi_z)=\boldsymbol{R}_x(\mathrm{d}\phi_x)\boldsymbol{R}_y(\mathrm{d}\phi_y)\boldsymbol{R}_z(\mathrm{d}\phi_z)$,说明 $\boldsymbol{R}(\mathrm{d}\phi_x, \mathrm{d}\phi_y, \mathrm{d}\phi_z)\boldsymbol{R}(\mathrm{d}\phi'_x, \mathrm{d}\phi'_y, \mathrm{d}\phi'_z)=\boldsymbol{R}(\mathrm{d}\phi_x+\mathrm{d}\phi'_x, \mathrm{d}\phi_y+\mathrm{d}\phi'_y, \mathrm{d}\phi_z+\mathrm{d}\phi'_z)$。

2.17 画出如图 2.20 所示的三连杆平面臂的工作空间,数据为:

$a_1=0.5, a_2=0.3, a_3=0.2$; $-\pi/3\leqslant q_1\leqslant\pi/3, -2\pi/3\leqslant q_2\leqslant 2\pi/3, -\pi/2\leqslant q_3\leqslant\pi/2$。

2.18 对 2.12.4 节中的拟人臂逆运动学方程,讨论在 $s_3=0$ 及 $p_{Wx}=p_{Wy}=0$ 的奇异状态解的数量。

2.19 求解如图 2.35 中的圆柱形臂的逆运动学方程。

102 2.20 求解如图 2.36 中 SCARA 机械手的逆运动学方程。

第 3 章　微分运动学和静力学

在上一章中，建立了描述关节变量和末端执行器位姿之间关系的正运动学和逆运动学方程。在本章中，将给出描述关节速度与相应末端执行器线速度和角速度之间关系的微分运动学。若这种映射通过一个矩阵加以描述，则称为几何雅可比矩阵，它取决于机械手的结构。另一种方法是，若末端执行器姿态参照操作空间中最简表达式表示，则可以通过正运动学方程关于关节变量的微分来计算雅可比矩阵矩阵，其结果通常与几何雅可比矩阵不同，称为分析雅可比矩阵。雅可比矩阵构成表征机械手最重要的工具之一。事实上，它在很多方面都很有用，包括寻找奇点、分析冗余、确定逆运动学算法、描述作用于末端执行器的力与其在关节处产生的力矩之间的映射关系（静力学），以及将在后续章节中看到的，推导运动的动力学方程，制定操作空间控制策略等。在本章最后，将阐明建立在速度和力可操纵性椭球定义基础之上的运动静力学二元性的概念。

3.1　几何雅可比矩阵

考虑一个自由度为 n 的机械手。其正运动学方程可以写为

$$\boldsymbol{T}_{\mathrm{e}}(\boldsymbol{q}) = \begin{bmatrix} \boldsymbol{R}_{\mathrm{e}}(\boldsymbol{q}) & \boldsymbol{p}_{\mathrm{e}}(\boldsymbol{q}) \\ \boldsymbol{0}^{\mathrm{T}} & 1 \end{bmatrix} \tag{3.1}$$

其中 $\boldsymbol{q}=[q_1 \quad \cdots \quad q_n]^{\mathrm{T}}$ 是关节变量向量，末端执行器的位置和方向均随着 $\boldsymbol{q}$ 的变化而变化。

微分运动学的目的，是寻找关节速度与末端执行器线速度和角速度之间的关系。换句话说，是期望将末端执行器的线速度 $\dot{\boldsymbol{p}}_{\mathrm{e}}$ 和角速度 $\boldsymbol{\omega}_{\mathrm{e}}$ 表示为关节速度 $\dot{\boldsymbol{q}}$ 的函数。下面将看到，得到的结果均为关节速度的线性关系，即

$$\dot{\boldsymbol{p}}_{\mathrm{e}} = \boldsymbol{J}_P(\boldsymbol{q})\dot{\boldsymbol{q}} \tag{3.2}$$

$$\boldsymbol{\omega}_{\mathrm{e}} = \boldsymbol{J}_O(\boldsymbol{q})\dot{\boldsymbol{q}} \tag{3.3}$$

在式 (3.2)中，$\boldsymbol{J}_P$ 为关节速度 $\dot{\boldsymbol{q}}$ 对末端执行器线速度 $\dot{\boldsymbol{q}}_{\mathrm{e}}$ 的$(3\times n)$作用矩阵，而式(3.3)中的 $\boldsymbol{J}_O$ 为关节速度 $\dot{\boldsymbol{q}}$ 对末端执行器角速度 $\boldsymbol{\omega}_{\mathrm{e}}$ 的$(3\times n)$作用矩阵 。式(3.2)、式(3.3)的紧凑形式可以写为

$$\boldsymbol{v}_{\mathrm{e}} = \begin{bmatrix} \dot{\boldsymbol{p}}_{\mathrm{e}} \\ \boldsymbol{\omega}_{\mathrm{e}} \end{bmatrix} = \boldsymbol{J}(\boldsymbol{q})\dot{\boldsymbol{q}} \tag{3.4}$$

上式表示机械手的微分运动学方程。$(6\times n)$矩阵 $\boldsymbol{J}$ 为机械手的几何雅可比矩阵

$$\boldsymbol{J} = \begin{bmatrix} \boldsymbol{J}_P \\ \boldsymbol{J}_O \end{bmatrix} \tag{3.5}$$

其通常为关节变量的函数。

为了计算几何雅可比矩阵，有必要回顾旋转矩阵的一些性质和刚体运动学的一些重要结论。

3.1.1 旋转矩阵求导

式(3.1)的机械手正运动学方程以位置向量和旋转矩阵关于关节变量的函数的形式描述了末端执行器的位姿。为了表征末端执行器的线速度和角速度，首先需要考虑旋转矩阵关于时间的导数。

考虑时变的旋转矩阵 $\boldsymbol{R}=\boldsymbol{R}(t)$。鉴于 $\boldsymbol{R}$ 的正交性，有下述关系

$$\boldsymbol{R}(t)\boldsymbol{R}^{\mathrm{T}}(t)=\boldsymbol{I}$$

将上式对时间求导，得到以下特性

$$\dot{\boldsymbol{R}}(t)\boldsymbol{R}^{\mathrm{T}}(t)+\boldsymbol{R}(t)\dot{\boldsymbol{R}}^{\mathrm{T}}(t)=\boldsymbol{O}$$

令

106 $$\boldsymbol{S}(t)=\dot{\boldsymbol{R}}(t)\boldsymbol{R}^{\mathrm{T}}(t) \tag{3.6}$$

由于

$$\boldsymbol{S}(t)+\boldsymbol{S}^{\mathrm{T}}(t)=\boldsymbol{O} \tag{3.7}$$

故 $\boldsymbol{S}$ 为(3×3)反对称矩阵。在式(3.6)两边同时右乘 $\boldsymbol{R}(t)$，有

$$\dot{\boldsymbol{R}}(t)=\boldsymbol{S}(t)\boldsymbol{R}(t) \tag{3.8}$$

这使得 $\boldsymbol{R}(t)$对时间的导数可以表示为 $\boldsymbol{R}(t)$自身的函数。

式(3.8)通过反对称算子 $\boldsymbol{S}$，将旋转矩阵 $\boldsymbol{R}$ 与其导数联系起来，这一点有着深刻的物理意义。考虑一个常值向量 $\boldsymbol{p}'$及向量 $\boldsymbol{p}(t)=\boldsymbol{R}(t)\boldsymbol{p}'$。$\boldsymbol{p}(t)$关于时间的导数为

$$\dot{\boldsymbol{p}}(t)=\dot{\boldsymbol{R}}(t)\boldsymbol{p}'$$

由(3.8)式，上式可以写为

$$\dot{\boldsymbol{p}}(t)=\boldsymbol{S}(t)\boldsymbol{R}(t)\boldsymbol{p}'$$

如果向量$\boldsymbol{\omega}(t)$表示 t 时刻坐标系 $\boldsymbol{R}(t)$相对参考坐标系的角速度，从力学知识可知

$$\dot{\boldsymbol{p}}(t)=\boldsymbol{\omega}(t)\times\boldsymbol{R}(t)\boldsymbol{p}'$$

从而，矩阵算子 $\boldsymbol{S}(t)$描述了向量$\boldsymbol{\omega}$和向量 $\boldsymbol{R}(t)\boldsymbol{p}'$之间的向量积。矩阵 $\boldsymbol{S}(t)$中关于主对角线的对称元素，以如下形式表征了向量$\boldsymbol{\omega}(t)=[\omega_x \quad \omega_y \quad \omega_z]^{\mathrm{T}}$ 的分量

$$\boldsymbol{S}=\begin{bmatrix} 0 & -\omega_z & \omega_y \\ \omega_z & 0 & -\omega_x \\ -\omega_y & \omega_x & 0 \end{bmatrix} \tag{3.9}$$

上式表明，表达式 $\boldsymbol{S}(t)=\boldsymbol{S}(\boldsymbol{\omega}(t))$成立。从而，式(3.8)可以被写成

$$\dot{\boldsymbol{R}}=\boldsymbol{S}(\boldsymbol{\omega})\boldsymbol{R} \tag{3.10}$$

此外，如果 $\boldsymbol{R}$ 表示旋转矩阵，可以得到，如下关系式成立：

$$\boldsymbol{R}\boldsymbol{S}(\boldsymbol{\omega})\boldsymbol{R}^{\mathrm{T}}=\boldsymbol{S}(\boldsymbol{R}\,\boldsymbol{\omega}) \tag{3.11}$$

107 这将在后面很有用(见习题 3.1)。

例 3.1

考虑式(2.6)中给出的绕 z 轴的初等旋转矩阵。如果 α 为时间函数，通过计算 $\boldsymbol{R}_z(\alpha(t))$ 对时间的导数，式(3.6)变为

$$\boldsymbol{S}(t)=\begin{bmatrix}-\dot{\alpha}\sin\alpha & -\dot{\alpha}\cos\alpha & 0\\ \dot{\alpha}\cos\alpha & -\dot{\alpha}\sin\alpha & 0\\ 0 & 0 & 0\end{bmatrix}\begin{bmatrix}\cos\alpha & \sin\alpha & 0\\ -\sin\alpha & \cos\alpha & 0\\ 0 & 0 & 1\end{bmatrix}$$

$$=\begin{bmatrix}0 & -\dot{\alpha} & 0\\ \dot{\alpha} & 0 & 0\\ 0 & 0 & 0\end{bmatrix}=\boldsymbol{S}(\boldsymbol{\omega}(t))$$

根据式(3.9)，有

$$\boldsymbol{\omega}=[0\quad 0\quad \dot{\alpha}]^{\mathrm{T}}$$

上式表示了坐标系绕 z 轴的角速度。

参见图 2.11，考虑点 P 从坐标系 1 到坐标系 0 的坐标变换；根据式(2.38)，由下式给出

$$\boldsymbol{p}^0=\boldsymbol{o}_1^0+\boldsymbol{R}_1^0\boldsymbol{p}^1 \tag{3.12}$$

式(3.12)式关于时间求导，有

$$\dot{\boldsymbol{p}}^0=\dot{\boldsymbol{o}}_1^0+\boldsymbol{R}_1^0\dot{\boldsymbol{p}}^1+\dot{\boldsymbol{R}}_1^0\boldsymbol{p}^1 \tag{3.13}$$

利用式(3.8)中旋转矩阵导数的表达式，并明确其与对角速度的依赖关系，有

$$\dot{\boldsymbol{p}}^0=\dot{\boldsymbol{o}}_1^0+\boldsymbol{R}_1^0\dot{\boldsymbol{p}}^1+\boldsymbol{S}(\boldsymbol{\omega}_1^0)\boldsymbol{R}_1^0\boldsymbol{p}^1$$

进一步地，用 $\boldsymbol{r}_1^0$ 来表示向量 $\boldsymbol{R}_1^0\boldsymbol{p}^1$，有

$$\dot{\boldsymbol{p}}^0=\dot{\boldsymbol{o}}_1^0+\boldsymbol{R}_1^0\dot{\boldsymbol{p}}^1+\boldsymbol{\omega}_1^0\times\boldsymbol{r}_1^0 \tag{3.14}$$

这是向量乘积法则的已知形式。

注意，如果 $\boldsymbol{p}^1$ 在坐标系 1 中固定，则由于 $\dot{\boldsymbol{p}}^1=\boldsymbol{0}$，有

$$\dot{\boldsymbol{p}}^0=\dot{\boldsymbol{o}}_1^0+\boldsymbol{\omega}_1^0\times\boldsymbol{r}_1^0 \tag{3.15}$$

3.1.2　连杆速度

考虑具开式运动链的机械手的通用连杆 i。根据上一章中采用的 Denavit-Hartenberg 法，连杆 i 连接关节 i 和关节 $i+1$；坐标系 i 固连于连杆 i，且其原点在关节 $i+1$ 的轴上，坐标 108
系 $i+1$ 的原点在关节 i 的轴上(图 3.1)。

令 p_{i-1} 和 p_i 分别为坐标系 $i-1$ 和 i 的原点的位置向量。同样地，令 $r_{i-1,i}^{i-1}$ 为坐标系 i 的原点关于坐标系 $i-1$ 的位置在坐标系 $i-1$ 中的表示。根据式(3.10)中的坐标变换，可写为①

$$\boldsymbol{p}_i=\boldsymbol{p}_{i-1}+\boldsymbol{R}_{i-1}\boldsymbol{r}_{i-1,i}^{i-1}.$$

于是，根据式(3.14)，有

$$\dot{\boldsymbol{p}}_i=\dot{\boldsymbol{p}}_{i-1}+\boldsymbol{R}_{i-1}\dot{\boldsymbol{r}}_{i-1,i}^{i-1}+\boldsymbol{\omega}_{i-1}\times\boldsymbol{R}_{i-1}\boldsymbol{r}_{i-1,i}^{i-1}=\dot{\boldsymbol{p}}_{i-1}+\boldsymbol{v}_{i-1,i}+\boldsymbol{\omega}_{i-1}\times\boldsymbol{r}_{i-1,i} \tag{3.16}$$

① 今后，在表示有关坐标系 0 的量时，将省略上标“0”。同时，不失一般性，坐标系 0 和坐标系分别表示基坐标系和末端执行器坐标系。

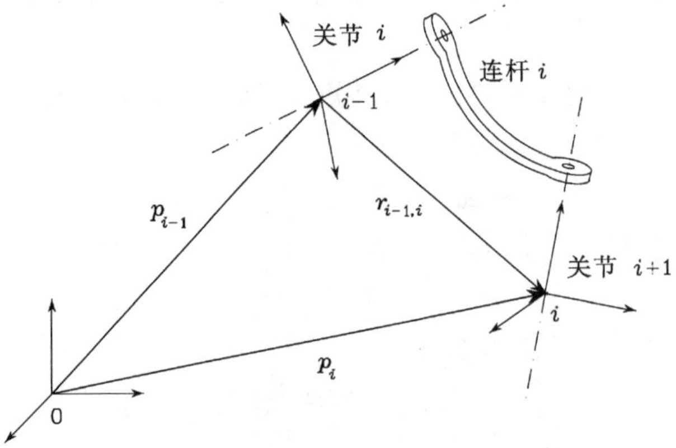

图 3.1 机械手通用链 i 的表征

上式将连杆 i 的线速度表示为连杆 $i-1$ 的平动速度和旋转速度的函数。注意，$v_{i-1,i}$ 表示坐标系 i 的原点相对坐标系 $i-1$ 的原点的速度。

对于连杆的角速度，有必要从旋转的合成开始

$$\boldsymbol{R}_i = \boldsymbol{R}_{i-1}\boldsymbol{R}_i^{i-1}$$

根据式(3.8)，其关于时间的导数可以写为

$$\boldsymbol{S}(\boldsymbol{\omega}_i)\boldsymbol{R}_i = \boldsymbol{S}(\boldsymbol{\omega}_{i-1})\boldsymbol{R}_i + \boldsymbol{R}_{i-1}\boldsymbol{S}(\boldsymbol{\omega}_{i-1,i}^{i-1})\boldsymbol{R}_i^{i-1} \tag{3.17}$$

其中 $\boldsymbol{\omega}_{i-1,i}^{i-1}$ 为坐标系 i 相对坐标系 $i-1$ 的角速度在坐标系 $i-1$ 中的表示。根据式(2.4)、式(3.17)中等号右边的第二项可以写为

$$\boldsymbol{R}_{i-1}\boldsymbol{S}(\boldsymbol{\omega}_{i-1,i}^{i-1})\boldsymbol{R}_i^{i-1} = \boldsymbol{R}_{i-1}\boldsymbol{S}(\boldsymbol{\omega}_{i-1,i}^{i-1})\boldsymbol{R}_{i-1}^{\mathrm{T}}\boldsymbol{R}_{i-1}\boldsymbol{R}_i^{i-1}$$

109 鉴于式(3.11)的性质，有

$$\boldsymbol{R}_{i-1}\boldsymbol{S}(\boldsymbol{\omega}_{i-1,i}^{i-1})\boldsymbol{R}_i^{i-1} = \boldsymbol{S}(\boldsymbol{R}_{i-1}\,\boldsymbol{\omega}_{i-1,i}^{i-1})\boldsymbol{R}_i$$

于是，式(3.17)变为

$$\boldsymbol{S}(\boldsymbol{\omega}_i)\boldsymbol{R}_i = \boldsymbol{S}(\boldsymbol{\omega}_{i-1})\boldsymbol{R}_i + \boldsymbol{S}(\boldsymbol{R}_{i-1}\,\boldsymbol{\omega}_{i-1,i}^{i-1})\boldsymbol{R}_i$$

从而有以下结论

$$\boldsymbol{\omega}_i = \boldsymbol{\omega}_{i-1} + \boldsymbol{R}_{i-1}\,\boldsymbol{\omega}_{i-1,i}^{i-1} = \boldsymbol{\omega}_{i-1} + \boldsymbol{\omega}_{i-1,i} \tag{3.18}$$

上式将连杆 i 的角速度表示为连杆 $i-1$ 的角速度以及连杆 i 关于连杆 $i-1$ 的角速度的函数。

关系式(3.16)、(3.18)给出了依赖于关节 i 的类型(移动型或转动型)的不同表达式。

移动关节

由于移动关节 i 时，坐标系 i 关于坐标系 $i-1$ 的方向不变，因此有

$$\boldsymbol{\omega}_{i-1,i} = \boldsymbol{0} \tag{3.19}$$

进一步，线速度为

$$\boldsymbol{v}_{i-1,i} = \dot{d}_i\boldsymbol{z}_{i-1} \tag{3.20}$$

其中，$\boldsymbol{z}_{i-1}$ 为关节 i 的轴的单位向量。从而，式(3.18)中角速度的表达式和式(3.16)中线速度的表达式分别变为

$$\boldsymbol{\omega}_i = \boldsymbol{\omega}_{i-1} \tag{3.21}$$

$$\dot{\boldsymbol{p}}_i = \dot{\boldsymbol{p}}_{i-1} + \dot{d}_i \boldsymbol{z}_{i-1} + \boldsymbol{\omega}_i \times \boldsymbol{r}_{i-1,i} \tag{3.22}$$

其中，式(3.22)的导出用到了关系式$\boldsymbol{\omega}_i = \boldsymbol{\omega}_{i-1}$。

转动关节

对于角速度，显然有

$$\boldsymbol{\omega}_{i-1,i} = \dot{\vartheta}_i \boldsymbol{z}_{i-1} \tag{3.23}$$

而对于线速度，有

$$\boldsymbol{v}_{i-1,i} = \boldsymbol{\omega}_{i-1,i} \times \boldsymbol{r}_{i-1,i} \tag{3.24}$$

这是由于关节 i 的运动引起了坐标系 i 相对坐标系 $i-1$ 的旋转。从而，式(3.18)中角速度的表达式和式(3.16)中线速度的表达式分别变为

$$\boldsymbol{\omega}_i = \boldsymbol{\omega}_{i-1} + \dot{\vartheta}_i \boldsymbol{z}_{i-1} \tag{3.25}$$

$$\dot{\boldsymbol{p}}_i = \dot{\boldsymbol{p}}_{i-1} + \boldsymbol{\omega}_i \times \boldsymbol{r}_{i-1,i} \tag{3.26}$$

其中，式(3.26)的导出用到了式(3.18)。 110

3.1.3　雅可比矩阵计算

要计算雅可比矩阵，方便的方法是分别从线速度和角速度出发。

对于对线速度的作用，$\boldsymbol{p}_e(\boldsymbol{q})$关于时间的导数可以写为

$$\dot{\boldsymbol{p}}_e = \sum_{i=1}^{n} \frac{\partial \boldsymbol{p}_e}{\partial q_i} \dot{q}_i = \sum_{i=1}^{n} \jmath_{P_i} \dot{q}_i \tag{3.27}$$

上式表明 $\dot{\boldsymbol{p}}_e$ 可以通过对 $\dot{q}_i \jmath_{P_i}$ 项求和得到。每一项都表示当所有其他关节静止时，单个关节 i 的速度对末端执行器线速度的作用。

因此，将移动关节情形($q_i = d_i$)与转动关节情形($q_i = \vartheta_i$)区别开来，有

- 如果关节 i 为移动型，根据式(3.20)，有

$$\dot{q}_i \jmath_{P_i} = \dot{d}_i \boldsymbol{z}_{i-1}$$

从而

$$\jmath_{P_i} = \boldsymbol{z}_{i-1}$$

- 如果关节 i 为转动型，注意到对线速度作用的计算是相对末端执行器坐标系原点进行的(图 3.2)，有

$$q_i \jmath_{P_i} = \boldsymbol{\omega}_{i-1,i} \times \boldsymbol{r}_{i-1,e} = \dot{\vartheta}_i \boldsymbol{z}_{i-1} \times (\boldsymbol{p}_e - \boldsymbol{p}_{i-1})$$

从而

$$\jmath_{P_i} = \boldsymbol{z}_{i-1} \times (\boldsymbol{p}_e - \boldsymbol{p}_{i-1})$$

对于对角速度的作用，鉴于式(3.18)，有 111

$$\boldsymbol{\omega}_e = \boldsymbol{\omega}_n = \sum_{i=1}^{n} \boldsymbol{\omega}_{i-1,i} = \sum_{i=1}^{n} \boldsymbol{J}_{Oi} \dot{q}_i \tag{3.28}$$

其中式(3.19)和式(3.28)被用于表征 $\dot{q}_i \boldsymbol{J}_{Oi}$ 项，因此，具体地有

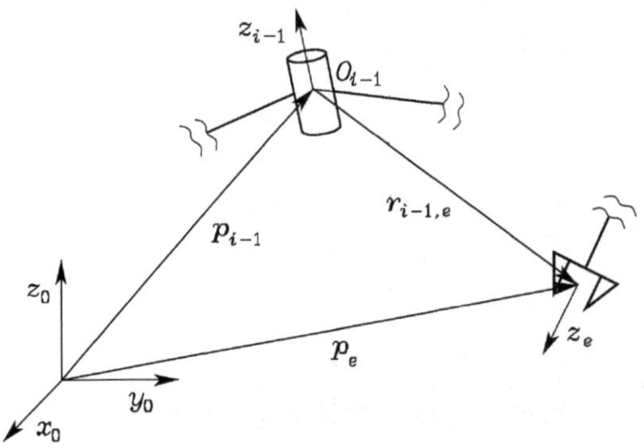

图 3.2 计算转动关节速度对末端执行器线速度的作用所需向量的示意图

- 如果关节 i 是移动型的,根据(3.19)式,有

$$\dot{q}_i \boldsymbol{\jmath}_{Oi} = \mathbf{0}$$

从而

$$\boldsymbol{\jmath}_{Oi} = \mathbf{0}$$

- 如果关节 i 是转动型的,根据式(3.23),有

$$\dot{q}_i \boldsymbol{\jmath}_{Oi} = \dot{\vartheta}_i \boldsymbol{z}_{i-1}$$

从而

$$\boldsymbol{\jmath}_{Oi} = \boldsymbol{z}_{i-1}$$

总之,式(3.5)中的雅可比矩阵可以按如下形式被分块为(3×1)列向量$\boldsymbol{\jmath}_{Pi}$和$\boldsymbol{\jmath}_{Oi}$:

$$\boldsymbol{J} = \begin{bmatrix} \boldsymbol{\jmath}_{P1} & & \boldsymbol{\jmath}_{Pn} \\ & \cdots & \\ \boldsymbol{\jmath}_{O1} & & \boldsymbol{\jmath}_{On} \end{bmatrix} \tag{3.29}$$

其中

$$\begin{bmatrix} \boldsymbol{\jmath}_{Pi} \\ \boldsymbol{\jmath}_{Oi} \end{bmatrix} = \begin{cases} \begin{bmatrix} \boldsymbol{z}_{i-1} \\ \mathbf{0} \end{bmatrix} & \text{移动关节} \\ \begin{bmatrix} \boldsymbol{z}_{i-1} \times (\boldsymbol{p}_e - \boldsymbol{p}_{i-1}) \\ \boldsymbol{z}_{i-1} \end{bmatrix} & \text{转动关节} \end{cases} \tag{3.30}$$

式(3.30)的表达式使得可以基于正运动学关系,通过一种简单、系统的方式进行雅可比矩阵计算。事实上,向量 $\boldsymbol{z}_{i-1}$, $\boldsymbol{p}_e$ 和 $\boldsymbol{p}_{i-1}$ 都是关节变量的函数。特别地:

- $\boldsymbol{z}_{i-1}$ 由旋转矩阵 $\boldsymbol{R}_{i-1}^0$ 的第 3 列给出,即

$$\boldsymbol{z}_{i-1} = \boldsymbol{R}_1^0(q_1) \cdots \boldsymbol{R}_{i-1}^{i-2}(q_{i-1})\boldsymbol{z}_0 \tag{3.31}$$

其中 $\boldsymbol{z}_0 = [0 \quad 0 \quad 1]^T$ 使得第 3 列被选中。

- $\boldsymbol{p}_e$ 通过变换矩阵 $\boldsymbol{T}_e^0$ 的第 4 列的前 3 个元素给出,即,通过将 $\widetilde{\boldsymbol{p}}_e$ 表示为(4×1)齐次形式

$$\widetilde{\boldsymbol{p}}_e = \boldsymbol{A}_1^0(q_1) \cdots \boldsymbol{A}_n^{n-1}(q_n)\widetilde{\boldsymbol{p}}_0 \tag{3.32}$$

112 其中,$\widetilde{\boldsymbol{p}}_0 = [0 \quad 0 \quad 0 \quad 1]^T$ 使得第 4 列被选中。

- $\boldsymbol{p}_{i-1}$ 由变换矩阵 $\boldsymbol{T}_{i-1}^0$ 第 4 列的前 3 个元素给出,即它可以通过下式得到

$$\widetilde{\boldsymbol{p}}_{i-1} = \boldsymbol{A}_1^0(q_1) \cdots \boldsymbol{A}_{i-1}^{i-2}(q_{i-1})\widetilde{\boldsymbol{p}}_0 \tag{3.33}$$

式(3.29)可以方便地用于计算沿机械手结构上任一点的平动速度和旋转速度，只要关于该点的正运动学方程已知。

最后，注意到雅可比矩阵矩阵取决于用于表示末端执行器速度的坐标系。上面的公式使得可以计算相对基坐标系的几何雅可比矩阵。如果期望在不同的坐标系 u 中表示雅可比矩阵，则只要知道相关的旋转矩阵 $\boldsymbol{R}^u$ 就足够了。在这两个坐标系中速度之间的关系为

$$\begin{bmatrix} \dot{\boldsymbol{p}}_e^u \\ \boldsymbol{\omega}_e^u \end{bmatrix} = \begin{bmatrix} \boldsymbol{R}^u & \boldsymbol{O} \\ \boldsymbol{O} & \boldsymbol{R}^u \end{bmatrix} \begin{bmatrix} \dot{\boldsymbol{p}}_e \\ \boldsymbol{\omega}_e \end{bmatrix}$$

将其代入式(3.4)，有

$$\begin{bmatrix} \dot{\boldsymbol{p}}_e^u \\ \boldsymbol{\omega}_e^u \end{bmatrix} = \begin{bmatrix} \boldsymbol{R}^u & \boldsymbol{O} \\ \boldsymbol{O} & \boldsymbol{R}^u \end{bmatrix} \boldsymbol{J}\dot{\boldsymbol{q}}$$

从而

$$\boldsymbol{J}^u = \begin{bmatrix} \boldsymbol{R}^u & \boldsymbol{O} \\ \boldsymbol{O} & \boldsymbol{R}^u \end{bmatrix} \boldsymbol{J} \tag{3.34}$$

其中 $\boldsymbol{J}^u$ 表示在坐标系 u 中的几何雅可比矩阵，一般假定其为时变的。

3.2　典型机械手结构的雅可比矩阵

接下来，将介绍前面章节中出现过的一些典型机械手结构的雅可比矩阵的计算。

3.2.1　三连杆平面臂

在这种情形下，根据(3.30)，雅可比矩阵为

$$\boldsymbol{J}(\boldsymbol{q}) = \begin{bmatrix} \boldsymbol{z}_0 \times (\boldsymbol{p}_3 - \boldsymbol{p}_0) & \boldsymbol{z}_1 \times (\boldsymbol{p}_3 - \boldsymbol{p}_1) & \boldsymbol{z}_2 \times (\boldsymbol{p}_3 - \boldsymbol{p}_2) \\ \boldsymbol{z}_0 & \boldsymbol{z}_1 & \boldsymbol{z}_2 \end{bmatrix}$$

计算不同连杆的位置向量有

$$\boldsymbol{p}_0 = \begin{bmatrix} 0 \\ 0 \\ 0 \end{bmatrix} \quad \boldsymbol{p}_1 = \begin{bmatrix} a_1 c_1 \\ a_1 s_1 \\ 0 \end{bmatrix} \quad \boldsymbol{p}_2 = \begin{bmatrix} a_1 c_1 + a_2 c_{12} \\ a_1 s_1 + a_2 s_{12} \\ 0 \end{bmatrix}$$ 113

$$\boldsymbol{p}_3 = \begin{bmatrix} a_1 c_1 + a_2 c_{12} + a_3 c_{123} \\ a_1 s_1 + a_2 s_{12} + a_3 s_{123} \\ 0 \end{bmatrix}$$

计算转动关节轴的单位向量时，由于它们都平行于轴 $\boldsymbol{z}_0$，有

$$\boldsymbol{z}_0 = \boldsymbol{z}_1 = \boldsymbol{z}_2 = \begin{bmatrix} 0 \\ 0 \\ 1 \end{bmatrix}$$

根据(3.29)，有

$$\boldsymbol{J}=\begin{bmatrix}-a_1s_1-a_2s_{12}-a_3s_{123} & -a_2s_{12}-a_3s_{123} & -a_3s_{123}\\ a_1c_1+a_2c_{12}+a_3c_{123} & a_2c_{12}+a_3c_{123} & a_3c_{123}\\ 0 & 0 & 0\\ 0 & 0 & 0\\ 0 & 0 & 0\\ 1 & 1 & 1\end{bmatrix} \tag{3.35}$$

在式(3.35)的雅可比矩阵中,只有 3 个非零行是不相关的(原文误为相关的——译者注)(矩阵的秩至多为 3);这归因于线速度沿 x_0,y_0 轴的两个分量,以及绕 z_0 轴的角速度分量。这一结论可以通过 3 个自由度最多允许指定 3 个末端执行器变量这一事实得出;对这种运动学结构,v_z,ω_x,ω_y 始终为零。如果不考虑方向,则位置分量的(2×3)雅可比矩阵可以通过只考虑前两行得出,即

$$\boldsymbol{J}_P=\begin{bmatrix}-a_1s_1-a_2s_{12}-a_3s_{123} & -a_2s_{12}-a_3s_{123} & -a_3s_{123}\\ a_1c_1+a_2c_{12}+a_3c_{123} & a_2c_{12}+a_3c_{123} & a_3c_{123}\end{bmatrix} \tag{3.36}$$

3.2.2 拟人臂

在这种情形下,根据式(3.30),雅可比矩阵为

$$\boldsymbol{J}=\begin{bmatrix}\boldsymbol{z}_0\times(\boldsymbol{p}_3-\boldsymbol{p}_0) & \boldsymbol{z}_1\times(\boldsymbol{p}_3-\boldsymbol{p}_1) & \boldsymbol{z}_2\times(\boldsymbol{p}_3-\boldsymbol{p}_2)\\ \boldsymbol{z}_0 & \boldsymbol{z}_1 & \boldsymbol{z}_2\end{bmatrix}$$

计算各连杆的位置向量有

$$\boldsymbol{p}_0=\boldsymbol{p}_1=\begin{bmatrix}0\\0\\0\end{bmatrix} \quad \boldsymbol{p}_2=\begin{bmatrix}a_2c_1c_2\\ a_2s_1c_2\\ a_2s_2\end{bmatrix}$$

114

$$\boldsymbol{p}_3=\begin{bmatrix}c_1(a_2c_2+a_3c_{23})\\ s_1(a_2c_2+a_3c_{23})\\ a_2s_2+a_3s_{23}\end{bmatrix}$$

计算转动关节轴的单位向量得到

$$\boldsymbol{z}_0=\begin{bmatrix}0\\0\\1\end{bmatrix} \quad \boldsymbol{z}_1=\boldsymbol{z}_2=\begin{bmatrix}s_1\\ -c_1\\ 0\end{bmatrix}$$

根据(3.29),有

$$\boldsymbol{J}=\begin{bmatrix}-s_1(a_2c_2+a_3c_{23}) & -c_1(a_2s_2+a_3s_{23}) & -a_3c_1s_{23}\\ c_1(a_2c_2+a_3c_{23}) & -s_1(a_2s_2+a_3s_{23}) & -a_3s_1s_{23}\\ 0 & a_2c_2+a_3c_{23} & a_3c_{23}\\ 0 & s_1 & s_1\\ 0 & -c_1 & -c_1\\ 1 & 0 & 0\end{bmatrix} \tag{3.37}$$

式(3.37)中,雅可比矩阵的 6 行中只有 3 行是线性无关的。由于只有 3 个自由度,值得考虑的是雅可比矩阵上方的(3×3)分块。

$$\boldsymbol{J}_{\mathrm{P}}=\begin{bmatrix}-s_1(a_2c_2+a_3c_{23}) & -c_1(a_2s_2+a_3s_{23}) & -a_3c_1s_{23}\\ c_1(a_2c_2+a_3c_{23}) & -s_1(a_2s_2+a_3s_{23}) & -a_3s_1s_{23}\\ 0 & a_2c_2+a_3c_{23} & a_3c_{23}\end{bmatrix}\tag{3.38}$$

上式描述了关节速度和末端执行器线速度之间的关系。这一结构并不能保证得到任意角速度 ω；事实上，两个分量 ω_x 和 ω_y 是不独立的（$s_1\omega_y=-c_1\omega_x$）。

3.2.3　斯坦福机械手

在这种情形下，根据式(3.30)，有

$$\boldsymbol{J}=\begin{bmatrix}\boldsymbol{z}_0\times(\boldsymbol{p}_6-\boldsymbol{p}_0) & \boldsymbol{z}_1\times(\boldsymbol{p}_6-\boldsymbol{p}_1) & \boldsymbol{z}_2 & \boldsymbol{z}_3\times(\boldsymbol{p}_6-\boldsymbol{p}_3) & \boldsymbol{z}_4\times(\boldsymbol{p}_6-\boldsymbol{p}_4) & \boldsymbol{z}_5\times(\boldsymbol{p}_6-\boldsymbol{p}_5)\\ \boldsymbol{z}_0 & \boldsymbol{z}_1 & \boldsymbol{0} & \boldsymbol{z}_3 & \boldsymbol{z}_4 & \boldsymbol{z}_5\end{bmatrix}$$

计算各连杆的位置向量有

$$\boldsymbol{p}_0=\boldsymbol{p}_1=\begin{bmatrix}0\\0\\0\end{bmatrix}\qquad \boldsymbol{p}_3=\boldsymbol{p}_4=\boldsymbol{p}_5=\begin{bmatrix}c_1s_2d_3-s_1d_2\\ s_1s_2d_3+c_1d_2\\ c_2d_3\end{bmatrix}$$

$$\boldsymbol{p}_6=\begin{bmatrix}c_1s_2d_3-s_1d_2+(c_1(c_2c_4s_5+s_2c_5)-s_1s_4s_5)d_6\\ s_1s_2d_3+c_1d_2+(s_1(c_2c_4s_5+s_2c_5)+c_1s_4s_5)d_6\\ c_2d_3+(-s_2c_4s_5+c_2c_5)d_6\end{bmatrix}$$ 115

而计算关节轴的单位向量得到

$$\boldsymbol{z}_0=\begin{bmatrix}0\\0\\0\end{bmatrix}\qquad \boldsymbol{z}_1=\begin{bmatrix}-s_1\\c_1\\0\end{bmatrix}\qquad \boldsymbol{z}_2=\boldsymbol{z}_3=\begin{bmatrix}c_1s_2\\s_1s_2\\c_2\end{bmatrix}$$

$$\boldsymbol{z}_4=\begin{bmatrix}-c_1c_2s_4-s_1c_4\\ -s_1c_2s_4+c_1c_4\\ s_2s_4\end{bmatrix}\qquad \boldsymbol{z}_5=\begin{bmatrix}c_1(c_2c_4s_5+s_2c_5)-s_1s_4s_5\\ s_1(c_2c_4s_5+s_2c_5)+c_1s_4s_5\\ -s_2c_4s_5+c_2c_5\end{bmatrix}$$

可以通过如式(3.29)的拓展计算得到雅可比矩阵，并将末端执行器线速度和角速度表示为关节速度的函数。

3.3　运动学奇点

机械手微分运动学方程中的雅可比矩阵定义了关节速度向量 $\dot{\boldsymbol{q}}$ 和末端执行器速度向量 $\boldsymbol{v}_{\mathrm{e}}=[\dot{\boldsymbol{p}}_{\mathrm{e}}^{\mathrm{T}}\quad \boldsymbol{\omega}_{\mathrm{e}}^{\mathrm{T}}]^{\mathrm{T}}$ 之间的线性映射

$$\boldsymbol{v}_{\mathrm{e}}=\boldsymbol{J}(\boldsymbol{q})\dot{\boldsymbol{q}}\tag{3.39}$$

一般而言，雅可比矩阵是位形 $\dot{\boldsymbol{q}}$ 的函数；那些令雅可比矩阵 $\boldsymbol{J}$ 不满秩的位形称为运动学奇点。由于如下的原因，找到机械手的奇点是相当有意义的：

a）奇点描述了这样一类位形，处于该位形时结构运动是退化的，即不可能任意地对末端执行器施加运动。

b）当结构处于奇点时，逆运动学问题可能存在无穷多解。

c)在奇点的邻域内，操作空间内很小的速度可能会导致关节空间内很高的速度。

可以如下对奇点进行分类：

- 边界奇点。边界奇点是当机械手伸出边界或从边界缩回时产生的。可以这样理解，即这类奇点并不表示真正的缺陷，因为它们在机械手不被驱动到其可达工作空间边界的条件下是可以避免的。
- 内部奇点。内部奇点是在可达工作空间内部产生的，并且通常是由两个或两个以上的运动轴共线引起的，或者是由末端执行器达到特殊位形而引起的。与前者不同的是，这类奇点可能造成严重的问题，因为对操作空间中一条规划路径而言，在可达工作空
116 间的任何位置都有可能碰到这样的奇点。

例 3.2

为了说明处于奇点的机械手特性，考虑一个两连杆平面臂。在这种情形下，只考虑平面上的线速度分量 $\dot{p}_x$ 和 $\dot{p}_y$ 是有意义的。从而，雅可比矩阵为(2 × 2)矩阵

$$\boldsymbol{J}=\begin{bmatrix}-a_1 s_1-a_2 s_{12} & -a_2 s_{12}\\ a_1 c_1+a_2 c_{12} & a_2 c_{12}\end{bmatrix} \tag{3.40}$$

为了分析矩阵的秩，考虑如下行列式

$$\det(\boldsymbol{J})=a_1 a_2 s_2 \tag{3.41}$$

当 $a_1, a_2\neq 0$ 时，易知只要下式成立，式(3.41)中的行列式为零。

$$\vartheta_2=0 \quad \vartheta_2=\pi$$

而 ϑ_1 与与奇异位形的确定不相关。当臂的末端位于可达工作空间的外部边界($\vartheta_2=0$)或内部边界($\vartheta_2=\pi$)时，奇异情况会发生。图 3.3 说明了 $\vartheta_2=0$ 时臂的姿态。

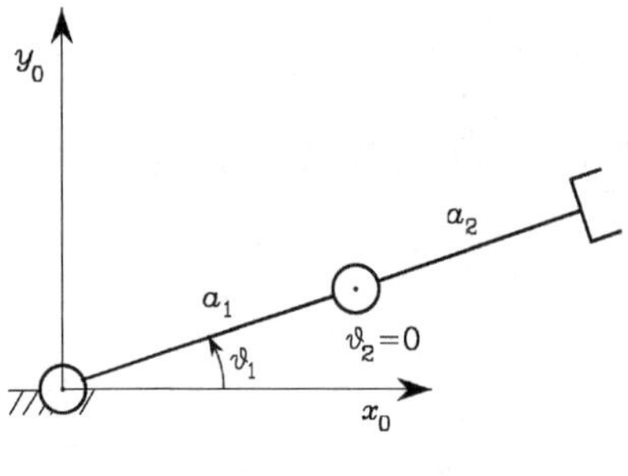

图 3.3 处于边界奇点的两连杆平面臂

对处于这种位形时结构的微分运动进行分析，可以看到雅可比矩阵的两个列向量$[-(a_1+a_2)s_1 \quad (a_1+a_2)c_1]^{\mathrm{T}}$ 和$[-a_2 s_1 \quad a_2 c_1]^{\mathrm{T}}$ 变得平行了，这样，雅可比矩阵的秩变为 1，这就意味着末端的速度分量是不独立的(见前述的 a)点)

3.3.1　奇点解耦

通过雅可比矩阵行列式计算内部奇点可能会很繁琐，而且对复杂结构不容易求解。对带球形腕的机械手，通过与在逆运动学中出现过的类似的推理方式，有可能将奇点计算问题分解为两个分离的问题： 117

- 前 3 个或更多连杆运动引起的臂奇点的计算。
- 腕关节运动引起的腕奇点的计算。

为了简便起见，考虑 $n = 6$ 的情形；雅可比矩阵可以如下进行分块，其中每个分块为(3×3)矩阵：

$$\boldsymbol{J} = \begin{bmatrix} \boldsymbol{J}_{11} & \boldsymbol{J}_{12} \\ \boldsymbol{J}_{21} & \boldsymbol{J}_{22} \end{bmatrix} \tag{3.42}$$

其中，因为外部的 3 个关节都是转动型的，右边两个分块的表达式分别为：

$$\begin{aligned} \boldsymbol{J}_{12} &= [\boldsymbol{z}_3 \times (\boldsymbol{p}_e - \boldsymbol{p}_3) \quad \boldsymbol{z}_4 \times (\boldsymbol{p}_e - \boldsymbol{p}_4) \quad \boldsymbol{z}_5 \times (\boldsymbol{p}_e - \boldsymbol{p}_5)] \\ \boldsymbol{J}_{22} &= [\boldsymbol{z}_3 \quad \boldsymbol{z}_4 \quad \boldsymbol{z}_5] \end{aligned} \tag{3.43}$$

由于运动学奇点是机械结构所固有的，而与描述运动学的坐标系选择无关。因此，为了方便起见，将末端执行器坐标系的原点选择在腕的轴的交点上(见图 2.32)。选择 $\boldsymbol{p}=\boldsymbol{p}_W$，有

$$\boldsymbol{J}_{12} = [\boldsymbol{0} \quad \boldsymbol{0} \quad \boldsymbol{0}]$$

因为对 $i=3,4,5$ 无论怎样按 DH 法选择坐标系 3,4,5，所有的向量 $\boldsymbol{p}_W - \boldsymbol{p}_i$ 都与单位向量 $\boldsymbol{z}_i$ 平行。在这种选择下，全局雅可比矩阵就成了一个分块下三角矩阵。在这种情形下，行列式的计算得到了极大的简化，因为可以通过计算对角线上两个分块行列式的乘积得到，即，

$$\det(\boldsymbol{J}) = \det(\boldsymbol{J}_{11})\det(\boldsymbol{J}_{22}) \tag{3.44}$$

相应地可以实现真正的奇点解耦。条件

$$\det(\boldsymbol{J}_{11}) = 0$$

用以确定机械手奇点。而条件 118

$$\det(\boldsymbol{J}_{22}) = 0$$

用以确定腕关节奇点。

但注意，这种形式的雅可比矩阵并不提供关节速度和末端执行器速度之间的关系，但能够带来奇点计算的简化。下面具体分析这两种类型的奇点。

3.3.2　腕奇点

在上述奇点解耦的基础上，腕奇点可以通过观察式(3.43)中的分块 $\boldsymbol{J}_{22}$ 确定。可以确认，只要单位向量 $\boldsymbol{z}_3, \boldsymbol{z}_3, \boldsymbol{z}_5$ 线性相关，腕关节就处于奇点状态。腕关节的运动学结构显示，当 $\boldsymbol{z}_3$ 和 $\boldsymbol{z}_5$ 共线时会产生奇点，即，只要有下式成立

$$\vartheta_5 = 0 \quad \vartheta_5 = \pi$$

仅考虑第一种位形(图 3.4)，运动能力的消失是由以下事实造成的，当 ϑ_4 和 ϑ_6 按相反方向等量旋转，将不会引起末端执行器的任何旋转。此外，腕关节不允许有相对垂直于 $\boldsymbol{z}_4$ 和 $\boldsymbol{z}_3$ 的轴的转动(见上述的 a)点)。很自然地，这种奇点是在关节空间中描述的，并且有可能在机械手可达工作空间中任何一处遇到；其后果是，在进行末端执行器运动规划时需要特别小心。

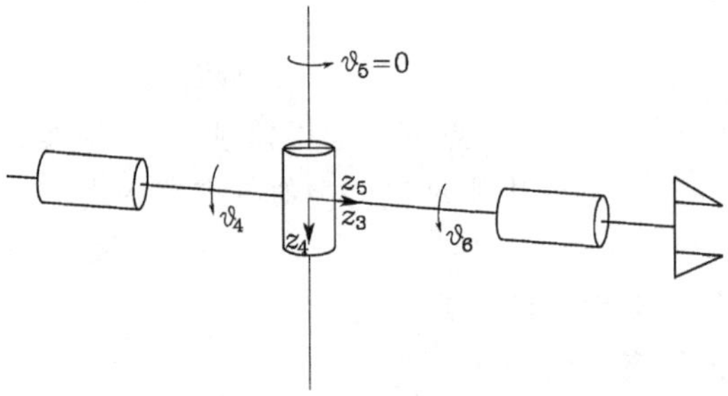

图 3.4 处于奇点状态的球形腕关节

3.3.3 臂奇点

119 臂奇点是一类特殊机械手结构所特有的；为了明确其概念，考虑如(图 2.23)的拟人臂，其线速度部分的雅可比矩阵由式(3.38)给出。其行列式为

$$\det(\boldsymbol{J}_{\mathrm{P}})=-a_2a_3s_3(a_2c_2+a_3c_{23})$$

与例 3.2 中的平面臂情形类似，其行列式与第一个关节变量无关。

当 $a_2,a_3\neq0$ 时，如果 $s_3=0$ 且/或$(a_2c_2+a_3c_{23})=0$，行列式为零。当下式之一成立时，都将发生第一种情况：

$$\vartheta_3=0\quad\vartheta_3=\pi$$

这意味着肘关节伸出(图 3.5)或缩回，称其为肘奇点。注意，这类奇点在概念上与两连杆平面臂的奇点是等价的。

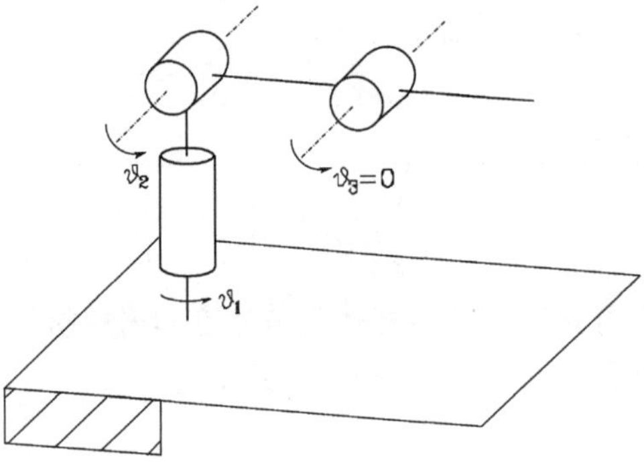

图 3.5 处于肘奇点的拟人机械手

回顾式(2.66)中的正运动学方程，可以观察到当腕位于轴 z_0 时(图 3.6)，将发生第二种情况；从而其可以表征为

$$p_x=p_y=0$$

称其为肩关节奇点。

注意到整个 z_0 轴描述了一个奇异位形的连续统；ϑ_1 的旋转不会造成腕关节位置的任何移动(处于肩奇点状态时 $\boldsymbol{J}_{\mathrm{P}}$ 的第 1 列始终为零)，从而运动学方程有无穷多解；此外，从奇异位形出发，使腕沿 z_1 方向移动的运动是不可行的(见上述的 b)点)。

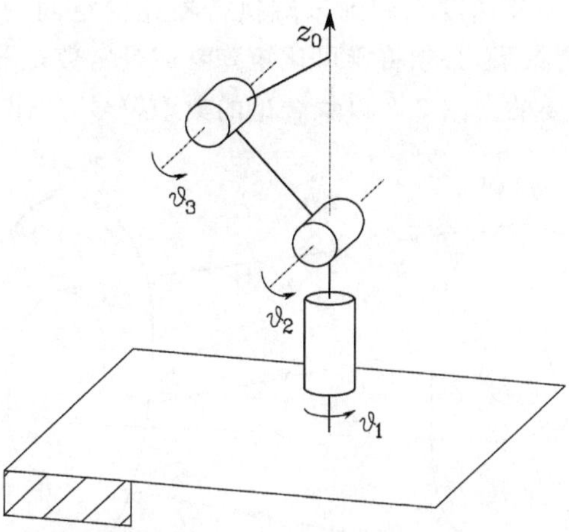

图 3.6　处于肩关节奇点状态的拟人臂

如果在拟人臂上连接一个球形腕(图 2.26),则臂的正运动学方程是不同的。在这种情形下,考虑式(3.42)中 $\boldsymbol{p}=\boldsymbol{p}_W$ 时雅可比矩阵的 $\boldsymbol{J}_{11}$ 分块雅可比矩阵表征。通过对其行列式进行分析,可以发现具有同样的奇点配置,比较式(2.66)和式(2.70),其与第 3 关节变量的不同取值有关。 120

最后,需要重点注意,与腕奇点不同,臂奇点在操作空间中是很好确定的,这样就能够在末端执行器轨迹规划阶段,将其适当地回避掉。

3.4　冗余分析

运动学冗余的概念在 2.10.2 节中已经介绍过。冗余与结构的自由度数目 n、操作空间变量的数目 m 以及指定给定任务所必要的操作空间变量的数目 r 有关。

为了系统地进行冗余分析,有必要考虑用微分运动学方程代替式(2.82)正运动学方程。为此,将式(3.39)理解为,将关节速度向量的 n 个分量与为了指定任务而涉及的速度向量 $\boldsymbol{v}_e$ 的 $r\leqslant m$ 个分量之间联系起来的微分运动学方程映射。为了阐明这一点,考虑三连杆平面臂情形;其从本质上来说并不是冗余的($n=m=3$),而且其雅可比矩阵(3.35)相应有 3 个全零行。如果任务没有指定 ω_z($r=2$),臂变为功能性冗余的。从冗余性分析考虑,其雅可比矩阵如式(3.36)所示。

另一种不同情形是对仅考虑位置变量的拟人臂($n=m=3$)。相应的雅可比矩阵如式(3.38)所示。这种臂在本质上不是冗余的,并且对其指定一个平面任务时也不会变为功能性冗余的。在此情形下,任务将对末端执行器线速度的三个分量设置约束。

因此,可以将考虑的微分运动学方程按照式(3.39)的形式书写,即

$$\boldsymbol{v}_e=\boldsymbol{J}(\boldsymbol{q})\dot{\boldsymbol{q}} \tag{3.45}$$

其中,$\boldsymbol{v}_e$ 当前的意义是与指定任务相关的末端执行器速度的($r\times1$)向量,而 $\boldsymbol{J}$ 为相应的($r\times n$)雅可比矩阵,可以从几何雅可比矩阵中提取;$\dot{\boldsymbol{q}}$ 为关节速度的($n\times1$)向量。如果 $r<n$,机械手在运动学上是冗余的,并且存在($n-r$)冗余自由度。 121

雅可比矩阵描述了从关节速度空间到末端执行器速度空间的映射，通常为位形的函数。然而，在微分运动学这一背景下，必须将雅可比矩阵看成是常数矩阵，因为对一个给定的姿态，其瞬时速度的映射是很重要的。图 3.7 以集合论的典型符号，给出了这种映射的示意图。

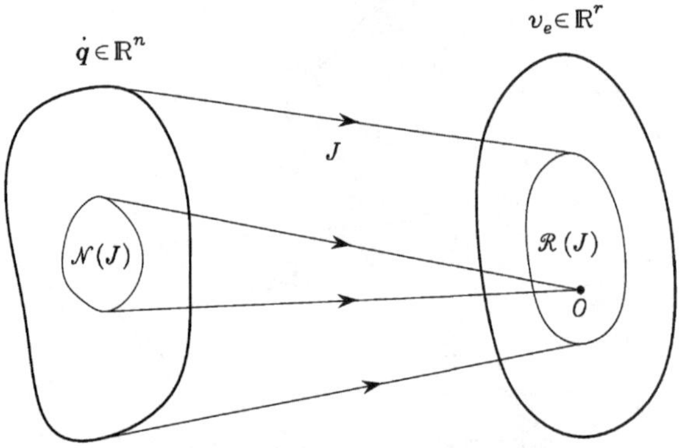

图 3.7　关节速度空间和末端执行器速度空间之间的映射

式(3.45)的微分运动学方程可以按照映射的值域空间和零空间来表征[①]；特定地，其有

- $\boldsymbol{J}$ 的值域空间为在给定机械手姿态下，末端执行器速度空间 $\mathbb{R}^r$ 的子空间 $\mathcal{R}(\boldsymbol{J})$，可以通过关节速度生成。
- $\boldsymbol{J}$ 的零空间为在给定机械手姿态下，不产生末端执行器速度的关节速度空间 $\mathbb{R}^n$ 的子空间 $\mathcal{N}(\boldsymbol{J})$。

如果雅可比矩阵满秩，有

$$\dim(\mathcal{R}(\boldsymbol{J})) = r \quad \dim(\mathcal{N}(\boldsymbol{J})) = n - r$$

$\boldsymbol{J}$ 的列张成整个空间 $\mathbb{R}^r$。相反地，如果雅可比矩阵在奇点处退化，值域空间的维数下降而零空间的维数上升，因为有下列关系存在：

$$\dim(\mathcal{R}(\boldsymbol{J})) + \dim(\mathcal{N}(\boldsymbol{J})) = n$$

独立于矩阵 $\boldsymbol{J}$ 的秩。

对一个冗余的机械手，存在子空间 $\mathcal{N}(\boldsymbol{J})\neq\varnothing$，这一点使得可以确定处理冗余自由度的系统性方法。为此，如果用 $\dot{\boldsymbol{q}}^*$ 表示式(3.45)的一个解，$\boldsymbol{P}$ 为 $(n\times n)$ 矩阵，则

$$\mathcal{R}(\boldsymbol{P}) \equiv \mathcal{N}(\boldsymbol{J})$$

关节速度向量

$$\boldsymbol{q} = \dot{\boldsymbol{q}}^* + \boldsymbol{P}\dot{\boldsymbol{q}}_0 \tag{3.46}$$

其中 $\dot{\boldsymbol{q}}_0$ 任意，也是方程(3.45)的一个解。事实上，在式(3.46)两边同时左乘 $\boldsymbol{J}$，因为对所有 $\dot{\boldsymbol{q}}_0$，均有 $\boldsymbol{J}\boldsymbol{P}\dot{\boldsymbol{q}}_0=0$ 成立，得

122

$$\boldsymbol{J}\dot{\boldsymbol{q}} = \boldsymbol{J}\dot{\boldsymbol{q}}^* + \boldsymbol{J}\boldsymbol{P}\dot{\boldsymbol{q}}_0 = \boldsymbol{J}\dot{\boldsymbol{q}}^* = \boldsymbol{v}_e$$

这一结论对冗余性求解至关重要；方程(3.46)的一类解指出这样的可能性，即可以任意选择关节速度向量 $\dot{\boldsymbol{q}}_0$ 以有利地使用冗余自由度。事实上，$\dot{\boldsymbol{q}}_0$ 的作用是产生不改变末端执行器位置和方向的结构内部运动，但是可能容许，例如，为了执行一项给定任务而对机械手进行重新配置以达到更灵巧的姿态。

① 关于线性映射见附录 A.4 节。

3.5　逆微分运动学

在 2.12 节中，仅针对具有简单运动学结构的机械手，介绍了逆运动学问题是如何容许闭合形式解的存在的。一旦末端执行器达到操作空间中特定的位置和/或方向时，或者机械手结构很复杂，不可能将末端执行器姿态与关节变量的不同集合联系起来时，或者机械手具有冗余性时，就带来了问题。这些局限是由于关节空间变量和操作空间变量之间的高度非线性关系造成的。

另一方面，微分运动学方程表征了关节速度空间与操作速度空间之间的线性映射，虽然它随着当前的位形不同而不同。这一事实隐含了用微分运动学方程来解决逆运动学问题的可能性。

假定运动轨迹是按$\boldsymbol{v}_e$及位置和方向的初始条件分配给末端执行器的，目的是确定一条能够复现给定轨迹的切实可行的关节轨迹($\boldsymbol{q}(t)$, $\dot{\boldsymbol{q}}(t)$)。

考虑 $n=r$ 时的(3.45)式，可以通过雅可比矩阵矩阵的简单求逆得到关节速度

$$\dot{\boldsymbol{q}} = \boldsymbol{J}^{-1}(\boldsymbol{q})\,\boldsymbol{v}_e \tag{3.47}$$

如果机械手初始姿态 $\boldsymbol{q}(0)$已知，关节位置可以通过速度对时间的积分进行计算，即

$$\boldsymbol{q}(t) = \int_0^t \dot{\boldsymbol{q}}(\varsigma)\,d\varsigma + \boldsymbol{q}(0)$$

积分计算可以借助于数值方法对时间进行离散化而实现。最简单的方法是基于欧拉积分法的。给定一个积分间隔 Δt，如果 t_k 时刻的关节位置和速度已知，$t_{k+1}=t_k+\Delta t$ 时刻的关节位置可以如下进行计算

$$\boldsymbol{q}(t_{k+1}) = \boldsymbol{q}(t_k) + \dot{\boldsymbol{q}}(t_k)\Delta t \tag{3.48}$$ 123

这一运动学方程逆解技术不受运动学方程结构是否可解的约束。但是要求雅可比矩阵必须为满秩方阵；这也要求对冗余机械手和运动学奇点的产生情形有更深入的洞察力。

3.5.1　冗余机械手

当机械手冗余($r<n$)时，雅可比矩阵矩阵的列数大于行数，且方程(3.45)有无穷多解。一个可行的解决办法是将问题表示为一个有约束的线性最优化问题。

具体说来，一旦末端执行器速度$\boldsymbol{v}_e$ 和雅可比矩阵 $\boldsymbol{J}$ 已经给定(针对一个给定的位形 $\boldsymbol{q}$)，想要寻求满足式(3.45)中的线性方程并使下列关节速度的二次型目标泛函最小的解[①]

$$g(\dot{\boldsymbol{q}}) = \frac{1}{2}\dot{\boldsymbol{q}}^{\mathrm{T}}\boldsymbol{W}\dot{\boldsymbol{q}}$$

其中 $\boldsymbol{W}$ 为适当的($n\times n$)对称正定的加权矩阵。

这一问题可以通过拉格朗日乘子法求解，考虑改进的目标泛函

$$g(\dot{\boldsymbol{q}}, \boldsymbol{\lambda}) = \frac{1}{2}\dot{\boldsymbol{q}}^{\mathrm{T}}\boldsymbol{W}\dot{\boldsymbol{q}} + \boldsymbol{\lambda}^{\mathrm{T}}(\boldsymbol{v}_e - \boldsymbol{J}\dot{\boldsymbol{q}})$$

其中 $\boldsymbol{\lambda}$ 为未知的($r\times 1$)向量乘子，它将式(3.45)的约束条件与目标泛函结合起来再进行最小

---

① 二次型及其相关运算见附录 A.6 节。

化求解。所得的解必须满足如下的必要条件：

$$\left(\frac{\partial g}{\partial \dot{\boldsymbol{q}}}\right)^{\mathrm{T}} = \mathbf{0} \quad \left(\frac{\partial g}{\partial \boldsymbol{\lambda}}\right)^{\mathrm{T}} = \mathbf{0}$$

由第一个必要条件，有 $\boldsymbol{W}\dot{\boldsymbol{q}} - \boldsymbol{J}^{\mathrm{T}}\boldsymbol{\lambda} = \mathbf{0}$，从而有

$$\dot{\boldsymbol{q}} = \boldsymbol{W}^{-1}\boldsymbol{J}^{\mathrm{T}}\boldsymbol{\lambda} \tag{3.49}$$

其中 $\boldsymbol{W}$ 的逆存在。注意，因为$\partial^2 g/\partial \dot{\boldsymbol{q}}^2 = \boldsymbol{W}$ 正定，解(3.49)为最小值解。

由上述第二个条件，约束

$$\boldsymbol{v}_{\mathrm{e}} = \boldsymbol{J}\dot{\boldsymbol{q}}$$

得到满足。

将上述两个条件相结合，有

$$\boldsymbol{v}_{\mathrm{e}} = \boldsymbol{J}\boldsymbol{W}^{-1}\boldsymbol{J}^{\mathrm{T}}\boldsymbol{\lambda}$$

假定 $\boldsymbol{J}$ 满秩，则 $\boldsymbol{J}\boldsymbol{W}^{-1}\boldsymbol{J}^{\mathrm{T}}$ 为秩为 r 的$(r\times r)$方阵，故可逆。求解 $\boldsymbol{\lambda}$ 得到

124

$$\boldsymbol{\lambda} = (\boldsymbol{J}\boldsymbol{W}^{-1}\boldsymbol{J}^{\mathrm{T}})^{-1}\,\boldsymbol{v}_{\mathrm{e}}$$

将其代入式(3.49)，得到寻求的最优解

$$\dot{\boldsymbol{q}} = \boldsymbol{W}^{-1}\boldsymbol{J}^{\mathrm{T}}(\boldsymbol{J}\boldsymbol{W}^{-1}\boldsymbol{J}^{\mathrm{T}})^{-1}\,\boldsymbol{v}_{\mathrm{e}} \tag{3.50}$$

在式(3.50)两端同时左乘 $\boldsymbol{J}$，容易验证该解满足式(3.45)中的微分运动学方程。

特殊地，当加权矩阵 $\boldsymbol{W}$ 为单位阵 $\boldsymbol{I}$ 时，解简化为

$$\dot{\boldsymbol{q}} = \boldsymbol{J}^{\dagger}\,\boldsymbol{v}_{\mathrm{e}} \tag{3.51}$$

矩阵

$$\boldsymbol{J}^{\dagger} = \boldsymbol{J}^{\mathrm{T}}(\boldsymbol{J}\boldsymbol{J}^{\mathrm{T}})^{-1} \tag{3.52}$$

为 $\boldsymbol{J}$ 的右广义逆①。得到的解使得关节速度的模取得局部最小值。

前面已经指出，如果 $\dot{\boldsymbol{q}}^*$ 为方程(3.45)的解，则 $\dot{\boldsymbol{q}}^* + \boldsymbol{P}\dot{\boldsymbol{q}}_0$ 也是一个解，其中 $\dot{\boldsymbol{q}}_0$ 为任意的关节速度向量，而 $\boldsymbol{P}$ 为 $\boldsymbol{J}$ 在零空间的投影。因此，考虑存在自由度冗余的情况，可以通过引入另一个类似于 $\boldsymbol{P}\dot{\boldsymbol{q}}_0$ 的项加以修正。特别地，可以指定 $\dot{\boldsymbol{q}}_0$ 以满足对该问题的附加约束。

在这种情形下，有必要考虑一种形如下式的新的目标泛函

$$g'(\dot{\boldsymbol{q}}) = \frac{1}{2}(\dot{\boldsymbol{q}} - \dot{\boldsymbol{q}}_0)^{\mathrm{T}}(\dot{\boldsymbol{q}} - \dot{\boldsymbol{q}}_0)$$

这样选择的目的是最小化向量 $\dot{\boldsymbol{q}} - \dot{\boldsymbol{q}}_0$ 的模，换句话说，是寻求满足式(3.45)约束并尽可能接近 $\dot{\boldsymbol{q}}_0$ 的解。这样，相对于由约束式(3.45)限定的首要目标，通过 $\dot{\boldsymbol{q}}_0$ 限定的目标不可避免地成为需要满足的次要目标。

采取与上述类似的过程得到

$$g'(\dot{\boldsymbol{q}}, \boldsymbol{\lambda}) = \frac{1}{2}(\dot{\boldsymbol{q}} - \dot{\boldsymbol{q}}_0)^{\mathrm{T}}(\dot{\boldsymbol{q}} - \dot{\boldsymbol{q}}_0) + \boldsymbol{\lambda}^{\mathrm{T}}(\boldsymbol{v}_{\mathrm{e}} - \boldsymbol{J}\dot{\boldsymbol{q}})$$

根据第一个必要条件有

$$\dot{\boldsymbol{q}} = \boldsymbol{J}^{\mathrm{T}}\boldsymbol{\lambda} + \dot{\boldsymbol{q}}_0 \tag{3.53}$$

将其代入(3.45)有

$$\boldsymbol{\lambda} = (\boldsymbol{J}\boldsymbol{J}^{\mathrm{T}})^{-1}(\boldsymbol{v}_{\mathrm{e}} - \boldsymbol{J}\dot{\boldsymbol{q}}_0)$$

---

① 广义逆矩阵的定义见附录 A.7 节。

最后，将 $\boldsymbol{\lambda}$ 代回到(3.53)有

$$\dot{\boldsymbol{q}} = \boldsymbol{J}^{\dagger} \boldsymbol{v}_{\mathrm{e}} + (\boldsymbol{I}_n - \boldsymbol{J}^{\dagger}\boldsymbol{J})\dot{\boldsymbol{q}}_0 \tag{3.54}$$ 125

易知，所得解由两项组成。第一项与关节速度最小化范数有关。第二项称为齐次解，是为了满足通过 $\dot{\boldsymbol{q}}_0$ 限定的附加约束①。矩阵 $(\boldsymbol{I}-\boldsymbol{J}^{\dagger}\boldsymbol{J})$ 是在式(3.46)中引入的那些矩阵 $\boldsymbol{P}$ 之一，它使得向量 $\dot{\boldsymbol{q}}_0$ 在 $\boldsymbol{J}$ 的零空间中投影不至违反式(3.45)的约束。其直接结果是，在 $\boldsymbol{v}_{\mathrm{e}}=\boldsymbol{0}$ 的情形下，有可能产生由 $(\boldsymbol{I}-\boldsymbol{J}^{\dagger}\boldsymbol{J})\dot{\boldsymbol{q}}_0$ 描述的内部运动，它们对机械手进行重新配置而不改变末端执行器的位置和方向。

最后，值得讨论为方便地应用冗余自由度而设定向量 $\dot{\boldsymbol{q}}_0$ 的方法。一种典型的选择是

$$\dot{\boldsymbol{q}}_0 = k_0 \left(\frac{\partial w(\boldsymbol{q})}{\partial \boldsymbol{q}}\right) \tag{3.55}$$

其中 $k_0>0$，且 $w(\boldsymbol{q})$ 为关节变量的(次要)目标函数。由于解沿着目标函数的梯度方向移动，它试图获得与首要目标(运动学约束)相容的局部最大值。典型的目标函数有

- 可操纵性度量，定义为

$$w(\boldsymbol{q}) = \sqrt{\det(\boldsymbol{J}(\boldsymbol{q})\boldsymbol{J}^{\mathrm{T}}(\boldsymbol{q}))} \tag{3.56}$$

其在奇点位形处为零；这样，通过使其最大化，冗余性可被用于远离奇点②。

- 与机械关节极限的距离，定义为

$$w(\boldsymbol{q}) = -\frac{1}{2n}\sum_{i=1}^{n}\left(\frac{q_i-\bar{q}_i}{q_{i\mathrm{M}}-q_{i\mathrm{m}}}\right)^2 \tag{3.57}$$

其中，$q_{i\mathrm{M}}(q_{i\mathrm{m}})$ 表示关节极限的最大(最小)值，而 $\bar{q}_i$ 表示关节范围的中值；这样，通过最大化距离，冗余性可用于使关节变量尽可能接近其范围中点。

- 与障碍的距离，定义为

$$w(\boldsymbol{q}) = \min_{\boldsymbol{p},\boldsymbol{o}} \|\boldsymbol{p}(\boldsymbol{q})-\boldsymbol{o}\| \tag{3.58}$$

其中，$\boldsymbol{o}$ 为障碍物上某个适当点(例如其中心，假设障碍物可视为球形的)的位置向量，而 $\boldsymbol{p}$ 为 126
沿结构某一泛点的位置向量；从而，通过最大化距离，冗余性可用于避免机械手与障碍物的碰撞(同样见习题 3.9)③。

3.5.2 运动学奇点

式(3.47)和式(3.51)都只有当雅可比矩阵满秩时才能计算。因此，当机械手处于奇点位形时，它们变得没有意义；在这种情形下，系统 $\boldsymbol{v}_{\mathrm{e}}=\boldsymbol{J}\dot{\boldsymbol{q}}$ 包含线性相关方程。

仅当 $\boldsymbol{v}_{\mathrm{e}}\in\mathcal{R}(\boldsymbol{J})$ 时，才有可能通过提取出所有的线性无关方程找到解 $\dot{\boldsymbol{q}}$。这种情况出现时，意味着对机械手指定的路径都是物理可实现的，即使其处于奇点位形。如果 $\boldsymbol{v}_{\mathrm{e}}\notin\mathcal{R}(\boldsymbol{J})$，则方程组无解，这就意味着在给定姿态下机械手无法执行操作空间路径。

需要重点强调，雅可比矩阵的逆不仅会在奇点处带来极大的麻烦，而且在奇点的邻域内也会如此。例如，众所周知，雅可比矩阵求逆运算需要计算行列式。在奇点邻域内，行列式的值

① 应该回想到附加约束对首要的运动学约束而言是次要的。

② 可操纵性度量通过雅可比矩阵的奇异值的乘积给出(见习题 3.8)。

③ 如果沿着末端执行器路径出现了障碍，适当的做法是颠倒运动学方程的约束和附加约束之间的优先级顺序；通过这种方式有可能会避开障碍物，但是也同时放弃了跟踪期望的路径。

相对很小,这就使得关节速度很高(见 3.3 节的 c)点)。再次考虑前面所述拟人臂肩关节奇点的例子。如果指定给末端执行器的路径从基旋转轴附近经过(奇异位形的几何轨迹),基础关节将被迫在相对较短时间内旋转大约角度 π,才能使得末端执行器保持跟踪给定的轨迹。

要更严格地对奇点位形邻域内解的特征进行分析,可以借助于矩阵 $\boldsymbol{J}$ 的奇异值分解(SVD)进行[①]。

克服奇点邻域内逆微分运动学问题求解的另一种可选方法,是所谓的逆渐消最小二乘方法。

$$\boldsymbol{J}^{*}=\boldsymbol{J}^{\mathrm{T}}(\boldsymbol{J}\boldsymbol{J}^{\mathrm{T}})+k^{2}\boldsymbol{I})^{-1} \tag{3.59}$$

127 其中 k 是从数值计算角度改善求逆条件的渐消因子。易知这样的解能够通过按照最小化目标泛函对问题进行重构得到。

$$g''(\dot{\boldsymbol{q}})=\frac{1}{2}(\boldsymbol{v}_{\mathrm{e}}-\boldsymbol{J}\dot{\boldsymbol{q}})^{\mathrm{T}}(\boldsymbol{v}_{\mathrm{e}}-\boldsymbol{J}\dot{\boldsymbol{q}})+\frac{1}{2}k^{2}\dot{\boldsymbol{q}}^{\mathrm{T}}\dot{\boldsymbol{q}}$$

其中第一项的引入是使得能够容忍有限的求逆误差,同时具有速度范数有界的优点。渐消因子 k 建立了两个目标之间的相对权重,渐消因子的优化选取也有其相关技术(见习题 3.10)。

3.6 分析雅可比矩阵

上一节说明了根据末端执行器坐标系速度计算末端执行器速度的途径。根据几何方法进行雅可比矩阵计算,可以确定每个关节速度对末端执行器线速度和角速度分量的作用。

如果如式(2.80)根据操作空间中最小数量的参数指定末端执行器位姿,很自然地会问,是否有可能通过正运动学方程对关节变量的微分来计算雅可比矩阵。为此,提出如下计算雅可比矩阵的分析技术,并且找到两种雅可比矩阵之间存在的关系。

末端执行器坐标系的平移速度可以表示为向量 $\boldsymbol{p}_{\mathrm{e}}$ 对时间的导数,它描述了末端执行器坐标系原点相对基坐标系的平移速度,即

$$\dot{\boldsymbol{p}}_{\mathrm{e}}=\frac{\partial\boldsymbol{p}_{\mathrm{e}}}{\partial\boldsymbol{q}}\dot{\boldsymbol{q}}=\boldsymbol{J}_{P}(\boldsymbol{q})\dot{\boldsymbol{q}} \tag{3.60}$$

对涉及末端执行器坐标系旋转速度的情形,可以考虑根据三个变量 ϕ_{e} 实现对方向的最简表示式。通常,其关于时间的导数 $\dot{\phi}_{\mathrm{e}}$ 与前面定义的角速度向量不同。在任何情形下,只要函数 $\phi_{\mathrm{e}}(\boldsymbol{q})$ 已知,考虑按下式获得雅可比矩阵,从形式上来说都是正确的。

$$\phi_{\mathrm{e}}=\frac{\partial\,\phi_{\mathrm{e}}}{\partial\boldsymbol{q}}\dot{\boldsymbol{q}}=\boldsymbol{J}_{\phi}(\boldsymbol{q})\dot{\boldsymbol{q}} \tag{3.61}$$

按照 $\partial\phi_{\mathrm{e}}/\partial\boldsymbol{q}$ 计算 $\boldsymbol{J}_{\phi}(\boldsymbol{q})$ 并不是直截了当的,因为一般不能以直接形式得到函数 $\phi_{\mathrm{e}}(\boldsymbol{q})$,而是需要计算相关旋转矩阵的元素。

在这些前提之下,可以根据式(2.82)中正运动学方程关于时间的导数,得到微分运动学方程,即

128
$$\dot{\boldsymbol{x}}_{\mathrm{e}}=\begin{bmatrix}\dot{\boldsymbol{p}}_{\mathrm{e}}\\ \dot{\phi}_{\mathrm{e}}\end{bmatrix}=\begin{bmatrix}\boldsymbol{J}_{P}(\boldsymbol{q})\\ \boldsymbol{J}_{\phi}(\boldsymbol{q})\end{bmatrix}\dot{\boldsymbol{q}}=\boldsymbol{J}_{A}(\boldsymbol{q})\dot{\boldsymbol{q}} \tag{3.62}$$

① 见附录 A.8 节。

其中分析雅可比矩阵为

$$\boldsymbol{J}_{\mathrm{A}}(\boldsymbol{q}) = \frac{\partial k(\boldsymbol{q})}{\partial \boldsymbol{q}} \tag{3.63}$$

其与几何雅可比矩阵 $\boldsymbol{J}$ 不同,因为末端执行器相对基坐标系的角速度$\boldsymbol{\omega}_e$ 不是由$\dot{\phi}_e$ 给出的。

对于一个给定的方向角集合,有可能找到角速度$\boldsymbol{\omega}_e$ 和旋转速度$\dot{\phi}_e$ 之间的关系。例如,考虑 2.4.1 节定义的欧拉角 ZYZ,在图 3.8 中,相应于旋转速度 $\dot{\boldsymbol{\varphi}}$, $\dot{\boldsymbol{\vartheta}}$, $\dot{\boldsymbol{\psi}}$ 的向量,已经相对当前坐标系表示出来。图 3.9 说明了如何计算每一个旋转速度对绕参考坐标系轴的角速度分量的作用。

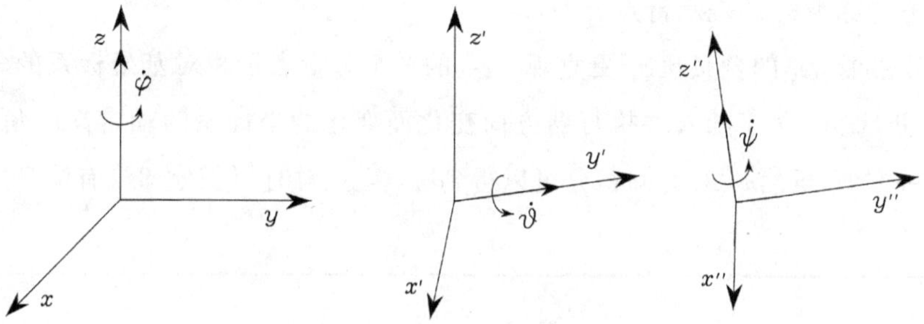

图 3.8　当前坐标系下欧拉角 ZYZ 的旋转速度

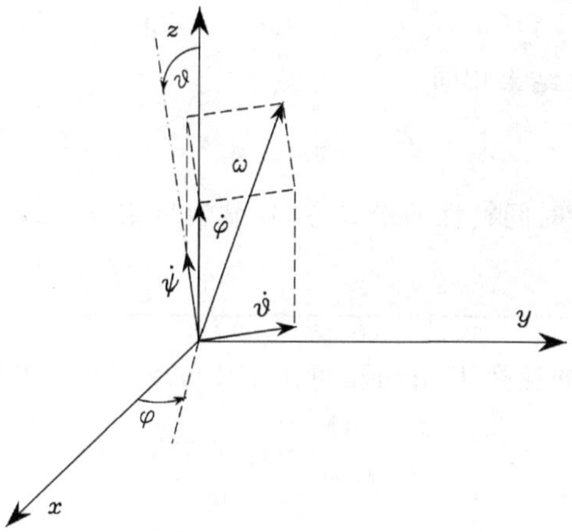

图 3.9　基本旋转速度合成以计算角速度

- $\dot{\boldsymbol{\varphi}}$ 的结果:$[\omega_x \quad \omega_y \quad \omega_z]^{\mathrm{T}} = \dot{\boldsymbol{\varphi}}[0 \quad 0 \quad 1]^{\mathrm{T}}$
- $\dot{\boldsymbol{\vartheta}}$ 的结果:$[\omega_x \quad \omega_y \quad \omega_z]^{\mathrm{T}} = \dot{\boldsymbol{\vartheta}}[-s_\varphi \quad c_\varphi \quad 0]^{\mathrm{T}}$ 129
- $\dot{\boldsymbol{\psi}}$ 的结果:$[\omega_x \quad \omega_y \quad \omega_z]^{\mathrm{T}} = \dot{\boldsymbol{\psi}}[c_\varphi s_\vartheta \quad s_\varphi s_\vartheta \quad c_\vartheta]^{\mathrm{T}}$

从而,联系角速度$\boldsymbol{\omega}_e$ 与欧拉角对时间的导数$\dot{\phi}_e$ 的方程为①

$$\boldsymbol{\omega}_e = \boldsymbol{T}(\phi_e)\,\dot{\phi}_e \tag{3.64}$$

① 这种关系也可以从与 3 个角度关联的旋转矩阵得出(见习题 3.11)。

其中，在这种情形下

$$T=\begin{bmatrix}0 & -s_{\varphi} & c_{\varphi}s_{\vartheta}\\ 0 & c_{\varphi} & s_{\varphi}s_{\vartheta}\\ 1 & 0 & c_{\vartheta}\end{bmatrix}$$

矩阵 $\boldsymbol{T}$ 的行列式为 $-s_{\vartheta}$，这意味着对 $\vartheta=0,\ \pi$，这种关系是不可逆的。意思是，虽然末端执行器坐标系的所有旋转速度都可以依靠适当的角速度向量 $\boldsymbol{\omega}_e$ 加以表示，但当末端执行器坐标系的方向使得 $s_{\vartheta}=0$ 时，将存在不能用 $\dot{\boldsymbol{\phi}}_e$ 进行表示的角速度①。事实上，在此情形下，在与轴 Z 正交的方向上具有线性相关分量的角速度（$\omega_x^2+\omega_y^2=\dot{\vartheta}^2$），才能够通过 $\dot{\boldsymbol{\phi}}_e$ 加以描述。变换矩阵行列式为零的方向称为 $\boldsymbol{\phi}_e$ 的表示奇点。

从物理观点看，$\boldsymbol{\omega}_e$ 的含义比 $\dot{\boldsymbol{\phi}}_e$ 更直观。$\boldsymbol{\omega}_e$ 的 3 个分量表示相对基坐标系的角速度分量。而 $\dot{\boldsymbol{\phi}}_e$ 的 3 个分量表示关于随末端执行器方向变化而变化的坐标系的轴定义的角速度的非正交分量。另一方面，虽然 $\dot{\boldsymbol{\phi}}_e$ 对时间积分可以得到 $\boldsymbol{\phi}_e$，但 $\boldsymbol{\omega}_e$ 对时间积分却没有清晰的物理意义，如下例所示。

例 3.3

考虑一个对象，其在 $t=0$ 时刻相对参考坐标系的方向已知。为 $\boldsymbol{\omega}$ 指定的时间特性如下

$$\boldsymbol{\omega}=[\pi/2\quad 0\quad 0]^{\mathrm{T}}\quad 0\leqslant t\leqslant 1\qquad \boldsymbol{\omega}=[0\quad \pi/2\quad 0]^{\mathrm{T}}\quad 1<t\leqslant 2,$$

$$\boldsymbol{\omega}=[0\quad \pi/2\quad 0]^{\mathrm{T}}\quad 0\leqslant t\leqslant 1\qquad \boldsymbol{\omega}=[\pi/2\quad 0\quad 0]^{\mathrm{T}}\quad 1<t\leqslant 2$$

在两种情形下，$\boldsymbol{\omega}$ 的积分结果相同

$$\int_0^2 \boldsymbol{\omega}\,\mathrm{d}t=[\pi/2\quad \pi/2\quad 0]^{\mathrm{T}}$$

但是对象最后相应于第二种时间特性的最终方向，显然与相应于第一种时间特性的结果是不
130 同的（图 3.10）。

一旦给定 $\boldsymbol{\omega}_e$ 和 $\dot{\boldsymbol{\phi}}_e$ 之间的变换 $\boldsymbol{T}$，分析雅可比矩阵可以与几何雅可比矩阵有如下联系

$$\boldsymbol{v}_e=\begin{bmatrix}\boldsymbol{I} & \boldsymbol{O}\\ \boldsymbol{O} & \boldsymbol{T}(\boldsymbol{\phi}_e)\end{bmatrix}\dot{\boldsymbol{x}}_e=\boldsymbol{T}_A(\boldsymbol{\phi}_e)\dot{\boldsymbol{x}}_e \tag{3.65}$$

对其考虑到式(3.4)和式 (3.62)，有

$$\boldsymbol{J}=\boldsymbol{T}_A(\boldsymbol{\phi})\boldsymbol{J}_A \tag{3.66}$$

这种关系表明 $\boldsymbol{J}$ 和 $\boldsymbol{J}_A$ 一般而言是不同的。关于在哪些雅可比矩阵具有影响的问题中应使用哪种雅可比矩阵，可以预期的是，在需要涉及明确物理含意的量时，应当采用几何雅可比矩阵；在需要涉及定义在操作空间的变量的微分量时，应当采用分析雅可比矩阵。

对特定的机械手几何学，有可能建立 $\boldsymbol{J}$ 和 $\boldsymbol{J}_A$ 之间的实质性等价关系。事实上，当自由度导致末端执行器的旋转都是绕着空间中同一个固定轴时，这两种雅可比矩阵本质上是一样的。
131 这就是上述的三连杆平面臂的情形。其几何雅可比矩阵(3.35)显示，只有绕轴 z_0 的旋转是允许的。其(3×3)分析雅可比矩阵可以通过考虑末端执行器在结构平面上的位置分量以及按照

---

① 在 2.4.1 节中，已知说明了对这一方向，欧拉角的逆解退化了。

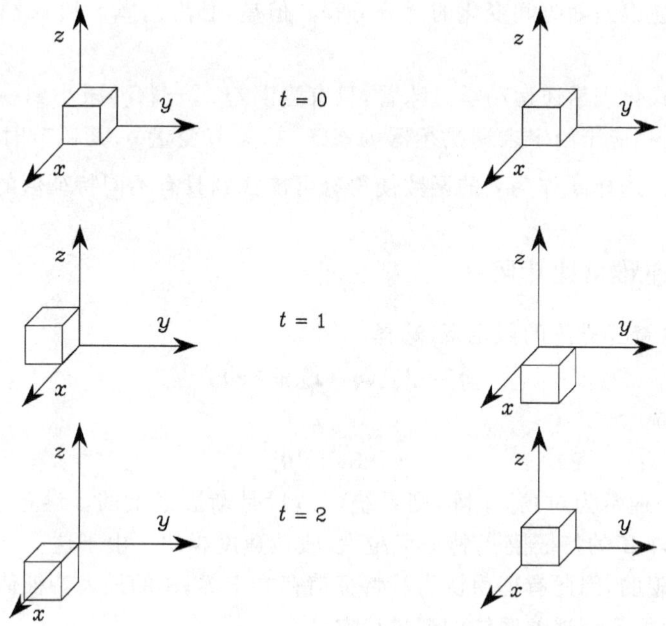

图 3.10　根据角速度积分计算方向的不唯一性

$\phi=\vartheta_1+\vartheta_2+\vartheta_3$ 定义的末端执行器方向得到，它与通过消去几何雅可比矩阵的 3 个全零行得到的矩阵是一致的。

3.7　逆运动学算法

在 3.5 节中已经说明了怎样应用微分运动学方程求运动学逆解。在式(3.48)的数值计算中，通过使用在前一时刻用关节变量求得的雅可比矩阵的逆，得到关节速度的计算。

$$\boldsymbol{q}(t_{k+1})=\boldsymbol{q}(t_k)+\boldsymbol{J}^{-1}(\boldsymbol{q}(t_k))\,\boldsymbol{v}_\mathrm{e}(t_k)\Delta t$$

接下来的问题是，上式计算得到的关节速度 $\dot{\boldsymbol{q}}$ 与连续时间情况下满足式(3.47)的速度是不一致的。因此，关节变量 $\boldsymbol{q}$ 的重构需要由包含解的漂移项的数值积分来完成。结果是，相应于关节变量计算得到的末端执行器姿态，与其期望值不一致。

要克服这种麻烦，可以采用对末端执行器位置和方向的期望值与实际值之间的操作空间误差进行处理的求解方案。令

$$\boldsymbol{e}=\boldsymbol{x}_\mathrm{d}-\boldsymbol{x}_\mathrm{e} \tag{3.67}$$

表示这种误差。

将式(3.67)对时间求导，得

$$\dot{\boldsymbol{e}}=\dot{\boldsymbol{x}}_\mathrm{d}-\dot{\boldsymbol{x}}_\mathrm{e} \tag{3.68}$$

根据微分运动学(3.62)，上式可以写为

$$\dot{\boldsymbol{e}}=\dot{\boldsymbol{x}}_\mathrm{d}-\boldsymbol{J}_\mathrm{A}(\boldsymbol{q})\dot{\boldsymbol{q}} \tag{3.69}$$

注意，在式(3.69)中操作空间量的使用自然地使得用分析雅可比矩阵替代了几何雅可比矩阵。为得到解此方程的逆运动学算法，有必要是将计算得到的关节速度向量 $\dot{\boldsymbol{q}}$ 与误差 $\boldsymbol{e}$ 联系起来，

从式(3.69)给出描述误差随时间变化的微分方程。但是，必需选择 $\dot{\boldsymbol{q}}$ 和 $\boldsymbol{e}$ 之间的关系，以保证误差收敛到零。

用算法术语公式化表示逆运动学意味着，只有当误差 $\boldsymbol{x}_\mathrm{d}-\boldsymbol{k}(q)$ 减小到一个给定的阈值之后，才能精确计算出相应于给定末端执行器姿态 $\boldsymbol{x}_\mathrm{d}$ 的关节变量 $\boldsymbol{q}$；其调节时间取决于误差微
132 分方程的动态特性。选择 $\dot{\boldsymbol{q}}$ 作为 $\boldsymbol{e}$ 的函数使得有可能找到具有不同特征值的逆运动学算法。

3.7.1 (广义-)逆雅可比矩阵

在矩阵 $\boldsymbol{J}_\mathrm{A}$ 为非奇异方阵的假定下，选择

$$\dot{\boldsymbol{q}} = \boldsymbol{J}_\mathrm{A}^{-1}(\boldsymbol{q})(\dot{\boldsymbol{x}}_\mathrm{d} + \boldsymbol{K}\boldsymbol{e}) \tag{3.70}$$

得到等价的线性系统

$$\dot{\boldsymbol{e}} + \boldsymbol{K}\boldsymbol{e} = \boldsymbol{0} \tag{3.71}$$

如果 $\boldsymbol{K}$ 为一个正定(通常为对角)矩阵，则系统(3.71)是渐进稳定的。误差沿轨迹趋于零，其收敛速度取决于矩阵 $\boldsymbol{K}$ 的特征值[①]；特征值越大，收敛速度越快。由于这一方案实际上是作为离散时间系统来实现的，因此有理由认为其特征值存在上界；$\boldsymbol{K}$ 的最大特征值的极限依赖于采样时间，在此界限内能保证误差系统的渐进稳定性。

与式(3.70)中逆运动学算法相应的框图如图 3.11 所示，其中 $\boldsymbol{k}$ 表示式(2.82)中的正运动学方程。这种结构能够按照通常的反馈控制机制进行回馈。特别地，可以看到，非线性模块 $\boldsymbol{k}(\cdot)$ 被用于计算 $\boldsymbol{x}$，从而跟踪误差 $\boldsymbol{e}$；而模块 $\boldsymbol{J}_\mathrm{A}^{-1}(\boldsymbol{q})$ 被用于补偿 $\boldsymbol{J}_\mathrm{A}(\boldsymbol{q})$，并使得系统线性化。框图显示，在前向通道上存在积分环节，对常值参考输入($\dot{\boldsymbol{x}}_\mathrm{d}=\boldsymbol{0}$)，这将保证稳态误差为零。进一步地，对时变参考输入，$\dot{\boldsymbol{x}}_\mathrm{d}$ 的前馈作用将确保误差沿整个轨迹保持为零(在($\boldsymbol{e}(0)=\boldsymbol{0}$ 的情形)，而与期望参考输入 $x_\mathrm{d}(t)$ 的类型无关。

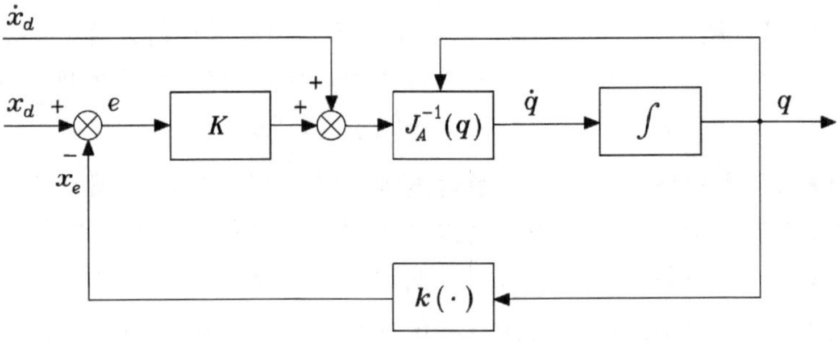

图 3.11 具雅可比逆矩阵的逆运动学算法

最后注意式(3.70)，当 $\dot{\boldsymbol{x}}_\mathrm{d}=\boldsymbol{0}$ 时，其相应于求解非线性方程组的牛顿法。给定一个常值的
133 末端执行器姿态 $\boldsymbol{x}_\mathrm{d}$，如 2.12 节所讨论的，一旦闭合形式解不可行时，就可以灵活地采用这种算法用于逆运动学问题的可行解计算。在给定任务下机械手启动的实践中，这种方法对计算相应的关节位形也是十分有用的。

在冗余机械手情形下，解(3.70)可以推广为

① 参见附录 A.5 节。

$$\dot{\boldsymbol{q}} = \boldsymbol{J}_{\mathrm{A}}^{\dagger}(\dot{\boldsymbol{x}}_{\mathrm{d}} + \boldsymbol{K}\boldsymbol{e}) + (\boldsymbol{I}_n - \boldsymbol{J}_{\mathrm{A}}^{\dagger}\boldsymbol{J}_{\mathrm{A}})\dot{\boldsymbol{q}}_0 \tag{3.72}$$

上式给出了解(3.54)的算法形式。

逆运动学的算法结构可以概念性地用于简单机器人控制技术，熟知的称谓是运动学控制。在第 7 章中将会看到，机械手实际上是一个电机驱动的机电系统，在 8～10 章中将描述动态控制技术，它将适当地解决动力学模型的非线性和耦合影响。

不过，在一阶近似情况下，可以将运动学指令考虑为系统输入量，典型地为速度量。这是允许的，因为存在底层控制回路，它能"理想地"施加任意指定的参考速度。另一方面，因为这种回路已经存在于一个"闭合"控制单元中，通过它用户也可以干预运动学指令。换句话说，倘若将积分器看成是一个机器人的简化模型，图 3.11 所示的框图就可以实现运动学控制，这归因于单关节局部伺服器的存在，它能保证以更高或更低的精确度复现速度指令。不过，这样的运动学控制技术仅当要求的运动速度不太快、加速度不太高的情况下才能获得满意的性能，强调这一点是有意义的。独立关节控制的实现将在 8.3 节中进行分析。

3.7.2　雅可比矩阵转置

可以通过寻求 $\dot{\boldsymbol{q}}$ 和 $\boldsymbol{e}$ 之间的关系以保证误差收敛到零来得到简便计算算法，不需要对式
(3.69)进行线性化。其结果是误差动力学受控于非线性微分方程。可以应用李亚普诺夫直接 134
法确立一个依赖关系 $\dot{\boldsymbol{q}}(\boldsymbol{e})$，以确保误差系统的渐进稳定性。选择正定二次型形式的李雅普诺夫函数①

$$V(\boldsymbol{e}) = \frac{1}{2}\boldsymbol{e}^{\mathrm{T}}\boldsymbol{K}\boldsymbol{e} \tag{3.73}$$

其中 $\boldsymbol{K}$ 为一个对称正定矩阵。因此这个函数有

$$V(\boldsymbol{e}) > 0 \quad \forall\, \boldsymbol{e} \neq 0 \quad V(0) = 0$$

将式(3.73)关于时间微分并参考式(3.68)，得到

$$\dot{V} = \boldsymbol{e}^{\mathrm{T}}\boldsymbol{K}\dot{\boldsymbol{x}}_{\mathrm{d}} - \boldsymbol{e}^{\mathrm{T}}\boldsymbol{K}\dot{\boldsymbol{x}}_{\mathrm{e}} \tag{3.74}$$

鉴于式(3.62)，有

$$\dot{V} = \boldsymbol{e}^{\mathrm{T}}\boldsymbol{K}\dot{\boldsymbol{x}}_{\mathrm{d}} - \boldsymbol{e}^{\mathrm{T}}\boldsymbol{K}\boldsymbol{J}_{\mathrm{A}}(\boldsymbol{q})\dot{\boldsymbol{q}} \tag{3.75}$$

在此，选择关节速度为

$$\dot{\boldsymbol{q}} = \boldsymbol{J}_{\mathrm{A}}^{\mathrm{T}}(\boldsymbol{q})\boldsymbol{K}\boldsymbol{e} \tag{3.76}$$

可以得到

$$\dot{V} = \boldsymbol{e}^{\mathrm{T}}\boldsymbol{K}\dot{\boldsymbol{x}}_{\mathrm{d}} - \boldsymbol{e}^{\mathrm{T}}\boldsymbol{K}\boldsymbol{J}_{\mathrm{A}}(\boldsymbol{q})\boldsymbol{J}_{\mathrm{A}}^{\mathrm{T}}(\boldsymbol{q})\boldsymbol{K}\boldsymbol{e} \tag{3.77}$$

考虑常值参考输入($\dot{\boldsymbol{x}}_{\mathrm{d}}=0$)的情形。在 $\boldsymbol{J}_{\mathrm{A}}(\boldsymbol{q})$满秩的假定下，式(3.77)中的函数为负定的。条件 $\dot{V}<0$ 同时 $V>0$ 意味着系统轨迹将一致地收敛于 $\boldsymbol{e}=\boldsymbol{0}$，即系统是渐进稳定的。当$\mathcal{N}(\boldsymbol{J}_{\mathrm{A}}^{\mathrm{T}}) \neq \varnothing$时，式(3.77)中的函数仅是半负定的，因为对 $\boldsymbol{e}\neq\boldsymbol{0}$ 且 $\boldsymbol{K}\boldsymbol{e}\in\mathcal{N}(\boldsymbol{J}_{\mathrm{A}}^{\mathrm{T}})$时有 $\dot{V}=0$。在这种情形下，算法将会卡在 $\dot{\boldsymbol{q}}=\boldsymbol{0}$ 且 $\boldsymbol{e}\neq\boldsymbol{0}$ 的点。不过，后面的例子将表明，只有当从当前状态出发，为末端执行器指定的位置实际不可达时，这种情况才会发生。

---

① 李雅普诺夫直接法见附录 C.3 节。

得到的框图如图 3.12 所示，其中显示了显著的算法特征，即仅需要计算正运动学函数 $\boldsymbol{k}(\boldsymbol{q})$，$\boldsymbol{J}_{\mathrm{A}}^{\mathrm{T}}(\boldsymbol{q})$。

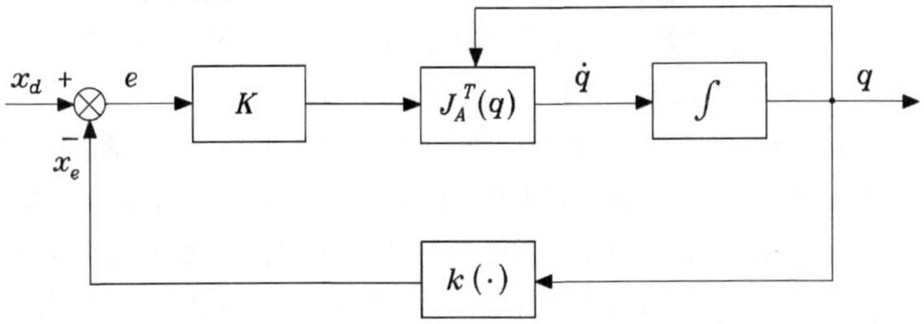

图 3.12　具有雅可比矩阵转置的逆运动学算法框图

可以验证，式(3.76)与非线性系统方程求解的梯度方法相一致。在雅可比矩阵逆解的情形，对于给定的常值末端执行器姿态 $\boldsymbol{x}_{\mathrm{d}}$，雅可比矩阵转置运算可以灵活地用于求解逆运动学问题，或更简单地用于初始化机械手关节变量的值。

当 $\boldsymbol{x}_{\mathrm{d}}$ 为时变函数($\dot{\boldsymbol{x}}_{\mathrm{d}}\neq 0$)时，值得单独进行分析。为了在这种情形下也能得到 $\dot{V}<0$，选
135 择取决于式(3.70)中雅可比矩阵(广义-)逆矩阵的 $\dot{\boldsymbol{q}}$ 就可以了，重新得到上面的渐进稳定性结论①。对基于转置的求逆方法，式(3.77)右边第一项不再消去，对其符号则不用多说。这就意味着不能得到沿轨迹的渐进稳定性。而无论如何，跟踪误差 $\boldsymbol{e}(t)$ 是范数有界的；$\boldsymbol{K}$ 的范数越大，$\boldsymbol{e}$ 的范数越小②。在实践中，因为将在离散时间实现求逆方法，根据所采用的采样时间，$\boldsymbol{K}$ 的范数具有上界。

例 3.4

考虑拟人臂；一旦 $a_2c_2+a_3c_{23}=0$(图 3.6)，就会产生肩奇点。在这种位形下，式(3.38)中的雅可比矩阵转置矩阵为

$$\boldsymbol{J}_{\mathrm{P}}^{\mathrm{T}}=\begin{bmatrix}0 & 0 & 0\\ -c_1(a_2s_2+a_3s_{23}) & -s_1(a_2s_2+a_3s_{23}) & 0\\ -a_3c_1s_{23} & -a_3s_1s_{23} & a_3c_{23}\end{bmatrix}$$

通过计算 $\boldsymbol{J}_{P}^{\mathrm{T}}$ 的零空间，如果 v_x，v_y 和 v_z 表示向量 $\boldsymbol{v}$ 沿基坐标系轴的的分量，有以下结论

$$\frac{v_y}{v_x}=-\frac{1}{\tan\vartheta_1}\quad v_z=0$$

136 意味着 $\mathcal{N}(\boldsymbol{J}_{\mathrm{P}}^{\mathrm{T}})$ 的方向与垂直于结构平面的方向一致(图 3.13)。当 $\boldsymbol{K}$ 为对角阵且对角线上所有元素相等时，如果期望的位置是沿结构平面与腕交点的法线上，雅可比矩阵转置算法将被卡住。另一方面，末端执行器不能实际地从奇点位形沿这样的一条线移动。相反，如果描述轨迹在结构平面的奇点处有非零分量，则算法收敛性能得到保证，因为在此情形下有 $\boldsymbol{Ke}\notin\mathcal{N}(\boldsymbol{J}_{\mathrm{P}}^{\mathrm{T}})$。

---

① 注意，不管怎样，在运动学奇点情形，有必要求助于不需要雅可比逆矩阵的逆运动学方案。

② 注意，负定项是误差的二次函数，而其他项是误差的线性函数。从而，对范数很小的误差，线性项超过了二次项，就应该增加 $\boldsymbol{K}$ 的范数以尽量多地减小 $\boldsymbol{e}$ 的范数。

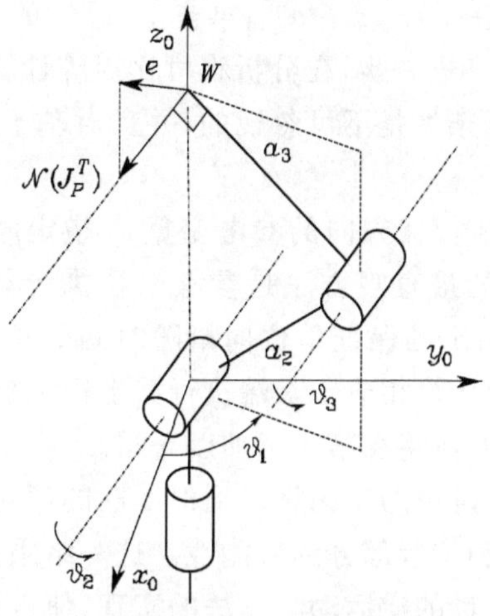

图 3.13　雅可比矩阵转置算法可行解的处于肩关节奇点的拟人臂特征

总之，基于雅可比矩阵转置矩阵的计算提供了有效的逆运动学计算方法，该方法也能用于穿过运动学奇点的路径。

3.7.3　方向误差

因为对定义在操作空间中的误差变量(位置和方向)进行处理，在前面章节提出的逆运动学算法使用了分析雅可比矩阵。

对涉及位置误差的部分，显然其表达式由下式给出

$$\boldsymbol{e}_{\mathrm{P}} = \boldsymbol{p}_{\mathrm{d}} - \boldsymbol{p}_{\mathrm{e}}(\boldsymbol{q}) \tag{3.78}$$

其中 $\boldsymbol{p}_{\mathrm{d}}$ 和 $\boldsymbol{p}_{\mathrm{e}}$ 分别表示末端执行器位置的期望值和计算值。进而，上式关于时间的导数为

$$\dot{\boldsymbol{e}}_{\mathrm{P}} = \dot{\boldsymbol{p}}_{\mathrm{d}} - \dot{\boldsymbol{p}}_{\mathrm{e}} \tag{3.79}$$

另一方面，对涉及方向误差的部分，其表达式取决于末端执行器方向的详细描述，即，欧拉角、角和轴以及单位四元数。

欧拉角

据式(3.78)的表达形式，类似地选择方向误差，即

$$\boldsymbol{e}_{\mathrm{O}} = \phi_{\mathrm{d}} - \phi_{\mathrm{e}}(\boldsymbol{q}) \tag{3.80}$$

其中 ϕ_{d} 和 ϕ_{e} 分别表示欧拉角集合的期望值和计算值。进而，上式对时间的导数为

$$\dot{\boldsymbol{e}}_{\mathrm{O}} = \dot{\phi}_{\mathrm{d}} - \dot{\phi}_{\mathrm{e}} \tag{3.81}$$

因此，假定运动学和表达式奇点均不发生，从式(3.70)可以导出非冗余机械手的雅可比矩阵逆解，即 137

$$\dot{\boldsymbol{q}} = \boldsymbol{J}_{\mathrm{A}}^{-1}(\boldsymbol{q})\begin{bmatrix}\dot{\boldsymbol{p}}_{\mathrm{d}} + \boldsymbol{K}_{\mathrm{P}}\boldsymbol{e}_{\mathrm{P}} \\ \dot{\phi}_{\mathrm{d}} + \boldsymbol{K}_{\mathrm{O}}\boldsymbol{e}_{\mathrm{O}}\end{bmatrix} \tag{3.82}$$

其中 $\boldsymbol{K}_{\mathrm{P}}$ 和 $\boldsymbol{K}_{\mathrm{O}}$ 为正定矩阵。

正如在 2.10 节中已经指出的，对形如式(2.82)的正运动学方程计算，除简单情形外，从关节变量确定方向变量并不容易(见例 2.5)。为此，值得回顾的是，在方向的最简表达式中，角

ϕ_e 的计算需要计算旋转矩阵 $\boldsymbol{R}_e=[\boldsymbol{n}_e \quad \boldsymbol{s}_e \quad \boldsymbol{a}_e]$；事实上，已知的仅是 $\boldsymbol{R}_e$ 以闭合形式依赖于 $\boldsymbol{q}$，而 ϕ_e 对 $\boldsymbol{q}$ 的依赖形式是未知的。进一步，在分析雅可比矩阵计算中，式(2.19)，(2.22)中使用反三角函数(Atan2)所包含的复杂性是不可忽视的，并且对基于欧拉角的方向误差，表达式的奇点成为另一个缺点。

下面将对为选作表示末端执行器方向的参考变量 ϕ_d 指定时间特性的方法进行不同类型的讨论。指定末端执行器方向的最直观方法是参考末端执行器坐标系相对基坐标系的方向 $(\boldsymbol{n}_d, \boldsymbol{s}_d, \boldsymbol{a}_d)$。假设 2.10 节中指出的保证单位向量随时间的正交归一性限制已经给定，有必要首先通过式(2.19)、式(2.22)计算相应于末端执行器坐标系初始和最终方向的欧拉角；这样才能生成时间进程。这一解决方案将在第 4 章加以介绍。

对于带球形腕的机械手，所讨论的问题将得到根本性的简化。2.12.2 节指出分别通过求解逆运动学问题获得方向部分和位置部分的可能性。这一结果在算法级上也是有影响的。事实上，确定影响腕位置的关节变量的逆运动学算法的实现，使得可以进行腕坐标系 $\boldsymbol{R}_W(t)$ 时间进程的计算。从而，只要给定了期望的末端执行器坐标系 $\boldsymbol{R}_d(t)$ 时间进程，就足以利用式(2.19)，通过从矩阵 $\boldsymbol{R}_W^T\boldsymbol{R}_d$ 出发，计算欧拉角 ZYZ。如 2.12.5 节所示，这些欧拉角直接就是球形腕的关节变量。参见习题 3.14.。

上述考虑表明，基于分析雅可比矩阵的逆运动学算法，对具有重要意义的带球形腕的运动学结构是有效的。对不能简化到这种程度的机械手结构，在对方向误差进行不同定义的基础
138 上重新表示逆运动学问题，也许更为合适。

角和轴

如果 $\boldsymbol{R}_d=[\boldsymbol{n}_d \quad \boldsymbol{s}_d \quad \boldsymbol{a}_d]$ 表示期望的末端执行器坐标系旋转矩阵，而 $\boldsymbol{R}_e=[\boldsymbol{n}_e \quad \boldsymbol{s}_e \quad \boldsymbol{a}_e]$ 表示可以从关节变量出发计算得到的旋转矩阵，这两个坐标系之间的方向误差可以表示为

$$\boldsymbol{e}_O = \boldsymbol{r}\sin\vartheta \tag{3.83}$$

其中，ϑ 和 $\boldsymbol{r}$ 表示可以从下列矩阵推导出的等价旋转的角和轴

$$\boldsymbol{R}(\vartheta,\boldsymbol{r}) = \boldsymbol{R}_d\boldsymbol{R}_e^T(\boldsymbol{q}) \tag{3.84}$$

该矩阵描述了由 $\boldsymbol{R}_d$ 排列 $\boldsymbol{R}$ 所需的旋转。注意到对 $-\pi/2<\vartheta<\pi/2$，式(3.83)给出了唯一的关系。角 ϑ 表示方向误差的大小，从而上述限制不再具有约束性，因为对逆运动学算法而言，跟踪误差通常是很小的。

比较式(2.25)中 $\boldsymbol{R}(\vartheta,\boldsymbol{r})$ 的非对角元与式(3.84)右边的对应项，可以发现式(3.83)中方向误差的函数表达式为(见习题 3.16)

$$\boldsymbol{e}_O = \frac{1}{2}(\boldsymbol{n}_e(\boldsymbol{q}) \times \boldsymbol{n}_d + \boldsymbol{s}_e(\boldsymbol{q}) \times \boldsymbol{s}_d + \boldsymbol{a}_e(\boldsymbol{q}) \times \boldsymbol{a}_d) \tag{3.85}$$

对 ϑ 的限制转化为条件 $\boldsymbol{n}_e^T\boldsymbol{n}_d \geqslant 0$，$\boldsymbol{s}_e^T\boldsymbol{s}_d \geqslant 0$，$\boldsymbol{a}_e^T\boldsymbol{a}_d \geqslant 0$。

将式(3.85)对于时间求导，并参考式(3.8)中旋转矩阵的导数中列的表达式，有

$$\dot{\boldsymbol{e}}_O = \boldsymbol{L}^T \boldsymbol{\omega}_d - \boldsymbol{L}\,\boldsymbol{\omega}_e \tag{3.86}$$

其中

$$\boldsymbol{L} = -\frac{1}{2}(\boldsymbol{S}(\boldsymbol{n}_d)\boldsymbol{S}(\boldsymbol{n}_e) + \boldsymbol{S}(\boldsymbol{s}_d)\boldsymbol{S}(\boldsymbol{s}_e) + \boldsymbol{S}(\boldsymbol{a}_d)\boldsymbol{S}(\boldsymbol{a}_e)) \tag{3.87}$$

在此，应用式(3.2)、式(3.3)的几何雅可比矩阵关系，将 $\dot{\boldsymbol{p}}_e$ 和 $\boldsymbol{\omega}_e$ 表示为 $\dot{\boldsymbol{q}}$ 的函数，式(3.79)、式 (3.86)变为

$$\dot{e}=\begin{bmatrix}\dot{e}_P\\ \dot{e}_O\end{bmatrix}=\begin{bmatrix}\dot{p}_d-J_P(q)\dot{q}\\ L^T\omega_d-LJ_O(q)\dot{q}\end{bmatrix}=\begin{bmatrix}\dot{p}_d\\ L^T\omega_d\end{bmatrix}-\begin{bmatrix}I & O\\ O & L\end{bmatrix}J\dot{q} \tag{3.88}$$

式(3.88)的表达式，给出了与前面导出算法类似地设计逆运动学算法的可能性，但是需要用几何雅可比矩阵代替分析雅可比矩阵。例如，一个非冗余非奇异机械手的雅可比矩阵逆矩阵的解为

$$\dot{q}=J^{-1}(q)=\begin{bmatrix}\dot{p}_d+K_Pe_P\\ L^{-1}(L^T\omega_d+K_Oe_O)\end{bmatrix} \tag{3.89}$$ 139

值得注意的是，基于式(3.89)的逆运动学解很可能比基于式(3.82)的解的性能更好，因为它用几何雅可比矩阵替代分析雅可比矩阵，从而避免了表达式奇点的发生。

单位四元数

为了设计基于单位四元数的逆运动学算法，应该定义一个合适的方向误差。令$\mathcal{Q}_d=\{\eta_d,\epsilon_d\}$和$\mathcal{Q}_e=\{\eta_e,\epsilon_e\}$分别表示与$R_d$和$R_e$关联的四元数。可以通过旋转矩阵$R_dR_e^T$描述方向误差，并且考虑到式(2.37)，可以用四元数$\Delta\mathcal{Q}=\{\Delta\eta,\Delta\epsilon\}$对其进行表示，其中

$$\Delta\mathcal{Q}=\mathcal{Q}_d*\mathcal{Q}_e^{-1} \tag{3.90}$$

可以验证当且仅当R_e和R_d共线时，有$\Delta\mathcal{Q}=\{1,\mathbf{0}\}$。从而，如下定义方向误差就可以了

$$e_O=\Delta\epsilon=\eta_e(q)\epsilon_d-\eta_d\epsilon_e(q)-S(\epsilon_d)\epsilon_e(q) \tag{3.91}$$

其中使用了反对称算子$S(\cdot)$。但是要注意，直接从关节变量计算η_e和ϵ_e是不可能的，它需要旋转矩阵R_e的计算作为桥梁，旋转矩阵R_e的计算可以从机械手正运动学得到；然后，应用式(2.34)，可以提取四元数。

在此，可以如下计算得到雅可比矩阵反解

$$\dot{q}=J^{-1}(q)\begin{bmatrix}\dot{p}_d+K_Pe_P\\ \omega_d+K_Oe_O\end{bmatrix} \tag{3.92}$$

其中值得注意的是用到了几何雅可比矩阵。将式(3.92)代入式(3.4)，得到式(3.79)，且有

$$\omega_d-\omega_e+K_Oe_O=\mathbf{0} \tag{3.93}$$

应观察到，现在在e_O中，方向误差方程是非线性的，因为它包含了末端执行器的角速度误差、而非方向误差对时间的导数。为此，值得考虑四元数$\mathcal{Q}_e$对时间的导数与角速度ω_e之间的关系。可以发现其为(见习题 3.19)

$$\dot{\eta}_e=-\frac{1}{2}\epsilon_e^T\omega_e \tag{3.94}$$

$$\dot{\epsilon}_e=\frac{1}{2}(\eta_eI_3-S(\epsilon_e))\omega_e \tag{3.95}$$

这就是所谓的四元数传递。在$\mathcal{Q}_d$和ω_d对时间的导数之间保持有相似的关系。 140

为了研究系统(3.93)的稳定性，考虑可选的正定李雅普诺夫函数

$$V=(\eta_d-\eta_e)^2+(\epsilon_d-\epsilon_e)^T(\epsilon_d-\epsilon_e) \tag{3.96}$$

鉴于式(3.94)、式(3.95)，将式(3.96)对时间求导，并考虑(3.93)得到(见习题 3.20)

$$\dot{V}=-e_O^TK_Oe_O \tag{3.97}$$

上式为负定的，意味着e_O收敛到零。

总之，基于式(3.92)的逆运动学求解中，用到了如基于式(3.89)的解的几何雅可比矩阵，但计算量更小。

3.7.4　二阶算法

上述逆运动学算法可被定义为一阶算法，它容许对指定给末端执行器的位置和方向构成的运动轨迹求逆解，将其转换为等价的关节位置和速度。

然而，后面将在第 8 章中看到，为了控制的目的，可能有必要将运动轨迹的逆按位置、速度和加速度的形式进行指定。另一方面，后面将在第 7 章导出的动力学模型显示，机械手本质上是二阶机械系统。

微分运动学方程(3.62)对时间求导，得到

$$\ddot{\boldsymbol{x}}_{\mathrm{e}} = \boldsymbol{J}_{\mathrm{A}}(\boldsymbol{q})\ddot{\boldsymbol{q}} + \dot{\boldsymbol{J}}_{\mathrm{A}}(\boldsymbol{q},\dot{\boldsymbol{q}})\dot{\boldsymbol{q}} \tag{3.98}$$

上式给出了关节空间加速度和操作空间加速度之间的关系。

在矩阵 $\boldsymbol{J}_{\mathrm{A}}$ 为非奇异方阵的假定下，二阶微分运动学方程(3.98)可以根据如下关节加速度进行转化

$$\ddot{\boldsymbol{q}} = \boldsymbol{J}_{\mathrm{A}}^{-1}(\boldsymbol{q})(\ddot{\boldsymbol{x}}_{\mathrm{e}} - \dot{\boldsymbol{J}}_{\mathrm{A}}(\boldsymbol{q},\dot{\boldsymbol{q}})\dot{\boldsymbol{q}}) \tag{3.99}$$

若为了重构关节速度和位置而将式(3.99)进行数值积分，将不可避免地带来解的漂移；因此，类似于利用雅可比逆矩阵的逆运动学算法，有必要考虑式(3.68)中定义的误差及其导数

$$\ddot{\boldsymbol{e}} = \ddot{\boldsymbol{x}}_{\mathrm{d}} - \ddot{\boldsymbol{x}}_{\mathrm{e}} \tag{3.100}$$

考虑式(3.98)，得到

141

$$\ddot{\boldsymbol{e}} = \ddot{\boldsymbol{x}}_{\mathrm{d}} - \boldsymbol{J}_{\mathrm{A}}(\boldsymbol{q})\ddot{\boldsymbol{q}} - \dot{\boldsymbol{J}}_{\mathrm{A}}(\boldsymbol{q},\dot{\boldsymbol{q}})\dot{\boldsymbol{q}} \tag{3.101}$$

在此，如下选择关节加速度项是适当的：

$$\ddot{\boldsymbol{q}} = \boldsymbol{J}_{\mathrm{A}}^{-1}(\boldsymbol{q})(\ddot{\boldsymbol{x}}_{\mathrm{d}} + \boldsymbol{K}_{\mathrm{D}}\dot{\boldsymbol{e}} + \boldsymbol{K}_{\mathrm{P}}\boldsymbol{e} - \dot{\boldsymbol{J}}_{\mathrm{A}}(\boldsymbol{q},\dot{\boldsymbol{q}})\dot{\boldsymbol{q}}) \tag{3.102}$$

其中 $\boldsymbol{K}_{\mathrm{D}}$ 和 $\boldsymbol{K}_{\mathrm{P}}$ 为正定阵(典型的为对角阵)。将式(3.102) 代入式(3.101)得到等价的线性误差系统

$$\ddot{\boldsymbol{e}} + \boldsymbol{K}_{\mathrm{D}}\dot{\boldsymbol{e}} + \boldsymbol{K}_{\mathrm{P}}\boldsymbol{e} = \boldsymbol{0} \tag{3.103}$$

其为渐进稳定的。误差沿轨迹趋于零，其收敛速度取决于矩阵 $\boldsymbol{K}_{\mathrm{P}}$ 和/或 $\boldsymbol{K}_{\mathrm{D}}$ 的选择。二阶逆运动学算法如图 3.14 的框图所示。

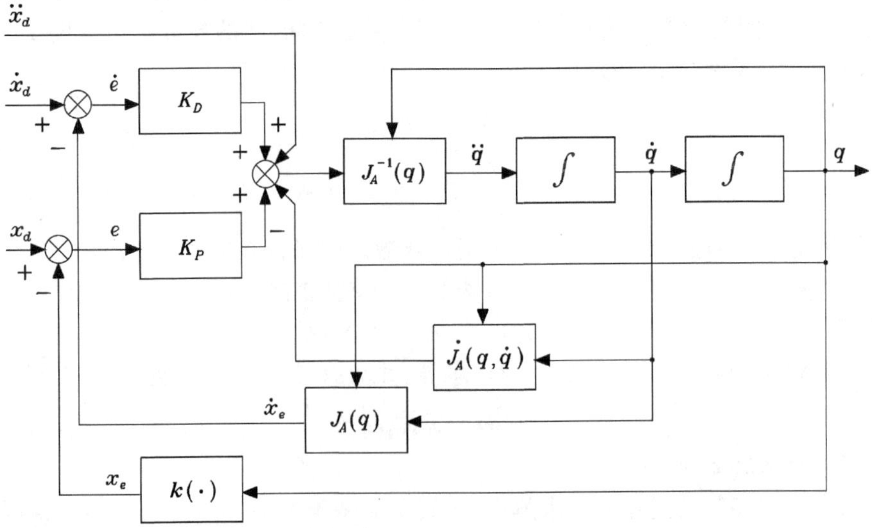

图 3.14　使用雅可比逆矩阵的二阶逆运动学算法框图

在冗余机械手情形下，将式(3.102)推广，得到如下基于雅可比矩阵广义逆的算法解。

$$\ddot{\boldsymbol{q}} = \boldsymbol{J}_{\mathrm{A}}^{\dagger}(\ddot{\boldsymbol{x}}_{\mathrm{d}} + \boldsymbol{K}_{\mathrm{D}}\dot{\boldsymbol{e}} + \boldsymbol{K}_{\mathrm{P}}\boldsymbol{e} - \boldsymbol{J}_{\mathrm{A}}(\boldsymbol{q},\ \dot{\boldsymbol{q}})\dot{\boldsymbol{q}}) + (\boldsymbol{I}_n - \dot{\boldsymbol{J}}_{\mathrm{A}}^{\dagger}\boldsymbol{J}_{\mathrm{A}})\ddot{\boldsymbol{q}}_0 \tag{3.104}$$

其中向量 $\ddot{\boldsymbol{q}}_0$ 表示任意能够选来(局部地)优化形如 3.5.1 节中考虑的目标函数的关节加速度。

至于一阶逆运动学算法，有可能考虑方向误差的其他表达形式，与欧拉角不一样，它涉及角和轴的描述，亦有别于单位四元数。 142

3.7.5　逆运动学算法之间的对比

为了在上述逆运动学算法之间进行性能对比，考虑图 2.20 中的三连杆平面臂，其连杆长度为 $a_1 = a_2 = a_3 = 0.5$ m。臂的正运动学方程由式(2.83)给出，而其雅可比矩阵可以通过考虑对操作空间有重要影响的 3 个非零行，从式(3.35)中得到。

令臂处于初始姿态 $\boldsymbol{q} = [\pi \quad -\pi/2 \quad -\pi/2]^{\mathrm{T}}$ (rad)，相应于末端执行器姿态 $\boldsymbol{p} = [0 \quad 0.5]^{\mathrm{T}}$ (m)，$\phi = 0$ (rad)。给末端执行器指定一条半径为 0.25(m)，圆心位于(0.25, 0.5)(m)的圆形路径。令运动轨迹为

$$\boldsymbol{p}_{\mathrm{d}}(t) = \begin{bmatrix} 0.25(1 - \cos\pi t) \\ 0.25(2 + \sin\pi t) \end{bmatrix} \quad 0 \leqslant t \leqslant 4$$

即，末端执行器必须以 2 s/圆周的速度完成两个圆周。

而末端执行器的初始方向需要遵循如下轨迹

$$\phi_{\mathrm{d}}(t) = \sin\frac{\pi}{24}t \quad 0 \leqslant t \leqslant 4$$

即，末端执行器在两个圆周的终点必须有具有不同的方向($\phi_{\mathrm{d}} = 0.5$ rad)。

在计算机上实现逆运动学算法，采用式(3.48)的欧拉数值积分方法，积分步长为 $\Delta t = 1$ ms。

首先，由式(3.47)实现沿给定轨迹的逆运动学。图 3.15 的结果表明，沿整个轨迹的位置误差的范数是有界的；在稳定状态下，$t = 4$ 之后，开环结构的漂移误差稳定为一个常值。可以观察到方向误差的漂移与此类似。

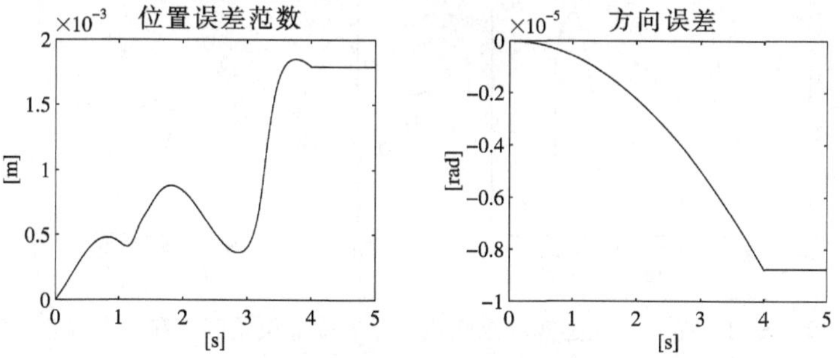

图 3.15　开环逆雅可比矩阵算法末端执行器的位置误差范数和方向误差的时程

然后，使用基于式(3.70)应用了雅可比逆矩阵的逆运动学算法，增益矩阵为 $\boldsymbol{K} = \mathrm{diag}\{500,\ 500,\ 100\}$。得到的关节位置、速度和跟踪误差如图 3.16 所示。位置误差的范数迅速减小并在稳定状态下收敛到零，这得益于方案的闭环特性；同样地，方向误差也得到降低并在稳定状态下趋于零。

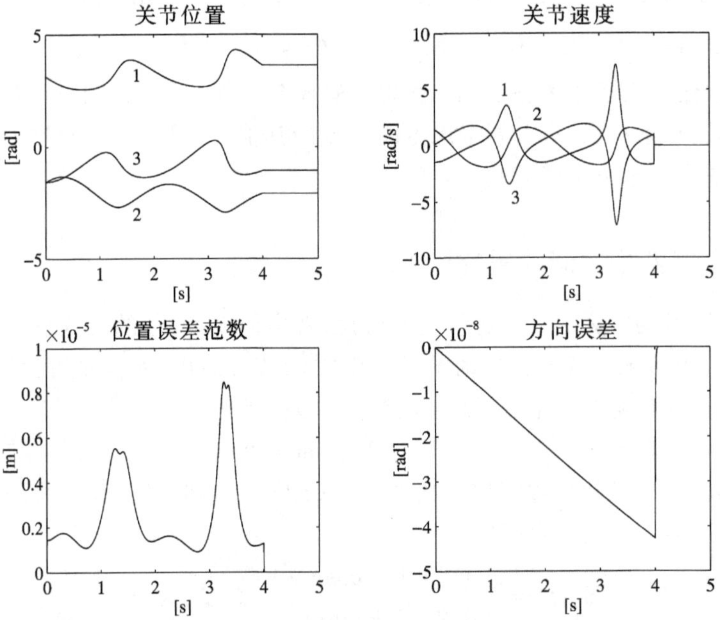

图 3.16 关节位置和速度的时程，以及闭环逆雅可比矩阵末端执行器的位置误差范数和方向误差的时程

另一方面，如果末端执行器方向没有受到约束，操作空间就变成二维的，并由式(2.83)中正运动学方程的前两行以及式(3.36)的雅可比矩阵进行表征，从而具有冗余自由度。因此使用基于式(3.72)应用了雅可比广义逆矩阵的逆运动学算法，其中$\boldsymbol{K}=\mathrm{diag}\{500, 500\}$。如果没有利用冗余性($\dot{\boldsymbol{q}}_0=\boldsymbol{0}$)，图 3.17 的结果显示位置跟踪仍然是令人满意的，而且当然，末端执行器的方向沿给定轨迹自由变化。

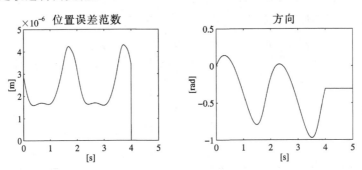

图 3.17 雅可比矩阵广义逆算法末端执行器的位置误差范数和方向误差的时程

143 对于前一种情形，采用基于式(3.76)取$\boldsymbol{K}=\mathrm{diag}\{500, 500\}$的雅可比矩阵转置算法增大跟踪误差(图 3.18)。但无论如何，其为有界的并在稳态时快速趋于零。

为了展示处理冗余度的能力，采用基于式(3.72)的算法，其中$\dot{\boldsymbol{q}}_0\neq\boldsymbol{0}$；对于依据式(3.55)

144 的选择进行目标函数局部最大化，考虑两类约束。

第一个目标函数为

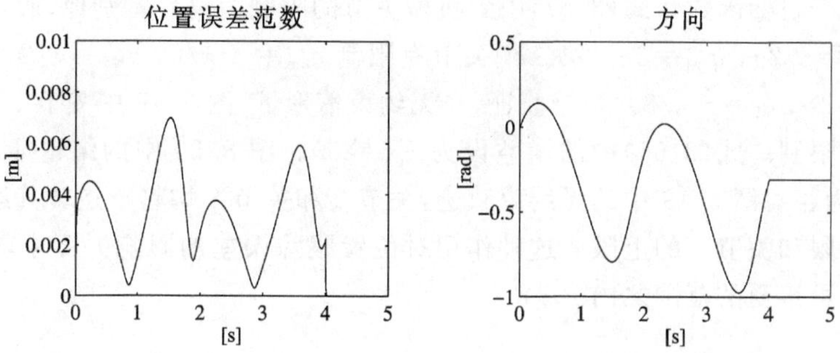

图 3.18　伴随雅可比矩阵转置算法的末端执行器位置误差范数和方向误差的时程

$$w(\vartheta_2, \vartheta_3) = \frac{1}{2}(s_2^2 + s_3^2)$$

上式给出了可操作性度量。注意该函数比式(3.56)中的函数计算上更简单，但仍然有效地描述了到运动学奇点的距离。式(3.55)中的增益设为($k_0=0$)。在图 3.19 中，记录了有和没有($k_0 = 0$)这一约束的两种情形下的关节轨迹。附加的约束使得对关节 2 和关节 3 具有一致的轨迹。在有约束情形(连续直线)下可操作性度量沿轨迹的值与无约束情形(虚线)下相比比较大。值得强调的是，在这两种情形下的跟踪位置误差几乎是一样的(图 3.17)，因为附加关节速度的作用被投影到雅可比矩阵零空间，从而并不改变末端执行器位置任务的完成。

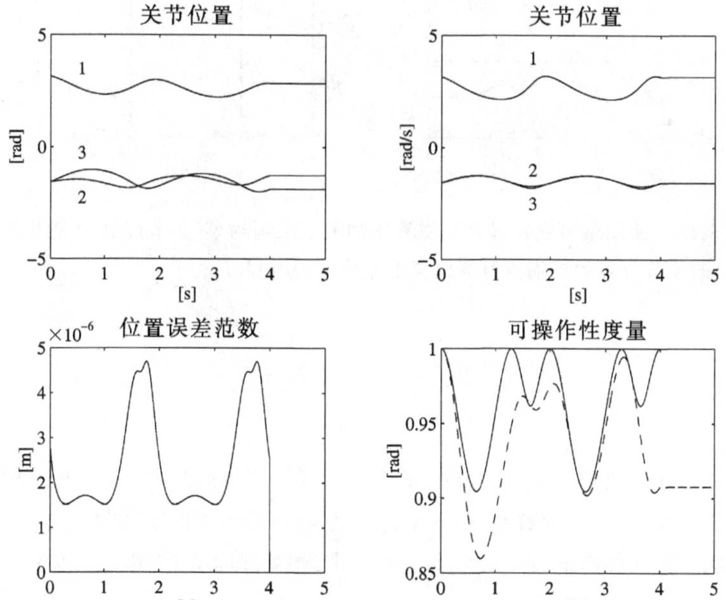

图 3.19　使用雅可比矩阵广义逆算法和可操作性约束的关节位置、末端执行器位置误差范数、可操作性度量的时程；左上方：无约束解，右上方：有约束解

最后值得注意的是，在有约束情形，结果的关节轨迹是周期性的，即经过一段圆形路径之 145
后它们的取值相同。这一点在无约束情形下不会发生，因为结构的内部运动会使得臂在一个周期之后处于不同的姿态。

考虑的第二个目标函数为式(3.57)中到机械关节的限制距离。特别地,假定有:第一个关节没有限制($q_{1m}=-2\pi$, $q_{1M}=2\pi$),第二个关节有限制 $q_{2m}=-\pi/2$, $q_{2M}=\pi/2$,第三个关节有限制 $q_{3m}=-3\pi/2$, $q_{3M}=-\pi/2$。不难验证,在无约束情形下,图 3.19 中关节 2 和关节 3 的轨迹违反了各自的限制。式(3.55)中的增益设为 $k_0=250$。图 3.20 中的结论显示了冗余技术的应用效果,因为相对图 3.19 中的无约束轨迹,关节 2 和关节 3 均趋于逆转其运动,并且分别远离关节 2 的下限和关节 3 的上限。这种作用对位置跟踪误差的影响并不小,但无论如何其
146 范数总被限制在可接受的范围之内。

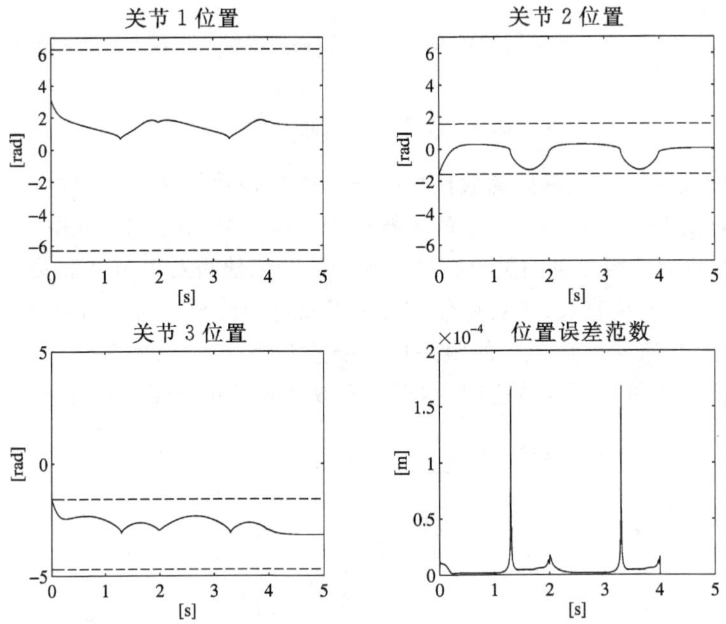

图 3.20 使用雅可比矩阵广义逆算法和关节限制约束(关节限制用虚线表示)的关节位置和末端执行器位置误差范数的时程

3.8 静力学

静力学(statics)的研究目的,是确定机械手处于平衡位形时,作用于末端执行器的广义力与作用于关节上的广义力——对移动关节而言是力,对转动关节而言是力矩——之间的关系。

令$\boldsymbol{\tau}$表示($n\times1$)关节力矩向量,$\boldsymbol{\gamma}$表示($r\times1$)末端执行器力向量[①]。其中 r 为感兴趣的操作空间的维数。

应用虚工原理(principle of virtual work)可以确定所要求的关系。考虑机械手是一个时变的完整约束系统,从而其位形仅取决于关节变量 $\boldsymbol{q}$,而不显含时间。这就意味着虚位移与元位移一致。

考虑两个力学系统完成的元功。对关节力矩,与之相关联的元功为

① 从此以后,关节处的广义力通常称为力矩,而末端执行器处的广义力通常称为力。

$$dW_{\mathcal{T}} = \mathcal{T}^{\mathrm{T}} d\boldsymbol{q} \tag{3.105}$$ 147

对末端执行器力 $\boldsymbol{\gamma}$，如果将力 $\boldsymbol{f}_e$ 的作用与力矩 $\boldsymbol{\mu}_e$ 的作用分离开，与其相关联的元功为

$$d\boldsymbol{W}_{\gamma} = \boldsymbol{f}_e^{\mathrm{T}} d\boldsymbol{P}_e + \boldsymbol{\mu}_e^{\mathrm{T}} \boldsymbol{\omega}_e dt \tag{3.106}$$

其中 $d\boldsymbol{p}_e$ 为线性位移，而$\boldsymbol{\omega}_e dt$ 为角位移①。

考虑式(3.4)、式(3.5)中的微分运动学方程，式(3.106)可以重写为

$$d\boldsymbol{W}_{\gamma} = \boldsymbol{f}_e^{\mathrm{T}} \boldsymbol{J}_P(\boldsymbol{q}) d\boldsymbol{q} + \boldsymbol{\mu}_e^{\mathrm{T}} \boldsymbol{J}_O(\boldsymbol{q}) d\boldsymbol{q} \tag{3.107}$$

其中 $\gamma_e = [\boldsymbol{f}_e^{\mathrm{T}} \quad \boldsymbol{\mu}_e^{\mathrm{T}}]^{\mathrm{T}}$。因为虚位移与元位移是一致的，与这两个力学系统相关联的虚功为

$$\delta \boldsymbol{W}_{\mathcal{T}} = \mathcal{T}^{\mathrm{T}} \delta \boldsymbol{q} \tag{3.108}$$

$$\delta \boldsymbol{W}_{\gamma} = \gamma_e^{\mathrm{T}} \boldsymbol{J}(\boldsymbol{q}) \delta \boldsymbol{q} \tag{3.109}$$

其中 δ 为表示虚拟量的常用符号。

依照虚功原理，当且仅当如下条件成立时，机械手处于静平衡(static equilibrium)状态

$$\delta \boldsymbol{W}_{\mathcal{T}} = \delta \boldsymbol{W}_{\gamma} \quad \forall \delta \boldsymbol{q} \tag{3.110}$$

即，对所有关节位移，关节转矩的虚功和末端执行器力的虚功之差必须为零。

从式(3.109)，注意到对 $\boldsymbol{J}$ 的零空间中的任何位移，末端执行器力的虚功为零。这就意味着与这种位移相关联的关节转矩在静平衡状态必然为零。将式(3.108)、式(3.109)代入式(3.110)，得到著名的结论

$$\mathcal{T} = \boldsymbol{J}^{\mathrm{T}}(\boldsymbol{q}) \gamma_e \tag{3.111}$$

表明末端执行器力和关节力矩之间的关系通过机械手几何雅可比转置矩阵确定。

3.8.1　运动静力学二元性

式(3.111)中的静力学关系，与式(3.45)中的微分动力学方程相结合，指明了运动静力学二元性(kineto-statics duality)。事实上，通过对微分动力学采用类似图 3.7 的表达形式得到(图 3.21)：

- $\boldsymbol{J}^{\mathrm{T}}$ 的值域空间是关节转矩在$\mathbb{R}^n$ 的子空间$\mathcal{R}(\boldsymbol{J}^{\mathrm{T}})$，在给定的机械手姿态，关节转矩可以平衡末端执行器力。 148
- $\boldsymbol{J}^{\mathrm{T}}$ 的零空间是末端执行器力在$\mathbb{R}^r$ 的子空间 $\mathcal{N}(\boldsymbol{J}^{\mathrm{T}})$，在给定的机械手姿态，末端执行器不需要任何平衡关节力矩。

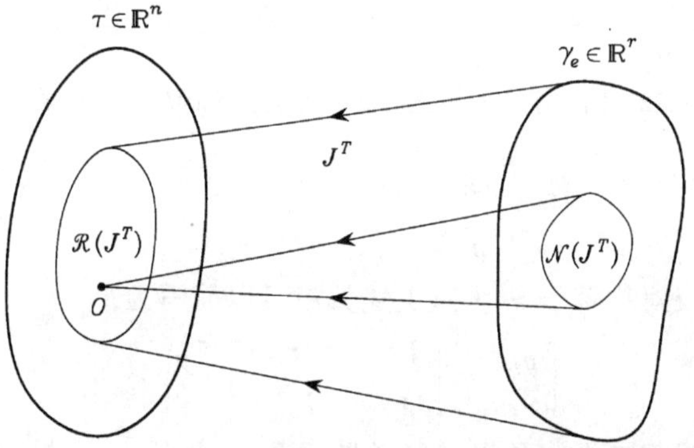

图 3.21　末端执行器力空间与关节力矩空间之间的映射

① 考虑到 3.6 节中讨论过的 ω_e 的可积性问题，角度位移由 $\omega_e dt$ 表示。

值得注意的是末端执行器力 $\boldsymbol{\gamma}_e \in \mathcal{N}(\boldsymbol{J}^T)$ 被结构完全吸收，在结构中机械约束反应力能完全将其平衡掉。从而，无论应用什么样的末端执行器力 $\boldsymbol{\gamma}_e$ 使得 $\boldsymbol{\gamma}_e \in \mathcal{N}(\boldsymbol{J}^T)$，处于奇点位形的机械手保持在给定姿态。

两个子空间之间的关系由下式确定：

$$\mathcal{N}(\boldsymbol{J}) \equiv \mathcal{R}^{\perp}(\boldsymbol{J}^T) \qquad \mathcal{R}(\boldsymbol{J}) \equiv \mathcal{N}^{\perp}(\boldsymbol{J}^T)$$

因而，一旦机械手雅可比矩阵已知，就有可能根据雅可比矩阵及其转置矩阵的值域空间和零空间及其位移来完全表征微分动力学和静力学。

基于上述二元性，图 3.12 中应用雅可比矩阵转置矩阵的逆运动学方案容许一种有趣的物理学解释。考虑具有理想动力学 $\tau = \dot{\boldsymbol{q}}$（零质量和单位粘滞摩擦系数）的机械手；算法更新法则 $\dot{\boldsymbol{q}} = \boldsymbol{J}^T\boldsymbol{K}\boldsymbol{e}$ 起到了一条刚度常数为 $\boldsymbol{K}$ 的广义弹簧的作用，其产生的力 $\boldsymbol{K}\boldsymbol{e}$ 将末端执行器拉向在操作空间中的期望姿态。如果机械手可以移动，例如在 $\boldsymbol{K}\boldsymbol{e} \notin \mathcal{N}(\boldsymbol{J}^T)$ 的情形下，末端执行器将达到期望的姿态，且相应的关节变量被确定。

3.8.2 速度和力变换

上述运动静力学二元性概念有助于表征速度和力在两个坐标系之间的转换。

考虑参考坐标系 $O_0-x_0y_0z_0$ 和相对该坐标系移动的刚体。然后，令 $O_1-x_1y_1z_1$ 和 O_2-
149 $x_2y_2z_2$ 为固连在刚体上的两个坐标系（图 3.22）。两个坐标系相对参考坐标系的平移速度和旋转速度之间的关系由下式给出

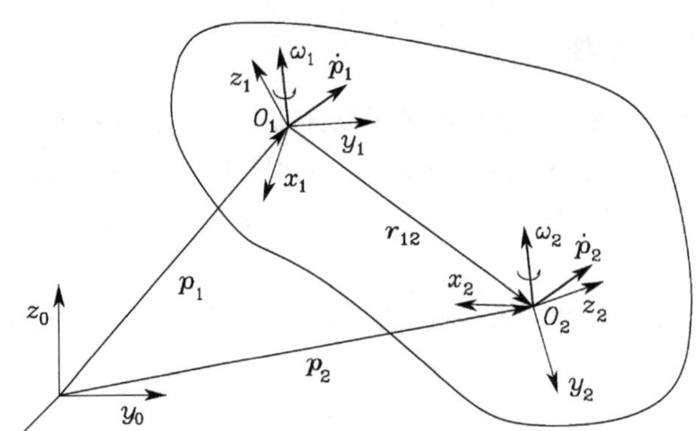

图 3.22 同一刚体的线速度和角速度在不同坐标系中的表示

$$\boldsymbol{\omega}_2 = \boldsymbol{\omega}_1$$

$$\dot{\boldsymbol{p}}_2 = \dot{\boldsymbol{p}}_1 + \boldsymbol{\omega}_1 \times \boldsymbol{r}_{12}$$

通过采用式(3.9)中的反对称算子 $\boldsymbol{S}(\cdot)$，上述关系可以简写为

$$\begin{bmatrix} \dot{\boldsymbol{p}}_2 \\ \boldsymbol{\omega}_2 \end{bmatrix} = \begin{bmatrix} \boldsymbol{I} & -\boldsymbol{S}(\boldsymbol{r}_{12}) \\ \boldsymbol{O} & \boldsymbol{I} \end{bmatrix} \begin{bmatrix} \dot{\boldsymbol{p}}_1 \\ \boldsymbol{\omega}_1 \end{bmatrix} \tag{3.112}$$

式(3.112)中的所有向量都被视为是相对参考坐标系 $O_0-x_0y_0z_0$ 的。另一方面，如果向量是相对其自身坐标系的，有

$$\boldsymbol{r}_{12} = \boldsymbol{R}_1 \boldsymbol{r}_{12}^1$$

也有

$$\dot{\boldsymbol{p}}_1 = \boldsymbol{R}_1 \dot{\boldsymbol{p}}_1^1 \quad \dot{\boldsymbol{p}}_2 = \boldsymbol{R}_2 \dot{\boldsymbol{p}}_2^2 = \boldsymbol{R}_1 \boldsymbol{R}_2^1 \dot{\boldsymbol{p}}_2^2$$

$$\boldsymbol{\omega}_1 = \boldsymbol{R}_1 \boldsymbol{\omega}_1^1 \quad \boldsymbol{\omega}_2 = \boldsymbol{R}_2 \boldsymbol{\omega}_2^2 = \boldsymbol{R}_1 \boldsymbol{R}_2^1 \boldsymbol{\omega}_2^2$$

考虑式(3.112)和式(3.11),有

$$\boldsymbol{R}_1 \boldsymbol{R}_2^1 \dot{\boldsymbol{p}}_2^2 = \boldsymbol{R}_1 \dot{\boldsymbol{p}}_1^1 - \boldsymbol{R}_1 \boldsymbol{S}(\boldsymbol{r}_{12}^1) \boldsymbol{R}_1^{\mathrm{T}} \boldsymbol{R}_1 \boldsymbol{\omega}_1^1$$

$$\boldsymbol{R}_1 \boldsymbol{R}_2^1 \boldsymbol{\omega}_2^2 = \boldsymbol{R}_1 \boldsymbol{\omega}_1^1$$

上两式两端的每一项上都左乘了 $\boldsymbol{R}_1$,消去对 $\boldsymbol{R}_1$ 的依赖,得到①

$$\begin{bmatrix} \dot{\boldsymbol{p}}_2^2 \\ \boldsymbol{\omega}_2^2 \end{bmatrix} = \begin{bmatrix} \boldsymbol{R}_1^2 & -\boldsymbol{R}_1^2 \boldsymbol{S}(\boldsymbol{r}_{12}^1) \\ \boldsymbol{O} & \boldsymbol{R}_1^2 \end{bmatrix} \begin{bmatrix} \dot{\boldsymbol{p}}_1^1 \\ \boldsymbol{\omega}_1^1 \end{bmatrix} \tag{3.113}$$

上式给出了期望寻找的两个坐标系之间速度变换的一般关系。 150

可以观察到,式(3.113)中的变换矩阵起到了一个真正的雅可比矩阵的作用,因为它表征了速度变换,因此式(3.113)可以简写为

$$\boldsymbol{v}_2^2 = \boldsymbol{J}_1^2 \boldsymbol{v}_1^1 \tag{3.114}$$

在此,通过运动静力学二元性的作用,可以直接导出两个坐标系之间的力变换关系,形如下式

$$\boldsymbol{\gamma}_1^1 = \boldsymbol{J}_1^{2\mathrm{T}} \boldsymbol{\gamma}_2^2 \tag{3.115}$$

可以将其具体表示为②

$$\begin{bmatrix} \boldsymbol{f}_1^1 \\ \boldsymbol{\mu}_1^1 \end{bmatrix} = \begin{bmatrix} \boldsymbol{R}_2^1 & \boldsymbol{O} \\ \boldsymbol{S}(\boldsymbol{r}_{12}^1) \boldsymbol{R}_2^1 & \boldsymbol{R}_2^1 \end{bmatrix} \begin{bmatrix} \boldsymbol{f}_2^2 \\ \boldsymbol{\mu}_1^2 \end{bmatrix} \tag{3.116}$$

最后,注意上述分析是瞬时的,如果坐标系相对其他坐标系发生了改变,就有必要通过坐标系相对其他坐标系的相关旋转矩阵的计算来重新计算变换的雅可比矩阵。

3.8.3 闭链

如 2.8.3 节中所讨论的,只要机械手包含一个闭合链,就存在关节变量之间的函数关系。特别地,通过在一个关节处将回路虚拟断开,闭链结构变换为树形结构的开链。在此过程中,

选择一个非驱动关节作为这种断开关节是有利的。从而,对相应于链的自由度其数目减少了的关节变量,需要求解约束式(2.59) 或式(2.60)。因此合理的假定是,至少这种独立关节是驱动关节,而其他的关节可能是驱动的,也可能不是。令 $\boldsymbol{q}_o = [\boldsymbol{q}_a^{\mathrm{T}} \quad \boldsymbol{q}_u^{\mathrm{T}}]^{\mathrm{T}}$ 表示树形结构开链的关节变量向量,其中 $\boldsymbol{q}_a$ 和 $\boldsymbol{q}_u$ 分别为驱动和非驱动的关节变量。假定从上述约束出发,有可能确定函数表达式

$$\boldsymbol{q}_u = \boldsymbol{q}_u(\boldsymbol{q}_a) \tag{3.117}$$

式(3.117)对时间求导,得到如下关节速度之间的关系

$$\dot{\boldsymbol{q}}_o = \boldsymbol{\gamma} \dot{\boldsymbol{q}}_a \tag{3.118}$$

其中

$$\boldsymbol{\gamma} = \begin{bmatrix} \boldsymbol{I} \\ \dfrac{\partial \boldsymbol{q}_u}{\partial \boldsymbol{q}_a} \end{bmatrix} \tag{3.119}$$

① 回想 $\boldsymbol{R}^{\mathrm{T}}\boldsymbol{R} = \boldsymbol{I}$ 如(2.4)式。

② 用到了反对称性质 $\boldsymbol{S} + \boldsymbol{S}^{\mathrm{T}} = \boldsymbol{O}$。

151 上式为两个关节速度向量之间的变换矩阵，其在此起到雅可比矩阵的作用。

在此，按照运动静力学二元性的直观概念，可以将关节转矩相应向量之间的变换描述为以下形式

$$\mathcal{T}_{\mathrm{a}} = \boldsymbol{\gamma}^{\mathrm{T}}\mathcal{T}_{\mathrm{o}} \tag{3.120}$$

其中，$\mathcal{T}_{\mathrm{o}}=[\mathcal{T}_{\mathrm{a}}^{\mathrm{T}} \quad \mathcal{T}_{\mathrm{u}}^{\mathrm{T}}]^{\mathrm{T}}$ 具有显而易见的数量含义。

例 3.5

考虑 2.9.2 节的平行四边形臂，假定驱动基座上的两个关节 1′和 1″，有 $\boldsymbol{q}_{\mathrm{a}}=[\vartheta_{1'} \quad \vartheta_{1''}]^{\mathrm{T}}$ 及 $\boldsymbol{q}_{\mathrm{u}}=[\vartheta_{2'} \quad \vartheta_{3'}]^{\mathrm{T}}$。然后，利用式(2.64)、式(3.119)中的变换矩阵为

$$\boldsymbol{\gamma} = \begin{bmatrix} 1 & 0 \\ 0 & 1 \\ -1 & 1 \\ 1 & -1 \end{bmatrix}$$

从而，考虑到(3.120)，驱动关节的转矩向量为

$$\mathcal{T}_{\mathrm{a}} = \begin{bmatrix} \mathcal{T}_{1'} - \mathcal{T}_{2'} + \mathcal{T}_{3'} \\ \mathcal{T}_{1''} + \mathcal{T}_{2'} - \mathcal{T}_{3'} \end{bmatrix} \tag{3.121}$$

而$\mathcal{T}_{\mathrm{u}}=[0 \quad 0]^{\mathrm{T}}$ 显然符合关节 2′和 3′均为非驱动关节的事实。

3.9 可操纵性椭球体

式(3.45)中的微分运动学方程和式(3.111)中的静力学方程，连同二元性性质，容许进行机械手性能评价指数的定义。这种指数对机械手设计、以及在当前位形下确定合适的机械手姿态以执行给定任务，都是有帮助的。

首先，期望表示机械手对任意改变末端执行器位置和方向的能力。这种能力可通过速度可操纵性椭球体(velocity manipulability ellipsoid)这一方式进行有效描述。

考虑具有常值(单位)范数的关节速度集合

$$\dot{\boldsymbol{q}}^{\mathrm{T}}\dot{\boldsymbol{q}} = 1 \tag{3.122}$$

上式描述了在关节速度空间中一个球面上的点。期望描述当机械手处于给定姿态时，可以通
152 过给定关节速度集合生成的操作空间速度。为此，可以利用式(3.45)中求解关节速度的微分运动学方程。在通常处于非奇异位形冗余机械手($r<n$)的情形下，可以考虑将最小范数解 $\dot{\boldsymbol{q}}=\boldsymbol{J}^{\dagger}(\boldsymbol{q})\boldsymbol{v}_{\mathrm{e}}$ 代入式(3.122)，得到

$$\boldsymbol{v}_{\mathrm{e}}^{\mathrm{T}}(\boldsymbol{J}^{\dagger\mathrm{T}}(\boldsymbol{q})\boldsymbol{J}^{\dagger}(\boldsymbol{q}))\,\boldsymbol{v}_{\mathrm{e}} = 1$$

考虑(3.52)中 $\boldsymbol{J}$ 的广义逆表达式，得到

$$\boldsymbol{v}_{\mathrm{e}}^{\mathrm{T}}(\boldsymbol{J}(\boldsymbol{q})\boldsymbol{J}^{\mathrm{T}}(\boldsymbol{q}))^{-1}\,\boldsymbol{v}_{\mathrm{e}} = 1 \tag{3.123}$$

这是末端执行器速度空间中椭球体表面的点的方程。

选择最小范数解，排除了冗余结构内部运动的产生。如果将一般解(3.54)应用于 $\dot{\boldsymbol{q}}$，则满足方程(3.122)的点，将被映射到表面由式(3.123) 描述的椭球体的内部的点。

对于一个非冗余机械手，用微分运动学解(3.47)导出式(3.123)，在此情形下，关节速度空间中球面上的点，将被映射到末端执行器速度空间中的椭球体表面上的点。

沿着椭球体主轴方向，末端执行器可以高速移动，而沿着副轴方向只能得到较小的末端执行器速度。进一步地，椭球体越接近球体——偏心率为单位偏心率——末端执行器沿着操作空间中所有方向的移动具有越好的各向同性。从而，能够理解为什么这种椭球体是以速度来表征结构操纵能力的指标。

从式(3.123)可以看到，椭球体的形状和方向由其二次型的核确定，从而由通常作为机械手位形的函数的矩阵 $\boldsymbol{J}\boldsymbol{J}^{\mathrm{T}}$ 确定。椭球体的主轴方向由矩阵 $\boldsymbol{J}\boldsymbol{J}^{\mathrm{T}}$ 的特征向量 $\boldsymbol{u}_i$，$i=1, \cdots, r$，确定，而轴的尺度由 $\boldsymbol{J}$ 的奇异值 $\sigma_i=\sqrt{\lambda_i(\boldsymbol{J}\boldsymbol{J}^{\mathrm{T}})}$ $(i=1, \cdots, r)$ 给出，其中 $\lambda_i(\boldsymbol{J}\boldsymbol{J}^{\mathrm{T}})$ 表示 $\boldsymbol{J}\boldsymbol{J}^{\mathrm{T}}$ 的特征值。

可以通过考虑椭球体的容积得到机械手能力的全局典型度量。其体积与如下量成比例

$$w(\boldsymbol{q})=\sqrt{\det(\boldsymbol{J}(\boldsymbol{q})\boldsymbol{J}^{\mathrm{T}}(\boldsymbol{q}))}$$

这就是已在式(3.56)介绍过的可操纵性度量(manipulability measure)。在非冗余机械手($r=n$)情形，w 简化为

$$w(\boldsymbol{q})=|\det(\boldsymbol{J}(\boldsymbol{q}))| \qquad (3.124)$$ 153

容易看到总有 $w>0$ 成立，除了当机械手处于奇异位形时 $w=0$。由此原因，通常采用机械手与奇异位形的距离作为度量值。

例 3.6

考虑两连杆平面臂。从式(3.41)的表达式，可操纵性度量在此情形下为

$$w=|\det(\boldsymbol{J})|=a_1 a_2 |s_2|$$

因此，作为臂姿态函数，当 $\vartheta_2=\pm\pi/2$ 时可操纵性值最大。另一方面，对给定的常值行程 a_1+a_2，当 $a_1=a_2$ 时，结构提供最大可操纵性，独立于 ϑ_1 和 ϑ_2。

这个结论可以在人类手臂上找到生物学解释，如果将人类手臂看成两连杆臂(臂+前臂)，它能很好地近似满足条件 $a_1=a_2$。进一步地，在执行某些任务，例如写字时，肘的角度 ϑ_2 通常在 $\pi/2$ 附近。因此，从可操纵性观点出发，人类倾向于将自己的臂设为最灵活的位形。

图 3.23 说明了当 $a_1=a_2=1$ 且末端沿水平轴方向时，某些姿态的速度可操纵性椭圆。可以看到，当臂伸出去时，椭圆沿竖直方向很窄。从而可以再次发现在奇点研究中预示的结论，即处于这种姿态的臂更适合生成沿着竖直方向的末端速度。此外，在图 3.24 中，以沿轴 x 末端位置的函数形式，给出了矩阵 $\boldsymbol{J}$ 最大奇异值和最小奇异值的特性。可以验证，当机械手处于奇点(伸出去或收回来)时，最小奇异值为零。

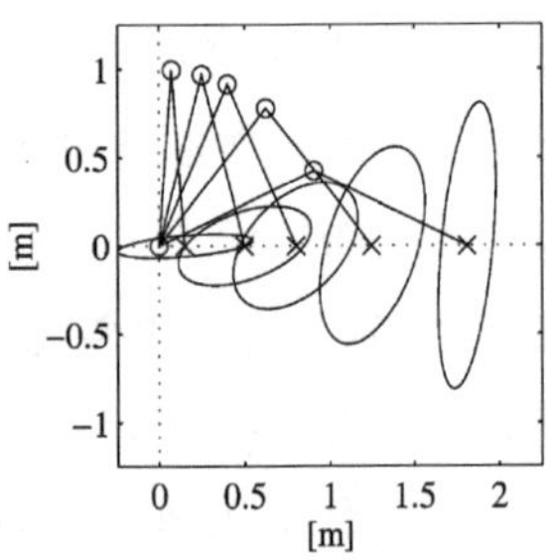

图 3.23　不同姿态下两连杆平面臂的速度可操纵性椭圆

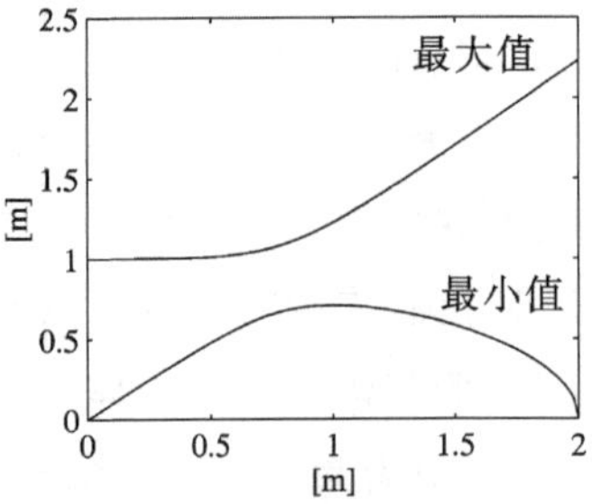

图 3.24　两连杆平面臂的臂姿态函数 $\boldsymbol{J}$ 的最小和最大奇异值

因此，对姿态而言，当 $\vartheta_2=\pm\pi/2$ 时，可操纵性取最大值。另一方面，对一个给定的总行程
154 a_1+a_2，当 $a_1=a_2$ 时，独立于 ϑ_1 和 ϑ_2 的结构提供最大可操纵性。

通过矩阵 $\boldsymbol{J}\boldsymbol{J}^{\mathrm{T}}$ 的行列式，可操纵性度量 w 具有易于计算的优点。然而，其数量值并不能构成机械手到奇点的实际接近程度的绝对度量。考虑上例并取两个相同结构的臂，一个连杆为 1 m，另一个的连杆为 1 cm。得到的两个可操纵性的值相差 4 个数量级。从而，在此情形下，仅考虑 $|s_2|$——最终为 $|\vartheta_2|$——作为可操纵性度量更方便。在更一般的情形，当难以找到一个简单而有意义的指标时，可以考虑雅可比矩阵的最小奇异值和最大奇异值的比值 σ_r/σ_1 作为度量，其等价于矩阵 $\boldsymbol{J}$ 的条件数的倒数。这一比率不仅给出了到奇点($\sigma_r=0$)的距离，还给出了椭球体偏心率的直接度量。应用这种指标的缺点在于其计算复杂性；事实上不可能对其进行符号形式的计算，即作为关节位形函数进行计算，除了降维矩阵。

基于已有的微分运动学和静力学之间存在的二元性，有可能不仅根据速度来描述结构的
155 可操纵性，还可以根据力来描述。为了明确说明，可以考虑关节力矩空间中的球

$$\boldsymbol{\tau}^{\mathrm{T}}\boldsymbol{\tau}=1 \tag{3.125}$$

考虑式(3.111)，上式可以映射到末端执行器力空间中的椭球体

$$\boldsymbol{\gamma}_{\mathrm{e}}^{\mathrm{T}}(\boldsymbol{J}(\boldsymbol{q})\boldsymbol{J}^{\mathrm{T}}(\boldsymbol{q}))\boldsymbol{\gamma}_{\mathrm{e}}=1 \tag{3.126}$$

定义上式为力可操纵性椭球体(force manipulability ellipsoid)。这一椭球体表征了机械手处于给定姿态时，能够由给定的关节力矩集合生成的末端执行器力。

从(3.126)易知，二次型的核由(3.123)中速度椭球体矩阵核的逆构成。这一特征导致一个重要的结论，即力可操纵性椭球体的主轴与速度可操纵性椭球体的主轴一致，而各自轴的尺度成反比。从而，根据力/速度二元性的概念，能得到更好速度可操纵性的方向，就是能得到更差力可操纵性的方向，反之亦然。

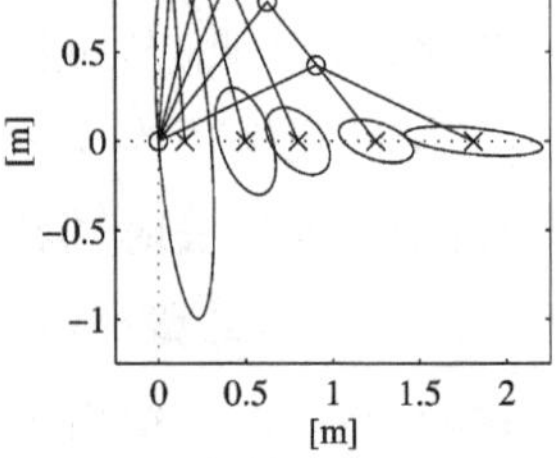

图 3.25　不同姿态下两连杆平面臂的力可操纵性椭圆

在图 3.25 中，给出了与图 3.23 中例子相同姿态时的可操纵性椭圆。对比椭圆形状和方向，可以确认沿不同方向时，力/速度二元性对可操纵性的影响。

值得指出，在任何维数最多为 3 的操作空间中，这些可操纵性椭球体都可以按几何形式表示。因此，如果期望分析更高维数空间中的可操纵性，将线速度(力)分量与角速度(静矩)分量分离开是有意义的，它同时还避免

了由相关量的非齐次性尺度(例如 m/s 对 rad/s)所带来的问题。例如，对于一个带球形腕的机械手，可操纵性分析自然倾向于臂和腕之间的解耦。

上述结论的有效解释，可以通过将机械手看成是一个速度和力从关节空间到操作空间的机械变压器(mechanical transformer)得到。能量守恒定律表明，速度变换的放大必然伴随力量变换的缩小，反之亦然。沿给定方向的变换比率由沿该方向的向量与椭球体表面的交点决定。一旦指定了沿某一方向的单位向量 $\boldsymbol{u}$，就有可能如下计算力可操纵性椭球体的变换比率

$$\alpha(\boldsymbol{q}) = (\boldsymbol{u}^{\mathrm{T}}\boldsymbol{J}(\boldsymbol{q})\boldsymbol{J}^{\mathrm{T}}(\boldsymbol{q})\boldsymbol{u})^{-1/2} \tag{3.127}$$ 156

对速度可操纵性椭球体的变换比率计算如下

$$\beta(\boldsymbol{q}) = (\boldsymbol{u}^{\mathrm{T}}(\boldsymbol{J}(\boldsymbol{q})\boldsymbol{J}^{\mathrm{T}}(\boldsymbol{q}))^{-1}\boldsymbol{u})^{-1/2} \tag{3.128}$$

可操纵性椭球体不仅可以方便地应用于分析沿操作空间不同方向的结构可操纵性，也可以应用于确定结构执行沿某一方向指定任务的兼容性。为此目的，区分速度和力的驱动任务和控制任务是有用的。就相关的椭球体而言，驱动速度(力)的任务更适宜于要求沿任务方向有较大的变换比率，因为对于一个在关节处给定的关节速度(力)集合，有可能在末端执行器姿态上产生大的速度(力)。另一方面，对于一个控制任务，重要的是需要一个较小的变换比率，以便对沿给定方向可能产生的误差具有较好的灵敏性。

再次回到速度可操纵性椭球体和力可操纵性椭球体之间的二元性，能够发现，驱动一个速度的最优方向，也是控制力的最优方向。类似地，驱动一个力的好的方向，也是控制速度的好的方向。

为了对上述概念有一个切实的例子，考虑人类手臂在水平表面上写字这一典型任务，此时，手臂被视为一个三连杆平面臂：胳膊＋前臂＋手。将分析限制在一个二维任务空间(垂直于水平表面和书写线路的方向)，必须达到对垂直力(笔在纸上的压力)以及对水平速度(以良好书法书写)的一个良好控制。结果是，力可操纵性椭圆趋于水平指向，以正确地执行任务。相对地，速度可操纵性椭圆趋于竖直指向，以与任务需求达成良好一致。在此情形下，图 3.26 给出当书写可以实现时，人类手臂的典型位形。 157

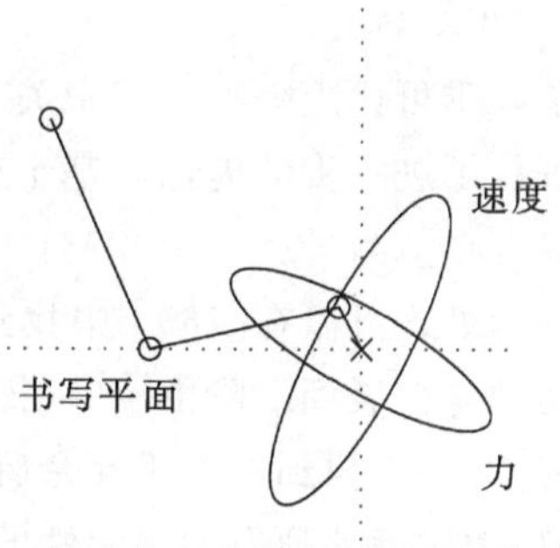

图 3.26　完成力和速度控制任务的典型位形下三连杆平面臂的速度和力可操纵性椭圆

上例的一个反例，是人类手臂在水平方向扔重物。事实上，现在需要驱动一个较大的垂直力(以支撑重量)和较大的水平速度(将重物扔出相当大的距离)。与上述不同的是，力(速度)可操纵性椭圆趋于垂直(水平)指向以顺利执行任务。图 3.27 给出的是此时人类手臂典型姿势的相关位形，例如在保龄球运动中发球。

在上述两个例子中，值得指出的是，二维操作空间的存在确实有利于将结构重置到与给定任务兼容的最佳位形。事实上，式(3.127)和(3.128)定义的转换比率是机械手位形的标量函数，可以根据前述的冗余自由度方法进行对其进行局部最优化。

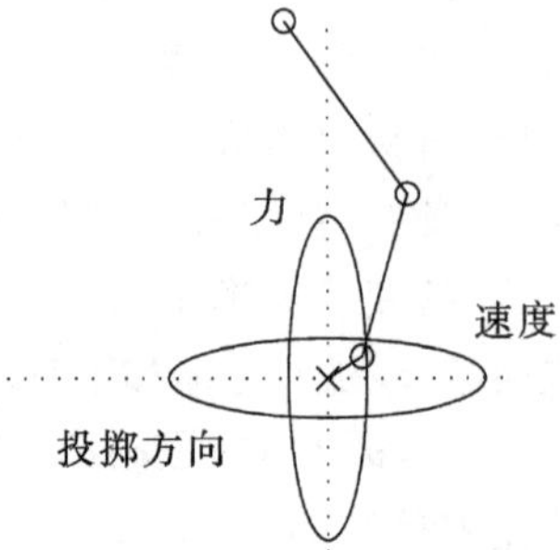

图 3.27 完成力和速度驱动任务的典型位形下三连杆平面臂的速度和力可操纵性椭圆

参考资料

几何雅可比矩阵的概念最初在[240]中提出,[173] 中考虑了其计算有效性确定的问题。在[114]中提出分析雅可比矩阵的概念涉及操作空间控制。

逆微分运动学回溯到[240],其名为转换率控制。雅可比广义逆矩阵的使用应归于[118]。受控的渐消最小二乘逆的采用由[161] 和 [238]独立地提出,这一主题的指南见[42]。基于雅可比转置矩阵的逆运动学算法最初在[198, 16]中提出。关于方向误差的进一步的细节见[142, 250, 132, 41]。

对冗余解雅可比矩阵零空间中关节速度的使用在[129]中提出,并在[147] 中关于目标函
158 数的选择进行了进一步的提炼。基于任务优先权的逼近由[163]提出,其他基于扩张的任务空间概念的逼近在[14, 69, 199, 203, 194, 37]中提出。对于全局冗余解见 [162]。对冗余机械手的完善的处理可以在[160] 中找到,而指南见[206]。

将逆运动学扩展到二阶由[207]提出,而关于关节速度的解的符号微分以求取稳定的加速度解可以在[208]中找到。关于冗余解的进一步的细节见 [59].

在[191]中对运动静力学二元性的概念进行了讨论。可操纵性椭球体在 [245, 248]中提出并在 [44]中用于考虑操纵任务的姿态灵敏性分析。

习题

3.1 证明式(3.11)。

3.2 计算图 2.35 中的圆柱形臂的雅可比矩阵。

3.3 计算图 2.36 中. SCARA 机械手的雅可比矩阵。

3.4 求图 2.20 中三连杆平面臂的奇点。

3.5 求图 2.22 中球形臂的奇点。

3.6 求图 2.35 中的圆柱形臂的奇点。

3.7 求图 2.36 中的 SCARA 机械手的奇点。

3.8 说明式(3.56)中定义的可操纵性度量由雅可比矩阵矩阵的奇异值的乘积给出。

3.9　对图 2.20 中的三连杆平面臂，求机械手到给定半径和坐标的圆形障碍的距离。

3.10　求具式(3.59)中逆渐消最小二乘的微分运动学方程的解。

3.11　用另一种方法证明式(3.64)，即，从式(2.18)中的 $\boldsymbol{R}(\phi)$ 出发如(3.6)式计算 $\boldsymbol{S}(\boldsymbol{\omega}_e)$。

3.12　关于式(3.64)，在 RPY 角情形下求变换矩阵 $\boldsymbol{T}(\phi_e)$。

3.13　关于式(3.64)，对 $\boldsymbol{T}(\boldsymbol{0})=\boldsymbol{I}$ 求三个一组的欧拉角。

3.14　说明在机械手具有球形腕关节的情形下，可以怎样简化图 3.11 的逆运动学方案 159

3.15　在 $\dot{\boldsymbol{x}}_d \neq \boldsymbol{0}$ 情形下，为解(3.76)求 $\boldsymbol{e}$ 的范数的上界的表达式。

3.16　证明式(3.81).

3.17　证明式(3.86)，式(3.87).

3.18　证明将角速度联系到四元数对时间的导数的方程由下式给出

$$\boldsymbol{\omega} = 2\boldsymbol{S}(\boldsymbol{\epsilon})\dot{\boldsymbol{\epsilon}} + 2\eta\dot{\boldsymbol{\epsilon}} - 2\dot{\eta}\boldsymbol{\epsilon}$$

[提示：从表明可以将式(2.33)另记为 $\boldsymbol{R}(\eta,\boldsymbol{\epsilon})=(2\eta^2-1)\boldsymbol{I}+2\boldsymbol{\epsilon}\boldsymbol{\epsilon}^T+2\eta\boldsymbol{S}(\boldsymbol{\epsilon})$ 出发].

3.19　证明式(3.94)、式(3.95).

3.20　证明式(3.96)中的李雅普诺夫函数对时间的导数由式(3.97)给出。

3.21　考虑图 2.20 中的三连杆平面臂，其连杆长度分别为 0.5 m，0.3 m，0.3 m。使用沿由连接坐标为(0.8，0.2) 和 (0.8，−0.2) 的点的直线段给出的操作空间路径的雅可比矩阵广义逆执行逆运动学算法的计算机实现。增加约束以避免连杆与位于 $\phi=[0.3\quad 0]^T$ 半径为 0.1 m 的圆形障碍物碰撞。选择机械手的初始位形 以使 $\boldsymbol{p}_e(0)=\boldsymbol{p}_d(0)$。最后时间为 2 s. 使用正弦曲线运动时间律。采用式(3.48)中的欧拉数值积分方案，积分步长为 $\Delta t=1$ ms。

3.22　考虑图 2.36 中的 SCARA 机械手，其连杆程度均为 0.5 m 且位于距离支持平面高度为 1 m 处。执行逆运动学算法的计算机实现，其雅可比矩阵逆和雅可比矩阵转置均沿由连接坐标为(0.7，0，0) 和 (0，0.8，0.5) 的点的直线段给出的操作空间路径。其方向由从 0 rad 到 $\pi/2$ rad 的旋转给出。初始机械手初始位形选为 $\boldsymbol{x}_e(0)=\boldsymbol{x}_d(0)$。最后时间为 2 s。使用正弦运动时间律。采用式(3.48)的欧拉数值积分方案，积分步长为 $\Delta t = 1$ ms。

3.23　证明力和速度可操纵性椭球体的主轴方向是一致的，而它们的尺度成反比。 160

第4章 轨迹规划

为了完成指定的机器人任务，需要考虑运动规划算法的主要特征。轨迹规划(trajectory planning)的目的，是生成运动控制系统的参考输入，以确保机械手完成规划的轨迹。典型地，用户会指定一系列参数，以描述期望的轨迹。规划是由生成一组由期望轨迹的内插函数(典型地为多项式)所得到的时间序列值构成的。

本章针对对路径指定起点与终点(点到点运动)的情况和沿路径指定一系列通过点(通过系列点运动)的情况，介绍轨迹生成技术。本章首先考虑关节空间(joint space)中的轨迹规划问题，然后阐述操作空间(operational space)中轨迹规划的基本概念。移动机器人的运动规划问题参见第12章。

4.1 路径和轨迹

对机械手的最低要求，是从初始姿态移动到指定的最终姿态，其过渡过程由运动律表征，运动律要求执行器施加到关节的广义力不违反饱和度限制且不激发结构的典型谐振模式。从而有必要设计适当的产生光滑轨迹的规划算法。

为了避免经常作为近义词使用的两个概念之间的混淆，现对路径和轨迹之间的区别进行解释。路径(path)表示在关节空间或操作空间中，机械手在执行指定运动时必须跟随的点的轨迹。因此，路径是运动的纯几何描述。轨迹(trajectory)则是一条指定了时间律的路径，例
161 如在每一点的速度和/或加速度。

大体上可以认为，轨迹规划算法的输入包括路径描述、路径约束以及由机械手动力学施加的约束，其输出是按时间顺序给出的位置、速度和加速度的值构成的末端执行器轨迹。

由于显而易见的复杂性原因，几何轨迹不可能由用户完全指定。典型地，只能指定少量的参量，例如极值点、可能的中间点和插入点的几何基元等。同样地，通常也不会在几何路径每一点上，都指定其运动的时间律，更适合的是关注整个轨迹时间、最大速度和加速度约束，以及最终对特别感兴趣点上的指定速度和加速度。基于以上信息，轨迹规划算法生成一个描述末端执行器位置和方向变量依照约束随时间变化的时间序列。因为对机械手的控制行为是在关节空间中完成的，因此将使用适当的逆运动学算法，来重构相应于操作空间中上述序列的关节变量的时间序列。

自然地，操作空间中的轨迹规划容许考虑所存在的路径约束。这归因于工作空间中机械手的禁区，即，归因于障碍物的出现。事实上，这种约束在操作空间中能得到更好的描述，因为其在关节空间中的对应点是难以计算的。

对于在奇异位形邻域内和存在冗余自由度情形的运动，操作空间中的轨迹规划有可能包含难于求解的问题。在此情形下，可能比较明智的方法，是仍然根据数量减少的参量，在关节空间中指定路径。从而，必须生成一组满足轨迹约束条件的关节变量时间序列。

为清晰起见，接下来，首先处理关节空间轨迹规划的情形。然后其结果将扩展到操作空间轨迹的情形。

4.2 关节空间轨迹

典型地，依据起点和终点的末端执行器位姿、可能的中间位姿以及沿特殊几何路径的行进时间等轨迹参量，在操作空间中指定机械手的运动。如果期望在关节空间中规划轨迹，必须首先从用户指定的末端执行器位置和方向确定关节变量的值。因此，如果规划是离线的，有必要应用逆运动学算法；如果规划是通过示教再现技术（见第 6 章）进行，则需要对上述变量进行直接测量。 162

规划算法按照受到的约束，生成给定关节变量向量在每一点的内插函数 $\boldsymbol{q}(t)$。

一般而言，要求关节空间轨迹规划算法具有如下特征：

- 生成的轨迹从计算角度不应该太苛求。
- 关节位置和速度应该是时间的连续函数（也可能还要求加速度的连续性）。
- 应使不希望的影响最小化，例如，在路径上插入一系列点的非光滑轨迹。

下面将首先考虑只指定路径起点和终点以及行进时间的情形（点对点运动）；然后将结论推广到同时沿路径指定中间点的情形（通过系列点运动）。不失一般性，考虑单关节变量 $q(t)$。

4.2.1 点对点运动

在点对点运动中，机械手必须在规定时间 t_f 内从关节初始位形移动到关节终点位形。在此情形下，不关心实际的末端执行器路径。在满足上述的一般性要求下，算法在生成关节从一点移动到另一点的轨迹时，还应能够最优化一些性能指标。

选择运动基元时，建议从增量运动问题分析开始。令 $\boldsymbol{I}$ 为刚体绕其旋转轴的转动惯量。要求在时间 t_f 内将角度 q 从初始值 q_i 运动到最终值 q_f，显然这一问题存在无穷多解。假定旋转是通过电机提供的力矩 $\boldsymbol{\tau}$ 实现的，可以找到一个使电机能量消耗最小的解。这一优化问题可以表达为如下形式。

令 $\dot{\boldsymbol{q}}=\omega$，需要确定如下微分方程的解

$$\boldsymbol{I}\,\dot{\boldsymbol{\omega}} = \boldsymbol{\tau}$$

并服从条件

$$\int_0^{t_f} \omega(t)\,\mathrm{d}t = q_f - q_i$$

使如下性能指标最小化

$$\int_0^{t_f} \mathcal{T}^2(t)\,\mathrm{d}t$$

易知求得的解有如下形式

$$w(t) = at^2 + bt + c$$ 163

即使关节动力学不能用以上的简单方式描述①，也可以通过选择三阶多项式函数以生成关节轨迹，来有效求解所讨论的问题。

因此，为了确定一个关节运动，可以选择三次多项式(cubic polynomial)

$$q(t)=a_3t^3+a_2t^2+a_1t+a_0 \tag{4.1}$$

得到抛物线形式的速度曲线

$$\dot{q}(t)=3a_3t^2+2a_2t+a_1$$

以及线性的加速度曲线

$$\ddot{q}(t)=6a_3t+2a_2$$

由于用到 4 个系数，除关节起始位置和终点位置的值 q_i 和 q_f 外，通常还可以利用关节起始速度和终点速度 $\dot{q}_i$ 和 $\dot{q}_f$ 的值，一般设其为 0。求解如下方程组，可以确定指定轨迹

$$\begin{aligned}a_0&=q_i\\a_1&=\dot{q}_i\\a_3t_f^3+a_2t_f^2+a_1t_f+a_0&=q_f\\3a_3t_f^2+2a_2t_f+a_1&=\dot{q}_f\end{aligned}$$

如上方程组容许计算(4.1)中多项式的系数②。图 4.1 给出了由下列数据得到的时间变化规律：$q_i=0$，$q_f=\pi$，$t_f=1$，$\dot{q}_i=\dot{q}_f=0$。不出所料，速度具有抛物线特性，而加速度具有线性特性，其在起点和终具点有不连续性。

如果还想要指定初始和最终加速度的值，必须满足 6 个约束且需要 1 个最低五阶的多项式。从而一般关节的运动时间律由下式给出：

$$q(t)=a_5t^5+a_4t^4+a_3t^3+a_2t^2+a_1t+a_0 \tag{4.2}$$

与前一种情形一样，上式的系数可以通过在关节变量 $q(t)$ 及其前两阶导数上施加 $t=0$ 及 $t=t_f$ 的条件进行计算。显然，选择式(4.2)，就放弃了对上述性能指数最小化。

164 工业实践中，另一种常用方法是使用混合多项式的时间律，它允许直接验证机械手是否在物理上支持所得的速度和加速度。

在此情形，指定一条梯形速度曲线(trapezoidal velocity profile)，其在起始段具有常值加速度，中段具有巡航速度，末段具有常值减速度。得到的轨迹由一条线段及在其两端分别连接到初始位置和最终位置的两段抛物线形成。

接下来，假定轨迹段的终点时间已经指定，上述问题可以公式化表示。不过在工业实际
165 中，提供给用户的选项，是指定速度相对最大容许速度的百分比；这样的选择是为了避免出现这种情况，即指定的运动周期太短，使得需要太高的速度值和/或加速度值，超出了机械手的能力。

从图 4.2 中的速度曲线可以看出，其假定初始速度和最终速度均为零，且具有常加速度分段的时间长度相同；这就意味着这两个分段具有等量的 $\ddot{q}_c$。还要注意上述选择导致轨迹在 $t_m=t_f/2$ 时刻相对平均值点 $q_m=(q_f+q_i)/2$ 对称。

---

① 事实上，回顾绕关节轴的转动惯量为机械手位形的函数。

② 注意，有可能将系数的计算规范化，使其独立于结束时间 t_f 及路径长度 $|q_f-q_i|$。

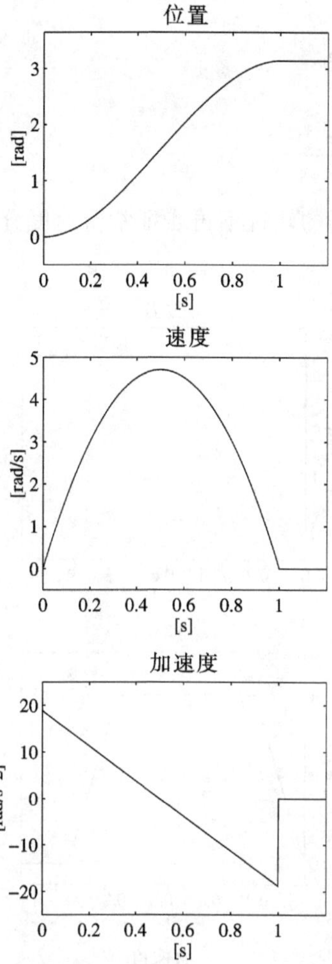

图 4.1　具有三次多项式时间律的位置、速度和加速度的时程

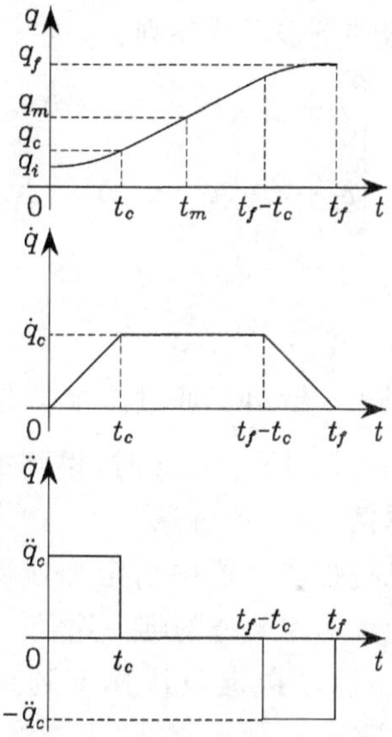

图 4.2　具有抛物线速度曲线的位置、速度和加速度的时间律

为确保在时间 t_f 内从 q_i 到 q_f 的过渡，轨迹必须满足一些条件。在抛物线分段终点的速度必须等于线性分段的(常值)速度，即

$$\ddot{q}_c t_c = \frac{q_m - q_c}{t_m - t_c} \tag{4.3}$$

其中 q_c 是关节变量在抛物线分段终点 t_c 时刻以常加速度 $\ddot{q}_c$(留意 $\dot{q}(0)=0$)获得的值。从而有

$$q_c = q_i + \frac{1}{2}\ddot{q}_c t_c^2 \tag{4.4}$$

结合式(4.3)，(4.4)有

$$\ddot{q}_c t_c^2 - \ddot{q}_c t_f t_c + q_f - q_i = 0 \tag{4.5}$$

通常，应用约束条件 $\mathrm{sgn}\ddot{q}_c = \mathrm{sgn}(q_f - q_i)$ 指定 $\ddot{q}_c$；因此，对于给定的 t_f，q_i 和 q_f，由式(4.5) 166
可计算得到当($t_c \leqslant t_f/2$)时 t_c 的解

$$t_c = \frac{t_f}{2} - \frac{1}{2}\sqrt{\frac{t_f^2\ddot{q}_c - 4(q_f - q_i)}{\ddot{q}_c}} \tag{4.6}$$

从而加速度服从如下约束

$$|\ddot{q}_c| \geqslant \frac{4\,|q_f - q_i|}{t_f^2} \tag{4.7}$$

当选择加速度 $\ddot{q}_c$ 使得式(4.7)中等号成立时，得到的轨迹不再表征常值速度分段，而只有加速度和减速度分段(三角形时间特性)。

若 q_i，q_f 和 t_f 给定，从而也给定了平均转换速度，式(4.7)的约束容许在轨迹中施加一个加速度值。然后，通过式(4.6)计算 t_c，生成如下多项式序列：

$$q(t) = \begin{cases} q_i + \frac{1}{2}\ddot{q}_c t^2 & 0 \leqslant t \leqslant t_c \\ q_i + \ddot{q}_c t_c (t - t_c/2) & t_c < t \leqslant t_f - t_c \\ q_f - \frac{1}{2}\ddot{q}_c (t_f - t)^2 & t_f - t_c < t \leqslant t_f \end{cases} \tag{4.8}$$

图 4.3 给出了通过施加数据 $q_i = 0$，$q_f = \pi$，$t_f = 1$，$|\ddot{q}_c| = 6\pi$ 时，得到的运动时间律的示例。

在抛物线分段中指定加速度并非确定梯形速度曲线轨迹的唯一途径。除了 q_i，q_f 和 t_f，还可以指定服从如下约束的巡航速度 q_c

$$\frac{|q_f - q_i|}{t_f} < |\dot{q}_c| \leqslant \frac{2\,|q_f - q_i|}{t_f} \tag{4.9}$$

认识到 $\dot{q}_c = \ddot{q}_c t_c$，式(4.5)容许如下计算 t_c

$$t_c = \frac{q_i - q_f + \dot{q}_c t_f}{\dot{q}_c} \tag{4.10}$$

从而得到加速度

$$\ddot{q}_c = \frac{\dot{q}_c^2}{q_i - q_f + \dot{q}_c t_f} \tag{4.11}$$

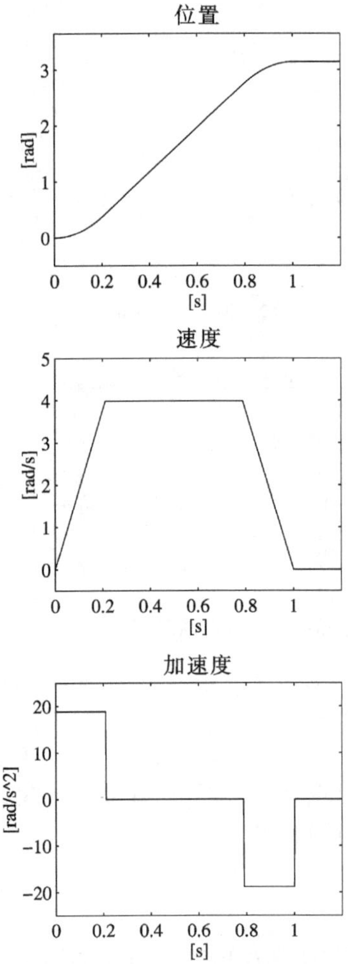

图 4.3　遵循梯形速度曲线时间律时位置、速度和加速度的时程

如式(4.10)，式(4.11)计算得到的 t_c 和 $\ddot{q}_c$ 的值，容许生成由式(4.8)表示的多项式序列。

与三次多项式曲线相比较，采用梯形速度曲线将导致比较糟糕的性能指标。不过这种降
167 低是有限的；相对于最优化情形，$\int_0^{t_f} \tau^2 \mathrm{d}t$ 项增加了 12.5%。

4.2.2　通过系列点的运动

在一些应用中，路径需要根据超过两个点以上的多个点进行描述。例如，即使对“拾-放”任务中简单的点对点运动，有可能需要在起点和终点之间指派两个中间点；可以设置适当的提起和放下目标的位置，从而得到相对于直接地移动目标而言的较小速度。对于更复杂的应用，
方便的方法可能是指定一个点的序列，以确保在完成轨迹时能更好地监测；在那些必须避障的 168
路径分段，或期待高曲率路径的分段上，应更密集地指定点。不应忘记，必须从操作空间姿态计算相应的关节变量。

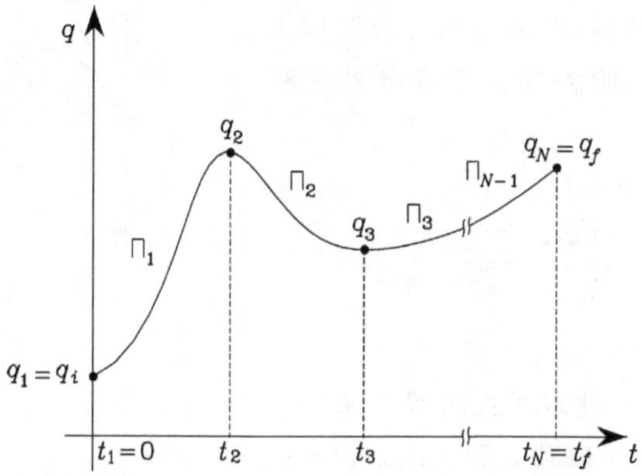

图 4.4　通过插值多项式得到给定路径的轨迹的特征

因此，现在的问题就是，当有 N 个点被指定（称为路径点）时，生成一条机械手在某一瞬时必须到达的轨迹。由于对每一关节变量有 N 个约束，从而可能想到用一个 $(N-1)$ 阶多项式来实现。但这一选择有以下缺点：

- 不可能指定起始速度和终点速度。
- 当多项式阶数增加时，其振动特性会增加，而这可能导致对机械手而言不自然的轨迹。
- 当阶数增加时，多项式系数计算的数值精度会降低。
- 得到的约束方程系统求解繁难。
- 多项式系数取决于所有指定的点；从而，如果想要改变一个点，则所有的点都需要重新计算。

如果考虑采用适当数量的在路径点连续的低阶插值多项式代替单个高阶多项式，这些缺点可以被克服。

根据前面的章节，最低阶数的插值多项是为三次多项式，因为它容许在路径点施加速度的连续性。对于单个关节变量，寻求一个由 $N-1$ 个连续且具有连续一阶导数的三阶多项式 $\Pi_k(t)(k=1,\cdots,N-1)$ 构成的序列所形成的函数 $q(t)$。当 $t=t_k(k=1,\cdots,N)$，以及 $q_1=$
q_i，$t_1=0$，$q_N=q_f$，$t_N=t_f$ 时，函数 $q(t)$ 获得值 q_k。序列 q_k 表示在 $t=t_k$ 时刻描述期望轨迹的 169
路径点（图. 4.4）。可以考虑如下情形：

- 在路径点施加任意 $\dot{q}(t)$ 的值。
- 根据某一准则指定路径点处 $\dot{q}(t)$ 的值。

• 在路径点上加速度 $\ddot{q}(t)$ 必须连续。

为了简化问题，也可以寻找低于三阶的插值多项式，用来确定在给定瞬时时刻从路径点附近经过的轨迹。

在路径点具有指定速度的插值多项式

这样的解要求用户能够在每一个路径点指定期望的速度；相对于上述概念，这种解并无新奇之处。

通过在插入 q_k 和 q_{k+1} ($k=1, \cdots, N-1$) 的一般多项式 $\Pi_k(t)$ 上施加下列条件，可得到容许计算插入 N 个路径点的 $N-1$ 个三阶多项式的系数的方程系统。

$$\Pi_k(t_k) = q_k$$
$$\Pi_k(t_{k+1}) = q_{k+1}$$
$$\dot{\Pi}_k(t_k) = \dot{q}_k$$
$$\dot{\Pi}_k(t_{k+1}) = \dot{q}_{k+1}$$

结果为 $N-1$ 个关于一般多项式的四个未知系数的四方程系统，每一个都可以独立于其他方程系统求解。典型地，将轨迹起始速度和终点速度设为零 ($\dot{q}_1=\dot{q}_N=0$)，并通过如下设定确保在路径点处速度的连续性

$$\Pi_k(t_{k+1}) = \Pi_{k+1}(t_{k+1}), \quad (k = 1, \cdots, N-2)$$

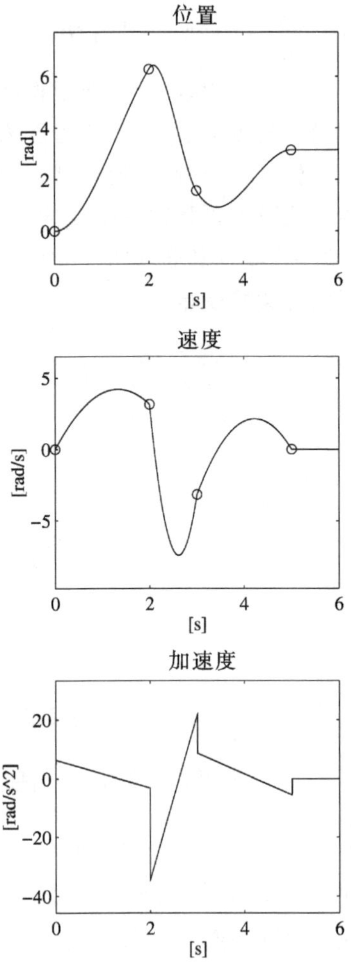

图 4.5 具有在路径点有速度约束的插值多项式时间律的位置、速度和加速度的时程

图 4.5 给出了根据数据 $q_1=0$，$q_2=2\pi$，$q_3=\pi/2$，$q_4=\pi$，$t_1=0$，$t_2=2$，$t_3=3$，$t_4=5$，$\dot{q}_1=0$，$\dot{q}_2=\pi$，$\dot{q}_3=-\pi$，$\dot{q}_4=0$ 得到的位置、速度和加速度的时程。注意，因为只保证了速度的连续性，结果中加速度是不连续的。

在路径点具有计算速度的插值多项式

在此情形下，在路径点的关节速度必须根据一定准则进行计算。通过用线性分段插入路径点，相关速度可以根据下列规则进行计算：

170
$$\dot{q}_1 = 0$$
$$\dot{q}_k = \begin{cases} 0 & \mathrm{sgn}(v_k) \neq \mathrm{sgn}(v_{k+1}) \\ \dfrac{1}{2}(v_k + v_{k+1}) & \mathrm{sgn}(v_k) = \mathrm{sgn}(v_{k+1}) \end{cases} \tag{4.12}$$
$$\dot{q}_N = 0$$

其中 $v_k=(q_k-q_{k-1})/(t_k-t_{k-1})$ 给出在时间区间 $[t_{k-1}, t_k]$ 内分段的斜率。在上述设定下，插值多项式的确定简化为前一种情形。

图 4.6 给出了根据 $q_1=0$，$q_2=2\pi$，$q_3=\pi/2$，$q_4=\pi$，$t_1=0$，$t_2=2$，$t_3=3$，$t_4=5$，$\dot{q}_1=0$，

$\dot{q}_4=0$ 得到的位置、速度和加速度的时程。容易看到，施加的路径点序列导致在中间点具有零 171
速度。

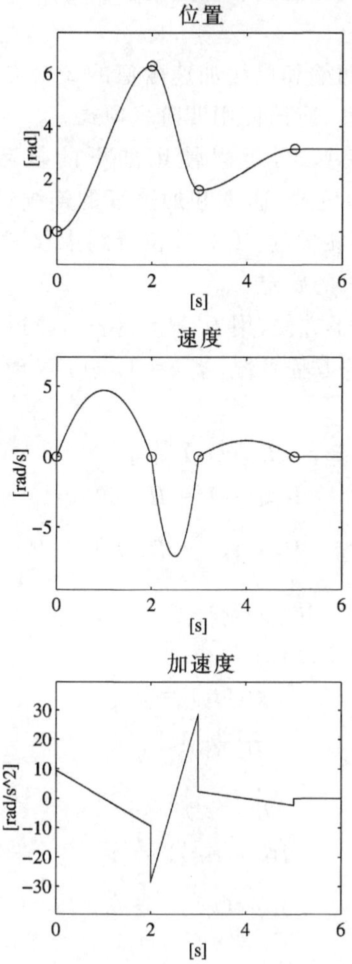

图 4.6　在路径点具有计算速度的插值多项式时间律的位置、速度和加速度的时程

在路径点具有连续加速度的插值多项式(样条)

上述两种解都不能确保在路径上加速度的连续性。给定一个 N 个路径点的序列，如果施加四个约束，即对每一个相邻的三次样条施加两个位置约束，并施加保证速度和加速度连续性 172
的两个约束，则在每一点 t_k，加速度也是连续的。因此需要满足下列方程：

$$
\begin{aligned}
\Pi_{k-1}(t_k) &= q_k \\
\Pi_{k-1}(t_k) &= \Pi_k(t_k) \\
\dot{\Pi}_{k-1}(t_k) &= \dot{\Pi}_k(t_k) \\
\ddot{\Pi}_{k-1}(t_k) &= \ddot{\Pi}_k(t_k)
\end{aligned}
$$

如上得到的包括初始点和最终点的 N 个路径点的系统不能求解。事实上，它包含中间点的 $4(N-2)$ 个方程和关于极值点的 6 个方程；必须排除对多项式的位置约束 $\Pi_0(t_1)=q_i$ 和

$\Pi_N(t_f)=q_f$，因为它们未被定义。同样，$\dot{\Pi}_0(t_1)$，$\ddot{\Pi}_0(t_1)$，$\dot{\Pi}_N(t_f)$，$\ddot{\Pi}_N(t_f)$也不必计为多项式，因为它们只是施加的初始的和最终的速度和加速度值。总之，最后得到有 $4(N-1)$个未知数的 $4N-2$ 个方程。

只有当消除掉容许任意指定初始和最终加速度值的 2 个方程时，系统才可以求解。要使得第一和最后分段具有这种可能性，应该使用四阶多项式。

另一方面，如果只用三阶多项式，可以使用如下的技巧。引入两个虚拟点（virtual points），对这两个虚拟点可以施加位置、速度和加速度的连续性约束，但是不指定实际的点。值得指出，这些点的有效定位是不相关的，因为其位置约束仅考虑连续性。从而，两个虚拟点的引入意味着 $N+1$ 个三阶多项式的确定。

考虑 $N+2$ 个瞬时时刻 t_k，为了方便，用 t_2 和 t_{N+1}表示虚拟点。

要确定 $N+1$ 个三阶多项式的方程系统，当 $k=3$，…，N 时，对 $N-2$ 个中间路径点，可以如下得到 $4(N-2)$个方程：

$$\Pi_{k-1}(t_k)=q_k \tag{4.13}$$

$$\Pi_{k-1}(t_k)=\Pi_k(t_k) \tag{4.14}$$

$$\dot{\Pi}_{k-1}(t_k)=\dot{\Pi}_k(t_k) \tag{4.15}$$

$$\ddot{\Pi}_{k-1}(t_k)=\ddot{\Pi}_k(t_k) \tag{4.16}$$

对起始点和终点，写为如下 6 个方程：

$$\Pi_1(t_1)=q_i \tag{4.17}$$

$$\dot{\Pi}_1(t_1)=\dot{q}_i \tag{4.18}$$

$$\ddot{\Pi}_1(t_1)=\ddot{q}_i \tag{4.19}$$

173
$$\Pi_{N+1}(t_{N+2})=q_f \tag{4.20}$$

$$\dot{\Pi}_{N+1}(t_{N+2})=\dot{q}_f \tag{4.21}$$

$$\ddot{\Pi}_{N+1}(t_{N+2})=\ddot{q}_f \tag{4.22}$$

在时刻 $k=2$，$N+1$，对两个虚拟点，写为如下 6 个方程：

$$\Pi_{k-1}(t_k)=\Pi_k(t_k) \tag{4.23}$$

$$\dot{\Pi}_{k-1}(t_k)=\dot{\Pi}_k(t_k) \tag{4.24}$$

$$\ddot{\Pi}_{k-1}(t_k)=\ddot{\Pi}_k(t_k) \tag{4.25}$$

得到的系统是关于 $4(N+1)$个未知数的 $4(N+1)$方程，这就是 $N+1$ 个三次多项式的系数。

系统的解对计算要求比较苛刻，即使是对较小的 N。但是，可以将问题投射为一个合适的形式，使得可以采用有效的计算方法求解得到的方程系统。因为一般的多项式 $\Pi_k(t)$是三阶的，其二阶导数必定是时间的线性函数，从而可以写为

$$\ddot{\Pi}_k(t)=\frac{\ddot{\Pi}_k(t_k)}{\Delta t_k}(t_{k+1}-t)+\frac{\ddot{\Pi}_k(t_{k+1})}{\Delta t_k}(t-t_k)\quad k=1,\cdots,N+1 \tag{4.26}$$

其中 $\Delta t_k=t_{k-1}-t_k$ 表明从 q_k 到达 q_{k+1}的时间间隔。通过式(4.26)对时间的两次积分，一

般的多项式可以写为

$$\Pi_k(t)=\frac{\ddot{\Pi}_k(t_k)}{6\Delta t_k}(t_{k+1}-t)^3+\frac{\ddot{\Pi}_k(t_{k+1})}{6\Delta t_k}(t-t_k)^3$$
$$+\left(\frac{\Pi_k(t_{k+1})}{\Delta t_k}-\frac{\Delta t_k\ddot{\Pi}_k(t_{k+1})}{6}\right)(t-t_k) \tag{4.27}$$
$$+\left(\frac{\Pi_k(t_k)}{\Delta t_k}-\frac{\Delta t_k\ddot{\Pi}_k(t_k)}{6}\right)(t_{k+1}-t),\ (k=1,\ \cdots,\ N+1)$$

其取决于 4 个未知数：$\Pi_k(t_k)$，$\Pi_k(t_{k+1})$，$\ddot{\Pi}_k(t_k)$，$\ddot{\Pi}_k(t_{k+1})$。

注意，当 $k\neq 2,\ N+1$ 时，N 个变量 q_k 已在式(4.13)中给出，同时对 q_2 和 q_{N+1}，其连续性已经在式(4.23)中给出。籍由使用式(4.14)，式(4.17)，式(4.20)，式(4.27)中 $N+1$ 个方程的未知数减少为 $2(N+2)$个。可以观察到，式(4.18)，式(4.21)中的方程取决于 q_2 和 q_{N+1}，$\dot{q}_{\rm i}$ 和 $\dot{q}_{\rm f}$ 已经给定，q_2 和 q_{N+1} 可以分别作为 $\ddot{\Pi}_1(t_1)$和 $\ddot{\Pi}_{N+1}(t_{N+2})$的函数计算得到。因此，只剩下 $2(N+1)$个未知数。

考虑到式(4.16)、式(4.25)，并注意到在式(4.19)、式(4.22)中 $\ddot{q}_{\rm i}$ 和 $\ddot{q}_{\rm f}$ 已经给定，则未知数减少到 N 个。

在此，可以利用式(4.15)，式(4.24)写下具有 N 个未知数的 N 个方程的系统。

$$\dot{\Pi}_1(t_2)=\dot{\Pi}_2(t_2)$$
$$\vdots$$
$$\dot{\Pi}_N(t_{N+1})=\dot{\Pi}_{N+1}(t_{N+1})$$ 174

式(4.27)对时间求导，将同时给出 $k=1,\ \cdots,\ N+1$ 时的 $\dot{\Pi}_k(t_{k+1})$和 $\dot{\Pi}_{k+1}(t_{k+1})$。这样就有可以写出如下类型的线性方程系统

$$\boldsymbol{A}[\ddot{\Pi}_2(t_2)\quad\cdots\quad\ddot{\Pi}_{N+1}(t_{N+1})]^{\rm T}=\boldsymbol{b} \tag{4.28}$$

上式给出的向量 $\boldsymbol{b}$ 为已知项，$\boldsymbol{A}$ 为非奇异系数矩阵；该系统的解始终存在且唯一。可以证明矩阵 $\boldsymbol{A}$ 具有如下类型的三角带结构

$$\boldsymbol{A}=\begin{bmatrix} a_{11} & a_{12} & \cdots & 0 & 0 \\ a_{21} & a_{22} & \cdots & 0 & 0 \\ \vdots & \vdots & \ddots & \vdots & \vdots \\ 0 & 0 & \cdots & a_{N-1,\,N-1} & a_{N-1,\,N} \\ 0 & 0 & \cdots & a_{N,\,N-1} & a_{NN} \end{bmatrix}$$

上式简化了系统的解(见习题 4.4)。对所有关节这个矩阵是一样的，因为它仅依赖于指定的时间间隔 Δt_k。

对上述系统存在一个有效的求解算法，该算法通过一个前向计算其后紧接着一个后向计算给出。从第一个方程，$\ddot{\Pi}_2(t_2)$可以作为 $\ddot{\Pi}_3(t_3)$的函数进行计算，然后代入第二个方程，从而它成为了一个关于未知量 $\ddot{\Pi}_3(t_3)$和 $\ddot{\Pi}_4(t_4)$的方程。这一点通过将所有方程转换为具有两

个未知量的方程完成前向计算，除了最后一个方程，它将只有 $\ddot{\Pi}_{N+1}(t_{N+1})$ 这一个未知量。在此，所有未知量都可以后向计算逐步确定。

上述的三阶多项式序列称为样条(spline)，它表示插入一个给定点序列以确保函数及其导数的连续性的光滑函数。

图 4.7 给出了根据数据 $q_1=0$，$q_3=2\pi$，$q_4=\pi/2$，$q_6=\pi$，$t_1=0$，$t_3=2$，$t_4=3$，$t_6=5$，$\dot{q}_1=0$，$\dot{q}_6=0$，得到位置、速度和加速度的时程。分别考虑不同的两对虚拟点，相应瞬时时刻分别为 $t_2=0.5$，$t_3=4.5$(图中的实线)和 $t_2=1.5$，$t_5=3.5$(图中的虚线)。注意其抛物线速度曲线和线性速度曲线。进一步地，在第二对虚拟点得到的加速度值更大，因为相应的瞬时时刻更接近两个中间点的时刻。

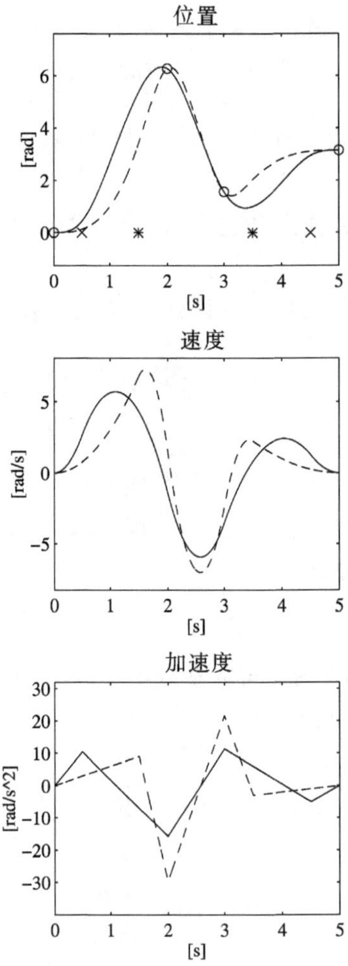

图 4.7 对不同的两对虚拟点使用三次样条时间律的位置、速度和加速度的时程

与抛物线混合的内插线性多项式

可以如下实现对轨迹规划的简化。考虑期望在 t_1，…，t_N 时刻用线性分段插入 N 个路径
175 点 q_1，…，q_N 的情形。为了避免一阶导数在时刻 t_k 不连续的问题，函数 $q(t)$ 必须在 t_k 附近具有抛物线曲线(混合)。结果是，整条轨迹由一个线性多项式和二次多项式序列构成，它反过来

意味着能够容忍 $\ddot{q}(t)$的不连续性。

因此,令 $\Delta t_k=t_{k-1}-t_k$ 为 q_k 和 q_{k+1}之间的时间长度,且 $\Delta t_{k,k+1}$为一个时间区间,在此区间轨迹内插 q_k 和 q_{k+1}为时间的线性函数。同样令 $\dot{q}_{k,k+1}$为常值速度且 $\ddot{q}_k$ 为持续时间为 $\Delta t'_k$ 的抛物线混合加速度。得到的轨迹如图 4.8 所示。假定 q_k，Δt_k 和 $\Delta t'_k$ 的值给定。中间点的速度和加速度如下进行计算： 176

$$\dot{q}_{k-1,k}=\frac{q_k-q_{k-1}}{\Delta t_{k-1}} \tag{4.29}$$

$$\ddot{q}_k=\frac{\dot{q}_{k,k+1}-\dot{q}_{k-1,k}}{\Delta t'_k} \tag{4.30}$$

这些方程是直接的。

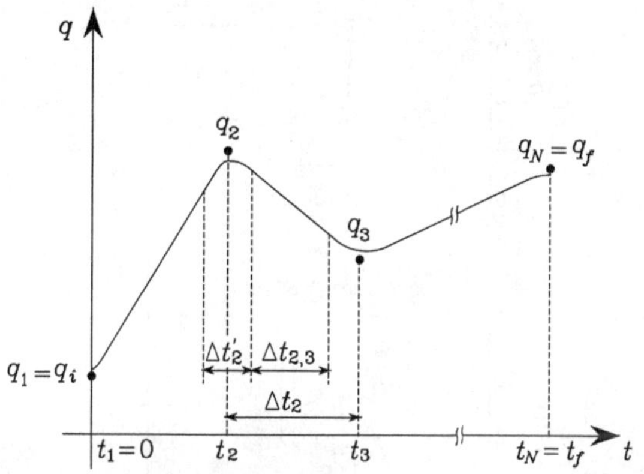

图 4.8　具有混合抛物线的线性多项式内插的轨迹特征

应该特别注意第一个和最后一个分段。事实上,如果想要保持轨迹与第一分段和最后分段一致,至少在部分时间,得到的轨迹应具有由 $t_N-t_1+(\Delta t'_1+\Delta t'_N)/2$ 给出的更长持续时间,其中为计算初始和最终加速度施加了 $\dot{q}_{0,1}=\dot{q}_{N,N+1}=0$。

注意 $q(t)$不达到路径点 q_k 中的任何一个,而是从其附近经过(图 4.8)。在此情形,将路径点称为经由点更合适。混合加速度越大,通路与经由点越接近。

在给定 q_k，Δt_k 和 $\Delta t'_k$ 的基础上,经由式(4.29)、式(4.30)计算 $\dot{q}_{k-1,k}$和 $\ddot{q}_k$,并生成一个混合抛物线的线性多项式序列。为避免更深层涉及分析表达式,在此不再导出作为时间函数的表达式。

图 4.9 给出了由数据 $q_1=0$，$q_2=2\pi$，$q_3=\pi/2$，$q_4=\pi$，$t_1=0$，$t_2=2$，$t_3=3$，$t_4=5$，$\dot{q}_1=0$，$\dot{q}_4=0$ 得到的位置、速度和加速度的时程。对 $k=1$，…，4,分别考虑两个不同的混合时间值:$\Delta t'_k=0.2$ (图中的实线) 和 $\Delta t'_k=0.6$ (图中的虚线)。注意在第一种情形 $q(t)$的通路更接近经由点,尽管以高的加速度值为代价。 177

上述技术可以将梯形速度曲线规律应用于内插问题。如果不要求在指定瞬时时刻让轨迹从经由点附近经过,可以应用梯形速度曲线来开发轨迹规划方法,将使其由于简单而具有吸引力。

特殊地,考虑仅有一个中间点的情形,假定将梯形速度曲线看成是具有可以只指定其初始

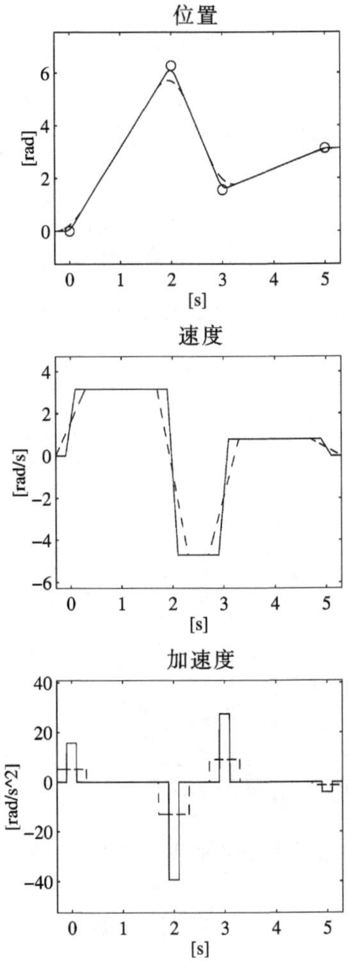

图 4.9 具有混合抛物线内插线性多项式时间律的位置、速度和加速度的时程

点和最终点以及持续时间这种可能性的运动基元。假定 $\dot{q}_i=\dot{q}_f=0$。如果产生了两个具梯形速度曲线的分段，机械手关节将肯定到达中间点，但在继续朝向最终点运动之前，它会被强迫
178 停在那里。一个灵活的备选方案是，用速度(或位置)的和作参考，在第一分段结束之前，就开始产生第二分段。通过这种方法，可以保证关节到达最终点；但是并不能保证在指定时刻穿越中间点。

图 4.10 给出了由数据 $q_i=0$，$q_f=3\pi/2$，$t_i=0$，$t_f=2$ 得到的位置、速度和加速度的时程。中间点位于 $q=\pi$ 且时刻为 $t=1$，在这两个分段中的最大加速度值分别为 $|\ddot{q}_c|=6\pi$ 和 $|\ddot{q}_c|=3\pi$，预期时间为 0.18。如同所指出的，随着时间预期，指定的中间位置成了经由点，其优点在于具有更短的全局持续时间。同时注意，在中间点速度不为零。

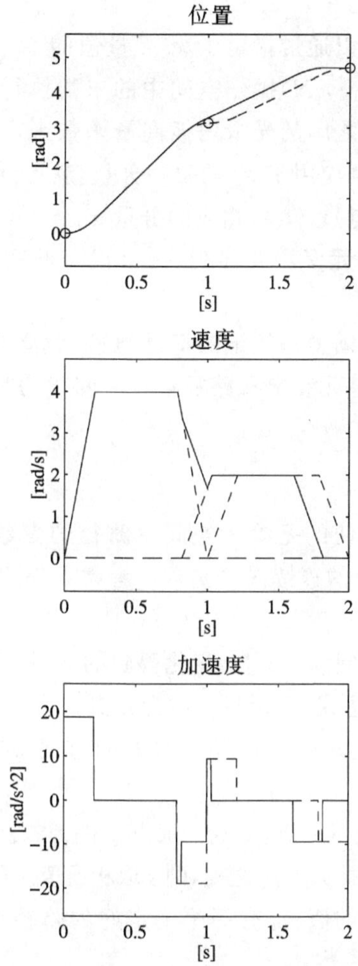

图 4.10　具有通过预测轨迹的第二分段生成得到的混合抛物线的内插线性多项式时间律的位置、速度和加速度的时程

4.3　操作空间轨迹

关节空间轨迹规划算法，是生成关节变量 $q(t)$ 值的时间序列，使得将机械手从初始位形带到最终位形，还包括经过一系列中间位形。考虑到由正运动学带来的非线性影响，得到的末端执行器运动不易预测。如果期望末端执行器运动遵循操作空间的用几何方法指定的路径，就有必要在同一空间规划其直接执行的轨迹。要完成规划，可以通过内插一个规定的路径点序列进行，也可以通过按时间方式生成分析运动基元和相关轨迹来完成。

在这两种情形下，通过操作空间变量得到的时间序列值，被用于经过逆运动学算法，实时地得到相应的关节变量值序列。在这点上，由操作空间的轨迹生成和相关逆运动学引入的计算复杂性，为生成上述序列的最大采样率设置了上限。因为这些序列构成了运动控制系统的参考输入，通常会进行一个线性的微小内插。通过这种方法，提高了参考输入的更新频率，增强了系统的动态性能。

如果路径无须被精确遵循,可以通过指定了 $\boldsymbol{x}_e$ 变量值的 N 个指定点来描述其特性,这些点选来描述在给定时刻 $t_k(k=1, \cdots, N)$操作空间中的末端执行器姿态。与上面章节中介绍的类似,轨迹通过确定不同路径点之间的光滑内插向量函数来产生。通过将 4.2.2 节中针对
179 单关节变量的内插技术的任一范例应用于 $\boldsymbol{x}_e$ 的每一分量,就可计算这样的函数。

因此,对给定路径点(或经由点)$\boldsymbol{x}_e(t_k)$,相应的分量 $x_{ei}(t_k)$ ($i=1, \cdots, r$,其中 r 是感兴趣的操作空间的维数)可以用一个三元多项式序列、一个混合抛物线的线性多项式序列等进行内插。

180 另一方面,如果末端执行器必须遵循规定的运动轨迹,就必须进行分析地表示;从而有必要参考定义路径几何特性的运动基元和定义路径自身时间律的时间基元。

4.3.1 路径基元

对于路径基元的定义,比较方便的是参考空间中路径的参数描述。因此,令 $\boldsymbol{p}$ 为(3×1)向量,$\boldsymbol{f}(\sigma)$为定义在区间$[\sigma_i, \sigma_f]$上的连续向量函数。考虑方程式

$$\boldsymbol{p} = \boldsymbol{f}(\sigma) \tag{4.31}$$

关于其几何描述,随着 σ 在区间$[\sigma_i, \sigma_f]$上变化得到的 $\boldsymbol{p}$ 值序列称为空间路径。式(4.31)中的方程定义了路径 $\boldsymbol{\Gamma}$ 的参数表达式,而标量 σ 称为参数。当 σ 增大时,$\boldsymbol{p}$ 沿给定方向在路径上移动,称该方向为通过参数表达式(4.31)导出的 $\boldsymbol{\Gamma}$ 的方向. 当 $\boldsymbol{p}(\sigma_f)=\boldsymbol{p}(\sigma_i)$时,路径是闭的,否则就是开的。

令 $\boldsymbol{p}_i$ 为方向固定的开路径 $\boldsymbol{\Gamma}$ 上的一点。s 为一般点 $\boldsymbol{p}$ 的弧长。如果 $\boldsymbol{p}$ 在 $\boldsymbol{p}_i$ 之后,弧长 s 为 Γ 上连接端点 $\boldsymbol{p}$ 和 $\boldsymbol{p}_i$ 的弧的长度;如果 $\boldsymbol{p}$ 在 $\boldsymbol{p}_i$ 之前,则 s 取相反值。称点 $\boldsymbol{p}_i$ 为弧长的起始点($s=0$)。

从上述表达可知,对每一个 s 的值,都有一个确定好的路径点与之相对应,从而弧长可被用作路径 $\boldsymbol{\Gamma}$ 不同参数表达式中的参数:

$$\boldsymbol{p} = \boldsymbol{f}(s) \tag{4.32}$$

参数 s 的变化范围即是与 $\boldsymbol{\Gamma}$ 的点相关联的弧长序列。

考虑由式(4.32)表示的路径 $\boldsymbol{\Gamma}$。令 $\boldsymbol{p}$ 为相应于弧长 s 的点。除特殊情形外,$\boldsymbol{p}$ 容许定义 3 个表征路径的单位向量,这些向量的指向仅依赖于路径几何,而其方向还依赖于通过式(4.32)导出的路径方向。

第一个单位向量为切线单位向量(tangent unit vector),记为 $\boldsymbol{t}$。这个向量指向沿 s 导出的路径的方向。

第二个单位向量为法线单位向量(normal unit vector),记为 $\boldsymbol{n}$。这个向量指向沿过 $\boldsymbol{p}$ 与 $\boldsymbol{t}$ 的夹角为直角的直线,并位于所谓的密切平面(osculating plane)$\boldsymbol{O}$(图 4.11)。密切平面是包含单位向量 $\boldsymbol{t}$ 和点 $\boldsymbol{p}'\in\boldsymbol{\Gamma}$ 的平面当 $\boldsymbol{p}'$沿路径趋向于 $\boldsymbol{p}$ 时的极限。当 $\boldsymbol{n}$ 的指向如此时,在 $\boldsymbol{p}$ 位于包含 $\boldsymbol{t}$ 并垂直于 $\boldsymbol{n}$ 的平面的邻域内,路径 $\boldsymbol{\Gamma}$ 位于 $\boldsymbol{n}$ 的同一侧。

第三个单位向量为副法线单位向量,记为 $\boldsymbol{b}$。这个向量使得坐标系($\boldsymbol{t}, \boldsymbol{n}, \boldsymbol{b}$)为右手系
181 (图 4.11)。注意,并非总可以唯一地定义这样的坐标系。

可以看出,上述 3 个单位向量通过简单关系,与作为弧长函数的路径表达式 $\boldsymbol{\Gamma}$ 相关。特别地,有

$$t = \frac{\mathrm{d}\boldsymbol{p}}{\mathrm{d}s}$$

$$\boldsymbol{n} = \frac{1}{\left\| \dfrac{\mathrm{d}^2\boldsymbol{p}}{\mathrm{d}s^2} \right\|}\frac{\mathrm{d}^2\boldsymbol{p}}{\mathrm{d}s^2} \tag{4.33}$$

$$\boldsymbol{b} = \boldsymbol{t} \times \boldsymbol{n}$$

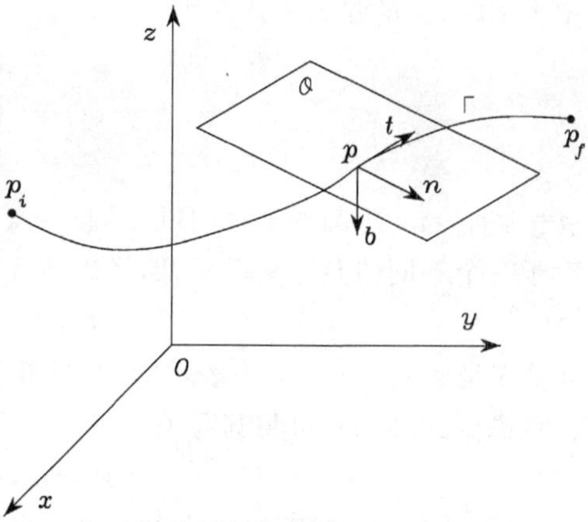

图 4.11　空间中路径的参数表示

下面介绍的典型路径参数表达式对在操作空间中生成轨迹很有用。

直线路径

考虑连接点 $\boldsymbol{p}_\mathrm{i}$ 到点 $\boldsymbol{p}_\mathrm{f}$ 的线段。这条路径的参数表达式为

$$\boldsymbol{p}(s) = \boldsymbol{p}_\mathrm{i} + \frac{s}{\| \boldsymbol{p}_\mathrm{f} - \boldsymbol{p}_\mathrm{i} \|}(\boldsymbol{p}_\mathrm{f} - \boldsymbol{p}_\mathrm{i}) \tag{4.34}$$

注意 $\boldsymbol{p}(0)=\boldsymbol{p}_\mathrm{i}$ 且 $\boldsymbol{p}(\| \boldsymbol{p}_\mathrm{f}-\boldsymbol{p}_\mathrm{i} \|)=\boldsymbol{p}_\mathrm{f}$。从而通过参数表达式(4.34)导出的 $\boldsymbol{\Gamma}$ 的方向为从 $\boldsymbol{p}_\mathrm{i}$ 到 $\boldsymbol{p}_\mathrm{f}$。式(4.34)关于 s 求导有

$$\frac{\mathrm{d}\boldsymbol{p}}{\mathrm{d}s} = \frac{1}{\| \boldsymbol{p}_\mathrm{f} - \boldsymbol{p}_\mathrm{i} \|}(\boldsymbol{p}_\mathrm{f} - \boldsymbol{p}_\mathrm{i}) \tag{4.35}$$

$$\frac{\mathrm{d}^2\boldsymbol{p}}{\mathrm{d}s^2} = \boldsymbol{0} \tag{4.36}$$

在此情形下，唯一地定义坐标系($\boldsymbol{t}$, $\boldsymbol{n}$, $\boldsymbol{b}$)是不可能的。 182

圆形路径

考虑空间中的圆形路径 $\boldsymbol{\Gamma}$。在推导其参数表达式之前，有必要介绍其重要参数。假设圆通过如下赋值指定(图 4.12)：

- 圆轴的单位向量 $\boldsymbol{r}$；
- 沿圆轴点的位置向量 $\boldsymbol{d}$；
- 圆上点的位置向量 $\boldsymbol{p}_\mathrm{i}$。

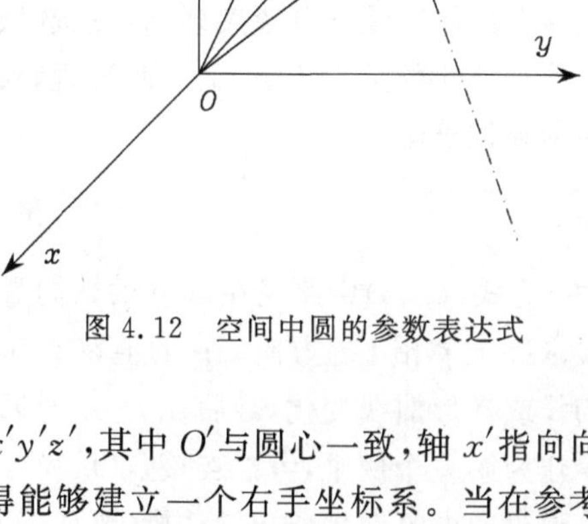

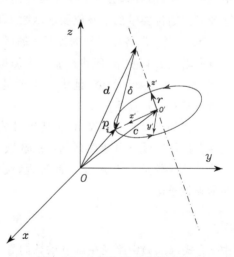

图 4.12　空间中圆的参数表达式

有了这些参数，就可以找到圆心的位置向量 $\boldsymbol{c}$。令 $\boldsymbol{\delta}=\boldsymbol{p}_\mathrm{i}-\boldsymbol{d}$，为了使得 $\boldsymbol{p}_\mathrm{i}$ 不在轴上，即，为了使得圆不会退化成一点，必有

$$| \boldsymbol{\delta}^\mathrm{T}\boldsymbol{r} | < \| \boldsymbol{\delta} \|$$

在此情形下，有

$$\boldsymbol{c} = \boldsymbol{d} + (\boldsymbol{\delta}^\mathrm{T}\boldsymbol{r})\boldsymbol{r} \tag{4.37}$$

现在期望找到圆作为弧长的函数的参数表达式。注意，当选择一个合适的参考坐标系时，这个表达式非常简单。为说明这一点，考虑坐标系 $O'-x'y'z'$，其中 O' 与圆心一致，轴 x' 指向向量 $\boldsymbol{p}_\mathrm{i}-\boldsymbol{c}$ 的方向，轴 z' 指向沿着 $\boldsymbol{r}$ 的方向，选择轴 y' 使得能够建立一个右手坐标系。当在参考坐

标系中表示时，圆的参数表达式为

$$\boldsymbol{p}'(s)=\begin{bmatrix}\rho\cos(s/\rho)\\ \rho\sin(s/\rho)\\ 0\end{bmatrix} \tag{4.38}$$

183 其中 $\boldsymbol{\rho}=\|\boldsymbol{p}_i-\boldsymbol{c}\|$ 为圆的半径，且已经假定点 $\boldsymbol{p}_i$ 为弧长的起点。

对于一个不同的参考坐标系，路径表达式变为

$$\boldsymbol{p}(s)=\boldsymbol{c}+\boldsymbol{R}\boldsymbol{p}'(s) \tag{4.39}$$

其中 $\boldsymbol{c}$ 是在坐标系 $O-xyz$ 中表示的，并且 $\boldsymbol{R}$ 为坐标系 $O'-x'y'z'$ 相对坐标系 $O-xyz$ 的旋转矩阵。考虑到式(2.3)，可将其写为

$$\boldsymbol{R}=[\boldsymbol{x}'\quad \boldsymbol{y}'\quad \boldsymbol{z}']$$

x', y', z' 表示坐标系的单位向量在坐标系 $O-xyz$ 中的表示。

式(4.39)对 s 求导，有

$$\frac{\mathrm{d}\boldsymbol{p}}{\mathrm{d}s}=\boldsymbol{R}=\begin{bmatrix}-\sin(s/\rho)\\ \cos(s/\rho)\\ 0\end{bmatrix} \tag{4.40}$$

$$\frac{\mathrm{d}^2\boldsymbol{p}}{\mathrm{d}s^2}=\boldsymbol{R}\begin{bmatrix}-\cos(s/\rho)/\rho\\ -\sin(s/\rho)/\rho\\ 0\end{bmatrix} \tag{4.41}$$

4.3.2 位置

令 $\boldsymbol{x}_e$ 为如式(2.80)中表示操作空间中机械手末端执行器位姿变量的向量。生成一条操作空间中的轨迹，意味着确定在时间 t_f 内，遵从特定的运动时间律，将末端执行器坐标系沿给定路径从初始位姿带到最终位姿的函数 $\boldsymbol{x}_e(t)$。首先考虑末端执行器位置，然后考虑其方向。

令 $\boldsymbol{p}_e=\boldsymbol{f}(s)$ 为路径 $\boldsymbol{\Gamma}$ 作为弧长 s 的函数的参数表达式的(3×1)向量；末端执行器坐标系的原点在时间 t_f 内从 $\boldsymbol{p}_i$ 移动到 $\boldsymbol{p}_f$。为简单起见，假设弧长的起点为 $\boldsymbol{p}_i$，且 $\boldsymbol{\Gamma}$ 上导出的指向为从 $\boldsymbol{p}_i$ 到 $\boldsymbol{p}_f$。从而弧长的值，是从 $t=0$ 时的 $s=0$，到 $t=t_f$ 时的 $s=s_f$(路径长度)。沿路径的时间律可由函数 $s(t)$ 描述。

为了找到 $s(t)$ 的分析表示，上述针对关节轨迹的生成技术都可以使用。特别地，三次多项式或混合抛物线线性分段序列都可以选做 $s(t)$。

值得关注的是 $\boldsymbol{\Gamma}$ 上 $\boldsymbol{p}_e$ 的时间进程，对于一个给定的时间律 $s(t)$。点 $\boldsymbol{p}_e$ 的速度通过 $\boldsymbol{p}_e$ 对时间的导数给出

184

$$\dot{\boldsymbol{p}}_e=\dot{s}\frac{\mathrm{d}\boldsymbol{p}_e}{\mathrm{d}s}=\dot{s}\boldsymbol{t}$$

其中 $\boldsymbol{t}$ 为式(4.33)中路径在点 $\boldsymbol{p}$ 的切向量。从而，$\dot{s}$ 表示与点 p 有关的速度向量的数量，其正负号取决于 $\dot{\boldsymbol{p}}$ 沿 $\boldsymbol{t}$ 的方向。$\dot{\boldsymbol{p}}$ 的值在 $\boldsymbol{t}=0$ 时从零开始，然后每做一次上述 $s(t)$ 的选择，它就以抛物线或梯形曲线变化，最后在 $t=t_f$ 时回归到零。

作为第一个例子，考虑连接点 $\boldsymbol{p}_i$ 和点 $\boldsymbol{p}_f$ 的分段。这一路径的参数表达式由式(4.34)给出。通过回顾复合函数求导法则，可以容易地计算 $\boldsymbol{p}_e$ 的速度和加速度，即

$$\dot{\boldsymbol{p}}_{\mathrm{e}} = \frac{\dot{s}}{\|\boldsymbol{p}_{\mathrm{f}} - \boldsymbol{p}_{\mathrm{i}}\|}(\boldsymbol{p}_{\mathrm{f}} - \boldsymbol{p}_{\mathrm{i}}) = \dot{s}\boldsymbol{t} \tag{4.42}$$

$$\ddot{\boldsymbol{p}}_{\mathrm{e}} = \frac{\ddot{s}}{\|\boldsymbol{p}_{\mathrm{f}} - \boldsymbol{p}_{\mathrm{i}}\|}(\boldsymbol{p}_{\mathrm{f}} - \boldsymbol{p}_{\mathrm{i}}) = \ddot{s}\boldsymbol{t} \tag{4.43}$$

作为更进一步的例子，考虑一个空间中的圆 Γ。从上面导出的参数表达式，考虑到式(4.40)和式(4.41)，圆上的点 $\boldsymbol{p}_{\mathrm{e}}$ 的速度和加速度为

$$\dot{\boldsymbol{p}}_{\mathrm{e}} = \boldsymbol{R}\begin{bmatrix} -\dot{s}\sin(s/\rho) \\ \dot{s}\cos(s/\rho) \\ 0 \end{bmatrix} \tag{4.44}$$

$$\ddot{\boldsymbol{p}}_{\mathrm{e}} = \boldsymbol{R}\begin{bmatrix} -\dot{s}^2\cos(s/\rho)/\rho - \ddot{s}\sin(s/\rho) \\ -\dot{s}^2\sin(s/\rho)/\rho + \ddot{s}\cos(s/\rho) \\ 0 \end{bmatrix} \tag{4.45}$$

注意，速度向量与 $\boldsymbol{t}$ 平行，而加速度向量通过两个分量给出：第一个向量平行于 $\boldsymbol{n}$ 且表示向心加速度，第二个向量是平行于 $\boldsymbol{t}$ 且表示切线加速度。

最后，考虑由一个 $N+1$ 个点 p_0，p_1，…，p_N 的序列组成的路径，由 N 个分段连接起来。一个切实可行的整体路径的参数表达式如下：

$$\boldsymbol{p}_{\mathrm{e}} = \boldsymbol{p}_0 + \sum_{i=1}^{N} \frac{s_j}{\|\boldsymbol{p}_j - \boldsymbol{p}_{j-1}\|}(\boldsymbol{p}_j - \boldsymbol{p}_{j-1}) \tag{4.46}$$

其中 $j=1$，…，N。

在式(4.46)中，s_j 为与路径的第 j 个分段相关联、将点 $\boldsymbol{p}_{j-1}$ 连接到点 $\boldsymbol{p}_i$ 的弧长，定义为

$$s_j(t) = \begin{cases} 0 & 0 \leqslant t \leqslant t_{j-1} \\ s'_j(t) & t_{j-1} < t < t_j \\ \|\boldsymbol{p}_j - \boldsymbol{p}_{j-1}\| & t_j \leqslant t \leqslant t_{\mathrm{f}} \end{cases} \tag{4.47}$$
185

其中，$t_0=0$ 和 $t_N=t_{\mathrm{f}}$ 分别为轨迹的初始和最终时刻，t_j 为相应于点 $\boldsymbol{p}_j$ 的时刻。$s'_j(t)$ 可以是一个三次多项式类型的分析函数，混合抛物线的线性型函数等等。它从 $t=t_{j-1}$ 时刻的值 $s'_j=0$ 连续地变化，在 $t=t_j$ 时刻，$s'_j=\|\boldsymbol{p}_j-\boldsymbol{p}_{j-1}\|$。

$\boldsymbol{p}_{\mathrm{e}}$ 的速度和加速度可以通过对式(4.46)的微分容易地得到

$$\dot{\boldsymbol{p}}_{\mathrm{e}} = \sum_{j=1}^{N} \frac{\dot{s}_j}{\|\boldsymbol{p}_j - \boldsymbol{p}_{j-1}\|}(\boldsymbol{p}_j - \boldsymbol{p}_{j-1}) = \sum_{j=1}^{N}\dot{s}_j\boldsymbol{t}_j \tag{4.48}$$

$$\ddot{\boldsymbol{p}}_{\mathrm{e}} = \sum_{j=1}^{N} \frac{\ddot{s}_j}{\|\boldsymbol{p}_j - \boldsymbol{p}_{j-1}\|}(\boldsymbol{p}_j - \boldsymbol{p}_{j-1}) = \sum_{j=1}^{N}\ddot{s}_j\boldsymbol{t}_j \tag{4.49}$$

其中 $\boldsymbol{t}_j$ 为第 j 条分段的单位切线向量。

因为两条不共线分段之间路径点处一阶导数的不连续性，机械手将不得不停下来，然后再沿着下一个分段的方向前进。假定在通过这些路径点时有一个松弛的约束条件，通过连接上述点临近的分段，就有可能避免机械手停下来，从而其被称为操作空间经由点，以至少保证一阶导数的连续性。

正如前面已经给出的在关节空间中从经由点附近经过的内插混合抛物线线性多项式规划方法，在弧长规划算法中使用梯形速度曲线，将使得算法开发相当简单。

具体说来，只要在前一个分段计算完成之前，适当预测单个分段的生成就足够了。这就带来如下对式(4.47)的修正：

$$s_j(t)=\begin{cases}0 & 0\leqslant t\leqslant t_{j-1}-\Delta t_j\\ s'_j(t+\Delta t_j) & t_{j-1}-\Delta t_j<t<t_j-\Delta t_j\\ \|\boldsymbol{p}_j-\boldsymbol{p}_{j-1}\| & t_j-\Delta t_j\leqslant t\leqslant t_f-\Delta t_N\end{cases}\tag{4.50}$$

其中 Δt_j 为生成第 j 个分段的时间超前量，它可以按照如下关系递归地进行估计：

$$\Delta t_j=\Delta t_{j-1}+\delta t_j$$

其中 $j=1,\cdots,N$ 且 $\Delta t_0=0$。

注意，时间超前量通过两个分量求和得到：前者 Δt_{j-1} 是前一个分段已经产生的时间超前
186 量，而后者 δt_j 为当前分段开始的时间超前量。

4.3.3 指向

现在考虑末端执行器的指向。典型地，它由(时变的)末端执行器坐标系相对基坐标系的旋转矩阵指定。众所周知，旋转矩阵的三列表示末端执行器坐标系相对基坐标系的 3 个单位向量。但为了生成轨迹，描述初始指向和最终指向的单位向量 $\boldsymbol{n}_e$，$\boldsymbol{s}_e$，$\boldsymbol{a}_e$ 上的线性内插不保证上述向量在每一瞬时时刻具有正则性。

欧拉角

考虑到上述困难，为了生成轨迹，常用可以为其指定时间律的欧拉角三元组 $\boldsymbol{\phi}_e=(\varphi,\vartheta,\psi)$ 来描述指向。通常，$\boldsymbol{\phi}_e$ 沿连接其初始值 $\boldsymbol{\phi}_i$ 到其最终值 $\boldsymbol{\phi}_f$ 的分段移动。同样在这种情形下，选择三次多项式或混合抛物线线性分段时间律是方便的。事实上通过这种途径，时变坐标系的角速度 $\boldsymbol{\omega}_e$ 将具有连续量，其通过式(3.64)的线性关系与 $\dot{\boldsymbol{\phi}}_e$ 相关。

因此，对于给定的 $\boldsymbol{\phi}_i$、$\boldsymbol{\phi}_f$ 以及时间律，位置、速度和加速度曲线为

$$\begin{aligned}\boldsymbol{\phi}_e&=\boldsymbol{\phi}_i+\frac{s}{\|\boldsymbol{\phi}_f-\boldsymbol{\phi}_i\|}(\boldsymbol{\phi}_f-\boldsymbol{\phi}_i)\\ \dot{\boldsymbol{\phi}}_e&=\frac{\dot{s}}{\|\boldsymbol{\phi}_f-\boldsymbol{\phi}_i\|}(\boldsymbol{\phi}_f-\boldsymbol{\phi}_i)\\ \ddot{\boldsymbol{\phi}}_e&=\frac{\ddot{s}}{\|\boldsymbol{\phi}_f-\boldsymbol{\phi}_i\|}(\boldsymbol{\phi}_f-\boldsymbol{\phi}_i)\end{aligned}\tag{4.51}$$

其中必须为 $s(t)$ 指定时间律。如式(2.18)所示，末端执行器的 3 个单位向量可以关于欧拉角 ZYZ 进行计算，末端执行器坐标系角速度可以如式(3.64)进行计算，角加速度则通过式(3.64)的微分进行计算。

角和轴

另一种在笛卡儿空间能更清楚地解释指向的轨迹生成方法，可以通过借助于 2.5 节提出的角和轴的描述来导出。给定两个在笛卡儿空间中具有相同原点和不同指向的坐标系，总可以确定一个单位向量，使得可以通过第一个坐标系绕单位向量的轴，旋转一个合适的角度，得
187 到第二个坐标系。

令 $\boldsymbol{R}_{\mathrm{i}}$ 和 $\boldsymbol{R}_{\mathrm{f}}$ 分别表示初始坐标系 $O_i-x_iy_iz_i$ 和最终坐标系 $O_f-x_fy_fz_f$ 绕基坐标系的旋转矩阵。回顾 $\boldsymbol{R}_{\mathrm{f}}=\boldsymbol{R}_{\mathrm{i}}\boldsymbol{R}_{\mathrm{f}}^{i}$，这两个坐标系之间的旋转矩阵，可以通过式(2.5)中的表达式计算得出

$$\boldsymbol{R}_{\mathrm{f}}^{i}=\boldsymbol{R}_{\mathrm{i}}^{\mathrm{T}}\boldsymbol{R}_{\mathrm{f}}=\begin{bmatrix} r_{11} & r_{12} & r_{13} \\ r_{21} & r_{22} & r_{23} \\ r_{31} & r_{32} & r_{33} \end{bmatrix}$$

如果矩阵 $\boldsymbol{R}^{\mathrm{i}}(t)$被定义来描述 $\boldsymbol{R}_{\mathrm{i}}$ 到 $\boldsymbol{R}_{\mathrm{f}}$ 的变换，必然有 $\boldsymbol{R}^{\mathrm{i}}(0)=\boldsymbol{I}$ 和 $\boldsymbol{R}^{\mathrm{i}}(t_{\mathrm{f}})=\boldsymbol{R}_{\mathrm{f}}^{\mathrm{i}}$。从而，矩阵 $\boldsymbol{R}_{\mathrm{f}}^{\mathrm{i}}$ 可以被表示为绕空间中一固定轴的旋转矩阵；当 $\sin\vartheta_{\mathrm{f}}\neq 0$ 时，可以用式(2.27)计算轴的单位向量 $\boldsymbol{r}^{\mathrm{i}}$ 和旋转角 ϑ_{f}：

$$\vartheta_{\mathrm{f}}=\arccos\left(\frac{r_{11}+r_{22}+r_{33}-1}{2}\right) \tag{4.52}$$

$$r=\frac{1}{2\sin\vartheta_{\mathrm{f}}}\begin{bmatrix} r_{32}-r_{23} \\ r_{13}-r_{31} \\ r_{21}-r_{12} \end{bmatrix} \tag{4.53}$$

矩阵 $\boldsymbol{R}^{\mathrm{i}}(t)$可以被视为矩阵 $\boldsymbol{R}^{\mathrm{i}}(\vartheta(t),\boldsymbol{r}^{\mathrm{i}})$，并通过式(2.25)进行计算；从而足够为 ϑ 指定一个时间律，其类型当 $\vartheta(0)=0$ 且 $\vartheta(t_{\mathrm{f}})=\vartheta_{\mathrm{f}}$ 时，为单个关节提出的并且从式(4.52)计算 $\boldsymbol{r}^{\mathrm{i}}$ 的分量。因为 $\boldsymbol{r}^{\mathrm{i}}$ 为常量，得到的速度和加速度分别为

$$\boldsymbol{\omega}^{\mathrm{i}}=\dot{\vartheta}\boldsymbol{r}^{\mathrm{i}} \tag{4.54}$$

$$\dot{\boldsymbol{\omega}}^{\mathrm{i}}=\ddot{\vartheta}\boldsymbol{r}^{\mathrm{i}} \tag{4.55}$$

最后，为了表征末端执行器关于基坐标系的指向轨迹，需要进行如下变换：

$$\boldsymbol{R}_{\mathrm{e}}(t)=\boldsymbol{R}_{\mathrm{i}}\boldsymbol{R}^{\mathrm{i}}(t)$$

$$\boldsymbol{\omega}_{\mathrm{e}}(t)=\boldsymbol{R}_{\mathrm{i}}\,\boldsymbol{\omega}^{\mathrm{i}}(t)$$

$$\dot{\boldsymbol{\omega}}_{\mathrm{e}}(t)=\boldsymbol{R}_{\mathrm{i}}\,\dot{\boldsymbol{\omega}}^{\mathrm{i}}(t)$$

一旦已经在操作空间中根据 $\boldsymbol{p}_{\mathrm{e}}(t)$ 和$\phi_{\mathrm{e}}(t)$ 或 $\boldsymbol{R}_{\mathrm{e}}(t)$指定路径和轨迹，就可以使用逆运动学技术，寻找关节空间中相应的的轨迹 $\boldsymbol{q}(t)$。

参考资料

机器人机械手轨迹规划从机器人学这一领域的第一本著作中就提出了[178]。通过不同种类的函数来应对路径点的内插问题的明确表达在[26]中提出。 188

利用样条生成经过关节空间中一系列点的运动轨迹见[131]。这一问题的另一种表达形式可以在[56]中找到。对于样条的完全处理，包括几何性质和计算特性，见[54]。在[155]中给出了关于用于单个运动轴的轨迹规划的函数的研究，说明了性能指标和非模型的柔性动力学。

笛卡儿空间轨迹规划和相关联的运动控制问题最初在[179]中得到研究。使用混合抛物线内插线性多项式通过经由点系统地处理运动问题由[229]提出。在计算机绘图教材[73]中可以找到可以用于机器人学以定义笛卡儿空间路径的几何基元的一般特性的详细描述。

习题

4.1 从 $q(0)=1$ 到 $q(2)=4$ 计算关节轨迹，其中初始和最后的速度和加速度为零。

4.2 对于具有 $\dot{q}(t)=k(1-\cos(at))$ 这一类型速度曲线的关节轨迹从 $q(0)=0$ 到 $q(2)=3$ 计算其时间律 $q(t)$。

4.3 给定关节变量值：$q(0)=0$，$q(2)=2$，，和 $q(4)=3$，计算具有连续速度和加速度的两个五阶内插多项式。

4.4 说明式(6.28)中的矩阵 $\boldsymbol{A}$ 具有对角带结构。

4.5 给定关节变量的值：$q(0)=0$，$q(2)=2$，和 $q(4)=3$，计算初始和最后的速度和加速度为零的三次内插样条。

4.6 给定关节变量的值：$q(0)=0$，$q(2)=2$，和 $q(4)=3$，寻求初始和最后速度和加速度为零的混合抛物线线性分段内插多项式。

4.7 对笛卡儿空间中具有梯形速度曲线的直线路径寻求从 $\boldsymbol{p}(0)=[0\quad 0.5\quad 0]^{\mathrm{T}}$ 到 $\boldsymbol{p}(2)=[1\quad -0.5\quad 0]^{\mathrm{T}}$ 的时间律 $\boldsymbol{p}(t)$。

4.8 对笛卡儿空间中具梯形速度曲线的圆形路径寻求从 $\boldsymbol{p}(0)=[0\quad 0.5\quad 1]^{\mathrm{T}}$ 到 $\boldsymbol{p}(2)=[0\quad -0.5\quad 1]^{\mathrm{T}}$ 的时间律 $\boldsymbol{p}(t)$，该圆位于平面 $x=0$，圆心为 $\boldsymbol{c}=[0\quad 0\quad 1]^{\mathrm{T}}$，半径为 $\rho=$
189 0.5，从 x 方向看为顺时针方向。

第5章　执行器与传感器

在本章中，将描述两个基本的机器人组成部分：执行器(actuators)和传感器(sensors)。在第一部分，按照能源(power supply)、功率放大器(power amplifier)、伺服发动机(servomotor)和传动装置(transmission)的形式描述执行系统(actuating system)的特征。考虑到控制的多样性，使用两种类型的伺服发动机，即驱动小型和中型机械手关节的伺服电机(electric servomotors)和驱动大型机械手关节的液压伺服发动机(hydraulic servomotors)。本章将导出伺服发动机输入/输出关系的描述模型以及驱动器的控制方案。伺服电机亦用于移动机器人的轮系驱动，在第11章中将对此描述。然后，将描述容许测量表征机械手内部状态量的本体传感器(proprioceptive sensors)，包括测量关节位置的编码器(encoders)和旋转变压器(resolvers)，测量关节速度的转速计(tachometers)；进一步，将描述外部传感器(exteroceptive sensors)，包括测量末端执行器力的力传感器(force sensors)，检测工作空间中障碍物的距离传感器(distance sensors)，以及机械手与环境互动时，测量相应目标特征参数的视觉传感器(vision sensors)。

5.1　关节执行系统

施加在机械手关节上的运动通常由下列部分组成的执行系统实现：

- 电源
- 功率放大器
- 伺服发动机
- 传动装置

各组成部分之间的连接如图5.1所示，其中指明了功率交换。为此，回顾功率总可以被表示为速度和力的乘积，其物理内涵容许指明功率的种类(机械，电动，液压或气动)。

在全局输入/输出关系方面，P_c 表示与控制规律信号相关的(通常是电的)功率，而 P_u 表示关节所需以驱动运动的机械功率。中间联系表征提供给发动机(电动、液压或气动)的功率 P_a，由一次能源提供与 P_a 物理性质相同的功率 P_p，以及由发动机产生的机械功率 P_m。此外，P_{da}，P_{ds}和 P_{dt}表示分别由放大器、发动机和传动装置在执行转换中耗费的功率损失。

为了选择执行系统的组成，从由构成机械功率 P_u 所需的描述关节运动的力和速度出发，是有价值的。

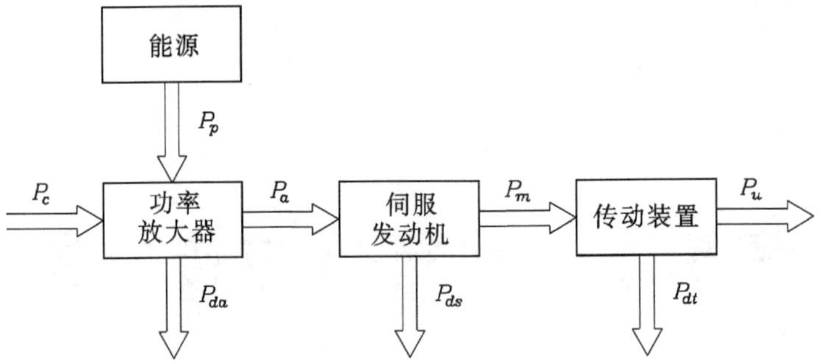

图 5.1 关节执行系统的组成

5.1.1 传动装置

执行机械手的关节运动要求同时具有低速度和高转矩。一般而言，这种要求难以容许有效使用伺服发动机的机械特性，在最优工作条件下它通常提供高速度和低转矩。因此有必要采用一个传动装置(齿轮)来优化机械功率从发动机(P_m)到关节(P_u)的传送。在传动过程中，功率 P_{dt} 由于摩擦力而被消耗掉。

传动装置的选择取决于功率需求、期望的运动类型以及发动机相对关节的安装。事实上，传动装置允许定量地传输发动机的输出(速度和力矩)，也允许定性地传输发动机的输出(将绕发动机轴的旋转运动转化为关节的平移运动)。同时，当发动机位于关节上游时，还可以通过
192 减小有效载荷，优化机械手的静态性能和动态性能。例如，如果发动机安装在机器人基座上，则机械手总重量将降低，而功率一重量比将提高。

下面是典型的应用于工业机器人的传动装置：

- 圆柱齿轮(spur gears)。圆柱齿轮通过改变旋转轴和/或通过平移作用点来改变发动机的旋转运动。圆柱齿轮通常具有宽截面齿和下沉轴结构。
- 丝杠(lead screws)。丝杠是将发动机的旋转运动转换为平移运动，用于移动关节的驱动需求。为了减小摩擦，常常预装上滚珠丝杠，以提高刚性并降低间隙。
- 同步带和正时链(timing belts and chains)。二者从运动学观点看是等价的，它们用于将发动机定位于远离驱动关节的轴上。同步带上的压力会产生拉紧作用，从而其被用于需要高速度和低力量的需求中。另一方面，正时链由于其质量大，在高速时可能引起颤动，因此被用于低速度的需求中。

在无间隙刚性传动的假定下，输入力(速度)和输出力(速度)之间是纯比例关系。

某些时候，执行系统发动机的机械特性，可能允许不使用任何传动装置而将发动机直接连接到关节上(直接驱动)，这样由于传动装置弹性和间隙导致的缺点就被消除，当然这需要更复杂精密的控制算法，因为没有了减速齿轮，则无法忽略动力学模型中的非线性耦合项。由于成本、发动机尺寸和控制复杂性的原因，在工业机械手使用直接驱动的执行系统情况并不普遍。

5.1.2 伺服发动机

关节运动的执行由能够实现机械系统期望运动的发动机来完成。根据输入功率 P_a 的类

型，发动机可以分为以下三类：

- 气动发动机(pneumatic motors)。气动发动机由一个压缩机提供气压能量，通过活塞或涡轮将其转换为机械能。
- 液压发动机(hydraulic motors)。液压发动机通过合适的泵将储液池中的液压能转换为机械能。
- 电动机(electric motors)。电动机的基本能源来自电力分配系统为其提供的电能。 193

输入功率 P_a 的一部分转换为输出机械功率 P_m，余下的(P_{ds})由于机械、电、液压或气压损失而被耗散。

机器人技术中使用的发动机，是工业自动化中使用的发动机的发展，其功率范围从 10 W 左右到 10 kW 左右。由于典型的性能要求，相对于传统应用中的发动机，机器人技术应用的发动机应当符合下列需求：

- 低惯量和高的功率-重量比。
- 过载能力和脉冲转矩释放能力。
- 产生大加速度的能力。
- 调速范围(从 1 到 1000 rad/min)。
- 高定位精度(小于 1/1000 rad^{-1})。
- 低转矩脉动，以保证即使在低速下的连续转动。

随着机器人执行系统对轨迹跟踪能力和定位精确性的更高需求，以上要求还被提高，从而发动机必须起到伺服发动机(servomotor)的作用。在这方面，气动发动机由于流体的可压缩性误差不可避免，因而很难精确控制，所以没有被广泛应用，只是在典型的驱动钳子钳口开合运动中，或者在不关注连续运动控制的简单臂驱动中使用。

在机器人应用中使用最多的发动机是伺服电机(electric servomotors)。在这些伺服电机中，由于永磁直流伺服电机和无刷直流伺服电机的控制灵活性高，因此得到了广泛的应用。

永磁直流伺服电机包括以下几个组成部分：

- 定子线圈。用以产生磁通量；磁场通常由永磁体产生，永磁体可以是铁磁陶瓷，也可以是稀土类，它们在封闭的空间内具有强磁场。
- 电枢。包括绕旋转磁心(转子)的通电绕组。
- 换向器。根据转子的运动决定换向逻辑，通过电刷为旋转电枢线圈和外部绕组线圈提供电连接。

无刷直流伺服电机的组成为：

- 产生磁通量的旋转线圈(转子)。它是由磁陶或稀土制成的永磁体。
- 固定电枢(定子)。由多相线圈制成。
- 静态整流器。基于电机轴上的位置传感器提供的信号，将转子运动的函数生成电枢线圈相位的馈入序列。 194

参考上述的具体结构，可以对永磁直流伺服电机和无刷直流伺服电机的工作原理进行对比。

在无刷直流伺服电机中，通过转子位置传感器，可以找到与磁场正交的线圈，然后，磁场作用于这一线圈产生转子的旋转。转子旋转以后，电子控制模块使得磁场依次与定子的各相绕组产生作用，通过这样的方式，电枢磁场始终与定子磁场正交。电磁交感的工作方式与永磁直流电机当电刷与激磁磁场方向成 $\pi/2$ 角时的工作方式相似。磁场作用于电枢线圈使得转子能够转动,电刷从与换向器的一个换向片接触到与另一个换向片接触,使得电动机能够朝一个确定的方向连续旋转。永磁直流电动机中电刷和换向器所起的作用与无刷直流电动机中位置传感器与电子控制模块所起的作用是类似的。

使用无刷直流电动机的主要原因是为了消除永磁直流电动机中由于电刷的机械换向所产生的问题。事实上,换向器的存在限制了永磁直流电动机的性能。由于电刷和换向器的接触产生了接触压降,从而产生了电损耗。此外,摩擦和换向过程中线圈的自感所引起的电弧会产生机械损耗。消除产生这些损耗的来源(电刷和换向器)所带来的不便,使得电动机在更高速度和更少材料损耗这方面性能得到了改进。

定子和转子的功能交换带来了很多的便利之处。电枢线圈放在定子上而不放在转子上有利于散热。转子上没有绕组,以及使用稀土永磁材料的可能性可以使转子结构更加紧凑。紧凑的转子结构可减小转动惯量。因此,在功率相同的情况下,无刷直流电动机的尺寸要比永磁直流电动机的尺寸小,同时使用无刷直流电动机有更好的动态性能。对于在一个特定应用场合选择一个最合适的伺服电动机,成本也是必须考虑的问题。

步进电动机的应用也非常普遍。执行器是由合适的激磁序列控制的,并且它们的运行不需要电动机转角位置的测量信息。不过,步进电动机的动态性能在很大程度上受到有效载荷的影响,同时步进电动机还会导致机械手机械结构的振荡。这些不便之处限制了步进电动机在微型机械手领域的应用。在这一领域,相对于更高的动态性能,低成本是首先考虑的因素。

在一些应用中需要用到液压伺服发动机,它基于压缩流体的容积变化这一简单工作原理。
195 从结构的观点来看,液压伺服发动机是由活塞构成的一个或多个腔室构成的(缸体在管室内作往复运动)。线性伺服发动机的行程有限,仅由一个活塞构成。旋转伺服马达的行程不受限制,由多个(通常是奇数个)活塞相对于发动机旋转轴的轴向或径向布置构成。液压伺服发动机的静态和动态性能与电动伺服马达的性能具有可比性。

从使用的角度,可以对电动和液压马达的不同之处进行比较。在这方面,伺服电机具有下列优势:

- 能源来源广泛。
- 成本低且产品范围宽。
- 功率转化效率高。
- 易于维护。
- 对工作环境无污染。

另一方面,它们存在下列局限性:

- 由于机械手会受到重力作用,在静态条件下会引起熄火问题,这就需要紧急刹车。
- 在易燃环境下工作时需要对其进行特别保护。

液压伺服发动机存在下列缺点:

- 需要液压源。
- 成本高,产品范围窄,难以做到小型化。
- 功率转化效率低。
- 需要操作维护。
- 由于漏油而会对工作环境造成污染。

其值得指出的优势有：

- 在静态环境下不会熄火。
- 是自润滑的，且循环液体便于热处理。
- 在有害环境下也很安全。
- 有很高的功率-重量比。

从操作的角度，可以观察到：

- 尽管伺服电机有更好的控制灵活性，但两种伺服发动机都有很好的动态性能。液压伺服发动机的动态性能取决于压缩流体的温度。
- 通常情况下，伺服电机速度高，转矩低，而由此需要使用齿轮传动装置（这将带来弹性和间隙）。另一方面，液压伺服发动机能够在低速度下产生大转矩。 196

基于以上的论述，液压伺服发动机尤其适用于应用机械手搬运重载荷的情况。在此情况下，液压伺服发动机不仅是最合适的执行器，而且装置成本也将使操纵系统的整体开销减少一定的百分比。

5.1.3　功率放大器

功率放大器具有调节任务，在控制信号的作用下，功率流由一次能源提供而且必须被传输到执行器以执行期望的运动。换句话说，放大器从能源中获取与控制信号成比例的部分可用功率，然后按照适当的力和流量将这些功率传送到发动机。

放大器的输入是从一级能源 P_p 获取的功率，这些功率与控制信号 P_c 相关联。总功率一部分被传送到执行器（P_a），一部分被耗散掉（P_{da}）。

下面按伺服电机和液压伺服发动机给定的典型应用，对各放大器的工作原理进行讨论。

要控制伺服电机，需要根据所用的电机类型，为其提供适当形式的电压和电流。对永磁直流伺服电机，电压（或电流）是直流的，而对无刷直流伺服电机则是交流的。对永磁直流伺服电机的电压值或对无刷直流伺服电机的电压和频率值由放大器的控制信号确定，以使电机执行期望的运动。

对于关节运动通常需要的功率范围（千瓦级），使用通过脉宽调制（PWM）技术进行适当切换的晶体管放大器。它们可以使功率转化率 $P_a/(P_p+P_c)$ 超过 0.9 和使功率增益 P_a/P_c 达到 10^6 级。用于控制永磁直流电机的放大器是 DC-DC 变换器（choppers，斩波器），而用于控制无刷直流电机的是 DC-AC 变换器（inverters，逆变器）。

对液压伺服发动机的控制通过改变传送到发动机的压缩液体的流速来完成。调制流速的任务通常由接口（电液伺服系统）来完成。这使得可以建立电控信号和分布器之间的关系。分布器能够改变从一次能源传送到发动机流体的流速。电控信号通常是电流放大，并馈入一个（直接地或间接地）驱动分布器的电磁阀，其位置由适当的传感器测量。通过这种方法，得到一个基于阀杆的位置伺服系统，它可以减少可能在发动机控制中发生的任何稳定性问题。通过 197
灵巧的机械设计可能获得线性化特性，控制信号的量值决定压缩流体通过分布器的流速。

5.1.4　能源

能源的任务是向放大器提供一级功率，这是执行系统工作所必须的。

对伺服电机，电源通常由一个变压器和一个典型无控桥式整流器组成。它们允许将分配器提供的交流电转化为大小适当的需要输入功率放大器的直流电。

在液压伺服发动机情形下，液压源显然更复杂。实际上它需要使用一个齿轮泵或柱塞泵来压缩由主发动机(典型地是三相异步发动机)按常速工作驱动的流体。为了降低由发动机工作条件决定的流速需求引起的不可避免的压力振荡，需要加入一个储液器来储存液压能。在此，储液器的作用与桥式整流器输出中使用的滤波电容的作用相同。液压泵站通过使用多种确保系统正常运行的组成(过滤器，压力阀和配流阀)来实现。最后可以推断，在高压(100 atm 级)下工作的复杂液压回路将引起怎样可观的工作环境污染。

5.2 驱动

本节介绍驱动机械手关节的电气驱动和液压驱动的工作。从描述动态特性的数学模型出发，得到可以突出控制特性和机械传输影响的方框图。

5.2.1 电气驱动

从建模观点出发，配置了换向器和位置传感器的永磁直流电机和无刷直流电机可以用相同的微分方程加以描述。在 s 复数域内，如下描述电枢的电平衡方程组

$$V_a = (R_a + sL_a)I_a + V_g \tag{5.1}$$

$$V_g = k_v \Omega_m \tag{5.2}$$

198 其中 V_a 和 I_a 分别表示电枢电压和电流，R_a 和 L_a 分别是电枢电阻和电感系数，V_g表示反电动势，它通过电压常数 k_v 与角速度 Ω_m 成正比，k_v 由电机具体结构与线圈磁通量决定。

其力学平衡由下列方程描述

$$C_m = (sI_m + F_m)\Omega_m + C_l \tag{5.3}$$

$$C_m = k_t I_a \tag{5.4}$$

其中 C_m和 C_l 分别表示驱动力矩和负载转矩，I_m和 F_m分别为转动惯性和电机轴上的粘滞摩擦系数，转矩常数 k_t 在标准国际单位上与补偿电机的 k_v 数值相等。

考虑功率放大器，控制电压 V_c 和电枢电压 V_a 之间的输入/输出关系由如下传递函数给出

$$\frac{V_a}{V_c} = \frac{G_v}{1 + sT_v} \tag{5.5}$$

其中 G_v 表示电压增益，T_v 是当其他系统时间常数可以忽略时的时间常数。事实上，当调制频率在 10 kHz 到 100 kHz 范围内时，放大器的时间常数在 10^{-5} s 到 10^{-4} s 秒的范围内。

带功率放大器(电气驱动)伺服电机的框图如图 5.2 所示。在此结构中，除相应于上述关系的方框外，还有一个电枢电流反馈(current feedback)回路，其中电流由电机功率放大器和电枢电圈之间的传感器 k_i 测量。此外，结构中还具有一个电流调节器 $C_i(s)$以及一个饱和非线性特性元件。这种反馈具有双重目的。一方面，电压 V'_c 起到参考电流的作用，从而通过选择适当的调节器 $C_i(s)$，相对 I_a 和 V_c 之间的滞后，可以减小电流 I_a 和电压 V'_c 之间的滞后。
199 另一方面，引入饱和非线性元件可以限制 V'_c 的值，从而其起到限流作用，在非正常工作条件下，保证对功率放大器的保护作用。

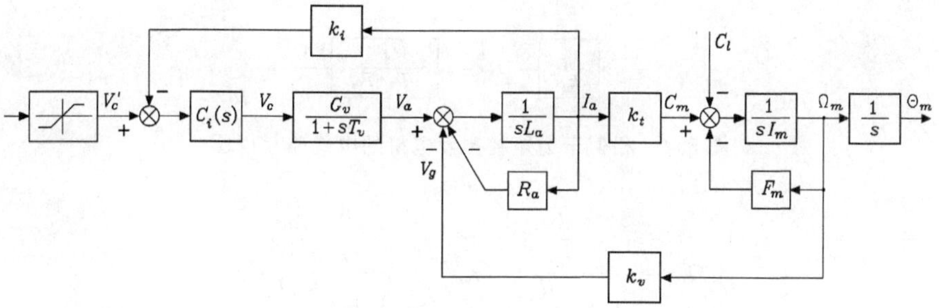

图 5.2　电气驱动框图

选择电流回路调整器 $C_i(s)$，使得依靠回路增益得到的值，可以由电驱动器得到控制特性或力矩控制特性。事实上，当 $k_i=0$ 时，回顾相对电摩擦系数，机械粘滞摩擦系数是可以忽略不计的

$$F_m \ll \frac{k_v k_t}{R_a} \tag{5.6}$$

假设 $C_i(s)$①为单位增益常数且 $C_l=0$，得到

$$\omega_m \approx \frac{G_v}{k_v} v_c' \tag{5.7}$$

从而传动系统具有与速度控制发电机相同的特性。

另外，当 $k_i \neq 0$ 时，为电流回路选择一个大回路增益（$Kk_i \gg R_a$），将使稳态时有

$$c_m \approx \frac{k_t}{k_i}\left(v_c' - \frac{k_v}{G_v}\omega_m\right) \tag{5.8}$$

从而驱动系统具有与力矩控制发电机相同的特性。考虑到 G_v 的值比较大，驱动力矩实际上独立于角速度。

对动态特性，假定 $T_v \approx 0$ 以及一个纯比例控制器，相对于机械时间常数 I_m/F_m，电时间常数 L_a/R_a 可以忽略，因此可以考虑得到其降阶模型（reduced-order model）。这些假定连同 $k_i=0$，使得可以得到图 5.3 中相似于速度控制发电机的框图。另一方面，如果假定 $Kk_i \gg R_a$ 且 $k_v\Omega/Kk_i \approx 0$，可以得到图 5.4 中相似于力矩控制发电机的方框图。从上述结构，得到如下控 200
制电压、负载转矩和角速度之间的输入/输出关系。

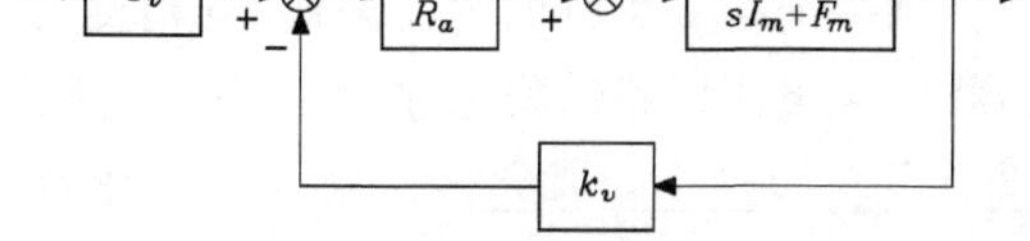

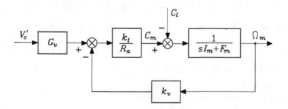

图 5.3　相似于速度控制发电机的电气驱动框图

对速度控制发电机，有

① 假定 $C_i(o)=1$；若 $C_i(s)$ 存在积分作用，则有 $\lim\limits_{s\to o} sC(s)=1$。

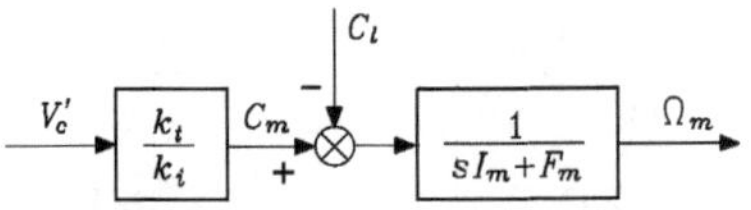

图 5.4　相似于力矩控制发电机的电气驱动框图

$$\Omega_{\mathrm{m}}=\frac{\dfrac{1}{k_{\mathrm{v}}}}{1+s\dfrac{R_{\mathrm{a}}I_{\mathrm{m}}}{k_{\mathrm{v}}k_{\mathrm{t}}}}G_{\mathrm{v}}V'_{\mathrm{c}}-\frac{\dfrac{R_{\mathrm{a}}}{k_{\mathrm{v}}k_{\mathrm{t}}}}{1+s\dfrac{R_{\mathrm{a}}I_{\mathrm{m}}}{k_{\mathrm{v}}k_{\mathrm{t}}}}C_{\mathrm{l}} \tag{5.9}$$

对力矩控制发电机,有

$$\Omega_{\mathrm{m}}=\frac{\dfrac{k_{\mathrm{t}}}{k_{\mathrm{i}}F_{\mathrm{m}}}}{1+s\dfrac{I_{\mathrm{m}}}{F_{\mathrm{m}}}}V'_{\mathrm{c}}-\frac{\dfrac{1}{F_{\mathrm{m}}}}{1+s\dfrac{I_{\mathrm{m}}}{F_{\mathrm{m}}}}C_{\mathrm{l}} \tag{5.10}$$

这些传递函数表明,没有电流反馈,系统能更好地在等价增益($R_{\mathrm{a}}/k_{\mathrm{v}}k_{\mathrm{t}}\ll 1/F_{\mathrm{m}}$)和时间响应($R_{\mathrm{a}}I_{\mathrm{m}}/k_{\mathrm{v}}k_{\mathrm{t}}\ll I_{\mathrm{m}}/F_{\mathrm{m}}$)方面抑制干扰力矩。

控制输入和执行器位置输出之间的关系可以通过传递函数以统一形式表示

$$M(s)=\frac{k_{\mathrm{m}}}{s(1+sT_{\mathrm{m}})} \tag{5.11}$$

其中,对速度控制发电机有

$$k_{\mathrm{m}}=\frac{1}{k_{\mathrm{v}}}\qquad T_{\mathrm{m}}=\frac{R_{\mathrm{a}}I_{\mathrm{m}}}{k_{\mathrm{v}}k_{\mathrm{t}}} \tag{5.12}$$

对力矩控制发电机有

$$k_{\mathrm{m}}=\frac{k_{\mathrm{t}}}{k_{\mathrm{i}}F_{\mathrm{m}}}\qquad T_{\mathrm{m}}=\frac{I_{\mathrm{m}}}{F_{\mathrm{m}}} \tag{5.13}$$

注意在速度控制发电机情形下,功率放大器是怎样与常数 G_{v} 作用于输入/输出关系的。在电流控制放大器情形下,G_{v} 在局部反馈回路的内部,它不是单独出现的,而是在具有因子 $1/k_{\mathrm{i}}$ 的 k_{m} 式中出现的。

这些考虑导致如下结论。在所有这些应用中,驱动系统必须对干扰力矩具有高度抑制(如
201 在独立关节控制情形,见 8.3 节),因此不建议在回路中有电流反馈,至少当所有量都在其标称值内时是如此。在此情形下,可以通过引入电流限制来解决保护设定问题,这种电流限制不是通过控制信号的饱和限制来完成,而是在反馈回路上使用具有死区非线性特性的电流反馈来完成,如图 5.5 所示。由此得到一个切实可行的电流限制,其精度与死区斜率一样高;可以推定当通过这种方式操作时,将解决电流回路的稳定性。

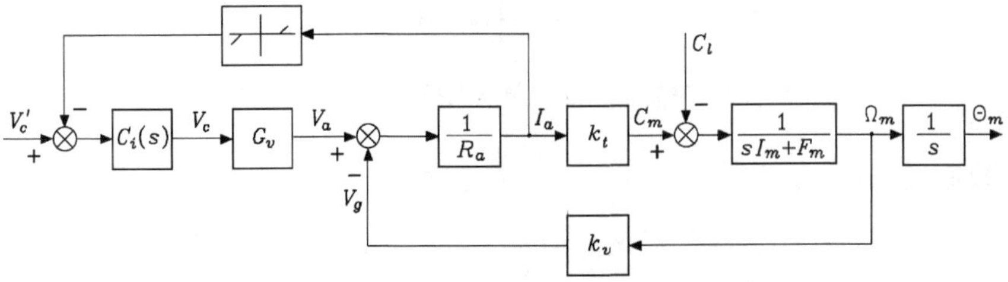

图 5.5　具非线性电流反馈的电气驱动框图

如将在 8.5 节中说明的，作为替代，集中控制方案要求驱动系统具有力矩控制发电机的特性，从而很明显地应该使用具有适当调节器 $C_i(s)$ 的电流反馈，以赋予电流回路良好的静态和动态特性。在此情形下，驱动转矩伺服是间接完成的，因为它是基于电流测量的，而电流测量通过增益 $1/k_t$ 与驱动转矩相关。

5.2.2　液压驱动

无论液压伺服发动机的构造如何，其输入/输出数学模型的导出，都需要借助于描述流速与压力关系、流体和运动部件关系以及运动部件力学平衡的基础方程组。令 Q 表示分布器提供的体积流速，流速平衡方程由下式给出：

$$Q = Q_m + Q_l + Q_c \tag{5.14}$$

其中 Q_m 为传送到发动机的流速，Q_l 为渗漏的流速，Q_c 为与液体可压缩性相关的流速。在高工作压力(100 个大气压级)下，需要考虑 Q_l 项和 Q_c 项。

令 P 表示由载荷带来的伺服发动机的压差。从而可以假定

$$Q_l = k_l P \tag{5.15}$$

关于可压缩性的损失，如果 V 表示流体的瞬时体积，有

$$Q_c = \gamma V s P \tag{5.16}$$ 202

其中 γ 为液体的均匀可压缩性系数。注意，压力的时间导数和由可压缩性带来的流速之间的比例因子 $k_c = \gamma V$ 取决于流体体积；因此在旋转伺服发动机情形，k_c 为常数，而在线性伺服器情形，流体体积是变化的，从而响应特性取决于工作点。

传送到发动机的体积流速与每单位时间的腔体容积变化成比例；从现在起，对于旋转伺服发动机，这种变化是与角速度成比例的，从而有

$$Q_m = k_a \Omega_m \tag{5.17}$$

运动部件的力学平衡描述如下：

$$C_m = (sI_m + F_m)\Omega_m + C_l \tag{5.18}$$

式中符号含义是明显的。最后，驱动力矩与由载荷导致的伺服发动机压差成比例，即

$$C_m = k_t P \tag{5.19}$$

考虑伺服阀，阀杆位置 X 和控制电压 V_c 之间的传递函数表示为

$$\frac{X}{V_c} = \frac{G_s}{1 + sT_s} \tag{5.20}$$

上式得益于通过位置反馈得到的线性化影响；G_s 为伺服阀的等价增益，而其时间常数 T_c 为毫秒级，从而相对于系统其他时间常数，可以将其忽略。

最后，关于分布器，压差、流速和阀杆位移之间的关系是高度非线性的。在工作点处对其线性化，导出方程

$$P = k_x X - k_r Q \tag{5.21}$$ 203

由式(5.14)～式(5.21)，伺服阀/分布器/发动机的合成(液压驱动)由图 5.6 的方框图表示。图 5.2 和图 5.6 的结构比较清楚地显示了电气驱动和液压驱动动态特性的类比关系。不过，这种类比不应令人相信，可以由液压驱动来实现速度控制发电机或力矩控制发电机的作用，对电气驱动也是如此。在此情形下，压力反馈回路(形式上与电流反馈回路类似)确实是系统的结构特征，并且这样的话，除非引入了适当变换器并实现相关控制电路，否则不能将其修正。

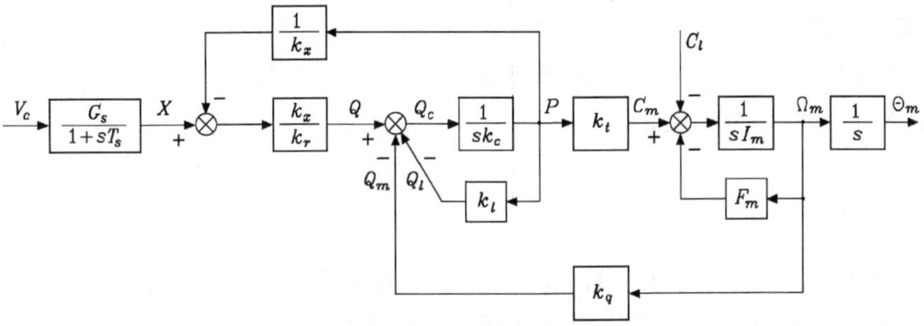

图 5.6　液压驱动框图

5.2.3　传动装置影响

为了量化描述在伺服发动机和驱动关节之间使用传动装置(机械齿轮(mechanical gear))所带来的影响，可以参考通过一对半径为 r_{m} 和 r 的圆柱齿轮构成的机械耦，图 5.7 为其示意性表示。假定运动副是理想的(没有间隙)，并将伺服发动机旋转轴和相应关节轴连接起来。

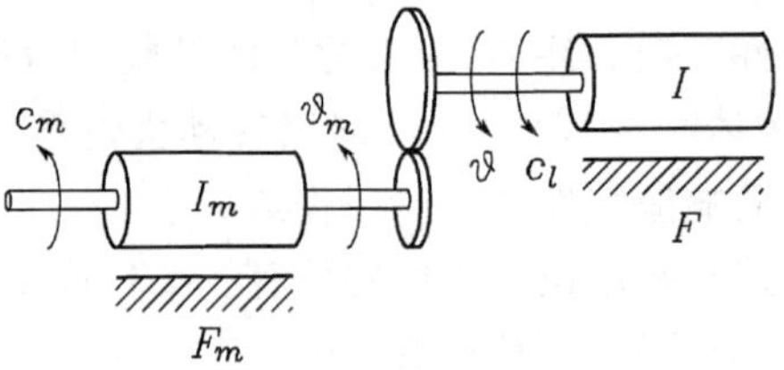

图 5.7　机械齿轮示意图

对电伺服器，假定伺服电机转子由绕其旋转轴的转动惯量 I_{m} 和粘滞摩擦系数 F_{m} 表征；同样地，I 和 F 表示载荷的转动惯量和粘滞摩擦系数。假定齿轮的转动惯量和摩擦系数被包含在发动机(对半径为 r_{m} 的齿轮)和载荷(对半径为 r 的齿轮)相应的参数中。令 c_{m} 表示发动机的驱动转矩，c_{l} 表示施加到载荷的负载转矩。同样，令 ω_{m} 和 ϑ_{m} 表示发动机轴的角速度和位
204 置，而 ω 和 ϑ 表示在载荷的相应量。最后，f 表示两个齿轮的齿咬合时的交换力。①

齿轮的减速比定义为

$$k_{\mathrm{r}} = \frac{r}{r_{\mathrm{m}}} = \frac{\vartheta_{\mathrm{m}}}{\vartheta} = \frac{\omega_{\mathrm{m}}}{\omega} \tag{5.22}$$

因为在运动副中没有打滑，有 $r_{\mathrm{m}}\vartheta_{\mathrm{m}} = r\vartheta$。

对机器人机械手伺服发动机与关节耦合的情形，齿轮减速比的值远大于 1($r_{\mathrm{m}} \ll r$)，典型的值是从几十到几百。

两个齿轮之间的交换力 f 产生一个在发动机轴上的负载力矩 $\boldsymbol{f} \cdot \boldsymbol{r}_{\mathrm{m}}$ 和对载荷旋转运动的驱动力矩 $\boldsymbol{f} \cdot \boldsymbol{r}$。

---

① 在此假定电机和负载均为圆周运动。如果负载表现为平移运动，由类比关系容易将讨论结果扩展，即：在负载一侧，将角位移置换为线位移，将质量换为惯量。

发动机和载荷的力学平衡分别为

$$c_{\mathrm{m}} = I_{\mathrm{m}}\dot{\omega}_{\mathrm{m}} + F_{\mathrm{m}}\omega_{\mathrm{m}} + fr_{\mathrm{m}} \tag{5.23}$$

$$fr = I\dot{\omega} + F\omega + c_{\mathrm{l}} \tag{5.24}$$

为了描述关于发动机角速度的运动，考虑式(5.22)，结合两个方程给出发动机的力学平衡方程

$$c_{\mathrm{m}} = I_{\mathrm{eq}}\dot{\omega}_{\mathrm{m}} + F_{\mathrm{eq}}\omega_{\mathrm{m}} + \frac{c_{\mathrm{l}}}{k_{\mathrm{r}}} \tag{5.25}$$

其中

$$I_{\mathrm{eq}} = \left(I_{\mathrm{m}} + \frac{I}{k_{\mathrm{r}}^2}\right) \qquad F_{\mathrm{eq}} = \left(F_{\mathrm{m}} + \frac{F}{k_{\mathrm{r}}^2}\right) \tag{5.26}$$

在齿轮具有大减速比情形下，表达式(5.25)、(5.26)描述了载荷的转动惯量和粘滞摩擦系数是如何按减速因子 $1/k_{\mathrm{r}}^2$ 反映到发动机轴的。相反，负载力矩由因子 $1/k_{\mathrm{r}}$ 而减小，如果这个力矩以非线性方式依赖于 ϑ，则存在大减速比将使其趋向于线性化动态方程。

例 5.1

如图 5.8 所示一个刚体摆，它受到转矩 $\boldsymbol{f} \cdot \boldsymbol{r}$ 通过齿轮到载荷轴的驱动。在此情形下，系统的动态方程组为

$$c_{\mathrm{m}} = I_{\mathrm{m}}\dot{\omega}_{\mathrm{m}} + F_{\mathrm{m}}\omega_{\mathrm{m}} + fr_{\mathrm{m}} \tag{5.27}$$

$$fr = I\dot{\omega} + F\omega + mgl\sin\vartheta \tag{5.28}$$

其中 I 是摆在载荷轴的转动惯量，F 为粘滞摩擦系数，m 为摆的质量，l 为其长度，g 为重力加速度。将式(5.28)应用于发动机轴得到

$$c_{\mathrm{m}} = I_{\mathrm{eq}}\dot{\omega}_{\mathrm{m}} + F_{\mathrm{eq}}\omega_{\mathrm{m}} + \left(\frac{mgl}{k_{\mathrm{r}}}\right)\sin\left(\frac{\vartheta_{\mathrm{m}}}{k_{\mathrm{r}}}\right) \tag{5.29}$$ 205

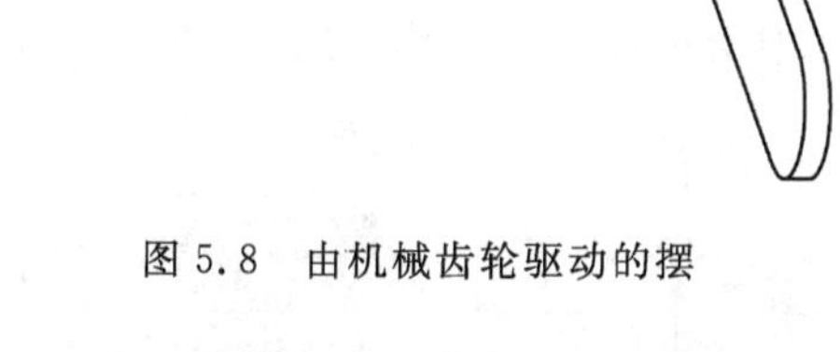

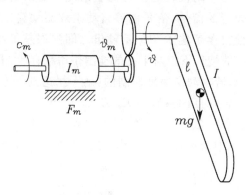

图 5.8　由机械齿轮驱动的摆

从中可以清楚地看到因子 k_{r} 是如何降低非线性项的作用的。

摆的例子被看作是对具有转动关节的 n 连杆机械手的描述。将连杆视为孤立于其他连杆，其每一个连杆可以看作简单的刚体摆。实际上，与其他连杆的连接引入了使输入/输出模型复杂化的非线性影响。从这个角度看，有充分的理由注意到，在双摆情形下，第一连杆的发

动机转动惯量同样取决于第二连杆的角位置。

在第 7 章中将详细研究在一般化的 n 连杆机械手结构中存在传输所带来的影响。不过，已经可以理解的是，不同连杆的发动机之间的非线性耦合将如何通过存在大减速比的传送而得到减小。

5.2.4 位置控制

在研究了电气驱动或液压驱动的角速度控制模式之后，需要解决一般的机械手连杆运动控制问题。寻找一种能够以自动化方式决定数值时间变化的结构来控制驱动，从而驱使关节执行期望的运动，使末端执行器完成给定的任务。

一旦为末端执行器姿态指定了轨迹，逆运动学问题的解允许为不同关节计算期望的轨迹，从而其被认为是可行的。

有多种控制技术可应用于机械手运动控制；特定的解决方案选择取决于所需要的动态性
206 能、要执行的运动类型、运动学结构，以及选择带传动装置的伺服发动机还是带关节直接驱动的转矩发动机来实现。

考虑最简解。首先近似地，设关节运动独立于其他关节的运动，即可以将交互作用视为干扰。假定可以得到参考轨迹 $\vartheta_r(t)$，根据经典控制理论，要确保发动机角位置 ϑ_m 跟踪 ϑ_r（ϑ_m 由常数为 k_{TP} 的传感器准确测量），有必要借助于对发动机和载荷的模型不确定性和存在的干扰具有“鲁棒性”的反馈控制系统。更具体的处理参见第 8 章，其中将提出最适合的求解方法来求解上述问题。

接下来，假设采用直流伺服电机解决关节位置控制（position control）问题，选择这一技术的动机，是这些执行器具有的高度灵活性在大多数运动控制应用中提供了优良的响应能力。

选择反馈控制系统来实现发动机轴的位置伺服系统需要采用控制器（controller）。控制器产生一个施加到功率放大器的信号，信号能够自动生成驱动转矩，产生非常接近期望运动 ϑ_r 的轴运动。其结构应该使得参考输入和测量输出之间的误差最小化，即使是在发动机、载荷和扰动的动态知识不准确的情形下。对干扰的抑制作用越有效，干扰量就变得越小。

另一方面，根据式(5.9)，若驱动是速度控制的，则干扰达到最小。在此情形下，考虑到式(5.6)，负载力矩影响发动机轴速度的系数为 $R_a/K_v k_t$，远小于 $1/F_m$，它替代表示了在传动为力矩控制情形下负载力矩的权。从而，参考图 5.3，带位置反馈（position feedback）的驱动控
207 制一般方案如图 5.9 所示，其中干扰 d 表示负载力矩，功率放大器的增益被包含在控制量中。

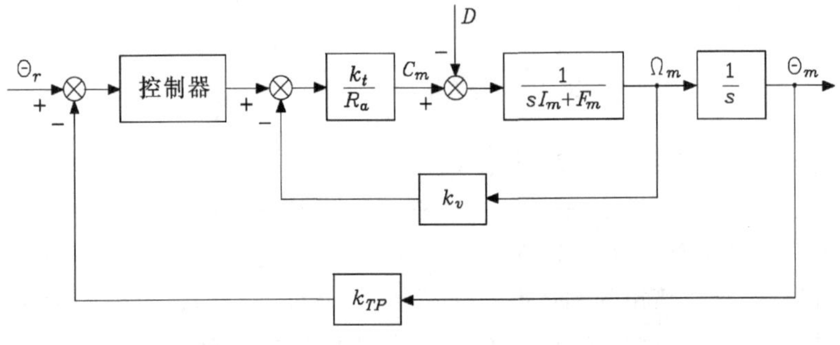

图 5.9 电气驱动控制的一般方框图

除减小干扰对输出的影响之外,控制器结构必须在减小误差的同时,确保在反馈控制系统的稳定性和输出对输入的动态跟踪性能之间取得最佳权衡。

要减小干扰对输出的影响,可以通过在干扰介入点之前赋予一个大增益值达到,同时不影响稳定性。如果在稳定状态(ϑ_r,c_l 均为常量)期望完全消除干扰对输出的影响,控制器必须对 ϑ_r 和 $k_{TP}\vartheta_m$ 之差引入的误差应用积分控制(integral action)。

上述需求显示,可以采用对误差具有积分和比例控制的简单控制器;加入比例控制(proportional action)的目的是实现稳定控制,但它不能给闭环系统带来采样时间非常短的阻尼瞬态响应。其原因是前向通路传递函数上有两个位于原点的极点。

得到的控制结构如图 5.10 所示,其中 k_m 和 T_m 分别为式(5.12)中的发动机的电压-电压增益常数和特征时间常数。应该灵活地选择控制器的参数 K_P 和 T_P,以确保反馈控制系统的稳定性以及得到良好的动态特性。

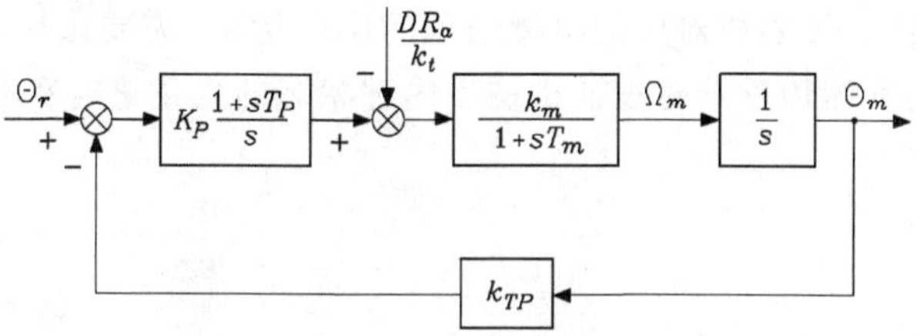

图 5.10　带位置反馈的驱动控制方框图

为了改善瞬态响应,在工业中使用的位置伺服驱动还可能具有基于角速度测量的局部反馈回路(测速反馈)。具有位置和速度反馈(position and velocity feedback)的一般结构如图 5.11 所示;其中除了位置传感器之外,还使用一个具有常数 k_{TV} 的速度传感器,以及一个具有增益 K_P 的简单比例控制器。采用测速反馈的同时,在内部速度回路中保留具有参数 K_V 和 T_V 的比例积分控制器以消除稳定状态下干扰对位置 ϑ_m 的影响。在干扰点附近存在两个(而非一个)反馈回路,期望在瞬态过程中也能进一步减小干扰对输出的影响。208

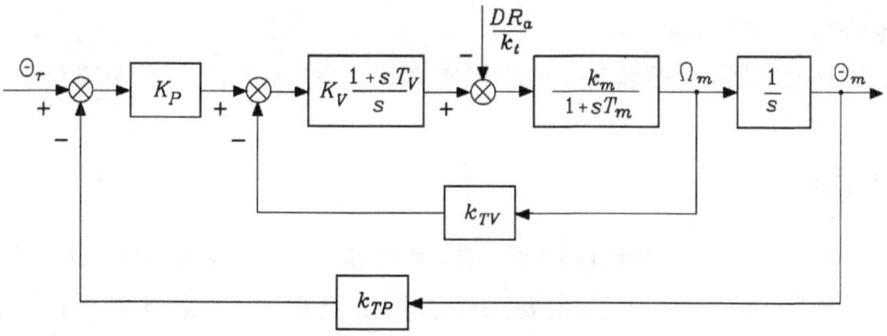

图 5.11　带位置和速度反馈的驱动控制方框图

相对前一情形,采用测速反馈还可能改善整个控制系统的瞬态响应。灵活地选择控制参数,事实上,有可能得到具有更宽带宽并且减少振荡现象的 ϑ_m 和 ϑ_r 之间的传递函数。其结果得到更快的瞬态响应并减小振荡现象,从而提高 $\vartheta_m(t)$ 跟踪更高要求的参考轨迹 $\vartheta_r(t)$ 的能力。

上述分析将在 8.3 节中进一步详述。

也可以利用电流控制电机实现位置伺服。如果在传递函数式(5.11)中使用式(5.13)中的

常数且用 k_i/k_t 代替 R_a/k_t 干扰 D 的权重，可以采用图 5.9～图 5.11 中的结构。在此情形下，功率放大器的电压增益 G_v 将不会对控制行为起作用。

最后考虑，上面给出的一般控制结构可以被推广到发动机通过齿轮耦合到负载的情形。在此情形下采用式(5.25)和式(5.26)就足够了，即，用量 I_{eq} 和 F_{eq} 代替 I_m 和 F_m 并用因子 $1/k_r$ 衡量干扰。

5.3 本体传感器

为了获得高性能机器人系统，传感器的使用是至关重要的。将传感器分为测量机械手内部状态的本体(proprioceptive)传感器和为机器人提供周围环境信息的外部(exteroceptive)传感器是有意义的。

为了确保产生与任务规划相对应的机械结构的协调运动，需要采用适当的参数辨识和控
209 制算法，这就需要利用本体传感器对表征机械手内部状态的变量进行在线测量。包括

- 关节位置
- 关节速度
- 关节力矩

另一方面，典型的外部传感器包括：

- 力传感器
- 触觉传感器
- 接近传感器
- 距离传感器
- 视觉传感器

这类传感器的目标在于提取表征机器人与环境目标交互作用的特征，以提高系统的自动化程度。在机器人中应用的特殊传感器如声音、湿度、烟尘、压力及温度传感器也属于这一类传感器。可用传感器的数据融合可以应用于(高层)任务规划，其反过来将机器人表征为由感知到执行的智能联系。

下面说明本体传感器的主要特征，外部传感器的主要特征将在下一节进行说明。

5.3.1 位置传感器

位置传感器(position transducers)的作用，是提供与机械设备相对给定参考位置的线位移或角位移的成比例的电信号。它们主要用于机器工具控制，从而其应用范围宽广。电位计、线性差动变换器(LVDT)以及感应同步器可以用来测量线性位移。电位计、编码器、旋转变压器以及同步器可以用来测量角位移。

角位移传感器常常应用于机器人中，因为伺服发动机是旋转类型的，包括对移动关节。从其精确性、鲁棒性和可靠性的角度，最通常的传感器是编码器和旋转变压器，下面将详细介绍它们的工作原理。

另一方面，线性位移传感器(线性差动变换器(LVDT)和感应同步器)主要在测量机器人中使用。

编码器

有两种类型的编码器：绝对式和增量式。绝对式编码器由一个布有同心圆(轨道)的光学玻璃盘组成；每一条轨道都有交替出现的通过金属薄膜沉积得到的透明扇区和不光滑扇区序列。光束相应于每一条轨道发出，被位于光盘背面的光电二极管或光点晶体管截取。通过对 210
透光区和不光滑扇区的适当安排，有可能将有限数量的角位置转换为相应的数字数据。轨道的数目决定信息的长度，从而决定编码器的分辨率。

为了避免在相应于同时发生的不光滑扇区和透明扇区之间多重转换中的不准确测量，使用格雷码是有意义的，它的示意表示在图 5.12 中给出，使用了 4 条轨道容许分辨 16 个角位置。能够注意到，测量的不确定性被消除了，因为每次转换仅发生一次对比的变化(表 5.1)。对于关节控制所需要的典型的分辨率，使用最少具有 12 个轨道的绝对编码器(分辨率为 1/4096 每圈)，这种编码器在一圈内就能提供准确的测量。如果存在齿轮减速，在关节处的一圈相应于发动机处的几圈，从而需要一个简单的电子装置来计数并存储实际的圈数。

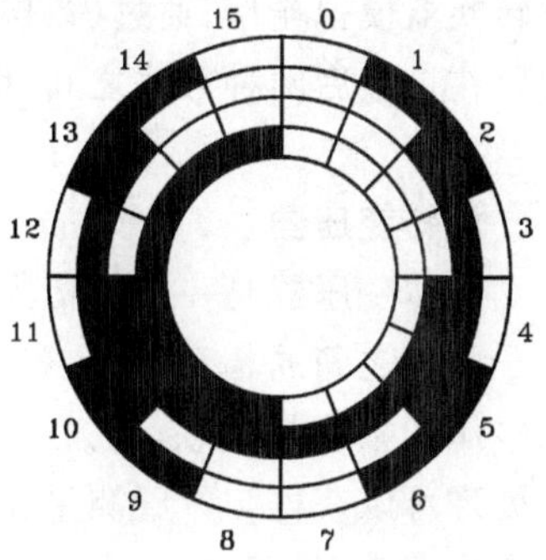

图 5.12　绝对编码器的示意图

表 5.1　格雷码的码表

#	编码	#	编码
0	0000	8	1100
1	0001	9	1101
2	0011	10	1111
3	0010	11	1110
4	0110	12	1010
5	0111	13	1011
6	0101	14	1001
7	0100	15	1000

211

增量式编码器由于结构简单，价格低廉，因此使用范围比绝对式编码器更广泛。类似于绝对编码器，增量式编码器由一个布有两条轨道的光盘组成，它们的透明扇区和不光滑扇区(两条轨道上的数目相等)在求积分过程中是相互提供信息的。存在两条轨道除能够探测与任一角旋转相关联的转换数字之外，还可以探测旋转信号。通常引入只有一个不光滑扇区的第三条轨道，它容许定义一个绝对机械零作为角位置的参考，在图 5.13 中给出了示意性的表示。

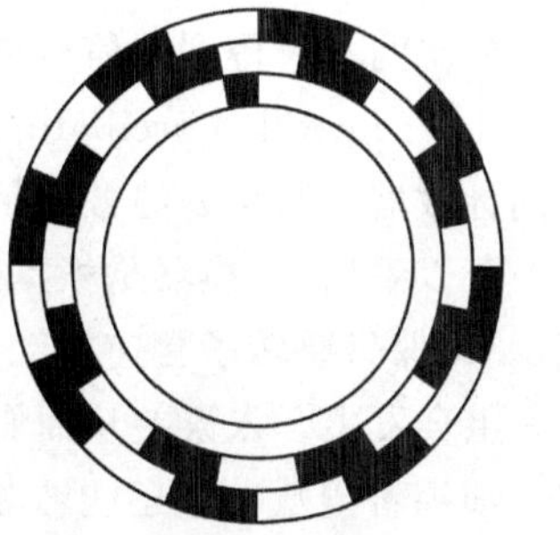
图 5.13　增量式编码器的示意图

在关节执行系统中使用增量式编码器显然需要对绝对位置赋值。使用合适的计数和电子存储电路就可以实现赋值功能。最后，值得注意的是，位置信息在非永久性存储器上是可以得到的，因此，作用在电路的扰动，或者是电源电压的波动都可以使位置信息出现错误。很显然，这样的一些缺陷在绝对编码器上是不存在的，因为角位置信息直接在码盘上编码。

光学编码器的盒子里自带信号处理电子装置，它提供的直接数字位置测量与控制计算机通过界面相连接。如果使用一个外接电路，则速度测量可以从位置测量重建。事实上，如果，如果每次转换产生一个脉冲，可以通过三种可能的途径获得速度测量，即，通过使用电压－频率转换器模拟输出，通过（数位）测量脉冲序列的频率，或者通过（数位）测量脉冲序列的抽样时
212 间。在这最后两种方法之间，前者适合于高速测量而后者适合于低速测量。

旋转变压器

旋转变压器是一种结构紧凑且具有鲁棒性的机电位置传感器。它的工作原理是基于两个电子电路之间的相互感应，容许没有机械限制的角位置的连续传送。角位置的信息与两个正弦电压的幅值相关联，通过一个适当的轴角-数字转换器（resolver-to-digital converter，RDC）的处理可以获得与位置测量相对应的数字信息，具有跟踪型 RDC 函数表的旋转变压器的电路方案如图 5.14 所示。

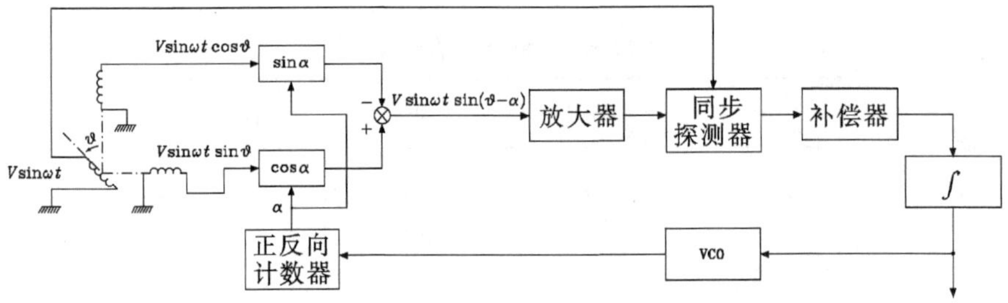

图 5.14 具有跟踪型 RDC 函数表的旋转变压器的电路方案

从结构的观点来看，旋转变压器是一个带转子和定子的小型电动机；感应线圈放在转子上，定子上有两个相互成 90°电角度的线圈。通过为转子输入一个正弦电压 $V\sin\omega t$（典型的频率范围为 0.4 kHz～10 kHz），在定子线圈产生一个电压，其幅值取决于旋转角 θ。这两个电压被输入到两个数字乘法器中，两个乘法器的输入均为 α，将它们的输出求代数和以得到 $V\sin\omega t\sin(\theta-\alpha)$；这个信号被放大以后送到同步探测器的输入端口，其滤波后的输出与 $\sin(\theta-\alpha)$ 成比例。对得到的信号进行适当的补偿以后进行积分，然后被送到一个电压控制振荡器（voltage-controlled oscillator，VCO，电压-频率转换器）的输入端，其输出脉冲被输入一个正反向计数器。数量 α 的数字量可以在计数器输出寄存器上获得；它给出角 θ 的测量。

可以看出，转换器是根据反馈原理工作的。在回路中存在两个积分器（一个正反向计数器表示）确保只要转子常速转动就不会有（数字的）位置和（模拟）电压的测量误差；事实上，在消息 α 上会发生舍入误差从而影响到位置测量。需要补偿措施来赋予系统适当的稳定性以及带
213 宽。如果希望数字量还能够测量速度，就有必要使用一个 A/D 转换器。因为旋转变压器是一个非常精确的传感器，在 RDC 的输出中可以获得 1/16 比特的分辨率。

5.3.2 速度传感器

虽然速度测量可以从位置传感器重构，一般情况下，人们还是会优先选择使用合适的传感器进行直接速度测量。速度传感器被应用到很多的场合，被称为转速计。最常用的转速计是基于电机的原理工作的。转速计有直流转速计和交流转速计两种基本类型。

直流转速计

在大多数实际应用中使用直流转速计。它是一个小型的直流发电机，其磁场由一个永磁体提供。由于其构造中的特别设计，它具有线性输入/输出关系并减小了磁滞现象和温度的影响。由于磁通量是常数，当转子转动起来以后，其输出电压与角速度成比例，系数由电机的常数决定。

由于换向器的存在，输出电压存在纹波且不能通过滤波消除，原因在于其频率由角速率决定。直流转速计的线性误差为 0.1%～1%，纹波系数为输出信号均值的 2%～5%。

交流转速计

为了避免直流转速计的输出中由于纹波的存在所带来的缺陷，可以利用交流转速计。直流转速计是一个真正的直流发电机，但交流转速计与交流发电机是有区别的。事实上，如果利用同步发电机的话，输出信号的频率与角速度成正比。

为了获得幅值与速度成正比的交流电压，需要利用一个结构与同步发电机不同的电动机。交流转速计的定子上有两个相互正交的绕组，以及一个杯形转子。如果给其中的一个绕组通入幅值不变的正弦电压，另一个绕组上就会感应出频率相同的正弦电压，根据转动的方向，电
压的相位要么与输入电压的相位相同，要么反相。激磁频率通常设为 400 Hz。利用一个同步 214
探测器就可以得到角速度的模拟值。在这种情况下，由于输出信号的基频是电源频率的 2 倍，因而选择一个合适的滤波器就可以消除输出信号的纹波。

交流转速计的性能可以与直流转速计相媲美。交流转速计的另外两个优点是不存在摩擦触点，以及使用杯形转子时转动惯量比较小。然而，交流转速计有剩余电压，其产生原因在于当转子处于静止状态时，定子线圈和测量电路之间存在难以克服的寄生耦合。

5.4 外部传感器

5.4.1 力传感器

对力或转矩的测量通常转化为对力(转矩)作用到一个具有合适特征的可扩张元件上所产生的张力的测量。因此，通过测量小的位移就可以对力进行间接测量。力传感器的基本组成是一个张力计，它利用了金属丝在张力作用下阻抗会发生变化的原理。

张力计

张力计由一个低温度系数的金属丝组成，它被放置到一个绝缘支撑之上(图 5.15a)。在

压力的作用下，这个绝缘支撑被粘合到张力作用的元件上。金属丝的尺寸发生变化，从而导致阻抗的变化。

张力计可以通过下面的方法进行选择：电阻 R_s 在可扩张元件容许的张力范围内是线性变化的。为了将电阻值的变化转变为电信号，张力计被嵌入到惠斯通电桥的一个桥臂中，在没有压力作用到张力计时，这个电桥是平衡的。从图 5.15b 可以看出，电桥的电压平衡可用下列式
215 子来描述：

$$V_o = \left(\frac{R_2}{R_1 + R_2} - \frac{R_s}{R_3 + R_s}\right)V_i \tag{5.30}$$

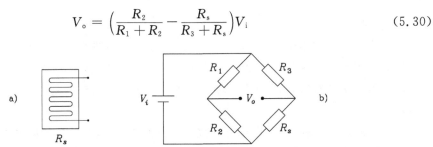

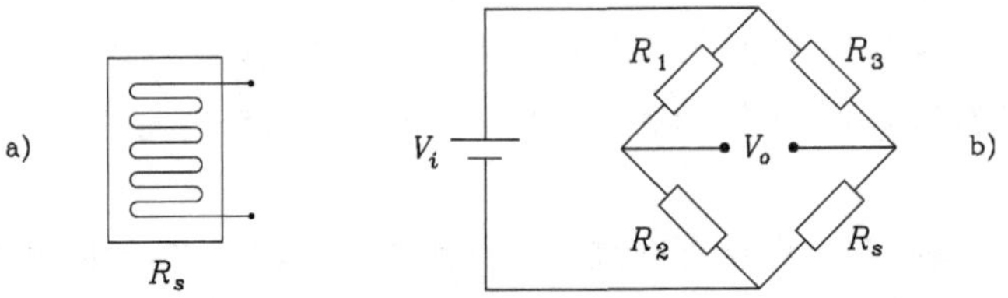

图 5.15 a) 张力计的示意性表示；b)嵌入到惠斯通电桥

如果温度发生了变化，那么在没有外部压力作用时金属丝会改变自身的长度。为了减小温度变化对测量输出产生的影响，就很有必要在电桥的相邻的臂上嵌入另一个张力计。这个张力计被粘合到可扩张元件不受张力作用的部分。

最后，为了提高电桥的测量灵敏度，可能要用到两个张力计。它们将以一个受到牵引而另一个受到压缩这样的方式粘合到可扩展元件上，从而这两个张力计将被嵌入到电桥的两个相邻的臂中。

轴转矩传感器

为了将一个伺服电机用做力矩控制发生器使用，通常需要对驱动转矩进行间接测量，比如通过测量永磁直流伺服马达的电枢电流。如果需要确保对将转矩与被测量的物理量联系起来的参数变化的不敏感性，需要利用直接的转矩测量。

由伺服马达传递到关节的转矩可以由安装在可扩展设备上的张力计测量，这个设备夹在马达和关节之间，比如一个中空的转轴。这样的一个设备必须具有低的抗扭刚度和高的挠度，并且必须确保作用的转矩和引起的张力成比例关系。

通过利用石墨电刷将安装在中空转轴（惠斯通电桥的结构中）上的张力计与集电环连接起来，这就有可能为电桥提供输入信号，同时测量与作用转矩成比例的不平衡信号。

测量到的力矩是由伺服器传送到关节的，从而它与图 5.2 和图 5.6 中的执行系统框图中的驱动力矩 C_m 不一致。事实上，这样的测量没有计入惯性和摩擦力矩的作用以及位于测量点上游的传动装置的作用。

腕力传感器

当机械手末端执行器与工作环境相接触时，力传感器容许测量相对于附着在其上的坐标系的力的 3 个分量和力矩的 3 个分量。

如图 5.16 所示，传感器做为腕上的一个连接设备，用以连接机械手的外链和末端执行器。

连接是通过适当数量的可扩展元件在力和力矩的作用下产生的张力实现的。张力计被粘合在每一个提供张力的元件上。元件必须以灵活的方式放置以确保至少有一个元件在任何可能方向的力和力矩的作用下会产生轻微的变形。216

此外，固连在传感器坐标系上的一个单独分量应该能够产生最少可能数量的变形，以获得力分量之间解耦的良好结构。由于难于做到完全解耦，为了重构力和力矩向量的 6 个分量，所需要的明显变形数量应该大于 6 个。

在一个典型的力传感器上，可扩展的元件是按照马耳他十字形方式布置的，如图 5.17 所示。将外部连杆与末端执行器连接起来的元件是 4 个具有平行六面体形状的棒。在每一个棒的对面，粘合两个张力计，它们构成一个惠斯通电桥的两个桥臂。共有 8 个桥臂，因此可以测量 8 个张力。

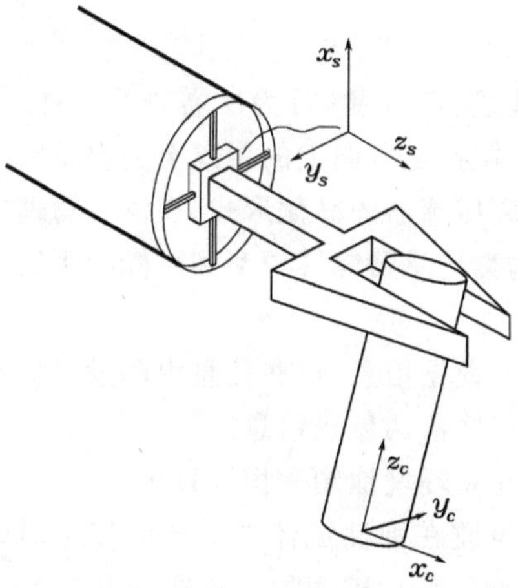

图 5.16　在机械手外链上使用一个力传感器

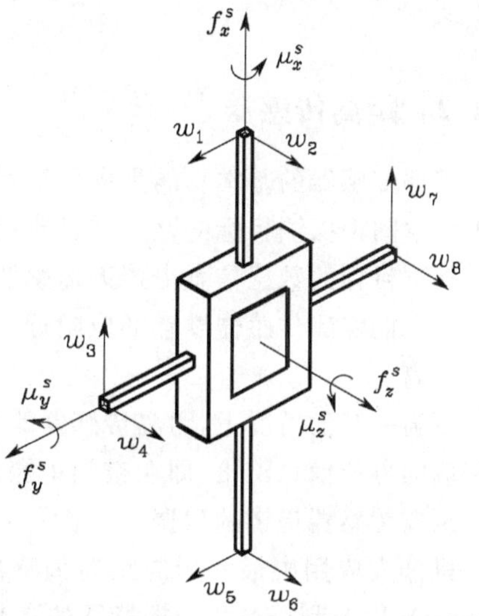

图 5.17　马耳他十字力传感器的示意性表示

将张力测量值与固连于传感器上的坐标系 s 上的力的分量联系起来的矩阵称之为传感器校准矩阵。令 w_i，$i=1$，…，8 表示八个电桥的输出信号，这 8 个输出给出了棒在图 5.17 所示方向的力的作用下所产生的张力的测量信息。校准矩阵由下列变化给出：217

$$\begin{bmatrix} f_x^s \\ f_y^s \\ f_z^s \\ \mu_x^s \\ \mu_y^s \\ \mu_z^s \end{bmatrix} = \begin{bmatrix} 0 & 0 & c_{13} & 0 & 0 & 0 & c_{17} & 0 \\ c_{21} & 0 & 0 & 0 & c_{25} & 0 & 0 & 0 \\ 0 & c_{32} & 0 & c_{34} & 0 & c_{36} & 0 & c_{38} \\ 0 & 0 & 0 & c_{44} & 0 & 0 & 0 & c_{48} \\ 0 & c_{52} & 0 & 0 & 0 & c_{56} & 0 & 0 \\ c_{61} & 0 & c_{63} & 0 & c_{65} & 0 & c_{67} & 0 \end{bmatrix} \begin{bmatrix} w_1 \\ w_2 \\ w_3 \\ w_4 \\ w_5 \\ w_6 \\ w_7 \\ w_8 \end{bmatrix} \quad (5.31)$$

通过校准矩阵来实现力测量信息的重构是由传感器中可用的信号处理电路完成。

典型的传感器直径在 10 cm 左右，高度在 5 cm 左右，力的测量范围为 50 N 到 500N，转矩的测量范围为 5 N·m 到 70 N·m。分辨率分别为最大力的 0.1%以及最大转矩 0.05%，信号处理电路输出端的采样频率为 1 KHz。

最后，值得一提的是力传感器的测量值不能被直接应用于力/运动控制算法，原因在于测量信息表征了与作用在传感器上的力等价的力，但是它与作用在机械手末端执行器上的力是
218 不同的。因此，必须将这些力从传感器坐标系 s 变换到约束坐标系 c 中，考虑到式(3.116)，下面的结论成立：

$$\begin{bmatrix} \boldsymbol{f}_c^c \\ \boldsymbol{\mu}_c^c \end{bmatrix} = \begin{bmatrix} \boldsymbol{R}_s^c & \boldsymbol{O} \\ \boldsymbol{S}(\boldsymbol{r}_{cs}^c)\boldsymbol{R}_s^c & \boldsymbol{R}_s^c \end{bmatrix} \begin{bmatrix} \boldsymbol{f}_s^s \\ \boldsymbol{\mu}_s^s \end{bmatrix} \tag{5.32}$$

上式需要知道坐标系 s 的原点在坐标系 c 中位置信息 $\boldsymbol{r}_{cs}^c$ 以及坐标系 s 相对于坐标系 c 的方位信息 $\boldsymbol{R}_s^c$。这两个量都在坐标系 c 中表示，因此只有当末端执行器是静止时两个参数才保持恒定不变。

5.4.2 距离传感器

外部传感器的基本功能是提供机器人以自主方式进行“智能”行为所需要的信息。为此，在工作空间中探测目标的存在并且测量其相对机器人在指定方向上的距离至关重要。

探测目标的数据信息由接近传感器提供，它是距离传感器的简化形式，在没有物理接触的情况下仅能探测传感器敏感部位附近的目标存在。这类传感器能够探测到目标的距离定义为敏感距离。

更为一般的情况下，距离传感器能够提供结构化的数据信息，这些信息由测量目标的距离和相应的方位信息给出，即在空间中探测目标相对于传感器的位置信息。

距离传感器提供的数据用于机器人技术以避障、建立环境地图和识别目标。

机器人应用中最常用的距离传感器是那些基于声波在弹性流体中传播的传感器即声纳(sonars)，以及利用光线传播特征的激光(lasers)。下面将讨论这两种传感器的主要特征。

声纳

声纳使用声音脉冲和它们的回波来测量到物体的距离。因为通常音速对给定媒介(空气、水)是已知的，到物体的距离与回波传播的时间成比例，通常叫做传播时间，即声波从传感器到到目标，然后再回到传感器所用的时间。声纳传感器之所以能够被广泛应用，原因在于和其他距离传感器相比，其成本低，重量轻，功耗低，计算量小。在某些应用中，比如在水下和低能见度环境，声纳常常是唯一可行的感觉方式。

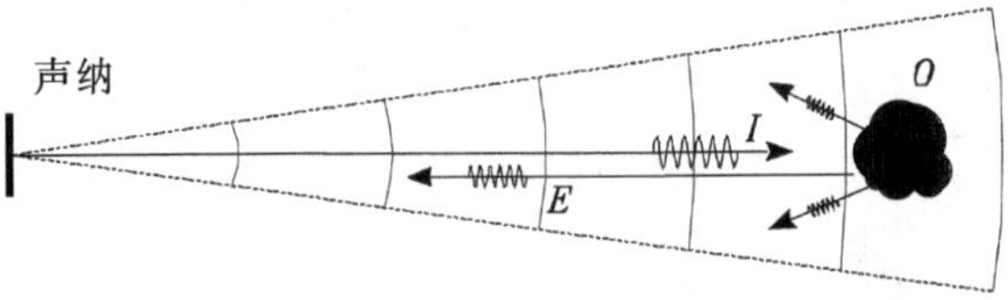

图 5.18　声纳测距原理

219 尽管有极少数的声纳是工作于人耳可以听见频率上(大约 20 Hz 到 20 kHz)，但实现这类传感器最广泛的是在超声频率上(高于 20 kHz)。机器人技术中的典型频率范围从 20 kHz 到

200 kHz,虽然使用压电石英晶体可以达到更高的值(MHz 级)。在这个范围内,声纳发射的波的能量可以被看作是集中在一个锥形体内,其带宽取决于频率以及传感器直径。进一步,为测量距离,声纳提供产生回声物体的定向数据。在机器人技术最普遍的传感器中,能量束的带宽通常不小于 15°。显然,对更小的带宽,可以得到更高的角分辨率

声纳系统的主要组成部分是一个传感器和一个电路。传感器是振动的并且能够将声音的能量转变为电信号,反之亦然。电路的作用是给传感器提供激励信号并且能够探测反射信号。图 5.18 表示了其工作原理:传感器发出脉冲 I,击中在传感器发射锥体中的目标 O 之后,部分被反射到声源处从而被探测到。传播时间是超声波的发射时间和接收回波时间的差值。目标的距离可以通过下列公式来计算:

$$d_O = \frac{c_s t_v}{2} \tag{5.33}$$

其中 c_s 为音速,在低湿度空气中取决于温度 T(℃),c_s 由下式计算

$$c_s \approx 20.05\sqrt{T + 273.16}\ \text{m/s} \tag{5.34}$$

在图 5.18 的方案中,发送脉冲和接收回声使用同一个的传感器。这种配置要求发射器在一定时间之后转换为接收器,时间不仅取决于发送脉冲的持续时间,还取决于传感器的机械惯性。

尽管声纳传感器成本低廉,便于使用,但是在角度和半径的分辨率,以及能够测到的最小和最大距离方面有着不可忽略的缺陷。特别地,当频率增加时,发射锥体的宽度减小,同时角分辨率提高。更高的频率会导致更大的半径分辨率,从而将减小能够探测到的最小距离。然 220
而,当抑制接收信号以避免干涉反射信号时,则实效时间存在更低的下限——在某些情况下,发射和探测采用两个完全不同的传感器可以获得更好的性能。另一方面太高的频率可能会产生吸收现象,这取决于产生回波的表面的特征。这个现象进一步降低了传播信号的功率——随着超声波传播距离的平方——从而降低了测量时间的最大值。

压电变换器和静电变换器是两种主要的在空气中工作的可行类型,在理论上能够同时作为发送器和接收器。

压电变换器利用一些晶体材料的性质使得在电场作用下变形并且当作用电压达到晶体的共振频率时发生振动。这些变换器与可压缩流体如空气的声音匹配效率相当低。通常在晶体上装配一个圆锥形的凹喇叭以在声学上将晶体声音阻抗与空气声音阻抗相配。作为共振的类型,这些变换器的特征是带宽相当低并且显示出相当大的机械惯性,这一点严重限制了能够探测到的最小距离,这就说明了应该使用两个独立的变换器作为发送器和接收器。

静电变换器作为电容器进行,当其中一个极板移动和/或变形时其电容发生变化。典型的结构组成包括一个镀金塑料薄膜(移动极板)在一个圆形的有槽的铝质支撑板(固定极板)展开。当变换器作为接收器使用时,在声压作用下引起薄膜的变形,从而电容值发生变化,在金属薄片的电荷为常值时,在电容器上会产生与电容值变化成比例的电压的变化。当变换器作 221
为发送器使用时,给电容器一个电脉冲序列,变换器的薄膜发生共振。在电场的感应下,电振动产生使移动极板振动的机械力。

因为静电变换器可以在不同频率运转,它们的特征是带宽大、灵敏度高、机械惯性低以及能与空气相当有效地声学匹配。然而,当与压电变换器比较,它们能在更低的最大频率(几百 kHz 对几 MHz)工作并且需要一个偏压这一点使得控制电子学变得复杂。在具有电容变换器

的超声测量系统中，值得一提的是人造偏光板声纳，起初它是为了自动聚焦系统而开发的，后来在一些机器人应用中广泛地用作距离传感器。其 600 系列传感器使用一个上面介绍的电容变换器，直径约 4 cm，在 50 kHz 频率运行，波束宽度为 15°、能检测的最大距离为 10m 左右，最小距离 15 cm 左右，在整个测量范围内精确度为±1%。偏置电压为 200V，传输中的电流吸收峰值为 2A。

超声距离传感器的精度取决于变换器以及激励/检测电路特性，也取决于声波击中的表面的反射特性。

光滑表面有可能产生产生传感器不能检测的回声（图 5.19a，b）。如果超声数入射角超过取决于工作频率和反射材料的给定的临界角。在人造偏光板传感器情形下，对于一个胶合板上的光滑表面，这个角度等于 65°，即从法线到反射面为 25°。当工作在复杂环境下时，这样的镜面反射有可能引发多重反射，从而引起距离测量误差或虚检（图 5.19c）。

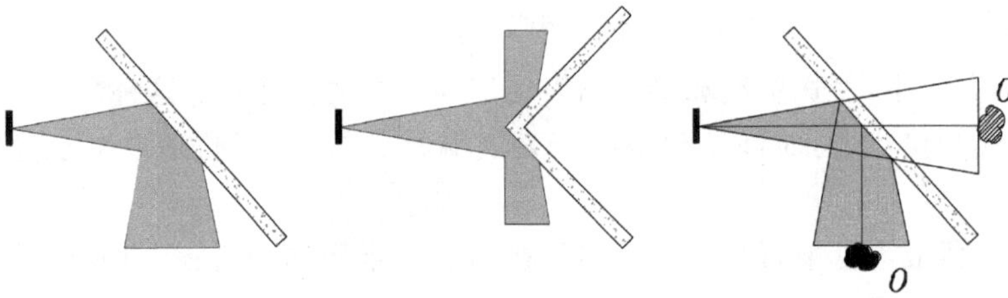

a)　　b)　　c)

图 5.19　光滑表面反射模式

a）非检测平面　b）非检测角　c）误检测平面（O 真实目标，O_τ 虚拟目标检测）

激光

222 在光学测量系统中，相对于其他光源，激光束通常是首选，原因如下：

- 它们可以容易地用轻重量光源产生很亮的光束。
- 可以不显眼地使用红外线。
- 其聚光性好，能给出很窄的光束。
- 单频光源使得对不需要的频率进行抑制滤波变得更加容易，且不会像全谱光源那样从折射中耗散很多。

通常使用的基于激光的测距传感器有两种类型：传播时间传感器和三角测量传感器。

传播时间传感器通过测量光脉冲从光源传播到观测目标然后再回到探测器（通常与光源配置在一起）的时间来计算距离。传播时间乘以光速（针对空气温度做适当的调整）得到距离测量值。传播时间激光传感器的工作原理如图 5.20 所示。

传感器精度主要受到最小观测时间也就是最小可观测距离、接收器时间精度以及激光脉冲时间宽度的制约。这些制约因素不仅是技术本身的原因。在很多情况下，成本是这些测量装置的制约因素。例如，要获得 1 mm 的分辨率，3 ps 左右的时间精度，只能通过昂贵的技术才能达到。

现在使用的很多传播时间传感器都有所谓的模糊时间间隔。传感器周期地发出光脉冲信号，利用返回脉冲的时间计算目标距离的平均值。通常，为了简化这些传感器的电子检测方法，接收器仅接受在时间 Δt 内到达的信号，但是这个时间窗口也有可能观察到先前的被更远

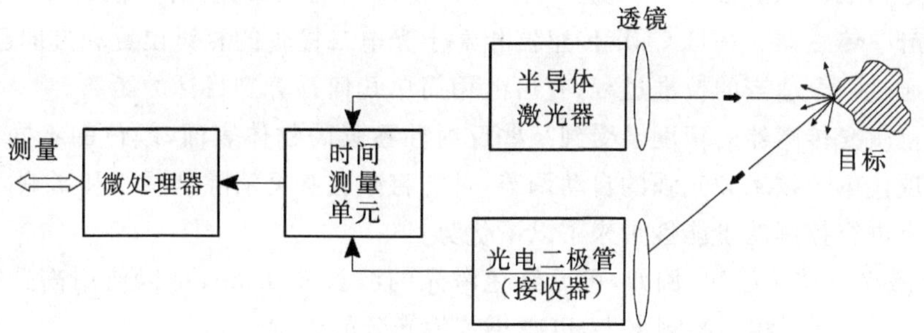

图 5.20 传播时间激光传感器工作原理

的表面反射回来的脉冲。这就意味着测量对 $\frac{1}{2}c\Delta t$ 的倍数是不明确的，其中 c 为光速。$\frac{1}{2}c\Delta t$ 的典型值是 20 m～40 m。

在一定的条件下，假定距离是平稳变化的，这样的话，可以采用合适的算法得到真实的深度。

传播时间传感器仅传输单一光束，这样距离测量仅从单个表面点获得。为了获得更多信息，距离数据常常作为到在一个平面上的表面的距离向量或者作为图像给出。为了获得这些密集的表示，激光束扫过现场。通常光束被一组镜面扫过而不是移动激光和检测器本身，这是因为镜面更轻而且运动伤害更少。

通常适用于移动机器人应用的传播时间传感器的测距范围 5～100 m，精度为 5～10 mm，以及获取数据的频率为 1000～25000 Hz。 223

三角测量激光传感器①的工作原理如图 5.21 所示。

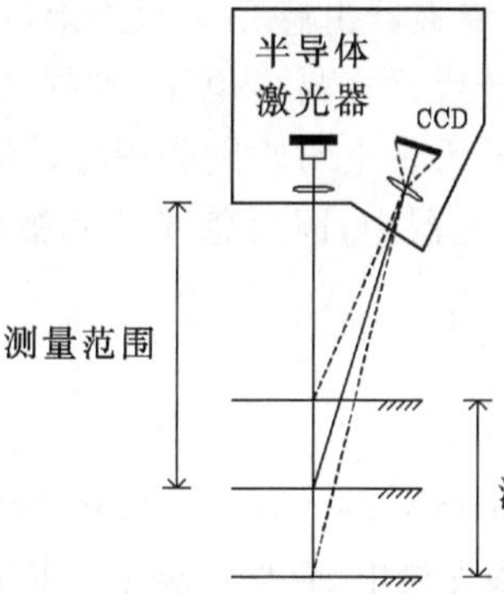

图 5.21 三角测量激光传感器工作原理

由一个光电二极管发出的激光束投射到观测的表面。反射光束通过适当的镜头聚焦到 CCD 传感器。显然，反射一定是扩散的。聚焦的光束反射到接收器的位置给出一个与从目标

① 三角测量法以三角形的三角性质和余弦定理为基础的。该方法允许进行两个非直接可接近的点之间的距离计算，即，只要知道一个三角形的两个角和一条边，就可以决定另外的两边。对于讨论的情形，一条边由发射端（激光）和接收端（CCD 感应器）之间的距离给出，一个角度由发射端相对于那一边的方位决定，而且另一个角度可以由图像平面上的激光光线的位置计算获得。但在工程上，要计算上述量并不容易，所以一般使用适当的标定技术以回避计算过程而获得距离测量值。

到发射器的距离成比例的信号。事实上，由 CCD 传感器的测量值，有可能调整传感器的角度使反射能量击中传感器。一旦 CCD 传感器相对于光电二极管的相对位置和方向已知，如例子中所描述的通过一个适当的校准过程，有可能用简单几何计算到目标的距离。

三角测量激光传感器的精度会受到某些反射性不强的物体表面、颜色的不同或者变化的影响。应用现代电子技术和光强的自动调节，可能将减轻甚至消除这些不利影响。

224 对激光束进行控制的可能性带来了以下优势：

- 如果激光束波长已知，例如，可见红色激光的波长 670 nm，可以使用高选择性的滤波器，将其设置到相同的频率上，以减小其他光源的影响。
- 激光光束可以通过透镜和镜面进行改造以创造多重光束带或激光带，以同时测量多重 3D 点。
- 激光束的方向可以直接通过控制系统加以控制，以选择性地仅观察那些背景中感兴趣的点部分。

这类传感器的主要缺点是来自于激光功率的潜在的眼睛安全风险，特别是当使用不可见激光频率(通常是红外的)，以及来自于金属或抛光物体的虚假镜面反射时。

5.4.3 视觉传感器

照相机作为视觉传感器的任务是测量目标反射的光的强度。为此，利用一个感光元件，称其为像素(pixel，或 photosite，感光单元)，它能够将光能量转化为电能量。根据实现能量转换的物理原理的不同，传感器的类型也有所不同。最常用的是 CCD 和 CMOS 传感器，它们都是基于半导体的光电效应工作的。

CCD

一个 CCD(charge coupled device)传感器由感光单元矩形阵列组成。由于光电效应，当一个光子碰撞到半导体的表面时，将会产生许多自由电子，这样的话，每一个元件都会积累一个电荷，这个电荷依赖于入射照度在光敏元件上对时间的积分。然后，这个电荷通过传输结构
225 (类似于模拟移位寄存器)被送到输出放大器中，同时感光单元被放电。进一步处理电信号将获得真实的视频信号。

CMOS

一个 CMOS (complementary metal oxide semiconductor)传感器由光电二极管矩形阵列组成。每一个光电二极管的交叉点都被预先充电，而当其被光子击中时就放电。在每个像素积分的放大器可以将这个电荷转换为电压或电流数值。与 CCD 的主要区别在于 CMOS 传感器的像素为非积分装置；在被激活之后它们测量通过量，而不是积分量。通过这种方式，饱和像素永远不会溢出并影响相邻像素。这就防止了耀斑(blooming)现象，耀斑对 CCD 传感器的影响很大。

照相机

如图 5.22 所示，照相机是一个不同于光学传感器的复杂系统，它包含了几个装置：一个快门，一个镜头，一个模拟预处理电子组件。镜头主要是负责将物体反射的光聚集到光学传感器所在的平面上，即成像平面。

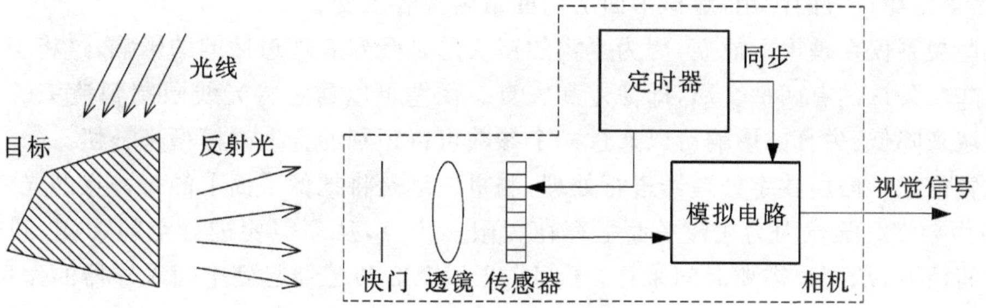

图 5.22　视觉系统的示意性表示

由图 5.23，考虑固连在于相机的坐标系 $O_c - x_c y_c z_c$，其关于基础坐标系的位置由齐次变换矩阵 T_c^b 确定。取目标的一点，坐标为 $\boldsymbol{p}^c = [p_x^c \quad p_y^c \quad p_z^c]^T$；一般地，选择目标的质心。然后，从基础坐标系到照相机坐标系的坐标转换描述为

$$\tilde{\boldsymbol{p}}^c = T_b^c \tilde{\boldsymbol{p}} \tag{5.35}$$

其中 $\boldsymbol{p}$ 表示相对于基础坐标系的目标位置并且使用了向量的齐次表达式。 226

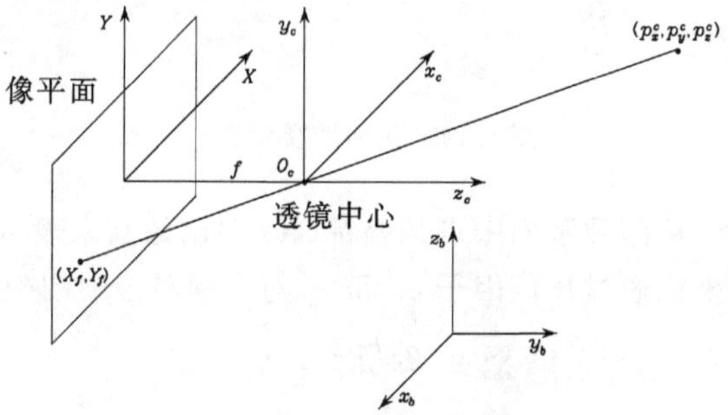

图 5.23　透视变换

可以在成像平面引入参考坐标系，其轴 X 和 Y 平行与照相机坐标系的轴 x_c 和 y_c，原点位于光学轴和成像平面的交点，称为主点。由于折射现象，照相机坐标系中的点通过透视变换转换为成像平面上的点，即

$$X_f = -\frac{f p_x^c}{p_z^c}$$

$$Y_f = -\frac{f p_y^c}{p_z^c}$$

其中 (X_f, Y_f) 为定义在成像平面上的坐标系中的新坐标，$p_z^c = 0$ 为镜头的焦距。注意这些坐标用米制单位表示，上述变换在 $z_c = f$ 是奇异的

透视变换方程式中负号的存在与目标的像在相机像平面是上下颠倒这一现象是吻合的。为了计算方便起见，通过与相机坐标系的 $z_c = f$ 平面对应的镜头前面的一个虚拟像平面，就可以避免这样的现象。通过这种方法，得到如图 5.24 表示的模型，其特征为正面透视变换

$$X_f = \frac{f p_x^c}{p_z^c} \tag{5.36}$$

$$Y_f = \frac{f p_y^c}{p_z^c} \tag{5.37}$$

其中，为了避免符号的滥用，虚拟平面上的变量名没有改变。

这些关系仅在理论上成立，因为真实的镜头总是受到非理想性的的影响，这将引起图像品质的下降。公认的有两种变形，即像差和失真。像差可以通过将光线限制到镜头的一个小的中心区域来降低；失真的影响可以通过一个参数可以识别的合适的模型来补偿。

视觉信息一般由数字处理器进行处理，测量原理是将把像平面上的每一点的光强度 $I(X, Y)$ 转换为数字。显然因为在像平面上存在无限多个点，从而需要进行空间采样，同时因为图象随时间而变，从而也需要时间采样。CCD 或 CMOS 传感器起到空间采样器的作用，而镜头前的快门则起到时间采样器的作用。

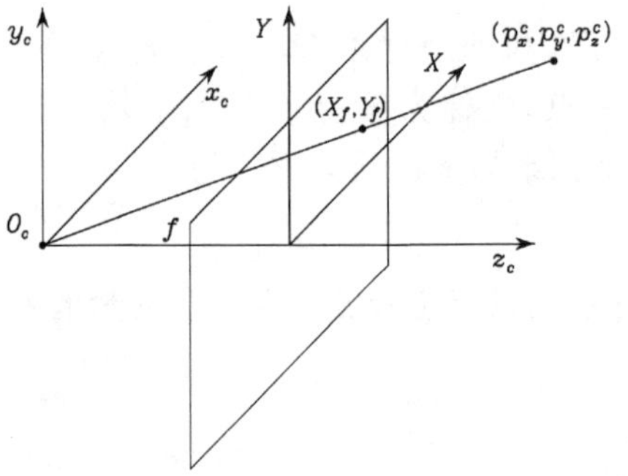

图 5.24 正面透视变换

227 空间抽样单位是像素，从而像平面中点的坐标(X,Y)以像素来表示，即$(X_\mathrm{I}, Y_\mathrm{I})$。由于相片的维数有限，点的像素坐标通过比例因子 α_x 和 α_y 与米制单位中的坐标联系起来。即

$$X_\mathrm{I} = \frac{\alpha_x f p_x^c}{p_z^c} + X_0 \tag{5.38}$$

$$Y_\mathrm{I} = \frac{\alpha_y f p_y^c}{p_z^c} + Y_0 \tag{5.39}$$

其中 X_0 和 Y_0 为考虑像素坐标系统原点关于光学轴的位置。这个非线性变换借助于点$(x_\mathrm{I}, y_\mathrm{I}, z_\mathrm{I})$的齐次表达式可以由下列式子给出线性的表达式：

$$X_\mathrm{I} = \frac{x_\mathrm{I}}{\lambda}$$

$$Y_\mathrm{I} = \frac{y_\mathrm{I}}{\lambda}$$

其中 $\lambda>0$。其结果是式(5.38)、式(5.39)可以写为

$$\begin{bmatrix} x_\mathrm{I} \\ y_\mathrm{I} \\ \lambda \end{bmatrix} = \lambda \begin{bmatrix} X_\mathrm{I} \\ Y_\mathrm{I} \\ 1 \end{bmatrix} = \boldsymbol{\Omega \Pi} \begin{bmatrix} p_x^c \\ p_y^c \\ p_z^c \\ 1 \end{bmatrix} \tag{5.40}$$

其中

$$\boldsymbol{\Omega} = \begin{bmatrix} f\alpha_x & 0 & X_0 \\ 0 & f\alpha_y & Y_0 \\ 0 & 0 & 1 \end{bmatrix} \tag{5.41}$$

228

$$\boldsymbol{\Pi} = \begin{bmatrix} 1 & 0 & 0 & 0 \\ 0 & 1 & 0 & 0 \\ 0 & 0 & 1 & 0 \end{bmatrix} \tag{5.42}$$

在这一点,从观察对象的笛卡儿空间到图像的像空间中像素的全局转换的特征为在式(5.35)、式(5.40)中的变换构成

$$\Xi = \boldsymbol{\Omega}\boldsymbol{\Pi}T_{b}^{c} \tag{5.43}$$

上式表示了所谓的照相机校准矩阵。值得指出的是这样的矩阵包含 Ω 中取决于传感器和镜头特征的内参数(α_x, α_y, X_0, Y_0, f),以及 T_c^b 中取决于照相机相对于基础坐标系的相对位置和方向的外参数,为了尽可能精确地计算笛卡儿空间和像空间之间的变换,现有一些技术来辨识这些参数。

如果照相机的内参数已知,从计算的观点看,方便参考规范化的坐标(X,Y),它由规范化的透视变换定义

$$\lambda \begin{bmatrix} X \\ Y \\ 1 \end{bmatrix} = \boldsymbol{\Pi} \begin{bmatrix} p_x^c \\ p_y^c \\ p_z^c \\ 1 \end{bmatrix} \tag{5.44}$$

当 $f=1$ 的情形,这些坐标用米制单位定义并且与式(5.36)、式(5.37)的坐标一致。比较式(5.40)和式(5.44)得到可逆变换

$$\begin{bmatrix} X_I \\ Y_I \\ 1 \end{bmatrix} = \boldsymbol{\Omega} \begin{bmatrix} X \\ Y \\ 1 \end{bmatrix} \tag{5.45}$$

通过内参数矩阵将规范化坐标与用像素表示的坐标联系起来。

如果考虑一个单色 CCD 照相机①,传感器的输出放大器产生一个通过时间模拟电子学处理的信号,目的是根据现有的视频标准之一,即 CCIR 欧洲与澳大利亚标准,或 RS170 美国与日本标准来产生电信号。在任何情况下,视频信号都是峰峰值为 1V 的电压信号,其幅值表示图像强度。

整个图像分为很多行(CCIR 标准为 625,RS170 标准为 525)被相继扫描。光栅扫描从头到尾水平地扫过每一行,首先扫描所有的偶数行,形成第一个扫描场,然后是所有的奇数行,形成第二个
扫描场,这样的话,一帧包含两个连续的扫描场。这种技术称为隔行扫描,允许图像可以以帧频更 229
新,还可以以场频更新;在前一种情形,更新频率为整个画面的更新频率(CCIR 标准为 25 Hz,RS170 标准为 30 Hz),而在后一种情形,更新频率可以翻倍,只要能够容许一半的纵向解析度。

测量处理的最后一步是将模拟视频信号数字化。为视频信号获取采用的特殊模电转换称为帧捕捉器(frame grabbers)。通过将照相机的输出与画面抓取者连接起来,视频波形被抽样并量化,其值保存在表示图象空间抽样的二维存储序列中,也就是帧存储器(framestore)中;然后这个阵列以场率或画面率更新。

对于 CMOS 相机来说(目前仅对单色图像可行),得益于容许模电转换器在每一像素点积分的 CMOS 技术,照相机的输出直接为一个二维阵列,其元素可以自由访问。相对于 CCD 照相机,只要能够获得整个画面,这种优势将带来更高的帧率。

① 彩色照相机由对三原色(RGB)敏感的特殊 CCD 构成。复杂的照相机有三个独立的传感器,每个基本色各有一个传感器。

上述的从图形信息到图像获取的一系列步骤可以被归为低水平处理一类；这包括提取基本图像特征，例如，质心和亮度的不连续。另一方面，只有当模拟认知程度可行的时候，一个机器人系统才可以看作是真正的自主系统。例如，从一个存储在数据库中的 CAD 模型集合中识别出一个观测目标。在这种情况下，人工视觉处理可以被称为高水平视觉。

参考资料

有关驱动系统和传感器的科学文献很宽泛而且一直在不断更新。关节执行系统的机械特性在[186]中得到了更进一步的研究。伺服电机的详细资料可以在[22]中找到，而在[156]中液压发动机的结构和控制问题得到了广泛的处理。在[128]中对电动机的控制进行了讨论，直接控制见[12]。[89]对关节控制问题进行了讨论。

[81]对传感器特别是本体传感器进行了广泛而详细的研究。在[220]中对力传感器进行了精确的描述，特别关注了腕的力传感器。关于移动机器人应用中距离传感器的进一步的详细资料见[210]。最后，[48]给出了视觉传感器的综合性介绍，而[233]描述了视觉系统中最常
230 用的校准技术之一。

习题

5.1 证明式(5.7)～式(5.10)。

5.2 考虑直流伺服发动机，数据为：$I_m=0.0014\ \text{kg}\cdot\text{m}^2$，$F_m=0.01\ \text{N}\cdot\text{m}\cdot\text{s/rad}$，$L_a=2\ \text{mH}$，$R_a=0.2\ \Omega$，$k_t=0.2\ \text{N}\cdot\text{m/A}$，$k_v=0.2\ \text{V}\cdot\text{s/rad}$，$C_iG_v=1$，$T_v=0.1\ \text{ms}$，$k_i=0$。对单位阶跃电压输入 V'_c 的响应电流和电压进行计算机仿真。采用的抽样时间为 1 ms。

5.3 对于上题中的伺服电动机，设计电流回路 $C_i(s)$ 控制器使得单位阶跃电压输入 V'_c 的响应电流的调节时间为 2 ms。将速度响应与习题 5.2 中得到的速度响应相比较。

5.4 对图 5.6 中的框图求控制电压/输出位置和反应转矩/输出位置的传递函数。

5.5 对格雷码光学编码器，求互变逻辑电路以得到二进制码输出。

5.6 对于如图 5.16 所示的接触情形，令

$$\boldsymbol{r}_{cs}^{c}=[-0.3\quad 0\quad 0.2]^{\mathrm{T}}\ \text{m}\qquad \boldsymbol{R}_{s}^{c}=\begin{bmatrix}0&0&1\\0&-1&0\\1&0&0\end{bmatrix}$$

并令力传感器测量为

$$\boldsymbol{f}_{s}^{s}=[20\quad 0\quad 0]^{\mathrm{T}}\ \text{N}\qquad \boldsymbol{\mu}_{s}^{s}=[0\quad 6\quad 0]^{\mathrm{T}}\ \text{N}\cdot\text{m}$$

计算接触坐标系下的等价力和力矩。

5.7 考虑图 2.34 中的 SCARA 机械手，连杆的长度为 $a_1=a_2=0.5$ m。令基坐标系位于第一连杆和基连杆的交点处，当 $\vartheta_1=0$ 时，z 轴朝下，x 轴的方向沿第一连杆方向。假定在腕上安装了一个 CCD 相机，相机坐标系与末端执行器坐标系一致。相机的参数为 $f=8$ mm，$\alpha_x=79.2$ pixel/mm，$\alpha_y=120.5$ pixel/mm，$X_0=250$，$Y_0=250$。照相机观察到一个目标并通过点的坐标 $\boldsymbol{p}=[0.8\quad 0.5$
231 $0.9]^{\mathrm{T}}$ m 加以描述。计算当机械手位姿为 $\boldsymbol{q}=[0\quad \pi/4\quad 0.1\quad 0]^{\mathrm{T}}$ 时该点的像素坐标。

第6章 控制体系

本章主要介绍用于工业机器人控制系统(control system)功能体系(functional architecture)的参考模型。层次结构(hierarchical structure)及其与功能模块(functional modules)的衔接,决定了编程环境(programming environment)和硬件体系(hardware architecture)的需求与特征。本章是以机器人机械手体系作为分析对象的,不过其中不同层级的表达也适用于移动机器人。

6.1 功能体系

用于实现机器人系统行为管理的控制系统应包含一定数量的具备以下功能的设备:

- 能够移动工作环境中的物理目标,即具备操作(manipulation)能力;
- 能够获取系统和工作环境的状态信息,即具备感知(sensory)能力;
- 能够运用信息调整系统在预编程方式下的行为,即具备智能(intelligence);
- 能够存储、解释和提供系统运动的相关数据,即具备数据处理(data processing)能力。

以上功能可通过功能体系有效实现,所谓功能体系可以看作是一个分层结构(hierarchical structure)上几个行为级别(activity levels)的排列。结构中的较低级别用于物理动作的执行,而较高级别则用于逻辑行为的规划。不同级别之间通过数据流来连接,指向更高级别的数据流关注动作的测量与/或结果,而指向更低级别的数据流则关注方向的传递。

控制系统的功能是实现对上述系统行为的管理。总的来说每一级别都应当分配三个功能模块:第一个模块用于管理测量数据(传感模块);第二个模块用于提供对相关环境的认知(建模模块);第三个模块用于决定动作策略(决策模块)。

更特别的是,为了识别和测量系统状态与环境特征,传感模块要实时实地获取、解释、关联与整合测量数据。很明显,每个模块的功能都在面对该级别相应测量数据的管理。

另一方面,建模模块包含根据预先获取的系统与环境知识的而建立模型。这些模型由传感模块传来的信息进行更新,同时所需功能的激活交由决策模块完成。

最后,决策模块实现高层任务到低层行为的分解。任务分解需要考虑连续动作的时间分解与并行动作的空间分解。赋予每个决策模块的功能包括基本动作分配管理,任务规划与执行。

决策模块的功能体现了层次的级别,决定了相同级别传感模块与建模模块的功能。这意味着仅有传感模块与建模模块这两种模块无法决定层次级别,因为相同功能可以出现在更多级别上,而这取决于相应级别决策模块的需求。

功能体系需要层次上每个级别都有操作接口(operator interface)，从而允许操作者对机器人系统实现监控与干预功能。

任一级别决策模块的指令由相邻更高级别的决策模块或操作接口发生，或二者共同发生。此外，操作人员能够通过适当通信工具获知系统状态，并由此将操作人员自己的知识与决策提供给建模与传感模块。

从功能体系不同级别和模块之间信息交换的高数据流的角度，应当配置共享全局存储器，该存储器包含对整个系统和使用环境状态的最新估计。

功能体系的参考模型结构如图 6.1 所示，其中对与工业应用机器人系统可能存在的四个层次级别进行了图示。这些级别关注的是对伺服机械手的任务定义、将任务分解为基本动作、
234 对动作分配动作基元以及动作控制的实现。以下将介绍每一层三个模块的一般功能。

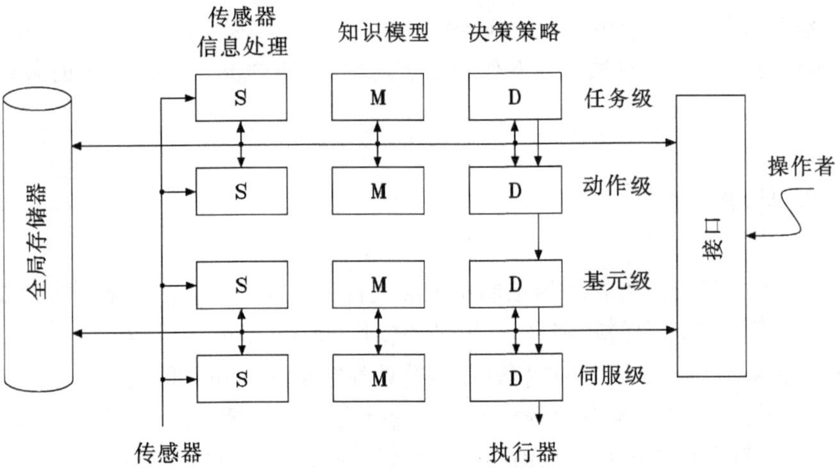

图 6.1　控制系统功能体系的参考模型

任务级(task level)　在任务级，用户指定机器人系统要完成的任务；任务指定将在抽象的高级别上执行。期望任务的目标经分析后，分解为空间坐标和时间坐标上的一系列动作，从而使任务得以实现。在知识模型的基础上进行动作的选择，并在对任务关注的地方执行这些选择。以安装在装配线上用于完成特定装配任务的机器人这一应用场合为例。要定义向下一个较低级别决策模块传送信息的基元动作，决策模块应向其知识库请求能否使用建模模块，如装配类型、待装配对象的组成、装配顺序及工具选择。知识库需要不断地由装配部分位置处的传感模块提供信息进行更新，所提供的信息可通过在非结构化环境中工作的高层视觉系统获得，或由在结构化环境探测目标存在与否的简单传感器获得。

动作级(action level)　动作级将来自任务级的符号命令转换成用于刻划每个基元动作的运动路径的中间位形序列。序列根据在机械手模型和动作执行环境来实现选择。考虑要对以上装配任务产生的某一动作，决策模块需要选择最适当的坐标系，来计算机械手末端执行器的位姿，如有必要还要通过旋转实现分离转换。决策模块还要决定是在关节空间还是在操作空间实现操作，还需计算路径或经由点，对于后者还要定义插值函数。这样做之后，决策模块应
235 当比较基于机械手模型的位形序列和基于环境几何描述的位形序列，这些都可以在建模模型中得到。以这种方式，根据避障、运动学奇异点邻域内运动、机械关节极限以及可用冗余自由

度的最终使用等条件下，能够确定动作的可能性。知识库根据单一动作发生的现场部分的信息进行更新，信息由传感模块提供，例如，由距离传感器或低层视觉系统提供。

初始级(primitive level)　在动作级接受到的位形序列的基础上，初始级计算可容许的运动轨迹并确定控制策略，对运动轨迹进行插值以产生伺服级的输入信息。运动与控制元素的选择要适应机械结构的特征以及与环境的交互程度。仍然参考前面的研究情形，决策模块要根据建模模块所提供的机械手动力学模型知识计算几何路径和相关轨迹。此外，决策模块还定义了控制算法的类型，例如是分布控制、集中控制还是交互控制，指定了相关增益，实现了适当的坐标变换，如必要的运动学求逆。传感模块在运动规划与运动实现二者出现冲突时，通过力传感器、低层视觉系统或类似传感器提供信息。

伺服级(servo level)　在初始级给出运动轨迹和控制策略的基础上，伺服级提供关节处伺服电机驱动信号使控制算法得以执行。当受控量真实值与参考值之间产生误差信号时，控制算法利用机械手动力学模型与必要的运动学模型知识对误差信号产生作用。特别是决策模型对参考轨迹进行小插值以充分使用驱动器动态特征的情况下，决策模块计算控制律，产生用于控制指定驱动器的(电压或电流)信号。建模模块根据机械手当前位形，形成多条控制律，并将控制律传递给决策模块，这些控制项在机械手动力学模型知识的基础上进行计算。最后传感模块给出机械手本体感受传感器(位置、速度、必要的接触力)的测量值，这些测量值用于决策模块计算伺服误差，必要的情况下用于建模模块更新模型中与结构有关的部分。

每一级相关的功能规范表明，以上功能的实现会因各级复杂程度与需求不同而有不同的耗时。一方面，与更高级别相关的功能并不受实时性约束，因为这些级别关注规划行为。另一 236
方面，由于时序安排、优化、资源管理和高级别传感器系统数据处理需要更新综合模型，因此复杂性很明显。

在最低级，为获得机械结构的高动态性能常常采用实时操作。这种情况下，以上分析可得到结论：伺服级需要对电动机提供驱动输入，本体感觉传感器测量的采样率应在毫秒级，而任务级采样率可以在分钟级。

对于功能结构的参考模型，由于技术与资金的限制，当前工业机器人控制系统无法具备上述所有功能。在这点上，若不存在能够支持任务级所需复杂函数的有效、可靠的应用软件包，任务级根本无法实现。

在此有必要介绍一下参考模型的功能级别。典型参考模型在《先进工业机器人控制》
(*Advanced Industrial Robot's Control*)一书中已经建立，在图 6.2 中具体显示如下： 237

- 建模和传感模块通常出现在最低级，这是由高动态性能机器人的伺服级任务需求决定的，即使其只是用于相对简单的场合。
- 建模模块常常出现在初始级，而传感模块只是在少量的要求机器人与较低结构化环境有交互的应用场合出现。
- 在动作级，决策模块只作为操作人员给出高层次指令的解释器，所有任务中止功能交给操作者，因此建模与传感模块在该级别不存在。动作可行性的校验移到初始级别，该级别存在建模模块。

以上所示功能体系的高度结构化参考模型使得控制系统朝越来越强性能的方向发展成为可能。事实上，可以预见到信息技术进步允许增加比任务级别更高的分层次级别，这使得功能上特征复杂的任务可以分解为基本任务，而在高级别又合成为复杂任务。以上的六级分层次

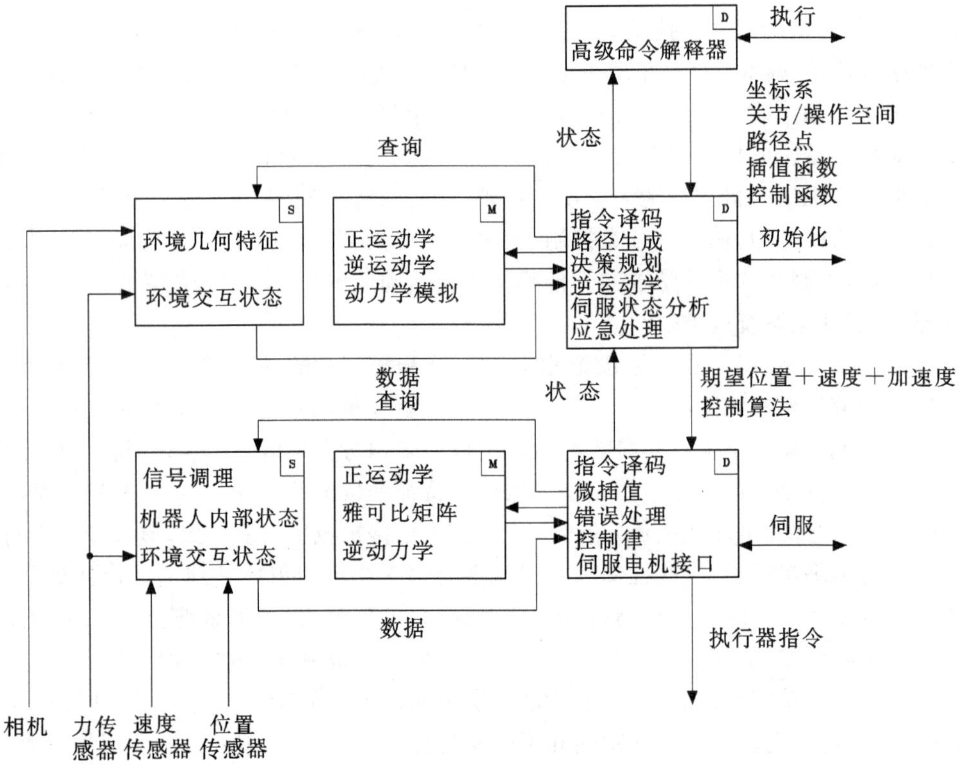

图 6.2　工业机器人功能结构的分层

结构可作为用于空间应用的服务机器人系统(NASREM：NASA 和 NBS 提出的智能机器人结构—译者注)的控制系统功能结构的参考模型。在此框架下，可如第 1.4 节的讨论，对用于野外或服务应用的先进机器人系统分配必要的功能。

6.2　编程环境

对机器人系统编程需要合适语言支持的编程环境(programming environment)定义，该环境允许操作者给出机器人应执行的任务方向。编程环境不仅通过合适的语言翻译状态函数，而且能够校验机器人正在执行任务的正确性。这样，机器人编程环境除了具有和计算机编程环境相同的某些特征之外，还表现出与观测者有关的、程序执行对物质世界产生作用的现象。换句话说，即使在编程环境中可以获得物理实现非常精确的描述，仍有很多没有预测或无法预测的状况必然要出现。

由此可知，机器人编程环境应有以下特征：

- 实时操作系统；
- 环境建模；
238 - 运动控制；
- 测量数据读取；

- 与物理系统的交互；
- 误差检测能力；
- 恢复正确的操作能力；
- 特定语言结构。

因此，编程环境的需求自然而然来源于前述功能体系的参考模型的清晰程度，该环境明显取决于操作者允许进入的体系级别。以下内容以多层次功能体系为参考对象，介绍分别体现测量、建模与决策模块功能的编程环境需求。

测量数据处理(Sensory data handling)是衡量编程环境好坏的决定性因素。在伺服级，需要实时本体感觉传感器数据准备；在初始级，测量数据表达为相应参考结构；在动作级，由高级别测量数据提取出与动作密切相关的目标几何特征；在任务级，需要有工具能够识别场景中的目标。

专家知识模型(consulting knowledge models)的能力是对编程环境的支持。在伺服级，对控制算法所使用模型的在线数值计算是在测量数据的基础上完成的。在初始级，需要进行坐标转换。在动作级，包含能进行系统仿真和对基本目标 *CAD* 建模的工具至关重要。在任务级，编程环境应具有专家系统功能。

决策函数(Decision functions)允许定义流程图，在编程环境中起基础作用。在伺服级，要求在线计算能力能产生机械系统的驱动信号；在初始级要表达逻辑条件；在动作级，为实现嵌套循环、并行计算和中断系统，要能进行过程同步选择；在任务级，编程环境要能对并发过程进行管理，其中还要含有检测、定位和排除高交互级别中程序(调试器)错误的工具。

编程环境的进步由计算机科学的技术发展而决定。以功能特征区分进行分析发现，编程环境可分为三代，即示教(teaching-by-showing)，面向机器人编程(robot-oriented programming)和面向对象编程(object-oriented programming)。新一代环境的发展通常会组合前代环境的功能特征。 239

这种分类方式考虑了与操作者接口有关的编程环境特征，从而与功能体系参考模型的分级有直接的对应关系。与伺服级有关的功能使得对于操作者而言并不存在编程环境问题。实际上，底层编程关注的是传统编程语言(汇编语言、*C* 语言)在实时系统开发中的使用。操作者只能通过简单命令激励(点对点、重启)、本体感觉传感器数据读取和有限编辑的方式对程序产生干预的可能。

6.2.1　示教

第一代编程环境的特征是示教类型的编程技术。操作者通过手动或通过示教盒引导机械手沿着期望运动路径运动。运动期间，关节位置传感器读取的数据被存储，之后作为关节驱动伺服系统的参考信息。这种方式下，机械结构能够通过在指定点直接获取数据实现示教，从而具有执行(回放)运动的能力。

这种编程环境无法实现逻辑条件与排序，这样相关计算硬件将起到重要作用。操作者无需有特定的编程技巧就能成为设备工程师。显然在建立工作程序时，需要机器人在示教中对操作者而言是可用的，因此需要机器人能脱离生产过程。采用这种编程技术解决的典型应用包括定点焊接、喷漆和一般的简易货盘装运。

对于功能结构的参考模型，基于示教技术的编程环境允许操作者进入初始级。

采用能够完成以下内容的简单编程语言可以部分地克服这种环境存在的缺点：

- 在训练中对有意义的姿态获取其数据；
- 通过正运动学变换，计算末端执行器相对参考坐标系的位姿；
- 指定初始运动与轨迹参数（通常速度取最大速度的百分之一）；
- 通过逆运动学变换，计算伺服参考；
- 示教过程中使用简单的外部传感器（夹具中夹有物体）；
- 用简单文本编辑器对运动顺序进行修正；
- 240 在基本序列子集中建立简单的联系。

含有以上所列功能的示教环境可用于开发结构化编程环境。

6.2.2 面向机器人编程

在高效的低计算量方法到来之后，面向机器人（robot-oriented）的编程环境得到了发展。与真实物理环境交互的需求，使机器人应用中被特定地赋予一些综合功能，典型的是高级编程语言（BASIC，PASCAL）。实际上，出于机器人与物理世界正确交互的自然特性的考虑，许多面向机器人的语言保留了示教编程方式。

因为一般框架仍是计算机编程环境，所以有两种可选方法：

- 开发针对机器人应用的特定语言（ad hoc languages）；
- 开发支持标准编程语言的机器人程序包（program libraries）。

目前的状态特点是存在众多新的专用语言，然而人们期望的是开发可用于统一标准的机器人库，或者用于工业自动化的一般性目标的新语言。

面向机器人语言是合并了高级声明、具有解释语言特征的结构化编程（structured programming）语言，可以生成允许编程者在下一条程序执行之前检查每条源程序声明执行的交互环境。这类语言的共同特征如下：

- 文本编辑；
- 复杂数据表示结构；
- 预先定义状态变量的扩展使用；
- 矩阵代数运算的实现；
- 坐标系符号表达的扩展使用；
- 可能通过单一坐标系的方式指定与目标刚性连接的多个坐标系的坐标运动；
- 包含数据与参数交换的子程序；
- 逻辑条件和利用特征位排序的使用；
- 并行计算能力；
- 可编程逻辑控制器（PLC）功能。

241 根据功能体系参考模型，可以看出面向机器人的编程环境使操作者能够进入动作级。

根据结构化语言的特性，在这种情形下的操作者应是专业程序员。应用程序可以离线编写，也就是操作者不需要实际用到机器人，不过，离线编程需要非常好的结构化环境。面向机器人编程语言使机器人系统能够执行复杂应用，在这些应用中，机器人被插入到工作单元，与其他机器和设备相结合完成复杂任务，如局部装配。

最后，允许进入功能体系参考模型任务级的编程环境具有面向对象(object-oriented)语言的特征。这种环境能够以高级声明语句的方式指定任务，可以自动执行场景中多个对象上发生的许多动作。属于该代语言的机器人编程语言当前正处于发展之中，还没有进入市场，它们可被归于专家系统和人工智能的领域。

6.3　硬件体系

作为工业机器人控制系统参考模型使用的功能体系的层次结构，及其与不同功能模块的联结，都需要适当的通信途径连接到分布式计算的硬件实现。为实现这个目标，应回顾当前控制系统从伺服到动作三级功能的实现，其中在动作级能实现有限功能的开发。在伺服级与初始级，计算能力要能满足实时约束需要。

工业机器人控制系统硬件体系(hardware architecture)的通用模型如图 6.3 所示。图中，具有自主计算能力的合适板卡所应具有的功能见图 6.2 所示的功能体系参考模型。该板卡与某一支持通信数据流的总线连接，如 VME 总线，总线带宽要足够宽，能够满足实时约束的需要。

典型带 CPU 的系统板应当包含：

- 带有精确协处理器的微处理器；
- 引导 EPROM 存储器；
- 局部 RAM 存储器；
- 通过总线与其他板卡共享的 RAM 存储器；
- 多个与总线和外部连接的串并端口；
- 计数器、寄存器与计时器； 242
- 中断系统。

系统板要实现以下功能：

- 与示教盒、键盘、视频和打印机联接的操作接口；
- 与应用程序和用于存储数据的外部存储器(硬盘)的接口；
- 采用局部通信网络如以太网与工作站和其他控制系统的接口；
- 与工作区外设(如馈线、传送器和 ON/OFF 传感器)的 I/O 接口；
- 系统引导；
- 程序语言解释程序；
- 总线判优。

除了具有系统板的基本组成之外，面向总线的其他板卡还应具有用于计算需要或专用功 243
能的辅助或可选处理器(DSP，协处理器)。参考图 6.3 的体系结构，在运动学(kinematics)板卡中应执行以下功能：

- 运动初始值的计算。
- 正向运动与逆向运动解算，雅可比矩阵矩阵计算；
- 轨迹可行性测试；
- 运动学冗余操作。

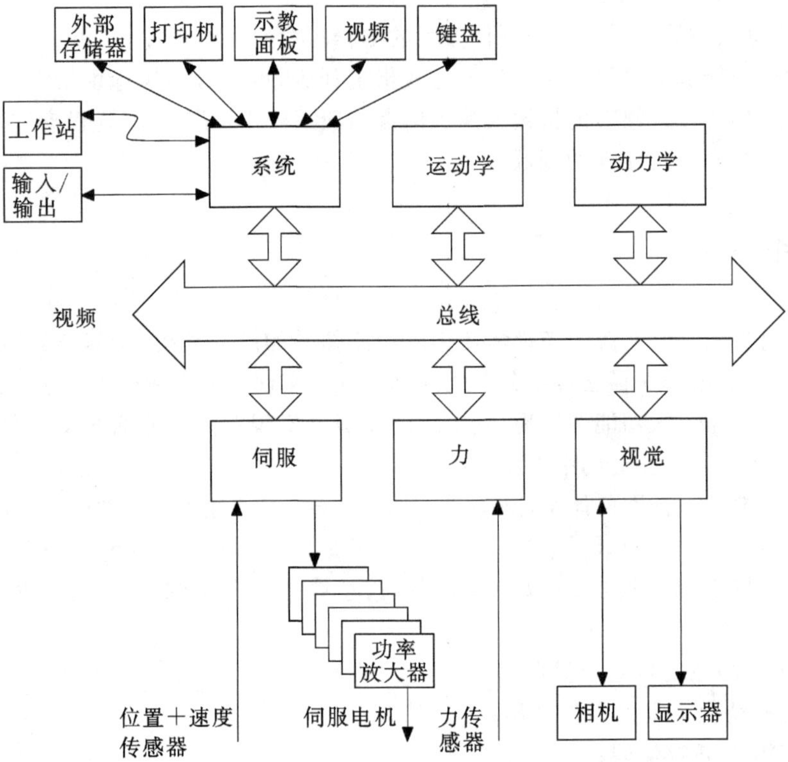

图 6.3 工业机器人控制系统硬件体系的通用模型

动力学(dynamics)板卡用于：

- 逆动力学解算。

伺服(servo)板卡具有的功能：

- 对参考信息的小插值；
- 控制算法的计算；
- 数模转换与功率放大器接口；
- 位置与速度传感器数据处理；
- 故障情况下的运动中断。

图中的其余板卡是为了举例说明传感器使用需要局部处理功能，以从测量系统有效使用的给定数据中获取重要信息。力(force)板卡执行以下操作：

- 力传感器数据的检验；
- 给定坐标系的力表达。

视频(vision)板卡用于：

- 处理照相机提供的数据；
- 提取景象的几何特征；
- 在给定坐标系定位目标。

尽管板卡采用相同总线，但每块板卡上用于交换数据的频率不必相同。事实上与本体感觉传感器联接的板卡可能需要与机器人以最高可能频率(从 100～1000 Hz)交换数据，以保证高动态运动控制，以及在极短时间内触发末端执行器。

另一方面，运动学与动力学板卡执行建模功能，因此不需要像伺服板卡那样快地更新数据。事实上，至少对于当前工业机器人典型的操作速度和/或加速度来说，机械手的位姿在很短时间内不会改变太多。通常采样频率在 10～100 Hz 之间。 244

由于场景通常是准静态，而且解释功能的处理特别复杂，所以视频板卡也不需要高更新率，典型频率在 1～10 Hz 之间。

概括地说，可使用硬件控制体系通信总线的板卡在实现时是多更新率逻辑关系的，这可以解决总线数据的溢出问题。

参考资料

机器人控制体系的特征在[230,25]中有所介绍，NASREM 体系模型在[3]中提出。机器人编程见[225,139,91]。更多基于人工智能概念的先进控制体系在[8,158]中有所讨论。

习题

6.1　对于图 6.4 所绘制的情况，试描述机械手从位置 A 捡取目标，并将其放置到位置 B 的动作顺序。

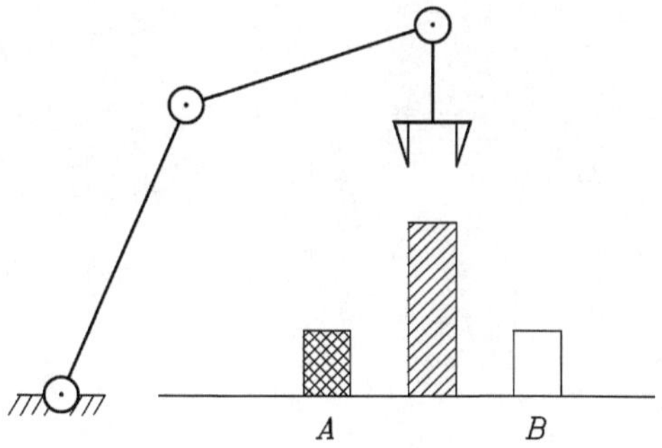

图 6.4　目标“拾-放”任务

6.2　对习题 6.1 的情况，指出在给定经过点和给定路径点条件下的动作初态。

6.3　图 6.5 所示的平面机械手含有腕力传感器，能够测量相应的力和轴孔插入任务执行过程的瞬态分量。画出执行所述任务的程序流图。

6.4　某码垛任务如图 6.6 所示，16 个相同的货物要被放到货盘上，机械手末端执行器从传送带上捡取货物，传送带是按照指令实现相同位置捡取货物的自动通道，写出实现该任务的 PASCAL 程序。 245

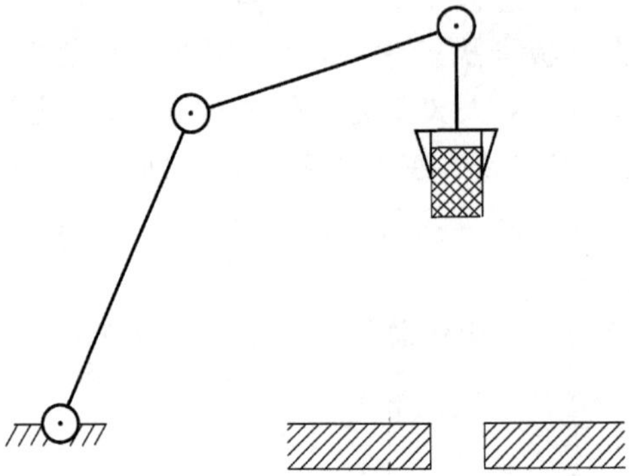

图 6.5 轴孔插入任务

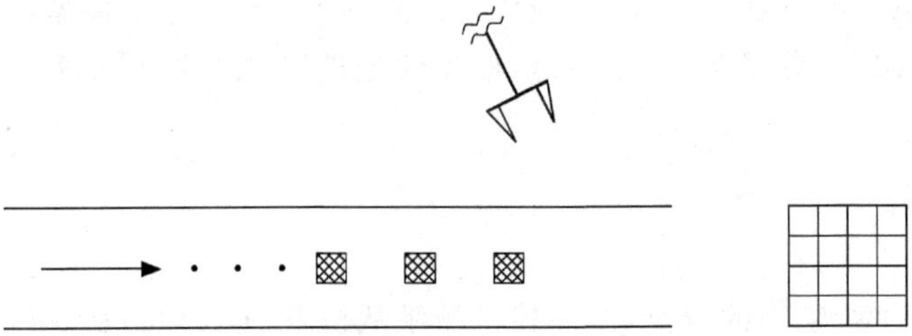

图 6.6 传送带上货物的码垛任务

第 7 章　动力学

机械手动力学模型的推导对运动仿真、机械手结构分析和控制算法设计都具有重要作用。对机械手运动仿真可以在无需采用真实物理系统的条件下，实现对控制策略和运动规划技术的测试。动力学模型分析有助于机械手原型的构造设计。计算实现典型运动实现所需的力与力矩，将为关节、传动装置和执行器设计提供有用信息。本章的目标是介绍两种在关节空间(joint space)导出机械手运动方程的方法。第一种方法基于拉格朗日公式(Lagrange formulation)，其概念简单且系统；第二种方法基于牛顿-欧拉公式(Newton-Euler formulation)，以递归方式建立模型，由于利用了机械手运动链的典型开式结构，该法计算效率更高。接下来介绍动力学参数识别(dynamic parameter identification)技术，给出了动力学正解(direct dynamics)和动力学逆解(inverse dynamics)问题的形式，引入了轨迹动态定标(dynamic scaling)技术，其中采用针对机械手动态特征的轨迹规划。最后本章导出操作空间(operational space)的机械手动力学模型(dynamic model)，定义了动力学可操作椭球(dynamic manipulability ellipsoid)。

7.1　拉格朗日公式

机械手的动力学模型提供了对关节执行器力矩和结构运动之间关系的描述。

采用拉格朗日公式，运动方程可独立地在参考坐标系的系统方式下推导。选择一个有效描述 n 自由度机械手的连接位置的变量集 $q_i(i=1,\cdots,n)$，称其为广义坐标系(generalized coordinates)。机械系统的拉格朗日函数(Lagrangian)可在广义坐标系中定义如下：

$$\mathcal{L} = \mathcal{T} - \mathcal{U} \tag{7.1}$$

其中$\mathcal{T}$和$\mathcal{U}$分别表示系统总的动能(kinetic energy)和势能(potential energy)。

拉格朗日方程表达如下：

$$\frac{\mathrm{d}}{\mathrm{d}t}\frac{\partial \mathcal{L}}{\partial \dot{q}_i} - \frac{\partial \mathcal{L}}{\partial q_i} = \xi_i \quad i = 1,\cdots,n \tag{7.2}$$

其中 ξ_i 为与广义坐标 q_i 相关的广义力(generalized force)。公式(7.2)可写为如下紧凑形式：

$$\frac{\mathrm{d}}{\mathrm{d}t}\left(\frac{\partial \mathcal{L}}{\partial \dot{\boldsymbol{q}}}\right)^{\mathrm{T}} - \left(\frac{\partial \mathcal{L}}{\partial \boldsymbol{q}}\right)^{\mathrm{T}} = \boldsymbol{\xi} \tag{7.3}$$

其中对含有开式运动链的机械手，广义坐标由关节变量(joint variables)构成的向量 $\boldsymbol{q}$ 表示。广义力各分量由非保守力给出，如关节传动转矩、关节摩擦转矩以及由末端执行器施加在相关环境引起的关节转矩[1]。

式(7.2)中的方程建立了作用在机械手和关节位置、速度和加速度上的广义力之间存在的关系，因此，该式可以从机械系统的动能和势能确定开始推导机械手的动力学模型。

例 7.1

为理解从拉格朗日公式导出动力学模型的方法，仍以例 5.1 的直线摆为例。参考图 5.8，令 ϑ 为摆体到垂直悬挂的参考位置($\vartheta=0$)的角度。以广义坐标系的 ϑ 给出系统动能：

$$\mathcal{T}=\frac{1}{2}I\dot{\vartheta}^2+\frac{1}{2}I_m k_r^2\dot{\vartheta}^2$$

定义系统势能小于一恒值，表达如下：

$$\mathcal{U}=mgl(1-\cos\vartheta)$$

因此系统的拉格朗日函数为

248

$$\mathcal{L}=\frac{1}{2}I\dot{\vartheta}^2+\frac{1}{2}I_m k_r^2\dot{\vartheta}^2-mgl(1-\cos\vartheta)$$

式(7.2)的拉格朗日方程可得

$$(I+I_m k_r^2)\ddot{\vartheta}+mgl\sin\vartheta=\xi$$

广义力 ξ 由关节上的驱动力矩 τ、粘滞摩擦力矩 $-F\dot{\vartheta}$ 和 $-F_m k_r^2\dot{\vartheta}$ 供，其中最后一项施加在关节上。因此

$$\xi=\tau-F\dot{\vartheta}-F_m k_r^2\dot{\vartheta}$$

得到系统完整的动力学模型为二阶微分方程

$$(I+I_m k_r^2)\ddot{\vartheta}+(F+F_m k_r^2)\dot{\vartheta}+mgl\sin\vartheta=\tau$$

当由关节处进行表示时，易于证明该方程等价于式(5.25)。

7.1.1 动能计算

对于一个有 n 级刚性连杆(n rigid links)的机械手，总动能可由与每个连杆运动和每个关节执行器运动有关的分量的总和给出[2]

$$\mathcal{T}=\sum_{i=1}^{n}(\mathcal{T}_{l_i}+\mathcal{T}_{m_i}) \tag{7.4}$$

其中 $\mathcal{T}_{l_i}$ 为连杆 i 的动能，$\mathcal{T}_{m_i}$ 为关节 i 执行电机的动能。

连杆 i 的动能分量可由下式给出：

$$\mathcal{T}_{l_i}=\frac{1}{2}\int_{V_{l_i}}\dot{\boldsymbol{p}}_i^{*\mathrm{T}}\dot{\boldsymbol{p}}_i^{*}\rho\mathrm{d}V \tag{7.5}$$

其中 $\dot{\boldsymbol{p}}_i^*$ 表示线速度向量，ρ 为体积微元 $\mathrm{d}V$ 的密度，V_{l_i} 为连杆 i 的体积。

考虑微元的位置向量 $\boldsymbol{p}_i^*$ 和连杆质心的位置向量 $\boldsymbol{p}_{C_i}$ 都在基坐标系(base frame)中表示。有

---

① 此处转矩项同义于关节广义力。

② 连杆 0 固定，即没有产生分量。

$$\boldsymbol{r}_i = [r_{ix} \quad r_{iy} \quad r_{iz}]^{\mathrm{T}} = \boldsymbol{p}_i^* - \boldsymbol{p}_{l_i} \tag{7.6}$$

其中

$$\boldsymbol{p}_{l_i} = \frac{1}{m_{l_i}}\int_{V_{l_i}} \boldsymbol{p}_i^* \rho \mathrm{d}V \tag{7.7}$$ 249

其中 m_{l_i} 为连杆质量，因此连接点速度可表示为

$$\dot{\boldsymbol{p}}_i^* = \dot{\boldsymbol{p}}_{l_i} + \boldsymbol{\omega}_i \times \boldsymbol{r}_i = \dot{\boldsymbol{p}}_{l_i} + \boldsymbol{S}(\boldsymbol{\omega}_i)\boldsymbol{r}_i \tag{7.8}$$

其中 $\boldsymbol{p}_{l_i}$ 是质心线速度，$\boldsymbol{\omega}_i$ 是连杆的角速度（图 7.1）。

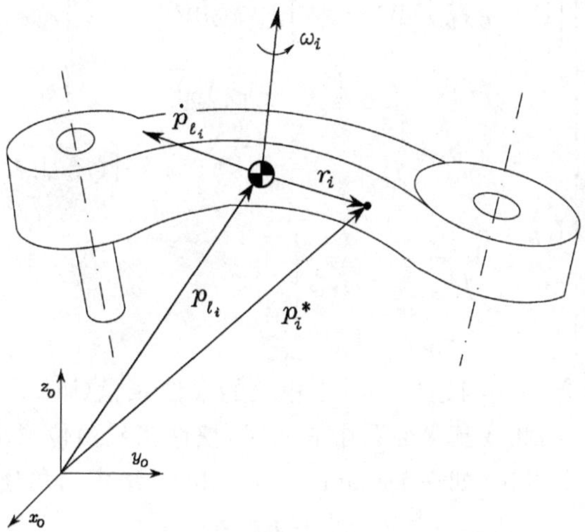

图 7.1　拉格朗日公式中连杆 i 的运动学描述

将式(7.8)中速度表达代入式(7.5)，可得每个连杆的动能由以下部分构成。

平动

分量为

$$\frac{1}{2}\int_{V_{l_i}} \dot{\boldsymbol{p}}_{l_i}^{\mathrm{T}}\dot{\boldsymbol{p}}_{l_i}\rho \mathrm{d}V = \frac{1}{2}m_{l_i}\dot{\boldsymbol{p}}_{l_i}^{\mathrm{T}}\dot{\boldsymbol{p}}_{l_i} \tag{7.9}$$

牵连运动

分量为

$$2\left(\frac{1}{2}\int_{V_{l_i}} \dot{\boldsymbol{p}}_{l_i}^{\mathrm{T}}\boldsymbol{S}(\boldsymbol{\omega}_i)\boldsymbol{r}_i\rho \mathrm{d}V\right) = 2\left(\frac{1}{2}\dot{\boldsymbol{p}}_{l_i}^{\mathrm{T}}\boldsymbol{S}(\boldsymbol{\omega}_i)\int_{V_{l_i}}(\boldsymbol{p}_i^* - \boldsymbol{p}_{l_i})\rho \mathrm{d}V\right) = 0$$

因此根据式(7.7)，有

$$\int_{V_{l_i}} \boldsymbol{p}_i^* \rho \mathrm{d}V = \boldsymbol{p}_{l_i}\int_{V_{l_i}} \rho \mathrm{d}V$$ 250

旋转

分量为

$$\frac{1}{2}\int_{V_{l_i}} \boldsymbol{r}_i^{\mathrm{T}}\boldsymbol{S}^{\mathrm{T}}(\boldsymbol{\omega}_i)\boldsymbol{S}(\boldsymbol{\omega}_i)\boldsymbol{r}_i\rho \mathrm{d}V = \frac{1}{2}\boldsymbol{\omega}_i^{\mathrm{T}}\left(\int_{V_{l_i}} \boldsymbol{S}^{\mathrm{T}}(\boldsymbol{r}_i)\boldsymbol{S}(\boldsymbol{r}_i)\rho \mathrm{d}V\right)\boldsymbol{\omega}_i$$

其中利用了 $\boldsymbol{S}(\boldsymbol{\omega}_i)\boldsymbol{r}_i = -\boldsymbol{S}(\boldsymbol{r}_i)\boldsymbol{\omega}_i$ 这一性质，由于矩阵算子 $\boldsymbol{S}(\cdot)$ 为

$$\boldsymbol{S}(r_i)=\begin{bmatrix}0 & -r_{iz} & r_{iy}\\ r_{iz} & 0 & -r_{ix}\\ -r_{iy} & r_{ix} & 0\end{bmatrix}$$

有

$$\frac{1}{2}\int_{V_{l_i}}\boldsymbol{r}_i^{\mathrm{T}}\boldsymbol{S}^{\mathrm{T}}(\boldsymbol{\omega}_i)\boldsymbol{S}(\boldsymbol{\omega}_i)\boldsymbol{r}_i\rho\,\mathrm{d}V=\frac{1}{2}\boldsymbol{\omega}_i^{\mathrm{T}}\boldsymbol{I}_{l_i}\boldsymbol{\omega}_i \tag{7.10}$$

矩阵

$$\begin{aligned}\boldsymbol{I}_{l_i}&=\begin{bmatrix}\int(r_{iy}^2+r_{iz}^2)\rho\,\mathrm{d}V & -\int r_{ix}r_{iy}\rho\,\mathrm{d}V & -\int r_{ix}r_{iz}\rho\,\mathrm{d}V\\ * & \int(r_{ix}^2+r_{iz}^2)\rho\,\mathrm{d}V & -\int r_{iy}r_{iz}\rho\,\mathrm{d}V\\ * & * & \int(r_{ix}^2+r_{iy}^2)\rho\,\mathrm{d}V\end{bmatrix}\\ &=\begin{bmatrix}I_{l_ixx} & -I_{l_ixy} & -I_{l_ixz}\\ * & I_{l_iyy} & -I_{l_iyz}\\ * & * & \boldsymbol{I}_{l_izz}\end{bmatrix}\end{aligned} \tag{7.11}$$

为对称阵①，表示在基坐标系中与连杆 i 质心相关的惯性张量(inertia tensor)。注意连杆 i 的位置取决于机械手位形，因此在基坐标系中表示时，惯性张量由位形决定。若连杆 i 的角速度在固连于连杆的坐标系中表达(如在 Denabit-Hartenberg 法中)，角速度为

$$\boldsymbol{\omega}_i^i=\boldsymbol{R}_i^{\mathrm{T}}\boldsymbol{\omega}_i$$

其中 $\boldsymbol{R}_i$ 为从连杆 i 坐标系到基坐标系的旋转矩阵。参考于连杆坐标系时，惯性张量为常值，令 $\boldsymbol{I}_{l_i}^i$ 表示该张量，容易证明以下关系：

$$\boldsymbol{I}_{l_i}=\boldsymbol{R}_i\boldsymbol{I}_{l_i}^i\boldsymbol{R}_i^{\mathrm{T}} \tag{7.12}$$

若连杆 i 坐标系的轴与惯性中心轴一致，则惯性积为零，与质心相关的惯性张量是对
251 角阵。

对式(7.9)和式(7.10)中平移和旋转分量求和，得连杆 i 的动能为

$$\mathcal{T}_{l_i}=\frac{1}{2}m_{l_i}\dot{\boldsymbol{p}}_{l_i}^{\mathrm{T}}\dot{\boldsymbol{p}}_{l_i}+\frac{1}{2}\boldsymbol{\omega}_i^{\mathrm{T}}\boldsymbol{R}_i\boldsymbol{I}_{l_i}^i\boldsymbol{R}_i^{\mathrm{T}}\boldsymbol{\omega}_i \tag{7.13}$$

在此，有必要将动能表示为系统广义坐标的函数，即关节变量。为此，可将雅可比矩阵计算的几何方法应用于中间连杆而非末端执行器上，有

$$\dot{\boldsymbol{p}}_{l_i}=\mathcal{J}_{P1}^{(l_i)}\dot{q}_1+\cdots+\mathcal{J}_{Pi}^{(l_i)}\dot{q}_i=\boldsymbol{J}_P^{(l_i)}\dot{\boldsymbol{q}} \tag{7.14}$$

$$\boldsymbol{\omega}_i=\mathcal{J}_{O1}^{(l_i)}\dot{q}_1+\cdots+\mathcal{J}_{Oi}^{(l_i)}\dot{q}_i=\boldsymbol{J}_O^{(l_i)}\dot{\boldsymbol{q}} \tag{7.15}$$

其中与关节速度有关的雅可比矩阵列被用于计算当前连杆 i，雅可比矩阵矩阵变为

$$\boldsymbol{J}_P^{(l_i)}=[\mathcal{J}_{P1}^{(l_i)}\quad\cdots\quad\mathcal{J}_{Pi}^{(l_i)}\quad 0\quad\cdots\quad 0] \tag{7.16}$$

$$\boldsymbol{J}_O^{(l_i)}=[\mathcal{J}_{O1}^{(l_i)}\quad\cdots\quad\mathcal{J}_{Oi}^{(l_i)}\quad 0\quad\cdots\quad 0] \tag{7.17}$$

式(7.16)和式(7.17)中矩阵的列可根据式(3.30)计算，得出

$$\mathcal{J}_{Pj}^{(l_i)}=\begin{cases}\boldsymbol{z}_{j-1} & \text{移动关节}\\ \boldsymbol{z}_{j-1}\times(\boldsymbol{p}_{l_i}-\boldsymbol{p}_{j-1}) & \text{转动关节}\end{cases} \tag{7.18}$$

① 符号'*'用于避免重复书写对称元素。

$$\mathfrak{J}_{Oi}^{(l_i)} = \begin{cases} \mathbf{0} & \text{移动关节} \\ \boldsymbol{z}_{j-1} & \text{转动关系} \end{cases} \tag{7.19}$$

其中 $\boldsymbol{p}_{j-1}$ 为坐标系 $j-1$ 原点的位置向量，$\boldsymbol{z}_{j-1}$ 为坐标系 $j-1$ 中 z 轴的单位向量，式(7.13)中连杆 i 的动能可写作

$$\mathcal{T}_{l_i} = \frac{1}{2} m_{l_i} \dot{\boldsymbol{q}}^{\mathrm{T}} \boldsymbol{J}_{\mathrm{P}}^{(l_i)\mathrm{T}} \boldsymbol{J}_{\mathrm{P}}^{(l_i)} \dot{\boldsymbol{q}} + \frac{1}{2} \dot{\boldsymbol{q}}^{\mathrm{T}} \boldsymbol{J}_{\mathrm{O}}^{(l_i)\mathrm{T}} \boldsymbol{R}_i \boldsymbol{I}_{l_i}^{i} \boldsymbol{R}_i^{\mathrm{T}} \boldsymbol{J}_{\mathrm{O}}^{(l_i)} \dot{\boldsymbol{q}} \tag{7.20}$$

关节 i 的电机的动能分量可通过与连杆相似的方式进行计算。以旋转电机为典型例子(电机可通过适当传动装置驱动移动关节和转动关节)，假设电机所在连杆所起作用包含了固定部分(定子)的影响，计算时只考虑电机的单一影响。

参考图 7.2，假设关节 i 的电机位于连杆 $i-1$ 上。实际开式运动链系的机械结构设计中，尽量将电机放在离机械手底座尽可能近的地方，从而减轻运动链第一个关节的动态负载。电机通过机械传动装置(齿轮系①)提供关节驱动转矩。齿轮系对动能的作用相应地包含在电机 252
作用中。假设无诱导运动，也就是关节 i 运动不会引起其他关节运动。

电机转子 i 的动能可写为

$$\mathcal{T}_{m_i} = \frac{1}{2} m_{m_i} \dot{\boldsymbol{p}}_{m_i}^{\mathrm{T}} \dot{\boldsymbol{p}}_{m_i} + \frac{1}{2} \boldsymbol{\omega}_{m_i}^{\mathrm{T}} \boldsymbol{I}_{m_i} \boldsymbol{\omega}_{m_i} \tag{7.21}$$

其中 m_{m_i} 是转子的质量，$\dot{\boldsymbol{p}}_{m_i}$ 表示转子质心的线速度，$\boldsymbol{I}_{m_i}$ 是与质心相关的转子惯性张量，$\boldsymbol{\omega}_{m_i}$ 表示转子的角速度。

令 ϑ_{m_i} 表示转子角位置，在刚性传动(rigid transmission)的假设条件下，有

$$k_{ri} \dot{q}_i = \dot{\vartheta}_{m_i} \tag{7.22}$$

其中 k_{ri} 为齿轮减速比。注意在移动关节驱动中，齿轮减速比为一因次量。

根据式(3.18)角速度合成法则以及式(7.22)关系，转子总的角速度为

$$\boldsymbol{\omega}_{m_i} = \boldsymbol{\omega}_{i-1} + k_{r_i} \dot{q}_i \boldsymbol{z}_{m_i} \tag{7.23}$$

其中 $\boldsymbol{\omega}_{i-1}$ 为电机所在连杆 $i-1$ 的角速度，$\boldsymbol{z}_{m_i}$ 表示转子轴的单位向量。 253

为了将转子动能表示为关节变量的函数，需要将转子质心的线速度表达如下，该速度与式(7.14)相似：

$$\dot{\boldsymbol{p}}_{m_i} = \boldsymbol{J}_{\mathrm{P}}^{(m_i)} \dot{\boldsymbol{q}} \tag{7.24}$$

计算雅可比矩阵为

$$\boldsymbol{J}_{\mathrm{P}}^{(m_i)} = \begin{bmatrix} \mathfrak{J}_{\mathrm{P1}}^{(m_i)} & \cdots & \mathfrak{J}_{\mathrm{P},i-1}^{(m_i)} & \mathbf{0} & \cdots & \mathbf{0} \end{bmatrix} \tag{7.25}$$

其中的列由下式给出

$$\mathfrak{J}_{\mathrm{P}_j}^{(m_i)} = \begin{cases} \boldsymbol{z}_{j-1} & \text{移动关节} \\ \boldsymbol{z}_{j-1} \times (\boldsymbol{p}_{m_i} - \boldsymbol{p}_{j-1}) & \text{转动关节} \end{cases} \tag{7.26}$$

其中 $\boldsymbol{p}_{j-1}$ 为坐标系 $j-1$ 原点的位置向量。注意因为转子质心沿着其旋转轴，所以式(7.25)中 $\mathfrak{J}_{\mathrm{P}_i}^{(m_i)} = \mathbf{0}$。

式(7.23)中角速度可表示为关节变量的函数，如

$$\boldsymbol{\omega}_{m_i} = \boldsymbol{J}_{\mathrm{O}}^{(m_i)} \dot{\boldsymbol{q}} \tag{7.27}$$

计算雅可比矩阵为

---

① 关节也可由直接与旋转轴连接的转矩电机驱动，而无需齿轮系。

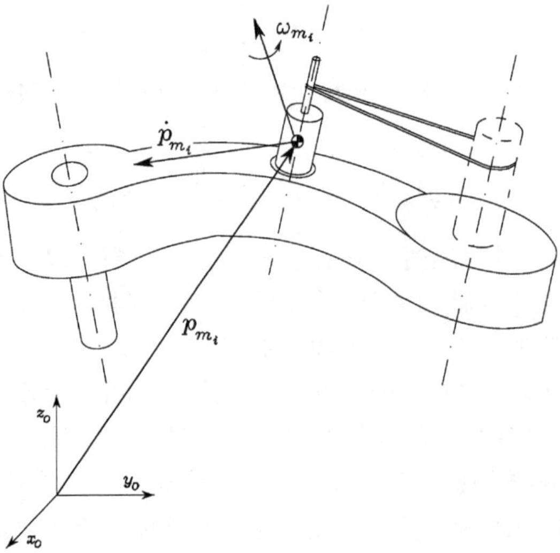

图 7.2　电机 i 的运动描述

$$\boldsymbol{J}_{\mathrm{O}}^{(\mathrm{m}_i)}=\begin{bmatrix}\boldsymbol{\jmath}_{\mathrm{O}1}^{(\mathrm{m}_i)} & \cdots & \boldsymbol{\jmath}_{\mathrm{O},i-1}^{(\mathrm{m}_i)} & \boldsymbol{\jmath}_{\mathrm{O}i}^{(\mathrm{m}_i)} & \mathbf{0} & \cdots & \mathbf{0}\end{bmatrix} \tag{7.28}$$

其中的列，参考式(7.23)和式(7.15)，分别由下式给出：

$$\boldsymbol{\jmath}_{\mathrm{O}j}^{(\mathrm{m}_i)}=\begin{cases}\boldsymbol{\jmath}_{\mathrm{O}j}^{(\mathrm{l}_i)} & j=1,\cdots,i-1\\ k_{\mathrm{r}i}\boldsymbol{z}_{\mathrm{m}_i} & j=i\end{cases} \tag{7.29}$$

计算式(7.29)中的第二个关系时，对转子旋转轴 z_{m_i} 关于基坐标系的单位向量中各元素应有充分认识，因此转子 i 的动能可写为

$$\mathcal{T}_{\mathrm{m}_i}=\frac{1}{2}m_{\mathrm{m}_i}\dot{\boldsymbol{q}}^{\mathrm{T}}\boldsymbol{J}_{\mathrm{P}}^{(\mathrm{m}_i)\mathrm{T}}\boldsymbol{J}_{\mathrm{P}}^{(\mathrm{m}_i)}\dot{\boldsymbol{q}}+\frac{1}{2}\dot{\boldsymbol{q}}^{\mathrm{T}}\boldsymbol{J}_{\mathrm{O}}^{(\mathrm{m}_i)\mathrm{T}}\boldsymbol{R}_{\mathrm{m}_i}\boldsymbol{I}_{\mathrm{m}_i}^{\mathrm{m}_i}\boldsymbol{R}_{\mathrm{m}_i}^{\mathrm{T}}\boldsymbol{J}_{\mathrm{O}}^{(\mathrm{m}_i)}\dot{\boldsymbol{q}} \tag{7.30}$$

最后，对式(7.20)中单个连杆和式(7.30)中单个电机的不同分量按式(7.4)求和，包含执行器的机械手总动能由如下二次型给出：

$$\mathcal{T}=\frac{1}{2}\sum_{i=1}^{n}\sum_{j=1}^{n}b_{ij}(\boldsymbol{q})\dot{q}_i\dot{q}_j=\frac{1}{2}\dot{\boldsymbol{q}}^{\mathrm{T}}\boldsymbol{B}(\boldsymbol{q})\dot{\boldsymbol{q}} \tag{7.31}$$

其中

$$\begin{aligned}\boldsymbol{B}(\boldsymbol{q})=\sum_{i=1}^{n}\Big(&m_{\mathrm{l}_i}\boldsymbol{J}_{\mathrm{P}}^{(\mathrm{l}_i)\mathrm{T}}\boldsymbol{J}_{\mathrm{P}}^{(\mathrm{l}_i)}+\boldsymbol{J}_{\mathrm{O}}^{(\mathrm{l}_i)\mathrm{T}}\boldsymbol{R}_i\boldsymbol{I}_{\mathrm{l}_i}^{i}\boldsymbol{R}_i^{\mathrm{T}}\boldsymbol{J}_{\mathrm{O}}^{(\mathrm{l}_i)}\\&+m_{\mathrm{m}_i}\boldsymbol{J}_{\mathrm{P}}^{(\mathrm{m}_i)\mathrm{T}}\boldsymbol{J}_{\mathrm{P}}^{(\mathrm{m}_i)}+\boldsymbol{J}_{\mathrm{O}}^{(\mathrm{m}_i)\mathrm{T}}\boldsymbol{R}_{\mathrm{m}_i}\boldsymbol{I}_{\mathrm{m}_i}^{\mathrm{m}_i}\boldsymbol{R}_{\mathrm{m}_i}^{\mathrm{T}}\boldsymbol{J}_{\mathrm{O}}^{(\mathrm{m}_i)}\Big)\end{aligned} \tag{7.32}$$

254 为 $(n\times n)$ 惯性矩阵(inertia matrix)，它具有如下特征：

- 对称(symmetric)；
- 正定(positive definite)；
- (一般)依赖于位形(configuration-dependent)

7.1.2　势能计算

与动能计算相同，机械手的势能也是单个连杆和单个电机相关各个分量的总和：

$$\mathcal{U} = \sum_{i=1}^{n}(\mathcal{U}_{l_i} + \mathcal{U}_{m_i}) \tag{7.33}$$

假设连杆刚性,各分量仅受重力影响[①],其表达如下:

$$\mathcal{U}_{l_i} = -\int_{V_{l_i}} \boldsymbol{g}_0^{\mathrm{T}} \boldsymbol{p}_i^* \rho \mathrm{d}V = -m_{l_i} \boldsymbol{g}_0^{\mathrm{T}} \boldsymbol{p}_{l_i} \tag{7.34}$$

其中 g_0 为基坐标系中的重力加速度向量(如,z 为纵轴时有 $\boldsymbol{g}_0 = [0 \quad 0 \quad -g]^{\mathrm{T}}$),利用式(7.7)可建连杆 i 质心坐标系。考虑转子 i 的作用,与式(7.34)相似,有

$$\mathcal{U}_{m_i} = -m_{m_i} \boldsymbol{g}_0^{\mathrm{T}} \boldsymbol{p}_{m_i} \tag{7.35}$$

将式(7.34)、式(7.35)带入式(7.33),得到势能:

$$\mathcal{U} = -\sum_{i=1}^{n}(m_{l_i} \boldsymbol{g}_0^{\mathrm{T}} \boldsymbol{p}_{l_i} + m_{m_i} \boldsymbol{g}_0^{\mathrm{T}} \boldsymbol{p}_{m_i}) \tag{7.36}$$

该式通过向量 $\boldsymbol{p}_{l_i}$ 和 $\boldsymbol{p}_{m_i}$ 表明势能仅是关节变量 q 的函数,而与关节速度 $\dot{\boldsymbol{q}}$ 无关。

7.1.3 运动方程

按式(7.31)、式(7.36)计算系统总动能与势能,式(7.1)中机械手的拉格朗日函数可写为

$$\mathcal{L}(\boldsymbol{q}, \dot{\boldsymbol{q}}) = \mathcal{T}(\boldsymbol{q}, \dot{\boldsymbol{q}}) - \mathcal{U}(\boldsymbol{q}) \tag{7.37}$$

根据式(7.3)中拉格朗日方程的推演需要,且已得到 U 与 $\dot{\boldsymbol{q}}$ 无关,有

$$\boldsymbol{B}(\boldsymbol{q})\ddot{\boldsymbol{q}} + \boldsymbol{n}(\boldsymbol{q}, \dot{\boldsymbol{q}}) = \boldsymbol{\xi} \tag{7.38}$$ 255

其中

$$\boldsymbol{n}(\boldsymbol{q}, \dot{\boldsymbol{q}}) = \dot{\boldsymbol{B}}(\boldsymbol{q})\dot{\boldsymbol{q}} - \frac{1}{2}\left(\frac{\partial}{\partial \boldsymbol{q}}(\dot{\boldsymbol{q}}^{\mathrm{T}} \boldsymbol{B}(\boldsymbol{q})\dot{\boldsymbol{q}})\right)^{\mathrm{T}} + \left(\frac{\partial \mathcal{U}(\boldsymbol{q})}{\partial \boldsymbol{q}}\right)^{\mathrm{T}}$$

具体来看,注意式(7.36)中 $\mathcal{U}$ 与 $\dot{\boldsymbol{q}}$ 无关,计算式(7.31)得到

$$\begin{aligned}
\frac{\mathrm{d}}{\mathrm{d}t}\left(\frac{\partial \mathcal{L}}{\partial \dot{\boldsymbol{q}}_i}\right) = \frac{\mathrm{d}}{\mathrm{d}t}\left(\frac{\partial \mathcal{T}}{\partial \dot{\boldsymbol{q}}_i}\right) &= \sum_{j=1}^{n} b_{ij}(\boldsymbol{q})\ddot{q}_j + \sum_{j=1}^{n} \frac{\mathrm{d}b_{ij}(\boldsymbol{q})}{\mathrm{d}t}\dot{q}_j \\
&= \sum_{j=1}^{n} b_{ij}(\boldsymbol{q})\ddot{q}_j + \sum_{j=1}^{n}\sum_{k=1}^{n} \frac{\partial b_{ij}(\boldsymbol{q})}{\partial q_k}\dot{q}_k \dot{q}_j
\end{aligned}$$

且

$$\frac{\partial \mathcal{T}}{\partial q_i} = \frac{1}{2}\sum_{j=1}^{n}\sum_{k=1}^{n} \frac{\partial b_{jk}(\boldsymbol{q})}{\partial q_i}\dot{q}_k \dot{q}_j$$

其中和式的脚标已进行适当转换。进一步参考式(7.14)和式(7.24),得

$$\begin{aligned}
\frac{\partial \mathcal{U}}{\partial q_i} &= -\sum_{j=1}^{n}\left(m_{l_j} \boldsymbol{g}_0^{\mathrm{T}} \frac{\partial \boldsymbol{p}_{l_j}}{\partial q_i} + m_{m_j} \boldsymbol{g}_0^{\mathrm{T}} \frac{\partial \boldsymbol{p}_{m_j}}{\partial q_i}\right) \\
&= -\sum_{j=1}^{n}(m_{l_j} \boldsymbol{g}_0^{\mathrm{T}} \boldsymbol{J}_{Pi}^{(l_j)}(\boldsymbol{q}) + m_{m_j} \boldsymbol{g}_0^{\mathrm{T}} \boldsymbol{J}_{Pi}^{(m_j)}(\boldsymbol{q})) = g_i(\boldsymbol{q})
\end{aligned} \tag{7.39}$$

其中和式的脚标也已进行变换。

最后,运动方程为

$$\sum_{j=1}^{n} b_{ij}(\boldsymbol{q})\ddot{q}_j + \sum_{j=1}^{n}\sum_{k=1}^{n} h_{ijk}(\boldsymbol{q})\dot{q}_k \dot{q}_k + g_i(\boldsymbol{q}) = \xi_i \quad i = 1, \cdots, n \tag{7.40}$$

① 柔性连杆的情况下,弹性力将会产生附加作用。

其中

$$h_{ijk}=\frac{\partial b_{ij}}{\partial q_k}-\frac{1}{2}\frac{\partial b_{jk}}{\partial q_i} \tag{7.41}$$

式(7.40)中的物理意义为：

- 加速度项(acceleration terms)

参数 b_{ii} 表示其他关节锁定时，当前机械手位形条件下，关节 i 轴的转动惯量。

参数 b_{ij} 表示关节 i 对关节 j 的加速度影响(此处原文似有误——译者注)。

- 二次速度项(quadratic velocity terms)

$h_{ijj}\dot{q}_j^2$ 项表示由于关节 j 速度引起的关节 i 的离心作用(centrifugal)；注意因为$\partial b_{ii}/\partial q_i=$
256 0，所以 $h_{iii}=0$。

$h_{ijk}\dot{q}_j\dot{q}_k$ 项表示关节 j 和关节 k 的速度对关节 i 引起的哥氏(Coriolis)影响。

- 位形依赖项(configuration－dependent terms)

g_i 项表示在当前位形下，重力对机械手关节 i 轴产生的力矩。

某些关节动力学耦合项如参数 b_{ij} 和 h_{ijk} 可以在结构设计中减小或令其为零，这是为了简化控制问题。

对机械手关节处作用的非保守力，由驱动转矩(actuation torques)$\boldsymbol{\tau}$减去粘滞摩擦(viscous friction)转矩 $\boldsymbol{F}_v\dot{\boldsymbol{q}}$ 和静摩擦转矩 $\boldsymbol{f}_s(\boldsymbol{q},\dot{\boldsymbol{q}})$得到，$\boldsymbol{F}_v$ 表示由粘滞摩擦系数构成的$(n\times n)$对角阵。可采用库仑摩擦(Coulomb friction)转矩 $\boldsymbol{F}_s\mathrm{sgn}(\dot{\boldsymbol{q}})$作为静摩擦转矩的简化模型，其中 $\boldsymbol{F}_s$ 为$(n\times n)$对角阵，$\mathrm{sgn}(\dot{\boldsymbol{q}})$表示$(n\times 1)$向量，其元素由单个关节速度的符号函数给出。

若机械手末端执行器与环境接触，部分输入转矩就要用于平衡接触力对关节引起的转矩。该转矩形式上与式(3.111)相似，由 $\boldsymbol{J}^{\mathrm{T}}(\boldsymbol{q})\boldsymbol{h}_e$ 给出，其中 $\boldsymbol{h}_e$ 表示环境中末端执行器施加的力和力矩向量。

对以上进行总结，式(7.38)运动方程可写为用于表达关节空间动力学模型(joint space dynamic model)的简洁矩阵形式：

$$\boldsymbol{B}(\boldsymbol{q})\ddot{\boldsymbol{q}}+\boldsymbol{C}(\boldsymbol{q},\dot{\boldsymbol{q}})\dot{\boldsymbol{q}}+\boldsymbol{F}_v\dot{\boldsymbol{q}}+\boldsymbol{F}_s\mathrm{sgn}(\dot{\boldsymbol{q}})+\boldsymbol{g}(\boldsymbol{q})=\boldsymbol{\tau}-\boldsymbol{J}^{\mathrm{T}}(\boldsymbol{q})\boldsymbol{h}_e \tag{7.42}$$

其中 $\boldsymbol{C}$ 为适当的$(n\times n)$矩阵，其元素 c_{ij} 满足等式：

$$\sum_{j=1}^{n}c_{ij}\dot{q}_j=\sum_{j=1}^{n}\sum_{k=1}^{n}h_{ijk}\dot{q}_k\dot{q}_j \tag{7.43}$$

7.2 动力学模型的典型性质

以下内容介绍动力学模型的两个重要性质，这些性质对动力学参数辨识以及控制算法推导将有所帮助。

7.2.1 矩阵 $\dot{\boldsymbol{B}}-2\boldsymbol{C}$ 的反对称性

257 由于存在多个矩阵 $\boldsymbol{C}$，其元素均能满足式(7.43)，所以矩阵 $\boldsymbol{C}$ 并不唯一。特定的矩阵元素可由对式(7.43)等式右侧的项和对(7.41)中的参数 h_{ijk} 进一步说明得到。为此，有

$$\sum_{j=1}^{n} c_{ij}\dot{q}_j = \sum_{j=1}^{n}\sum_{k=1}^{n} h_{ijk}\dot{q}_k\dot{q}_j$$
$$= \sum_{j=1}^{n}\sum_{k=1}^{n}\left(\frac{\partial b_{ij}}{\partial q_k} - \frac{1}{2}\frac{\partial b_{jk}}{\partial q_i}\right)\dot{q}_k\dot{q}_j$$

适当转换 j 和 k 的总和,将右侧第一项分成两部分,有

$$\sum_{j=1}^{n} c_{ij}\dot{q}_j = \frac{1}{2}\sum_{j=1}^{n}\sum_{k=1}^{n}\frac{\partial b_{ij}}{\partial q_k}\dot{q}_k\dot{q}_j + \frac{1}{2}\sum_{j=1}^{n}\sum_{k=1}^{n}\left(\frac{\partial b_{ik}}{\partial q_j} - \frac{\partial b_{jk}}{\partial q_i}\right)\dot{q}_k\dot{q}_j$$

结果,$\boldsymbol{C}$ 的一般元素为

$$c_{ij} = \sum_{k=1}^{n} c_{ijk}\dot{q}_k \tag{7.44}$$

其中系数

$$c_{ijk} = \frac{1}{2}\left(\frac{\partial b_{ij}}{\partial q_k} + \frac{\partial b_{ik}}{\partial q_j} - \frac{\partial b_{jk}}{\partial q_i}\right) \tag{7.45}$$

称为第一型克里斯托费尔符号。注意由于 $\boldsymbol{B}$ 阵对称,有

$$c_{ijk} = c_{ikj} \tag{7.46}$$

矩阵 $\boldsymbol{C}$ 的选择可导出以下(7.42)运动方程的典型属性,矩阵

$$\boldsymbol{N}(\boldsymbol{q},\dot{\boldsymbol{q}}) = \dot{\boldsymbol{B}}(\boldsymbol{q}) - 2\boldsymbol{C}(\boldsymbol{q},\dot{\boldsymbol{q}}) \tag{7.47}$$

为反对称阵(skew-symmetric)。即给定任意($n\times1$)的向量 $\boldsymbol{w}$,以下关系成立:

$$\boldsymbol{w}^{\mathrm{T}}\boldsymbol{N}(\boldsymbol{q},\dot{\boldsymbol{q}})\boldsymbol{w} = 0 \tag{7.48}$$

事实上,将式(7.45)中的系数代入式(7.44)可得

$$c_{ij} = \frac{1}{2}\sum_{k=1}^{n}\frac{\partial b_{ij}}{\partial q_k}\dot{q}_k + \frac{1}{2}\sum_{k=1}^{n}\left(\frac{\partial b_{ik}}{\partial q_j} - \frac{\partial b_{jk}}{\partial q_i}\right)\dot{q}_k$$
$$= \frac{1}{2}\dot{b}_{ij} + \frac{1}{2}\sum_{k=1}^{n}\left(\frac{\partial b_{ik}}{\partial q_j} - \frac{\partial b_{jk}}{\partial q_i}\right)\dot{q}_k$$

式(7.47)中矩阵 $\boldsymbol{N}$ 的一般元素表达如下:

$$n_{ij} = \dot{b}_{ij} - 2c_{ij} = \sum_{k=1}^{n}\left(\frac{\partial b_{jk}}{\partial q_i} - \frac{\partial b_{ik}}{\partial q_j}\right)\dot{q}_k$$ 258

结果将得到

$$n_{ij} = -n_{ji}$$

令 $\boldsymbol{w}=\dot{\boldsymbol{q}}$,得到 $\boldsymbol{N}(\boldsymbol{q},\dot{\boldsymbol{q}})$ 反对称性这一有意义的性质的直接证据:

$$\dot{\boldsymbol{q}}^{\mathrm{T}}\boldsymbol{N}(\boldsymbol{q},\ \dot{\boldsymbol{q}})\dot{\boldsymbol{q}} = 0 \tag{7.49}$$

注意式(7.49)并不表示式(7.48)成立,因为 $\boldsymbol{N}$ 也是 $\dot{\boldsymbol{q}}$ 的函数。

可以看出,由于汉密尔顿(Hamilton)能量守恒定律的结果,式(7.49)对矩阵 $\boldsymbol{C}$ 的任意一种选择都成立。由于能量守恒定律,在动能推导的整个时间内,所有作用在机械手关节上的力产生的能量保持平衡。对该问题中的机械系统,可写作

$$\frac{1}{2}\frac{\mathrm{d}}{\mathrm{d}t}(\dot{\boldsymbol{q}}^{\mathrm{T}}\boldsymbol{B}(\boldsymbol{q})\dot{\boldsymbol{q}}) = \dot{\boldsymbol{q}}^{\mathrm{T}}(\boldsymbol{\tau} - \boldsymbol{F}_{\mathrm{v}}\dot{\boldsymbol{q}} - \boldsymbol{F}_{\mathrm{s}}\mathrm{sgn}(\dot{\boldsymbol{q}}) - \boldsymbol{g}(\boldsymbol{q}) - \boldsymbol{J}^{\mathrm{T}}(\boldsymbol{q})\boldsymbol{h}_{\mathrm{e}}) \tag{7.50}$$

式(7.50)左侧可推出

$$\frac{1}{2}\dot{\boldsymbol{q}}^{\mathrm{T}}\dot{\boldsymbol{B}}(\boldsymbol{q})\dot{\boldsymbol{q}} + \dot{\boldsymbol{q}}^{\mathrm{T}}\boldsymbol{B}(\boldsymbol{q})\ddot{\boldsymbol{q}}$$

将 $\boldsymbol{B}(\boldsymbol{q})\ddot{\boldsymbol{q}}$ 代入式(7.42)中，得

$$\frac{1}{2}\frac{\mathrm{d}}{\mathrm{d}t}(\dot{\boldsymbol{q}}^{\mathrm{T}}\boldsymbol{B}(\boldsymbol{q})\dot{\boldsymbol{q}}) = \frac{1}{2}\dot{\boldsymbol{q}}^{\mathrm{T}}(\dot{\boldsymbol{B}}(\boldsymbol{q}) - 2\,\mathcal{C}(\boldsymbol{q},\dot{\boldsymbol{q}}))\dot{\boldsymbol{q}} + \dot{\boldsymbol{q}}^{\mathrm{T}}(\boldsymbol{\tau} - \boldsymbol{F}_{\mathrm{v}}\dot{\boldsymbol{q}} - \boldsymbol{F}_{\mathrm{s}}\,\mathrm{sgn}(\dot{\boldsymbol{q}}) - \boldsymbol{g}(\boldsymbol{q}) - \boldsymbol{J}^{\mathrm{T}}(\boldsymbol{q})\boldsymbol{h}_{\mathrm{e}}) \tag{7.51}$$

对式(7.50)和式(7.51)的右侧直接比较，可得出式(7.49)的结论。

对此总结，式(7.49)的关系对所有可能的矩阵$\mathcal{C}$都成立，因为该式是系统物理属性的直接结果，反之式(7.48)的关系只对式(7.44)和式(7.45)中矩阵$\mathcal{C}$元素的特定选择成立。

7.2.2 动力学参数的线性性

动力学参数(dynamic parameters)用于表征机械手连杆与转子。动力学模型的一个重要性质是动力学参数的线性性(linearity)。

为确定这些参数，有必要将每个转子的动能与势能分量与转子所在的连杆联系起来。由此，认为连杆 i 与转子 $i+1$ 合在一起(记为扩展连杆(augmented Link)i)，动能为

259 $$\mathcal{T}_i = \mathcal{T}_{\mathrm{l}_i} + \mathcal{T}_{\mathrm{m}_{i+1}} \tag{7.52}$$

其中

$$\mathcal{T}_{\mathrm{l}_i} = \frac{1}{2}m_{\mathrm{l}_i}\dot{\boldsymbol{p}}_{\mathrm{l}_i}^{\mathrm{T}}\dot{\boldsymbol{p}}_{\mathrm{l}_i} + \frac{1}{2}\boldsymbol{\omega}_i^{\mathrm{T}}\boldsymbol{I}_{\mathrm{l}_i}\boldsymbol{\omega}_i \tag{7.53}$$

与

$$\mathcal{T}_{\mathrm{m}_{i+1}} = \frac{1}{2}m_{\mathrm{m}_{i+1}}\dot{\boldsymbol{p}}_{\mathrm{m}_{i+1}}^{\mathrm{T}}\dot{\boldsymbol{p}}_{\mathrm{m}_{i+1}} + \frac{1}{2}\boldsymbol{\omega}_{\mathrm{m}_{i+1}}^{\mathrm{T}}\boldsymbol{I}_{\mathrm{m}_{i+1}}\boldsymbol{\omega}_{\mathrm{m}_{i+1}} \tag{7.54}$$

参考扩展连杆重心，连杆与转子的线速度可根据式(3.26)表示为

$$\dot{\boldsymbol{p}}_{\mathrm{l}_i} = \dot{\boldsymbol{p}}_{\mathrm{C}_i} + \boldsymbol{\omega}_i \times \boldsymbol{r}_{\mathrm{C}_i,\mathrm{l}_i} \tag{7.55}$$

$$\dot{\boldsymbol{p}}_{\mathrm{m}_{i+1}} = \dot{\boldsymbol{p}}_{\mathrm{C}_i} + \boldsymbol{\omega}_i \times \boldsymbol{r}_{\mathrm{C}_i,m_{i+1}} \tag{7.56}$$

且

$$\boldsymbol{r}_{\mathrm{C}_i,\mathrm{l}_i} = \boldsymbol{p}_{\mathrm{l}_i} - \boldsymbol{p}_{\mathrm{C}_i} \tag{7.57}$$

$$\boldsymbol{r}_{\mathrm{C}_i,\mathrm{m}_{i+1}} = \boldsymbol{p}_{\mathrm{m}_{i+1}} - \boldsymbol{p}_{\mathrm{C}_i} \tag{7.58}$$

其中 $\boldsymbol{P}_{\mathrm{C}_i}$ 表示扩展连杆 i 质心的位置向量。

将式(7.55)代入式(7.53)得

$$\mathcal{T}_{\mathrm{l}_i} = \frac{1}{2}m_{\mathrm{l}_i}\dot{\boldsymbol{p}}_{\mathrm{C}_i}^{\mathrm{T}}\dot{\boldsymbol{p}}_{\mathrm{C}_i} + \dot{\boldsymbol{p}}_{\mathrm{C}_i}^{\mathrm{T}}\boldsymbol{S}(\boldsymbol{\omega}_i)m_{\mathrm{l}_i}\boldsymbol{r}_{\mathrm{C}_i,\mathrm{l}_i} + \frac{1}{2}m_{\mathrm{l}_i}\boldsymbol{\omega}_i^{\mathrm{T}}\boldsymbol{S}^{\mathrm{T}}(\boldsymbol{r}_{\mathrm{C}_i,\mathrm{l}_i}\boldsymbol{S}(\boldsymbol{r}_{\mathrm{C}_i,\mathrm{l}_i})\boldsymbol{\omega}_i + \frac{1}{2}\boldsymbol{\omega}_i^{\mathrm{T}}\boldsymbol{I}_{\mathrm{l}_i}\boldsymbol{\omega}_i \tag{7.59}$$

根据施泰纳定理(Steiner theorem)，矩阵

$$\bar{\boldsymbol{I}}_{\mathrm{l}_i} = \boldsymbol{I}_{\mathrm{l}_i} + m_{\mathrm{l}_i}\boldsymbol{S}^{\mathrm{T}}(\boldsymbol{r}_{\mathrm{C}_i,\mathrm{l}_i})\boldsymbol{S}(\boldsymbol{r}_{\mathrm{C}_i,\mathrm{l}_i}) \tag{7.60}$$

表示与所有质心 $\boldsymbol{P}_{\mathrm{C}_i}$ 有关的惯性张量，其中包含由于考虑张量估计引起的极点平移所带来的附加分量，如式(7.57)所示。所以式(7.59)可写为

$$\mathcal{T}_{\mathrm{l}_i} = \frac{1}{2}m_{\mathrm{l}_i}\dot{\boldsymbol{p}}_{\mathrm{C}_i}^{\mathrm{T}}\dot{\boldsymbol{p}}_{\mathrm{C}_i} + \dot{\boldsymbol{p}}_{\mathrm{C}_i}^{\mathrm{T}}\boldsymbol{S}(\boldsymbol{\omega}_i)m_{\mathrm{l}_i}\boldsymbol{r}_{\mathrm{C}_i,\mathrm{l}_i} + \frac{1}{2}\boldsymbol{\omega}_i^{\mathrm{T}}\bar{\boldsymbol{I}}_{\mathrm{l}_i}\boldsymbol{\omega}_i \tag{7.61}$$

以相似的方式，将式(7.56)代入式(7.54)，利用式(7.23)得到

$$\mathcal{T}_{\mathrm{m}_{i+1}} = \frac{1}{2} m_{\mathrm{m}_{i+1}} \dot{\boldsymbol{p}}_{\mathrm{C}_i}^{\mathrm{T}} \dot{\boldsymbol{p}}_{\mathrm{C}_i} + \dot{\boldsymbol{p}}_{\mathrm{C}_i}^{\mathrm{T}} \boldsymbol{S}(\boldsymbol{\omega}_i) m_{\mathrm{m}_{i+1}} \boldsymbol{r}_{\mathrm{C}_i,\mathrm{m}_{i+1}} + \frac{1}{2} \boldsymbol{\omega}_i^{\mathrm{T}} \overline{\boldsymbol{I}}_{\mathrm{m}_{i+1}} \boldsymbol{\omega}_i$$
$$+ k_{\mathrm{r},i+1} \dot{q}_{i+1} \boldsymbol{z}_{\mathrm{m}_{i+1}}^{\mathrm{T}} \boldsymbol{I}_{\mathrm{m}_{i+1}} \boldsymbol{\omega}_i + \frac{1}{2} k_{\mathrm{r},i+1}^2 \dot{q}_{i+1}^2 \boldsymbol{z}_{\mathrm{m}_{i+1}}^{\mathrm{T}} \boldsymbol{I}_{\mathrm{m}_{i+1}} \boldsymbol{z}_{\mathrm{m}_{i+1}} \tag{7.62}$$

其中

$$\overline{\boldsymbol{I}}_{\mathrm{m}_{i+1}} = \boldsymbol{I}_{\mathrm{m}_{i+1}} + m_{\mathrm{m}_{i+1}} \boldsymbol{S}^{\mathrm{T}}(\boldsymbol{r}_{\mathrm{C}_i,\mathrm{m}_{i+1}}) \boldsymbol{S}(\boldsymbol{r}_{\mathrm{C}_i,\mathrm{m}_{i+1}}) \tag{7.63}$$ 260

如式(7.52)所示对式(7.61)、式(7.62)各部分求和，得出如下形式扩展连杆 i 的动能表达式

$$\mathcal{T} = \frac{1}{2} m_i \dot{\boldsymbol{p}}_{\mathrm{C}_i}^{\mathrm{T}} \dot{\boldsymbol{p}}_{\mathrm{C}_i} + \frac{1}{2} \boldsymbol{\omega}_i^{\mathrm{T}} \overline{\boldsymbol{I}}_i \boldsymbol{\omega}_i + k_{\mathrm{r},i+1} \dot{q}_{i+1} \boldsymbol{z}_{\mathrm{m}_{i+1}}^{\mathrm{T}} \boldsymbol{I}_{\mathrm{m}_{i+1}} \boldsymbol{\omega}_i$$
$$+ \frac{1}{2} k_{\mathrm{r},i+1}^2 \dot{q}_{i+1}^2 \boldsymbol{z}_{\mathrm{m}_{i+1}}^{\mathrm{T}} \boldsymbol{I}_{\mathrm{m}_{i+1}} \boldsymbol{z}_{\mathrm{m}_{i+1}} \tag{7.64}$$

其中 $m_i = m_{\mathrm{l}_i} + m_{\mathrm{m}_{i+1}}$ 与 $\overline{\boldsymbol{I}}_i = \overline{\boldsymbol{I}}_{\mathrm{l}_i} + \overline{I}_{m_{i+1}}$ 分别为所有质量和惯性张量。在式(7.64)的推演中，用到式(7.57)和式(7.58)的关系，以及以下质心位置之间的关系：

$$m_{\mathrm{l}_i} \boldsymbol{p}_{\mathrm{l}_i} + m_{\mathrm{m}_{i+1}} \boldsymbol{p}_{\mathrm{m}_{i+1}} = m_i \boldsymbol{p}_{\mathrm{C}_i} \tag{7.65}$$

注意式(7.64)右侧前两项表示静止时转子的动能分量，而剩下两项是转子自身运动产生的。

假设转子关于旋转轴质量分布均衡，当坐标系 $\boldsymbol{R}_{\mathrm{m}_i}$ 的原点在质心、$\boldsymbol{z}_{\mathrm{m}_i}$ 轴与旋转轴一致时，其惯性张量表示可写为

$$\boldsymbol{I}_{\mathrm{m}_i}^{\mathrm{m}_i} = \begin{bmatrix} I_{\mathrm{m}_i xx} & 0 & 0 \\ 0 & I_{\mathrm{m}_i yy} & 0 \\ 0 & 0 & I_{\mathrm{m}_i zz} \end{bmatrix} \tag{7.66}$$

其中 $I_{\mathrm{m}_i yy} = I_{\mathrm{m}_i xx}$。结论是惯性张量对关于 z_{m_i} 轴的任意旋转都是不变的，而且相对任何与连杆 $i-1$ 固连的坐标系，惯性张量都是恒值。

既然目的在于确定一组独立于机械手关节位形的动力学参数，就有必要描述连杆固连坐标系 $\boldsymbol{R}_i$ 的连杆惯性张量 $\overline{\boldsymbol{I}}_i$，以及坐标系 $\boldsymbol{R}_{m_i+1}$ 的惯性张量 $\boldsymbol{I}_{m_i+1}$，以使其对角。根据式(7.66)有

$$\boldsymbol{I}_{\mathrm{m}_{i+1}} \boldsymbol{z}_{\mathrm{m}_{i+1}} = \boldsymbol{R}_{\mathrm{m}_{i+1}} \boldsymbol{I}_{\mathrm{m}_{i+1}}^{\mathrm{m}_{i+1}} \boldsymbol{R}_{\mathrm{m}_{i+1}}^{\mathrm{T}} \boldsymbol{z}_{\mathrm{m}_{i+1}} = I_{\mathrm{m}_{i+1}} \boldsymbol{z}_{\mathrm{m}_{i+1}} \tag{7.67}$$

其中 $I_{\mathrm{m}_{i+1}} = I_{\mathrm{m}_{i+1} zz}$ 表示转子对其转轴的常数量转动惯量。

因此式(7.64)动能成为

$$\mathcal{T}_i = \frac{1}{2} m_i \dot{\boldsymbol{p}}_{\mathrm{C}_i}^{i\mathrm{T}} \dot{\boldsymbol{p}}_{\mathrm{C}_i} + \frac{1}{2} \boldsymbol{\omega}_i^{i\mathrm{T}} \overline{\boldsymbol{I}}_i^i \boldsymbol{\omega}_i^i + k_{\mathrm{r},i+1} q_{i+1} I_{\mathrm{m}_{i+1}} \boldsymbol{z}_{\mathrm{m}_{i+1}}^{i\mathrm{T}} \boldsymbol{\omega}_i^i$$
$$+ \frac{1}{2} k_{\mathrm{r},i+1}^2 \dot{q}_{i+1}^2 I_{\mathrm{m}_{i+1}} \tag{7.68}$$

根据式(3.15)连杆 i 的线速度合成法则，可写为

$$\dot{\boldsymbol{p}}_{\mathrm{C}_i}^i = \dot{\boldsymbol{p}}_i^i + \boldsymbol{\omega}_i^i \times \boldsymbol{r}_{i,\mathrm{C}_i}^i \tag{7.69}$$ 261

其中所有向量都是参考坐标系 i 的。注意 $\boldsymbol{r}_{i,\mathrm{C}_i}^i$ 固连在该坐标系上。将式(7.69)代入式(7.68)得

$$\mathcal{T}_i = \frac{1}{2} m_i \dot{\boldsymbol{p}}_i^{i\mathrm{T}} \dot{\boldsymbol{p}}_i^i + \dot{\boldsymbol{p}}_i^{i\mathrm{T}} \boldsymbol{S}(\boldsymbol{\omega}_i^i) m_i \boldsymbol{r}_{i,\mathrm{C}_i}^i + \frac{1}{2} \boldsymbol{\omega}_i^{i\mathrm{T}} \hat{\boldsymbol{I}}_i^i \boldsymbol{\omega}_i^i$$

$$+k_{\mathrm{r},i+1}\dot{q}_{i+1}I_{\mathrm{m}_{i+1}}\boldsymbol{z}_{\mathrm{m}_{i+1}}^{i\mathrm{T}}\boldsymbol{\omega}_i^i+\frac{1}{2}k_{\mathrm{r},i+1}^2\dot{q}_{i+1}^2I_{\mathrm{m}_{i+1}} \tag{7.70}$$

其中

$$\hat{\boldsymbol{I}}_i^i=\bar{\boldsymbol{I}}_i^i+m_i\boldsymbol{S}^{\mathrm{T}}(\boldsymbol{r}_{i,\mathrm{C}_i}^i)\boldsymbol{S}(\boldsymbol{r}_{i,\mathrm{C}_i}^i) \tag{7.71}$$

表示根据施泰纳定理参考坐标系 i 原点的惯性张量。

令 $\boldsymbol{r}_{i,\mathrm{C}_i}^i=[l_{\mathrm{C}_ix}\quad l_{\mathrm{C}_iy}\quad l_{\mathrm{C}_iz}]^{\mathrm{T}}$,惯性一阶矩为

$$m_i\boldsymbol{r}_{i,\mathrm{C}_i}^i=\begin{bmatrix}m_il_{\mathrm{C}_ix}\\m_il_{\mathrm{C}_iy}\\m_il_{\mathrm{C}_iz}\end{bmatrix} \tag{7.72}$$

由式(7.71)扩展连杆 i 的转动惯量为

$$\begin{aligned}\hat{\boldsymbol{I}}_i^i&=\begin{bmatrix}\bar{I}_{ixx}+m_i(l_{\mathrm{C}_iy}^2+l_{\mathrm{C}_iz}^2) & -\bar{I}_{ixy}-m_il_{\mathrm{C}_ix}l_{\mathrm{C}_iy} & -\bar{I}_{ixz}-m_il_{\mathrm{C}_ix}l_{\mathrm{C}_iz}\\ * & \bar{I}_{iyy}+m_i(l_{\mathrm{C}_ix}^2+l_{\mathrm{C}_iz}^2) & -\bar{I}_{iyz}-m_il_{\mathrm{C}_iy}l_{\mathrm{C}_iz}\\ * & * & \bar{I}_{izz}+m_i(l_{\mathrm{C}_ix}^2+l_{\mathrm{C}_iy}^2)\end{bmatrix}\\&=\begin{bmatrix}\hat{I}_{ixx} & -\hat{I}_{ixy} & -\hat{I}_{ixz}\\ * & \hat{I}_{iyy} & -\hat{I}_{iyz}\\ * & * & \hat{I}_{izz}\end{bmatrix}\end{aligned} \tag{7.73}$$

因此,扩展连杆的动能关于动力学参数是线性的,动力学参数包括质量、式(7.72)中惯性一阶矩的三个分量、式(7.73)中惯性张量的 6 个分量和转子的转动惯量。

至于势能,有必要利用式(7.65)中定义的扩展连杆 i 的质心,将单独的势能写为

$$\mathcal{U}_i=-m_i\boldsymbol{g}_0^{i\mathrm{T}}\boldsymbol{p}_{\mathrm{C}_i}^i \tag{7.74}$$

其中向量是参考坐标系 i 的。根据关系

$$\boldsymbol{p}_{\mathrm{C}_i}^i=\boldsymbol{p}_i^i+\boldsymbol{r}_{i,\mathrm{C}_i}^i$$

式(7.74)表达式可写为

262

$$\mathcal{U}_i=-\boldsymbol{g}_0^{i\mathrm{T}}(m_i\boldsymbol{p}_i^i+m_i\boldsymbol{r}_{i,\mathrm{C}_i}^i) \tag{7.75}$$

即扩展连杆的势能关于质量和式(7.72)中惯性一阶矩的 3 个分量为线性关系。

对所有扩展连杆的动能和势能分量求和,系统式(7.1)的拉格朗日公式可表示为以下形式:

$$\mathcal{L}=\sum_{i=1}^n(\boldsymbol{\beta}_{\mathcal{T}_i}^{\mathrm{T}}-\boldsymbol{\beta}_{\mathcal{U}_i}^{\mathrm{T}})\boldsymbol{\pi}_i \tag{7.76}$$

其中 $\boldsymbol{\pi}_i$ 为(11×1)的动力学参数向量

$$\boldsymbol{\pi}_i=[m_i\quad m_il_{\mathrm{C}_ix}\quad m_il_{\mathrm{C}_iy}\quad m_il_{\mathrm{C}_iz}\quad \hat{I}_{ixx}\quad \hat{I}_{ixy}\quad \hat{I}_{ixz}\quad \hat{I}_{iyy}\quad \hat{I}_{iyz}\quad \hat{I}_{izz}\quad I_{m}]^{\mathrm{T}} \tag{7.77}$$

转子 i 的转动惯量与连杆 i 的参数相关联,以使得符号简化。

式(7.76)中,$\boldsymbol{\beta}_{\mathcal{T}_i}$ 与 $\boldsymbol{\beta}_{\mathcal{U}_i}$ 为(11×1)向量,可将拉格朗日函数写为 $\boldsymbol{\pi}_i$ 的函数。该向量为机械系统广义坐标系的函数(对于 $\boldsymbol{\beta}_{\mathcal{T}_i}$,同时也是其导数的函数)。可表示为 $\boldsymbol{\beta}_{\mathcal{T}_i}=\beta_{\mathcal{T}_i}(q_1,q_2,\cdots,q_i,\dot{q}_1,\dot{q}_2,\cdots,\dot{q}_i)$ 和 $\boldsymbol{\beta}_{\mathcal{U}_i}=\boldsymbol{\beta}_{\mathcal{U}_i}(q_1,q_2,\cdots,q_i)$

即两个向量与连杆 i 之后的关节变量无关。

基于这点,可以看出式(7.2)拉格朗日方程所需的推导不改变参数的线性性,且在关节 i 上的广义力可写作

$$\xi_i = \sum_{j=1}^{n} \boldsymbol{y}_{ij}^{\mathrm{T}} \boldsymbol{\pi}_j \tag{7.78}$$

其中

$$\boldsymbol{y}_{ij} = \frac{\mathrm{d}}{\mathrm{d}t}\frac{\partial \boldsymbol{\beta}_{Tj}}{\partial \dot{q}_i} - \frac{\partial \boldsymbol{\beta}_{Tj}}{\partial q_i} + \frac{\partial \boldsymbol{\beta}_{uj}}{\partial q_i} \tag{7.79}$$

因为当 $j<i$ 时,式(7.79)中 $\boldsymbol{\beta}_{T_i}$ 与 $\boldsymbol{\beta}_{u_i}$ 的偏导数将消失,因此可得以下的重要结果:

$$\begin{bmatrix} \xi_1 \\ \xi_2 \\ \vdots \\ \xi_n \end{bmatrix} = \begin{bmatrix} \boldsymbol{y}_{11}^{\mathrm{T}} & \boldsymbol{y}_{12}^{\mathrm{T}} & \cdots & \boldsymbol{y}_{1n}^{\mathrm{T}} \\ \boldsymbol{0}^{\mathrm{T}} & \boldsymbol{y}_{22}^{\mathrm{T}} & \cdots & \boldsymbol{y}_{2n}^{\mathrm{T}} \\ \vdots & \vdots & \ddots & \vdots \\ \boldsymbol{0}^{\mathrm{T}} & \boldsymbol{0}^{\mathrm{T}} & \cdots & \boldsymbol{y}_{nn}^{\mathrm{T}} \end{bmatrix} \begin{bmatrix} \boldsymbol{\pi}_1 \\ \boldsymbol{\pi}_2 \\ \vdots \\ \boldsymbol{\pi}_n \end{bmatrix} \tag{7.80}$$

对于一组合适的动力学参数,该式使机械手模型具有线性性。

在没有接触力($\boldsymbol{h}_e=\boldsymbol{0}$)的简单情况下,向量 $\boldsymbol{\pi}_i$ 的参数中应包括粘滞摩擦系数 F_{vi} 和库仑摩擦系数 F_{si},由此每个关节总共有 13 个参数。式(7.80)可简洁地写为

$$\boldsymbol{\tau} = \boldsymbol{Y}(\boldsymbol{q}, \dot{\boldsymbol{q}}, \ddot{\boldsymbol{q}})\boldsymbol{\pi} \tag{7.81}$$ 263

其中 $\boldsymbol{\pi}$ 为恒值(constant)参数的($p\times 1$)向量,$\boldsymbol{Y}$ 为关节位置、速度和加速度的($n\times p$)函数矩阵,该矩阵常被称为回归阵(regressor)。对于参数向量的维数,注意因为并非每个关节所有的 13 个参数都能出现在式(7.81)中,所以 $p\leqslant 13n$。

7.3　简单机械手结构的动力学模型

以下将以简单的 2 自由度机械手结构为对象,举 3 个动力学模型计算实例。实际 2 自由度足以理解所有动态项的物理含义,尤其是关节耦合项。另一方面,更高自由度的机械手动力学模型计算极为繁冗,而且由纸笔人工计算时容易出错。以下实例中,建议应用符号编程软件包完成。

7.3.1　两连杆笛卡儿臂

如图 7.3 所示的两连杆笛卡儿臂,其中广义坐标系向量为 $\boldsymbol{q}=[d_1 \quad d_2]^{\mathrm{T}}$。令 m_{l_1}, m_{l_2} 为两个连杆的质量,m_{m_1}, m_{m_2} 为两个关节上电机转子的质量。令 I_{m_1}, I_{m_2} 为关于两个转子轴的转动惯量。假定对 $i=1,2$,有 $\boldsymbol{p}_{m_i}=\boldsymbol{p}_{i-1}, \boldsymbol{z}_{m_i}=\boldsymbol{z}_{i-1}$,即电机位于在关节轴上,质心在各自坐标系的原点上。

在所选坐标系中,计算式(7.16)中的雅可比矩阵,(7.18)满足

$$\boldsymbol{J}_{P}^{(l_1)} = \begin{bmatrix} 0 & 0 \\ 0 & 0 \\ 1 & 0 \end{bmatrix} \qquad \boldsymbol{J}_{P}^{(l_2)} = \begin{bmatrix} 0 & 1 \\ 0 & 0 \\ 1 & 0 \end{bmatrix}$$

很明显,该情况下所有连杆都没有角速度分量。 264

计算式(7.25)、式(7.26)、式(7.28)、式(7.29)中的雅可比矩阵矩阵，有

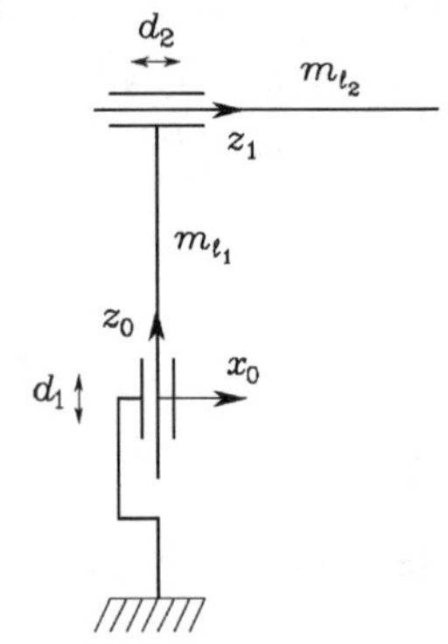

图 7.3　两连杆笛卡儿臂

$$\boldsymbol{J}_{\mathrm{P}}^{(\mathrm{m}_1)}=\begin{bmatrix}0&0\\0&0\\0&0\end{bmatrix}\qquad \boldsymbol{J}_{\mathrm{P}}^{(\mathrm{m}_2)}=\begin{bmatrix}0&0\\0&0\\1&0\end{bmatrix}$$

$$\boldsymbol{J}_{\mathrm{O}}^{(\mathrm{m}_1)}=\begin{bmatrix}0&0\\0&0\\k_{r1}&0\end{bmatrix}\qquad \boldsymbol{J}_{\mathrm{O}}^{(\mathrm{m}_2)}=\begin{bmatrix}0&k_{r2}\\0&0\\0&0\end{bmatrix}$$

其中 k_{ri} 为电机 i 的齿轮减速比，明显看出 $\boldsymbol{z}_1=[1\quad 0\quad 0]^{\mathrm{T}}$，这是对式(4.34)中第二项的简化计算。

由式(7.32)，惯性矩阵为

$$\boldsymbol{B}=\begin{bmatrix}m_{\mathrm{l}_1}+m_{\mathrm{m}_2}+k_{\mathrm{r}1}^2 I_{\mathrm{m}_1}+m_{\mathrm{l}_2} & 0\\ 0 & m_{\mathrm{l}_2}+k_{\mathrm{r}2}^2 I_{\mathrm{m}_2}\end{bmatrix}$$

注意 $\boldsymbol{B}$ 为常值，即 $\boldsymbol{B}$ 不依赖于臂的位形。这意味着 $C=\boldsymbol{0}$，也就是不存在哥氏力和离心力分量。对重力项，由于 $\boldsymbol{g}_0=[0\quad 0\quad -g]^{\mathrm{T}}$($g$ 为重力加速度)，式(7.39)采用以上雅可比矩阵矩阵可得

$$g_1=(m_{\mathrm{l}_1}+m_{\mathrm{m}_2}+m_{\mathrm{l}_2})g\qquad g_2=0$$

不考虑摩擦力和末端接触力，运动的最终方程为

$$(m_{\mathrm{l}_1}+m_{\mathrm{m}_2}+k_{\mathrm{r}_1}^2 I_{\mathrm{m}_1}+m_{\mathrm{l}_2})\ddot{d}_1+(m_{\mathrm{l}_1}+m_{\mathrm{m}_2}+m_{\mathrm{l}_2})g=\boldsymbol{\tau}_1$$

$$(m_{\mathrm{l}_2}+k_{\mathrm{r}_2}^2 I_{\mathrm{m}_2})\ddot{d}_2=\boldsymbol{\tau}_2$$

其中 $\boldsymbol{\tau}_1$ 和 $\boldsymbol{\tau}_2$ 表示作用于两个关节的力。注意已经得到完全的动力学解耦。这不仅是笛卡儿结构的结果，也是特定几何结构的结果，换句话说，如果第二个关节轴与第一个关节轴不是直角关系，所求惯性矩阵将不会对角(见习题 7.1)

7.3.2　两连杆平面臂

如图 7.4 所示两连杆平面臂，其中广义坐标系向量为 $\boldsymbol{q}=[\vartheta_1\quad \vartheta_2]^{\mathrm{T}}$。令 l_1，l_2 为两连杆质心到各自关节轴之间的距离。令 m_{l_1}，m_{l_2} 为两连杆质量，m_{m_1}，m_{m_2} 为两关节电机转子的质
265 量，令 I_{m_1}，I_{m_2} 为对两转子轴的转动惯量，I_{l_1}，I_{l_2} 为分别相对两连杆质心的转动惯量。假设对 $i=1,2$，有 $\boldsymbol{p}_{\mathrm{m}_i}=\boldsymbol{p}_{i-1}$，$\boldsymbol{z}_{\mathrm{m}_i}=\boldsymbol{z}_{i-1}$，即电机位于关节轴，质心在各自坐标系的原点上。

对所选坐标系，计算式(7.16)中雅可比矩阵矩阵，式(7.18)成为

$$\boldsymbol{J}_{\mathrm{P}}^{(\mathrm{l}_1)}=\begin{bmatrix}-l_1 s_1 & 0\\ l_1 c_1 & 0\\ 0 & 0\end{bmatrix}\qquad \boldsymbol{J}_{\mathrm{P}}^{(\mathrm{l}_2)}=\begin{bmatrix}-a_1 s_1-l_2 s_{12} & -l_2 s_{12}\\ a_1 c_1+l_2 c_{12} & l_2 c_{12}\\ 0 & 0\end{bmatrix}$$

相应地计算式(7.17)中雅可比矩阵矩阵，式(7.19)成为

$$\boldsymbol{J}_{\mathrm{O}}^{(\mathrm{l}_1)}=\begin{bmatrix}0&0\\0&0\\1&0\end{bmatrix}\qquad \boldsymbol{J}_{\mathrm{O}}^{(\mathrm{l}_2)}=\begin{bmatrix}0&0\\0&0\\1&1\end{bmatrix}$$

注意对于 $i=1,2$，$\boldsymbol{\omega}_i$ 与 $\boldsymbol{z}_0$ 平行，因此 $\boldsymbol{R}_i$ 没有影响，接下来可能要考虑转动惯量的数值 I_{l_i}。

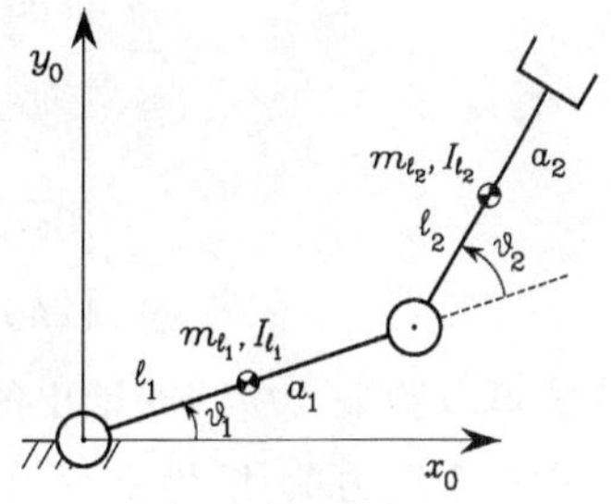

图 7.4　两连杆平面臂

计算式(7.25)中雅可比矩阵矩阵，式(7.26)成为

$$\boldsymbol{J}_{\mathrm{P}}^{(\mathrm{m}_1)}=\begin{bmatrix}0&0\\0&0\\0&0\end{bmatrix}\qquad \boldsymbol{J}_{\mathrm{P}}^{(\mathrm{m}_2)}=\begin{bmatrix}-a_1s_1&0\\a_1c_1&0\\0&0\end{bmatrix}$$

相应地计算式(7.28)中雅可比矩阵矩阵，式(7.29)成为

$$\boldsymbol{J}_{\mathrm{O}}^{(\mathrm{m}_1)}=\begin{bmatrix}0&0\\0&0\\k_{\mathrm{r}_1}&0\end{bmatrix}\qquad \boldsymbol{J}_{\mathrm{O}}^{(\mathrm{m}_2)}=\begin{bmatrix}0&0\\0&0\\1&k_{\mathrm{r}_2}\end{bmatrix}$$

其中 $k_{\mathrm{r}i}$ 为电动机 i 的齿轮减速比。

由式(7.32)，惯性矩阵为

$$\boldsymbol{B}(\boldsymbol{q})=\begin{bmatrix}b_{11}(\vartheta_2)&b_{12}(\vartheta_2)\\b_{21}(\vartheta_2)&b_{22}\end{bmatrix}$$

266

$$b_{11}=I_{l_1}+m_{l_1}l_1^2+k_{\mathrm{r}1}^2I_{\mathrm{m}_1}+I_{l_2}+m_{l_2}(a_1^2+l_2^2+2a_1l_2c_2)+I_{\mathrm{m}_2}+m_{\mathrm{m}_2}a_1^2$$

$$b_{12}=b_{21}=I_{l_2}+m_{l_2}(l_2^2+a_1l_2c_2)+k_{\mathrm{r}2}I_{\mathrm{m}2}$$

$$b_{22}=I_{l_2}+m_{l_2}l_2^2+k_{\mathrm{r}2}^2I_{\mathrm{m}2}$$

与前一个例子相比较，该惯性矩阵取决于位形。注意惯性矩阵的非对角项中 $k_{\mathrm{r}2}I_{\mathrm{m}2}$ 项是从被视为来自总角速度的电动机动能中的转动量部分产生的，总角速度是自身角速度和前述运动链中的连杆角速度。在一次近似计算中，尤其是齿轮减速比较高的情况下，这部分作用可被忽略；求解简化模型时，电动机惯性将以 $k_{\mathrm{r}i}^2I_{\mathrm{m}_i}$ 形式项唯一出现在惯性矩阵的对角元素中。

式(7.45)中克里斯托弗尔符号计算得到

$$c_{111}=\frac{1}{2}\frac{\partial b_{11}}{\partial q_1}=0$$

$$c_{112}=c_{121}=\frac{1}{2}\frac{\partial b_{11}}{\partial q_2}=-m_{l_2}a_1l_2s_2=h$$

$$c_{122}=\frac{\partial b_{12}}{\partial q_2}-\frac{1}{2}\frac{\partial b_{22}}{\partial q_1}=h$$

$$c_{211}=\frac{\partial b_{21}}{\partial q_1}-\frac{1}{2}\frac{\partial b_{11}}{\partial q_2}=-h$$

$$c_{212}=c_{221}=\frac{1}{2}\frac{\partial b_{22}}{\partial q_1}=0$$

$$c_{222}=\frac{1}{2}\frac{\partial b_{22}}{\partial q_2}=0$$

使得矩阵

$$\boldsymbol{C}(\boldsymbol{q},\dot{\boldsymbol{q}})=\begin{bmatrix}h\dot{\vartheta}_2&h(\dot{\vartheta}_1+\dot{\vartheta}_2)\\-h\dot{\vartheta}_1&0\end{bmatrix}$$

计算式(7.47)中的矩阵 $\boldsymbol{N}$ 为

$$\boldsymbol{N}(\boldsymbol{q},\boldsymbol{q})=\boldsymbol{B}(\boldsymbol{q})-2\boldsymbol{C}(\boldsymbol{q},\dot{\boldsymbol{q}})$$

$$= \begin{bmatrix} 2h\dot{\vartheta}_2 & h\dot{\vartheta}_2 \\ h\dot{\vartheta}_2 & 0 \end{bmatrix} - 2\begin{bmatrix} h\dot{\vartheta}_2 & h(\dot{\vartheta}_1 + \dot{\vartheta}_2) \\ -h\dot{\vartheta}_1 & 0 \end{bmatrix}$$

$$= \begin{bmatrix} 0 & -2h\dot{\vartheta}_1 - h\dot{\vartheta}_2 \\ 2h\dot{\vartheta}_1 + h\dot{\vartheta}_2 & 0 \end{bmatrix}$$

267 该式可以验证式(7.48)给出的反对称性，也可参见习题 7.2。

同样对于重力项，因为 $\boldsymbol{g}_0 = [0 \quad -g \quad 0]^{\mathrm{T}}$，按上面的雅可比矩阵矩阵，式(7.39)得到

$$g_1 = (m_{l_1} l_1 + m_{m_2} a_2 + m_{l_2} a_1) g c_1 + m_{l_2} l_2 g c_{12}$$

$$g_2 = m_{l_2} l_2 g c_{12}$$

不考虑摩擦和末端接触力，得到运动方程为

$$\begin{aligned}
&(I_{l_1} + m_{l_1} l_1^2 + k_{r1}^2 I_{m_1} + I_{l_2} + m_{l_2}(a_1^2 + l_2^2 + 2a_1 l_2 c_2) + I_{m_2} + m_{m_2} a_1^2)\ddot{\vartheta}_1 \\
&\quad + (I_{l_2} + m_{l_2}(l_2^2 + a_1 l_2 c_2) + k_{r2} I_{m_2})\ddot{\vartheta}_2 - 2m_{l_2} a_1 l_2 s_2 \dot{\vartheta}_1 \dot{\vartheta}_2 - m_{l_2} a_1 l_2 s_2 \dot{\vartheta}_2^2 \\
&\quad + (m_{l_1} l_1 + m_{m_2} a_1 + m_{l_2} l_2 g c_{12} = \boldsymbol{\tau}_1
\end{aligned} \tag{7.82}$$

$$\begin{aligned}
&(I_{l_2} + m_{l_2}(l_2^2 + a_1 l_2 c_2) + k_{r2} I_{m_2})\ddot{\vartheta}_1 + (I_{l_2} + m_{l_2} l_2^2 + k_{r2}^2 I_{m_2})\ddot{\vartheta}_2 \\
&\quad + m_{l_2} a_1 l_2 s_2 \dot{\vartheta}_1^2 + m_{l_2} l_2 g c_{12} = \boldsymbol{\tau}_2
\end{aligned}$$

其中$\boldsymbol{\tau}_1$ 和$\boldsymbol{\tau}_2$ 表示作用在关节上的转矩。

最后要根据关系式(7.81)导出动力学模型(7.82)的参数表示。直接观察关节转矩表达式，可能发现以下参数向量：

$$\boldsymbol{\pi} = [\pi_1 \quad \pi_2 \quad \pi_3 \quad \pi_4 \quad \pi_5 \quad \pi_6 \quad \pi_7 \quad \pi_8]^{\mathrm{T}} \tag{7.83}$$

$$\begin{aligned}
\pi_1 &= m_1 = m_{l_1} + m_{m_2} \\
\pi_2 &= m_1 l_{C_1} = m_{l_1}(l_1 - a_1) \\
\pi_3 &= \hat{I}_1 = I_{l_1} + m_{l_1}(l_1 - a_1)^2 + I_{m_2} \\
\pi_4 &= I_{m_1} \\
\pi_5 &= m_2 = m_{l_2} \\
\pi_6 &= m_2 l_{C_2} = m_{l_2}(l_2 - a_2) \\
\pi_7 &= \hat{I}_2 = I_{l_2} + m_{l_2}(l_2 - a_2)^2 \\
\pi_8 &= I_{m_2}
\end{aligned}$$

其中扩展连杆的参数根据式(7.77)可得到，本例中容许参数的最大值为 22 个，非零参数的数目总小于该值[①]。式(7.81)中回归阵为

$$\boldsymbol{Y} = \begin{bmatrix} y_{11} & y_{12} & y_{13} & y_{14} & y_{15} & y_{16} & y_{17} & y_{18} \\ y_{21} & y_{22} & y_{23} & y_{24} & y_{25} & y_{26} & y_{27} & y_{28} \end{bmatrix} \tag{7.84}$$

① 参数的数目通过采用更精确的检查方式可以下降更多，可以得到最小 5 个参数；这会造成式(7.83)中参数的线性合并(见习题 7.4)。

$$y_{11} = a_1^2 \ddot{\vartheta}_1 + a_1 g c_1$$ 268

$$y_{12} = 2a_1 \ddot{\vartheta}_1 + g c_1$$

$$y_{13} = \ddot{\vartheta}_1$$

$$y_{14} = k_{r1}^2 \ddot{\vartheta}_1$$

$$y_{15} = (a_1^2 + 2a_1 a_2 c_2 + a_2^2)\ddot{\vartheta}_1 + (a_1 a_2 c_2 + a_2^2)\ddot{\vartheta}_2 - 2a_1 a_2 s_2 \dot{\vartheta}_1 \dot{\vartheta}_2 - a_1 a_2 s_2 \dot{\vartheta}_2^2 + a_1 g c_1 + a_2 g c_{12}$$

$$y_{16} = (2a_1 c_2 + 2a_2)\ddot{\vartheta}_1 + (a_1 c_2 + 2a_2)\ddot{\vartheta}_2 - 2a_1 s_2 \dot{\vartheta}_1 \dot{\vartheta}_2 - a_1 s_2 \dot{\vartheta}_2^2 + g c_{12}$$

$$y_{17} = \ddot{\vartheta}_1 + \ddot{\vartheta}_2$$

$$y_{18} = k_{r2} \ddot{\vartheta}_2$$

$$y_{21} = 0$$

$$y_{22} = 0$$

$$y_{23} = 0$$

$$y_{24} = 0$$

$$y_{25} = (a_1 a_2 c_2 + a_2^2)\ddot{\vartheta}_1 + a_2^2 \ddot{\vartheta}_2 + a_1 a_2 s_2 \dot{\vartheta}_1^2 + a_2 g c_{12}$$

$$y_{26} = (a_1 c_2 + 2a_2)\ddot{\vartheta}_1 + 2a_2 \ddot{\vartheta}_2 + a_1 s_2 \dot{\vartheta}_1^2 + g c_{12}$$

$$y_{27} = \ddot{\vartheta}_1 + \ddot{\vartheta}_2$$

$$y_{28} = k_{r2} \ddot{\vartheta}_1 + k_{r2}^2 \ddot{\vartheta}_2$$

例 7.2

为理解式(7.82)动力学模型中不同转矩分量的相应权值，先考虑以下数值的两连杆平面臂：

$$a_1 = a_2 = 1\ \text{m} \quad l_1 - l_2 = 0.5\ \text{m} \quad m_{l_1} = m_{l_2} = 50\ \text{kg} \quad I_{l_1} = I_{l_2} = 10\ \text{kg}\cdot\text{m}^2$$

$$k_{r1} = k_{r2} = 100 \quad m_{m_1} = m_{m_2} = 5\ \text{kg} \quad I_{m_1} = I_{m_2} = 0.01\ \text{kg}\cdot\text{m}^2$$

之所以选两连杆，是因为能够更好地表现两个关节之间的动态相互作用。

图 7.5 表示关节轨迹的位置、速度、加速度和转矩的时程，采用典型的等时间间隔三角速度变化曲线。初始的机械手位形是末端放置在点(0.2,0)m，肘姿态较低。所有关节在 0.5 s 内旋转 $\pi/2$ rad。

根据图 7.6 种单个转矩分量的时程，可以得到：

- 关节 1 由其加速度引起的惯性转矩随加速度的时程而变化；
- 关节 2 由其加速度引起的惯性转矩分段连续，因为关节 2 轴上的惯性力矩不变。 269

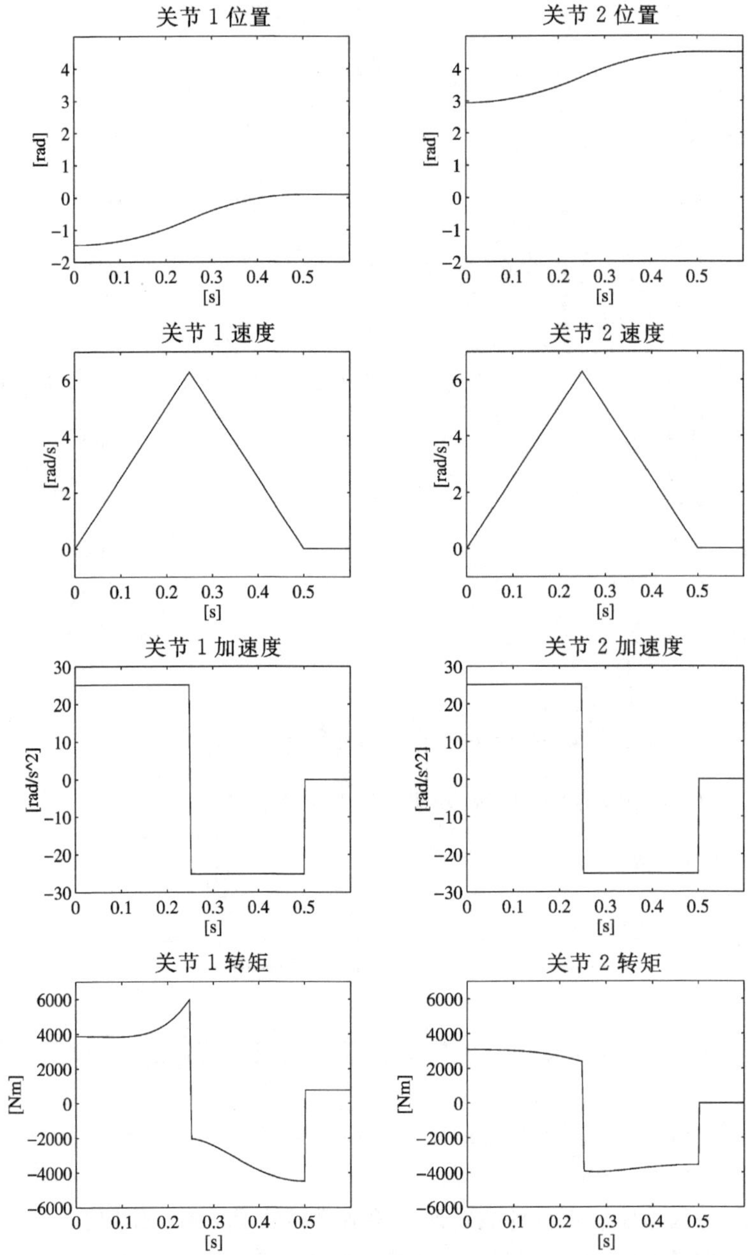

270 图 7.5 位置、速度、加速度与转矩在相同时间段内随关节轨迹的时程

- 每个关节由其他关节加速度引起的惯性转矩形成对称的惯性矩阵，因为对每个关节加速度的时间曲线图都是一样的；
- 哥氏效应只出现在关节 1，因为参考于与连杆 1 固连的运动坐标系，臂端是移动的。而参考与连杆 2 固连的坐标系，臂端则是固定的；
- 离心转矩与哥氏转矩反映以上对称性。

图 7.7 表示典型梯形速度曲线和不同时间间隔下，由关节轨迹产生的位置、速度、加速度

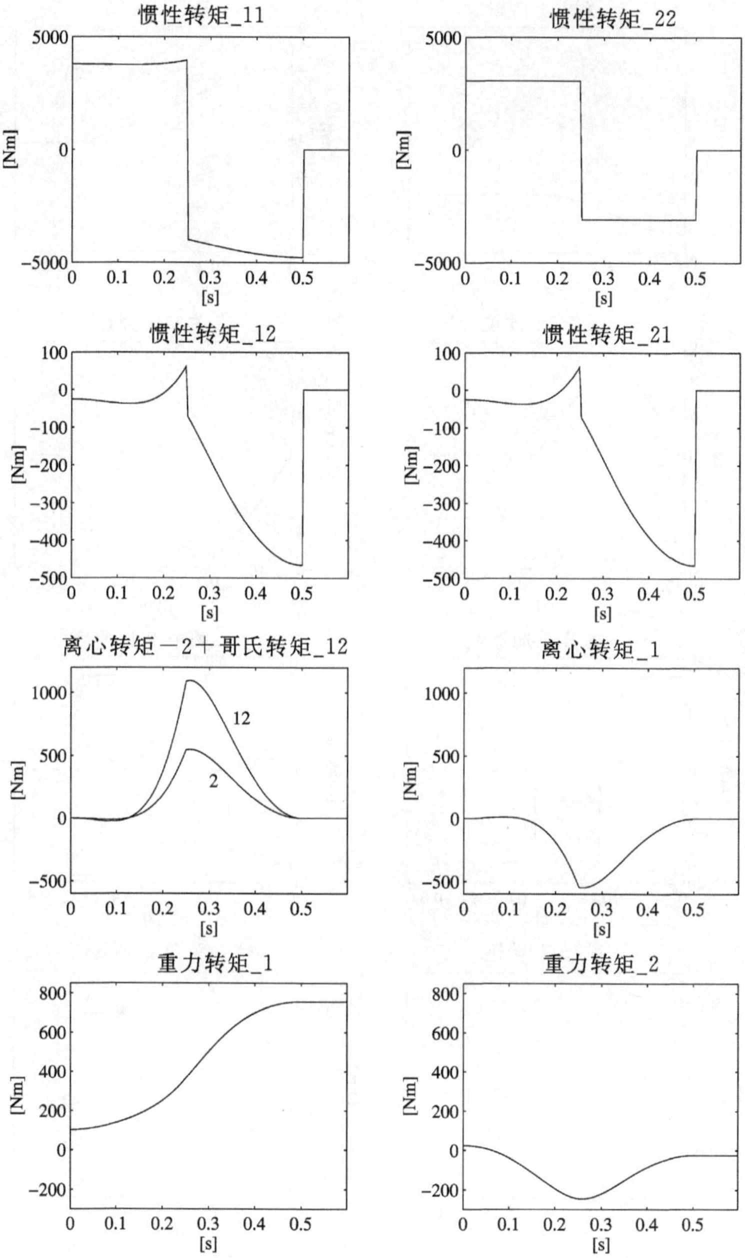

图 7.6　转矩分量在相同时间段内随关节轨迹的时程　271

和转矩的时程。初始位形与前例相同。两个关节作旋转运动以使端点到达点(1.8,0) m。每个关节的加速时间为 0.15 s,最大速度为 5 rad/s。

根据图 7.8 单个转矩分量的时程可以得到:

- 在两个加速度幅值相同而符号相反时的轨迹部分上,由关节 2 加速度引起的关节 1 惯性转矩与由关节 1 加速度引起的关节 1 惯性转矩方向相反。
- 速度曲线的差异表明关节 2 速度对关节 1 的离心作用比关节 1 速度对关节 2 的离心

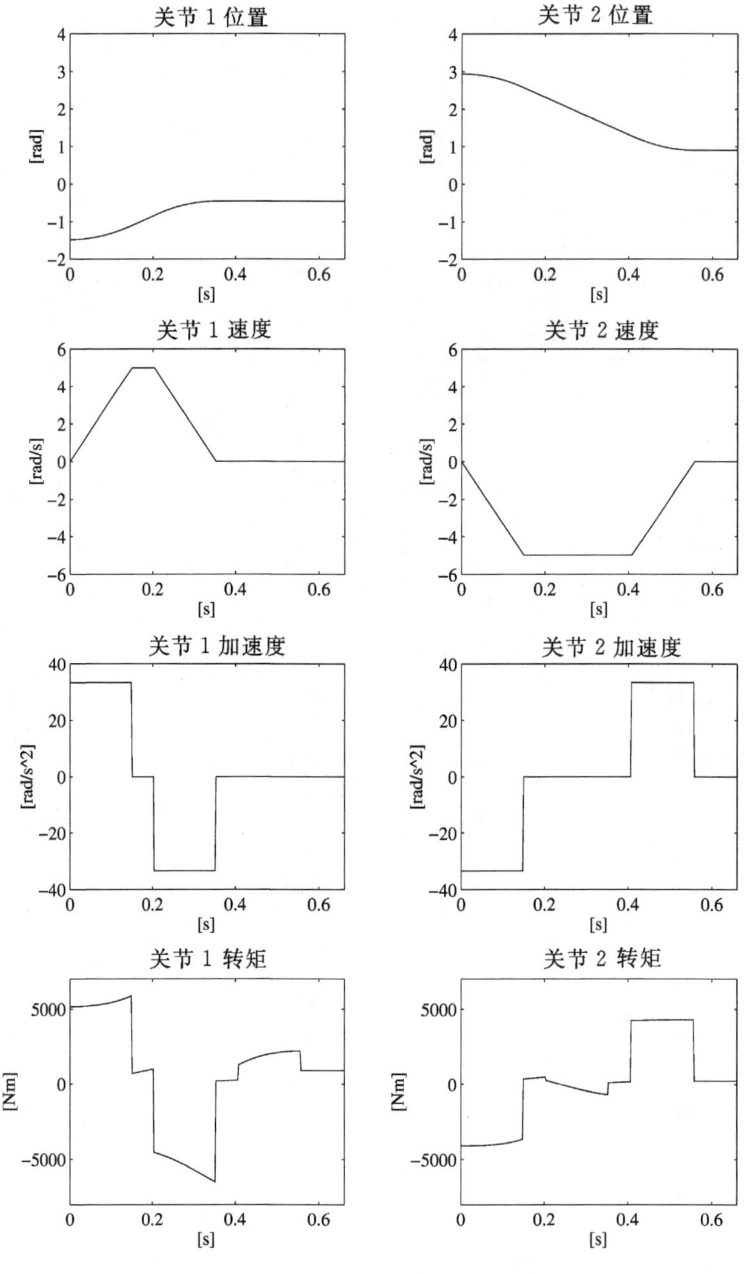

272 图 7.7 位置、速度、加速度与转矩在不同时间段内随关节轨迹的时程

作用衰减得慢。

• 因为连杆 2 几乎保持相同姿态，轨迹第一部分的关节 2 上重力转矩实际为常数。而关节 1 上重力转矩则使关节系统向远离轴的原点方向运动。

最后，图 7.9 表示了梯形速度轨迹上端点位置、速度和加速度的时程。从以上所述相同的初始姿态开始，臂端沿水平轴平移 1.6 m，加速时间 0.15 s，最大速度 5 m/s。

对运动学过程逆向运算，得到关节位置、速度和加速度的时程计算结果如图 7.10 所示，要

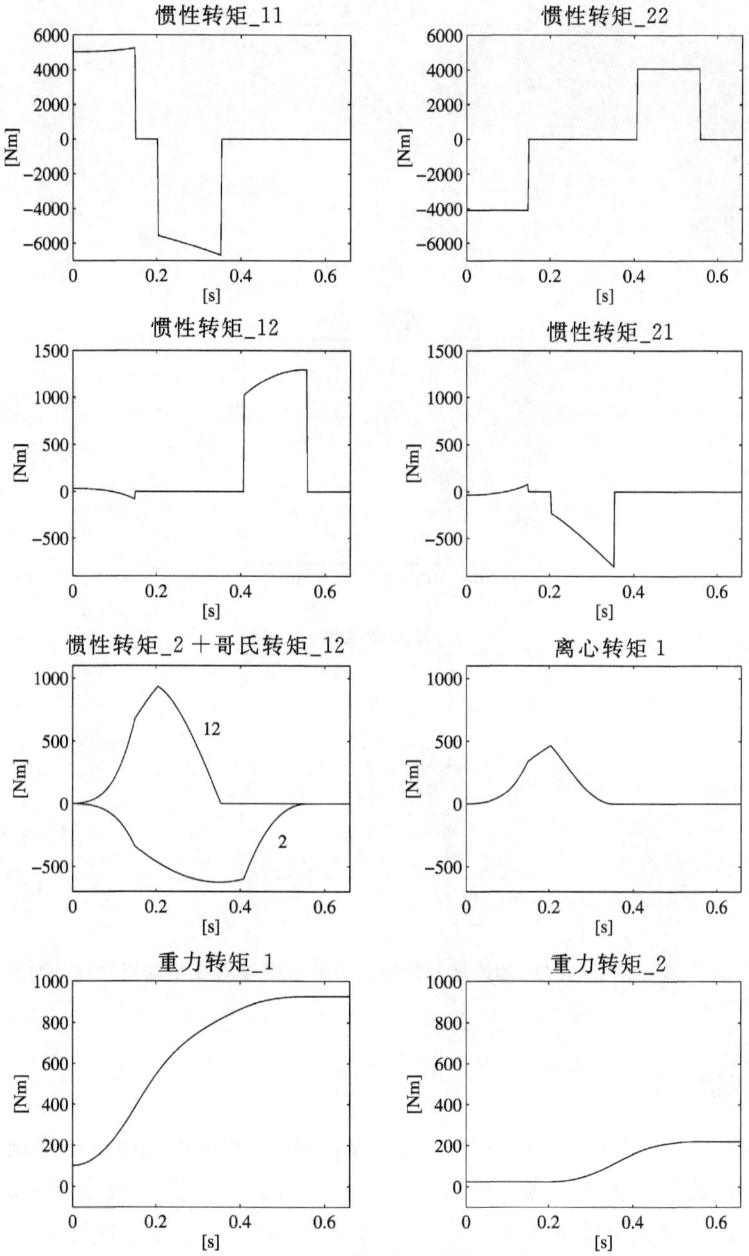

图 7.8　转矩分量在不同时间段内随关节轨迹的时程 273

计算指定的轨迹需要关节转矩。注意表达量的时程会随相应的操作空间、由运动学关系非线性影响而不同。

注意图 7.11 中单个转矩分量的时程，对关节空间中直接指定的轨迹，可能有许多和上述相似的结果。

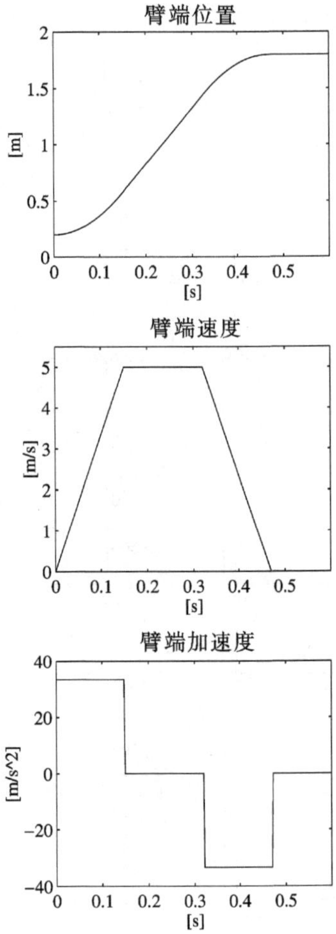

274 图 7.9　端点位置、速度、加速度与转矩随沿着水平轴直线型端点轨迹的时程

7.3.3　平行四边形臂

以下分析图 7.12 中的平行四边形臂。因为存在闭链，考虑以相应的树形结构开链臂为出发点。令 $l_{1'}, l_{2'}, l_{3'}$ 为沿着树上一条支链的 3 个连杆重心到各自关节轴之间的距离，$l_{1''}$ 为沿另一条支链的单个连杆到关节轴的长度。令 $m_{l_{1'}}, m_{l_{2'}}, m_{l_{3'}}$ 和 $m_{l_{1''}}$ 为各连杆的质量，$I_{l_{1'}}, I_{l_{2'}}, I_{l_{3'}}$ 和 $I_{l_{1''}}$ 为对相应连杆质心的转动惯量。为了简化，忽略电动机的作用。

在所选坐标系中，式(7.16)、式(7.18)中雅可比矩阵矩阵计算如下：

$$
\boldsymbol{J}_{\mathrm{P}}^{(l_{1'})} = \begin{bmatrix} -l_{1'}s_{1'} & 0 & 0 \\ l_{1'}c_{1'} & 0 & 0 \\ 0 & 0 & 0 \end{bmatrix}
$$

$$
\boldsymbol{J}_{\mathrm{P}}^{(l_{2'})} = \begin{bmatrix} -a_{1'}s_{1'} - l_{2}s_{1'2'} & -l_{2'}s_{1'2'} & 0 \\ a_{1'}c_{1'} + l_{2'}c_{1'2'} & l_{2}c_{1'2'} & 0 \\ 0 & 0 & 0 \end{bmatrix}
$$

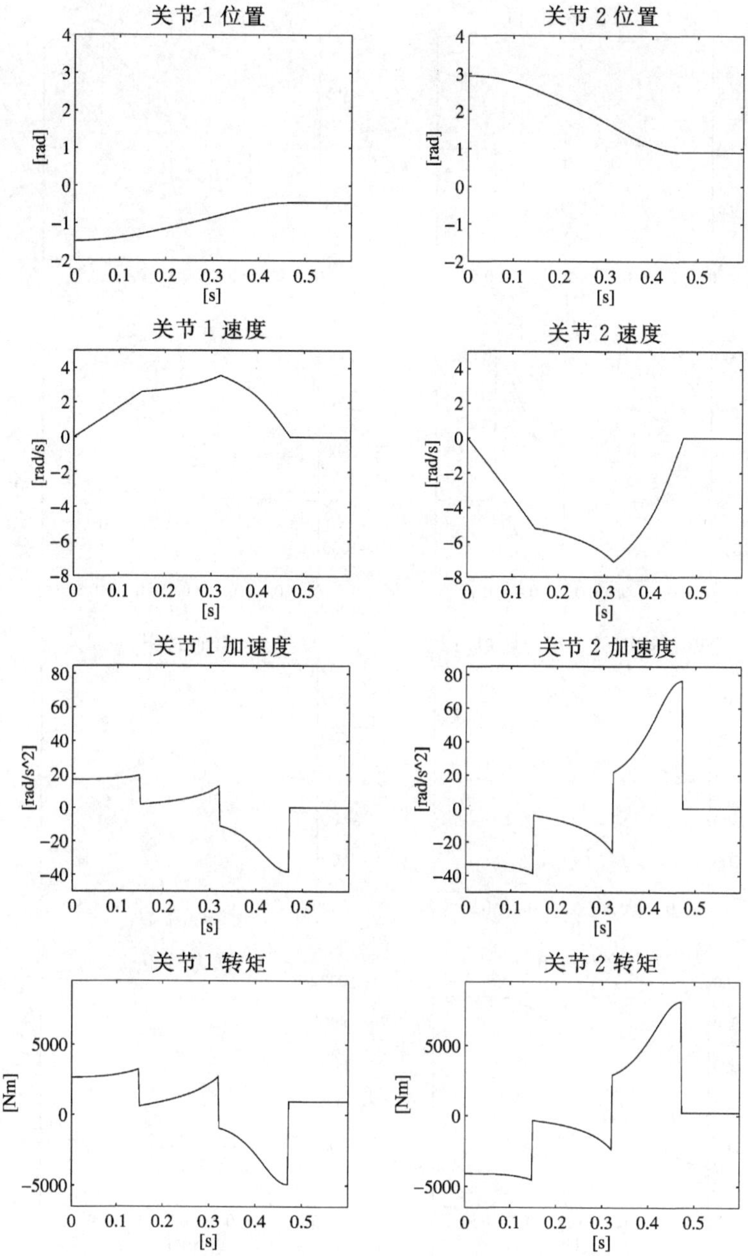

图 7.10 关节位置、速度、加速度与转矩随沿着水平轴直线型端点轨迹的时程 275

$$
\boldsymbol{J}_{\mathrm{P}}^{(l_{3'})}=\begin{bmatrix}-a_{1'}s_{1'}-a_{2'}s_{1'2'}-l_{3'}s_{1'2'3'} & -a_{2'}s_{1'2'}-l_{3'}s_{1'2'3'} & -l_{3'}s_{1'2'3'}\\ a_{1'}c_{1'}+a_{2'}c_{1'2'}+l_{3'}c_{1'2'3'} & a_{2'}c_{1'2'}+l_{3'}c_{1'2'3'} & l_{3'}c_{1'2'3'}\\ 0 & 0 & 0\end{bmatrix}
$$

及

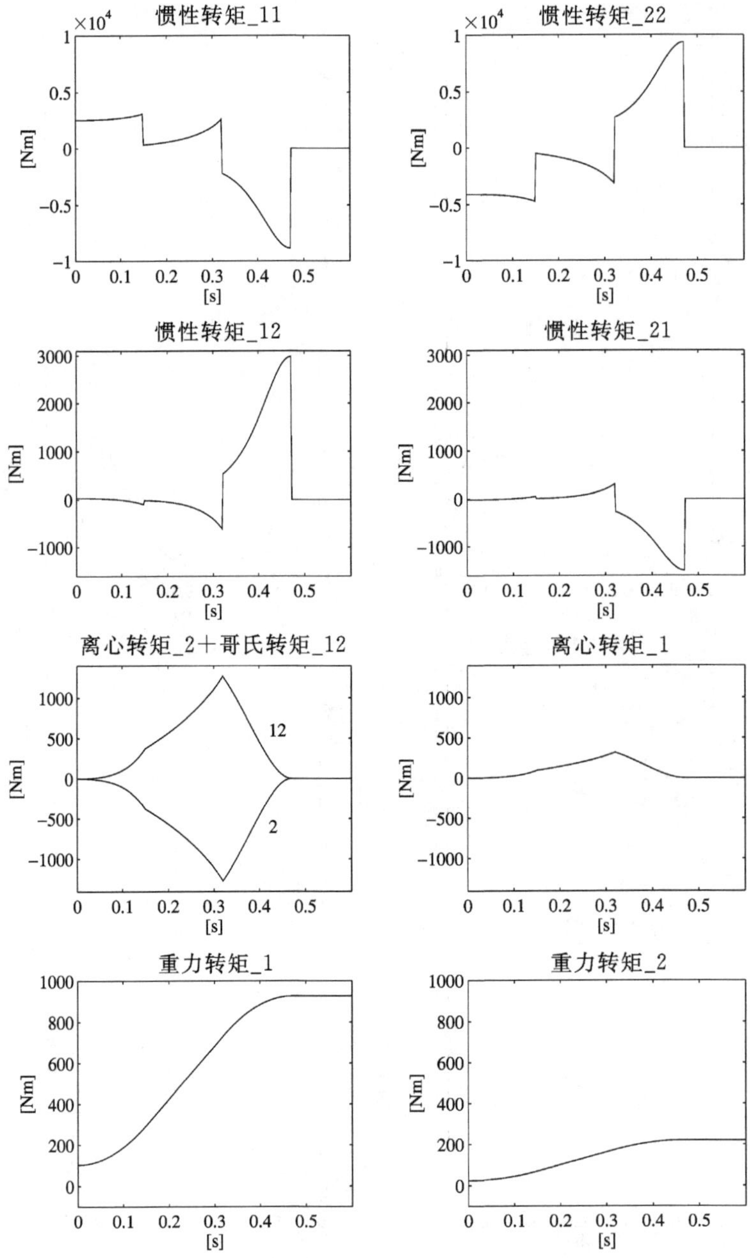

276 图 7.11　关节转矩分量随沿着水平轴直线型端点轨迹的时程

$$\boldsymbol{J}_{\mathrm{P}}^{(l_{1''})} = \begin{bmatrix} -l_{1''}s_{1''} \\ l_{1''}c_{1''} \\ 0 \end{bmatrix}$$

而式(7.17)、式(7.19)中雅可比矩阵矩阵计算为

$$\boldsymbol{J}_O^{(l_{1'})} = \begin{bmatrix} 0 & 0 & 0 \\ 0 & 0 & 0 \\ 1 & 0 & 0 \end{bmatrix} \qquad \boldsymbol{J}_O^{(l_{2'})} = \begin{bmatrix} 0 & 0 & 0 \\ 0 & 0 & 0 \\ 1 & 1 & 0 \end{bmatrix} \qquad \boldsymbol{J}_O^{(l_{3'})} = \begin{bmatrix} 0 & 0 & 0 \\ 0 & 0 & 0 \\ 1 & 1 & 1 \end{bmatrix}$$

及

$$\boldsymbol{J}_O^{(l_{2''})} = \begin{bmatrix} 0 \\ 0 \\ 1 \end{bmatrix}$$

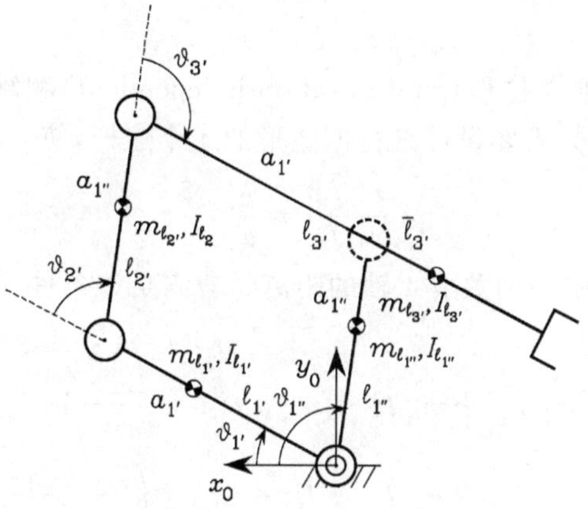

图 7.12　平行四边形臂

由式(7.32)，关节 $\vartheta_{1'}, \vartheta_{2'}, \vartheta_{3'}$ 组成的虚拟臂的惯性矩阵为

$$\boldsymbol{B}'(\boldsymbol{q}') = \begin{bmatrix} b_{1'1'}(\vartheta_{2'}, \vartheta_{3'}) & b_{1'2'}(\vartheta_{2'}, \vartheta_{3'}) & b_{1'3'}(\vartheta_{2'}, \vartheta_{3'}) \\ b_{2'1'}(\vartheta_{2'}, \vartheta_{3'}) & b_{2'2'}(\vartheta_{3'}) & b_{2'3'}(\vartheta_{3'}) \\ b_{3'1'}(\vartheta_{2'}, \vartheta_{3'}) & b_{3'2'}(\vartheta_{3'}) & b_{3'3'} \end{bmatrix}$$

$$b_{1'1'} = I_{l_{1'}} + m_{l_{1'}} l_{1'}^2 + I_{l_{2'}} + m_{l_{2'}}(a_{1'}^2 + l_{2'}^2 + 2a_{1'} l_{2'} c_{2'}) + I_{l_{3'}}$$
$$+ m_{l_{3'}}(a_{1'}^2 + a_{2'}^2 + l_{3'}^2 + 2a_{1'} a_{2'} c_{2'} + 2a_{1'} l_{3'} c_{2'3'} + 2a_{2'} l_{3'} c_{3'})$$

$$b_{1'2'} = b_{2'1'} = I_{l_{2'}} + m_{l_{2'}}(l_{2'}^2 + a_{1'} l_{2'} c_{2'}) + I_{l_{3'}}$$
$$+ m_{l_{3'}}(a_{2'}^2 + l_{3'}^2 + a_{1'} a_{2'} c_{2'} + a_{1'} l_{3'} c_{2'3'} + 2a_{2'} l_{3'} c_{3'})$$

$$b_{1'3'} = b_{31} = I_{l_{3'}} + m_{l_{3'}}(l_{3'}^2 + a_{1'} l_{3'} c_{2'3'} + a_{2'} l_{3'} c_{3'})$$

$$b_{2'2'} = I_{l_{2'}} + m_{l_{2'}} l_{2'}^2 + I_{l_{3'}} + m_{l_{3'}}(a_{2'}^2 + l_{3'}^2 + 2a_{2'} l_{3'} c_{3'})$$

$$b_{2'3'} = I_{l_{3'}} + m_{l_{3'}}(l_{3'}^2 + a_{2'} l_{3'} c_{3'})$$

$$b_{3'3'} = I_{l_{3'}} + m_{l_{3'}} l_{3'}^2$$

278

由适当关节 $\vartheta_{1''}$ 组成的虚拟臂的转动惯量为

$$b_{1''1''} = I_{l_{1''}} + m_{l_{1''}} l_{1''}^2$$

因此，两个虚拟臂的惯性转矩分量分别表示为

$$\boldsymbol{\tau}_{i'} = \sum_{j'=1'}^{3'} b_{i'j'} \ddot{\vartheta}_{j'} \qquad \boldsymbol{\tau}_{1''} = b_{1''1''} \ddot{\vartheta}_{1''}$$

这个问题可参考式(2.64)和式(3.121)，得出对于闭链臂作用在作动关节上的惯性力矩分

量为

$$\boldsymbol{\tau}_{\mathrm{a}} = \boldsymbol{B}_{\mathrm{a}}\ddot{\boldsymbol{q}}_{\mathrm{a}}$$

其中 $\boldsymbol{q}_{\mathrm{a}}=[\vartheta_{1'} \quad \vartheta_{1''}]^{\mathrm{T}}$，$\boldsymbol{\tau}_{\mathrm{a}}=[\tau_{\mathrm{a1}} \quad \tau_{\mathrm{a2}}]^{\mathrm{T}}$，且

$$\boldsymbol{B}_{\mathrm{a}}=\begin{bmatrix} b_{\mathrm{a11}} & b_{\mathrm{a12}} \\ b_{\mathrm{a21}} & b_{\mathrm{a22}} \end{bmatrix}$$

$$b_{\mathrm{a11}} = I_{l_{1'}} + m_{l_{1'}}l_{1'}^2 + m_{l_{2'}}a_{1'}^2 + I_{l_{3'}} + m_{l_{3'}}l_{3'}^2 + m_{l_{3'}}a_{1'}^2 - 2a_{1'}m_{l_{3'}}l_{3'}$$

$$b_{\mathrm{a12}} = b_{\mathrm{a21}} = (a_{1'}m_{l_{2'}}l_{2'} + a_{1''}m_{l_{3'}}(a_{1'} - l_{3'}))\cos(\vartheta_{1''} - \vartheta_{1'})$$

$$b_{\mathrm{a22}} = I_{l_{1'}} + m_{l_{1'}}l_{1'}^2 + I_{l_{2'}} + m_{l_{2'}}l_{2'}^2 + m_{l_{3'}}a_{1''}^2$$

该表达式表明了得到独立位形(configuration-independent)和解耦(decoupled)惯性矩阵的可能性。要达到此目的,只需要设计平行四边形的 4 个连杆,使

$$\frac{m_{l_{3'}}\bar{l}_{3'}}{m_{l_{2'}}l_{2'}} = \frac{a_{1'}}{a_{1''}}$$

其中 $\bar{l}_{3'}=l_{3'}-a_{1'}$ 是连杆 3′中心到关节 4 轴的距离。若满足该条件,惯性矩阵为对角阵($b_{\mathrm{a12}}=b_{\mathrm{a21}}=0$),且

$$b_{\mathrm{a11}} = I_{l_{1'}} + m_{l_{1'}}l_{1'}^2 + m_{l_{2'}}a_{1'}^2\left(1 + \frac{l_{2'}\bar{l}_{3'}}{a_{1'}a_{1''}}\right) + I_{l_{3'}}$$

$$b_{\mathrm{a22}} = I_{l_{1'}} + m_{l_{1'}}l_{1'}^2 + I_{l_{2'}} + m_{l_{2'}}l_{2'}^2\left(1 + \frac{a_{1'}a_{1''}}{l_{2'}\bar{l}_{3'}}\right)$$

其结果是,不存在哥氏转矩和离心转矩分量。这样的结果,在前面两连杆平面臂上无论如何选
279 择设计参数都是无法实现的。

对于重力项,由于 $\boldsymbol{g}_0=[0 \quad -g \quad 0]^{\mathrm{T}}$,根据以上雅可比矩阵式,由式(7.39)得出

$$g_{1'} = (m_{l_{1'}}l_{1'} + m_{l_{2'}}a_{1'} + m_{l_{3'}}a_{1'})gc_{1'} + (m_{l_{2'}}l_{2'} + m_{l_{3'}}a_{2'})gc_{1'2'} + m_{l_{3'}}l_{3'}gc_{1'2'3}$$

$$g_{2'} = (m_{l_{2'}}l_{2'} + m_{l_{3'}}a_{2'})gc_{1'2'} + m_{l_{3'}}l_{3'}gc_{1'2'3}$$

$$g_{3'} = m_{l_{3'}}l_{3'}gc_{1'2'3}$$

$$g_{1''} = m_{l_{1''}}l_{1''}gc_{1''}$$

上述不同分量组合得到

$$\boldsymbol{g}_{\mathrm{a}} = \begin{bmatrix} (m_{l_{1'}}l_{1'} + m_{l_{2'}}a_{1'} - m_{l_{3'}}\bar{l}_{3'})gc_{1'} \\ (m_{l_{1''}}l_{1''} + m_{l_{2'}}l_{2'} + m_{l_{3'}}a_{1''})gc_{1''} \end{bmatrix}$$

结合惯性转矩,完成动力学模型的推导。

给出最终评价:尽管平行四边形臂与两连杆平面臂在运动学上等价,但平行四边形臂的动力学模型明显更简洁。该性质非常有利于实现轨迹规划与控制目的。因此,除了与重负载机械手明显有关的情况以外,大量的工业机器人设计中采用了闭运动链。

7.4　动力学参数辨识

解决仿真与控制问题的动力学模型需要知道机械手模型的动力学参数值。

从机械结构的设计数据中计算这些参数较为困难。CAD 建模技术能够根据所采用材质类型与几何形状,计算不同组成(连杆、执行器与传输装置)的惯性参数值。然而,这种技术得

到的估计值会因为几何建模中引入的典型几何形状简化而不准确；而且，像关节摩擦力这类复杂动力学作用在 CAD 建模中是不作计算的。

启发式方法能分解机械手不同组成部分，实现用于估计惯性参数的一系列工作。该技术的不足之处在于不易实现，而且可能在调整相应量值上比较麻烦。

为准确估计动力学参数，有必要利用式(7.81)的机械手模型线性性，对一组适当的动力学参数(dynamic parameters)采用辨识(identification)技术，辨识技术能在机械手采用合适运动 280
轨迹的条件下，根据关节转矩$\boldsymbol{\tau}$计算参数向量 $\boldsymbol{\pi}$，以及计算矩阵 $\boldsymbol{Y}$ 中相关量的估计值。

假设矩阵 $\boldsymbol{Y}$ 中的运动学参数已知且有较高精度(例如运动学标定的结果)，还必须得到关节位置 $\boldsymbol{q}$、速度 $\dot{\boldsymbol{q}}$ 和加速度 $\ddot{\boldsymbol{q}}$ 的测量值。关节位置和速度是实际可测的。加速度则需要数值重构，可在轨迹运行期间内记录位置和速度值的基础上实现这一重构。重构滤波器不是实时工作的，可以不必满足因果关系，可以实现加速度的准确重构。

对关节转矩，在特殊场合下关节上转矩传感器可以直接测量，否则在电动机作为执行器的情况下可根据腕力测量或电流测量实现估计。

如果沿给定运动轨迹，给定时刻 $t_1,\cdots,t_N$ 的关节转矩、位置、速度和加速度的测量值都已得到，就可得到下式：

$$\bar{\boldsymbol{\tau}}=\begin{bmatrix}\boldsymbol{\tau}(t_1)\\ \vdots\\ \boldsymbol{\tau}(t_N)\end{bmatrix}=\begin{bmatrix}\boldsymbol{Y}(t_1)\\ \vdots\\ \boldsymbol{Y}(t_N)\end{bmatrix}\boldsymbol{\pi}=\bar{\boldsymbol{Y}}\boldsymbol{\pi} \tag{7.85}$$

时序的个数即实现测量的个数，该数目应足够大(一般情况下可取 $Nn\gg p$)，以避免矩阵 $\bar{\boldsymbol{Y}}$ 的病态条件。通过最小二乘法求解式(7.85)，得以下形式的解：

$$\boldsymbol{\pi}=(\bar{\boldsymbol{Y}}^{\mathrm{T}}\bar{\boldsymbol{Y}})^{-1}\bar{\boldsymbol{Y}}^{\mathrm{T}}\bar{\boldsymbol{\tau}} \tag{7.86}$$

其中$(\bar{\boldsymbol{Y}}^{\mathrm{T}}\bar{\boldsymbol{Y}})^{-1}\bar{\boldsymbol{Y}}^{\mathrm{T}}$ 为 $\bar{\boldsymbol{Y}}$ 的左广义逆(left pseudo-inverse)矩阵。

需要注意由于式(7.80)中矩阵 $\boldsymbol{Y}$ 为三角分块，参数估计可采用以下方式得以简化。关节 n 对某一给定的轨迹指定$\boldsymbol{\tau}_n$ 和 $\boldsymbol{y}_{nn}^{\mathrm{T}}$，求解等式$\boldsymbol{\tau}_n=\boldsymbol{y}_{nn}^{\mathrm{T}}\boldsymbol{\pi}_n$ 得 $\boldsymbol{\pi}_n$。不断迭代这个过程，可在实现对从外部连杆到底座的各连接关节测量的基础上，进行机械手参数辨识。不过，这样的过程会由于迭代中出现的矩阵病态而积累误差。有必要同时在所有机械手关节上施加运动，从而进行全局处理。

矩阵 $\bar{\boldsymbol{Y}}$ 的秩只能通过机械手动力学模型中的动力学参数加以辨识。例题 7.2 真实地反映了所研究的两个连杆平面臂机械手，虽然动力学模型中出现 22 个可能的动力学参数，而其阶次只有 8 阶。因此由于机械手连杆和关节的配置不同，会有一些动力学参数虽然存在但却无 281
法辨识(non-identifiable)，因为这些参数对任意指定的轨迹，都不会影响运动方程。直接的结果就是式(7.80)中矩阵 $\boldsymbol{Y}$ 的列中相应的参数都是零，这些参数就可从矩阵中去掉，如式(7.84)中结果为(2×8)矩阵。

由式(7.86)确定参数有效数目的另一问题是，有的参数只要没有出现在孤立的方程中，总可以通过线性组合辨识(identified in linear combinations)的方式确定。在这种情况下，线性组合时需要消去矩阵 $\boldsymbol{Y}$ 的一些列，被消去的列数等于线性合并中参数的个数再减一。

基于式(7.86)采用的最小二乘法，在机械手关节数很少的情况下，可以直接检查动力学模型方程来确定可辨识参数的最小个数，否则要用到基于矩阵 $\bar{\boldsymbol{Y}}$ 奇异值分解的数值方法。矩阵

$\bar{\boldsymbol{Y}}$是由一组测量值产生的，若矩阵$\bar{\boldsymbol{Y}}$不满秩，可采用$\bar{\boldsymbol{Y}}$的渐消记忆最小二乘求逆(damped least-squares inverse)计算，这时解的精度取决于渐消因子的权重。

以上讨论中，并未明确提出机械手关节的轨迹类型。通常可以尽量选择多项式型轨迹，它对可辨识参数的精确估计而言足够充分，符合沿该轨迹矩阵$\bar{\boldsymbol{Y}}^{\mathrm{T}}\bar{\boldsymbol{Y}}$的条件数较小的期望。另一方面，所选轨迹不应引起任何未建模的动力学影响，比如关节弹性或连杆挠性形变，这些因素会导致待识别动力学参数的估计不可靠。

最后还要注意，以上介绍的技术也可扩展用于机械手末端执行器有效负载未知情况下的动力学参数辨识。这种情况下，有效负载可视为对最后一根连杆的结构修正，再对修正后的连杆动力学参数进行辨识。为此，若机械手腕部用到力传感器，由力传感器测量值引起的有效负载动力学参数就能够直接表现了。

7.5 牛顿-欧拉公式

拉格朗日公式中，机械手动力学模型由系统总的拉格朗日公式导出。另一方面，牛顿-欧拉(Newton-Euler)公式建立在机械手连杆之间所有力平衡关系的基础之上，由此得出的方程
282 组，其结构使得解具有递归形式，前向递归用于连杆速度和加速度传递，后向递归则用于力的传递。

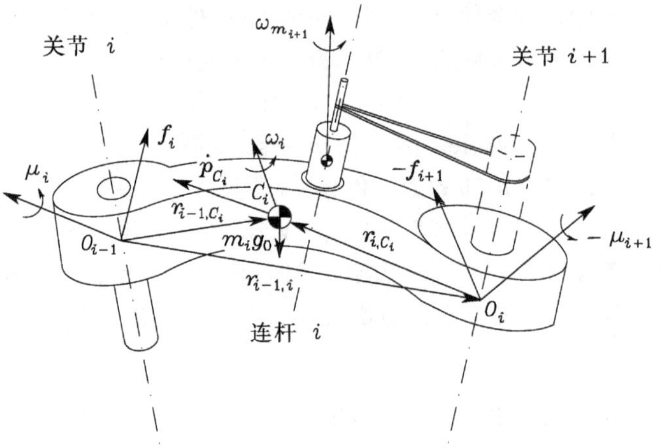

图 7.13 牛顿-欧拉公式中连杆 i 的描述

参见机械手运动链系(图 7.13)扩展连杆 i(连杆 i 加上关节 $i+1$ 的电机)示意图，根据7.2.2节提出的内容，可以得出扩展连杆的质心 C_i 有关的参数描述：

- m_i：扩展连杆质量
- $\bar{\boldsymbol{I}}_i$：扩展连杆的惯性张量
- I_{m_i}：转子的转动惯量
- $\boldsymbol{r}_{i-1,C_i}$：坐标系$(i-1)$的原点到质心 C_i 的向量
- $\boldsymbol{r}_{i,C_i}$：坐标系 i 的原点到质心 C_i 的向量
- $\boldsymbol{r}_{i-1,i}$：坐标系$(i-1)$的原点到坐标系 i 的向量

速度和加速度表示为

- $\dot{\boldsymbol{p}}_{C_i}$：质心 C_i 的线速度
- $\dot{\boldsymbol{p}}_i$：坐标系 i 原点的线速度
- $\boldsymbol{\omega}_i$：连杆的角速度
- $\boldsymbol{\omega}_{\mathrm{m}_i}$：转子的角速度
- $\ddot{\boldsymbol{p}}_{C_i}$：质心 C_i 的线加速度
- $\ddot{\boldsymbol{p}}_i$：坐标系 i 原点的线加速度
- $\dot{\boldsymbol{\omega}}_i$：连杆的角加速度
- $\dot{\boldsymbol{\omega}}_{\mathrm{m}_i}$：转子的角加速度
- $\boldsymbol{g}_0$：重力加速度

力与力矩表示如下：

- $\boldsymbol{f}_i$：连杆 $i-1$ 对连杆 i 施加的作用力 283
- $-\boldsymbol{f}_{i+1}$：连杆 $i+1$ 对连杆 i 施加的作用力
- $\boldsymbol{\mu}_i$：连杆 $i-1$ 对连杆 i 关于坐标系 $i-1$ 原点的力矩
- $-\boldsymbol{\mu}_{i+1}$：连杆 $i+1$ 对连杆 i 关于坐标系 i 原点的力矩

首先，假定所有向量和矩阵都参考基坐标系(base frame)表示。

如前所述，牛顿-欧拉公式从作用其上力与力矩的角度描述了连杆的运动。

质心平移运动的牛顿方程可写作

$$\boldsymbol{f}_i - \boldsymbol{f}_{i+1} + m_i\boldsymbol{g}_0 = m_i\ddot{\boldsymbol{p}}_{C_i} \tag{7.87}$$

连杆旋转运动的欧拉方程(针对质心力矩)可写作

$$\boldsymbol{\mu}_i + \boldsymbol{f}_i \times \boldsymbol{r}_{i-1,C_i} - \boldsymbol{\mu}_{i+1} - \boldsymbol{f}_{i+1} \times \boldsymbol{r}_{i,C_i} = \frac{\mathrm{d}}{\mathrm{d}t}(\bar{\boldsymbol{I}}_i\,\boldsymbol{\omega}_i + k_{\mathrm{r},i+1}\dot{q}_{i+1}I_{\mathrm{m}_{i+1}}\boldsymbol{z}_{\mathrm{m}_{i+1}}) \tag{7.88}$$

其中式(7.67)用于表示转子的角动量。注意重力 $m_i\boldsymbol{g}_0$ 并不形成力矩，因为该力产生于质心。

与前述拉格朗日公式提出的内容相同，该式便于表现在当前坐标系中的惯性张量(恒张量)。因此根据式(7.12)可得 $\bar{\boldsymbol{I}}_i=\boldsymbol{R}_i{}^i\bar{\boldsymbol{I}}_i\boldsymbol{R}_i^{\mathrm{T}}$，其中 $\boldsymbol{R}_i$ 为坐标系 i 到基坐标系的旋转矩阵。将这个关系式代入式(7.88)右侧的第一项，下式成立：

$$\begin{aligned}\frac{\mathrm{d}}{\mathrm{d}t}(\bar{\boldsymbol{I}}_i\,\boldsymbol{\omega}_i) &= \dot{\boldsymbol{R}}_i{}^i\bar{\boldsymbol{I}}_i\boldsymbol{R}_i^{\mathrm{T}}\,\boldsymbol{\omega}_i + \boldsymbol{R}_i{}^i\bar{\boldsymbol{I}}_i\dot{\boldsymbol{R}}_i^{\mathrm{T}}\,\boldsymbol{\omega}_i + \boldsymbol{R}_i{}^i\bar{\boldsymbol{I}}_i\boldsymbol{R}_i^{\mathrm{T}}\,\dot{\boldsymbol{\omega}}_i \\ &= \boldsymbol{S}(\boldsymbol{\omega}_i)\boldsymbol{R}_i{}^i\bar{\boldsymbol{I}}_i\boldsymbol{R}_i^{\mathrm{T}}\,\boldsymbol{\omega}_i + \boldsymbol{R}_i{}^i\bar{\boldsymbol{I}}_i\boldsymbol{R}_i^{\mathrm{T}}\boldsymbol{S}^{\mathrm{T}}(\boldsymbol{\omega}_i)\,\boldsymbol{\omega}_i + \boldsymbol{R}_i{}^i\bar{\boldsymbol{I}}_i\boldsymbol{R}_i^{\mathrm{T}}\,\dot{\boldsymbol{\omega}}_i \\ &= \bar{\boldsymbol{I}}_i\,\dot{\boldsymbol{\omega}}_i + \boldsymbol{\omega}_i \times (\bar{\boldsymbol{I}}_i\,\boldsymbol{\omega}_i)\end{aligned} \tag{7.89}$$

其中第二项表示由 $\bar{\boldsymbol{I}}_i$ 在连杆方向上引起的陀螺(gyroscopic)转矩①。而且，注意单位向量 $\boldsymbol{z}_{m_{i+1}}$ 跟随连杆 i 旋转，式(7.88)右侧第二项推得

$$\frac{\mathrm{d}}{\mathrm{d}t}(\dot{q}_{i+1}I_{m_{i+1}}\boldsymbol{z}_{m_{i+1}}) = \ddot{q}_{i+1}I_{m_{i+1}}\boldsymbol{z}_{m_{i+1}} + \dot{q}_{i+1}I_{m_{i+1}}\,\boldsymbol{\omega}_i \times \boldsymbol{z}_{m_{i+1}} \tag{7.90}$$

式(7.88)代入式(7.89)、式(7.90)，欧拉方程变为

$$\boldsymbol{\mu}_i + \boldsymbol{f}_i \times \boldsymbol{r}_{i-1,C_i} - \boldsymbol{\mu}_{i+1} - \boldsymbol{f}_{i+1} \times \boldsymbol{r}_{i,C_i} = \bar{\boldsymbol{I}}_i\,\dot{\boldsymbol{\omega}}_i + \boldsymbol{\omega}_i \times (\bar{\boldsymbol{I}}_i\,\boldsymbol{\omega}_i)$$

① 式(7.89)推导中，引入了算子 $\boldsymbol{S}$ 计算 $\boldsymbol{R}_i$ 引起的量，如式(3.8)，同时利用了 $\boldsymbol{S}^{\mathrm{T}}(\boldsymbol{\omega}_i)\boldsymbol{\omega}_i=\boldsymbol{0}$ 的性质。

$$+ k_{\mathrm{r},i+1}\ddot{q}_{i+1} I_{\mathrm{m}_{i+1}} \boldsymbol{z}_{\mathrm{m}_{i+1}} + k_{\mathrm{r},i+1}\dot{q}_{i+1} I_{\mathrm{m}_{i+1}}\, \boldsymbol{\omega}_i \times \boldsymbol{z}_{\mathrm{m}_{i+1}} \tag{7.91}$$

284 关节 i 上广义力可通过将力 $\boldsymbol{f}_i$ 投影到移动关节计算得到,或者是将力矩 $\boldsymbol{\mu}_i$ 沿着关节轴向投影到旋转关节。另外,还存在转子惯性转矩 $k_{\mathrm{r}i} I_{\mathrm{m}_i} \dot{\boldsymbol{\omega}}_{\mathrm{m}_i}^{\mathrm{T}} \boldsymbol{z}_{\mathrm{m}_i}$。因此,关节 i 上的总广义力表达如下:

$$\boldsymbol{\tau}_i = \begin{cases} \boldsymbol{f}_i^{\mathrm{T}} \boldsymbol{z}_{i-1} + k_{\mathrm{r}i} I_{\mathrm{m}_i}\, \dot{\boldsymbol{\omega}}_{\mathrm{m}_i}^{\mathrm{T}} \boldsymbol{z}_{\mathrm{m}_i} & \text{移动关节} \\ \boldsymbol{\mu}_i^{\mathrm{T}} \boldsymbol{z}_{i-1} + k_{\mathrm{r}i} I_{\mathrm{m}_i}\, \dot{\boldsymbol{\omega}}_{\mathrm{m}i}^{\mathrm{T}} \boldsymbol{z}_{\mathrm{m}_i} & \text{旋转关节} \end{cases} \tag{7.92}$$

7.5.1 连杆加速度

式(7.87)、式(7.91)中的牛顿-欧拉方程与式(7.92)中的方程需要计算连杆 i 和转子 i 的线加速度与角加速度。计算可在前面已得到的线速度与角速度关系的基础上导出。式(3.21)、式(3.22)、式(3.25)、式(3.26)中的方程可简单写为

$$\boldsymbol{\omega}_i = \begin{cases} \boldsymbol{\omega}_{i-1} & \text{移动关节} \\ \boldsymbol{\omega}_{i-1} + \dot{\vartheta}_i \boldsymbol{z}_{i-1} & \text{旋转关节} \end{cases} \tag{7.93}$$

与

$$\dot{\boldsymbol{p}}_i = \begin{cases} \dot{\boldsymbol{p}}_{i-1} + \dot{d}_i \boldsymbol{z}_{i-1} + \boldsymbol{\omega}_i \times \boldsymbol{r}_{i-1,i} & \text{移动关节} \\ \dot{\boldsymbol{p}}_{i-1} + \boldsymbol{\omega}_i \times \boldsymbol{r}_{i-1,i} & \text{旋转关节} \end{cases} \tag{7.94}$$

对于连杆的角加速度,可以看出对移动关节,式(3.21)关于时间求导得

$$\dot{\boldsymbol{\omega}}_i = \dot{\boldsymbol{\omega}}_{i-1} \tag{7.95}$$

反之,对旋转关节,式(3.25)关于时间求导,得

$$\dot{\boldsymbol{\omega}}_i = \dot{\boldsymbol{\omega}}_{i-1} + \ddot{\vartheta}_i \boldsymbol{z}_{i-1} + \dot{\vartheta}_i\, \boldsymbol{\omega}_{i-1} \times \boldsymbol{z}_{i-1} \tag{7.96}$$

对于连杆的线加速度,若为移动关节,式(3.22)关于时间求导,得

$$\begin{aligned} \ddot{\boldsymbol{p}}_i = {} & \ddot{\boldsymbol{p}}_{i-1} + \ddot{d}_i \boldsymbol{z}_{i-1} + \dot{d}_i\, \boldsymbol{\omega}_{i-1} \times \boldsymbol{z}_{i-1} + \dot{\boldsymbol{\omega}}_i \times \boldsymbol{r}_{i-1,i} \\ & + \boldsymbol{\omega}_i \times \dot{d}_i \boldsymbol{z}_{i-1} + \boldsymbol{\omega}_i \times (\boldsymbol{\omega}_{i-1} \times \boldsymbol{r}_{i-1,i}) \end{aligned} \tag{7.97}$$

其中用到关系 $\dot{\boldsymbol{r}}_{i-1,i} = \dot{d}_i \boldsymbol{z}_{i-1} + \omega_{i-1} \times \boldsymbol{r}_{i-1,i}$。因此,参考式(3.21)、式(7.97)中的方程可写为

$$\ddot{\boldsymbol{p}}_i = \ddot{\boldsymbol{p}}_{i-1} + \ddot{d}_i \boldsymbol{z}_{i-1} + 2\dot{d}_i\, \boldsymbol{\omega}_i \times \boldsymbol{z}_{i-1} + \dot{\boldsymbol{\omega}}_i \times \boldsymbol{r}_{i-1,i} + \boldsymbol{\omega}_i \times (\boldsymbol{\omega}_i \times \boldsymbol{r}_{i-1,i}) \tag{7.98}$$

同样,对于旋转关节,式(3.26)关于时间求导,得

285 $$\ddot{\boldsymbol{p}}_i = \ddot{\boldsymbol{p}}_{i-1} + \dot{\boldsymbol{\omega}}_i \times \boldsymbol{r}_{i-1,i} + \boldsymbol{\omega}_i \times (\boldsymbol{\omega}_i \times \boldsymbol{r}_{i-1,i}) \tag{7.99}$$

总结如下,式(7.95)、式(7.96)、式(7.98)、式(7.99)中方程可简化为下式:

$$\dot{\boldsymbol{\omega}}_i = \begin{cases} \dot{\boldsymbol{\omega}}_{i-1} & \text{移动关节} \\ \dot{\boldsymbol{\omega}}_{i-1} + \ddot{\vartheta}_i \boldsymbol{z}_{i-1} + \dot{\vartheta}_i\, \boldsymbol{\omega}_{i-1} \times \boldsymbol{z}_{i-1} & \text{旋转关节} \end{cases} \tag{7.100}$$

与

$$\ddot{\boldsymbol{p}}_i = \begin{cases} \ddot{\boldsymbol{p}}_{i-1} + \ddot{d}_i \boldsymbol{z}_{i-1} + 2\dot{d}_i\, \boldsymbol{\omega}_i \times \boldsymbol{z}_{i-1} & \text{移动关节} \\ \quad + \dot{\boldsymbol{\omega}}_i \times \boldsymbol{r}_{i-1,i} + \boldsymbol{\omega}_i \times (\boldsymbol{\omega}_i \times \boldsymbol{r}_{i-1,i}) & \\ \ddot{\boldsymbol{p}}_{i-1} + \dot{\boldsymbol{\omega}}_i \times \boldsymbol{r}_{i-1,i} + \boldsymbol{\omega}_i \times (\boldsymbol{\omega}_i \times \boldsymbol{r}_{i-1,i}) & \text{旋转关节} \end{cases} \tag{7.101}$$

式(7.87)中牛顿方程必须得到连杆 i 质心的加速度,由于 $\dot{\boldsymbol{r}}_{i,C_i}^{i} = \boldsymbol{0}$,加速度可由式(3.15)导出。

式(3.15)关于时间求导,质心 C_i 的加速度可表示为坐标系 i 原点的速度与加速度的函数,即

$$\ddot{\boldsymbol{p}}_{C_i} = \ddot{\boldsymbol{p}}_i + \dot{\boldsymbol{\omega}}_i \times \boldsymbol{r}_{i,C_i} + \boldsymbol{\omega}_i \times (\boldsymbol{\omega}_i \times \boldsymbol{r}_{i,C_i}) \tag{7.102}$$

最后,转子的角加速度可由式(7.23)的时间导数计算得到,即

$$\dot{\boldsymbol{\omega}}_{m_i} = \dot{\boldsymbol{\omega}}_{i-1} + k_{ri}\ddot{q}_i\boldsymbol{z}_{m_i} + k_{ri}\dot{q}_i\,\boldsymbol{\omega}_{i-1} \times \boldsymbol{z}_{m_i} \tag{7.103}$$

7.5.2 递归算法

因为单个连杆的运动总是通过速度、加速度的运动学关系和其他连杆运动相联系的,有必要讨论运动的牛顿-欧拉方程非闭合形式求解。

只要关节位置、速度和加速度已知,就可计算连杆速度和加速度,牛顿-欧拉方程可从施加在末端执行器上的力和力矩开始,用递归形式得到的作用在每个连杆上的力和力矩。另一方面,连杆和转子速度与加速度可从基座连杆的速度和加速度开始递归计算。总的来说,递归算法(recursive algorithm)构造的特点是前向递推(forward recurison)和速度与加速度的传递有关,后向递推(backward recursion)是在沿着构形进行力和力矩的传递。

前向递推中,只要 $\boldsymbol{q},\dot{\boldsymbol{q}},\ddot{\boldsymbol{q}}$ 与基座连杆的速度、加速度 $\boldsymbol{\omega}_0,\ddot{\boldsymbol{p}}_0-\boldsymbol{g}_0,\dot{\boldsymbol{\omega}}_0$ 指定,$\boldsymbol{\omega}_i,\dot{\boldsymbol{\omega}}_i,\ddot{\boldsymbol{p}}_i,\ddot{\boldsymbol{p}}_{C_i}$,$\dot{\boldsymbol{\omega}}_{m_i}$ 就可利用式(7.93)、式(7.100)、式(7.101)、式(7.102)和式(7.103)分别计算得到。注意线 286
加速度选为 $\ddot{\boldsymbol{p}}_0-\boldsymbol{g}_0$,是为了在式(7.101)和式(7.102)质心加速度 $\ddot{\boldsymbol{p}}_{C_i}$ 计算中合并 $-\boldsymbol{g}_0$ 项。

用前向递推计算基座连杆到末端执行器的速度和加速度之后,再用后向递推得出力。具体来说,只要给出 $\boldsymbol{h}_e=[\boldsymbol{f}_{n+1}^{\mathrm{T}}\quad \boldsymbol{\mu}_{n+1}^{\mathrm{T}}]^{\mathrm{T}}$(最终 $\boldsymbol{h}_e=\boldsymbol{0}$),式(7.87)中用于迭代的牛顿公式就可写为

$$\boldsymbol{f}_i = \boldsymbol{f}_{i+1} + m_i\ddot{\boldsymbol{p}}_{C_i} \tag{7.104}$$

重力加速度分量已经包含在 $\ddot{\boldsymbol{p}}_{C_i}$ 中了。且欧拉方程为

$$\begin{aligned}\boldsymbol{\mu}_i = &-\boldsymbol{f}_i \times (\boldsymbol{r}_{i-1,i} + \boldsymbol{r}_{i,C_i}) + \boldsymbol{\mu}_{i+1} + \boldsymbol{f}_{i+1} \times \boldsymbol{r}_{i,C_i} + \bar{\boldsymbol{I}}_i\,\dot{\boldsymbol{\omega}}_i + \boldsymbol{\omega}_i \times (\bar{\boldsymbol{I}}_i\,\boldsymbol{\omega}_i)\\ &+ k_{r,i+1}\ddot{q}_{i+1}I_{m_{i+1}}\boldsymbol{z}_{m_{i+1}} + k_{r,i+1}\dot{q}_{i+1}I_{m_{i+1}}\,\boldsymbol{\omega}_i \times \boldsymbol{z}_{m_{i+1}}\end{aligned} \tag{7.105}$$

该式由式(7.91)得出,其中 $\boldsymbol{r}_{i-1,C_i}$ 表示为前向递推中出现的两个向量的和。最后,作用在关节上的广义力由式(7.92)计算得到

$$\tau_i = \begin{cases}\boldsymbol{f}_i^{\mathrm{T}}\boldsymbol{z}_{i-1} + k_{ri}I_{m_i}\,\dot{\boldsymbol{\omega}}_{m_i}^{\mathrm{T}}\boldsymbol{z}_{m_i} + F_{vi}\dot{d}_i + F_{si}\operatorname{sgn}(\dot{d}_i) & \text{移动关节}\\ \boldsymbol{\mu}_i^{\mathrm{T}}\boldsymbol{z}_{i-1} + k_{ri}I_{m_i}\,\dot{\boldsymbol{\omega}}_{m_i}^{\mathrm{T}}\boldsymbol{z}_{m_i} + F_{vi}\dot{\vartheta}_i + F_{si}\operatorname{sgn}(\dot{\vartheta}_i) & \text{旋转关节}\end{cases} \tag{7.106}$$

其中包含了关节粘滞转矩与库仑摩擦转矩。

在以上推演中,假定所有的向量都参考于基坐标系。若所有向量都参考连杆 i 的当前坐标系,递推可简化大量计算,更为有效。这表示从坐标系 $i+1$ 变换到坐标系 i 的所有向量需要乘以旋转矩阵 $\boldsymbol{R}_{i+1}^{i}$,而从坐标系 $i-1$ 变换到坐标系 i 的所有向量则要乘以旋转矩阵 $\boldsymbol{R}_i^{i-1\mathrm{T}}$。因此,式(7.93)、式(7.100)、式(7.101)、式(7.102)、式(7.103)、式(7.104)、式(7.105)、式(7.106)中的方程可写为

$$\boldsymbol{\omega}_i^i = \begin{cases}\boldsymbol{R}_i^{i-1\mathrm{T}}\,\boldsymbol{\omega}_{i-1}^{i-1} & \text{移动关节}\\ \boldsymbol{R}_i^{i-1\mathrm{T}}(\boldsymbol{\omega}_{i-1}^{i-1} + \dot{\vartheta}_i\boldsymbol{z}_0) & \text{旋转关节}\end{cases} \tag{7.107}$$

$$\boldsymbol{\omega}_i^i = \begin{cases}\boldsymbol{R}_i^{i-1\mathrm{T}}\,\dot{\boldsymbol{\omega}}_{i-1}^{i-1} & \text{移动关节}\\ \boldsymbol{R}_i^{i-1\mathrm{T}}(\dot{\boldsymbol{\omega}}_{i-1}^{i-1} + \ddot{\vartheta}_i\boldsymbol{z}_0 + \dot{\vartheta}_i\,\boldsymbol{\omega}_{i-1}^{i-1} \times \boldsymbol{z}_0) & \text{旋转关节}\end{cases} \tag{7.108}$$

287

$$\ddot{\boldsymbol{p}}_i^i=\begin{cases}\boldsymbol{R}_i^{i-1\mathrm{T}}(\ddot{\boldsymbol{p}}_{i-1}^{i-1}+\ddot{d}_i\boldsymbol{z}_0)+2\dot{d}_i\ \boldsymbol{\omega}_i^i\times\boldsymbol{R}_i^{i-1\mathrm{T}}\boldsymbol{z}_0 & \text{移动关节}\\ \quad+\dot{\boldsymbol{\omega}}_i^i\times\boldsymbol{r}_{i-1,i}^i+\boldsymbol{\omega}_i^i\times(\boldsymbol{\omega}_i^i\times\boldsymbol{r}_{i-1,i}^i) & \\ \boldsymbol{R}_i^{i-1\mathrm{T}}\ddot{\boldsymbol{p}}_{i-1}^{i-1}+\dot{\boldsymbol{\omega}}_i^i\times\boldsymbol{r}_{i-1,i}^i+\boldsymbol{\omega}_i^i\times(\boldsymbol{\omega}_i^i\times\boldsymbol{r}_{i-1,i}^i) & \text{旋转关节}\end{cases} \tag{7.109}$$

$$\ddot{\boldsymbol{p}}_{C_i}^i=\ddot{\boldsymbol{p}}_i^i+\boldsymbol{\omega}_i^i\times\boldsymbol{r}_{i,C_i}^i+\boldsymbol{\omega}_i^i\times(\boldsymbol{\omega}_i^i\times\boldsymbol{r}_{i,C_i}^i) \tag{7.110}$$

$$\dot{\boldsymbol{\omega}}_{\mathrm{m}_i}^{i-1}=\dot{\boldsymbol{\omega}}_{i-1}^{i-1}+k_{ri}\ddot{q}_i\boldsymbol{z}_{\mathrm{m}i}^{i-1}+k_{ri}\dot{q}_i\ \boldsymbol{\omega}_{i-1}^{i-1}\times\boldsymbol{z}_{\mathrm{m}_i}^{i-1} \tag{7.111}$$

$$\boldsymbol{f}_i^i=\boldsymbol{R}_{i+1}^i\boldsymbol{f}_{i+1}^{i+1}+m_i\ddot{\boldsymbol{p}}_{C_i}^i \tag{7.112}$$

$$\begin{aligned}\boldsymbol{\mu}_i^i=&-\boldsymbol{f}_i^i\times(\boldsymbol{r}_{i-1,i}^i+\boldsymbol{r}_{i,C_i}^i)+\boldsymbol{R}_{i+1}^i\boldsymbol{\mu}_{i+1}^{i+1}+\boldsymbol{R}_{i+1}^i\boldsymbol{f}_{i+1}^{i+1}\times\boldsymbol{r}_{i,C_i}^i+\bar{\boldsymbol{I}}_i^i\ \dot{\boldsymbol{\omega}}_i^i+\boldsymbol{\omega}_i^i\times(\bar{\boldsymbol{I}}_i^i\ \boldsymbol{\omega}_i^i)\\&+k_{r,i+1}\ddot{q}_{i+1}I_{\mathrm{m}_{i+1}}\boldsymbol{z}_{\mathrm{m}_{i+1}}^i+k_{r,i+1}\dot{q}_{i+1}I_{\mathrm{m}_{i+1}}\ \boldsymbol{\omega}_i^i\times\boldsymbol{z}_{\mathrm{m}_{i+1}}^i\end{aligned} \tag{7.113}$$

$$\boldsymbol{\tau}_i=\begin{cases}\boldsymbol{f}_i^{i\mathrm{T}}\boldsymbol{R}_i^{i-1\mathrm{T}}\boldsymbol{z}_0+k_{ri}I_{\mathrm{m}_i}\ \dot{\boldsymbol{\omega}}_{\mathrm{m}_i}^{i-1\mathrm{T}}\boldsymbol{z}_{\mathrm{m}_i}^{i-1}+F_{vi}\dot{d}_i+F_{si}\,\mathrm{sgn}(\dot{d}_i) & \text{移动关节}\\ \boldsymbol{\mu}_i^{i\mathrm{T}}\boldsymbol{R}_i^{i-1\mathrm{T}}\boldsymbol{z}_0+k_{ri}I_{\mathrm{m}_i}\ \dot{\boldsymbol{\omega}}_{\mathrm{m}_i}^{i-1\mathrm{T}}\boldsymbol{z}_{\mathrm{m}_i}^{i-1}+F_{vi}\dot{\vartheta}_i+F_{si}\,\mathrm{sgn}(\dot{\vartheta}_i) & \text{旋转关节}\end{cases} \tag{7.114}$$

以上等式具有 $\bar{\boldsymbol{I}}_i^i$，$\boldsymbol{r}_{i,C_i}^i$，$\boldsymbol{z}_{\mathrm{m}_i}^{i-1}$ 为常数的优点，且 $\boldsymbol{z}_0=[0\quad 0\quad 1]^{\mathrm{T}}$。

288 上述内容总结如下，对给定的关节位置、速度、加速度，递推算法从以下两个方面给出：

- 利用已知的初始条件 $\boldsymbol{\omega}_0^0$，$\ddot{\boldsymbol{p}}_0^0-\boldsymbol{g}_0^0$，$\dot{\boldsymbol{\omega}}_0^0$，根据式(7.107)、式(7.108)、式(7.109)、式(7.110)、式(7.111)，对 $i=1,\cdots,n$，计算 $\boldsymbol{\omega}_i^i$，$\dot{\boldsymbol{\omega}}_i^i$，$\ddot{\boldsymbol{p}}_i^i$，$\ddot{\boldsymbol{p}}_{C_i}^i$，$\dot{\boldsymbol{\omega}}_{\mathrm{m}_i}^{i-1}$。
- 利用已知的终端条件 $\boldsymbol{f}_{n+1}^{n+1}$，$\boldsymbol{\mu}_{n+1}^{n+1}$，根据式(7.112)、式(7.113)，对 $i=1,\cdots,n$，计算 $\boldsymbol{f}_i^i$，$\boldsymbol{\mu}_i^i$，根据(7.114)计算 $\boldsymbol{\tau}_i$。

算法的计算结构示意图见图 7.14。

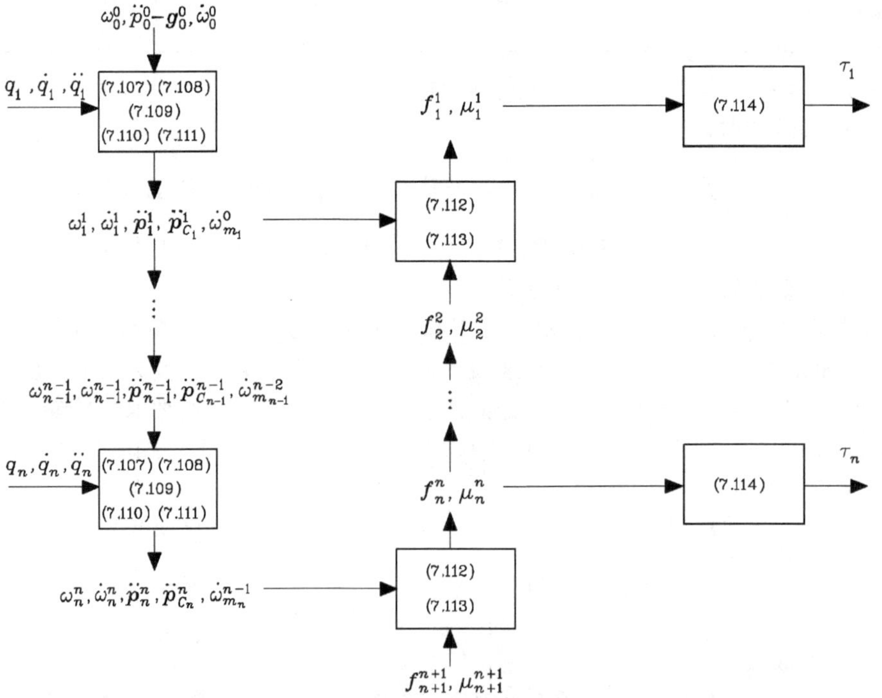

图 7.14 牛顿-欧拉递推算法的计算结构

7.5.3 示例

下面，以例 7.2 中已得到动力学模型的两连杆平面臂为对象，举例说明一步牛顿-欧拉算法。

速度与加速度的初始条件为

$$\ddot{\boldsymbol{p}}_0^0 - \boldsymbol{g}_0^0 = [0 \quad g \quad 0]^{\mathrm{T}} \qquad \boldsymbol{\omega}_0^0 = \dot{\boldsymbol{\omega}}_0^0 = \boldsymbol{0}$$

作用力的终端条件为

$$\boldsymbol{f}_3^3 = \boldsymbol{0} \quad \boldsymbol{\mu}_3^3 = \boldsymbol{0}$$

所有量都参考当前连杆坐标系，由此得到以下常数向量

$$\boldsymbol{r}_{1,\mathrm{C}_1}^1 = \begin{bmatrix} l_{C_1} \\ 0 \\ 0 \end{bmatrix} \qquad \boldsymbol{r}_{0,1}^1 = \begin{bmatrix} a_1 \\ 0 \\ 0 \end{bmatrix} \qquad \boldsymbol{r}_{2,\mathrm{C}_2}^1 = \begin{bmatrix} l_{C_2} \\ 0 \\ 0 \end{bmatrix} \qquad \boldsymbol{r}_{1,2}^2 = \begin{bmatrix} a_2 \\ 0 \\ 0 \end{bmatrix}$$

其中 l_{C_1} 与 l_{C_2} 均为负值。向量从某一坐标系到另一坐标系变换的旋转矩阵为

$$\boldsymbol{R}_i^{i-1} = \begin{bmatrix} c_i & -s_i & 0 \\ s_i & c_i & 0 \\ 0 & 0 & 1 \end{bmatrix} \quad i = 1,2 \quad \boldsymbol{R}_3^2 = \boldsymbol{I}$$

进一步假定两个转子的旋转轴与各自关节轴一致，即对 $i=1,2$ 均有 $\boldsymbol{z}_{\mathrm{m}_i}^{i-1} = \boldsymbol{z}_0 = [0 \quad 0 \quad 1]^{\mathrm{T}}$。

根据式(7.107)～式(7.114)，牛顿-欧拉算法需要完成以下步骤：

- 前向迭代：连杆 1

$$\boldsymbol{\omega}_1^1 = \begin{bmatrix} 0 \\ 0 \\ \dot{\vartheta}_1 \end{bmatrix}$$

$$\dot{\boldsymbol{\omega}}_1^1 = \begin{bmatrix} 0 \\ 0 \\ \ddot{\vartheta}_1 \end{bmatrix}$$

$$\ddot{\boldsymbol{p}}_1^1 = \begin{bmatrix} -a_1\dot{\vartheta}_1^2 + gs_1 \\ a_1\ddot{\vartheta}_1 + gc_1 \\ 0 \end{bmatrix}$$ 289

$$\ddot{\boldsymbol{p}}_{C_1}^1 = \begin{bmatrix} -(l_{C_1} + a_1)\dot{\vartheta}_1^2 + gs_1 \\ (l_{C_1} + a_1)\ddot{\vartheta}_1 + gc_1 \\ 0 \end{bmatrix}$$

$$\dot{\boldsymbol{\omega}}_{\mathrm{m}_1}^0 = \begin{bmatrix} 0 \\ 0 \\ k_{r1}\ddot{\vartheta}_1 \end{bmatrix}$$

• 前向迭代:连杆 2

$$\boldsymbol{\omega}_2^2 = \begin{bmatrix} 0 \\ 0 \\ \dot{\vartheta}_1 + \dot{\vartheta}_2 \end{bmatrix}$$

$$\dot{\boldsymbol{\omega}}_2^2 = \begin{bmatrix} 0 \\ 0 \\ \ddot{\vartheta}_1 + \ddot{\vartheta}_2 \end{bmatrix}$$

$$\ddot{\boldsymbol{p}}_2^2 = \begin{bmatrix} a_1 s_2 \ddot{\vartheta}_1 - a_1 c_2 \dot{\vartheta}_1^2 - a_2(\dot{\vartheta}_1 + \dot{\vartheta}_2)^2 + g s_{12} \\ a_1 c_2 \ddot{\vartheta}_1 + a_2(\ddot{\vartheta}_1 + \ddot{\vartheta}_2) + a_1 s_2 \dot{\vartheta}_1^2 + g c_{12} \\ 0 \end{bmatrix}$$

$$\ddot{\boldsymbol{p}}_{C_2}^2 = \begin{bmatrix} a_1 s_2 \ddot{\vartheta}_1 - a_1 c_2 \dot{\vartheta}_1^2 - (l_{C_1} + a_2)(\dot{\vartheta}_1 + \dot{\vartheta}_2)^2 + g s_{12} \\ a_1 c_2 \ddot{\vartheta}_1 + (l_{C_2} + a_2)(\ddot{\vartheta}_1 + \ddot{\vartheta}_2) + a_1 s_2 \dot{\vartheta}_1^2 + g c_{12} \\ 0 \end{bmatrix}$$

290

$$\dot{\boldsymbol{\omega}}_{m_2}^1 = \begin{bmatrix} 0 \\ 0 \\ \ddot{\vartheta}_1 + k_{r2} \ddot{\vartheta}_2 \end{bmatrix}$$

• 后向迭代:连杆 2

$$\boldsymbol{f}_2^2 = \begin{bmatrix} m_2(a_1 s_2 \ddot{\vartheta}_1 - a_1 c_2 \dot{\vartheta}_1^2 - (l_{C_2} + a_2)(\dot{\vartheta}_1 + \dot{\vartheta}_2)^2 + g s_{12}) \\ m_2(a_1 c_2 \ddot{\vartheta}_1 + (l_{C_2} + a_2)(\ddot{\vartheta}_1 + \ddot{\vartheta}_2) + a_1 s_2 \dot{\vartheta}_1^2 + g c_{12} \\ 0 \end{bmatrix}$$

$$\boldsymbol{\mu}_2^2 = \begin{bmatrix} * \\ * \\ \bar{I}_{2zz}(\ddot{\vartheta}_1 + \ddot{\vartheta}_2) + m_2(l_{C_2} + a_2)^2(\ddot{\vartheta}_1 + \ddot{\vartheta}_2) + m_2 a_1 (l_{C_2} + a_2) c_2 \ddot{\vartheta}_1 \\ + m_2 a_1 (l_{C_2} + a_2) s_2 \dot{\vartheta}_1^2 + m_2 (l_{C_2} + a_2) g c_{12} \end{bmatrix}$$

$$\begin{aligned} \tau_2 = {} & (\bar{I}_{2zz} + m_2((l_{C_2} + a_2)^2 + a_1(l_{C_2} + a_2) c_2) + k_{r2} I_{m_2}) \ddot{\vartheta}_1 \\ & + (\bar{I}_{2zz} + m_2(l_{C_2} + a_2)^2 + k_{r2}^2 I_{m_2}) \ddot{\vartheta}_2 \\ & + m_2 a_1 (l_{C_2} + a_2) s_2 \dot{\vartheta}_1^2 + m_2 (l_{C_2} + a_2) g c_{12} \end{aligned}$$

- 后向迭代:连杆 1

$$
\boldsymbol{f}_1^1=\begin{bmatrix}
-m_2(l_{C_2}+a_2)s_2(\ddot{\vartheta}_1+\ddot{\vartheta}_2)-m_1(l_{C_1}+a_1)\dot{\vartheta}_1^2-m_2a_1\dot{\vartheta}_1^2\\
-m_2(l_{C_2}+a_2)c_2(\dot{\vartheta}_1+\dot{\vartheta}_2)^2+(m_1+m_2)gs_1\\
m_1(l_{C_1}+a_1)\ddot{\vartheta}_1+m_2a_1\ddot{\vartheta}_1+m_2(l_{C_2}+a_2)c_2(\ddot{\vartheta}_1+\ddot{\vartheta}_2)\\
-m_2(l_{C_2}+a_2)s_2(\dot{\vartheta}_1+\dot{\vartheta}_2)^2+(m_1+m_2)gc_1\\
0
\end{bmatrix}
$$

$$
\boldsymbol{\mu}_1^1=\begin{bmatrix}
*\\
*\\
\bar{I}_{1zz}\ddot{\vartheta}_1+m_2a_1^2\ddot{\vartheta}_1++m_1(l_{C_1}+a_1)^2\ddot{\vartheta}_1+m_2a_1(l_{C_2}+a_2)c_2\ddot{\vartheta}_1+\bar{I}_{2zz}(\ddot{\vartheta}_1+\ddot{\vartheta}_2)\\
+m_2a_1(l_{C_2}+a_2)c_2(\ddot{\vartheta}_1+\ddot{\vartheta}_2)+m_2(l_{C_2}+a_2)^2(\ddot{\vartheta}_1+\ddot{\vartheta}_2)\\
+k_{r2}I_{m_2}\ddot{\vartheta}_2+m_2a_1(l_{C_2}+a_2)s_2\dot{\vartheta}_1^2-m_2a_1(l_{C_2}+a_2)s_2(\dot{\vartheta}_1+\dot{\vartheta}_2)^2\\
+m_1(l_{C_1}+a_1)gc_1+m_2a_1gc_1+m_2(l_{C_2}+a_2)gc_{12}
\end{bmatrix}
$$

$$
\begin{aligned}
\tau_1=&((\bar{I}_{1zz}+m_1(l_{C_1}+a_1)^2+k_{r1}^2I_{m_1}+\bar{I}_{2zz}\\
&+m_2(a_1^2+(l_{C_2}+a_2)^2+2a_1(l_{C_2}+a_2)c_2))\ddot{\vartheta}_1\\
&+(\bar{I}_{2zz}+m_2((l_{C_2}+a_2)^2+a_1(l_{C_2}+a_2)c_2)+k_{r2}I_{m_2})\ddot{\vartheta}_2\\
&-2m_2a_1(l_{C_2}+a_2)s_2\dot{\vartheta}_1\dot{\vartheta}_2-m_2a_1(l_{C_2}+a_2)s_2\dot{\vartheta}_2^2\\
&+(m_1(l_{C_1}+a_1)+m_2a_1)gc_1+m_2(l_{C_2}+a_2)gc_{12}
\end{aligned}
$$

291

没有计算标注“*”号的力矩分量,因为与关节转矩τ_2 和τ_1 无关。

以上转矩中动力学参数和式(7.83)相同,表示为连杆与转子参数的函数:

$$
\begin{aligned}
m_1&=m_{l_1}+m_{l_2}\\
m_1l_{C_1}&=m_{l_1}(l_1-a_1)\\
\bar{I}_{1zz}+m_1l_{C_1}^2&=\hat{I}_1=I_{l_1}+m_{l_1}(l_1-a_1)^2+I_{m_2}\\
m_2&=m_{l_2}\\
m_2l_{C_2}&=m_{l_2}(l_2-a_2)\\
\bar{I}_{2zz}+m_2l_{C_2}^2&=\hat{I}_2=I_{l_2}+m_{l_2}(l_2-a_2)^2
\end{aligned}
$$

在这些关系基础上,可以用拉格朗日公式验证动力学模型与式(7.82)导出模型的一致性。

7.6 动力学正解与逆解问题

拉格朗日公式与牛顿-欧拉公式都可计算关节转矩之间的关系,末端执行器的力,以及整个结构的运动。两种方法的对比如下,拉格朗日公式具有如下优点:

- 系统、直观、便于理解。
- 以紧凑的解析形式给出运动方程式,该式包含惯性矩阵、离心力与哥氏力矩阵、重力向量,表达形式利于控制设计。

- 可以有效表示例如柔性变形等更为复杂的机械效应。

牛顿-欧拉公式具有以下基本优点:

- 其固有的迭代计算效率高。

动力学研究关注正向与逆向计算两类问题的求解。

动力学正解(direct dynamics)问题包括在初始位置 $\boldsymbol{q}(t_0)$ 和初始速度 $\dot{\boldsymbol{q}}(t_0)$ 已知的情况下,对 $t>t_0$,根据给定的关节转矩 $\boldsymbol{\tau}(t)$(以及可能的末端执行器力作用 $h_e(t)$),确定关节加速度 $\ddot{\boldsymbol{q}}(t)$(以及 $\dot{\boldsymbol{q}}(t)$,$q(t)$)。

动力学逆解(inverse dynamics)问题主要是在可能的末端执行器作用力 $\boldsymbol{h}_e(t)$ 已知的情况下,确定关节转矩 $\boldsymbol{\tau}(t)$,该转矩产生关节加速度为 $\ddot{\boldsymbol{q}}(t)$、速度为 $\dot{\boldsymbol{q}}(t)$ 和位置为 $\boldsymbol{q}(t)$ 的运动
292 形式。

动力学正解对机械手仿真非常有用。对机械手施加一组关节转矩的情况下,动力学正解可根据关节加速度描述实际物理系统的运动;关节速度和位置可结合系统非线性微分方程得到。

由拉格朗日公式得到的运动方程给出了关节转矩(及末端执行器作用力)和关节位置、速度、加速度之间的解析关系,这些关系可通过式(7.42)计算得到:

$$\ddot{\boldsymbol{q}} = \boldsymbol{B}^{-1}(\boldsymbol{q})(\boldsymbol{\tau} - \boldsymbol{\tau}') \tag{7.115}$$

其中

$$\boldsymbol{\tau}'(\boldsymbol{q}, \dot{\boldsymbol{q}}) = \boldsymbol{C}(\boldsymbol{q}, \dot{\boldsymbol{q}})\dot{\boldsymbol{q}} + \boldsymbol{F}_v\dot{\boldsymbol{q}} + \boldsymbol{F}_s\mathrm{sgn}(\dot{\boldsymbol{q}}) + \boldsymbol{g}(\boldsymbol{q}) + \boldsymbol{J}^{\mathrm{T}}(\boldsymbol{q})\boldsymbol{h}_e \tag{7.116}$$

表示关节位置、速度引起的转矩分量。因此要进行机械手运动仿真,只要时刻 t_k 的位置 $\boldsymbol{q}(t_k)$、速度 $\dot{\boldsymbol{q}}(t_k)$ 这些状态已知,加速度 $\ddot{\boldsymbol{q}}(t_k)$ 可由式(7.115)计算得到。采用如龙格-库塔法之类的数值积分方法,积分步长设为 Δt,能够计算出时刻 $t_{k+1}=t_k+\Delta t$ 的速度 $\dot{\boldsymbol{q}}(t_{k+1})$ 与位置 $\boldsymbol{q}(t_{k+1})$。

若运动方程是由牛顿-欧拉公式得到的,可采用更有效的计算方法计算动力学正解问题。实际上,对于给定的 $\boldsymbol{q}$ 和 $\dot{\boldsymbol{q}}$,式(7.116)中的转矩 $\boldsymbol{\tau}'(\boldsymbol{q},\dot{\boldsymbol{q}})$ 可由图 7.14 所示的算法在 $\ddot{\boldsymbol{q}}=0$ 的条件下计算得到。而且矩阵 $\boldsymbol{B}(\boldsymbol{q})$ 的列 b_i 可作为图 7.14 所示算法的转矩向量。其中 $g_0=0$,$\dot{\boldsymbol{q}}=0$,且对 $j\neq i$,有 $\ddot{q}_i=1$,$\ddot{q}_j=0$。对 $i=1,\cdots,n$ 进行迭代,从而构造矩阵 $\boldsymbol{B}(\boldsymbol{q})$。因此,由 $\boldsymbol{B}(\boldsymbol{q})$ 的当前值和 $\boldsymbol{\tau}'(\boldsymbol{q},\dot{\boldsymbol{q}})$,以及给定的 $\boldsymbol{\tau}$,(7.115)中的方程可实现上述积分过程。

动力学逆解问题可用于机械手轨迹规划、控制算法实现。只要指定关节轨迹的位置、速度和加速度(通常由运动学逆解给出),若末端执行器作用力已知,动力学逆解可计算得到期望运动的关节上的转矩。这样的计算可以校验指定轨迹是否可能获得,而且还可以修正机械手动力学模型中的非线性项。为此,牛顿-欧拉公式提供了一种有效的逆向求解动力学的在线计算递归方法,拉格朗日公式也可能完成高效的递归计算,虽然模型重建的功夫是不可忽略的。

对有 n 个关节的机械手,所需的计算复杂度(number of operations)为①:

- 正动力学正解计算量:$O(n^2)$
293 • 动力学逆解计算量:$O(n^2)$

① 见附录 E.1 节算法计算复杂度的定义。

7.7　轨迹的动态标度

在 4.1 节已经讨论了轨迹生成要考虑的动力学约束(dynamic constraints)。实际上,对给定轨迹的时间与路径类型(高曲率线段),用以前讨论过的所有方式获得的轨迹,对机械手动力学执行而言过于苛刻。典型的例子是,产生运动所需的转矩比执行元件所能提供的最大转矩还要大。这种情况下,无法实现的轨迹就需要进行相应的时间尺度定标。

假定在 $t\in[0,t_f]$,对所有的机械手关节生成轨迹 $q(t)$。计算逆动力学过程可以对执行给定运动所需转矩 $\boldsymbol{\tau}(t)$ 的时程进行估计。对所得转矩与执行元件所能提供的转矩极限(torque limits)进行比较,很容易确定轨迹是否能够实现。问题是要找到能够避免动力学逆解重复计算的自动轨迹动态标度(dynamic scaling)机制,以使机械手能够无需超过转矩极限,按照正确的时间节点实现指定路径运动。

仍以式(7.42)给出的机械手动力学模型作为对象,为简化计算令 $\boldsymbol{F}_v=\boldsymbol{0},\boldsymbol{F}_s=\boldsymbol{0},\boldsymbol{h}_e=\boldsymbol{0}$。表示离心力与哥氏力的项 $\boldsymbol{C}(\boldsymbol{q},\dot{\boldsymbol{q}})$ 是关节速度的二次函数,写成以下形式:

$$\boldsymbol{C}(\boldsymbol{q},\dot{\boldsymbol{q}})\dot{\boldsymbol{q}}=\boldsymbol{\Gamma}(\boldsymbol{q})[\dot{\boldsymbol{q}}\dot{\boldsymbol{q}}] \tag{7.117}$$

其中 $[\boldsymbol{q}\dot{\boldsymbol{q}}]$ 表示如下 $(n(n+1)/2\times1)$ 维向量:

$$[\dot{\boldsymbol{q}}\dot{\boldsymbol{q}}]=[\dot{q}_1^2\quad \dot{q}_1\dot{q}_2\quad\cdots\quad \dot{q}_{n-1}\dot{q}_n\quad \dot{q}_n^2]^{\mathrm{T}}$$

$\boldsymbol{\Gamma}(\boldsymbol{q})$ 为满足(7.117)的 $(n\times n(n+1)/2)$ 维矩阵。参考该位置,机械手动力学模型可表示为

$$\boldsymbol{B}(\boldsymbol{q}(t))\ddot{\boldsymbol{q}}(t)+\boldsymbol{\Gamma}(\boldsymbol{q}))[\dot{\boldsymbol{q}}(t)\dot{\boldsymbol{q}}(t)]+\boldsymbol{g}(\boldsymbol{q}(t))=\boldsymbol{\tau}(t) \tag{7.118}$$

该式明显随时间 t 变化。

令新变量 $\bar{\boldsymbol{q}}(r(t))$ 满足下式:

$$\boldsymbol{q}(t)=\bar{\boldsymbol{q}}(r(t)) \tag{7.119}$$

其中 $r(t)$ 是随时间严格单调增长的标量函数,且 $r(0)=0,r(t_f)=\bar{t}_f$。 294

式(7.119)对时间两次求导,可得以下关系:

$$\dot{\boldsymbol{q}}=\dot{r}\bar{\boldsymbol{q}}'(r) \tag{7.120}$$

$$\ddot{\boldsymbol{q}}=\dot{r}^2\bar{\boldsymbol{q}}''(r)+\ddot{r}\bar{\boldsymbol{q}}'(r) \tag{7.121}$$

其中右上角符号表示对 r 求导。将式(7.120)、式(7.121)代入式(7.118)得

$$\dot{r}^2(\boldsymbol{B}(\bar{\boldsymbol{q}}(r))\bar{\boldsymbol{q}}''(r)+\boldsymbol{\Gamma}(\bar{\boldsymbol{q}}(r))[\bar{\boldsymbol{q}}'(r)\bar{\boldsymbol{q}}'(r)])+\ddot{r}\boldsymbol{B}(\bar{\boldsymbol{q}}(r))\bar{\boldsymbol{q}}'(r)+\boldsymbol{g}(\bar{\boldsymbol{q}}'(r)=\boldsymbol{\tau} \tag{7.122}$$

式(7.118)中可以确定以下项:

$$\boldsymbol{\tau}_s(t)=\boldsymbol{B}(\boldsymbol{q}(t))\ddot{\boldsymbol{q}}(t)+\boldsymbol{\Gamma}(\boldsymbol{q}(t))[\dot{\boldsymbol{q}}(t)\dot{\boldsymbol{q}}(t)] \tag{7.123}$$

表示由速度和加速度引起的转矩分量。进行对照可以令式(7.122)中

$$\boldsymbol{\tau}_s(t)=\dot{r}^2(\boldsymbol{B}(\bar{\boldsymbol{q}}(r))\bar{\boldsymbol{q}}''(r)+\boldsymbol{\Gamma}(\bar{\boldsymbol{q}}(r))[\bar{\boldsymbol{q}}'(r)\bar{\boldsymbol{q}}'(r)])+\ddot{r}\boldsymbol{B}(\bar{\boldsymbol{q}}(r))\bar{\boldsymbol{q}}'(r) \tag{7.124}$$

由式(7.123)类推,可以写作

$$\bar{\boldsymbol{\tau}}_s(r)=\boldsymbol{B}(\bar{\boldsymbol{q}}(r))\bar{\boldsymbol{q}}''(r)+\boldsymbol{\Gamma}(\bar{\boldsymbol{q}}(r))[\bar{\boldsymbol{q}}'(r)\bar{\boldsymbol{q}}'(r)] \tag{7.125}$$

式(7.124)变为

$$\boldsymbol{\tau}_s(t)=\dot{r}^2\,\bar{\boldsymbol{\tau}}_s(r)+\ddot{r}\boldsymbol{B}(\bar{\boldsymbol{q}}(r))\bar{\boldsymbol{q}}'(r) \tag{7.126}$$

式(7.126)中表达式给出了路径相同但时间律不同的运动中,依赖于机械手所需速度和加速度

的转矩分量之间的关系，这种关系是通过按式(7.119)相同的方法，对关节变量的时间标度得到的。

此处没有考虑重力转矩，因为该转矩只是关节位置的函数，所以不受时间定标的影响。

对定标函数 $r(t)$，最简单的选择当然是线性函数

$$r(t) = ct$$

其中 c 是一个正常数。这种情况下，式(7.126)变为

$$\boldsymbol{\tau}_{\mathrm{s}}(t) = c^2\, \bar{\boldsymbol{\tau}}_{\mathrm{s}}(ct)$$

该式表明由 c 确定的线性时间标度使转矩的幅值改变 c^2 倍。令 $c>1$，假定 $r=ct$ 为独立变量，
295 式(7.119)表示由 $\bar{\boldsymbol{q}}(r(t))$ 描述的轨迹在时间 $\bar{t}_{\mathrm{f}}>t_{\mathrm{f}}$ 内适用于由 $\boldsymbol{q}$ 指定的整个路径。相对地，式(7.125)中计算的转矩分量 $\bar{\boldsymbol{\tau}}_{\mathrm{s}}(ct)$ 由实现最初的轨迹 $q(t)$ 所需要的转矩分量 $\boldsymbol{\tau}_{\mathrm{s}}(t)$ 乘以标度因子 c^2。

采用递归算法进行动力学逆解，可能检查出轨迹行进期间，转矩是否超出所容许的范围；很明显，超出范围应该不是由单一的重力转矩引起的。有必要找出转矩超限最大的那个关节，然后计算受约于标度的转矩分量，依次确定标度因子 c^2。可能要将时间标度轨迹作为新的时间变量 $r=ct$ 的函数来计算，该轨迹不再超出转矩极限。然而需要指出，即使单个关节上在短时间内转矩超限，这种将整条轨迹线性标定的方法也有可能出错。

7.8 操作空间动力学模型

作为对关节空间动力学模型的另一种描述，系统的运动方程可直接在操作空间表达；为此，有必要找到描述作用在机械手上的广义力与操作空间(operational space)中描述末端执行器位置和方向的最少变量之间的动力学模型。

与操作空间中机械手运动学描述相似，在操作空间动力学模型的推导中要特别注意冗余自由度(DOF)和/或运动的出现与表示特点。

当以上变量构成一组广义坐标，动能、势能和作用其上的非保守力都能在其中表示出来，只有在非冗余机械手的情况下，用操作空间变量采用拉格朗日公式确定的动力学模型才可以完全描述系统运动。

对冗余机械手，这种处理方式不能得到完整的动力学描述。这种情况下，有理由预期一些不会对末端执行器运动造成影响的关节广义力，将导致结构内部运动的产生。

为得到适用于冗余与非冗余机械手的操作空间模型，可从一般关节空间模型开始推演。实际上，求解式(7.42)得到加速度，并忽略关节摩擦转矩以简化问题，可得

296
$$\ddot{\boldsymbol{q}} = -\boldsymbol{B}^{-1}(\boldsymbol{q})\boldsymbol{C}(\boldsymbol{q},\dot{\boldsymbol{q}})\dot{\boldsymbol{q}} - \boldsymbol{B}^{-1}(\boldsymbol{q})\boldsymbol{g}(\boldsymbol{q}) + \boldsymbol{B}^{-1}(\boldsymbol{q})\boldsymbol{J}^{\mathrm{T}}(\boldsymbol{q})(\boldsymbol{\gamma}_{\mathrm{e}} - \boldsymbol{h}_{\mathrm{e}}) \tag{7.127}$$

式中关节转矩 $\boldsymbol{\tau}$ 根据式(3.111)用对应的末端执行器的力 $\boldsymbol{\gamma}$ 表示。注意 $\boldsymbol{h}$ 表示与环境接触而引起的末端执行器力的分量，而 $\boldsymbol{\gamma}$ 是关节作用在末端执行器上的力的分量。

另一方面，式(3.98)中的二阶微分运动方程描述了关节空间和操作空间加速度之间的关系，即

$$\ddot{\boldsymbol{x}}_{\mathrm{e}} = \boldsymbol{J}_{\mathrm{A}}(\boldsymbol{q})\ddot{\boldsymbol{q}} + \dot{\boldsymbol{J}}_{\mathrm{A}}(\boldsymbol{q},\dot{\boldsymbol{q}})\dot{\boldsymbol{q}}$$

解析雅可比矩阵行列式 $\boldsymbol{J}_{\mathrm{A}}$ 在式(3.98)中出现过，而式(7.127)的解则描述了几何雅可比矩阵

行列式 $\boldsymbol{J}$ 的特征。为保持符号一致性，参考式(3.66)，可令

$$\boldsymbol{T}_{\mathrm{A}}^{\mathrm{T}}(\boldsymbol{x}_{\mathrm{e}})\boldsymbol{\gamma}_{\mathrm{e}} = \boldsymbol{\gamma}_{A} \qquad \boldsymbol{T}_{\mathrm{A}}^{\mathrm{T}}(\boldsymbol{x}_{\mathrm{e}})\boldsymbol{h}_{\mathrm{e}} = \boldsymbol{h}_{A} \tag{7.128}$$

其中 $\boldsymbol{T}_{\mathrm{A}}$ 为两个雅可比矩阵行列式的变换矩阵。将式(7.127)代入式(3.98)，使式(7.128)变为

$$\ddot{\boldsymbol{x}}_{\mathrm{e}} = -\boldsymbol{J}_{\mathrm{A}}\boldsymbol{B}^{-1}\boldsymbol{C}\dot{\boldsymbol{q}} - \boldsymbol{J}_{\mathrm{A}}\boldsymbol{B}^{-1}\boldsymbol{g} + \dot{\boldsymbol{J}}_{\mathrm{A}}\dot{\boldsymbol{q}} + \boldsymbol{J}_{\mathrm{A}}\boldsymbol{B}^{-1}\boldsymbol{J}_{\mathrm{A}}^{\mathrm{T}}(\boldsymbol{\gamma}_{A} - \boldsymbol{h}_{A}) \tag{7.129}$$

其中忽略了 $\boldsymbol{q}$ 和 $\dot{\boldsymbol{q}}$ 的依赖项。由于位置

$$\boldsymbol{B}_{\mathrm{A}} = (\boldsymbol{J}_{\mathrm{A}}\boldsymbol{B}^{-1}\boldsymbol{J}_{\mathrm{A}}^{\mathrm{T}})^{-1} \tag{7.130}$$

$$\boldsymbol{C}_{\mathrm{A}}\dot{\boldsymbol{x}}_{\mathrm{e}} = \boldsymbol{B}_{\mathrm{A}}\boldsymbol{J}_{\mathrm{A}}\boldsymbol{B}^{-1}\boldsymbol{C}\dot{\boldsymbol{q}} - \boldsymbol{B}_{\mathrm{A}}\dot{\boldsymbol{J}}_{\mathrm{A}}\dot{\boldsymbol{q}} \tag{7.131}$$

$$\boldsymbol{g}_{A} = \boldsymbol{B}_{A}\boldsymbol{J}_{A}\boldsymbol{B}^{-1}\boldsymbol{g} \tag{7.132}$$

式(7.129)的表达式可写为

$$\boldsymbol{B}_{\mathrm{A}}(\boldsymbol{x}_{\mathrm{e}})\ddot{\boldsymbol{x}}_{\mathrm{e}} + \boldsymbol{C}_{\mathrm{A}}(\boldsymbol{x}_{\mathrm{e}},\ \dot{\boldsymbol{x}}_{\mathrm{e}})\dot{\boldsymbol{x}}_{\mathrm{e}} + \boldsymbol{g}_{\mathrm{A}}(\boldsymbol{x}_{\mathrm{e}}) = \boldsymbol{\gamma}_{\mathrm{A}} - \boldsymbol{h}_{\mathrm{A}} \tag{7.133}$$

上式在形式上与式(7.42)的关节空间动力学模型相似。注意当且仅当 $\boldsymbol{J}_{\mathrm{A}}$ 满秩时，即不存在运动学奇点和表达式奇异时，矩阵 $\boldsymbol{J}_{\mathrm{A}}\boldsymbol{B}^{-1}\boldsymbol{J}_{\mathrm{A}}^{\mathrm{T}}$ 可逆。

对于非奇异位形的非冗余机械手而言，式(7.130)～(7.132)中的表达式成为

$$\boldsymbol{B}_{\mathrm{A}} = \boldsymbol{J}_{\mathrm{A}}^{-\mathrm{T}}\boldsymbol{B}\boldsymbol{J}_{\mathrm{A}}^{-1} \tag{7.134}$$

$$\boldsymbol{C}_{\mathrm{A}}\boldsymbol{x}_{\mathrm{e}} = \boldsymbol{J}_{\mathrm{A}}^{-\mathrm{T}}\boldsymbol{C}\dot{\boldsymbol{q}} - \boldsymbol{B}_{\mathrm{A}}\dot{\boldsymbol{J}}_{\mathrm{A}}\dot{\boldsymbol{q}} \tag{7.135}$$

$$\boldsymbol{g}_{A} = \boldsymbol{J}_{A}^{-\mathrm{T}}\boldsymbol{g} \tag{7.136}$$

如上面所预期的，所得模型的主要特点是它的形式对于冗余机械手也是正确的，即使变量 $\boldsymbol{x}_{\mathrm{e}}$ 对系统没有建立一组广义坐标。这种情况下，矩阵 $\boldsymbol{B}_{\mathrm{A}}$ 表示的是“伪动能”(kinetic pseudo-energy)。

以下将研究式(7.133)的操作空间动力学模型在动力学正解与逆解问题中的应用。以下 297
推导对冗余机械手具有重要意义，而对非冗余机械手，只要 $\boldsymbol{J}_{\mathrm{A}}$ 是非奇异的(式(7.134)～式(7.136))，则利用式(7.133)不会引起特殊问题。

在操作空间中，动力学正解问题为根据给定的关节转矩 $\boldsymbol{\tau}(t)$ 和末端执行器作用力 $\boldsymbol{h}_{\mathrm{e}}(t)$，求解末端执行器的加速度 $\ddot{\boldsymbol{x}}_{\mathrm{e}}(t)$(以及相应的 $\dot{\boldsymbol{x}}_{\mathrm{e}}(t)$ 和 $\boldsymbol{x}_{\mathrm{e}}(t)$)。对冗余机械手而言，式(7.133)无法直接应用，因为只有 $\boldsymbol{\tau} \in \mathcal{R}(\boldsymbol{J}^{\mathrm{T}})$ 时，式(3.111)才有解 $\boldsymbol{\gamma}_{\mathrm{e}}$。依据仿真，问题的解自然在关节空间中获得；事实上，式(7.42)的表达式可以计算 $\boldsymbol{q}$，$\dot{\boldsymbol{q}}$，$\ddot{\boldsymbol{q}}$，将这 3 个量代入正向运动学方程式(2.82)、式(3.62)、式(3.98)，可分别给出 $\boldsymbol{x}_{\mathrm{e}}$，$\dot{\boldsymbol{x}}_{\mathrm{e}}$，$\ddot{\boldsymbol{x}}_{\mathrm{e}}$。

操作空间中动力学逆解问题的公式需要先确定关节转矩 $\boldsymbol{\tau}(t)$，该转矩用于在给定末端执行器作用力 $\boldsymbol{h}_{\mathrm{e}}(t)$ 的情况下，生成由 $\ddot{\boldsymbol{x}}_{\mathrm{e}}(t)$，$\dot{\boldsymbol{x}}_{\mathrm{e}}(t)$，$\boldsymbol{x}_{\mathrm{e}}(t)$ 构成的特定运动。一种可能的解决方法是求解式(2.82)、式(3.62)和式(3.98)的完全运动学逆解问题，再用式(7.42)的关节空间动力学逆解计算所需转矩。由此，对冗余机械手而言，冗余解是在运动学级别上实现的。

动力学逆解问题的另一种解决方法是用式(7.133)计算 $\boldsymbol{\gamma}_{\mathrm{A}}$，用式(3.111)计算关节转矩 $\boldsymbol{\tau}$。然而在这种方法中，根本没有用到冗余自由度，因为所计算的转矩并不产生结构的内部运动。

如果期望在动力学级别上求得冗余解的形式解，有必要确定与式(7.133)中计算的末端执行器等价作用力相对应的转矩。通过与式(3.54)微分运动学解相类比，要确定的转矩表达式具有最小范数形式与齐次形式表征。由于必须要计算关节转矩，因此用 $\boldsymbol{q}$，$\dot{\boldsymbol{q}}$，$\ddot{\boldsymbol{q}}$ 表示式(7.133)

的模型更为方便。根据式(7.131)、式(7.132),式(7.133)的表达式成为

$$\boldsymbol{B}_{\mathrm{A}}(\ddot{\boldsymbol{x}}_{\mathrm{e}}-\dot{\boldsymbol{J}}_{\mathrm{A}}\dot{\boldsymbol{q}})+\boldsymbol{B}_{\mathrm{A}}\boldsymbol{J}_{\mathrm{A}}\boldsymbol{B}^{-1}\,\mathcal{C}\,\dot{\boldsymbol{q}}+\boldsymbol{B}_{\mathrm{A}}\boldsymbol{J}_{\mathrm{A}}\boldsymbol{B}^{-1}\boldsymbol{g}=\boldsymbol{\gamma}_{\mathrm{A}}-\boldsymbol{h}_{\mathrm{A}}$$

由式(3.98)得

$$\boldsymbol{B}_{\mathrm{A}}\boldsymbol{J}_{\mathrm{A}}\ddot{\boldsymbol{q}}+\boldsymbol{B}_{\mathrm{A}}\boldsymbol{J}_{\mathrm{A}}\boldsymbol{B}^{-1}\,\mathcal{C}\,\dot{\boldsymbol{q}}+\boldsymbol{B}_{\mathrm{A}}\boldsymbol{J}_{\mathrm{A}}\boldsymbol{B}^{-1}\boldsymbol{g}=\boldsymbol{\gamma}_{\mathrm{A}}-\boldsymbol{h}_{\mathrm{A}} \tag{7.137}$$

令

$$\bar{\boldsymbol{J}}_{\mathrm{A}}(\boldsymbol{q})=\boldsymbol{B}^{-1}(\boldsymbol{q})\boldsymbol{J}_{\mathrm{A}}^{\mathrm{T}}(\boldsymbol{q})\boldsymbol{B}_{\mathrm{A}}(\boldsymbol{q}) \tag{7.138}$$

式(7.137)的表达式成为

$$\bar{\boldsymbol{J}}_{\mathrm{A}}^{\mathrm{T}}(\boldsymbol{B}\ddot{\boldsymbol{q}}+\boldsymbol{C}\dot{\boldsymbol{q}}+\boldsymbol{g})=\boldsymbol{\gamma}_{\mathrm{A}}-\boldsymbol{h}_{\mathrm{A}} \tag{7.139}$$

根据式(7.42)关节空间动力学模型,易知式(7.139)可写为

298 $$\bar{\boldsymbol{J}}_{\mathrm{A}}^{\mathrm{T}}(\boldsymbol{\tau}-\boldsymbol{J}_{\mathrm{A}}^{\mathrm{T}}\boldsymbol{h}_{\mathrm{A}})=\boldsymbol{\gamma}_{\mathrm{A}}-\boldsymbol{h}_{\mathrm{A}}$$

且

$$\bar{\boldsymbol{J}}_{\mathrm{A}}^{\mathrm{T}}\,\boldsymbol{\tau}=\boldsymbol{\gamma}_{\mathrm{A}} \tag{7.140}$$

式(7.140)的通解形式(见习题 7.11)为

$$\boldsymbol{\tau}=\boldsymbol{J}_{\mathrm{A}}^{\mathrm{T}}(\boldsymbol{q})\boldsymbol{\gamma}_{\mathrm{A}}+(\boldsymbol{I}_n-\boldsymbol{J}_{\mathrm{A}}^{\mathrm{T}}(\boldsymbol{q})\bar{\boldsymbol{J}}_{\mathrm{A}}^{\mathrm{T}}(\boldsymbol{q}))\,\boldsymbol{\tau}_0 \tag{7.141}$$

可推出式(7.138)中 $\boldsymbol{J}_{\mathrm{A}}^{\mathrm{T}}$ 为 $\bar{\boldsymbol{J}}_{\mathrm{A}}^{\mathrm{T}}$ 通过惯性逆矩阵 B^{-1} 加权的右广义逆(right pseudo-inverse)矩阵。式(7.141)中任意转矩$\boldsymbol{\tau}_0$ 的$(n\times1)$维向量对末端执行器的力没有作用,因为它投影在 $\bar{\boldsymbol{J}}_{\mathrm{A}}^{\mathrm{T}}$ 的零空间中。

本小节总结如下:对给定的 $\boldsymbol{x}_{\mathrm{e}}$, $\dot{\boldsymbol{x}}_{\mathrm{e}}$, $\ddot{\boldsymbol{x}}_{\mathrm{e}}$ 和 $\boldsymbol{h}_{\mathrm{A}}$,式(7.133)的表达式可以计算 $\boldsymbol{\gamma}_{\mathrm{A}}$。除了指定的末端执行器运动之外,还会存在结构的内部运动,式(7.141)给出生成内部运动的转矩$\boldsymbol{\tau}$,可通过合适的$\boldsymbol{\tau}_0$ 选择处理动力学级别冗余问题。

7.9 动力学可操作椭球

可用动力学模型计算动力学可操作椭球(dynamic manipulability ellipsoid)公式,从而获得机械手动力学性能分析的有用工具,该公式可用于机械结构设计,以及寻找最优机械手位形。

考虑常值(单位)范数关节转矩集合

$$\boldsymbol{\tau}^{\mathrm{T}}\,\boldsymbol{\tau}=1 \tag{7.142}$$

该式描述了球面上的点集。期望能够描述由给定关节转矩生成的操作空间加速度。

为研究动力学可操作性,设机械手保持静止($\dot{\boldsymbol{q}}=\boldsymbol{0}$),没有与外界环境接触($\boldsymbol{h}_{\mathrm{e}}=\boldsymbol{0}$)。简化模型为

$$\boldsymbol{B}(\boldsymbol{q})\ddot{\boldsymbol{q}}+\boldsymbol{g}(\boldsymbol{q})=\boldsymbol{\tau} \tag{7.143}$$

对式(3.39)求导,可得二阶微分运动方程,用该方程计算关节加速度 $\ddot{\boldsymbol{q}}$,并令 $\dot{\boldsymbol{q}}=\boldsymbol{0}$,使得

$$\dot{\boldsymbol{v}}_{\mathrm{e}}=\boldsymbol{J}(\boldsymbol{q})\ddot{\boldsymbol{q}} \tag{7.144}$$

对非奇异雅可比矩阵矩阵求解最小范数加速度,代入到(7.143)中得转矩表达式

299 $$\boldsymbol{\tau}=\boldsymbol{B}(\boldsymbol{q})\boldsymbol{J}^{\dagger}(\boldsymbol{q})\,\dot{\boldsymbol{v}}_{\mathrm{e}}+\boldsymbol{g}(\boldsymbol{q}) \tag{7.145}$$

该式可用于推导椭球。事实上,将式(7.145)代入到式(7.142)中可得

$$(\boldsymbol{B}(\boldsymbol{q})\boldsymbol{J}^{\dagger}(\boldsymbol{q})\,\dot{\boldsymbol{v}}_{\mathrm{e}}+\boldsymbol{g}(\boldsymbol{q}))^{\mathrm{T}}(\boldsymbol{B}(\boldsymbol{q})\boldsymbol{J}^{\dagger}(\boldsymbol{q})\,\dot{\boldsymbol{v}}_{\mathrm{e}}+\boldsymbol{g}(\boldsymbol{q}))=1$$

式(7.145)中右侧的向量可写作

$$\begin{aligned}\boldsymbol{B}\boldsymbol{J}^{\dagger}\,\dot{\boldsymbol{v}}_{\mathrm{e}}+\boldsymbol{g}&=\boldsymbol{B}(\boldsymbol{J}^{\dagger}\,\dot{\boldsymbol{v}}_{\mathrm{e}}+\boldsymbol{B}^{-1}\boldsymbol{g}\\&=\boldsymbol{B}(\boldsymbol{J}^{\dagger}\,\dot{\boldsymbol{v}}_{\mathrm{e}}+\boldsymbol{B}^{-1}\boldsymbol{g}+\boldsymbol{J}^{\dagger}\boldsymbol{J}\boldsymbol{B}^{-1}\boldsymbol{g}-\boldsymbol{J}^{\dagger}\boldsymbol{J}\boldsymbol{B}^{-1}\boldsymbol{g})\\&=\boldsymbol{B}(\boldsymbol{J}^{\dagger}\,\dot{\boldsymbol{v}}_{\mathrm{e}}+\boldsymbol{J}^{\dagger}\boldsymbol{J}\boldsymbol{B}^{-1}\boldsymbol{g}+(\boldsymbol{I}_n-\boldsymbol{J}^{\dagger}\boldsymbol{J})\boldsymbol{B}^{-1}\boldsymbol{g})\end{aligned}\tag{7.146}$$

其中忽略了依赖于 $\boldsymbol{q}$ 的项。根据式(7.144)求解过程，可以不考虑由 $\boldsymbol{B}^{-1}\boldsymbol{g}$ 得到的加速度分量，因为 $\boldsymbol{B}^{-1}\boldsymbol{g}$ 在 $\boldsymbol{J}$ 的零空间中，从而不产生末端执行器加速度。因此(7.146)成为

$$\boldsymbol{B}\boldsymbol{J}^{\dagger}\,\dot{\boldsymbol{v}}_{\mathrm{e}}+\boldsymbol{g}=\boldsymbol{B}\boldsymbol{J}^{\dagger}(\dot{\boldsymbol{v}}_{\mathrm{e}}+\boldsymbol{J}\boldsymbol{B}^{-1}\boldsymbol{g})\tag{7.147}$$

动力学可操作椭圆可用以下形式表示：

$$(\dot{\boldsymbol{v}}_{\mathrm{e}}+\boldsymbol{J}\boldsymbol{B}^{-1}\boldsymbol{g})^{\mathrm{T}}\boldsymbol{J}^{\dagger\mathrm{T}}\boldsymbol{B}^{\mathrm{T}}\boldsymbol{B}\boldsymbol{J}^{\dagger}(\dot{\boldsymbol{v}}_{\mathrm{e}}+\boldsymbol{J}\boldsymbol{B}^{-1}\boldsymbol{g})=1\tag{7.148}$$

二次型 $\boldsymbol{J}^{\dagger\mathrm{T}}\boldsymbol{B}^{\mathrm{T}}\boldsymbol{B}\boldsymbol{J}^{\dagger}$ 的核决定了椭球的主轴和量值，它取决于机械手的几何与惯性特征。向量 $-\boldsymbol{J}^{-1}\boldsymbol{B}^{-1}\boldsymbol{g}$ 描述了重力作用，它使得椭球体中心产生相对于参考坐标系原点的恒值平移(对每个机械手位形)，见图 7.15 中三连杆平面臂的例子。

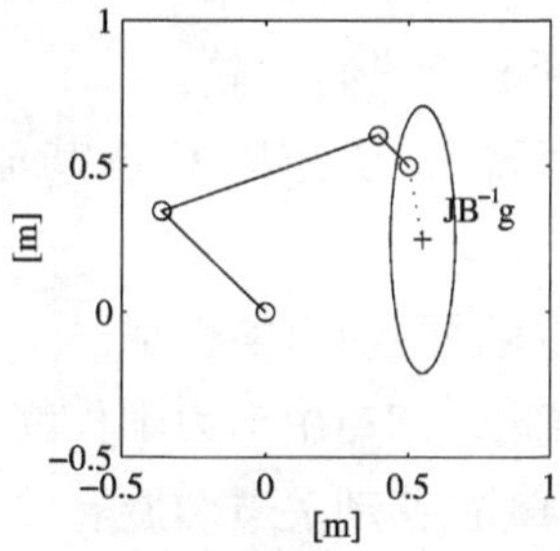

图 7.15　三连杆平面臂动态可操作椭球的重力作用

从概念上讲，动力学可操作椭球的含义与表征运动-静力二元性的椭球相似。实际上，椭球表面某点到末端执行器之间的距离给出了对沿给定方向施加在末端执行器上的加速度的度量，这一点可参考式(7.142)的约束。以图 7.15 为例，应注意重力加速度的存在是如何像一般设想的那样，使得向下加速度增大的。 300

非冗余机械手的情况下，椭球体简化为

$$(\dot{\boldsymbol{v}}_{\mathrm{e}}+\boldsymbol{J}\boldsymbol{B}^{-1}\boldsymbol{g})^{\mathrm{T}}\boldsymbol{J}^{-\mathrm{T}}\boldsymbol{B}^{\mathrm{T}}\boldsymbol{B}\boldsymbol{J}^{-1}(\dot{\boldsymbol{v}}_{\mathrm{e}}+\boldsymbol{J}\boldsymbol{B}^{-1}\boldsymbol{g})=1\tag{7.149}$$

参考资料

刚性机械手的动力学模型推导可参考经典机器人文献，如[180,10,248,53,217,111]。

开链机械手基于拉格朗日公式的动力学模型计算的前段内容见[243,19,221,236]。计算效率公式见[96]。

封闭链或树形运动学结构的机器人系统动力学模型计算分别见[11,144]和[112]。关节摩擦的分析见[9]。

[213]对由能量守恒原理推导出的动力学模型的显著特性进行了强调，基础工作见[119]。根据参数最小数确定动力学模型参数的算法见[115]，其中用到了[166]中的结论。开式运动链参数的符号计算方法见[85]，相应的封闭链情况见[110]。基于最小二乘法的参数辨识方法见[13]。

[172]提出牛顿-欧拉公式，动力学逆解的计算效率参见[142]。动力学正解计算所用到的相似公式见[237]。拉格朗日与牛顿-欧拉公式在计算量上的比较见[211]。考虑外部激励的惯性与陀螺效应后动力学模型计算也用到该式，这部分内容见[201]。动力学正解计算的有效算法由[76,77]给出。

轨迹的动态标度技术见[97]，操作空间动力学模型分析见[114]，惯性矩阵的加权广义逆阵由[78]提出，可操作椭球体分析见[246,38]。

习题

7.1　计算两连杆笛卡儿臂在第二个关节轴与第一个关节轴夹角 $\pi/4$ 的情况下的动力学模型，试将计算结果与图 7.3 的机械手模型进行比较。

7.2　对 7.3.2 节的两连杆平面臂，证明矩阵 $\boldsymbol{C}$ 选其他时式(7.49)仍是正确的，而式
301 (7.48)则不成立。

7.3　推出图 2.36 中 SCARA 机械手的动力学模型。

7.4　对 7.3.2 节的平面臂，推出式(7.82)中动力学模型的最小参数。

7.5　用拉格朗日公式推出图 7.16 在移动关节和旋转关节情况下两连杆平面臂的动力学模型。再考虑增加集中在顶端的有效负载 m_L，如式(7.81)中采用一组合适的动力学参数用线性形式表示所得到的模型。

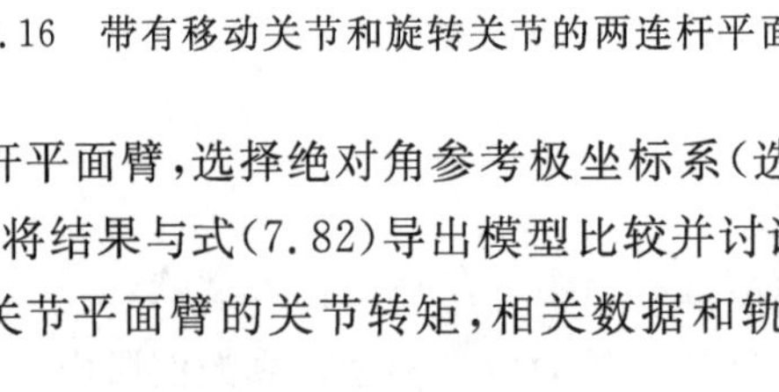

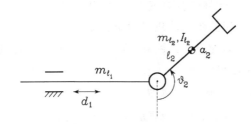

图 7.16　带有移动关节和旋转关节的两连杆平面臂

7.6　对图 7.4 中两连杆平面臂，选择绝对角参考极坐标系(选为广义坐标系)，采用拉格朗日公式推出动力学模型。将结果与式(7.82)导出模型比较并讨论。

7.7　计算图 7.4 中两关节平面臂的关节转矩，相关数据和轨迹同例 7.2，顶端受力 $\boldsymbol{f}=[500\quad 500]^{\mathrm{T}}$ N。

7.8　采用递推牛顿-欧拉算法推出图 7.16 含有移动关节和旋转关节的两连杆平面臂动力学模型。

7.9　对例 7.2 中的两连杆平面臂，使用线性标度函数，编程实现图 7.5 中的轨迹的动态

标度技术。假设两关节间的转矩极限为 3000 N·m,采样时间为 1 ms。

7.10　举例证实动力学模型(7.133)的操作空间可保持与式(7.48)类似的反对称性质。

7.11　举例证实式(7.140)的通解如何得到式(7.141)的形式。

7.12　对于非冗余机械手,计算动力学操作性椭球体定义的动力学操作性度量与式(3.56)中定义的操作性度量之间的关系式。 302

第 8 章　运动控制

第 4 章中介绍了容许生成运动控制系统参考输入的轨迹规划技术。机械手控制问题可表达为确定由关节执行元件所形成的广义力(力或转矩)的时程,以保证实现期望任务的同时,满足给定的瞬态与稳态要求。任务可以是机械手在自由空间工作时执行的特定运动,也可以是末端执行器受环境约束的机械手执行特定运动与接触力。由于问题的复杂性,将分别处理自由空间运动控制和与环境交互控制两方面的问题。机械手的运动控制(motion control)问题是本章的主题,将会介绍许多关节空间控制技术。该技术会因分散控制(decentralized control)方案与集中控制(centralized control)方案而有所区分,前者在单个机械手受控关节独立于其他关节情况下采用,后者在考虑关节之间的动态交互影响时采用。在本章最后,将讨论作为交互控制问题前提的操作空间控制方案的基本特征。

8.1　控制问题

在机械手控制中会用到一些技术,而以下几种技术及其执行方式对机械手的运行与应用范围可能有着重大影响。比如,在硬件/软件实现时,操作空间轨迹跟踪控制的需求与点对点控制的需求有所不同,点对点控制中只关注到达的最终位置。

303 另一方面,机械手的机械设计对所使用的控制方案类型有影响,比如笛卡儿机械手的控制问题与拟人型机械手完全不同。

关节驱动系统也会对控制策略类型产生影响。如果机械手由具有高传送比减速齿轮的电动机驱动,齿轮的存在可以使系统动态过程线性化,从非线性影响降低的角度来看还可以使关节解耦。不过线性化的代价是会出现关节摩擦、弹力、齿轮隙,这些因素对系统运行产生的限制,会大于由惯性、哥氏力和地心引力等由位形决定的因素产生的限制。另一方面,直接驱动的机器人虽然减小了摩擦、弹力、齿轮隙的不足,但是相应地非线性程度加重,且关节间耦合不可忽略,而不同控制策略都要考虑如何得到高的运行性能。

不考虑机械手的特定机械类型,注意任务要求(末端执行器的运动与力)通常是在操作空间中提出来的,而控制动作(关节执行元件的广义力)是在关节空间中实现的。这样的实际情况自然导致要顾及两种类型的通用控制方案,分别称为关节空间控制(joint space control)方案(图 8.1)和操作空间控制(operational space control)方案(图 8.2)。两种方案控制结构都采用闭环,可利用反馈带来的种种好处,即模型不确定下的鲁棒性,减小干扰影响。总的来说,应注意以下考虑的事项。

在这两类子问题中,关节空间问题实际上是很清晰的。首先,机械手运动学逆解是将运动

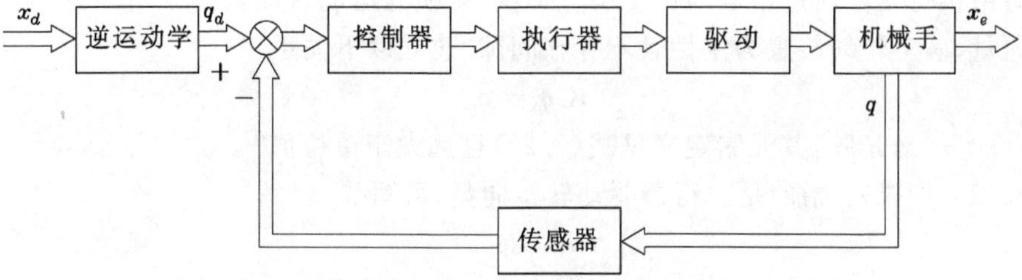

图 8.1 关节空间控制的总体方案

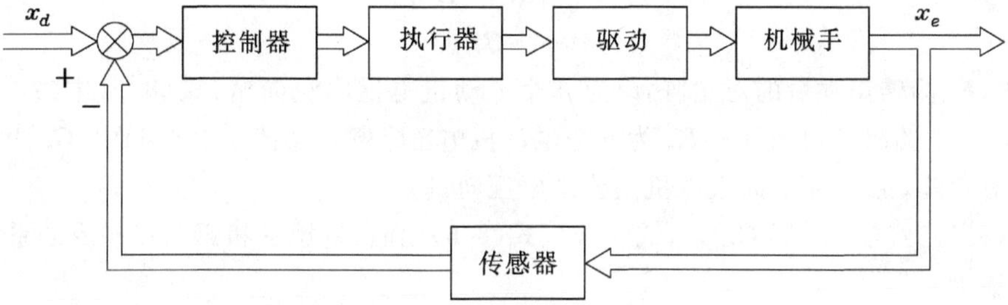

图 8.2 操作空间控制的总体方案

需求 x_d 从操作空间变换到关节空间中对应的运动 $\boldsymbol{q}_d$ 上。然后，关节空间控制方案的设计是在用真实运动 $\boldsymbol{q}$ 跟踪参考输入。然而这种方法的缺点在于关节空间控制方案不影响操作空间变量 $\boldsymbol{x}_e$，$\boldsymbol{x}_e$ 通过机械手的机械结构以开环形式控制。很明显结构的任何不确定因素（结构公差、标定缺失、齿轮隙、弹力）或末端执行器相对于目标姿态的信息的任何不精确都会引起操作 304
空间变量精确度降低。

操作空间控制问题力求采用整体方法，这样的方法会带来更高的计算复杂性，注意运动学逆解现在已嵌入到反馈控制回路中了。在概念上，操作空间控制的优点是重视对操作空间变量直接作用的可能性，但在某种程度上这种优点只是潜在的，因为操作空间变量的测量经常难以直接实现，而是从被测关节空间变量经运动学方程正解而来的。

在以上前提下，首先介绍机械手在自由空间运动的关节空间控制方案，然后举例说明建立在与环境交互控制基础上的操作空间控制方案。

8.2 关节空间控制

第 7 章介绍了为简化而不考虑外部末端执行器作用力和静摩擦力（难以准确建模）情况下的机械手运动方程，该方程用含义明显的符号描述为：

$$\boldsymbol{B}(\boldsymbol{q})\ddot{\boldsymbol{q}} + \boldsymbol{C}(\boldsymbol{q}, \dot{\boldsymbol{q}})\dot{\boldsymbol{q}} + \boldsymbol{F}_v\dot{\boldsymbol{q}} + \boldsymbol{g}(\boldsymbol{q}) = \boldsymbol{\tau} \tag{8.1}$$

要在自由空间中控制机械手的运动，需确定 n 个广义力分量（对旋转关节而言是转矩，对移动关节而言是力），这些广义力分量实现了运动 $\boldsymbol{q}(t)$，该运动尽可能接近下式：

$$\boldsymbol{q}(t) = \boldsymbol{q}_d(t)$$

其中 $\boldsymbol{q}_d(t)$ 指期望关节轨迹变量构成的向量。

广义力由执行元件通过适当的传动装置提供，转换为运动特征量。令 $\boldsymbol{q}_m$ 表示关节执行元件的位移向量，假定传动装置为刚性且不存在间隙，建立以下关系：

305
$$\boldsymbol{K}_r\boldsymbol{q} = \boldsymbol{q}_m \tag{8.2}$$

其中 $\boldsymbol{K}_r$ 为$(n\times n)$对角阵，其元素定义见式(7.22)且远大于单位值[①]。

根据(8.2)，如果$\boldsymbol{\tau}_m$ 指的是执行器驱动转矩向量，可写作

$$\boldsymbol{\tau}_m = \boldsymbol{K}_r^{-1}\boldsymbol{\tau} \tag{8.3}$$

参考式(5.1)～式(5.4)，n 个驱动系统可用紧凑的矩阵形式描述：

$$\boldsymbol{K}_r^{-1}\boldsymbol{\tau} = \boldsymbol{K}_t\boldsymbol{i}_a \tag{8.4}$$

$$\boldsymbol{v}_a = \boldsymbol{R}_a\boldsymbol{i}_a + \boldsymbol{K}_v\dot{\boldsymbol{q}}_m \tag{8.5}$$

$$\boldsymbol{v}_a = \boldsymbol{G}_v\boldsymbol{v}_c \tag{8.6}$$

式(8.4)中，$\boldsymbol{K}_t$ 为转矩常量的对角阵，$\boldsymbol{i}_a$ 为 n 个电动机电枢电流向量；式(8.5)中，$\boldsymbol{v}_a$ 为电枢电压，$\boldsymbol{R}_a$ 为电枢电路阻抗对角阵[②]，$\boldsymbol{K}_v$ 为 n 个电动机电压常数对角阵；式(8.6)中，$\boldsymbol{G}_v$ 为 n 个放大器的增益对角阵，$\boldsymbol{v}_c$ 为 n 个伺服电机的控制电压向量。

对式(8.1)、式(8.2)、式(8.4)、式(8.5)、式(8.6)化简，机械手和驱动器构成的系统的动力学模型描述为

$$\boldsymbol{B}(\boldsymbol{q})\ddot{\boldsymbol{q}} + \boldsymbol{C}(\boldsymbol{q},\dot{\boldsymbol{q}})\dot{\boldsymbol{q}} + \boldsymbol{F}\dot{\boldsymbol{q}} + \boldsymbol{g}(\boldsymbol{q}) = \boldsymbol{u} \tag{8.7}$$

其中有以下关系：

$$\boldsymbol{F} = \boldsymbol{F}_v + \boldsymbol{K}_r\boldsymbol{K}_t\boldsymbol{R}_a^{-1}\boldsymbol{K}_v\boldsymbol{K}_r \tag{8.8}$$

$$\boldsymbol{u} = \boldsymbol{K}_r\boldsymbol{K}_t\boldsymbol{R}_a^{-1}\boldsymbol{G}_v\boldsymbol{v}_c \tag{8.9}$$

306 由式(8.1)、式(8.7)、式(8.8)、式(8.9)得

$$\boldsymbol{K}_r\boldsymbol{K}_t\boldsymbol{R}_a^{-1}\boldsymbol{G}_v\boldsymbol{v}_c = \boldsymbol{\tau} + \boldsymbol{K}_r\boldsymbol{K}_t\boldsymbol{R}_a^{-1}\boldsymbol{K}_v\boldsymbol{K}_r\dot{\boldsymbol{q}} \tag{8.10}$$

因而

$$\boldsymbol{\tau} = \boldsymbol{K}_r\boldsymbol{K}_t\boldsymbol{R}_a^{-1}(\boldsymbol{G}_v\boldsymbol{v}_c - \boldsymbol{K}_v\boldsymbol{K}_r\dot{\boldsymbol{q}}) \tag{8.11}$$

整个系统为电压控制(voltage-controlled)，相应的方框图见图 8.3。

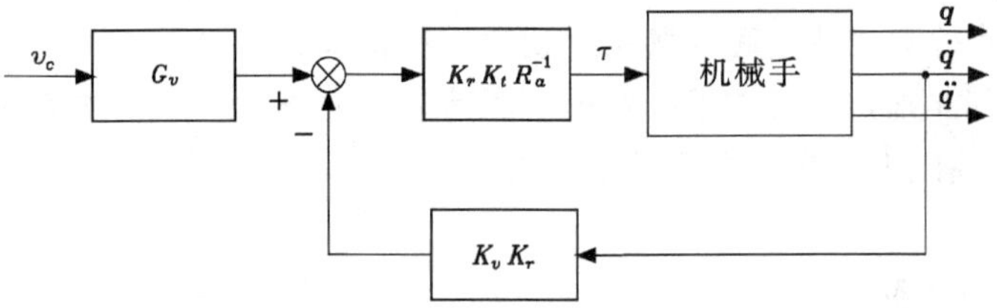

图 8.3 电压控制驱动系统与机械手方框图

若以下假设成立：

- 矩阵 $\boldsymbol{K}_r$ 表示传动装置，其元素远大于单位值；
- 矩阵 $\boldsymbol{R}_a$ 的元素非常小，这种情况在高性能伺服电机中非常常见；

---

① 假定对角阵 $\boldsymbol{K}_r$ 使得传动过程中不存在运动耦合，也就是说每个执行元件只产生它所驱动的运动，而不会引起其他关节的运动。

② 忽略自感影响。

• 转矩$\boldsymbol{\tau}$用于实现期望运动，其值不能太大。

由此可以假设

$$\boldsymbol{G}_{\mathrm{v}}\boldsymbol{v}_{\mathrm{c}} \approx \boldsymbol{K}_{\mathrm{v}}\boldsymbol{K}_{\mathrm{r}}\dot{\boldsymbol{q}} \tag{8.12}$$

得到 $\dot{\boldsymbol{q}}$ 与$\boldsymbol{v}_{\mathrm{c}}$之间的比例关系独立于机械手参数的值，关节速度和加速度越小，这种假设越准确。因此，速度(或电压)控制显示了对机械手模型参数变化的固有鲁棒性，这种性能可以通过改变齿轮减速比的值来提高。

在这种情况下，图 8.3 描述的方案可作为控制系统设计的参考结构。假定

$$\boldsymbol{v}_{\mathrm{c}} \approx \boldsymbol{G}_{\mathrm{v}}^{-1}\boldsymbol{K}_{\mathrm{v}}\boldsymbol{K}_{\mathrm{r}}\dot{\boldsymbol{q}} \tag{8.13}$$

上式表示第 i 个关节的速度只取决于第 i 个控制电压，因为矩阵 $\boldsymbol{G}_{\mathrm{v}}^{-1}\boldsymbol{K}_{\mathrm{v}}\boldsymbol{K}_{\mathrm{r}}$ 是对角阵。因此，关节位置控制系统可根据分散控制结构设计，因为每个关节可独立于其他关节进行控制。相对于跟踪期望轨迹的精度估计，跟踪关节变量的精度估计将随着更高的齿轮减速比和更小的速度与加速度期望值而提高。

另一方面，若期望机械手运动需要大的关节速度和/或加速度，考虑到所需驱动转矩的幅值，式(8.12)的近似关系无法实现，这种情况更容易发生在直接驱动情况($\boldsymbol{K}_{\mathrm{r}}=\boldsymbol{I}$)。 307

在这种情况下，采取动力学逆解技术，可以得到用于跟踪由关节加速度 $\ddot{\boldsymbol{q}}(t)$，速度 $\dot{\boldsymbol{q}}(t)$ 与位置 $\boldsymbol{q}(t)$ 表述的任意特定运动的关节转矩$\boldsymbol{\tau}(t)$。很明显，这种求解需要已知机械手动力学模型的准确信息。因为计算第 i 个关节的转矩时间变化关系需要获知所有关节运动的时间变化，所以，要确定驱动系统生成的转矩，可以参考集中控制结构。回顾

$$\boldsymbol{\tau} = \boldsymbol{K}_{\mathrm{r}}\boldsymbol{K}_{\mathrm{t}}\boldsymbol{i}_{\mathrm{a}} \tag{8.14}$$

可得转矩$\boldsymbol{\tau}$和控制电压$\boldsymbol{v}_{\mathrm{c}}$之间的关系，利用式(8.5)、式(8.6)得

$$\boldsymbol{\tau} = \boldsymbol{K}_{\mathrm{r}}\boldsymbol{K}_{\mathrm{t}}\boldsymbol{R}_{\mathrm{a}}^{-1}\boldsymbol{G}_{\mathrm{v}}\boldsymbol{v}_{\mathrm{c}} - \boldsymbol{K}_{\mathrm{r}}\boldsymbol{K}_{\mathrm{t}}\boldsymbol{R}_{\mathrm{a}}^{-1}\boldsymbol{K}_{\mathrm{v}}\boldsymbol{K}_{\mathrm{r}}\dot{\boldsymbol{q}} \tag{8.15}$$

若执行元件提供的是转矩分量，该转矩分量是在机械手动力学模型基础上计算，则控制电压可根据式(8.15)确定，且该电压取决于转矩的值以及关节速度，这一关系取决于矩阵 $\boldsymbol{K}_{\mathrm{t}}$，$\boldsymbol{K}_{\mathrm{v}}$ 和 $\boldsymbol{R}_{\mathrm{a}}^{-1}$，矩阵元素会受到电动机运行条件的影响。为降低参数变化的敏感性，要注意驱动系统的特点是电流控制而非电压控制。这种情况下，执行元件作为转矩控制电机运行，式(8.5)中的等式毫无意义，可由下式替代：

$$\boldsymbol{i}_{\mathrm{a}} = \boldsymbol{G}_{i}\boldsymbol{v}_{\mathrm{c}} \tag{8.16}$$

该式给出电枢电流 $\boldsymbol{i}_{\mathrm{a}}$(及其对应的转矩$\boldsymbol{\tau}$)与控制电压$\boldsymbol{v}_{\mathrm{c}}$之间由恒值矩阵 $\boldsymbol{G}_{\mathrm{i}}$ 确定的比例关系。因此，式(8.9)变为

$$\boldsymbol{\tau} = \boldsymbol{u} = \boldsymbol{K}_{\mathrm{r}}\boldsymbol{K}_{\mathrm{t}}\boldsymbol{G}_{\mathrm{i}}\boldsymbol{v}_{\mathrm{c}} \tag{8.17}$$

该式表示了 $\boldsymbol{u}$ 与电动机参数的简化关系。整个系统现在是转矩控制(torque-controlled)，相应的方框图如图 8.4 所示。

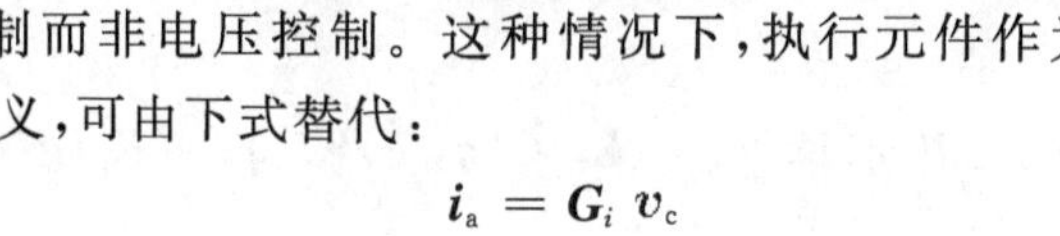

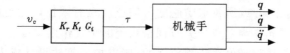

图 8.4　转矩控制驱动系统与机械手方框图

以上介绍了对反馈控制系统分散结构所采用的方法，这种结构通常对鲁棒性提出要求，而

需要动力学逆解计算需要的集中结构则要参考前馈控制系统。不过,需要指出不管是反馈还
308 是前馈形式,集中控制都需要期望轨迹与实际轨迹之间的误差分量。这是因为无论所考虑的动力学模型有多复杂,都是对实际系统理想化得到的,忽略了现实存在的许多影响,比如关节库仑摩擦、齿轮隙、尺寸公差以及连杆刚性之类的建模简化假设等等。

前面已经提到,驱动系统总是嵌入在反馈控制系统之中的。在分散控制情况下,驱动器件模型所表征的运行特性是速度控制发电机,而在集中控制时,因为驱动转矩由机械手动力学模型或其简化模型计算,驱动器件的特性是转矩控制发电机。

8.3 分散控制

最简单的控制策略应该是将机械手看作是 n 个独立系统(n 个关节),每个关节轴都是单输入单输出控制系统,将运动中位形变化引起的关节之间耦合影响视为干扰输入(disturbance)。

为分析不同控制方案及其性能,有必要考虑在电动机一端以力学量加入驱动信号的机械手系统模型。参考式(8.2)、式(8.3),该式为

$$\boldsymbol{K}_r^{-1}\boldsymbol{B}(\boldsymbol{q})\boldsymbol{K}_r^{-1}\ddot{\boldsymbol{q}}_m+\boldsymbol{K}_r^{-1}\boldsymbol{C}(\boldsymbol{q},\dot{\boldsymbol{q}})\boldsymbol{K}_r^{-1}\dot{\boldsymbol{q}}_m+\boldsymbol{K}_r^{-1}\boldsymbol{F}_v\boldsymbol{K}_r^{-1}+\boldsymbol{K}_r^{-1}\boldsymbol{g}(\boldsymbol{q})=\boldsymbol{\tau}_m \tag{8.18}$$

由于 $\boldsymbol{B}(\boldsymbol{q})$ 的对角元素由常数项和位形依赖项(对于旋转关节而言是正弦和余弦函数)构成,可令

$$\boldsymbol{B}(\boldsymbol{q})=\bar{\boldsymbol{B}}+\Delta\boldsymbol{B}(\boldsymbol{q}) \tag{8.19}$$

其中 $\bar{\boldsymbol{B}}$ 为对角矩阵,其元素为常数,表示每个关节的平均惯量。将式(8.19)代入到式(8.1)中得

$$\boldsymbol{K}_r^{-1}\bar{\boldsymbol{B}}\boldsymbol{K}_r^{-1}\ddot{\boldsymbol{q}}_m+\boldsymbol{F}_m\dot{\boldsymbol{q}}_m+\boldsymbol{d}=\boldsymbol{\tau}_m \tag{8.20}$$

其中

$$\boldsymbol{F}_m=\boldsymbol{K}_r^{-1}\boldsymbol{F}_v\boldsymbol{K}_r^{-1} \tag{8.21}$$

表示电动机轴的粘滞摩擦系数,且

$$\boldsymbol{d}=\boldsymbol{K}_r^{-1}\Delta\boldsymbol{B}(\boldsymbol{q})\boldsymbol{K}_r^{-1}\ddot{\boldsymbol{q}}_m+\boldsymbol{K}_r^{-1}\boldsymbol{C}(\boldsymbol{q},\dot{\boldsymbol{q}})\boldsymbol{K}_r^{-1}\dot{\boldsymbol{q}}_m+\boldsymbol{K}_r^{-1}\boldsymbol{g}(\boldsymbol{q}) \tag{8.22}$$

表示与位形有关的分量。

如图 8.5 中结构图所示,带驱动器的机械手系统实际上由两个子系统组成:一个以 $\boldsymbol{\tau}_m$ 为输入,$\boldsymbol{q}_m$ 为输出,另一个以 $\boldsymbol{q}_m$,$\dot{\boldsymbol{q}}_m$,$\ddot{\boldsymbol{q}}_m$ 作输入,$\boldsymbol{d}$ 为输出。前者为线性且解耦的,因为 $\boldsymbol{\tau}_m$ 的每
309 个分量都只受 $\boldsymbol{q}_m$ 中对应分量的影响。后者为非线性且耦合(nonlinear and coupled)的,因为它是由机械手关节动力学中所有的非线性和耦合项引起的。

在以上方案的基础上,结合动力学模型有关信息的详细情况,可以推导几种不同的控制算法。其中,在高齿轮减速比和/或所要求的速度与加速度在有限值内运行的情况下,最简单的方法是将非线性互作用项 $\boldsymbol{d}$ 作为对单个关节伺服系统的干扰作用。

因为每个关节被认为是与其他关节相独立的,所以控制算法设计成为分散控制结构。关节控制器必须保证高抗干扰性能和轨迹强跟踪性能。得到的控制结构实质上是建立在期望输出与实际输出之间的误差之上的,而在执行元件 i 上的输入控制转矩只与输出 i 的误差有关。

因此,被控系统是关节 i 的驱动器,对应于图 8.5 控制方案中线性解耦部分的单输入/单

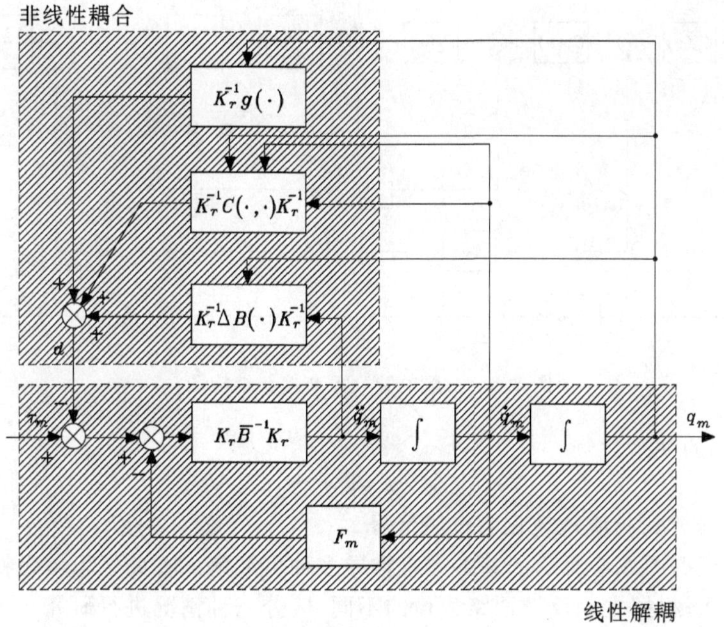

图 8.5　带有驱动器件的机械手系统的结构图

输出系统。与其他关节的相互作用可由式(8.22)中向量 $\boldsymbol{d}$ 的第 i 个元素描述。

假定执行元件为旋转直流电动机，驱动控制的总体方案见图 5.9，其中 $\boldsymbol{I}_m$ 为电动机转轴 310
上平均惯量($I_{mi}=\bar{b}_{ii}/k_{ri}^2$)①。

8.3.1　独立关节控制

为指导控制器结构的选取，首先注意要保证对输出 ϑ_m 的干扰 $\boldsymbol{d}$ 有足够的抑制能力，这由如下条件保证：

- 干扰作用点之前，通路上的放大器增益值足够大；
- 控制器具有积分环节，以消除输出稳态情况下(常数 ϑ_m)的重力项影响。

这些需求清楚地要求在前向通路中使用比例－积分(PI)控制作用，其传递函数为

$$C(s) = K_c\frac{1+sT_c}{s} \tag{8.23}$$

该式对常值干扰信号的稳态误差为 0，而且产生的实数零点 $s=-1/T_c$ 有利于稳定。为改进动态性能，有必要让控制器与对干扰信号局部反馈的控制单元构成串联作用。

除了位置反馈闭环回路之外，最常用的方法是对速度与加速度进行内回路反馈。这种方案如图 8.6 所示，其中 $C_P(s)$，$C_V(s)$，$C_A(s)$分别表示位置、速度、加速度控制器，内控制器应采 311
用式(8.23)所示的 PI 类型，以使得对常值干扰信号稳态误差为零。此外，k_{TP}，k_{TV}，k_{TA}分别表示传感器常数，放大器增益 G_v 放入到内控制器的增益中。图 8.6 的方案中，ϑ_r 为参考输入，

① 为符号表示简洁删去角标 i。

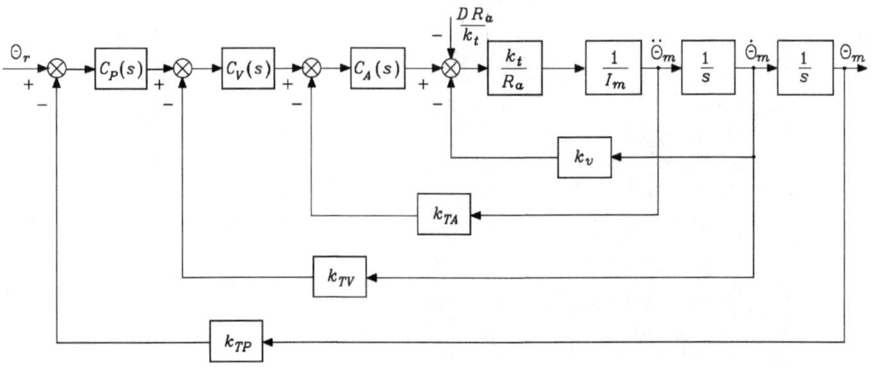

图 8.6　一般的独立关节控制结构图

它与期望输出 ϑ_{md} 的关系为

$$\vartheta_{\mathrm{r}} = k_{\mathrm{TP}}\vartheta_{\mathrm{md}}$$

而干扰转矩 D 由 $R_{\mathrm{a}}/k_{\mathrm{t}}$ 相应地转化为电压信号。

以下内容将根据图 8.6 所示的基本方案推导多种可能解。在此暂不考虑物理量可能不可测量而引起的问题，根据主动反馈回路数量的不同，区分三种情况进行研究①。

位置反馈

这种情况下，控制作用可描述为

$$C_{\mathrm{P}}(s) = K_{\mathrm{P}}\frac{1+sT_{\mathrm{P}}}{s} \qquad C_{\mathrm{V}}(s) = 1 \qquad C_{\mathrm{A}} = 1$$

$$k_{\mathrm{TV}} = k_{\mathrm{TA}} = 0$$

利用这些位置，图 8.6 中的控制方案结构成为图 5.10 所描述的方案。根据该方案，前向通路传递函数为

$$P(s) = \frac{k_{\mathrm{m}}K_{\mathrm{P}}(1+sT_{\mathrm{P}})}{s^2(1+sT_{\mathrm{m}})}$$

而反馈通路传递函数为

$$H(s) = k_{\mathrm{TP}}$$

用根轨迹法分析时，根轨迹是位置回路增益 $k_{\mathrm{m}}K_{\mathrm{P}}K_{\mathrm{TP}}T_{\mathrm{P}}/T_{\mathrm{m}}$ 的函数。参考 T_{P} 和 T_{m} 的关系，对闭环系统极点分三种情况讨论(图 8.7)。闭环反馈系统的稳定性可通过对 PI 控制器参数选择施加约束得以实现。若 $T_{\mathrm{P}}<T_{\mathrm{m}}$，系统结构不稳定(图 8.7a)，所以必须有 $T_{\mathrm{P}}>T_{\mathrm{m}}$(图 8.7b)。随着 T_{P} 增长，两条根轨迹分支的渐近线所对应的实部绝对值也随之增长，系统时间响应增快。因此可使 $T_{\mathrm{P}} \gg T_{\mathrm{m}}$（图 8.7c）。任何情况下，主导极点的实部都不能小
312 于 $-1/(2T_{\mathrm{m}})$。

闭环输入/输出传递函数为

$$\frac{\Theta_{\mathrm{m}}(s)}{\Theta_{\mathrm{r}}(s)} = \frac{\dfrac{1}{k_{\mathrm{TP}}}}{1+\dfrac{s^2(1+sT_{\mathrm{m}})}{k_{\mathrm{m}}K_{\mathrm{P}}k_{\mathrm{TP}}(1+sT_{\mathrm{P}})}} \tag{8.24}$$

① 对线性单输入/单输出系统的简要复习见附录 C。

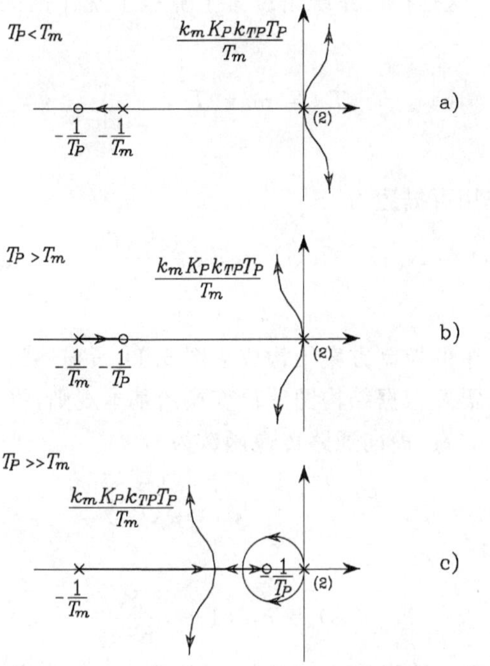

图 8.7　位置反馈控制方案的根轨迹

该式可表示为以下形式：

$$W(s)=\frac{\frac{1}{k_{TP}}(1+sT_P)}{\left(1+\frac{2\zeta_s}{\omega_n}+\frac{s^2}{\omega_n^2}\right)(1+s\tau)}$$

其中 ω_n 和 ζ 分别表示自然振荡频率和复数极点的阻尼比，$-1/\tau$ 为实极点。这些参数值用来表征关节驱动动力学关系，是恒值 T_P 的函数。若 $T_P>T_m$，则 $1/\zeta\omega_n>T_P>\tau$（图 8.7b）；若 $T_P\gg T_m$（图 8.7c），对于回路增益较大的情况，有 $\zeta\omega_n>1/\tau\approx 1/T_P$，传递函数 $W(s)$ 的零点为 $-1/T_P$，可消除实极点的影响。 313

闭环的干扰/输出传递函数为

$$\frac{\Theta_m(s)}{D(s)}=-\frac{\frac{sR_a}{k_t K_P k_{TP}(1+sT_P)}}{1+\frac{s^2(1+sT_m)}{k_m K_P k_{TP}(1+sT_P)}} \tag{8.25}$$

该式表明需要增加 K_P 来降低瞬态过程中干扰对输出的影响。式(8.25)中函数有两个复数极点$(-\zeta\omega_n,\ \pm j\sqrt{1-\zeta^2}\omega_n)$，一个实数极点$(-1/\tau)$，一个在原点的零点。零点由 PI 控制器产生，在 ϑ_m 为常数时，该零点的存在可消除角位置上重力的影响。

由式(8.25)可得，$K_P k_{TP}$ 项是干扰情况下，由反馈增益导致输出幅值减小的衰减因子，因此

$$X_R=K_P k_{TP} \tag{8.26}$$

的值可解释为干扰抑制因子(disturbance rejection factor)，该因子由增益 K_P 决定。但是不建议将 K_P 增大太多，因为小阻尼比会引起输出振荡过于剧烈。分析式(8.25)演变的模型，可以

估计输出的收敛时间 T_R，这是控制系统角位置上克服干扰作用的收敛时间。因为 $\tau \approx T_P$，T_R 可由下式估计：

$$T_R = \max\left\{T_P,\ \frac{1}{\zeta\omega_n}\right\} \tag{8.27}$$

位置与速度反馈

这种情况下，控制作用可描述为

$$C_P(s) = K_P \qquad C_V(s) = K_V\frac{1+sT_V}{s} \qquad C_A(s) = 1$$

$$k_{TA} = 0$$

利用这些位置量，图 8.6 中的控制方案结构成为图 5.11 所描述的方案。要实现速度反馈回路增益函数的根轨迹分析，需要根据结构图等价变换的基本规则，将速度回路简化为位置回路的并联形式。由图 5.11 的方案，前向通路传递函数为

314

$$P(s) = \frac{k_m K_P K_V(1+sT_V)}{s^2(1+sT_m)}$$

反馈通路传递函数为

$$H(s) = k_{TP}\left(1 + s\frac{k_{TV}}{K_P k_{TP}}\right)$$

控制器的零点在 $s=-1/T_V$，选择合适的零点，可消除电动机在实极点 $s=-1/T_m$ 的影响。令

$$T_V = T_m$$

如图 8.8 所示，将闭环系统极点作为回路增益 $k_m K_V k_{TV}$ 的函数，绘制根轨迹。增加位置反馈增益 K_P，有可能将闭环极点限制在复平面上实部绝对值较大的一定区域内。而其实际位置可通过选择合适的 K_V 确定。

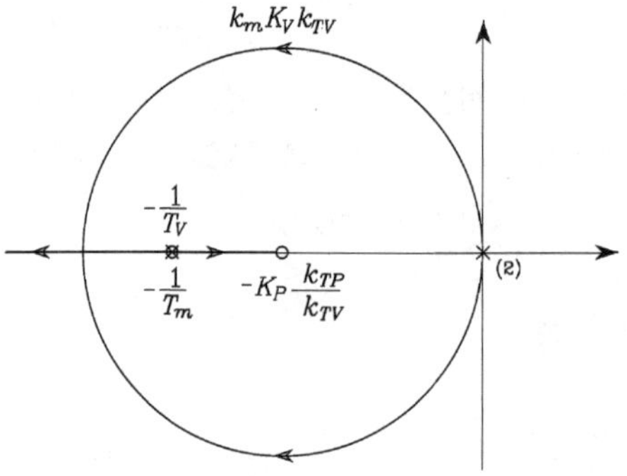

图 8.8 位置与速度反馈控制方案的根轨迹

闭环输入/输出传递函数为

$$\frac{\Theta_m(s)}{\Theta_r(s)} = \frac{\dfrac{1}{k_{TP}}}{1 + \dfrac{sk_{TV}}{K_P k_{TP}} + \dfrac{s^2}{k_m K_P k_{TP} K_V}} \tag{8.28}$$

将该式与如下典型二阶系统传递函数进行比较：

$$W(s)=\frac{\dfrac{1}{k_{\mathrm{TP}}}}{1+\dfrac{2\zeta s}{\omega_{\mathrm{n}}}+\dfrac{s^2}{\omega_{\mathrm{n}}^2}} \tag{8.29}$$

可以发现选择合适的增益，能得到任意数值的自然频率 ω_{n} 和阻尼比 ζ。因此若根据设计要求给定 ω_{n} 和 ζ，可得以下关系：

$$K_{\mathrm{V}}k_{\mathrm{TV}}=\frac{2\zeta\omega_{\mathrm{n}}}{k_{\mathrm{n}}} \tag{8.30}$$ 315

$$K_{\mathrm{P}}k_{\mathrm{TP}}K_{\mathrm{V}}=\frac{\omega_{\mathrm{n}}^2}{k_{\mathrm{m}}} \tag{8.31}$$

对给定的传感器常数 k_{TP}，k_{TV}，一旦选择 K_{V} 满足式(8.30)，K_{P} 的值可由式(8.31)得到。

闭环干扰/输出传递函数为

$$\frac{\Theta_{\mathrm{m}}(s)}{D(s)}=-\frac{\dfrac{sR_{\mathrm{a}}}{k_{\mathrm{t}}K_{\mathrm{P}}k_{\mathrm{TP}}K_{\mathrm{V}}(1+sT_{\mathrm{m}})}}{1+\dfrac{sk_{\mathrm{TV}}}{K_{\mathrm{P}}k_{\mathrm{TP}}}+\dfrac{s^2}{k_{\mathrm{m}}K_{\mathrm{P}}k_{\mathrm{TP}}K_{\mathrm{V}}}} \tag{8.32}$$

该式表明干扰抑制因子为

$$X_{\mathrm{R}}=K_{\mathrm{P}}k_{\mathrm{TP}}K_{\mathrm{V}} \tag{8.33}$$

只要根据式(8.30)、式(8.31)选定 K_{P} 和 K_{V}，该值就是固定的。对干扰作用下的动态过程，注意存在 PI 引入的位于原点的零点，以及 $s=-1/T_{\mathrm{m}}$ 的实极点和一对实部为 $-\zeta\omega_{\mathrm{n}}$ 的复数极点。因此这种情况下，输出收敛时间(output recovery time)可由时间常数估计：

$$T_{\mathrm{R}}=\max\left\{T_{\mathrm{m}},\frac{1}{\zeta\omega_{\mathrm{n}}}\right\} \tag{8.34}$$

该式表明因为 $T_{\mathrm{P}}\gg T_{\mathrm{m}}$，且主导极点的实部不受不等式 $\zeta\omega_{\mathrm{n}}<1/(2T_{\mathrm{m}})$ 约束，与式(8.27)的前例相比有所改进。 316

位置、速度、加速度反馈

这种情况下，控制作用描述为

$$C_{\mathrm{P}}(s)=K_{\mathrm{P}}\qquad C_{\mathrm{V}}(s)=K_{\mathrm{V}}\qquad C_{\mathrm{A}}(s)=K_{\mathrm{A}}\frac{1+sT_{\mathrm{A}}}{s}$$

经适当变换，图 8.6 的结构图可简化为图 8.9，其中 $G'(s)$ 指的是以下传递函数：

$$G'(s)=\frac{k_{\mathrm{m}}}{(1+k_{\mathrm{m}}K_{\mathrm{A}}k_{\mathrm{TA}})\left(1+\dfrac{sT_{\mathrm{m}}\left(1+k_{\mathrm{m}}K_{\mathrm{A}}k_{\mathrm{TA}}\dfrac{T_{\mathrm{A}}}{T_{\mathrm{m}}}\right)}{(1+k_{\mathrm{m}}K_{\mathrm{A}}k_{\mathrm{TA}})}\right)}$$

前向通路传递函数为

$$P(s)=\frac{K_{\mathrm{P}}K_{\mathrm{V}}K_{\mathrm{A}}(1+sT_{\mathrm{A}})}{s^2}G'(s)$$

反馈通路传递函数为

$$H(s)=k_{\mathrm{TP}}\left(1+\frac{sk_{\mathrm{TV}}}{K_{\mathrm{P}}k_{\mathrm{TP}}}\right)$$

在这种情况下，设置以下关系：

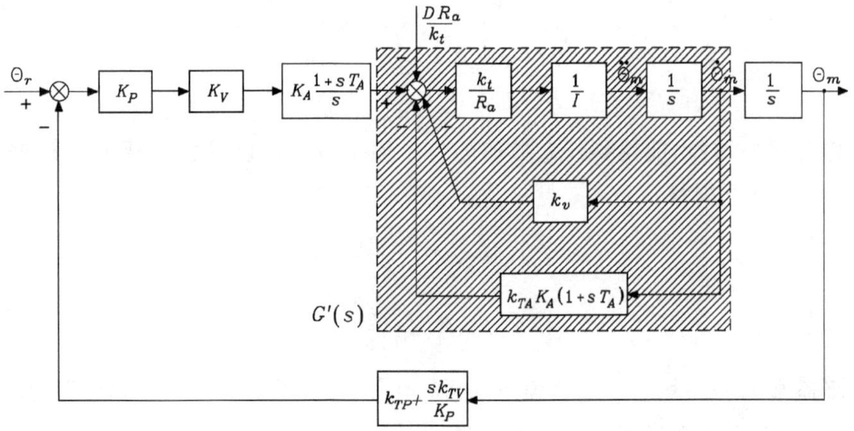

图 8.9 位置、速度和加速度反馈控制结构图

$$T_{\mathrm{A}} = T_{\mathrm{m}}$$

或者令

$$k_{\mathrm{m}}K_{\mathrm{A}}k_{\mathrm{TA}}T_{\mathrm{A}} \gg T_{\mathrm{m}} \qquad k_{\mathrm{m}}K_{\mathrm{A}}k_{\mathrm{TA}} \gg 1$$

317 可以消除适当的极点。

两种方法对控制系统动态性能的作用是等价的。两种情况下,闭环系统的极点被约束在作为回路增益 $k_{\mathrm{m}}K_{\mathrm{P}}K_{\mathrm{V}}K_{\mathrm{A}}/(1+k_{\mathrm{m}}K_{\mathrm{A}}k_{\mathrm{TA}})$ 函数的根轨迹上移动(图 8.10)。回顾前面方案的相似推导,所求闭环系统仍是二阶系统。

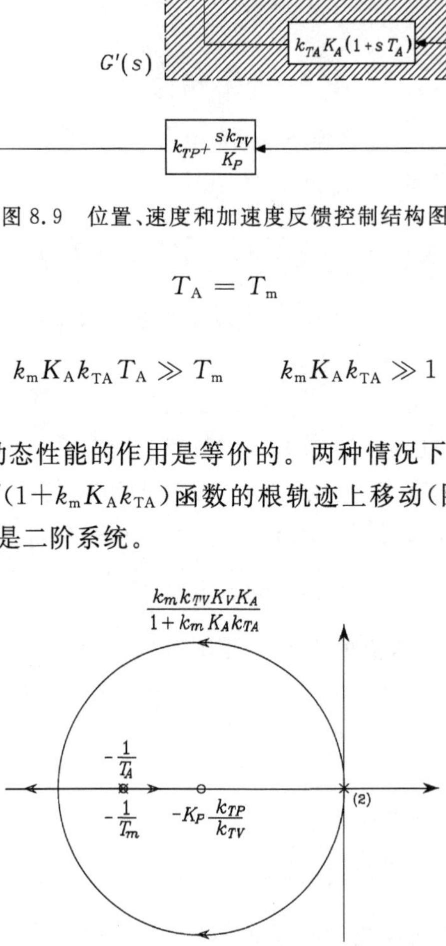

图 8.10 位置、速度与加速度反馈控制方案的根轨迹图

闭环输入/输出传递函数为

$$\frac{\Theta_{\mathrm{m}}(s)}{\Theta_{\mathrm{r}}(s)} = \frac{\dfrac{1}{k_{\mathrm{TP}}}}{1+\dfrac{sk_{\mathrm{TV}}}{K_{\mathrm{P}}k_{\mathrm{TP}}}+\dfrac{s^2(1+k_{\mathrm{m}}K_{\mathrm{A}}k_{\mathrm{TA}})}{k_{\mathrm{m}}K_{\mathrm{P}}k_{\mathrm{TP}}K_{\mathrm{V}}K_{\mathrm{A}}}} \tag{8.35}$$

闭环干扰/输出传递函数为

$$\frac{\Theta_m(s)}{D(s)} = -\frac{\dfrac{sR_a}{k_t K_P k_{TP} K_V K_A (1+sT_A)}}{1+\dfrac{sk_{TV}}{K_P k_{TP}}+\dfrac{s^2(1+k_m K_A k_{TA})}{k_m K_P k_{TP} K_V K_A}} \tag{8.36}$$

所求干扰抑制因子由下式得到：

$$X_R = K_P k_{TP} K_V K_A \tag{8.37}$$

输出收敛时间可由时间常数得到：

$$T_R = \max\left\{T_A, \frac{1}{\zeta\omega_n}\right\} \tag{8.38}$$

如上所述，其中 T_A 可小于 T_m。

参考式(8.29)中的传递函数，只要 ζ,ω_n,X_R 指定，根据设计目的可建立以下关系：

$$\frac{2K_P k_{TP}}{k_{TV}} = \frac{\omega_n}{\zeta} \tag{8.39}$$

$$k_m K_A k_{TA} = \frac{k_m X_R}{\omega_n^2} - 1 \tag{8.40}$$

$$K_P k_{TP} K_V K_A = X_R \tag{8.41}$$ 318

对给定的 $k_{TP}, k_{TV}, k_{TA}, K_P$ 应满足(8.39)，K_A 应满足(8.40)，K_A 则根据(8.41)得到。注意典型的控制器的可行解要求较大的抑制因子 X_R。因此从原则上来说，参考前面的情况，加速度反馈不仅可实现任意期望的动态表现，而且参考前例，只要 $k_m X_R/\omega_n^2 > 1$，还能允许指定干扰抑制因子。

以上控制方式推演中，反馈变量的测量问题并未仔细考虑。参考工业实践中采用的典型位置控制伺服系统，位置和速度的测量是没有问题的，而加速度的直接测量，总的来说既不好测量又成本太高。因此对图 8.9 的方案，是通过一阶滤波器(见图 8.11)从直接测量的速度信号中重构加速度得到其间接测量值的。滤波器带宽 $\omega_{3f}=k_f$。选择足够宽的带宽时，测量滞后带来的影响并不明显，可以将加速度滤波器输出作为反馈量。不过，滤波得到的加速度信号中会因叠加的噪声而引起一些问题。

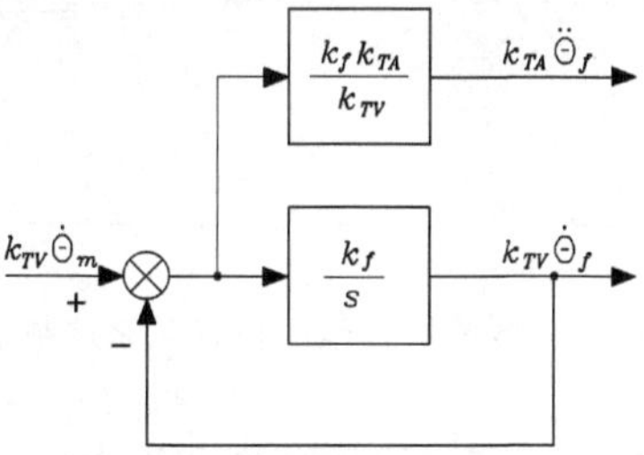

图 8.11　一阶滤波器的结构图

当只有位置能直接测量时，可以采用滤波技术。这种情况下，通过二阶状态变量滤波器的方式可重构速度与加速度。不过，二阶滤波器容易引起更大的滞后，比使用一阶滤波器的性能有所下降，这是因为控制器和滤波器采用数字实现，滤波器带宽有限。

注意，以上推导是基于理想动力学模型的，也就是忽略了传动装置的弹性影响以及放大器与电动机的电气时间常数的影响。这意味着在较大的反馈增益值下，在实践中不用检验是否满足设计需求，因为存在未建模动力学关系，如电气动力学、由非完全刚性传动引起的弹性动力学、第三种方案中的滤波动力学，这些未建模动力学关系将使系统性能降低，甚至不稳定。简要地说，以上求解构成了的设计原则，在特定的应用中，应强调其限制条件。

8.3.2 分散前馈补偿

当关节控制伺服系统需要以高速与高加速度跟踪参考轨迹时，图 8.6 中方案的跟踪能力将不可避免地下降。采用分散前馈补偿(decentralized feedforward compensation)可以降低跟
319 踪误差。因此，由式(8.24)、式(8.25)、式(8.26)中闭环输入/输出传递函数，前一节中分析的三种控制结构下的参考输出可分别修改为

$$\Theta'_{\mathrm{r}}(s)=\left(k_{\mathrm{TP}}+\frac{s^2(1+sT_{\mathrm{m}})}{k_{\mathrm{m}}K_{\mathrm{P}}(1+sT_{\mathrm{P}})}\right)\Theta_{\mathrm{md}}(s) \tag{8.42}$$

$$\Theta'_{\mathrm{r}}(s)=\left(k_{\mathrm{TP}}+\frac{sk_{\mathrm{TV}}}{K_{\mathrm{P}}}+\frac{s^2}{k_{\mathrm{m}}K_{\mathrm{P}}K_{\mathrm{V}}}\right)\Theta_{\mathrm{md}}(s) \tag{8.43}$$

$$\Theta'_{\mathrm{r}}(s)=\left(k_{\mathrm{TP}}+\frac{sk_{\mathrm{TV}}}{K_{\mathrm{P}}}+\frac{s^2(1+k_{\mathrm{m}}K_{\mathrm{A}}k_{\mathrm{TA}})}{k_{\mathrm{m}}K_{\mathrm{P}}K_{\mathrm{V}}K_{\mathrm{A}}}\right)\Theta_{\mathrm{md}}(s) \tag{8.44}$$

用这种方式，若不考虑干扰影响，可实现对期望关节位置 $\Theta_{\mathrm{md}}(s)$的跟踪。注意只要 $\vartheta_{md}(t)$解析式已知，计算期望轨迹的时间导数不成问题。对式(8.42)、式(8.43)、式(8.44)进行简单的变换，得到的跟踪控制方案分别见图 8.12、图 8.13、图 8.14，其中 $M(s)$指式(5.11)中的电动机传递函数，k_{m} 和 T_{m} 见式(5.12)。

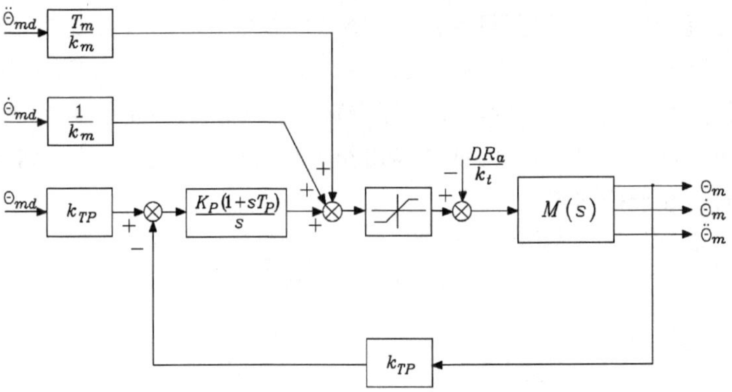

图 8.12 分散前馈补偿的位置反馈控制结构图

以上方式都可在一定的模型准确度和线性程度范围内实现对输入轨迹的跟踪。需要注意随着所嵌套反馈回路数量的增加，系统模型的准确信息会变少，需要进行前馈补偿。实际上，图 8.12 方案需要用到 T_{m} 和 k_{m}，图 8.13 方案只需要用到 k_{m}，图 8.14 方案也需要 k_{m}，但要减小权值。

回顾已经得到的结论，完全(perfect)跟踪的实现条件是控制器和前馈补偿参数与过程参数完全符合这一假设成立，同时建模准确，且物理系统是线性的。与理想值的偏差将引起性能
320 的降低，这一点将逐个分析。

图 8.12、图 8.13、图 8.14 中的饱和特性方框表示人为加入的非线性，在瞬态过程中其函

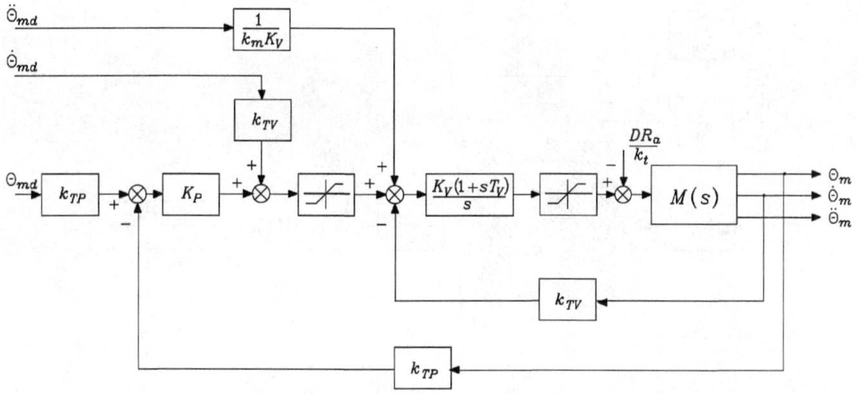

图 8.13　分散前馈补偿的位置与速度反馈控制结构图

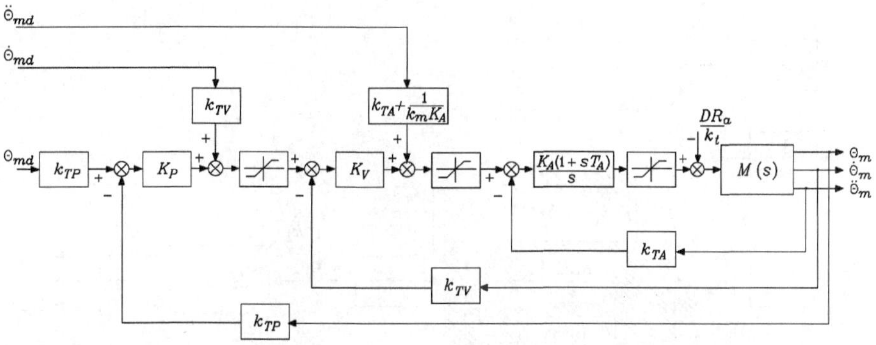

图 8.14　分散前馈补偿的位置、速度与加速度反馈控制结构图

数会限制相应的物理量，反馈回路数目越多，受限物理量的数目越多（速度、加速度、电动机电压）。为此，注意只要以上的任一物理量饱和都无法跟踪轨迹。对于需要实现点对点运动的工业机器人，这种状况时有发生。在这种情况下，对实际所跟踪轨迹的关注降低了，而使执行元件在极限情况下运行，以实现可能的最快运动。

对以上方案进行简单地结构图化简，可以确定等价的控制结构，该控制结构仅利用位置反馈和标准动作调节器。要强调的是两种方法在抗干扰以及轨迹跟踪上是等价的。但是，调节器的参数不能直接调整，而且消除内部反馈回路使得无法设置速度与/或加速度的饱和程度。 321
图 8.12、图 8.14、图 8.14 相应的等价控制结构分别如图 8.16、图 8.17、图 8.18 所示，PI，PID，PIDD^2 类型的控制作用分别等价于位置反馈、位置与速度反馈、位置速度与加速度反馈。

注意图 8.15～图 8.17 中等价控制结构的特点是存在前馈作用 $(T_m/k_m)\ddot{\vartheta}_{md}+(1/k_m)\dot{\vartheta}_{md}$。若电动机为电流控制而非电压控制，回顾式(5.13)，前馈作用等价于 $(k_i/k_t)(I_m\ddot{\vartheta}_{md}+F_m\dot{\vartheta}_{md})$。
如果 $\dot{\vartheta}_m\approx\dot{\vartheta}_{md}$，$\ddot{\vartheta}_m\approx\ddot{\vartheta}_{md}$，且忽略干扰，$I_m\ddot{\vartheta}_d+F_m\dot{\vartheta}_d$ 项表示提供期望速度与加速度的驱动转矩， 322
见式(5.3)。令

$$i_{ad}=\frac{1}{k_t}(I_m\ddot{\vartheta}_{md}+F_m\dot{\vartheta}_{md})$$

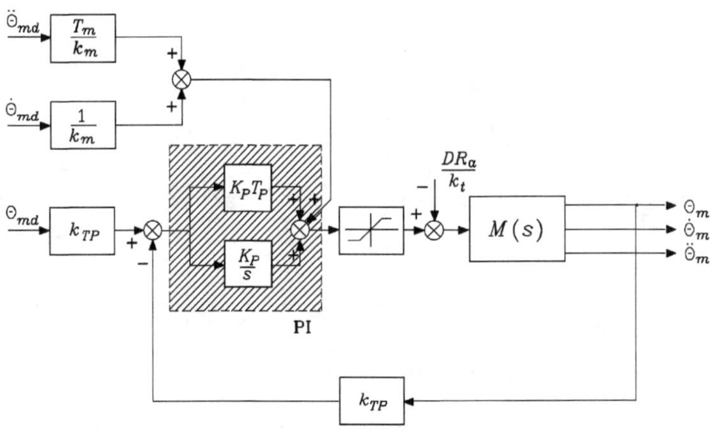

图 8.15 PI 类型的等价控制方案

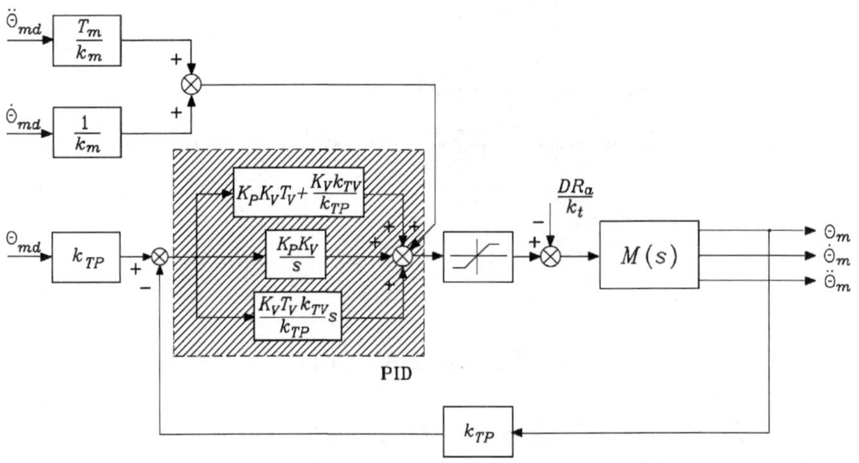

图 8.16 PID 类型的等价控制方案

前馈作用可写为 $k_i i_{ad}$ 的形式。在驱动器为电流控制的情况下，可以用电流代替加速度与速度前馈作用，而转矩的前馈作用可以参考期望运动计算出来。

图 8.18 表示了这种等价方式，其中 $M(s)$ 由图 5.2 的电驱动结构图代替，选择电流回路的参数以实现转矩控制发电机。前馈作用表示了电动机电流参量，该电流产生额定转矩从而实现期望运动；由于采用传递函数为 $C_R(s)$ 的标准调节器，位置参量可实现反馈通路的闭合，使现有的控制结构具有鲁棒性。简要地说，性能可以利用速度与加速度前馈作用实现，利用电流控制执行器和期望转矩前馈作用可以实现电压控制执行器。

以上方案包含了工业机器人控制体系工程实现的典型控制器结构。在这些系统中，为了使模型的不准确性以及耦合项对单个关节的位置不造成影响，选择可能的最大增益是很重要
323 的。如上所述，增益的上限是由未建模因素造成的，例如采用离散时间控制器代替了理论分析中的连续时间控制器，存在有限采样时间，忽略了动态影响（如关节弹性、结构谐振、有限变频器带宽）以及传感器噪声。实际上，因为反馈增益的值过大，这些因素在以上控制实现中的影响可能会导致系统性能的严重下降。

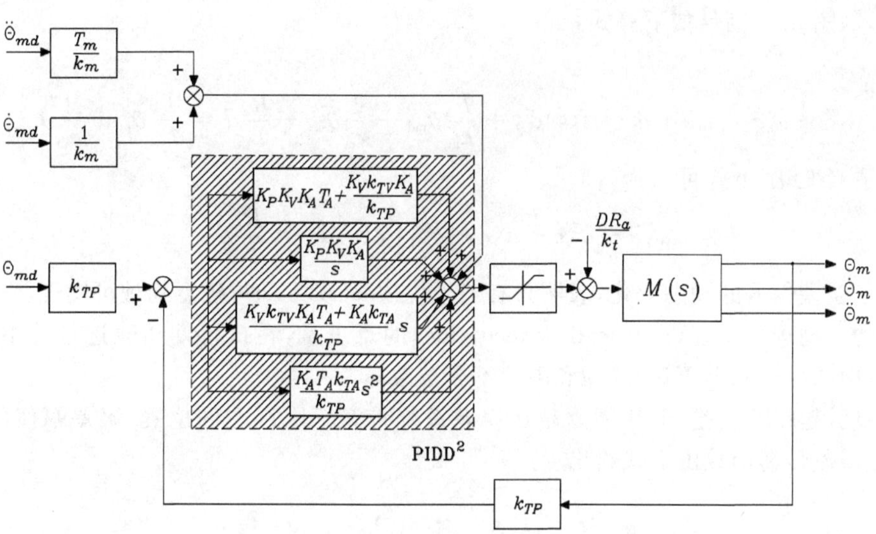

图 8.17　PIDD²类型的等价控制方案

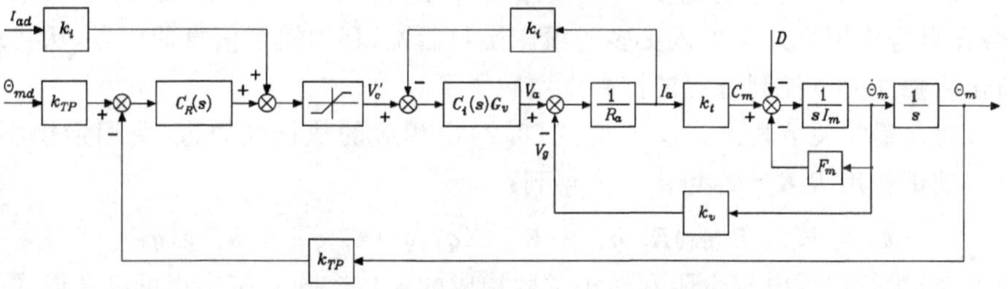

图 8.18　电流控制驱动与电流前馈作用的控制方案

8.4　计算转矩前馈控制

定义跟踪误差 $e(t)=\vartheta_{\mathrm{md}}(t)-\vartheta_{\mathrm{m}}(t)$，参考图 8.17 的最基本方案，PIDD²调节器的输出可写为

$$a_2\ddot{e}+a_1\dot{e}+a_0e+a_{-1}\int^t e(\varsigma)\,\mathrm{d}\,\varsigma$$

该式描述了误差的时间变化。连续系数 a_2,a_1,a_0,a_{-1} 由所取特解决定。对表达式加入前馈作用和干扰，则

$$\frac{T_{\mathrm{m}}}{k_{\mathrm{m}}}\ddot{\vartheta}_{\mathrm{md}}+\frac{1}{k_{\mathrm{m}}}\dot{\vartheta}_{\mathrm{md}}-\frac{R_{\mathrm{a}}}{k_{\mathrm{t}}}d$$

其中

$$\frac{T_{\mathrm{m}}}{k_{\mathrm{m}}}=\frac{I_{\mathrm{m}}R_{\mathrm{a}}}{k_{\mathrm{t}}}\qquad k_{\mathrm{m}}=\frac{1}{k_{\mathrm{v}}}$$

电机的输入(图 8.6)满足如下等式：

$$a_2\ddot{e}+a_1\dot{e}+a_0e+a_{-1}\int^t e(\varsigma)\mathrm{d}\varsigma+\frac{T_\mathrm{m}}{k_\mathrm{m}}\ddot{\vartheta}_\mathrm{md}+\frac{1}{k_\mathrm{m}}\dot{\vartheta}_\mathrm{md}-\frac{R_\mathrm{a}}{k_\mathrm{t}}d=\frac{T_\mathrm{m}}{k_\mathrm{m}}\ddot{\vartheta}_\mathrm{m}+\frac{1}{k_\mathrm{m}}\dot{\vartheta}_\mathrm{m}$$

324 对系数作适当变化，上式可写为

$$a'_2\ddot{e}+a'_1\dot{e}+a'_0e+a'_{-1}\int^t e(\varsigma)\mathrm{d}\varsigma=\frac{R_\mathrm{a}}{k_\mathrm{t}}d$$

该式描述了误差信号的动态变化，表明只有当干扰项 $d(t)=0$ 时，任意物理可实现轨迹才能是渐近跟踪的。物理可实现(physically executable)的意思是，在执行期望轨迹过程中，物理量(如电动机中的电流和电压等)的饱和限制不会被破坏。

$d(t)$项引起跟踪误差，干扰频率越在误差系统带宽下限以左的位置，误差幅值的下降越多。干扰/误差传递函数由下式给出

$$\frac{E(s)}{D(s)}=\frac{\dfrac{R_\mathrm{a}}{k_\mathrm{t}}s}{a'_2s^3+a'_1s^2+a'_0s+a'_{-1}}$$

所采用的回路增益对以上所讨论的问题是未知量，通常是必须的量。

然而，即使 $d(t)$项作为干扰量引入，其表达式仍由式(8.22)得出。前面用于补偿干扰的前馈作用会在自身作用之外又加入更多的项。换句话说，利用模型信息的优点，从实现角度来看，大幅简化后独立关节控制方案的抑制作用减弱了。

令 $\boldsymbol{q}_\mathrm{d}(t)$为期望的关节轨迹，$q_\mathrm{md}(t)$为式(8.2)中相应的执行器轨迹，采用逆模型(inverse model)策略，前馈作用 $\boldsymbol{R}_\mathrm{a}\boldsymbol{K}_\mathrm{t}^{-1}\boldsymbol{d}_\mathrm{d}$ 可由下式得到：

$$\boldsymbol{d}_\mathrm{d}=\boldsymbol{K}_\mathrm{r}^{-1}\Delta\boldsymbol{B}(\boldsymbol{q}_\mathrm{d})\boldsymbol{K}_\mathrm{r}^{-1}\ddot{\boldsymbol{q}}_\mathrm{md}+\boldsymbol{K}_\mathrm{r}^{-1}\boldsymbol{C}(\boldsymbol{q}_\mathrm{d},\dot{\boldsymbol{q}}_\mathrm{d})\boldsymbol{K}_\mathrm{r}^{-1}\dot{\boldsymbol{q}}_\mathrm{md}+\boldsymbol{K}_\mathrm{r}^{-1}\boldsymbol{g}(\boldsymbol{q}_\mathrm{d}) \tag{8.45}$$

325 其中 $\boldsymbol{R}_\mathrm{a}$ 和 $\boldsymbol{K}_\mathrm{t}$ 指执行器的电枢电阻和转矩常数构成的对角矩阵。该作用可以补偿式(8.22)表示的实际干扰，从而使控制系统在较好的环境下运行。

这种解决方法如图 8.19 所示，该图从概念上描述了计算转矩(computed torque)控制的机械手控制系统。反馈控制系统由 n 个独立关节控制伺服系统表达，该系统是分散控制，因为控制器 i 用的是相对关节 i 的参考量和测量值。不同关节之间的相互作用由 $\boldsymbol{d}$ 表达，通过集中控制补偿，集中控制函数产生前馈作用，该前馈作用取决于关节参量以及机械手动力学模型。这些作用补偿了由惯性、哥氏力、离心力、重力引起的非线性耦合项，这些力取决于结构，并随机械手运动而发生变化。

尽管干扰余项 $\tilde{\boldsymbol{d}}=\boldsymbol{d}_\mathrm{d}-\boldsymbol{d}$ 只在完全跟踪($\boldsymbol{q}=\boldsymbol{q}_\mathrm{d}$)和准确动态建模的理想情况下为零，但 $\tilde{\boldsymbol{d}}$ 表征了随 $\boldsymbol{d}$ 的幅值减少而减少的交互干扰。因此，对反馈控制结构，计算转矩技术具有减轻干扰影响的优势，并允许限制增益。注意表达式(8.45)通常将计算需求负担加在控制器的集中部分。因此在这些应用中，期望轨迹是根据外感测量数据，由机器人控制体系的高层级①指令实时生成的，集中前馈作用的在线计算可能会需要很多时间②。

因为实际控制器在计算机上以有限采样时间实现，所以转矩计算要在这段时间内计算完

① 见第 6 章。

② 在这点上，补偿转矩的实时计算问题可采用机械手动力学反解的有效递归公式解决，比如第 7 章介绍的牛顿-欧拉算法。

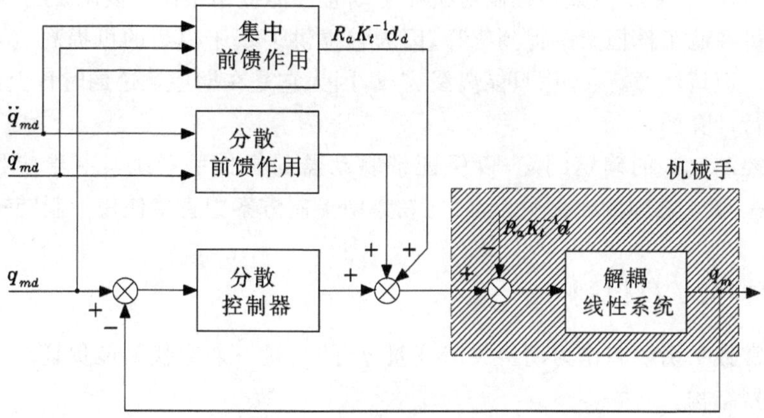

图 8.19　计算转矩前馈控制方框图

成，为了不降低动态系统性能，典型采样时间为毫秒数量级。

因此有必要只实现部分前馈作用，以补偿式(8.45)中那些机械手运动时最相关的分量项。由于惯性与重力项主导着速度依赖项(在操作关节速度不大于每秒几弧度的情况下)，因此可通过计算重力转矩和惯性矩阵对角线元素相应的惯性转矩来实现部分补偿。这种方法中，只有依赖于机械手全局位形的项会被补偿，而那些来自于与其他关节运动交互的项就不能补偿。

最后需要指出，对于重复轨迹，以上补偿分量可离线计算，并基于控制体系存储空间与运算需求之间的折中关系进行适当存储。 326

8.5　集中控制

以上章节讨论了独立关节设计的几种技术，这些技术都是以单输入/单输出方法为基础的，因为关节之间的交互与耦合影响都被看作是作用在单个关节驱动系统上的干扰。

另一方面，若需要大操作速度或采用直接驱动($\boldsymbol{K}_r=\boldsymbol{I}$)，非线性耦合项会对系统性能产生强烈影响。因此，将 d 中元素的影响视为干扰可能会产生较大的跟踪误差。这种情况下，建议利用机械手动力学具体信息设计控制算法，以补偿模型中的非线性耦合项。换句话说，需要排除这些非线性耦合项而不是减小其影响，即对式(8.22)中的非线性项生成补偿转矩。这就是基于(部分或全部)机械手动力学模型信息的集中控制算法。

只要机器人有 5.4.1 节所述的安装在关节电机上的力矩传感器，这些测量值就可以方便地用于生成补偿作用，这样就避免了动力学模型项的在线计算。

如式(8.1)动力学模型所示，机械手并非是 n 个解耦系统的组合，而是具有 n 个输入(关节转矩)和 n 个输出(关节位置)的多变量系统，这些输入输出之间通过非线性关系产生交互[①]。

为了获得与控制设计一致的方法步骤，必须将控制问题放在非线性多变量系统的背景中。很明显，这种方法可以对机械手动力学模型作出解释，得到非线性集中控制(nonlinear cen-

① 非线性机械系统控制的基本概念见附录 C。

tralized control)律，而非线性集中控制对机械手动态性能提出很高的要求。另一方面，前面的计算转矩控制可在此工作框架中得到解释，因为它提供了基于模型的可提高轨迹跟踪性能的非线性控制项。但请注意，该作用只能离线完成，因为它是在期望轨迹的时程上而非在实际轨迹的时程上进行计算的。

下面讨论控制律 $\boldsymbol{u}$ 的确定问题，以保证带驱动器的机械手系统具有给定性能。因为式
327 (8.17)可视为 $\boldsymbol{v}_c$ 和 $\boldsymbol{u}$ 之间的比例关系，因此在集中控制方案中直接使用控制转矩 $\boldsymbol{u}$。

8.5.1 重力补偿 *PD* 控制

将系统的常数平衡姿态作为期望关节变量 $\boldsymbol{q}_d$ 的向量。期望找到能保证以上姿态全局渐进稳定的控制器结构。

能够使系统在平衡姿态上稳定的系统输入可采用李亚普诺夫直接法确定。

令 $[\tilde{\boldsymbol{q}}^T \quad \dot{\boldsymbol{q}}^T]^T$ 为系统状态向量，其中

$$\tilde{\boldsymbol{q}} = \boldsymbol{q}_d - \boldsymbol{q} \tag{8.46}$$

表示期望姿态与实际姿态之间的误差。选择以下正定二次型为李亚普诺夫待选函数：

$$V(\dot{\boldsymbol{q}}, \tilde{\boldsymbol{q}}) = \frac{1}{2}\dot{\boldsymbol{q}}^T\boldsymbol{B}(\boldsymbol{q})\dot{\boldsymbol{q}} + \frac{1}{2}\tilde{\boldsymbol{q}}^T\boldsymbol{K}_P\tilde{\boldsymbol{q}} > 0 \quad \forall \dot{\boldsymbol{q}}, \tilde{\boldsymbol{q}} \neq \boldsymbol{0} \tag{8.47}$$

其中 $\boldsymbol{K}_P$ 为 $(n\times n)$ 对称正定矩阵。式(8.47)的能量解释表明，其第一项表示系统的动能，第二项表示存储于系统的势能，等效强度系数 $\boldsymbol{K}_P$ 由 n 个位置反馈回路提供。

式(8.47)对时间求导，且 q_d 为常数，下式成立：

$$\dot{V} = \dot{\boldsymbol{q}}^T\boldsymbol{B}(\boldsymbol{q})\ddot{\boldsymbol{q}} + \frac{1}{2}\dot{\boldsymbol{q}}^T\dot{\boldsymbol{B}}(\boldsymbol{q})\dot{\boldsymbol{q}} - \dot{\boldsymbol{q}}^T\boldsymbol{K}_P\tilde{\boldsymbol{q}} \tag{8.48}$$

用式(8.7)求解 $\boldsymbol{B}\ddot{\boldsymbol{q}}$，并将其代入到式(8.48)中得

$$\dot{V} = \frac{1}{2}\dot{\boldsymbol{q}}^T(\dot{\boldsymbol{B}}(\boldsymbol{q}) - 2\boldsymbol{C}(\boldsymbol{q}, \dot{\boldsymbol{q}}))\dot{\boldsymbol{q}} - \dot{\boldsymbol{q}}^T\boldsymbol{F}\dot{\boldsymbol{q}} + \dot{\boldsymbol{q}}^T(\boldsymbol{u} - \boldsymbol{g}(\boldsymbol{q}) - \boldsymbol{K}_P\tilde{\boldsymbol{q}}) \tag{8.49}$$

因为矩阵 $\boldsymbol{N} = \dot{\boldsymbol{B}} - 2\boldsymbol{C}$ 满足式(7.49)，上式右侧第一项为零，第二项负定。所以，以

$$\boldsymbol{u} = \boldsymbol{g}(\boldsymbol{q}) + \boldsymbol{K}_P\tilde{\boldsymbol{q}} \tag{8.50}$$

表示补偿重力项和比例作用的控制器。因为

$$\dot{V} = 0 \quad \dot{\boldsymbol{q}} = \boldsymbol{0}, \ \forall \tilde{\boldsymbol{q}}$$

结果得到 $\dot{V}$ 半负定。

这个结果也可由以下控制律得到

$$\boldsymbol{u} = \boldsymbol{g}(\boldsymbol{q}) + \boldsymbol{K}_P\tilde{\boldsymbol{q}} - \boldsymbol{K}_D\dot{\boldsymbol{q}} \tag{8.51}$$

其中 $\boldsymbol{K}_D$ 正定，对应的是用线性 PD(比例-微分)控制对重力项产生的非线性补偿作用。实际上，将式(8.51)代入式(8.49)得到

328

$$\dot{V} = -\dot{\boldsymbol{q}}^T(\boldsymbol{F} + \boldsymbol{K}_D)\dot{\boldsymbol{q}} \tag{8.52}$$

该式表明引入微分项会引起 $\dot{V}$ 的绝对值沿着系统轨迹增加，对系统时间响应起到改善作用。注意以直接驱动的机械手为研究对象时，式(8.51)中控制器中微分作用至关重要。实际上在这种情况下，机械粘滞阻尼几乎为零，在电流控制中无法利用电压控制执行器产生的电气

粘滞阻尼。

根据以上分析，只要对所有的系统轨迹有 $\dot{\boldsymbol{q}}\neq\boldsymbol{0}$，待选函数 V 就会下降。这表示系统能到达平衡姿态(equilibrium posture)。要找到这个平衡姿态，注意只有 $\dot{\boldsymbol{q}}\equiv\boldsymbol{0}$ 时才有 $\dot{V}\equiv 0$。式(8.51)控制下的系统动态由下式描述：

$$\boldsymbol{B}(\boldsymbol{q})\ddot{\boldsymbol{q}}+\boldsymbol{C}(\boldsymbol{q},\ \dot{\boldsymbol{q}})\dot{\boldsymbol{q}}+\boldsymbol{F}\dot{\boldsymbol{q}}+\boldsymbol{g}(\boldsymbol{q})=\boldsymbol{g}(\boldsymbol{q})+\boldsymbol{K}_{\mathrm{P}}\tilde{\boldsymbol{q}}-\boldsymbol{K}_{\mathrm{D}}\dot{\boldsymbol{q}} \tag{8.53}$$

平衡状态下($\dot{\boldsymbol{q}}\equiv\boldsymbol{0}$, $\ddot{\boldsymbol{q}}\equiv\boldsymbol{0}$)，有

$$\boldsymbol{K}_{\mathrm{P}}\tilde{\boldsymbol{q}}=\boldsymbol{0} \tag{8.54}$$

从而

$$\tilde{\boldsymbol{q}}=\boldsymbol{q}_{\mathrm{d}}-\boldsymbol{q}\equiv\boldsymbol{0}$$

这就是所求的平衡姿态。以上推导有力地显示了在 PD 线性作用与非线性补偿作用的控制器作用下，任何机械手平衡姿态都是全局渐进稳定(globally asymptotically stable)的。只要 $\boldsymbol{K}_{\mathrm{D}}$ 和 $\boldsymbol{K}_{\mathrm{P}}$ 为正定矩阵，$\boldsymbol{K}_{\mathrm{D}}$ 和 $\boldsymbol{K}_{\mathrm{P}}$ 无论选何值都可保证稳定性。所得方框图如图 8.20 所示。

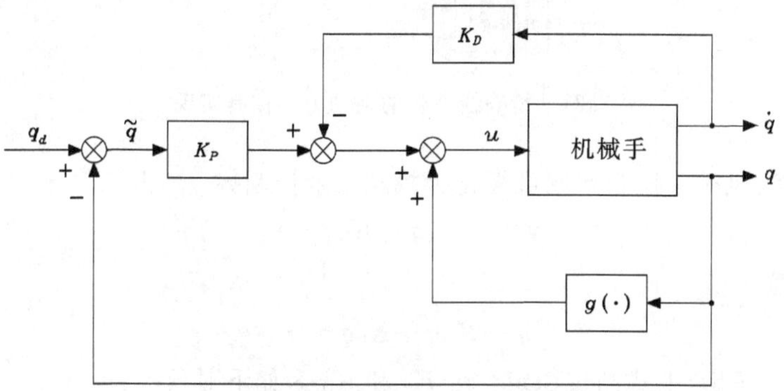

图 8.20　重力补偿的关节空间 PD 控制方框图

控制律要求 $\boldsymbol{g}(\boldsymbol{q})$ 的在线计算。如果是不完全补偿，以上讨论结果会有所不同；这一点后面会结合实现非线性补偿的控制器鲁棒性问题再次提到。 329

8.5.2　逆动力学控制

现在考虑跟踪关节空间轨迹的问题。参考结构为非线性多变量系统控制。n 个关节的机械手动力学模型表达式如式(8.7)所示，该式可写为如下形式：

$$\boldsymbol{B}(\boldsymbol{q})\ddot{\boldsymbol{q}}+\boldsymbol{n}(\boldsymbol{q},\ \dot{\boldsymbol{q}})=\boldsymbol{u} \tag{8.55}$$

为了简化，可令

$$\boldsymbol{n}(\boldsymbol{q},\ \dot{\boldsymbol{q}})=\boldsymbol{C}(\boldsymbol{q},\ \dot{\boldsymbol{q}})\dot{\boldsymbol{q}}+\boldsymbol{F}\dot{\boldsymbol{q}}+\boldsymbol{g}(\boldsymbol{q}) \tag{8.56}$$

以下方法的基本思想是找到控制向量 u，该向量是系统状态的函数，可以以此实现线性形式的输入/输出关系，换句话说，可以通过非线性状态反馈(nonlinear state feedback)实现系统动力学的精确线性化(exact linearization)，而非近似线性化。通过系统动力学的特定形式，使发现线性化控制器的可能性得以保证。实际上，式(8.55)的方程对控制 $\boldsymbol{u}$ 是线性的，且该方程含有满秩矩阵 $\boldsymbol{B}(\boldsymbol{q})$，对任意机械手位形，该矩阵都可以进行求逆。

用以下形式，将控制 $\boldsymbol{u}$ 表示为机械手状态的函数

$$\boldsymbol{u} = \boldsymbol{B}(\boldsymbol{q})\boldsymbol{y} + \boldsymbol{n}(\boldsymbol{q},\ \dot{\boldsymbol{q}}) \tag{8.57}$$

这使系统可以由下式描述

$$\ddot{\boldsymbol{q}} = \boldsymbol{y}$$

其中 $\boldsymbol{y}$ 表示新的输入向量，其表达式尚待确定；所得方框图如图 8.21。式(8.57)中的非线性控制律采用逆动力学控制(inverse dynamics control)的形式，因为该控制律是基于机械手动力学逆解计算的。式(8.57)控制的系统相对新输入 $\boldsymbol{y}$ 是线性解耦的，换句话说，在双积分器关
330 系下元素 y_i 只影响关节变量 q_i，与其他关节的运动无关。

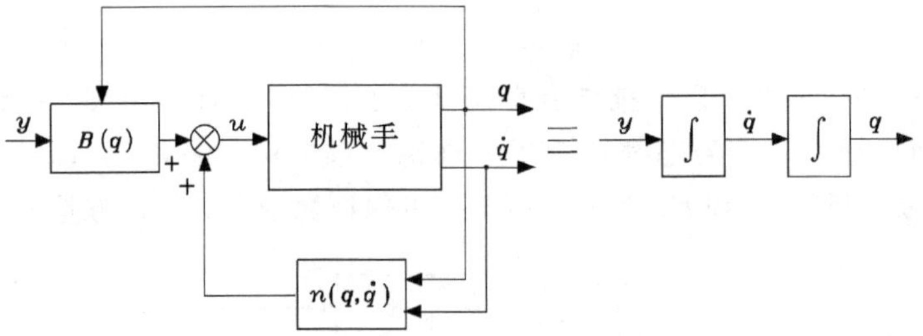

图 8.21　精确线性化的逆动力学控制实现

根据式(8.57)，机械手控制问题可简化为找到稳定控制律 $\boldsymbol{y}$。为此选

$$\boldsymbol{y} = -\boldsymbol{K}_{\mathrm{P}}\boldsymbol{q} - \boldsymbol{K}_{\mathrm{D}}\dot{\boldsymbol{q}} + \boldsymbol{r} \tag{8.58}$$

得到二阶系统方程

$$\ddot{\boldsymbol{q}} + \boldsymbol{K}_{\mathrm{D}}\dot{\boldsymbol{q}} + \boldsymbol{K}_{\mathrm{P}}\boldsymbol{q} = \boldsymbol{r} \tag{8.59}$$

假定矩阵 $\boldsymbol{K}_{\mathrm{P}}$ 和 $\boldsymbol{K}_{\mathrm{D}}$ 正定，上式渐进稳定。令 $\boldsymbol{K}_{\mathrm{P}}$ 和 $\boldsymbol{K}_{\mathrm{D}}$ 为如下对角阵：

$$\boldsymbol{K}_{\mathrm{P}} = \mathrm{diag}\{\omega_{n1}^2,\ \cdots,\ \omega_{nn}^2\} \qquad \boldsymbol{K}_{\mathrm{D}} = \mathrm{diag}\{2\zeta_1\omega_{n1},\ \cdots,\ 2\zeta_n\omega_{nn}\}$$

得到解耦系统。参考因素 r_i 只影响关节变量 q_i，二者是由自然频率 ω_{ni} 和阻尼比 ζ_i 决定的二阶输入/输出关系。

给定任意期望轨迹 $q_{\mathrm{d}}(t)$，为保证输出 $q(t)$ 跟踪该轨迹，选择

$$\boldsymbol{r} = \ddot{\boldsymbol{q}}_{\mathrm{d}} + \boldsymbol{K}_{\mathrm{D}}\dot{\boldsymbol{q}}_{\mathrm{d}} + \boldsymbol{K}_{\mathrm{P}}\boldsymbol{q}_{\mathrm{d}} \tag{8.60}$$

实际上，将式(8.60)代入式(8.59)可得到相似的二阶微分方程

$$\ddot{\tilde{\boldsymbol{q}}} + \boldsymbol{K}_{\mathrm{d}}\dot{\tilde{\boldsymbol{q}}} + \boldsymbol{K}_{\mathrm{P}}\tilde{\boldsymbol{q}} = \boldsymbol{0} \tag{8.61}$$

该式表示跟踪给定轨迹的过程中，式(8.46)位置误差的动态变化。该误差只有当 $\tilde{\boldsymbol{q}}(0)$ 和/或
331 $\dot{\tilde{\boldsymbol{q}}}(0)$ 不为零时存在，其收敛到零的速度与所选矩阵 $\boldsymbol{K}_{\mathrm{P}}$ 和 $\boldsymbol{K}_{\mathrm{D}}$ 有关。

所求框图如图 8.22 所示，其中再次用到两个反馈回路：基于机械手动力学模型的内回路和处理跟踪误差的外回路。内回路函数是为了得到线性、解耦的输入输出关系，而外回路是为了稳定整个系统。因为外回路为线性定常系统，控制器设计可以简化。注意这种控制方案的实现需要计算惯性矩阵 $\boldsymbol{B}(\boldsymbol{q})$ 与式(8.56)中哥氏力 、离心力、重力、阻尼项向量 $\boldsymbol{n}(\boldsymbol{q},\ \dot{\boldsymbol{q}})$。与计算转矩控制不同，这些项必须在线计算，因为控制是以当前系统状态的非线性反馈为基础的，因而不能像前面那样预先离线计算。

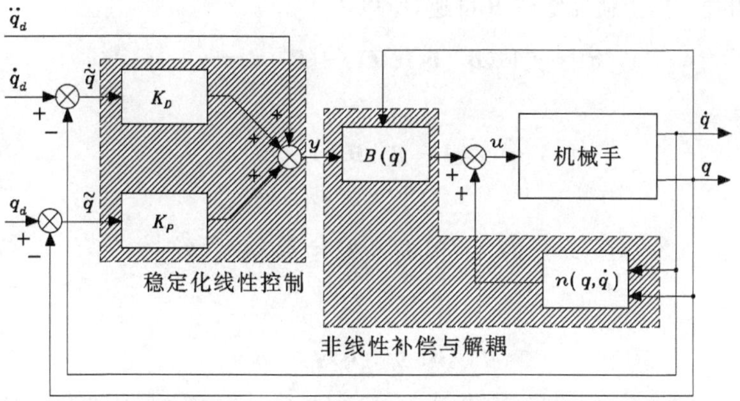

图 8.22　关节空间逆动力学控制方框图

从控制的角度来看,以上非线性补偿与解耦技术很有意思,因为可以用 n 个线性解耦的二阶子系统来代替非线性耦合机械手。然而这一技术是以完全忽略动态项这一假设为前提的,因此自然会带来由非完全补偿造成的敏感性与鲁棒性问题。

逆动力学控制律的实现实际上需要系统动力学模型的参数准确已知,而且整个运动方程都能实时计算。这些条件实际很难检验。一方面,由于机械手机械参数并不确切、建模时有些动态过程未被考虑以及末端执行器有效负载对模型的影响不确切知道从而无法完全补偿,所以模型通常都有一定的不确定度。另一方面,逆动力学计算要在毫秒级的采样时间内实现,以保证在连续时间域工作的假设成立。这可能造成对控制系统硬件/软件体系的严格约束。这种情况下,可行的方法是减轻逆动力学计算以及只计算主要项。

在以上讨论的基础上,从实现的观点来看,模型的不确定性和逆动力学在线计算的近似进行补偿都是有缺陷的。下面将介绍两种消除不完全补偿影响的控制技术,第一种引入对逆动力学控制器的附加项,该附加项通过在逆动力学线计算中抵消近似量,提高控制系统的鲁棒性;第二种则是对实际机械手动力学模型进行逆动力学计算的模型参数具有适应性。 332

8.5.3　鲁棒控制

不完全补偿(imperfect compensation)情况下,在式(8.55)中假定控制向量可如下表示是合理的:

$$\boldsymbol{u} = \hat{\boldsymbol{B}}(\boldsymbol{q})\boldsymbol{y} + \hat{\boldsymbol{n}}(\boldsymbol{q}, \dot{\boldsymbol{q}}) \tag{8.62}$$

其中 $\hat{\boldsymbol{B}}$ 和 $\hat{\boldsymbol{n}}$ 表示动力学模型中估计项所采用的计算模型。估计误差,即不确定性可表示为

$$\tilde{\boldsymbol{B}} = \hat{\boldsymbol{B}} - \boldsymbol{B} \qquad \tilde{\boldsymbol{n}} = \hat{\boldsymbol{n}} - \boldsymbol{n} \tag{8.63}$$

该误差是由不完全模型补偿以及逆动力学计算中人为简化引起的。注意令 $\hat{\boldsymbol{B}} = \bar{\boldsymbol{B}}$(其中 $\bar{\boldsymbol{B}}$ 为关节轴上平均惯量构成的对角阵),且令 $\hat{\boldsymbol{n}} = \boldsymbol{0}$,则重新得到前面的分散控制方案,其中的控制作用 $\boldsymbol{y}$ 是对误差的常规 PID 计算。

将式(8.62)用作非线性控制律,得到

$$\boldsymbol{B}\ddot{\boldsymbol{q}} + \boldsymbol{n} = \hat{\boldsymbol{B}}\boldsymbol{y} + \hat{\boldsymbol{n}} \tag{8.64}$$

此处忽略函数相关。因为惯性矩阵 $\boldsymbol{B}$ 可逆,所以

$$\ddot{\boldsymbol{q}} = \boldsymbol{y} + (\boldsymbol{B}^{-1}\hat{\boldsymbol{B}} - \boldsymbol{I})\boldsymbol{y} + \boldsymbol{B}^{-1}\tilde{\boldsymbol{n}} = \boldsymbol{y} - \boldsymbol{\eta} \tag{8.65}$$

其中

$$\boldsymbol{\eta} = (\boldsymbol{I} - \boldsymbol{B}^{-1}\hat{\boldsymbol{B}})\boldsymbol{y} - \boldsymbol{B}^{-1}\tilde{\boldsymbol{n}} \tag{8.66}$$

由以上得到

$$\boldsymbol{y} = \ddot{\boldsymbol{q}}_{\mathrm{d}} + \boldsymbol{K}_{\mathrm{D}}(\dot{\boldsymbol{q}}_{\mathrm{d}} - \dot{\boldsymbol{q}}) + \boldsymbol{K}_{\mathrm{P}}(\boldsymbol{q}_{\mathrm{d}} - \boldsymbol{q})$$

使得

$$\ddot{\tilde{\boldsymbol{q}}} + \boldsymbol{K}_{\mathrm{D}}\dot{\tilde{\boldsymbol{q}}} + \boldsymbol{K}_{\mathrm{P}}\tilde{\boldsymbol{q}} = \boldsymbol{\eta} \tag{8.67}$$

由式(8.67)描述的系统仍然是非线性耦合系统,因为 $\boldsymbol{\eta}$ 是的 $\tilde{\boldsymbol{q}}$ 和$\dot{\tilde{\boldsymbol{q}}}$的非线性函数。只根据等式左侧的项无法保证误差收敛到零。

要找到在不确定情况下轨迹跟踪同时误差收敛到零的控制律,只采用线性 PD 控制是不够的。为此,再次利用李亚普诺夫直接法设计误差的外部反馈回路,该回路要对不确定量 $\boldsymbol{\eta}$ 鲁棒。

在关节空间给出期望轨迹 $\boldsymbol{q}_{\mathrm{d}}(t)$,且 $\tilde{\boldsymbol{q}}=\boldsymbol{q}_{\mathrm{d}}-\boldsymbol{q}$ 为位置误差。其一次时间导数为$\dot{\tilde{\boldsymbol{q}}}=\boldsymbol{q}_{\mathrm{d}}-\dot{\boldsymbol{q}}$,而二次时间导数参考式(8.65)式得到

333 $$\ddot{\tilde{\boldsymbol{q}}} = \ddot{\boldsymbol{q}}_{\mathrm{d}} - \boldsymbol{y} + \boldsymbol{\eta} \tag{8.68}$$

令系统状态为

$$\boldsymbol{\xi} = \begin{bmatrix} \tilde{\boldsymbol{q}} \\ \dot{\tilde{\boldsymbol{q}}} \end{bmatrix} \tag{8.69}$$

可得以下一阶微分矩阵方程:

$$\dot{\boldsymbol{\xi}} = \boldsymbol{H}\boldsymbol{\xi} + \boldsymbol{D}(\ddot{\boldsymbol{q}}_{\mathrm{d}} - \boldsymbol{y} + \boldsymbol{\eta}) \tag{8.70}$$

其中 $\boldsymbol{H}$ 和 $\boldsymbol{D}$ 分别为维数$(2n\times 2n)$和$(2n\times n)$的矩阵

$$\boldsymbol{H} = \begin{bmatrix} \boldsymbol{O} & \boldsymbol{I} \\ \boldsymbol{O} & \boldsymbol{O} \end{bmatrix} \qquad \boldsymbol{D} = \begin{bmatrix} \boldsymbol{O} \\ \boldsymbol{I} \end{bmatrix} \tag{8.71}$$

于是,跟踪指定轨迹的问题可看作是寻找能使非线性时变系统式(8.70)稳定的控制律 $\boldsymbol{y}$ 的问题。

控制设计基于这样的假设:即使不确定量 $\boldsymbol{\eta}$ 未知,但其变化范围是可估计的。所求控制律 $\boldsymbol{y}$ 要能保证式(8.70)对任意在估计范围内变化的 $\boldsymbol{\eta}$ 都具有渐进稳定性。根据式(8.66),$\boldsymbol{\eta}$ 为 $\boldsymbol{q}$、$\dot{\boldsymbol{q}}$ 和 $\ddot{\boldsymbol{q}}_{\mathrm{d}}$ 的函数,以下假设成立:

$$\sup_{t\geqslant 0} \| \ddot{\boldsymbol{q}}_{\mathrm{d}} \| < Q_{\mathrm{M}} < \infty \quad \forall \ddot{\boldsymbol{q}}_{\mathrm{d}} \tag{8.72}$$

$$\| \boldsymbol{I} - \boldsymbol{B}^{-1}(\boldsymbol{q})\hat{\boldsymbol{B}}(\boldsymbol{q}) \| \leqslant \alpha \leqslant 1 \ \forall \boldsymbol{q} \tag{8.73}$$

$$\| \tilde{\boldsymbol{n}} \| \leqslant \Phi < \infty \quad \forall \boldsymbol{q}, \dot{\boldsymbol{q}} \tag{8.74}$$

因为任何规划路径都不需要加速度达到无穷大,因此式(8.72)的假设在实际中是满足的。

对于式(8.73)的假设,因为 $\boldsymbol{B}$ 为正定阵,且范数有上下界,以下不等式成立:

$$0 < B_{\mathrm{m}} \leqslant \| \boldsymbol{B}^{-1}(\boldsymbol{q}) \| \leqslant B_{\mathrm{M}} < \infty \quad \forall \boldsymbol{q} \tag{8.75}$$

所以 $\hat{\boldsymbol{B}}$ 的备选项总是能满足式(8.73)。实际上,令

$$\hat{\boldsymbol{B}} = \frac{2}{B_{\mathrm{M}} + B_{\mathrm{m}}}\boldsymbol{I}$$

由式(8.73),有

$$\| \boldsymbol{B}^{-1}\hat{\boldsymbol{B}} - \boldsymbol{I} \| \leqslant \frac{B_{\mathrm{M}} - B_{\mathrm{m}}}{B_{\mathrm{M}} + B_{\mathrm{m}}} = \alpha < 1 \tag{8.76}$$

若 $\hat{\boldsymbol{B}}$ 为惯性矩阵更为精确的估计值,满足不等式的 α 值可以任意小(极限情况下,$\hat{\boldsymbol{B}}=\boldsymbol{B}$,而$\alpha=0$)。 334

最后对于式(8.74)的假设,注意 $\tilde{\boldsymbol{n}}$ 为 $\boldsymbol{q}$ 和 $\dot{\boldsymbol{q}}$ 的函数。对旋转关节,可以得到 $\boldsymbol{q}$ 的周期关系,而移动关节可得线性关系。因为关节活动范围有限,所以以上分量也是有限的。另一方面,考虑其依赖于 $\dot{\boldsymbol{q}}$,虽然不稳定系统可能出现速度无界的情况,但实际电机的最大速度是存在饱和的。因此总的来说,式(8.74)的假设在实现上也是满足的。

对于式(8.65),现选择

$$\boldsymbol{y} = \ddot{\boldsymbol{q}}_{\mathrm{d}} + \boldsymbol{K}_{\mathrm{D}}\dot{\tilde{\boldsymbol{q}}} + \boldsymbol{K}_{\mathrm{P}}\tilde{\boldsymbol{q}} + \boldsymbol{w} \tag{8.77}$$

其中 PD 项保证了误差动态系统矩阵的稳定性,$\ddot{\boldsymbol{q}}$ 提供了前馈项,所选的 $\boldsymbol{w}$ 保证了对(8.66)中 $\boldsymbol{\eta}$ 描述的不确定量的鲁棒性。

利用式(8.77),并令 $\boldsymbol{K}=[\boldsymbol{K}_{\mathrm{P}}\quad \boldsymbol{K}_{\mathrm{D}}]$,下式成立:

$$\dot{\boldsymbol{\xi}} = \tilde{\boldsymbol{H}}\boldsymbol{\xi} + \boldsymbol{D}(\boldsymbol{\eta} - \boldsymbol{w}) \tag{8.78}$$

其中

$$\tilde{\boldsymbol{H}} = (\boldsymbol{H} - \boldsymbol{D}\boldsymbol{K}) = \begin{bmatrix} \boldsymbol{O} & \boldsymbol{I} \\ -\boldsymbol{K}_{\mathrm{P}} & -\boldsymbol{K}_{\mathrm{D}} \end{bmatrix}$$

为特征值都具有负实部的矩阵,$\boldsymbol{K}_{\mathrm{P}}$ 和 $\boldsymbol{K}_{\mathrm{D}}$ 正定,这使得可以规定期望的误差系统动态。实际上,选 $\boldsymbol{K}_{\mathrm{P}}=\mathrm{diag}\{\omega_{n1}^2, \cdots, \omega_{nn}^2\}$,$\boldsymbol{K}_{\mathrm{D}}=\mathrm{diag}\{2\zeta_1\omega_{n1}, \cdots, 2\zeta\omega_{nn}\}$,可得 n 个考虑线性部分的解耦方程。若不考虑不确定项,显然 $\boldsymbol{w}=\boldsymbol{0}$,可再次得到前面具有精确逆动力学控制器的解($\hat{\boldsymbol{B}}=\boldsymbol{B}$,$\hat{\boldsymbol{n}}=\boldsymbol{n}$)。

要确定 $\boldsymbol{w}$,将以下正定二次型作为李亚普诺夫待选函数:

$$V(\boldsymbol{\xi}) = \boldsymbol{\xi}^{\mathrm{T}}\boldsymbol{Q}\boldsymbol{\xi} > 0 \quad \forall\, \boldsymbol{\xi} \neq \boldsymbol{0} \tag{8.79}$$

其中 $\boldsymbol{Q}$ 为$(2n\times 2n)$的正定矩阵,$\boldsymbol{V}$ 沿着式(8.78)误差系统轨迹的导数为

$$\begin{aligned} \dot{V} &= \dot{\boldsymbol{\xi}}\boldsymbol{Q}\boldsymbol{\xi} + \boldsymbol{\xi}^{\mathrm{T}}\boldsymbol{Q}\dot{\boldsymbol{\xi}} \\ &= \boldsymbol{\xi}^{\mathrm{T}}(\tilde{\boldsymbol{H}}^{\mathrm{T}}\boldsymbol{Q} + \boldsymbol{Q}\boldsymbol{H})\boldsymbol{\xi} + 2\boldsymbol{\xi}^{\mathrm{T}}\boldsymbol{Q}\boldsymbol{D}(\boldsymbol{\eta} - \boldsymbol{w}) \end{aligned} \tag{8.80}$$

因为 $\tilde{H}$ 的特征值都具有负实部,众所周知对任意对称正定阵 $\boldsymbol{P}$,以下方程

$$\tilde{\boldsymbol{H}}^{\mathrm{T}}\boldsymbol{Q} + \boldsymbol{Q}\tilde{\boldsymbol{H}} = -\boldsymbol{P} \tag{8.81}$$

可得唯一解 $\boldsymbol{Q}$,$\boldsymbol{Q}$ 也是对称正定的。因此,式(8.80)变成

$$\dot{V} = -\boldsymbol{\xi}^{\mathrm{T}}\boldsymbol{P}\boldsymbol{\xi} + 2\boldsymbol{\xi}^{\mathrm{T}}\boldsymbol{Q}\boldsymbol{D}(\boldsymbol{\eta} - \boldsymbol{w}) \tag{8.82}$$ 335

式(8.82)右侧第一项负定,若 $\boldsymbol{\xi}\in \boldsymbol{N}(\boldsymbol{D}^{\mathrm{T}}\boldsymbol{Q})$,则解收敛。若相反地若 $\boldsymbol{\xi}\notin \boldsymbol{N}(\boldsymbol{D}^{\mathrm{T}}\boldsymbol{Q})$,则必须选择控制量 $\boldsymbol{w}$ 以使式(8.82)的第二项小于或等于零。设定 $\boldsymbol{z}=\boldsymbol{D}^{\mathrm{T}}\boldsymbol{Q}\boldsymbol{\xi}$,式(8.82)的第二项可写为 $\boldsymbol{z}^{\mathrm{T}}$

$(\boldsymbol{\eta}-\boldsymbol{w})$。采用控制律

$$\boldsymbol{w}=\frac{\rho}{\|\boldsymbol{z}\|}\boldsymbol{z} \quad \rho>0 \tag{8.83}$$

得[①]

$$\begin{aligned}\boldsymbol{z}^{\mathrm{T}}(\boldsymbol{\eta}-\boldsymbol{w}) &= \boldsymbol{z}^{\mathrm{T}}\boldsymbol{\eta}-\frac{\rho}{\|\boldsymbol{z}\|}\boldsymbol{z}^{\mathrm{T}}\boldsymbol{z} \\ &\leqslant \|\boldsymbol{z}\|\,\|\boldsymbol{\eta}\|-\rho\|\boldsymbol{z}\| \\ &= \|\boldsymbol{z}\|(\|\boldsymbol{\eta}\|-\rho)\end{aligned} \tag{8.84}$$

则若选 ρ 使得

$$\rho \geqslant \|\boldsymbol{\eta}\| \qquad \forall \boldsymbol{q},\ \dot{\boldsymbol{q}},\ \ddot{\boldsymbol{q}}_{\mathrm{d}} \tag{8.85}$$

控制式(8.83)可保证对所有误差系统轨迹，$\dot{V}$ 均小于零。

为满足式(8.85)，注意由于式(8.66)中 $\boldsymbol{\eta}$ 的定义与式(8.72)～式(8.74)的假设条件，以及 $\|\boldsymbol{w}\|=\rho$，有

336

$$\begin{aligned}\|\boldsymbol{\eta}\| &\leqslant \|\boldsymbol{I}-\boldsymbol{B}^{-1}\hat{\boldsymbol{B}}\|(\|\ddot{\boldsymbol{q}}_{\mathrm{d}}\|+\|\boldsymbol{K}\|\,\|\boldsymbol{\xi}\|+\|\boldsymbol{w}\|)+\|\boldsymbol{B}^{-1}\|\,\|\tilde{\boldsymbol{n}}\| \\ &\leqslant \alpha Q_{\mathrm{M}}+\alpha\|\boldsymbol{K}\|\,\|\boldsymbol{\xi}\|+\alpha\rho+B_{\mathrm{M}}\Phi\end{aligned} \tag{8.86}$$

因此，令

$$\rho \geqslant \frac{1}{1-\alpha}(\alpha Q_{\mathrm{M}}+\alpha\|\boldsymbol{K}\|\,\|\xi\|+B_{\mathrm{M}}\Phi) \tag{8.87}$$

得

$$\dot{V}=-\boldsymbol{\xi}^{\mathrm{T}}\boldsymbol{P}\boldsymbol{\xi}+2\boldsymbol{z}^{\mathrm{T}}\left(\boldsymbol{\eta}-\frac{\rho}{\|\boldsymbol{z}\|}\boldsymbol{z}\right)<0 \qquad \forall \boldsymbol{\xi}\neq 0 \tag{8.88}$$

所得方框图如图 8.23 所示。

总结如下，所描述的方法得到三种不同分量构成的控制律(control law)：

- $\hat{\boldsymbol{B}}\boldsymbol{y}+\hat{\boldsymbol{n}}$ 项保证了对非线性影响和关节耦合的近似补偿。
- $\ddot{\boldsymbol{q}}_{\mathrm{d}}+\boldsymbol{K}_{\mathrm{D}}\dot{\tilde{\boldsymbol{q}}}+\boldsymbol{K}_{\mathrm{P}}\tilde{\boldsymbol{q}}$ 项引入线性前馈作用($\ddot{\boldsymbol{q}}_{\mathrm{d}}+\boldsymbol{K}_{\mathrm{D}}\dot{\boldsymbol{q}}_{\mathrm{d}}+\boldsymbol{K}_{\mathrm{P}}\boldsymbol{q}_{\mathrm{d}}$)与线性反馈作用($-\boldsymbol{K}_{D}\dot{\boldsymbol{q}}-\boldsymbol{K}_{\mathrm{P}}\boldsymbol{q}$)，可实现误差系统动态稳定。
- $\boldsymbol{w}=(\rho/\|\boldsymbol{z}\|)\boldsymbol{z}$ 项表示在计算非线性项中消除不确定量 $\tilde{\boldsymbol{B}}$ 和 $\tilde{\boldsymbol{n}}$ 的鲁棒分量，这些非线性项与机械手状态有关。不确定量越大，正标量 ρ 的值越大。因为控制律可由 ρ 值与 $\boldsymbol{z}=\boldsymbol{D}^{\mathrm{T}}\boldsymbol{Q}\boldsymbol{\xi}$，$\forall\boldsymbol{\xi}$ 的单位向量相乘的向量进行描述，因此得到的控制律为单位向量类型。

在以上鲁棒控制下，所有所求的轨迹都将到达子空间 $\boldsymbol{z}=\boldsymbol{D}^{\mathrm{T}}\boldsymbol{Q}\boldsymbol{\xi}=\boldsymbol{0}$，该子空间取决于李亚普诺夫函数 $\boldsymbol{V}$ 中的矩阵 $\boldsymbol{Q}$。这一引人注目的子空间称为滑动子空间(sliding subspace)，在此子空间上控制量 $\boldsymbol{w}$ 以极高频率切换，所有误差分量都将趋向零，其动态过程则与矩阵 $\boldsymbol{Q}$，$\boldsymbol{K}_{\mathrm{P}}$，$\boldsymbol{K}_{\mathrm{D}}$ 有关。二维情况下误差轨迹的特点见图 8.24。注意 $\boldsymbol{\xi}(0)\neq\boldsymbol{0}$ 且 $\boldsymbol{\xi}(0)\notin\boldsymbol{N}(\boldsymbol{D}^{\mathrm{T}}\boldsymbol{Q})$ 的情况下，轨迹被引向滑动超平面(直线)$\boldsymbol{z}=\boldsymbol{0}$ 且趋向误差状态空间的原点，其时间变化由 ρ 决定。

实际上，控制器所使用元件的物理限制使得控制信号是以有限频率切换的，轨迹围绕滑动

① 注意要根据范数分解 $\boldsymbol{z}$ 以得到和 $\boldsymbol{z}$ 线性相关的项，该项包含控制量 $\boldsymbol{z}^{\mathrm{T}}\boldsymbol{w}$，对 $\boldsymbol{z}\to\boldsymbol{0}$ 可有效抵消包含非确定量 $\boldsymbol{z}^{\mathrm{T}}\boldsymbol{\eta}$ 的项(与 $\boldsymbol{z}$ 线性相关)。

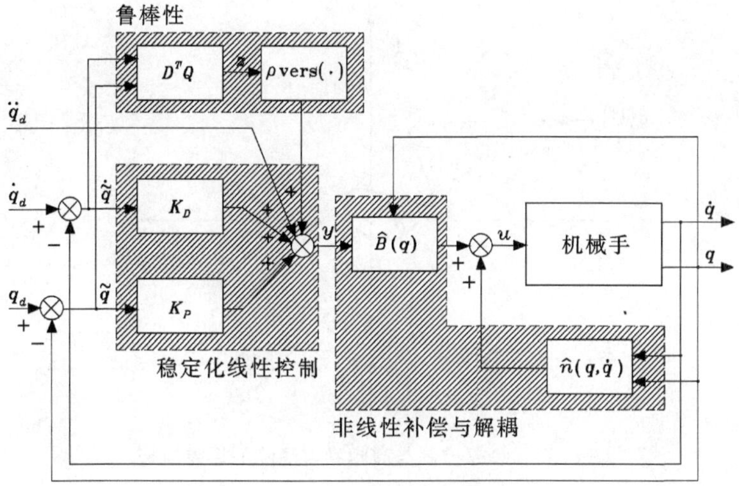

图 8.23　关节空间鲁棒控制方框图

子空间振荡，频率越高，振幅越小。

采用鲁棒控制律可以消除高频分量(震颤)，即使其不能保证误差总是收敛到零，但可以保证误差的范数有界。这种控制律的形式为

$$w=\begin{cases}\dfrac{\rho}{\|\boldsymbol{z}\|}\boldsymbol{z} & \text{per } \|\boldsymbol{z}\|\geqslant\varepsilon\\ \dfrac{\rho}{\varepsilon}\boldsymbol{z} & \text{per } \|\boldsymbol{z}\|<\varepsilon\end{cases} \tag{8.89}$$ 337

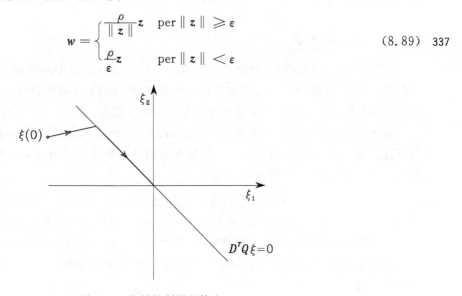

图 8.24　鲁棒控制误差轨迹

为直观解释该控制律，要注意当误差在矩阵 $\boldsymbol{D}^{\mathrm{T}}\boldsymbol{Q}$ 的零空间时，式(8.89)给出的控制输入为零。另一方面，当 $\boldsymbol{z}$ 趋向零向量时，式(8.83)的等价增益趋向无穷，从而产生有界幅值的控制输入。因为这些输入以无限频率切换，它们将迫使误差系统动态过程停留在滑动子空间。参考上面的例子，控制律式(8.89)使得超平面 $\boldsymbol{z}=\boldsymbol{0}$ 而不再具有吸引力，误差在边界层变化，边界厚度取决于ϵ(图 8.25)。

引入基于对生成误差适当线性合并计算的分量为非线性补偿控制方案增加了鲁棒性。事

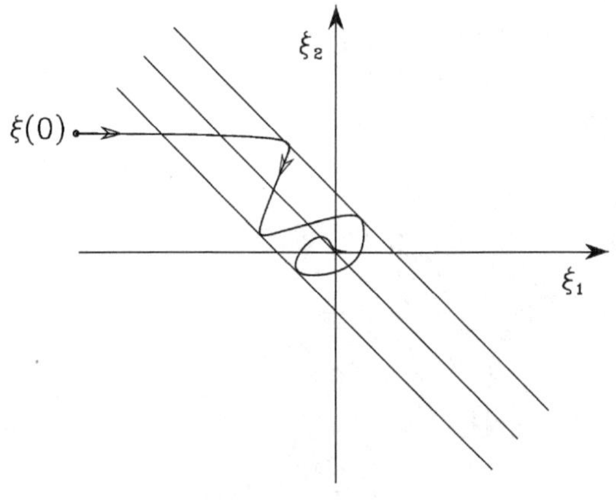

图 8.25　鲁棒控制与高频噪声滤除的误差轨迹

实上,即使机械手是准确建模的,从计算要求上也需要精确的非线性补偿,因而要求复杂精密的硬件体系,或者增加计算控制律的采样时间。从工程角度看,这种解决方案并不好,因为控制体系会使成本过高,而采样率下降会导致性能变差。因此,当考虑对不确定量具有精确估计的机械手动力学模型部分信息时,可以采用以上介绍的鲁棒控制方案。可以理解,应该找到不确定量的估计使机械结构可以承受施加的控制输入。

8.5.4 自适应控制

通常用于动力学逆解的计算模型与真实机械手动力学模型具有相同结构,但存在参数估计的不确定性。这种情况下,需要设计求解方法,使得动力学模型的计算模型具有在线适应性
338 (online adaptation),从而实现逆动力学类型的控制方案。

机械手动力学模型参数的线性性(linearity in the parameters)使得找到自适应控制律成为可能。实际上,总是可以如式(7.81)那样采用一组合适的常数动态参数用线性形式表示非线性运动方程。式(8.7)的方程可写为

$$\boldsymbol{B}(\boldsymbol{q})\ddot{\boldsymbol{q}} + \boldsymbol{C}(\boldsymbol{q}, \dot{\boldsymbol{q}})\dot{\boldsymbol{q}} + \boldsymbol{F}\dot{\boldsymbol{q}} + \boldsymbol{g}(\boldsymbol{q}) = \boldsymbol{Y}(\boldsymbol{q}, \dot{\boldsymbol{q}}, \ddot{\boldsymbol{q}})\boldsymbol{\pi} = \boldsymbol{u} \tag{8.90}$$

其中 $\boldsymbol{\pi}$ 为($p\times1$)的常参数向量,$\boldsymbol{Y}$ 为关节位置、速度与加速度函数构成的($n\times p$)矩阵,动态参数的线性性是推导自适应控制的基础,下面所演示的自适应技术是最简单的一种。

首先介绍可以通过合并计算转矩/动力学逆解推导出的控制方案。假设计算模型和动力学模型一致。

考虑控制律

$$\boldsymbol{u} = \boldsymbol{B}(\boldsymbol{q})\ddot{\boldsymbol{q}}_{\mathrm{r}} + \boldsymbol{C}(\boldsymbol{q}, \dot{\boldsymbol{q}})\dot{\boldsymbol{q}}_{\mathrm{r}} + \boldsymbol{F}\dot{\boldsymbol{q}}_{\mathrm{r}} + \boldsymbol{g}(\boldsymbol{q}) + \boldsymbol{K}_{\mathrm{D}}\boldsymbol{\sigma} \tag{8.91}$$

其中 $\boldsymbol{K}_{\mathrm{D}}$ 为正定矩阵。选择

$$\dot{\boldsymbol{q}}_{\mathrm{r}} = \dot{\boldsymbol{q}}_{\mathrm{d}} + \boldsymbol{\Lambda}\tilde{\boldsymbol{q}} \qquad \ddot{\boldsymbol{q}}_{\mathrm{r}} = \ddot{\boldsymbol{q}}_{\mathrm{d}} + \boldsymbol{\Lambda}\dot{\tilde{\boldsymbol{q}}} \tag{8.92}$$

其中 $\boldsymbol{\Lambda}$ 为正定(通常是对角阵)矩阵。上式使非线性补偿和耦合项可表示为期望速度与加速
339 度的函数,并由机械手的当前状态($\boldsymbol{q}$ 和 $\dot{\boldsymbol{q}}$)进行修正。实际上,$\dot{\boldsymbol{q}}_{\mathrm{r}}=\dot{\boldsymbol{q}}_{\mathrm{d}}+\boldsymbol{\Lambda}\tilde{\boldsymbol{q}}$ 项表示依赖于速度的分量的权重,其值建立在期望速度与位置跟踪误差两重基础之上。对加速度分量也有相似

的结论，该项除依赖于期望加速度量之外，还与速度跟踪误差有关。

若 $\boldsymbol{\sigma}$ 选取为下式，则 $\boldsymbol{K}_{\mathrm{D}}\boldsymbol{\sigma}$ 项与误差的 PD 等价：

$$\boldsymbol{\sigma} = \boldsymbol{q}_{\mathrm{r}} - \dot{\boldsymbol{q}} = \dot{\tilde{\boldsymbol{q}}} + \boldsymbol{\Lambda}\tilde{\boldsymbol{q}} \tag{8.93}$$

将式(8.91)代入式(8.90)，由式(8.93)得

$$\boldsymbol{B}(\boldsymbol{q})\dot{\boldsymbol{\sigma}} + \boldsymbol{C}(\boldsymbol{q}, \dot{\boldsymbol{q}})\boldsymbol{\sigma} + \boldsymbol{F}\boldsymbol{\sigma} + \boldsymbol{K}_{\mathrm{D}}\boldsymbol{\sigma} = \boldsymbol{0} \tag{8.94}$$

李亚普诺夫待选函数

$$V(\boldsymbol{\sigma}, \tilde{\boldsymbol{q}}) = \frac{1}{2}\boldsymbol{\sigma}^{\mathrm{T}}\boldsymbol{B}(\boldsymbol{q})\boldsymbol{\sigma} + \frac{1}{2}\tilde{\boldsymbol{q}}^{\mathrm{T}}\boldsymbol{M}\tilde{\boldsymbol{q}} > 0 \quad \forall \boldsymbol{\sigma}, \tilde{\boldsymbol{q}} \neq \boldsymbol{0} \tag{8.95}$$

其中 $\boldsymbol{M}$ 为 $(n\times n)$ 对称正定矩阵，要得到整个系统状态的李亚普诺夫函数必须引入式(8.95)的第二项，当 $\tilde{\boldsymbol{q}}=\boldsymbol{0}$，$\dot{\tilde{\boldsymbol{q}}}=\boldsymbol{0}$ 时该项为零。V 沿系统式(8.94)轨迹的时间导数为

$$\begin{aligned}\dot{V} &= \boldsymbol{\sigma}^{\mathrm{T}}\boldsymbol{B}(\boldsymbol{q})\dot{\boldsymbol{\sigma}} + \frac{1}{2}\boldsymbol{\sigma}^{\mathrm{T}}\dot{\boldsymbol{B}}(\boldsymbol{q})\boldsymbol{\sigma} + \tilde{\boldsymbol{q}}^{\mathrm{T}}\boldsymbol{M}\dot{\tilde{\boldsymbol{q}}} \\ &= -\boldsymbol{\sigma}^{\mathrm{T}}(\boldsymbol{F} + \boldsymbol{K}_{\mathrm{D}})\boldsymbol{\sigma} + \tilde{\boldsymbol{q}}^{\mathrm{T}}\boldsymbol{M}\dot{\tilde{\boldsymbol{q}}}\end{aligned} \tag{8.96}$$

其中利用了矩阵 $\boldsymbol{N}=\dot{\boldsymbol{B}}-2\boldsymbol{C}$ 的反对称性。由式(8.93)中 $\boldsymbol{\sigma}$ 的表达式，以及对角阵 $\boldsymbol{\Lambda}$ 和 $\boldsymbol{K}_{\mathrm{D}}$，可以方便地选择 $\boldsymbol{M}=2\boldsymbol{\Lambda}\boldsymbol{K}_{\mathrm{D}}$，从而

$$\dot{V} = -\boldsymbol{\sigma}^{\mathrm{T}}\boldsymbol{F}\boldsymbol{\sigma} - \dot{\tilde{\boldsymbol{q}}}^{\mathrm{T}}\boldsymbol{K}_{\mathrm{D}}\dot{\tilde{\boldsymbol{q}}} - \tilde{\boldsymbol{q}}^{\mathrm{T}}\boldsymbol{\Lambda}\boldsymbol{K}_{\mathrm{D}}\boldsymbol{\Lambda}\tilde{\boldsymbol{q}} \tag{8.97}$$

该表达式表明时间导数为负定，因为只有 $\tilde{\boldsymbol{q}}\equiv\boldsymbol{0}$ 及 $\dot{\tilde{\boldsymbol{q}}}\equiv\boldsymbol{0}$ 时，该式为零。由此可得状态空间 $[\tilde{\boldsymbol{q}}^{\mathrm{T}} \quad \boldsymbol{\sigma}^{\mathrm{T}}]^{\mathrm{T}}=\boldsymbol{0}$ 的原点是全局渐进稳定的。注意和鲁棒控制情况不同，误差轨迹不需要高频控制就会趋向子空间 $\boldsymbol{\sigma}=\boldsymbol{0}$。

以这种明显的结果为基础，可以根据参数向量 $\boldsymbol{\pi}$ 自适应建立控制律。

假设计算模型与机械手动力学模型结构相同，但参数并不确切已知，式(8.91)的控制律可修正为

$$\begin{aligned}\boldsymbol{u} &= \hat{\boldsymbol{B}}(\boldsymbol{q})\ddot{\boldsymbol{q}}_{\mathrm{r}} + \hat{\boldsymbol{C}}(\boldsymbol{q}, \dot{\boldsymbol{q}})\dot{\boldsymbol{q}}_{\mathrm{r}} + \hat{\boldsymbol{F}}\dot{\boldsymbol{q}}_{\mathrm{r}} + \hat{\boldsymbol{g}} + \boldsymbol{K}_{\mathrm{D}}\boldsymbol{\sigma} \\ &= \boldsymbol{Y}(\boldsymbol{q}, \dot{\boldsymbol{q}}, \dot{\boldsymbol{q}}_{\mathrm{r}}, \ddot{\boldsymbol{q}}_{\mathrm{r}})\hat{\boldsymbol{\pi}} + \boldsymbol{K}_{\mathrm{D}}\boldsymbol{\sigma}\end{aligned} \tag{8.98}$$ 340

其中 $\hat{\boldsymbol{\pi}}$ 表示对参数的可用估计，相应地 $\hat{\boldsymbol{B}}$，$\hat{\boldsymbol{C}}$，$\hat{\boldsymbol{F}}$，$\hat{\boldsymbol{g}}$ 表示了动力学模型中的被估计项。将控制律式(8.98)代入式(8.90)中得

$$\begin{aligned}\boldsymbol{B}(\boldsymbol{q})\dot{\boldsymbol{\sigma}} + \boldsymbol{C}(\boldsymbol{q}, \dot{\boldsymbol{q}})\boldsymbol{\sigma} + \boldsymbol{F}\boldsymbol{\sigma} + \boldsymbol{K}_{\mathrm{D}}\boldsymbol{\sigma} &= -\tilde{\boldsymbol{B}}(\boldsymbol{q})\ddot{\boldsymbol{q}}_{\mathrm{r}} - \tilde{\boldsymbol{C}}(\boldsymbol{q}, \dot{\boldsymbol{q}})\dot{\boldsymbol{q}}_{\mathrm{r}} - \tilde{\boldsymbol{F}}\dot{\boldsymbol{q}}_{\mathrm{r}} - \tilde{\boldsymbol{g}}(\boldsymbol{q}) \\ &= -\boldsymbol{Y}(\boldsymbol{q}, \dot{\boldsymbol{q}}, \dot{\boldsymbol{q}}_{\mathrm{r}}, \ddot{\boldsymbol{q}}_{\mathrm{r}})\tilde{\boldsymbol{\pi}}\end{aligned} \tag{8.99}$$

其中方便地利用了误差参数向量

$$\tilde{\boldsymbol{\pi}} = \hat{\boldsymbol{\pi}} - \boldsymbol{\pi} \tag{8.100}$$

的线性性。根据式(8.63)，建模误差可表示为

$$\tilde{\boldsymbol{B}} = \hat{\boldsymbol{B}} - \boldsymbol{B} \quad \tilde{\boldsymbol{C}} = \hat{\boldsymbol{C}} - \boldsymbol{C} \quad \tilde{\boldsymbol{F}} = \hat{\boldsymbol{F}} - \boldsymbol{F} \quad \tilde{\boldsymbol{g}} = \hat{\boldsymbol{g}} - \boldsymbol{g} \tag{8.101}$$

需要注意，根据位置式(8.92)，矩阵 $\boldsymbol{Y}$ 并不依赖于关节加速度的实际值，而是依赖于关节加速度的期望值，因此避免了加速度直接测量带来的问题。

根据这一点，将式(8.95)的李亚普诺夫待选函数修改为以下形式：

$$V(\boldsymbol{\sigma},\tilde{\boldsymbol{q}},\tilde{\boldsymbol{\pi}})=\frac{1}{2}\boldsymbol{\sigma}^{\mathrm{T}}\boldsymbol{B}(\boldsymbol{q})\boldsymbol{\sigma}+\tilde{\boldsymbol{q}}^{\mathrm{T}}\boldsymbol{\Lambda}\boldsymbol{K}_{\mathrm{D}}\tilde{\boldsymbol{q}}+\frac{1}{2}\tilde{\boldsymbol{\pi}}^{\mathrm{T}}\boldsymbol{K}_{\pi}\tilde{\boldsymbol{\pi}}>0\quad\forall\boldsymbol{\sigma},\tilde{\boldsymbol{q}},\tilde{\boldsymbol{\pi}}\neq\boldsymbol{0}\tag{8.102}$$

其特点是表示式(8.100)参数误差组附加项，且 $\boldsymbol{K}_{\pi}$ 对称正定。V 沿式(8.99)系统轨迹的时间导数为

$$\dot{V}=-\boldsymbol{\sigma}^{\mathrm{T}}\boldsymbol{F}\boldsymbol{\sigma}-\dot{\tilde{\boldsymbol{q}}}^{\mathrm{T}}\boldsymbol{K}_{\mathrm{D}}\dot{\tilde{\boldsymbol{q}}}-\tilde{\boldsymbol{q}}^{\mathrm{T}}\boldsymbol{\Lambda}\boldsymbol{K}_{\mathrm{D}}\boldsymbol{\Lambda}\tilde{\boldsymbol{q}}+\tilde{\boldsymbol{\pi}}^{\mathrm{T}}(\boldsymbol{K}_{\pi}\dot{\tilde{\boldsymbol{\pi}}}-\boldsymbol{Y}^{\mathrm{T}}(\boldsymbol{q},\dot{\boldsymbol{q}},\dot{\boldsymbol{q}}_{\mathrm{r}},\ddot{\boldsymbol{q}}_{\mathrm{r}})\boldsymbol{\sigma})\tag{8.103}$$

若根据如下自适应规则对参数向量估计进行更新：

$$\dot{\hat{\boldsymbol{\pi}}}=\boldsymbol{K}_{\pi}^{-1}\boldsymbol{Y}^{\mathrm{T}}(\boldsymbol{q},\dot{\boldsymbol{q}},\dot{\boldsymbol{q}}_{\mathrm{r}},\ddot{\boldsymbol{q}}_{\mathrm{r}})\boldsymbol{\sigma}\tag{8.104}$$

因为 $\dot{\hat{\boldsymbol{q}}}=\dot{\tilde{\boldsymbol{q}}}-\boldsymbol{\pi}$ 为常数，故式(8.103)的变为

$$\dot{V}=-\boldsymbol{\sigma}^{\mathrm{T}}\boldsymbol{F}\boldsymbol{\sigma}-\dot{\boldsymbol{q}}^{\mathrm{T}}\boldsymbol{K}_{\mathrm{D}}\dot{\tilde{\boldsymbol{q}}}-\tilde{\boldsymbol{q}}^{\mathrm{T}}\boldsymbol{\Lambda}\boldsymbol{K}_{\mathrm{D}}\boldsymbol{\Lambda}\tilde{\boldsymbol{q}}$$

与以上讨论相似，不难得到由如下模型描述的机械手轨迹

$$\boldsymbol{B}(\boldsymbol{q})\ddot{\boldsymbol{q}}+\boldsymbol{C}(\boldsymbol{q},\dot{\boldsymbol{q}})\dot{\boldsymbol{q}}+\boldsymbol{F}\dot{\boldsymbol{q}}+\boldsymbol{g}(\boldsymbol{q})=\boldsymbol{u}$$

341 若控制律为

$$\boldsymbol{u}=\boldsymbol{Y}(\boldsymbol{q},\dot{\boldsymbol{q}},\dot{\boldsymbol{q}}_{\mathrm{r}},\ddot{\boldsymbol{q}}_{\mathrm{r}})\hat{\boldsymbol{\pi}}+\boldsymbol{K}_{\mathrm{D}}(\dot{\tilde{\boldsymbol{q}}}+\boldsymbol{\Lambda}\tilde{\boldsymbol{q}})$$

参数自适应律为

$$\dot{\hat{\boldsymbol{\pi}}}=\boldsymbol{K}_{\pi}^{-1}\boldsymbol{Y}^{\mathrm{T}}(\boldsymbol{q},\dot{\boldsymbol{q}},\dot{\boldsymbol{q}}_{\mathrm{r}},\ddot{\boldsymbol{q}}_{\mathrm{r}})(\dot{\tilde{\boldsymbol{q}}}+\boldsymbol{\Lambda}\tilde{\boldsymbol{q}})$$

机械手轨迹将全局渐进收敛于 $\boldsymbol{\sigma}=\boldsymbol{0}$ 且 $\tilde{\boldsymbol{q}}=\boldsymbol{0}$，这意味着 $\tilde{\boldsymbol{q}}$，$\dot{\tilde{\boldsymbol{q}}}$ 收敛于零，且 $\hat{\boldsymbol{\pi}}$ 有界。式(8.99)表示渐近性：

$$\boldsymbol{Y}(\boldsymbol{q},\dot{\boldsymbol{q}},\dot{\boldsymbol{q}}_{\mathrm{r}},\ddot{\boldsymbol{q}}_{\mathrm{r}})(\hat{\boldsymbol{\pi}}-\boldsymbol{\pi})=\boldsymbol{0}\tag{8.105}$$

该式并不表示 $\hat{\boldsymbol{\pi}}$ 将趋向 $\boldsymbol{\pi}$，实际上，参数能否收敛于其真值取决于矩阵 $\boldsymbol{Y}(\boldsymbol{q},\dot{\boldsymbol{q}},\dot{\boldsymbol{q}}_{\mathrm{r}},\ddot{\boldsymbol{q}}_{\mathrm{r}})$ 的结构以及期望轨迹与实际轨迹。虽然如此，但下面方法的目标是直接自适应问题的求解，即寻找保证有限跟踪误差的控制律，而不再确定系统的真实参数(与间接自适应问题相同)。得到的方框图如图 8.26 所示。

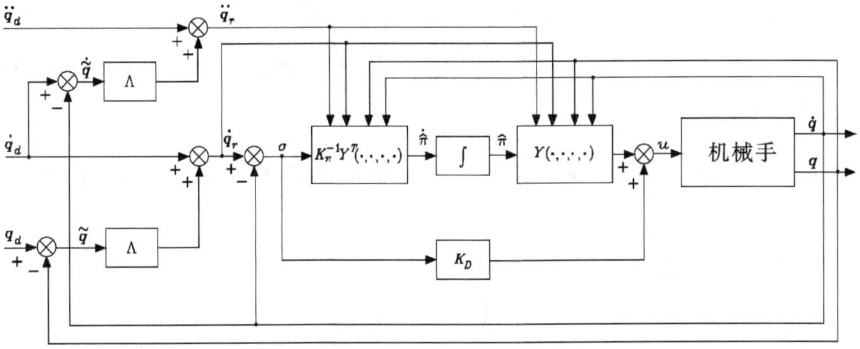

图 8.26　关节空间自适应控制方框图

以上控制律由三个不同部分构成总结如下：

- $\boldsymbol{Y}\hat{\boldsymbol{\pi}}$ 项描述了逆动力学类型的控制作用，它保证了对非线性影响和关节耦合的近似

补偿。

- $\boldsymbol{K}_{\mathrm{D}}\boldsymbol{\sigma}$ 项引入了对跟踪误差的 PD 型稳定化线性控制作用。

- 参数估计向量 $\hat{\boldsymbol{\pi}}$ 由梯度类型自适应规则更新，以保证机械手动力学模型中各项的渐进补偿；矩阵 $\boldsymbol{K}_{\pi}$ 决定了参量收敛到其渐近值的速度。

注意由于 $\boldsymbol{\sigma}\approx\mathbf{0}$，控制律(8.98)式等价于在期望速度与期望加速度基础上对计算转矩的纯 342
逆动力学补偿，这一点以 $\boldsymbol{Y}\hat{\boldsymbol{\pi}}\approx\boldsymbol{Y}\boldsymbol{\pi}$ 为前提。

参数自适应控制律要求完全计算模型具有有效性，而且没有任何减小针对外部干扰影响的作用。因此只要存在未建模因素，例如使用简化计算模型或出现外部干扰，其性能就会下降。这两种情况下，输出变量的影响都是由于控制器与参数估计之间不匹配造成的。其结果是，控制律试图通过对那些原本不会引起变化的量产生作用，以抵消这些影响。

另一方面，尽管鲁棒控制技术对未建模动力学关系很敏感，但还是对外部干扰提供了固有的抑制作用，抑制作用由高频切换控制作用产生，这种控制作用将误差轨迹约束在滑动子空间内。对机械结构而言，这种输入可能是无法接受的。而采用自适应控制技术时，由于其作用固有的平滑时间特性，这种麻烦一般而言不会出现。

8.6　操作空间控制

在以上所有控制方案中，总是假设可以得到以关节位置、速度和加速度的时间序列表示的期望轨迹，从而控制方案的误差可以在关节空间中表达。

就像经常所指出的那样，通常运动是在操作空间指定，然后使用运动学逆解算法将操作空间参量转换为相应的关节空间参量。除了正运动学的逆解外，还需要一阶和二阶微分运动学逆解将期望的末端执行器位置、速度和加速度的时程转换为相应关节级的量，因此运动学逆解过程增加了计算负担。由于这个原因，当前工业机器人控制系统通过运动学逆解计算关节位置，然后用数值微分计算速度和加速度。

在关节空间直接完成的控制方案是与之不同的方式。若运动由操作空间变量的形式描述，被测关节空间变量可根据正运动学关系转换为对应的操作空间变量。比较期望输入与重
构变量，可完成反馈回路设计，其中轨迹的逆解由反馈回路中合适的坐标转换代替。 343

由于需要完成许多反馈回路的计算(某种程度上代表了运动学逆解函数)，所有的操作空间控制方案都会带来相当大的计算需求。相对数值实现而言，计算需求的负担主要来自采样时间，这可能引起整个控制系统性能的下降。

面对以上问题，有必要介绍操作控制方案，这种方案在考虑机械手与环境之间控制交互的情况下很有必要采用。实际上，关节空间控制方案仅能满足自由空间的运动控制。当机械手的末端执行器受到环境约束，例如末端执行器与弹性环境接触时，必须对位置与接触力都进行控制，这时操作空间控制方案较为方便。因此以下将介绍一些解决方法，这些方法虽然是用于运动控制的，但给出了力/位置控制策略的前提，关于力/位置控制策略下一章将具体讲述。

8.6.1　总体方案

如上所述，操作空间控制方案是以指定操作空间轨迹的输入值与相应机械手输出的测量

值之间的直接比较为基础的。故控制系统可以合并一些从操作空间（在此空间中定义误差）到关节空间（在此空间中生成控制广义力）的变换作用。

可以采用的控制方案被称作逆雅可比矩阵控制（Jacobian inverse control）（见图 8.27）。该方案中，对末端执行器在操作空间中的姿态 $\boldsymbol{x}_e$ 和相应的期望值 $\boldsymbol{x}_d$ 进行比较，从而计算出操作空间偏差 $\Delta\boldsymbol{x}$。假设该偏差对优良的控制系统而言足够小，$\Delta\boldsymbol{x}$ 可通过机械手逆雅可比矩阵矩阵转换为相应的关节空间偏差 $\Delta\boldsymbol{q}$。这样在偏差量的基础上，通过适当的反馈增益矩阵可以计算产生控制输入的广义力。其结果可使 $\Delta\boldsymbol{q}$ 及相应的 $\Delta\boldsymbol{x}$ 减小。换句话说，逆雅可比矩阵控
344 制使整个系统直观表现为一个在关节空间中有 n 个广义弹簧单元的机械系统，其常值刚度由反馈增益矩阵确定。这些系统的作用是使偏差趋于零。如果增益矩阵是对角形式的，广义弹簧单元相当于 n 个独立的弹性元件，分别对应每一关节。

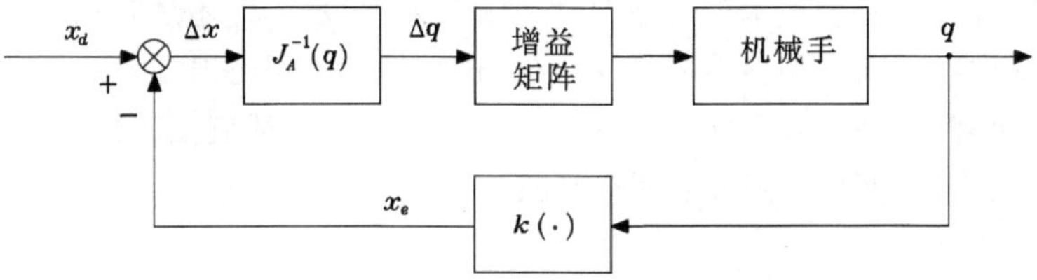

图 8.27 逆雅可比矩阵控制方框图

在概念上可类比的方案是所谓的转置雅可比矩阵控制（Jacobian transpose control）（见图 8.28）。这种情况下，操作空间误差首先用增益矩阵处理，方框的输出可视为广义弹簧单元产生的弹性力，弹性力在操作空间中的功能是减小或消除位置偏差 $\Delta\boldsymbol{x}$。换句话说，所得的力驱动末端执行器沿着减小 $\Delta\boldsymbol{x}$ 的方向运动。该操作空间的力可通过雅可比矩阵转置矩阵变换为关节空间的广义力，以实现需要的响应。

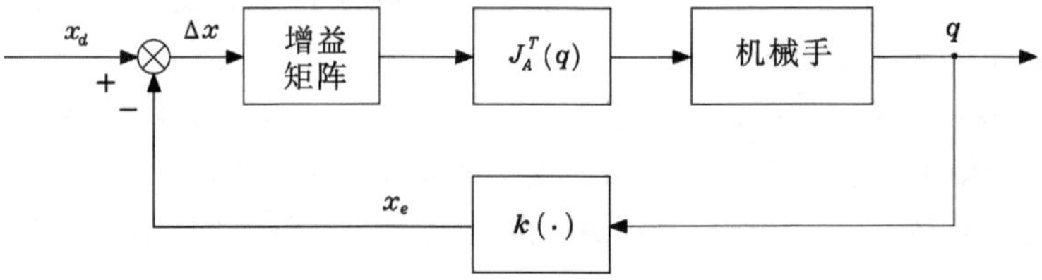

图 8.28 转置雅可比矩阵控制方框图

逆雅可比矩阵控制与转置雅可比矩阵控制方案都由直观的方式导出，因此，这些方案并不保证对系统稳定性和轨迹跟踪精度有效。以下介绍两种与以上方案等价的数学求解方法，可以解决这些问题。

8.6.2 重力补偿 *PD* 控制

与关节空间稳定性分析类似，给定末端执行器常值姿态 $\boldsymbol{x}_d$，期望找到控制结构以使如下的操作空间误差渐进趋近于零

$$\widetilde{\boldsymbol{x}} = \boldsymbol{x}_d - \boldsymbol{x}_e \tag{8.106}$$

选择以下正定二次型作为李亚普诺夫待选函数

$$V(\dot{\boldsymbol{q}},\tilde{\boldsymbol{x}})=\frac{1}{2}\dot{\boldsymbol{q}}^{\mathrm{T}}\boldsymbol{B}(\boldsymbol{q})\dot{\boldsymbol{q}}+\frac{1}{2}\tilde{\boldsymbol{x}}^{\mathrm{T}}\boldsymbol{K}_{\mathrm{P}}\tilde{\boldsymbol{x}}>0\quad\forall\dot{\boldsymbol{q}},\tilde{\boldsymbol{x}}\neq\boldsymbol{0}\tag{8.107}$$

其中 $\boldsymbol{K}_{\mathrm{P}}$ 为对称正定阵。式(8.107)对时间求导得

$$\dot{V}=\dot{\boldsymbol{q}}^{\mathrm{T}}\boldsymbol{B}(\boldsymbol{q})\ddot{\boldsymbol{q}}+\frac{1}{2}\dot{\boldsymbol{q}}^{\mathrm{T}}\dot{\boldsymbol{B}}(\boldsymbol{q})\dot{\boldsymbol{q}}+\dot{\tilde{\boldsymbol{x}}}^{\mathrm{T}}\boldsymbol{K}_{\mathrm{P}}\tilde{\boldsymbol{x}}$$ 345

因为 $\dot{\boldsymbol{x}}_{\mathrm{d}}=\boldsymbol{0}$，根据式(3.62)有

$$\dot{\tilde{\boldsymbol{x}}}=-\boldsymbol{J}_{\mathrm{A}}(\boldsymbol{q})\dot{\boldsymbol{q}}$$

及

$$\dot{V}=\dot{\boldsymbol{q}}^{\mathrm{T}}\boldsymbol{B}(\boldsymbol{q})\ddot{\boldsymbol{q}}+\frac{1}{2}\dot{\boldsymbol{q}}^{\mathrm{T}}\dot{\boldsymbol{B}}(\boldsymbol{q})\dot{\boldsymbol{q}}-\dot{\boldsymbol{q}}^{\mathrm{T}}\boldsymbol{J}_{\mathrm{A}}^{\mathrm{T}}(\boldsymbol{q})\boldsymbol{K}_{\mathrm{P}}\tilde{\boldsymbol{x}}\tag{8.108}$$

回顾式(8.7)中关节空间机械手动力学模型的表达式及式(7.49)的性质，式(8.108)的表达式成为

$$\dot{V}=-\dot{\boldsymbol{q}}^{\mathrm{T}}\boldsymbol{F}\dot{\boldsymbol{q}}+\dot{\boldsymbol{q}}^{\mathrm{T}}(\boldsymbol{u}-\boldsymbol{g}(\boldsymbol{q})-\boldsymbol{J}_{\mathrm{A}}^{\mathrm{T}}(\boldsymbol{q})\boldsymbol{K}_{\mathrm{P}}\tilde{\boldsymbol{x}})\tag{8.109}$$

该方程提出了控制器的结构。实际上，选择控制律

$$\boldsymbol{u}=\boldsymbol{g}(\boldsymbol{q})+\boldsymbol{J}_{\mathrm{A}}^{\mathrm{T}}(\boldsymbol{q})\boldsymbol{K}_{\mathrm{P}}\tilde{\boldsymbol{x}}-\boldsymbol{J}_{\mathrm{A}}^{\mathrm{T}}(\boldsymbol{q})\boldsymbol{K}_{\mathrm{D}}\boldsymbol{J}_{\mathrm{A}}(\boldsymbol{q})\dot{\boldsymbol{q}}\tag{8.110}$$

其中 $\boldsymbol{K}_{\mathrm{D}}$ 正定，式(8.109)成为

$$\dot{V}=-\dot{\boldsymbol{q}}^{\mathrm{T}}\boldsymbol{F}\dot{\boldsymbol{q}}-\dot{\boldsymbol{q}}^{\mathrm{T}}\boldsymbol{J}_{\mathrm{A}}^{\mathrm{T}}(\boldsymbol{q})\boldsymbol{K}_{\mathrm{D}}\boldsymbol{J}_{\mathrm{A}}(\boldsymbol{q})\dot{\boldsymbol{q}}\tag{8.111}$$

从图 8.29 可以看出，得到的框图与图 8.28 方案类似。式(8.110)的控制律实现了关节空间的重力非线性补偿及操作空间的线性 PD 控制。引入的最后一项可提高系统阻尼，特别是，若 $\dot{\boldsymbol{x}}$ 的测量值是从 $\dot{\boldsymbol{q}}$ 推出的，可将其简单地选为 $-\boldsymbol{K}_{\mathrm{D}}\dot{\boldsymbol{q}}$。

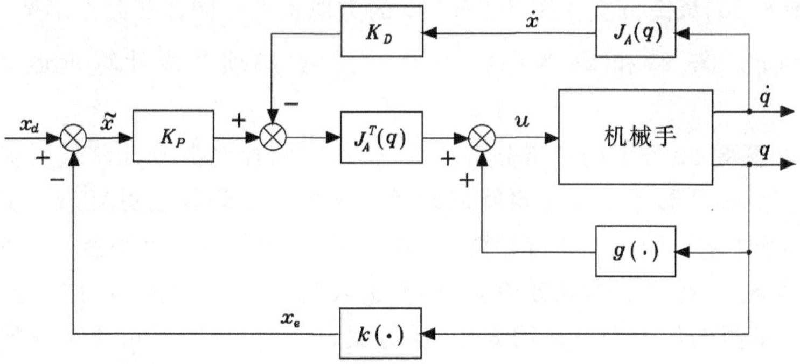

图 8.29　重力补偿的操作空间 PD 控制方框图

式(8.111)表明，对任意系统轨迹，只要 $\dot{\boldsymbol{q}}\neq\boldsymbol{0}$，李亚普诺夫函数都会减小，则系统可到达平衡姿态(equilivrium posture)。经过与关节空间相似的稳定性讨论(见式(8.52)～式(8.54))，该平衡姿态由下式确定

$$\boldsymbol{J}_{\mathrm{A}}^{\mathrm{T}}(\boldsymbol{q})\boldsymbol{K}_{\mathrm{P}}\tilde{\boldsymbol{x}}=\boldsymbol{0}\tag{8.112}$$ 346

由式(8.112)可认识到，在雅可比矩阵矩阵满秩的假设条件下，有

$$\tilde{\boldsymbol{x}}=\boldsymbol{x}_{\mathrm{d}}-\boldsymbol{x}_{\mathrm{e}}=\boldsymbol{0}$$

这就是所寻求的结果。

若 $\boldsymbol{x}_e$ 与 $\dot{\boldsymbol{x}}_e$ 的测量值是直接在操作空间得到的，图 8.45(应为图 8.29，原文应有误——译者注)方案中的 $\boldsymbol{k}(\boldsymbol{q})$ 和 $\boldsymbol{J}_A(\boldsymbol{q})$ 恰好是正运动学方程的表示，不过这就必须测量 $\boldsymbol{q}$ 以在线更新 $\boldsymbol{J}_A^T(\boldsymbol{q})$ 和 $\boldsymbol{g}(\boldsymbol{q})$ 。若操作空间的值是间接测量的，控制器也要计算前向运动学方程。

8.6.3 逆动力学控制

现在考虑操作空间轨迹跟踪问题。回顾式(8.55)中机械手动力学模型的形式

$$\boldsymbol{B}(\boldsymbol{q})\ddot{\boldsymbol{q}} + \boldsymbol{n}(\boldsymbol{q}, \dot{\boldsymbol{q}}) = \boldsymbol{u}$$

其中 n 由式(8.56)给出。和式(8.57)相同，选择逆动力学线性控制

$$\boldsymbol{u} = \boldsymbol{B}(\boldsymbol{q})\boldsymbol{y} + \boldsymbol{n}(\boldsymbol{q}, \dot{\boldsymbol{q}})$$

使得系统表示为双积分器形式

$$\ddot{\boldsymbol{q}} = \boldsymbol{y} \tag{8.113}$$

设计新的控制输入 $\boldsymbol{y}$ 以跟踪由 $\boldsymbol{x}_d(t)$ 表示的轨迹。为此目的，考虑式(3.98)中的二阶微分方程

347 $$\ddot{\boldsymbol{x}}_e = \boldsymbol{J}_A(\boldsymbol{q})\ddot{\boldsymbol{q}} + \dot{\boldsymbol{J}}_A(\boldsymbol{q}, \dot{\boldsymbol{q}})\dot{\boldsymbol{q}}$$

对非冗余的机械手，选择与式(3.102)形式类同的控制律

$$\boldsymbol{y} = \boldsymbol{J}_A^{-1}(\boldsymbol{q})(\ddot{\boldsymbol{x}}_d + \boldsymbol{K}_D\dot{\tilde{\boldsymbol{x}}} + \boldsymbol{K}_P\tilde{\boldsymbol{x}} - \dot{\boldsymbol{J}}_A(\boldsymbol{q}, \dot{\boldsymbol{q}})\dot{\boldsymbol{q}}) \tag{8.114}$$

其中 $\boldsymbol{K}_P$ 和 $\boldsymbol{K}_D$ 为正定(对角)矩阵。实际上，将式(8.114)代入式(8.113)得

$$\ddot{\tilde{\boldsymbol{x}}} + \boldsymbol{K}_D\dot{\tilde{\boldsymbol{x}}} + \boldsymbol{K}_P\tilde{\boldsymbol{x}} = \boldsymbol{0} \tag{8.115}$$

该式表示了操作空间误差的动态变化，其中 $\boldsymbol{K}_P$ 和 $\boldsymbol{K}_D$ 决定误差收敛到零的速度。所求逆动力学控制方案如图 8.30，该图证实了图 8.27 方案的类似预期。同样在此情形下，除了 $\boldsymbol{x}_e$ 和 $\dot{\boldsymbol{x}}_e$，还需要测量 $\boldsymbol{q}$ 和 $\dot{\boldsymbol{q}}$。若 $\boldsymbol{x}_e$ 和 $\dot{\boldsymbol{x}}_e$ 为间接测量，控制器必须在线计算正运动学方程 $\boldsymbol{k}(\boldsymbol{q})$ 和 $\boldsymbol{J}_A(\boldsymbol{q})$。

对图 8.29 和图 8.30 方案的严格分析表明，操作空间控制器设计总是要求计算机械手雅可比矩阵矩阵。结果，机械手的操作空间控制通常比关节空间控制更复杂。实际上，奇异和/或冗余的存在都会影响到雅可比矩阵矩阵，一定程度上，操作空间控制器很难处理这些影响因素。举例来说，若图 8.29 的方案出现奇异，误差进入到雅可比矩阵矩阵的零空间，机械手会卡死在与期望位形不同的位形上。对图 8.30 的方案，由于要计算雅可比矩阵的渐消最小二乘(DLS)逆矩阵，所以这个问题更严重。再看冗余机械手问题，关节空间控制方案对此情形倒很容易，因为冗余已经由逆运动学解决；但相反的是，操作空间控制方案需要在反馈回路中加入冗余处理技术。

最后说明，以上操作空间控制方案是根据欧拉角形式的最简方向描述进行推导的。可以理解，与 3.7.3 节所介绍的逆运动学算法相似，还可以采用方向误差的不同定义，例如基于角和轴或单位四元数。使用几何雅可比矩阵矩阵比使用分析雅可比矩阵矩阵更具有优势。但其代价是，闭环系统的稳定性和收敛特性分析会变得复杂，甚至逆动力学控制方案无法导出齐次
348 误差方程，需要使用李亚普诺夫函数来确定稳定性。

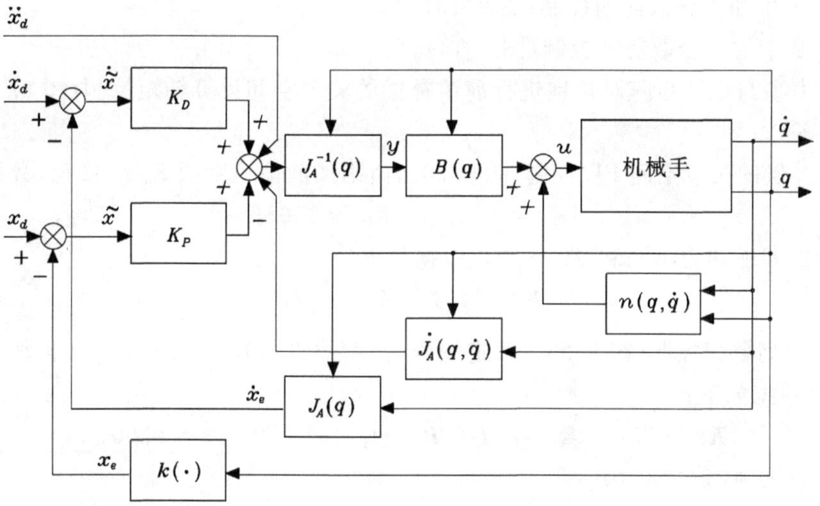

图 8.30 操作空间逆动力学控制方框图

8.7 不同控制方案的比较

为了对以上介绍的不同控制方案进行比较，以例 7.2 中的两连杆平面臂及相同的数据来分析。

$$a_1 = a_2 = 1\ \text{m} \quad l_1 = l_2 = 0.5\ \text{m} \quad m_{l_1} = m_{l_2} = 50\ \text{kg} \quad I_{l_1} = I_{l_2} = 10\ \text{kg} \cdot \text{m}^2$$

$$k_{r1} = k_{r2} = 100 \quad m_{m1} = m_{m2} = 5\ \text{kg} \quad I_{m1} = I_{m2} = 0.01\ \text{kg} \cdot \text{m}^2$$

假设臂由两个相同的执行器驱动，相关数据如下：

$$F_{m1} = F_{m2} = 0.01\ (\text{N} \cdot \text{m} \cdot \text{s})/\text{rad} \quad R_{a1} = R_{a2} = 10\ \Omega$$

$$k_{t1} = k_{t2} = 2\ (\text{N} \cdot \text{m})/\text{A} \quad k_{v1} = k_{v2} = 2\ (\text{V} \cdot \text{s})/\text{rad}$$

可验证对于 $i=1,\ 2$，总有 $F_{mi} \ll k_{vi}k_{ti}/R_{ai}$。

期望指端轨迹为典型的梯形速度曲线，可以预料到会引起转矩的急剧变化。与例 7.2 相同，指端路径是沿着水平轴运动 1.6 m。在第一种情况下(快速轨迹)，加速时间为 0.6 s，最大速度为 1 m/s。第二种情况下(慢速轨迹)，加速时间为 0.6 s，最大速度为 0.25 m/s。在计算机上对被控臂运动进行仿真，控制器采用离散时间实现，采样时间为 1 ms。

下面分别使用关节空间控制方案和操作空间控制方案。(解析)运动学逆解得到关节空间方案的参考输入：

A. 根据位置与速度反馈进行独立关节控制(图 5.11)，每个关节伺服系统数据如下：

$$K_P = 5 \quad K_V = 10 \quad k_{TP} = k_{TV} = 1$$

相应的 $\omega_n = 5$ rad/s，$\zeta = 0.5$。

B. 根据位置、速度与加速度反馈进行独立关节控制(图 8.9)，每个关节伺服系统数据如下：

$$K_P = 5 \quad K_V = 10 \quad K_A = 2 \quad k_{TP} = k_{TV} = k_{TA} = 1$$

相应的 $\omega_n = 5$ rad/s，$\zeta = 0.5$，$X_R = 100$。为重构加速度，采用一阶滤波器(图 8.11)，其中 $\omega_{2f} = 100$ rad/s。

C. 方案 A 中加入分散前馈控制(图 8.13)。

349 D. 方案 B 中加入分散前馈控制(图 8.14)。

E. 对重力项与惯性矩阵对角项进行前馈补偿的关节空间计算转矩控制(图 8.19),分散反馈控制如方案 A。

F. 重力补偿的关节空间 PD 控制(图 8.20),由附加前馈速度项 $\boldsymbol{K}_{\mathrm{D}}\dot{\boldsymbol{q}}_{\mathrm{d}}$ 修正,数据如下:

$$\boldsymbol{K}_{\mathrm{P}} = 3750\boldsymbol{I}_2 \quad \boldsymbol{K}_{\mathrm{D}} = 750\boldsymbol{I}_2$$

G. 关节空间逆动力学控制(图 8.22),数据如下

$$\boldsymbol{K}_{\mathrm{P}} = 25\boldsymbol{I}_2 \quad \boldsymbol{K}_{\mathrm{D}} = 5\boldsymbol{I}_2$$

H. 关节空间鲁棒控制(图 8.23),假定惯量为常数($\hat{\boldsymbol{B}} = \bar{\boldsymbol{B}}$),对摩擦力和重力($\hat{\boldsymbol{n}} = \boldsymbol{F}_{\mathrm{v}}\dot{\boldsymbol{q}} + \boldsymbol{g}$)进行补偿,数据如下:

$$\boldsymbol{K}_{\mathrm{P}} = 25\boldsymbol{I}_2 \quad \boldsymbol{K}_{\mathrm{D}} = 5\boldsymbol{I}_2 \quad \boldsymbol{P} = \boldsymbol{I}_2 \quad \rho = 70 \quad \epsilon = 0.004$$

I. 在 H 方案中,令$\epsilon = 0.01$

J. 关节空间自适应控制(图 8.26),式(7.82)中臂的动力学模型参数与式(7.83)、式(7.84)相同。向量 $\hat{\boldsymbol{\pi}}$ 的初始估计在额定参数基础上计算得到。假设臂上有负载,负载导致第二个连杆产生以下变化

$$\Delta m_2 = 10\ \mathrm{kg} \quad \Delta m_2 l_{\mathrm{C2}} = 11\ \mathrm{kg \cdot m} \quad \Delta \hat{I}_2 = 12.12\ \mathrm{kg \cdot m^2}$$

显然这些信息只用于更新臂的仿真模型。进一步设定以下数据

$$\boldsymbol{\Lambda} = 5\boldsymbol{I}_2 \quad \boldsymbol{K}_{\mathrm{D}} = 750\boldsymbol{I}_2 \quad \boldsymbol{K}_{\pi} = 0.01\boldsymbol{I}_8$$

K. 重力补偿操作空间 PD 控制(图 8.29),由附加的前馈速度项 $\boldsymbol{K}_{\mathrm{D}}\dot{\boldsymbol{x}}_{\mathrm{d}}$ 进行修正,数据如下:

$$\boldsymbol{K}_{\mathrm{P}} = 16250\boldsymbol{I}_2 \quad \boldsymbol{K}_{\mathrm{D}} = 3250\boldsymbol{I}_2$$

L. 操作空间逆动力学控制(图 8.30),数据如下:

$$\boldsymbol{K}_{\mathrm{P}} = 25\boldsymbol{I}_2 \quad \boldsymbol{K}_{\mathrm{D}} = 5\boldsymbol{I}_2$$

需要注意的是,所采用的驱动臂动态系统模型是式(8.7)所描述的。在分散控制方案 A～E中,如图 8.3 结构图所示,关节为电压控制,放大器增益为单位值($\boldsymbol{G}_{\mathrm{v}} = \boldsymbol{I}$)。另一方面,集中控制方案 F～L 中,为如图 8.4 结构图所示,关节的电流控制,放大器增益为单位值($\boldsymbol{G}_i = \boldsymbol{I}$)。

对于不同控制器的参数,其选择方式是要能够对每一方案相应于相同控制作用的运行进
350 行显著的比较。特别是可以观察到。

- 方案 A～E 关节的动态特性相同。
- 方案 G、H、I、L 中,PD 控制增益的选择是为了获得与方案 A～E 相同的自然频率和阻尼比。

不同控制方案所得到的结果如图 8.31～图 8.48 所示,其中图 8.31～图 8.39 为快速轨迹情况,图 8.40～图 8.48 为慢速轨迹情况。注意同一幅图所表示的两个量的情况。

- 对于关节轨迹,虚线表示指端轨迹通过逆运动学得到的参考轨迹,实线表示臂的实际轨迹。
- 对于关节转矩,实线指的是关节 1,而虚线指的是关节 2。
- 对于指端位置误差,实线指沿水平轴的误差分量,而虚线指沿垂直轴的误差分量。

最后，尽可能统一比例尺，以实现对结果的直接比较。

快速轨迹情况下，考虑不同控制方案的性能，所得结果会导致以下的注意事项。 353

真实关节轨迹偏离期望轨迹表明方案 A 跟踪性能非常差(图 8.31)。不过要注意，误差中
的最大分量是由真实轨迹相对期望轨迹的时间滞后引起的，同时也包含了指端到几何路径的 354
距离。方案 B 会得出相似的结论。关于这点至今还未被(其他文献)提出。

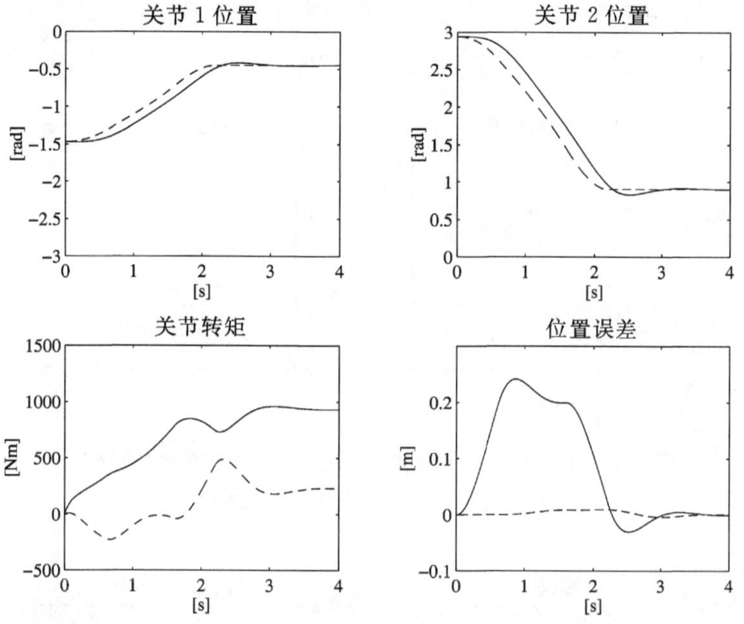

图 8.31　控制方案 A 快速轨迹的关节位置、转矩、端点位置误差的时程

可以看出方案 C 和 D 对跟踪精度实现了改进(图 8.32)，第二种方案性能更好，这主要是因为与第一种方案相比，加速度反馈外回路的干扰抑制因子提高了两倍。注意前馈作用产生一组接近实现期望轨迹的理论值的转矩。转矩的时程在在加速和减速切换时是不连续的。

方案 E 的跟踪误差进一步下降(图 8.33)，这是附加非线性前馈补偿品质的影响。

方案 F 保证了稳定收敛到臂的最终姿态，并比方案 A 和 B 的跟踪性能更优，这是因为存在速度前馈作用。但是因为缺少加速度前馈作用，其跟踪性能不如方案 C～E(图 8.34)。

从逻辑上可以预期，方案 G 可以得到最好的结果，其跟踪误差几乎为零，这主要是因为控制器的数字离散化(图 8.35)。

再比较方案 H 和 I 的性能(图 8.36)，实际上(方案 H)ϵ 的阈值选得很小，在跟踪误差极为 357
有限的优点同时，导致了关节 1 转矩中高频成分的产生(见转矩图中最粗的部分)。若阈值增
加(方案 I)，转矩的平滑特性更好，但代价是跟踪误差的范数增加一倍。 358

可以观察到方案 J 的跟踪误差小于方案 F，其原因是动力学模型参量自适应控制的作用。但这些参量并不能收敛于其理论值，这一点可以由参数误差向量范数的时程达到非零稳态值来证实(图 8.37)。

最后，方案 K 和 L 的性能可与方案 F 和 G 进行对应比较(图 8.38 与图 8.39)。

在慢速轨迹中，不同控制方案的性能总体比快速轨迹要好。这种改进对分散控制方案很

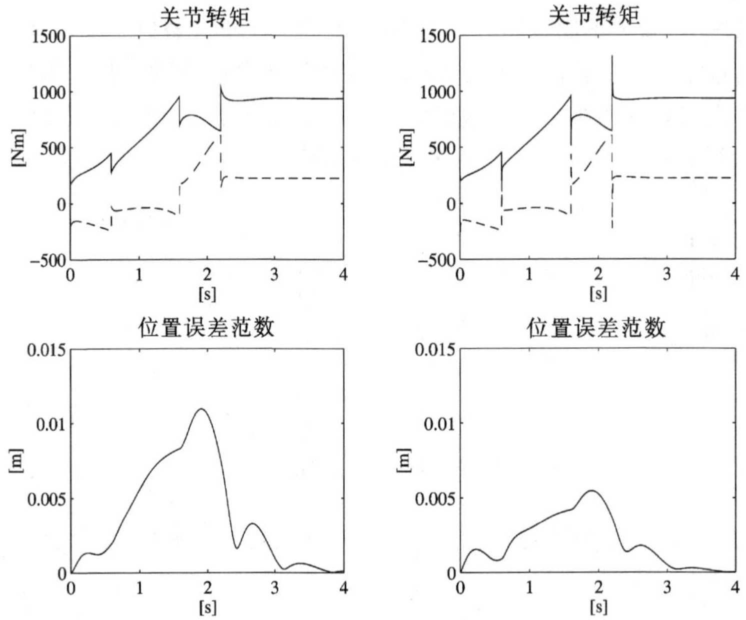

图 8.32 快速轨迹的关节转矩与端点位置误差范数的时程
(左图:控制方案 C;右图:控制方案 D)

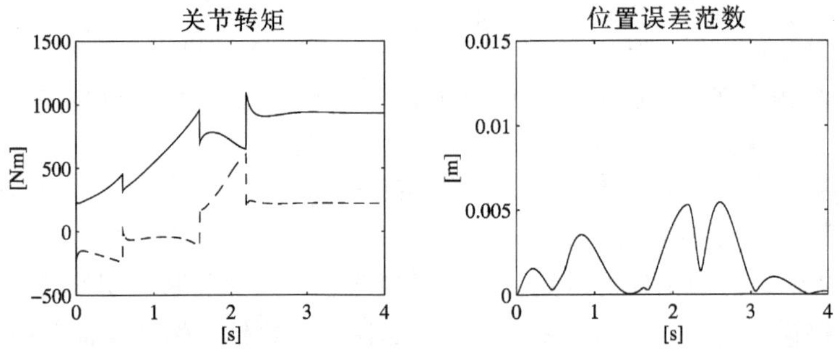

图 8.33 控制方案 E 快速轨迹的关节转矩与端点位置误差范数的时程

明显(图 8.40～图 8.42),而由于快速轨迹已经得到数量级很小的误差了,所以集中控制方案跟踪误差下降得并不明显(图 8.43～图 8.48)。任何一种情况下,各方案的性能都能得到与之前分析相似的结论。

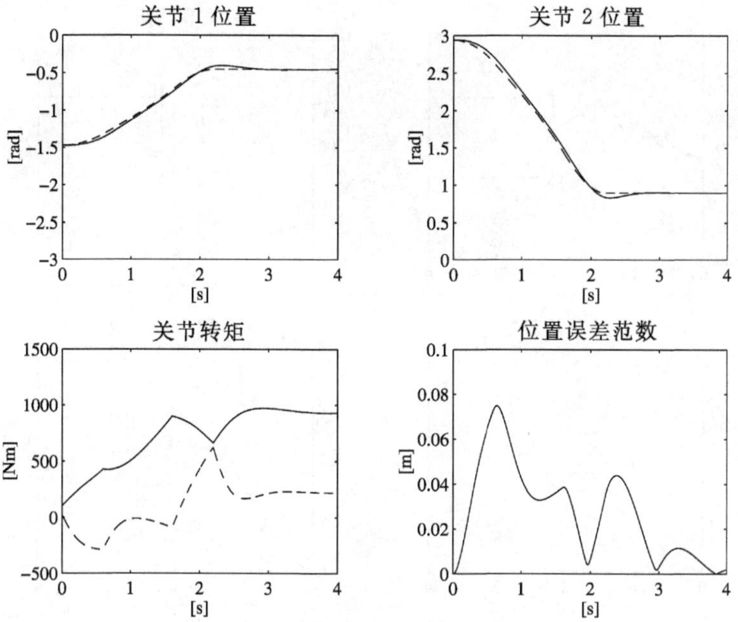

图 8.34　控制方案 F 快速轨迹的关节位置、转矩与端点位置误差范数的时程

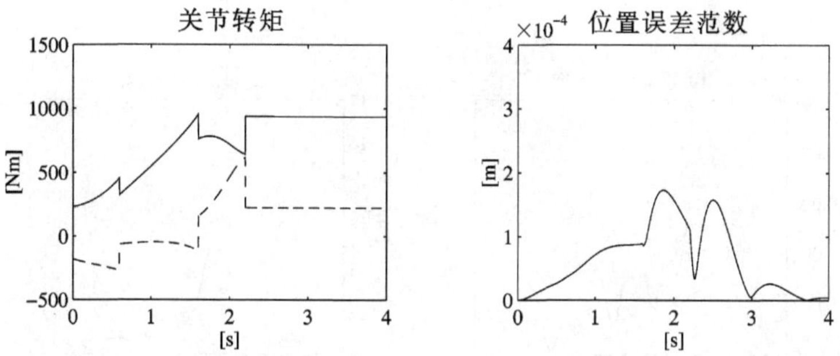

图 8.35　控制方案 G 快速轨迹的关节转矩与端点位置误差范数的时程

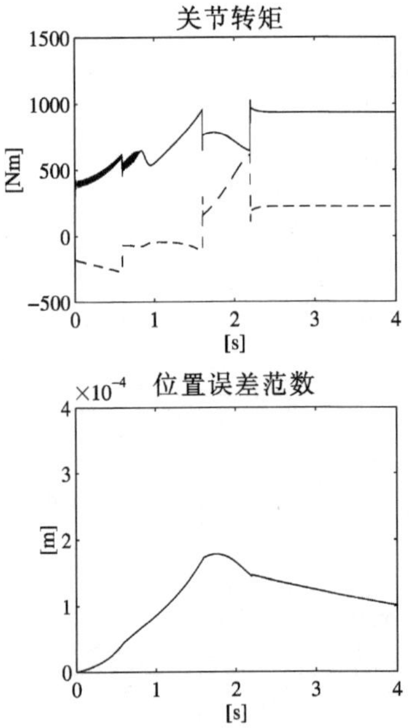

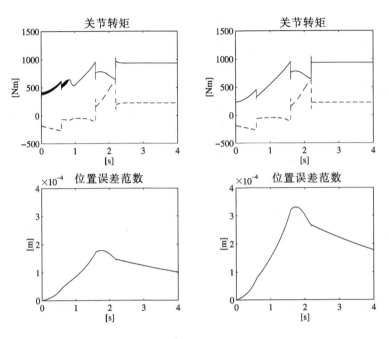

图 8.36 快速轨迹的关节转矩与端点位置误差范数的时程
(左图:控制方案 G;右图:控制方案 I)

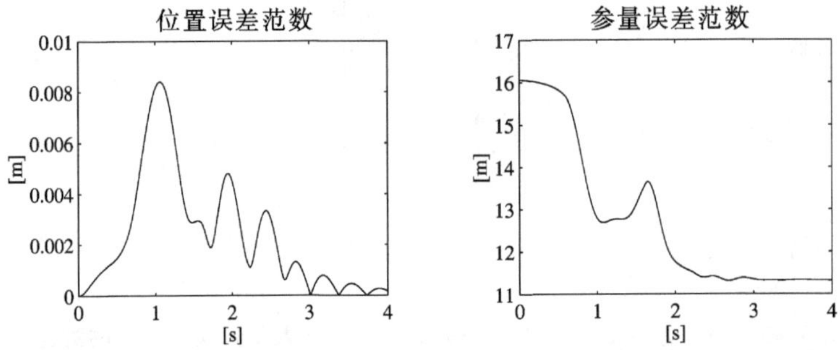

图 8.37 控制方案 J 中快速轨迹端点位置误差范数与参量误差向量范数的时程

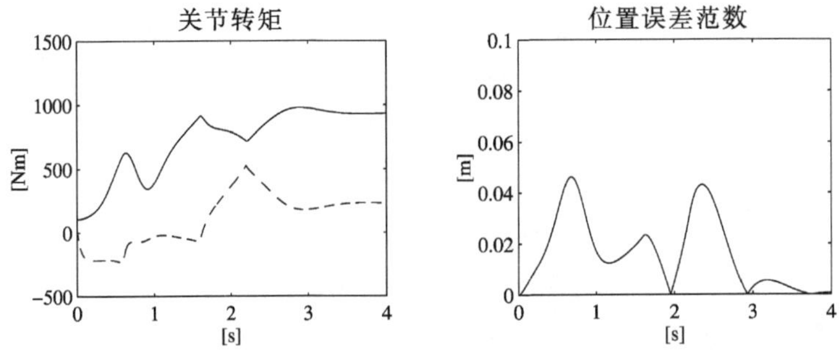

图 8.38 控制方案 K 中快速轨迹关节转矩与端点位置误差范数的时程

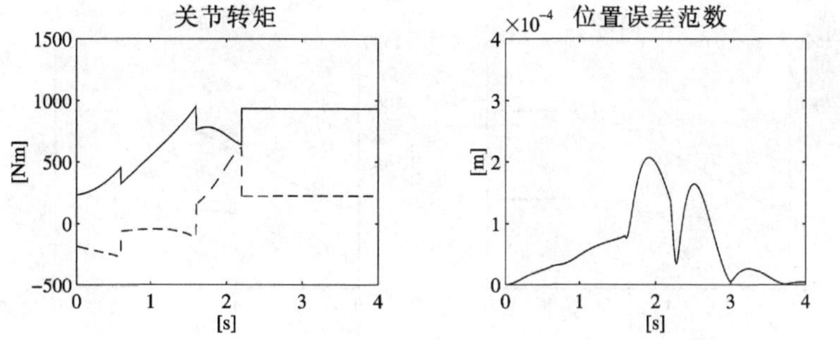

图 8.39 控制方案 L 中快速轨迹关节转矩与端点位置误差范数的时程

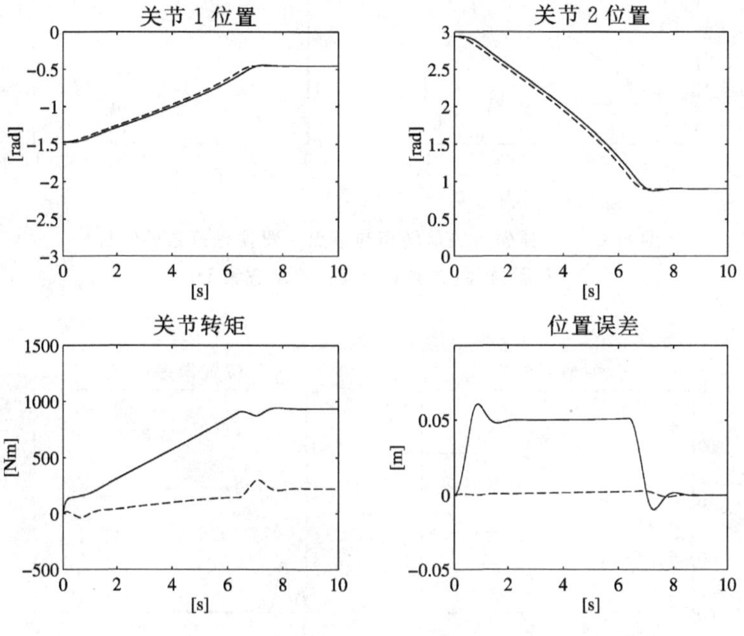

图 8.40 控制方案 A 中慢速轨迹关节位置、转矩与端点位置误差的时程

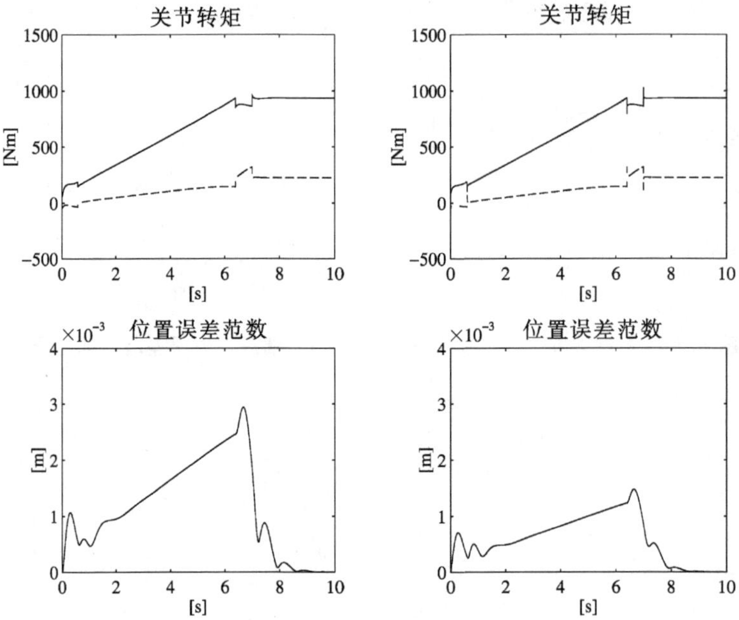

图 8.41 慢速轨迹关节转矩与端点位置误差范数的时程
(左图:控制方案 C;右图:控制方案 D)

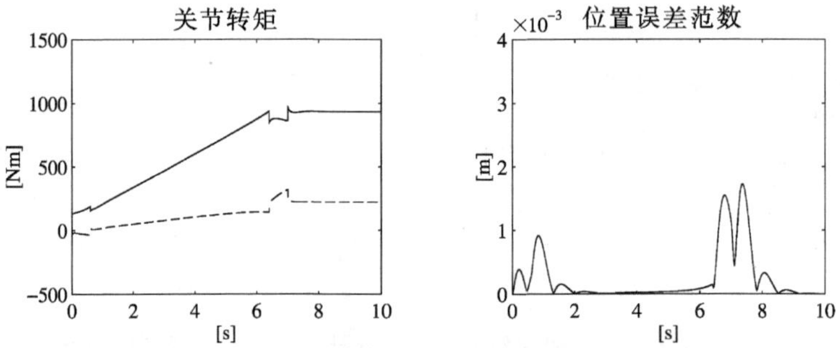

图 8.42 控制方案 E 中慢速轨迹关节转矩与端点位置误差范数的时程

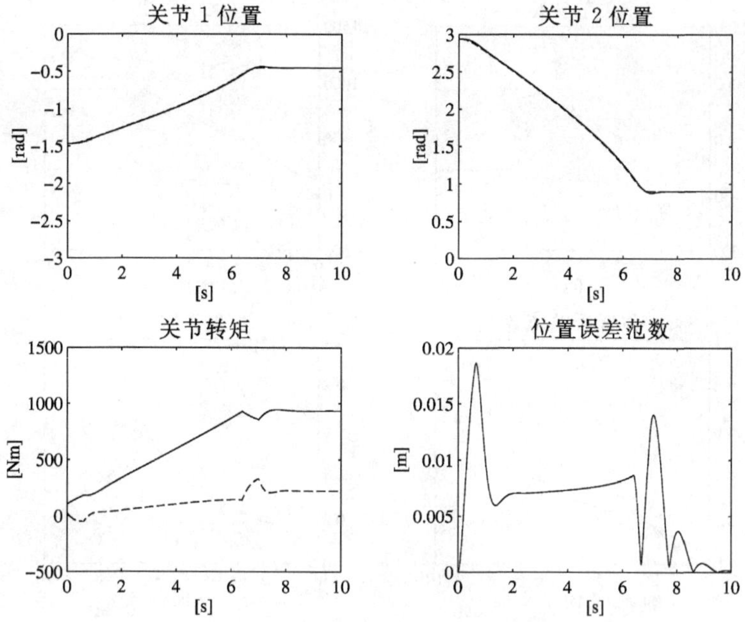

图 8.43　控制方案 F 中慢速轨迹关节位置、转矩与端点位置误差范数的时程

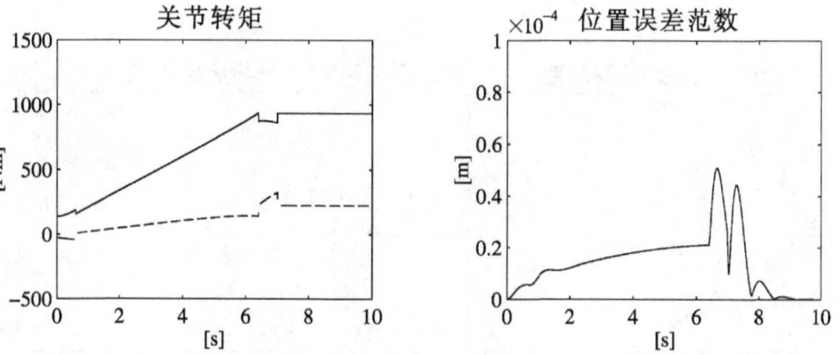

图 8.44　控制方案 G 中慢速轨迹关节转矩与端点位置误差范数的时程

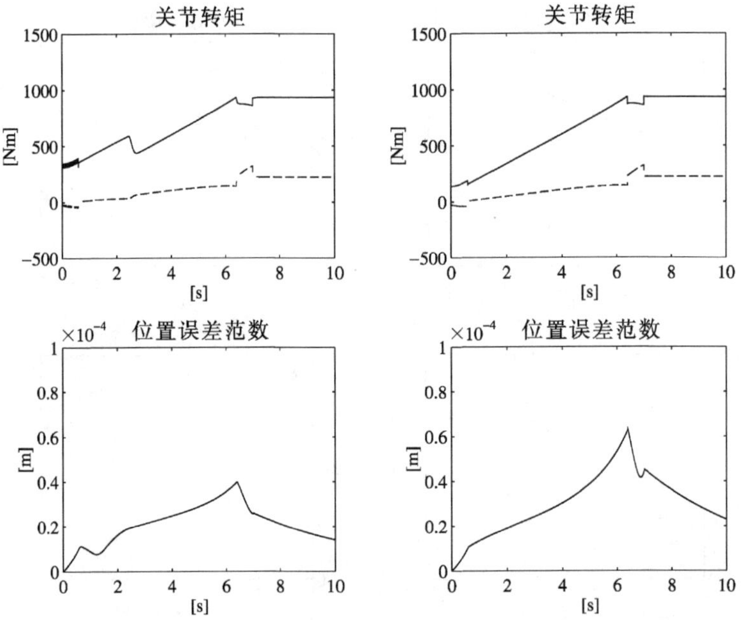

图 8.45 慢速轨迹关节转矩与端点位置误差范数的时程

(左图:控制方案 H;右图:控制方案 I)

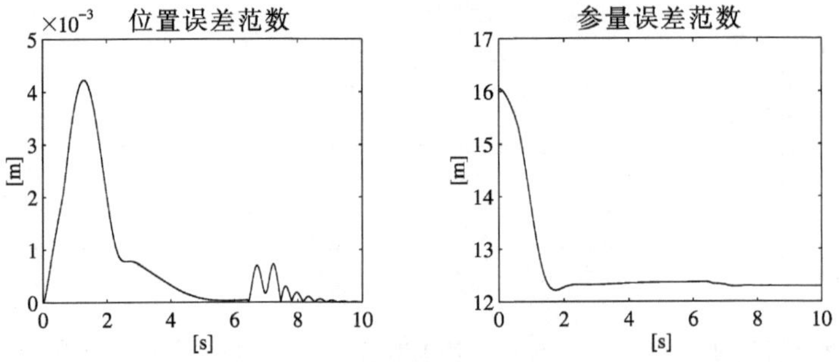

图 8.46 控制方案 J 中慢速轨迹端点位置误差范数与参量误差向量范数的时程

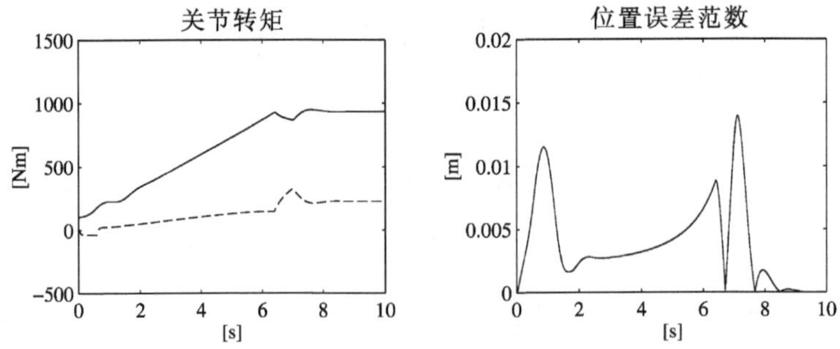

图 8.47 控制方案 K 中慢速轨迹关节转矩与端点位置误差范数的时程

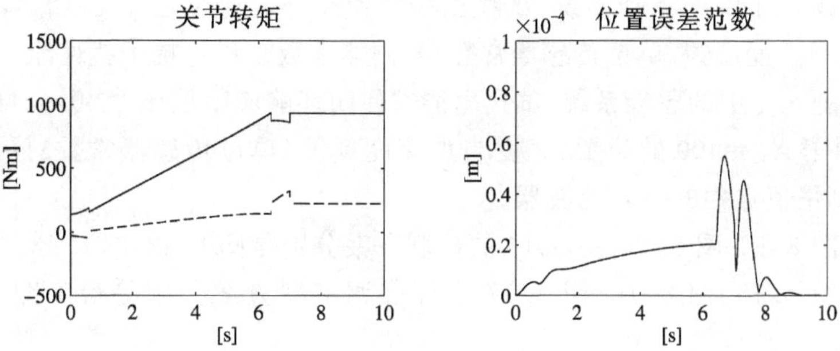

图 8.48　控制方案 L 中慢速轨迹关节转矩与端点位置误差范数的时程

参考资料

独立关节控制在一些经典文献[180,120,200]和科技论文[19,127,141,101,39]中有所分析。重力补偿 PD 控制的稳定性证明见[7],动力学模型显著属性见[226]。

计算转矩控制和逆动力学控制在 20 世纪 70 年代开始发展,最初的试验之一为[149],关于这个主题的其他论文见[83,4,117,121,126,227,29]。

鲁棒控制的主要方法的思想来自于[50],其中引用了[212,84,130,219,205,216]。基于高增益观念的鲁棒控制器介绍见[192,222]。对鲁棒控制的综述见[1]。

自适应控制最初方法之一在[67]中有介绍,其方法是以解耦关节动力学的假设作为基础的。用于机械手非线性动态的自适应控制最初的工作见[15,167,100],但是其中只是用动力学模型的明显属性作了某些扩展。逆动力学控制的自适应在[52,157]中有分析。基于动力学模型能量属性的方法在[214]中介绍,在[218]中进一步分析。自适应控制的一份有趣的指南是[175]。

[114]中介绍了操作空间控制,它是以[143]中所解决的加速度控制概念为基础的。[30]给出了操作空间中逆动力学控制方案,[102]扩展到了冗余机械手中。 359

习题

8.1　参考图 5.10 中的位置反馈方框图,试找出前向通路、反馈通路与闭环系统的传递函数。

8.2　参考图 5.11 中的位置与速度反馈方框图,试找出前向通路、反馈通路与闭环系统的传递函数。

8.3　参考图 8.9 中的位置、速度与加速度反馈方框图,试找出前向通路、反馈通路与闭环系统的传递函数。

8.4　某单个关节驱动系统,相关数据为 $I=6\ \mathrm{kg\cdot m^2}$,$R_a=0.3\ \Omega$,$k_t=0.5(\mathrm{N\cdot m})/\mathrm{A}$,$k_v=0.5\ (\mathrm{V\cdot s})/\mathrm{rad}$,$F_m=0.001\ (\mathrm{N\cdot m\cdot s})/\mathrm{rad}$,试找出能够使闭环响应阻尼比 $\zeta\geqslant0.4$ 的位置反馈控制器(单位传感器常数)参数,讨论抗干扰性能。

8.5 对习题 8.4 中的驱动系统,试找出能够使闭环响应阻尼比 $\zeta \geqslant 0.4$,自然频率 $\omega_n = 20$ rad/s的位置与速度反馈(单位传感器常数)控制器参数。讨论抗干扰性能。

8.6 对习题 8.4 中的驱动系统,试找出能够使闭环响应阻尼比 $\zeta \geqslant 0.4$,自然频率 $\omega_n = 20$ rad/s,抗干扰因子 $X_R = 400$ 的位置、速度与加速度反馈(单位传感器常数)控制器参数,设计能实现加速如测量值重构的一阶滤波器。

8.7 证实图 8.12、图 8.13、图 8.14 的控制方案分别是图 8.42、图 8.43、图 8.44 的实现。

8.8 验证图 8.15、图 8.16、图 8.17 中标准调节器方案分别等价于图 8.12、图 8.13、图 8.14的方案。

8.9 证明不等式(8.76)。

8.10 对数据与 8.7 节相同的两连杆平面臂,设计重力补偿的 PD 类型关节控制。通过计算机仿真分别验证以下姿态的稳定性:$\boldsymbol{q} = [\pi/4 \quad -\pi/2]^T$, $\boldsymbol{q} = [-\pi \quad -3\pi/4]^T$。以采样时间 1 ms 实现离散时间控制。

8.11 对数据与 8.7 节相同的两连杆平面臂,假设集中在端点有效负载质量为 $m_L = 10$
360 kg,设计带前馈计算转矩的独立关节控制。完成控制臂沿关节空间直线路径运动的计算机仿真,路经从 $\boldsymbol{q}_i = [0 \quad \pi/4]^T$ 到 $\boldsymbol{q}_f = [\pi/2 \quad \pi/2]^T$,速度曲线梯形变化,轨迹运行时间为 $t_f = 1$ s。以采样时间 1 ms 实现离散时间控制。

8.12 对习题 8.11 中的两连杆平面臂,设计逆动力学关节控制。完成被控臂沿习题8.11指定轨迹运动的计算机仿真。以采样时间 1 ms 实现离散时间控制。

8.13 对习题 8.11 中的两连杆平面臂,设计鲁棒关节控制。完成被控臂沿习题 8.11 指定轨迹运动的计算机仿真。以采样时间 1 ms 实现离散时间控制。

8.14 对习题 8.11 中的两连杆平面臂,在臂动力学模型适当的参数表示基础上,设计自适应关节控制。完成被控臂沿习题 8.11 指定轨迹运动的计算机仿真。以采样时间 1 ms 实现离散时间控制。

8.15 对习题 8.11 中的两连杆平面臂,设计操作空间重力补偿的 PD 控制。通过计算机仿真,分别证实以下姿态的稳定性:$\boldsymbol{p} = [0.5 \quad 0.5]^T$, $\boldsymbol{p} = [0.6 \quad -0.2]^T$。以采样时间 1 ms 实现离散时间控制。

8.16 对习题 8.11 中的两连杆平面臂,设计操作空间逆动力学控制。完成控制臂沿操作空间直线路径运动的计算机仿真,路经从 $\boldsymbol{p}(0) = [0.7 \quad 0.2]^T$ 到 $\boldsymbol{p}(1) = [0.1 \quad -0.6]^T$,速度
361 曲线梯形变化,轨迹运行时间为 $t_f = 1$ s。以采样时间 1 ms 实现离散时间控制。

第9章　力控制

要顺利完成机械手控制任务，基本条件之一是具备处理机械手与外部环境之间交互作用的能力。有效描述交互作用的物理量是机械手末端执行器的接触力(contact force)。通常不希望接触力数值过高，因为可能会造成机械手和被操作目标都产生压力。本章首先研究机械手与外部环境交互过程中的操作空间运动控制方案。特别针对将接触力测量合并到控制策略中的问题，引入机械柔量(mechanical compliance)和机械阻抗(mechanical impedance)的概念。接下来介绍用外部力调节器闭环反馈回路适当修正运动控制方案，并从中得到的力控制(force control)方案。对实现交互任务的控制作用规划，建立任务几何关系的自然约束集(natural constraints set)和控制策略的人工约束集(artificial constraints set)，约束集指的是一适当的约束条件框架。可以很方便地用公式导出混合力/运动控制方案。

9.1　机械手与外部环境的交互

对许多要求机器人末端执行器成功地操作目标物或在平面执行某些工作的实际任务，机械手与环境的交互控制至关重要。典型的例子包括抛光、清理毛刺、车床加工与装配。实际上，因为可能出现的情况变化多端，对机器人可能完成的工作进行完整的分类是不可行的，而且这种分类对找到实现环境交互控制的一般性策略也没有什么实际用处。

在交互作用中，环境会对末端执行器所采用的几何路径产生约束。这种情况通常被称作
有约束运动(constrained motion)。就像下面所解释的那样，这时对控制交互采用纯粹的运动 363
控制策略可能会失效。

只有在任务准确规划的前提下，才能通过运动控制成功实现与环境的交互任务。这依次需要机械手(运动学和动力学)和环境(几何特性、机械特征)的准确模型。足够精确的机械手建模是有可能实现的，但对环境的详细描述则很难得到。

可以看到，要实现机械部件与一个位置的匹配，应保证部件的相对定位精度比部件的机械公差大一个数量级，这就足以理解任务规划精确性的重要性了。只要一个部件的绝对位置确切已知，机械手可以以相同精度引导其他部件的运动。

在实践中，规划误差可能导致出现接触力，接触力将引起末端执行器偏离期望轨迹。另一方面，控制系统将试图使这类偏离量减小。这样最终将导致接触力增大，直到关节执行元件达到饱和或者触点损坏。

环境刚性和位置控制精度越高，刚才描述的情形越可能出现。若在交互中能保证柔性响应，则可以克服这种缺点。

从以上讨论中可以清楚地发现，接触力是以最完整形式描述交互状态的物理量。为此，要提高交互控制的性能，需要得到有效的力测量值。

交互控制策略可被分为实现间接力控制（indirect force control）与直接力控制（direct force control）两类。两类主要的区别在于前者通过运动控制完成力控制，而无须力反馈回路闭合；相反，后者能将接触力控制到期望值，是借助了力反馈回路的闭合性，下面先介绍柔量控制和阻抗控制，然后是力控制和混合力/运动控制方案。

9.2 柔量控制

为详细分析机械手与环境之间的相互作用，有必要认识位置控制方案在接触力增大时的
364 系统响应。因为在操作空间描述很自然，所以采用操作空间控制方案较为方便。

以式(8.7)机械手动力学模型为分析对象，根据式(7.42)，模型可写作：

$$\boldsymbol{B}(\boldsymbol{q})\ddot{\boldsymbol{q}} + \boldsymbol{C}(\boldsymbol{q},\dot{\boldsymbol{q}})\dot{\boldsymbol{q}} + \boldsymbol{F}\dot{\boldsymbol{q}} + \boldsymbol{g}(\boldsymbol{q}) = \boldsymbol{u} - \boldsymbol{J}^{\mathrm{T}}(\boldsymbol{q})\boldsymbol{h}_{\mathrm{e}} \tag{9.1}$$

其中 $\boldsymbol{h}_{\mathrm{e}}$ 为机械手末端执行器施加于环境的接触力向量[①]。

在 $\boldsymbol{h}_{\mathrm{e}} \neq \boldsymbol{0}$ 的情况下，有理由预测基于式(8.110)的控制方案不能保证末端执行器能到达其期望位姿 $\boldsymbol{x}_{\mathrm{d}}$。实际上，回顾 $\tilde{\boldsymbol{x}} = \boldsymbol{x}_{\mathrm{d}} - \boldsymbol{x}_{\mathrm{e}}$（其中 $\boldsymbol{x}_{\mathrm{e}}$ 指末端执行器位姿），在平衡状态下有

$$\boldsymbol{J}_{\mathrm{A}}^{\mathrm{T}}(\boldsymbol{q})\boldsymbol{K}_{\mathrm{P}}\tilde{\boldsymbol{x}} = \boldsymbol{J}^{\mathrm{T}}(\boldsymbol{q})\boldsymbol{h}_{\mathrm{e}} \tag{9.2}$$

假设雅可比矩阵矩阵满秩，有

$$\tilde{\boldsymbol{x}} = \boldsymbol{K}_{\mathrm{P}}^{-1}\boldsymbol{T}_{\mathrm{A}}^{\mathrm{T}}(\boldsymbol{x}_{\mathrm{e}})\boldsymbol{h}_{\mathrm{e}} = \boldsymbol{K}_{\mathrm{P}}^{-1}\boldsymbol{h}_{\mathrm{A}} \tag{9.3}$$

其中 $\boldsymbol{h}_{\mathrm{A}}$ 为根据式(7.128)定义的等效力向量。表达式(9.3)说明机械手在位姿控制作用下处于平衡点时，其特性与一个操作空间中的广义弹簧单元相似，关于等效力 $\boldsymbol{h}_{\mathrm{A}}$ 的柔量为 $\boldsymbol{K}_{\mathrm{P}}^{-1}$。回顾式(3.65)中变换矩阵 $\boldsymbol{T}_{\mathrm{A}}$ 的表达式，并假定矩阵 $\boldsymbol{K}_{\mathrm{P}}$ 为对角阵，可以证实线性柔量（由力分量产生）与位形无关，而扭力柔量（由力矩分量产生）则通过矩阵 $\boldsymbol{T}$ 由当前末端执行器方向决定。

另一方面，若 $\boldsymbol{h}_{\mathrm{e}} \in \mathcal{N}(\boldsymbol{J}^{\mathrm{T}})$，则 $\tilde{\boldsymbol{x}} = \boldsymbol{0}$ 且 $\boldsymbol{h}_{\mathrm{e}} \neq \boldsymbol{0}$，即接触力完全由机械手的机械结构来保持平衡。例如，图 3.13 中处于肩关节奇点的拟人型机械手不会对任何垂直于结构平面的力作出反应。

等式(9.3)可写为以下形式：

$$\boldsymbol{h}_{\mathrm{A}} = \boldsymbol{K}_{\mathrm{P}}\tilde{\boldsymbol{x}} \tag{9.4}$$

其中 $\boldsymbol{K}_{\mathrm{P}}$ 表示关于等效力 $\boldsymbol{h}_{\mathrm{A}}$ 的刚度矩阵。需要注意机械手的柔性（或刚性）是依靠控制实现的。这种特性称为主动柔量（active compliance），而被动柔量（passive compliance）则是指具有
365 普遍弹性类型动力学特征的机械系统。

为了更好地理解机械手与环境之间的相互作用，有必要进一步分析被动柔量的概念。

9.2.1 被动柔量

考虑两个弹性联结的刚体 R 与 S 和两个参考坐标系，每个参考坐标系与其中一个刚体相

① 本章中除非特别指定，力一般为(6×1)的力与力矩向量。

固连，系统处于平衡状态，不存在相互作用力与力矩，两个坐标系完全一致。令 $d\boldsymbol{x}_{r,s}$表示坐标系 s 上的平衡点相对与坐标系 r 的元位移，定义为

$$d\boldsymbol{x}_{r,s} = \begin{bmatrix} d\boldsymbol{O}_{r,s} \\ \boldsymbol{\omega}_{r,s}dt \end{bmatrix} = \boldsymbol{v}_{r,s}dt \tag{9.5}$$

其中$\boldsymbol{v}_{r,s}=\boldsymbol{v}_s-\boldsymbol{v}_r$ 为坐标系 s 相对于坐标系 r 的线速度与角速度向量，$d\boldsymbol{O}_{r,s}=\boldsymbol{O}_s-\boldsymbol{O}_r$ 为坐标系 s 的原点 $\boldsymbol{O}_s$ 相对于坐标系 r 的原点 $\boldsymbol{O}_r$ 的平移向量，在$\boldsymbol{\omega}_{r,s}dt$ 中，$\boldsymbol{\omega}_{r,s}=\boldsymbol{\omega}_s-\boldsymbol{\omega}_r$，$\boldsymbol{\omega}_{r,s}dt$ 表示坐标系 s 绕坐标系 r 的轴进行小幅旋转的向量，如式(3.106)所示。因为在平衡状态下两个坐标系是一致的，因此相对坐标系 r 或坐标系 s，可以假定元位移是等效的。这样就不必明确指定参考坐标系。

为令位移 $dx_{r,s}$与 R 和 S 之间弹簧变形相一致，刚体 S 所受弹簧弹性力为

$$\boldsymbol{h}_s = \begin{bmatrix} \boldsymbol{f}_s \\ \boldsymbol{\mu}_s \end{bmatrix} = \begin{bmatrix} \boldsymbol{K}_f & \boldsymbol{K}_c \\ \boldsymbol{K}_c^T & \boldsymbol{K}_\mu \end{bmatrix} \begin{bmatrix} d\boldsymbol{O}_{r,s} \\ \boldsymbol{\omega}_{r,s}dt \end{bmatrix} = \boldsymbol{K}d\boldsymbol{x}_{r,s} \tag{9.6}$$

对于两个参考坐标系中的任一个，该力都是相等的。根据作用力与反作用力原理，R 所受力的表达式为 $\boldsymbol{h}_r=-\boldsymbol{h}_s=\boldsymbol{K}d\boldsymbol{x}_{s,r}$，且 $d\boldsymbol{x}_{s,r}=-d\boldsymbol{x}_{r,s}$。

(6×6)矩阵 $\boldsymbol{K}$ 表示刚度矩阵(stiffness matrix)，为对称半正定阵。(3×3)矩阵 $\boldsymbol{K}_f$ 和 $\boldsymbol{K}_\mu$ 分别为平移刚度(translational stiffness)和旋转刚度(rotational stiffness)。(3×3)矩阵 $\boldsymbol{K}_c$ 为耦合刚度(coupling stiffness)。柔量矩阵(compliance matrix)$\boldsymbol{C}$ 可按如下映射进行相似的分解

$$d\boldsymbol{x}_{r,s} = \boldsymbol{C}\boldsymbol{h}_s \tag{9.7}$$

真实弹性系统中，通常矩阵 $\boldsymbol{K}_c$ 是非对称的。但在一些专用设备中，如远中心柔量设备(RCC, remote centre of compliance)中，$\boldsymbol{K}_c$ 为对称矩阵或零矩阵。设计这些弹性柔性机械设备用于达到平移和旋转之间的最大解耦，并且把它们安装在机械手的最后一个连杆与末端执行器之间，其目的是引入期望值的被动柔量，以更好地执行装配任务。例如在轴孔插入任务中，用钳子这种设备可以保证沿插入方向有很高的刚度，而沿其他方向有很高的柔量。这样， 366
当与规划插入路径存在不可避免的位移时，会出现接触力和力矩，这将对插入轴位置进行修正，有助于任务的完成。

这种设备的不便之处在于，对于不同的工作条件和一般性的交互任务，其通用性很低，也就是总需要修正柔性机械硬件。

9.2.2　主动柔量

柔量控制的目的在于实现合适的主动柔量，主动柔量能够很容易在控制软件中进行修正，以满足不同交互任务的需求。

注意式(9.3)和式(9.4)的平衡方程表明关于 $\boldsymbol{h}_e$ 的柔性响应取决于实际末端执行器的方向，对元位移也是如此，因此在实践中选择刚度参数非常困难。要得到式(9.6)形式的平衡方程，需考虑重新定义操作空间的误差。

令 $O_e-x_e y_e z_e$ 和 $O_d-x_d y_d z_d$ 分别表示末端执行器坐标系和期望坐标系，相应的齐次变换矩阵为

$$\boldsymbol{T}_e = \begin{bmatrix} \boldsymbol{R}_e & \boldsymbol{o}_e \\ \boldsymbol{0}^T & 1 \end{bmatrix} \quad \boldsymbol{T}_d = \begin{bmatrix} \boldsymbol{R}_d & \boldsymbol{o}_d \\ \boldsymbol{0}^T & 1 \end{bmatrix}$$

上式中各符号的含义都很明显。末端执行器坐标系的位置与方向相对于期望坐标系的偏移可用齐次变换矩阵的形式表示为

$$\boldsymbol{T}_{\mathrm{e}}^{\mathrm{d}}=(\boldsymbol{T}_{\mathrm{d}})^{-1}\boldsymbol{T}_{\mathrm{e}}=\begin{bmatrix}\boldsymbol{R}_{\mathrm{e}}^{\mathrm{d}} & \boldsymbol{o}_{\mathrm{d,e}}^{\mathrm{d}}\\ \boldsymbol{0}^{\mathrm{T}} & 1\end{bmatrix} \tag{9.8}$$

其中 $\boldsymbol{R}_{\mathrm{e}}^{\mathrm{d}}=\boldsymbol{R}_{\mathrm{d}}^{\mathrm{T}}\boldsymbol{R}_{\mathrm{e}}$，$\boldsymbol{o}_{\mathrm{d,e}}^{\mathrm{d}}=\boldsymbol{R}_{\mathrm{d}}^{\mathrm{T}}(\boldsymbol{o}_{\mathrm{e}}-\boldsymbol{o}_{\mathrm{d}})$。新的操作空间误差向量可定义为

$$\tilde{\boldsymbol{x}}=-\begin{bmatrix}\boldsymbol{o}_{\mathrm{d,e}}^{\mathrm{d}}\\ \boldsymbol{\phi}_{\mathrm{d,e}}\end{bmatrix} \tag{9.9}$$

其中 $\boldsymbol{\phi}_{\mathrm{d,e}}$ 为从旋转矩阵 $\boldsymbol{R}_{\mathrm{e}}^{\mathrm{d}}$ 得到的欧拉角向量。式(9.9)中的减号取决于这样的情况：为实现控制目的，误差通常定义为期望值与测量值之差。

计算 $\boldsymbol{o}_{\mathrm{d,e}}^{\mathrm{d}}$ 的时间导数，参考式(3.10)、式(3.11)，可得

$$\dot{\boldsymbol{o}}_{\mathrm{d,e}}^{\mathrm{d}}=\boldsymbol{R}_{\mathrm{d}}^{\mathrm{T}}(\dot{\boldsymbol{o}}_{\mathrm{e}}-\dot{\boldsymbol{o}}_{\mathrm{d}})-\boldsymbol{S}(\boldsymbol{\omega}_{\mathrm{d}}^{\mathrm{d}})\boldsymbol{R}_{\mathrm{d}}^{\mathrm{T}}(\boldsymbol{o}_{\mathrm{e}}-\boldsymbol{o}_{\mathrm{d}}) \tag{9.10}$$

另一方面，计算 $\boldsymbol{\phi}_{\mathrm{d,e}}$ 的时间导数，参考式(3.64)，有下式成立(见习题 9.1)：

367

$$\dot{\boldsymbol{\phi}}_{\mathrm{d,e}}=\boldsymbol{T}^{-1}(\boldsymbol{\phi}_{\mathrm{d,e}})\,\boldsymbol{\omega}_{\mathrm{d,e}}^{\mathrm{d}}=\boldsymbol{T}^{-1}(\boldsymbol{\phi}_{\mathrm{d,e}})\boldsymbol{R}_{\mathrm{d}}^{\mathrm{T}}(\boldsymbol{\omega}_{\mathrm{e}}-\boldsymbol{\omega}_{\mathrm{d}}) \tag{9.11}$$

由于期望值 $\boldsymbol{o}_{\mathrm{d}}$ 和 $\boldsymbol{R}_{\mathrm{d}}$ 为常量，向量 $\dot{\tilde{\boldsymbol{x}}}$ 可表达为以下形式：

$$\dot{\tilde{\boldsymbol{x}}}=-\boldsymbol{T}_{\mathrm{A}}^{-1}(\boldsymbol{\phi}_{\mathrm{d,e}})\begin{bmatrix}\boldsymbol{R}_{\mathrm{d}}^{\mathrm{T}} & \boldsymbol{O}\\ \boldsymbol{O} & \boldsymbol{R}_{\mathrm{d}}^{\mathrm{T}}\end{bmatrix}\boldsymbol{v}_{\mathrm{e}} \tag{9.12}$$

其中 $\boldsymbol{v}_{\mathrm{e}}=[\dot{\boldsymbol{o}}_{\mathrm{e}}^{\mathrm{T}}\quad \boldsymbol{\omega}_{\mathrm{e}}^{\mathrm{T}}]^{\mathrm{T}}=\boldsymbol{J}(\boldsymbol{q})\dot{\boldsymbol{q}}$，为末端执行器的线速度与角速度向量。因此

$$\dot{\tilde{\boldsymbol{x}}}=-\boldsymbol{J}_{\mathrm{A_d}}(\boldsymbol{q},\tilde{\boldsymbol{x}})\dot{\boldsymbol{q}} \tag{9.13}$$

其中矩阵

$$\boldsymbol{J}_{\mathrm{A_d}}(\boldsymbol{q},\tilde{\boldsymbol{x}})=\boldsymbol{T}_{\mathrm{A}}^{-1}(\boldsymbol{\phi}_{\mathrm{d,e}})\begin{bmatrix}\boldsymbol{R}_{\mathrm{d}}^{\mathrm{T}} & \boldsymbol{O}\\ \boldsymbol{O} & \boldsymbol{R}_{\mathrm{d}}^{\mathrm{T}}\end{bmatrix}\boldsymbol{J}(\boldsymbol{q}) \tag{9.14}$$

表示对应于式(9.9)中操作空间误差定义的解析雅可比矩阵矩阵。

按式(9.9)的操作空间误差定义，与式(8.110)相类似的重力补偿 PD 控制表达式为

$$\boldsymbol{u}=\boldsymbol{g}(\boldsymbol{q})+\boldsymbol{J}_{\mathrm{A_d}}^{\mathrm{T}}(\boldsymbol{q},\tilde{\boldsymbol{x}})(\boldsymbol{K}_{\mathrm{P}}\tilde{\boldsymbol{x}}-\boldsymbol{K}_{\mathrm{D}}\boldsymbol{J}_{\mathrm{A_d}}(\boldsymbol{q},\tilde{\boldsymbol{x}})\dot{\boldsymbol{q}}) \tag{9.15}$$

注意在操作空间仅由位置分量定义的情况下，控制律(8.110)和式(9.15)不同的原因仅在于式(8.110)的位置误差(以及相应的导数项)是相对基坐标系的，而式(9.15)的位置误差(以及相应的导数项)是相对期望坐标系的。

不存在交互作用时，假定 $\boldsymbol{K}_{\mathrm{P}}$ 和 $\boldsymbol{K}_{\mathrm{D}}$ 为对称正定阵，对应于 $\tilde{\boldsymbol{x}}=\boldsymbol{0}$ 平衡姿态的渐进稳定性可由李亚普诺夫函数证明

$$\boldsymbol{V}(\dot{\boldsymbol{q}},\tilde{\boldsymbol{x}})=\frac{1}{2}\dot{\boldsymbol{q}}^{\mathrm{T}}\boldsymbol{B}(\boldsymbol{q})\dot{\boldsymbol{q}}+\frac{1}{2}\tilde{\boldsymbol{x}}^{\mathrm{T}}\boldsymbol{K}_{\mathrm{P}}\tilde{\boldsymbol{x}}>0\qquad\forall\,\dot{\boldsymbol{q}},\tilde{\boldsymbol{x}}\neq\boldsymbol{0}$$

和式(8.110)控制律情况的证明相同。

当存在与环境的交互作用时，在平衡状态有

$$\boldsymbol{J}_{\mathrm{A_d}}^{\mathrm{T}}(\boldsymbol{q})\boldsymbol{K}_{\mathrm{P}}\tilde{\boldsymbol{x}}=\boldsymbol{J}^{\mathrm{T}}(\boldsymbol{q})\boldsymbol{h}_{\mathrm{e}} \tag{9.16}$$

因此，假设雅可比矩阵矩阵满秩，以下方程成立

$$\boldsymbol{h}_{\mathrm{e}}^{\mathrm{d}}=\boldsymbol{T}_{\mathrm{A}}^{-\mathrm{T}}(\boldsymbol{\phi}_{\mathrm{d,e}})\boldsymbol{K}_{\mathrm{P}}\tilde{\boldsymbol{x}} \tag{9.17}$$

为了与式(9.6)的弹性模型进行对比，必须以元位移形式对上式重新列写。为此，根据式(9.12)和式(9.5)，有

$$d\tilde{x} = \dot{\tilde{x}}\Big|_{\tilde{x}=0} dt = T_A^{-1}(\mathbf{0})(v_d^d - v_e^d)dt = T_A^{-1}(\mathbf{0})dx_{e,d} \tag{9.18}$$ 368

其中 $dx_{e,d}$ 为期望坐标系相对末端执行器坐标系关于两个坐标系中任一平衡点的元位移。$T_A(\mathbf{0})$ 的值取决于欧拉角的特定选择；下面对 $T_A(\mathbf{0})=I$（见习题 3.13）的情况，采用 XYZ 角的形式。因此，用元位移形式重新列写式(9.17)得

$$h_e = K_P dx_{e,d} \tag{9.19}$$

该式在形式上与式(9.6)一样，其中假定向量相对于期望坐标系或相对于末端执行器坐标系都是等价的。其结果是矩阵 K_P 具有末端执行器坐标系与期望坐标系之间广义弹簧单元的主动刚度的含义。式(9.19)的等价形式为

$$dx_{e,d} = K_P^{-1} h_e \tag{9.20}$$

上式表明 K_P^{-1} 对应于主动柔量。

在选择矩阵 K_P 的元素时，必须考虑环境的几何与机械特征。为此，假设末端执行器与环境的相互作用力来源于作用在末端执行器坐标系与参考坐标系 $O_r - x_r y_r z_r$ 之间广义弹簧单元，参考坐标系与环境息止位置相固连。考虑到两个参考坐标系之间的元位移 $dx_{r,e}$，末端执行器施加的相应弹性力为

$$h_e = K dx_{r,e} \tag{9.21}$$

K 为刚度矩阵，其向量参考于固连在环境息止位置的坐标系或参考于固连在末端执行器的坐标系，两种参考情况是等价的。典型情况下，因为作用力和力矩一般是沿某些特定方向的，因此刚度矩阵是半正定的。由刚度矩阵张成空间 $R(K)$。

根据式(9.21)、式(9.19)及等式

$$dx_{r,e} = dx_{r,d} - dx_{e,d}$$

可得到接触力在平衡点的表达式

$$h_e = (I_6 + KK_P^{-1})^{-1} K dx_{r,d} \tag{9.22}$$

将该表达式代入到(9.20)得

$$dx_{e,d} = K_P^{-1}(I_6 + KK_P^{-1})^{-1} K dx_{r,d} \tag{9.23}$$

该式表示末端执行器在平衡点的位置误差。

注意式(9.22)和式(9.23)中向量可等价地参考末端执行器坐标系、期望坐标系或与环境止息位置相联的坐标系，这些坐标系在平衡状态时是相同的（见习题 9.2）。 369

式(9.23)的分析表明，末端执行器在平衡点处的位姿误差取决于环境止息位置和机械手控制系统决定的期望位姿。两个系统（环境与机械手）之间的交互作用受到各自柔量特征的相对权重的影响。

事实上可以修改主动柔量 K_P^{-1} 以使机械手相比环境处于主导地位，反之亦然。这种主导地位可参考操作空间的单个方向来指定。

对于给定的环境刚度 K，根据预先规定的交互任务，K_P 的元素取值较大的方向是顺着环境的方向，而 K_P 的元素取值较小是顺着机械手的方向。结果机械手姿态误差 $dx_{e,d}$ 顺着环境方向趋向于零，反之，顺着机械手方向，末端执行器位姿趋向于环境的止息姿态，即 $dx_{e,d} \simeq dx_{r,d}$。

等式(9.22)给出平衡状态上接触力的值。该表达式表明沿着机械手刚度远大于环境刚度的方向上，弹性力的强度主要取决于环境刚度以及末端执行器（与期望姿态几乎相同）平衡位

姿与环境止息位姿之间的位移 $\mathrm{d}\boldsymbol{x}_{\mathrm{r,e}}$。在环境刚度远大于机械手刚度的情况下,弹性力的强度主要取决于机械手刚度以及期望位姿与末端执行器(与环境止息位姿几乎相同)平衡位姿之间
370 的位移 $\mathrm{d}\boldsymbol{x}_{\mathrm{e,d}}$。

例 9.1

考虑两连杆平面臂,其指端与完全光滑无摩擦的弹性平面相接触。由于属于简单几何问题,其中仅包含位置变量,所有的物理量都可以方便地参考于基坐标系。这样就可采用式(8.110)的控制律。令 $\boldsymbol{o}_{\mathrm{r}}=[x_{\mathrm{r}}\quad 0]^{\mathrm{T}}$ 表示平面的平衡位置,假定平面与轴 $\boldsymbol{x}_0$ 正交(图 9.1)。在沿垂直方向($\boldsymbol{f}_{\mathrm{e}}=[f_{\mathrm{x}}\quad 0]^{\mathrm{T}}$)上不存在相互作用力情况下,环境刚度矩阵为

$$\boldsymbol{K}=\boldsymbol{K}_{\mathrm{f}}=\mathrm{diag}\{k_x,0\}$$

令 $\boldsymbol{o}_{\mathrm{e}}=[x_{\mathrm{e}}\quad y_{\mathrm{e}}]^{\mathrm{T}}$ 为末端执行器的位置,$\boldsymbol{o}_{\mathrm{d}}=[x_{\mathrm{d}}\quad y_{\mathrm{d}}]^{\mathrm{T}}$ 为期望位置,该位置位于接触面之外。臂上的比例控制作用描述为

$$\boldsymbol{K}_{\mathrm{P}}=\mathrm{diag}\{k_{\mathrm{P}x},\ k_{\mathrm{P}y}\}$$

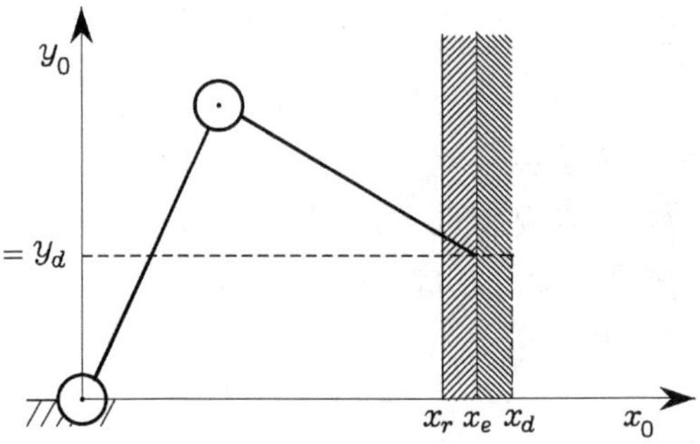

图 9.1 两连杆平面臂与弹性柔平面接触

根据 $\mathrm{d}\boldsymbol{x}_{\mathrm{r,d}}=\boldsymbol{o}_{\mathrm{d}}-\boldsymbol{o}_{\mathrm{r}}$ 和 $\mathrm{d}\boldsymbol{x}_{\mathrm{e,d}}=\boldsymbol{o}_{\mathrm{d}}-\boldsymbol{o}_{\mathrm{e}}$,将式(9.22)、式(9.23)的力与位置的平衡方程重新写为

$$\boldsymbol{f}_{\mathrm{e}}=\begin{bmatrix}\dfrac{k_{\mathrm{P}x}k_{\mathrm{x}}}{k_{\mathrm{P}x}+k_{\mathrm{x}}}(\boldsymbol{x}_{\mathrm{d}}-\boldsymbol{x}_{\mathrm{r}})\\ 0\end{bmatrix}\quad \boldsymbol{o}_{\mathrm{e}}=\begin{bmatrix}\dfrac{k_{\mathrm{P}x}x_{\mathrm{d}}+k_x x_{\mathrm{r}}}{k_{\mathrm{P}x}+k_x}\\ y_{\mathrm{d}}\end{bmatrix}$$

因为垂直运动方向不受约束,参考定位精度,臂端将到达垂直坐标 y_{d}。而水平方向由于弹性平面作用的存在,臂可以移动得尽可能远,最多能到达的坐标 $x_{\mathrm{e}}<x_{\mathrm{d}}$。在平衡状态,水平接触力的值通过等效刚度系数与 x_{d} 和 x_{r} 的差相关,等效刚度系数由两个相互作用系统的刚度系数并行复合构成。因此,臂刚度和环境刚度影响结果的平衡位形。

在

$$k_{\mathrm{P}x}/k_x\gg 1$$

的情况时,有

$$x_{\mathrm{e}}\approx x_{\mathrm{d}}\quad f_x\approx k_x(x_{\mathrm{d}}-x_{\mathrm{r}})$$

则臂(刚度)强于环境,平面几乎达到 x_{d} 值,弹性力主要由环境(主动柔量)产生。相反地,在

$$k_{\mathrm{P}x}/k_x\ll 1$$

的情形时,有

$$x_{\mathrm{e}} \approx x_{\mathrm{r}} \quad f_x \approx k_{\mathrm{P}x}(x_{\mathrm{d}} - x_{\mathrm{r}})$$

环境(刚度)强过臂,臂到达平衡点 x_{r},弹性力主要由臂(主动柔量)产生。 371

为完成与环境接触的机械手柔量分析,需要考虑关节空间位置控制律的作用。参考式(8.51),存在末端执行器接触力时,平衡姿态有下式确定:

$$K_{\mathrm{P}}\tilde{\boldsymbol{q}} = \boldsymbol{J}^{\mathrm{T}}(\boldsymbol{q})\boldsymbol{h}_{\mathrm{e}} \tag{9.24}$$

则

$$\tilde{\boldsymbol{q}} = \boldsymbol{K}_{\mathrm{P}}^{-1}\boldsymbol{J}^{\mathrm{T}}(\boldsymbol{q})\boldsymbol{h}_{\mathrm{e}} \tag{9.25}$$

假定与平衡点存在微小位移,则用 $\mathrm{d}\tilde{\boldsymbol{x}} \approx \boldsymbol{J}(\boldsymbol{q})\mathrm{d}\tilde{\boldsymbol{q}}$ 计算结果操作空间相对基坐标系的位移是合理的。因此根据式(9.25),有

$$\mathrm{d}\tilde{\boldsymbol{x}} = \boldsymbol{J}(\boldsymbol{q})\boldsymbol{K}_{\mathrm{P}}^{-1}\boldsymbol{J}^{\mathrm{T}}(\boldsymbol{q})\boldsymbol{h}_{\mathrm{e}} \tag{9.26}$$

与相对基坐标系的主动柔量相一致。注意对力和力矩分量,柔量矩阵 $\boldsymbol{J}(\boldsymbol{q})\boldsymbol{K}_{\mathrm{P}}^{-1}\boldsymbol{J}^{\mathrm{T}}(\boldsymbol{q})$ 都取决于机械手姿态。同样在此情况下,可以对机械手雅可比矩阵矩阵奇异性出现的状况分别进行分析。

9.3　阻抗控制

现在在操作空间逆动力学控制下分析机械手与环境的相互作用。参考模型(9.1),考虑式(8.57)的控制律

$$\boldsymbol{u} = \boldsymbol{B}(\boldsymbol{q})\boldsymbol{y} + \boldsymbol{n}(\boldsymbol{q}, \dot{\boldsymbol{q}})$$

其中 n 与式(8.56)中相同。存在末端执行器受力的情况下,受控机械手描述为

$$\ddot{\boldsymbol{q}} = \boldsymbol{y} - \boldsymbol{B}^{-1}(\boldsymbol{q})\boldsymbol{J}^{\mathrm{T}}(\boldsymbol{q})\boldsymbol{h}_{\mathrm{e}} \tag{9.27}$$

该式表明由于接触力而存在非线性耦合项。按与式(8.114)概念上类似的方式选择 $\boldsymbol{y}$,如下式

$$\boldsymbol{y} = \boldsymbol{J}_{\mathrm{A}}^{-1}(\boldsymbol{q})\boldsymbol{M}_{\mathrm{d}}^{-1}(\boldsymbol{M}_{\mathrm{d}}\ddot{\boldsymbol{x}}_{\mathrm{d}} + \boldsymbol{K}_{\mathrm{D}}\dot{\tilde{\boldsymbol{x}}} + \boldsymbol{K}_{\mathrm{P}}\tilde{\boldsymbol{x}} - \boldsymbol{M}_{\mathrm{d}}\dot{\boldsymbol{J}}_{\mathrm{A}}(\boldsymbol{q}, \dot{\boldsymbol{q}})\dot{\boldsymbol{q}}) \tag{9.28}$$

其中 $\boldsymbol{M}_{\mathrm{d}}$ 为正定对角矩阵。将式(9.28)代入式(9.27)中,按式(3.98)的形式计算二阶微分运动学方程

$$\boldsymbol{M}_{\mathrm{d}}\ddot{\tilde{\boldsymbol{x}}} + \boldsymbol{K}_{\mathrm{D}}\dot{\tilde{\boldsymbol{x}}} + \boldsymbol{K}_{\mathrm{P}}\tilde{\boldsymbol{x}} = \boldsymbol{M}_{\mathrm{d}}\boldsymbol{B}_{\mathrm{A}}^{-1}(\boldsymbol{q})\boldsymbol{h}_{\mathrm{A}} \tag{9.29}$$

其中

$$\boldsymbol{B}_{\mathrm{A}}(\boldsymbol{q}) = \boldsymbol{J}_{\mathrm{A}}^{-\mathrm{T}}(\boldsymbol{q})\boldsymbol{B}(\boldsymbol{q})\boldsymbol{J}_{\mathrm{A}}^{-1}(\boldsymbol{q})$$ 372

上式与式(7.134)相同,是操作空间机械手的惯性矩阵。该矩阵依赖于位形,若 $\boldsymbol{J}_{\mathrm{A}}$ 满秩则其正定。

式(9.29)通过广义机械阻抗(mechanical impedance)在操作空间建立了力向量 $\boldsymbol{M}_{\mathrm{d}}\boldsymbol{B}_{\mathrm{A}}^{-1}\boldsymbol{h}_{\mathrm{A}}$ 与位移向量 $\tilde{\boldsymbol{x}}$ 之间的关系。机械阻抗是由机械系统产生的,并由质量矩阵 $\boldsymbol{M}_{\mathrm{d}}$、阻尼矩阵 $\boldsymbol{K}_{\mathrm{D}}$ 和刚度矩阵 $\boldsymbol{K}_{\mathrm{P}}$ 所表征。机械阻抗可用于描述沿着操作空间方向的动态响应。

$\boldsymbol{B}_{\mathrm{A}}^{-1}$ 的存在使系统耦合。若希望在与环境交互过程中保持线性性并解耦,则需要测量接触力,接触力的测量可以通过适当的力传感器实现,如 5.4.1 节所讨论的,力传感器通常安装

在机械手的腕部。选择

$$u = B(q)y + n(q,\ \dot{q}) + J^{\mathrm{T}}(q)h_{\mathrm{e}} \tag{9.30}$$

其中

$$y = J_{\mathrm{A}}^{-1}(q)M_{\mathrm{d}}^{-1}(M_{\mathrm{d}}\ddot{x} + K_{\mathrm{D}}\dot{\tilde{x}} + K_{\mathrm{P}}\tilde{x} - M_{\mathrm{d}}\dot{J}_{\mathrm{A}}(q,\ \dot{q})\dot{q} - h_{\mathrm{A}}) \tag{9.31}$$

假定力测量值没有误差，则有

$$M_{\mathrm{d}}\ddot{\tilde{x}} + K_{\mathrm{D}}\dot{\tilde{q}} + K_{\mathrm{P}}\tilde{x} = h_{\mathrm{A}} \tag{9.32}$$

需要注意式(9.30)中 $J^{\mathrm{T}}h_{\mathrm{e}}$ 项的加入完全补偿了接触力，使得机械手关于外部压力的刚度无限大。为了使机械手具有柔性响应，式(9.31)中引入了 $-J_{\mathrm{A}}^{-1}M_{\mathrm{d}}^{-1}h_{\mathrm{A}}$ 项，这样就如式(9.32)中所示，机械手可描述为关于等效力 h_{A} 的线性阻抗(linear impedance)。

式(9.32)中系统在平衡点的特性与式(9.4)所描述的类似，虽然如此，与由 K_{P}^{-1} 规定的主动柔量控制相比，式(9.32)中的等式可以通过矩阵 M_{d}，K_{D}，K_{P} 规定的主动阻抗(active impedance)来完整描述系统动态特征。仍以此情况讨论，不难发现，考虑到 h_{e}，阻抗是通过矩阵 T 而依赖于当前末端执行器方向的，因此阻抗参数的选取变得困难，而且可能在表示奇异性的邻域里出现不充分响应。

为避免这种问题，有效的方法是将控制输入 y 重新设计为式(9.9)中操作空间误差的函数。

假定期望坐标系 $O_{\mathrm{d}}-x_{\mathrm{d}}y_{\mathrm{d}}z_{\mathrm{d}}$ 时变，参考式(9.10)和式(9.11)，式(9.9)的时间导数表达式为

373

$$\dot{\tilde{x}} = -J_{A_{\mathrm{d}}}(q,\ \tilde{x})\dot{q} + b(\tilde{x},\ R_{\mathrm{d}},\ \dot{o}_{\mathrm{d}},\ \omega_{\mathrm{d}}) \tag{9.33}$$

其中 $J_{A_{\mathrm{d}}}$ 为式(9.14)的解析雅可比矩阵矩阵，向量 b 为

$$b(\tilde{x},\ R_{\mathrm{d}},\ o_{\mathrm{d}},\ \omega_{\mathrm{d}}) = \begin{bmatrix} R_{\mathrm{d}}^{\mathrm{T}}\dot{o}_{\mathrm{d}} + S(\omega_{\mathrm{d}}^{\mathrm{d}})o_{\mathrm{d,e}}^{\mathrm{d}} \\ T^{-1}(\phi_{\mathrm{d,e}})\,\omega_{\mathrm{d}}^{\mathrm{d}} \end{bmatrix}$$

计算式(9.33)的时间导数，有

$$\ddot{\tilde{x}} = -J_{A_{\mathrm{d}}}\ddot{q} - \dot{J}_{A_{\mathrm{d}}}\dot{q} + \dot{b} \tag{9.34}$$

其中为了简化，忽略函数对自变量的依赖。其结果是，应用式(9.30)及下式

$$y = J_{A_{\mathrm{d}}}^{-1}M_{\mathrm{d}}^{-1}(K_{\mathrm{D}}\dot{\tilde{x}} + K_{\mathrm{P}}\tilde{x} - M_{\mathrm{d}}J_{A_{\mathrm{d}}}\dot{q} + M_{\mathrm{d}}\dot{b} - h_{\mathrm{e}}^{\mathrm{d}}) \tag{9.35}$$

得到如下方程：

$$M_{\mathrm{d}}\ddot{\tilde{x}} + K_{\mathrm{D}}\dot{\tilde{x}} + K_{\mathrm{P}}\tilde{x} = h_{\mathrm{e}}^{\mathrm{d}} \tag{9.36}$$

其中所有向量均是参考期望坐标系的。方程表示了关于力向量 $h_{\mathrm{e}}^{\mathrm{d}}$ 的线性阻抗，它与机械手位形无关。

阻抗控制方框图如图 9.2 所示。

与主动柔量和被动柔量的关系相似，若与一定质量、阻尼和刚度的外部环境接触产生相互作用力 h_{e}，可引入被动阻抗(passive impedance)的概念。这种情况下，在环境中的机械手系统可被看作两个阻抗并联组成的机械系统，其动态响应以两者的相对权值为条件。

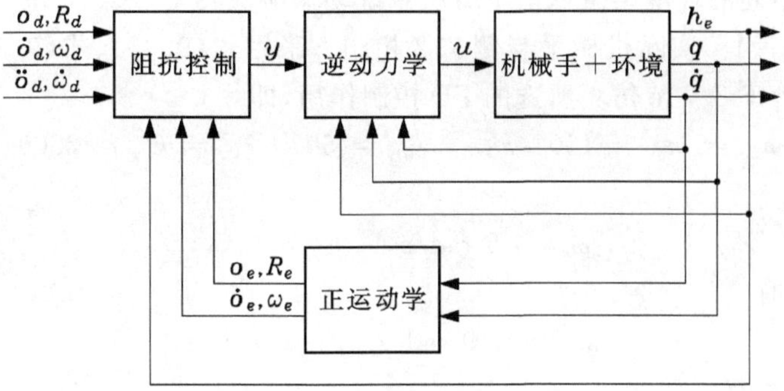

图 9.2　阻抗控制方框图

例 9.2

以前例中与弹性柔性平面接触的平面臂为对象。由于属于简单几何问题，其中仅包含位 374
置变量，所有的物理量都可以方便地参考基坐标系。这样可采用由式(9.30)、式(9.31)的力测量值构成的阻抗控制律。而且 $\boldsymbol{x}_{\mathrm{d}}=\boldsymbol{o}_{\mathrm{d}}$，$\widetilde{\boldsymbol{x}}=\boldsymbol{o}_{\mathrm{d}}-\boldsymbol{o}_{\mathrm{e}}$，$\boldsymbol{h}_{\mathrm{A}}=\boldsymbol{f}_{\mathrm{e}}$，以及

$$\boldsymbol{M}_{\mathrm{d}}=\mathrm{diag}\{m_{\mathrm{d}x}, m_{\mathrm{d}y}\} \quad \boldsymbol{K}_{\mathrm{D}}=\mathrm{diag}\{k_{\mathrm{D}x}, k_{\mathrm{D}y}\} \quad \boldsymbol{K}_{\mathrm{P}}=\mathrm{diag}\{k_{\mathrm{P}x}, k_{\mathrm{P}y}\}$$

阻抗控制下与弹性环境接触的机械手结构图如图 9.3 所示，其中 $\boldsymbol{x}_{\mathrm{e}}=\boldsymbol{o}_{\mathrm{e}}$，$\boldsymbol{x}_{\mathrm{r}}=\boldsymbol{o}_{\mathrm{r}}$。

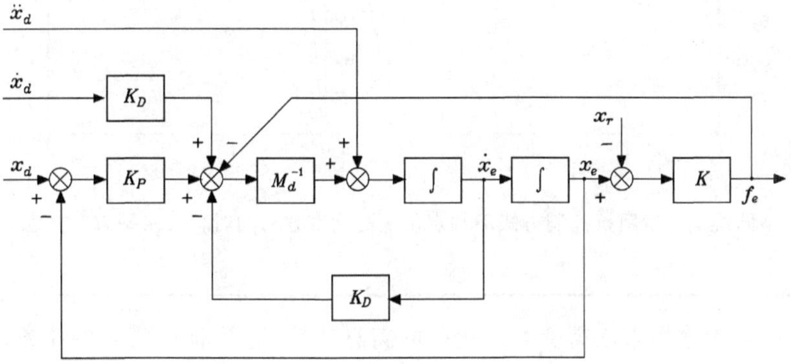

图 9.3　阻抗控制下与弹性环境接触的机械手等效结构图

若 $\boldsymbol{x}_{\mathrm{d}}$ 为常数，机械手与环境系统沿着操作空间两个方向的动力学方程描述为

$$m_{\mathrm{d}x}\ddot{x}_{\mathrm{e}}+k_{\mathrm{D}x}\dot{x}_{\mathrm{e}}+(k_{\mathrm{P}x}+k_x)x_{\mathrm{e}}=k_x x_{\mathrm{r}}+k_{\mathrm{P}x}x_{\mathrm{d}}$$

$$m_{\mathrm{d}y}\ddot{y}_{\mathrm{e}}+k_{\mathrm{D}y}\dot{y}_{\mathrm{e}}+k_{\mathrm{P}y}y_{\mathrm{e}}=k_{\mathrm{P}x}y_{\mathrm{d}}$$

沿垂直方向，无约束运动的时间响应由以下自然频率和阻尼因子决定：

$$\omega_{ny}=\sqrt{\frac{k_{\mathrm{P}y}}{m_{\mathrm{d}y}}} \quad \zeta_y=\frac{k_{\mathrm{D}y}}{2\sqrt{m_{\mathrm{d}y}k_{\mathrm{P}y}}}$$

而沿着水平方向，接触力 $f_x=k_x(x_{\mathrm{e}}-x_{\mathrm{r}})$ 的响应由下式决定：

$$\omega_{nx}=\sqrt{\frac{k_{\mathrm{P}x}+k_x}{m_{\mathrm{d}x}}} \qquad \zeta_x=\frac{k_{\mathrm{D}x}}{2\sqrt{m_{\mathrm{d}x}(k_{\mathrm{P}x}+k_x)}}$$

下面，在两种不同的环境柔量取值下分析系统动态响应：$k_x=10^3$ N/m，$k_x=10^4$ N/m。环境的静止位置为 $x_r=1$。实际机械手与例 7.2 相同。采用式(9.30)、式(9.31)类型力测量的阻抗控制，以及等价于 8.7 节仿真所选的 PD 控制作用，即

375 $$m_{dx}=m_{dy}=100 \quad k_{Dx}=k_{Dy}=500 \quad k_{Px}=k_{Py}=2500$$

对这些值有

$$\omega_{ny}=5\ \text{rad/s} \qquad \zeta_y=0.5$$

对柔性较大的环境有

$$\omega_{nx}\approx 5.9\ \text{rad/s} \quad \zeta_x\approx 0.42$$

而对柔性较小的环境有

$$\omega_{nx}\approx 11.2\ \text{rad/s} \quad \zeta_x=0.22$$

令臂端与环境在位置 $\boldsymbol{x}_e=[1 \quad 0]^T$ 接触，期望其到达位置 $\boldsymbol{x}_d=[1,1 \quad 0.1]^T$。

图 9.4 的结果表明，两种情况下沿垂直方向运动的动态过程是一样的。考虑沿着水平方向的接触力，柔性较大的环境（虚线）可得到很好的阻尼性能，而柔性较小的环境（实线）所得响应阻尼较小。平衡点处，在第一种情况下接触力为 71.4 N 时位移为 7.14 cm，而在第二种情况下接触力为 200 N 时位移为 2 cm。

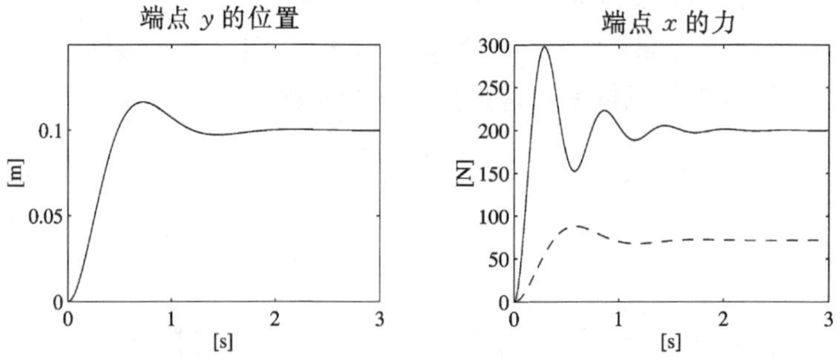

图 9.4　不同柔量环境阻抗控制方式下端点位置沿垂直方向的时程及水平方向接触力的时程

选择好的阻抗参数用来获得交互过程中的满意特性，这并非一项简单任务。例 9.2 表明沿自由运动方向的闭环动态和沿受约束方向的闭环动态是不同的。后者的动态响应取决于环境的刚度特征。实现涉及两种不同类型相互作用的复杂任务恐怕还需要不同数值的阻抗参数。

注意没有相互作用或沿着自由运动方向时，阻抗控制等价于逆动力学位置控制。由于模
376 型不确定的和逆动力学计算中的近似，所以在选择阻抗参数时，还要考虑对干扰的抑制因子应为较高数值的需求。抑制因子与增益矩阵 $\boldsymbol{K}_P$ 是成比例增长的，因此若闭环响应特性由于干扰的影响变得越差，则需要令阻抗控制的柔性越大（通过选择 $\boldsymbol{K}_P$ 元素的值较小），以保持交互作用力的限制。

一种可能的解决途径是根据图 9.5 所示的控制方案，将运动控制问题从阻抗控制问题中分离出来。该控制方案是建立在柔性坐标系（compliant frame）概念的基础上的，这是描述阻抗控制作用下末端执行器理想特性合适的参考坐标系。该坐标系由原点位置 $\boldsymbol{O}_t$、旋转矩阵 $\boldsymbol{R}_t$、以及线速度、线加速度、角速度、角加速度来表示。这些物理量可结合以下形式的联合阻抗

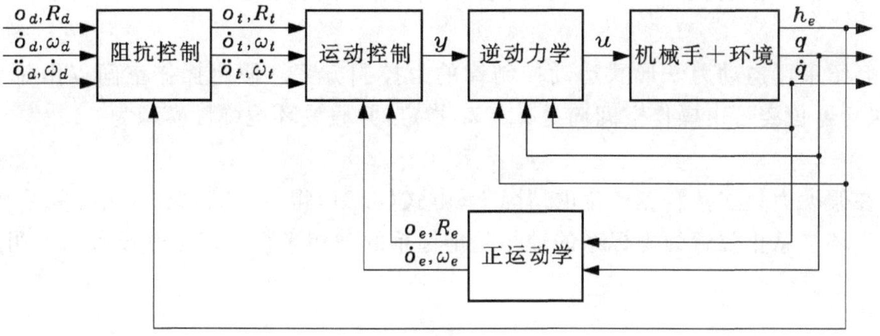

图 9.5　准入控制方框图

方程来计算：

$$\boldsymbol{M}_{\mathrm{t}} \ddot{\tilde{\boldsymbol{z}}} + \boldsymbol{K}_{\mathrm{Dt}} \dot{\tilde{\boldsymbol{z}}} + \boldsymbol{K}_{\mathrm{Pt}} \tilde{\boldsymbol{z}} = \boldsymbol{h}_{\mathrm{e}}^{\mathrm{d}} \tag{9.37}$$

可从力向量 $\boldsymbol{h}_{\mathrm{e}}$ 的测量值开始计算，其中 $\boldsymbol{M}_{\mathrm{t}}$，$\boldsymbol{K}_{\mathrm{Dt}}$，$\boldsymbol{K}_{\mathrm{Pt}}$ 为机械阻抗的参数。在以上方程中，向量 $\tilde{\boldsymbol{z}}$ 表示式(9.9)中所定义的期望坐标系与柔性坐标系之间的操作空间误差，使用下标 t 代替下标 e。

柔性坐标系的运动学变量为逆动力学类型运动控制的输入，可根据式(9.28)和式(9.30)计算。这种方式中，应设计式(9.28)运动控制律的增益，以保证干扰抑制因子数值较高。另一方面，可设置式(9.37)阻抗控制律的增益，以保证在与环境交互过程中满足响应特性需要。若运动控制回路的等效带宽远大于阻抗控制回路的等效带宽，就可以确保全局系统的稳定性。

以上控制方案也就是有名的准入控制，因为方程(9.37)符合控制器从力的测量值(输入)
中产生运动变量(输出)这样的机械准入条件。另一方面，由方程(9.31)或(9.35)、(9.30)定义 377
的控制可解释为系统从运动变量(输入)的测量值中产生等价的末端执行器力(输出)，从而与机械阻抗相符。

9.4　力控制

以上方案是通过对运动控制系统末端执行器期望姿态施加动作而间接控制相互作用力，因此这些方案实现的是间接力控制(indirect force control)。无论如何，机械手与环境之间的相互作用都是直接受到环境的柔性和机械手的柔性或阻抗影响的。

如果期望准确控制接触力，必须设计能够直接指定期望相互作用力的控制方案。直接力控制(direct force control)系统的开发与运动控制系统相类似，除了常规的非线性补偿控制外，还需要对力误差采用 PD 稳定控制作用。力的测量值可能会被噪声污染，因此在实践中可能无法实现微分作用，故稳定控制可通过适当的速度项阻尼来实现。其结果是力控制系统的典型控制律是基于力测量值和速度测量值乃至位置测量值的。

力控制方案可以采用由外力调节反馈回路(outer force regulation feedback loop)向机械手常用的运动控制方案提供控制输入来实现。下面介绍基于采用逆动力学位置控制的力控制方案。这种控制方案的效果取决于特殊的相互作用情况，通常还与接触的几何关系有关。为此要注意只有沿着出现机械手和环境之间相互作用力的操作空间方向，控制策略才是有意义的。

下面介绍采用逆动力学形式运动控制律的力控制方案。假定操作空间仅由位置变量定义，末端执行器位姿可由操作空间向量 $\boldsymbol{x}_{\mathrm{e}}=\boldsymbol{o}_{\mathrm{e}}$ 指定，并假设环境弹性模型为

$$\boldsymbol{f}_{\mathrm{e}}=\boldsymbol{K}(\boldsymbol{x}_{\mathrm{e}}-\boldsymbol{x}_{\mathrm{r}}) \tag{9.38}$$

该模型是在假设力只在接触点产生的情况下，由式(9.21)得到。式(9.38)中，由于 $\boldsymbol{x}_{\mathrm{r}}=\boldsymbol{o}_{\mathrm{r}}$，并假设固连于环境息止位置的坐标系的轴与基坐标系的轴相平行。以上假设可以证明力控制的
378 一些重要特征。

9.4.1 包含内位置回路的力控制

参考式(9.30)含力测量值的逆动力学控制律，用以下控制代替式(9.31)

$$\boldsymbol{y}=\boldsymbol{J}^{-1}(\boldsymbol{q})\boldsymbol{M}_{\mathrm{d}}^{-1}(-\boldsymbol{K}_{\mathrm{D}}\dot{\boldsymbol{x}}_{\mathrm{e}}+\boldsymbol{K}_{\mathrm{P}}(\boldsymbol{x}_{\mathrm{F}}-\boldsymbol{x}_{\mathrm{e}})-\boldsymbol{M}_{\mathrm{d}}\dot{\boldsymbol{J}}(\boldsymbol{q},\dot{\boldsymbol{q}})\dot{\boldsymbol{q}}) \tag{9.39}$$

其中 $\boldsymbol{x}_{\mathrm{F}}$ 是与力误差有关的参考量。注意控制律(9.39)无法预知到是否采用与 $\boldsymbol{x}_{\mathrm{F}}$ 和 $\ddot{\boldsymbol{x}}_{\mathrm{F}}$ 相关的补偿作用。而且由于操作空间仅由位置变量定义，解析雅可比矩阵矩阵与几何雅可比矩阵矩阵是一致的，即 $\boldsymbol{J}_{\mathrm{A}}(\boldsymbol{q})=\boldsymbol{J}(\boldsymbol{q})$。

将式(9.30)、式(9.39)代入式(9.1)，在进行和以上相似的代数处理之后，系统可描述为

$$\boldsymbol{M}_{\mathrm{d}}\ddot{\boldsymbol{x}}_{\mathrm{e}}+\boldsymbol{K}_{\mathrm{D}}\dot{\boldsymbol{x}}_{\mathrm{e}}+\boldsymbol{K}_{\mathrm{P}}\boldsymbol{x}_{\mathrm{e}}=\boldsymbol{K}_{\mathrm{P}}\boldsymbol{x}_{\mathrm{F}} \tag{9.40}$$

上式揭示了式(9.30)和式(9.39)是如何通过选择矩阵 $\boldsymbol{M}_{\mathrm{d}}$，$\boldsymbol{K}_{\mathrm{D}}$，$\boldsymbol{K}_{\mathrm{P}}$ 指定动力学关系以实现 $\boldsymbol{x}_{\mathrm{e}}$ 到 $\boldsymbol{x}_{\mathrm{F}}$ 的位置控制的。

令 $\boldsymbol{f}_{\mathrm{d}}$ 表示期望的常值参考力，$\boldsymbol{x}_{\mathrm{F}}$ 与力误差之间关系可表示为

$$\boldsymbol{x}_{\mathrm{F}}=\boldsymbol{C}_{\mathrm{F}}(\boldsymbol{f}_{\mathrm{d}}-\boldsymbol{f}_{\mathrm{e}}) \tag{9.41}$$

其中 $\boldsymbol{C}_{\mathrm{F}}$ 为具有柔量含义的对角阵，其元素给出了沿操作空间期望方向执行的控制作用。方程(9.40)、(9.41)表明力控制是在先前存在位置控制回路的基础上发展而来的。

在式(9.38)所描述弹性柔性环境的假定下，由式(9.41)，式(9.40)变为

$$M_{\mathrm{d}}\ddot{\boldsymbol{x}}_{\mathrm{e}}+\boldsymbol{K}_{\mathrm{D}}\dot{\boldsymbol{x}}_{\mathrm{e}}+\boldsymbol{K}_{\mathrm{P}}(\boldsymbol{I}_3+\boldsymbol{C}_{\mathrm{F}}\boldsymbol{K})\boldsymbol{x}_{\mathrm{e}}=\boldsymbol{K}_{\mathrm{P}}\boldsymbol{C}_{\mathrm{F}}(\boldsymbol{K}\boldsymbol{x}_{\mathrm{r}}+\boldsymbol{f}_{\mathrm{d}}) \tag{9.42}$$

要决定由 $\boldsymbol{C}_{\mathrm{r}}$ 指定的控制作用类型，有必要用图 9.6 结构图的形式再次描述式(9.21)、式
379 (9.40)、式(9.41)。图 9.6 是从图 9.3 演化而来的，这种方案表明，若 $\boldsymbol{C}_{\mathrm{F}}$ 具有纯比例控制作用，则稳态时 $\boldsymbol{f}_{\mathrm{e}}$ 无法达到 $\boldsymbol{f}_{\mathrm{d}}$，而 $\boldsymbol{x}_{\mathrm{r}}$ 同样会对相互作用力产生影响。

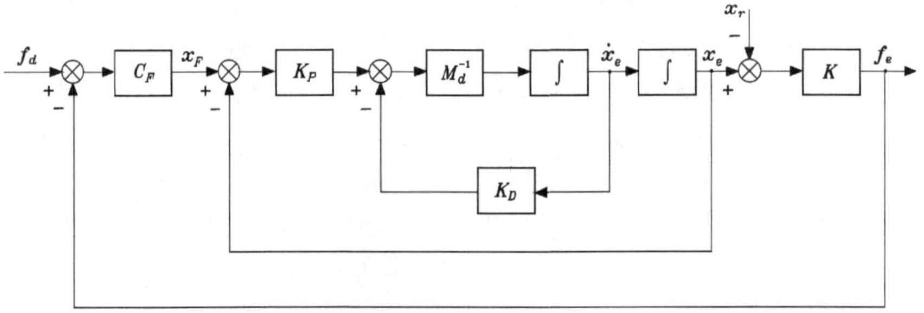

图 9.6 包含内位置回路的力控制结构图

如果 $\boldsymbol{C}_{\mathrm{F}}$ 还有对力分量的积分控制作用，则稳态时可能实现 $\boldsymbol{f}_{\mathrm{e}}=\boldsymbol{f}_{\mathrm{d}}$，同时抑制 $\boldsymbol{x}_{\mathrm{r}}$ 对 $\boldsymbol{f}_{\mathrm{e}}$ 的影响。因此对 $\boldsymbol{C}_{\mathrm{F}}$ 的一种简便选择是比例积分作用

$$\boldsymbol{C}_{\mathrm{F}} = \boldsymbol{K}_{\mathrm{F}} + \boldsymbol{K}_{\mathrm{I}}\int^{t}(\cdot)\mathrm{d}\varsigma \tag{9.43}$$

式(9.42)、式(9.43)所得的动态系统是三阶系统，因此必须根据环境特征适当地选择矩阵 $\boldsymbol{K}_{\mathrm{D}}$，$\boldsymbol{K}_{\mathrm{P}}$，$\boldsymbol{K}_{\mathrm{F}}$，$\boldsymbol{K}_{\mathrm{I}}$。由于典型环境的刚度值很高，因此应当控制比例和积分作用的权值，$\boldsymbol{K}_{\mathrm{F}}$ 和 $\boldsymbol{K}_{\mathrm{I}}$ 的选择则会影响到力控制下的稳定裕度和系统带宽。假设已到达稳定的平衡点，即 $\boldsymbol{f}_{\mathrm{e}}=\boldsymbol{f}_{\mathrm{d}}$，则

$$\boldsymbol{K}\boldsymbol{x}_{\mathrm{e}} = \boldsymbol{K}\boldsymbol{x}_{\mathrm{r}} + \boldsymbol{f}_{\mathrm{d}} \tag{9.44}$$

9.4.2　包含内速度回路的力控制

从图 9.6 所示结构图可以看到，若位置反馈回路断开，$\boldsymbol{x}_{\mathrm{F}}$ 表示参考速度，则 $\boldsymbol{x}_{\mathrm{F}}$ 和 $\boldsymbol{x}_{\mathrm{e}}$ 之间存在积分关系。可以认识到在这种情况下，即使采用比例力控制器，在稳态时与环境的相互作用力和将与期望值相一致。实际上，选择

$$\boldsymbol{y} = \boldsymbol{J}^{-1}(\boldsymbol{q})\boldsymbol{M}_{\mathrm{d}}^{-1}(-\boldsymbol{K}_{\mathrm{D}}\dot{\boldsymbol{x}}_{\mathrm{e}} + \boldsymbol{K}_{\mathrm{P}}\boldsymbol{x}_{\mathrm{F}} - \boldsymbol{M}_{\mathrm{d}}\dot{\boldsymbol{J}}(\boldsymbol{q},\ \dot{\boldsymbol{q}})\ \dot{\boldsymbol{q}}) \tag{9.45}$$

对力误差采用纯比例控制结构($\boldsymbol{C}_{\mathrm{F}}=\boldsymbol{K}_{\mathrm{F}}$)，有下式成立：

$$\boldsymbol{x}_{\mathrm{F}} = \boldsymbol{K}_{\mathrm{F}}(\boldsymbol{f}_{\mathrm{d}} - \boldsymbol{f}_{\mathrm{e}}) \tag{9.46}$$ 380

系统动态方程可描述为

$$\boldsymbol{M}_{\mathrm{d}}\ddot{\boldsymbol{x}}_{\mathrm{e}} + \boldsymbol{K}_{\mathrm{D}}\dot{\boldsymbol{x}}_{\mathrm{e}} + \boldsymbol{K}_{\mathrm{P}}\boldsymbol{K}_{\mathrm{F}}\boldsymbol{K}\boldsymbol{x}_{\mathrm{e}} = \boldsymbol{K}_{\mathrm{P}}\boldsymbol{K}_{\mathrm{F}}(\boldsymbol{K}\boldsymbol{x}_{\mathrm{r}} + \boldsymbol{f}_{\mathrm{d}}) \tag{9.47}$$

平衡点上位置与接触力之间的关系由式(9.44)给出，相应的结构图见图 9.7。需要强调的是，由于现在所得系统是二阶的[①]，因此控制设计被简化了；但要注意由于力控制器中缺少积分作用，因此不能保证减小未建模动力学的影响。

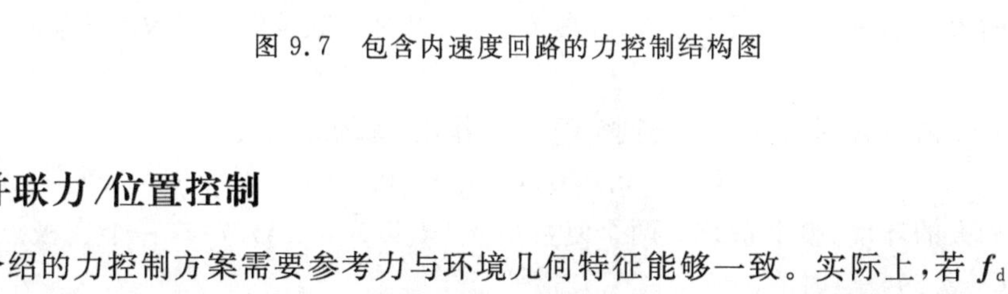

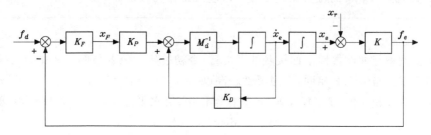

图 9.7　包含内速度回路的力控制结构图

9.4.3　并联力/位置控制

前面介绍的力控制方案需要参考力与环境几何特征能够一致。实际上，若 $\boldsymbol{f}_{\mathrm{d}}$ 具有 $\boldsymbol{R}(\boldsymbol{K})$ 之外的分量，式(9.42)($\boldsymbol{C}_{\mathrm{F}}$ 具有积分作用情况)和式(9.47)均表明，沿相应的操作空间方向，$\boldsymbol{f}_{\mathrm{d}}$ 的分量可被视为参考速度，它将引起末端执行器位置的漂移。若对 $\boldsymbol{f}_{\mathrm{d}}$ 沿 $\boldsymbol{R}(\boldsymbol{K})$ 外部的方向进行适当的规划，在式(9.42)的情况下，由位置控制作用决定所得的运动将使末端执行器的位置

① 矩阵 $\boldsymbol{K}_{\mathrm{P}}$ 与 $\boldsymbol{K}_{\mathrm{F}}$ 并不独立，可表示为一个矩阵 $\boldsymbol{K}_{\mathrm{F}}'=\boldsymbol{K}_{\mathrm{P}}\boldsymbol{K}_{\mathrm{F}}$。

到达零点，而在式(9.47)的情况下，将使末端执行器的速度降到零。因此，即使沿着可行的任务空间方向，以上控制方案也不能实现位置控制。

如果期望按纯位置控制方案指定期望的末端执行器位姿 $\boldsymbol{x}_{\mathrm{d}}$，可以对图 9.6 的方案进行修正，在输入端加上参考量 $\boldsymbol{x}_{\mathrm{d}}$，在此对位置量进行求和计算。相应地选择

$$\boldsymbol{y}=\boldsymbol{J}^{-1}(\boldsymbol{q})\boldsymbol{M}_{\mathrm{d}}^{-1}(-\boldsymbol{K}_{\mathrm{D}}\dot{\boldsymbol{x}}_{\mathrm{e}}+\boldsymbol{K}_{\mathrm{P}}(\tilde{\boldsymbol{x}}+\boldsymbol{x}_{\mathrm{F}})-\boldsymbol{M}_{\mathrm{d}}\dot{\boldsymbol{J}}_{\mathrm{A}}(\boldsymbol{q},\dot{\boldsymbol{q}})\dot{\boldsymbol{q}}) \tag{9.48}$$

其中 $\tilde{\boldsymbol{x}}=\boldsymbol{x}_{\mathrm{d}}-\boldsymbol{x}_{\mathrm{e}}$。由于存在与力控制作用 $\boldsymbol{K}_{\mathrm{P}}\boldsymbol{C}_{\mathrm{F}}(\boldsymbol{f}_{\mathrm{d}}-\boldsymbol{f}_{\mathrm{e}})$ 并联的位置控制作用 $\boldsymbol{K}_{\mathrm{P}}\tilde{\boldsymbol{x}}$，所得的方
381 案(图 9.8)称为并联力/位置控制(parallel force/position control)。容易证明这种情况下，平衡位置满足如下方程(见习题 9.4)：

$$\boldsymbol{x}_{\mathrm{e}}=\boldsymbol{x}_{\mathrm{d}}+\boldsymbol{C}_{\mathrm{F}}(\boldsymbol{K}(\boldsymbol{x}_{\mathrm{r}}-\boldsymbol{x}_{\mathrm{e}})+\boldsymbol{f}_{\mathrm{d}}) \tag{9.49}$$

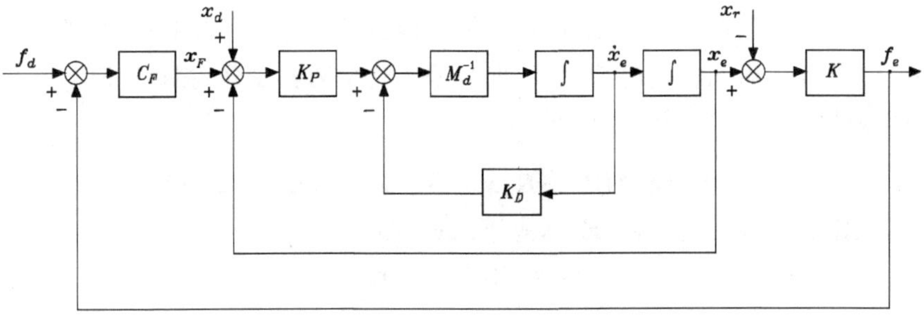

图 9.8 并联力/位置控制结构图

因此，沿 $\mathcal{R}(\boldsymbol{K})$ 外部运动不受约束的方向，$\boldsymbol{x}_{\mathrm{e}}$ 将到达参考位置 $\boldsymbol{x}_{\mathrm{d}}$。反之沿 $\mathcal{R}(\boldsymbol{K})$ 内部运动受约束的方向，$\boldsymbol{x}_{\mathrm{d}}$ 被视作附加的干扰量；对 $\boldsymbol{C}_{\mathrm{F}}$ 采用如图 9.6 所示方案的积分作用，可保证稳态时达到参考力 $\boldsymbol{f}_{\mathrm{d}}$，但要以 $\boldsymbol{x}_{\mathrm{e}}$ 的位置误差依赖于环境柔量作为代价。

例 9.3

仍考虑上例中与弹性柔性平面接触的平面臂；令初始接触位置与例 9.2 相同，分析不同力控制方案的实现。与例 9.2 相同，考虑柔性较高($k_x=10^3$ N/m)和较低($k_x=10^4$ N/m)两种环境。选择与例 9.2 相同的 $\boldsymbol{M}_{\mathrm{d}}$，$\boldsymbol{K}_{\mathrm{D}}$，$\boldsymbol{K}_{\mathrm{P}}$ 位置控制作用，沿水平方向施加力控制作用，即

$$\boldsymbol{C}_{\mathrm{F}}=\mathrm{diag}\{c_{\mathrm{F}x},0\}$$

接触力的参考值选为 $\boldsymbol{f}_{\mathrm{d}}=[10\quad 0]^{\mathrm{T}}$，参考位置(仅对并联控制有意义)选为 $\boldsymbol{x}_{\mathrm{d}}=[1.015\quad 0.1]^{\mathrm{T}}$。

对图 9.6 带内位置回路的方案，选择 PI 控制作用 $c_{\mathrm{F}x}$ 的参数为

$$k_{\mathrm{F}x}=0.00064\quad k_{\mathrm{I}x}=0.0016$$

对柔性较大的环境，整个系统有两个复数极点(−1.96，±j5.74)，一个实极点(−1.09)，
382 一个实零点(−2.5)

对图 9.7 带内速度回路的方案，$c_{\mathrm{F}x}$ 中的比例控制作用为

$$k_{\mathrm{F}x}=0.0024$$

对柔性较大的环境，整个系统有两个复数极点(−2.5，±j7.34)。

对图 9.8 的并联控制方案，选择 PI 控制作用 $c_{\mathrm{F}x}$ 的参数与第一种方案相同。

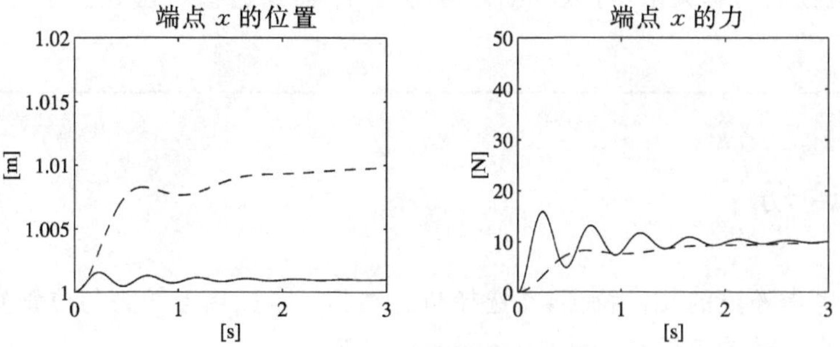

图 9.9　两种不同柔量环境下带局部位置回路的力控制方案的端点位置与接触力沿水平方向的时程

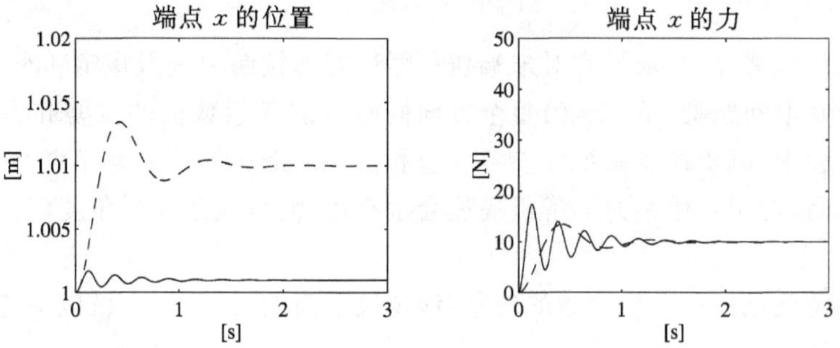

图 9.10　两种不同柔量环境下带局部速度回路的力控制方案的端点位置与接触力沿水平方向的时程

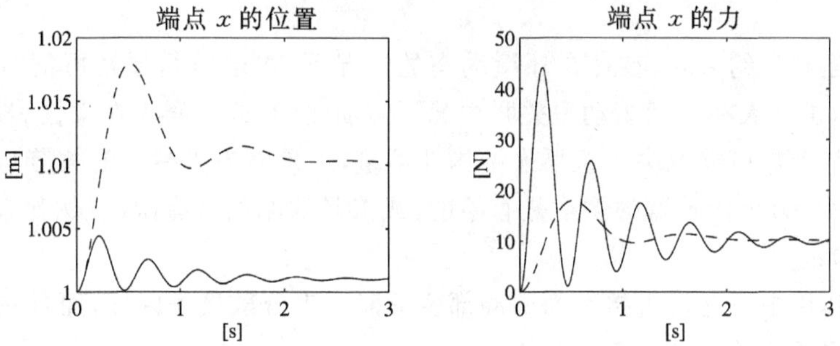

图 9.11　两种不同柔量环境下并联力/位置控制方案的端点位置与接触力沿水平方向的时程

图 9.9、图 9.10、图 9.11 绘制了三种考查方案下指端位置与接触力沿 x_0 轴的时程。不同情况的对比如下：

- 对柔性较大(虚线)与柔性较小(实线)的环境，所有控制律都能保证接触力的稳态值等于期望值；
- 对给定的运动控制作用($\boldsymbol{M}_d$, $\boldsymbol{K}_D$, $\boldsymbol{K}_P$)，具有内速度反馈回路的力控制动态响应比具有内位置反馈回路的要快；
- 具有并联控制的动态响应表明，沿水平方向加入参考位置将使过渡过程的性能下降，但不影响稳态时的接触力。这种效果可通过阶跃位置输入信号等价于适当滤波的脉冲力输入 383
来证明。

显然，由位置控制动态关系，可以看出臂端可沿 y_0 轴到达参考位置。相关的时程没有画出来。

9.5 约束运动

只要适当地考虑环境的几何特征，并选择与这些几何特征相容的力与位置参考量，就可以采用力控制方案来实现约束运动(constrained motion)。

实际机械手的任务可通过复杂接触情况来表示，其中某些方向受到末端执行器位姿的约束，而另一些方向则受到相互作用力的约束。在任务执行过程中，约束的类型可能会发生实质性变化。

要处理复杂接触情况，要求具有对末端执行器姿态与接触力进行指定和实现控制的能力。但是需要考虑的基本问题是，不可能沿每个方向同时施加任意数值的位姿和力。而且还应保证在任务执行过程中，赋予控制系统的参考轨迹和由环境造成的约束是相容的。

由于以上原因，对相互作用力的解析描述会很有用，而且从建模的角度而言非常需要这种描述。

真实的接触情况是一种自然分布的现象，涉及接触面的局部特征、机械手与环境的整体动态特性。具体来说

• 由于不同类型的一处或多处接触，环境会对末端控制器运动造成运动学约束；当末端执行器违反这些约束时(例如机器人的刚性工具在无摩擦刚性平面滑动)，会出现反作用力与力矩。

• 当受到运动学约束时，在存在环境动态的情况下，末端执行器还可能对环境施加动态力和力矩(例如，机器人在曲柄为动力关联情况下转动曲柄，或机器人在柔性表面上推动时)；

• 接触力与力矩可能取决于机器人结构性柔量，这是因为机械手的关节与连杆刚度是有限的，以及腕上力/力矩传感器的刚度是有限的，或工具的刚度是有限的(例如末端执行器安装
384 在 RCC 设备上)；

• 在相互作用中可能发生接触面的局部变形而产生分散接触区域；而且在非理想光滑接触面的情况下，还会存在静态与动态摩擦。

通常在简化假设条件下进行相互作用控制设计。考虑以下两种简化假设情况：

• 机器人和环境是完全刚性的，由环境施加纯运动学约束；

• 机器人是完全刚性的，系统的所有柔性局限于环境中，接触力和力矩由线性弹性模型近似计算。

以上两种情况均假设为无摩擦接触。显然这些情况都是理想化的。不过，控制的鲁棒性能够解决部分理想假设不严格的状况，在此情况下控制律对非理想特性具有适应性。

9.5.1 刚性环境

环境造成的运动学约束可用一组代数方程表达，其中的变量描述末端执行器位置和方向必须满足的量。因为根据正运动学方程，这些变量取决于关节变量，所以约束方程可以在关节

空间表达为：

$$\boldsymbol{\varphi}(\boldsymbol{q}) = \mathbf{0} \tag{9.50}$$

向量 $\boldsymbol{\varphi}$ 为 $(m\times1)$ 函数，且 $m<n$，其中 n 为机械手关节数目，并假设机械手是非冗余的。不失一般性，考虑 $n=6$ 的情形。在系统的广义坐标系中，式(9.50)形式的约束为完整约束(holonomic constraints)。计算式(9.50)的时间导数，有

$$\boldsymbol{J}_{\varphi}(\boldsymbol{q})\dot{\boldsymbol{q}} = \mathbf{0} \tag{9.51}$$

其中 $\boldsymbol{J}_{\varphi}(\boldsymbol{q})=\partial\boldsymbol{\varphi}/\partial\boldsymbol{q}$ 为 $\boldsymbol{\varphi}(\boldsymbol{q})$ 的 $(m\times6)$ 雅可比矩阵矩阵，称为约束雅可比矩阵(constraint Jacobian)。假设在操作点的极小局部邻域内 $\boldsymbol{J}_{\varphi}$ 的秩为 m，等价地可以假设式(9.50)的 m 个约束方程是局部独立的。

在无摩擦情况下，在末端执行器违反约束时，相互作用力将作为反作用力出现。末端执行器力在关节上产生反力矩，可用虚功原理对其进行计算。将反作用力的功考虑在内，根据定义对所有满足约束的虚位移，其值为零。考虑到式(3.108)中关节转矩 $\boldsymbol{\tau}$ 的虚功表达式，并由式 385
(9.51)，虚位移 $\delta\boldsymbol{q}$ 满足如下方程

$$\boldsymbol{J}_{\varphi}(\boldsymbol{q})\delta\boldsymbol{q} = \mathbf{0}$$

可得

$$\boldsymbol{\tau} = \boldsymbol{J}^{\mathrm{T}}\varphi(\boldsymbol{q})\boldsymbol{\lambda}$$

其中 $\boldsymbol{\lambda}$ 为适当的 $(m\times1)$ 向量。相应地施加于末端执行器的力为

$$\boldsymbol{h}_{\mathrm{e}} = \boldsymbol{J}^{-\mathrm{T}}(\boldsymbol{q})\,\boldsymbol{\tau} = \boldsymbol{S}_{\mathrm{f}}(\boldsymbol{q})\boldsymbol{\lambda} \tag{9.52}$$

其中假设 $\boldsymbol{J}$ 为非奇异阵，且

$$\boldsymbol{S}_{\mathrm{f}} = \boldsymbol{J}^{-\mathrm{T}}(\boldsymbol{q})\boldsymbol{J}_{\varphi}^{\mathrm{T}}(\boldsymbol{q}) \tag{9.53}$$

注意方程(9.50)与一组双边约束(bilateral constraints)相对应。这意味着在运动过程中，反作用力(9.52)的作用使得末端执行器总能保持与环境接触。夹具转动曲柄的情形与此相同。但在一些应用场合，与环境的相互作用满足的是单边约束(unilateral constraints)。例如，工具在平面滑动时，反作用力只在工具推向平面时出现，而工具离向平面时则不会出现。不过，在运动过程中，假设末端执行器并不脱离与环境的接触，则仍然可以应用式(9.52)。

由式(9.52)，$\boldsymbol{h}_{\mathrm{e}}$ 属于 m 维子空间 $\mathcal{R}(\boldsymbol{S}_{\mathrm{f}})$。线性变换式(9.52)的逆可由下式计算：

$$\boldsymbol{\lambda} = \boldsymbol{S}_{\mathrm{f}}^{\dagger}(\boldsymbol{q})\boldsymbol{h}_{\mathrm{e}} \tag{9.54}$$

其中 $\boldsymbol{S}_{\mathrm{f}}^{\dagger}$ 表示矩阵 $\boldsymbol{S}_{\mathrm{f}}$ 的加权广义逆矩阵，即

$$\boldsymbol{S}_{\mathrm{f}}^{\dagger} = (\boldsymbol{S}_{\mathrm{f}}^{\mathrm{T}}\boldsymbol{W}\boldsymbol{S}_{\mathrm{f}})^{-1}\boldsymbol{S}_{\mathrm{f}}^{\mathrm{T}}\boldsymbol{W} \tag{9.55}$$

其中 $\boldsymbol{W}$ 为对称正定加权矩阵。

注意，虽然 $\mathcal{R}(\boldsymbol{S}_{\mathrm{f}})$ 是由接触的几何关系惟一定义的，但由于约束方程(9.50)并不是惟一定义的，因此式(9.53)中矩阵 $\boldsymbol{S}_{\mathrm{f}}$ 是不惟一的。而且一般情况下，向量 $\boldsymbol{\lambda}$ 中元素的物理维数并不相同，因此矩阵 $\boldsymbol{S}_{\mathrm{f}}$ 以及 $\boldsymbol{S}_{\mathrm{f}}^{\dagger}$ 的列不一定表示相同维数。若 $\boldsymbol{h}_{\mathrm{e}}$ 表示受干扰约束的物理量，会在变换式(9.54)中产生不变性问题，其结果是出现 $\mathcal{R}(\boldsymbol{S}_{\mathrm{f}})$ 以外的分量。特别是在物理单位或参考坐标系发生改变，矩阵 $\boldsymbol{S}_{\mathrm{f}}$ 要进行变换的情况下。但是含有广义逆矩阵变换的式(9.54)的结果一般都会取决于所采用的物理单位或参考坐标系！原因在于若 $\boldsymbol{h}_{\mathrm{e}}\notin\mathcal{R}(S_{\mathrm{f}})$，根据式(9.52)的 386
$\boldsymbol{\lambda}$ 计算问题是无解的。这种情况下，式(9.54)仅表示向量 $\boldsymbol{h}_{\mathrm{e}}-\boldsymbol{S}_{\mathrm{f}}(\boldsymbol{q})\boldsymbol{\lambda}$ 经矩阵 $\boldsymbol{W}$ 加权的最小范

数近似解[①]。可以证明，在物理单位或参考坐标系发生改变的情况下，只有加权矩阵也相应变化，才能保证解的不变性。在 $\boldsymbol{h}_e \in \mathcal{R}(\boldsymbol{S}_f)$ 的理想情况下，由式(9.54)的定义，不考虑权值矩阵，式(9.52)的逆阵计算有唯一解。这样将不会出现不变形问题。

为保证不变性，可选取矩阵 $\boldsymbol{S}_f$，使其列表示线性独立的力。这意味着(9.52)给出的 $\boldsymbol{h}_e$ 是力的线性结合，$\boldsymbol{\lambda}$ 为无量纲向量。而且可以在二次型 $\boldsymbol{h}_e^T \boldsymbol{C} \boldsymbol{h}_e$ 基础上定义受力空间中的物理相容指标，若 $\boldsymbol{C}$ 为正定柔量矩阵，则二次型 $\boldsymbol{h}_e^T \boldsymbol{C} \boldsymbol{h}_e$ 具有弹性能量的意义。因此，选择权值矩阵为 $\boldsymbol{W}=\boldsymbol{C}$，若物理单位或参考坐标系发生改变，可对矩阵 $\boldsymbol{S}_f$ 进行变换，$\boldsymbol{W}$ 可根据其物理意义容易地得到。

注意对给定的 $\boldsymbol{S}_f$，约束雅可比矩阵矩阵可由式(9.53)计算为 $\boldsymbol{J}_\varphi(\boldsymbol{q})=\boldsymbol{S}_f^T \boldsymbol{J}(\boldsymbol{q})$；而且若有必要，约束方程可由对式(9.51)求积分得到。

应用式(3.4)、式(9.53)，可用以下形式重新列写式(9.51)：

$$\boldsymbol{J}_\varphi(\boldsymbol{q})\boldsymbol{J}^{-1}(\boldsymbol{q})\boldsymbol{J}(\boldsymbol{q})\dot{\boldsymbol{q}} = \boldsymbol{S}_f^T \boldsymbol{v}_e = 0 \tag{9.56}$$

由式(9.52)的性质，上式等价于

$$\boldsymbol{h}_e^T \boldsymbol{v}_e = \boldsymbol{0} \tag{9.57}$$

方程(9.57)表明，相互作用力和力矩 $\boldsymbol{h}_e$ 与末端执行器线速度与角速度 $\boldsymbol{v}_e$ 之间的运动静力学关系具有互易性(reciprocity)，$\boldsymbol{h}_e$ 属于所谓被控力子空间，与 $\mathcal{R}(\boldsymbol{S}_f)$ 相一致，$\boldsymbol{v}_e$ 属于所谓被控速度子空间。互易性概念表示的物理意义是，在刚性和无摩擦接触的假设条件下，对所有满足约束的末端执行器位移，力都不会产生任何功。这个概念常常与正交概念混淆。因为速度和力是属于不同向量空间的非同类物理量，所以正交在这种情况下是没有意义的。

方程(9.56)、(9.57)意味着被控速度子空间的维数是 $6-m$，而被控力子空间的维数是 m；而且可定义 $(6\times(6-m))$ 维矩阵 $\boldsymbol{S}_v$，使其满足方程

$$\boldsymbol{S}_f^T(\boldsymbol{q})\boldsymbol{S}_v(\boldsymbol{q}) = \boldsymbol{0} \tag{9.58}$$

这样 $\boldsymbol{R}(\boldsymbol{S}_v)$ 表示被控速度子空间。所以

$$\boldsymbol{v}_e = S_v(\boldsymbol{q})\,\boldsymbol{\nu} \tag{9.59}$$

387 其中 $\boldsymbol{\nu}$ 表示适当的 $((6-m)\times 1)$ 向量。

线性变换式(9.59)的逆运算为

$$\boldsymbol{\nu} = \boldsymbol{S}_v^\dagger(\boldsymbol{q})\,\boldsymbol{v}_e \tag{9.60}$$

其中 $\boldsymbol{S}_v^\dagger$ 表示矩阵 $\boldsymbol{S}_v$ 经适当加权的广义逆矩阵，根据式(9.55)对其计算。注意对 $\boldsymbol{S}_f$ 的情况，尽管子空间 $\mathcal{R}(\boldsymbol{S}_v)$ 是唯一定义的，但矩阵 $\boldsymbol{S}_v$ 本身的选择并不惟一。而且，对方程(9.60)可以看到和(9.54)相类似的不变性问题。这种情况下，可以方便地选择矩阵 $\boldsymbol{S}_v$，使其列表示一组独立的速度；而且在计算广义逆矩阵时，可以基于刚体动能或用刚度矩阵 $\boldsymbol{K}=\boldsymbol{C}^{-1}$ 形式表示的弹性能来定义速度空间的范数。

矩阵 $\boldsymbol{S}_v$ 也可以用雅可比矩阵矩阵的形式来解释。实际上由于式(9.50)中存在 m 个独立的完整约束，与环境接触的机械手位姿可用独立坐标的 $((6-m)\times 1)$ 向量 $\boldsymbol{r}$ 的形式进行局部描述。根据隐函数定理，该向量可定义为

$$\boldsymbol{r} = \boldsymbol{\psi}(\boldsymbol{q}) \tag{9.61}$$

其中 $\boldsymbol{\psi}(\boldsymbol{q})$ 是任一 $((6-m)\times 1)$ 向量函数，至少在工作点的极小局部邻域，$\phi(\boldsymbol{q})$ 的 m 个分量和

① 见 4.7 节，计算基于左广义逆矩阵和问题 9.5 的近似解。

$\boldsymbol{\psi}(\boldsymbol{q})$的 $6-m$ 个分量是线性独立的。这意味着映射关系方程(9.61)与约束方程(9.50)是局部可逆的。定义逆变换为

$$\boldsymbol{q}=\boldsymbol{\rho}(\boldsymbol{r}) \tag{9.62}$$

对在工作点邻域任意选择的任何 r,方程(9.62)明确地给出了所有满足约束方程(9.50)的关节向量 $\boldsymbol{q}$。而且满足式(9.51)的向量 $\dot{\boldsymbol{q}}$ 可按下式计算

$$\dot{\boldsymbol{q}}=\boldsymbol{J}_\rho(\boldsymbol{r})\dot{\boldsymbol{r}}$$

其中 $\boldsymbol{J}_\rho(\boldsymbol{r})=\partial\boldsymbol{\rho}/\partial\boldsymbol{r}$ 为$(6\times(6-m))$的满秩雅可比矩阵矩阵。同样,如下等式成立

$$\boldsymbol{J}_\varphi(\boldsymbol{q})\boldsymbol{J}_\rho(\boldsymbol{r})=\boldsymbol{0}$$

上式可解释为相应于末端执行器反作用力的关节转矩$\boldsymbol{\tau}$的子空间$\mathcal{R}(\boldsymbol{J}_\varphi^{\mathrm{T}})$与满足约束的关节速度 $\dot{\boldsymbol{q}}$ 的子空间$\mathcal{R}(\boldsymbol{J}\rho)$的互易性条件。

上式可以重新按如下方程列写

$$\boldsymbol{J}_\varphi(\boldsymbol{q})\boldsymbol{J}^{-1}(\boldsymbol{q})\boldsymbol{J}(\boldsymbol{q})\boldsymbol{J}_\rho(\boldsymbol{r})=\boldsymbol{0}$$ 388

假设 $\boldsymbol{J}$ 非奇异,且根据式(9.53)、式(9.58),矩阵 $\boldsymbol{S}_{\mathrm{v}}$ 可按下式计算

$$\boldsymbol{S}_{\mathrm{v}}=\boldsymbol{J}(\boldsymbol{q})\boldsymbol{J}_\rho(\boldsymbol{r}) \tag{9.63}$$

矩阵 $\boldsymbol{S}_{\mathrm{f}}$、$\boldsymbol{S}_{\mathrm{v}}$ 和相应的广义逆矩阵 $\boldsymbol{S}_{\mathrm{f}}^{\dagger}$、$\boldsymbol{S}_{\mathrm{v}}^{\dagger}$ 即所谓的选择矩阵(selection matrices)。因为这些矩阵可用于指定所期望的末端执行器运动和符合约束条件的相互作用力与力矩,所以它们对任务规划具有重要作用。同样这些矩阵对控制综合也非常重要。

为此要注意(6×6)维矩阵 $\boldsymbol{P}_{\mathrm{f}}=\boldsymbol{S}_{\mathrm{f}}\boldsymbol{S}_{\mathrm{f}}^{\dagger}$ 将广义力向量 $\boldsymbol{h}_{\mathrm{e}}$ 投影到被控力子空间$\mathcal{R}(\boldsymbol{S}_{\mathrm{f}})$中上。矩阵 $\boldsymbol{P}_{\mathrm{f}}$ 是幂等的,即 $\boldsymbol{P}_{\mathrm{f}}^2=\boldsymbol{P}_{\mathrm{f}}\boldsymbol{P}_{\mathrm{f}}=\boldsymbol{P}_{\mathrm{f}}$,故该矩阵为投影矩阵(projection matrix)。而且,矩阵$(\boldsymbol{I}_6-\boldsymbol{P}_{\mathrm{f}})$将力向量 $\boldsymbol{h}_{\mathrm{e}}$ 投影到被控力子空间的正交补空间上。该矩阵同样为幂等的,是投影矩阵。

相似地可以证明(6×6)维矩阵 $\boldsymbol{P}_{\mathrm{v}}=\boldsymbol{S}_{\mathrm{v}}\boldsymbol{S}_{\mathrm{v}}^{\dagger}$ 和$(\boldsymbol{I}_6-\boldsymbol{P}_{\mathrm{v}})$是投影矩阵,它们将广义线速度与角速度向量$\boldsymbol{v}_{\mathrm{e}}$ 投影到在被控速度子空间$\mathcal{R}(\boldsymbol{S}_{\mathrm{v}})$及其正交补空间上。

9.5.2　柔性环境

在许多应用中,末端执行器与柔性环境之间的相互作用力可用式(9.21)形式的理想弹性模型近似。若刚度矩阵 $\boldsymbol{K}$ 正定,则该模型对应于完全受约情况,而环境的形变与末端执行器的元位移相一致。但一般情况下,末端执行器运动只是部分地受环境约束,这种情况可以引入适当的半正定刚度矩阵进行建模。

在前面的例子中,这种情况仅在简单情形下考虑了与弹性柔性平面的相互作用。在一般情况下,计算描述部分受约相互作用的刚度矩阵时,可通过六自由度弹簧连接的一对刚体 S 和 R 进行环境建模,且假设末端执行器可在刚体 S 的外表面滑行。

而且需要引入两个参考坐标系,一个与 S 固连,一个与 R 固连。在平衡点处,相应于弹簧无形变情形,可假定末端执行器坐标系与固连于 S 和 R 的坐标系一致。在末端执行器与环境接触的几何关系基础上,可以选择矩阵 $\boldsymbol{S}_{\mathrm{f}}$、$\boldsymbol{S}_{\mathrm{v}}$ 并确定相应的被控力与速度子空间。 389

假设接触无摩擦,末端执行器在刚体 S 上施加的相互作用力属于被控力子空间$\mathcal{R}(\boldsymbol{S}_{\mathrm{f}})$,这样

$$\boldsymbol{h}_{\mathrm{e}}=\boldsymbol{S}_{\mathrm{f}}\boldsymbol{\lambda} \tag{9.64}$$

其中 $\boldsymbol{\lambda}$ 为$(m\times1)$维向量。由于广义弹簧的存在,上面的力引起的环境形变计算如下:

$$\mathrm{d}\boldsymbol{x}_{\mathrm{r,s}} = \boldsymbol{C}\boldsymbol{h}_{\mathrm{e}} \tag{9.65}$$

其中 $\boldsymbol{C}$ 是 S 和 R 之间弹簧的柔量矩阵，假设其非奇异。另一方面，末端执行器相对于平衡位姿的元位移可分解为

$$\mathrm{d}\boldsymbol{x}_{\mathrm{r,e}} = \mathrm{d}\boldsymbol{x}_{\mathrm{v}} + \mathrm{d}\boldsymbol{x}_{\mathrm{f}} \tag{9.66}$$

其中

$$\mathrm{d}\boldsymbol{x}_{\mathrm{v}} = \boldsymbol{P}_{\mathrm{v}}\mathrm{d}\boldsymbol{x}_{\mathrm{r,e}} \tag{9.67}$$

为属于被控速度子空间 $\mathcal{R}(\boldsymbol{S}_{\mathrm{v}})$ 的分量，其中末端执行器可在环境中滑动。反之

$$\mathrm{d}\boldsymbol{x}_{\mathrm{f}} = (\boldsymbol{I}_6 - \boldsymbol{P}_{\mathrm{v}})\mathrm{d}\boldsymbol{x}_{\mathrm{r,e}} = (\boldsymbol{I}_6 - \boldsymbol{P}_{\mathrm{v}})\mathrm{d}\boldsymbol{x}_{\mathrm{r,s}} \tag{9.68}$$

为相应于环境形变的分量。注意一般情况下 $\boldsymbol{P}_{\mathrm{v}}\mathrm{d}\boldsymbol{x}_{\mathrm{r,e}} \neq \boldsymbol{P}_{\mathrm{v}}\mathrm{d}\boldsymbol{x}_{\mathrm{r,s}}$。

在式(9.66)两侧均左乘 $\boldsymbol{S}_{\mathrm{f}}^{\mathrm{T}}$，并应用式(9.67)、式(9.68)、式(9.65)、式(9.64)，有

$$\boldsymbol{S}_{\mathrm{f}}^{\mathrm{T}}\mathrm{d}\boldsymbol{x}_{\mathrm{r,e}} = \boldsymbol{S}_{\mathrm{f}}^{\mathrm{T}}\mathrm{d}\boldsymbol{x}_{\mathrm{r,s}} = \boldsymbol{S}_{\mathrm{f}}^{\mathrm{T}}\boldsymbol{C}\boldsymbol{S}_{\mathrm{f}}\boldsymbol{\lambda}$$

在上式中考虑了等式 $\boldsymbol{S}_{\mathrm{f}}^{\mathrm{T}}\boldsymbol{P}_{\mathrm{v}} = \boldsymbol{0}$。上式可用于计算向量 $\boldsymbol{\lambda}$，代入式(9.64)，有

$$\boldsymbol{h}_{\mathrm{e}} = \boldsymbol{K}'\mathrm{d}\boldsymbol{x}_{\mathrm{r,e}} \tag{9.69}$$

其中

$$\boldsymbol{K}' = \boldsymbol{S}_{\mathrm{f}}(\boldsymbol{S}_{\mathrm{f}}^{\mathrm{T}}\boldsymbol{C}\boldsymbol{S}_{\mathrm{f}})^{-1}\boldsymbol{S}_{\mathrm{f}}^{\mathrm{T}} \tag{9.70}$$

上式为相应于部分受约弹性作用情况的半正定刚性矩阵。

式(9.70)是不可逆的，但应用式(9.68)、式(9.65)，可得如下等式：

$$\mathrm{d}\boldsymbol{x}_{\mathrm{f}} = \boldsymbol{C}'\boldsymbol{h}_{\mathrm{e}} \tag{9.71}$$

390 其中矩阵

$$\boldsymbol{C}' = (\boldsymbol{I}_6 - \boldsymbol{P}_v)\boldsymbol{C} \tag{9.72}$$

其秩为 $6-m$，含义为柔量矩阵。

注意机械手与环境之间的接触可能沿某些方向是柔性的，而沿另一些方向是刚性的。所以力控制子空间可分解为两个完全不同的子空间，一个对应弹性力，而另一个对应反作用力。矩阵 $\boldsymbol{K}'$ 和 $\mathcal{C}'$ 也应做相应的修正。

9.6 自然约束与人工约束

相互作用任务可按期望末端执行器的力 $\boldsymbol{h}_{\mathrm{d}}$ 和速度 $\boldsymbol{v}_{\mathrm{d}}$ 的形式指定。为了符合约束条件，这些向量必须分别位于被控力和被控速度子空间中。通过指定向量 $\boldsymbol{\lambda}_{\mathrm{d}}$ 和 $\boldsymbol{\nu}_{\mathrm{d}}$，可以保证这一点。$\boldsymbol{h}_{\mathrm{d}}$ 和 $\boldsymbol{v}_{\mathrm{d}}$ 计算如下：

$$\boldsymbol{h}_{\mathrm{d}} = \boldsymbol{S}_{\mathrm{f}}\boldsymbol{\lambda}_{\mathrm{d}}, \quad \boldsymbol{v}_{\mathrm{d}} = \boldsymbol{S}_v\boldsymbol{\nu}_{\mathrm{d}}$$

其中 $\boldsymbol{S}_{\mathrm{f}}$ 和 $\boldsymbol{S}_{\mathrm{v}}$ 要根据任务的几何关系来适当地定义。因此向量 $\boldsymbol{\lambda}_{\mathrm{d}}$ 和 $\boldsymbol{\nu}_{\mathrm{d}}$ 分别被称为“期望力”和“期望速度”。

对一些机器人任务而言，可能要定义正交参考坐标系，该坐标系最终是时变的，在其中可以容易地确定环境施加的约束，同时能够直观又直接地描述任务。该参考坐标系 $O_{\mathrm{c}}-x_{\mathrm{c}}y_{\mathrm{c}}z_{\mathrm{c}}$ 即所谓的约束坐标系(constraint frame)。

约束坐标系的每个轴有两个自由度，一个自由度与线速度或沿着轴方向的力关联，另一个自由度与角速度或(原文为 and，怀疑有误——译者注)沿着轴向的转矩关联。

对给定的约束坐标系，在刚性环境及无摩擦情况下，可以看到

• 沿任意一个自由度，环境施加在机械手末端执行器上既有速度约束，又有力约束。速度约束的意思是不能沿轴的方向进行平移，或绕轴进行旋转；力约束的意思是不能沿轴的方向运用力，或绕轴运用力矩。这类约束称作自然约束(natural constraints)，因为它们由任务的几何构形直接决定。

• 机械手只能控制不服从自然约束的变量；这些变量的参考值称作人工约束(artificial constraints)，因为它们是为了执行给定任务而根据控制策略施加的。

注意两组约束对每个自由度考虑不同的变量，因此它们是互补的。而且因为它们包含了所有变量，因此可以完成指定的任务。 391

在柔性环境情况下，对每个产生交互作用的自由度，只要约束保持互补，都可选择变量(即力或速度)来控制。在刚度较高的情况，建议选择力作为人工约束，选择速度作为自然约束，这与刚性环境情况一样。反之，在刚度较低的情况，可以方便地反过来选择。同样要注意，当存在摩擦时，在沿相应于力自然约束的自由度上，将产生力和力矩。

9.6.1　任务分析

为了用自然约束与人工约束的形式说明相互作用任务，并着重说明对所描述任务应用约束坐标系的时机，下面分析一些典型的案例。

平面滑动

末端执行器的操作任务是在平面上滑动一个柱状目标。任务的几何构形要求将约束坐标系选为与接触面固连，且一轴与平面垂直(图 9.12)。另一种选择是，任务坐标系的方向相同，但与操作目标固连。

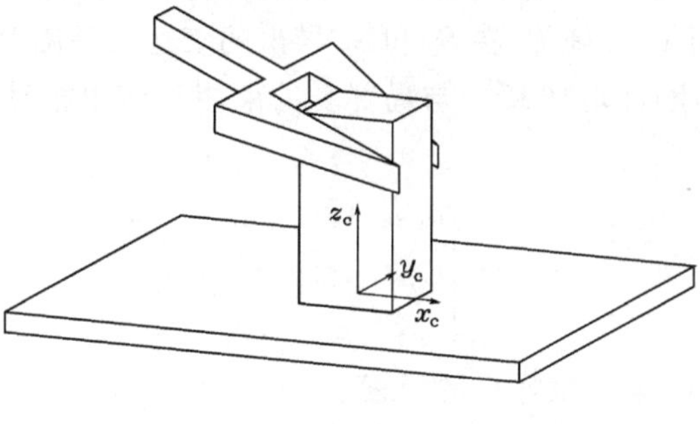

图 9.12　平坦表面上棱柱目标物体的移动

在假定刚性和无摩擦接触条件下，可先确定自然约束。速度约束说明了不可能产生沿 z_c 轴的线速度以及沿 x_c 轴和 y_c 轴的角速度；力约束说明不可能施加沿 x_c 轴和 y_c 轴的力以及 z_c 轴的力矩。

人工约束考虑不服从自然约束的变量。因此，相对沿 x_c 轴和 y_c 轴的力以及 z_c 轴的力矩的自然约束，可以为沿 x_c 轴和 y_c 轴的线速度及沿 z_c 轴的角速度指定人工约束。相似地，相对沿 z_c 轴的线速度和沿 x_c 轴、y_c 轴的角速度的自然约束，可以为沿 z_c 轴的力以及绕 x_c 轴、y_c 392
轴的力矩指定人工约束。约束集如表 9.1 所示。

表 9.1 图 9.12 任务的自然约束与人工约束

自然约束	人工约束
$\dot{\boldsymbol{o}}_z^c$	$\boldsymbol{f}_z^c$
$\boldsymbol{\omega}_x^c$	$\boldsymbol{\mu}_x^c$
$\boldsymbol{\omega}_y^c$	$\boldsymbol{\mu}_y^c$
$\boldsymbol{f}_x^c$	$\dot{\boldsymbol{o}}_x^c$
$\boldsymbol{f}_y^c$	$\dot{\boldsymbol{o}}_y^c$
$\boldsymbol{\mu}_z^c$	$\boldsymbol{\omega}_z^c$

对于该任务，被控力子空间的维数为 $m=3$，而被控速度子空间的维数为 $6-m=3$。且矩阵 $\boldsymbol{S}_\mathrm{f}$ 和 $\boldsymbol{S}_\mathrm{v}$ 可选为

$$\boldsymbol{S}_\mathrm{f}=\begin{bmatrix}0&0&0\\0&0&0\\1&0&0\\0&1&0\\0&0&1\\0&0&0\end{bmatrix}\quad \boldsymbol{S}_\mathrm{v}=\begin{bmatrix}1&0&0\\0&1&0\\0&0&0\\0&0&0\\0&0&0\\0&0&1\end{bmatrix}$$

注意，若约束坐标系选为与接触面固连，相对基坐标系，矩阵 $\boldsymbol{S}_\mathrm{f}$ 和 $\boldsymbol{S}_\mathrm{v}$ 保持为常值，相对末端执行器坐标系，矩阵 $\boldsymbol{S}_\mathrm{f}$ 和 $\boldsymbol{S}_\mathrm{v}$ 为时变。反之，若约束坐标系选为与目标固连，则这些矩阵相对末端执行器坐标系为常值，相对基坐标系为时变。

在存在摩擦力情况下，沿被控速度的自由度上会产生非零的力和力矩。

在柔性平面情况下，相应于末端执行器沿各自由度的位移，弹性力可能会沿着 z_c 轴施加，而弹性力矩则会绕 x_c 轴和 y_c 轴施加，在 $\boldsymbol{S}_\mathrm{f}$ 和 $\boldsymbol{S}_\mathrm{v}$ 导出的表达式基础上，除了由 $\boldsymbol{K}'$ 中 3,4,5 行得到的 (3×3) 的块 $\boldsymbol{K}'_\mathrm{m}$ 外，刚性矩阵 $\boldsymbol{K}'$ 中与局部受约束相互作用相对应的元素都为零。矩阵块 $\boldsymbol{K}'_\mathrm{m}$ 的计算如下：

$$\boldsymbol{K}'_\mathrm{m}=\begin{bmatrix}c_{3,3}&c_{3,4}&c_{3,5}\\c_{4,3}&c_{4,4}&c_{4,5}\\c_{5,3}&c_{5,4}&c_{5,5}\end{bmatrix}^{-1}$$

393 其中 $c_{i,j}=c_{j,i}$，它们是 (6×6) 柔量矩阵 $\boldsymbol{C}$ 的元素。

轴孔插入

末端执行器的操作任务是在孔中插入圆柱目标(钉子)。任务的几何构形要求选择原点在孔中心、轴平行于孔轴(如图 9.13)的约束坐标系。该坐标系可以固连于轴或固连于孔。

通过观察可知，不可能沿 x_c，y_c 轴产生任意的线速度和角速度，也不可能沿 z_c 轴产生任意的力和力矩，由此可以确定自然约束。因此，可用人工约束指定沿 x_c，y_c 轴的力和力矩，以及沿 z_c 轴的线速度和角速度。约束集如表 9.2 所示。

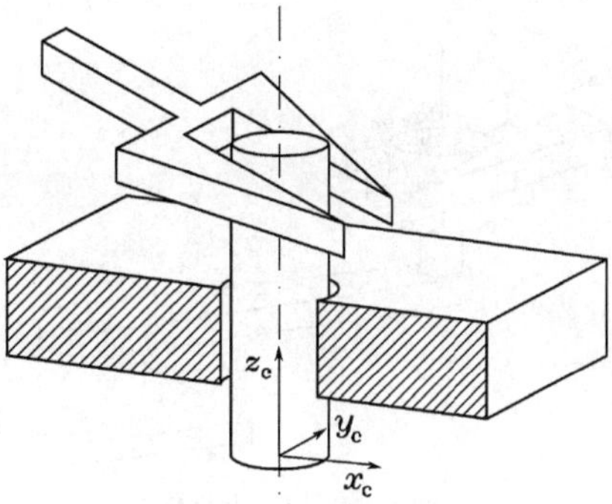

图 9.13　在孔中插入圆柱钉

表 9.2　图 9.13 任务的自然约束和人工约束

自然约束	人工约束
$\dot{o}_x^c$	f_x^c
$\dot{o}_y^c$	f_y^c
ω_x^c	μ_x^c
ω_y^c	μ_y^c
f_z^c	$\dot{o}_z^c$
μ_z^c	ω_z^c

在服从人工约束的变量中，$\dot{\boldsymbol{o}}_z^c \neq 0$ 描述了插入作用，而其他变量在有效执行任务时均是零。 394

在该任务中，被控力子空间的维数为 $m=4$，而被控速度子空间的维数为 $6-m=2$。而且矩阵 $\boldsymbol{S}_f$ 和 $\boldsymbol{S}_v$ 可表示为

$$\boldsymbol{S}_f = \begin{bmatrix} 1 & 0 & 0 & 0 \\ 0 & 1 & 0 & 0 \\ 0 & 0 & 0 & 0 \\ 0 & 0 & 1 & 0 \\ 0 & 0 & 0 & 1 \\ 0 & 0 & 0 & 0 \end{bmatrix} \quad \boldsymbol{S}_v = \begin{bmatrix} 0 & 0 \\ 0 & 0 \\ 1 & 0 \\ 0 & 0 \\ 0 & 0 \\ 0 & 1 \end{bmatrix}$$

注意，若选择约束坐标系与孔固连，相对基坐标系，矩阵 $\boldsymbol{S}_f$ 和 $\boldsymbol{S}_v$ 保持为常数，相对末端执行器坐标系，矩阵 $\boldsymbol{S}_f$ 和 $\boldsymbol{S}_v$ 为时变。反之，若选择约束坐标系与轴固连，这些矩阵相对末端执行器坐标系保持为常数，相对基坐标系为时变。

曲柄转动

末端执行器的操作任务为转动曲柄。任务几何构形要求选择约束坐标系的一轴与空转轴共线，其他轴与曲柄共线(图 9.14)。注意这种情况下约束坐标系是时变的。

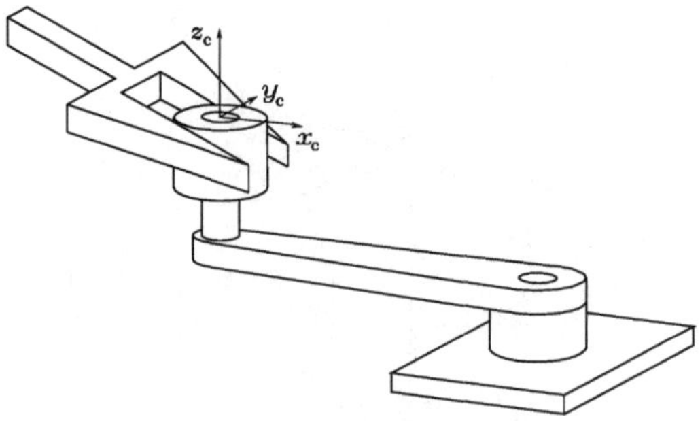

图 9.14 转动曲柄

自然约束不允许产生沿 x_c，z_c 的任意线速度和沿 x_c，y_c 的任意角速度，也不允许产生沿 y_c 轴的任意力和沿 z_c 的任意力矩。因此，人工约束允许指定沿 x_c，z_c 的力和沿 x_c，y_c 的力矩，以及沿 y_c 的线速度和沿 z_c 的角速度。约束集如表 9.3 所示。

表 9.3 图 9.14 任务的自然约束与人工约束

自然约束	人工约束
$\dot{\boldsymbol{o}}_x^c$	$\boldsymbol{f}_x^c$
$\dot{\boldsymbol{o}}_z^c$	$\boldsymbol{f}_z^c$
$\boldsymbol{\omega}_x^c$	$\boldsymbol{\mu}_x^c$
$\boldsymbol{\omega}_y^c$	$\boldsymbol{\mu}_y^c$
$\boldsymbol{f}_y^c$	$\dot{\boldsymbol{o}}_y^c$
$\boldsymbol{\mu}_z^c$	$\boldsymbol{\omega}_z^c$

395 在执行任务时，那些代表人工约束、力和力矩的变量均为零。

对该任务，被控力子空间的维数为 $m=4$，而被控速度子空间的维数为 $6-m=2$。此外矩阵 $\boldsymbol{S}_f$ 和 $\boldsymbol{S}_v$ 可表达为

$$\boldsymbol{S}_f = \begin{bmatrix} 1 & 0 & 0 & 0 \\ 0 & 0 & 0 & 0 \\ 0 & 1 & 0 & 0 \\ 0 & 0 & 1 & 0 \\ 0 & 0 & 0 & 1 \\ 0 & 0 & 0 & 0 \end{bmatrix} \quad \boldsymbol{S}_v = \begin{bmatrix} 0 & 0 \\ 1 & 0 \\ 0 & 0 \\ 0 & 0 \\ 0 & 0 \\ 0 & 1 \end{bmatrix}$$

在约束坐标系中，这些矩阵保持为常数，而参考与基坐标系或末端执行器坐标系时，这些矩阵为时变。这是因为在执行任务的过程中，约束坐标系是相对另外两个坐标系运动的。

9.7 混合力/力矩控制

当以自然约束和人工约束的形式描述机械手与外界环境之间的交互作用任务时，如果相对于约束坐标系进行表示，要求的控制结构是用人工约束指定控制系统的目标，使得期望值只

能施加在这些不服从自然约束的变量上。实际上，控制作用应不影响那些受环境约束的变量，因此避免了控制与环境的相互作用之间的冲突，这种冲突有可能会导致不适当的系统响应。这种控制结构称为混合力/力矩控制(hybrid force/motion control)，这是因为在人工约束的定义中包含了力和位置或速度变量。

在混合控制设计中，考虑末端执行器加速度来重新列写末端执行器的动力学模型是很有用的：

$$\dot{\boldsymbol{v}}_e = \boldsymbol{J}(\boldsymbol{q})\ddot{\boldsymbol{q}} + \dot{\boldsymbol{J}}(\boldsymbol{q})\dot{\boldsymbol{q}}$$

特别是应用(7.127)替换上式的相应项时，有

$$\boldsymbol{B}_e(\boldsymbol{q})\dot{\boldsymbol{v}}_e + \boldsymbol{n}_e(\boldsymbol{q}, \dot{\boldsymbol{q}}) = \gamma_e - \boldsymbol{h}_e \tag{9.73}$$ 396

其中

$$\boldsymbol{B}_e = \boldsymbol{J}^{-T}\boldsymbol{B}\boldsymbol{J}^{-1}$$

$$\boldsymbol{n}_e = \boldsymbol{J}^{-T}(\boldsymbol{C}\dot{\boldsymbol{q}} + \boldsymbol{g}) - \boldsymbol{B}_e\dot{\boldsymbol{J}}\dot{\boldsymbol{q}}$$

下面首先介绍柔性环境情况下的混合力/力矩控制，然后再介绍刚性环境情况。

9.7.1 柔性环境

在柔性环境中，在对式(9.66)进行分解以及式(9.67)、式(9.71)和式(9.64)的基础上，可得如下表达式：

$$\mathrm{d}\boldsymbol{x}_{r,e} = \boldsymbol{P}_v\mathrm{d}\boldsymbol{x}_{r,e} + \boldsymbol{C}'\boldsymbol{S}_f\boldsymbol{\lambda}$$

以速度量的形式计算元位移，参考式(9.59)并考虑坐标系 r 静止，末端执行器速度可分解为

$$\boldsymbol{v}_e = \boldsymbol{S}_v\boldsymbol{\nu} + \boldsymbol{C}'\boldsymbol{S}_f\dot{\boldsymbol{\lambda}} \tag{9.74}$$

其中第一项属于速度控制子空间，第二项属于其正交补空间。假设所有物理量都参考于共同的参考坐标系，为了简化该坐标系并未指定。

下面选基坐标系为共同参考坐标系，并假设接触几何关系与柔量矩阵为常数，即 $\dot{\boldsymbol{S}}_v=\boldsymbol{0}$，$\dot{\boldsymbol{S}}_f=\boldsymbol{0}$，及 $\dot{\boldsymbol{C}}'=\boldsymbol{0}$。因此计算式(9.74)的时间导数，并对末端执行器加速度作以下分解：

$$\dot{\boldsymbol{v}}_e = \boldsymbol{S}_v\dot{\boldsymbol{v}} + \boldsymbol{C}'\boldsymbol{S}_f\ddot{\boldsymbol{\lambda}} \tag{9.75}$$

采用逆动力学控制律：

$$\gamma_e = \boldsymbol{B}_e(\boldsymbol{q})\boldsymbol{\alpha} + \boldsymbol{n}_e(\boldsymbol{q}, \dot{\boldsymbol{q}}) + \boldsymbol{h}_e$$

其中 $\boldsymbol{\alpha}$ 为新的控制输入，参考式(9.73)，闭环方程为

$$\dot{\boldsymbol{v}}_e = \boldsymbol{\alpha} \tag{9.76}$$

在式(9.75)分解的基础上，选择

$$\boldsymbol{\alpha} = \boldsymbol{S}_v\boldsymbol{\alpha}_\nu + \boldsymbol{C}'\boldsymbol{S}_f\boldsymbol{f}_\lambda \tag{9.77}$$

可实现对力与速度控制完全解耦。实际上，将式(9.75)和式(9.77)代入式(9.76)，并在所求方程的两边都乘以 $\boldsymbol{S}_v^\dagger$ 及 $\boldsymbol{S}_f^T$，可得以下等式：

$$\dot{\boldsymbol{\nu}} = \boldsymbol{\alpha}_\nu \tag{9.78}$$

$$\ddot{\boldsymbol{\lambda}} = \boldsymbol{f}_\lambda \tag{9.79}$$ 397

因此任务可分配为以向量 $\boldsymbol{\lambda}_d(t)$ 的形式指定期望力，以向量 $\boldsymbol{\nu}_d(t)$ 的形式指定期望速度。控制方案称作混合力/速度控制。

期望速度$\boldsymbol{\nu}_d$可用如下控制律实现：

$$\boldsymbol{\alpha}_\nu = \dot{\boldsymbol{\nu}}_d + \boldsymbol{K}_{P\nu}(\boldsymbol{\nu}_d - \boldsymbol{\nu}) + \boldsymbol{K}_{I\nu}\int_0^t (\boldsymbol{\nu}_d(\varsigma) - \boldsymbol{\nu}(\varsigma))\mathrm{d}\varsigma \tag{9.80}$$

其中$\boldsymbol{K}_{P\nu}$和$\boldsymbol{K}_{I\nu}$为正定矩阵。矩阵$\boldsymbol{\nu}$可用(9.60)计算，其中末端执行器的线速度和角速度$\boldsymbol{v}_e$可根据关节位置和速度的测量值来计算。

期望力$\boldsymbol{\lambda}_d$可用如下控制律实现：

$$\boldsymbol{f}_\lambda = \ddot{\boldsymbol{\lambda}}_d + \boldsymbol{K}_{D\lambda}(\dot{\boldsymbol{\lambda}}_d - \dot{\boldsymbol{\lambda}}) + \boldsymbol{K}_{P\lambda}(\boldsymbol{\lambda}_d - \boldsymbol{\lambda}) \tag{9.81}$$

其中$\boldsymbol{K}_{D\lambda}$和$\boldsymbol{K}_{P\lambda}$为正定矩阵。如上控制律的实现需要通过式(9.54)计算向量$\boldsymbol{\lambda}$，要用到末端执行器力与转矩$\boldsymbol{h}_e$的测量值。在理想情况下$\dot{\boldsymbol{h}}_e$可用时，$\dot{\boldsymbol{\lambda}}$可计算为

$$\dot{\boldsymbol{\lambda}} = \boldsymbol{S}_f^\dagger \dot{\boldsymbol{h}}_e$$

混合力/力矩控制方框图如图9.15所示。假定输出变量为末端执行器力与力矩$\boldsymbol{h}_e$和末
398 端执行器线速度与角速度向量$\boldsymbol{v}_e$。

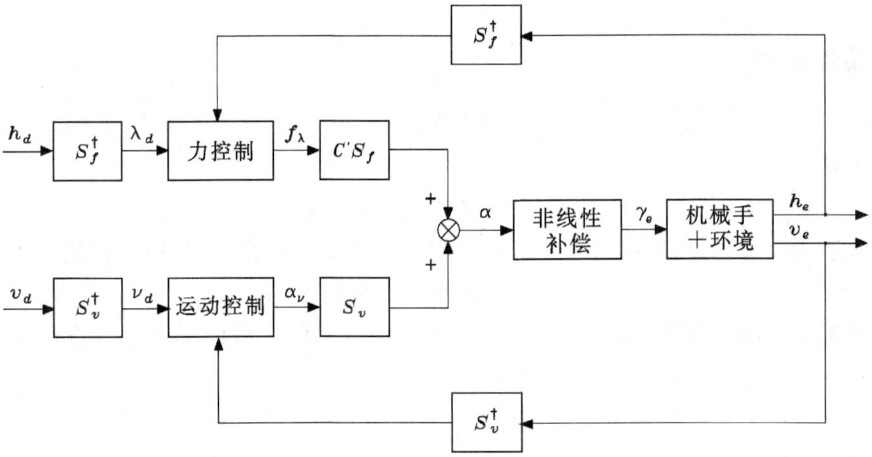

图9.15 柔性环境中混合力/力矩控制方框图

因为力的测量值中经常会包含噪声，采用$\dot{\boldsymbol{h}}_e$是不可行的。因此$\dot{\boldsymbol{\lambda}}$的反馈通常由下式代替：

$$\dot{\boldsymbol{\lambda}} = \boldsymbol{S}_f^\dagger \boldsymbol{K}' \boldsymbol{J}(\boldsymbol{q})\dot{\boldsymbol{q}} \tag{9.82}$$

其中$\boldsymbol{K}'$为半正定刚度矩阵(9.70)。

若接触的几何关系已知，但只有环境刚度/柔量的估计值可用，式(9.77)的控制律可用如下形式改写

$$\boldsymbol{\alpha} = \boldsymbol{S}_v \boldsymbol{\alpha}_\nu + \hat{\boldsymbol{C}}' \boldsymbol{S}_f \boldsymbol{f}_\lambda$$

其中$\hat{\boldsymbol{C}}' = (\boldsymbol{I}_6 - \boldsymbol{P}_v)\hat{\boldsymbol{C}}$与$\hat{\boldsymbol{C}}$是$\boldsymbol{C}$的估计值。

这种情况下，方程(9.78)仍成立，同时为取代式(7,97)，可推导出如下等式：

$$\ddot{\boldsymbol{\lambda}} = \boldsymbol{L}_f \boldsymbol{f}_\lambda$$

其中$\boldsymbol{L}_f = (\boldsymbol{S}_f^T \boldsymbol{C} \boldsymbol{S}_f)^{-1} \boldsymbol{S}_f^T \hat{\boldsymbol{C}} \boldsymbol{S}_f$为非奇异矩阵。该式表明力与速度控制子空间保持解耦，且速度控制规律(9.80)无需修改。

由于矩阵 $\boldsymbol{L}_{\mathrm{f}}$ 未知，不可能实现前述情形中相同的力控制。而且，若 $\dot{\boldsymbol{\lambda}}$ 是根据式(9.82)由 $\boldsymbol{K}'$ 的估计值并从速度测量值计算得到，则参考式(9.82)、式(9.70)，只能得到估计值$\dot{\hat{\boldsymbol{\lambda}}}$，其表达式为

$$\dot{\hat{\boldsymbol{\lambda}}} = (\boldsymbol{S}_{\mathrm{f}}^{\mathrm{T}} \hat{\boldsymbol{C}} \boldsymbol{S}_{\mathrm{f}})^{-1} \boldsymbol{S}_{\mathrm{f}}^{\mathrm{T}} \boldsymbol{J}(\boldsymbol{q}) \dot{\boldsymbol{q}}$$

在以上等式中代入(9.74)，应用式(9.72)，有

$$\dot{\hat{\boldsymbol{\lambda}}} = \boldsymbol{L}_{\mathrm{f}}^{-1} \dot{\boldsymbol{\lambda}} \tag{9.83}$$

考虑以下控制律：

$$\boldsymbol{f}_{\lambda} = -k_{\mathrm{D}\lambda} \dot{\hat{\boldsymbol{\lambda}}} + \boldsymbol{K}_{\mathrm{P}\lambda} (\boldsymbol{\lambda}_{\mathrm{d}} - \boldsymbol{\lambda}) \tag{9.84}$$

其中 $\boldsymbol{\lambda}_{\mathrm{d}}$ 为常数，闭环系统的动态方程为

$$\ddot{\boldsymbol{\lambda}} + k_{\mathrm{D}\lambda} \dot{\boldsymbol{\lambda}} + \boldsymbol{L}_{\mathrm{f}} \boldsymbol{K}_{\mathrm{P}\lambda} \boldsymbol{\lambda} = \boldsymbol{L}_{\mathrm{f}} \boldsymbol{K}_{\mathrm{P}\lambda} \boldsymbol{\lambda}_{\mathrm{d}}$$

其中应用了表达式(9.83)。上式表明当不确定矩阵 $\boldsymbol{L}_{\mathrm{f}}$ 存在时，选择适当的增益 $k_{\mathrm{D}\lambda}$ 和矩阵 $\boldsymbol{K}_{\mathrm{P}\lambda}$，平衡解 $\boldsymbol{\lambda} = \boldsymbol{\lambda}_{\mathrm{d}}$ 仍是渐进稳定的

例 9.4

考虑两连杆平面臂与纯无摩擦弹性平面接触的情况，与上例不同，平面与轴 x_0 成 $\pi/4$ 角度(图 9.16)。 399

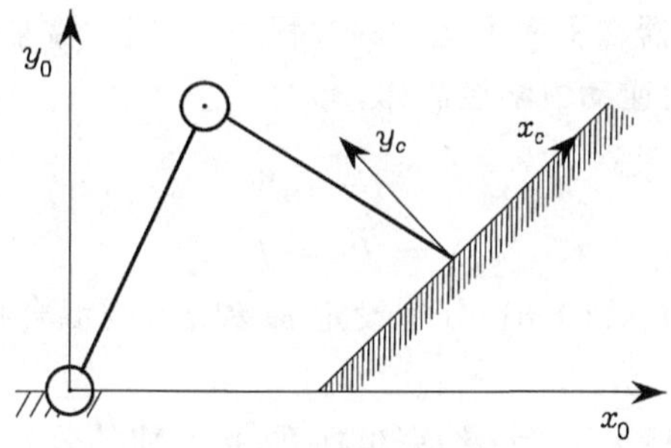

图 9.16　两连杆平面臂与弹性柔软平面接触的约束框架描述

自然会将约束坐标系选择为 x_{c} 轴沿平面上，y_{c} 轴垂直于平面；该任务明显由二自由度表征。要计算接触力的解析模型，可选择参考坐标系 $\boldsymbol{S}$ 和 $\boldsymbol{r}$，使得在没有力作用的情况下，参考坐标系 $\boldsymbol{S}$ 和 $\boldsymbol{r}$ 与约束坐标系一致；而在具有相互作用的情况下，坐标系 $\boldsymbol{r}$ 与平面息止位置相固连，坐标系 $\boldsymbol{S}$ 在形变位置与接触平面相固连。假定约束坐标系固连于坐标系 $\boldsymbol{S}$ 上。相对于约束坐标系，矩阵 $\boldsymbol{S}_{\mathrm{f}}^{\mathrm{c}}$ 与 $\boldsymbol{S}_{\mathrm{v}}^{\mathrm{c}}$ 的形式为

$$\boldsymbol{S}_{\mathrm{f}}^{\mathrm{c}} = \begin{bmatrix} 0 \\ 1 \end{bmatrix} \quad \boldsymbol{S}_{\mathrm{v}}^{\mathrm{c}} = \begin{bmatrix} 1 \\ 0 \end{bmatrix}$$

而相应的投影矩阵为

$$\boldsymbol{P}_{\mathrm{f}}^{\mathrm{c}} = \begin{bmatrix} 0 & 0 \\ 0 & 1 \end{bmatrix} \quad \boldsymbol{P}_{\mathrm{v}}^{\mathrm{c}} = \begin{bmatrix} 1 & 0 \\ 0 & 0 \end{bmatrix}$$

根据式(9.70)和式(9.72)，相对约束坐标系，刚度和柔量矩阵的表达式为

$$\boldsymbol{K}'^{c} = \begin{bmatrix} 0 & 0 \\ 0 & c_{2,2}^{-1} \end{bmatrix} \quad \boldsymbol{C}'^{c} = \begin{bmatrix} 0 & 0 \\ 0 & c_{2,2} \end{bmatrix}$$

其中 $c_{2,2}$ 表征的是坐标系 $\boldsymbol{S}$ 相对坐标系 $\boldsymbol{r}$ 沿着垂直于平面方向、与约束坐标系的 y_c 轴重合的柔量。

很明显，若假设平面只沿着垂直方向是柔性的且该方向是固定的，则约束坐标系相对基坐标系的方向保持为常值。相应的旋转矩阵由下式给出：

$$\boldsymbol{R}_c = \begin{bmatrix} 1/\sqrt{2} & -1/\sqrt{2} \\ 1/\sqrt{2} & 1/\sqrt{2} \end{bmatrix} \tag{9.85}$$

而且如果任务是机械手指端沿平面滑动，根据(9.74)，末端执行器速度可分解为以下形式：

400

$$\boldsymbol{v}_e^c = \boldsymbol{S}_v^c \nu + \boldsymbol{C}'^c \boldsymbol{S}_f^c \dot{\boldsymbol{\lambda}} \tag{9.86}$$

其中所有物理量都参考于约束坐标系。容易证明，若 $\boldsymbol{f}_e^c = [f_x^c \quad f_y^c]^T$ 且 $\boldsymbol{v}_e^c = [\dot{o}_x^c \quad \dot{o}_y^c]^T$，有 $\nu = \dot{o}_x^c$，$\lambda = f_y^c$。该方程也可相对基坐标系描述，其中矩阵

$$\boldsymbol{S}_f = \boldsymbol{R}_c \boldsymbol{S}_f^c = \begin{bmatrix} -1/\sqrt{2} \\ 1/\sqrt{2} \end{bmatrix} \qquad \boldsymbol{S}_v = \boldsymbol{R}_c \boldsymbol{S}_v^c = \begin{bmatrix} 1/\sqrt{2} \\ 1/\sqrt{2} \end{bmatrix}$$

为常数，且柔量矩阵为

$$\boldsymbol{C}' = \boldsymbol{R}_c \boldsymbol{C}'^c \boldsymbol{R}_c^T = c_{2,2} \begin{bmatrix} 1/2 & -1/2 \\ -1/2 & 1/2 \end{bmatrix}$$

当 $c_{2,2}$ 为常数时，在末端执行器在平面上运动的过程中，上式为常量。

由式(9.77)的选择，应用逆动力学控制律，有

$$\dot{\nu} = \ddot{o}_x^c = \alpha_\nu$$

$$\ddot{\lambda} = \ddot{f}_y^c = f_\lambda$$

上式表明，只要根据式(9.80)、式(9.81)分别设定 α_ν 和 f_λ，则混合控制可实现沿 x_c 轴的运动控制，以及沿 y_c 轴的力控制。

最后注意如果选择基坐标系平行于约束坐标系，控制律的公式还可以进一步简化。

9.7.2 刚性环境

在刚性环境情况下，相互作用力与力矩可写为 $\boldsymbol{h}_e = \boldsymbol{S}_f \boldsymbol{\lambda}$ 的形式。求解式(9.73)可得到 $\dot{\boldsymbol{v}}_e$，将其代入式(9.56)的时间导数中，最终可从式(9.73)中消去向量 $\boldsymbol{\lambda}$。其中有

$$\boldsymbol{\lambda} = \boldsymbol{B}_f(\boldsymbol{q})(\boldsymbol{S}_f^T \boldsymbol{B}_e^{-1}(\boldsymbol{q})(\gamma_e - \boldsymbol{n}_e(\boldsymbol{q}, \dot{\boldsymbol{q}})) + \dot{\boldsymbol{S}}_f^T \boldsymbol{v}_e) \tag{9.87}$$

其中 $\boldsymbol{B}_f = (\boldsymbol{S}_f^T \boldsymbol{B}_e^{-1} \boldsymbol{S}_f)^{-1}$。

因此机械手受刚性环境约束的动力学模型(9.73)可以改写为下式：

$$\boldsymbol{B}_e(\boldsymbol{q}) \dot{\boldsymbol{v}}_e + \boldsymbol{S}_f \boldsymbol{B}_f(\boldsymbol{q}) \dot{\boldsymbol{S}}_f^T \boldsymbol{v}_e = \boldsymbol{P}(\boldsymbol{q})(\boldsymbol{\gamma}_e - \boldsymbol{n}_e(\boldsymbol{q}, \dot{\boldsymbol{q}})) \tag{9.88}$$

其中 $\boldsymbol{P} = \boldsymbol{I}_6 - \boldsymbol{S}_f \boldsymbol{B}_f \boldsymbol{S}_f^T \boldsymbol{B}_e^{-1}$。注意 $\boldsymbol{P}\boldsymbol{S}_f = \boldsymbol{0}$，而且该矩阵为幂等矩阵。因此矩阵 $\boldsymbol{P}$ 为(6×6)投影矩阵，它滤除了所有末端执行器力在子空间 $\mathcal{R}(\boldsymbol{S}_f)$ 中的分量。

方程(9.87)表明，向量 $\boldsymbol{\lambda}$ 即时取决于控制力 $\boldsymbol{\gamma}_e$。因此，适当选择 $\boldsymbol{\gamma}_e$，有可能直接控制控制

末端执行器力可能违反约束的 m 个独立分量。这些分量可根据式(9.52)由 $\boldsymbol{\lambda}$ 计算得到。 401

另一方面，式(9.88)表示一组 6 个二阶微分方程，若根据约束条件初始化，这些方程的解在所有时刻都自动满足方程(9.50)。

受约系统的降阶(reduced-order)动力学模型可描述为 $6-m$ 个独立方程，该方程由式(9.88)两侧同左乘 $\boldsymbol{S}_{\mathrm{v}}^{\mathrm{T}}$，再代入如下的加速度 $\dot{\boldsymbol{v}}_{\mathrm{e}}$ 得到。

$$\dot{\boldsymbol{v}}_{\mathrm{e}} = \boldsymbol{S}_{\mathrm{v}}\dot{\boldsymbol{\nu}} + \dot{\boldsymbol{S}}_{\mathrm{v}}\boldsymbol{\nu}$$

根据恒等式(9.58)及 $\boldsymbol{S}_{\mathrm{v}}^{\mathrm{T}}\boldsymbol{P}=\boldsymbol{S}_{\mathrm{v}}^{\mathrm{T}}$ 得到

$$\boldsymbol{B}_{\mathrm{v}}(\boldsymbol{q})\dot{\boldsymbol{\nu}} = \boldsymbol{S}_{\mathrm{v}}^{\mathrm{T}}(\boldsymbol{\gamma}_{\mathrm{e}} - \boldsymbol{n}_{\mathrm{e}}(\boldsymbol{q}, \dot{\boldsymbol{q}}) - \boldsymbol{B}_{\mathrm{e}}(\boldsymbol{q})\dot{\boldsymbol{S}}_{\mathrm{v}}\boldsymbol{\nu}) \tag{9.89}$$

其中 $\boldsymbol{B}_{\mathrm{v}}=\boldsymbol{S}_{\mathrm{v}}^{\mathrm{T}}\boldsymbol{B}_{\mathrm{e}}\boldsymbol{S}_{\mathrm{v}}$，而且表达式(9.87)可改写为

$$\boldsymbol{\lambda} = \boldsymbol{B}_{\mathrm{f}}(\boldsymbol{q})\boldsymbol{S}_{\mathrm{f}}^{\mathrm{T}}\boldsymbol{B}_{\mathrm{e}}^{-1}(\boldsymbol{q})(\boldsymbol{\gamma}_{\mathrm{e}} - \boldsymbol{n}_{\mathrm{e}}(\boldsymbol{q}, \dot{\boldsymbol{q}}) - \boldsymbol{B}_{\mathrm{e}}(\boldsymbol{q})\dot{\boldsymbol{S}}_{\mathrm{v}}\boldsymbol{\nu}) \tag{9.90}$$

其中应用了恒等式 $\dot{\boldsymbol{S}}_{\mathrm{f}}^{\mathrm{T}}\boldsymbol{S}_{\mathrm{v}}=-\boldsymbol{S}_{\mathrm{f}}^{\mathrm{T}}\dot{\boldsymbol{S}}_{\mathrm{v}}$。

对于式(9.89)，考虑选择

$$\boldsymbol{\gamma}_{\mathrm{e}} = \boldsymbol{B}_{\mathrm{e}}(\boldsymbol{q})\boldsymbol{S}_{\mathrm{v}}\boldsymbol{\alpha}_{\nu} + \boldsymbol{S}_{\mathrm{f}}\boldsymbol{f}_{\lambda} + \boldsymbol{n}_{\mathrm{e}}(\boldsymbol{q}, \dot{\boldsymbol{q}}) + \boldsymbol{B}_{\mathrm{e}}(\boldsymbol{q})\dot{\boldsymbol{S}}_{\mathrm{v}}\boldsymbol{\nu} \tag{9.91}$$

其中 $\boldsymbol{\alpha}_{\mathrm{v}}$ 和 $\boldsymbol{f}_{\lambda}$ 为新的控制输入。在式(9.89)、式(9.90)中代入式(9.91)，可得以下两个等式：

$$\dot{\boldsymbol{\nu}} = \boldsymbol{\alpha}_{\nu}$$

$$\boldsymbol{\lambda} = \boldsymbol{f}_{\lambda}$$

上式表明逆动力学控制规律(9.91)可实现被控力和被控速度子空间的完全解耦。

需要注意，要实现控制规律(9.91)，只要矩阵 $\boldsymbol{S}_{\mathrm{f}}$ 和 $\boldsymbol{S}_{\mathrm{v}}$ 已知，则不再需要约束方程(9.50)和(9.61)定义的受约束系统位形变量向量。矩阵 $\boldsymbol{S}_{\mathrm{f}}$ 和 $\boldsymbol{S}_{\mathrm{v}}$ 可基于环境几何构形进行计算得到，或应用力和速度的测量值在线估计得到。

在任务分配中，可以向量 $\lambda_{\mathrm{d}}(t)$ 的形式指定期望力，以向量 $\boldsymbol{v}_{\mathrm{d}}(t)$ 的形式指定期望速度。在概念上，得到的混合力/速度控制方案与图 9.15 相类似。

期望速度 $\boldsymbol{v}_{\mathrm{d}}$ 可根据式(9.80)设置 $\boldsymbol{\alpha}_{\nu}$ 来得到，这与柔性环境的情况是一样的。

期望力 $\boldsymbol{\lambda}_{\mathrm{d}}$ 则通过下式的设置得到：

$$\boldsymbol{f}_{\lambda} = \boldsymbol{\lambda}_{\mathrm{d}} \tag{9.92}$$ 402

但这种选择方式对干扰力非常敏感，因为没有力反馈。另外的选择方式是：

$$\boldsymbol{f}_{\lambda} = \boldsymbol{\lambda}_{\mathrm{d}} + \boldsymbol{K}_{\mathrm{P}\lambda}(\boldsymbol{\lambda}_{\mathrm{d}} - \boldsymbol{\lambda}) \tag{9.93}$$

或

$$\boldsymbol{f}_{\lambda} = \boldsymbol{\lambda}_{\mathrm{d}} + \boldsymbol{K}_{\mathrm{I}\lambda}\int_{0}^{t}(\boldsymbol{\lambda}_{\mathrm{d}}(\varsigma) - \boldsymbol{\lambda}(\varsigma))\mathrm{d}\varsigma \tag{9.94}$$

其中 $\boldsymbol{K}_{\mathrm{P}\lambda}$ 和 $\boldsymbol{K}_{\mathrm{I}\lambda}$ 是适当的正定矩阵。比例反馈可以降低由干扰力引起的力误差，而积分作用可补偿常数偏差的干扰。

实现力反馈需要根据末端执行器力和力矩 $\boldsymbol{h}_{\mathrm{e}}$ 计算向量 $\boldsymbol{\lambda}$，计算由式(9.54)完成。

当式(9.50)、式(9.61)可用时，可根据式(9.53)和式(9.63)分别计算矩阵 $\boldsymbol{S}_{\mathrm{f}}$ 和 $\boldsymbol{S}_{\mathrm{v}}$，而且可指定期望力 $\boldsymbol{\lambda}_{\mathrm{d}}(t)$ 和期望位置 $\boldsymbol{r}_{\mathrm{d}}(t)$ 来设计混合力/位置控制。

如上设计力控制规律，同时按如下选择，可以达到期望位置 $\boldsymbol{r}_{\mathrm{d}}(t)$(见习题 9.11)：

$$\boldsymbol{\alpha}_{\nu} = \ddot{\boldsymbol{r}}_{\mathrm{d}} + \boldsymbol{K}_{\mathrm{D}r}(\dot{\boldsymbol{r}}_{\mathrm{d}} - \boldsymbol{\nu}) + \boldsymbol{K}_{\mathrm{P}r}(\boldsymbol{r}_{\mathrm{d}} - \boldsymbol{r}) \tag{9.95}$$

其中 $\boldsymbol{K}_{\mathrm{D}r}$ 和 $\boldsymbol{K}_{\mathrm{P}r}$ 为合适的正定矩阵。向量 $\boldsymbol{r}$ 可由式(9.61)根据关节位置测量值计算得到。

参考资料

关于力控制的科技出版物极多,而且覆盖时间大约 30 年。第一个十年的综述论文是[243],第二个十年的是[63]。该主题最近的专论是[90,209]。

[165]最早提出关节空间基于柔量概念的控制,[190]则是最早的笛卡儿空间的柔量控制。柔量远心的概念是[55]介绍的,[242]讨论了这个概念在装配操作中的应用。6 自由度弹性系统建模的参考文章为[136],有关性质则在[177,74]中进行了分析。[95]介绍了阻抗控制的思想,相似的公式在[105]中也有。基于不同方向误差表达的阻抗控制的不同方案见[31,32],严格分析则参考[233]。

力控制的早期工作见[241]。无需环境模型准确信息的方法是[65]中位置反馈力控制以
403 及[40,43]中并联力/位置控制。

[150]引入了自然与人工约束,[64,27]中对其进行进一步发展。在[133]中探讨了力与速度互利关系的概念,而[66]分析了不变性问题。[176]介绍了刚度与柔量矩阵半正定的弹性系统模型。[184]引入混合力/运动控制的概念,[114]介绍了机械手动力学模型。[57]介绍动态环境情况下交互作用建模与控制的系统性方法。笛卡儿空间存在约束的混合控制是[247,249]所介绍的,而[152]中在关节空间中用公式表示了约束条件。[5]讨论的是混合基本结构中阻抗控制的应用。

[235]介绍了自适应力/运动控制方案。[28]介绍的是复杂接触情况与时变约束。[228,62]讨论的是控制接触变换的问题,[70]则论证了怎样克服不稳定问题。

习题

9.1 推导式(9.10)、式(9.11)。

9.2 给出式(9.22)和式(9.23)表示的柔量控制方案的平衡方程。

9.3 如图 9.16 所示平面臂与弹性柔软平面接触。平面与 x_0 轴成 $\pi/4$ 角,在坐标(1,0)出与 x_0 轴相交,不考虑形变;环境刚度沿 y_c 轴为 5×10^3 N/m。臂参数同 8.7 节,设计阻抗控
404 制。实现被控机械手的相互作用计算机仿真:沿直线路径从位置 $\boldsymbol{p}_i=[1\quad 0]^{\mathrm{T}}$ 到位置 $\boldsymbol{p}_f=[1.2+0.1\sqrt{2}\quad 0.2]^{\mathrm{T}}$,速度按梯形规律变化,轨迹行进时间 $t_f=1$ s。实现采样时间 1 ms 的离散时间控制。

9.4 说明并联力/位置控制方案满足式(9.49)的平衡位置。

9.5 说明表达式(9.54)在式(9.55)情况下是加权矩阵 $\boldsymbol{W}$ 时最小范数 $\|\boldsymbol{h}_e-\boldsymbol{S}_f(\boldsymbol{q})\boldsymbol{\lambda}\|$ 解。

9.6 说明刚度矩阵[式(9.70)]可以用 $\boldsymbol{K}'=\boldsymbol{P}_f\boldsymbol{K}$ 的形式表示。

9.7 对于图 9.17 中机械手在孔中旋动螺钉的任务,找出参考与适当被选约束框架的自然约束与人工约束。

9.8 说明在被控力子空间,例 9.4 种混合控制方案等价于局部速度回路的力控制方案。

9.9 对例 9.4 的臂和环境,在约束框架中和底座中计算 $\boldsymbol{S}_f^{\dagger}$ 和 $\boldsymbol{S}_v^{\dagger}$ 表达式。

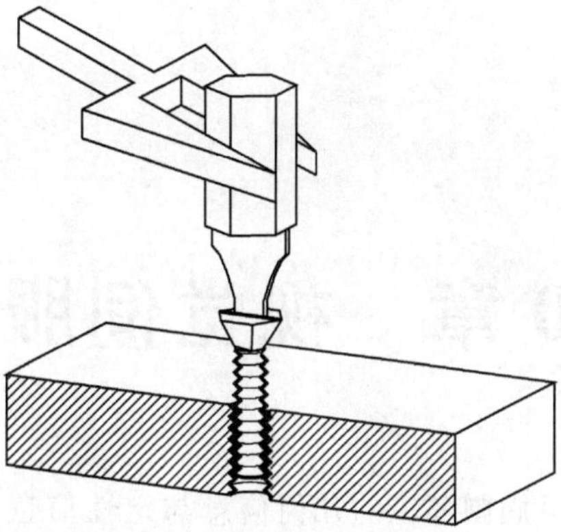

图 9.17　在孔中旋动螺钉

9.10　对例 9.3 的臂和环境设计混合控制，其中运动控制规律沿 x_c 轴运行，而力控制规律沿 y_c 轴运行，令期望接触力沿 y_c 为 50 N。实现被控机械手交互作用的计算机仿真：沿平面上等价于习题 9.3 的轨迹。实现采样时间 1 ms 的离散时间控制。

9.11　说明控制规律[见式(9.95)]可保证期望位置 $\boldsymbol{r}_d(t)$ 的跟踪。 406

第 10 章　视觉伺服系统

机器人系统通过视觉获得周围环境的几何信息与定性信息，并将这些信息用于运动规划与控制。基于视觉测量反馈的控制特称为视觉伺服(visual servoing)控制。本章的第一部分介绍图像处理的一些基本算法，目的在于提取关于图像特征参数(image feature parameters)的数字信息。这些与相机拍摄场景中目标图像相关的参数可用来估计相机相对于目标的位姿，反之亦然。为此，介绍了建立在测量一定数量点和对应关系基础上的解析位姿估计方法(pose estimation methods)。同时还介绍了数值位姿估计方法，该方法基于相机在操作空间中的速度与特征参数在图像面中的时间微分这二者之间的一体化线性映射。在对同一场景从不同视点拍取多个图像的情况下，采用立体视觉(stereo vision)技术和核面几何(epipolar geometry)可以得到额外的信息，一种基本的操作是相机校准，因此将介绍基于几种对应关系测量的标定方法。接下来介绍了两种主要的视觉伺服方式，即基于位置的视觉伺服(position-based visual servoing)和基于图像的视觉伺服(image-based visual servoing)，同时还介绍了结合两种方式优点的被称为混合视觉伺服(hybrid visual servoing)的方案。

10.1　用于控制的视觉

视觉在机器人系统中起着关键作用，因为视觉无需物理接触即可获得机器人工作环境的
407 几何信息与定性信息。而这些信息可由不同级别的控制系统用于独立任务规划及反馈控制。

以一个配置了相机的机器人机械手使用夹具去抓取一个目标的情况为例，机器人通过视觉可具有识别目标相对于夹具位姿信息的能力。这些信息使得控制系统根据目标形状与位形进行计算，规划出轨迹，控制夹具的开合，引导机械手在轨迹上按适当位形抓取目标。

所规划的轨迹可由简单的运动控制器实现。在所谓的“先看后动”(look-and-move)方式中，视觉测量工作于开环方式，这会造成系统对不确定情况极为敏感，不确定情况例如机械手的定位精度很差或夹具到达抓取位置时目标已经移动了。

另一方面，在基于视觉控制(vision-based control)或视觉伺服方式中，视觉测量结果被反馈到控制中，用于计算目标当前位姿与机械手末端执行器位姿之间适当的误差向量。

和运动控制和力控制相比，视觉伺服的一个重要特征是被控变量并不直接由传感器量测，而是通过对测量值的复杂处理得到，其基础算法为图像处理(image processing)算法与计算视觉(computational vision)算法。

第 5.4.3 节介绍了只能给出亮度的二维矩阵值的灰度相机。根据亮度矩阵可实时提取所谓的图像特征参量。一个或多个二维视角场景与相应 3D 空间的几何关系，构成了机械手工

作空间目标或末端执行器相对周围目标的位姿估计技术的基础。从这点来看，相机标定工作是极为重要。无论在计算图像平面的测量值与该物理量相对相机坐标系的值之间关系的内参量(intrinsic parameters)时，还是在计算后者与定义在机械手坐标系中物理量关系的外参量(extrinsic parameters)时，都必须进行相机标定。

基于视觉的控制方案分为两类：一类是实现操作空间的视觉伺服(visual servoing in operational space)，也称作基于位置的视觉伺服；另一类是实现图像空间的视觉伺服(visual servoing in the image space)，也称作基于图像的视觉伺服。二者的主要区别在于第一类方案采用视觉测量重构了目标参考于机器人的相对位姿；反之，第二类方案则是基于当前目标图像特征参数与期望目标位姿特征参数的比较。也可以将这两类方案的特征结合起来，成为混合视觉伺服方案。

基于视觉控制另一个要注意的方面是相机的类型(彩色或灰度、清晰度、固定焦距或变焦、CCD 技术或 CMOS 技术)。本章只考虑固定焦距的灰度图像相机。 408

组成视觉系统的相机个数及其定位的选择同样重要，下面将简要讨论这个问题。

10.1.1　视觉系统配置

视觉系统可以只有一个相机，也可能有两个或者更多个相机。如果用多个相机观察场景中相同的目标，就可以通过估计目标相对于视觉系统的距离来获得目标的深度信息。这种情况就是三维视觉(3D vision)或立体视觉(stereo vision)，其中立体一词来源于希腊语，意思是立方。人类感知三维物体的能力正是因为大脑用两只眼睛接受相同的图像，从略微不同的角度观察同一场景。

很明显，即使只有一个相机也可获得三维视觉，只要得到从不同姿态拍摄的同一目标两幅图像就可以了。如果只有一张单独的图像，深度可根据事先已知的目标特定几何特征来估计。这就是说在一些应用场合，和多相机系统相比，单相机系统更受青睐，因为它虽然精度较低，但更便宜而且易于标定。

区别机械手视觉系统的另一特征是相机的位置。单相机系统有两种选择：一种是固定安装(fixed configuration)，即所谓的“眼到手”(eye-to-hand)，其中相机安装在固定的位置上；另一种是活动安装(mobile configuration)，即“眼在手”(eye-in-hand)，相机固连于机器人上。多相机系统除了以上两种方案之外，还可以考虑混合安装(hybrid configuration)，将一个或多个相机采用“眼到手”安装，其他一个或多个相机采用“眼在手”安装。

在“眼到手”安装方案中，视觉系统以相对于机械手基坐标系固定的位姿观测被操作目标，这种方法的优点是在任务执行过程中相机的视角不变，也就意味着测量精度在理论上为常数。但是在装配之类的特定应用中，很难避免机械手在相机视野里动来动去的过程中，将目标部分或全部遮挡。

在“眼在手”安装方案中，相机放在机械手上，可以嵌在腕的前面及后面。第一种情况下，相机可通过有利的姿势观测末端执行器，而不会被机械手遮挡；后一种情况下，相机与末端执行器相连，只观测目标。这两种状况下，相机视野在运动过程中会有明显变化，这会造成测量精度变化很大。不过当末端执行器接近目标时，精度会几乎成常数，通常比“眼到手”相机所能达到的精度要高，而且还有不会遮挡的优点。 409

复合安装方案结合了两种安装方案各自的优点，既可以保证整个工作空间良好的精度，又避免了遮挡问题。

一种独立类型是在机器人头部安装立体视觉系统，该系统由安装在电动机构上的两个相机组成，电动机构可以作偏航（摇）运动和俯仰（翘）运动，称为云台相机（pan－tilt *cameras*）。

本章只介绍基于单个“眼在手”的相机，“眼到手”相机或是多相机情况只需要对扩展算法进行小修改即可。

10.2 图像处理

与其他类型传感器提供的信息不同，视觉信息丰富多样，这些信息在用于控制机器人系统之前需要进行复杂而大量的变换计算。变换计算目的在于从图像中提取数字信息，这些数字信息通过所谓的图像特征参数，提供对场景中感兴趣的目标的综合而鲁棒的描述。

为实现处理，需要用到两种基本操作，第一种被称作图像分割（segmentation），其目的是获取适于对图像可测目标识别的表示。第二种处理被称作图像解释，关注图像特征参数的测量问题。

图像源信息以帧存储形式保存在二维存储阵列中，表示的是图像的空间采样。图像函数（image function）定义在像素集上，通常是向量函数，其中的分量以采样和量化的形式表述了与像素相关的一个或多个物理量的值。

以彩色图像为例，定义在坐标(X_I, Y_I)的像素上的图像函数有三个分量$I_r(X_I, Y_I)$，$I_g(X_I, Y_I)$与$I_b(X_I, y_I)$，分别对应于红绿蓝三色波长的光强度。对于黑白灰度图像，图像函数为标量，对应灰度$I(X_I, Y_I)$的光强度，也称作灰度级（gray level）。以下为了简化问题，只
410 考虑灰度图像。

灰度级的数量取决于所采用的灰度分辨率。在所有情况下，灰度的边界值都是黑和白，分别对应于最小和最大的可测量光强度。最通用的采集装置采用256灰度级等级，可以用存储器的一个比特来表示。

灰度的直方图特别适于后续处理的帧存储表示，提供了图像中每一灰度级所出现的频率。其中灰度级量化为0到255，直方图在特定灰度级$p \in [0, 255]$的值$h(p)$为图像像素的灰度为p的数目。如果该数目被除以像素的总数，则直方图称作规范直方图。

图10.1表示黑白图像及其对应的灰度直方图。从左到右可以看到三个主要的峰值，对应于最黑的目标，最亮的目标和背景。

10.2.1 图像分割

分割是一种分组处理，图像由此被分为特定数目的组，称作图像块。这样每一组的组成相对于某一个或多个特征来说都是相似的。特别是不同的图像块与环境中的不同目标或者同一目标相对应。

图像分割问题有两种互补的方法：一种基于找到图像中的连通区域，另一种关注于边界检测。基于区域分割的目的是将具有共同特征的像素分为二维连通区域中的不同组，其中隐含的假设是所得结果区域与真实世界的表面或目标相对应。另一方面，基于边界分割的目标是

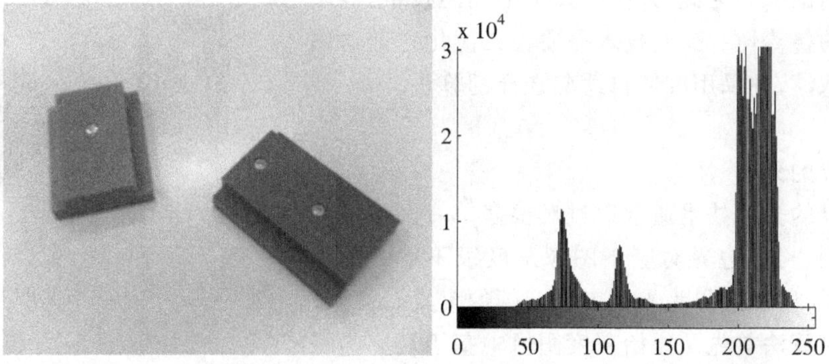

图 10.1　黑白图像与右侧对应的灰度直方图

识别对应于目标轮廓的像素，并将其从从图像其余部分中分离出来。一旦提取出目标边界，就可将边界用于定义目标本身的位置和形状。411

两种方法具有互补性的依据是：边界可通过分离区域轮廓得到，而区域只需要简单地考虑包含在封闭边界中的像素集。

分割问题并非微不足道的小问题，其中存在多种解法，一些解法会在下面概要介绍。从内存使用的角度来看，基于边界的分割更方便，因为边界包含的像素点数目少。然而，从计算负担的观点来看，基于区域的分割更快，因为它需要较少的内存访问。

基于区域的分割

基于区域分割技术最主要的思想是通过对初始相邻像素小块的持续合并，组成较大图像块，最后获得连通区域。

两个相邻区域中的像素满足共同属性，称为一致性判定(uniformity predicate)这种情况下才能对这两个相邻区域进行合并。通常一致性判定需要区域中像素的灰度级属于给定的区间。

在很多实际应用采用的是阈值方法，并且令光强度只有两个值(0 和 1)。这种处理称作二值分割(binary segmentation)或图像二值化(binarization)，相应地，这种方法将每个像素的灰度级与阈值 l 相比较，从而将图像中一个或多个目标从背景中分离出来。对于暗背景中的亮目标，所有像素的灰度级都大于阈值，被认为属于 S_o 集，该集与目标对应，而其他像素认为属于 S_b 集，该集与背景对应。很明显这种处理也可反过来用于亮背景中的暗目标。当图像中只存在一个目标时，找到表示两个区域的 S_o 和 S_b 集时分割结束。若存在多个目标，需要进一步处理，分离对应于单个目标的连通区域。S_o 集中所有像素亮度等于 0，S_b 集中所有像素亮度等于 1，反之亦然，所获图像称作二进制图像。

有效二值分割的关键因素是阈值的选择。一种广泛采用的阈值选择方法是基于灰度直方图，假设图中清晰地包含了与目标和背景灰度级相对应的可区分的最小值与最大值。直方图的峰值也称作模(modes)。对于亮背景中的暗目标，背景对应的模位于右侧，例如图 10.1 的 412
情况，阈值可选为左侧最近的极小值。对于暗背景中的亮目标来说，背景对应的模位于左侧，阈值应该相应地选择。对图 10.1，阈值可设置为 $l=152$，对应的二值图像见图 10.2。

在实践中，灰度直方图中含有噪声，很难将模值识别出来。经常无法清晰地将目标和背景的灰度级分离出来。为此，人们开发了不同的技术，以增强二值分割的鲁棒性。这些技术需要在二值化之前对图像进行适当滤波，并采用阈值自适应选择的算法。

图 10.2　图 10.1 对应的二进制图像

基于边界的分割

基于边界的分割技术通常通过对很多单一区域边界进行归类得到边界，边界对应于图像灰度级不连续的区域。换句话说，区域边界为光强度锐变的像素集。

边界检测算法首先从原始灰度图像中基于局部边缘提取中间图像，然后通过边缘连接构成短曲线段，最终通过提前已知的几何原理将这些曲线段连接起来构成边界。

基于边界的分割算法根据先验知识多少的不同而不同，先验知识被合并到边缘的关联与连接中，其效果明显取决于基于局部边缘的中间图像的质量。区域边缘的位置、方向和“真实性”越可靠，边界检测算法的任务就越容易。

注意边缘检测在本质上是滤波处理，通常由硬件实现；而边界检测是更高级别的任务，往
413 往需要用到更为成熟的软件。因此，当前趋势是使用更为有效的边缘检测器以简化边界检测处理。在形状简单且易于定义的情况下，边界检测将变得简单直接，而分割退化为单独的边缘提取。

目前存在多种边缘提取技术，其中大多需要进行函数 $I(X_I, Y_I)$ 的梯度计算或 Laplacian 计算。

因为局部边缘定义为灰度级明显不同的两个区域之间的分界，很明显在接近过渡区边界时，函数 $I(X_I, Y_I)$ 的空间梯度的幅值很大（梯度用于标度灰度的变化率）。因此边缘提取可通过对梯度幅值大于阈值的像素进行分组来实现，而且梯度向量的方向应是灰度变化最大的方向。

阈值的选择也非常重要。存在噪声的情况下，阈值是在对丢失正确边缘与检测错误边缘之间的可能性进行折衷的结果。

要完成梯度计算，需要求取函数 $I(X_I, Y_I)$ 沿两个正交方向的方向导数。因为该函数定义在离散的像素集上，所以需要使用近似方式计算其导数。各种基于梯度的边缘检测技术之间的本质区别是导数计算的方向与导数的近似方式、梯度幅值计算方式的不同。

梯度计算最常用的算子是使用如下沿方向 X_I 和 Y_I 进行导数近似的一阶差分：

$$\Delta_1 = I(X_I+1, Y_I) - I(X_I, Y_I)$$

$$\Delta_2 = I(X_I, Y_I+1) - I(X_I, Y_I)$$

对噪声影响较小敏感的其他算子如 Roberts 算子，是沿着像素的(2×2)对角线方阵计算一阶差分的：

$$\Delta_1 = I(X_I+1, Y_I+1) - I(X_I, Y_I)$$

$$\Delta_2 = I(X_I, Y_I+1) - I(X_I+1, Y_I)$$

而 Sobel 算子定义在(3×3)像素方阵上：

$$\begin{aligned}\Delta_1 = & (I(X_I+1, Y_I-1) + 2I(X_I+1, Y_I) + I(X_I+1, Y_I+1)) \\ & -(I(X_I-1, Y_I-1) + 2I(X_I-1, Y_I) + I(x_I-1, Y_I+1)\end{aligned}$$

$$\Delta_2 = (I(X_I-1, Y_I+1) + 2I(X_I, Y_I+1) + I(X_I+1, Y_I+1)$$
$$-(I(X_I-1, Y_I-1) + 2I(X_I, Y_I-1) + I(X_I+1, Y_I-1))$$ 414

这样梯度 $G(X_I, Y_I)$ 的近似幅度或范数可用以下两个表达式之一进行求值：

$$G(X_I, Y_I) = \sqrt{\Delta_1^2 + \Delta_2^2}$$
$$G(X_I, Y_I) = |\Delta_1| + |\Delta_2|$$

方向 $\theta(X_I, Y_I)$ 的关系为

$$\theta(X_I, Y_I) = \mathrm{Atan2}(\Delta_2, \Delta_1)$$

图 10.3 表示对图 10.1 图像采用 Sobel 和 Roberts 梯度算子，再进行二值化后得到的图像。其中阈值分别设置为 $l=0.02$ 和 $l=0.0146$。

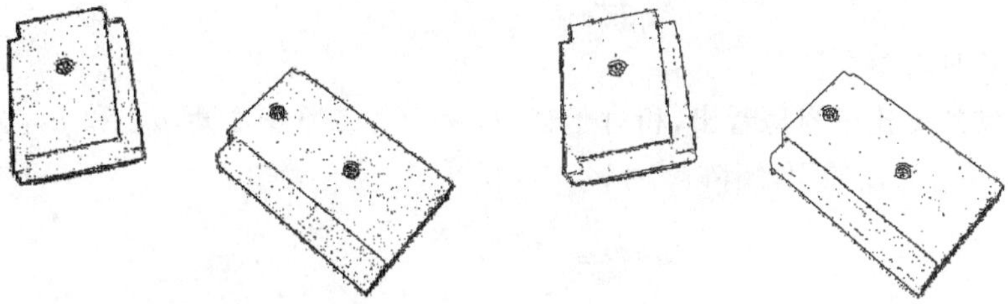

图 10.3　图 10.1 采用 Roberts(左)和 Sobel 算子(右)得到的图像轮廓

另一种边缘检测方法基于 Laplacian 算子，该方法需要计算函数 $I(X_I, Y_I)$ 沿着两个正交方向上的二阶导数。此情况需要用适当算子来进行导数的离散化计算。一种最常用的近似表达式如下：

$$L(X_I, Y_I) = I(X_I, Y_I) - \frac{1}{4}(I(X_I, Y_I+1) + I(X_I, Y_I-1)$$
$$+ I(X_I+1, Y_I) + I(X_I-1, Y_I))$$

这种情况下，轮廓为 Laplacian 计算结果低于阈值的那些像素点，原因在于在梯度幅值最大点上 Laplacian 计算结果为零。与梯度计算不同，Laplacian 计算并不提供方向信息，而且由于 Laplacian 计算是基于二阶导数计算上完成，所以对噪声比梯度计算更为敏感。 415

10.2.2　图像解释

图像解释是从分割图像中计算特征参数的过程，不论这些特征是以区域还是边界的方式表示的。

视觉伺服系统应用中所采用的特征参数有时需要计算所谓的矩(moments)。这些参数定义在图像的区域 $\mathcal{R}$ 中，被用于表征二维目标相应于区域本身的位置、方向和形状。

帧存储中区域 $\mathcal{R}$ 的矩 $m_{i,j}$ 一般定义如下，其中 $i, j=0, 1, 2, \cdots$

$$m_{i,j} = \sum_{X_i, Y_I \in \mathcal{R}} I(X_I, Y_I) X_I^i Y_I^j$$

二值图像情况下，假设区域 $\mathcal{R}$ 中所有点的光强度都等于一，所有不属于区域 $\mathcal{R}$ 的点的光强度都等于零，可得如下简化的矩定义：

$$m_{i,j} = \sum_{X_I, Y_I \in R} X_I^i Y_I^j \tag{10.1}$$

根据该定义，矩 $m_{0,0}$ 恰好等于区域的面积，可用区域$\mathcal{R}$中的像素总数来计算。

等式

$$\overline{x} = \frac{m_{1,0}}{m_{0,0}} \quad \overline{y} = \frac{m_{0,1}}{m_{0,0}}$$

定义了区域的形心(centroid)。这些坐标可用于唯一地检测区域$\mathcal{R}$在图像平面上的位置。

由机械学作类推，区域$\mathcal{R}$可看作二维刚体，其光强度相当于密度。因此，矩 $m_{0,0}$ 对应于刚体的质量，形心对应于刚体的质心。

式(10.1)中矩 $m_{i,j}$ 的值取决于区域$\mathcal{R}$在图像平面中的位置。因此常常要用到所谓中心矩(central moments)，其定义为

$$\mu_{i,j} = \sum_{X_I, Y_I \in \mathcal{R}} (X_I - \overline{x})^i (Y_I - \overline{y})^j$$

中心矩对于平移具有不变性。

根据与机械的类比很容易看出，相对于轴 X_I 和 Y_I，二阶中心矩 $\mu_{2,0}$ 和 $\mu_{0,2}$ 分别具有惯性力矩的含义，而 $\mu_{1,1}$ 为惯性积，矩阵

$$\mathcal{I} = \begin{bmatrix} \mu_{2,0} & \mu_{1,1} \\ \mu_{1,1} & \mu_{0,2} \end{bmatrix}$$

416 具有相对于质心的惯性张量的含义。矩阵$\mathcal{I}$的特征值定义了主惯性矩，称为区域的主矩(principal moments)，相应的特征向量定义了惯性主轴，称为区域的主轴(principal axes)。

若区域$\mathcal{R}$是非对称的，则$\mathcal{I}$的主矩不同，可以用对应于最大矩的主轴与轴 X 之间夹角 α 的形式来表示$\mathcal{R}$的方向。该角度可用以下方程计算(见习题 10.1)

$$\alpha = \frac{1}{2}\arctan\left(\frac{2\mu_{1,1}}{\mu_{2,0} - \mu_{0,2}}\right) \tag{10.2}$$

如在图 10.4 给出的某二值图像区域的形心点 C、主轴和角 α。

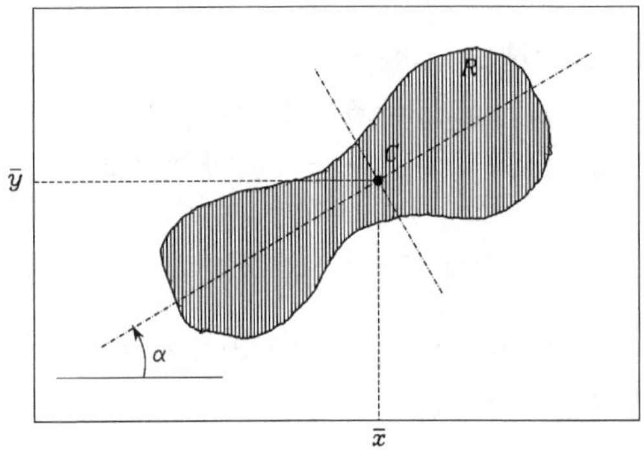

图 10.4　二值图像区域与特征参数

注意矩和相应的参数也可以根据目标的边界来计算，而且这些量对表征一般外形的目标会特别有用。场景中出现的目标尤其是加工制造目标，所具有的几何特性在图像解释中通常是很有用的。

例如在图像平面中，一些目标的边缘符合轮廓直线部分交叉点，或符合高曲率轮廓点特征。这些点在图像平面中的坐标可用鲁棒抗噪算法检测出来，从而用来作为图像的特征参数。这就是所谓的特征点(feature points)。

在另一些情况中，可能识别出直线、线段或椭圆等基本的几何形状。直线或线段是直线边缘或是旋转体(圆锥，圆柱)的投影，椭圆则是圆或球体的投影。这些基本形状可在像平面中以参数最小集的形式表征。例如线段可用端点坐标表示，或用中点(形心)坐标、长度(矩 $m_{0,0}$)及其方向(角度 α)表示，这两种情况下都需要

417 用到四个参数表示线段的特征。

10.3　位姿估计

视觉伺服是建立在相机图像平面中被测目标的特征参数与操作空间中目标相对相机定义(或等价地采用相机相对目标定义)的位姿变量之间的映射关系之上的。通常以速度形式得到微分映射就足够了。对于机械手逆运动学计算来说,微分问题更易求解,这是因为速度映射是线性的。微分问题的解可用于通过数值积分算法计算位姿。

图像的特征参数集定义了一个$(k\times 1)$向量 $\boldsymbol{s}$,称作特征向量(feature vector)。为简化符号,以下用式(5.44)定义的归一化坐标(X,Y)代替像素坐标$(X_I,\ Y_I)$来定义特征向量。由于只有像素坐标是可直接测量的,假设相机的固有参数已知,归一化坐标应采用式(5.45)的逆映射由像素坐标计算得到。

某一点的特征向量 $\boldsymbol{s}$ 定义为

$$\boldsymbol{s}=\begin{bmatrix}X\\Y\end{bmatrix} \tag{10.3}$$

而

$$\widetilde{\boldsymbol{s}}=\begin{bmatrix}X\\Y\\1\end{bmatrix}$$

是 $\boldsymbol{s}$ 在齐次坐标中的表达。 418

10.3.1　解析解

以眼-在-手相机为例,考虑参考坐标系 $O_c-x_cy_cz_c$ 固连于相机且参考坐标系 $O_o-x_oy_oz_o$ 固连于目标。假设目标为刚性,令 $\boldsymbol{T}_o^c$为目标位姿相对于相机的齐次变换矩阵,定义如下

$$\boldsymbol{T}_o^c=\begin{bmatrix}\boldsymbol{R}_o^c & \boldsymbol{o}_{c,o}^c\\ \boldsymbol{0}^{\mathrm{T}} & 1\end{bmatrix} \tag{10.4}$$

式中 $\boldsymbol{o}_{c,o}^c=\boldsymbol{o}_o^c-\boldsymbol{o}_c^c$,$\boldsymbol{o}_c^c$ 为相机坐标系原点相对于基坐标系的位置向量,并在相机坐标系中表示;$\boldsymbol{o}_o^c$ 为目标坐标系原点相对于基坐标系的位置向量,并在相机坐标系中表示;$\boldsymbol{R}_o^c$ 为目标坐标系相对于相机坐标系的旋转矩阵(图 10.5)。

需要求解的问题是:在相机图像平面中,从目标特征参数的测量值计算矩阵 $\boldsymbol{T}_o^c$的元素。为此,考虑目标的 n 个点,令 $\boldsymbol{r}_{o,i}^o=\boldsymbol{p}_i^o-\boldsymbol{o}_o^o$, $i=1,\ \cdots,\ n$ 表示这些点相对目标坐标系的位置向量。假设这些量已知,例如从目标的 CAD 模型得到。这些点在图像平面中的投影坐标为

$$\boldsymbol{s}_i=\begin{bmatrix}X_i\\Y_i\end{bmatrix}$$

定义特征向量为

$$\boldsymbol{s}=\begin{bmatrix}\boldsymbol{s}_1\\ \vdots\\ \boldsymbol{s}_n\end{bmatrix} \tag{10.5}$$

目标上的点相对于相机坐标系的齐次坐标可表示为

$$\widetilde{\boldsymbol{r}}_{o,i}^c=\boldsymbol{T}_o^c\widetilde{\boldsymbol{r}}_{o,i}^o$$

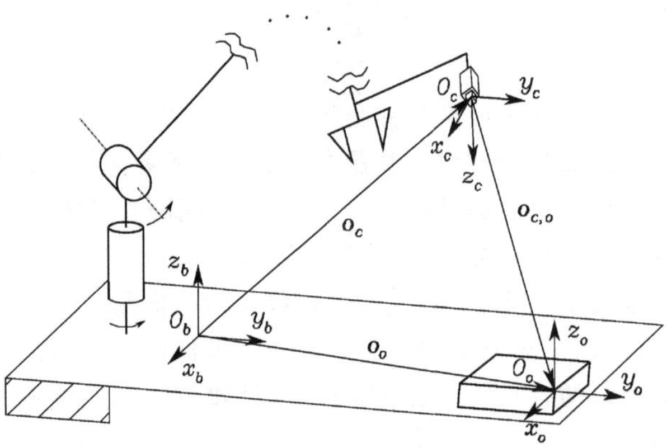

图 10.5 “眼在手”相机的参考系

因此，根据式(5.44)，这些点在图像平面上投影的齐次坐标由下式给出：

$$\lambda_i \widetilde{\boldsymbol{s}}_i = \prod \boldsymbol{T}_{o}^{c} \widetilde{\boldsymbol{r}}_{o,i}^{o} \tag{10.6}$$

其中 $\lambda_i > 0$。

假设存在 n 组对应关系，即目标上 n 个点构成形如式(10.6)的 n 个方程，点在目标坐标系
419 和图像坐标系中的坐标都已知。这些对应关系定义了求解矩阵 $\boldsymbol{T}_o^c$ 未知元素的方程组。因为方程取决于对应关系的类型与数量，可能出现多解，所以求解很难，这个问题在摄影测量中称作 PnP(n 点透视)问题。可以证明：

- 在三点非同一直线情况下，P3P 问题有 4 个解；
- 在非共面点情况下，P4P 和 P5P 问题最少有两个解，而最少 4 点共面及共面点少于 3 个的情况下解唯一。
- 若非共面点 $n \geqslant 6$，则 PnP 问题则只有一个解。

PnP 问题求解析解极为难解。不过在一些特定情况下推导可以简化，比如，点共面的情况。

不失一般性地假设包含目标上点的平面与目标坐标系的三个坐标面之一相重合，坐标面例如方程 $z_o = 0$ 所对应的平面，这表示平面上所有点的第三个坐标值均为零。对(10.6)的两侧都乘以斜对称矩阵 $\boldsymbol{S}(\widetilde{\boldsymbol{s}}_i)$，左侧的乘积为零，得到齐次方程

$$\boldsymbol{S}(\widetilde{\boldsymbol{s}}_i)\boldsymbol{H}[r_{x,i} \quad r_{y,i} \quad 1]^{\mathrm{T}} = \boldsymbol{0} \tag{10.7}$$

其中 $r_{x,i}$ 和 $r_{y,i}$ 为向量 $\boldsymbol{r}_{o,i}^{o}$ 的两个非零分量，$\boldsymbol{H}$ 为(3×3)矩阵

$$\boldsymbol{H} = [\boldsymbol{r}_1 \quad \boldsymbol{r}_2 \quad \boldsymbol{o}_{c,o}^{c}] \tag{10.8}$$

$\boldsymbol{r}_1$ 和 $\boldsymbol{r}_2$ 分别为旋转矩阵 $\boldsymbol{R}_o^c$ 的第一列和第二列。

向量方程(10.7)定义在属于两个平面的点的齐次坐标上，称作平面单应性(planar homography)，这一名称亦可用于矩阵 $\boldsymbol{H}$。

注意方程(10.7)关于 $\boldsymbol{H}$ 是线性的，因此该式可以改写为如下形式：

$$\boldsymbol{A}_i(\boldsymbol{s}_i)\boldsymbol{h} = \boldsymbol{0}$$

其中 $\boldsymbol{h}$ 是矩阵 $\boldsymbol{H}$ 中的(9×1)维列向量，而 $\boldsymbol{A}_i$ 为(3×9)维矩阵

$$\boldsymbol{A}_i(\boldsymbol{s}_i) = [r_{x,i}\boldsymbol{S}(\widetilde{\boldsymbol{s}}_i) \quad r_{y,i}\boldsymbol{S}(\widetilde{\boldsymbol{s}}_i) \quad \boldsymbol{S}(\widetilde{\boldsymbol{s}}_i)] \tag{10.9}$$

因为 $\boldsymbol{S}(\cdot)$ 的秩最多为 2，$\boldsymbol{A}_i$ 的秩也最多为 2，这样，要计算 $\boldsymbol{h}$（比例因子以内），必须至少考虑对平面中 4 个点列写 4 个(10.9)形式的方程，成为含 9 个未知量的 12 个方程的系统

$$\begin{bmatrix}\boldsymbol{A}_1(\boldsymbol{s}_1)\\ \boldsymbol{A}_2(\boldsymbol{s}_2)\\ \boldsymbol{A}_3(\boldsymbol{s}_3)\\ \boldsymbol{A}_4(\boldsymbol{s}_4)\end{bmatrix}\boldsymbol{h}=\boldsymbol{A}(\boldsymbol{s})\boldsymbol{h}=\boldsymbol{0} \tag{10.10}$$

$\boldsymbol{s}$ 的定义见式(10.5)。 420

考虑一组 4 个点，其中任意 3 个都不共线，可以证明矩阵 $\boldsymbol{A}$ 的秩为 8，式(10.10)的方程组有非零解 $\zeta\boldsymbol{h}$，定义为小于等于在比例因子 ζ（见习题 10.2）。其结果是，矩阵 $\zeta\boldsymbol{H}$ 可在比例因子 ζ 之内计算。所描述的推导具有一般性，可应用于任何一种按式(10.7)形式定义的平面单应性。

由(10.8)，有

$$\boldsymbol{r}_1=\zeta\boldsymbol{h}_1$$

$$\boldsymbol{r}_2=\zeta\boldsymbol{h}_2$$

$$\boldsymbol{o}_{c,o}^{c}=\zeta\boldsymbol{h}_3$$

其中 $\boldsymbol{h}_i$ 指矩阵 $\boldsymbol{H}$ 的第 i 列。常数 ζ 的绝对值可根据向量 $\boldsymbol{r}_1$ 和 $\boldsymbol{r}_2$ 的单位范数约束来计算：

$$|\zeta|=\frac{1}{\|\boldsymbol{h}_1\|}=\frac{1}{\|\boldsymbol{h}_2\|}$$

ζ 的正负号由选择对应于相机面前目标的解可确定。最后，矩阵 $\boldsymbol{R}_o^c$ 的第三列 $\boldsymbol{r}_3$ 可计算为

$$\boldsymbol{r}_3=\boldsymbol{r}_1\times\boldsymbol{r}_2$$

注意因为噪声会影响图像平面中坐标的测量值，推导结果会受到误差影响。在对应关系数量 $n>4$ 的情况下，采用最小二乘法计算式(10.10)中 $3n$ 个方程的解 $\zeta\boldsymbol{h}$，直到比例因子 ζ。这样可以减小误差，但这并不保证所求矩阵 $\boldsymbol{Q}=[\boldsymbol{r}_1\quad\boldsymbol{r}_2\quad\boldsymbol{r}_3]$ 为旋转矩阵。

要克服该问题，一个可用的解法是根据给定范数计算最接近 $\boldsymbol{Q}$ 的旋转矩阵，例如，计算令 Frobenius 范数最小化的旋转矩阵①：

$$\|\boldsymbol{R}_o^c-\boldsymbol{Q}\|_F=(\mathrm{Tr}((\boldsymbol{R}_o^c-\boldsymbol{Q})^{\mathrm{T}}(\boldsymbol{R}_o^c-\boldsymbol{Q})))^{1/2} \tag{10.11}$$

其中 $\boldsymbol{R}_o^c$ 为旋转矩阵。式(10.11)的范数最小化问题等价于令矩阵 $\boldsymbol{R}_o^{c\mathrm{T}}\boldsymbol{Q}$ 的迹最大化。可以得到该问题的解为

$$\boldsymbol{R}_o^c=\boldsymbol{U}\begin{bmatrix}1&0&0\\0&1&0\\0&0&\sigma\end{bmatrix}\boldsymbol{V}^{\mathrm{T}} \tag{10.12}$$

其中 $\boldsymbol{U}$ 和 $\boldsymbol{V}^{\mathrm{T}}$ 分别为矩阵 $\boldsymbol{Q}=\boldsymbol{U}\boldsymbol{\Sigma}\boldsymbol{V}^{\mathrm{T}}$ 的奇异值分解的左正交矩阵和右正交矩阵。选择 $\sigma=\det(\boldsymbol{U}\boldsymbol{V}^{\mathrm{T}})$，可保证 $\boldsymbol{R}_o^c$ 的行列式等于 1（见习题 10.3）。 421

例 10.1

如图 10.6 所示，平面目标由 4 个特征点表征，其中目标坐标系已给出。特征点 P_1，P_2，P_3，P_4 为边长 $l=0.1$ m 的正方形的顶点。图 10.6 给出了目标的 4 个点在相机标准图像平

① Frobenius 范数定义见附录 A.4 节。

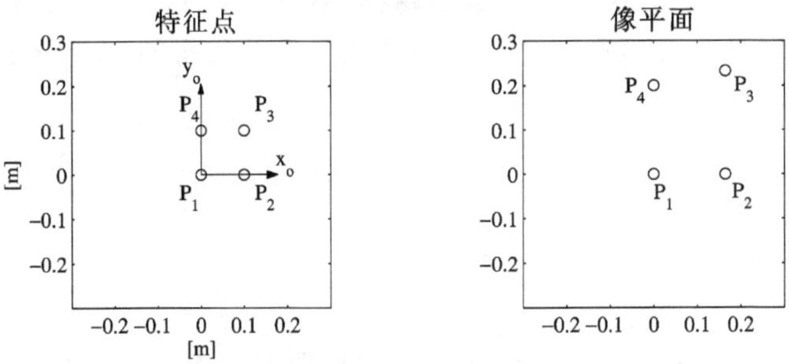

图 10.6　平面目标(例 10.1 的姿态)

左图：目标坐标系和特征点；右图：特征点投影在相机的标准图像平面上

面上的投影，假定目标坐标系相对于相机坐标系的位姿由位置向量 $\boldsymbol{o}_{c,o}^{c}=[0\quad 0\quad 0.5]^{\mathrm{T}}$ m 和如下的旋转矩阵表征：

$$\boldsymbol{R}_{o}^{c}=\boldsymbol{R}_{z}(0)\boldsymbol{R}_{y}(\pi/4)\boldsymbol{R}_{x}(0)=\begin{bmatrix}0.7071 & 0 & 0.7071\\ 0 & 1 & 0\\ -0.7071 & 0 & 0.7071\end{bmatrix}$$

目标坐标系中的位置向量为：$\boldsymbol{r}_{o,1}^{o}=[0\quad 0\quad 0]^{\mathrm{T}}$ m，$\boldsymbol{r}_{o,2}^{o}=[0.1\quad 0\quad 0]^{\mathrm{T}}$ m，$\boldsymbol{r}_{o,3}^{o}=[0.1\quad 0.1\quad 0]^{\mathrm{T}}$ m，$\boldsymbol{r}_{o,4}^{o}=[0\quad 0.1\quad 0]^{\mathrm{T}}$ m，应用式(10.6)，根据位置向量可以计算目标 4 个点的标准化坐标为

$$\boldsymbol{s}_1=\begin{bmatrix}0\\0\end{bmatrix}\quad \boldsymbol{s}_2=\begin{bmatrix}0.1647\\0\end{bmatrix}\quad \boldsymbol{s}_3=\begin{bmatrix}0.1647\\0.2329\end{bmatrix}\quad \boldsymbol{s}_4=\begin{bmatrix}0\\0.2\end{bmatrix}$$

要求解逆问题，即根据 4 个点在图像平面和目标坐标系中的坐标计算矩阵 $\boldsymbol{T}_{o}^{c}$，必须根据式(10.9)中定义的 4 个矩阵 $\boldsymbol{A}_i(\boldsymbol{s}_i)$ 构造矩阵 $\boldsymbol{A}(\boldsymbol{s})$。很容易验证矩阵 $\boldsymbol{A}(\boldsymbol{s})$ 秩为 8，而且应用如下的奇异值分解可以计算得到方程组(10.10)的非零解

$$\boldsymbol{A}=\boldsymbol{U}\boldsymbol{\Sigma}\boldsymbol{V}^{\mathrm{T}}$$

求取的解与矩阵 $\boldsymbol{V}$ 的最后一列一致，即与 $\boldsymbol{A}$ 的零奇异值所对应的右特征向量一致。在计算过程中，可得到矩阵

422

$$\zeta\boldsymbol{H}=\begin{bmatrix}-0.4714 & 0 & 0\\ 0 & -0.6667 & 0\\ 0.4714 & 0 & -0.3333\end{bmatrix}$$

对第一列进行标准化，得到 $|\zeta|=1.5$。可以验证选择 $\zeta=-1.5$，可得 $\boldsymbol{o}_{c,o}^{c}$ 的精确解，且矩阵 $\boldsymbol{Q}$ 在数值上与所求的旋转矩阵 $\boldsymbol{R}_{o}^{c}$ 一致，而不需要任何形式的近似求解。由于不存在影响图像平面坐标 $\boldsymbol{s}_i$ 的测量噪声，这个结果与预期一致。

以上推导是直接线性变换(direct linear transformation)方法的一个特例，直接线性变换的目的是在一般结构中，求解与 n 个点相对应的线性方程组，从而计算矩阵 $\boldsymbol{T}_{o}^{c}$ 的元素。具体来说，根据等式

$$\boldsymbol{S}(\widetilde{\boldsymbol{s}}_i)\,[\boldsymbol{R}_{o}^{c}\quad \boldsymbol{o}_{c,o}^{c}\quad \boldsymbol{o}_{c,o}^{c}]\widetilde{\boldsymbol{r}}_{o,i}^{o}=\boldsymbol{0} \tag{10.13}$$

可得到两个有 12 个未知量的独立线性方程，注意到矩阵 $\boldsymbol{S}(\cdot)$ 秩最多为 2，且式(10.13)

即为式(10.7)中点 $\boldsymbol{r}^{\mathrm{o}}_{\mathrm{o},i}$ 属于平面 $z_{\mathrm{o}}=0$ 的情况。这样,n 个对应关系产生了 $2n$ 个方程。

可以看出,考虑一组并不全共面的 6 个点,含有 12 个未知数的 12 个方程系统所对应的系数矩阵的秩为 11,因此定义解最大为比例因子。一旦计算出该解,旋转矩阵 $\boldsymbol{R}^{\mathrm{c}}_{\mathrm{o}}$ 和向量 $\boldsymbol{o}^{\mathrm{c}}_{\mathrm{c,o}}$ 的元素可用类似上面所介绍的推导来得到。注意在实际应用中,由于存在噪声,方程组的秩为 12,仅容许零解存在。这种情况下,必须考虑 $n>6$ 的对应关系,采用最小二乘法计算相应方程组求得解,定义解最大为比例因子。

总之,所介绍的方法可从目标在相机的图像平面上的 n 个投影点来计算 $\boldsymbol{T}^{\mathrm{c}}_{\mathrm{o}}$,$\boldsymbol{T}^{\mathrm{c}}_{\mathrm{o}}$ 表征了目标坐标系相对相机坐标系的相对位姿。要实现这个目的,除了相机的内参数外,还必须知道这些点相对于目标坐标系的位置以及目标的几何形状,后者是根据像素坐标计算标准坐标 $\boldsymbol{s}_i$ 所必需的。

注意如果需要计算相对于基坐标系(通常出现在眼一到一手相机的情况下)或者相对于末端执行器坐标系(通常出现在眼一在一手相机的情况下)的目标位姿,则还必须知道相机的外参数。实际上第一种情况下有

$$\boldsymbol{T}^{\mathrm{b}}_{\mathrm{o}}=\boldsymbol{T}^{\mathrm{b}}_{\mathrm{c}}\boldsymbol{T}^{\mathrm{c}}_{\mathrm{o}} \tag{10.14}$$

其中矩阵 $\boldsymbol{T}^{\mathrm{b}}_{\mathrm{o}}=$ 的元素表示"眼到手"相机的外参数。

另一方面,在"眼在手"相机的情况下,有

$$\boldsymbol{T}^{\mathrm{e}}_{\mathrm{o}}=\boldsymbol{T}^{\mathrm{e}}_{\mathrm{c}}\boldsymbol{T}^{\mathrm{c}}_{\mathrm{o}} \tag{10.15}$$ 423

其中外参数矩阵 $\boldsymbol{T}^{\mathrm{e}}_{\mathrm{c}}$ 表征了相机相对于末端执行器坐标系的位姿。

10.3.2 相互作用矩阵

若目标相对于相机做运动,特征向量 $\boldsymbol{s}$ 通常是时变的。因此可能要在图像平面定义一个 $(k\times 1)$ 维的速度向量 $\dot{\boldsymbol{s}}$。

目标相对于相机的运动可由相对速度表征

$$\boldsymbol{v}^{\mathrm{c}}_{\mathrm{c,o}}=\begin{bmatrix}\dot{\boldsymbol{o}}^{\mathrm{c}}_{\mathrm{c,o}}\\ \boldsymbol{R}^{\mathrm{T}}_{\mathrm{c}}(\boldsymbol{\omega}_{\mathrm{o}}-\boldsymbol{\omega}_{\mathrm{c}})\end{bmatrix} \tag{10.16}$$

其中 $\dot{\boldsymbol{o}}^{\mathrm{c}}_{\mathrm{c,o}}$ 为向量 $\boldsymbol{o}^{\mathrm{c}}_{\mathrm{c,o}}=\boldsymbol{R}^{\mathrm{T}}_{\mathrm{c}}(\boldsymbol{o}_{\mathrm{o}}-\boldsymbol{o}_{\mathrm{c}})$ 的时间导数,$\boldsymbol{o}^{\mathrm{c}}_{\mathrm{c,o}}$ 表示目标坐标系原点相对于相机坐标系原点的位置,而 $\boldsymbol{\omega}_{\mathrm{o}}$ 和 $\boldsymbol{\omega}_{\mathrm{c}}$ 分别为目标坐标系和相机坐标系的角速度。

$\boldsymbol{s}$ 和 $\boldsymbol{v}^{\mathrm{c}}_{\mathrm{c,o}}$ 之间的联系方程为

$$\dot{\boldsymbol{s}}=\boldsymbol{J}_{\mathrm{s}}(\boldsymbol{s},\ \boldsymbol{T}^{\mathrm{c}}_{\mathrm{o}})\ \boldsymbol{v}^{\mathrm{c}}_{\mathrm{c,o}} \tag{10.17}$$

其中 $\boldsymbol{J}_{\mathrm{s}}$ 为 $(k\times 6)$ 维的矩阵,称为图像雅可比矩阵矩阵。该方程是线性的,但 $\boldsymbol{J}_{\mathrm{s}}$ 一般取决于特征向量 $\boldsymbol{s}$ 的当前值和目标相对于相机的相对位姿 $\boldsymbol{T}^{\mathrm{c}}_{\mathrm{o}}$。

研究图像平面速度 $\dot{\boldsymbol{s}}$、相机坐标系绝对速度及目标坐标系绝对速度之间的映射关系是很有意义的。其中相机坐标系绝对速度为

$$\boldsymbol{v}^{\mathrm{c}}_{\mathrm{c}}=\begin{bmatrix}\boldsymbol{R}^{\mathrm{T}}_{\mathrm{c}}\dot{\boldsymbol{o}}_{\mathrm{c}}\\ \boldsymbol{R}^{\mathrm{T}}_{\mathrm{c}}\ \boldsymbol{\omega}_{\mathrm{c}}\end{bmatrix}$$

目标坐标系绝对速度为

$$\boldsymbol{v}^{\mathrm{c}}_{\mathrm{o}}=\begin{bmatrix}\boldsymbol{R}^{\mathrm{T}}_{\mathrm{c}}\dot{\boldsymbol{o}}_{\mathrm{o}}\\ \boldsymbol{R}^{\mathrm{T}}_{\mathrm{c}}\ \boldsymbol{\omega}_{\mathrm{o}}\end{bmatrix}$$

为了实现这一目的，向量 $\dot{\boldsymbol{o}}^{c}_{c,o}$ 可表示为

$$\dot{\boldsymbol{o}}^{c}_{c,o} = \boldsymbol{R}_c^{T}(\dot{\boldsymbol{o}}_o - \dot{\boldsymbol{o}}_c) + \boldsymbol{S}(\boldsymbol{o}^{c}_{c,o})\boldsymbol{R}_c^{T}\boldsymbol{\omega}_c$$

该式可使等式(10.16)改写为以下紧凑形式

$$\boldsymbol{v}^{c}_{c,o} = \boldsymbol{v}^{c}_{o} + \boldsymbol{\Gamma}(\boldsymbol{o}^{c}_{c,o})\boldsymbol{v}^{c}_{c} \tag{10.18}$$

其中

424 $$\boldsymbol{\Gamma}(\cdot) = \begin{bmatrix} -\boldsymbol{I} & \boldsymbol{S}(\cdot) \\ \boldsymbol{O} & -\boldsymbol{I} \end{bmatrix}$$

因此方程(10.17)可改写为下式

$$\dot{\boldsymbol{s}} = \boldsymbol{J}_s\boldsymbol{v}^{c}_{o} + \boldsymbol{L}_s\boldsymbol{v}^{c}_{c} \tag{10.19}$$

其中 $(k\times 6)$ 维矩阵

$$\boldsymbol{L}_s = \boldsymbol{J}_s(\boldsymbol{s}, \boldsymbol{T}^{c}_{o})\boldsymbol{\Gamma}(\boldsymbol{o}^{c}_{c,o}) \tag{10.20}$$

被称作交互矩阵(interaction matrix)。根据式(10.19)，该矩阵定义了在目标相对于基坐标系固定情况下($\boldsymbol{v}^{c}_{o}=\boldsymbol{0}$)，相机绝对速度 $\boldsymbol{v}^{c}_{c}$ 与相应图像平面速度 $\dot{\boldsymbol{s}}$ 之间的线性映射。

交互矩阵的解析表达式一般要比图像雅可比矩阵矩阵简单，后者可根据式(10.20)，从交互矩阵利用下式计算得到

$$\boldsymbol{J}_s(\boldsymbol{s}, \boldsymbol{T}^{c}_{o}) = \boldsymbol{L}_s\boldsymbol{\Gamma}(-\boldsymbol{o}^{c}_{c,o}) \tag{10.21}$$

其中 $\boldsymbol{\Gamma}^{-1}(\boldsymbol{o}^{c}_{c,o})=\boldsymbol{\Gamma}(-\boldsymbol{o}^{c}_{c,o})$。下面给出了几个最常见应用情况下的交互矩阵和图像雅可比矩阵矩阵计算实例。

点的交互矩阵

令目标上的某一点 P 相对相机坐标系的关系由如下坐标向量表征

$$\boldsymbol{r}^{c}_{c} = \boldsymbol{R}_c^{T}(\boldsymbol{p} - \boldsymbol{o}_c) \tag{10.22}$$

其中 $\boldsymbol{p}$ 为点 P 相对于基坐标系的位置。选择标准化坐标式(10.3)的向量 $\boldsymbol{s}$ 作为点的特征向量。根据式(5.44)，以下表达式成立

$$\boldsymbol{s} = \boldsymbol{s}(\boldsymbol{r}^{c}_{c}) \tag{10.23}$$

其中

$$\boldsymbol{s}(\boldsymbol{r}^{c}_{c}) = \frac{1}{z_c}\begin{bmatrix} x_c \\ y_c \end{bmatrix} = \begin{bmatrix} X \\ Y \end{bmatrix} \tag{10.24}$$

且 $\boldsymbol{r}^{c}_{c}=[x_c \quad y_c \quad z_c]^{T}$。计算式(10.23)的时间导数，并利用式(10.24)得

$$\dot{\boldsymbol{s}} = \frac{\partial\boldsymbol{s}(\boldsymbol{r}^{c}_{c})}{\partial\boldsymbol{r}^{c}_{c}}\dot{\boldsymbol{r}}^{c}_{c} \tag{10.25}$$

其中

425 $$\frac{\partial\boldsymbol{s}(\boldsymbol{r}^{c}_{c})}{\partial\boldsymbol{r}^{c}_{c}} = \frac{1}{z_c}\begin{bmatrix} 1 & 0 & -x_c/z_c \\ 0 & 1 & -y_c/z_c \end{bmatrix} = \frac{1}{z_c}\begin{bmatrix} 1 & 0 & -X \\ 0 & 1 & -Y \end{bmatrix}$$

要计算交互矩阵，可由式(10.22)的时间导数计算向量 $\dot{\boldsymbol{r}}^{c}_{c}$，其中假设 $\boldsymbol{p}$ 为常数：

$$\dot{\boldsymbol{r}}^{c}_{c} = -\boldsymbol{R}_c^{T}\dot{\boldsymbol{o}}_c + \boldsymbol{S}(\boldsymbol{r}^{c}_{c})\boldsymbol{R}_c^{T}\boldsymbol{\omega}_c = [-\boldsymbol{I} \quad \boldsymbol{S}(\boldsymbol{r}^{c}_{c})]\boldsymbol{v}^{c}_{c} \tag{10.26}$$

合并方程(10.25)、(10.26)，可得到以下某点的交互矩阵的表达式

$$L_s(s,\ z_c)=\begin{bmatrix}-\dfrac{1}{z_c} & 0 & \dfrac{X}{z_c} & XY & -(1+X^2) & Y\\ 0 & -\dfrac{1}{z_c} & \dfrac{Y}{z_c} & 1+Y^2 & -XY & -X\end{bmatrix}\tag{10.27}$$

上式表明该矩阵取决于向量 $\boldsymbol{s}$ 的分量以及向量 $\boldsymbol{r}_c^c$ 的唯一分量 z_c。

点的图像雅可比矩阵矩阵可利用式(10.26)、式(10.27)计算，表达式为

$$\boldsymbol{J}_s(\boldsymbol{s},\ \boldsymbol{T}_o^c)=\frac{1}{z_c}\begin{bmatrix}1 & 0 & -X & -\boldsymbol{r}_{o,y}^c X & \boldsymbol{r}_{o,z}^c+\boldsymbol{r}_{o,x}^c X & -\boldsymbol{r}_{o,y}^c\\ 0 & 1 & -Y & -(\boldsymbol{r}_{o,z}^c+\boldsymbol{r}_{o,y}^c Y) & \boldsymbol{r}_{o,x}^c Y & \boldsymbol{r}_{o,x}^c\end{bmatrix}$$

其中 $r_{o,x}^c$，$r_{o,y}^c$，$r_{o,z}^c$ 为向量 $\boldsymbol{r}_o^c=\boldsymbol{r}_c^c-\boldsymbol{o}_{c,o}^c=\boldsymbol{R}_o^c\boldsymbol{r}_o^o$ 的分量，其中 $\boldsymbol{r}_o^o$ 为常数向量，表示 P 点相对于目标坐标系的位置。

点集的交互矩阵

目标的 n 个点 P_1，…，P_n 的交互矩阵可在考虑式(10.5)的$(2n\times1)$特征向量条件下建立。若 $\boldsymbol{L}_{s_i}(\boldsymbol{s}_i,\ z_{c,i}$ 表示与点 P_i 相对应的交互矩阵，则点集的交互矩阵为$(2n\times6)$维矩阵

$$\boldsymbol{L}_s(\boldsymbol{s},\ \boldsymbol{z}_c)=\begin{bmatrix}\boldsymbol{L}_{s_1}(\boldsymbol{s}_1,\ z_{c,1})\\ \vdots\\ \boldsymbol{L}_{s_n}(\boldsymbol{s}_n,\ z_{c,n})\end{bmatrix}$$

其中 $z_c=[z_{c,1}\cdots\ z_{c,n}]^T$。

点集的图像雅可比矩阵矩阵可很容易的根据交互矩阵，利用(10.21)计算出来。

线段的交互矩阵

连接两点 P_1 和 P_2 的直线构成一条线段。线段在图像平面上的投影仍为线段，可用线段中点的坐标 $\bar{x}$,$\bar{y}$、线段长度 L 和线段与轴 X 的夹角 α 来表示。因此特征向量可定义为 426

$$\boldsymbol{s}=\begin{bmatrix}\bar{x}\\ \bar{y}\\ L\\ \alpha\end{bmatrix}=\begin{bmatrix}(X_1+X_2)/2\\ (Y_1+Y_2)/2\\ \sqrt{\Delta X^2+\Delta Y^2}\\ \arctan(\Delta Y/\Delta X)\end{bmatrix}=\boldsymbol{s}(\boldsymbol{s}_1,\ \boldsymbol{s}_2)\tag{10.28}$$

其中 $\Delta X=X_2-X_1$，$\Delta Y=Y_2-Y_1$，$\boldsymbol{s}_i=[X_i\quad Y_i]^T$，$i=1,\ 2$。计算该方程的时间导数得

$$\begin{aligned}\dot{\boldsymbol{s}}&=\frac{\partial\boldsymbol{s}}{\partial\boldsymbol{s}_1}\dot{\boldsymbol{s}}_1+\frac{\partial\boldsymbol{s}}{\partial\boldsymbol{s}_2}\dot{\boldsymbol{s}}_2\\ &=\left(\frac{\partial\boldsymbol{s}}{\partial\boldsymbol{s}_1}\boldsymbol{L}_{s_1}(\boldsymbol{s}_1,\ z_{c,1})+\frac{\partial\boldsymbol{s}}{\partial\boldsymbol{s}_2}\boldsymbol{L}_{s_2},\ z_{c,2})\right)\boldsymbol{v}_c^c\end{aligned}$$

其中 $\boldsymbol{L}_{s_i}$ 为假设线段相对于基坐标系固定的条件下点 P_i 的交互矩阵。因此线段的交互矩阵为

$$\boldsymbol{L}_s(\boldsymbol{s},\ \boldsymbol{z}_c)=\frac{\partial\boldsymbol{s}}{\partial\boldsymbol{s}_1}\boldsymbol{L}_{s_1}(\boldsymbol{s}_1,\ z_{c,1})+\frac{\partial\boldsymbol{s}}{\partial\boldsymbol{s}_2}\boldsymbol{L}_{s_2}(\boldsymbol{s}_2,\ z_{c,2})$$

其中

$$\frac{\partial\boldsymbol{s}}{\partial\boldsymbol{s}_1}=\begin{bmatrix}1/2 & 0\\ 0 & 1/2\\ -\Delta X/L & -\Delta Y/L\\ \Delta Y/L^2 & -\Delta X/L^2\end{bmatrix}\quad\frac{\partial\boldsymbol{s}}{\partial\boldsymbol{s}_2}=\begin{bmatrix}1/2 & 0\\ 0 & 1/2\\ \Delta X/L & \Delta Y/L\\ -\Delta Y/L^2 & \Delta X/L^2\end{bmatrix}$$

注意向量 $\boldsymbol{s}_1$,$\boldsymbol{s}_2$ 可利用式(10.28),作为参数 $\bar{x}$,$\bar{y}$,L,α 的函数进行计算。因此交互矩阵可表达为线段端点 P_1 和 P_2 的分量 $z_{c,1}$ 和 $z_{c,2}$ 以及特征向量 $\boldsymbol{s}=[\bar{x} \quad \bar{y} \quad L \quad \alpha]^{\mathrm{T}}$ 的函数。

线段的图像雅可比矩阵矩阵可很容易地利用式(10.21)由交互矩阵计算得到。

10.3.3 算法解

交互矩阵 $\boldsymbol{L}_s$ 一般是维数为$(k\times m)$的矩阵,其中 k 等于图像特征参数的数量,m 为速度向量$\boldsymbol{v}_c^c$的维数。通常 $m=6$。但当目标相对于相机的相对运动受到约束时,也可能出现 $m<6$。

图像雅可比矩阵矩阵 $\boldsymbol{J}_s$ 通过映射关系式(10.21)和 L_s 相关,维数也是$(k\times m)$。由于映射是可逆的,所以 $\boldsymbol{J}_s$ 的秩与 $\boldsymbol{L}_s$ 的秩相同。
427

在 $\boldsymbol{L}_s$ 满秩的情况下,可根据式(10.17)由 $\dot{\boldsymbol{s}}$ 计算$\boldsymbol{v}_{c,o}^c$。

特殊情况下,若 $k=m$,速度$\boldsymbol{v}_{c,o}^c$可由如下表达式得到:

$$\boldsymbol{v}_{c,o}^c = \boldsymbol{\Gamma}(\boldsymbol{o}_{c,o}^c)\boldsymbol{L}_s^{-1}\dot{\boldsymbol{s}} \tag{10.29}$$

该式需要计算交互矩阵的逆阵。

在 $k>m$ 的情况下,交互矩阵行数多于列数,方程(10.17)可用最小二乘法求解,其解可写为以下形式:

$$\boldsymbol{v}_{c,o}^c = \boldsymbol{\Gamma}(\boldsymbol{o}_{c,o}^c)(\boldsymbol{L}_s^{\mathrm{T}}\boldsymbol{L}_s)^{-1}\boldsymbol{L}_s^{\mathrm{T}}\dot{\boldsymbol{s}} \tag{10.30}$$

其中$(\boldsymbol{L}_s^{\mathrm{T}}\boldsymbol{L}_s)^{-1}\boldsymbol{L}_s^{\mathrm{T}}$ 为 $\boldsymbol{L}_s$ 的左广义逆矩阵。这种情形在应用中常常出现,因为它可以应用具有较好条件数的交互矩阵。

最后,在 $k<m$ 的情况下,交互矩阵列数多于行数,方程(10.17)具有无穷多解。这意味着所观测图像的参数数目不足,无法唯一确定目标相对于相机的相对运动。因此所存在的目标相对相机的相对运动(或反之)无法产生图像特征参数的变化。与这些相对运动相关联的速度量属于 $\boldsymbol{J}_s$ 的零子空间,$\boldsymbol{J}_s$ 与 $\boldsymbol{L}_s$ 的零子空间维数相同。如果待求解问题是从图像平面的特征参数中唯一地计算目标相对于相机的位姿,这种情况是没有意义的。

例 10.2

P 点的交互矩阵维数为(2×6),列数多于行数,秩为 2;因此零子空间维数为 4。可以立刻看出,子空间包含了相机沿视线在图像平面的投影点 P 的平移运动速度,该速度与如下向量成比例:

$$\boldsymbol{v}_1 = [X \quad Y \quad 1 \quad 0 \quad 0 \quad 0]^{\mathrm{T}}$$

同时,相机绕视线作旋转运动的速度与如下向量成比例

$$\boldsymbol{v}_2 = [0 \quad 0 \quad 0 \quad X \quad Y \quad 1]^{\mathrm{T}}$$

向量$\boldsymbol{v}_1$ 和$\boldsymbol{v}_2$ 独立,且属于 $\boldsymbol{L}_s$ 零子空间的基。剩下的基向量不易从几何关系上找到,但可以容易地解析计算出来。

---

428 位姿估计问题的求解在形式上与机械手逆运动学算法相似。为实现位姿估计,必须采用如下$(m\times 1)$维向量形式的最少数目坐标,描述目标相对于相机的相对位姿

$$\boldsymbol{x}_{c,o} = \begin{bmatrix} \boldsymbol{o}_{c,o}^c \\ \boldsymbol{\phi}_{c,o} \end{bmatrix} \tag{10.31}$$

其中 $\boldsymbol{o}_{c,o}^{c}$ 表示目标坐标系原点相对于相机坐标系的坐标，$\phi_{c,o}$ 表示相对方向。若用欧拉角表示方向，$\phi_{c,o}$ 为从旋转矩阵 $\boldsymbol{R}_{o}^{c}$ 提取的角向量，$\boldsymbol{v}_{c,o}^{c}$ 和 $\dot{\boldsymbol{x}}_{c,o}$ 之间的映射表示为

$$\boldsymbol{v}_{c,o}^{c}=\begin{bmatrix}\boldsymbol{I} & \boldsymbol{O}\\ \boldsymbol{O} & \boldsymbol{T}(\phi_{c,o})\end{bmatrix}\dot{\boldsymbol{x}}_{c,o}=\boldsymbol{T}_{A}(\phi_{c,o})\dot{\boldsymbol{x}}_{c,o} \tag{10.32}$$

例 10.3

考虑图 2.36 中安装在 SCARA 机械手末端执行器上的相机。选相机坐标系平行于末端执行器坐标系，轴 z_c 指向向下。假设以相机观察一个平行于图像平面的固定平面对象，且目标坐标系的 z_o 轴平行于轴 z_c 并指向向下。

问题的几何关系表明目标相对于相机的相对位置可用 $\boldsymbol{o}_{c,o}^{c}$ 表示，而相对方向可用目标坐标系与相机坐标系关于 z_c 轴的角 α 表示。因此 $m=4$，且

$$\boldsymbol{x}_{c,o}=\begin{bmatrix}\boldsymbol{o}_{c,o}^{c}\\ \alpha\end{bmatrix} \tag{10.33}$$

而且时间导数 $\dot{\alpha}$ 与 $\boldsymbol{\omega}_{c,o}^{c}$ 沿着 z_c 轴的分量相同，该分量是目标坐标系相对于相机坐标系相对运动的角速度的唯一非零分量。因此在式(10.32)中，$\boldsymbol{T}_{A}(\phi_{c,o})$ 为(4×4)维单位矩阵。

方程(10.17)可用以下形式改写

$$\dot{\boldsymbol{s}}=\boldsymbol{J}_{A_s}(\boldsymbol{s},\ \boldsymbol{x}_{c,o})\dot{\boldsymbol{x}}_{c,o} \tag{10.34}$$

其中矩阵

$$\boldsymbol{J}_{A_s}(\boldsymbol{s},\ \boldsymbol{x}_{c,o})=\boldsymbol{L}_{s}\boldsymbol{\Gamma}(-\boldsymbol{o}_{c,o}^{c})\boldsymbol{T}_{A}(\phi_{c,o}) \tag{10.35}$$

其含义与机械手解析雅可比矩阵矩阵类似。 429

与逆运动学算法相似，方程(10.34)是计算 $\boldsymbol{x}_{c,o}$ 的数值积分算法的出发点。令 $\hat{\boldsymbol{x}}_{c,o}$ 表示向量 $\boldsymbol{x}_{c,o}$ 的当前估计值，并令

$$\hat{\boldsymbol{s}}=\boldsymbol{s}(\hat{\boldsymbol{x}}_{c,o})$$

上式为从由 $\hat{\boldsymbol{x}}_{c,o}$ 指定位姿中计算得到的图像特征参数的相应向量。算法的目标是使如下误差最小

$$\boldsymbol{e}_{s}=\boldsymbol{s}-\hat{\boldsymbol{s}} \tag{10.36}$$

注意，为实现数值化积分，向量 $\boldsymbol{s}$ 为常数，而当前估计值 $\hat{\boldsymbol{s}}$ 取决于当前积分时间。因此计算式(10.36)的时间导数得

$$\dot{\boldsymbol{e}}_{s}=-\dot{\hat{\boldsymbol{s}}}=-\boldsymbol{J}_{A_s}(\hat{\boldsymbol{s}},\ \hat{\boldsymbol{x}}_{c,o})\dot{\hat{\boldsymbol{x}}}_{c,o} \tag{10.37}$$

假定矩阵 $\boldsymbol{J}_{A_s}$ 为方阵且非奇异，选择

$$\dot{\hat{\boldsymbol{x}}}_{c,o}=\boldsymbol{J}_{A_s}^{-1}(\hat{\boldsymbol{s}},\ \hat{\boldsymbol{x}}_{c,o})\boldsymbol{K}_{s}\boldsymbol{e}_{s} \tag{10.38}$$

得到等价的线性系统

$$\dot{\boldsymbol{e}}_{s}+\boldsymbol{K}_{s}\boldsymbol{e}_{s}=\boldsymbol{0} \tag{10.39}$$

因此，若 $\boldsymbol{K}_{s}$ 为正定矩阵(通常为对角阵)，系统(10.39)渐进稳定，误差以一定的收敛速度趋向于零，收敛速度取决于矩阵 $\boldsymbol{K}_{s}$ 的特征值。误差 $\boldsymbol{e}_{s}$ 收敛到零可保证估计值 $\hat{\boldsymbol{x}}_{c,o}$ 渐进收敛到真值 $\boldsymbol{x}_{c,o}$。

姿态估计算法的结构图如图 10.7 所示，其中 $\boldsymbol{s}(\cdot)$表示用于计算“虚拟”图像的特征向量的函数，“虚拟”图像与目标相对相机的位姿的当前估计值 $\hat{\boldsymbol{x}}_{c,o}$ 相对应。这种算法也可用作 10.3.1 节中姿态估计的另一种解析方法。很明显，算法的收敛性取决于图像特征参数的选择和 $\hat{\boldsymbol{x}}_{c,o}(0)$的初始值，该值可能会引起与矩阵 $\boldsymbol{J}_{A_s}$ 相关的不稳定问题。

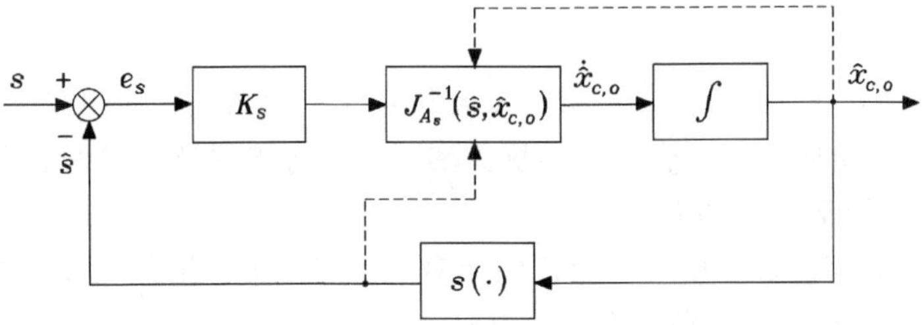

430 图 10.7　基于图像雅可比矩阵矩阵逆阵的姿态估计算法

注意，根据式(10.35)，矩阵 $\boldsymbol{J}_{A_s}$ 的奇点既是方向的表征奇点(representation singularities)也是交互矩阵的表征奇点。最重要的奇点是交互矩阵的奇点，因为这些点取决于图像特征的选择。

要分离两类奇点的影响，较方便的方法是按两个步骤计算式(10.38)，先估计

$$\hat{\boldsymbol{v}}^{c}_{c,o} = \boldsymbol{\Gamma}(\boldsymbol{o}^{c}_{c,o})\boldsymbol{L}_s^{-1}\boldsymbol{K}_s\boldsymbol{e}_s \tag{10.40}$$

然后估计

$$\dot{\hat{\boldsymbol{x}}}_{c,o} = \boldsymbol{T}_A^{-1}(\phi_{c,o})\,\hat{\boldsymbol{v}}^{c}_{c,o} \tag{10.41}$$

假设工作点远离表征奇点，$\boldsymbol{L}_s$ 的奇异性问题可通过选择特征参数数目 k 远大于最小需求个数 m 来解决。这种选择还可以降低测量噪声的影响。所得的估计算法需要用 $\boldsymbol{L}_s$ 的左广义逆矩阵来代替逆矩阵，即用下式替代式(10.40)。

$$\hat{\boldsymbol{v}}^{c}_{c,o} = \boldsymbol{\Gamma}(\boldsymbol{o}^{c}_{c,o})(\boldsymbol{L}_s^{T}\boldsymbol{L}_s)^{-1}\boldsymbol{L}_s^{T}\boldsymbol{K}_s\boldsymbol{e}_s \tag{10.42}$$

误差式(10.36)的收敛性可采用李亚普诺夫直接法，用如下正定函数来表明①。

$$v(\boldsymbol{e}_s) = \frac{1}{2}\boldsymbol{e}_s^{T}\boldsymbol{K}_s\boldsymbol{e}_s > 0 \quad \forall\, \boldsymbol{e}_s \neq \boldsymbol{0}$$

计算该函数的时间导数，并应用式(10.37)、式(10.35)、式(10.41)和式(10.42)，得

$$\dot{V} = -\boldsymbol{e}_s^{T}\boldsymbol{K}_s\boldsymbol{L}_s(\boldsymbol{L}_s^{T}\boldsymbol{L}_s)^{-1}\boldsymbol{L}_s^{T}\boldsymbol{K}_s\boldsymbol{e}_s$$

该式半负定，因为$\mathcal{N}(\boldsymbol{L}_s^{T}) \neq \varnothing$，$\boldsymbol{L}_s^{T}$ 为列数多于行数的矩阵。因此，系统稳定但并非渐进稳定，这意味着误差是有界的，但在某些情况下算法可能卡死在 $\boldsymbol{e}_s \neq \boldsymbol{0}, \boldsymbol{K}_s\boldsymbol{e}_s \in \mathcal{N}(\boldsymbol{L}_s^{T})$处。

注意，估计初值 $\hat{\boldsymbol{x}}_{c,o}(0)$越接近真值 $\boldsymbol{x}_{c,o}$，则基于雅可比逆矩阵的位姿估计方法在精度、收敛速度和计算负荷方面的效率越高。因此这些方法主要应用于实时“视觉跟踪”，在这种应用中，假定初值由时刻 $\bar{t}-T$ 获得的图像估计得到，而时刻 $\bar{t}$ 的估计值由时刻 $\bar{t}$ 获得的图像计算
431 得到。T 为图像的采样时间(为数值积分算法采样时间的数倍)。

① 见附录 C.3 节李亚普诺夫直接法的说明。

例 10.4

考虑例 10.1 中的目标。采用算法解，期望根据目标 4 个特征点投影的图像平面坐标来计算目标坐标系相对于相机坐标系的相对位姿。选用例 10.1 中相同的数值。

由于图像雅可比矩阵矩阵的维数为(6×8)，故必须采用基于交互矩阵广义逆的算法。采用欧拉数值积分方法在计算机上进行算法仿真，积分时间为 $\Delta t=1$ ms，增益矩阵 $\boldsymbol{K}_s=160\boldsymbol{I}_8$，初始估计值为 $\hat{\boldsymbol{x}}_{c,o}=[0\quad 0\quad 1\quad 0\quad \pi/32\quad 0]^{\mathrm{T}}$。

图 10.8 的结果表明，特征参数估计误差 $\boldsymbol{e}_s$ 的范数以指数形式渐进收敛于零，而且由于增益矩阵 $\boldsymbol{K}_s$ 选择为元素相同的对角阵，特征点在图像平面上的投影路径(初始位置"x"与终止位置"o"之间)为线段。

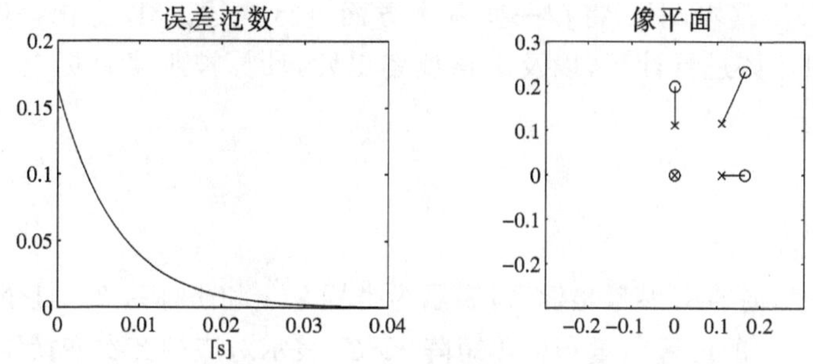

图 10.8　估计误差范数和特征点在图像平面投影所对应路径的时程

向量 $\hat{\boldsymbol{x}}_{c,o}$的位置和方向分量的时程和相应真值 $\boldsymbol{x}_{c,o}=[0\quad 0\quad 0.5\quad 0\quad \pi/4\quad 0]^{\mathrm{T}}$ 的分量 432
的时程(虚线)对比如图 10.9 所示。可以证实 $\boldsymbol{K}_s$ 在选定值条件下，算法在大约在 0.03 s 内收敛于真实值，对应的迭代次数为 30 次。

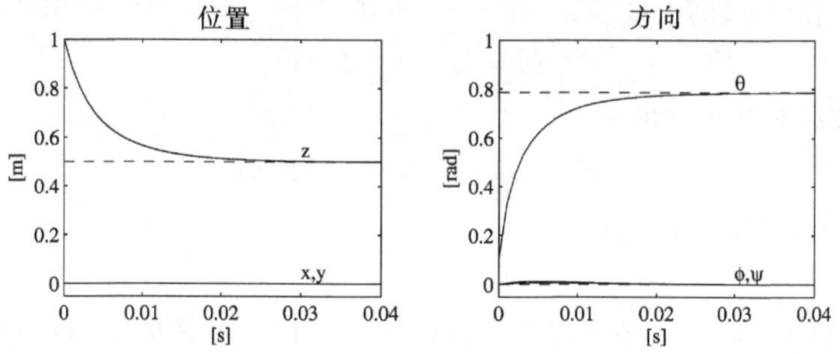

图 10.9　相机姿态估计的时程

图 10.9 的时间变化关系可解释为"虚拟"相机在初始姿态 $\hat{\boldsymbol{x}}_{c,o}(0)$与终止姿态 $\boldsymbol{x}_{c,o}$之间运动的位置与方向轨迹。

注意，从位姿估计的目的而言，在只采用 3 个特征点的情况下，所描述的算法也是收敛的。实际上在这种情况下 $\boldsymbol{J}_{As}$ 为(6×6)方阵，只要该矩阵非奇异，就能保证收敛。不过，因为 P3P 问题有 4 个解，所以算法可能收敛到非期望的解上，除非(例如在视觉跟踪应用中)初始估计值 $\hat{\boldsymbol{x}}_{c,o}(0)$足够接近真值 $\boldsymbol{x}_{c,o}$。

10.4　立体视觉

一个相机提供的二维图像无法给出清楚的深度信息，深度信息即被观测目标到相机的距离。假如目标的几何模型是已知的，深度信息可以根据该几何模型间接获得。

另一方面，当同一场景可以从不同视角获得两幅图像时，点的深度信息可以直接计算得到。这两幅图像可用两个照相机拍摄，或用一个移动相机次序拍摄。这种情况称作立体视觉。

在立体视觉的基本结构中，要对两个基础问题作出计划，第一个是匹配问题(correspondence problem)，也就是对场景中同一点在两幅图像上的投影点的识别，这些点称作配对(conjugate)点或匹配(corresponding)点。这个问题不易解决，解决方法建立在同一点在两幅图像上存在几何约束的基础上，此外场景的某些细节在两幅图像中会表现出相似性。

第二个问题是3D重构，下面将在一些基本方面进行描述。3D重构一般包括对相机(标定或未标定)的相对位姿进行计算，以及由该位姿出发，计算被观察目标上的点在3D空间中的位置。

10.4.1　核面几何

假设有两台相机，各自有参考坐标系，表示为坐标系1和坐标系2。且令 $\boldsymbol{o}_{1,2}^{1}$ 和 $\boldsymbol{R}_2^1$ 表示坐标系2相对于坐标系1的位置向量和旋转矩阵，令 $\boldsymbol{T}_2^1$ 表示对应的齐次变换矩阵。点 P 在两个坐标系中的坐标值由以下方程表示：

433 $$\boldsymbol{p}^1 = \boldsymbol{o}_{1,2}^1 + \boldsymbol{R}_2^1 \boldsymbol{p}^2 \tag{10.43}$$

令 $\boldsymbol{s}_1, \boldsymbol{s}_2$ 为 P 点在相机图像平面上投影的坐标，根据式(5.44)有

$$\lambda_i \widetilde{\boldsymbol{s}}_i = \prod \widetilde{\boldsymbol{p}}^i = \boldsymbol{p}^i, \quad i = 1,2 \tag{10.44}$$

将式(10.44)代入式(10.43)中得

$$\lambda_1 \widetilde{\boldsymbol{s}}_1 = \boldsymbol{o}_{1,2}^1 + \lambda_2 \boldsymbol{R}_2^1 \widetilde{\boldsymbol{s}}_2 \tag{10.45}$$

在式(10.45)两边左乘 $\boldsymbol{S}(\boldsymbol{o}_{1,2}^1)$ 得

$$\lambda_1 \boldsymbol{S}(\boldsymbol{o}_{1,2}^1) \widetilde{\boldsymbol{s}}_1 = \lambda_2 \boldsymbol{S}(\boldsymbol{o}_{1,2}^1) \boldsymbol{R}_2^1 \widetilde{\boldsymbol{s}}_2$$

在上式两边左乘 $\widetilde{\boldsymbol{s}}_1^{\mathrm{T}}$，可得以下方程：

$$\lambda_2 \widetilde{\boldsymbol{s}}_1^{\mathrm{T}} \boldsymbol{S}(\boldsymbol{o}_{1,2}^1) \boldsymbol{R}_2^1 \widetilde{\boldsymbol{s}}_2 = 0$$

对任意标量值 λ_2，该式都必须满足。因此该式等价于所谓的核面约束(epipolar constraint)方程：

$$\widetilde{\boldsymbol{s}}_1^{\mathrm{T}} \boldsymbol{E} \widetilde{\boldsymbol{s}}_2 = 0 \tag{10.46}$$

其中 $\boldsymbol{E} = \boldsymbol{S}(\boldsymbol{o}_{1,2}^1)\boldsymbol{R}_2^1$ 为(3×3)矩阵，称本质矩阵(essential matrix)。方程(10.46)以解析形式表示了两台相机的图像平面上相同点投影之间所存在的几何约束。

核面约束的几何解释可以利用图10.10得到，其中点 P 在两台相机图像平面上的投影分别表示为光心 O_1 和 O_1。注意 O_2、O_2 和 P 为三角形的顶点，三角形的边 O_1P 和 O_2P 分别落在视线投影点 P 与图像平面坐标点 s_1 和 s_2 连线的延长线上。这些线相对坐标系1来表示，
434 分别沿 $\widetilde{\boldsymbol{s}}_1$ 和 $\boldsymbol{R}_2^1\widetilde{\boldsymbol{s}}_2$ 向量的方向上。线段 O_1O_2 称作基线，由向量 $\boldsymbol{o}_{1,2}^1$ 表示。式(10.46)的核面约束与向量 $\widetilde{\boldsymbol{s}}_1$，$\boldsymbol{R}_2^1\widetilde{\boldsymbol{s}}^2$ 和 $\boldsymbol{o}_{1,2}^1$ 共面的要求相对应。包含这些向量的平面被称作核面。

注意视线投影在相机 1 图像平面的点 O_2 以及在相机 2 投影点 O_1 构成了线段 O_1O_2。这些投影坐标分别为 e_1 和 e_2，被称作极点。线 l_1 经过坐标点 s_1 和 e_1，线 l_2 经过坐标点 s_2 和 e_2，这些线称作极线。极线也可以根据极面与两个相机的图像平面交点得到。注意，在 P 点变化情况下，极面描述的是关于基线的平面集，而极点并不变化。

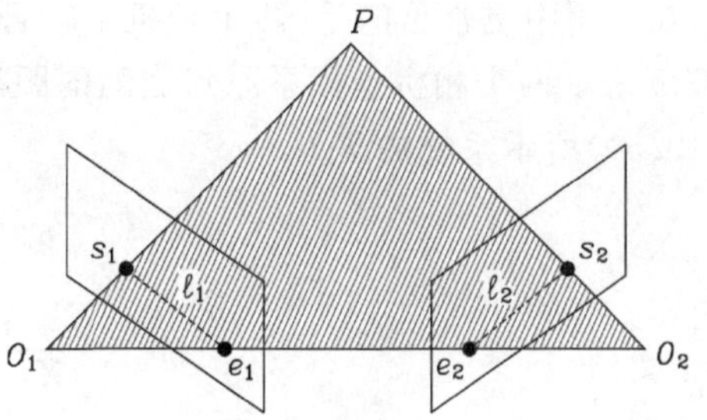

图 10.10　极面几何

为了计算匹配关系，可应用极面约束降低问题的复杂性，以找到匹配点。实际上，若 $\boldsymbol{s}_1$ 为 O_1 及坐标 $\boldsymbol{s}_1$ 点构成的视线与像平面的交点，对应的相机 2 图像平面上的匹配点必然落在极线 l_2 上，由于极面由 O_1，O_2 以及 $\boldsymbol{s}_1$ 坐标点唯一，因此极线 l_2 是已知的。由此，寻找匹配关系简化为搜索沿极线上的点，而不是在整个图像平面上搜索。

在 3D 重构的基本结构中，可能出现不同的场景，3D 重构取决于预先得到信息的类型。

10.4.2　三角测量

在两台相机内参数与外参数都已知的情况下，重构问题采用的是被称为三角测量(triangulation)的几何方法，计算投射在两个图像平面上点在场景中的位置。这种方法可以从 P 点在两个相机图像平面上的投影坐标 $\boldsymbol{s}_1=[X_1\quad Y_1]^{\mathrm{T}}$ 和 $\boldsymbol{s}_2=[X_2\quad Y_2]^{\mathrm{T}}$ 标准化开始，计算点 P 相对于基坐标系的坐标 $\boldsymbol{p}=[p_x\quad p_y\quad p_z]^{\mathrm{T}}$。为简单计，假设基坐标系与坐标系 1 重合，则 $\boldsymbol{p}^1=\boldsymbol{p}$，$\boldsymbol{o}_{1,2}^1=\boldsymbol{o}$，以及 $\boldsymbol{R}_2^1=\boldsymbol{R}$。

根据式(10.44)和式(10.45)，可推导出以下等式：

$$\boldsymbol{p}=\lambda_1\widetilde{\boldsymbol{s}}_1 \tag{10.47}$$

$$\boldsymbol{p}=\boldsymbol{o}+\lambda_2\boldsymbol{R}\widetilde{\boldsymbol{s}}_2 \tag{10.48}$$

其中，第一个等式是经过点 O_1 和坐标点 s_1 的视线的参数方程，而第二个等式是经过点 O_2 和坐标点 s_2 的视线的参数方程，两个方程都是在基坐标系中表示的。

因此，P 点坐标在两条视线的交点上，可以求解关于 $\boldsymbol{p}$ 的方程(10.47)和方程(10.48)来 435
计算得到。为此根据式(10.47)，用第三个方程计算 λ_1，再将其值代入到另两个方程中，可得以下系统：

$$\begin{bmatrix}1 & 0 & -X_1\\ 0 & 1 & -Y_1\end{bmatrix}\boldsymbol{p}=\boldsymbol{0} \tag{10.49}$$

在式(10.48)两侧左乘 $\boldsymbol{R}^{\mathrm{T}}$，对所得方程进行相似推导，可得以下系统：

$$\begin{bmatrix}\boldsymbol{r}_1^{\mathrm{T}}-X_2\boldsymbol{r}_3^{\mathrm{T}}\\ \boldsymbol{r}_2^{\mathrm{T}}-Y_2\boldsymbol{r}_3^{\mathrm{T}}\end{bmatrix}\boldsymbol{p}=\begin{bmatrix}o_x-o_zX_2\\ o_y-o_zY_2\end{bmatrix} \tag{10.50}$$

其中 $\boldsymbol{R}=[\boldsymbol{r}_1\quad \boldsymbol{r}_2\quad \boldsymbol{r}_3]$，$\boldsymbol{R}^{\mathrm{T}}\boldsymbol{o}=[o_x\quad o_y\quad o_z]^{\mathrm{T}}$。方程(10.49)和方程(10.50)定义了一个由 4 个方程组成的含 3 个未知数的系统，系统对于 $\boldsymbol{p}$ 是线性的。在两条视线交于点 P 的理想情况下，这些方程中只有 3 个是独立的。在实际应用中，由于存在噪声，这些方程都是独立的且系统无解，因而必须采用基于最小二乘的适当算法来计算近似解。

在应用中更常见的是，两个相机平行且图像平面整齐排列，其中 $\boldsymbol{R}=\boldsymbol{I}$，$\boldsymbol{R}^{\mathrm{T}}\boldsymbol{o}=[b \quad 0 \quad 0]^{\mathrm{T}}$，$b>0$，$b$ 表示两个相机坐标系原点之间的距离，此时 $\boldsymbol{p}$ 的计算可以大幅简化。方程(10.49)、方程(10.50)所示系统的解为

$$p_x = \frac{X_1 b}{X_1 - X_2} \tag{10.51}$$

$$p_y = \frac{Y_1 b}{X_1 - X_2} = \frac{Y_2 b}{X_1 - X_2} \tag{10.52}$$

$$p_z = \frac{b}{X_1 - X_2} \tag{10.53}$$

10.4.3 绝对定向

在由两个相机构成的标定系统观测一个未知形状刚体目标的情形中，由于系统相对于相机存在相对运动，可用三角测量法计算目标或相机系统姿态的变化。这种问题被称作绝对定向(absolute orientation)，需要测量一定数量的目标特征点投影位置。

若立体相机系统在移动，而目标是固定的，可令 $\boldsymbol{p}_1, \cdots, \boldsymbol{p}_n$ 表示被测刚体目标上的 n 个点在时刻 t 的位置向量，令 $\boldsymbol{p}'_1, \cdots, \boldsymbol{p}'_n$ 表示采用三角测量法对相同被测点在时刻 t' 测得的位置向量。这些向量都参考于坐标系 1，在刚性运动的假设条件下，向量满足方程：

436

$$\boldsymbol{p}_i = \boldsymbol{o} + \boldsymbol{R}\boldsymbol{p}'_i \quad i = 1, \cdots, n \tag{10.54}$$

其中向量 $\boldsymbol{o}$ 与旋转矩阵 $\boldsymbol{R}$ 定义了坐标系 1 在时间 t 和时间 t' 上的位置与方向偏移量。绝对定向问题就是由 $\boldsymbol{p}_i$ 和 $\boldsymbol{p}'_i$ 计算 $\boldsymbol{R}$ 和 $\boldsymbol{o}$。

根据刚体机械学可知，这个问题在三点不同线情况下只有唯一解。这种情况下，从式(10.54)可导出 9 个非线性方程，方程中有 9 个表现 $\boldsymbol{o}$ 和 $\boldsymbol{R}$ 的独立参数。不过，因为这些点是采用三角测量法得到的，测量会受到误差影响，系统有可能会无解。这种情况下，较为方便的方式是取 $n>3$ 个点，在 $\boldsymbol{R}$ 为旋转矩阵的约束下，计算 $\boldsymbol{o}$ 和 $\boldsymbol{R}$ 并令如下的线性二次型函数极小

$$\sum_{i=1}^{n} \| \boldsymbol{p}_i - \boldsymbol{o} - \boldsymbol{R}\boldsymbol{p}'_i \|^2 \tag{10.55}$$

观测到令方程(10.55)极小的 $\boldsymbol{o}$ 值为

$$\boldsymbol{o} = \bar{\boldsymbol{p}} - \boldsymbol{R}\bar{\boldsymbol{p}}' \tag{10.56}$$

从而 $\boldsymbol{o}$ 的计算问题可以从 $\boldsymbol{R}$ 的计算问题中分离出来，其中 $\bar{\boldsymbol{p}}$ 和 $\bar{\boldsymbol{p}}'$ 是点集 $\{p_i\}$ 和 $\{p'_i\}$ 的矩心，定义为

$$\bar{\boldsymbol{p}} = \frac{1}{n}\sum_{i=1}^{n} \boldsymbol{p}_i, \quad \bar{\boldsymbol{p}}' = \frac{1}{n}\sum_{i=1}^{n} \boldsymbol{p}'_i$$

由此问题变为计算令如下线性二次型极小的旋转矩阵 $\boldsymbol{R}$：

$$\sum_{i=1}^{n} \| \bar{\boldsymbol{p}}_i - \boldsymbol{R}\bar{\boldsymbol{p}}'_i \|^2 \tag{10.57}$$

其中 $\bar{\boldsymbol{p}}_i = \boldsymbol{p}_i - \bar{\boldsymbol{p}}$ 和 $\bar{\boldsymbol{p}}'_i = \boldsymbol{p}'_i - \bar{\boldsymbol{p}}'$ 为相对矩心的偏移量。

可证明令方程(10.57)极小的矩阵 $\boldsymbol{R}$ 即是令 $\boldsymbol{R}^{\mathrm{T}}\boldsymbol{K}$ 的迹极小的矩阵 $\boldsymbol{R}$。其中

$$\boldsymbol{K} = \sum_{i=1}^{n} \bar{\boldsymbol{p}}_i \bar{\boldsymbol{p}}_i'^{\mathrm{T}}$$

参见习题 10.7。因此，解的形式为式(10.12)，其中对于该问题而言，$\boldsymbol{U}$ 和 $\boldsymbol{V}$ 分别为 $\boldsymbol{K}$ 的奇异

值分解的左正交矩阵和右正交矩阵。只要旋转矩阵 $\boldsymbol{R}$ 已知，可利用式(10.56)计算出向量 $\boldsymbol{o}$ 来。 437

10.4.4　根据平面单应性实现的 3D 重建

当被观测目标的特征点处于同一平面时，会出现 3D 重构另一种有意思的应用。这时的几何特性除了核面约束外，还表示了在两台相机图像平面中每一点的投影之间的附加约束。该约束为平面单应性(planar homography)。

参考于坐标系 2 表达，令 $\boldsymbol{p}^2$ 为目标上一点 P 的位置向量。并令 $\boldsymbol{n}^2$ 表示正交于包含特征点的平面的单位向量，平面到坐标系 2 原点的距离 $d_2>0$。由简单的几何关系，导出以下方程：

$$\frac{1}{d_2}\boldsymbol{n}^{2\mathrm{T}}\boldsymbol{p}^2=1$$

该方程定义了属于平面的点 $\boldsymbol{p}^2$ 的集合。由于以上等式，方程(10.43)可改写为以下形式：

$$\boldsymbol{p}^1=\boldsymbol{H}\boldsymbol{p}^2 \tag{10.58}$$

其中

$$\boldsymbol{H}=\boldsymbol{R}_2^1+\frac{1}{d_2}\boldsymbol{o}_{1,2}^1\boldsymbol{n}^{2\mathrm{T}} \tag{10.59}$$

将式(10.44)带入式(10.58)得

$$\tilde{\boldsymbol{s}}_1=\lambda\boldsymbol{H}\tilde{\boldsymbol{s}}_2 \tag{10.60}$$

其中 $\lambda=\lambda_2/\lambda_1>0$ 为任意常数。在式(10.60)两侧左乘 $\boldsymbol{S}(\tilde{\boldsymbol{s}}_1)$ 得到方程：

$$\boldsymbol{S}(\tilde{\boldsymbol{s}}_1)\boldsymbol{H}\tilde{\boldsymbol{s}}_2=\boldsymbol{0} \tag{10.61}$$

该式表示由矩阵 $\boldsymbol{H}$ 定义的平面单应性关系。

采用与 10.3.1 节相似的推导，可能从平面上 n 个点的坐标开始，其中 $n\geqslant4$，进行矩阵 $\zeta\boldsymbol{H}$ 的数值计算，$\zeta\boldsymbol{H}$ 小于等于因子 ζ。

比例因子 ζ 的值可用基于矩阵 $\boldsymbol{H}$ 表达式(10.59)的数值算法计算得到。只要 $\boldsymbol{H}$ 已知，就能计算出式(10.59)中的$\boldsymbol{R}_2^1$，$\boldsymbol{o}_{1,2}^1/d_2$ 以及 $\boldsymbol{n}^2$。实际上可证实存在两种可行解。

这一结果与视觉伺服应用有一定的相关性。例如，当相机相对于目标运动时，若坐标系 1 与坐标系 2 表示相机在两个不同时刻的位姿，由式(10.59)分解计算的 $\boldsymbol{H}$ 可用于估计相机坐标系的方向偏移量和原点的位置偏移量，后者的定义取决于比例因子 d_2。只要特征点都属于同一平面，无需知道目标的几何关系就可实现这个结果。 438

例 10.5

以例 10.3 中的 SCARA 机械手和例 10.1 中的平面目标为对象。假设目标上的 4 个点的特征向量在时间 t' 由相机测量的值为

$$\boldsymbol{s}'=[0\quad 0\quad 0.2\quad 0\quad 0.2\quad 0.2\quad 0\quad 0.2]^{\mathrm{T}}$$

而在时间 t'' 相机测得的特征向量为

$$\boldsymbol{s}''=[-0.1667\quad 0.1667\quad -0.0833\quad 0.0223\quad 0.0610\quad 0.1057\quad -0.0223\quad 0.2500]^{\mathrm{T}}$$

现在期望计算(10.59)平面单应性关系的 $\boldsymbol{R}_2^1$，$(1/d_2)\boldsymbol{o}_{1,2}^1$ 和 n^2。

为简化问题，假设平面目标的方向已知，即

$$\boldsymbol{n}^2 = [0 \quad 0 \quad 1]^{\mathrm{T}}$$

进一步，根据以下实际情况简化问题：矩阵 $\boldsymbol{R}_2^1$ 关于轴 z 的旋转角度为 β，即 $\boldsymbol{R}_2^1 = \boldsymbol{R}_z(\beta)$。因此根据式(10.59)，平面单应性关系 $\boldsymbol{H}$ 的符号表示为

$$\boldsymbol{H} = \begin{bmatrix} c_\beta & -s_\beta & o_x/d_2 \\ s_\beta & c_\beta & o_y/d_2 \\ 0 & 0 & 1+o_z/d_2 \end{bmatrix}$$

其中 $\boldsymbol{o}_{1,2}^1 = [o_x \quad o_y \quad o_z]^{\mathrm{T}}$。

另一方面，由 $\boldsymbol{s}'$ 和 $\boldsymbol{s}''$ 的数值出发，采用与例 10.1 相似的推导可得以下矩阵：

$$\zeta\boldsymbol{H} = \begin{bmatrix} 0.3015 & -0.5222 & 0.1373 \\ 0.5222 & 0.3015 & 0.0368 \\ 0 & 0 & 0.5025 \end{bmatrix}$$

该式为平面单应性关系数值，小于等于比例因子 ζ。

由 $\boldsymbol{H}$ 的符号表达可见，该矩阵的第一和第二列具有单位范数，这一性质可用于计算 $|\zeta| = 1.6583$。对目标的任意特征点，ζ 的正负可通过施加以下约束来求得：

$$\boldsymbol{p}^{1\mathrm{T}}\boldsymbol{p}^1 = \boldsymbol{p}^{1\mathrm{T}}\boldsymbol{H}\boldsymbol{p}^2 = \lambda_1\lambda_2\tilde{s}_1^{\mathrm{T}}H\tilde{s}_2 > 0$$

由于 λ_i 为正，故该不等式相当于

$$\tilde{s}_1^{\mathrm{T}}\boldsymbol{H}\tilde{s}_2 > 0$$

因此在此情况下，有 $\zeta>0$，则

$$\boldsymbol{H} = \begin{bmatrix} 0.5 & -0.8660 & 0.2277 \\ 0.8660 & 0.5 & 0.0610 \\ 0 & 0 & 0.8333 \end{bmatrix}$$

在这一点上，由矩阵 $\boldsymbol{H}$ 的元素 h_{11} 和 h_{21} 可根据如下方程计算得到角 β 的值：

439

$$\beta = \mathrm{Atan2}(h_{21}, h_{11}) = \frac{\pi}{3}$$

最后，根据矩阵 $\boldsymbol{H}$ 最后一行向量的元素，并应用如等式，可以计算得到 $(1/d_2)\boldsymbol{o}_{1,2}^1$ 的值。

$$\frac{1}{d_2}\boldsymbol{o}_{1,2}^1 = \begin{bmatrix} h_{13} \\ h_{23} \\ h_{33}-1 \end{bmatrix} = \begin{bmatrix} 0.2277 \\ 0.0610 \\ -0.0667 \end{bmatrix}$$

注意在 $\boldsymbol{n}^2$ 未知而 $\boldsymbol{R}_2^1$ 为一般旋转矩阵的情况，例 10.5 所演示的推导会变得复杂得多。

10.5 相机标定

相机由传感器提供信息反馈给控制器，视觉伺服应用的一个重要问题就是相机的标定。标定包括内参数估计和外参数估计两部分，内参数表征矩阵 $\boldsymbol{\Omega}$ 由(5.41)定义，外参数表现了相机坐标系相对于基坐标系(对“眼到手”相机)或相对于末端执行器坐标系(对“眼在手”相机)的位姿。目前有多种不同的校准技术，这些技术都是建立在与目标相对相机位姿估计方法相

似的算法基础之上的。

特别是内参数已知的情况下，10.3.1 节所描述的 n 个共面点 PnP 问题的求解方法可直接用于相机外参数的计算。

实际上，根据式(10.14)，“眼到手”相机的外参数可按下式计算：

$$\boldsymbol{T}_{\mathrm{c}}^{\mathrm{b}} = \boldsymbol{T}_{\mathrm{o}}^{\mathrm{b}}(\boldsymbol{T}_{\mathrm{o}}^{\mathrm{c}})^{-1} \tag{10.62}$$

其中矩阵 $\boldsymbol{T}_{\mathrm{o}}^{\mathrm{c}}$ 为假设矩阵 $\boldsymbol{T}_{\mathrm{o}}^{\mathrm{b}}$ 已知的条件下，求解 PnP 平面问题算法的输出，$\boldsymbol{T}_{\mathrm{o}}^{\mathrm{b}}$ 表示目标坐标系相对于基坐标系的位置和方向。与之相似，只要表示目标坐标系参考于末端执行器坐标系的姿态的矩阵 $\boldsymbol{T}_{\mathrm{o}}^{\mathrm{e}}$ 已知，根据(10.15)，“眼在手”相机的外参数可按下式计算：

$$\boldsymbol{T}_{\mathrm{c}}^{\mathrm{e}} = \boldsymbol{T}_{\mathrm{o}}^{\mathrm{e}}(\boldsymbol{T}_{\mathrm{o}}^{\mathrm{c}})^{-1} \tag{10.63}$$

如果内参数未知，需要对 10.3.1 节的推导作相应的扩展，以下将从三个阶段进行解决。

阶段 1

从像素坐标开始，计算平面单应性关系

$$\boldsymbol{c}_i = \begin{bmatrix} X_{\mathrm{I}i} \\ Y_{\mathrm{I}i} \end{bmatrix}$$

440

上式取代了标准化坐标 $\boldsymbol{s}_i$。具体来说，可以得到形式上与(10.7)相同的方程：

$$\boldsymbol{S}(\widetilde{\boldsymbol{c}}_i)\boldsymbol{H}'[r_{x,i} \quad r_{y,i} \quad 1]^{\mathrm{T}} = \boldsymbol{0} \tag{10.64}$$

其中 $\boldsymbol{H}'$ 为 (3×3) 的矩阵。

$$\boldsymbol{H}' = \boldsymbol{\Omega}\boldsymbol{H} \tag{10.65}$$

$\boldsymbol{\Omega}$ 为内参数矩阵(5.41)，$\boldsymbol{H}$ 为式(10.8)定义的矩阵。采用与 10.3.1 节相似的算法可根据平面上 n 个点的坐标计算出平面单值对应关系 $\zeta\boldsymbol{H}'$，小于等于比例因子 ζ，其中 $n \geqslant 4$。

阶段 2

矩阵 $\boldsymbol{\Omega}$ 可根据矩阵 $\zeta\boldsymbol{H}'$ 的元素计算出来，事实上，根据式(10.65)以及式(10.8)中 $\boldsymbol{H}$ 的定义，得到

$$\zeta[\boldsymbol{h}'_1 \quad \boldsymbol{h}'_2 \quad \boldsymbol{h}'_3] = \boldsymbol{\Omega}[\boldsymbol{r}_1 \quad \boldsymbol{r}_2 \quad \boldsymbol{o}_{\mathrm{c,o}}^{\mathrm{c}}]$$

其中 $\boldsymbol{h}'_i$ 表示矩阵 $\boldsymbol{H}'$ 的第 i 列。根据方程计算 $\boldsymbol{r}_1$ 和 $\boldsymbol{r}_2$，对这些向量进行正交和单位范数约束，可得以下两个标量方程：

$$\boldsymbol{h}_1'^{\mathrm{T}}\boldsymbol{\Omega}^{-\mathrm{T}}\boldsymbol{\Omega}^{-1}\boldsymbol{h}'_2 = 0$$

$$\boldsymbol{h}'_1\boldsymbol{\Omega}^{-\mathrm{T}}\boldsymbol{\Omega}^{-1}\boldsymbol{h}'_1 = \boldsymbol{h}_2'^{\mathrm{T}}\boldsymbol{\Omega}^{-\mathrm{T}}\boldsymbol{\Omega}^{-1}\boldsymbol{h}'_2$$

由于是线性的，该式可改写为以下形式：

$$\boldsymbol{A}'\boldsymbol{b} = \boldsymbol{0} \tag{10.66}$$

以上方程中，$\boldsymbol{A}'$ 是取决于 $\boldsymbol{h}'_1$，$\boldsymbol{h}'_2$ 的 (2×6) 系数矩阵，而 $\boldsymbol{b}=[b_{11} \quad b_{12} \quad b_{22} \quad b_{13} \quad b_{23} \quad b_{33}]^{\mathrm{T}}$，其中 b_{ij} 为如下对称矩阵的一般元素：

$$\boldsymbol{B} = \boldsymbol{\Omega}^{-\mathrm{T}}\boldsymbol{\Omega}^{-1} = \begin{bmatrix} 1/\alpha_x^2 & 0 & -X_0/\alpha_x^2 \\ * & 1/\alpha_y^2 & -Y_0/\alpha_y^2 \\ * & * & 1+X_0^2/\alpha_x^2+Y_0^2/\alpha_y^2 \end{bmatrix} \tag{10.67}$$

将阶段 1 重复 k 次，每次都以不同位姿放在同一平面内，可得 2000 个式(10.66)形式的方程。

这些方程在 $k \geqslant 3$ 的情况下会有唯一解 $\gamma\boldsymbol{b}$，该解取决于标定因子 γ。根据矩阵 $\gamma\boldsymbol{B}$，参考式(10.67)可得出的内参数表达式

441

$$
\begin{aligned}
X_0 &= -b'_{13}/b'_{11} \\
Y_0 &= -b'_{23}/b'_{22} \\
\alpha_x &= \sqrt{\gamma/b'_{11}} \\
\alpha_y &= \sqrt{\gamma/b'_{22}}
\end{aligned}
$$

其中 $b'_{i,j}=\gamma b_{i,k}$ 和 γ 可计算为

$$
\gamma = b'_{13} + b'_{23} + b'_{33}
$$

阶段 3

只要估计得到内参数矩阵 $\boldsymbol{\Omega}$，就可采用式(10.65)对 k 个平面位姿之一由 $\boldsymbol{H}'$ 计算出得到 $\boldsymbol{H}$，直到比例因子 ζ。因此，和 10.3.1 节所示的 P_nP 问题求解的例子一样，矩阵 $\boldsymbol{T}_o^c$ 可根据 $\boldsymbol{H}$ 计算出来。最后，应用式(10.62)和式(10.63)，可以估计相机的外参数。

以上所述的方法只是概念上的，因为存在测量噪声或者镜头畸变，这些方法可能无法给出令人满意的解——特别是内参数；不过，在模型中考虑到镜头的畸变现象以及采用非线性优化技术，可以提高求解的精度。

从试验的角度来看，上面介绍的标定方法需要用到标定面。标定面上有一定数量的容易检测的点，这些点相对于某一适当坐标系的位置必须已知并具有高精度。图 10.11 所示的是一个棋盘图形标定面例子。

图 10.11　标定面示例

442 最后要注意，标定方法也可从空间 PnP 问题的解出发，采用直接线性变换方法来建立。

10.6　视觉伺服问题

视觉测量使机器人可以收集周围环境的信息。对机器人机械手情形，这些信息典型的用处是计算末端执行器相对于相机所观测目标的位姿。视觉伺服的目的是保证在实时视觉测量的基础上，末端执行器可达到或保持相对于被观测目标的期望位姿(定常或时变的)。

需要注意视觉系统完成的直接测量与图像平面特征参数有关，而机器人任务是在操作空

间以末端执行器相对于目标的相对位姿定义的。这就要考虑两种控制方式，即基于位置的视觉伺服和基于图像的视觉伺服，方框图如图 10.12 和图 10.13 所示，前者又称作操作空间视觉伺服，后者又称作图像空间视觉伺服。这些方案都是以“眼在手”相机为例的，对于眼－到－手相机可采用相似的方案。

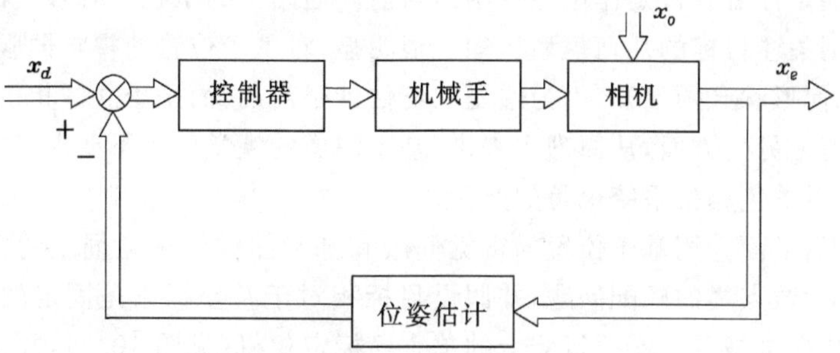

图 10.12　基于位置的视觉伺服的一般方框图

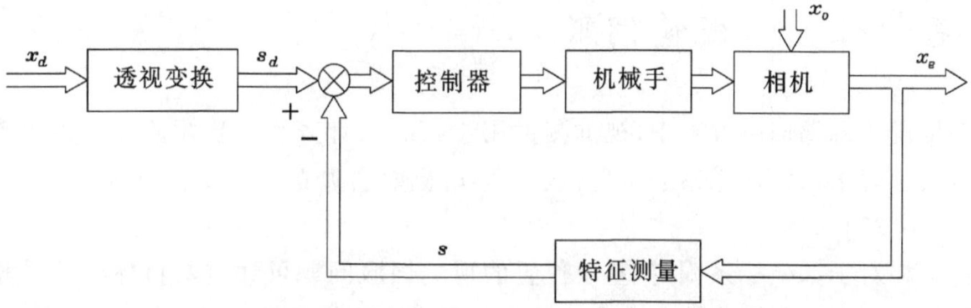

图 10.13　基于图像的视觉伺服的一般方框图

基于位置的视觉伺服方法在概念上与图 8.2 的操作空间控制相似，主要的不同在于其反馈是基于采用视觉测量对被观测目标相对相机的位姿进行实时估计完成的。估计既可采用解析方法实现，也可以采用数值迭代算法实现，从概念上看其优点是考虑了对操作空间变量直接进行作用的可能性。这样对稳态和暂态过程，都可以在适当指定的基础上，利用末端执行器运动变量的时间响应来选择控制参数。这种方法的缺点在于，由于缺少对图像特征的直接控制，目标可能在暂态过程中落在相机视野之外，或由于规划误差的结果而落在相机视野之外。从而由于缺少视觉测量值，反馈断开，系统变为开环，可能出现不稳定。

在基于图像的视觉伺服方法中，控制作用在误差的基础上计算。误差的定义是期望位姿 443
下图像特征的参数值(采用透视变换或直接在期望姿态下由相机测得)与当前位姿下相机测量的参数值之间的偏差。这种方法从概念性上看优点是考虑了并不要求得到目标相对相机的位姿的实时估计这一事实。而且由于控制直接作用在图像特征参数上，这种方法能使目标在整个运动中保持在相机视野中。然而，由于图像特征参数与操作空间变量之间的映射是非线性的，机械手可能出现奇异位形，这将引起不稳定或控制作用的饱和；同时，末端执行器的运动轨迹难于超前预测，因而机械手可能产生与干扰之间的冲突或违反关节的运动极限。

要比较两种控制策略，还需要考虑操作环境，其中相机标定问题特别重要。很容易理解，与基于图像的视觉伺服相比，基于位置的视觉伺服对相机标定误差更为敏感。事实上，对第一种方法，不论对内参数还是外参数，标定参数都存在不确定性，这会造成操作空间变量的估计误差，这些变量的估计误差可以看作是作用在控制回路反馈通路上的外部干扰，控制回路的抗干扰能力降低。另一方面，基于图像的视觉伺服方法，用于控制作用计算的物理量是直接定义在图像平面、以像素为单位进行测量的，而且特征参数的期望值是用相机测量的。这意味着影响标定参数的不确定性可看作是作用在控制回路前向通路上的干扰，回路的抗干扰能力较高。

进一步分析则关注目标的几何模型认知。很明显，对基于位置的视觉伺服而言，如果只用一台相机，目标几何形状必须已知，因为这是位姿估计必需的；而采用立体相机系统时，目标几
444 何形状可以不知道。另一方面，从原理上来讲，基于图像的视觉伺服不要求了解目标几何形状的有关信息，即使对单色相机系统也是如此。

在以上前提下，下面介绍基于位置的视觉伺服和基于图像的视觉伺服的方案。在两种方法中，都将介绍与常数点集的匹配问题，并假设目标相对于基坐标系是固定的。不失一般性，在研究中考虑安装在机械手末端执行器上的单个已标定相机（见图 10.5），并选择末端执行器坐标系与相机坐标系保持一致。

10.7 基于位置的视觉伺服

在基于位置的视觉伺服方案中，视觉测量用于实时估计齐次变换矩阵 $\boldsymbol{T}_{\mathrm{o}}^{\mathrm{c}}$，该矩阵用于表达目标坐标系相对于相机坐标系的位姿，从 $\boldsymbol{T}_{\mathrm{o}}^{\mathrm{c}}$ 中可提取出独立坐标 $\boldsymbol{x}_{\mathrm{c,o}}$ 的 $(m\times 1)$ 维向量，$\boldsymbol{x}_{\mathrm{c,o}}$ 的定义见式(10.31)。

假设目标相对于基坐标系固定，基于位置的视觉伺服问题可通过对目标坐标系相对于相机坐标系的相对位姿施加期望值来表达。该值可用齐次变换矩阵 $\boldsymbol{T}_{\mathrm{o}}^{\mathrm{d}}$ 的形式来给定，其中上标 d 指的是相机坐标系的期望姿态。从该矩阵中，可提取出 $(m\times 1)$ 操作空间向量 $\boldsymbol{x}_{\mathrm{d,o}}$。

矩阵 $\boldsymbol{T}_{\mathrm{o}}^{\mathrm{c}}$ 和 $\boldsymbol{T}_{\mathrm{o}}^{\mathrm{d}}$ 可用于获取齐次变换矩阵

$$\boldsymbol{T}_{\mathrm{c}}^{\mathrm{d}} = \boldsymbol{T}_{\mathrm{o}}^{\mathrm{d}}(\boldsymbol{T}_{\mathrm{o}}^{\mathrm{c}})^{-1} = \begin{bmatrix} \boldsymbol{R}_{\mathrm{c}}^{\mathrm{d}} & \boldsymbol{o}_{\mathrm{d,c}}^{\mathrm{d}} \\ \boldsymbol{o}^{\mathrm{T}} & 1 \end{bmatrix} \tag{10.68}$$

该矩阵给出了相机坐标系在当前位姿下相对于期望位姿在位置和方向上的偏移量。根据该矩阵，可计算操作空间的误差向量，定义为：

$$\tilde{\boldsymbol{x}} = -\begin{bmatrix} \boldsymbol{o}_{\mathrm{d,c}}^{\mathrm{d}} \\ \boldsymbol{\phi}_{\mathrm{d,c}} \end{bmatrix} \tag{10.69}$$

其中 $\phi_{\mathrm{d,c}}$ 是从旋转矩阵 $\boldsymbol{R}_{\mathrm{c}}^{\mathrm{d}}$ 中提取的欧拉角向量。向量 $\tilde{\boldsymbol{x}}$ 和目标位姿无关，表示的是相机坐标系的期望位姿与当前位姿之间的偏差；必须注意，该向量与 $\boldsymbol{x}_{\mathrm{d,o}}$ 和 $\boldsymbol{x}_{\mathrm{c,o}}$ 之间的偏差并不相同，而是应用式(10.68)和式(10.69)由相应的齐次变换矩阵计算得到。

因此，必须设计控制量，使操作空间误差 $\tilde{\boldsymbol{x}}$ 渐进趋向于零。

注意点集 $\boldsymbol{x}_{\mathrm{d,o}}$ 的选择并不需要知道目标位姿的有关信息。只要相机坐标系相对于基坐标
445 系的相应于齐次变换阵的期望位姿落在机械手的灵活操作空间中，就能满足控制目标。齐次变换阵形式如下：

$$\boldsymbol{T}_{\mathrm{d}} = \boldsymbol{T}_{\mathrm{c}}(\boldsymbol{T}_{\mathrm{c}}^{\mathrm{d}})^{-1} = \begin{bmatrix} \boldsymbol{R}_{\mathrm{d}} & \boldsymbol{o}_{\mathrm{d}} \\ \boldsymbol{0}^{\mathrm{T}} & 1 \end{bmatrix} \tag{10.70}$$

如果目标相对其坐标系固定，该矩阵为常数。

10.7.1　重力补偿 PD 控制

基于位置的视觉伺服可采用重力补偿 PD 控制实现，与应用于运动控制的方案相比，该控制方案需要作适当修改。

计算式(10.69)的时间导数，对该式的位置部分，有

$$\dot{\boldsymbol{o}}_{\mathrm{d,c}}^{\mathrm{d}} = \dot{\boldsymbol{o}}_{\mathrm{c}}^{\mathrm{d}} - \dot{\boldsymbol{o}}_{\mathrm{d}}^{\mathrm{d}} = \boldsymbol{R}_{\mathrm{d}}^{\mathrm{T}} \dot{\boldsymbol{o}}_{\mathrm{c}}$$

而对方向部分，有

$$\dot{\phi}_{\mathrm{d,c}} = \boldsymbol{T}^{-1}(\phi_{\mathrm{d,c}})\, \boldsymbol{\omega}_{\mathrm{d,c}}^{\mathrm{d}} = \boldsymbol{T}^{-1}(\phi_{\mathrm{d,c}}) \boldsymbol{R}_{\mathrm{d}}^{\mathrm{T}}\, \boldsymbol{\omega}_{\mathrm{c}}$$

为计算以上表达式，要考虑等式 $\dot{\boldsymbol{o}}_{\mathrm{d}}^{\mathrm{d}}=\boldsymbol{0}$ 和$\boldsymbol{\omega}_{\mathrm{d}}^{\mathrm{d}}=\boldsymbol{0}$，注意 $\boldsymbol{o}_{\mathrm{d}}$ 和 $\boldsymbol{R}_{\mathrm{d}}$ 是常数。因此，$\dot{\tilde{\boldsymbol{x}}}$的表达式为

$$\dot{\tilde{\boldsymbol{x}}} = -\boldsymbol{T}_{\mathrm{A}}^{-1}(\phi_{\mathrm{d,c}}) \begin{bmatrix} \boldsymbol{R}_{\mathrm{d}}^{\mathrm{T}} & \boldsymbol{O} \\ \boldsymbol{O} & \boldsymbol{R}_{\mathrm{d}}^{\mathrm{T}} \end{bmatrix} \boldsymbol{v}_{\mathrm{c}} \tag{10.71}$$

因为末端执行器坐标系和相机坐标系重合，有以下等式成立：

$$\dot{\tilde{\boldsymbol{x}}} = -\boldsymbol{J}_{A_{\mathrm{d}}}(\boldsymbol{q},\, \tilde{\boldsymbol{x}})\dot{\boldsymbol{q}} \tag{10.72}$$

其中

$$\boldsymbol{J}_{A_{\mathrm{d}}}(\boldsymbol{q},\, \tilde{\boldsymbol{x}}) = \boldsymbol{T}_{A}^{-1}(\phi_{\mathrm{d,c}}) \begin{bmatrix} \boldsymbol{R}_{\mathrm{d}}^{\mathrm{T}} & \boldsymbol{O} \\ \boldsymbol{O} & \boldsymbol{R}_{\mathrm{d}}^{\mathrm{T}} \end{bmatrix} \boldsymbol{J}(\boldsymbol{q}) \tag{10.73}$$

该矩阵具有操作空间机械手解析雅可比矩阵矩阵的含义，与式(9.14)中的雅可比矩阵矩阵相同。

基于位置的视觉伺服的重力补偿 PD 类型表达式为

$$\boldsymbol{u} = \boldsymbol{g}(\boldsymbol{q}) + \boldsymbol{J}_{A_{\mathrm{d}}}^{\mathrm{T}}(\boldsymbol{q},\, \tilde{\boldsymbol{x}})(\boldsymbol{K}_{\mathrm{P}}\tilde{\boldsymbol{x}} - \boldsymbol{K}_{\mathrm{D}}\boldsymbol{J}_{A_{\mathrm{d}}}(\boldsymbol{q},\, \tilde{\boldsymbol{x}})\boldsymbol{q}) \tag{10.74}$$

该式与式(8.110)的运动控制律相类似，但使用了一种不同的操作空间误差定义。在矩阵 $\boldsymbol{K}_{\mathrm{P}}$ 和 $\boldsymbol{K}_{\mathrm{D}}$ 对称且正定的假设条件下，可采用如下李亚普诺夫函数证明相应于 $\tilde{\boldsymbol{x}}=\boldsymbol{0}$ 的平衡位姿的渐进稳定性。

$$\boldsymbol{V}(\dot{\boldsymbol{q}},\, \tilde{\boldsymbol{x}}) = \frac{1}{2}\dot{\boldsymbol{q}}^{\mathrm{T}}\boldsymbol{B}(\boldsymbol{q})\dot{\boldsymbol{q}} + \frac{1}{2}\tilde{\boldsymbol{x}}^{\mathrm{T}}\boldsymbol{K}_{\mathrm{P}}\tilde{\boldsymbol{x}} > 0 \qquad \forall\, \dot{\boldsymbol{q}},\, \tilde{\boldsymbol{x}} \neq \boldsymbol{0}$$ 446

这与式(8.110)的控制律相似。

注意要计算式(10.74)的控制律，需要用到 $\boldsymbol{x}_{\mathrm{c,o}}$的估计值和 $\boldsymbol{q}$ 与 $\dot{\boldsymbol{q}}$ 的测量值。而且导数项也要选为$-\boldsymbol{K}_{\mathrm{D}}\dot{\boldsymbol{q}}$。

重力补偿 PD 类型的基于位置视觉伺服的方框图如图 10.14 所示。注意计算误差 $\tilde{x}$ 的求和框图和计算控制系统输出的求和框图只具有纯概念的意义，并不表示对物理量的代数加法计算。

10.7.2　速度分解控制

对由视觉测量得到的信息进行计算的频率低于或等于相机坐标系的频率，特别是对 CCD 相机，该频率值比机械手运动控制的典型频率至少低了一个数量级。其结果是在数字化实现式(10.74)的控制律时，为了保证闭环系统稳定性，控制增益必须比用于运动控制的典型增益

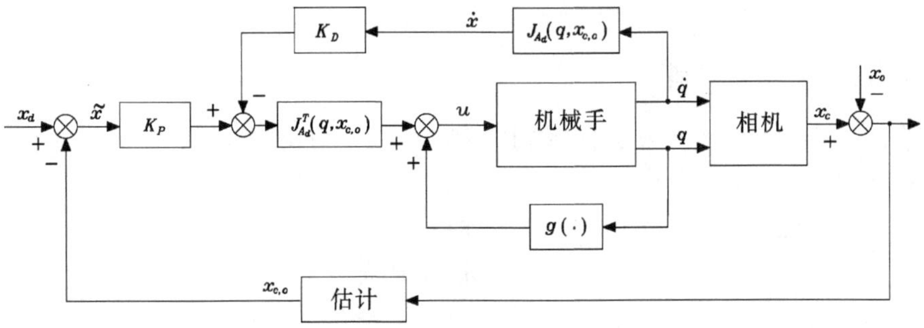

图 10.14 带重力补偿 PD 类型的基于位置视觉伺服系统方框图

值低得多。因此闭环系统在收敛速度和抗干扰能力上的性能变得较差。

如果机械手在关节空间或操作空间配备了高增益运动控制器,则可以避免以上问题。忽略由机械手动力学和干扰引起的跟踪误差影响,被控机械手可被视为一个理想的位置装置。这意味着,在关节空间运动控制的情况下,有以下等式成立:

$$\boldsymbol{q}(t) \approx \boldsymbol{q}_{\mathrm{r}}(t) \tag{10.75}$$

447 $\boldsymbol{q}_{\mathrm{r}}(t)$是对关节变量施加的参考轨迹。

因此,通过在视觉测量的基础上计算轨迹 $\boldsymbol{q}_{\mathrm{r}}(t)$,可以实现视觉伺服,从而使式(10.69)的操作空间跟踪误差渐进到达零。

为实现该目的,方程(10.72)表明可选择如下的关节空间参考速度

$$\dot{\boldsymbol{q}}_{\mathrm{r}} = \boldsymbol{J}_{A_d}^{-1}(\boldsymbol{q}_{\mathrm{r}},\ \tilde{\boldsymbol{x}})\boldsymbol{K}\tilde{\boldsymbol{x}} \tag{10.76}$$

用该式取代式(10.72),根据式(10.75),有如下线性方程:

$$\dot{\tilde{\boldsymbol{x}}} + \boldsymbol{K}\tilde{\boldsymbol{x}} = \boldsymbol{0} \tag{10.77}$$

对正定矩阵 $\boldsymbol{K}$,上式意味着操作空间误差以指数形式渐进趋向于零,其收敛速度取决于矩阵 $\boldsymbol{K}$ 的特征值,特征值越大收敛速度越快。

以上方案称作操作空间的速度分解控制(resolved-velocity control),因为该方案基于操作空间误差计算速度 $\dot{\boldsymbol{q}}_{\mathrm{r}}$。轨迹 $\boldsymbol{q}_{\mathrm{r}}(t)$通过简单积分由式(10.76)计算得到。

基于位置的视觉伺服的速度分解结构图如图 10.15 所示。同样在此情况下,方案中计算误差 $\tilde{\boldsymbol{x}}$ 和计算输出的加法运算只是纯概念意义,并不对应物理量的代数加法计算。

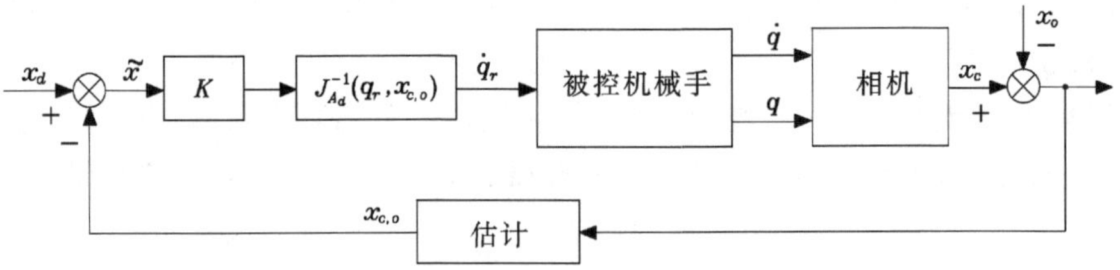

图 10.15 基于位置的速度分解视觉伺服系统方框图

注意 $\boldsymbol{K}$ 的选择会影响相机坐标系轨迹的动态特性,相机坐标系轨迹是微分方程(10.77)的解。如果 $\boldsymbol{K}$ 是对于位置分量具有相同增益的对角阵,相机坐标系的原点将沿着连接起点位置和期望位置的线段变化。另一方面,方向轨迹取决于欧拉角的特定选择以及方向误差,一般

情况下更多取决于后者。方向误差的可能选择在 3.7.3 节介绍过，雅可比矩阵矩阵的合适定义见式(10.73)。相机轨迹的先验知识非常重要，因为运动中目标可能离开相机视野，从而使视觉测量不可用。 448

10.8 基于图像的视觉伺服

如果目标相对于基坐标系固定，基于图像的视觉伺服可以通过要求目标特征参数向量具有与相机期望位姿相应的常数值 s_d 来表示。这样就隐含地假定存在期望姿态 $\boldsymbol{x}_{d,o}$，使得相机位姿属于机械手的灵活工作空间，以及

$$\boldsymbol{s}_{\mathrm{d}} = \boldsymbol{s}(\boldsymbol{x}_{\mathrm{d,o}}) \tag{10.78}$$

而且假定 $\boldsymbol{x}_{d,o}$是唯一的。为此，特征参数可选为目标上 n 点的坐标，对共面点(不含三点共线)有 $n \geqslant 4$，非共面点情况下有 $n \geqslant 6$。注意如果操作空间维数 $m<6$ 如 SCARA 机械手情况一样，可以减少点的数目。

交互矩阵 $\boldsymbol{L}_s(\boldsymbol{s}, \boldsymbol{z}_c)$取决于变量 $\boldsymbol{s}$ 和 $\boldsymbol{z}_c$，$\boldsymbol{z}_c=[z_{c,1}, \cdots, z_{c,n}]^{\mathrm{T}}$，$z_{c,i}$为一般目标特征点的第三个坐标。

需要注意任务直接以特征参量 $\boldsymbol{s}_d$ 的形式指定，而姿态 $\boldsymbol{x}_{d,o}$不必已知。实际上，当目标相对于相机处于期望姿态时，$\boldsymbol{s}_d$ 可通过测量特征参数来计算。

在此必须设计控制律，以保证如下的图像空间误差渐进趋向于零。

$$\boldsymbol{e}_{\mathrm{s}} = \boldsymbol{s}_{\mathrm{d}} - \boldsymbol{s} \tag{10.79}$$

10.8.1 重力补偿 *PD* 控制

基于图像的视觉伺服可用重力补偿 PD 控制来实现，其中重力补偿定义在图像空间误差的基础上。

为此，考虑如下正定二次型形式的李亚普诺夫待选函数

$$\boldsymbol{V}(\dot{\boldsymbol{q}}, \boldsymbol{e}_{\mathrm{s}}) = \frac{1}{2}\dot{\boldsymbol{q}}^{\mathrm{T}}\boldsymbol{B}(\boldsymbol{q})\boldsymbol{q} + \frac{1}{2}\boldsymbol{e}_{\mathrm{s}}^{\mathrm{T}}\boldsymbol{K}_{\mathrm{Ps}}\boldsymbol{e}_{\mathrm{s}} > 0 \quad \forall\, \dot{\boldsymbol{q}}, \boldsymbol{e}_{\mathrm{s}} \neq \boldsymbol{0} \tag{10.80}$$

其中 $\boldsymbol{K}_{Ps}$为对称正定$(k \times k)$矩阵。

计算式(10.80)的时间导数，并根据式(8.7)的机械手关节空间动力学模型和式(7.49)的性质得

$$\dot{\boldsymbol{V}} = -\dot{\boldsymbol{q}}^{\mathrm{T}}\boldsymbol{F}\dot{\boldsymbol{q}} + \dot{\boldsymbol{q}}^{\mathrm{T}}(\boldsymbol{u} - \boldsymbol{g}(\boldsymbol{q})) + \dot{\boldsymbol{e}}_{\mathrm{s}}^{\mathrm{T}}\boldsymbol{K}_{\mathrm{Ps}}\boldsymbol{e}_{\mathrm{s}} \tag{10.81}$$

由于 $\dot{\boldsymbol{s}}_d=\boldsymbol{0}$，且目标相对于基坐标系固定，得下式：

$$\dot{\boldsymbol{e}}_{\mathrm{s}} = -\dot{\boldsymbol{s}} = -\boldsymbol{J}_{\mathrm{L}}(\boldsymbol{s}, \boldsymbol{z}_{\mathrm{c}}, \boldsymbol{q})\dot{\boldsymbol{q}} \tag{10.82}$$

其中 449

$$\boldsymbol{J}_{\mathrm{L}}(\boldsymbol{s}, \boldsymbol{z}_{\mathrm{c}}, \boldsymbol{q}) = \boldsymbol{L}_{\mathrm{s}}(\boldsymbol{s}, \boldsymbol{z}_{\mathrm{c}})\begin{bmatrix}\boldsymbol{R}_{\mathrm{c}}^{\mathrm{T}} & \boldsymbol{O} \\ \boldsymbol{O} & \boldsymbol{R}_{\mathrm{c}}^{\mathrm{T}}\end{bmatrix}\boldsymbol{J}(\boldsymbol{q}) \tag{10.83}$$

相机坐标系和末端执行器坐标系重合。

因此选择

$$\boldsymbol{u} = \boldsymbol{g}(\boldsymbol{q}) + \boldsymbol{J}_{\mathrm{L}}^{\mathrm{T}}(\boldsymbol{s},\ \boldsymbol{z}_{\mathrm{c}},\ \boldsymbol{q})(\boldsymbol{K}_{\mathrm{Ps}}\boldsymbol{e}_{\mathrm{s}} - \boldsymbol{K}_{\mathrm{Ds}}\boldsymbol{J}_{\mathrm{L}}(\boldsymbol{s},\ \boldsymbol{z}_{\mathrm{c}},\ \boldsymbol{q})\dot{\boldsymbol{q}}) \tag{10.84}$$

其中 $\boldsymbol{K}_{\mathrm{Ds}}$ 为对称正定 $(k\times k)$ 矩阵，方程(10.81)变为

$$\dot{V} = -\dot{\boldsymbol{q}}^{\mathrm{T}}\boldsymbol{F}\dot{\boldsymbol{q}} - \dot{\boldsymbol{q}}^{\mathrm{T}}\boldsymbol{J}_{\mathrm{L}}^{\mathrm{T}}\boldsymbol{K}_{\mathrm{Ds}}\boldsymbol{J}_{\mathrm{L}}\dot{\boldsymbol{q}} \tag{10.85}$$

式(10.84)的控制律包含了关节空间中对重力的非线性补偿作用，以及图像空间中的线性PD作用。根据式(10.82)，最后一项对应于图像空间的微分作用并增大了阻尼。所得方框图如图10.16所示。

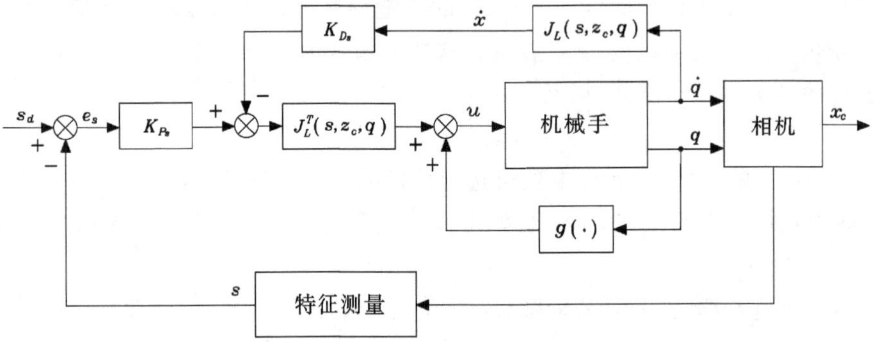

图 10.16 基于图像的视觉伺服的重力补偿PD类型方框图

若能直接测量 $\dot{\boldsymbol{s}}$，可按 $-\boldsymbol{K}_{\mathrm{Ds}}\dot{\boldsymbol{s}}$ 计算微分项，但这种测量是不可行的。另一种选择是将微分项简单地设为 $-\boldsymbol{K}_{\mathrm{D}}\dot{\boldsymbol{q}}$，其中 $\boldsymbol{K}_{\mathrm{D}}$ 为对称正定的 $(n\times n)$ 矩阵。

方程(10.85)表明对系统所有轨迹，李亚普诺夫函数都会减小，直至 $\dot{\boldsymbol{q}}\neq\boldsymbol{0}$。这样系统就会到达下式描述的平衡状态：

$$\boldsymbol{J}_{\mathrm{L}}^{\mathrm{T}}(\boldsymbol{s},\ \boldsymbol{z}_{\mathrm{c}},\ \boldsymbol{q})\boldsymbol{K}_{\mathrm{Ps}}\boldsymbol{e}_{\mathrm{s}} = \boldsymbol{0} \tag{10.86}$$

方程(10.86)和方程(10.83)表明，如果机械手的交互矩阵和几何雅可比矩阵矩阵均为满秩的，
450 则 $e_{\mathrm{s}}=\boldsymbol{0}$，这正是要寻找的结果。

注意式(10.84)的控制律不仅需要 $\boldsymbol{s}$ 的测量值，还需要向量 $\boldsymbol{z}_{\mathrm{c}}$ 的计算值。在基于图像的视觉伺服理念下应避免计算 $\boldsymbol{z}_{\mathrm{c}}$。在一些应用中，例如相机相对目标的运动属于某一平面时，$\boldsymbol{z}_{\mathrm{c}}$ 以足够的近似程度已知。另一种情况是 $\boldsymbol{z}_{\mathrm{c}}$ 为常数或者可以被估计，例如在初始位形或在期望位形的值。这等价于应用了交互矩阵的估计值 $\hat{\boldsymbol{L}}_{\mathrm{s}}$。不过，在这些情况下，稳定性的证明变得非常复杂。

10.8.2 速度分解控制

速度分解控制的概念可以很容易地推广到图像空间中。这种情况下，假设矩阵 $\boldsymbol{J}_{\mathrm{L}}$ 可逆，方程(10.82)表明可以按下式选择关节空间的参考速度：

$$\dot{\boldsymbol{q}}_{\mathrm{r}} = \boldsymbol{J}_{\mathrm{L}}^{-1}(\boldsymbol{s},\ \boldsymbol{z}_{\mathrm{c}},\ \boldsymbol{q}_{\mathrm{r}})\boldsymbol{K}_{\mathrm{s}}\boldsymbol{e}_{\mathrm{s}} \tag{10.87}$$

该控制律替代式(10.82)可得到如下的线性方程：

$$\dot{\boldsymbol{e}}_{\mathrm{s}} + \boldsymbol{K}_{\mathrm{s}}\boldsymbol{e}_{\mathrm{s}} = \boldsymbol{0} \tag{10.88}$$

因此如果 $\boldsymbol{K}_{\mathrm{s}}$ 为正定矩阵，方程(10.88)渐进稳定，误差 $\boldsymbol{e}_{\mathrm{s}}$ 以指数形式渐进趋向于零，收敛速度取决于矩阵 $\boldsymbol{K}_{\mathrm{s}}$ 的特征值。图像空间误差 $\boldsymbol{e}_{\mathrm{s}}$ 收敛于零，保证了 $\boldsymbol{x}_{\mathrm{c,o}}$ 渐进收敛于期望位姿 $\boldsymbol{x}_{\mathrm{d,o}}$。

基于图像的视觉伺服的速度分解方框图如图 10.17 所示。

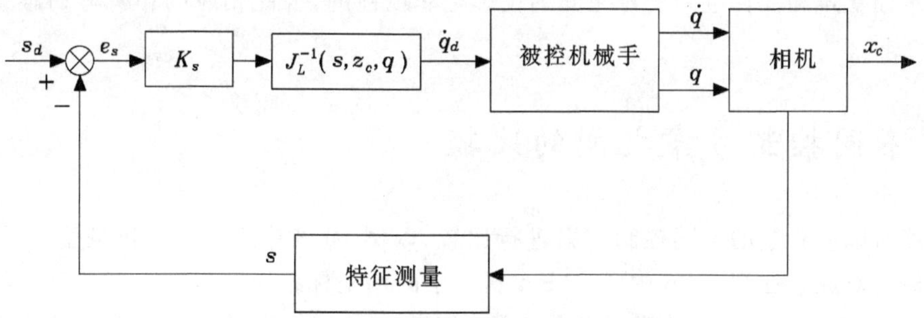

图 10.17　分解速度的基于图像视觉伺服系统方框图

注意这种控制方式需要计算矩阵 $\boldsymbol{J}_{\mathrm{L}}$ 的逆阵，因此受到该矩阵奇异性相关问题的影响。根据式(10.83)，该矩阵的奇异性问题既是几何雅可比矩阵矩阵的奇异性问题，也是交互矩阵的 451
奇异性问题。其中最关键的是交互矩阵的奇异性，因为该矩阵取决于图像特征参数的选择。

因此，可以通过两个步骤来方便地计算式(10.87)的控制律。第一步是计算向量

$$\boldsymbol{v}_{\mathrm{r}}^{\mathrm{c}} = \boldsymbol{L}_{\mathrm{s}}^{-1}(\boldsymbol{s},\ \boldsymbol{z}_{\mathrm{c}})\boldsymbol{K}_{\mathrm{s}}\boldsymbol{e}_{\mathrm{s}} \tag{10.89}$$

第二步是利用如下关系计算关节空间的参考速度：

$$\dot{\boldsymbol{q}}_{\mathrm{r}} = \boldsymbol{J}^{-1}(\boldsymbol{q})\begin{bmatrix}\boldsymbol{R}_{\mathrm{c}} & \boldsymbol{O} \\ \boldsymbol{O} & \boldsymbol{R}_{\mathrm{c}}\end{bmatrix}\boldsymbol{v}_{\mathrm{r}}^{\mathrm{c}} \tag{10.90}$$

与机械手的运动奇异性非常不同，采用特征参数的数目 k 大于最小需求 m 的方法，可以解决交互矩阵的奇异性问题。这类似于 10.3.3 节考虑过的情况。可以用交互矩阵 $\boldsymbol{L}_{\mathrm{s}}$ 的左广义逆矩阵代替逆矩阵来修改控制律，即

$$\boldsymbol{v}_{\mathrm{r}}^{\mathrm{c}} = (\boldsymbol{L}_{\mathrm{s}}^{\mathrm{T}}\boldsymbol{L}_{\mathrm{s}})^{-1}\boldsymbol{L}_{\mathrm{s}}^{\mathrm{T}}\boldsymbol{K}_{\mathrm{s}}\boldsymbol{e}_{\mathrm{s}} \tag{10.91}$$

用上式替代式(10.89)。在式(10.90)和式(10.91)的控制律作用下，应用李亚普诺夫直接法，基于如下的正定函数可以证明闭环系统的稳定性

$$V(\boldsymbol{e}_{\mathrm{s}}) = \frac{1}{2}\boldsymbol{e}_{\mathrm{s}}^{\mathrm{T}}\boldsymbol{K}_{\mathrm{s}}\boldsymbol{e}_{\mathrm{s}} > 0 \quad \forall\, \boldsymbol{e}_{\mathrm{s}} \neq \boldsymbol{0}$$

计算该函数的时间导数，再结合式(10.82)、式(10.83)、式(10.90)、式(10.91)得

$$\dot{V} = -\boldsymbol{e}_{\mathrm{s}}^{\mathrm{T}}\boldsymbol{K}_{\mathrm{s}}\boldsymbol{L}_{\mathrm{s}}(\boldsymbol{L}_{\mathrm{s}}^{\mathrm{T}}\boldsymbol{L}_{\mathrm{s}})^{-1}\boldsymbol{L}_{\mathrm{s}}^{\mathrm{T}}K_{\mathrm{s}}e_{\mathrm{s}}$$

因为 $\mathcal{N}(\boldsymbol{L}_{\mathrm{s}}^{\mathrm{T}}) \neq \varnothing$，其中 $\boldsymbol{L}_{\mathrm{s}}^{\mathrm{T}}$ 为列数多于行数的矩阵，所以上式半负定。因此闭环系统稳定但并非渐进稳定。这意味着误差是有界的，但一些情况下，系统可在 $\boldsymbol{e}_{\mathrm{s}} \neq \boldsymbol{0}$ 且 $\boldsymbol{K}_{\mathrm{s}}\boldsymbol{e}_{\mathrm{s}} \in \mathcal{N}(\boldsymbol{L}_{\mathrm{s}}^{\mathrm{T}})$ 时到达平衡状态。

另一个与控制律(10.89)或式(10.91)和式(10.90)实现有关的问题是在计算交互矩阵 $\boldsymbol{L}_{\mathrm{s}}$ 时需要 $\boldsymbol{z}_{\mathrm{c}}$ 的信息这一事实。与 10.8.1 节相似，该问题可用矩阵 $\hat{\boldsymbol{L}}_{\mathrm{s}}^{-1}$（或广义逆矩阵）的估计值来解决。这种情况下，采用李亚普诺夫方法可以证明，只要矩阵 $\boldsymbol{L}_{\mathrm{s}}\hat{\boldsymbol{L}}_{\mathrm{s}}^{-1}$ 正定，控制方案的稳定性就能保持不变。注意到 $\boldsymbol{z}_{\mathrm{c}}$ 是唯一取决于目标几何形状的信息。因此还可以看出，在只用一台相机的情况下，基于图像的视觉伺服不需要关于目标几何形状的确切信息。

矩阵 $\boldsymbol{K}_{\mathrm{s}}$ 元素的选择影响到特征参数的轨迹，而特征参数是微分方程(10.88)的解。在特 452

征点情况下，如果设置对角矩阵 $\boldsymbol{K}_s$ 的元素都相等，这些点在图像平面的投影将形成线段。而由于图像平面变量和操作空间变量之间的投影是非线性的，因此相应的相机运动难于被预测出来。

10.9 不同控制方案之间的比较

为了能对以上介绍的不同控制方案进行比较，以例 10.3 中 SCARA 机械手以及例 10.1 中平面目标为对象。在图 2.36 中，SCARA 机械手的基坐标系设定为原点在关节 1 的轴与水平面交点上，z 轴指向下。d_3 为移动关节变量，当 $d_3=0$ 时，水平面包含末端执行器坐标系的原点。操作空间的维数 $m=4$，操作空间由式(10.33)的向量 $\boldsymbol{x}_{c,o}$ 来表征。

参考习题 7.3 的动力学模型，数据与例 7.2 中完全相同；另外取 $m_{l_3}=2$ kg 及 $I_{l_4}=1\ \mathrm{kg\cdot m^2}$，同时忽略最后两个关节上的电动机分量。

对基于位置的视觉伺服方案，要求根据适当的特征向量实时估计向量 $x_{c,o}$。为实现这一目的，可在图像雅可比矩阵逆阵的基础上采用 10.3.3 节的算法。这是最标准的可以只采用两个特征点实现的视觉跟踪，因为对应的雅可比矩阵矩阵 $\boldsymbol{J}_{A_s}$ 为(4×4)矩阵。所选点为图 10.6 中目标的 P_1 和 P_2 点。

对基于图像的视觉伺服，也可采用相同的点，因为对应的雅可比矩阵矩阵 $\boldsymbol{J}_L$ 为(4×4)矩阵。

假定在 $t=0$ 时刻，相机坐标系相对于基坐标系的位姿由操作空间向量定义为

$$\boldsymbol{x}_c(0)=[1\quad 1\quad 1\quad \pi/4]^{\mathrm{T}}\quad \mathrm{m}$$

目标坐标系相对于相机坐标系的位姿由操作空间向量定义为

$$\boldsymbol{x}_c(0)=[0\quad 0\quad 0.5\quad 0]^{\mathrm{T}}\quad \mathrm{m}$$

目标坐标系相对于相机坐标系的期望位姿由以下向量定义

$$\boldsymbol{x}_{d,o}=[-0.1\quad 0.1\quad 0.6\quad -\pi/3]^{\mathrm{T}}\quad \mathrm{m}$$

453 假定该值为应用于基于位置的视觉伺服方案的位姿估计算法的初值。

对基于图像的视觉伺服方案，在期望位姿 $\boldsymbol{x}_{d,o}$ 上，目标上点 P_1 和 P_2 的特征参数的期望值为

$$\boldsymbol{x}_d=[-0.1667\quad 0.1667\quad -0.0833\quad 0.0223]^{\mathrm{T}}$$

对所有方案，都采用控制器离散实现，采样时间为 0.04 s，相应的频率为 25 Hz。该值与模拟相机的最小帧频一致，这样在最坏的情况下仍能进行视觉测量。

在数字仿真中，将实现如下的控制方案：

A. 基于位置的视觉伺服采用重力补偿 PD 控制，数据如下：

$$\boldsymbol{K}_P=\mathrm{diag}\{500,\ 500,\ 10,\ 10\}$$

$$\boldsymbol{K}_D=\mathrm{diag}\{500,\ 500,\ 10,\ 10\}$$

B. 基于位置的视觉伺服采用速度分解控制，数据如下：

$$\boldsymbol{K}=\mathrm{diag}\{1,\ 1,\ 1,\ 2\}$$

对个位置变量，相应的时间常数为 1 s；对方向变量，相应的时间常数为 0.5 s。

C. 基于图像的视觉伺服采用带重力补偿的 PD 控制，数据如下：

$$\boldsymbol{K}_{\mathrm{Ps}} = 300\boldsymbol{I}_4 \qquad \boldsymbol{K}_{\mathrm{Ds}} = 330\boldsymbol{I}_4$$

D. 基于图像的视觉伺服采用速度分解控制，数据如下；

$$\boldsymbol{K}_{\mathrm{s}} = \boldsymbol{I}_4$$

对特征参数，相应的时间常数为 1 s。

在速度分解控制方案的仿真中，忽略速度控制机械手的动力学因素。因此只考虑基于机械手解析雅可比矩阵矩阵的纯运动学模型。

对基于位置的控制方案，采用基于图像雅可比矩阵逆阵的位姿估计算法，积分步长 $\Delta t=1$ ms，增益 $\boldsymbol{K}_{\mathrm{s}}=160\boldsymbol{I}_4$。如例 10.4 所示，这意味着算法在大约 0.03 s 时间内收敛，收敛时间小于控制的采样时间，这是基于位置控制的正确操作所要求的。

对基于图像的控制方案，用矩阵 $\widehat{\boldsymbol{L}}_{\mathrm{s}}=\boldsymbol{L}_{\mathrm{s}}(\boldsymbol{s},\ z_{\mathrm{d}})$来近似矩阵 $\boldsymbol{L}_{\mathrm{s}}(\boldsymbol{s},\boldsymbol{z}_{\mathrm{c}})$，其中 z_{d} 是向量 $\boldsymbol{x}_{\mathrm{d,o}}$ 的第 3 个分量。 454

不同控制器的参数选择主要是按照以下方式：表现不同控制律的独特特征，同时在能实现适当控制作用的响应下，对每一种方案进行有意义的比对。特别是能观察到以下情形：

- 在仿真中调整方案 A 和 C 的增益，使得能够获取与方案 B 和 D 相似的动态响应；
- 控制方案 B 中，几种情况的位置变量增益故意选择相等，而方向变量的增益则不同，以表明可对每一个操作空间变量施加期望的动力作用；
- 控制方案 D 中，几种情况的增益选择相等，因为对图像平面上特征点投影的不同坐标施加的不同动力作用影响并不明显。

不同控制方案所得到的结果如图 10.18～图 10.25 所示，分别为：

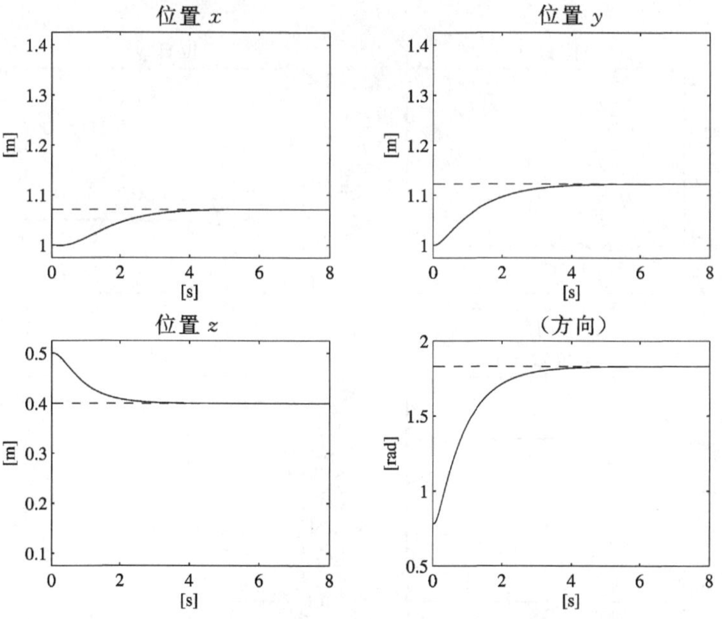

图 10.18 控制 A 情况下相机系位置与方向的时程

- 相机坐标系相对于基坐标系的位置与方向的时程及相应的期望值(虚线所示)。
- 特征参数的时程与相应的期望值(虚线所示)。

• 特征点在相机图像平面的投影路径，从初始位置（x 号标志）到终点位置（o 号标志）。

对不同控制方案的性能，根据所得结果可以得出以下值得注意的地方：

从原理来说，若采用基于位置的视觉伺服，操作空间变量可得到期望的动态过程。对控制方案 A，这只是部分正确的，因为对重力补偿 PD 控制，闭环系统的动态过程是非线性且耦合的。因此，如果机械手从不同的初始位姿开始工作或者到达不同的期望姿态，其过渡过程会与图 10.18 有所不同。反之，对控制方案 B，图 10.20 中操作空间变量的时程表明过渡过程具有指数形式，其特性仅取决于矩阵 $\boldsymbol{K}$ 的选择。

对方案 A 和 B 来说，特征点投影的轨迹以及在图像平面上对应的路径（分别如图 10.19 和图 10.21）具有无法提前预测的变化。这意味着尽管特征点投影的起点和期望位形都在图
455 像平面内，在过渡过程中它们仍有可能离开像平面，这将引起被控系统的收敛问题。

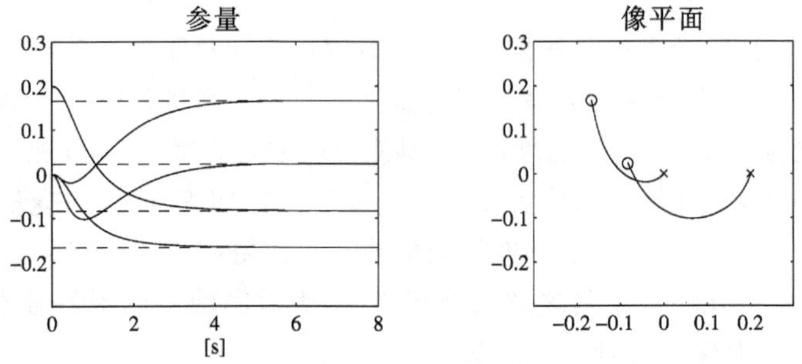

图 10.19　控制 A 中特征参数的时程与特征点投影在图像平面上对应路径

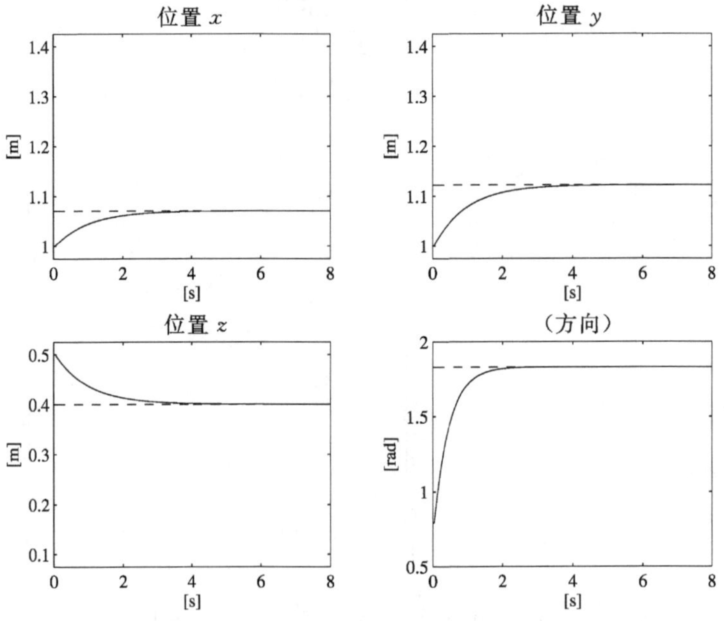

图 10.20　控制 B 相机坐标系的位置与方向的时程

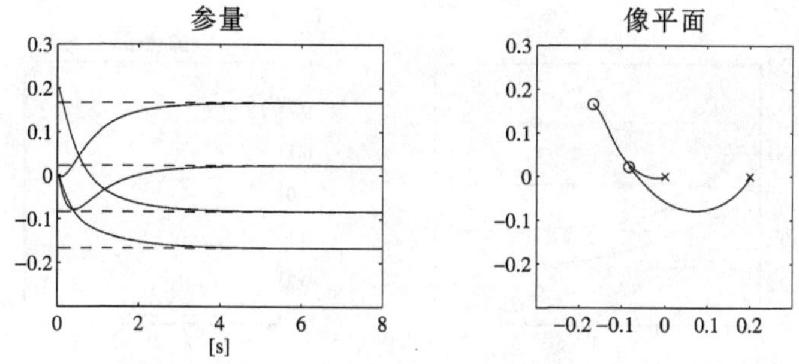

图 10.21　控制 B 的特征参量时程与特征点投影在像平面上的对应路径

若采用基于图像的控制，与基于位置的控制相对偶，期望的动态响应可被指定为特征参数的时程，而不是操作空间变量的曲线，相对于控制方式 C 和 D，图 10.22～图 10.25 所示的结果可以分别证实这点。特别是控制 C 的情况，具体来说操作空间变量的时程与图 10.18 和图 10.20 非常不同，尽管其初始和终止位形相同，过渡过程相似。这意味着相机路径不可预测，
可能会引起违反关节运动极限，或使机械手与障碍物相撞。在控制方案 C 的特定情况下，相 456
机轨迹的 z 分量产生 300％的超调量(见图 10.22)。相应地，在动态过程结束时，相机相对于目标收回，收回幅度比二者之间的距离大得多。控制方案 D 也出现 z 分量的超调量，不过只有 50％(见图 10.24)。

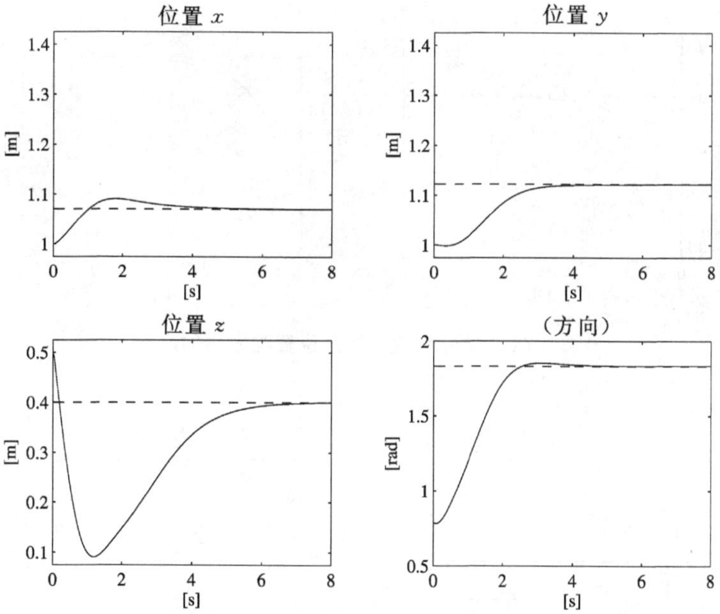

图 10.22　控制 C 的相机系位置与方向的时程

注意，对控制方案 C，在过渡过程中，某些操作空间变量出现的大幅偏移并不与特征参数
相对于其终值的明显偏离相对应(见图 10.23)。实际上，特征点投影的路径与连结这些点的 457
线段的偏离不明显。

对于控制方案 D，图 10.25 表明特征参数的轨迹具有指数形式。这种情况下，过渡性能取决于矩阵$\boldsymbol{K}_s$，选择元素相等的对角阵意味着特征点投影的路径是线性的。就目前的情况，考

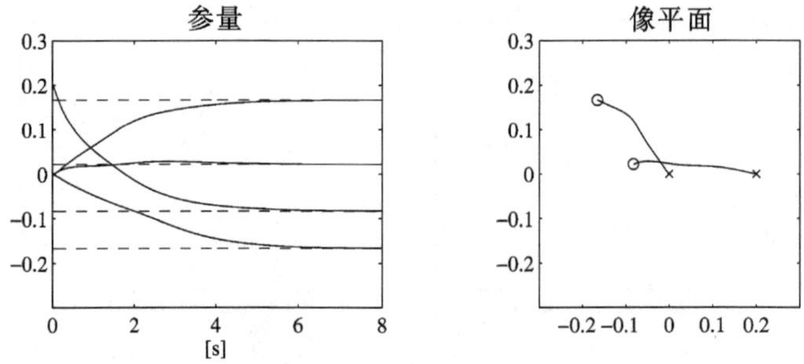

图 10.23 控制 C 的特征参量时程与特征点投影在像平面上的对应路径

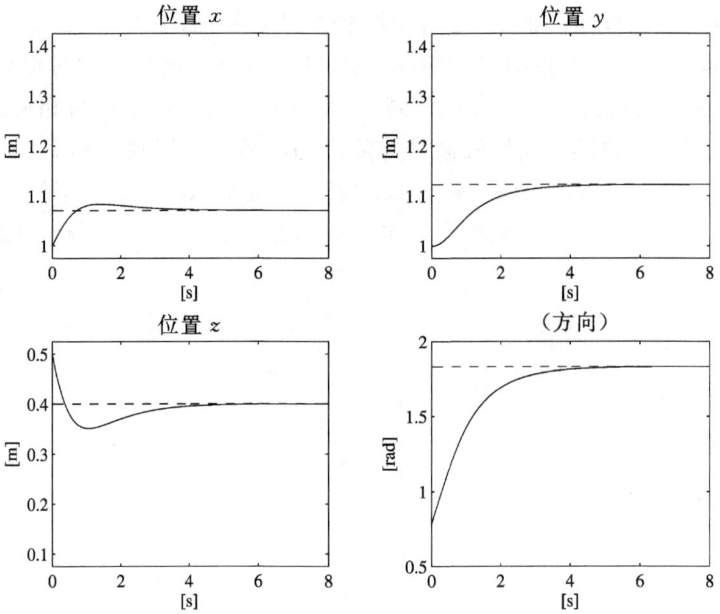

图 10.24 控制 D 的相机系位置与方向的时程

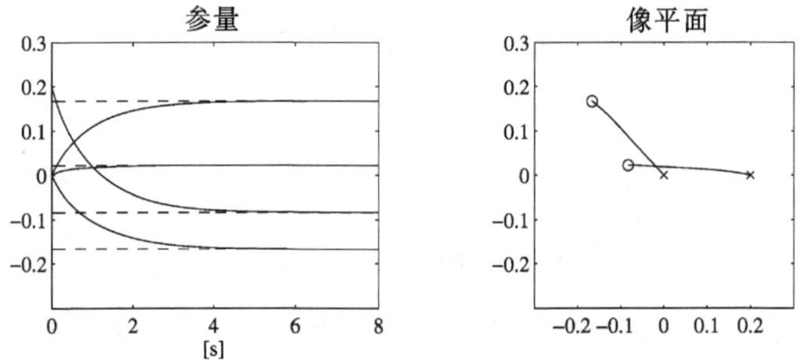

图 10.25 控制 D 的特征参量时程与特征点投影在像平面上的对应路径

虑到近似关系 $\boldsymbol{L}_s(s, z_c) \approx \boldsymbol{L}_s(s, z_d)$，特征点投影的路径如图 10.25 所示，并不是完全线性的。

为得到结论，图 10.26 给出了采用 4 个控制方案所得的相机坐标系的原点路径。可以看出，采用控制方式 B，可以得到完全线性的路径，这得益于对角增益矩阵 $\boldsymbol{K}_s$ 对位置分量的权重取值相等。采用控制方案 A，路径几乎是线性的，因为方案 B 不同，这种方案无法保证对每一个操作空间变量都实现动态解耦。反之，采用控制方案 C 和 D，相机坐标系的原点路径是严重非线性的。每种情况下都会看到相机相对于目标收回的现象。最后，注意 SCARA 机械手基 459
坐标系的 z 轴与相机坐标系的 z_c 轴沿着垂直方向指向下。因此，相对于图 10.26 的参考系，目标在顶端，而相机指向上。

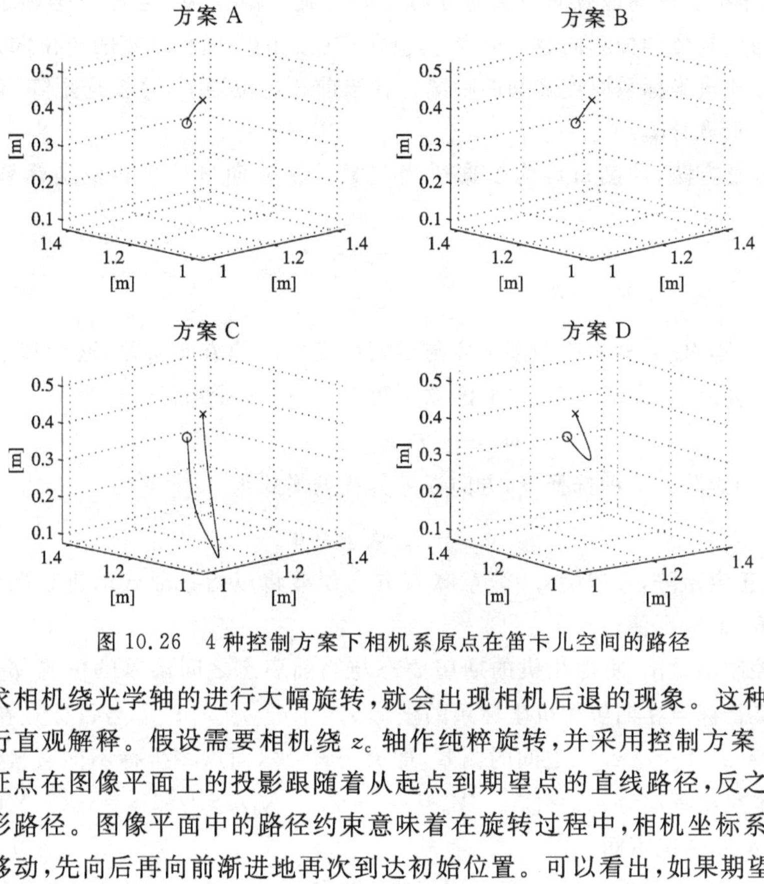

图 10.26　4 种控制方案下相机系原点在笛卡儿空间的路径

只要要求相机绕光学轴的进行大幅旋转，就会出现相机后退的现象。这种现象可用一个简单例子进行直观解释。假设需要相机绕 z_c 轴作纯粹旋转，并采用控制方案 D。这样，视觉伺服使得特征点在图像平面上的投影跟随着从起点到期望点的直线路径，反之简单的相机旋转则要求圆形路径。图像平面中的路径约束意味着在旋转过程中，相机坐标系的原点必须作相对目标的移动，先向后再向前渐进地再次到达初始位置。可以看出，如果期望旋转运动趋向于 π，则相机到目标的距离将趋向于 ∞，系统不稳定。

10.10　复合视觉伺服

复合视觉伺服结合了基于位置的视觉伺服和基于图像的视觉伺服的优点。这个名字来源于控制误差对一些分量是在操作空间定义的，对其他分量是在图像空间定义的。这意味着在 460
操作空间至少可部分地指定期望运动，而在视觉伺服过程中可对某些分量提前预测相机轨迹。另一方面，在图像空间出现的误差分量有助于保持相机视野中的图像特征，这对基于位置的方法来说是难以做到的。

复合视觉伺服要求一些操作空间变量的估计值。假设目标的表面为平面，其中至少可以选择四个特征点，且没有三点共线的情况。使用这些点在相机图像平面上的坐标，在相机坐标系的当前位姿和期望位姿上，可以计算出如10.4.4节中所描述的平面单应性关系 $\boldsymbol{H}$。注意对这一计算，相机的当前位姿与期望姿态信息并非必须的，只要特征向量 $\boldsymbol{s}$ 和 $\boldsymbol{s}_d$ 已知就可以。

根据式(10.59)，假设在当前位姿下坐标系1与相机坐标系重合，在期望位姿下坐标系2与相机坐标系重合，有下式成立：

$$\boldsymbol{H}=\boldsymbol{R}_d^c+\frac{1}{d_d}\boldsymbol{o}_{c,d}^c\boldsymbol{n}^{dT}$$

其中 $\boldsymbol{R}_d^c$ 为相机坐标系的期望方向与当前方向之间的旋转矩阵，$\boldsymbol{o}_{c,d}^c$ 是相机坐标系原点在期望位姿下相对于当前位姿的位置向量。$\boldsymbol{n}^d$ 为与包含特征点的平面相垂直的单位向量，$\boldsymbol{d}_d$ 为期望位姿下该平面与相机坐标系原点之间的距离。在当前相机位姿下，可根据矩阵 $\boldsymbol{H}$ 计算每一个采样时刻的 $\boldsymbol{R}_d^c$，$\boldsymbol{n}^d$，$(1/d_d)\boldsymbol{o}_{c,d}^c$。

采用速度分解方法，控制目标为根据适当定义的误差向量计算相机坐标系的绝对参考速度：

$$\boldsymbol{v}_r^c=\begin{bmatrix}\boldsymbol{\nu}_r^c\\\boldsymbol{\omega}_r^c\end{bmatrix}$$

为此，可由矩阵 $\boldsymbol{R}_d^c$ 计算相机期望位姿与当前位姿之间的方向误差，这与基于位置的视觉伺服情况一样。如果 $\phi_{c,d}$ 表示由 $\boldsymbol{R}_d^c$ 提取的欧拉角向量，控制向量 $\boldsymbol{\omega}_r^c$ 可选为

$$\boldsymbol{\omega}_r^c=-\boldsymbol{T}(\phi_{c,d})\boldsymbol{K}_o\phi_{c,d}\tag{10.92}$$

其中 $\boldsymbol{K}_o$ 为(3×3)矩阵。这种选择下，方向误差方程的形式为

461 $$\dot{\phi}_{c,d}+\boldsymbol{K}_o\phi_{c,d}=\boldsymbol{0}\tag{10.93}$$

如果 $\boldsymbol{K}_o$ 为对称正定矩阵，方程(10.93)意味着方向误差将以指数形式渐进趋向于零，收敛速度取决于矩阵 $\boldsymbol{K}_o$ 的特征值。

可以选择控制向量 $\boldsymbol{v}_r^c$，使得相机的期望姿态与当前姿态之间误差的位置部分收敛到零。位置误差可定义目标点在期望相机坐标系的坐标 $\boldsymbol{r}_c^c=[x_c\quad y_c\quad z_c]^T$ 与目标点在当前相机坐标系的坐标 $\boldsymbol{r}_d^c=[x_d\quad y_d\quad z_d]^T$ 之间的偏差，即 $\boldsymbol{r}_d^c-\boldsymbol{r}_c^c$。然而这些坐标不能直接测量得到，这与图像平面中定义特征向量 $\boldsymbol{s}_{p,d}=[X_d\quad Y_d]^T=[x_d/z_d\quad y_d/z_d]^T$ 和 $s_p=[X\quad Y]^T=[x_c/z_c\quad y_c/z_c]^T$ 的对应坐标情况不同。

根据单应性关系 $\boldsymbol{H}$ 所得到的信息可用于改写比值

$$\rho_z=z_c/z_d$$

用到如下形式的已知量或测量值：

$$\rho_z=\frac{d_c}{d_d}\frac{\boldsymbol{n}^{dT}\tilde{\boldsymbol{s}}_{p,d}}{\boldsymbol{n}^{cT}\tilde{\boldsymbol{s}}_p}\tag{10.94}$$

其中

$$\frac{\mathrm{d}_c}{\mathrm{d}_d}=1+\boldsymbol{n}^{cT}\frac{\boldsymbol{o}_{c,d}^c}{d_d}=\det(\boldsymbol{H})\tag{10.95}$$

且 $\boldsymbol{n}^c=\boldsymbol{R}_d^c\boldsymbol{n}^d$。其中向量 $\tilde{\boldsymbol{s}}_p$ 和 $\tilde{\boldsymbol{s}}_{p,d}$ 分别表示 $\boldsymbol{s}_p$ 和 $\boldsymbol{s}_{p,d}$ 的齐次坐标(见习题10.12)。

用已知量或测量值表示的位置误差可定义为

$$\boldsymbol{e}_{\mathrm{p}}(\boldsymbol{r}_{\mathrm{d}}^{\mathrm{c}},\ \boldsymbol{r}_{\mathrm{c}}^{\mathrm{c}}) = \begin{bmatrix} X_{\mathrm{d}} - X \\ y_{\mathrm{d}} - Y \\ \ln \rho_z \end{bmatrix}$$

注意根据式(5.44)，$\boldsymbol{e}_{\mathrm{p}}$ 收敛到零意味着 $\boldsymbol{r}_{\mathrm{d}}^{\mathrm{c}} - \boldsymbol{r}_{\mathrm{c}}^{\mathrm{c}}$ 收敛到零，反之亦然。

计算 $\boldsymbol{e}_{\mathrm{p}}$ 的时间导数得：

$$\dot{\boldsymbol{e}}_{\mathrm{p}} = \frac{\partial \boldsymbol{e}_{\mathrm{p}}(\boldsymbol{r}_{\mathrm{c}}^{\mathrm{c}})}{\partial \boldsymbol{r}_{\mathrm{c}}^{\mathrm{c}}} \dot{\boldsymbol{r}}_{\mathrm{c}}^{\mathrm{c}}$$

$\boldsymbol{r}_{\mathrm{d}}^{\mathrm{c}}$ 为常数。代入式(10.26)并分解为

$$\boldsymbol{v}_{\mathrm{c}}^{\mathrm{c}} = \begin{bmatrix} \boldsymbol{\nu}_{\mathrm{c}}^{\mathrm{c}} \\ \boldsymbol{\omega}_{\mathrm{c}}^{\mathrm{c}} \end{bmatrix}$$

其中$\boldsymbol{\nu}_{\mathrm{c}}^{\mathrm{c}} = \boldsymbol{R}_{\mathrm{c}}^{\mathrm{T}} \dot{\boldsymbol{o}}_{\mathrm{c}}$。则前面的表达式可改写为以下形式：

$$\dot{\boldsymbol{e}}_{\mathrm{p}} = -\boldsymbol{J}_{\mathrm{p}} \boldsymbol{\nu}_{\mathrm{c}}^{\mathrm{c}} - \boldsymbol{J}_{\mathrm{o}} \boldsymbol{\omega}_{\mathrm{c}}^{\mathrm{c}} \tag{10.96}$$ 462

其中(见习题 10.13)

$$\boldsymbol{J}_{\mathrm{p}} = \frac{1}{z_{\mathrm{d}} \rho_z} \begin{bmatrix} -1 & 0 & X \\ 0 & -1 & Y \\ 0 & 0 & -1 \end{bmatrix}$$

及

$$\boldsymbol{J}_{\mathrm{o}} = \begin{bmatrix} XY & -1 - X^2 & Y \\ 1 + Y^2 & -XY & -X \\ -Y & X & 0 \end{bmatrix}$$

方程(10.96)表明可以选择如下控制向量$\boldsymbol{\nu}_{\mathrm{r}}^{\mathrm{c}}$

$$\boldsymbol{\nu}_{\mathrm{r}}^{\mathrm{c}} = \boldsymbol{J}_{\mathrm{p}}^{-1} (\boldsymbol{K}_{\mathrm{p}} \boldsymbol{e}_{\mathrm{p}} - \boldsymbol{J}_{\mathrm{o}} \boldsymbol{\omega}_{\mathrm{r}}^{\mathrm{c}}) \tag{10.97}$$

$\boldsymbol{J}_{\mathrm{p}}$ 为非奇异矩阵。

注意要计算 $\boldsymbol{J}_{\mathrm{p}}^{-1}$，需要用到常数 z_{d} 的有关信息。

如果 z_{d} 已知，假定 $\dot{\boldsymbol{o}}_{\mathrm{c}}^{\mathrm{c}} \approx \boldsymbol{\nu}_{\mathrm{r}}^{\mathrm{c}}$ 和$\boldsymbol{\omega}_{\mathrm{c}}^{\mathrm{c}} \approx \boldsymbol{\omega}_{\mathrm{r}}^{\mathrm{c}}$，由式(10.97)的控制律得出以下误差方程：

$$\dot{\boldsymbol{e}}_{\mathrm{p}} + \boldsymbol{K}_{\mathrm{p}} \boldsymbol{e}_{\mathrm{p}} = \boldsymbol{0}$$ 463

该式表明只要 $\boldsymbol{K}_{\mathrm{p}}$ 是正定阵，$\boldsymbol{e}_{\mathrm{p}}$ 将按照指数规律收敛到零。

如果 z_{d} 未知，可采用其估计值 $\hat{z}_{\mathrm{d}}$。这样，根据式(10.97)的控制律，矩阵 $\boldsymbol{J}_{\mathrm{p}}^{-1}$ 可用相应的估计值 $\hat{\boldsymbol{J}}_{\mathrm{p}}^{-1}$ 代替。根据等式：

$$\hat{\boldsymbol{J}}_{\mathrm{p}}^{-1} = \frac{\hat{z}_{\mathrm{d}}}{z_{\mathrm{d}}} \boldsymbol{J}_{\mathrm{p}}^{-1}$$

可得以下误差方程：

$$\dot{\boldsymbol{e}}_{\mathrm{p}} + \frac{\hat{z}_{\mathrm{d}}}{z_{\mathrm{d}}} \boldsymbol{K}_{\mathrm{p}} \boldsymbol{e}_{\mathrm{p}} = \left(1 - \frac{\hat{z}_{\mathrm{d}}}{z_{\mathrm{d}}}\right) \boldsymbol{J}_{\mathrm{o}} \boldsymbol{\omega}_{\mathrm{r}}^{\mathrm{c}}$$

该式表明用估计值 $\hat{z}_{\mathrm{d}}$ 代替真值 z_{d} 会在误差方程中引入一个比例增益，误差方程可保持渐进稳定。而且，由于方程右侧存在一个由$\boldsymbol{\omega}_{\mathrm{r}}^{\mathrm{c}}$ 决定的项，$\boldsymbol{e}_{\mathrm{p}}$ 的时程会受到方向误差的影响，方向误差是由式(10.93)变化而来的。

例 10.6

仍以 SCARA 机械手和 10.9 节的任务为例，采用复合视觉伺服控制律，其增益为

$$\boldsymbol{K}_{\mathrm{p}} = \boldsymbol{I}_3 \quad \boldsymbol{k}_{\mathrm{o}} = 2$$

计算关于点 P_1 的位置误差。采用 4 个特征点，平面单应性关系与相应参数的估计与例 10.5 相同。结果如图 10.27 和图 10.28 所示，图中所采用的变量同 10.9 节。注意图 10.27 的操作空间变量的时程与图 10.20 中基于位置的视觉伺服的速度分解所得到的变量极为相
464 似。另一方面，在控制作用下，图 10.28 中特征参数的时程与图 10.25 中基于图像的视觉伺服的速度分解所得到的变量非常相似，除了 P_1 点在图像平面中的投影路径是完全线性的。相机坐标系原点的相应路径见图 10.29，与图 10.26 中基于图像的视觉伺服方案所得结果相比，该结果表现出了实质性的改进。

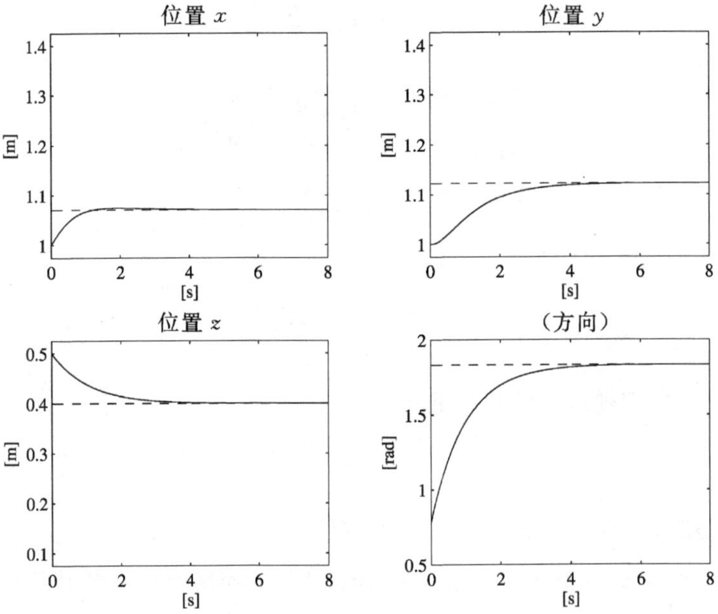

图 10.27　复合视觉伺服系统相机系位置与方向的时程

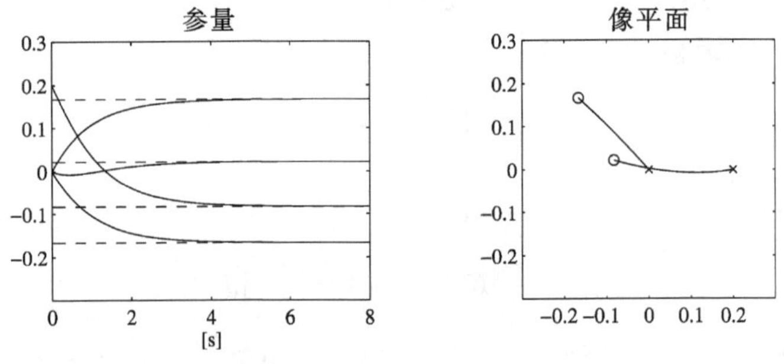

图 10.28　复合视觉伺服系统的特征参数时程和特征点在像平面上投影的对应路径

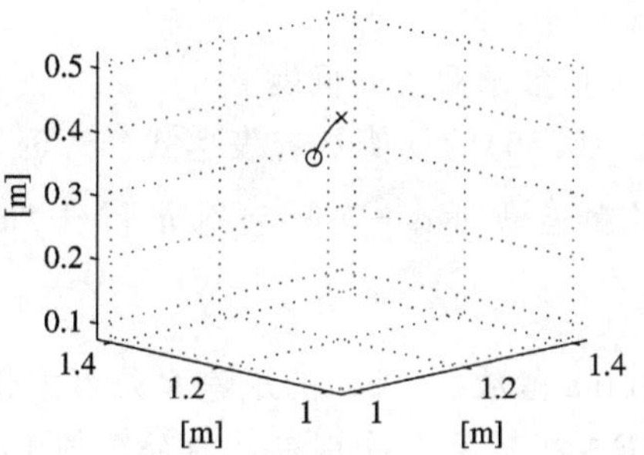

图 10.29　复合视觉伺服系统中笛卡儿空间相机系原点路径

以上所介绍的方法只是所有基于平面单应性关系及其分解的视觉伺服方法中的一种。需要指出的是，可以由 $(1/d_d)\boldsymbol{o}_{c,d}^{c}$ 与 $\boldsymbol{R}_d^c$ 的信息计算式(10.69)的操作空间误差，对于位置误差而言小于等于比例因子。因此也可用 10.7 节中所介绍的基于位置的视觉伺服方案。另一方面，在复合视觉伺服方法中，对取决于特征参数的误差分量可以选不同的值，对取决于操作空间变量的误差分量亦如此。

参考资料

计算视觉的文献极为广泛多样，图像处理如[93]，几何学问题可参考[75]和[146]。交互矩阵最早出现在[239]中，文中所用的名称不同，目前的名称在[71]中提出。基于图像雅可比矩阵逆阵的姿态估计算法也称作虚拟视觉伺服系统[47]。基于位置的视觉伺服系统在[239]中提出，最近的相关文献是[244]和[134]。有几篇关于基于图像的的视觉伺服系统的文章，早期工作开始于[239]和[79]。带重力补偿的 PD 控制严格稳定性分析见[108]，速度分解控制的相应分析见[71]。在[148]中介绍的复合视觉伺服系统只是一种基于相机自由度解耦的先进控制方案，分割方案的例子见[49]，基于图像矩的控制例子见[35]。基于立体视觉的视觉伺服系统见[92]。[103]是对 20 世纪 90 年代中期以前视觉伺服系统艺术状态的综述，较近的综述见[36]。 465

习题

10.1　推导式(10.2)。

10.2　说明式(10.10)的一个非零解是对应于矩阵 $\boldsymbol{A}$ 零奇异值的右特征向量。

10.3　说明式(10.12)为 $\sigma>0$ 情况下，$\boldsymbol{R}_o^c$ 是旋转矩阵约束下的最小 Frobenius 范数矩阵(10.11)。[提示：注意 $\mathrm{Tr}(\boldsymbol{R}_o^{cT}\boldsymbol{U\Sigma V}^T)=\mathrm{Tr}(\boldsymbol{V}^T\boldsymbol{R}_o^{cT}\boldsymbol{U\Sigma})$，且矩阵 $\boldsymbol{V}^T\boldsymbol{R}_o^{cT}\boldsymbol{U}$ 对角元素的绝对值小于等于 1]。

10.4　例 10.3 中 SCARA 机械手，选用例 10.1 中目标点 P_1 和 P_2，对基于图像雅可比矩阵矩阵的姿态估计算法进行计算机实现。计算对应于特征向量 $\boldsymbol{s}=[-0.1667\quad 0.1667\quad -0.0833\quad 0.0223]^T$ 的均匀变换矩阵。假设初始姿态下，相机系的轴平行于目标系的轴，原点沿着垂直轴在 0.5 m 的距离上。

10.5　用线段 P_1P_2 的特征参数求解上一问题。

10.6　说明最小化函数式(10.55)的 $\boldsymbol{o}$ 值具有表达式(10.56)。[提示：用式(10.55)中等式 $\boldsymbol{p}_i=\bar{\boldsymbol{p}}_i+\bar{\boldsymbol{p}}$ 和 $\boldsymbol{p}'_i=\bar{\boldsymbol{p}}'_i+\bar{\boldsymbol{p}}'$ 和性质 $\|\boldsymbol{a}+\boldsymbol{b}\|^2=\|\boldsymbol{a}\|^2+2\boldsymbol{a}^{\mathrm{T}}\boldsymbol{b}+\|\boldsymbol{b}\|^2$ 与 $\sum_{i=1}^{n}\bar{\boldsymbol{p}}_i=\sum_{i=1}^{n}\bar{\boldsymbol{p}}'_i=\boldsymbol{0}$。]

10.7　说明最小化 Frobenius 范数(10.57)的矩阵 $\boldsymbol{R}$ 是最大化 $\boldsymbol{R}^{\mathrm{T}}\boldsymbol{K}$ 迹的矩阵。

10.8　对例 10.3 中 SCARA 机械手设计具有重力补偿的 PD 类型基于位置的视觉伺服方案，选用例 10.1 中 P_1P_2 线段特征参数的测量值。在 10.9 节相同的操作条件下实现计算机仿真，并比较结果。

10.9　对例 10.3 中 SCARA 机械手设计基于位置的速度分解视觉伺服方案，选用例 10.1 中 P_1P_2 线段特征参数的测量值。在 10.9 节相同的操作条件下实现计算机仿真，并比较
466 结果。

10.10　对例 10.3 中 SCARA 机械手设计具有重力补偿的 PD 类型基于图像的视觉伺服方案，选用例 10.1 中 P_1P_2 线段特征参数的测量值。在 10.9 节相同的操作条件下实现计算机仿真，并比较结果。

10.11　对例 10.3 中 SCARA 机械手设计具有基于图像的速度分解视觉伺服方案，选用例 10.1 中 P_1P_2 线段特征参数的测量值。在 10.9 节相同的操作条件下实现计算机仿真，并比较结果。

10.12　推导表达式(10.94)和式(10.95)。

467 10.13　推导式(10.96)中表达式 $\boldsymbol{J}_{\mathrm{p}}$ 和 $\boldsymbol{J}_{\mathrm{o}}$。

第 11 章　移动机器人

前面的章节主要讨论了工业环境中应用最多的关节式机器人。然而，鉴于自主干预方面的潜能，移动机器人(mobile robots)在高级应用领域变得日益重要。本章讨论轮式(wheeled)移动机器人的建模、规划以及控制技术和方法。首先分析轮转动时所产生的运动学约束的结构；表明这些约束通常是非完整的，并因此缩小了机器人的局部移动性。通过介绍与约束相联系的运动学模型来描述机器人的瞬时运动，给出了递推表示的条件。从而得出了表征可行运动和作用于机器人各自由度上广义力间关系的动力学模型。通过对机器人运动学模型的特性，特别是平稳输出特性加以研究来设计轨迹规划方法，此方法可确保满足非完整约束。对最短时间轨迹(minimumtime trajectories)的结构也进行了分析。然后结合机器人运动中的两个基本任务，即轨迹跟踪(trajectory tracking)和姿态校正(posture regulation)对移动机器人的运动控制问题作了讨论。本章结尾对实现反馈控制方案必要的一些里程定位(odometric localization)技术进行了概要描述。

11.1　非完整约束

轮是到目前为止移动机器人实现运动最常用的机械结构。任何轮式小车均服从相应的运动学约束，这些约束通常会降低它的运动灵活性，但与此同时也完好保留了通过适当操控达到任意设置的可能。比如，每一位驾驶员凭经验就知道不可能立刻向与车身垂直的方向上移动，但能以任意方式停靠，至少没有障碍时如此。因此对这些约束的构成进行详细分析是重要的。

为和附录 B.4 部分介绍的术语保持一致，考虑一个位形状态表示为广义坐标向量 $\boldsymbol{q}\in\mathcal{C}$ 的机械系统，并假设该系统的状态空间 $\mathcal{C}$(即机器人的可达状态构成的空间)与 $\mathbb{R}^n$ 一致[①]。系统的运动由随时间变化的 $\boldsymbol{q}$ 来表示，该运动或许要满足一系列可按各种标准分类的约束条件。比如，这些约束可能是等式或不等式(分别称为双边(bilateral)约束和单边(unilateral)约束)；并且，它们可能可能对时间有依赖或无依赖(分别称为时变(rheonomic)约束或定常(scleronomic)约束)。在本章中，只考虑双边定常约束。

形如式(11.1)的约束称为完全的(holonomic)(或称可积(integrable))的。

$$h_i(\boldsymbol{q}) = 0 \quad i = 1, \cdots, k < n \tag{11.1}$$

以后总是假设函数 $h_i:\mathcal{C}\rightarrow\mathbb{R}$ 属于 C^∞(光滑的(smooth))且相互无关。完整约束的作用是

---

① 该假设是为了简化问题。通常状态空间 $\mathcal{C}$ 只是在采用局部坐标基时才可视为欧几里得空间，这是因为它的全局几何结构更加复杂，这将在第 12 章作进一步讨论。尽管这样，本章介绍的内容仍是成立的。

将系统可达空间降维成$\mathcal{C}$的一个 $n-k$ 维子空间。如果一个机械系统所有的约束都可以表示成式(11.1)的形式，则称其为完整的。

当存在完整约束时，利用隐函数定理可以从理论上解决方程组(11.1)求解的问题，通过将广义坐标中的 k 个分量用其他 $n-k$ 个分量表示，从而在问题的表示式中将其消去。尽管如此，通常这个过程只是局部有效的，并且可能引入一些奇异值。一个有益的折中方案是在降维后的可达子空间中定义新的 $n-k$ 个新坐标来代替原来的广义坐标，用这种方法可以有效刻划系统的可行自由度。由此获得的简化系统，其灵活性与原机械系统是一致的。

完整约束通常是系统各部件间相互连接导致的结果。例如，机器人机械手中的移动关节和转动关节就是完整约束的典型来源，而关节变量是前文所述降维坐标的一个例子。式(11.1)中的约束还有可能起因于特定的操作条件；例如，一个冗余机械手在将末端执行器固定于某一位姿时的运动。

涉及如下广义坐标和速度的约束

470
$$a_i(\boldsymbol{q},\ \dot{\boldsymbol{q}}) = 0 \qquad i = 1,\cdots,\ k < n$$

被称为运动学方程。它们通过缩减任意状态时“广义”速度集合的规模约束一个机械系统的瞬时可行运动。运动学约束通常表示成 Pfaffian 形式，即，写成关于广义速度的线性表达式：

$$\boldsymbol{a}_i^{\mathrm{T}}(\boldsymbol{q})\dot{\boldsymbol{q}} = 0 \quad i = 1,\ \cdots,\ k < n \tag{11.2}$$

或矩阵形式

$$\boldsymbol{A}^{\mathrm{T}}(\boldsymbol{q})\dot{\boldsymbol{q}} = \boldsymbol{0} \tag{11.3}$$

其中假设向量 $\boldsymbol{a}_i$：$\mathcal{C}\to\mathbb{R}^n$ 是光滑和线性无关的。

很明显，存在 k 个式(11.1)中的完整约束意味着有同样数目的运动学约束：

$$\frac{\mathrm{d}h_i(\boldsymbol{q})}{\mathrm{d}t} = \frac{\partial \boldsymbol{h}_i(\boldsymbol{q})}{\partial \boldsymbol{q}}\dot{\boldsymbol{q}} = 0 \qquad i = 1,\ \cdots,\ k$$

但是，反之却通常未必正确。一个具有如式(11.3)运动学约束的系统也许未必能积分得到式(11.1)。在结论为否定时，这些运动学约束被称为非完整(nonholonomic)(或不可积的(non-integrable))约束。服从于至少一个这样约束的机械系统被称作是非完整系统。

相对完整约束，非完整约束以一种完全不同的方式降低机械系统的灵活性。为加深对这一事实的认识，考察如下一个 Pfaffian 约束

$$\boldsymbol{a}^{\mathrm{T}}(\boldsymbol{q})\dot{\boldsymbol{q}} = 0 \tag{11.4}$$

如果该约束是完全的，则应是可积分写成形如

$$h(\boldsymbol{q}) = c \tag{11.5}$$

其中$\partial h/\partial \boldsymbol{q}=\gamma(\boldsymbol{q})\boldsymbol{a}^{\mathrm{T}}(\boldsymbol{q})$，$\gamma(\boldsymbol{q})\neq 0$ 是积分因子而 c 是积分常量。因为机械系统在$\mathcal{C}$内的运动被限制在由标量函数 h 确定的一个特定平面，从而损失了部分状态空间的可达性(accessibility)。该运动表面通过值 $h(\boldsymbol{q})_0=c$ 而取决于初始状态 $\boldsymbol{q}_0$，其维数为 $n-1$。

假设约束(11.4)是非完整的。此时，广义速度确实被约束在一个 $n-1$ 维子空间内，即矩阵 $\boldsymbol{a}^{\mathrm{T}}(\boldsymbol{q})$的零空间内。然而，该约束为不可积的这一事实还意味着系统运动可达性不存在损失。换个说法，当系统自由度因为约束条件而减少时，广义坐标的个数并不会减少，甚至在局部情况下也是如此。

471 从刚才对单个约束的情况进行讨论得出的结论具有一般性。对一个服从 k 个非完整约束的 n 维机械系统来说，尽管在任意状态时广义速度必须属于一个 $n-k$ 维的子空间，该系统还

是能达到它的全状态空间$\mathcal{C}$。

下面给出非完整机械系统的一个典型例子，它对学习移动机器人具有重要的意义。

例 11.1

考虑一个圆盘在水平面上作无滑动的滚动，同时其矢状面(sagittal plane)(即包含该圆盘的平面)始终保持在竖直方向上(如图 11.1)。圆盘的状态用 3 个[①]广义坐标描述：与平面接触点的笛卡儿坐标(x,y)以及圆盘的方向角θ。前者在固定的参考坐标系中可测量得到，而后者是圆盘矢平面相对x轴的夹角。于是状态向量可写成$\boldsymbol{q}=[x \quad y \quad \theta]^{\mathrm{T}}$。

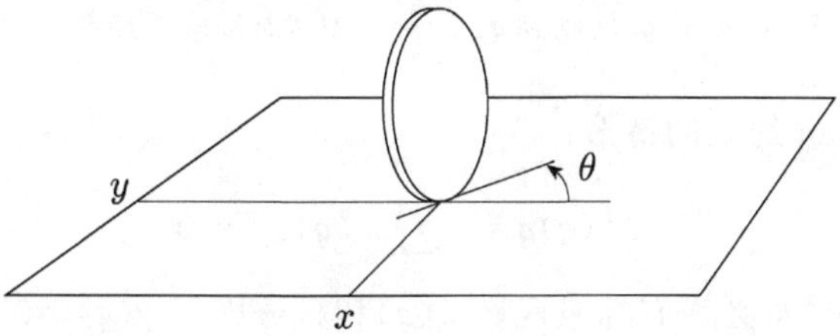

图 11.1　一个圆盘在平面上滚动时的广义坐标

圆盘纯滚动约束用 Pfaffian 形式或其推广形式来表示，形如：

$$\dot{x}\sin\theta - \dot{y}\cos\theta = [\sin\theta \quad -\cos\theta \quad 0]\dot{\boldsymbol{q}} = 0 \tag{11.6}$$

由于没有滑动，所以圆盘与平面接触点处在与垂直于矢平面的方向上速度为零，而圆盘在纵轴方向上的角速度无约束。

由于圆盘没有损失状态空间的可达性，所以式(11.6)的约束是非完整的。为证实这一点，需要说明：在不违背约束式(11.6)的情况下，从任意初始状态$\boldsymbol{q}_i=[x_i \quad y_i \quad \theta_i]^{\mathrm{T}}$出发，沿如下步骤，圆盘可以到达任意状态$\boldsymbol{q}_{\mathrm{f}}=[x_{\mathrm{f}} \quad y_{\mathrm{f}} \quad \theta_{\mathrm{f}}]^{\mathrm{T}}$。

1. 将圆盘绕纵轴旋转，到达方向角θ_{v}。此时矢状轴(sagittal axis)(即矢平面与水平面的交线)通过最终接触点$(x_{\mathrm{f}},\ y_{\mathrm{f}})$。
2. 保持方向角θ_{v}不变，在平面上旋转圆盘，直到接触点到达终点$(x_{\mathrm{f}},\ y_{\mathrm{f}})$；
3. 再次将圆盘绕纵轴旋转，将方向角从θ_{v}调整为θ_{f}。 472

图 11.2 展示了该操作过程。圆盘在任意状态有两个运动方向：首先是保持方向角不变移动接触点位置(滚动)；再者是保持接触点不动改变方向角(绕纵轴旋转)。

令人感兴趣的是，除了轮式小车外，现实中还有其他一些非完整机器人系统。比如，纯滚动约束在轮指机器手的操作问题中也有体现。另一个非完整的表现可以在自由“漂浮”(即没有固定基点)的多体系统中找到，比如用于太空操作的机器手。事实上，由于没有广义力作用，角动量守恒在此表现为系统的不可积 Pfaffian 约束。

11.1.1　可积性条件

在 Pfaffian 形式的运动学约束下，可以用可积性条件来判断系统是否是完整系统。

---

① 为描述圆盘绕通过其中心的水平轴旋转的角度，还能增加一个角ϕ。但该角度与本章讨论的内容无关，在下面的部分忽略。

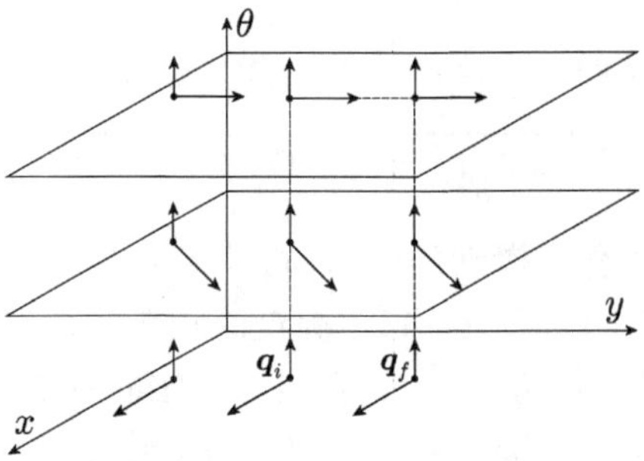

图 11.2 圆盘从 $\boldsymbol{q}_i$ 转动到 $\boldsymbol{q}_f$ 的例子中状态空间的局部表示(虚线)

首先考虑单 Pfaffian 约束的情形：

$$\boldsymbol{a}^{\mathrm{T}}(\boldsymbol{q})\dot{\boldsymbol{q}} = \sum_{j=1}^{n} a_j(\boldsymbol{q})\dot{\boldsymbol{q}}_j = 0 \tag{11.7}$$

为使该约束是可积的，必须有标量函数 $h(\boldsymbol{q})$ 和积分因子 $\gamma(\boldsymbol{q})\neq 0$ 满足以下条件

473

$$\gamma(\boldsymbol{q})a_j(\boldsymbol{q}) = \frac{\partial h(\boldsymbol{q})}{\partial q_j} \qquad j = 1, \cdots, n \tag{11.8}$$

该命题反之依然成立：如果存在积分因子 $\gamma(\boldsymbol{q})\neq 0$ 使得 $\gamma(\boldsymbol{q})\boldsymbol{a}(\boldsymbol{q})$ 是一个标量函数 $h(\boldsymbol{q})$ 的梯度，则式(11.7)的约束是可积的。对二阶偏导数应用 Schwarz 对称定理，可积性条件式(11.8)可以改写成如下偏微分方程组：

$$\frac{\partial(\gamma a_k)}{\partial q_j} = \frac{\partial(\gamma a_j)}{\partial q_k} \quad j,k = 1, \cdots, n, \quad j \neq k \tag{11.9}$$

上式中不再包含未知函数 $h(\boldsymbol{q})$。注意：条件(11.9)意味着一个具有常系数 a_j 的 Pfaffian 约束总是完全的。

例 11.2

考虑以下在 $\mathcal{C}=\mathbb{R}^3$ 中的运动学约束：

$$\dot{q}_1 + q_1\dot{q}_2 + \dot{q}_3 = 0$$

根据完整性条件(11.9)，有

$$\frac{\partial \gamma}{\partial q_2} = \gamma + q_1\frac{\partial \gamma}{\partial q_1}$$

$$\frac{\partial \gamma}{\partial q_3} = \frac{\partial \gamma}{\partial q_1}$$

$$q_1\frac{\partial \gamma}{\partial q_3} = \frac{\partial \gamma}{\partial q_2}$$

将第二和第三个等式代入第一个等式，容易解得唯一解为 $\gamma=0$，故该约束是非完整的。

例 11.3

考虑纯滚动约束(11.6)。此时，根据完整性条件(11.9)，有

$$\sin\theta\frac{\partial \gamma}{\partial y} = -\cos\theta\frac{\partial \gamma}{\partial x}$$

$$\cos\theta\frac{\partial \gamma}{\partial \theta} = \gamma\sin\theta$$

$$\sin\theta \frac{\partial \gamma}{\partial \theta} = -\gamma\cos\theta$$

将第一个等式两端平方并代入第二和第三个等式，得到$\partial\gamma/\partial\theta=\pm\gamma$。若设$\partial\gamma/\partial\theta=\gamma$，代入原方程组推出

$$\gamma\cos\theta = \gamma\sin\theta$$
$$\gamma\sin\theta = -\gamma\cos\theta$$

此方程组的唯一解是 $\gamma=0$。同理，若设$\partial\gamma/\partial\theta=-\gamma$ 可得到同样的结论。从而可确定约束(11.6)是非完整的。 474

当一个系统形如式(11.3)的运动学约束个数 $k>1$ 时，处理起来就更复杂了。事实上，这种情况下，有可能分开来看单个约束不可积，但系统整体是可积的。特殊的，如果 p 个($p\leqslant k$)相互独立的约束作线性组合

$$\sum_{i=1}^{k} \gamma_{ji}(\boldsymbol{q})\boldsymbol{a}_i^{\mathrm{T}}(\boldsymbol{q})\dot{\boldsymbol{q}} \qquad j = 1, \cdots, p$$

是可积的，则存在 p 个相互独立标量函数 $h_j(\boldsymbol{q})$，使得

$$\mathrm{span}\left\{\frac{\partial h_1(\boldsymbol{q})}{\partial \boldsymbol{q}}, \cdots, \frac{\partial h_p(\boldsymbol{q})}{\partial \boldsymbol{q}}\right\} \subset \mathrm{span}\{\boldsymbol{a}_1^{\mathrm{T}}(\boldsymbol{q}), \cdots, \boldsymbol{a}_k^{\mathrm{T}}(\boldsymbol{q})\} \quad \forall \boldsymbol{q} \in \mathcal{C}$$

于是，该机械系统的可达状态属于一个由函数集 h_j 对应的平面构成的($n-p$)维子空间。

$$\{\boldsymbol{q} \in \mathcal{C}: h_1(\boldsymbol{q}) = c_1, \cdots, h_p(\boldsymbol{q}) = c_p\}$$

系统在其中运动(见例 11.2)。当 $p=k$ 时，具有运动学约束方程(11.3)的系统是完全可积的，从而是完整的。

例 11.4

设一个系统具有 Pfaffian 约束如下：

$$\dot{q}_1 + q_1\dot{q}_2 + \dot{q}_3 = 0$$
$$\dot{q}_1 + \dot{q}_2 + q_1\dot{q}_3 = 0$$

分开来看，发现这些约束都是不可积的(特别的，第一个约束在例 11.2 中已判定为非完整的)。但是，若用第一个式减第二个，可得

$$(q_1 - 1)(\dot{q}_2 - \dot{q}_3) = 0$$

因为约束对所有 $\boldsymbol{q}$ 的取值都成立，于是有 $\dot{q}_2=\dot{q}_3$。所给系统等同于

$$\dot{q}_2 = \dot{q}_3$$
$$\dot{q}_1 + (1 + q_1)\dot{q}_2 = 0$$

而该系统可积分，如下式

$$q_2 - q_3 = c_1$$
$$\lg(q_1 + 1) + q_2 = c_2$$

其中 c_1，c_2 是积分常数。 475

对一个具有 Pfaffian 约束的系统，其可积性条件源自微分几何学中被称为 Frobenius 定理的一个基本结论，是非常复杂的。然而，在本章后续部分将表明：从不同的视角出发，可以更

直接的得出该条件。

11.2 运动学模型

具有 Pfaffian 约束的系统在每个属于矩阵 $\boldsymbol{A}^{\mathrm{T}}(\boldsymbol{q})$ 的 $n-k$ 维零空间的状态 $\boldsymbol{q}$ 处限定了可行的广义速度。若以 $\{\boldsymbol{g}_1(\boldsymbol{q}), \cdots, \boldsymbol{g}_{n-k}(\boldsymbol{q})\}$ 表示 $\mathcal{N}(\boldsymbol{A}^{\mathrm{T}}(\boldsymbol{q}))$ 的一组基，则机械系统运行的可行轨迹可被描述为如下动态非线性系统的解

$$\dot{\boldsymbol{q}} = \sum_{j=1}^{m} \boldsymbol{g}_j(\boldsymbol{q}) u_j = \boldsymbol{G}(\boldsymbol{q})\boldsymbol{u} \quad m = n-k \tag{11.10}$$

其中 $\boldsymbol{q} \in \mathbb{R}^n$ 是状态向量，而 $\boldsymbol{u} = [u_1 \quad \cdots \quad u_m]^{\mathrm{T}} \in \mathbb{R}^m$ 是输入向量。因为在无输入时有 $\dot{\boldsymbol{q}} = \boldsymbol{0}$，故系统(11.10)被称为无漂移系统。

输入向量域 $\boldsymbol{g}_1(\boldsymbol{q}), \cdots, \boldsymbol{g}_m(\boldsymbol{q})$（以及式(11.10)中的 $\boldsymbol{G}(\boldsymbol{q})$）的选择不唯一。与此相应，$u$ 的各个部分意义也各不相同。通常可以以赋予每个 $u_i s$ 相应物理意义的方式选择 $\mathcal{N}(\boldsymbol{A}^{\mathrm{T}}(\boldsymbol{q}))$ 的一组基，就像之后将要给出的一些移动机器人的例子中表现出来的。无论何种情况下，向量 $\boldsymbol{u}$ 都可能与实际控制输入的广义力或/和力矩并无直接关联，因为这个原因，方程(11.10)被用作为受约束机械系统的运动学方程。

系统的完整和非完整约束式(11.3)可以通过对相应运动学模型(11.10)的可控性①性质分析进行建立。事实上，可能有以下两种情形：

1. 如果系统(11.10)是可控的，那么任意给定两个状态 $\boldsymbol{q}_{\mathrm{i}}$ 和 $\boldsymbol{q}_{\mathrm{f}}$，一定存在一种选择 $\boldsymbol{u}(t)$ 使得可以操纵系统从状态 $\boldsymbol{q}_{\mathrm{i}}$ 到 $\boldsymbol{q}_{\mathrm{f}}$，即存在连接状态 $\boldsymbol{q}_{\mathrm{i}}$ 和 $\boldsymbol{q}_{\mathrm{f}}$ 并且满足运动学约束(11.3)的一条轨迹。因此，这些约束不会以任何方式对状态空间 $\mathcal{C}$ 的可达性产生影响，它们是非完整的。

2. 如果系统(11.10)是不可控的，运动学约束(11.3)减小了在 $\mathcal{C}$ 内可达空间的规模。因
476 此，这些约束部分或全部是可积的，这取决于可达状态空间的维数 $\nu(\nu<n)$。特别的：

2a. 如果 $m<\nu<n$，可达性的损失没有达到最大，因此约束(11.3)只是部分可积的。该机械系统仍然是非完整的。

2b. 如果 $\nu=m$，可达性的损失达到最大，因此约束(11.3)是完全可积的。该机械系统是完整的。

请注意这一独特观点（即将系统控制性能与非完整性相等同）是如何在例 11.1 中被隐含地采用，在该例中运动学系统的控制性能通过展示重构操作过程给出了构造性的证明。一个更加系统的证明要用到非线性无偏系统的可控性条件。特别的，系统可控性可以应用可达性秩条件(accessibility rank condition)来证明。

$$\dim \Delta_{\mathcal{A}}(\boldsymbol{q}) = n \tag{11.11}$$

其中 $\Delta_{\mathcal{A}}$ 是系统(11.10)的可达性分布(accessibility distribution)，即分布 $\Delta = \mathrm{span}\{\boldsymbol{g}_1, \cdots, \boldsymbol{g}_m\}$ 的对合闭包。可能会有以下情形：

1. 如果式(11.11)成立，则系统(11.10)是可控的，且运动学约束(11.3)是(整体)完全的。

---

① 请参阅附录 D 中关于非线性控制理论的简短陈述，其中包括取自微分几何学的一些必要的工具。

2. 如果式(11.11)不成立，则系统(11.10)是不可控的，而运动学约束(11.3)中至少有部分是不可积的。特别的，令

$$\dim\Delta_A(q)=\nu<n$$

于是

2a. 如果 $m<\nu<n$，则约束(11.3)只是部分可积的。

2b. 如果 $\nu=m$，则约束(11.3)是完全可积的，从而是完整的。这种情形发生在 Δ_A 与 $\Delta=\mathrm{span}\{\boldsymbol{g}_1, \cdots, \boldsymbol{g}_m\}$一致时，即后者的分布是对合的。

容易证明：在单运动学约束(11.7)情况下，由式(11.9)给出的可积性条件等价于 $\Delta=\mathrm{span}\{\boldsymbol{g}_1, \cdots, \boldsymbol{g}_m\}$的对合性。当 Pfaffian 约束的个数 $k=n-1$ 时，另一个重要状态被满足。此时，相应运动学模型(11.10)由单向量域 $\boldsymbol{g}(m=1)$组成。因为单向量域相应的分布总是对合的，所以 $n-1$ 个 Pfaffian 约束总是可积的。例如：具有两个广义坐标且满足一个标量 Pfaffian 约束的机械系统总是完整的。

接下来将对两种具有特殊意义的轮式小车详细地分析其运动模型。现有的移动机器人中相当大的一部分都与这两者之一具有等价的运动学模型。 477

11.2.1　独轮车

独轮车是带有单个定向轮的小车。其状态可以用 $\boldsymbol{q}=[x \quad y \quad \theta]^{\mathrm{T}}$ 完整描述，其中(x, y)是轮与地面接触点（或等效的轮中心）的笛卡儿坐标，θ 是轮相对 x 轴的方向角（见图11.3）。

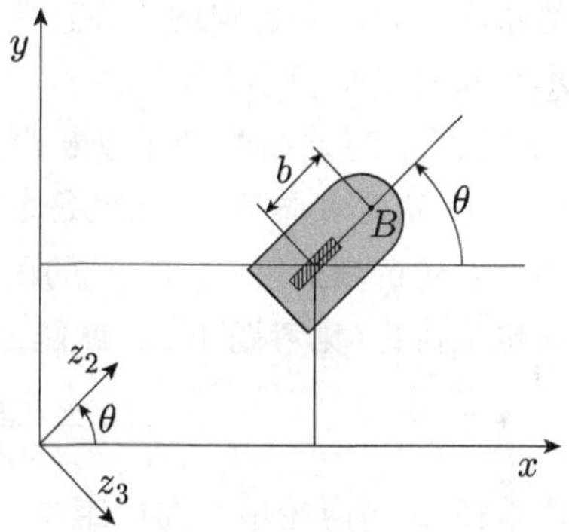

图 11.3　独轮车的广义坐标

正如已经在例 11.1 中见到的，轮的纯滚动约束表示为

$$\dot{x}\sin\theta-\dot{y}\cos\theta=[\sin\theta \quad -\cos\theta \quad 0]\dot{\boldsymbol{q}}=0 \tag{11.12}$$

该约束使得接触点处在垂直于小车矢平面的方向上速度为零，沿该方向过接触点的直线因此被称为零位移线。考虑如下矩阵：

$$\boldsymbol{G}(\boldsymbol{q})=[\boldsymbol{g}_1(\boldsymbol{q}) \quad \boldsymbol{g}_2(\boldsymbol{q})]=\begin{bmatrix}\cos\theta & 0\\ \sin\theta & 0\\ 0 & 1\end{bmatrix}$$

其中 $\boldsymbol{g}_1(\boldsymbol{q})$和 $\boldsymbol{g}_2(\boldsymbol{q})$是在状态 $\boldsymbol{q}$ 时与 Pfaffian 约束相关联矩阵的零空间的基。在状态 $\boldsymbol{q}$ 时所有可行的广义速度可以表示成 $\boldsymbol{g}_1(\boldsymbol{q})$和 $\boldsymbol{g}_2(\boldsymbol{q})$的线性组合，则独轮车的运动学模型可以表示为

$$\begin{bmatrix}\dot{x}\\ \dot{y}\\ \dot{\theta}\end{bmatrix}=\begin{bmatrix}\cos\theta\\ \sin\theta\\ 0\end{bmatrix}v+\begin{bmatrix}0\\ 0\\ 1\end{bmatrix}\omega \tag{11.13}$$

其中输入 v 和 ω 具有清晰的物理意义。特别的，v 是小车的前进速度(driving velocity)，即接 478

触点运动速度向量的模①(带符号)；同时，转向速度(steering velocity)ω 是轮绕垂直轴旋转的角速度。

两个输入向量域的李括号为

$$[\boldsymbol{g}_1, \boldsymbol{g}_2](\boldsymbol{q}) = \begin{bmatrix} \sin\theta \\ -\cos\theta \\ 0 \end{bmatrix}$$

它总是与 $\boldsymbol{g}_1(\boldsymbol{q})$ 和 $\boldsymbol{g}_2(\boldsymbol{q})$ 线性无关。因此，建立可达性分布 Δ_A 的迭代过程(见附录 D.2 节)将终止于

$$\dim\Delta_A = \dim\Delta_2 = \dim\mathrm{span}\{\boldsymbol{g}_1, \boldsymbol{g}_2, [\boldsymbol{g}_1, \boldsymbol{g}_2]\} = 3$$

这表明独轮车是可控的，非完整的阶次为 $k=2$，约束(11.12)是非完整的——相同结论在例 11.3 中由应用可积性条件获得。

作为一个机器人，一个严格意义上的独轮车(即只装配了一个轮子的小车)在静态条件下保持平衡是一个很大的问题。然而，也有一些小车，尽管在运动学角度来看与独轮车等效，但从机械学的角度来看确实稳定的。在这些小车中，最重要的是在第 1.2.2 节中已经介绍过的差动驱动小车和同步驱动小车。

对图 1.13 所示的差动驱动移动机器人，以 (x, y) 记连接两轮的线段的中点的笛卡儿坐标，用 θ 表示定向轮的方向角(因此也是车体的方向)。假设驱动速度 v 和转向速度 ω 表示成实际速度即左右轮的角速度 ω_{R} 和 ω_{L} 的函数，则独轮车的运动模型式(11.13)对差动轮小车依然适用。简单地讨论(见习题 11.6)就能证明：在两类输入之间存在以下一一对应关系：

$$v = \frac{r(\omega_{\mathrm{R}} + \omega_{\mathrm{L}})}{2} \quad \omega = \frac{r(\omega_{\mathrm{R}} - \omega_{\mathrm{L}})}{d} \tag{11.14}$$

其中 r 是轮半径，d 是两轮中心间的距离。

对图 1.14 中的同步驱动机器人，它与运动模型(11.13)的等价性就表现的更加直接。该机器人的输入就是移动速度 v 和转动角速度 ω，对三个转向轮是通用的。请注意：与差动驱动小车不同，同步驱动小车车体的朝向不变化，除非为特定目的加入了第三个激励。

11.2.2 两轮车

479 现在考察一个两轮车，即具有一个转向轮和一个定向轮的小车，两轮如图 11.4 中布局。一种可能的广义坐标可以选作 $\boldsymbol{q}=[x \quad y \quad \theta \quad \phi]^{\mathrm{T}}$，其中 (x, y) 是后轮接触地面处的笛卡儿坐标(即后轮中心坐标)，θ 是小车相对 x 的方位角，ϕ 是前轮相对小车本体的转向角度。

两轮车的运动服从两个纯滚动约束，每轮一个：

$$\dot{x}_{\mathrm{f}}\sin(\theta+\phi) - \dot{y}_{\mathrm{f}}\cos(\theta+\phi) = 0 \tag{11.15}$$

$$\dot{x}\sin\theta - \dot{y}\cos\theta = 0 \tag{11.16}$$

其中 $(x_{\mathrm{f}}, y_{\mathrm{f}})$ 是前轮中心的笛卡儿坐标。这两个约束的几何意义很明显：前轮在垂直于轮自身的方向上速度为零，而后轮中心在垂直于小车矢平面的方向上速度为零。两轮的零位移线

① 注意：v 由轮绕其水平轴旋转的角速度乘以轮半径得到。

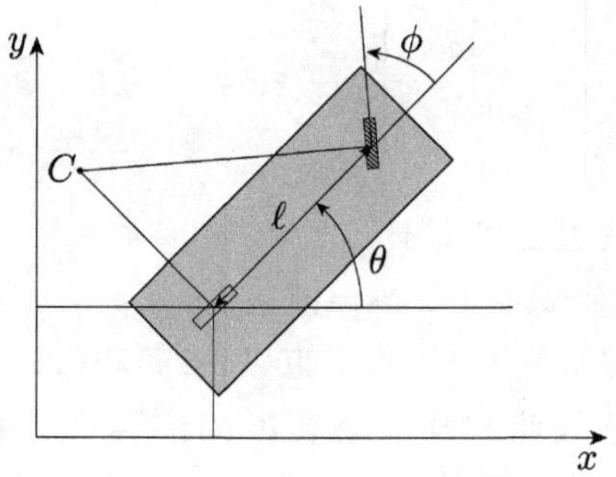

图 11.4　两轮车的广义坐标和瞬时转动中心

相交于点 C，该交点称为转动瞬时中心，它的位置只取决于车的状态（并随之变化）。车上每一点都在以 C 为圆心的圆弧上做瞬时运动（见例 11.7）。

应用刚体约束

$$x_{\mathrm{f}} = x + l\cos\theta$$
$$y_{\mathrm{f}} = y + l\cos\theta$$

式(11.15)可以改写为

$$\dot{x}\sin(\theta+\phi) - \dot{y}\cos(\theta+\phi) - l\dot{\theta}\cos\phi = 0 \tag{11.17}$$

其中 l 是两轮中心间的距离。与 Pfaffian 约束(11.16)和(11.17)相关的矩阵是

$$\boldsymbol{A}^{\mathrm{T}}(\boldsymbol{q}) = \begin{bmatrix} \sin\theta & -\cos\theta & 0 & 0 \\ \sin(\theta+\phi) & -\cos(\theta+\phi) & -l\cos\phi & 0 \end{bmatrix}$$ 480

该矩阵的秩为常数 $k=2$，其零空间的维数是 $n-k=2$，并且在状态 $\boldsymbol{q}$ 时的可行速度可以用 $\mathcal{N}(\boldsymbol{A}^{\mathrm{T}}(\boldsymbol{q}))$ 的基进行线性组合来表示。例如：

$$\begin{bmatrix} \dot{\boldsymbol{x}} \\ \dot{\boldsymbol{y}} \\ \dot{\boldsymbol{\theta}} \\ \dot{\phi} \end{bmatrix} = \begin{bmatrix} \cos\theta\cos\phi \\ \sin\theta\cos\phi \\ \sin\phi/l \\ 0 \end{bmatrix} u_1 + \begin{bmatrix} 0 \\ 0 \\ 0 \\ 1 \end{bmatrix} u_2$$

因为前轮是可转向的，直接设 $u_2=\boldsymbol{\omega}$，其中 ω 是转动角速度，而 u_1 的表达式则取决于小车是如何驱动的。

如果两轮车是前轮驱动的，直接就有 $u_1=v$，其中 v 是前轮移动速度。相应的运动学模型是

$$\begin{bmatrix} \dot{x} \\ \dot{y} \\ \dot{\theta} \\ \dot{\phi} \end{bmatrix} = \begin{bmatrix} \cos\theta\cos\phi \\ \sin\theta\cos\phi \\ \sin\phi/l \\ 0 \end{bmatrix} v + \begin{bmatrix} 0 \\ 0 \\ 0 \\ 1 \end{bmatrix} \omega \tag{11.18}$$

用 $\boldsymbol{g}_1(\boldsymbol{q})$ 和 $\boldsymbol{g}_2(\boldsymbol{q})$ 这两个输入向量域来表示，经简单计算可得到与 $\boldsymbol{g}_1(\boldsymbol{q})$ 和 $\boldsymbol{g}_2(\boldsymbol{q})$ 线性无关的

$$\boldsymbol{g}_3(\boldsymbol{q}) = [\boldsymbol{g}_1,\ \boldsymbol{g}_2](\boldsymbol{q}) = \begin{bmatrix} \cos\theta\sin\phi \\ \sin\theta\sin\phi \\ -\cos\phi/l \\ 0 \end{bmatrix} \qquad \boldsymbol{g}_4(\boldsymbol{q}) = [\boldsymbol{g}_1,\ \boldsymbol{g}_3](\boldsymbol{q}) = \begin{bmatrix} -\sin\theta/l \\ \cos\theta/l \\ 0 \\ 0 \end{bmatrix}$$

由此,建立可达性分布 $\Delta_{\mathcal{A}}$ 的迭代过程终止于

$$\dim\Delta_{\mathcal{A}} = \dim\Delta_3 = \dim\text{span}\{g_1,\ g_2,\ g_3,\ g_4\} = 4$$

这意味着前轮是可控的且非完整阶数为 $k=3$,约束(11.15)和(11.16)是(整体)非完整的。

对后轮驱动的两轮车,注意到此时其运动模型的前两个方程必须与独轮车运动模型(11.13)相同,则可导出其运动模型。只需令 $u_1 = v/\cos\phi$ 就足够了。可得到

$$\begin{bmatrix} \dot{x} \\ \dot{y} \\ \dot{\theta} \\ \dot{\phi} \end{bmatrix} = \begin{bmatrix} \cos\theta \\ \sin\theta \\ \tan\phi/l \\ 0 \end{bmatrix} v + \begin{bmatrix} 0 \\ 0 \\ 0 \\ 1 \end{bmatrix} \omega \tag{10.19}$$

481

其中 v 是后轮移动速度①。此时有

$$\boldsymbol{g}_3(\boldsymbol{q}) = [\boldsymbol{g}_1,\ \boldsymbol{g}_2](\boldsymbol{q}) = \begin{bmatrix} 0 \\ 0 \\ -\dfrac{1}{l\cos^2\phi} \\ 0 \end{bmatrix} \qquad \boldsymbol{g}_4(\boldsymbol{q}) = [\boldsymbol{g}_1,\ \boldsymbol{g}_3](\boldsymbol{q}) = \begin{bmatrix} -\dfrac{\sin\theta}{l\cos^2\phi} \\ \dfrac{\cos\theta}{l\cos^2\phi} \\ 0 \\ 0 \end{bmatrix}$$

而这也与 $\boldsymbol{g}_1(\boldsymbol{q})$ 和 $\boldsymbol{g}_2(\boldsymbol{q})$ 线性无关。因此,后轮驱动的两轮车也是可控的且非完整阶数为 $k=3$。

与独轮车相似,两轮车在静止时也是不稳定的。在运动学上等效而机械学上稳定的是三轮机器人或汽车式机器人,这些已经在第 1.2.2 节做了介绍并分别展示在图 1.15 和图 1.16 中。在这两种情况下,机器人运动模型由式(11.18)或式(11.19)给出,这取决于是前轮还是后轮驱动。特别的,(x,y) 是后轮轴的笛卡儿坐标,θ 是车的方向角,而 ϕ 是车的转动角。

11.3 链式系统

将移动机器人的运动学模型(11.10)变换成为恰当的数学语言描述,对高效而系统地解决后续规划和控制问题具有极大的价值。在此所做分析仅局限在如独轮车和两轮车这样的双输入系统。

一个双输入无漂移系统的 $(2,n)$ 链式模型是

$$\dot{z} = \gamma_1(z)v_1 + \gamma_2(z)v_2$$

其中

$$\dot{z}_1 = v_1$$

① 注意:运动学模型(11.19)在 $\phi = \pm\pi/2$ 时不成立,此时第一个向量场没有定义。

$$\begin{aligned}\dot{z}_2 &= v_2\\ \dot{z}_3 &= z_2 v_1\\ &\vdots\\ \dot{z}_n &= z_{n-1} v_1\end{aligned}\tag{11.20}$$

运用如下的“重复”李括号表示

$$\mathrm{ad}_{\gamma_1}\gamma_2 = [\gamma_1, \gamma_2] \quad \mathrm{ad}_{\gamma_1}^{k}\gamma_2 = [\gamma_1, \mathrm{ad}_{\gamma_1}^{k-1}\gamma_2]$$ 482

对系统模型(11.20),有

$$\gamma_1 = \begin{bmatrix}1\\0\\z_2\\z_3\\\vdots\\z_{n-1}\end{bmatrix} \quad \gamma_2 = \begin{bmatrix}0\\1\\0\\0\\\vdots\\0\end{bmatrix} \Rightarrow \mathrm{ad}_{\gamma_1}^{k}\gamma_2 = \begin{bmatrix}0\\\vdots\\(-1)^k\\\vdots\\0\end{bmatrix}$$

其中$(-1)^k$是第$k+2$个分量。这意味着系统是可控的,因为可达性分布

$$\Delta_A = \mathrm{span}\{\gamma_1, \gamma_2, \mathrm{ad}_{\gamma_1}\gamma_2, \cdots, \mathrm{ad}_{\gamma_1}^{n-2}\gamma_2\}$$

维数为n。特别地,其非完整阶数为$k=n-1$。

将一般的双输入无漂移系统

$$\dot{\boldsymbol{q}} = \boldsymbol{g}_1(\boldsymbol{q})u_1 + \boldsymbol{g}_2(\boldsymbol{q})u_2 \tag{11.21}$$

通过坐标和输入变换

$$z = \boldsymbol{T}(q) \quad v = \boldsymbol{\beta}(q)u \tag{11.22}$$

转换为链式模型(11.20),存在充分必要条件。

特别地,形如式(11.21)的系统,若维数n不超过4,则总能写出链式模型。该结论适用于例如独轮车和两轮车这类的运动学模型。

因为链式模型是构造性的,所以也存在转换成链式的充分条件。定义分布如下

$$\begin{aligned}\Delta_0 &= \mathrm{span}\{\boldsymbol{g}_1, \boldsymbol{g}_2, \mathrm{ad}_{\boldsymbol{g}_1}\boldsymbol{g}_2, \cdots, \mathrm{ad}_{\boldsymbol{g}_1}^{n-2}\boldsymbol{g}_2\}\\ \Delta_1 &= \mathrm{span}\{\boldsymbol{g}_2, \mathrm{ad}_{\boldsymbol{g}_1}\boldsymbol{g}_2, \cdots, \mathrm{ad}_{\boldsymbol{g}_1}^{n-2}\boldsymbol{g}_2\}\\ \Delta_2 &= \mathrm{span}\{\boldsymbol{g}_2, \mathrm{ad}_{\boldsymbol{g}_1}\boldsymbol{g}_2, \cdots, \mathrm{ad}_{\boldsymbol{g}_1}^{n-3}\boldsymbol{g}_2\}\end{aligned}$$

假设在上式中,$\dim\Delta_0=n$,且Δ_1与Δ_2是对合的,存在标量函数$h_1(\boldsymbol{q})$使得其微分$\mathrm{d}h_1$满足

$$\mathrm{d}h_1 \cdot \Delta_1 = 0 \quad \mathrm{d}h_1 \cdot \boldsymbol{g}_1 = 1$$

其中符号“·”表示一个行向量与一个列向量的内积——特别地,“·Δ_1”是与由分布Δ_1生成的任一向量做内积。此时,系统模型(11.21)可以通过坐标变换[①]

$$\begin{aligned}z_1 &= h_1\\ z_2 &= L_{g_1}^{n-2}h_2\\ &\vdots\\ z_{n-1} &= L_{g_1}h_2\end{aligned}$$ 483

① 该变换用到李导数(见附录 D)。

$$z_n = h_2$$

写成(11.20)的形式。其中 h_2 必须被选择为与 h_1 无关，从而有 $dh_2 \cdot \Delta_2 = 0$。输入变换为

$$v_1 = u_1$$
$$v_2 = (l_{g_1}^{n-1} h_2) u_1 + (L_{g_2} L_{g_1}^{n-2} h_2) u_2$$

通常，坐标变换和输入变换不唯一。

考查独轮车的运动学模型(11.13)，对该模型作坐标变换

$$\begin{aligned} z_1 &= \theta \\ z_2 &= x\cos\theta + y\sin\theta \\ z_3 &= x\sin\theta - y\cos\theta \end{aligned} \tag{11.23}$$

和输入变换

$$\begin{aligned} v &= v_2 + z_3 v_1 \\ \omega &= v_1 \end{aligned} \tag{11.24}$$

则可得到(2,3)链式模型

$$\begin{aligned} \dot{z}_1 &= v_1 \\ \dot{z}_2 &= v_2 \\ \dot{z}_3 &= z_2 v_1 \end{aligned} \tag{11.25}$$

注意到，z_1 就是方向角 θ，z_2 和 z_3 代表独轮车在动参考系中的位置，该参考系的 z_2 轴取作与小车的矢向轴在同一直线上(见图 11.3)。

对在运动学上与两轮车类似的移动机器人，以式(11.19)的后轮驱动模型为例进行考察。利用如下坐标变换

$$z_1 = x$$
$$z_2 = \frac{1}{l}\sec^3\theta\tan\phi$$
$$z_3 = \tan\theta$$

484

$$z_4 = y$$

和输入变换

$$v = \frac{v_1}{\cos\theta}$$
$$\omega = -\frac{3}{l} v_1 \sec\theta\sin^2\phi + \frac{1}{l} v_2 \cos^3\theta\cos^2\phi$$

得到一个(2,4)链式模型：

$$\dot{z}_1 = v_1$$
$$\dot{z}_2 = v_2$$
$$\dot{z}_3 = z_2 v_1$$
$$\dot{z}_4 = z_3 v_1$$

除 $\cos\theta = 0$ 点外，这一变换在状态空间中处处有定义。因此，两个模型等价的条件是：$\theta \neq \pm k\pi/2$，其中 $k = 1, 2, \cdots$。

11.4 动力学模型

移动机器人动力学模型的推导与机械手相仿，主要的区别是广义坐标下非完整约束的表现有所不同。非完整性的一个重要结果是：不再可能通过反馈实现动力学模型的严格线性化。在此之后将采用拉格朗日方程对一个服从 $k<n$ 个形如式(11.3)的运动学约束且维数为$\mathcal{L}$的机械系统建立动力学方程，并对模型如何能够通过反馈实现局部线性化作一展示。

与通常一样，定义机械系统的拉格朗日函数$\mathcal{L}$为其动能和势能之差：

$$\mathcal{L}(\boldsymbol{q},\ \dot{\boldsymbol{q}}) = \mathcal{T}(\boldsymbol{q},\ \dot{\boldsymbol{q}}) - \mathcal{U}(\boldsymbol{q}) = \frac{1}{2}\dot{\boldsymbol{q}}^{\mathrm{T}}\boldsymbol{B}(\boldsymbol{q})\dot{\boldsymbol{q}} - \boldsymbol{U}(\boldsymbol{q}) \tag{11.26}$$

其中 $\boldsymbol{B}(\boldsymbol{q})$是机械系统的(对称正定)惯性矩阵。此时，拉格朗日方程为

$$\frac{\mathrm{d}}{\mathrm{d}t}\left(\frac{\partial\mathcal{L}}{\partial\dot{\boldsymbol{q}}}\right)^{\mathrm{T}} - \left(\frac{\partial\mathcal{L}}{\partial\boldsymbol{q}}\right)^{\mathrm{T}} = \boldsymbol{S}(\boldsymbol{q})\,\boldsymbol{\tau} + \boldsymbol{A}(\boldsymbol{q})\boldsymbol{\lambda} \tag{11.27}$$

其中 $\boldsymbol{S}(\boldsymbol{q})$是一个$(n\times m)$矩阵，它将 $m=n-k$ 个外部输入$\boldsymbol{\tau}$映射为状态 $\boldsymbol{q}$ 时作用在系统上的广义力；$\boldsymbol{A}(\boldsymbol{q})$由一个表征运动学约束(11.3)的$(k\times n)$矩阵转置得到；而 $\boldsymbol{\lambda}\in\mathbb{R}^k$ 为拉格朗日乘子向量。$\boldsymbol{A}(\boldsymbol{q})\boldsymbol{\lambda}$ 表示在广义坐标面上的反作用力向量。前提假设是可用输入数目与自由度数相 485
符(完全激励)，即依次等于广义坐标数目 n 减去约束个数 k。

利用式(11.26)和式(11.27)，含约束机械系统的动力学模型表示为

$$\boldsymbol{B}(\boldsymbol{q})\ddot{\boldsymbol{q}} + \boldsymbol{n}(\boldsymbol{q},\ \dot{\boldsymbol{q}}) = \boldsymbol{S}(\boldsymbol{q})\,\boldsymbol{\tau} + \boldsymbol{A}(\boldsymbol{q})\boldsymbol{\lambda} \tag{11.28}$$

$$\boldsymbol{A}^{\mathrm{T}}(\boldsymbol{q})\dot{\boldsymbol{q}} = \boldsymbol{0} \tag{11.29}$$

其中

$$\boldsymbol{n}(\boldsymbol{q},\ \dot{\boldsymbol{q}}) = \dot{\boldsymbol{B}}(\boldsymbol{q})\dot{\boldsymbol{q}} - \frac{1}{2}\left(\frac{\partial}{\partial\boldsymbol{q}}(\dot{\boldsymbol{q}}^{\mathrm{T}}\boldsymbol{B}(\boldsymbol{q})\dot{\boldsymbol{q}})\right)^{\mathrm{T}} + \left(\frac{\partial\boldsymbol{U}(\boldsymbol{q})}{\partial\boldsymbol{q}}\right)^{\mathrm{T}}$$

考虑一个矩阵 $\boldsymbol{G}(\boldsymbol{q})$，它的各列是矩阵 $\boldsymbol{A}^{\mathrm{T}}(\boldsymbol{q})$零空间的一组基，则有 $\boldsymbol{A}^{\mathrm{T}}(\boldsymbol{q})\boldsymbol{G}(\boldsymbol{q})=\boldsymbol{0}$。可以将式(11.29)所给的约束用如下运动学模型代替：

$$\dot{\boldsymbol{q}} = \boldsymbol{G}(\boldsymbol{q})\,\boldsymbol{v} = \sum_{i=1}^{m}\boldsymbol{g}_i(\boldsymbol{q})v_i \tag{11.30}$$

其中$\boldsymbol{v}\in\mathbb{R}^m$ 为虚拟速度向量①；例如，对独轮车来说该向量的各部分包括移动速度 v 和转动速度ω。此外，式(11.28)中的拉格朗日乘子可以通过在式两端同时左乘 $\boldsymbol{G}^{\mathrm{T}}(\boldsymbol{q})$而消去。由此推出系统简化的动力学模型为一个微分方程

$$\boldsymbol{G}^{\mathrm{T}}(\boldsymbol{q})(\boldsymbol{B}(\boldsymbol{q})\ddot{\boldsymbol{q}} + \boldsymbol{n}(\boldsymbol{q},\ \dot{\boldsymbol{q}})) = \boldsymbol{G}^{\mathrm{T}}(\boldsymbol{q})\boldsymbol{S}(\boldsymbol{q})\,\boldsymbol{\tau} \tag{11.31}$$

将式(11.30)关于时间做微分得到

$$\ddot{\boldsymbol{q}} = \dot{\boldsymbol{G}}(\boldsymbol{q})\,\boldsymbol{v} + \boldsymbol{G}(\boldsymbol{q})\,\dot{\boldsymbol{v}}$$

在式两端左乘 $\boldsymbol{G}^{\mathrm{T}}(\boldsymbol{q})\boldsymbol{B}(\boldsymbol{q})$并利用简化动力学模型(11.31)，可得

$$\boldsymbol{M}(\boldsymbol{q})\,\dot{\boldsymbol{v}} + \boldsymbol{m}(\boldsymbol{q},\ \boldsymbol{v}) = \boldsymbol{G}^{\mathrm{T}}(\boldsymbol{q})\boldsymbol{S}(\boldsymbol{q})\,\boldsymbol{\tau} \tag{11.32}$$

其中

$$\boldsymbol{M}(\boldsymbol{q}) = \boldsymbol{G}^{\mathrm{T}}(\boldsymbol{q})\boldsymbol{B}(\boldsymbol{q})\boldsymbol{G}(\boldsymbol{q})$$

① 在动力学模型的行文中，使用这一术语是为了强调机械系统实际(广义)速度 n 和 $\dot{\boldsymbol{q}}$ 之间的区别。

486

$$m(q,\ v) = G^{\mathrm{T}}(q)B(q)\dot{G}(q)\ v + G^{\mathrm{T}}(q)n(q,\ G(q)\ v)$$

$M(q)$为正定的且有

$$\dot{G}(q)\ v = \sum_{i=1}^{m}\left(v_i\ \frac{\partial g_i}{\partial q}(q)\right)G(q)\ v$$

最终推导出状态空间简化模型

$$\dot{q} = G(q)\ v \tag{11.33}$$

$$\dot{v} = M^{-1}(q)m(q,v) + M^{-1}(q)G^{\mathrm{T}}(q)S(q)\ \tau \tag{11.34}$$

该模型以简洁的方式将受约束系统的运动学和动力学模型用 $n+m$ 个微分方程表示出来。

现在假定

$$\det(G^{\mathrm{T}}(q)S(q)) \neq 0$$

这个关于控制有效性的假设在研究者感兴趣的很多情况下都是成立的。于是,通过反馈实现局部线性化成为可能,具体是令

$$\tau = (G^{\mathrm{T}}(q)S(q))^{-1}(M(q)a + m(q,\ v)) \tag{11.35}$$

其中 $a \in \mathbb{R}^m$ 是虚拟加速度向量。由此得到的系统模型为

$$\dot{q} = G(q)\ v \tag{11.36}$$

$$\dot{v} = a \tag{11.37}$$

注意系统的结构:前 n 个等式为运动学模型,而后 m 个为动力学扩展方程,表示在输入通道上的 m 个积分器。如果该系统是无约束的具有完全激励,则 $G(q)=S(q)=I_n$,反馈定律(11.35)简化为与式(8.57)相似的一个逆动力学控制,相应地该闭环系统等效于 n 个解耦的二重积分器。

实现式(11.35)中的反馈控制,原则上需要对v进行测量,而这可能是做不到的。但在 q 和 $\dot{q}$ 可测的前提下,其虚拟速度可以通过如下运动学模型来计算。

$$v = G^{\dagger}(q)\dot{q} = (G^{\mathrm{T}}(q)G(q))^{-1}G^{\mathrm{T}}(q)\dot{q} \tag{11.38}$$

注意:在此要用到矩阵 $G(q)$的左广义逆。

定义状态向量 $x=(q,\ v)\in\mathbb{R}^{n+m}$和输入向量 $u=a\in\mathbb{R}^m$,系统(11.36)和(11.37)可表示为如下形式:

487

$$\dot{x} = f(x) + G(x)u = \begin{bmatrix} G(q)\ v \\ 0 \end{bmatrix} + \begin{bmatrix} 0 \\ I_m \end{bmatrix}u \tag{11.39}$$

即一个有漂移的非线性系统也被称为受约束机械系统的二阶运动学模型。从而,等式(11.36)有时也被称作一阶运动学模型。基于回顾附录 D 中的结论,后者的可控性确保了系统(11.39)的可控性。

总的来说,在轮式移动机器人这样的非完整机械系统中,如果能准确知道动力学参数并且系统的全部状态(广义坐标、速度、速度 q 和 $\dot{q}$)都是可测的,那么在模型中通过非线性状态反馈而“消除”动力学影响是可能的。

在上述假设之下,控制问题可以被直接定位于(虚拟)速度层面,即通过以一定方式选择 v 使得如下运动学模型的特性达到预期效果。

$$\dot{q} = G(q)\ v$$

通过式(11.35),可以在广义力层面上从v推出实际控制输入。因为方程中出现了 $a=\dot{v}$,所以虚拟速度v必须是关于时间可微的。

例 11.5

为了进行说明，现在将动力学模型的推导、简化和局部线性化的过程应用在在独轮车上。设 m 是独轮车的质量，I 是小车绕通过中心的纵轴的惯性矩，τ_1 是驱动力，τ_2 是转动力矩。运动学约束如式(11.12)所示，动力学模型(11.28)和(11.29)具有以下形式：

$$\begin{bmatrix} m & 0 & 0 \\ 0 & m & 0 \\ 0 & 0 & I \end{bmatrix}\begin{bmatrix} \ddot{x} \\ \ddot{y} \\ \ddot{\theta} \end{bmatrix} = \begin{bmatrix} \cos\theta & 0 \\ \sin\theta & 0 \\ 0 & 1 \end{bmatrix}\begin{bmatrix} \tau_1 \\ \tau_2 \end{bmatrix} + \begin{bmatrix} \sin\theta \\ -\cos\theta \\ 0 \end{bmatrix}\lambda$$

$$\dot{x}\sin\theta - \dot{y}\cos\theta = 0$$

此时有

$$\boldsymbol{n}(\boldsymbol{q},\ \dot{\boldsymbol{q}}) = \boldsymbol{0}$$
$$\boldsymbol{G}(\boldsymbol{q}) = \boldsymbol{S}(\boldsymbol{q})$$
$$\boldsymbol{G}^{\mathrm{T}}(\boldsymbol{q})\boldsymbol{S}(\boldsymbol{q}) = \boldsymbol{I}$$
$$\boldsymbol{G}^{\mathrm{T}}(\boldsymbol{q})\boldsymbol{B}\dot{\boldsymbol{G}}(\boldsymbol{q}) = \boldsymbol{0}$$

于是得到状态空间中的简化模型为

$$\dot{\boldsymbol{q}} = \boldsymbol{G}(\boldsymbol{q})\ \boldsymbol{v}$$
$$\dot{\boldsymbol{v}} = \boldsymbol{M}^{-1}(\boldsymbol{q})\ \boldsymbol{\tau}$$

其中

$$\boldsymbol{M}^{-1}(\boldsymbol{q}) = \begin{bmatrix} 1/m & 0 \\ 0 & 1/I \end{bmatrix}$$ 488

应用输入变换

$$\boldsymbol{\tau} = \boldsymbol{M}\boldsymbol{u} = \begin{bmatrix} m & 0 \\ 0 & I \end{bmatrix}\boldsymbol{u}$$

得到二阶运动学模型如下

$$\boldsymbol{\xi} = \begin{bmatrix} v\cos\theta \\ v\sin\theta \\ \omega \\ 0 \\ 0 \end{bmatrix} + \begin{bmatrix} 0 \\ 0 \\ 0 \\ 1 \\ 0 \end{bmatrix} u_1 + \begin{bmatrix} 0 \\ 0 \\ 0 \\ 0 \\ 1 \end{bmatrix} u_2$$

其中状态向量为 $\xi=[x \quad y \quad q \quad v \quad \omega]^{\mathrm{T}} \in \mathbb{R}^5$。

11.5　规划

与在机械手中一样，轨迹规划问题可被分解为找到路径和制定路径上的时间律。但是，如果移动机器人需要服从非完整约束，这两个子问题中的第一个就比机械手时更困难。事实上，此时除了必须满足边界条件(经过过规定点间的内插点和达到要求阶数的连续性)外，还要求在路径上所有点处满足非线性约束条件。

11.5.1 规划和时间律

假设要规划出在时间段 $t\in[t_i,t_f]$内的运动轨迹 $\boldsymbol{q}(t)$，引导移动机器人在无障碍情况下从初始状态 $\boldsymbol{q}(t_i)=\boldsymbol{q}_i$ 到达最终状态 $\boldsymbol{q}(t_f)=\boldsymbol{q}_f$。轨迹可以被分成几何路径 $\boldsymbol{q}(s)$与时间律 $s=s(t)$。前者在路径上的任意点 s 处满足 $\mathrm{d}\boldsymbol{q}(s)/\mathrm{d}s\neq 0$，后者的参数 s 在起点 $s(t_i)=s_i$ 和 $s(t_f)=s_f$ 之间是单调增加的，即当 $t\in[t_i,\ t_f]$时，有 $\dot{s}(t)\geqslant 0$。参数 s 的一个可能选择是沿路径的弧长；此时，$s_i=0$ 且 $s_f=L$，其中 L 是路径长度。

上述的时空分离性隐含着如下等式：

$$\dot{\boldsymbol{q}}=\frac{\mathrm{d}\boldsymbol{q}}{\mathrm{d}t}=\frac{\mathrm{d}\boldsymbol{q}}{\mathrm{d}s}\dot{s}=\boldsymbol{q}'\dot{s}$$

其中 $\boldsymbol{q}'$表示对 $\boldsymbol{s}$ 的导数，它在状态空间中指向路径的切线方向。由此广义坐标可以表示成向
489 量 $\boldsymbol{q}'$和标量 $\dot{s}$ 的乘积。注意：如果 s 是笛卡儿坐标系下的路径弧长，则向量$[x' \quad y']^{\mathrm{T}}\in\mathbb{R}^2$指向路径的切线方向且具有单位长度(参见第 5.3.1 节)。

故非完整约束式(11.3)可重写为如下式：

$$\boldsymbol{A}(\boldsymbol{q})\dot{\boldsymbol{q}}=\boldsymbol{A}(\boldsymbol{q})\boldsymbol{q}'\dot{s}=\boldsymbol{0}$$

如果当 $t\in[t_i,\ t_f]$时，$\dot{s}(t)>0$，则有

$$\boldsymbol{A}(\boldsymbol{q})\boldsymbol{q}'=\boldsymbol{0} \tag{11.40}$$

这个条件需要在路径上每一点处利用切线向量来验证，该条件确定了路径在几何上的可行性，这种可行性是由式(11.3)实际影响广义速度的运动学约束引起的。与第 11.2 节中关于轨迹的讨论相似，几何上可行的路径可以准确地定义为如下非线性系统的解。

$$\boldsymbol{q}'=\boldsymbol{G}(\boldsymbol{q})\tilde{\boldsymbol{u}} \tag{11.41}$$

其中 $\tilde{\boldsymbol{u}}$ 是与速度输入 $\boldsymbol{u}$ 有关的几何输入向量，二者的关系是 $\boldsymbol{u}(t)=\tilde{\boldsymbol{u}}(s)\dot{s}(t)$。一旦给定 $s\in[s_i,\ s_f]$上的几何输入 $\tilde{\boldsymbol{u}}(s)$，机器人在状态空间内的路径就唯一确定了。然后对 $t\in[t_i,\ t_f]$选择一个计时规则 $s=s(t)$，就能确定一条沿该路径的详细轨迹。

例如，对一个运动学上与独轮车相似的移动机器人，纯滚动约束(11.6)给出了路径的几何可行性条件如下：

$$[\sin\theta \quad -\cos\theta \quad 0]\boldsymbol{q}'=x'\sin\theta-y'\cos\theta=0$$

该条件简洁地表明这样一个事实：在笛卡儿坐标系下，路径的切线必须与机器人的矢状轴在一条直线上。其结果是，切线方向变化不连续(比如，一条间断线)的路径是不可行的，除非在间断点处能令 $\dot{s}=0$，使机器人在必须的时间点停在该点上以转向到新的切线方向。

独轮车的几何可行路径是如下系统的解：

$$\begin{aligned}x'&=\tilde{v}\cos\theta\\y'&=\tilde{v}\sin\theta\\\theta'&=\tilde{\omega}\end{aligned} \tag{11.42}$$

其中 $\tilde{v}$,$\tilde{\omega}$ 与 v,ω 的关系如下：

$$v(t)=\tilde{v}(s)\dot{s}(t) \tag{11.43}$$

490

$$\omega(t)=\tilde{\omega}(s)\dot{s}(t) \tag{11.44}$$

11.5.2　平滑输出

包括独轮车和两轮车在内的许多机器人，其运动学模型表现出具有被称作“微分平滑”的性质，该性质与规划问题明显相关。一个非线性动力学系统 $\dot{\boldsymbol{x}}=\boldsymbol{f}(\boldsymbol{x})+\boldsymbol{G}(\boldsymbol{x})\boldsymbol{u}$ 被称为微分平滑的，是指存在一组平滑输出 $\boldsymbol{y}$，使得状态 $\boldsymbol{x}$ 和控制输入 $\boldsymbol{u}$ 能用 $\boldsymbol{y}$ 和其对时间直到某阶的导数表示成如下代数式：

$$\boldsymbol{x}=\boldsymbol{x}(\boldsymbol{y},\ \dot{\boldsymbol{y}},\ \ddot{\boldsymbol{y}},\ \cdots,\ \boldsymbol{y}^{(r)})$$

$$\boldsymbol{u}=\boldsymbol{u}(\boldsymbol{y},\ \dot{\boldsymbol{y}},\ \ddot{\boldsymbol{y}},\ \cdots,\ \boldsymbol{y}^{(r)})$$

其结论之一是：一旦为 $\boldsymbol{y}$ 指定了一个输出轨迹，那么相应状态 $\boldsymbol{x}$ 的轨迹以及控制输入 $\boldsymbol{u}$ 的时程也就唯一确定下来。

对独轮车和两轮车来说，笛卡儿坐标就是平滑输出。接下来将证实独轮车这一性质，这可以参考其式(11.13)的运动学模型或式(11.42)的几何学模型得到。为简单起见，考虑后者。从几何模型的前两个等式可看出：给定一个笛卡儿坐标路径$(x(s),\ y(s))$，则相应的状态轨迹是 $\boldsymbol{q}(s)=[x(s)\quad y(s)\quad \theta(s)]^{\mathrm{T}}$，其中

$$\theta(s)=\mathrm{Atan2}(y'(s),\ x'(s))+k\pi \quad k=0,1 \tag{11.45}$$

同一个笛卡儿路径既可以是前向($k=0$)移动，也可以是反向($k=1$)移动，故 k 有两个选择。如果给定了机器人的初始方向，则 k 的两个选择中只有一个是正确的。可以很容易从式(11.42)和式(11.45)得到驱动机器人沿笛卡儿路径行进的几何输入，如下式所示：

$$\tilde{v}(s)=\pm\sqrt{(x'(s))^2+(y'(s))^2} \tag{11.46}$$

$$\tilde{\omega}(s)=\frac{y''(s)x'(s)-x''(s)y'(s)}{(x'(s))^2+(y'(s))^2} \tag{11.47}$$

对这些等式需要如下一些注解：

- $\tilde{v}(s)$的符号选择取决于运动的类型(前向或反向)。
- 如果对某 $\bar{s}\in[s_i,\ s_f]$，有 $x'(\bar{s})=y'(\bar{s})=0$，则 $\tilde{v}(\bar{s})=0$。这会发生在比如笛卡儿路径的轨迹尖端(运动折返)处。等式(11.45)在这些点处未定义其方向，但是可以利用连续性导出，即取作其 $s\to\bar{s}^-$ 时的右侧极限。对由式(11.47)给出转动速度 $\tilde{\omega}$ 可以以相仿地重复刚才的讨论。
- 当笛卡儿路径退化成一点时，因为此时恒有 $x'(s)=y'(s)=0$，所以就无法再推算出 θ 和 $\tilde{\omega}$。 491

注意一个有趣的事实：对于一个像移动机器人运动学模型这样的无漂移动态系统来说，微分平滑是在 11.3 节中介绍的链式系统变换性的充分必要条件。特别地，容易证明一个$(2,n)$链式系统的平稳输出是 z_1 和 z_n，从它们可以计算出所有其他状态变量和相应的控制输入。例如，对一个式(11.25)的(2,3)链式系统，有

$$z_2=\frac{\dot{z}_3}{\dot{z}_1}\quad v_1=\dot{z}_1\quad v_2=\frac{\dot{z}_1\ddot{z}_3-\ddot{z}_1\dot{z}_3}{\dot{z}_1^2}$$

注意对 $t\in[t_i,\ t_f]$，z_2 和 v_2 只有在 $\dot{z}_1(t)\neq0$ 时才能推算出来。

11.5.3 路径规划

只要移动机器人允许一组平滑输出 y，就可以利用它们高效地解决规划问题。事实上，可以采用插值方法规划出满足特定边界条件的路径。其他状态变量以及相应的控制输入能以代数方法从 $y(s)$ 解算出来，而状态空间中的结果路径将自动地满足非完整约束式(11.40)。

特别地，以独轮车为例，考虑从初始状态 $\boldsymbol{q}(s_i)=\boldsymbol{q}_i=[x_i \quad y_i \quad \theta_i]^T$ 运动到终止状态 $\boldsymbol{q}(s_f)=\boldsymbol{q}_f=[x_f \quad y_f \quad \theta_f]^T$ 的路径规划问题。

基于笛卡儿多项式的路径规划

如前所述，该问题可以通过在平滑输出 x，y 的初值 x_i，y_i 和终值 x_f，y_f 之间的插值来解决。令 $s_i=0$、$s_f=1$，采用以下三次多项式：

$$x(s)=s^3x_f-(s-1)^3x_i+\alpha_x s^2(s-1)+\beta_x s(s-1)^2$$

$$y(s)=s^3y_f-(s-1)^3y_i+\alpha_y s^2(s-1)+\beta_y s(s-1)^2$$

该多项式能自然满足关于 x 和 y 的边界约束。为使各点处的方向能由 x' 和 y' 按式(11.45)确定，还有必要加上如下边界条件：

$$x'(0)=k_i\cos\theta_i \quad x'(1)=k_f\cos\theta_f$$

$$y'(0)=k_i\sin\theta_i \quad y'(1)=k_f\sin\theta_f$$

其中，$k_i\neq0$、$k_f\neq0$ 是自由参数，但其符号必须相同。为保证独轮车到达 $\boldsymbol{q}_f$ 点时与离开 $\boldsymbol{q}_i$ 点时
492 有相同的运动方式(前向或反向)，该条件是必要的。事实上，由于 $x(s)$ 和 $y(s)$ 都是三次多项式，笛卡儿路径通常没有折返点。

例如，设 $k_i=k_f=k>0$，则有

$$\begin{bmatrix}\alpha_x\\ \alpha_y\end{bmatrix}=\begin{bmatrix}k\cos\theta_f-3x_f\\ k\sin\theta_f-3y_f\end{bmatrix} \qquad \begin{bmatrix}\beta_x\\ \beta_y\end{bmatrix}=\begin{bmatrix}k\cos\theta_i+3x_i\\ k\sin\theta_i+3y_i\end{bmatrix}$$

k_i 和 k_f 的选择会清楚地影响到路径规划的结果。事实上，应用式(11.46)容易验证

$$\tilde{v}(0)=k_i \qquad \tilde{v}(1)=k_f$$

机器人沿路径运动时的方向变化规律和相应的几何输入能分别从等式(11.45)、式(11.46)和式(11.47)计算。

基于链式系统模型的路径规划

另外一个可以立即推广应用于其他移动机器人(比如两轮车)运动学模型的方法是基于链式坐标 z 的路径规划方法。为此目的，首先需要通过坐标变换式(11.23)计算与 q_i 和 q_f 相对应的初值 z_i 和终值 z_f，然后只要在关于变量 $z_2=z'_3/z'_1$ 的边界条件约束下对 z_1 和 z_3 在初值到终值之间进行插值就可以了。

解决该问题仍然可以采用三次多项式方式。有所变化的是，在此对 x 和 y 可以采用不同阶的多项式函数，以减少未知参数的计算量。例如，假设 $z_{1,i}\neq z_{1,f}$，考虑如下插值方案：

$$z_1(s)=z_{1,f}s-(s-1)z_{1,i}$$

$$z_3(s)=s^3z_{3,f}-(s-1)^3z_{3,i}+\alpha_3 s^2(s-1)+\beta_3 s(s-1)^2$$

其中 $s\in[0,1]$。注意 $z'_1(s)$ 是常值且等于 $z_{1,f}-z_{1,i}\neq0$。未知参数 α_3 和 β_3 必需通过对 z_2 施加

如下边界条件来确定：

$$\frac{z'_3(0)}{z'_1(0)} = z_{2i} \qquad \frac{z'_3(1)}{z'_1(1)} = z_{2f}$$

可解得

$$\alpha_3 = z_{2,f}(z_{1,f} - z_{1,i}) - 3z_{3,f}$$
$$\beta_3 = z_{2,i}(z_{1,f} - z_{1,i}) + 3z_{3,i}$$

该方法在 $z_{1,i}=z_{1,f}$ 即 $\theta_i=\theta_f$ 时不能直接使用。对这种个别情况，可以引入一个过渡点(via point)$\boldsymbol{q}_v=[x_v \quad y_v \quad \theta_v]^T$ 使 $\theta_v \neq \theta_i$，进而使用两段连续路径解决原规划问题，其中第一段从 $\boldsymbol{q}_i$ 到 $\boldsymbol{q}_v$ 而第二段从 $\boldsymbol{q}_v$ 到 $\boldsymbol{q}_f$。另一种可行的方法不需要引入过渡点，该方法设 $z_{1,f}=z_{1,i}+2\pi$(即用 $\theta_f=2\pi$ 代替 θ_f)。这明显与独轮车的相同终止状态相符合。通过所得的操作，机器人将在沿路径完成全部转向过程的同时到达目标点。 493

只要为链式系统规划了路径，原始坐标下的路径 $\boldsymbol{q}(s)$ 和相应的几何输入 $\tilde{u}(s)$ 就通过对坐标变换(11.23)和输入变换(11.24)求逆解而分别推算出来。

基于参数化输入的路径规划

一个在概念上有所区别的路径规划方法是将输入(而非路径)写成参数化的形式，并通过计算这些参数值驱动机器人从 $\boldsymbol{q}_i$ 到 $\boldsymbol{q}_f$。再一次地，链式模型为解决问题带来了便利，在适当的输入时，其等式易于积分成闭合形式。出于一般性考虑，以$(2,n)$链式系统模型式(11.20)为例，其几何形式为

$$\begin{aligned} z'_1 &= \tilde{v}_1 \\ z'_2 &= \tilde{v}_2 \\ z'_3 &= z_2\tilde{v}_1 \\ &\vdots \\ z'_n &= z_{n-1}\tilde{v}_1 \end{aligned}$$

将几何输入取作

$$\tilde{v}_1 = \operatorname{sgn}(\Delta) \tag{11.48}$$

$$\tilde{v}_2 = c_0 + c_1 s + \cdots + c_{n-2}s^{n-2} \tag{11.49}$$

其中 $\Delta=z_{1,f}-z_{1,i}$ 且 $s\in[s_i, s_f]=[0, |\Delta|]$，而参数 $c_0, \cdots, c_{n-2}$ 的选择必须能使得 $z(s_f)=z_f$。能够证明：该条件可以按如下等式表示为非线性系统

$$D(\Delta)\begin{bmatrix} c_0 \\ c_1 \\ \vdots \\ c_{n-2} \end{bmatrix} = \boldsymbol{d}(z_i, z_f, \Delta) \tag{11.50}$$

其中矩阵 $\boldsymbol{D}(\Delta)$ 在 $\Delta\neq 0$ 时是可逆的。比如，对链式系统，有

$$\boldsymbol{D} = \begin{bmatrix} |\Delta| & \dfrac{\Delta^2}{2} \\ \operatorname{sgn}(\Delta)\dfrac{\Delta^2}{2} & \dfrac{\Delta^3}{6} \end{bmatrix} \quad \boldsymbol{d} = \begin{bmatrix} z_{2,f} - z_{2,i} \\ z_{3,f} - z_{3,i} - z_{2,i}\Delta \end{bmatrix} \tag{11.51}$$

494

而如果遇到 $z_{1,i}=z_{1,f}$ 的个别情况，可以像之前一样处理。

$z(s)$和$\tilde{v}(s)$都必须能通过适用于特殊情形的坐标和输入逆变换转换为$\boldsymbol{q}(s)$和$\tilde{\boldsymbol{u}}(s)$。

上述方法没有明确用到平滑输出，而是取决于之前提到过的链式系统闭型可积性与微分平滑的等价性。还要注意的是：在本规划方法中，和之前两种方法一样，参数 s 并不表示路径上的弧长。

其他能用在式(11.48)和式(11.49)中的参数化方法是正弦函数法和分段常值函数法。

数字结果

为直观说明，现在给出对到目前为止所描述方法的数字结果。考察对象是必须完成各种"泊车"动作的独轮车。

应用三阶笛卡儿多项式规划器给出的两种典型路径如图 11.5 所示。正如早已注意到的，因为 $k=5>0$，独轮车在这两条轨迹运动时始终保持向前，从不倒退。对 $k<0$，操作过程将在不同的路径上以反向方式执行。

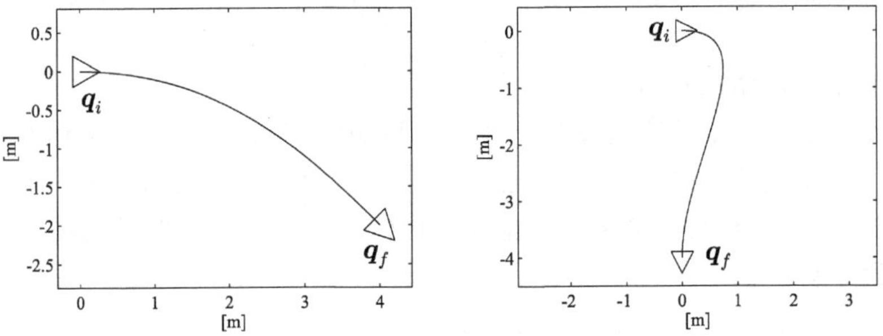

图 11.5 用三次笛卡儿多项式法规划出的两条泊停路径；两种情况下都有

在图 11.6 中，同样的规划器将被用来解决平行泊停问题。在该问题中，初状态和终状态之间的差异只是在小车矢平面的垂直方向上的纯位移。注意当 $k_i=k_f=k$ 变化时路径是如何改变的，特别的，k 值的增加会导致"出发"(从 $\boldsymbol{q}_i$)和"到位"(在 $\boldsymbol{q}_f$)阶段的延长。

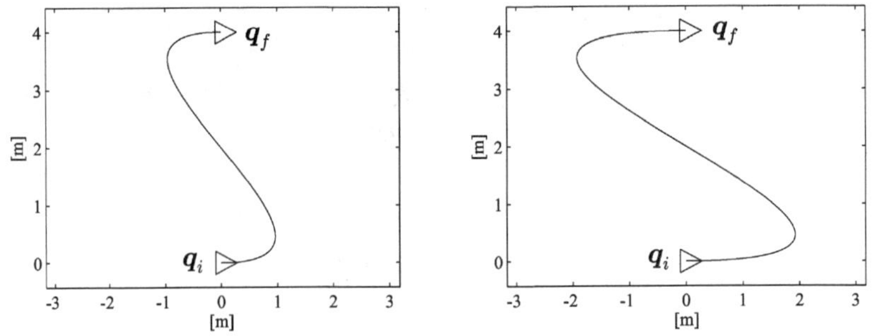

图 11.6 用三次笛卡儿多项式法规划出的平行泊停路径；左图：$k=10$，右图 $k=20$

图 11.7 是 $\boldsymbol{q}_i$ 和 $\boldsymbol{q}_f$ 只有 θ 值不同时(纯粹重定向)的情形；独轮车离开初始点后沿路径以正确方向返回原位。这个动作是我们期望的，因为通过该规划器可以为任意形式的重定位规划出所需的非零长度的笛卡儿路径。

为对比起见，将参数化输入和链式模型相结合用于解决同样的规划问题。

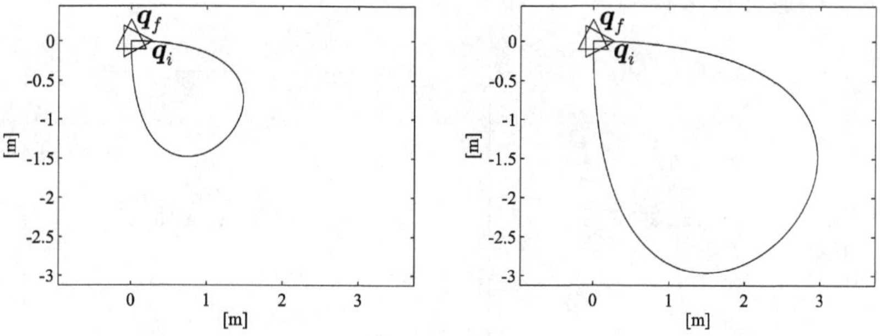

图 11.7　用三次笛卡儿多项式法规划出的纯重定向路径；左图：$k=10$，右图：$k=20$

图 11.8 给出了使用该规划器解决图 11.5 中同样两个泊停问题时得到的路径。其中第一种情形下与之前结果接近，而第二种情况下出现了尖点，这与发生了折返运动是相符的。事实上，从自然的角度来看，该规划器只能给出机器人方向角介于初值 θ_i 和终值 θ_f 之间的路径。

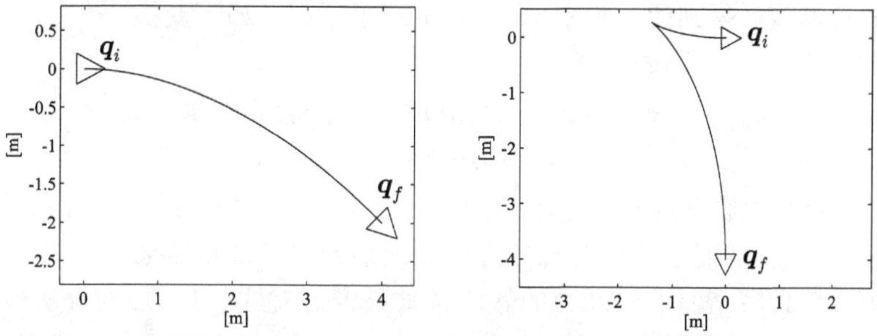

图 11.8　用链式模型规划出的两条泊停路径

在图 11.9 中给出了使用该规划器解决图 11.6 中平行泊停问题时得到的两个不同的解。由 $\theta_i=\theta_f$ 导致的奇异性用两种不同的方法解决：添加过渡点，或将 θ_f 重定义为 $\theta_f=\theta_i+2\pi$。注 495
意：在后一种方法中规划器给出的路径引导机器人旋转一周后到达目标点。

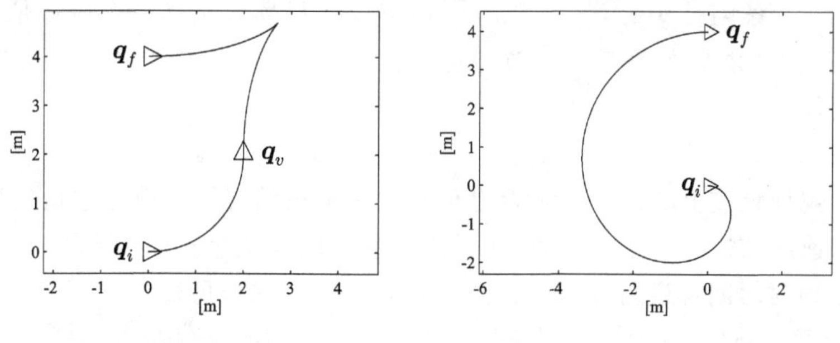

图 11.9　用链式模型规划出的两条泊停路径；左图：添加过渡点 q_v，右图：令 $\theta_f=\theta_i+2\pi$

最后，在图 11.10 中对图 11.7 中的重定向问题给出了规划结果路径。左图的路径之前做过概述，即采用坐标变换(11.23)和输入变换(11.52)将系统转换成链式系统模型，然后运用参数化输入(11.48)和(11.49)规划路径。与之前的情况一样，所要求的方向角度通过笛卡儿坐标路径实现，甚至当 $x_i=x_f$ 且 $y_i=y_f$ 时也可以做到。这是由式(11.23)的结构推出的一个结 496

497 论，在该式中，$\theta_i \neq \theta_f$ 通常意味着 $z_{2,i} \neq z_{2,f}$ 和 $z_{3,i} \neq z_{3,f}$。

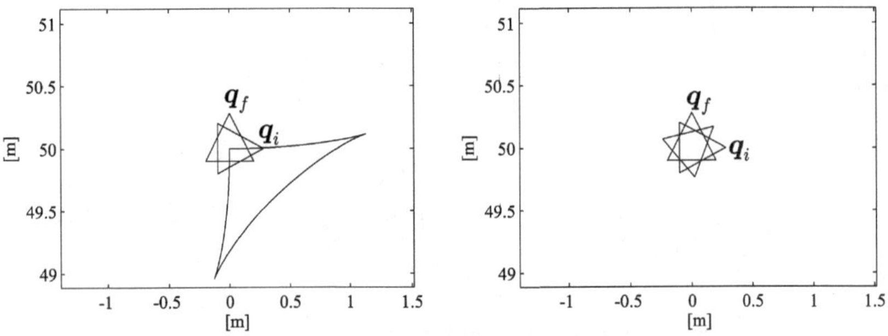

图 11.10　用链式模型规划出的两条泊停路径；左图：使用坐标变换(11.23)，右图：使用坐标变换(11.52)

在图 11.10 中的右侧部分是在一个点上的旋转，该结果是采用一个不同的坐标变换将系统变为(2,3)链式模型后得到的。特别地，右图中结果用到了如下变换：

$$
\begin{aligned}
z_1 &= \theta - \theta_f \\
z_2 &= (x - x_i)\cos\theta + (y - y_i)\sin\theta \\
z_3 &= (x - x_i)\sin\theta - (y - y_i)\cos\theta
\end{aligned}
\tag{11.52}
$$

将 (z_2, z_3) 参考坐标系的原点置于独轮车初始笛卡儿坐标位置处。通过这样的选择，对纯重定向问题，就有 $z_{2,i} = z_{2,f}$，从而以简单旋转的方式高效地给出了规划结果。

实际上，用式(11.52)替代(11.23)的做法常被提及。对式(11.51)的分析表明，$\tilde{v}_2$ 所有参数的数量和由此得到的路径长度通常不仅依赖于 z_2 和 z_3 必须的重定位的数目，还与 $z_{2,i}$ 自身的数值有关。采用式(11.52)意味着 $z_{2,i} = 0$，从而使得路径的尺度相对独轮车的笛卡儿坐标位置来说是不变的。

11.5.4　轨迹规划

一旦已经确定一条路径 $\boldsymbol{q}(s)$，$s \in [s_i, s_f]$，就可以为机器人选择一个应该依从的时间律 $s = s(t)$。在这方面的考虑与在第 5.3.1 节相似。比如，若独轮车速度输入服从具有如下形式的有界(边界)条件[①]：

$$
|v(t)| \leqslant v_{\max} \qquad |\omega(t)| \leqslant \omega_{\max} \quad \forall t \tag{11.53}
$$

则有必要检验沿规划轨迹上的速度值是否是可行的。消极情况下可以通过均匀尺度方法减慢时间律以满足对速度的边界约束。为此，通过用归一化时间变量 $\tau = t/T$ $(T = t_f - t_i)$ 代替真实时间 t，可以方便地对时间律进行改写。由式(11.43)和(11.44)可得

$$
v(t) = \tilde{v}(s)\frac{ds}{d\tau}\frac{d\tau}{dt} = \tilde{v}(s)\frac{ds}{d\tau}\frac{1}{T} \tag{11.54}
$$

$$
\omega(t) = \tilde{\omega}(s)\frac{ds}{d\tau}\frac{d\tau}{dt} = \tilde{\omega}(s)\frac{ds}{d\tau}\frac{1}{T} \tag{11.55}
$$

---

① 对一个差动驱动的独轮车来说，实际的边界条件影响的是轮的角速度 ω_I 和 ω_F。通过方程组(11.14)，这些边界条件能被映射成关于 v 和 ω 的约束(参见例 11.9)。

而且，因此也可以通过增加时长 T（即轨迹持续时间）达到均匀减小 v 和 ω 的目的，从而保证处于边界范围之内。 498

也可以不用按时间律分割几何路径的方法而直接规划出一条轨迹。为此，对此前的所有方法，都可以用时间变量 t 直接替换路径参数 S。这种方法的缺陷是：持续时间 $t_f-t_i=s_f-s_i$ 变成了固定的，也不能再用均匀尺度方法满足对速度的边界约束。事实上，t_f-t_i 的增加（减少）将会改变与规划轨迹相对应的几何路径。

11.5.5　最优轨迹

截至目前所介绍过的各种规划方法均能用来为机器人解算从初始点 q_i 到终点 q_f 的运动轨迹，该轨迹在满足非完整约束的同时，可能还要满足施加在速度输入上的边界约束。诸如路径的曲率限制、工作空间的避障和减少能量消耗等要求也经常会加入进来。通常，在建模过程中，这些因素会被综合为相应于运行沿轨迹的一个代价指标。比如，前面提到的几个目标可以分别取作最大曲率中的最小值，机器人到障碍最短距离中的最大值和机器人沿轨迹运动时总能耗的最小值。

处理优化问题的一个简便方法是对所采用的插值方案作冗余参数化（over-parameterizing），通过适当选择冗余参数以实现代价指标的最优化，典型地，最优化过程是通过数字方法实现的。很明显，所得到的轨迹只是由选定方案所产生的一组轨迹中的最优的，对原规划问题来说，它只是一个次优解；因此可能会完全满足原始要求，也有可能做不到。例如，基于三次笛卡儿多项式的规划方法中用到两个自由参数（k_i 和 k_f），可以通过对它们进行优选，使得路径上独轮车到障碍的最短距离实现最大化。尽管如此，由于取决于障碍相对 $\boldsymbol{q}_i$ 和 $\boldsymbol{q}_f$ 的摆放位置，在选定的三次多项式曲线组中有可能存在一条避碰路径（即在该路径上机器人到障碍物的距离始终大于零），也有可能并不存在[1]。

一个更加系统的解决办法是基于优化控制（optimal control）理论的。该研究方向关注的基本问题实际上是为一个动态系统在两种指定状态间实现转换找到相应的控制规律，从而使轨迹上定义的目标函数最小化。解决此问题的一个强有力的工具是庞特里亚金最小值原理
（Pontryagin minimum principle），该原理给出了最优化的必要条件。通过将该条件与相关问 499
题具体特征的分析联合使用，常常能够确定一个缩减了规模的候选轨迹集合，也被称作是一个充分族（sufficient family），其中包含着希望得到的最优解（如果存在的话）。

不论何种情况下，每个优化问题都在适当背景的准确地表述。在进行曲率最小化或避障规划时，轨迹的计时规则部分是不相关的，则问题可以通过为式（11.41）的几何模型规划一条路径来解决。如果代价指标同时取决于路径和时间律，就需要直接在式（11.10）的运动学模型上进行规划。对后一种情况，下面将给出寻找有界速度输入条件下的最短时间轨迹的重要例子。

最短时间轨迹

考察如下一个独轮车从初始状态 q_i 转移到终状态 q_f 的问题，要求在移动速度 v 和旋转速

① 在有障碍时的避碰路径规划问题复杂度非常大以至于必须采用一些专门的方法解决，这些将在第 12 章介绍。

度 ω 服从式(11.53)的有界条件下，令如下泛函最小：

$$J = t_{\mathrm{f}} - t_{\mathrm{i}} = \int_{t_{\mathrm{i}}}^{t_{\mathrm{f}}} \mathrm{d}t$$

将最小值原理提供的条件与几何参数相结合，可以为问题确定一个充分解集。该充分集由连接基本弧段得到的轨迹组成。其中只有两种基本弧形：

- 长度可变的圆弧，处处有 $v(t) = \pm v_{\max}$ 及 $\omega(t) = \pm \omega_{\max}$（半径始终是 $v_{\max}/\omega_{\max}$）；
- 长度可变的线段，处处有 $v(t) = \pm v_{\max}$ 及 $\omega(t) = 0$。

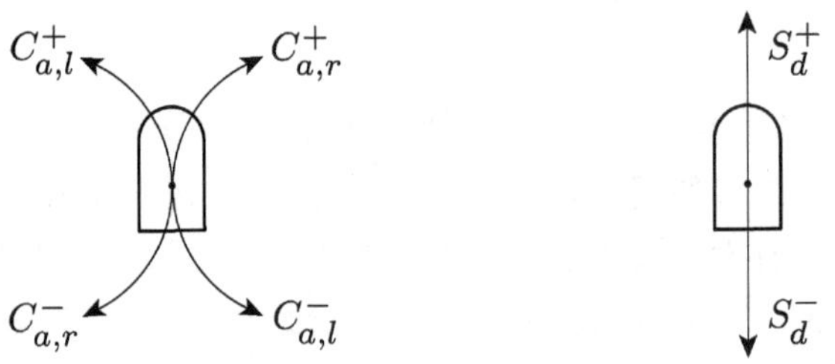

图 11.11　独轮车的最短时间规划问题中组成充分轨迹集的基本弧形

这些基本弧形的图示见图 11.11，其中将其区分，定义了相应缩写符号。特别的，C_a 和 S_d
500 分别表示时段 q 内的圆弧和时段 d 内的线段（特殊情况下若 $v_{\max}=1$，则 a 和 d 是这些弧的长度）。上标(+)表示向前运动，(−)表示向后运动；对于圆弧，第二脚标(r)表示顺时针，(l)表示逆时针。利用这些记号，并考虑简化假设 $v_{\max}=1$ 和 $\omega_{\max}=1$，充分集（也被称为Reeds-Shepp 曲线组）中的轨迹能被分为如下 9 类：

$$\left[\begin{array}{lll}
\mathrm{I} & C_a \mid C_b \mid C_e & a \geqslant 0,\ b \geqslant 0,\ e \geqslant 0,\ a+b+e < \pi \\
\mathrm{II} & C_a \mid C_b C_e & 0 \leqslant a \leqslant b,\ 0 \leqslant e \leqslant b,\ 0 \leqslant b \leqslant \pi/2 \\
\mathrm{III} & C_a C_b \mid C_e & 0 \leqslant a \leqslant b,\ 0 \leqslant e \leqslant b,\ 0 \leqslant b \leqslant \pi/2 \\
\mathrm{IV} & C_a C_b \mid C_b C_e & 0 \leqslant a \leqslant b,\ 0 \leqslant e \leqslant b,\ 0 \leqslant b \leqslant \pi/2 \\
\mathrm{V} & C_a \mid C_b C_b \mid C_e & 0 \leqslant a \leqslant b,\ 0 \leqslant e \leqslant b,\ 0 \leqslant b \leqslant \pi/2 \\
\mathrm{VI} & C_a \mid C_{\pi/2} S_e C_{\pi/2} \mid C_b & 0 \leqslant a \leqslant \pi/2,\ 0 \leqslant b \leqslant \pi/2,\ e \geqslant 0 \\
\mathrm{VII} & C_a \mid C_{\pi/2} S_e C_b & 0 \leqslant a \leqslant \pi,\ 0 \leqslant b \leqslant \pi/2,\ e \geqslant 0 \\
\mathrm{VIII} & C_a S_e C_{\pi/2} \mid C_b & 0 \leqslant a \leqslant \pi/2,\ 0 \leqslant b \leqslant \pi,\ e \geqslant 0 \\
\mathrm{IX} & C_a S_e C_b & 0 \leqslant a \leqslant \pi/2,\ 0 \leqslant b \leqslant \pi/2,\ e \geqslant 0
\end{array}\right. \tag{11.56}$$

其中在两种基本弧形之间符号“|”表示路径上存在一个尖点（运动折转点）。每个分组均由不超过 5 段基本弧形构成；圆弧段的边界是 $\pi/2$ 或 π，而线段边界取决于 $\boldsymbol{q}_{\mathrm{i}}$ 和 $\boldsymbol{q}_{\mathrm{f}}$ 之间的笛卡儿距离。从每一组可能生成的序列数目是有限的；这些序列通过根据位移和旋转方向列举相应的基本弧段得到。例如，容易看出分组Ⅸ生成 8 个序列，每种对应一个处处前向或处处后向运动的轨迹：

$$C^{+}_{a,\mathrm{r}} S^{+}_{e} C^{+}_{a,\mathrm{r}},\quad C^{+}_{a,\mathrm{r}} S^{+}_{e} C^{+}_{a,\mathrm{l}},\quad C^{+}_{a,\mathrm{l}} S^{+}_{e} C^{+}_{a,\mathrm{r}},\quad C^{+}_{a,\mathrm{l}} S^{+}_{e} C^{+}_{a,\mathrm{l}}$$

$$C^{-}_{a,\mathrm{r}} S^{-}_{e} C^{-}_{a,\mathrm{r}},\quad C^{-}_{a,\mathrm{r}} S^{-}_{e} C^{-}_{a,\mathrm{l}},\quad C^{-}_{a,\mathrm{l}} S^{-}_{e} C^{-}_{a,\mathrm{r}},\quad C^{-}_{a,\mathrm{l}} S^{-}_{e} C^{-}_{a,\mathrm{l}}$$

通过这样的讨论，可以证明：上面的各组总共能生成 48 个各不相同的序列。

在实践中，有时会采用如下的遍历算法找到引导独轮车从 $\boldsymbol{q}_{\mathrm{i}}$ 到 $\boldsymbol{q}_{\mathrm{f}}$ 的最短时间轨迹：

- 确定连接 $\boldsymbol{q}_{\mathrm{i}}$ 到 $\boldsymbol{q}_{\mathrm{f}}$ 的充分集中所有轨迹。
- 为这些轨迹计算相应的代价指标 $t_{\mathrm{f}}-t_{\mathrm{i}}$ 并选择其中具有最小代价值的一条。

第一步显然是最困难的。基本上,对上述 48 个序列中的每一个都有必要确定(如果存在的话)从 $\boldsymbol{q}_{\mathrm{i}}$ 到 $\boldsymbol{q}_{\mathrm{f}}$ 的轨迹并计算相应弧段的时长。为此目的,可以以封闭形式双向表示每个序 501
列各弧段持续时长与相应状态变化之间的关系。做到这一点,第一步就可以很快完成了。

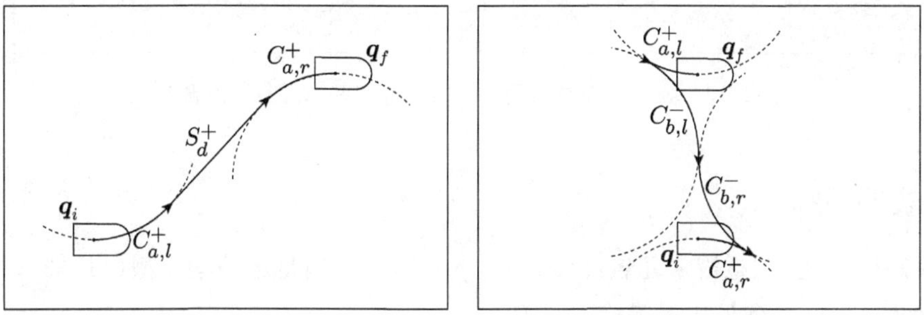

图 11.12 独轮车最短时间轨迹的两个例子

图 11.12 中给出了两个独轮车的最短时间轨迹。第一个(左图)属于分组Ⅸ,具有 3 个基本弧形,无折转运动。第二个(右图)属于分组Ⅴ,具有 4 个圆弧,有 2 个折转点。

11.6 运动控制

轮式移动机器人运动控制问题的描述通常需要参考运动学模型(11.10),即假设控制输入直接决定了机器人的广义速度 $\dot{\boldsymbol{q}}$。例如,对式(11.13)中独轮车和式(11.18)、式(11.19)中的两轮车,就意味着输入是位移和旋转速度 v 和 ω。之所以采用这个简化假设有连个根本原因。首先,如在第 11.4 节中见到的,在适当的假设下可以通过反馈消除动力学的影响,从而将控制问题转换为一个二阶运动学模型并能进一步化为一阶运动学模型。其次,因为底层控制回路是集成在硬件或软件结构中的,所以机器人大体上都不能直接控制轮转矩。这些底层控制回路接收与轮的角速度的参考值作为输入,这些输入已经用某种标准校正作用(如 PID 控制器)调校的尽可能精确。在这种情况下,高层控制的实际输入相对参考速度已经非常精确了。

尽管前面已经提到的一些控制方案可以推广到其他类型的移动机器人,在本节中,仍再次
考察独轮车型的小车。考察系统(11.13)的两个基本控制问题,其图示见图 11.13。 502

- 轨迹跟踪:机器人必须以渐进方式跟踪一个期望的笛卡儿轨迹。机器人从初始状态 $\boldsymbol{q}_0=[x_0 \quad y_0 \quad \theta_0]^{\mathrm{T}}$ 出发,该初始位置可以在或不在轨迹路径上。
- 姿态调整:机器人必须从初始状态 $\boldsymbol{q}_0$ 出发,以渐进方式达到一个给定姿态,即期望的状态 $\boldsymbol{q}_{\mathrm{d}}$。

从实践的角度来看,这类问题中最有关的显然是第一个。这是因为,与机械手不同,移动机器人需要在有障碍的非结构化工作空间中完成各种各样的操作。很明显,强制机器人沿着(或接近)预先规划好的路径移动将可观地降低碰撞的风险。另一方面,尽管姿态调整时并不需要预规划步骤,但引导机器人到达状态 $\boldsymbol{q}_{\mathrm{d}}$ 的笛卡儿轨迹确是使用者无法给出的。

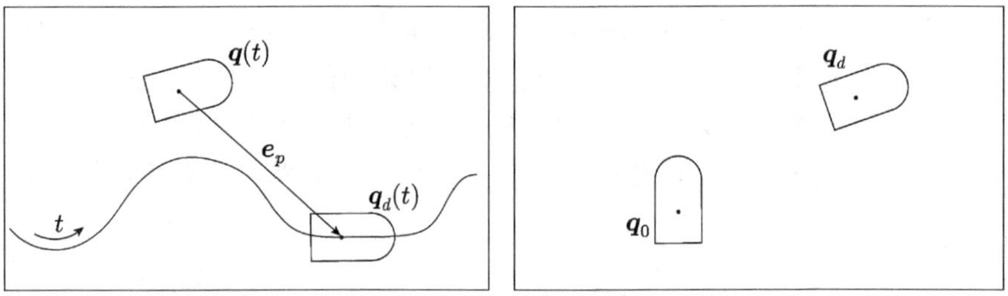

图 11.13 独轮车控制问题；左图：轨迹跟踪，右图：姿态调整

11.6.1 轨迹跟踪

为解决跟踪问题，期望笛卡儿轨迹（$x_d(t)$，$y_d(t)$）必须满足运动学模型(11.13)，也即对选定的参考输入 v_d 和 ω_c 满足如下等式：

$$\begin{aligned}\dot{x}_d &= v_d\cos\theta_d \\ \dot{y}_d &= v_d\sin\theta_d \\ \dot{\theta}_d &= \omega_d\end{aligned} \tag{11.57}$$

例如，对由前一节中的规划方法给出的轨迹来说，这种说法就是正确的。如第 11.5.2 节中所述，在任意一种情形下，因为独轮车的坐标 x 和 y 是平滑输出的，沿期望轨迹（$x_d(t)$，$y_d(t)$）运动时的方向可由下式计算。

503 $$\theta_d(t) = \text{Atan2}(\dot{y}_d(t),\ \dot{x}_d(t)) + k\pi \quad k = 0,\ 1 \tag{11.58}$$

同时，参考输入为

$$v_d(t) = \pm\sqrt{\dot{x}_d^2(t) + \dot{y}_d^2(t)} \tag{11.59}$$

$$\omega_d(t) = \frac{\ddot{y}_d(t)\dot{x}_d(t) - \ddot{x}_d(t)\dot{y}_d(t)}{\dot{x}_d^2(t) + \dot{y}_d^2(t)} \tag{11.60}$$

注意：式(11.58)、式(11.59)和式(11.60)在 $s=t$ 时分别与式(11、45)、式(11.46)和式(11.47)相对应。之后将假设式(11.58)中 v_d 的值以及式(11.59)中 v_d 相应的符号已经选定。

通过比较期望状态 $\boldsymbol{q}_d(t)=[x_d(t) \quad y_d(t) \quad \theta_d(t)]^T$ 和实际测得的状态 $\boldsymbol{q}(t)=[x(t) \quad y(t) \quad \theta(t)]^T$，就能计算出误差向量并反馈给控制器。尽管如此，相对直接使用 $\boldsymbol{q}_d$ 和 $\boldsymbol{q}_0$ 间的偏差，使用按下式定义的跟踪偏差更加方便。

$$\boldsymbol{e} = \begin{bmatrix} e_1 \\ e_2 \\ e_3 \end{bmatrix} = \begin{bmatrix} \cos\theta & \sin\theta & 0 \\ -\sin\theta & \cos\theta & 0 \\ 0 & 0 & 1 \end{bmatrix} \begin{bmatrix} x_d - x \\ y_d - y \\ \theta_d - \theta \end{bmatrix}$$

$\boldsymbol{e}$ 中位置偏差部分，是在与机器人当前方向 θ 共线的参考坐标系（见图 11.13）中表示的笛卡儿坐标差 $\boldsymbol{e}_p=[x_d-x \quad y_d-y]^T$。将 $\boldsymbol{e}$ 对时间求导，并应用式(11.13)和式(11.57)，易得

$$\begin{aligned}\dot{e}_1 &= v_d\cos e_3 - v + e_2\omega \\ \dot{e}_2 &= v_d\sin e_3 - e_1\omega \\ e_3 &= \omega_d - \omega\end{aligned} \tag{11.61}$$

再使用可逆输入变换

$$v = v_d \cos e_3 - u_1 \tag{11.62}$$

$$\omega = \omega_d - u_2 \tag{11.63}$$

可得如下跟踪误差

$$\dot{\boldsymbol{e}} = \begin{bmatrix} 0 & \omega_d & 0 \\ -\omega_d & 0 & 0 \\ 0 & 0 & 0 \end{bmatrix} \boldsymbol{e} + \begin{bmatrix} 0 \\ \sin e_3 \\ 0 \end{bmatrix} v_d + \begin{bmatrix} 1 & -e_2 \\ 0 & e_1 \\ 0 & 1 \end{bmatrix} \begin{bmatrix} u_1 \\ u_2 \end{bmatrix} \tag{11.64}$$

注意：其中第一项是线性的而第二和第三项是非线性的。此外，由于在第一和第二项中存在参考输入 $v_d(t)$和 $\omega_d(t)$，因而这两项通常都是时变的。 504

基于近似线性化的控制

设计轨迹跟踪控制器时最简单的方法是对分布在参考轨迹周围的动态误差做近似线性化。这种近似方法的精度随着跟踪误差 $\boldsymbol{e}$ 的减小而提高。在式(11.64)中，设 $\sin e_3 = e_3$，并估计估计轨迹上的输入矩阵，结果为：

$$\dot{\boldsymbol{e}} = \begin{bmatrix} 0 & \omega_d & 0 \\ -\omega_d & 0 & v_d \\ 0 & 0 & 0 \end{bmatrix} \boldsymbol{e} + \begin{bmatrix} 1 & 0 \\ 0 & 0 \\ 0 & 1 \end{bmatrix} \begin{bmatrix} u_1 \\ u_2 \end{bmatrix} \tag{11.65}$$

注意：近似系统仍然是时变的。现在考虑如下线性反馈：

$$u_1 = -k_1 e_1 \tag{11.66}$$

$$u_2 = -k_2 e_2 - k_3 e_3 \tag{11.67}$$

由此推出闭环线性化误差的动态方程为

$$\dot{\boldsymbol{e}} = \boldsymbol{A}(t)\boldsymbol{e} = \begin{bmatrix} -k_1 & \omega_d & 0 \\ -\omega_d & 0 & v_d \\ 0 & -k_2 & -k_3 \end{bmatrix} \boldsymbol{e} \tag{11.68}$$

矩阵 $\boldsymbol{A}$ 的特征多项式为

$$p(\lambda) = \lambda(\lambda + k_1)(\lambda + k_3) + \omega_d^2(\lambda + k_3) + v_d k_2(\lambda + k_1)$$

此时，可以令

$$k_1 = k_3 = 2\zeta a \qquad k_2 = \frac{a^2 - \omega_d^2}{v_d} \tag{11.69}$$

其中 $\zeta \in (0,1)$，$a > 0$，于是可得

$$p(\lambda) = (\lambda + 2\zeta a)(\lambda^2 + 2\zeta a \lambda + a^2)$$

该闭环线性化误差的变化可以用 3 个特征值、1 个阻尼系数 ζ 和 1 个固有频率 a 来表征，其中特征值包括一个负的实特征值 $-2\zeta a$ 和一对实部为负数的复特征值。尽管如此，鉴于其时变特性，系统(11.68)的渐进稳定性是无法保证的。

对于圆形和直线轨迹，当 v_d 与 ω_d 为常数时则是一个明显的例外。事实上，此时线性化的系统(11.68)是时不变的，按照式(11.69)选定参数后该近似系统是渐进稳定的。由此，应用式(11.66)和(11.67)中具有相同增益的控制律，原始的误差系统(11.64)本质上也是渐进稳定的，尽管该结论并不能保证全局成立。当初始误差充分足够小时，独轮车将明确地向目标轨迹 505
(无论圆形或直线)靠拢。

通常，反馈控制器方程(11.66)和(11.67)是线性的，但从式(11.69)中 k_2 的表达式来看，该控制器也是时变的。实际速度输入 v 和 ω 需要用 u_1 和 u_2 通过式(11.62)和式(11.63)进行重构得到。特别的，容易证明：当跟踪误差减小为零时，v 和 ω 趋向于与参考输入 v_d 和 ω_d 一致(即它们简化成一个纯前馈控制)。

最后注意一点：当 v_d 趋于零(即参考笛卡儿轨迹接近停止)时，式(11.69)式中的 k_2 是发散的。所以，上述控制方案只能用于持续运动的笛卡儿轨迹(即在该轨迹上 $|v_d(t)|\geqslant\bar{v}>0$，$\forall t\geqslant 0$)。这也意味着在参考轨迹上不允许出现折返运动(从向前转为向后，或与之相反)。

非线性控制

再次考察跟踪误差动态变化的严格表示式(11.64)，为了方便讨论，现在将其以“混合”形式重写为

$$\begin{aligned}\dot{e}_1 &= e_2\omega + u_1\\ \dot{e}_2 &= v_d\sin e_3 - e_1\omega\\ \dot{e}_3 &= u_2\end{aligned} \tag{11.70}$$

控制律(11.66)和(11.67)的非线性形式如下：

$$u_1 = -k_1(v_d, \omega_d)e_1 \tag{11.71}$$

$$u_2 = -k_2 v_d \frac{\sin e_3}{e_3}e_2 - k_3(v_d, \omega_d)e_3 \tag{11.72}$$

其中 $k_1(\cdot,\cdot)>0$ 且 $k_3(\cdot,\cdot)>0$ 是有界函数且其导函数也有界，而 $k_2>0$ 是常数。如果参考输入 v_d 和 ω_d 自身及其导函数也有界且它们不全趋于零，则跟踪误差 $\boldsymbol{e}$ 全局地(即对任意初始条件都)逼近于零。

现在概要地给出这个结论的证明。考虑如下闭环控制的误差：

$$\begin{aligned}\dot{e}_1 &= e_2\omega - k_1(v_d, \omega_d)e_1\\ \dot{e}_2 &= v_d\sin e_3 - e_1\omega\\ \dot{e}_3 &= -k_2 v_d \frac{\sin e_3}{e_3}e_2 - k_3(v_d, \omega_d)e_3\end{aligned} \tag{11.73}$$

和李亚普诺夫函数

506

$$V = \frac{k_2}{2}(e_1^2 + e_2^2) + \frac{e_3^2}{2}$$

沿系统轨迹对时间求导得

$$\dot{V} = -k_1(v_d, \omega_d)k_2 e_1^2 - k_3(v_d, \omega_d)e_3^2$$

该导函数是半正定的。这意味着 V(有下界)收敛于一个极限值，并且 $\boldsymbol{e}$ 的范数也是有界的。因为系统(11.73)是时变的，所以不可能利用 La Salle 定理获得更进一步的结论。尽管如此，在以上假设下，能够证明是有限的，从而 $\dot{V}$ 是一致连续的。于是，根据 Barbalat 引理(见附录 C.3 节)可以推断出：$\dot{V}$ 收敛于零，即 e_1 和 e_3 收敛于零。从该结论和系统方程组出发，可以证明：

$$\lim_{t\to\infty}(v_d^2 + \omega_d^2)e_2^2 = 0$$

在参考输入中至少有一个不为零的前提下，e_2 也趋于零。

实际速度输入 v 和 ω 仍然必须从 u_1 和 u_2 利用式(11.62)和式(11.63)来计算。注意:控制律(11.71)和(11.72)要求状态轨迹 $q(t)$(而非笛卡儿轨迹)具有持续运动特性。特别的,参考速度 $v_d(t)$ 能够收敛于零,而与此同时 $\omega_d(t)$ 却做不到这一点,反之亦然。例如,该控制器可以用来跟踪在单点处简单旋转这样一个退化的笛卡儿轨迹。

输入/输出线性化

设计轨迹跟踪控制器时,一个为人熟知的系统化方法是以利用反馈对输入/输出所做的线性化操作(见第 8.5.2 节)为基础的。对独轮车,考虑如下输出:

$$y_1 = x + b\cos\theta$$
$$y_2 = y + b\sin\theta$$

其中 $b \neq 0$。它们表示沿小车矢状轴方向到轮与地面接触点距离为 $|b|$ 的点 B 的笛卡儿坐标(见图 11.3)。特别的,若 b 是正数,则 B 在接触点之"前";若 b 是负数,则 B 在接触点之"后"。

y_1 和 y_2 的时间导数为

$$\begin{bmatrix} \dot{y}_1 \\ \dot{y}_2 \end{bmatrix} = \begin{bmatrix} \cos\theta & -b\sin\theta \\ \sin\theta & b\cos\theta \end{bmatrix} \begin{bmatrix} v \\ \omega \end{bmatrix} = \boldsymbol{T}(\theta) \begin{bmatrix} v \\ \omega \end{bmatrix} \tag{11.74}$$

矩阵 $\boldsymbol{T}(\theta)$ 的行列式值为 b,所以,若假设 $b \neq 0$,则该矩阵是可逆的。于是可以使用下式:

$$\begin{bmatrix} v \\ \omega \end{bmatrix} = \boldsymbol{T}^{-1}(\theta) \begin{bmatrix} u_1 \\ u_2 \end{bmatrix} = \begin{bmatrix} \cos\theta & \sin\theta \\ -\sin\theta/b & \cos\theta/b \end{bmatrix} \begin{bmatrix} u_1 \\ u_2 \end{bmatrix}$$ 507

将独轮车的方程组写成如下形式:

$$\begin{aligned} \dot{y}_1 &= u_1 \\ \dot{y}_2 &= u_2 \\ \dot{\theta} &= \frac{u_2\cos\theta - u_1\sin\theta}{b} \end{aligned} \tag{11.75}$$

由此得到了一个通过反馈对输入/输出进行线性化的运算。在此,如下形式的一个简单的线性控制器,能确保笛卡儿跟踪误差以指数收敛于零并同时消减两个误差分量的动态范围:

$$u_1 = \dot{y}_{1d} + k_1(y_{1d} - y_1) \tag{11.76}$$

$$u_2 = \dot{y}_{2d} + k_2(y_{2d} - y_2) \tag{11.77}$$

其中 $k_1 > 0$, $k_2 > 0$。注意:方向的取值由(11.75)式中第三个等式确定,它是不受控的。实际上,这个跟踪方法没有用到方向误差,因而是基于输出误差而非状态误差。

需要强调的是,B 点的参考笛卡儿坐标轨迹可以是任意的。特殊情况下,相关路径可能仅将切线不连续的点(比如一条折线)表示出来,而无须机器人在这些点处停下来重新定向,在 $b \neq 0$ 时这一结论是正确的。所以,对轮与地面的接触点而言,如前所述,因为其速度在垂直于小车矢状轴的方向上没有分量,所以这样的可能性是不存在的。

仿真实验

图 11.14 给出了基于线性近似的轨迹跟踪控制器的一个例子。在该例中,期望轨迹是圆 508
心为 (x_c, y_c)、半径为 R 的圆,参数方程为

$$x_d(t) = x_c + R\cos(\omega_d t)$$

$$y_d(t) = y_c + R\sin(\omega_d t)$$

取 $R=3$ m,$\omega_d=1/3$ rad/s。在圆上的参考运动速度是常数,为 $v_d=R\omega_d=1$ m/s。控制器的各项增益根据式(11.69)选定,其中 $\zeta=0.7$ 且 $a=1$。注意到笛卡儿坐标误差指数收敛于零。

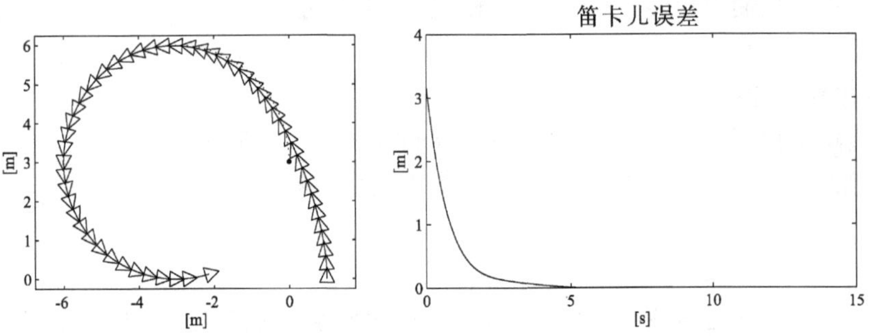

图 11.14 使用基于线性近似的控制器跟踪一条圆形参考轨迹(虚线所示);左图:独轮车的笛卡儿运动;右图:笛卡儿误差的模值随时间的变化情况

图 11.15 给出了第二个仿真实例,其中参考轨迹为 8 字形,中心在(x_c, y_c)。该轨迹可以用如下参数方程描述:

$$x_d(t) = x_c + R_1\sin(2\omega_d t)$$
$$y_d(t) = y_c + R_2\sin(\omega_d t)$$

其中 $R_1=R_2=3$ m 且 $\omega_d=1/15$ rad/s。这时,参考速度 $v_d(t)$是时变的,必须利用式(11.59)来计算。图中显示的结果由式(11.71)和式(11.72)的非线性控制器得到,其中 k_1 和 k_3 仍由式(11.69)在 $\zeta=0.7$、$a=1$ 条件下给出,而 k_2 设为 1。同样,在此时误差收敛速度是非常快的。

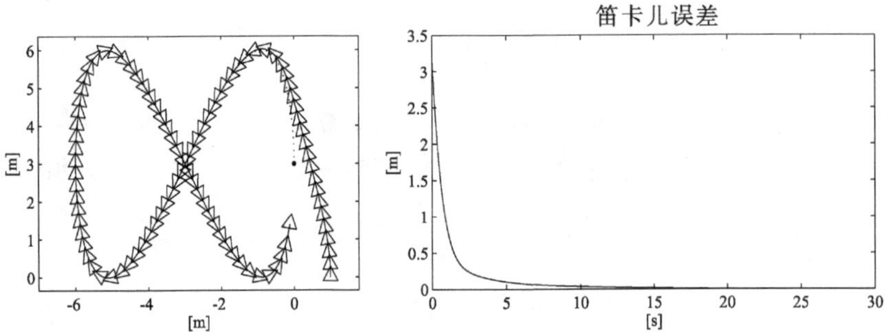

图 11.15 用非线性控制器跟踪 8 字形参考路径(虚线所示);左图:独轮车的笛卡儿运动;右图:笛卡儿误差的模值随时间的变化情况

第三个仿真实例中要求小车以匀速跟踪一个边长 4 m 的正方形笛卡儿参考轨迹。这样的要求意味着独轮车不能在直角转弯处停下来重定向,于是表示独轮车的点(x,y)无法沿参考轨迹运动。为了这个原因,在此采用了基于输入/输出线性化的跟踪方案,特别给出了两组仿真结果。两次仿真均采用式(11.76)和式(11.77)的控制律,其中 $k_1=k_2=2$。在第一次仿真
509 过程中,跟踪轨迹的点 B 到轮与地面的接触点距离为 $b=0.75$ m。在图 11.16 中可以看到,独轮车实际在沿一条"平滑处理过的"轨迹移动;因此,必须有一条无障碍通道使得独轮车在轨迹的直角顶点处扫过的区域是可通行的。

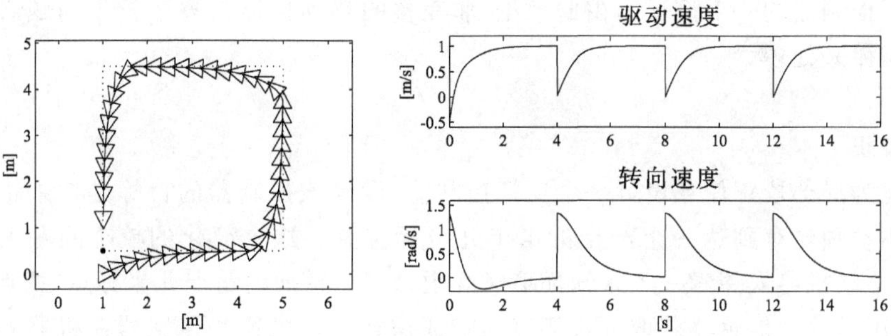

图 11.16　用基于输入/输出线性化的控制器跟踪一条正方形轨迹(虚线所示),取 b=0.75;左图:独轮车的笛卡儿运动,右图:速度输入 v 和 ω 随时间的变化情况

第二次仿真过程中,为使表示独轮车的点能以更高精度进行跟踪,减小了 b 的取值,在此取 b=0.2 m,图 11.17 给出了相应的结果。尽管相对第一次仿真时独轮车更加接近正方形参考轨迹,但与此同时在直角顶点处的转动速度变得非常大,可能会出现超出速度输入容许范围的问题。这种状况与如下事实是一致的:式(11.74)中的矩阵 $\boldsymbol{T}$ 在 b 趋于零时接近变为一个奇异矩阵。

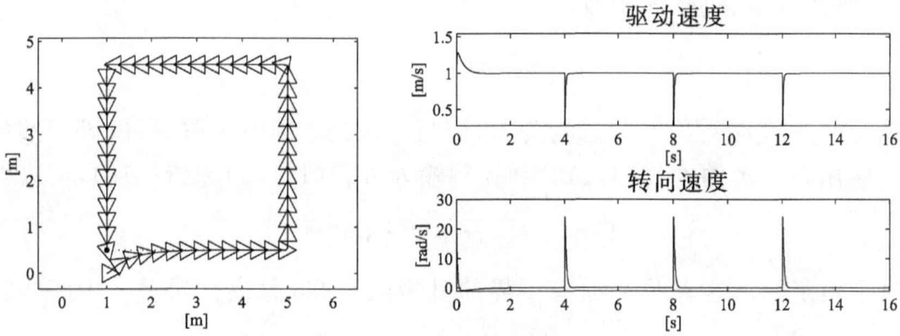

图 11.17　用基于输入/输出线性化的控制器跟踪一条正方形轨迹(虚线所示),取 b=0.2;左图:独轮车的笛卡儿运动,右图:速度输入 b 和 ω 随时间的变化情况

11.6.2　校正

现在以独轮车(见式(11.13))向目标状态 q_{d} 的运动为例,考虑反馈控制律设计的问题。 510
一个合理的方案是:首先规划出一条终止于 q_{d} 的轨迹,然后通过反馈跟踪该轨迹。然而,到目前为止讨论过的跟踪方法中,没有一个在此是适用的。事实上,无论是基于线性近似的控制器或非线性控制器都要求轨迹是运动保持的。当然基于输入/输出线性化的方案也可以用来跟踪非运动保持的轨迹,但是只能使 B 点而非独轮车的代表点到达目标点。除此以外,小车到达终点时的方向也无法控制。

事实上,为非运动保持的轨迹跟踪问题确定反馈控制律时存在结构性的困难。可以证明:由于系统的非完整特性,独轮车不能采用任何通用的控制器,即可以使任意状态轨迹(无论是否运动保持的)实现渐进稳定的控制器。同样的情况对机械手确实完全不同的:基于逆动力学的方案是通用控制器的一个例证。由此推论，非完整的移动机器人姿态校正问题必须通过特意设计的控制律来处理。

笛卡儿校正

先来考虑为局部校正任务设计一个反馈控制器，设计该控制器的目标是在未指定最终方向的情况下驱动独轮车到达一个给定的笛卡儿坐标位置。这个简化的校正问题很有实践意义。比如，当移动机器人探索一个未知环境时必须访问一系列的笛卡儿坐标点（视点），在这些点上，机器人用搭载的传感器获取周边环境的特征信息。如果这些传感器在机器人上的分布具有各向同性（比如圆周上均匀分布的超声传感器、旋转激光扫描仪或全景像机），那么机器人在视点上的方向对任务无影响。

不失一般性地，假设目标点是坐标原点；笛卡儿跟踪误差 $\boldsymbol{e}_{\mathrm{p}}$ 于是可简化为 $[-x \quad -y]^{\mathrm{T}}$。考虑采用如下控制律：

$$v = -k_1(x\cos\theta + y\sin\theta) \tag{11.78}$$

$$\omega = k_2(\mathrm{Atan2}(y, x) - \theta + \pi) \tag{11.79}$$

其中 $k_1>0$，$k_2>0$。这两个命令具有明确的几何意义：驱动速度 v 与笛卡儿误差 $\boldsymbol{e}_{\mathrm{p}}$ 在小车矢状轴的投影成比例，而旋转速度 ω 与小车和向量 $\boldsymbol{e}_{\mathrm{p}}$ 的方向角度之差（方向偏差）成比例。

考虑如下“李亚普诺夫型”的函数：

511 $$V = \frac{1}{2}(x^2 + y^2)$$

该函数只有在 $x=y=0$ 时对所有状态均为零，而与方向角 θ 的值无关，所以该函数只在原点处是半正定的。应用独轮车的方程(11.13)和控制输入方程(11.78)和(11.79)，可以得到

$$\dot{V} = -k_1(x\cos + y\sin\theta)^2$$

$\dot{V}$ 在原点处是半负定的。这表明 V 是有下界的且极限存在，而位置误差 $\boldsymbol{e}_{\mathrm{p}}$ 的模也是有界的，从而 V 是一致连续的。由 Barbalat 引理①可知 $\dot{V}$ 趋近于零，于是有

$$\lim_{t\to\infty}(x\cos\theta + y\sin\theta) = 0$$

即：笛卡儿误差 $\boldsymbol{e}_{\mathrm{p}}$ 在小车矢状轴的投影逐渐消失。这个现象在原点以外不会发生，原因是旋转速度(11.79)会使小车发生旋转以与 $\boldsymbol{e}_{\mathrm{p}}$ 的方向一致。可以得出如下结论：从任意初始状态出发，笛卡儿误差均渐趋于零。

姿态校正

为便于给独轮车设计一个能校正全部状态向量（笛卡儿坐标位置和方向）的控制器，可以将问题转化为极坐标表示。不是一般性地再次假设目标状态为 $\boldsymbol{q}_{\mathrm{d}}=[0 \quad 0 \quad 0]^{\mathrm{T}}$。

以 ρ 表示小车的代表点 (x, y) 与笛卡儿坐标平面原点的距离，γ 表示向量 $\boldsymbol{e}_{\mathrm{p}}$ 与小车矢状轴之间的夹角，δ 表示 $\boldsymbol{e}_{\mathrm{p}}$ 与 x 轴之间的夹角。计算公式如下：

$$\rho = \sqrt{x^2 + y^2}$$

$$\gamma = \mathrm{Atan2}(y, x) - \theta + \pi$$

---

① 因为 V 在原点是非正定的，所以在此不能使用 La Salle 定理。

$$\delta = \gamma + \theta$$

在该坐标系下，独轮车的运动方程表示为

$$\begin{aligned} \dot{\rho} &= -v\cos\gamma \\ \dot{\gamma} &= \frac{\sin\gamma}{\rho}v - \omega \\ \dot{\delta} &= \frac{\sin\gamma}{\rho}v \end{aligned} \tag{11.80}$$

注意：与 b 关联的输入向量场在 $\rho=0$ 时是奇异的。 512

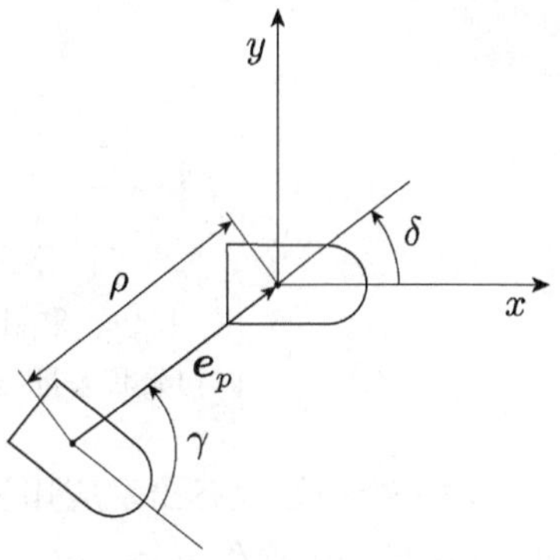

图 11.18　独轮车的极坐标定义

将反馈控制定义为[①]

$$v = k_1\rho\cos\gamma \tag{11.81}$$

$$\omega = k_2\gamma + k_1\frac{\sin\gamma\cos\gamma}{\gamma}(\gamma + k_3\delta) \tag{11.82}$$

其中 $k_1>0$，$k_2>0$。运动学模型(11.80)在控制律(11.82)作用下渐进收敛于目标状态 $[\rho\quad\gamma\quad\delta]^{\mathrm{T}}=[0\quad0\quad0]^{\mathrm{T}}$。

该结论的证明基于如下李亚普诺夫函数：

$$V = \frac{1}{2}(\rho^2+\gamma^2+k_3\delta^2)$$

该函数沿闭环系统轨迹对时间的导数是半负定的：

$$\dot{V} = -k_1\cos^2\gamma\rho^2 - k_2\gamma^2$$

有如下推论：V 趋于一个极限值且系统状态有界。还可以证明：$\ddot{V}$ 是有界的，从而 $\dot{V}$ 是一致连续的。从 Barbalat 引理出发可以推断 $\dot{V}$ 收敛于零，对 ρ 和 γ 有相似的结论。对闭环系统作进一步分析还可推论出：δ 也收敛于零。

角度 γ 和 δ 在 $x=y=0$ 时是没有定义的，它们的定义总是在独轮车运动过程中自然给出的，并逐渐趋近于预期值零。 513

应该注意的是：当被映射回原始坐标表示，控制律(11.81)和(11.82)在状态空间 $\mathcal{C}$ 的原点处是不连续的。事实上，可以证明：能够校正独轮车姿态的任何反馈控制律相对状态和/或时间变化[②]必定是不连续的。

仿真实验

为说明上述校正方法的特征，现给出以反馈控制方式进行独轮车移动机器人泊停操作的两个仿真结果。

---

① 容易证明：v 的表达式(11.81)与由笛卡儿校正方案确定的驱动速度表达式(11.78)除出现了 ρ 以外其他是一致的，其中 ρ 的作用是依据机器人到目标点的距离来调整速度 v。对于旋转速度，式(11.82)在第二项上与式(11.79)不同，该项包含附加在指向误差之上的定向偏差 θ(通过 δ)。

② 该结论事实上适用于所有的非完全机器人，它是得自于对控制系统平滑稳定性一个必要条件(Brockett 定理)的应用。对模型为式(11.10)的无漂移系统，其输入少于状态数且输入向量场线性无关。这种极端情况下，没有哪种状态连续的控制律能实现平衡点的渐进稳定。Brockett 定理对于状态连续的时变稳定控制器是不适用的。

图 11.19 中是从两个不同的初始状态由笛卡儿校正生成的机器人轨迹，其中 $k=1$、$k_2=3$。可以看出：机器人最终的朝向因其接近目标点的方向而不同，且向前运动，经最多一次（例如在第二次过程中）转向抵达终点。可以证明该控制器普遍具有这样的表现。

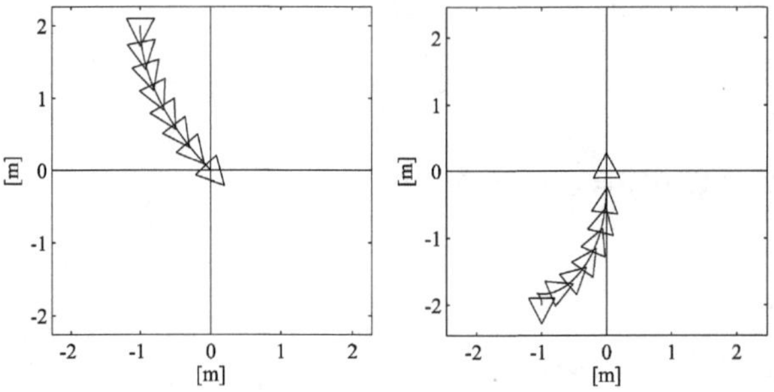

图 11.19　采用控制器方程(11.78)和方程(11.79)从两个不同初始状态进行位置校正使独轮车的到达笛卡儿坐标系原点

从同一个初始状态出发应用姿态校正式(11.81)和式(11.82)得到的仿真结果如图 11.20 所示，其中增益值取作 $k_1=1$、$k_2=2.5$ 及 $k_3=3$。得到的曲线与之前实验相仿，但正如所预期的，方向角也同时趋于零。像之前一样，机器人向前运动，最多瞬时转向一次到达目标点。

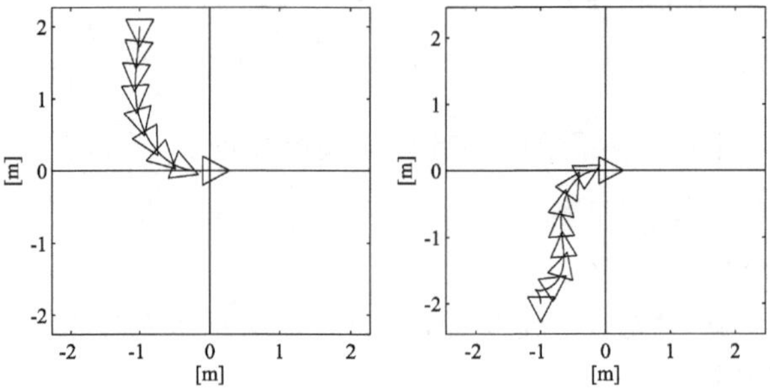

图 11.20　采用控制器方程(11.81)和(11.82)从两个不同的初始状态进行姿态校正使独轮车到达笛卡儿坐标系原点

11.7　里程定位

任何反馈控制器的实现都需要随时有可用的机器人状态信息。与机械手上可以提供直接所测状态值的关节编码器不同，移动机器人配置了增量式编码器用以测量车轮的旋转，但不能直接得到在一个固定世界坐标系中的位置和方向信息。因此有必要设计一个自定位程序来实时估计机器人状态。

514 考虑一个在速度指令 v 和 ω 作用下移动的独轮车，在每个采样间隔中指令保持为常值。在采用数字控制时，该假设通常都是满足的①，这意味着在一个采样间隔中，机器人沿着半径

① 特别地，如果由数字控制器解算的速度是通过零阶保持器转换成机器人的控制输入，则该结论确实是成立的。

为 $R=v_k/\omega_k$ 的一段圆弧移动，若 $\omega_k=0$，则圆弧蜕化成一个线段。设机器人在采样时刻 t_k 时的状态 $\boldsymbol{q}(t_k)=\boldsymbol{q}_k$，以及采样间隔$[t_k,\ t_{k+1}]$内的速度输入 v_k 和 ω_k 是已知的，则 t_{k+1} 时刻的状态变量 $\boldsymbol{q}_{k+1}$ 的值可以通过对运动模型(11.13)做向前积分推算出来。

第一种选择是采用近似公式：

$$
\begin{aligned}
x_{k+1} &= x_k + v_k T_s \cos\theta_k \\
y_{k+1} &= y_k + v_k T_s \cos\theta_k \\
\theta_{k+1} &= \theta_k + \omega_k T_s
\end{aligned}
\tag{11.83}
$$

其中 $T_s=t_{k+1}-t_k$ 为采样间隔时间。与在模型(11.13)应用的欧拉数值积分方法相对应，这些 515
等式在计算 x_{k+1} 和 y_{k+1} 时引入了一个误差，这是由于在采样间隔中将方向角 θ_k 作为定值而产生的，该误差随 T_s 的减小而变小。而第三个公式是精确的。

如果欧拉方法被证明精度不够，可以采用相同的 T_s 做如下估计：

$$
\begin{aligned}
x_{k+1} &= x_k + v_k T_s \cos\left(\theta_k + \frac{\omega_k T_s}{2}\right) \\
y_{k+1} &= y_k + v_k T_s \sin\left(\theta_k + \frac{\omega_k T_s}{2}\right) \\
\theta_{k+1} &= \theta_k + \omega_k T_s
\end{aligned}
\tag{11.84}
$$

该估计与二阶龙格-库塔(Runge-Kutta)积分法相对应。请注意前两个公式中是如何在采样间隔内使用独轮车的平均速度的。

为了在输入速度在采样周期内恒定这一假设下精确推算出 $\boldsymbol{q}_{k+1}$，可以采用简单的几何方法或使用独轮车运动学模型的链式变换。正如已经见到的，链式模型在封闭形式下肯定是可积的，能推导出 $\boldsymbol{z}_{k+1}$ 的精确表达式，于是通过式(11.23)、式(11.24)的坐标变换和输入变换可以计算出状态 $\boldsymbol{q}_{k+1}$。将该过程推广到任意具有链式系统模型的移动机器人，可以得到如下公式：

$$
\begin{aligned}
x_{k+1} &= x_k + \frac{v_k}{\omega_k}(\sin\theta_{k+1} - \sin\theta_k) \\
y_{k+1} &= y_k - \frac{v_k}{\omega_k}(\cos\theta_{k+1} - \cos\theta_k) \\
\theta_{k+1} &= \theta_k + \omega_k T_s
\end{aligned}
\tag{11.85}
$$

注意：前两个式子仍是在 $\omega_k=0$ 时的定义；此时，它们与欧拉和龙格-库塔法(这些方法在线段上是精确的)的对应公式是一致的。但在实现过程中对这种条件性特殊情况进行处理是必要的。

图 11.21 对利用上述三种方法推算出的状态 q_{k+1} 进行了比较。实际情况下，它们之间的差别显然没有那么明显，并在采样间隔时间 T_s 减小时趋于消失。

在前面的公式中，总是假设用于采样间隔的速度输入 v_k 和 ω_k 是可行的。鉴于任意激励系统都具有“非理想”表现而非简单依从于“给定的”数值，使用机器人本体传感器来推算 v_k 和 ω_k 是非常方便的。首先，注意到

$$
v_k T_s = \Delta s \qquad \omega_k T_s = \Delta\theta \qquad \frac{v_k}{\omega_k} = \frac{\Delta s}{\Delta\theta}
\tag{11.86}
$$
516

其中 Δs 是机器人位移增量的长度，$\Delta\theta$ 是相应的方向角度变化量。例如，对一个差动驱动的独轮车，分别以 $\Delta\phi_R$ 和 $\Delta\phi_L$ 来记由增量编码器在采样周期内测得的左右轮旋转角度。由式(11.14)容易发现：

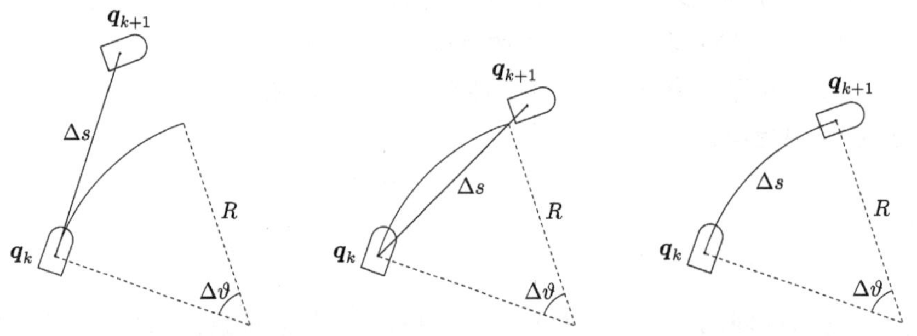

图 11.21 独轮车在圆弧上运动时的增量里程定位；左图：欧拉积分，中图：龙格-库塔积分法，右图：精确积分

$$\Delta s = \frac{r}{2}(\Delta\,\phi_R + \Delta\,\phi_L) \qquad \Delta\theta = \frac{r}{d}(\Delta\,\phi_R - \Delta\,\phi_L)$$

用于式(11.86)中，能够实现所有前面公式对状态 $\boldsymbol{q}_{k+1}$ 的解算。

使用通过机器人本体传感器(车轮驱动电机的编码器)重构的速度命令对运动学模型进行前向积分，这被称作里程定位(odometric localization)、被动定位(passive localization)或航迹推算(dead reckoning)，后者是海上导航中使用的一个不精确的术语。这种方法从初始状态估计值出发，之后迭代应用前面的式子，所得到的估计精度不会优于 $\boldsymbol{q}_0$。无论哪种情况下，里程定位(与所采用的积分方法无关)在实践中都将出现如下误差随时间增长(漂移)、并且在经过足够长的路径后变得非常大的现象。导致该结果有几方面原因，包括轮的打滑、运动学参数(如轮的半径)标定不准以及采用欧拉或龙格一库塔法时由积分运算引进的离散化误差。还应该注意的是，一旦选定了一个里程定位方法，其性能还取决于机器人的运动学结构；例如在这方面差分驱动通常比同步驱动方式更优。

一种鲁棒性更好的解决办法被称为主动定位方法。比如，配置了接近觉传感器(如激光测
517 距仪)且工作区地图已知的机器人就可以采用这种途径，其中地图可以是事先给出的，也可以是在运动过程中创建的。于是就可以通过将本体传感器的预测数据与实际值作比较并对被动定位的结果进行校正。相对纯粹的里程定位方法，这些基于贝叶斯估计理论(Bayesian estimation theory)的技术例如扩展卡尔曼滤波器(extended Kalman filter)或粒子滤波器(particle filter)能提供更高的精度，因而当机器人在很长路径上完成导航任务时，它们是必不可少的。

参考资料

关于移动机器人的文献非常丰富，包括一些综述文章，其中最新的一篇是[210]。

有许多书专门针对移动机器人的实现，尤其关注其机电设计和传感器配置，比如：[106，72,21]。关于满足非完整约束的系统建模，参见[164]。基于数目、布局和轮的类型对机器人进行一般分类请参看[18]，其中也包括了运动学和动力学模型的推导过程。

将无偏系统转换位链式表示的条件在[159]中作了详细讨论，而关于平稳输出请参考[80]。前文所提基于线性和非线性控制的笛卡儿坐标轨迹跟踪取自[34]，而基于极坐标的姿态校正方法见于[2]。独轮车运动学模型的完全(输入/状态)线性化可以通过采用一个动力学

反馈定律实现，见[174]中的算例。非完整机器人不存在通用控制器这一结论的证明见[135]。

本章中关于两轮车式机器人运动学模型所介绍的一些规划和控制方法，在[58]中给出了详细的拓展描述。许多文献涉及时变系统设计和/或姿态校正的非连续反馈控制律，包括[193]和[153]。

对基于传感器的机器人自定位和地图创建问题感兴趣的读者可以参看[231]。

习题

11.1　考虑由一个后轮驱动的三轮车拖挂 N 个拖车组成的移动机器人。每个拖车都是一根轴上固定两个轮构成的刚体，可以将它抽象成位于轮轴中点的单个轮，通过一个转动关节 518
连接在上述轴的中点位置。请为该机器人找到一组广义坐标集。

11.2　考虑一个全向机器人，该机器人的三个麦克纳姆轮呈等边三角形布置，每个轮的朝向垂直于轮到中心的角等分线。以 q_1 和 q_2 表示机器人中心的笛卡儿坐标，q_3 表示小车朝向，而 q_4，q_5 和 q_6 表示各轮绕自轴旋转的角度。同样的，以 r 表示轮半径，l 表示机器人中心到各轮中心的距离。该机械系统服从以下 Pfaffian 约束：

$$\boldsymbol{A}_1^{\mathrm{T}}(\boldsymbol{q})\begin{bmatrix}\dot{q}_1\\ \dot{q}_2\\ \dot{q}_3\end{bmatrix}+\boldsymbol{A}_2^{\mathrm{T}}\begin{bmatrix}\dot{q}_4\\ \dot{q}_5\\ \dot{q}_6\end{bmatrix}=\boldsymbol{0}$$

其中

$$\boldsymbol{A}_1(q)=\begin{bmatrix}\frac{\sqrt{3}}{2}\cos q_3-\frac{1}{2}\sin q_3 & \sin q_3 & -\frac{1}{2}\sin q_3-\frac{\sqrt{3}}{2}\cos q_3\\ \frac{1}{2}\cos q_3+\frac{\sqrt{3}}{2}\sin q_3 & -\cos q_3 & \frac{1}{2}\cos q_3-\frac{\sqrt{3}}{2}\sin q_3\\ l & l & l\end{bmatrix}$$

且 $\boldsymbol{A}_2=r\boldsymbol{I}_3$。证明：这一组约束是部分可积的，且小车朝向是关于各轮旋转角度的一个线性函数。［提示：并排添加运动学约束］

11.3　证明：对式(11.7)形式的单个运动学约束，其可积性条件式(11.9)与相应运动学模型输入向量场相关分布 $\Delta=\operatorname{span}\{\boldsymbol{g}_1,\ \cdots,\ \boldsymbol{g}_{n-1}\}$ 的对合性等价。

11.4　应用可控性条件式(11.11)，证明：一组不取决广义坐标的 Pfaffian 约束总是可积的。

11.5　参考独轮车运动学模型［式(11.13)］，考虑如下速度输入序列：

$$\begin{aligned}
&v(t)=1 && \omega(t)=0, && t\in[0,\varepsilon)\\
&v(t)=0 && \omega(t)=1, && t\in[\varepsilon,\ 2\varepsilon)\\
&v(t)=-1 && \omega(t)=0, && t\in[2\varepsilon,\ 3\varepsilon)\\
&v(t)=0 && \omega(t)=-1, && t\in[3\varepsilon,\ 4\varepsilon)
\end{aligned}$$

通过对模型中的方程作前项积分，证明：当 ε 是一个无穷小量时，独轮车在状态空间中的位移与输入向量场的李括号共线。

519 11.6 证明：满足关系式(11.14)时可以将差分驱动小车的速度输入等价转换成独轮车。［提示：对连接两轮的部件中点，像这样可以用两轮中心坐标的函数来表示的点，其速度关于时间是可微的。］

11.7 对一个机器人一般状态，确定其瞬时旋转中心的笛卡儿坐标，推导其角速度表达式，用一个关于机器人状态 $\boldsymbol{q}$ 和后轮中心速度模值的函数来表示。特别的，对后轮驱动的两轮车，证明上述表达式和由运动学模型(11.19)预测得到的 θ 的变化规律是一致的。进一步，计算机器人底盘上某点 P 的速度 v_{P}。

11.8 为习题 11.1 中所述拖挂了 N 个拖车的三轮车推导出运动学模型。以 l 来记前轮到后轮轴间的距离，l_i 是第 i 节拖车到下一节间的连接长度。

11.9 考虑一个差分驱动机器人，其角速度输入(左右轮各一)有如下边界约束：

$$|\omega_{\mathrm{R}}(t)| \leqslant \omega_{\mathrm{RL}} \qquad |\omega_{\mathrm{L}}(t)| \leqslant \omega_{\mathrm{RL}} \qquad \forall t$$

该条件在 $\omega_{\mathrm{R}}, \omega_{\mathrm{L}}$ 平面上对应一个正方形可行域。推导在等效独轮车模型中位移和转动速度 v 和 ω 的相应约束。特别地，证明：在 v, ω 平面上的可行域是一个菱形。

11.10 在状态(2,4)的链式情况下，计算式(11.50)中的矩阵 $\boldsymbol{D}(\boldsymbol{A})$ 和向量 $\boldsymbol{d}(\boldsymbol{z}_{\mathrm{i}}, \boldsymbol{z}_{\mathrm{f}}, \Delta)$。

11.11 基于参数化的输入改进路径规划方法使得 $s_{\mathrm{f}}=1$。

11.12 证明：在状态(2,3)情况下，基于不同阶的多项式法和参数化输入法得到的结果是相同的。

11.13 在计算机上编程实现基于三次笛卡儿多项式的独轮车路径规划算法。应用该程序为独轮车规划出一条从状态 $\boldsymbol{q}_i=[0 \quad 0 \quad 0]^{\mathrm{T}}[m, m, \mathrm{rad}]$ 到状态 $\boldsymbol{q}_{\mathrm{f}}=[2 \quad 1 \quad \pi/2]^{\mathrm{T}}[m, m, \mathrm{rad}]$ 的路径。然后，在规划出的路径上确定一个满足如下速度边界条件的计时规则：

520 $$|v(t)| \leqslant 1 \text{ m/s} \qquad |\omega(t)| \leqslant 1 \text{ rad/s} \qquad \forall t$$

11.14 用公式描述(2,3)链式情形下的轨迹跟踪问题并推导相应的误差变化。设计一个采用线性近似法跟踪参考轨迹的反馈控制器。

11.15 考虑后轮驱动两轮车的运动学模型。类比独轮车的分析方法，为能完成静态的输入/输出线性化确定两个输出 y_1, y_2。［提示：在穿过前轮中心并朝向该轮的直线上考查一点 P］

11.16 在计算机上编程实现一个笛卡儿校正器方程(11.78)和(11.79)，包括使得独轮车能以向前或向后运动方式抵达原点的一个修正。［提示：修改方程(11.79)从而驱使机器人自身朝向为向量 $\boldsymbol{e}_{\mathrm{p}}$ 或 $-\boldsymbol{e}_{\mathrm{p}}$，具体取决于哪个选择最合适］

11.17 证明采样间隔内速度输入为常数时独轮车精确里程定位公式(11.85)。

11.18 在计算机上编程实现一个基于极坐标的独轮车姿态校正程序，要求使用龙格-库
521 塔里程定位方法计算状态反馈。

第 12 章 运动规划

在第 4 章和第 11 章中分别对机械手和移动机器人的轨迹规划问题进行了介绍，二者均是基于工作区为空这一简单假设。而在存在障碍时，就必须考虑机器人执行时的避碰问题。这种问题被称为运动规划(motion planning)，是本章讨论的主题。在定义了此问题的标准模式后，为了实现高效的公式化表示，又介绍了位形空间的概念，之后给出了一些精选的典型规划方法。其中，基于回缩的方法利用路径图(roadmap)(即一组无碰撞的路径)来表示自由位形空间的连通性，而网格分解方法则利用具有相同属性的连通路建立一个网络来表示连通性。PRM 和双向 RRT 方法本质上是概率方法，取决于对位形空间的随机采样和对不会使机器人和障碍发生碰撞的采样点的记忆。并介绍了启发式方法中的人工势场(artificial potential)法，该方法尤其适用于解决在线规划问题，在此类问题中工作区障碍的几何形态是事先未知的。本章最后讨论了所提到的这些方法在机械手中的应用。

12.1 问题的规范描述

在机器人系统执行任务的工作区内通常会有一些物体，它们对机器人的运动构成了阻碍。例如，一个在自动化单元(robotized cell)中工作的机械手必须避免与其自身结构和可能靠近的运动物体(比如其他机械手)发生碰撞。相仿的，在机场运载行李的移动机器人必须在固定(各种摆设、隔离带、建筑构件)或移动(旅客、工作人员)的障碍中自主导航。运动规划就是要决定一条从初始位姿到最终位姿的路径，使机器人能沿这条路无碰撞地完成输送任务。很明 523
显，这需要为机器人赋予自主规划能力，自主规划需要从用户提供的任务级高层描述和工作空间的几何表征出发，无论工作空间是完全预先已知(离线规划)还是机器人在运动中借助搭载的传感器感知的(在线规划)。

开发自动运动规划方法是一项十分艰巨的工作。事实上已经证明，很难将人们本能地安全穿行于障碍中所依赖的空间感进行复制并转化为机器人可以执行的算法。时至今日，运动规划仍然是一个非常活跃的研究方向，并得益于如算法理论、计算几何和自动控制等不同领域的研究成果。

为开展运动规划方法的研究，需要重点强调此类问题的典型基本特征。在此基础上将随后将给出运动规划规范问题(canonical problem)的公式化描述。

考虑机器人$\mathcal{B}$，它可能是一个单独刚体(移动机器人)，或是一个运动链，链基座可以是固定(标准机械手)或移动的(移动机械手或带拖车移动机器人)。机器人在一个欧几里得空间$\mathcal{W}=\mathbb{R}^N$中移动，其中 $N=2$ 或 3，该空间称为工作区。设$\mathcal{O}$，…，$\mathcal{O}_p$是障碍，即工作区$\mathcal{W}$中的刚体。假定$\mathcal{B}$，$\mathcal{O}_1$，…，$\mathcal{O}_p$ 的几何信息和$\mathcal{O}_1$，…，$\mathcal{O}_p$ 的位置都是已知的。再假设$\mathcal{B}$可以自由运动，也就是说，机器人没有任何运动学约束。运动规划问题描述如下：给定$\mathcal{B}$在运动区$\mathcal{W}$中的初始和终点位姿，找到(如果存在的话)一条路径，即一个位姿的连续序列，使得机器人沿该路径从初始点到终点而$\mathcal{B}$与$\mathcal{O}_1$，…，$\mathcal{O}_p$ 不发生碰撞；若这样的路径不存在，则报告失败。

特殊情况下，若机器人是一个在$\mathbb{R}^2$ 中移动的个体，此时的运动规划规范问题又被称为钢琴搬运工(piano movers' problem)问题，这是因为该问题反映了工人在障碍之间搬运钢琴(不考虑举起)时所面对的各种困难。而广义搬运工问题(generalized movers' problem)对应单个机器人在$\mathbb{R}^3$ 中移动时的规范问题。

很显然，一些规范问题的假设在应用中未必是成立的。例如，机器人是工作区中唯一的运动物体这一假设就将移动障碍(比如其他机器人)的情况排除在外。障碍的几何形状和布置预先已知这种假设条件也是很强的，尤其是在未经适应性设计的非结构化的环境中，机器人需要借助自身传感器自主探测障碍并在线完成规划。不仅如此，正如在第 11 章中所述，非完整机械系统并不能沿工作区中任意给定的路径运动，因而自由运动的假设也是不成立的。最后，因
524 为操作和装配问题总是牵涉到刚体间的接触，所以也被该规范问题排除在外。事实上，引入以上所有假设只是为了将问题简化为生成无碰撞路径这样一个单纯的几何(但依然非常困难)问题。但是，许多成功解决了这一简化问题的方法可以拓展来解决更一般问题。

对于给出运动规划问题的规范描述或者试图正面解决该问题，都有必要先来研究位形空间的概念。

12.2 位形空间

解决运动规划问题一个非常有效的策略是在适当的空间中将机器人表示成移动质点，并在其中标明工作区和障碍。为此，可以很自然地给出机械系统的广义坐标表示，其值确定了机器人的位形(见附录 B.4 节)。这样就将位形空间$\mathcal{C}$中的点与机器人每一个位姿位形联系起来，即：机器人可行位形的集合。

机器人的广义坐标基本上有笛卡儿坐标和角坐标两类。笛卡儿坐标在欧几里得空间中取值，用于表示运动连杆上指定一点的位置。角坐标用于表示机器人各部分的朝向；与所采用的表示法(旋转矩阵，欧拉角，四元数)无关，其值取自实$(m\times m)$矩阵构成的特殊正交群 $\boldsymbol{SO}(m)$ $(m=2,3)$，其中矩阵各列两两正交且行列式为 1(见 2.2 节)。已知的是：将 $\boldsymbol{SO}(m)$参数化最少需要 $m(m-1)/2$ 个参数。机器人位形空间通常由这些空间做笛卡儿积得到。

以下给出几个位形空间的例子。

- 对$\mathcal{W}=\mathbb{R}^2$ 中的一个多边形移动机器人，其位形空间用在固定参考系下本体上一个代表点(例如顶点)的位置和多边形朝向来描述。由此位形空间$\mathcal{C}$为$\mathbb{R}^2\times\boldsymbol{SO}(2)$，其维数为 3。
- 对$\mathcal{W}=\mathbb{R}^2$ 中的一个多面体移动机器人，位形空间$\mathcal{C}$为$\mathbb{R}^3\times\boldsymbol{SO}(3)$，其维数 6。
- 对一个基座固定且有 n 个旋转关节的平面机械手，位形空间$\mathcal{C}$是$(\mathbb{R}^2\times\boldsymbol{SO}(2))^n$ 的一个子集，维数等于$(\mathbb{R}^2\times\boldsymbol{SO}(2))^n$ 的维数减去因关节带来的约束个数，即 $3n-2n=n$。事实上，在一个平面运动链中，每个关节对其后的部分施加了两个非完整约束。

- 对一个基座固定且有 n 个旋转关节的空间机械手，位形空间 $\mathcal{C}$ 是 $(\mathbb{R}^3 \times \boldsymbol{SO}(3))^n$ 的一个子集。因为此时每个关节对其后的部分施加了 5 个约束，所以 $\mathcal{C}$ 的维数是 $6n-5n=n$。 525
- 对一个在 $\mathbb{R}^2$ 中带有拖车的独轮车型小车，其位形空间 $\mathcal{C}$ 是 $(\mathbb{R}^2 \times \boldsymbol{SO}(2)) \times (\mathbb{R}^2 \times \boldsymbol{SO}(2))$ 的一个子集。如果拖车以旋转关节方式与独轮车相连，则机器人位形可以用独轮车的位置和朝向以及拖车的朝向来描述。从而 $\mathcal{C}$ 的维数是 $n=4$。

如果位形空间 $\mathcal{C}$ 的维数为 n，则其中的一个位形可用向量 $\boldsymbol{q} \in \mathbb{R}^n$ 表示。但这样的表示只是局部有效的，这是因为位形空间 $\mathcal{C}$ 的几何结构通常比欧几里得空间更加复杂，从下面的例子能看出这一点。

例 12.1

考虑如图 2.14 所示的一个具有两个旋转关节的平面机械手(2R 机械手)。其位形空间维数为 2，可局部表示成 $\mathbb{R}^2$，或者更精确地由其子集表示为

$$\mathcal{Q} = \{\boldsymbol{q} = (q_1, q_2): q_1 \in [0, 2\pi), q_2 \in 0, 2\pi]\}$$

这里要求该表示是单值的，即：对机械手的任一位姿存在唯一位形值 $\boldsymbol{q}$ 与之对应。但这种表示并非拓扑意义下正确的。例如，与图 12.1 中左边标记为 $\boldsymbol{q}_A$ 和 $\boldsymbol{q}_B$ 的位形相对应的机械手位姿在工作区 $\boldsymbol{w}$ 中是很“接近”的，而在 $\mathcal{Q}$ 中却显得相距很“远”。有鉴于此，应当将正方形区域依次沿其两个轴向“卷折”(以使相对的边相接)。该操作过程形成了一个环，准确的说法是圆环面。该圆环面在视觉上是 $\mathbb{R}^3$ 中的一个二自由度曲面(见图 12.1 右)。该空间的准确表示为 $\boldsymbol{SO}(2) \times \boldsymbol{SO}(2)$。

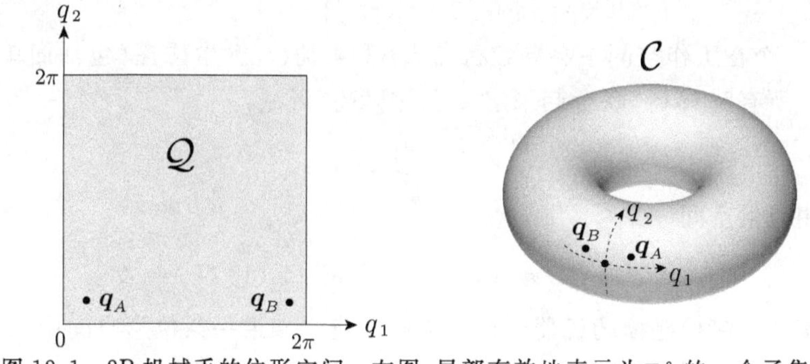

图 12.1　2R 机械手的位形空间。左图：局部有效地表示为 $\mathbb{R}^2$ 的一个子集；右图：拓扑成立地表示为一个两自由度圆环面

--- 526

当机器人(关节型或移动型)的位形包括了角度广义坐标，其位形空间就被表示成一个 n 维流形(manifold)，即：通过一个连续且其逆也连续的双边映射可以将该空间中的点与 $\mathbb{R}^n$ 对应起来(同胚)。

12.2.1　距离

讨论完机器人位形空间的自然属性之后，需要在 $\mathcal{C}$ 中定义距离。事实上，之后讨论的规划方法需要用到这个概念。

对给定的一个位形 $\boldsymbol{q}$，设$\mathcal{B}(\boldsymbol{q})$是工作空间$\mathcal{W}$中机器人$\mathcal{B}$所占据的子集，而 $p(\boldsymbol{q})$是$\mathcal{B}$上一点 p 在$\mathcal{W}$中的位置。直觉经验表明：当两个区域$\mathcal{B}(\boldsymbol{q}_1)$和$\mathcal{B}(\boldsymbol{q}_2)$趋于重合时，位形 $\boldsymbol{q}_1$ 和 $\boldsymbol{q}_2$ 之间的距离应变为零。满足以上特征的一种定义如下：

$$d_1(\boldsymbol{q}_1, \boldsymbol{q}_2) = \max_{p\in\mathcal{B}} \| p(\boldsymbol{q}_1) - p(\boldsymbol{q}_2) \| \tag{12.1}$$

其中 $\|\cdot\|$ 表示在$\mathcal{W}=\mathbb{R}^N$ 中的欧几里得距离。换句话说，$\mathcal{C}$中两个位形间的距离是当在机器人上遍历所有点时在$\mathcal{W}$中引起的最大位移。

然而，由于需要确定两个位形下机器人所占据的空间体积并计算$\mathcal{W}$中中相应点间的最大距离，所以函数 d_1 使用起来很麻烦。出于算法设计考虑，经常采用如下简单欧几里得范数作为位形空间距离：

$$d_2(\boldsymbol{q}_1, \boldsymbol{q}_2) = \| \boldsymbol{q}_1 - \boldsymbol{q}_2 \| \tag{12.2}$$

不过，需要牢记：该定义只在$\mathcal{C}$为欧几里得空间时才是适合的。再来考察一下例 12.1，容易注意到：与 $d_1(\boldsymbol{q}_A, \boldsymbol{q}_B)$不同，欧几里得范数 $d_2(\boldsymbol{q}_A, \boldsymbol{q}_B)$并不能准确表示圆环面上的距离。一个可能的解决思路是通过适当地计算角度广义坐标偏差来改造 d_2 的定义（见习题 12.2）。

12.2.2 障碍

为了表征作为规范运动规划问题解（能避免机器人与工作空间障碍的碰撞）的路径，有必要在机器人位形空间中建立障碍的“映像”。

527 下面，总是假设障碍是封闭的（即具有边界）但不必局限于$\mathcal{W}$的子集。在$\mathcal{W}$中给定障碍$\mathcal{O}_i$ $(i=1, \cdots, p)$，它们在位形空间$\mathcal{C}$内的映像被称为“$\mathcal{C}$障碍”并定义为

$$\mathcal{CO}_i = \{\boldsymbol{q} \in \mathcal{C} : \mathcal{B}(\boldsymbol{q}) \cap \mathcal{O}_i \neq \varnothing\} \tag{12.3}$$

换言之，$\mathcal{CO}_i$ 是一个在工作空间中会导致机器人$\mathcal{B}$和障碍$\mathcal{O}_i$ 发生碰撞（包括简单接触）的一个位形空间子集。所有“$\mathcal{C}$障碍”联合起来定义了“$\mathcal{C}$障碍”区域：

$$\mathcal{CO} = \bigcup_{i=1}^{p} \mathcal{CO}_i \tag{12.4}$$

而其余集是自由位形空间

$$\mathcal{C}_{\text{free}} = \mathcal{C} - \mathcal{CO} = \{\boldsymbol{q} \in \mathcal{C} : \mathcal{B}(\boldsymbol{q}) \cap (\bigcup_{i-1}^{p} \mathcal{O}_i) = \varnothing\} \tag{12.5}$$

亦即使机器人不会与障碍碰撞的机器人位形空间子集。如果一条位形空间中的路径完全包含在$\mathcal{C}_{\text{free}}$中，则称为是自由路径。

尽管$\mathcal{C}$本身是连通的（即：任意两个位形之间存在将它们连接起来的一条路径），但因障碍引起的阻隔，自由位形空间$\mathcal{C}_{\text{free}}$也未必是连通的。还应注意，规范运动规划问题中关于机器人自由运动的假设意味着机器人可以沿自由位形空间中的任意一条路径运动。

现在可以为规范运动规划问题给出更简洁的公式描述。假设$\mathcal{W}$中的机器人$\mathcal{B}$初始位姿和终点位姿映射到位形空间$\mathcal{C}$中分别是起始位形 $\boldsymbol{q}_s$ 和目标位形 $\boldsymbol{q}_g$，则为机器人做避碰运动规划就意味着：如果 $\boldsymbol{q}_s$ 和 $\boldsymbol{q}_g$ 在$\mathcal{C}_{\text{free}}$中的同一连通子集中，就生成一条安全路径；否则报告失败。

12.2.3 障碍举例

下面将介绍一些典型情况的“$\mathcal{C}$障碍”产生过程。为简便起见，假设$\mathcal{W}$中的障碍具有多边

形或多面体外形。

例 12.2

考虑机器人为一个质点$\mathcal{B}$。此时，机器人位形可以用$\mathcal{B}$在其工作区$\mathcal{W}=\mathbb{R}^N$ 中笛卡儿坐标来表示，而位形空间$\mathcal{C}$是$\mathcal{W}$的一个简单复制。相仿的，"$\mathcal{C}$障碍"也是$\mathcal{W}$中障碍的复本。 528

例 12.3

如果机器人是$\mathcal{W}=\mathbb{R}^N$ 中的球体[①]，其位形空间可以用一个代表点(比如：中心)的笛卡儿坐标表示。注意到机器人的朝向与碰撞检测无关，因而与前一个例中一样，此时的位形空间是$\mathcal{C}$是$\mathcal{W}$的一个复本。但"$\mathcal{C}$障碍"却不再是$\mathcal{W}$中障碍的一个简单复制了，它们只能通过一个"生长"过程建立。特别的，"$\mathcal{C}$障碍"$\mathcal{CO}_i$ 的边界是使机器人与障碍$\mathcal{O}_i$ 相接的位形轨迹，该边界可以用机器人沿障碍$\mathcal{O}_i$ 的边界滑行一周时代表点的封闭轨迹曲线来表示。据此，可以对$\mathcal{O}_i$ 以机器人半径做等距生长建立$\mathcal{CO}_i$。图 12.2 展示了 $N=2$($\mathbb{R}^2$ 中圆形机器人)时的障碍生长过程；此时，每个$\mathcal{C}$—障碍都是一个广义的多边形，即：一个以线段和/或圆弧围为边界围成的平面区域。如果机器人代表点不是"球形"中点，则生长过程就不再是等距的。

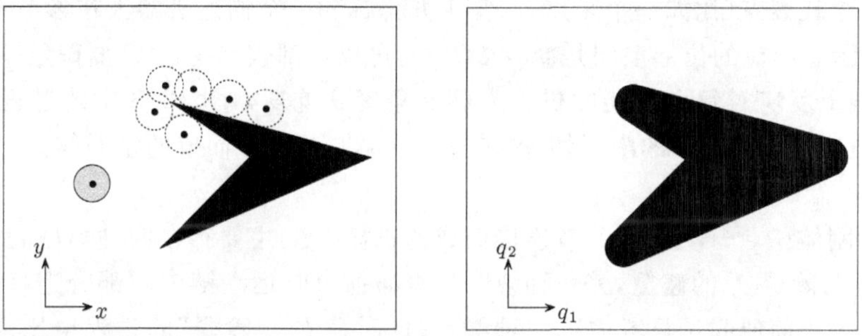

图 12.2　$\mathbb{R}^2$ 中一个圆形机器人的"$\mathcal{C}$障碍"；左图：机器人$\mathcal{B}$、障碍$\mathcal{O}_i$ 以及建立"$\mathcal{C}$障碍"的生长过程；右图：位形空间$\mathcal{C}$和"$\mathcal{C}$障碍"$\mathcal{CO}_i$。

例 12.4

现在考察$\mathbb{R}^N$ 中一个可自由平移(驱动方向不变)的多面体机器人，其位形可以用一个代表点(比如一个顶点)的笛卡儿坐标来表示。于是，位形空间$\mathcal{C}$仍是$\mathcal{W}$的一个复本。同样的，必须对工作区中的障碍做"生长"操作才能得到其在位形空间中的像。特别地，"$\mathcal{C}$障碍"$\mathcal{CO}_i$ 的边界可以用机器人$\mathcal{B}$按固定朝向沿障碍$\mathcal{O}_i$ 的边界滑行一周时代表点的封闭轨迹曲线来表示。图 12.3 给出了 $N=2$($\mathbb{R}^2$ 中多边形机器人)时的障碍生长过程。最终的结果阴影区域取决于代表点在机器人上的位置，但无论何时$\mathcal{CO}_i$ 自身都是一个多面体。$\mathcal{CO}_i$ 的顶点个数通常比$\mathcal{O}_i$ 多，并且如果$\mathcal{B}$和$\mathcal{O}_i$ 是凸的，则该阴影区也是凸的。还应注意，尽管生长的结果(及由此确定的 529
"$\mathcal{C}$障碍"阴影区)取决于机器人代表点的选择，但得到的位形空间中的规划问题是等价的。特别地，它们中任何一个问题有解就意味着其他问题都有解。不仅如此，位形空间中解决一个问题的路径都对应有解决其他问题的一条(不同的)自由路径，通过在工作区中同一个运动过程联系在一起。

① 为简便起见，将"球体"的概念推广到任意维数的欧几里得空间，用于代替"n 维球面"。

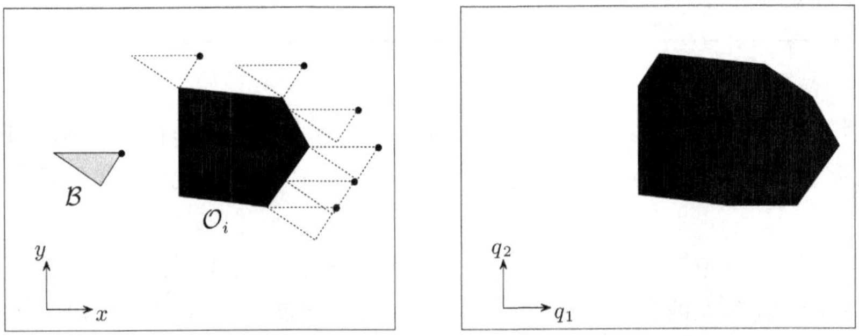

图 12.3　$\mathbb{R}^2$ 中一个平移运动多边形机器人的“$\mathcal{C}$障碍”；左图：机器人$\mathcal{B}$、障碍$\mathcal{O}_i$ 以及建立“$\mathcal{C}$障碍”的生长过程；右图：位形空间$\mathcal{C}$和“$\mathcal{C}$障碍”$\mathcal{CO}_i$

例 12.5

对一个在$\mathbb{R}^N$ 中既可以平移又可以旋转的多面体机器人，因为需要描述方向自由度，所以其位形空间的维数相对前一个例子减少了。例如，考虑一个在$\mathbb{R}^2$ 中平移和旋转的多边形，其位形可以用一个代表点（比如一个顶点）的笛卡儿坐标和一个描述机器人在参考系中朝向的方向角度 θ 来表示。相应的位形空间是$\mathbb{R}^2 \times \boldsymbol{SO}(2)$，可以局部表示为$\mathbb{R}^3$。要确定一个障碍$\mathcal{O}_i$ 在$\mathcal{C}$中的像，原则上就应对每个可能的机器人朝向角度 θ 重复如图 12.3 中的过程。“$\mathcal{C}$障碍”$\mathcal{CO}_i$ 是由所有恒值方向时得到的阴影切片“堆垒”（在θ轴方向上）而成的空间体。

例 12.6

对一个由刚体$\mathcal{B}_1$，…，$\mathcal{B}_n$ 经关节连接而成的机械手$\mathcal{B}$，主要存在两种类型的“$\mathcal{C}$障碍”一种表示某部分$\mathcal{B}_i$ 与障碍$\mathcal{O}_j$ 的碰撞，另一种说明自身碰撞，即：运动链中两部分连杆$\mathcal{B}_i$ 与$\mathcal{B}_j$ 间的冲突。即便是为了简便起见只考虑第一种类型，此时建立“$\mathcal{C}$障碍”的过程也比之前的例子复杂的多。事实上，为了得到“$\mathcal{C}$障碍”$\mathcal{CO}_i$ 的边界，就需通过恰当的运动学反解确定出使得机械
530 手$\mathcal{B}$上一个或多个连杆与障碍$\mathcal{O}_i$ 相接时的所有位形。图 12.4 给出了一个牵线结构 2R 机械手在两种不同情况（不考虑自身碰撞）下的“$\mathcal{C}$障碍”创建流程的执行结果。请注意，尽管$\mathcal{W}$中的障碍形状很简单，但相应“$\mathcal{C}$障碍”的轮廓却非常复杂。为了简便，在此将位形空间表示成了$\mathbb{R}^2$ 的一个子集（一个正方形区域）；但要正确地可视化展示“$\mathcal{C}$障碍”，就必须牢记：$\mathcal{C}$的正确表示为一个二维圆环面，因此该正方形的上/下和左/右边是相接的。还要注意的是：在第一种情形下（图 12.4 顶部），工作区$\mathcal{W}$右上角的两个障碍在位形空间中的像融合成了一个“$\mathcal{C}$障碍”，而自由位形空间$\mathcal{C}_{\text{free}}$由单个连通区域组成。在第二种情形下（图 12.4 底部），$\mathcal{C}_{\text{free}}$却被分割成
531 了 3 个不相交的连通区域。

无论何种机器人，工作区障碍的一个代数模型对精确计算“$\mathcal{C}$障碍”区$\mathcal{CO}$都是必须的。然而，除了最基本的一些情形外，生成$\mathcal{CO}$的过程总是非常复杂。基于这些原因，通常总是求助于一些近似的手段表示$\mathcal{CO}$。一个简单（尽管计算强度大）的途径是使用规则网格对$\mathcal{C}$进行采样，通过正运动学计算相应机器人占据的容积并最终经碰撞检测①确定哪些采样点会导致机器人与障碍发生碰撞。这些采样点可以视为$\mathcal{CO}$的离散化表示，其精度可以通过增加$\mathcal{C}$中网格的分

① 许多基于计算几何技术的算法（既见于文献中，也有软件包工具）均能用于$\mathbb{R}^2$ 和$\mathbb{R}^3$ 中的碰撞检测。

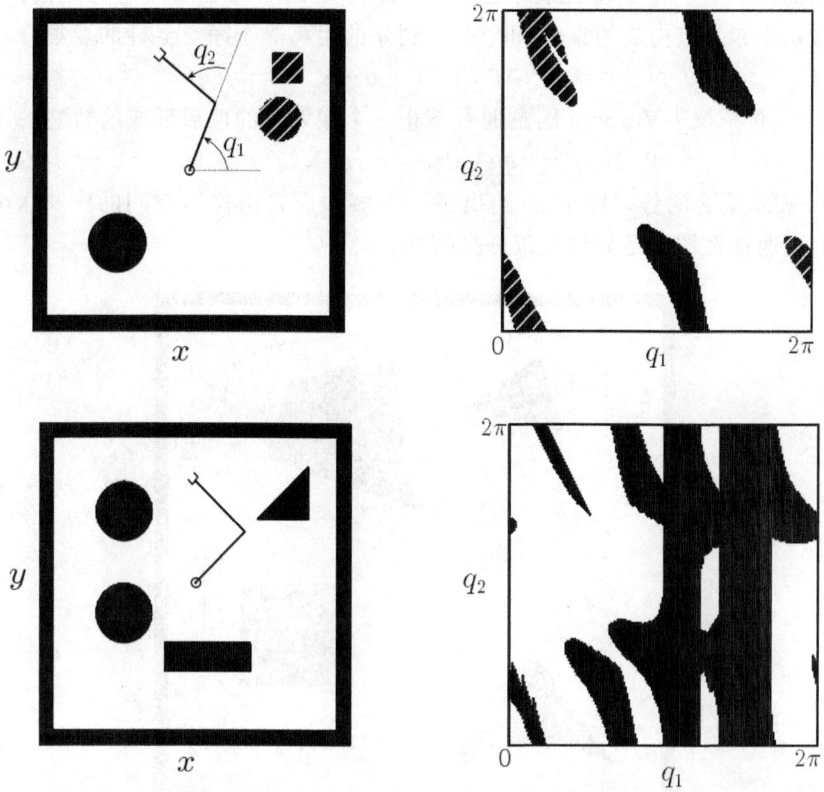

图 12.4　一个牵线结构 2R 机械手在两种不同情况的"$\mathcal{C}$障碍"；左图：$\mathcal{W}=\mathbb{R}^2$ 中的机器人和障碍，右图：位形空间$\mathcal{C}$和"$\mathcal{B}$障碍"区$\mathcal{CO}$

辨率而任意提高。

本章将介绍的运动规划方法中有一些并不需要清晰计算"$\mathcal{C}$障碍"区。特别的，对 12.5 节中的概率规划器和 12.7 节中基于人工势场的和控制点的方法就是如此。

12.3　基于回缩的路径规划

通过回缩进行运动规划的基本思想，是用一个$\mathcal{R}\subset\mathcal{C}_{\mathrm{free}}$的路径图(即用一个路网图充分描绘出$\mathcal{C}_{\mathrm{free}}$的连通性)表示自由位形空间。通过将初始位形 $\boldsymbol{q}_s$ 和目标位形 $\boldsymbol{q}_g$ 连接(回缩)到该路径图中，可以得到规划问题的特写解，则在$\mathcal{R}$上找到一条连接两个连接点的路径。基于不同类型的路径和回缩过程，按照该一般步骤会得到不同的规划方法，下面将介绍其中一种。该方法基于如下简化假设：$\mathcal{C}_{\mathrm{free}}$是$\mathcal{C}=\mathbb{R}^2$ 的一个有限子集且为多边形，即其边界全部由线段构成①。由于$\mathcal{C}_{\mathrm{free}}$的边界与$\mathcal{CO}$是一致的，所以该假设意味着$\mathcal{C}$障碍区本身是$\mathcal{C}$中的一个多边形子集。

对$\mathcal{C}_{\mathrm{free}}$中的每个位形 $\boldsymbol{q}$，定义其净空半径为

$$\gamma(\boldsymbol{q}) = \min_{s\in\partial\mathcal{C}_{\mathrm{free}}} \|\boldsymbol{q}-\boldsymbol{s}\| \tag{12.6}$$

① 根据定义，一个多边形子集不必是连通的，也许还有"孔洞"。

532 其中$\partial\mathcal{C}_{\text{free}}$是$\mathcal{C}_{\text{free}}$的边界。净空半径表示位形 $\boldsymbol{q}$ 到$\mathcal{C}$障碍区的最小欧几里得距离。进一步地，考虑$\mathcal{C}_{\text{free}}$上与 $\boldsymbol{q}$ 相邻的点构成的集合(即$\mathcal{C}_{\text{free}}$上到 $\boldsymbol{q}$ 的距离等于净空半径的点集合)

$$N(\boldsymbol{q}) = \{\boldsymbol{s} \in \partial\,\mathcal{C}_{\text{free}} : \|\boldsymbol{q} - \boldsymbol{s}\|\} = \gamma(\boldsymbol{q})\} \tag{12.7}$$

在此定义下，$\mathcal{C}_{\text{free}}$的广义[①] Voronoi 图是拥有不止一个相邻点的位形形成的轨迹。

$$\mathcal{V}(\mathcal{C}_{\text{free}}) = \{\boldsymbol{q} \in \mathcal{C}_{\text{free}} : \text{card}(N(\boldsymbol{q})) > 1\} \tag{12.8}$$

其中 card(·)表示集合的势。图 12.5 给出了一个多边形自由位形空间的广义 Voroni 图例，请注意$\mathcal{C}_{\text{free}}$的连通性在图中是如何被很好把握的。

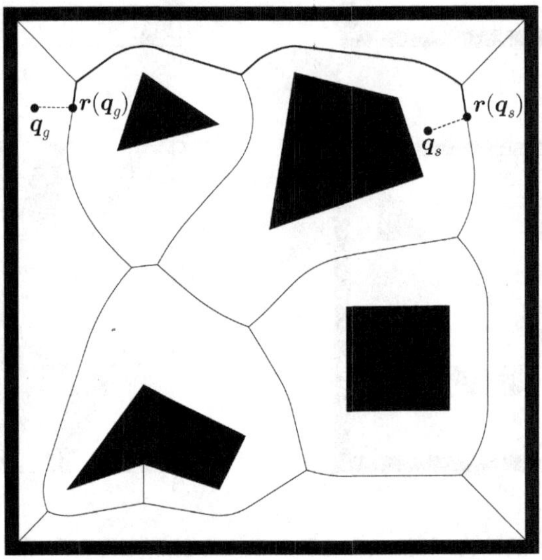

图 12.5 广义 Voroni 图和通过将 $\boldsymbol{q}_s$ 和 $\boldsymbol{q}_g$ 回缩到该图上解决规划问题的一个特别实例

从 $\boldsymbol{q}_s$ 到 $\boldsymbol{q}_g$ 的结果路径由两个虚线段及将两个位形连入 Voroni 图的加粗部分构成。

容易证明：$\mathcal{V}(\mathcal{C}_{\text{free}})$是由直线形(线上位形点的净空半径由同一对边或顶点决定)或抛物线形(线上位形点的净空半径由同一对边和顶点决定)的基本弧段构成的。因此，可以从决定各
533 弧段形状的特征对(边/边，边/顶点，顶点/顶点)开始建立$\mathcal{V}(\mathcal{C}_{\text{free}})$的解析表达式。抽象来看，$\mathcal{V}(\mathcal{C}_{\text{free}})$可以视为一个以这些基本弧段为“弧”而弧段的端点为“节点”的“图”。

通过构造，广义 Voroni 图具有了净空半径局部最大化的性质。因此，要在考虑碰撞可能性的条件下规划出具有充分安全裕度的运动过程，以广义 Voroni 图作为路径图就成为一个自然的选择。要将$\mathcal{V}(\mathcal{C}_{\text{free}})$作为一个路径图来用，必须定义一个回缩过程将$\mathcal{C}_{\text{free}}$中的位形接入到图中。为此目的，考虑图 12.6 中所示的几何结构。因为 $\boldsymbol{q} \notin \mathcal{V}(\mathcal{C}_{\text{free}})$，故有 card$(N(\boldsymbol{q}))=1$，即在$\mathcal{CO}$的多边形边界上有单独一点(顶点或边上一点)确定了净空半径 $\gamma(\boldsymbol{q})$的值。$\gamma(\boldsymbol{q})$的梯度$\nabla\gamma(\boldsymbol{q})$确定了位形 $\boldsymbol{q}$ 处净空半径的最速上升方向，被定向成为源于 $N(\boldsymbol{q})$且穿过 $\boldsymbol{q}$ 的射线。该射线与$\mathcal{V}(\mathcal{C}_{\text{free}})$的第一个交点定义为 $\boldsymbol{r}(\boldsymbol{q})$，即 $\boldsymbol{q}$ 在 Voroni 图上的接入点。为确保 $\boldsymbol{r}(\cdot)$是连续的，一个便捷的做法是在 $\boldsymbol{q} \in \mathcal{V}(\mathcal{C}_{\text{free}})$时令 $\boldsymbol{r}(\boldsymbol{q})=\boldsymbol{q}$，从而将它的定义域扩展到整个$\mathcal{C}_{\text{free}}$上。

从拓扑的角度来看，以上定义的 $\boldsymbol{r}(\cdot)$实际上是$\mathcal{C}_{\text{free}}$在$\mathcal{V}(\mathcal{C}_{\text{free}})$上回缩的一个实例，即：一

① 一个准确的 Voronic 图是在$\mathcal{C}$障碍区为相互孤立的点集时得到的。

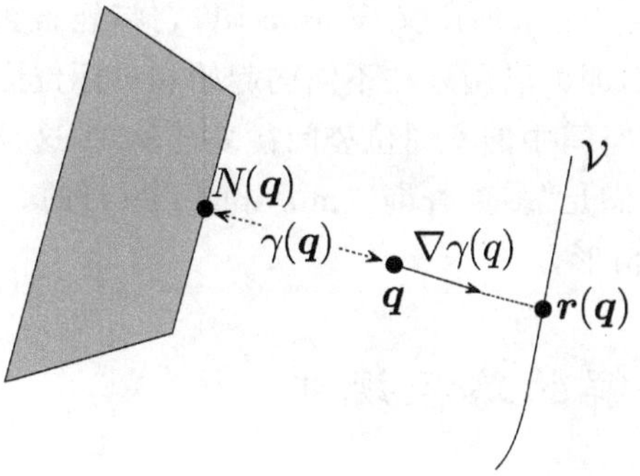

图 12.6　将$\mathcal{C}_{\text{free}}$中一个位形 $\boldsymbol{q}$ 连接到$\mathcal{V}(\mathcal{C}_{\text{free}})$的回缩过程

个从$\mathcal{C}_{\text{free}}$到$\mathcal{V}(\mathcal{C}_{\text{free}})$的连续满映射，从而对$\mathcal{V}(\mathcal{C}_{\text{free}})$是恒等映射。从定义来看，因为 $\boldsymbol{q}$ 和 $\boldsymbol{r}(\boldsymbol{q})$（以及连接它们的线段）总是处于$\mathcal{C}_{\text{free}}$中的同一连通区域内，所以 $\boldsymbol{r}(\cdot)$保持了$\mathcal{C}_{\text{free}}$的连通性。这一性质特别重要。因为，在此基础上能证明：在连通路网图$\mathcal{R}$上任给一个$\mathcal{C}_{\text{free}}$的回缩过程 ρ，当且仅当$\mathcal{R}$上两点 $\rho(\boldsymbol{q}_s)$和 $\rho(\boldsymbol{q}_g)$之间存在一条通路时，位形 $\boldsymbol{q}_s$ 和 $\boldsymbol{q}_g$ 间有一条自由路径。由此推论，在$\mathcal{C}_{\text{free}}$中规划一条路径的问题将简化成在其回缩$\mathcal{R}=\rho(\mathcal{C}_{\text{free}})$上的路径规划问题。 534

对给定的起始位形 $\boldsymbol{q}_s$ 和目标位形与 $\boldsymbol{q}_g$，通过回缩实现的运动规划方法按如下步骤进行（参见图 12.5）：

1. 建立广义 Voronoi 图$\mathcal{V}(\mathcal{C}_{\text{free}})$；
2. 计算 $\boldsymbol{r}(\boldsymbol{q}_s)$与 $\boldsymbol{r}(\boldsymbol{q}_g)$在$\mathcal{V}(\mathcal{C}_{\text{free}})$上的回缩点；
3. 在$\mathcal{V}(\mathcal{C}_{\text{free}})$搜索一条连续弧段的序列，使得 $\boldsymbol{r}(\boldsymbol{q}_s)$和 $\boldsymbol{r}(\boldsymbol{q}_g)$分别属于其中的第一和最后一段；
4. 如果搜索成功，截取 $\boldsymbol{r}(\boldsymbol{q}_s)$的起始弧段替代序列的首弧段，截取 $\boldsymbol{r}(\boldsymbol{q}_g)$的终止弧段替代序列的末弧段，并将连接 $\boldsymbol{q}_s$ 与 $\boldsymbol{r}(\boldsymbol{q}_s)$的线段、修整过的弧段序列和连接 $\boldsymbol{q}_g$ 与 $\boldsymbol{r}(\boldsymbol{q}_g)$的线段三部分合起来作为结果输出；否则，报告失败。

如果需要对上述过程进行简化，第三步中的图上搜索①过程可以采用诸如深度搜索或广度搜索等基本策略来实现。另一方面，如果希望（在该方法得到的路径中）确定 $\boldsymbol{q}_s$ 和 $\boldsymbol{q}_g$ 之间的最短路，就要用其实际长度值为每条弧赋予费用权值。然后可以使用一个如 A^* 算法这样的启发式算法（即对从一点到目标点的最小费用——在此是欧几里得距离——路径做启发式估计）计算最小费用路径。

无论采用何种搜索策略，以上通过将$\mathcal{C}_{\text{free}}$在$\mathcal{V}(\mathcal{C}_{\text{free}})$上回缩实现运动规划的方法都是完全的，即：若有解则总能找到；否则则报告失败。其时间复杂度是多边形区域$\mathcal{C}_{\text{free}}$中顶点个数 v 的函数，该函数本质上取决于广义 Voroni 图的结构（第 1 步）、$\boldsymbol{q}_s$ 与 $\boldsymbol{q}_g$ 的回缩过程（第 2 步）和在图上的搜索（第 3 步）。对第 1 步，建立$\mathcal{V}(\mathcal{C}_{\text{free}})$最高效的算法时间复杂度为 $O(v\lg v)$。而第 2 步回缩过程需时 $O(v)$，主要用来计算 $N(\boldsymbol{q}_s)$和 $N(\boldsymbol{q}_g)$。最后，由于可以证明$\mathcal{V}(\mathcal{C}_{\text{free}})$有 $O(v)$条弧，所以广度或深度搜索的复杂度将是 $O(v)$，而 A^* 算法为 $O(v\lg v)$。从而，通过回缩的运动规划方法总的时间复杂度为 $O(v\lg v)$。

① 关于图的搜索策略和算法复杂度的快速浏览参见附录 E。

应该注意的是，一旦计算出$\mathcal{C}_{\text{free}}$的广义 Voroni 图，它将能被再次用于快速解决同类运动规划问题（查询）的其他实例，即可以用来在不同的起始和目标位形间生成避碰路径。例如，若机器人需要在同一静态工作空间中的不同位姿间往复运动时，这是很有用的。于是，基于回缩的运动规划方法可以被看作满足“多重查询”(multiple-query)的。同时，该方法还能推广应用
535 于$\mathcal{C}$障碍区为广义多边形的情形。

12.4 基于单元分解的路径规划

假设自由位形空间$\mathcal{C}_{\text{free}}$能被分解成一些形状简单的区域，这些区域称作单元，它们具有如下特征：

- 给定在同一单元内的两个位形，能“很容易”地计算出一条连接二者的避碰路径；
- 给定两个相邻单元（即两个单元共有一部分测度值非零的公共边界），能“很容易”地生成一条从一个单元到另一个单元的避碰路径。

从一个这样的单元出发，容易建立起对应的连通图(connectivity graph)。图中的节点表示这些单元，而两个节点间的弧表明相应的两个单元是相邻的。通过在连通图中搜索一条从包含初始位形 $\boldsymbol{q}_s$ 的单元到包含目标位形 $\boldsymbol{q}_g$ 的单元的路径，就得到了（如果存在的话）一个相邻单元的序列，称之为通道。鉴于单元具有以上提到的特征，从该通道中就可以提取出一条完
536 全包含于$\mathcal{C}_{\text{free}}$中将 $\boldsymbol{q}_s$ 和 $\boldsymbol{q}_g$ 连接起来的路径。

依赖于单元类型和所采用的分解方法，从这种概略描述的一般思路又产生出各种不同的规划方法。下面将介绍两种算法，它们分别基于对$\mathcal{C}_{\text{free}}$的精确单元分解和近似单元分解。和之前一样，假设$\mathcal{C}_{\text{free}}$是$\mathcal{C}=\mathbb{R}^2$ 的一个有限子集。

12.4.1 精确分解

当采用精确分解时，自由位形空间被分割成了一组单元，这些单元合起来恰好是$\mathcal{C}_{\text{free}}$。分割单元的一种典型选择是凸多边形。事实上，凸性保证了同一单元内连接两个位形的线段完全包含在该单元内，从而也在$\mathcal{C}_{\text{free}}$内。不仅如此，可以很容易地经由公共边界的中点实现在相邻单元间的安全行进。将$\mathcal{C}_{\text{free}}$分解为一系列凸多边形的一个简单途径是采用扫描(sweep line)算法，该方法在许多计算几何问题中被证明是有效的。在当前条件下，该算法的应用按如下步骤进行。

选择一条与$\mathcal{C}_{\text{free}}$的任何边界都不平行的线并使其平移（扫描）过整个$\mathcal{C}_{\text{free}}$。当扫描线穿过$\mathcal{C}_{\text{free}}$的顶点时，考察从该点发出的两条线段（延长），它们位于扫描线与顶点的两侧相对方向上并中止于和$\partial\mathcal{C}_{\text{free}}$的第一个交点处。每条$\mathcal{C}_{\text{free}}$中的延长线（除去端点）都是一个单元边界的一部分；边界上除此以外的其他部分由$\partial\mathcal{C}_{\text{free}}$的（部分）边和可能存在的其他延长线构成。图 12.7
536 展示了这个过程，其中使用了一条垂直扫描线；注意到，一些顶点对分割的贡献只是一条延长线或完全没有贡献。该结果是凸多边形分解的一个特殊情形，被称为梯形分解，因为分解单元都是梯形单元。若存在三角形单元，则三角形可以看成是一条边长为零的退化了的梯形。

在对$\mathcal{C}_{\text{free}}$完成分解之后，就能建立相应的连通图 C。该图的节点是分解单元，而两个节点间有弧连接就意味着对应两单元相邻，即它们边界的交集是长度不为零的线段；因此，以边一

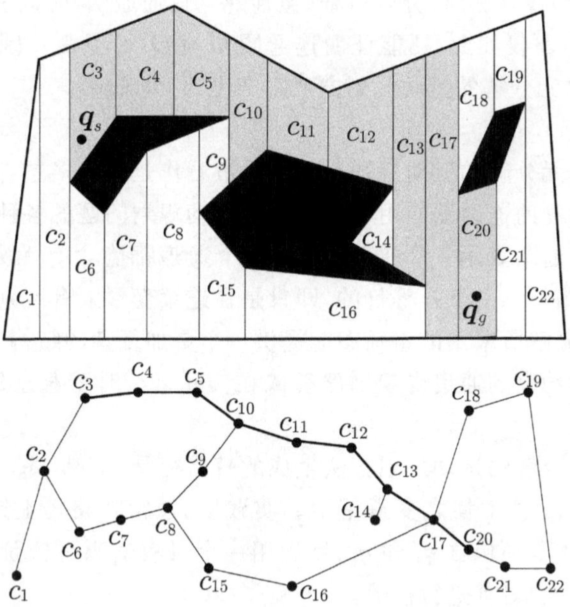

图 12.7　使用扫描算法的梯形分解举例(上)和对应得连通图(下)。同时给出了一个特殊路径规划问题($c_s=c_3$ 和 $c_g=c_{20}$)的解,该解既是 $\mathcal{C}_{\text{free}}$ 中的一条通道,又是图上的一条通路

点或点一点方式相接的单元就不是相邻的。至此,有必要为所考虑的规划问题确定分别包含初始位形 $\boldsymbol{q}_s$ 和目标位形 $\boldsymbol{q}_g$ 的单元 c_s 和 c_g。然后,可以采用一个图上搜索算法找到一条从 c_g 到 c_g的"通道",即 C 上连接两个节点的一条通路(见图 12.7)。接下来还必须从这个由一列相邻单元组成的通道中提取出一条从 $\boldsymbol{q}_s$ 到 $\boldsymbol{q}_g$ 的路径。因为通道的内部包含于 $\mathcal{C}_{\text{free}}$ 且单元都是凸多边形,所以这样的提取过程是容易实现的。比如,可以在连贯的单元列中确定出所有公共
边界的中点,并从 $\boldsymbol{q}_s$ 开始用折线将它们连接起来到达 $\boldsymbol{q}_g$ 处截止。 537

综上所述,对给定的两个位形 $\boldsymbol{q}_s$ 与 $\boldsymbol{q}_g$,基于精确单元分解的运动规划算法操作步骤如下:

1. 计算 $\mathcal{C}_{\text{free}}$ 的一个凸多边形(比如梯形)分解;
2. 建立对应的连通图 C;
3. 在 C 上搜索出一条通道,即从 c_s 到 c_g 的一个相邻单元序列;
4. 如果找到了一条通道,从中提取一条从 $\boldsymbol{q}_s$ 到 $\boldsymbol{q}_g$ 的避碰路径并输出;否则,报告失败。

同基于回缩的运动规划算法一样,在第 3 步中采用非启发式的图形搜索算法将得到的结果是一个未经优化的通道,所有从中提取出来的从 $\boldsymbol{q}_s$ 到 $\boldsymbol{q}_g$ 的路径都可能比最短路要更长一些。为计算高效的路径,采用 A^* 搜索算法是一个明智的选择。为此,应该首先建立一个修正过的连通图 C',该图中节点包括 $\boldsymbol{q}_s$、$\boldsymbol{q}_g$ 和所有相邻单元边界交线的中点,而弧边连接起同一单元内的节点(注意:边界交线上的节点同时属于两个单元)。然后对每条弧用两端节点间的距离为其赋予一个费用权值。如果如果将启发式函数选作从当前点到 $\boldsymbol{q}_g$ 的距离,则在有解的前提下,用 A^* 可以给出 C'中的最短路径。

基于精确单元分解的运动规划方法是完全的。其时间复杂度主要取决于单元分解和连通

图搜索运算。当采用扫描线算法时，分解过程(包括建立连通通图)时间复杂度为 $O(v\lg v)$，其中 v 是 $\mathcal{C}_{\text{free}}$ 的顶点个数。不仅如此，还能证明连通图 C 有 $O(v)$ 条弧。因此，若不考虑所采用的搜索策略，基于精确单元分解的运动规划方法复杂度为 $O(v\lg v)$。

请注意以下事实：

- 任何基于精确单元分解的运动规划器都可以被看作是满足多重查询的。事实上，经过一次分解计算建立的连通图能用来解决同样运动规划问题的各种不同实例。
- 算法中用到的连通图表示一个通道网络，每个通道都隐含有无穷多条贯穿其中的路径，这些路径在拓扑意义下是等价的，即只是在连续变形上有区别。因此，相对基于回缩的方法，单元分解所采用的路径图能提供一个更加复杂的结构作为输出。这对需要同时满足运动学约束的通道内规划路径或在实际运行时躲避意外障碍来说可能是有益的。
- 由基于精确单元分解的运动规划方法生成的解路径是一组折线。但是，可以采用曲线
538 拟合(curve fitting)技术使之变得平滑。实践中，通常在路径上选取足够数量的中间点(通过点)，其中必须包含 $\boldsymbol{q}_s$ 和 $\boldsymbol{q}_g$，然后用一个具有适当可微阶次的函数(例如足够高阶的多项式函数)对其进行插值。
- 以上的方法能推广至当 $\mathcal{C}_{\text{free}}$ 为 $\mathcal{C}=\mathbb{R}^3$ 的一个有限子集的情形。特别的，$\mathcal{C}_{\text{free}}$ 的分解可以通过扫描线算法实现，所产生的单元为多面体。相邻单元的公共边界由面积非零的梯形区域组成，边界处可以安全通过，比如穿过梯形的质心。

最后，还应提醒的是：文献中也出现有一些基于精确单元分解的运动规划方法，它们基本可以解决任意的运动规划问题，而不管 $\mathcal{C}$ 的维数是多少，$\mathcal{C}_{\text{free}}$ 的几何结构如何，包括非多面体的情形也适用。但是，这些规划器的计算复杂度是令人生畏的，通常是 $\mathcal{C}$ 的维数的指数函数，它们的重要性也因此主要体现在理论上。

12.4.2 近似分解

在对 $\mathcal{C}_{\text{free}}$ 做近似分解时，采用预先规定好形状的分解单元；比如，对 $\mathcal{C}=\mathbb{R}^2$ 可能选择正方形或矩形单元。通常，各单元合在一起只能近似表示 $\mathcal{C}_{\text{free}}$。为了在分解过程中就近似精度和计算效率之间取得一个合理的折衷，在此采用了一个递归算法。该算法从一个粗糙的分解栅格开始，通过提高局部分辨率以更好地适应 $\mathcal{C}_{\text{free}}$ 的几何形状。和基于精确分界的运动规划方法一样，此处的规划方法也要在近似分解对应的连通图上搜索一条通道，从中能提取一条解路径。

下面就 $\mathcal{C}_{\text{free}}$ 是 $\mathcal{C}=\mathbb{R}^2$ 中有限多边形子集的情形介绍一个基于精确分解的运动规划方法。不失一般性，假设 $\mathcal{C}_{\text{free}}$ 的"外"边界是一个正方形，采用正方形单元进行分解。分解算法(图12.8)首先将 c 按以下类别初始分解为 4 个单元：

- 自由单元，其内部与"$\mathcal{C}$障碍"区无交集；
- 障碍单元，完全包含在"$\mathcal{C}$障碍"区内；
- 混合单元，既不是自由单元也不是障碍单元。

在此，为当前水平下的分解建立相应的连通图 C：该图以自由单元和混合单元为节点，弧

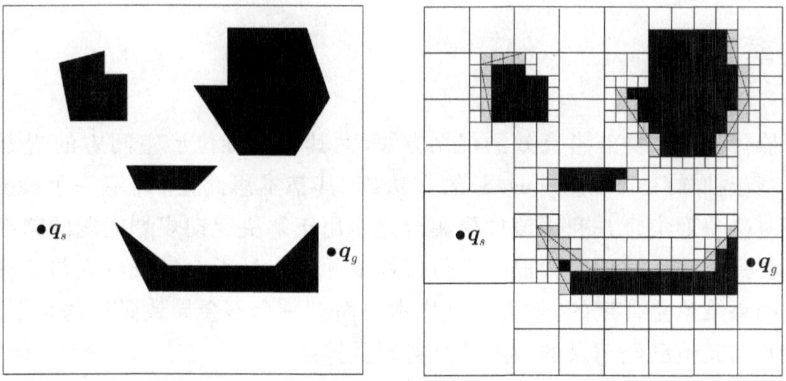

图 12.8　基于近似分解的运动规划方法举例
左：所给问题；右：作为解的自由通道（粗线）

表示单元的相邻关系。一旦包含 $\boldsymbol{q}_s$ 和 $\boldsymbol{q}_g$ 的单元对应的节点确定下来，在$\mathcal{C}$上搜索一条连接上
述两个节点的路径，比如采用 A^* 算法。如果不存在这样的路径，报告失败。否则，该路径由 539
完全自由（自由通道）或非完整自由（混合通道）的单元序列组成。对前一种情况，运动规划的解已经找到；特别的，可以采用与精确单元分解时一致的方法从自由通道中提取位形空间内的路径。如果通道中包含了混合单元，替代的方法是将每个混合单元进一步分成 4 个单元，分为自由、障碍或混合三种类型。该算法按上述步骤进行迭代，直到找到一条从 $\boldsymbol{q}_s$ 到 $\boldsymbol{q}_g$ 的自由通道或达到单元的最小容许尺度。图 12.8 给出了这种方法的一个应用实例。请注意，在成功求解的分辨率水平上，自由和障碍单元分别有缺损地近似表示$\mathcal{C}_{\text{free}}$和$\mathcal{CO}$。$\mathcal{C}$的其他部分被混合单元占据（灰色部分）。

每一步迭代中，在当前分解水平下，只有从 $\boldsymbol{q}_s$ 到 $\boldsymbol{q}_g$ 的自由通道存在于$\mathcal{C}_{\text{free}}$的近似表示中（即在自由单元中）时，搜索算法才能在连通图中找到它。这种运动规划方法因此是“分辨率完全的”，意指只要存在一条解路径，总能通过充分减小单元的最小容许尺寸确保找到它。

将图 12.7 和图 12.8 做对比，可以清晰地看出：与精确分解不同，近似分解的单元边界通常并不随障碍施加的空间约束而做相应改变。其结果之一是：实现一个基于近似分解的运动规划算法是非常简单的，这是因为只需要对单元进行递归分解并在每次分界后进行单元和$\mathcal{C}$
障碍区间的碰撞检测即可。特别的，前者可以通过使用一个被称作“四叉树”（quadtree）的数
据结构来实现。四叉树中的每一个内点（即非叶节点）都严格拥有四个子节点。在用于单元分 540
解时，该树根节点位于$\mathcal{C}$（即整个位形空间）上，低层节点表示自由单元、障碍单元或混合单元；只有混合单元拥有子节点。

相对基于精确分解方法的另外一个不同点是：近似分解总是对应于一个特定规划问题的情况，这是因为分解过程本身的走向取决于在起始点和目标点之间对自由通道的搜索。

基于近似分解的运动规划方法在概念上可以应用于任意维度的位形空间内。例如，在$\mathbb{R}^3$ 中，它可以采用一个被称为“八叉树”的数据结构，其中每个内点都有八个子节点。在$\mathbb{R}^n$ 中，相应的数据结构是一个“2^n 叉树”。因为 2^n 叉树的最大叶节点数目为 2^{np}，其中 p 是数的深度（层数），所以近似单元分解（及相应的运动规划算法）计算复杂度在最大分辨率分解的时候为$\mathcal{C}$的维数的指数函数。由此推论，实践上，这个方法只在低维位形空间中是有效的（典型的，不超过 4 维）。

12.5 概率规划

概率规划器代表着一类非常高效的规划方法，尤其对高维位形空间中的规划问题更是如此。它们属于基于抽样(sampling-based)的方法族，其基本思路是：确定一个能充分表示$\mathcal{C}_{free}$连通性的有限避碰位形集合并利用该位形集合建立用于解决运动规划问题的路径图。实现该思路的途径是在每步迭代过程中抽取一个位形样本并检查是否会使机器人与工作空间内的障碍发生碰撞。如果结论是肯定的，就丢弃该样本。而对一个不会导致碰撞的位形，则将其加入当前路径图中并与其他已经记录的位形建立可行的连接。

上述策略非常具有一般性。有赖于一些特别的设计，该策略会带来不同的方法。这些特别设计主要体现在用什么样的标准选择样本进行碰撞检测：可能是一种确定性(deterministic)方式，比如通过规则的栅格采样。但更可取的办法是随机(randomized)采样，在该方法中位形样本依据概率分布抽取得到。下面将介绍此种类型的两个规划器。

12.5.1 PRM 方法

PRM(probabilistic roadmap method)方法的迭代过程开始于采用一个$\mathcal{C}$上的均匀分布对位形空间进行随机采样，生成随机样本$\boldsymbol{q}_{rand}$。然后，通过运动学和几何学关系计算机器人对应
541 位姿并调用一个算法检测机器人和障碍之间的碰撞(包括接触)，从而实现对$\boldsymbol{q}_{rand}$碰撞检测。如果$\boldsymbol{q}_{rand}$并不导致碰撞，将其加入路径图并通过局部自由路径连接到(如果可能的话)路径图中足够“接近”的已有位形点处。通常是基于$\mathcal{C}$中的欧几里得距离来定义“接近”程度，但也可以采用其他距离概念；比如在第12.2.1节就提到，也可以采用一个由工作空间中的距离推出的位形空间距离。在$\boldsymbol{q}_{rand}$与一个相近的位形$\boldsymbol{q}_{near}$之间生成局部自由路径的过程被称为局部规划。一个通常的选择是在$\mathcal{C}$内用一条直线形路径连接$\boldsymbol{q}_{rand}$和$\boldsymbol{q}_{near}$并做碰撞检测，比如用足够高的分辨率对该线段采样并对每个单点做碰撞检测。如果局部路径会引起碰撞，就丢弃该结果，在路径图中就不会出现$\boldsymbol{q}_{rand}$到$\boldsymbol{q}_{near}$直接连接。

当达到最大迭代次数或路径图中已连接部分数目小于给定阈值时，PRM增量生长过程终止。此时，检验是否已经通过一条局部自由路径将$\boldsymbol{q}_s$和$\boldsymbol{q}_g$连接到了PRM的同一连通部分，从而确定是否已解决了所给问题。图12.9给出了一个PRM方法的实例和一个具体问题的解。注意其中出现了多个PRM的连通区域，每个由一个单独的位形点构成。

如果找不到解，能通过增加基础过程的迭代次数或采用以减少连通区域数目为目标的特定策略来提高求解能力。比如，一个可能的方法是：尝试通过更加一般的(例如：非直线形)局部路径连接起相距很近但分属不同部分的位形。

PRM方法的主要优势是当路径图充分连通时，求解运动规化问题的速度非常快。从这个角度来看，应该注意：同样问题新的情况会带来PRM方法的潜在改善，在应用中能同时提升
542 路径图的连通性和计算的时间效率，因此PRM方法在本质上是多重查询算法。在高维位形空间中，用该方法求解需要的时间比之前提到的其他方法要低几个数量级。另一个值得一提的该方法实现非常简单，尤其是过程中完全取消了生成$\mathcal{C}$障碍区的环节。

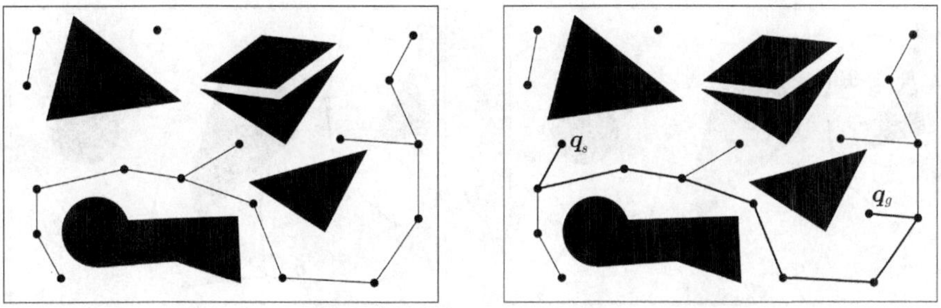

图 12.9　二维位形空间中的 PRM 算法(左)及其在一个具体规划问题中的应用

PRM 方法不利一面在与它只是概率完全(probabilistically complete)的，即当求解规划问题的计算时间趋近无穷时，求得一个解(如果解存在)的概率趋近于 1。这意味着：如果问题无解，算法运行时间不确定。实践上，需要强加一个最大迭代次数以保证算法终止。

如图 12.9 中场景右上部分所示，$\mathcal{C}_{\text{free}}$中"狭窄通道"的出现是对 PRM 方法的一个严重挑战。事实上，当采用均匀分布产生 $\boldsymbol{q}_{\text{rand}}$时，样本落在一个区域内的概率与该区域的容积成正比。以此推之，由于尺寸的限制，采用 PRM 方法通过一个狭窄通道不像是能在合理的时间内完成的。为化解这一症结，可以采用一种非均匀分布改进 PRM 方法。例如，存在一些策略，其在产生 $\boldsymbol{q}_{\text{rand}}$时向$\mathcal{C}$中拥有样本点较少的区域倾斜，从而更易于把接近的障碍及相应的狭窄通道包含在内。

12.5.2　双向 RRT 方法

单次查询的概率方法瞄准快速解决运动规划问题的一个特定情况。与 PRM 这样的多重查询规划方法不同，这些方法并不依赖于产生一个能尽量表征自由位形空间连通性的路网图；事实上，它们倾向于只在$\mathcal{C}_{\text{free}}$中探索一个与有把握解决该问题相关的子集。这使得求解计算时间得以减少。

单次查询概率规划方法的一个例子是双向 RRT 算法，该算法使用一个被称为 RRT(rapidly-exploring random tree，快速搜索随机树)的数据结构，之后记为 T。一个 RRT 的增量扩张依靠在每步迭代中重复一个随机化的程序来实现(见图 12.10)。第一步是依据一个$\mathcal{C}$上的均匀分布采样产生随机位形 $\boldsymbol{q}_{\text{rand}}$(与 PRM 方法相仿)。然后在 T 上找到靠近 $\boldsymbol{q}_{\text{rand}}$的位形 $\boldsymbol{q}_{\text{near}}$并在从 $\boldsymbol{q}_{\text{near}}$到 $\boldsymbol{q}_{\text{rand}}$的线段上产生一个候选点 $\boldsymbol{q}_{\text{new}}$，使之到 $\boldsymbol{q}_{\text{near}}$的距离为预先给定的值 δ。接下来进行碰撞检测以确定 $\boldsymbol{q}_{\text{new}}$和 $\boldsymbol{q}_{\text{near}}$到 $\boldsymbol{q}_{\text{new}}$的线段是否都属于$\mathcal{C}_{\text{free}}$。如果答案是肯定的，则将 $\boldsymbol{q}_{\text{new}}$和 $\boldsymbol{q}_{\text{near}}$到 $\boldsymbol{q}_{\text{new}}$的线段合并入 T 中，从而实现 T 的生长。注意，$\boldsymbol{q}_{\text{rand}}$并未被加入 T 中，所以不 543
必检测它是否属于$\mathcal{C}_{\text{free}}$；它的唯一功能只是标示 T 的生长方向。

需要指出的是，尽管 RRT 的生长过程非常简单，但却使得对$\mathcal{C}$的搜索变得非常高效。事实上，可以证明：这个产生中间位形点的过程本质上是向$\mathcal{C}_{\text{free}}$中仍未访问的区域倾斜的。不仅如此，一个一般位形点被加入 RRT 中的概率随着执行时间无限增长而趋近于 1，前提是：该位形与 RRT 的根节点在$\mathcal{C}_{\text{free}}$中的同一连通部分。

为加速搜索从 $\boldsymbol{q}_{\text{s}}$ 到 $\boldsymbol{q}_{\text{g}}$ 的一条自由路径，双向 RRT 方法采用两个分别以 $\boldsymbol{q}_{\text{s}}$ 和 $\boldsymbol{q}_{\text{g}}$ 为根节点树 T_{s} 和 T_{g}。在每步迭代中，两棵树均以前面所述的随机方式进行生长。在迭代一定的步

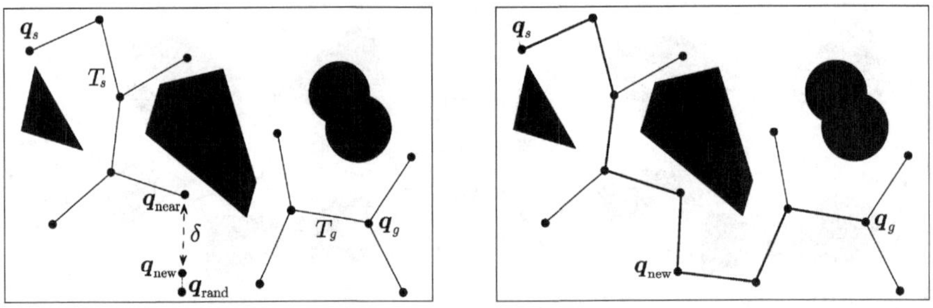

图 12.10　一个二维位形空间中的双向 RRT 方法示意图。左：实现树生长的随机机理；右：连接两棵树的拓展过程

数后，算法进入下一步：两棵树以各自向对方延伸的方式尝试连接在一起。该步骤通过产生一个 $\boldsymbol{q}_{\text{new}}$ 作为 T_s 的生长点并尝试将 T_g 连接到该点来实现。至此就可以对以上生长过程进行修正。特别的，一旦从 T_s 生长出了 $\boldsymbol{q}_{\text{new}}$，将其作为 T_g 的 $\boldsymbol{q}_{\text{rand}}$：在 T_g 中找到距 $\boldsymbol{q}_{\text{rand}}$ 最近的位形 $\boldsymbol{q}_{\text{near}}$ 并从该点开始移动尝试准确到达 $\boldsymbol{q}_{\text{rand}}=\boldsymbol{q}_{\text{new}}$；因此计算步长是可变的而非常数 δ。

如果连接 $\boldsymbol{q}_{\text{near}}$ 和 $\boldsymbol{q}_{\text{new}}$ 的线段是避碰的，该伸展算法是完全的且两棵树已经连接在一起；否则将线段中避碰的部分和端点一起加入 T_g 中。此时，将 T_s 和 T_g 互换角色并重复尝试连接的操作。如果在一定的迭代次数后连接仍未成功，可以推断出两棵树仍相距甚远并需继续生长过程。

像 PRM 方法一样，双向 RRT 方法是概率完全的。在基本构架下，该方法还会发生许多不同的变异。比如，在生成 $\boldsymbol{q}_{\text{new}}$ 时不采用常数 δ，而是将步长定义为可行位形空间的一个函数，可能会直达 $\boldsymbol{q}_{\text{rand}}$（就像在延伸过程中一样）。这个基于贪婪思想的方法当 $\mathcal{C}$ 包含广大自由区域
544 时是效率高很多。不仅如此，对于不满足自由运动假设的机器人——比如非完整约束的机器人——基于 RRT 的方法这样也是适用的。

向非完整机器人的拓展

现在考虑非完整移动机器人的运动规划问题，该类机器人的运动模型见式(11.10)。如在前一章已经见到的，该机器人在位形空间中的可行路径必须满足约束(11.40)。例如，对一个具有独轮车运动学模型的机器人，位形空间中的直线形路径(比如在 RRT 生长中用来从 $\boldsymbol{q}_{\text{near}}$ 向 $\boldsymbol{q}_{\text{new}}$ 移动的路径)通常是行不通的。

设计非完整运动规划算法时，一个简单但具有一般性的途径是采用运动基元集，它是位形空间中可行局部路径的一个有限集合，其中每个元素都是通过对运动模型中的速度输入做特定选择后产生的。运动规划问题的可行路径是以这些运动基元的组合方式给出的。例如，对独轮车式机器人，以下速度输入：

$$v=\bar{v} \qquad \omega=\{-\bar{\omega},\ 0,\ \bar{\omega}\} \quad t\in[0,\ \Delta] \tag{12.9}$$

对应三个[①]可行局部路径：第一和第三个分别沿圆弧左转和右转，而第二个是直线形路径(见图 12.11，左图)。

① 注意：这些特殊的运动基元既不包括反向运动也不含原地旋转。

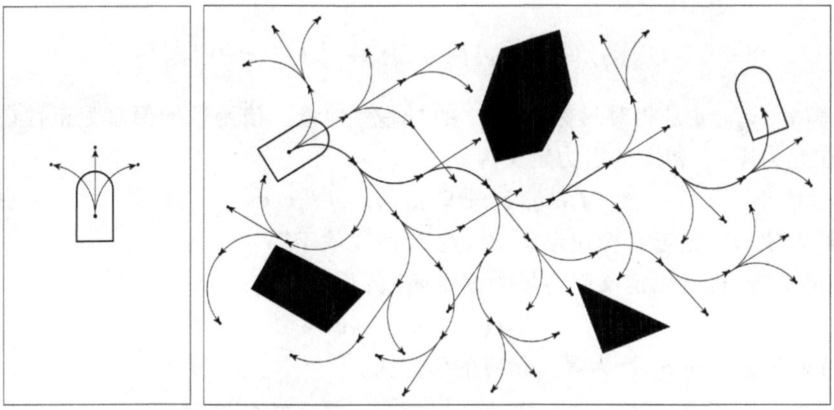

图 12.11 对独轮车做基于 RRT 的运动规划。左:运动粗糙集;右:RRT 的一个例子

对一个具备运动基元的非完整移动机器人,RRT 的生长与之前描述的过程非常相似。差别只在于,一旦确定了 T 上距 $\boldsymbol{q}_{\text{rand}}$ 最近的位形 $\boldsymbol{q}_{\text{near}}$,通过使用运动基元中从 $\boldsymbol{q}_{\text{near}}$ 出发的局部路径并从已生成的位形中选择一个随机的或距 $\boldsymbol{q}_{\text{rand}}$ 最近的点,就可以产生新位形 $\boldsymbol{q}_{\text{new}}$。很显然,$\boldsymbol{q}_{\text{new}}$ 和从 $\boldsymbol{q}_{\text{near}}$ 到 $\boldsymbol{q}_{\text{new}}$ 的局部路径都要通过碰撞检测。图 12.11 的右边部分针对具备运动基元的独轮车式机器人(12.9)给出了一个 RRT 的例子——更精确地说,是在工作空间内的投影。

在适当的假设条件下,可以证明:如果从位形 q_s 出发沿一条由运动基元组合而来的路径可以避碰地到达目标点 $\boldsymbol{q}_g$①,则 $\boldsymbol{q}_g$ 能加入 T 中的概率随计算时间的无限增长而趋近于 1。为 545
提高搜索效率,可以考虑设计一个双向算法。

12.6 基于人工势场的规划方法

到目前为止所介绍的所有方法都适用于离线运动规划问题,原因是它们需要预先知道关于机器人工作空间中障碍物的几何形状和位置的信息。这个要求在很多情况下(比如,一个工业机械手在自动化单元内运动时)是合理的。但在自动化服务应用中,机器人就必须能够完成在线运动规划,即在运动过程中利用传感器测得的部分工作空间信息进行实时规划。

一个高效在线规划的范例是基于人工势场(artificial potential fields)的方法。其实质是:在位形空间中以一点表示机器人,由目标点的引力(attractive)势场和 $\mathcal{C}$ 障碍区的斥力(repulsive)势场叠加形成人工势场 U,机器人在势场 U 作用下运动。规划过程以增量方式发生:在每个位形点 $\boldsymbol{q}$ 处,由势场产生的人工作用力定义为该势场的负梯度 $-\nabla U(\boldsymbol{q})$,表示最有可能的局部运动方向。

12.6.1 引力势场

设计引力势场是为了将机器人导引向目标位形 $\boldsymbol{q}_g$。在此,可以使用一个顶点在 $\boldsymbol{q}_g$ 处的抛

① 该假设显然是必要的,它意味着在选择运动基元时必须充分"丰富",以保证由此组合得到的可达位形集合相对于 $\mathcal{C}_{\text{free}}$ 来说足够"稠密"。例如,具有可变时间间隔运动基元(12.9)的独轮车能到达 $\mathcal{C}_{\text{free}}$ 中的任意状态,尽管也许不是经由一条完全在 $\mathcal{C}_{\text{free}}$ 中的路径。如果将式(11.56)给出的雷兹-谢普曲线选作运动基元,则该属性能得到确保。

物曲面：

$$U_{a1}(\boldsymbol{q}) = \frac{1}{2}k_a\boldsymbol{e}^{\mathrm{T}}(\boldsymbol{q})\boldsymbol{e}(\boldsymbol{q}) = \frac{1}{2}k_a\|\boldsymbol{e}(\boldsymbol{q})\|^2 \tag{12.10}$$

546 其中 $k_a>0$ 和 $\boldsymbol{e}=\boldsymbol{q}_g-\boldsymbol{q}$ 是相对目标位形 $\boldsymbol{q}_g$ 的“偏差”向量。该函数的值总为正且在 $\boldsymbol{q}_g$ 取得全局最小值(在此为零)。相应的引力定义为

$$\boldsymbol{f}_{a1}(\boldsymbol{q}) = -\nabla U_{a1}(\boldsymbol{q}) = k_a\boldsymbol{e}(\boldsymbol{q}) \tag{12.11}$$

因此，当机器人位形 $\boldsymbol{q}$ 趋近目标位形 $\boldsymbol{q}_g$ 时，$\boldsymbol{f}_{a1}$ 线性收敛于零。

作为一种选择，也可以定义引力场为圆锥函数：

$$U_{a2}(\boldsymbol{q}) = k_a\|\boldsymbol{e}(\boldsymbol{q})\| \tag{12.12}$$

U_{a2} 同样也总是正值且在 $\boldsymbol{q}_g$ 处为零。相应的引力为

$$\boldsymbol{f}_{a2}(\boldsymbol{q}) = -\nabla U_{a2}(\boldsymbol{q}) = k_a\frac{\boldsymbol{e}(\boldsymbol{q})}{\|\boldsymbol{e}(\boldsymbol{q})\|} \tag{12.13}$$

其模为常量。由于抛物面型引力场产生的引力会随偏差向量模值的增加而表现出不确定的增长，所以，比较而言，圆锥型引力场在这方面更有优势。另一方面，$\boldsymbol{f}_{a2}$ 在 $\boldsymbol{q}_g$ 的值是不确定的。图 12.12 给出了在 $\mathcal{C}=\mathbb{R}^2$ 时 U_{a1} 和 U_{a2} 的图形，其中 $k_a=1$。

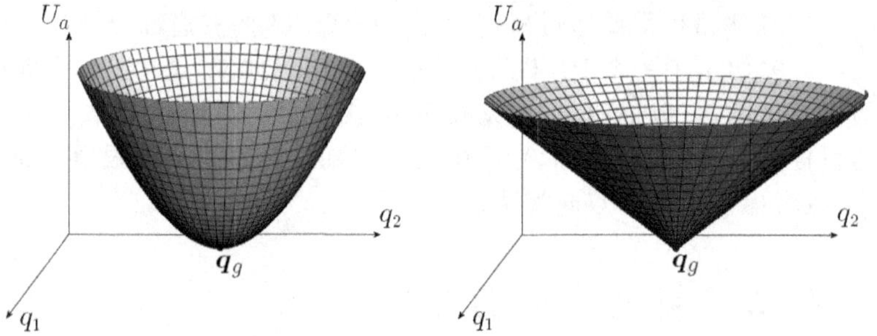

图 12.12 $\mathcal{C}=\mathbb{R}^2$，$k_a=1$ 时，抛物面型引力场 $\boldsymbol{U}_{a1}$(左)和圆锥面型引力场 $\boldsymbol{U}_{a2}$(右)的图形

综合以上两种势场各自优点的一个选择是：将引力场在目标点的 $\boldsymbol{q}_g$ 的附近邻域内定义为抛物面型函数，而在距 $\boldsymbol{q}_g$ 较远处定义为圆锥函数。特别地，通过在 $\|\boldsymbol{e}(\boldsymbol{q})\|=1$(即以 $\boldsymbol{q}_g$ 为球心，半径为 1 的单位球面)上设置两种势场定义的过渡，就可得到对任意 $\boldsymbol{q}$ 都连续的引力计算公式(也可参见习题 12.9)。

12.6.2 斥力势场

547 在引力势场 U_a 上引入斥力势场 U_r 是为了防止机器人在引力 $\boldsymbol{f}_a$ 作用下运动时撞到障碍。具体思路是在 $\mathcal{C}$ 障碍区附近建立屏障以驱使机器人质点避让。

下面的讨论将基于如下假设：$\mathcal{C}$ 障碍区已经分割成了一些凸区域 $\mathcal{CO}_i$，$i=1$，…，p。这些部分可能与 $\mathcal{C}$ 障碍本身是一致的；比如，当一个凸多边形(多面体)机器人 $\mathcal{BC}$ 按固定朝向在 $\mathbb{R}^2$($\mathbb{R}^3$)中穿行于凸多边形(多面体)之间时(见图 12.2.2)，这种情况就会发生。而对非凸的 $\mathcal{C}$ 障碍，就需要在建立斥力场前先将其分解成各个凸的部分。

对每个凸的单元 $\mathcal{CO}_i$，相应的斥力定义为

$$U_{r,i}(\boldsymbol{q}) = \begin{cases} \dfrac{k_{r,i}}{\gamma}\left(\dfrac{1}{\eta_i(\boldsymbol{q})} - \dfrac{1}{\eta_{0,i}}\right)^{\gamma} & \eta_i(\boldsymbol{q}) \leqslant \eta_{0,i} \\ 0 & \eta_i(\boldsymbol{q}) > \eta_{0,i} \end{cases} \tag{12.14}$$

其中 $k_{r,i}>0$，$\eta_i(\boldsymbol{q})=\min_{q'\in\mathcal{CO}_i}\|\boldsymbol{q}-\boldsymbol{q}'\|$ 是 $\boldsymbol{q}$ 到$\mathcal{CO}_i$ 的距离，$\eta_{0,i}$是$\mathcal{CO}_i$ 的影响范围且 $\gamma=2$，3，…。斥力场 $U_{r,i}$在影响范围之外值为零，内部值为正，在接近障碍边界时趋近于无穷大，γ 越大，增速越快(典型的取值 $\gamma=2$)。

在$\mathcal{C}=\mathbb{R}^2$ 且$\mathcal{CO}_i$ 为凸多边形障碍区时，$U_{r,i}$的一个等值线(即使 $U_{r,i}$取某定值时相应位形 $\boldsymbol{q}$ 的轨迹)由平行于该多边形各边的直线段组成，这些线段通过与各顶点对应的圆弧连接，如图 12.13 所示。注意到，在接近$\mathcal{C}$障碍边界过程中等高线之间的距离变小，这归因于势场的剖面是双曲线。当$\mathcal{C}=\mathbb{R}^3$ 且$\mathcal{CO}_i$ 为凸多面体障碍区时，$U_{r,i}$的等值线是$\mathcal{CO}_i$ 各面的放大复制品，与$\mathcal{CO}_i$ 各面交线和顶点相对应的部位分别用圆柱曲面和球面进行连接。 548

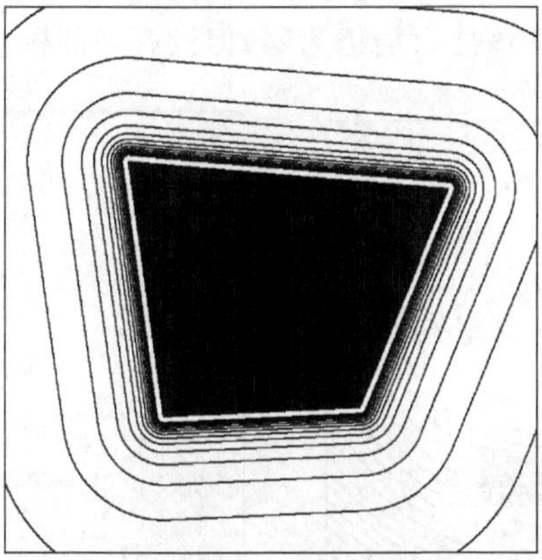

图 12.13　$\mathcal{C}=\mathbb{R}^2$ 中一个多边形$\mathcal{C}$障碍在其影响范围内的斥力场等高线图，其中 $k_r=1$，$\gamma=2$

由 $U_{r,i}$产生的斥力为

$$\boldsymbol{f}_{r,i}(\boldsymbol{q}) = -\nabla U_{r,i}(\boldsymbol{q}) = \begin{cases} \dfrac{k_{r,i}}{\eta_i^2(\boldsymbol{q})}\left(\dfrac{1}{\eta_i(\boldsymbol{q})} - \dfrac{1}{\eta_{0,i}}\right)^{\gamma-1} \nabla\eta_i(\boldsymbol{q}) & \eta_i(\boldsymbol{q}) \leqslant \eta_{0,i} \\ 0 & \eta_i(\boldsymbol{q}) > \eta_{0,i} \end{cases} \tag{12.15}$$

以 $\boldsymbol{q}_m$ 表示$\mathcal{CO}_i$ 上靠近 $\boldsymbol{q}$ 的位形点(由于$\mathcal{CO}_i$ 的凸特性，所以可以 $\boldsymbol{q}_m$ 是唯一确定)。梯度向量 $\nabla\eta_i(\boldsymbol{q})$垂直于通过 $\boldsymbol{q}$ 的等值线(面)，沿其方向从 $\boldsymbol{q}_m$ 发出的射线通过 $\boldsymbol{q}$。如果$\mathcal{CO}_i$ 地边界分段可微，则函数 η_i 在$\mathcal{C}_{\text{free}}$中处处可微的且 $\boldsymbol{f}_{r,i}$在$\mathcal{C}_{\text{free}}$中连续。①

将$\mathcal{CO}$中各个凸区域对应的斥力势场叠加起来就得到了合成斥力势场：

$$U_r(\boldsymbol{q}) = \sum_{i=1}^{p} U_{r,i}(\boldsymbol{q}) \tag{12.16}$$

如果对每个 $i=1$，…，p，有 $\eta_i(\boldsymbol{q}_g)\geqslant\eta_{0,i}$(即：目标点在所有障碍$\mathcal{CO}_i$ 的影响范围之外)，则合成斥力场 U_r 在 $\boldsymbol{q}_g$ 处的值为零。以下讨论将在此假设下进行。

---

① 注意，该结论的适用条件是：$\mathcal{CO}_i$ 是凸的。若不然，在$\mathcal{C}_{\text{free}}$中就将存在不能唯一确定 $\boldsymbol{q}_m$ 的状态。在这些根据定义归入广义 Voronoi 图中的状态处，函数 η_i 不可微，由此导致斥力不连续。这可能导致路径规划出现意想不到的结果(例如：震荡)。

12.6.3 总势场

总的合成势场 U_t 是通过将引力场和合成斥力场叠加得到的：

$$U_t(\boldsymbol{q}) = U_a(\boldsymbol{q}) + U_r(\boldsymbol{q}) \tag{12.17}$$

由此导致的作用力场为

549

$$\boldsymbol{f}_t(\boldsymbol{q}) = -\nabla U_t(\boldsymbol{q}) = \boldsymbol{f}_a(q) + \sum_{i=1}^{p} \boldsymbol{f}_{r,i}(\boldsymbol{q}) \tag{12.18}$$

很明显，U_t 在 $\boldsymbol{q}_g$ 处具有全局最小值，但除此之外，还可能存在一些力场为零的局部极小值点。为简便起见，考虑$\mathcal{C}=\mathbb{R}^2$ 的情形，当斥力场 $U_{r,i}$ 的等值线弧度比同一区域内引力场更小时（比如直线段），局部极小值发生在$\mathcal{C}$障碍的"阴影区"。以图 12.14 为例，其中的$\mathcal{C}$障碍下方明显出现了一个局部极小值。一个值得注意的例外是：所有$\mathcal{C}$障碍的凸区域$\mathcal{CO}_i$ 都是球形。此时，总势场表现为一些孤立的鞍点（在该处力场仍为零）但没有局部极小值点。

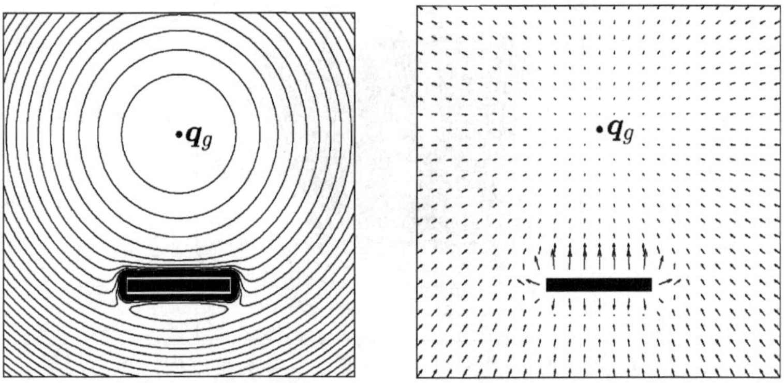

图 12.14 在$\mathcal{C}=\mathbb{R}^2$ 中，将一个双曲线引力场和一个矩形$\mathcal{C}$障碍的斥力场相叠加得到的人工势场；左：等直线，右：相应力场

12.6.4 规划方法

基于总的势场 U_t 和相应力场 $\boldsymbol{f}_t=-\nabla U_t$，有三种不同途径实现避碰的运动规划。下面做简要讨论。

1. 第一种可能是令

$$\boldsymbol{\tau} = \boldsymbol{f}_t(q) \tag{12.19}$$

由此，将 $\boldsymbol{f}_t(q)$作为一个广义力，在该力作用下，机器人按照动力学模型进行运动。

2. 第二种方法将机器人当作一个质点，该点在 $\boldsymbol{f}_t(q)$影响下运动

$$\ddot{\boldsymbol{q}} = \boldsymbol{f}_t(\boldsymbol{q}) \tag{12.20}$$

3. 第三个可能是将力场 $\boldsymbol{f}_t(q)$转换成机器人的期望速度，此时令

$$\dot{\boldsymbol{q}} = \boldsymbol{f}_t(\boldsymbol{q}) \tag{12.21}$$

550 原则上，这三种方法既可以用于在线运动规划，也可以用于离线运动规划。在第一种情况下，式(12.19)直接给出了机器人的控制输入，而式(12.20)需要反解动力学问题，即在动力学

模型中代换 $\ddot{q}$ 以计算实现这个加速度的广义力 $\boldsymbol{\tau}$。式(12.21)能用于在线运动学问题，特别是能为负责输出精确速度的底层控制器提供参考输入。无论那种情况，人工势力场 $\boldsymbol{f}_t$ 都直接或间接地提供一个真实的反馈控制使得机器人能向目标点运动，并同时努力躲避工作区中已被传感器系统侦测到的障碍。为强调这一特性，基于人工势场的运动规划也被称作反应式规划。

离线运动规划时，位形空间路径是以虚拟方式产生的，即在采用式(12.19)时，对机器人的动力学模型进行数值积分，而直接应用式(12.20)和式(12.21)的微分方程。

通常，使用式(12.19)得到的路径是光滑的。这是因为在此方案中，对障碍的反作自然地渗透到了机器人的动态过程中。另一方面，式(12.21)表示的方法在计算由力场 f_t 引起的运动修正量时更加快捷，也可能因此被认为更加安全。很明显，该方法的各项特性介于其他两个方法之间。另一个要考虑的方面是，采用式(12.21)能保证(在没有局部极小值的情况下) $\boldsymbol{q}_g$ 的渐进稳定性(即机器人到达目标点时速度降为零)，而另两种运动规划策略却做不到这一点。为使式(12.19)和式(12.20)表示的方法具有渐进稳定特性，需要为 $\boldsymbol{f}_t$ 加上一个与机器人速度成正比的阻尼项。

基于以上的讨论，对式(12.21)进行简单数值积分的方法成为最普遍的选择，这也就不足为奇了。具体做法采用如下欧拉方法：

$$\boldsymbol{q}_{k+1} = \boldsymbol{q}_k + T\boldsymbol{f}_t(\boldsymbol{q}_k) \tag{12.22}$$

其中 $\boldsymbol{q}_k$ 和 $\boldsymbol{q}_{k+1}$ 分别表示机器人当前位形和下一步位形，而 T 是积分步长。为改善所生成路径的品质，也可以采用变步长 T，当力场 $\boldsymbol{f}_t$ 的模值过大(在障碍附近)或过小(接近目标 $\boldsymbol{q}_g$)时调小该步长。代入 $\boldsymbol{f}_t(\boldsymbol{q}) = -\nabla U_t(\boldsymbol{q})$，能容易地将等式(12.22)解释为采用梯度法求解 $U_t(\boldsymbol{q})$ 最小化问题的一个数字化计算，常被称作最速下降算法。

12.6.5　局部极小值问题

无论采用哪种技术实现基于人工势场的运动规划，U_t 的局部极小值——合力场 $\boldsymbol{f}_t$ 为零——始终是一个问题。例如，若采用式(12.22)产生的路径陷入了局部极小值的引力陷阱，规划进程就被限制停止在这里而无法到达目标位形①。实际上，当采用式(12.19)或式(12.20)时，如果局部极小值的引力陷阱足够强，则同样的问题依然存在。另一方面，正如之前已经注意到的，将引力场与斥力场叠加生成的合势场除极个别情况外总有局部极小值。这意味着基于人工势场的运动规划方法通常是非完整的，原因是可能会发生即使有解也到达不了目标的情况。 551

最佳优先算法

解决局部极小值问题的一个简单办法是采用最佳优先算法(best-first algorithm)，该算法在自由位形空间 $\mathcal{C}_{\text{free}}$ 已经用等边栅格进行了离散化处理的假设下进行公式描述。通常，离散化过程会导致 $\mathcal{C}_{\text{free}}$ 中一些不能用栅格图自如表示的边界区域出现缺失。对栅格图中每个单元用其质心处的总势 U_t 进行赋值，规划进程通过以初始位形 $\boldsymbol{q}_s$ 为根节点建立一个树形结构 T 而展开。在每次迭代中，选出具有最小 U_t 值的叶节点并检测它的邻接②单元格，将其中还未

① 注到达鞍点地可能性很小；此外，任意的细微扰动都可能导致规划器出现鞍点。

② 可以采用的邻接定义是多种多样的。例如，在 $\mathbb{R}^2$ 中的定义可能是 1-邻接或 2-邻接。对前者，每个单元格 c 有 4 个邻接单元；而后者是 8 个。求解结果将直接反映这一现实。

在 T 中的作为选定节点的子节点加入树中。当到达包含目标点的单元格时，规划成功完成；否则，当遍历所有从 $\boldsymbol{q}_s$ 可达的单元格后仍不能到达 $\boldsymbol{q}_g$ 时，报告失败。

上述最佳优先算法以网格离散化形式的式(12.22)的最速下降算法推进，直到抵达总势值最小的单元。如果是局部极小值点，该算法遍历整个引力陷阱区并最终离开这里继续规划过程。由此导致的运动规划方法是分辨率完全的，这是因为该方法只有在有损表示的栅格图中存在一条解路径时才能找到它。通常，为增加求得一个解的可能性，可能有必要提高栅格的分辨率。无论在任何情况下，由于引力陷阱区遍历过程的每次迭代需要对一个叶节点搜索所有邻接单元，所以计算复杂度是$\mathcal{C}$的维数的指数函数，从而使得最佳优先算法只能应用于低维位
552 形空间(典型的维数不超过 3)。

一个更加有效的手段是将某种避让局部极小值的随机机制纳入到最佳优先算法中。实际执行该算法过程中，为了遍历引力陷阱区而进行的迭代次数是有限制的。当迭代次数到达上限时，实施一系列的随机步测(随机漫游)。相对完全遍历的方法，该方法通常能使规划器在更短的时间内逃出引力陷阱。由于随机步测的次数趋于无穷时，逃出局部极小值处引力陷阱的概率逼近于 1，所以随机最佳优先方法是概率完全的(不仅是分辨率完全的)。

导航函数

尽管最佳优先算法(基本或随机形式)给出了解决局部极小值问题的一种途径，但生成路径时却可能是非常低效率的。事实上，即便采用这种策略，机器人仍会在通往目标点的道路上进入(然后离开)每个局部极小值的引力陷阱中。一个更彻底的做法是使用导航函数(navigation functions)，即采用无局部极小值的人工势场。正如已经提到的，如果$\mathcal{C}$障碍都是球形的，则由引力和斥力场叠加而成的人工势场本身就具有这一属性。因此，第一选择是将每个$\mathcal{C}$障碍用球面代替，并由此建立人工势场 U_t。很明显，这样的近似可能会严重缩减自由位形空间 $\mathcal{C}_{\rm free}$，甚至破坏它的连通性；比如，可以想象一下图 12.4 描绘的情况。

总体上，一个导航函数优美的数学定义包括：首先建立一个微分同态(微分同胚)映射将$\mathcal{C}$障碍映射成为一组球体，然后在变换后的空间内生成一个典型的人工势场，最后映射回原始空间就得到了没有局部极小值的人工势场。如果$\mathcal{C}$障碍都是星形的①，这样的微分同态(微分同胚)是存在的，并且按照上述过程实际能得到一个导航函数。另外一种方法是采用谐函数(harmonic functions)，这些函数是求解一个表征热传导或流体运动的微分方程得到的解。

建立一个导航函数的计算是非常繁琐的，相应的规划方法也因此主要是在理论上有价值。但是，至少在低维位形空间中，数字式导航函数是一个明显的例外。这是一个在栅格化的 $\mathcal{C}_{\rm free}$ 建立起来的人工势场，其中，为包含 $\boldsymbol{q}_g$ 的单元格赋值为 0，对其邻接单元赋值为 1，对围绕赋值
553 为 1 的单元且未访问的单元赋值为 2，依次类推。为更好了解这一过程，可以将从 $\boldsymbol{q}_g$ 发出的波前可视化并依据邻接定义进行扩展(波前扩展算法)。容易注意到，所建立的势场没有局部极小值。因此，将该方法和最速下降算法结合就提供了一种分辨率完全的运动规划方法(见图 12.15)。

最后应提醒的是，导航函数仅限于用来做离线运动规划，这是因为它们的结构(无论自然

① 如果集合 $\boldsymbol{S}\subset\mathbb{R}^n$ 与$\mathbb{R}^n$ 中封闭的单位球面同态并且其中存在一点 p(中心)使得其他点能通过完全包含在 S 中线段连接到该点，就被称作是星形的。

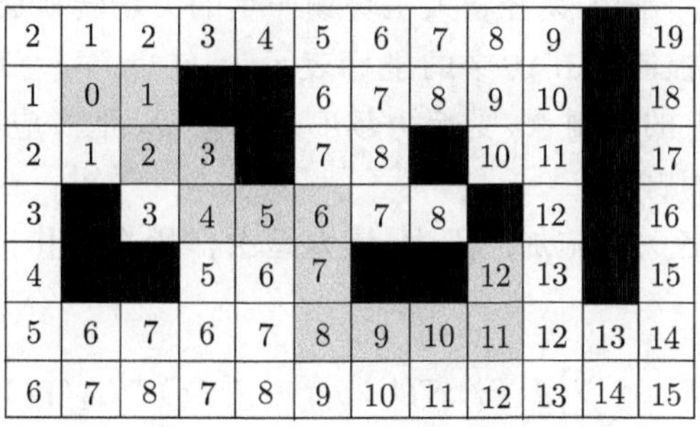

图 12.15　采用 1-邻接表示的简单二维栅格图中数字式导航函数的一个例子。灰色单元格表示在栅格势场中从起点(12 号单元格)出发沿最速下降方向得到的一条解路径

位形下是连续还是离散的)都需要预先知道关于工作空间障碍的几何与位置信息。对于在线规划问题,机器人在移动时借助传感器的测量对障碍不断进行重构。尽管无法保证完全性,这个通过叠加引力和斥力场增量构建人工势场的过程为避碰路径规划提供了一个简单并且通常有效的方法。无论哪种情况,由于引力场的建立取决于目标点 $\boldsymbol{q}_g$,所以基于人工势场的运动规划是一种单查询(single-query)的方法。

12.7　机器人机械手情形

机器人机械手避碰运动规划是一类重要的运动规划问题。由于位形空间维度较高(典型的,$n \geqslant 4$)并且有旋转自由度(旋转关节),通常这类问题的计算复杂度很大。

有时可以通过近似缩减机器人的尺寸以实现位形空间 $\mathcal{C}$ 的降维。例如,在一个 6 自由度拟人形机械手中,可以将链式结构的最后 3 个连杆和末端执行器用相应关节在可变范围内运 554
动时“扫”过的空间区域来代替。因为执行规划时只关心基座、肩和肘关节,而腕部可以任意移动,所以位形空间的维数变为 3。这种近似很明显是一种保守做法,只有上述的空间区域相对机械手的工作区而言很小时才是可接受的。

对于机械手中的旋转自由度,另一个使问题复杂化的因素是 $\mathcal{C}$ 障碍的外形,由于机械手逆运动学模型(见图 12.4)具有强非线性,所以即使对简单工作区障碍,对应 $\mathcal{C}$ 障碍的外形也非常复杂。除计算 $\mathcal{C}$ 障碍时固有的困难之外,非多面体的外形也不支持采用第 12.3 和 12.4 节中介绍的方法。

对离线规划问题,最便利的选择是概率方法,这些方法在高维位形空间中表现出最佳的性能。不仅如此,由于不需要计算 $\mathcal{C}$ 障碍,这些规划方法还不受障碍外形的影响。但应注意,作为概率运动规划方法的基本工具,碰撞检测工作却随自由度的增加而变得更加繁重。

对在线规划问题,最佳结果是通过对基于人工势场的方法进行适应性改造得到的。具体来说,若要避免计算 $\mathcal{C}$ 障碍的同时在降维空间中进行规划,就可以直接在工作空间 $\mathcal{W}=\mathbb{R}^N$ 而非位形空间 $\mathcal{C}$ 内建立人工势场,对应力场作用在机械手上一组控制点处。在这其中,要有一个代表末端执行器(指定该点到达运动规划问题的目标点)的点,且每段连接至少有一个点(可能随时间而变)。引力场只影响代表末端执行器的点,而斥力场则同时作用于所有点上。由此可知,此处用到的人工势场事实上是两个:一个是作用于末端执行器的引力–斥力场,另一个是作用于机械手上其他控制点的斥力场。

与之前一样，可以采用不同的途径将人工势场产生的力场转换成机械手用的指令，用与机械手位形 $\boldsymbol{q}$ 相对应的 P 个控制点在$\mathcal{W}$中的坐标表示为：$\boldsymbol{p}_i(\boldsymbol{q})$，$i=1$，…，$P$。具体来说，$\boldsymbol{p}_i$，…，$\boldsymbol{p}_{P-1}$是在机械手连杆上的控制点，受斥力场 U_r 影响；$\boldsymbol{p}_P$ 是对应末端执行器的控制点，受合成势场 $U_t=U_a+U_r$ 的影响。

第一种可能是机器人各关节施加广义力，该力是由作用在工作区中控制点上各力场合成而来的，按下式计算

555
$$\boldsymbol{\tau}=-\sum_{i=1}^{P-1}\boldsymbol{J}_i^{\mathrm{T}}(\boldsymbol{q})\,\nabla U_r(\boldsymbol{p}_i)-\boldsymbol{J}_P^{\mathrm{T}}(\boldsymbol{q})\,\nabla U_r(\boldsymbol{p}_P) \tag{12.23}$$

其中 $\boldsymbol{J}_i(\boldsymbol{q})$，$i=1$，…，$P$ 表示控制点 $\boldsymbol{p}_i(\boldsymbol{q})$相关直接运动学函数的雅科比矩阵。

或者，通过令

$$\dot{\boldsymbol{q}}=-\sum_{i=1}^{P-1}\boldsymbol{J}_i^{\mathrm{T}}(\boldsymbol{q})\,\nabla U_r(p_i)-\boldsymbol{J}_P^{\mathrm{T}}(\boldsymbol{q})\,\nabla U_t(\boldsymbol{p}_P) \tag{12.24}$$

并将这些关节速度作为参考信号反馈给底层控制回路，可以得到一个纯运动学规划方案。请注意：等式(12.24)表示在工作区$\mathcal{W}$上定义的合成势场中，基于梯度方法在位形空间$\mathcal{C}$内的所做的一步最小化计算。事实上，一个作用在工作区中控制点上的势函数可以被看作是通过相关的直接运动学关系以及用雅科比变换 $\boldsymbol{J}_i^{\mathrm{T}}(\boldsymbol{q})$，$i=1$，…，$P$，将$\mathcal{W}$的梯度映射到$\mathcal{C}$的梯度而得到的复合函数。如下式所示：

$$\nabla\boldsymbol{q}U(\boldsymbol{p}_i)=\left(\frac{\partial U(\boldsymbol{p}_i(\boldsymbol{q}))}{\partial\boldsymbol{q}}\right)^{\mathrm{T}}=\left(\frac{\partial U(\boldsymbol{p}_i)}{\partial\boldsymbol{p}_i}\,\frac{\partial\boldsymbol{p}_i}{\partial\boldsymbol{q}}\right)^{\mathrm{T}}=\boldsymbol{J}_i^{\mathrm{T}}(\boldsymbol{q})\,\nabla U(\boldsymbol{p}_i) \tag{12.25}$$

其中 $i=1$，…，P。

上述两种方案可以分别看成是式(12.19)和式(12.21)的变形，因此它们继承了相同的特点。特别的，当应用式(12.23)时，力场指示的运动修正经过了动力学模型筛选，可以预期能使运动更加平滑。而运动学方案(12.24)则在实现这些修正时更加快捷。

最后需要提醒的是，使用定义在工作区上的人工势场可能会使局部最小值问题恶化。事
556 实上，作用在控制点上的各种力(单纯引力或斥力)可能会在关节层互相抵消，使得机械臂在某个位形位形时锁死(力平衡)而并无控制点在此处达到相应势场(见图 12.16)中的局部极小点。因此，通常总是建议将人工势场与一个随机最佳优先算法联合使用。

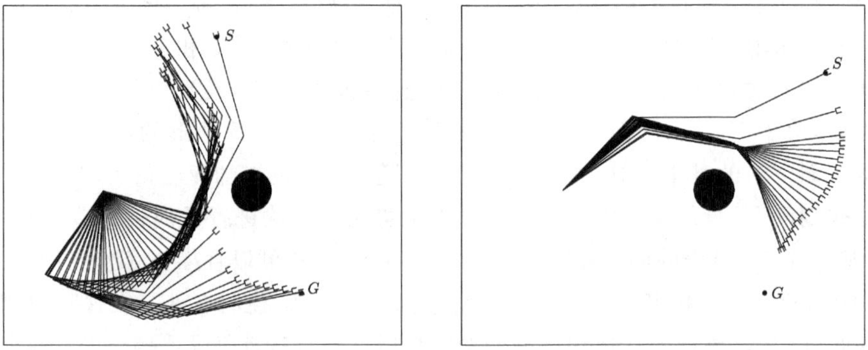

图 12.16 一个平面三连杆机械臂采用对控制点施加人工势场方法进行运动规划的实例。左图：规划成功并引导机械臂在起点 S 和目标点 G 间无碰撞运动；右图：由于机械臂陷入力平衡导致规划失败

参考资料

在过去的 30 年间，关于运动规划的文献数量极大增长，该研究领域本身现在可能已被看作是一个学科方向。下面仅就本章引用的重要文献给出一个简短的列表。

对运动规划问题中位形空间这一概念的系统应用见[138]。基于广义 Voronoi 图上自由位形空间回缩思想的算法最早在[170]中针对一个圆形机器人给出。基于梯形单元分解的技术在[122]中介绍，而[197]和[33]则在第 12.4.1 节末尾处所提基于分解的一般规划方法中。基于近似单元分解的方法由[138]提出。概率规划的 *PRM* 方法在[107]中介绍，而 *RRT* 方法及其变形则在[125]中陈述。

将人工势场用于在线运动规划的先驱是[113]。导航函数的概念由[185]引入，而其在栅格图上的数值版本由[17]给出，同时还有最佳优先算法和它的随机版本。

对运动规划问题中本章简单提及(非完全运动规划)或忽略(不确定性的管理，移动障碍)的其他方面内容，读者可以参考许多精彩的书籍，从经典的[122]，经过[123]，直到最新的文章[45，145，124]。

习题

12.1　现有一个独轮小车及车上的六自由度拟人形机械手组成了一个移动式机械臂，请描述该系统位形空间的特性(包括维度)，并提供一种广义坐标系的选择。

12.2　考虑一个 2*R* 机械臂，修改位形空间中的距离定义(12.2)使之能够兼顾到如下事实：当关节角度变量 q_1 和 q_2 增加或减少 2π 的整数倍时，机械臂姿态保持不变。

12.3　考虑一个在 $\mathbb{R}^2$ 内多边形障碍之间沿固定方向穿行的多边形机器人，试举一例证
明：同样的 $\mathcal{C}$ 障碍区可以对应不同形状的机器人和障碍。 557

12.4　考察图 12.4 中的第二个工作区，对位于 $\mathcal{C}_{\text{free}}$ 3 个连通区中的机械臂，请给出该机械臂三个位形的数据值，并进一步绘出这三种位形的每个姿态。

12.5　讨论为 $\mathbb{R}^2$ 中的一个有限多边形子集计算广义 Voronoi 图的基本算法步骤。[提示：通过考虑所有的边-边、边-顶点和顶点-顶点并基于相关等距线的交集建立图的基本弧集就能获得一个简单的算法。]

12.6　对基于精确分解的运动规划方法，请举一例。要求：得到的路径是一条连接通道单元公共边界中点的折线，该路径通过 $\mathcal{C}$ 障碍区的一个顶点。[提示：构造一种情形使得从 c_{s} 到 c_{g} 的通道入和出的边界位于同一个边。]

12.7　在计算机上编程实现 2R 平面机器人在圆形工作区障碍间运动的 PRM 算法。该程序以障碍的几何描述(每个障碍的圆心和半径)以及起点和目标位形位形为输入，在最大迭代次数后终止运行。如果找到了一条路径，将其与相应 PRM 一起输出；否则报告失败。针对不同的位形空间距离定义[例如式(12.1)或式(12.2)]，讨论该算法的性能。

12.8　在计算机上编程实现圆形独轮车机器人在方形工作区障碍间运动的 RRT 算法，其中运动基元由式(12.9)定义。该程序以障碍的几何描述(每个障碍的中心和边)以及起点和目标位形位形为输入，在最大迭代次数后终止运行。如果找到了一条路径，将其与相应 RRT

一起输出；否则报告失败。尝试构建如下情形：由于运动基元选取带来的固有限制，使得该方法无法找到结果。

12.9 在$\mathcal{C}=\mathbb{R}^2$情况下，构造一个连续可微的引力场，使得在半径为ρ的圆内具有抛物曲面剖面而在圆外是圆锥曲面剖面。［提示：修改圆锥面势场表达式(12.12)，用一个常数k_b替代k_a，该参数能表现抛物面势场。］

558 12.10 对$\mathcal{C}=\mathbb{R}^2$，证明：在斥力场U_r等势线曲率比引力场U_a小的区域内，合成势场U_t存在局部最小值。［提示：考虑一个多边形$\mathcal{C}$障碍并采用几何方法证明］

12.11 考虑一个平面工作区中运动的点机器人，该工作区中有三个圆形障碍物，半径分别为1，2和3，圆心分别在(2，1)，(−1，3)和(1，−2)，目标是工作区参考系的原点。试建立由目标引力场U_a和障碍斥力场U_r叠加而成的合成势场U_t，并进一步计算U_t的鞍点坐标。

12.12 讨论一个圆形全向机器人应用人工势场法进行在线运动规划时得到的主要结论。假设该机器人在中心位置安装了一台旋转激光扫描仪，能测量各方向上最近障碍物到扫描仪的距离。如果距离大于最大量程R，则扫描仪相应读数为R。概略描述一下将该方法拓展到一个独轮车型移动机器人时的情况。

12.13 在计算机上编程实现基于数值导航函数的运动规划算法。该程序以一个二维栅格地图为输入，其中有些单元标记为“障碍”，并标明了起点和目标单元。如果算法执行成功，输出一个从起点到目标的自由单元序列。借助一些算例，比较采用1-近邻和2-近邻方法建
559 立导航函数时得到结果的平均路径长度。

附录 A 线性代数

由于机器人的建模和控制需要广泛使用矩阵、向量及其运算，本附录对线性代数相关内容进行复习。

A.1 定义

矩阵：一个$(m\times n)$矩阵是由$m\times n$个元素a_{ij}排列成m行n列得到的数表：

$$\boldsymbol{A}=[a_{ij}]=\begin{bmatrix}a_{11} & a_{12} & \cdots & a_{1n}\\ a_{21} & a_{22} & \cdots & a_{2n}\\ \vdots & \vdots & \ddots & \vdots\\ a_{m1} & a_{m2} & \cdots & a_{mn}\end{bmatrix},i=1,2\cdots m;j=1,2\cdots n. \tag{A.1}$$

方阵：若一个矩阵行数与列数相同，即有$m=n$，则称为(n阶)方阵。

向量与向量组：若矩阵列数$n=1$，则称为m维(列)向量①，记作$\boldsymbol{a}$，向量集合$\{a_i\}$称为向量组。

三角形矩阵：一个方阵若满足：当$i>j$时，$a_{ij}=0$，则称其为上三角形矩阵：

$$\boldsymbol{A}=\begin{bmatrix}a_{11} & a_{12} & \cdots & a_{1n}\\ 0 & a_{22} & \cdots & a_{2n}\\ \vdots & \vdots & \ddots & \vdots\\ 0 & 0 & \cdots & a_{mn}\end{bmatrix}.$$

若满足：当$i<j$时，$a_{ij}=0$，则称其为下三角形矩阵。

对角形矩阵：除对角线线上的元素外全为零的方阵称为对角形矩阵。例如：

$$A=\begin{bmatrix}a_{11} & 0 & \cdots & 0\\ 0 & a_{22} & \cdots & 0\\ \vdots & \vdots & \ddots & \vdots\\ 0 & 0 & \cdots & a_{mn}\end{bmatrix}=\mathrm{diag}\{a_{11},a_{22},\cdots,a_{mn}\}.$$

单位矩阵：若n阶对角矩阵对角线上元素都是$1(a_{ii}=1)$，则称为单位矩阵，记作$\boldsymbol{I}_n$②。

零矩阵和零向量：元素全为零的矩阵称为零矩阵，记作：$\boldsymbol{O}$。零向量记作：$\boldsymbol{0}$。

转置矩阵：将一个$(m\times n)$矩阵$\boldsymbol{A}$互换行和列得到的$(\boldsymbol{n}\times\boldsymbol{m})$矩阵称为矩阵$\boldsymbol{A}$的转置矩阵，

---

① 按照数学符号表示的一般规则，向量用粗体小写字母表示，矩阵用粗体大写字母表示，标(数)量不用加粗。

② 在上下文中能明确矩阵阶数时，脚标n通常会省略掉。

记作：$\boldsymbol{A}^{\mathrm{T}}$。

$$\boldsymbol{A}^{\mathrm{T}}=\begin{bmatrix} a_{11} & a_{21} & \cdots & a_{m1} \\ a_{12} & a_{22} & \cdots & a_{m2} \\ \vdots & \vdots & \ddots & \vdots \\ a_{1n} & a_{2n} & \cdots & a_{mn} \end{bmatrix}. \tag{A.2}$$

列向量的转置矩阵是一个行向量。

对称矩阵：若 n 阶方阵 $\boldsymbol{A}$ 满足 $\boldsymbol{A}^{\mathrm{T}}=\boldsymbol{A}$，则称为对称矩阵，即有 $a_{ij}=a_{ji}$：

$$\boldsymbol{A}=\begin{bmatrix} a_{11} & a_{12} & \cdots & a_{1n} \\ a_{12} & a_{22} & \cdots & a_{2n} \\ \vdots & \vdots & \ddots & \vdots \\ a_{1n} & a_{2n} & \cdots & a_{mn} \end{bmatrix}.$$

若 n 阶方阵 $\boldsymbol{A}$ 满足 $\boldsymbol{A}^{\mathrm{T}}=-\boldsymbol{A}$，则称为反对称矩阵，即有 $a_{ij}=-a_{ji}$：

$$\boldsymbol{A}=\begin{bmatrix} 0 & a_{12} & \cdots & a_{1n} \\ -a_{12} & 0 & \cdots & a_{2n} \\ \vdots & \vdots & \ddots & \vdots \\ -a_{1n} & -a_{2n} & \cdots & 0 \end{bmatrix}.$$

分块矩阵：以矩阵（块）为元素表示的矩阵称为分块矩阵：

$$\boldsymbol{A}=[A_{ij}]=\begin{bmatrix} A_{11} & A_{12} & \cdots & A_{1n} \\ A_{21} & A_{22} & \cdots & A_{2n} \\ \vdots & \vdots & \ddots & \vdots \\ A_{m1} & A_{m2} & \cdots & A_{mn} \end{bmatrix}.$$

564 **特殊分块矩阵**：分块矩阵也有分块三角形和分块对角形。对一个矩阵进行特殊分块还包括按列或行分块，形式如下所示：

$$\boldsymbol{A}=[\boldsymbol{a}_1 \quad \boldsymbol{a}_2 \quad \cdots \quad \boldsymbol{a}_n]. \quad 或 \quad \boldsymbol{A}=\begin{bmatrix} \boldsymbol{a}_1^T \\ \boldsymbol{a}_2^T \\ \vdots \\ \boldsymbol{a}_m^{\mathrm{T}} \end{bmatrix}.$$

代数余式：对任一 n 阶方阵 $\boldsymbol{A}$，元素 a_{ij} 的代数余式 $A_{(ij)}$ 是 $\boldsymbol{A}$ 中去掉第 i 行和第 j 列后的 $n-1$ 阶子阵。

A.2 矩阵运算

矩阵的迹：n 阶方阵 $\boldsymbol{A}$ 对角线上所有元素的和称为 $\boldsymbol{A}$ 的迹：

$$\mathrm{Tr}(\boldsymbol{A})=\sum_{i=1}^{n} a_{ii} \tag{A.3}$$

矩阵相等：两个同型的 $(m\times n)$ 矩阵 $\boldsymbol{A}$ 与 $\boldsymbol{B}$ 若所有对应元素相等 $(\boldsymbol{a}_{ij}=\boldsymbol{b}_{ij})$，则称 $\boldsymbol{A}$ 与 $\boldsymbol{B}$ 相等。

矩阵加法：两个同型的 $(m\times n)$ 矩阵 $\boldsymbol{A}$ 与 $\boldsymbol{B}$ 的和仍为 $(m\times n)$ 矩阵

$$C = A + B \tag{A.4}$$

其中：$c_{ij} = a_{ij} + b_{ij}$。矩阵加法具有如下性质：

$$A + O = A$$
$$A + B = B + A$$
$$(A + B) + C = A + (B + C)$$

分块矩阵加法：按同样方式进行分块的两个同型矩阵求和，可以参照上述加法运算规则以同一位置上的块为元素进行。

矩阵的数量乘法：以一个数 α 乘 $(m\times n)$ 矩阵 A，结果仍为 $(m\times n)$ 矩阵，元素为 αa_{ij}。如果 A 是对角形矩阵且对角线上元素都相同 $(a_{ii}=\alpha)$，则 A 称为数量矩阵，记为 $A=\alpha I_n$。

利用上面提到的矩阵运算及特殊矩阵，可以将任意方阵进行如下分解：

$$A = A_s + A_a \tag{A.5}$$

其中

$$A_s = \frac{1}{2}(A + A^T) \tag{A.6}$$ 565

是一个对称矩阵，而

$$A_a = \frac{1}{2}(A - A^T) \tag{A.7}$$

是一个反对称矩阵。

矩阵乘法：一个 $(m\times p)$ 矩阵 A 乘以一个 $(p\times n)$ 矩阵 B，结果为 $(m\times n)$ 矩阵

$$C = AB \tag{A.8}$$

其中元素 $c_{ij} = \sum_{k=1}^{p} a_{ik}b_{kj}$。矩阵乘法具有如下性质：

$$A = AI_p = I_m A$$
$$A(BC) = (AB)C$$
$$A(B + C) = AB + AC$$
$$(A + B)C = AC + BC$$
$$(AB)^T = B^T A^T$$

注意：矩阵乘法不满足交换律和消去率，即通常：$AB\neq BA$，$AB=O$ 也不意味着 $A=O$ 或 $B=O$，而由 $AC=BC$ 也不能通过简单消去得到 $A=B$。

分块矩阵乘法：如果一个 $(m\times p)$ 矩阵 A 和一个 $(p\times n)$ 矩阵 B 分块满足如下要求：A 按行的分块数目与 B 按列分块数目相同且对应分块 A_{ik} 与 B_{kj} 满足矩阵乘法的要求，则矩阵乘积 AB 可参照矩阵乘积规则以各分块矩阵为元素进行运算获得。

矩阵的行列式：对 n 阶方阵 A，其行列式可以按任意行展开得到

$$\det(A) = \sum_{j=1}^{n} a_{ij}\ (-1)^{i+j}\det(A_{(ij)}) \tag{A.9}$$

同样的结果也可以按任一列进行展开而得到。若果 $n=1$，则 $\det(a_{11})=a_{11}$。矩阵的行列式运算具有如下性质：

性质1：$\det(A)=\det(A^T)$；

性质2：互换行列式中的两列(行)，则行列式值相反，即有

$$\det([a_1\cdots a_p\cdots a_q\cdots a_n]) = -\det([a_1\cdots a_q\cdots a_p\cdots a_n])$$

推论：若 n 阶方阵 $\boldsymbol{A}$ 有两列(行)对应元素相同，则其行列式值为 0。

性质 3：$\det(\alpha A)=\alpha^n\det(A)$。

566 **k 级子式：**对 $(m\times n)$ 矩阵 $\boldsymbol{A}$，任取其中的 k 行 k 列交叉位置处的元素得到的行列式称为 $\boldsymbol{A}$ 的一个 k 级子式；取前 k 行 k 列交叉位置处的元素得到的方块称为 $\boldsymbol{A}$ 的 k 级主子式。

性质 4：若 $\boldsymbol{A}$ 与 $\boldsymbol{B}$ 均为 n 阶方阵，则

$$\det(\boldsymbol{AB})=\det(\boldsymbol{A})\det(\boldsymbol{B}) \tag{A.10}$$

性质 5：若 $\boldsymbol{A}$ 是 n 阶三角形矩阵(特殊情况下是对角形矩阵)，则

$$\det(\boldsymbol{A})=\prod_{i=1}^{n}\boldsymbol{a}_{ii}$$

更一般地，如果 $\boldsymbol{A}$ 是一个分块三角形矩阵，对角线上的 m 个分块为 $\boldsymbol{A}_{ii}$，则

$$\det(\boldsymbol{A})=\prod_{i=1}^{m}\det(A_{ii})$$

奇异矩阵：若 n 阶方阵 $\boldsymbol{A}$ 满足 $\det(\boldsymbol{A})=0$，则称为奇异矩阵。

矩阵的秩：矩阵 $\boldsymbol{A}$ 中最高阶非零子式的阶数称为 $\boldsymbol{A}$ 的秩，记为：$\varrho(\boldsymbol{A})$。具有以下性质：

性质 1：$\varrho(\boldsymbol{A})\leqslant\min\{m,n\}$；

性质 2：$\varrho(\boldsymbol{A})=\varrho(\boldsymbol{A}^{\mathrm{T}})$；

性质 3：$\varrho(\boldsymbol{A}^{\mathrm{T}}\boldsymbol{A})=\varrho(\boldsymbol{A})$；

性质 4：$\varrho(\boldsymbol{AB})\leqslant\min\{\varrho(\boldsymbol{A}),\varrho(\boldsymbol{B})\}$.

若有 $\varrho(\boldsymbol{A})=\min\{m,n\}$，则称为满秩矩阵。

伴随矩阵：n 阶方阵 $\boldsymbol{A}$ 的伴随矩阵 $\mathrm{Adj}(A)$ 由下式给出：

$$\mathrm{Adj}(A)=[(-1)^{i+j}\det(A_{(ij)})]^{\mathrm{T}}_{\substack{i=1,\cdots n\\ j=1,\cdots n}} \tag{A.11}$$

逆矩阵：对 n 阶方阵 $\boldsymbol{A}$，若有矩阵 $\boldsymbol{A}^{-1}$ 使得 $\boldsymbol{A}^{-1}\boldsymbol{A}=\boldsymbol{A}\boldsymbol{A}^{-1}=\boldsymbol{I}_n$，则称 $\boldsymbol{A}$ 可逆，$\boldsymbol{A}^{-1}$ 称为 A 的逆矩阵。

矩阵可逆的充分必要条件：$\varrho(\boldsymbol{A})=n$ 或 $\det(\boldsymbol{A})\neq 0$。

逆矩阵的计算公式：

$$\boldsymbol{A}^{-1}=\frac{1}{\det(\boldsymbol{A})}\mathrm{Adj}(\boldsymbol{A}) \tag{A.12}$$

逆矩阵的性质：

性质 1：$(\boldsymbol{A}^{-1})^{-1}=\boldsymbol{A}$；

567 **性质 2：**$(\boldsymbol{A}^{\mathrm{T}})^{-1}=(\boldsymbol{A}^{-1})^{\mathrm{T}}$；

性质 3：若 n 阶方阵 $\boldsymbol{A}$ 与 $\boldsymbol{B}$ 均为可逆矩阵，则

$$(\boldsymbol{AB})^{-1}=\boldsymbol{B}^{-1}\boldsymbol{A}^{-1} \tag{A.13}$$

性质 4：若 n 个矩阵 $\boldsymbol{A}_{ii}$ 均可逆，则

$$(\mathrm{diag}\{\boldsymbol{A}_{11},\cdots,\boldsymbol{A}_{nn}\})^{-1}=\mathrm{diag}\{\boldsymbol{A}_{11}^{-1},\cdots,\boldsymbol{A}_{nn}^{-1}\}$$

性质 5：设 $\boldsymbol{A}$ 与 $\boldsymbol{C}$ 均为可逆矩阵，则

$$(\boldsymbol{A}+\boldsymbol{BCD})^{-1}=\boldsymbol{A}^{-1}-\boldsymbol{A}^{-1}\boldsymbol{B}(\boldsymbol{DA}^{-1}\boldsymbol{B}+\boldsymbol{C}^{-1})^{-1}\boldsymbol{DA}^{-1}$$

其中 $\boldsymbol{DA}^{-1}\boldsymbol{B}+\boldsymbol{C}^{-1}$ 必须是可逆的。

性质 6：如果分块矩阵是可逆的，则其逆矩阵可由下式给出：

$$\begin{bmatrix}\boldsymbol{A} & \boldsymbol{D}\\ \boldsymbol{C} & \boldsymbol{B}\end{bmatrix}^{-1}=\begin{bmatrix}\boldsymbol{A}^{-1}+\boldsymbol{E}\Delta^{-1}\boldsymbol{F} & -\boldsymbol{E}\Delta^{-1}\\ -\Delta^{-1}\boldsymbol{F} & \Delta^{-1}\end{bmatrix} \tag{A.14}$$

其中，$\Delta=\boldsymbol{B}-\boldsymbol{C}\boldsymbol{A}^{-1}\boldsymbol{D}$，$\boldsymbol{E}=\boldsymbol{A}^{-1}\boldsymbol{D}$，$\boldsymbol{F}=\boldsymbol{C}\boldsymbol{A}^{-1}$，前提是矩阵 $\boldsymbol{A}$ 与 $\boldsymbol{\Delta}$ 可逆。特殊情况下，对分块三角形矩阵

$$\begin{bmatrix}\boldsymbol{A} & \boldsymbol{O}\\ \boldsymbol{C} & \boldsymbol{B}\end{bmatrix}^{-1}=\begin{bmatrix}\boldsymbol{A}^{-1} & \boldsymbol{O}\\ -\boldsymbol{B}^{-1}\boldsymbol{C}\boldsymbol{A}^{-1} & \boldsymbol{B}^{-1}\end{bmatrix},\begin{bmatrix}\boldsymbol{A} & \boldsymbol{D}\\ \boldsymbol{O} & \boldsymbol{B}\end{bmatrix}^{-1}=\begin{bmatrix}\boldsymbol{A}^{-1} & -\boldsymbol{A}^{-1}\boldsymbol{D}\boldsymbol{B}^{-1}\\ \boldsymbol{O} & \boldsymbol{B}^{-1}\end{bmatrix}$$

正交矩阵：若 n 阶方阵 $\boldsymbol{A}$ 的逆矩阵与其转置矩阵相同，即有

$$\boldsymbol{A}^{\mathrm{T}}=\boldsymbol{A}^{-1} \tag{A.15}$$

则矩阵 $\boldsymbol{A}$ 称为正交矩阵；此时

$$\boldsymbol{A}\boldsymbol{A}^{\mathrm{T}}=\boldsymbol{A}^{\mathrm{T}}\boldsymbol{A}=\boldsymbol{I} \tag{A.16}$$

幂等矩阵：n 阶方阵 $\boldsymbol{A}$ 称为幂等矩阵是指 $\boldsymbol{A}$ 满足

$$\boldsymbol{A}\boldsymbol{A}=\boldsymbol{A} \tag{A.17}$$

矩阵的微分：若矩阵 $\boldsymbol{A}(t)$ 的元素 $\boldsymbol{a}_{ij}(t)$ 都是可微函数，则 $\boldsymbol{A}(t)$ 的微分为

$$\dot{\boldsymbol{A}}=\frac{\mathrm{d}}{\mathrm{d}t}\boldsymbol{A}(t)=\left[\frac{\mathrm{d}}{\mathrm{d}t}\boldsymbol{a}_{ij}(t)\right]_{\substack{i=1,\cdots,m\\ j=1,\cdots,n}} \tag{A.18}$$ 568

若方阵 $\boldsymbol{A}(t)$ 对任意的 t 都是满秩的，且其元素 $\boldsymbol{a}_{ij}(t)$ 都是可微函数，则其逆矩阵的微分为

$$\frac{\mathrm{d}}{\mathrm{d}t}\boldsymbol{A}^{-1}(t)=-\boldsymbol{A}^{-1}(t)\dot{\boldsymbol{A}}(t)\boldsymbol{A}^{-1}(t) \tag{A.19}$$

对给定多元函数 $f(x)$，其中 $\boldsymbol{x}=(x_1,\cdots,x_n)$，$f(\boldsymbol{x})$ 的梯度为一个 n 维向量

$$\nabla_x f(\boldsymbol{x})=\left(\frac{\partial f}{\partial \boldsymbol{x}}\right)^{\mathrm{T}}=\left[\frac{\partial f}{\partial x_1},\cdots,\frac{\partial f}{\partial x_n}\right]^{\mathrm{T}} \tag{A.20}$$

更进一步，若 $x=x(t)$ 是关于 t 的可微函数，则

$$\dot{f}(\boldsymbol{x})=\frac{\mathrm{d}}{\mathrm{d}t}f(\boldsymbol{x}(t))=\frac{\partial f}{\partial \boldsymbol{x}}\dot{\boldsymbol{x}}=\nabla_x^T f(\boldsymbol{x})\dot{\boldsymbol{x}} \tag{A.21}$$

对给定向量函数 $\boldsymbol{g}(x)=[\boldsymbol{g}_1(x),\cdots,\boldsymbol{g}_m(x)]^{\mathrm{T}}$，其中 $\boldsymbol{x}=(x_1,\cdots,x_n)$，$\boldsymbol{g}_1(\boldsymbol{x})$ 关于 $\boldsymbol{x}$ 是可微的，则该函数的雅可比矩阵矩阵为

$$\boldsymbol{J}_g(\boldsymbol{x})=\frac{\partial \boldsymbol{g}(\boldsymbol{x})}{\partial \boldsymbol{x}}=\begin{bmatrix}\dfrac{\partial \boldsymbol{g}_1(\boldsymbol{x})}{\partial \boldsymbol{x}}\\ \dfrac{\partial \boldsymbol{g}_2(\boldsymbol{x})}{\partial \boldsymbol{x}}\\ \vdots\\ \dfrac{\partial \boldsymbol{g}_m(\boldsymbol{x})}{\partial \boldsymbol{x}}\end{bmatrix} \tag{A.22}$$

若 $\boldsymbol{x}=\boldsymbol{x}(t)$ 是关于 t 的可微函数，则

$$\dot{\boldsymbol{g}}(\boldsymbol{x})=\frac{\mathrm{d}}{\mathrm{d}t}\boldsymbol{g}(\boldsymbol{x}(t))=\frac{\partial \boldsymbol{g}}{\partial \boldsymbol{x}}\dot{\boldsymbol{x}}=\boldsymbol{J}_g(\boldsymbol{x})\dot{\boldsymbol{x}} \tag{A.23}$$

A.3　向量运算

向量的线性相关性：对 n 个 m 维向量 $\boldsymbol{x}_i$，若仅当所有 k_i 都等于零时才有

$$k_1\boldsymbol{x}_1+k_2\boldsymbol{x}_2+\cdots+k_n\boldsymbol{x}_n=\boldsymbol{0}$$

成立，则称向量组 $\boldsymbol{x}_i$ 线性无关。向量组 $\boldsymbol{x}_1,\boldsymbol{x}_2,\cdots,\boldsymbol{x}_n$ 线性无关的充分必要条件之一是：矩阵

569 $$\boldsymbol{A}=[\boldsymbol{x}_1,\boldsymbol{x}_2,\cdots,\boldsymbol{x}_n]$$

的秩为 n；这也意味着线性无关的必要条件是 $n\leqslant m$。若 $\varrho(\boldsymbol{A})=r<n$，就只有 r 个向量是线性无关的，而其他 $n-r$ 个向量可以由可以由它们线性表示。

向量空间：由定义在实数域向量构成的一个系统 $\mathcal{X}$，若 $\mathcal{X}$ 中任意两个向量相加或任意一个向量进行数量乘法后结果向量仍属于 $\mathcal{X}$ 且满足如下性质，则称 $\mathcal{X}$ 是一个向量空间：

$$\boldsymbol{x}+\boldsymbol{y}=\boldsymbol{y}+\boldsymbol{x}\quad \forall\, \boldsymbol{x},\ \boldsymbol{y}\in\mathcal{X}$$
$$(\boldsymbol{x}+\boldsymbol{y})+\boldsymbol{z}=\boldsymbol{x}+(\boldsymbol{y}+\boldsymbol{x})\quad \forall\, \boldsymbol{x},\boldsymbol{y},\boldsymbol{z}\in\mathcal{X}$$
$$\exists\,\boldsymbol{0}\in\mathcal{X}\quad \boldsymbol{x}+\boldsymbol{0}=\boldsymbol{x}\quad \forall\,\boldsymbol{x}\in\mathcal{X}$$
$$\exists\,\boldsymbol{x}\in\mathcal{X},\ \exists\,(-\boldsymbol{x})\in\mathcal{X}:\boldsymbol{x}+(-\boldsymbol{x})=\boldsymbol{0}$$
$$1\boldsymbol{x}=\boldsymbol{x}\quad \forall\,\boldsymbol{x}\in\mathcal{X}$$
$$\alpha(\beta\boldsymbol{x})=(\alpha\beta)\boldsymbol{x}\quad \forall\,\alpha,\beta\in\mathbb{R}\quad \forall\,\boldsymbol{x}\in\mathcal{X}$$
$$(\alpha+\beta)\boldsymbol{x}=\alpha\boldsymbol{x}+\beta\boldsymbol{x}\quad \forall\,\alpha,\beta\in\mathbb{R}\quad \forall\,\boldsymbol{x}\in\mathcal{X}$$
$$\alpha(\boldsymbol{x}+\boldsymbol{y})=\alpha\boldsymbol{x}+\alpha\boldsymbol{y}\quad \forall\,\alpha\in\mathbb{R}\quad \forall\,\boldsymbol{x},\boldsymbol{y}\in\mathcal{X}$$

向量空间基与维数：向量空间 $\mathcal{X}$ 中一个最大线性无关向量组 $\{\boldsymbol{x}_1,\ \boldsymbol{x}_2,\ \cdots,\ \boldsymbol{x}_n\}$ 称为 $\mathcal{X}$ 的一组基，基中向量个数称为 $\mathcal{X}$ 的维数，记为：$\dim(\mathcal{X})$，该向量空间中的任一向量 $\boldsymbol{y}$ 可以由这组基唯一线性表示为

$$\boldsymbol{y}=c_1\boldsymbol{x}_1+c_2\boldsymbol{x}_2+\cdots+c_n\boldsymbol{x}_n \tag{A.24}$$

其中 $c_1,\ c_2,\ \cdots,\ c_n$ 称为向量 $\boldsymbol{y}$ 在基 $\{x_1,\ x_2,\ \cdots,\ x_n\}$ 下的坐标。

子空间：向量空间 $\mathcal{X}$ 的一个子集 $\mathcal{Y}$ 若满足对向量加法和数量程法是封闭的，即

$$\alpha\boldsymbol{x}+\beta\boldsymbol{y}\in\mathcal{Y}\quad \forall\,\alpha,\beta\in\mathbb{R}\quad \forall\,\boldsymbol{x},\ \boldsymbol{y}\in\mathcal{Y}$$

则称 $\mathcal{Y}$ 是 $\mathcal{X}$ 的一个子空间 $\mathcal{Y}\subseteq\mathcal{X}$。

从几何角度进行解释，子空间是过向量空间 $\mathcal{X}$ 原点(零元)的一个超平面。

向量的内积：两个 m 维向量的内积(数量积)$\langle\boldsymbol{x},\ \boldsymbol{y}\rangle$ 由在给定基下对应坐标分量乘积求和得到，即：

$$\langle\boldsymbol{x},\boldsymbol{y}\rangle=x_1y_1+x_2y_2+\cdots+x_my_m=\boldsymbol{x}^{\mathrm{T}}\boldsymbol{y}=\boldsymbol{y}^{\mathrm{T}}\boldsymbol{x} \tag{A.25}$$

向量正交：若两个向量的内积为零，称这两个向量正交：

$$\boldsymbol{x}^{\mathrm{T}}\boldsymbol{y}=\boldsymbol{0} \tag{A.26}$$

向量的范数：向量的范数定义为

570 $$\|\boldsymbol{x}\|=\sqrt{\boldsymbol{x}^{\mathrm{T}}\boldsymbol{x}} \tag{A.27}$$

可以证明向量的范数满足如下**三角不等式**：

$$\|\boldsymbol{x}+\boldsymbol{y}\|\leqslant\|\boldsymbol{x}\|+\|\boldsymbol{y}\| \tag{A.28}$$

和**施瓦茨(Schwarz)不等式**：

$$|\boldsymbol{x}^{\mathrm{T}}\boldsymbol{y}|\leqslant\|\boldsymbol{x}\|\ \|\boldsymbol{y}\| \tag{A.29}$$

范数为 1 的向量 $\dot{\boldsymbol{x}}$ 称为**单位向量**，即：$\hat{\boldsymbol{x}}^{\mathrm{T}}\hat{\boldsymbol{x}}=1$。对任给的向量 $\boldsymbol{x}$，可以通过将其每个分量除以向量的范数得到相应单位向量：

$$\hat{\boldsymbol{x}}=\frac{1}{\|\boldsymbol{x}\|}\boldsymbol{x} \tag{A.30}$$

向量空间的一个典型例子是 3 维欧几里得空间，此时基由各坐标方向上的单位向量构成。

向量积：在欧几里得空间中，两个向量 $\boldsymbol{x}$ 与 $\boldsymbol{y}$ 的向量积是向量：

$$\boldsymbol{x} \times \boldsymbol{y} = \begin{bmatrix} x_2 y_3 - x_3 y_2 \\ x_3 y_1 - x_1 y_3 \\ x_1 y_2 - x_2 y_1 \end{bmatrix} \tag{A.31}$$

向量积运算具有如下性质：

$$\boldsymbol{x} \times \boldsymbol{x} = \boldsymbol{0}$$
$$\boldsymbol{x} \times \boldsymbol{y} = -\boldsymbol{y} \times \boldsymbol{x}$$
$$\boldsymbol{x} \times (\boldsymbol{y} + \boldsymbol{z}) = \boldsymbol{x} \times \boldsymbol{y} + \boldsymbol{x} \times \boldsymbol{z}$$

两个向量 $\boldsymbol{x}$ 与 $\boldsymbol{y}$ 的向量积也可以用矩阵算子 $\boldsymbol{S}(\boldsymbol{x})$ 与向量 $\boldsymbol{y}$ 的乘积来表示。事实上，通过引入由向量 $\boldsymbol{x}$ 的各分量构建的反对陈矩阵

$$\boldsymbol{S}(\boldsymbol{x}) = \begin{bmatrix} 0 & -x_3 & x_2 \\ x_3 & 0 & -x_1 \\ -x_2 & x_1 & 0 \end{bmatrix} \tag{A.32}$$

容易证明，向量积 $\boldsymbol{x} \times \boldsymbol{y}$ 可以写成

$$\boldsymbol{x} \times \boldsymbol{y} = \boldsymbol{S}(\boldsymbol{x})\boldsymbol{y} = -\boldsymbol{S}(\boldsymbol{y})\boldsymbol{x} \tag{A.33}$$

该运算还具有如下性质：

$$\boldsymbol{S}(\boldsymbol{x})\boldsymbol{x} = \boldsymbol{S}^{\mathrm{T}}(\boldsymbol{x})\boldsymbol{x} = \boldsymbol{0}$$
$$\boldsymbol{S}(\alpha\boldsymbol{x} + \beta\boldsymbol{y}) = \alpha\boldsymbol{S}(\boldsymbol{x}) + \beta\boldsymbol{S}(\boldsymbol{y})$$

对欧几里得空间中的三个向量 $\boldsymbol{x}, \boldsymbol{y}, \boldsymbol{z}$，有以下等式：

$$\boldsymbol{x}^{\mathrm{T}}(\boldsymbol{y} \times \boldsymbol{z}) = \boldsymbol{y}^{\mathrm{T}}(\boldsymbol{z} \times \boldsymbol{x}) = \boldsymbol{z}^{\mathrm{T}}(\boldsymbol{x} \times \boldsymbol{y}) \tag{A.34}$$

若其中任意两个向量相同，则上式为零，比如：

$$\boldsymbol{x}^{\mathrm{T}}(\boldsymbol{x} \times \boldsymbol{y}) = \boldsymbol{0}$$ 571

A.4 线性变换

已知$\mathcal{X}$为 n 维向量空间，$\mathcal{Y}$为 m 维向量空间，且 $m \leqslant n$，向量 $\boldsymbol{x} \in \mathcal{X}$，$\boldsymbol{y} \in \mathcal{Y}$，向量 $\boldsymbol{x}$ 与 $\boldsymbol{y}$ 之间的线性变换可由下式定义：

$$\boldsymbol{y} = \boldsymbol{A}\boldsymbol{x} \tag{A.35}$$

其中矩阵 $\boldsymbol{A}$ 是 $m \times n$ 的变换矩阵。该变换的值域（或称列空间）是$\mathcal{Y}$的子空间：

$$\boldsymbol{R}(\boldsymbol{A}) = \{\boldsymbol{y} : \boldsymbol{y} = \boldsymbol{A}\boldsymbol{x},\ \boldsymbol{x} \in \mathcal{X}\} \subseteq \mathcal{Y} \tag{A.36}$$

该子空间是由矩阵 $\boldsymbol{A}$ 中线性无关的列向量组作为一组基而生成的向量空间。容易发现：

$$R(\boldsymbol{A}) = \dim(\mathcal{R}(\boldsymbol{A})) \tag{A.37}$$

另一方面，该变换的零空间（或简称零）是$\mathcal{X}$的子空间：

$$\mathcal{N}(\boldsymbol{A}) = \{\boldsymbol{x} : \boldsymbol{A}\boldsymbol{x} = \boldsymbol{0},\ \boldsymbol{x} \in \mathcal{X}\} \subseteq \mathcal{X} \tag{A.38}$$

给定一个 $m \times n$ 矩阵 $\boldsymbol{A}$，有如下重要结论：

$$\varrho(\boldsymbol{A}) + \dim(\mathcal{N}(\boldsymbol{A})) = n \tag{A.39}$$

因此，若$\varrho(\boldsymbol{A}) = r \leqslant \min\{m, n\}$，则 $\dim(\mathcal{R}(\boldsymbol{A})) = r$ 且 $\dim(\mathcal{N}(\boldsymbol{A})) = n - r$。由此可推出：若 $m < n$，则无论 $\boldsymbol{A}$ 的秩为何值，都有 $\mathcal{N}(\boldsymbol{A}) \neq \varnothing$；若 $m = n$，则仅当$\varrho(\boldsymbol{A}) = r < m$ 时，$\mathcal{N}(\boldsymbol{A})$

$\neq\varnothing$。

如果 $\boldsymbol{x}\in\mathcal{N}(\boldsymbol{A})$ 且 $\boldsymbol{y}\in\mathcal{R}(\boldsymbol{A}^{\mathrm{T}})$，则 $\boldsymbol{y}^{\mathrm{T}}\boldsymbol{x}=\boldsymbol{0}$，即：矩阵 $\boldsymbol{A}$ 的核空间中的向量与 $\boldsymbol{A}^{\mathrm{T}}$ 的值域中的向量正交。可以证明：与 $\boldsymbol{A}^{\mathrm{T}}$ 的值域中的所有向量都正交的向量组成的集合就是 $\boldsymbol{A}$ 的核空间；反之，与 $\boldsymbol{A}^{\mathrm{T}}$ 的核空间中的所有向量都正交的向量组成的集合就是 $\boldsymbol{A}$ 的值域。记为

$$\mathcal{N}(\boldsymbol{A})\equiv\mathcal{R}^{\perp}(\boldsymbol{A}^{\mathrm{T}})\qquad\mathcal{R}(\boldsymbol{A})\equiv\mathcal{N}^{\perp}(\boldsymbol{A}^{\mathrm{T}})\tag{A.40}$$

其中 $\perp$ 与子空间中所有向量正交。

若式(A.35)中的矩阵 $\boldsymbol{A}$ 是幂等方阵，该矩阵表示向量空间 $\mathcal{X}$ 向子空间的映射。

线性变换使得可以借助向量 $\boldsymbol{x}$ 的范数定义矩阵 $\boldsymbol{A}$ 的范数。注意到如下性质：

$$\|\boldsymbol{A}\boldsymbol{x}\|\leqslant\|\boldsymbol{A}\|\ \|\boldsymbol{x}\|\tag{A.41}$$

矩阵 $\boldsymbol{A}$ 的范数可被定义为

572

$$\|\boldsymbol{A}\|=\sup_{\boldsymbol{x}\neq 0}\frac{\|\boldsymbol{A}\boldsymbol{x}\|}{\|\boldsymbol{x}\|}\tag{A.42}$$

也可以由下式计算：

$$\max_{\|\boldsymbol{x}\|=1}\|\boldsymbol{A}\boldsymbol{x}\|$$

式(A.41)的一个直接推论是

$$\|\boldsymbol{A}\boldsymbol{B}\|\leqslant\|\boldsymbol{A}\|\ \|\boldsymbol{B}\|\tag{A.43}$$

另外一种矩阵范数是 Frobenius 范数，定义如下：

$$\|\boldsymbol{A}\|_{\mathrm{F}}=(\mathrm{Tr}(\boldsymbol{A}^{\mathrm{T}}\boldsymbol{A}))^{1/2}\tag{A.44}$$

A.5 特征值与特征向量

已知对向量 $\boldsymbol{u}$ 的线性变换对应变换矩阵为 n 阶方阵 $\boldsymbol{A}$，如果变换后得到的向量与 $\boldsymbol{u}$ 方向相同，则有

$$\boldsymbol{A}\boldsymbol{u}=\lambda\boldsymbol{u}\tag{A.45}$$

式(A.45)可以重写成矩阵方程如下

$$(\lambda\boldsymbol{I}-\boldsymbol{A})\boldsymbol{u}=\boldsymbol{0}\tag{A.46}$$

等式方程(A.46)若有非零解，必有

$$\det(\lambda\boldsymbol{I}-\boldsymbol{A})=0\tag{A.47}$$

上式称为特征方程。该方程的解 $\lambda_1,\cdots,\lambda_n$ 称为矩阵 $\boldsymbol{A}$ 的特征值，与 $\boldsymbol{A}^{\mathrm{T}}$ 的特征值相同。假设特征值各不相同，就有 n 个向量 u_i 满足等式

$$(\lambda_i\boldsymbol{I}-\boldsymbol{A})\boldsymbol{u}_i=\boldsymbol{0}\quad i=1,\cdots,n\tag{A.48}$$

向量 $\boldsymbol{u}_i$ 称为对应特征值 λ_i 的特征向量。

以 u_i 为列向量的矩阵 $\boldsymbol{U}$ 是可逆的，$\boldsymbol{u}_i$ 构成 n 维向量空间的一组基。不仅如此，由 $\boldsymbol{U}$ 确定的相似变换

$$\boldsymbol{\Lambda}=\boldsymbol{U}^{-1}\boldsymbol{A}\boldsymbol{U}\tag{A.49}$$

能将矩阵 $\boldsymbol{A}$ 相似对角化为 $\boldsymbol{\Lambda}=\mathrm{diag}\{\lambda_1,\cdots,\lambda_n\}$，并有 $\det(\boldsymbol{A})=\prod_{i=1}^{n}\lambda_i$。

如果矩阵 $\boldsymbol{A}$ 是对称矩阵，则 $\boldsymbol{A}$ 的特征值全是实数，而 $\boldsymbol{A}$ 能被改写成

$$\boldsymbol{A}=\boldsymbol{U}^{\mathrm{T}}\boldsymbol{\Lambda}\boldsymbol{U} \tag{A.50}$$ 573

其中由特征向量构成的矩阵 $\boldsymbol{U}$ 是正交阵。

A.6　双线性型与二次型

关于变量 x_i 和 y_j 的双线性型如下形式：

$$B=\sum_{i=1}^{m}\sum_{j=1}^{n}a_{ij}x_iy_j$$

写成矩阵形式为

$$\boldsymbol{B}(\boldsymbol{x},\ \boldsymbol{y})=\boldsymbol{x}^{\mathrm{T}}\boldsymbol{A}\boldsymbol{y}=\boldsymbol{y}^{\mathrm{T}}\boldsymbol{A}^{\mathrm{T}}\boldsymbol{x} \tag{A.51}$$

其中 $\boldsymbol{x}=[x_1\quad x_2\quad\cdots\quad x_m]^{\mathrm{T}}$，$\boldsymbol{y}=[y_1\quad y_2\quad\cdots\quad y_n]^{\mathrm{T}}$，$\boldsymbol{A}$ 是以系数 a_{ij} 为元素的 $m\times n$ 矩阵，表征该双线性型的内核。

双线性型的一种特殊形式是二次型

$$\boldsymbol{Q}(x)=\boldsymbol{x}^{\mathrm{T}}\boldsymbol{A}\boldsymbol{x} \tag{A.52}$$

其中 $\boldsymbol{A}$ 是 n 阶方阵。在此基础上，为计算(A.52)式，矩阵 $\boldsymbol{A}$ 可以用它的对称部分 $\boldsymbol{A}_s$(见式(A.6))来替代。如果 $\boldsymbol{A}$ 是反对称矩阵，则有

$$\boldsymbol{x}^{\mathrm{T}}\boldsymbol{A}\boldsymbol{x}=\boldsymbol{0}\quad\forall x$$

如果形如(A.52)式的二次型满足

$$\boldsymbol{x}^{\mathrm{T}}\boldsymbol{A}\boldsymbol{x}>0\quad\forall\,\boldsymbol{x}\neq\boldsymbol{0}\qquad\boldsymbol{x}^{\mathrm{T}}\boldsymbol{A}\boldsymbol{x}=0\quad\boldsymbol{x}=\boldsymbol{0} \tag{A.53}$$

则该二次型称为正定二次型，对应矩阵 $\boldsymbol{A}$ 称为正定矩阵。类似的，如果一个二次型可以写成形如 $-\boldsymbol{Q}(x)=-\boldsymbol{x}^{\mathrm{T}}\boldsymbol{A}\boldsymbol{x}$ 且 $\boldsymbol{Q}(\boldsymbol{x})$ 为正定的，则该二次型称为负定的。

一个矩阵为正定的必要条件是：其对角线上的元素全是正数。不仅如此，从式(A.50)还可得到：正定矩阵的所有特征值均为正数。如果特征值未知，一个对称矩阵正定的充分必要条件是它的各阶顺序主子式都为正，这就是西尔维斯特判据(Sylvester criterion)。由此可以得到如下推论：正定矩阵是满秩的，因此可逆。

一个正定对称矩阵 $\boldsymbol{A}$ 总能被分解为

$$\boldsymbol{A}=\boldsymbol{U}^{\mathrm{T}}\boldsymbol{\Lambda}\boldsymbol{U} \tag{A.54}$$

其中 $\boldsymbol{U}$ 是由 $\boldsymbol{A}$ 的特征向量构成的正交矩阵($\boldsymbol{U}^{\mathrm{T}}\boldsymbol{U}=\boldsymbol{I}$)，$\boldsymbol{\Lambda}$ 是以 $\boldsymbol{A}$ 的特征值为元素的对角形矩阵

设 $\lambda_{\min}(\boldsymbol{A})$ 和 $\lambda_{\max}(\boldsymbol{A})$ 分别表示正定矩阵 $\boldsymbol{A}$ 最小和最大的特征值($\lambda_{\min}$，$\lambda_{\max}>0$)，则式(A.52)式中的二次型满足如下不等式

$$\lambda_{\min}(\boldsymbol{A})\,\|\boldsymbol{x}\|^2\leqslant\boldsymbol{x}^{\mathrm{T}}\boldsymbol{A}\boldsymbol{x}\leqslant\lambda_{\max}(\boldsymbol{A})\,\|\boldsymbol{x}\|^2 \tag{A.55}$$ 574

如果方阵 $\boldsymbol{A}$ 满足

$$\boldsymbol{x}^{\mathrm{T}}\boldsymbol{A}\boldsymbol{x}\geqslant 0\quad\forall\,\boldsymbol{x} \tag{A.56}$$

则该矩阵称为半正定矩阵。该定义意味着 $\varrho(\boldsymbol{A})=r<n$，$\boldsymbol{A}$ 的特征值中 r 个为正数而其余 $n-r$ 个是零。因此，半正定矩阵 $\boldsymbol{A}$ 的核空间是有限维的，特殊情况下，当 $\boldsymbol{x}\in\mathcal{N}(\boldsymbol{A})$ 时，二次型值为零。半正定矩阵的一个典型例子是 $\boldsymbol{A}=\boldsymbol{H}^{\mathrm{T}}\boldsymbol{H}$，其中 $\boldsymbol{H}$ 是 $m\times n$ 矩阵($m<n$)。半负定矩阵的定义可以类似地给出。

对式(A.51)给出的双线性型，关于 $\boldsymbol{x}$ 的梯度由下式给出：

$$\nabla_x B(\boldsymbol{x},\ \boldsymbol{y}) = \left(\frac{\partial \boldsymbol{B}(\boldsymbol{x},\ \boldsymbol{y})}{\partial \boldsymbol{x}}\right)^{\mathrm{T}} = \boldsymbol{A}\boldsymbol{y} \tag{A.57}$$

反之，$\boldsymbol{B}$ 关于 $\boldsymbol{y}$ 的梯度为

$$\nabla_y B(\boldsymbol{x},\ \boldsymbol{y}) = \left(\frac{\partial \boldsymbol{B}(\boldsymbol{x},\ \boldsymbol{y})}{\partial \boldsymbol{y}}\right)^{\mathrm{T}} = \boldsymbol{A}^{\mathrm{T}}\boldsymbol{x} \tag{A.58}$$

对由式(A.52)给出的的二次型，其中 $\boldsymbol{A}$ 是对称矩阵，该二次型关于 $\boldsymbol{x}$ 的梯度由下式给出：

$$\nabla_x Q(\boldsymbol{x}) = \left(\frac{\partial Q(\boldsymbol{x})}{\partial \boldsymbol{x}}\right)^{\mathrm{T}} = 2\boldsymbol{A}\boldsymbol{x} \tag{A.59}$$

进一步地，若 $\boldsymbol{x}$ 和 $\boldsymbol{A}$ 是关于 t 的可微函数，则

$$\dot{Q}(\boldsymbol{x}) = \frac{\mathrm{d}}{\mathrm{d}t}Q(\boldsymbol{x}(t)) = 2\boldsymbol{x}^{\mathrm{T}}\boldsymbol{A}\dot{\boldsymbol{x}} + \boldsymbol{x}^{\mathrm{T}}\dot{\boldsymbol{A}}\boldsymbol{x} \tag{A.60}$$

如果 $\boldsymbol{A}$ 是常值，则上式中第二项为零。

A.7　广义逆

仅当一个矩阵是非奇异方阵时才有逆矩阵的定义，该定义也可以扩展到非方阵。考虑如下情形：$m \times n$ 矩阵 $\boldsymbol{A}$ 的秩 $\varrho(\boldsymbol{A}) = \min\{m,\ n\}$。

若 $m<n$，$\boldsymbol{A}$ 的一个右逆可以定义为 $n \times m$ 矩阵 $\boldsymbol{A}_{\mathrm{r}}$，满足等式

$$\boldsymbol{A}\boldsymbol{A}_{\mathrm{r}} = \boldsymbol{I}_m$$

若 $m>n$，$\boldsymbol{A}$ 的一个左逆可以定义为 $n \times m$ 矩阵 $\boldsymbol{A}_{\mathrm{l}}$，满足等式

575

$$\boldsymbol{A}_{\mathrm{l}}\boldsymbol{A} = \boldsymbol{I}_n$$

如果矩阵 $\boldsymbol{A}$ 列数大于行数($m<n$)且秩为 m，一个特殊的右逆是

$$\boldsymbol{A}_{\mathrm{r}}^{\dagger} = \boldsymbol{A}^{\mathrm{T}}(\boldsymbol{A}\boldsymbol{A}^{\mathrm{T}})^{-1} \tag{A.61}$$

称为右广义逆，有 $\boldsymbol{A}\boldsymbol{A}_{\mathrm{r}}^{\dagger} = \boldsymbol{I}_m$。如果 $\boldsymbol{W}_{\mathrm{r}}$ 是 n 阶正定矩阵，还可给出矩阵 $\boldsymbol{A}$ 的加权右广义逆如下：

$$\boldsymbol{A}_{\mathrm{r}}^{\dagger} = \boldsymbol{W}_{\mathrm{r}}^{-1}\boldsymbol{A}^{\mathrm{T}}(\boldsymbol{A}\boldsymbol{W}_{\mathrm{r}}^{-1}\boldsymbol{A}^{\mathrm{T}})^{-1} \tag{A.62}$$

如果矩阵 $\boldsymbol{A}$ 行数大于列数($m>n$)且秩为 n，一个特殊的左逆是

$$\boldsymbol{A}_{\mathrm{l}}^{\dagger} = (\boldsymbol{A}^{\mathrm{T}}\boldsymbol{A})^{-1}\boldsymbol{A}^{\mathrm{T}} \tag{A.63}$$

称为左广义逆，有 $\boldsymbol{A}_{\mathrm{l}}^{\dagger}\boldsymbol{A} = \boldsymbol{I}_n$①。如果 $\boldsymbol{W}_{\mathrm{r}}$ 是 m 阶正定矩阵，还可给出矩阵 $\boldsymbol{A}$ 的加权左广义逆如下：

$$\boldsymbol{A}_{\mathrm{l}}^{\dagger} = (\boldsymbol{A}^{\mathrm{T}}\boldsymbol{W}_{\mathrm{l}}\boldsymbol{A})^{-1}\boldsymbol{A}^{\mathrm{T}}\boldsymbol{W}_{\mathrm{l}} \tag{A.64}$$

广义逆在对满秩矩阵 $\boldsymbol{A}$ 对应的线性变换 $\boldsymbol{y} = \boldsymbol{A}\boldsymbol{x}$ 求逆变换时是非常有用的。如果 $\boldsymbol{A}$ 是非奇异方阵，则显然有：$\boldsymbol{x} = \boldsymbol{A}^{-1}$，于是 $\boldsymbol{A}_{\mathrm{l}}^{\dagger} = \boldsymbol{A}_{\mathrm{r}}^{\dagger} = \boldsymbol{A}^{-1}$。

如果矩阵 $\boldsymbol{A}$ 列数大于行数($m<n$)且秩为 $\boldsymbol{y}$，对给定的 $\boldsymbol{x}$，其解 $\boldsymbol{x}$ 不唯一；这一点可从下式看出：

$$\boldsymbol{x} = \boldsymbol{A}^{\dagger}\boldsymbol{y} + (\boldsymbol{I} - \boldsymbol{A}^{\dagger}\boldsymbol{A})\boldsymbol{k} \tag{A.65}$$

---

① 在使用左或右广义逆时，如果上下文语义清晰，通常都省略下标 l 和 r。

其中 $\boldsymbol{k}$ 是任意一个 n 维向量而 $\boldsymbol{A}^\dagger$ 由式(A. 61)给出。上式给出了由(A. 35)所建等式方程的解,其中第一部分 $\boldsymbol{A}^\dagger\boldsymbol{y}\in\mathcal{N}^\perp(\boldsymbol{A})=\mathcal{R}(\boldsymbol{A}^\mathrm{T})$ 使得解 $\boldsymbol{x}$ 的范数 $\|\boldsymbol{x}\|$ 最小化;而第二部分 $(\boldsymbol{I}-\boldsymbol{A}^\dagger\boldsymbol{A})\boldsymbol{k}$ 是 $\boldsymbol{k}$ 在 $\mathcal{N}(\boldsymbol{A})$ 中的投影,称为相似解;当 $\boldsymbol{k}$ 变化时,就能给出式(A. 35)相应方程 $\boldsymbol{Ax}=\boldsymbol{0}$ 的所有解。

另一方面,如果矩阵 $\boldsymbol{A}$ 行数大于列数($m>n$),方程(A. 35)无解,可以证明其近似解可表示为

$$\boldsymbol{x}=\boldsymbol{A}^\dagger\boldsymbol{y} \tag{A. 66}$$

其中 $\boldsymbol{A}^\dagger$ 见式(A. 63),作用是最小化 $\|\boldsymbol{y}-\boldsymbol{Ax}\|$。若 $\boldsymbol{y}\in\mathcal{R}(\boldsymbol{A})$,则式(A. 66)得到实数解。

注意:在使用加权(左或右)广义逆求解线性方程组时,会导致类似的结论:最小化的范数被赋予由矩阵 $\boldsymbol{W}_r$ 和 $\boldsymbol{W}_l$ 确定的权值。

本节的结论很容易推广到非满秩矩阵 $\boldsymbol{A}$(方阵或非方阵)。特别的,式(A. 66)(广义逆通过奇异值分解计算)给出了在最小化 $\|\boldsymbol{y}-\boldsymbol{Ax}\|$ 时的最小范数向量。 576

A. 8 奇异值分解

一个非方矩阵不能定义特征值,特征值的推广之一是奇异值。给定一个 $m\times n$ 矩阵 $\boldsymbol{A}$,矩阵 $\boldsymbol{A}^\mathrm{T}\boldsymbol{A}$ 有 n 个非负特征值 $\lambda_1\geqslant\lambda_2\geqslant\cdots\geqslant\lambda_n\geqslant0$(按从大到小降序排列),这些特征值可以表示为

$$\lambda_i=\sigma_i^2\quad \sigma_i\geqslant 0$$

其中 $\sigma_1\geqslant\sigma_2\geqslant\cdots\geqslant\sigma_n\geqslant0$ 称为矩阵 $\boldsymbol{A}$ 的奇异值。矩阵 $\boldsymbol{A}$ 的奇异值分解(SVD)由下式给出:

$$\boldsymbol{A}=\boldsymbol{U\Sigma V}^\mathrm{T} \tag{A. 67}$$

其中 $\boldsymbol{U}$ 是一个 m 阶正交矩阵

$$\boldsymbol{U}=[\boldsymbol{u}_1\quad \boldsymbol{u}_2\quad \cdots\quad \boldsymbol{u}_m] \tag{A. 68}$$

$\boldsymbol{V}$ 是一个 n 阶正交矩阵

$$\boldsymbol{V}=[\boldsymbol{v}_1\quad \boldsymbol{v}_2\quad \cdots\quad \boldsymbol{v}_n] \tag{A. 69}$$

$\boldsymbol{\Sigma}$ 是一个 $m\times n$ 矩阵

$$\boldsymbol{\Sigma}=\begin{bmatrix}\boldsymbol{D} & \boldsymbol{O}\\ \boldsymbol{O} & \boldsymbol{O}\end{bmatrix}\qquad \boldsymbol{D}=\mathrm{diag}\{\sigma_1,\sigma_2,\cdots,\sigma_r\} \tag{A. 70}$$

而 $\sigma_1\geqslant\sigma_2\geqslant\cdots\geqslant\sigma_n\geqslant0$ 是矩阵 $\boldsymbol{A}$ 的奇异值,非零奇异值的个数等于矩阵 $\boldsymbol{A}$ 的秩。

$\boldsymbol{U}$ 的列向量由矩阵 $\boldsymbol{AA}^\mathrm{T}$ 的特征向量组成而 $\boldsymbol{V}$ 的列向量是 $\boldsymbol{A}^\mathrm{T}\boldsymbol{A}$ 的特征向量。观察式(A. 68),(A. 69)中 $\boldsymbol{U}$ 和 $\boldsymbol{V}$ 的分量,有:$\boldsymbol{Av}_i=\sigma_i\boldsymbol{u}_i$, $i=1,\cdots,r$ 和 $\boldsymbol{Av}_i=\boldsymbol{0}$, $i=r+1,\cdots,n$。

奇异值分解在分析由式(A. 35)建立的线性变换 $\boldsymbol{y}=\boldsymbol{Ax}$ 时非常有用。从几何角度对变换进行解释的话,矩阵 $\boldsymbol{A}$ 对 $\mathbb{R}^n$ 中的单位球面 $\|\boldsymbol{x}\|=1$ 作变换 $\boldsymbol{y}=\boldsymbol{Ax}$,得到 $\mathbb{R}^m$ 中维数为 r 的椭球面,而奇异值是该椭球的各轴长度。矩阵 $\boldsymbol{A}$ 的条件数

$$\kappa=\frac{\sigma_1}{\sigma_r}$$

与该椭球的偏心率有关,对式(A. 35)的近似数值解是否病态($\kappa\gg1$),条件数提供了一种量测方法。

值得注意的是:奇异值分解的数字解算过程在计算矩阵 $\boldsymbol{A}$ 的(左或右)pseudo 逆时得到普遍应用,甚至在 $\boldsymbol{A}$ 为非满秩时也是如此。事实上,从式(A. 67)、式(A. 70)可得

577 $$A^{\dagger} = V\Sigma^{\dagger}U^{\mathrm{T}} \tag{A.71}$$

其中

$$\Sigma^{\dagger} = \begin{bmatrix} D^{\dagger} & O \\ O & Q \end{bmatrix} \qquad D^{\dagger} = \operatorname{diag}\left\{\frac{1}{\sigma_1}, \frac{1}{\sigma_2}, \cdots, \frac{1}{\sigma_r}\right\} \tag{A.72}$$

参考资料

578 线性代数部分请参阅[169],矩阵计算见[88],矩阵广义逆的讨论见[24]。

附录 B 刚体力学

本节附录目的是通过对刚体力学相关基本概念的复习，为机器人运动学、静力学和动力学进行知识准备。

B.1 运动学

刚体是指其中任意两点间的距离始终保持不变的物体。

考虑一个在正交参考坐标系 $O-xyz$ 中运动的刚体$\mathcal{B}$，该坐标系单位坐标向量为 $\boldsymbol{x},\boldsymbol{y},\boldsymbol{z}$，称为定坐标系。刚性假设允许建立固连在刚体上的规范正交坐标系 $O'-x'y'z'$，称为动坐标系，$\mathcal{B}$上的任意一点的在该坐标系中的相对位置与时间无关。设在 t 时刻动坐标系的单位坐标向量在定坐标系下表示为 $\boldsymbol{x}'(t)$，$\boldsymbol{y}'(t)$，$\boldsymbol{z}'(t)$。

在 t 时刻动坐标系相对定坐标系的方向可以用一个 3 阶正交矩阵表示。

$$\boldsymbol{R}(t)=\begin{bmatrix}\boldsymbol{x}'^{\mathrm{T}}(t)\boldsymbol{x} & \boldsymbol{y}'^{\mathrm{T}}(t)\boldsymbol{x} & \boldsymbol{z}'^{\mathrm{T}}(t)\boldsymbol{x}\\ \boldsymbol{x}'^{\mathrm{T}}(t)\boldsymbol{y} & \boldsymbol{y}'^{\mathrm{T}}(t)\boldsymbol{y} & \boldsymbol{z}'^{\mathrm{T}}(t)\boldsymbol{y}\\ \boldsymbol{x}'^{\mathrm{T}}(z)\boldsymbol{z} & \boldsymbol{y}'^{\mathrm{T}}(t)\boldsymbol{z} & \boldsymbol{z}'^{\mathrm{T}}(t)\boldsymbol{z}\end{bmatrix} \tag{B.1}$$

该矩阵称为旋转变换矩阵，这是一类特殊 3 阶规范正交矩阵，其中列向量两两正交且行列式值为 1。式(B.1)中矩阵的各列表示动坐标系各单位坐标向量在定坐标系下的坐标分量，而各行是定坐标系各单位坐标向量在动坐标系下的坐标分量。

设 $\boldsymbol{p}'$是刚体$\mathcal{B}$中某点 P 在动坐标系 $O'-x'y'z'$下的常值位置向量。P 在定坐标系 $O-xyz$ 中的运动轨迹可以表示为

$$\boldsymbol{p}(t)=\boldsymbol{p}_{O'}(t)+\boldsymbol{R}(t)\boldsymbol{p}' \tag{B.2}$$

其中 $\boldsymbol{p}_{O'}(t)$是动坐标系原点 O'在定坐标系下的位置向量。

注意：一个位置向量是固定向量。这是因为在方向之外，起点位置是规定好的；典型的起点与参考坐标系的原点重合。因此，对一个固定向量进行不同坐标下的坐标变换时，需要同时考虑平移和旋转变换。

如果刚体$\mathcal{B}$中每一点在动坐标系下的位置向量已知，一旦某时刻动坐标系在定坐标下的原点位置和方向确定，就可以从式(B.2)唯一确定$\mathcal{B}$中每一点在定坐标系中的位置，动坐标系原点位置用 3 个关于时间的标量函数表示。因为正交规范性条件对矩阵 $\boldsymbol{R}(t)$中的 9 个元素施加了 6 个约束条件，所以动坐标系的方向取决于 3 个独立的标量函数，表示 $\boldsymbol{SO}(3)$[①]需要至少 3 个参数。

① 表示一个特殊正交群 $\boldsymbol{SO}(m)$所需的最少参数等于 $m(m-1)/2$。

综上所述，刚体运动是由 6 个关于时间的标量函数来表示的，这些函数描述刚体的位姿（位置＋方向）。

由此确定的刚体运动属于特殊欧几里得群 $\boldsymbol{SE}(3)=\mathbb{R}^3\times\boldsymbol{SO}(3)$。

如果将式(B.2)中动坐标系原点位置 $\boldsymbol{p}_{O'}(t)$ 替换为$\mathcal{B}$中的任意一点的位置，该式仍然成立，即有

$$\boldsymbol{p}(t)=\boldsymbol{p}_Q(t)+\boldsymbol{R}(t)(\boldsymbol{p}'-\boldsymbol{p}'_Q) \tag{B.3}$$

其中 $\boldsymbol{p}_Q(t)$ 和 $\boldsymbol{p}'_Q$ 分别是$\mathcal{B}$中的任意一点在定和动坐标系中的位置向量。

以下内容中，为简化符号，将省去变量 t。

将式(B.3)作关于时间的微分就给出了著名的速度合成定律：

$$\dot{\boldsymbol{p}}=\dot{\boldsymbol{p}}_Q+\boldsymbol{\omega}\times(\boldsymbol{p}-\boldsymbol{p}_Q) \tag{B.4}$$

其中$\boldsymbol{\omega}$是刚体$\mathcal{B}$的角速度。注意到$\boldsymbol{\omega}$是一个自由向量，这是因为它的起点未固定。将一个自由向量在不同坐标系间作变换时，只需考虑旋转即可。

借助于在式(A.32)中定义的反对称运算 $\boldsymbol{S}(\cdot)$，式(B.4)可以重写为

$$\begin{aligned}\boldsymbol{p}&=\dot{\boldsymbol{p}}_Q+\boldsymbol{S}(\boldsymbol{\omega})(\boldsymbol{p}-\boldsymbol{p}_Q)\\&=\dot{\boldsymbol{p}}_Q+\boldsymbol{S}(\boldsymbol{\omega})\boldsymbol{R}(\boldsymbol{p}'-\boldsymbol{p}'_Q)\end{aligned}$$

580 将上式与式(B.3)形式上的微分结果作一比较可以得出如下结论：

$$\dot{\boldsymbol{R}}=\boldsymbol{S}(\boldsymbol{\omega})\boldsymbol{R} \tag{B.5}$$

由式(B.4)，刚体$\mathcal{B}$中一点 P 在区间$(t,\ t+\mathrm{d}t)$内的位移微增量是

$$\begin{aligned}\mathrm{d}\boldsymbol{p}&=\dot{\boldsymbol{p}}\mathrm{d}t=(\dot{\boldsymbol{p}}_Q+\boldsymbol{\omega}\times(\boldsymbol{p}-\boldsymbol{p}_Q))\mathrm{d}t\\&=\mathrm{d}\boldsymbol{p}_Q+\boldsymbol{\omega}\,\mathrm{d}t\times(\boldsymbol{p}-\boldsymbol{p}_Q)\end{aligned} \tag{B.6}$$

将式(B.4)对时间再次微分得到加速度的表达式如下：

$$\ddot{\boldsymbol{p}}=\ddot{\boldsymbol{p}}_Q+\dot{\boldsymbol{\omega}}\times(\boldsymbol{p}-\boldsymbol{p}_Q)+\boldsymbol{\omega}\times(\boldsymbol{\omega}\times(\boldsymbol{p}-\boldsymbol{p}_Q)) \tag{B.7}$$

B.2 动力学

以 $\rho\mathrm{d}V$ 表示刚体$\mathcal{B}$的质量微元，其中 ρ 表示体积微元 $\mathrm{d}V$ 的密度。又以 $V_{\mathcal{B}}$ 表示刚体体积并假设刚体总质量 $m=\int_{V_{\mathcal{B}}}\rho\mathrm{d}V$ 是定值。如果用 $\boldsymbol{p}$ 表示质量微元在 $O-xyz$ 在坐标系中的位置向量，则$\mathcal{B}$的质心 C 位置向量

$$\boldsymbol{p}_C=\frac{1}{m}\int_{V_{\mathcal{B}}}\boldsymbol{p}\rho\mathrm{d}V \tag{B.8}$$

如果刚体$\mathcal{B}$是由 n 个质量为 $m_1,\ \cdots,\ m_n$ 的部分联合而成，各部分的质心是 $\boldsymbol{p}_{C1},\ \cdots,\ \boldsymbol{p}_{Cn}$，则$\mathcal{B}$的质心可以按下式计算：

$$\boldsymbol{p}_C=\frac{1}{m}\sum_{i=1}^{n}m_i\boldsymbol{p}_{C_i}$$

其中 $m=\sum_{i=1}^{n}m_i$。

设 r 是经过 O 点的直线，$\mathrm{d}(\boldsymbol{p})$ 是从 r 到$\mathcal{B}$中质量微元 $\rho\mathrm{d}V$ 的距离，位置向量为 $\boldsymbol{p}$。刚体$\mathcal{B}$关于 r 的转动惯量是一个正数，由下式定义：

$$I_r = \int_{V_\mathcal{B}} d^2(\boldsymbol{p})\rho \mathrm{d}V$$

设 $\boldsymbol{r}$ 是直线 r 的单位方向向量；则刚体$\mathcal{B}$关于 r 的转动惯量可以表示为

$$I_r = \boldsymbol{r}^{\mathrm{T}}\left(\int_{V_\mathcal{B}} \boldsymbol{S}^{\mathrm{T}}(\boldsymbol{p})\boldsymbol{S}(\boldsymbol{p})\rho \mathrm{d}V\right)\boldsymbol{r} = \boldsymbol{r}^{\mathrm{T}}\boldsymbol{I}_O\boldsymbol{r} \tag{B.9}$$ 581

其中 $\boldsymbol{S}(\cdot)$为式(A.31)中的反对称运算符，对称正定矩阵

$$\boldsymbol{I}_O = \begin{bmatrix} \int_{V_\mathcal{B}}(p_y^2+p_z^2)\rho \mathrm{d}V & -\int_{V_\mathcal{B}} p_x p_y \rho \mathrm{d}V & -\int_{V_\mathcal{B}} p_x p_z \rho \mathrm{d}V \\ * & \int_{V_\mathcal{B}}(p_x^2+p_z^2)\rho \mathrm{d}V & -\int_{V_\mathcal{B}} p_y p_z \rho \mathrm{d}V \\ * & * & \int_{V_\mathcal{B}}(p_x^2+p_y^2)\rho \mathrm{d}V \end{bmatrix} \tag{B.10}$$

$$= \begin{bmatrix} \boldsymbol{I}_{Oxx} & -\boldsymbol{I}_{Oxy} & -\boldsymbol{I}_{Oxz} \\ * & \boldsymbol{I}_{Oyy} & -\boldsymbol{I}_{Oyz} \\ * & * & \boldsymbol{I}_{Ozz} \end{bmatrix}$$

称为刚体$\mathcal{B}$关于参照点 O 的惯性张量[①]。(正项)元素 $\boldsymbol{I}_{Oxx}$，$\boldsymbol{I}_{Oyy}$，$\boldsymbol{I}_{Ozz}$是关于参考坐标系3个坐标轴的惯性矩，称为惯性积。

刚体$\mathcal{B}$的惯性张量表达式的给出既取决参照点也与参照系有关。如果以 O 为原点的参照系按照旋转矩阵 $\boldsymbol{R}$ 发生方向变换，在新坐标系下的惯性张量 $\boldsymbol{I}'_O$ 与 $\boldsymbol{I}_O$ 间的关系为

$$\boldsymbol{I}_O = \boldsymbol{R}\boldsymbol{I}'_O\boldsymbol{R}^{\mathrm{T}} \tag{B.11}$$

当参照点发生改变时，以刚体质心 C 为原点平行于以 O 为原点的坐标系建立新坐标系，在该坐标系中惯性张量的变化可由以下等式推出：

$$\boldsymbol{I}_O = \boldsymbol{I}_C + m\boldsymbol{S}^{\mathrm{T}}(\boldsymbol{p}_C)\boldsymbol{S}(\boldsymbol{p}_C) \tag{B.12}$$

其中 $\boldsymbol{I}_C$ 是刚体相对其质心的惯性张量，该等式也被称为斯坦纳定理(steiner theorem)或平行轴定理(parallel axis theorem)。

因为惯性张量是一个对称正定矩阵，所以总能找到一个一个坐标系，使得在该坐标系下惯性张量可以表示成对角矩阵形式，这样的坐标系称为主坐标系(相对点 O 而言)而其坐标轴称为主轴。当参照点 O 与刚体质心重合时，该坐标系称为中心坐标系，坐标轴称为中心轴。

请注意，当刚体相对以 O 为原点的参考坐标系运动时，惯性张量 $\boldsymbol{I}_O$ 的各个元素就成为关于时间的函数。而对关于参照点和绑定在刚体上的坐标系(动坐标系)建立的惯性张量矩阵，其中的元素给出了6个刚体的结构常量，这些常量是在参考点和参考系给定伊始就明确了的。 582

设 $\dot{\boldsymbol{p}}$ 为刚体中某质点处质量微元 $\rho \mathrm{d}V$ 在 $O-xyz$ 坐标系中的运动速度，刚体(线)动量定义为向量

$$\boldsymbol{l} = \int_{V_\mathcal{B}} \dot{\boldsymbol{p}}\rho \mathrm{d}V = m\dot{\boldsymbol{p}}_C \tag{B.13}$$

设 Ω 是空间中任意一点，在 $O-xyz$ 坐标系中的位置向量是 $\boldsymbol{p}_\Omega$；无论参考点是固定的还是相对参考系在运动，刚体角动量都可定义为向量

$$\boldsymbol{k}_\Omega = \int_{V_\mathcal{B}} \dot{\boldsymbol{p}} \times (\boldsymbol{p}_\Omega - \boldsymbol{p})\rho \mathrm{d}V$$

① 记号“*”用来隐去重写对称元素。

当参考系平行于以刚体质心为原点的坐标系时，刚体角动量有以下显式表达式

$$\boldsymbol{k}_\Omega = \boldsymbol{I}_C\,\boldsymbol{\omega} + m\dot{\boldsymbol{p}}_C \times (\boldsymbol{p}_\Omega - \boldsymbol{p}_C) \tag{B.14}$$

其中 $\boldsymbol{I}_C$ 是相对刚体质心的惯性张量。

作用于一般质点系统上的力可分为内应力和外力。

内力是系统内一部分向其他部分施加的作用力。它只有角动量而线动量为零，因此不会对刚体运动产生影响。

外力作用于系统的外部介质上。对刚体来说外力又可分为作用力与反作用力。

作用力可以是点作用力或体作用力，前者是作用于刚体的某特定点上而后者同时作用于构成刚体的每个质点上。体作用力的一个例子是重力：对刚体的任意质量微元 $\rho\mathrm{d}V$，其所受重力等于 $\boldsymbol{g}_0\rho\mathrm{d}V$，其中 $\boldsymbol{g}_0$ 是重力加速度。

反作用力是由于两个或更多物体接触而产生的外力。这种力可以是分布在接触面上的，或被看成集中作用在一点上。

对于一个刚体，若其既受重力作用，又有作用力和反作用力 $\boldsymbol{f}_1, \cdots, \boldsymbol{f}_n$ 作用于 $\boldsymbol{p}_1, \cdots, \boldsymbol{p}_n$ 点上，则外力的合力 $\boldsymbol{f}$ 和相对参考点 Ω 的合成力矩 $\boldsymbol{\mu}_\Omega$ 分别为

$$\boldsymbol{f} = \int_{V_B} \boldsymbol{g}_0\rho\mathrm{d}V + \sum_{i=1}^{n}\boldsymbol{f}_i = m\boldsymbol{g}_0 + \sum_{i=1}^{n}\boldsymbol{f}_i \tag{B.15}$$

$$\boldsymbol{\mu}_\Omega = \int_{V_B} \boldsymbol{g}_0 \times (\boldsymbol{p}_\Omega - \boldsymbol{p})\rho\mathrm{d}V + \sum_{i=1}^{n}\boldsymbol{f}_i \times (\boldsymbol{p}_\Omega - \boldsymbol{p}_i)$$

583
$$= m\boldsymbol{g}_0 \times (\boldsymbol{p}_\Omega - \boldsymbol{p}_C) + \sum_{i=1}^{n}\boldsymbol{f}_i \times (\boldsymbol{p}_\Omega - \boldsymbol{p}_i) \tag{B.16}$$

当 $\boldsymbol{f}$ 和 $\boldsymbol{\mu}_\Omega$ 都已知时，要计算相对 Ω 外一个参考点 Ω' 的力矩，有如下关系式：

$$\boldsymbol{\mu}_{\Omega'} = \boldsymbol{\mu}_\Omega + \boldsymbol{f} \times (\boldsymbol{p}_{\Omega'} - \boldsymbol{p}_\Omega) \tag{B.17}$$

考察一个由质点组成的一般系统，所受外力的合力为 $\boldsymbol{f}$，合成力矩为 $\boldsymbol{\mu}_\Omega$。该系统在 $O-xyz$ 坐标系中的运动模型可以根据动力学基本定理(牛顿运动学定律)建立。

$$\boldsymbol{f} = \dot{\boldsymbol{l}} \tag{B.18}$$

$$\boldsymbol{\mu}_\Omega = \dot{\boldsymbol{k}}_\Omega \tag{B.19}$$

其中 Ω 是某固定参考点或取定在系统质心 C 处。这些等式对所有机械系统都成立，甚至对变质量系统也是如此。对一个具有恒定质量的系统，计算式(B.18)中的动量关于时间的倒数得到牛顿运动方程如下式：

$$\boldsymbol{f} = m\ddot{\boldsymbol{p}}_C \tag{B.20}$$

其中等式右边的量表示合成惯性力。

如果在质量恒定的假设外，刚体假设也成立，则角动量表达式(B.14)和式(B.19)都服从欧拉运动方程：

$$\boldsymbol{\mu}_\Omega = \boldsymbol{I}_\Omega\,\dot{\boldsymbol{\omega}} + \boldsymbol{\omega} \times (\boldsymbol{I}_\Omega\,\boldsymbol{\omega}) \tag{B.21}$$

其中其中等式右边的量表示合成惯性力矩。

对一个由一组刚体组成的系统，所受外力当然不包括各组成部分间的反作用力。

B.3　功与能

给定一个作用在 $\boldsymbol{p}_i$ 点处的力 $\boldsymbol{f}_i$，参考坐标系为 $O-xyz$，$\boldsymbol{f}_i$ 随位移增量 $\mathrm{d}\boldsymbol{p}_i=\dot{\boldsymbol{p}}_i\mathrm{d}t$ 而做功的微元量定义为

$$\mathrm{d}W_i=\boldsymbol{f}_i^{\mathrm{T}}\mathrm{d}\boldsymbol{p}_i$$

对一个受力作用下的刚体$\mathcal{B}$，若合力为 $\boldsymbol{f}$ 而合力矩是 $\boldsymbol{\mu}_Q$，则相对$\mathcal{B}$中的任一点 Q，合力随刚体位移微增量(B.6)的做功微元为

$$\mathrm{d}W=(\boldsymbol{f}^{\mathrm{T}}\dot{\boldsymbol{p}}_Q+\boldsymbol{u}_Q^{\mathrm{T}}\boldsymbol{\omega})\mathrm{d}t=\boldsymbol{f}^{\mathrm{T}}\mathrm{d}\boldsymbol{p}_Q+\boldsymbol{\mu}_Q^{\mathrm{T}}\boldsymbol{\omega}\,\mathrm{d}t \tag{B.22}$$ 584

一个物体的动能定义为标量

$$\boldsymbol{T}=\frac{1}{2}\int_{V_{\mathcal{B}}}\dot{\boldsymbol{p}}^{\mathrm{T}}\dot{\boldsymbol{p}}\rho\mathrm{d}V$$

对刚体来说，上式表现为如下显式表达式

$$\boldsymbol{T}=\frac{1}{2}m\dot{\boldsymbol{p}}_C^{\mathrm{T}}\dot{\boldsymbol{p}}_C+\frac{1}{2}\boldsymbol{\omega}^{\mathrm{T}}\boldsymbol{I}_C\,\boldsymbol{\omega} \tag{B.23}$$

其中 $\boldsymbol{I}_C$ 是相对刚体质心的惯性张量，坐标系平行于参考系而原点位于质心处。

位置力是只取决于作用点的力。一个位置力组成的系统，如果每个力做功都与路径无关而只取决于力作用点的起始和终止位置的话，就称为是保守力。此时，该力系统做功的微分等于势能函数的全微分，即

$$\mathrm{d}W=-\,\mathrm{d}\mathcal{U} \tag{B.24}$$

作用在刚体上的保守力系统的例子之一是重力，相应的势能函数是

$$\mathcal{U}=-\int_{V_{\mathcal{B}}}\boldsymbol{g}_0^{\mathrm{T}}\boldsymbol{p}\rho\mathrm{d}V=-\,m\boldsymbol{g}_0^{\mathrm{T}}\boldsymbol{p}_C \tag{B.25}$$

B.4　约束系统

考察由 r 个刚体部件构成的系统$\mathcal{B}_r$，假设$\mathcal{B}_r$ 的每个点都可到达空间中任一位置。为了找出系统中任意一点的唯一位置表示，有必要引入位置向量 $\boldsymbol{x}=[x_1\quad\cdots\quad x_p]^{\mathrm{T}}$，其中有 $6r=p$ 个参数，术语称作位形。这些参数称为非约束系统$\mathcal{B}_r$ 的拉格朗日坐标或广义坐标，而 p 决定了该系统的自由度(DOF)。

对$\mathcal{B}_r$ 运动的限制称为约束。如果一个施加在$\mathcal{B}_r$ 上的约束能表示成形如等式

$$\boldsymbol{h}(\boldsymbol{x},\,t)=\boldsymbol{0} \tag{B.26}$$

则称该约束为完整约束。其中 $\boldsymbol{h}$ 是 s 维向量，且 $s<m$。另一方面，若约束可以表示成不可积的等式 $\boldsymbol{h}(\boldsymbol{x},\,\dot{\boldsymbol{x}},\,t)=\boldsymbol{0}$，则称该约束为不完整约束。为简便起见，只考虑等式(或双边)约束。如果式(B.26)表示的约束关于时间没有明确的依赖关系，则称为 scleronomic 约束(时间无关约束)。

假设 $\boldsymbol{h}$ 是连续的，且关于各分量连续可微，其雅可比矩阵矩阵$\partial\boldsymbol{h}/\partial\boldsymbol{x}$ 是满秩的，在式(B.26)中可以消去系统$\mathcal{B}_r$ 的 m 个分量中的 s 个，利用剩下的 $n=m-s$ 个坐标参数就能唯一确定满足式(B.26)的一组配置。这样的坐标分量称为拉格朗日坐标或广义坐标，n 是非约束 585

系统$\mathcal{B}_r$的自由度①。

具有 n 个自由度和完整等式约束的系统$\mathcal{B}_r$，其运动可以用下式来描述：

$$\boldsymbol{x}=\boldsymbol{x}(\boldsymbol{q}(t),\ t) \tag{B.27}$$

其中 $\boldsymbol{q}(t)=[q_1(t)\quad\cdots\quad q_n(t)]^{\mathrm{T}}$ 是拉格朗日坐标向量。

系统(B.27)在时间段$(t,\ t+\mathrm{d}t)$内的位移微元定义为

$$\mathrm{d}\boldsymbol{x}=\frac{\partial \boldsymbol{x}(\boldsymbol{q},\ t)}{\partial \boldsymbol{q}}\dot{\boldsymbol{q}}\mathrm{d}t+\frac{\partial x(\boldsymbol{q},\ t)}{\partial t}\mathrm{d}t \tag{B.28}$$

系统(B.27)在 t 时刻相对增量 $\delta\lambda$ 的虚位移定义为

$$\delta\boldsymbol{x}=\frac{\partial \boldsymbol{x}(\boldsymbol{q},\ t)}{\partial \boldsymbol{q}}\delta\boldsymbol{q} \tag{B.29}$$

位移微元和虚位移间的区别是：前者是关于系统在$(t,\ t+\mathrm{d}t)$时间段内符合约束条件的真实运动；而后者涉及系统的虚拟运动，将约束条件看作等同于 t 时刻的不变式。

对有时不变约束的系统，运动方程(B.27)化为

$$\boldsymbol{x}=\boldsymbol{x}(\boldsymbol{q}(t)) \tag{B.30}$$

更进一步，设 $\delta\boldsymbol{\lambda}=\mathrm{d}\boldsymbol{\lambda}=\dot{\boldsymbol{\lambda}}\,\mathrm{d}t$，则虚位移(B.29)与位移微元(B.28)一致。

当只考虑虚位移而非位移微元时，虚位移的概念可以与作用力系统的虚功联系起来。

如果把外力区分为作用力与反作用力，由动力学原理表达式(B.18)、(B.19)可以得到一个适用于刚体系统的直接推论是：对每个虚位移，有以下关系式

$$\delta W_m+\delta W_a+\delta W_h=0 \tag{B.31}$$

586 其中，δW_m，δW_a，δW_h 分别是由惯量、作用力和反作用力所做的虚功。

在无摩擦等式约束情况下，反作用力垂直于接触面，方向向外，而相应虚功始终为零。于是，式(B.31)简化为

$$\delta W_m+\delta W_a=0 \tag{B.32}$$

对一个稳定系统，惯性力等于零。则系统$\mathcal{B}_r$保持平衡的条件是：作用力在任何虚位移下所做虚功为零，由此给出约束系统的一个基础静力学公式

$$\delta W_a=0 \tag{B.33}$$

该式被称为虚功原理。用广义坐标下的增量 $\delta\boldsymbol{\lambda}$ 表示式(B.33)可以得到

$$\delta W_a=\boldsymbol{\zeta}^{\mathrm{T}}\delta\boldsymbol{q}=0 \tag{B.34}$$

其中 ζ 表示广义坐标下的 n 维作用力向量。

对一个动态系统，有必要将作用力区分为保守（源自势能）力和非保守力。保守力的虚功由下式给出：

$$\delta W_c=-\frac{\partial\,\mathcal{U}}{\partial\boldsymbol{q}}\delta\boldsymbol{q} \tag{B.35}$$

其中$\mathcal{U}(\boldsymbol{\lambda})$是系统得总势能。而非保守力做功可以表示为

$$\delta W_{nc}=\xi^{\mathrm{T}}\delta\boldsymbol{q} \tag{B.36}$$

其中 $\boldsymbol{\xi}$ 表示广义坐标下的保守力向量。由此可得，作用力向量

---

① 一般来说，一个约束系统的拉格朗日坐标系具有局部适用性；在某些特定情况下，比如机械手的联合变量，还可能具有全局适用性。

$$\boldsymbol{\zeta} = \boldsymbol{\xi} - \left(\frac{\partial \mathcal{U}}{\partial \boldsymbol{q}}\right)^{\mathrm{T}} \tag{B.37}$$

不仅如此，惯性力所做的功可以通过系统 $\boldsymbol{T}$ 的总动能来计算。

$$\delta W_m = \left(\frac{\partial \mathcal{T}}{\partial \boldsymbol{q}} - \frac{\mathrm{d}}{\mathrm{d}t}\frac{\partial \mathcal{T}}{\partial \boldsymbol{q}}\right)\delta \boldsymbol{q} \tag{B.38}$$

将式(B.35)、(B.36)、(B.38)代入式(B.32)并注意到式(B.32)对任意的增量 $\delta\lambda$ 都是成立的，于是推出拉格朗日方程

$$\frac{\mathrm{d}}{\mathrm{d}t}\left(\frac{\partial \mathcal{L}}{\partial \dot{\boldsymbol{q}}}\right)^{\mathrm{T}} - \left(\frac{\partial \mathcal{L}}{\partial \boldsymbol{q}}\right)^{\mathrm{T}} = \boldsymbol{\xi} \tag{B.39}$$

其中

$$\mathcal{L} = \mathcal{T} - \mathcal{U} \tag{B.40}$$ 587

是系统的拉格朗日函数。等式(B.39)全面描述了一个具有完全等式约束的 n-DOF 系统的动力学特性。

对一个具有时间无关约束的系统，其动能和势能的和称为汉密尔顿函数

$$\mathcal{H} = \mathcal{T} + \mathcal{U} \tag{B.41}$$

能量守恒定律规定：汉密尔顿函数关于时间的变化量必须与作用在系统上的非保守力所做的功保持守恒，即有

$$\frac{\mathrm{d}\mathcal{H}}{\mathrm{d}t} = \boldsymbol{\xi}^{\mathrm{T}}\dot{\boldsymbol{q}} \tag{B.42}$$

考虑式(B.37)；(B.41)，式(B.42)，式(B.42)可化为

$$\frac{\mathrm{d}\mathcal{T}}{\mathrm{d}t} = \boldsymbol{\zeta}^{\mathrm{T}}\dot{\boldsymbol{q}} \tag{B.43}$$

参考资料

刚体力学和约束系统的基本概念可以参见一些经典文档如[87，154，224]。一个刚体系统动力学的权威参考书是[187]。 588

附录C　反馈控制

作为学习机器人分布式和集中式控制的前提，在此首先回顾关于线性系统反馈控制的基本原理，然后介绍基于李亚普诺夫函数的非线性系统控制原理。

C.1　线性系统单输入/单输出控制

按照线性时不变单输入/单输出系统的经典自动控制理论，为了相对一个参考输入 $r(t)$ 伺服输出 $y(t)$，采用负反馈控制结构是有意义的。这种结构使得可以用一个近似数学模型描述系统的输入/输出关系而实施控制，这是因为负反馈能减小系统参数偏差和不可测的扰动 d(t)对输出的影响。

这种结构在复数 s 域表示成如框图 C.1 所示。

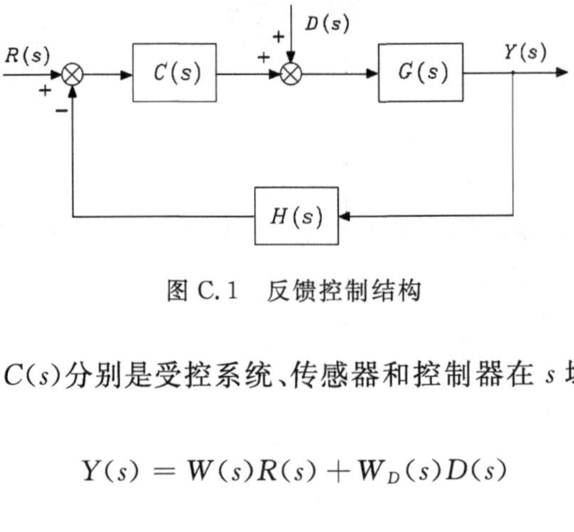

图 C.1　反馈控制结构

其中 $G(s)$，$H(s)$和 $C(s)$分别是受控系统、传感器和控制器在 s 域的变换函数。从该框图中容易

$$Y(s) = W(s)R(s) + W_D(s)D(s) \tag{C.1}$$

其中

$$W(s) = \frac{C(s)G(s)}{1 + C(s)G(s)H(s)} \tag{C.2}$$

是闭环输入/输出传递函数，而

$$W_D(s) = \frac{G(s)}{1 + C(s)G(s)H(s)} \tag{C.3}$$

589 是扰动/输出传递函数。

控制器设计的目标是找到一个控制结构 $C(s)$使得输出量 $Y(s)$能跟踪输入量 $R(s)$。更进一步，该控制器还应确保将输入噪声 $D(s)$对输出的影响降到合理的水平。目标是双重的，即：

输入跟踪和噪声抑制。

控制器设计的基本问题是确定一个能使系统渐进稳定的控制作用 $C(s)$。当不存在实部为正或零的极/零点且在开环传递函数 $F(s)=C(s)G(s)H(s)$ 中消去了零/极点，则系统渐进稳定的一个充分必要条件是 $W(s)$ 和 $W_D(s)$ 的极点的实部全为负；这样的极点与有理多项式传递函数 $1+F(s)$ 的零点相同。对该条件的检验可以采用稳定性判据的方式，从而避免函数零点的计算。

Routh 判据通过用函数 $1+F(s)$ 分子上的多项式（特征多项式）系数构建一个表来确定该函数零点实部的符号。

Routh 判据易于用来检测一个反馈系统的稳定性，但不能提供开环传递函数与闭环系统稳定性之间的直接联系。于是就需要采用 Nyquist 判据，该判据是基于在实数角频率域中计算的开环传递函数 $F(s)$ 在复平面内的表达式（$s=\mathrm{j}\omega$，$-\infty<\omega<+\infty$）。

通过绘制 Nyquist 图和计算当 ω 在从 $-\infty$ 到 $+\infty$ 连续变化时复数 $1+F(\mathrm{j}\omega)$ 在复平面上围成环的数目，可以检测一个闭环系统是否是渐进稳定的。同时，也可以确定特征多项式的所有根中具有非负实部的个数，这一点与使用 Routh 判据时相仿。不仅如此，由于 Nyquist 判据基于开环传递函数的图形进行判断，可以明确开环函数与闭环系统稳定性之间的直接关系，进而从对 Nyquist 图形的检验可以给出关于渐进稳定的闭环系统控制结构 $C(s)$ 如何设计的建议。 590

如果一个闭环系统是渐进稳定的，在 $\mathrm{d}(t)=0$ 而输入为正弦曲线时，其稳态响应也是正弦的。在此情形下，函数 $w(s)$（$s=\mathrm{j}\omega$）称为频率响应函数；一个反馈系统的频率响应函数能被转化成一个低通滤波器，条件是该滤波器的频率响应函数可能的频谱峰值出现在其带宽范围内。

在选择传感器时，应使其带宽远大于反馈系统的带宽，从而确保在 $W(\mathrm{j}\omega)$ 带宽范围内任意 ω 值都有接近实时的响应。由此则可以设 $H(\mathrm{j}\omega)\approx H_0$ 且假设在同一带宽内回路增益 $|C(\mathrm{j}\omega)G(\mathrm{j}\omega)H_0|\gg 1$，则对 $s=\mathrm{j}\omega$，式(C.1)近似为

$$Y(\mathrm{j}\omega)\approx\frac{R(\mathrm{j}\omega)}{H_0}+\frac{D(\mathrm{j}\omega)}{C(\mathrm{j}\omega)H_0}$$

假设 $R(\mathrm{j}\omega)=H_0Y_{\mathrm{d}}(\mathrm{j}\omega)$，可以推导出

$$Y(\mathrm{j}\omega)\approx Y_{\mathrm{d}}(\mathrm{j}\omega)+\frac{D(\mathrm{j}\omega)}{C(\mathrm{j}\omega)H_0} \tag{C.4}$$

也即：系统输出跟踪期望输出 $Y_{\mathrm{d}}(\mathrm{j}\omega)$，$W(\mathrm{j}\omega)$ 的带宽中由扰动引起而作用在输出上的部分可以通过增加 $|C(\mathrm{j}\omega)H_0|$ 进行抑制。更进一步，如果干扰输入是恒定的，只要 $C(s)$ 有至少一个极点为零，系统稳态输出将不受干扰的影响。

于是，一个反馈控制系统能够在期望输出和实际输出间建立比例关系，如式(C.4)所示。尽管如此，该式仍要求输入（期望输出）频率在回路增益远大于 1 的频率范围内。

之前的思考描述了在控制器 $C(s)$ 中包括比例控制和积分控制的优点，由此推出比例-积分控制器（PI）的传递函数如下：

$$C(s)=K_{\mathrm{I}}\frac{1+sT_{\mathrm{I}}}{s} \tag{C.5}$$

其中 T_{I} 是积分时间常数，$K_{\mathrm{I}}T_{\mathrm{I}}$ 被称为比例灵敏度。

采用 PI 控制器对系统的低频响应是有效的，但可能会引起稳定裕度和/或闭环系统带宽的降低。为克服这些缺陷，可以在比例和积分之外再加入求导微分控制，由此得到一个比例-

积分-微分控制器(PID)的传递函数：

591 $$C(s) = K_I \frac{1 + sT_I + s^2 T_D T_I}{s} \tag{C.6}$$

其中 T_D 表示微分时间常数。请注意，式(C.6)的物理实现要求引入一个高频极点，该极点对系统带宽范围内的输入/输出关系几乎没有影响。传递函数的特征由式(C.6)的两个零点来刻划，它们实现了系统的稳定控制和闭环系统带宽的放大。带宽放大意味着系统具有更短的响应时间，体现在对参考信号变化的响应速度和反馈系统对干扰输入的输出响应的收敛速度这两个方面。

确定了系统结构后，还要对其中的参数进行选择以满足系统稳态和瞬态行为的需求。确定这种参数经典的工具是复数 s 域上的根轨迹法和实数角频率 ω 域上的尼柯尔斯图表法。这两种工具在概念上是等价的。它们的区别在于，通过根轨迹法能找到一个控制律为闭环系统的时域响应赋予精确参数。而尼柯尔斯图表法则能确定一个控制器使系统响应具有良好的瞬态和稳态表现。

典型地，一个对稳态和瞬态表现有严格要求的反馈系统，其响应可以视同一个二阶系统。事实上，甚至对更高阶的闭环函数，也能确定它的两个共轭极点使其实部的绝对值比其他极点要小。这样一对极点的优势在于它们对系统瞬态响应的贡献胜过其他的极点。于是可以用如下传递函数近似表示输入/输出关系，实现该函数必须正确选择控制器。

$$W(s) = \frac{k_W}{1 + \dfrac{2\zeta s}{\omega_n} + \dfrac{s^2}{\omega_n^2}} \tag{C.7}$$

对于式(C.7)中为刻划传递函数特征的参数进行赋值，有以下一些恰当的注解。常数 k_W 表示输入/输出的稳态增益，若 $C(s)G(s)H_0$ 以原点为其极点，则 $k_W = 1/H_0$。自然频率 ω_n 是实部为 $-\zeta\omega_n$ 的共轭复极点的模值，其中 ζ 是这一对极点的阻尼比。

参数 ω_n 和 ζ 对闭环频率响应的影响可以根据在谐振频率

$$\omega_r = \omega_n \sqrt{1 - 2\zeta^2}$$

处出现的谐振峰值

592 $$M_r = \frac{1}{2\zeta \sqrt{1 - \zeta^2}}$$

和 3dB 带宽

$$\omega_3 = \omega_n \sqrt{1 - 2\zeta^2 + \sqrt{2 - 4\zeta^2 + 4\zeta^4}}$$

来估计。

阶跃输入很典型地被用于表示时域瞬态响应的特性。参数 ω_n 和 ζ 对阶跃响应的影响可以根据上升时间

$$t_r \approx \frac{1.8}{\omega_n}$$

和超调量

$$s\% = 100\exp(-\pi\zeta / \sqrt{1 - \zeta^2})$$

以及误差带为 1%时的调节时间

$$t_s = \frac{4.6}{\zeta\omega_n}$$

来表征。

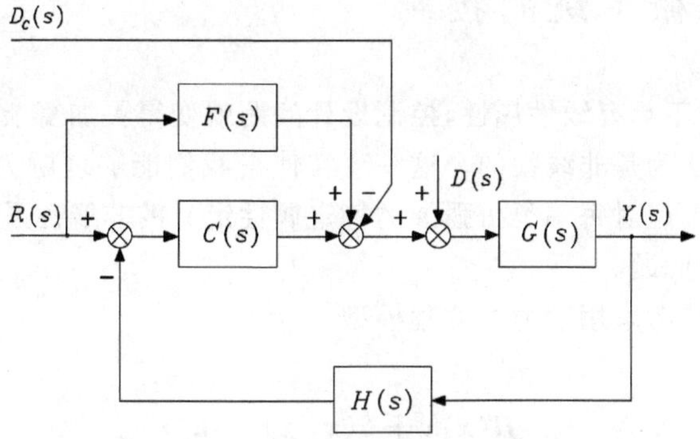

图 C.2 带有前馈补偿的反馈结构

采用前馈补偿控制能同时为跟踪一个时变的参考输入和抑制噪声对输出的干扰提供一个可行的解决办法。考虑如图 C.2 所示的一般结构，以 $R(s)$表示一个给定的参考输入，$D_c(s)$表示扰动 $\boldsymbol{D}(s)$的一个估计量；引入前馈控制将产生如下输入/输出关系：

$$Y(s)=\left(\frac{C(s)G(s)}{1+C(s)G(s)H(s)}+\frac{F(s)G(s)}{1+C(s)G(s)H(s)}\right)R(s) + \frac{G(s)}{1+C(s)G(s)H(s)}(D(s)-D_c(s)) \tag{C.8}$$

假设期望输出通过一个比例环节 K_d 与参考输入建立联系，并将该传感器在当前操作条件下当作一个瞬态系统（$H(s)\approx H_0=1/K_d$），则选择

$$F(s)=\frac{K_d}{G(s)} \tag{C.9}$$ 593

将形成如下输入/输出关系：

$$Y(s)=Y_d(s)+\frac{G(s)}{1+C(s)G(s)H_0}(D(\boldsymbol{s})-D_c(s)) \tag{C.10}$$

若 $|C(j\omega)G(j\omega)H_0|\gg1$，则通过对干扰的精确估计可以进一步减少其对输出的影响。

采用前馈补偿技术可以得到一个具有如图 C.3 中所示结构的解决方案，被称为逆模型控制。但仍需注意的是，这样的解是以动力学消解为基础的，因此只能用于最小相位系统，即：该系统的零点和极点实部均为负数。更进一步地，还应考虑系统的物理实现问题以及妨碍实现完美消解的参数变化时带来的影响。

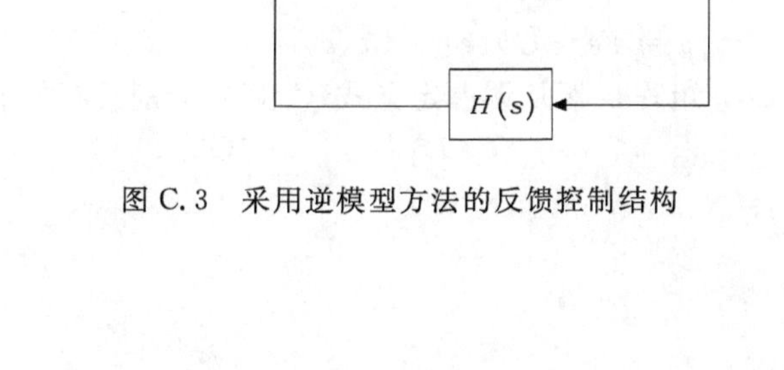

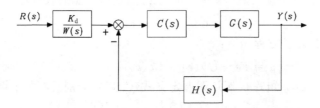

图 C.3 采用逆模型方法的反馈控制结构

C.2 非线性机械系统的控制

如果要控制的系统不具有线性属性，控制设计问题就变得更加复杂了。一个系统，无论何时违背线性要求，就被认为是非线性的。这一事实使得我们能够理解为什么不可能借助一般性的方法进行控制设计，但对每一类由强加的特定属性定义的非线性系统，仍有必要针对性地研究和解决其控制设计问题。

基于上述前提，现在考虑用动力学方程模型

$$\boldsymbol{H}(\boldsymbol{x})\ddot{\boldsymbol{x}}+\boldsymbol{h}(\boldsymbol{x},\dot{\boldsymbol{x}})=\boldsymbol{u} \tag{C.11}$$

来描述的非线性系统控制设计问题，其中$[\boldsymbol{x}^{\mathrm{T}} \quad \dot{\boldsymbol{x}}^{\mathrm{T}}]^{\mathrm{T}}$表示系统的$(2n\times 1)$状态向量，$\boldsymbol{u}$是$(n\times 1)$维输入向量，$\boldsymbol{H}(x)$是依赖于$x$的一个$(n\times n)$阶正定(因此是可逆的)矩阵，$\boldsymbol{h}(\boldsymbol{x},\dot{\boldsymbol{x}})$是一个依赖于系统状态的$(n\times 1)$维向量。有些机械系统能简化归于此类，包括拥有刚体连杆和关节的机械手。

通过采用如下非线性状态反馈方法(逆动力学控制)，通过非线性补偿控制可以得到如下的控制律：

$$\boldsymbol{u}=\hat{\boldsymbol{H}}(\boldsymbol{x})\boldsymbol{v}+\hat{\boldsymbol{h}}(\boldsymbol{x},\dot{\boldsymbol{x}}) \tag{C.12}$$

594 其中$\hat{\boldsymbol{H}}(\boldsymbol{x})$和$\hat{\boldsymbol{h}}(\boldsymbol{x})$分别表示$\boldsymbol{H}(\boldsymbol{x})$和$\boldsymbol{h}(\boldsymbol{x})$的估计量，它们是基于对系统状态的测量经计算得到，而$\boldsymbol{v}$是之后将要给出定义的一个新控制输入。通常，由于建模时不可避免的要做一些近似，又或者是有意地对补偿操作进行简化，故有

$$\hat{\boldsymbol{H}}(\boldsymbol{x})=\boldsymbol{H}(\boldsymbol{x})+\Delta\boldsymbol{H}(\boldsymbol{x}) \tag{C.13}$$

$$\hat{\boldsymbol{h}}(\boldsymbol{x},\dot{\boldsymbol{x}})=\boldsymbol{h}(\boldsymbol{x},\dot{\boldsymbol{x}})+\Delta\boldsymbol{h}(\boldsymbol{x},\dot{\boldsymbol{x}}) \tag{C.14}$$

将式(C.12)代入式(C.11)中并求解方程(C.13、C.14)，可得

$$\ddot{\boldsymbol{x}}=\boldsymbol{v}+\boldsymbol{z}(\boldsymbol{x},\dot{\boldsymbol{x}},\boldsymbol{v}) \tag{C.15}$$

其中

$$\boldsymbol{z}(\boldsymbol{x},\dot{\boldsymbol{x}},\boldsymbol{v})=\boldsymbol{H}^{-1}(\boldsymbol{x})(\Delta\boldsymbol{H}(\boldsymbol{x})\boldsymbol{v}+\Delta\boldsymbol{h}(\boldsymbol{x},\dot{\boldsymbol{x}}))$$

若希望跟踪轨迹$(\boldsymbol{x}_{\mathrm{d}}(t),\dot{\boldsymbol{x}}_{\mathrm{t}}(t),\ddot{\boldsymbol{x}}_{\mathrm{d}}(t))$，跟踪误差可被定义为

$$\boldsymbol{e}=\begin{bmatrix}\boldsymbol{x}_{\mathrm{d}}-\boldsymbol{x}\\ \dot{\boldsymbol{x}}_{\mathrm{d}}-\dot{\boldsymbol{x}}\end{bmatrix} \tag{C.16}$$

并且有必要推导误差的动力学方程以研究实际状态向期望状态的收敛性。为此，选择将下式：

$$\boldsymbol{v}=\ddot{\boldsymbol{x}}_{\mathrm{d}}+\boldsymbol{w}(\boldsymbol{e}) \tag{C.17}$$

代入式(C.15)中，得到误差方程如下：

$$\dot{\boldsymbol{e}}=\boldsymbol{F}\boldsymbol{e}-\boldsymbol{G}\boldsymbol{w}(\boldsymbol{e})-\boldsymbol{G}\boldsymbol{z}(\boldsymbol{e},\boldsymbol{x}_{\mathrm{d}},\dot{\boldsymbol{x}}_{\mathrm{d}},\ddot{\boldsymbol{x}}_{\mathrm{d}}) \tag{C.18}$$

其中$2n$阶矩阵$\boldsymbol{F}$和$2n\times n$矩阵$\boldsymbol{G}$服从误差定义式(C.16)，分别具有如下形式：

$$\boldsymbol{F}=\begin{bmatrix}\boldsymbol{O} & \boldsymbol{I}\\ \boldsymbol{O} & \boldsymbol{O}\end{bmatrix} \qquad \boldsymbol{G}=\begin{bmatrix}\boldsymbol{O}\\ \boldsymbol{I}\end{bmatrix}$$

控制律的设计包括找到使(C.18)能够全局渐进稳定[1]的误差函数 $w(e)$，即有

$$\lim_{t \to \infty} e(t) = \mathbf{0}$$

对完全的非线性补偿($z(\cdot)=\mathbf{0}$)，控制方式最简单的一种选择是如下线性控制：

$$\begin{aligned} w(e) &= -\boldsymbol{K}_{\mathrm{P}}(\boldsymbol{x}_{\mathrm{d}} - \boldsymbol{x}) - \boldsymbol{K}_{\mathrm{D}}(\dot{\boldsymbol{x}}_{\mathrm{d}} - \dot{\boldsymbol{x}}) \\ &= [-\boldsymbol{K}_{\mathrm{P}} \quad -\boldsymbol{K}_{\mathrm{D}}]\boldsymbol{e} \end{aligned} \tag{C.19}$$

595

其中误差方程的渐进稳定性通过选择正定矩阵 $\boldsymbol{K}_{\mathrm{P}}$ 和 $\boldsymbol{K}_{\mathrm{D}}$ 提供保证。误差的瞬态表现由矩阵

$$\boldsymbol{A} = \begin{bmatrix} \boldsymbol{O} & \boldsymbol{I} \\ -\boldsymbol{K}_{\mathrm{P}} & -\boldsymbol{K}_{\mathrm{D}} \end{bmatrix} \tag{C.20}$$

的特征值来确定，该矩阵能刻划出误差动态：

$$\dot{\boldsymbol{e}} = \boldsymbol{A}\boldsymbol{e} \tag{C.21}$$

的特征。如果补偿是非完整的，则不能忽略 $z(\cdot)$，(C.18)中误差等式表现为如下一般形式：

$$\dot{\boldsymbol{e}} = f(\boldsymbol{e}) \tag{C.22}$$

将控制律 $w(e)$ 用一个非线性表达式与一个线性表达式之和的形式来表示，这可能是一个值得考虑的选择；此时，误差方程可以可以重写成如下形式。

$$\dot{\boldsymbol{e}} = \boldsymbol{A}\boldsymbol{e} + \boldsymbol{k}(\boldsymbol{e}) \tag{C.23}$$

其中 $\boldsymbol{A}$ 由式(C.20)给出，而 $\boldsymbol{k}(\boldsymbol{e})$ 可以使得系统全局渐进稳定。等式(C.22)和(C.23)表示误差的非线性微分方程。为检验稳定性和在如何选择适当的控制模式方面获得启发，可能需要借助于下面将要阐述的李亚普诺夫直接法。

C.3　李亚普诺夫直接法

李亚普诺夫直接法的基本原理同控制工程中用于研究稳定性的大多数方法是一样的，即：直接检验稳定性而无需求解表征动力学系统的微分方程。

该方法能够基于以下推理进行简短介绍。如果能将一个基于能量的描述与一个(线性或非线性)自动化动力学系统联系起来，并且对每一偏离系统平衡状态的系统状态，能量随时间的变化率为负值，于是，能量会沿某一系统轨迹下降直至最小值点达到平衡状态；这个讨论证明了最初关于稳定性的一个直觉的观点是正确的。

参考式(C.22)，令 $\boldsymbol{f}(\mathbf{0})=\mathbf{0}$，平衡状态为 $\boldsymbol{e}=\mathbf{0}$。如果系统状态的标量函数 $V(\boldsymbol{e})$ 及其一阶导函数连续，且满足如下性质： 596

$$\begin{aligned} &V(\boldsymbol{e}) && \forall\, \boldsymbol{e} \neq 0 \\ &V(\boldsymbol{e}) = 0 && \boldsymbol{e} = 0 \\ &\dot{V}(\boldsymbol{e}) < 0 && \forall\, \boldsymbol{e} \neq 0 \\ &V(\boldsymbol{e}) \to \infty && \|\boldsymbol{e}\| \to \infty \end{aligned}$$

则该函数定义了一个李亚普诺夫函数。这样一个函数的存在保证了平衡态 $\boldsymbol{e}=\mathbf{0}$ 的渐进稳定性。实践中，如果能找到一个径向无界的正定函数 $V(\boldsymbol{e})$ 使得其沿系统轨迹对时间的微分是负定的，则在平衡状态 $\boldsymbol{e}=\mathbf{0}$ 是渐进稳定的。

[1] 在此使用“全局渐进稳定”是为了强调系统平衡状态对任意小的扰动都是渐进稳定的。

如果 $\boldsymbol{V}(\boldsymbol{e})$ 的正定性是通过采用一个二次型形式

$$V(\boldsymbol{e}) = \boldsymbol{e}^{\mathrm{T}}\boldsymbol{Q}\boldsymbol{e} \tag{C.24}$$

实现的，其中 $\boldsymbol{Q}$ 是一个正定的对称矩阵，考虑到式(C.22)，则有

$$\dot{V}(\boldsymbol{e}) = 2\boldsymbol{e}^{\mathrm{T}}\boldsymbol{Q}\boldsymbol{f}(\boldsymbol{e}) \tag{C.25}$$

如果 $\boldsymbol{f}(\boldsymbol{e})$ 能保证使得函数 $\dot{V}(\boldsymbol{e})$ 是负定的，则函数 $V(\boldsymbol{e})$ 是一个李亚普诺夫函数，这是因为二次型式(C.24)保证了系统的全局渐进稳定性。因为李亚普诺夫方法只提供了一个充分条件，所以若对给定函数 $V(\boldsymbol{e})$，式(C.25)中的 $\dot{V}(\boldsymbol{e})$ 不是负定的，则关于系统稳定性无法作出任何论断。在这样的情况下，就要借助于选择其他类型的函数 $V(e)$ 来尝试找到可能存在的负定 $\dot{V}(\boldsymbol{e})$。

当 $\dot{V}(\boldsymbol{e})$ 只是半负定而不满足负定条件时，即有

$$\dot{V}(\boldsymbol{e}) \leqslant 0$$

如果使得 $\dot{V}(\boldsymbol{e})$ 一致为零($\dot{V}(\boldsymbol{e})\equiv\boldsymbol{0}$)的唯一系统轨迹是平衡轨迹 $\boldsymbol{e}\equiv\boldsymbol{0}$ 的话，就能保证全局渐进稳定性(La Salle 定理(拉萨尔不变性原理)的一个推论)。

最后，考虑式(C.23)式中非线性系统的稳定性问题；在 $\boldsymbol{k}(\boldsymbol{0})=\boldsymbol{0}$ 的假设之下，容易证明：$\boldsymbol{e}=\boldsymbol{0}$ 是系统的一个平衡状态。从形如(C.24)的函数中选择的一个李亚普诺夫函数具有如下导函数表达式：

$$\dot{V}(\boldsymbol{e}) = \boldsymbol{e}^{\mathrm{T}}(\boldsymbol{A}^{\mathrm{T}}\boldsymbol{Q} + \boldsymbol{Q}\boldsymbol{A})\boldsymbol{e} + 2\boldsymbol{e}^{\mathrm{T}}\boldsymbol{Q}\boldsymbol{k}(\boldsymbol{e}) \tag{C.26}$$

令

$$\boldsymbol{A}^{\mathrm{T}}\boldsymbol{Q} + \boldsymbol{Q}\boldsymbol{A} = -\boldsymbol{P} \tag{C.27}$$

则式(C.26)变为

$$\dot{V}(\boldsymbol{e}) = -\boldsymbol{e}^{\mathrm{T}}\boldsymbol{P}\boldsymbol{e} + 2\boldsymbol{e}^{\mathrm{T}}\boldsymbol{Q}\boldsymbol{k}(\boldsymbol{e}) \tag{C.28}$$

式(C.27)中的矩阵等式被称作李亚普诺夫方程；对任意选定的一个正定对称矩阵 $\boldsymbol{P}$，当且仅当
597 $\boldsymbol{A}$ 的特征值实部全为负数时，解矩阵 $\boldsymbol{Q}$ 存在且是正定对称的。因为式(C.20)中的矩阵 $\boldsymbol{A}$ 能验证该条件，所以它总能提供一个正定矩阵 $\boldsymbol{P}$ 并为式(C.27)找到一个正定解矩阵 $\boldsymbol{Q}$。接下来，式(C.28)右边的第一项是负定的，稳定性问题的讨论简化为寻找一个控制律使得 $\boldsymbol{k}(e)$ 能实现 $\dot{V}(\boldsymbol{e})$ 整体上(半)负定。

需要强调的是，La Salle 定理对形如

$$\dot{\boldsymbol{e}} = \boldsymbol{f}(\boldsymbol{e}, t)$$

的时变系统(也被称为非自治系统)是不成立的。这种情况下，下面介绍一个概念上相仿的结论，典型情况下需要用到 Barbalat 引理一事实上是它的推论。给定一个标量函数 $V(\boldsymbol{e}, t)$ 使得

1. $V(\boldsymbol{e},t)$ 有下界
2. $V(\boldsymbol{e}, t)\leqslant 0$
3. $V(\boldsymbol{e}, t)$ 是一致连续的

则有 $\lim\limits_{t\to\infty}\dot{V}(\boldsymbol{e}, t)=0$。条件 1 和 2 意味着 $V(\boldsymbol{e}, t)$ 在 $t\to\infty$ 时有一个有界极限值。由于从定义出

发验证一致连续性较为困难，所以通常会将条件 3 替代为

3. $\ddot{V}(\boldsymbol{e}, t)$有界

该条件对确保条件 3 的成立是充分的。Barbalat 引理作为 La Salle 定理之外的另一选择显然能够应用于时不变（自治）动力学系统，相对而言，后者的要求的某些条件是不严格的；特别的，$V(\boldsymbol{e})$无需是正定的。

参考资料

线性系统分析见于诸如[61]这样的经典文档。而对这些系统的控制请参阅[82,171]。非线性系统分析请参阅[109]。非线性系统的控制请参阅[215]。 598

附录 D 微分几何

对如轮式移动机器人这样非完整约束的机械系统进行分析时，需要一些微分几何和非线性控制理论方面的知识，这些将在本附录中进行简要回顾。

D.1 向量场与李氏括号

简便起见，考虑向量 $\boldsymbol{x}\in\mathbb{R}^n$ 的情形。$\boldsymbol{x}$ 处的切空间(直观上是由通过 $\boldsymbol{x}$ 的轨迹在该处的速度组成的空间)因此被表示为 $\boldsymbol{T}_x(\mathbb{R}^n)$。尽管如此，当用微分流形(即一个与$\mathbb{R}^n$ 微分同态的空间)取代欧几里得空间，这些概念对于用这样的一般情况也是有效的。

一个向量场 $\boldsymbol{g}:\mathbb{R}^n\rightarrow\boldsymbol{T}_x(\mathbb{R})^n$ 就是一个映射，它为每个 $\boldsymbol{x}\in\mathbb{R}^n$ 赋予了一个切向量 $g(x)\in T_x(\mathbb{R}^n)$。在此之后，总假设向量场是平滑的，也即能使相应的映射属于 C^∞ 类。

如果用向量场 $\boldsymbol{g}(x)$定义一个微分方程形如

$$\dot{\boldsymbol{x}}=\boldsymbol{g}(\boldsymbol{x}) \tag{D.1}$$

$\boldsymbol{g}$ 的流量$\phi_t^{\boldsymbol{g}}(x)$用方程(D.1)的解在 $\boldsymbol{x}$ 处从零推至 t 时刻的值与 x 建立映射关系，或表示为

$$\frac{\mathrm{d}}{\mathrm{d}t}\phi_{\mathrm{t}}^{\boldsymbol{g}}(x)=\boldsymbol{g}(\phi_{\mathrm{t}}^{\boldsymbol{g}}(\boldsymbol{x})) \tag{D.2}$$

映射族$\{\phi_t^{\boldsymbol{g}}\}$在复合运算

$$\phi_{t_1}^{\boldsymbol{g}}\circ\phi_{t_2}^{\boldsymbol{g}}=\phi_{t_1+t_2}^{\boldsymbol{g}}$$

599 下是一个单参数(即 t)的集合。例如，对线性时不变系统就是 $\boldsymbol{g}(x)=Ax$，而流量是线性运算 $\phi_t^{\boldsymbol{g}}=e^{At}$。

对给定的两个向量场 $\boldsymbol{g}_1$ 和 $\boldsymbol{g}_2$，其流量的合成通常是不能交换的，即

$$\phi_t^{\boldsymbol{g}_1}\circ\phi_{\mathrm{s}}^{\boldsymbol{g}_2}\neq\phi_{\mathrm{s}}^{\boldsymbol{g}_2}\circ\phi_t^{\boldsymbol{g}_1}$$

定义为

$$[\boldsymbol{g}_1,\boldsymbol{g}_2](\boldsymbol{x})=\frac{\partial\boldsymbol{g}_2}{\partial x}\boldsymbol{g}_1(\boldsymbol{x})-\frac{\partial\boldsymbol{g}_1}{\partial\boldsymbol{x}}\boldsymbol{g}_2(\boldsymbol{x}) \tag{D.3}$$

的向量场$[\boldsymbol{g}_1,\boldsymbol{g}_2]$被称为 $\boldsymbol{g}_1$ 和 $\boldsymbol{g}_2$ 的李氏括号。如果$[\boldsymbol{g}_1,\boldsymbol{g}_2]=0$，在该定义中的 $\boldsymbol{g}_1$ 和 $\boldsymbol{g}_2$ 是可互换的。

李氏括号运算有一个有趣的解释。考虑与 $\boldsymbol{g}_1$ 和 $\boldsymbol{g}_2$ 有关的一个无偏的动态系统

$$\dot{\boldsymbol{x}}=\boldsymbol{g}_1(\boldsymbol{x})u_1+\boldsymbol{g}_2(\boldsymbol{x})u_2 \tag{D.4}$$

如果输入 u_1 和 u_2 从不同时发生，则微分方程式(D.4)的解可以通过组合 $\boldsymbol{g}_1$ 和 $\boldsymbol{g}_2$ 的流量而得到。特别地，考虑如下输入序列：

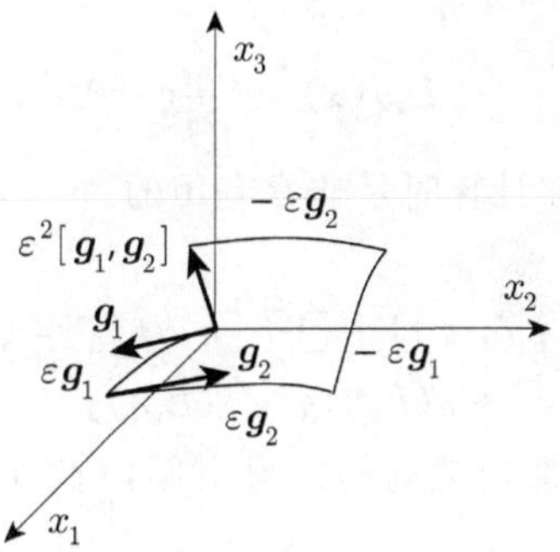

图 D.1 系统 D.4 在输入序列 D.5 下的总位移方向为两个向量场 $\boldsymbol{g}_1$ 和 $\boldsymbol{g}_2$ 的李氏括号

$$\boldsymbol{u}(t)=\begin{cases}u_1(t)=+1,\ u_2(t)=0 & t\in[0,\varepsilon)\\ u_1(t)=0,\ u_2(t)=+1 & t\in[\varepsilon,2\varepsilon)\\ u_1(t)=-1,\ u_2(t)=0 & t\in[2\varepsilon,3\varepsilon)\\ u_1(t)=0,\ u_2(t)=-1 & t\in[3\varepsilon,4\varepsilon)\end{cases} \tag{D.5}$$

其中 ε 是一个无穷小时间间隔。式(D.4)在 $t=4\varepsilon$ 时的解能够按照依次计算 $g_1, g_2, -g_1$ 和 $-g_2$ 的流量而求得(见图 D.1)。通过在 $\boldsymbol{x}_0=\boldsymbol{x}(0)$ 处沿 $\boldsymbol{g}_1$ 进行展开计算 $\boldsymbol{x}(\varepsilon)$,然后在 $\boldsymbol{x}(\varepsilon)$ 处沿 $\boldsymbol{g}_2$ 进行展开计算 $\boldsymbol{x}(2\varepsilon)$,如此类推,就可得到

$$\begin{aligned}\boldsymbol{x}(4\varepsilon)&=\phi_\varepsilon^{-\boldsymbol{g}_2}\circ\phi_\varepsilon^{-\boldsymbol{g}_1}\circ\phi_\varepsilon^{\boldsymbol{g}_2}\circ\phi_\varepsilon^{\boldsymbol{g}_1}(x_0)\\&=\boldsymbol{x}_0+\varepsilon^2\left(\frac{\partial\boldsymbol{g}_2}{\partial x}\boldsymbol{g}_1(\boldsymbol{x}_0)-\frac{\partial\boldsymbol{g}_1}{\partial x}\boldsymbol{g}_2(\boldsymbol{x}_0)\right)+O(\varepsilon^3)\end{aligned}$$ 600

如果交换式在 $\boldsymbol{g}_1$ 和 $\boldsymbol{g}_2$,从输入序列(D.5)得出的总位移结果为零。

上式表明,在任一点 x 处,无偏系统(D.4)的微量运动不仅可能发生在属于 $\boldsymbol{g}_1(\boldsymbol{x})$ 和 $\boldsymbol{g}_2(\boldsymbol{x})$ 生成空间的方向上,也可能是在它们的李氏括号 $[\boldsymbol{g}_1, \boldsymbol{g}_2](\boldsymbol{x})$ 的方向上。能够证明,更复杂的输入序列能被用来生成在更高阶李氏括号(比如 $[\boldsymbol{g}_1, [\boldsymbol{g}_2, \boldsymbol{g}_2]]$)方向上的运动。

对于具有有偏[①]向量场的系统,比如

$$\dot{\boldsymbol{x}}=\boldsymbol{f}(\boldsymbol{x})+\boldsymbol{g}_1(\boldsymbol{x})u_1+\boldsymbol{g}_2(\boldsymbol{x})u_2 \tag{D.6}$$

也可以给出相仿的构造过程。采用适当的输入序列,就能够在涉及向量场 $\boldsymbol{f}$ 和 $\boldsymbol{g}_j$, $j=1, 2$ 的李氏括号方向上发生运动。

例 D.1

对一个单输入的线性系统

$$\dot{\boldsymbol{x}}=\boldsymbol{Ax}+\boldsymbol{b}u$$

漂移量和向量场分别是 $\boldsymbol{f}(\boldsymbol{x})=\boldsymbol{Ax}$ 和 $\boldsymbol{g}(\boldsymbol{x})=\boldsymbol{b}$。下列李氏括号表示系统可能运动的已知方向。

$$\begin{aligned}-[\boldsymbol{f}, \boldsymbol{g}]&=\boldsymbol{Ab}\\ [\boldsymbol{f}, [\boldsymbol{f}, \boldsymbol{g}]]&=\boldsymbol{A}^2\boldsymbol{b}\\ -[\boldsymbol{f}, [\boldsymbol{f}, [\boldsymbol{f}, \boldsymbol{g}]]]&=\boldsymbol{A}^3\boldsymbol{b}\\ &\vdots\end{aligned}$$

① 该术语是为了强调由于 $\boldsymbol{f}$ 的存在,即使没有输入,通常也会使得系统发生移动($\dot{\boldsymbol{x}}\neq\boldsymbol{0}$)。

标量函数 $\alpha:\mathbb{R}^n\rightarrow\mathbb{R}$沿向量场 $\boldsymbol{g}$ 的李导数定义为

$$L_{g}\alpha(\boldsymbol{x}) = \frac{\partial\alpha}{\partial x}\boldsymbol{g}(\boldsymbol{x}) \tag{D.7}$$

李氏括号的以下一些性质在计算时是非常有用的。

$[\boldsymbol{f}, \boldsymbol{g}] = -[\boldsymbol{g}, \boldsymbol{f}]$ （反对称性）

$[\boldsymbol{f}, [\boldsymbol{g}, \boldsymbol{h}]] + [\boldsymbol{h}, [\boldsymbol{f}, \boldsymbol{g}]] + [\boldsymbol{g}, [\boldsymbol{h}, \boldsymbol{f}]] = 0$ （雅可比矩阵恒等式）

601 $[\alpha\boldsymbol{f}, \beta\boldsymbol{g}] = \alpha\beta[\boldsymbol{f}, \boldsymbol{g}] + \alpha(L_f\beta)\boldsymbol{g} - \beta(L_g\alpha)\boldsymbol{f}$ （链式法则）

其中 $\alpha,\beta:\mathbb{R}^n\rightarrow\mathbb{R}$。在$\mathbb{R}^n$ 上平滑向量场的向量空间$\mathcal{V}(\mathbb{R}^n)$，再加上李氏括号运算，就是一个李代数。

与 m 个向量场$\{\boldsymbol{g}_1, \cdots, \boldsymbol{g}_m\}$相关的分布 Δ 为每个点 $\boldsymbol{x}\in\mathbb{R}^n$ 建立了到 $T_x(\mathbb{R}^n)$子空间的映射，定义为

$$\Delta(\boldsymbol{x}) = \mathrm{span}\{\boldsymbol{g}_1(x), \cdots, \boldsymbol{g}_m(x)\} \tag{D.8}$$

通常使用如下一个缩写记号：

$$\Delta = \mathrm{span}\{\boldsymbol{g}_1, \cdots, \boldsymbol{g}_m\}$$

若 $\dim\Delta(x)=r$，其中 r 对所有 x 是常数，则分布 Δ 是非奇异的。此时，r 称为该分布的维数。不仅如此，如果 Δ 对李氏括号运算封闭，则称为对合的：

$$[\boldsymbol{g}_i, \boldsymbol{g}_j] \in \Delta \qquad \forall\, \boldsymbol{g}_i, \boldsymbol{g}_j \in \Delta$$

一个分布 Δ 的对合闭包 $\overline{\Delta}$ 是其在李氏括号运算下的闭包。所以，当且仅当 $\overline{\Delta}=\Delta$ 时，Δ 为对合的。注意，对一个单向量场，因为$[\boldsymbol{g}, \boldsymbol{g}](x)=\boldsymbol{0}$，所以对应的分布 $\Delta=\mathrm{span}\{\boldsymbol{g}\}$总是对合的。

例 D.2

分布

$$\Delta = \mathrm{span}\{\boldsymbol{g}_1, \boldsymbol{g}_2\} = \mathrm{span}\left\{\begin{bmatrix}\cos x_3\\ \sin x_3\\ 0\end{bmatrix}, \begin{bmatrix}0\\0\\1\end{bmatrix}\right\}$$

是非奇异的，且维数为 2。因为李氏括号

$$[\boldsymbol{g}_1, \boldsymbol{g}_2](\boldsymbol{x}) = \begin{bmatrix}\sin x_3\\ -\cos x_3\\ 0\end{bmatrix}$$

总与 $\boldsymbol{g}_1(\boldsymbol{x})$和 $\boldsymbol{g}_2(\boldsymbol{x})$线性无关，所以上述分布不是对合的。它的对合闭包是

602 $$\overline{\Delta} = \mathrm{span}\{\boldsymbol{g}_1, \boldsymbol{g}_2, [\boldsymbol{g}_2, \boldsymbol{g}_2]\}$$

D.2 非线性可控性

考虑一个具有如下形式的非线性动态系统

$$\dot{\boldsymbol{x}} = \boldsymbol{f}(\boldsymbol{x}) + \sum_{j=1}^{m}\boldsymbol{g}_j(\boldsymbol{x})u_j \tag{D.9}$$

该方程被称为输入 u_j 的仿射。状态 $\boldsymbol{x}$ 在$\mathbb{R}^n$ 中取值，而控制输入 $\boldsymbol{u}\in\mathbb{R}^m$ 的每个分量 u_j 在分

段常值函数类中取值。

用 $\boldsymbol{x}(t,\ 0,\ \boldsymbol{x}_0,\ \boldsymbol{u})$表示式(D.9)在 $t\geqslant 0$ 时的解，相应地有，输入 $\boldsymbol{u}:[0,\ t]\rightarrow\mathcal{U}$和初始条件 $\boldsymbol{x}(0)=\boldsymbol{x}_0$。这样的解是存在的，并且能得出如下结论：漂移向量场 $\boldsymbol{f}$ 和输入向量场 $\boldsymbol{g}_j$ 属于 C^∞。系统(D.9)被称为可控的，是指：对$\mathbb{R}^n$ 中任意选定的 $\boldsymbol{x}$, $\boldsymbol{x}$, 存在一个时刻 T 和输入 u : $[0,\ T]\rightarrow\mathcal{U}$使得 $\boldsymbol{x}(T,\ 0,\ \boldsymbol{x}_1,\ \boldsymbol{u})=\boldsymbol{x}_2$。

系统(D.9)的可达性代数(accessibility algebra)$\mathcal{A}$是$\mathcal{V}(\mathbb{R}^n)$中包含 $\boldsymbol{f}$, $\boldsymbol{g}_1$, …, $\boldsymbol{g}_m$ 的最小子代数。根据定义，使用这些向量场能生成的所有李氏括号都属于$\mathcal{A}$。系统 D.9 的可达性分布 $\Delta_{\mathcal{A}}$被定义为

$$\Delta_{\mathcal{A}} = \mathrm{span}\{\boldsymbol{v} \mid \boldsymbol{v} \in \mathcal{A}\} \tag{D.10}$$

换句话说，Δ_A 是 $\Delta=\mathrm{span}\{\boldsymbol{f},\ \boldsymbol{g}_1,\ \cdots,\ \boldsymbol{g}_m\}$的对合闭包。

$\Delta_{\mathcal{A}}$的计算可能是一个迭代的过程

$$\Delta_{\mathcal{A}} = \mathrm{span}\{\boldsymbol{v} \mid \boldsymbol{v} \in \boldsymbol{\Delta}_i,\ \forall i \geqslant 1\}$$

其中

$$\Delta_1 = \Delta = \mathrm{span}\{\boldsymbol{f},\ \boldsymbol{g}_1,\ \cdots,\ \boldsymbol{g}_m\}$$

$$\Delta_i = \Delta_{i-1} + \mathrm{span}\{[\boldsymbol{g},\ \boldsymbol{v}] \mid \boldsymbol{g} \in \Delta_1,\ \boldsymbol{v} \in \Delta_{i-1},\quad i \geqslant 2\}$$

这一过程在进行 κ 步后停止，其中 κ 是使 $\Delta_{\kappa+1}=\Delta_\kappa=\Delta_A$ 的最小整数。这个数被称为系统的非完整度(nonholonomy degree)并与必须包含在 $\Delta_{\mathcal{A}}$ 中的李氏括号的“阶次”有关。因为 $\dim\Delta_{\mathcal{A}}\leqslant n$，所以 $\kappa\leqslant n-m$ 是必要的。

如果系统(D.9)是无偏的

$$\dot{\boldsymbol{x}} = \sum_{i=1}^{m} \boldsymbol{g}_i(\boldsymbol{x})u_i \tag{D.11}$$

则 $\boldsymbol{g}_1$, …, $\boldsymbol{g}_m$ 相应向量场的可达性分布 $\Delta_{\mathcal{A}}$就可画出了它的可控性。特别地，当且仅当下面可达性秩条件成立时系统 D.11 是可控的。

$$\dim\Delta_{\mathcal{A}}(\boldsymbol{x}) = n \tag{D.12}$$ 603

注意，为无偏系统建立 $\Delta_{\mathcal{A}}$的迭代过程开始于 $\Delta_1=\Delta=\mathrm{span}\{\boldsymbol{g}_1,\ \cdots,\ \boldsymbol{g}_m\}$，因而有 $\kappa\leqslant n-m+1$。

对具有一般形式(D.9)的系统，条件(D.12)对可控性只是必要的。但也存在两个例外：

- 若系统(D.11)是可控的，对(D.11)做一个动态拓展

$$\dot{\boldsymbol{x}} = \sum_{i=1}^{m} \boldsymbol{g}_i(x)v_i \tag{D.13}$$

$$\dot{v}_i = \boldsymbol{u}_i,\qquad i = 1,\ \cdots,\ m \tag{D.14}$$

即在每个输入通道上添加一个积分器，由此到的有偏系统仍是可控的。

- 对一个线性系统

$$\dot{\boldsymbol{x}} = \boldsymbol{A}\boldsymbol{x} + \sum_{j=1}^{m} \boldsymbol{b}_j u_j = \boldsymbol{A}\boldsymbol{x} + \boldsymbol{B}\boldsymbol{u}$$

(D.12)变为

$$\varrho([\boldsymbol{B}\quad \boldsymbol{A}\boldsymbol{B}\quad \boldsymbol{A}^2\boldsymbol{B}\quad \cdots\quad \boldsymbol{A}^{n-1}\boldsymbol{B}]) = n \tag{D.15}$$

即著名的卡尔曼可控性充分必要条件。

参考资料

该部分附录概要介绍的理论可以在微分几何[94,20]和非线性控制原理[104,168,195]等
604 书籍中进一步详细学习。

附录 E 图搜索算法

本附录对算法复杂度的一些基本概念和运动规划中非常有用的一些图搜索技术进行总结介绍。

E.1 复杂度

评价某种算法效能的一个主要指标是它的运行时间,也就是该算法在一个具备某个真实系统最大量特征的计算模型中运行时所需的时间。实践中,研究者感兴趣的是用一个参数 n 的函数来估计运行时间,该参数表示求解问题一类特定实例中输入量的长度。在运动规划中,该参数可能是配置空间的维数,或是配置空间的顶点个数(如果是多边形集合)。

在最坏情况分析中,$t(n)$表示算法 A 对输入长度为n 的一系列相近实例的最大计算时间。其他分类型的析(如平均时长分析)也是可行的,但是不够严格或通常需要关于输入随机分布的统计学知识,而这些信息可能并不具备。

$t(n)$的精确表示取决于算法的执行情况,实践上并无太大意义,这是因为在所采用的运算模型下的算法运行时间只是真实情况的近似。更有意义的是 $t(n)$的渐进特征,即:$t(n)$随 n 增长的变化率。若把函数 $g(n)$记为 $O(f(n))$,则有

$$c_1 f(n) \leqslant g(n) \leqslant c_2 f(n) \qquad \forall n \geqslant n_0$$

其中 c_1, c_2 和 n_0 是正常数。如果最坏情况下算法 A 的运行时间是 $O(f(n))$,即 $t(n) \in O(f(n))$,则称算法 A 的时间复杂度为$O(f(n))$。

所有算法中有一类是非常重要的,它们的最坏情况运算时间可以用输入长度的多项式近似表示。特别地,若 $t(n) \in O(n^p)$,其中 $p \geqslant 0$,则称该算法具有多项式时间复杂度。如果最坏情况下运行时间近似表现是非多项式函数,则该算法时间复杂度称为“指数型”。注意此处的“指数型”实际意义是“不能用任何多项式函数给出边界”。 605

具有指数时间复杂度的算法只能应用于求解‘小’规模的问题。尽管如此,仍存在一些指数时间复杂度的算法对常见类型的输入在平均意义下是非常有效的,其中一个著名的例子是求解线性规划的单纯形法。类似地,也有多项式复杂度的算法因其参数 c_1,c_2 或 p 过于‘巨大’而在实践中效率并不高。

以上的概念可以推广到多个输入参数的情形,或用区别于时间复杂度的指标进行评判时。例如,算法运行所需的存储空间是另外一个重要指标。一个算法的空间复杂度被称为$O(f(n))$是指该算法运行所需的存储空间是 $O(f(n))$的函数。

E.2 广度优先搜索和深度优先搜索

设 $G=(N, A)$为由点集合 N 和边集合 A 构成的图，其中点和边的数目分别为 n 和 a，图的表示用邻接关系列表来表示：每个点 N_i 与一系列其他顶点通过边相连接。考虑在图中 G 中搜索到一条从起点 N_s 到终点 N_g 的路，解决这一问题，最简单的搜索策略是广度优先搜索(BFS)和深度优先搜索(BFS)。下面简要叙述一下关于这两种算法的迭代过程。

广度优先搜索需要用到称为 OPEN 的顶点的队列，即一个 FIFO(先入先出)数据结构。初始状态下，OPEN 表中只有起点 N_s，标记为已访问(visited)，图中其他顶点标记为未访问。在每一步迭代中，对 OPEN 表中的第一个点进行扩展，将与之相邻的未访问顶点标记为已访问并加入 OPEN 表。该搜索过程在将 N_g 加入 OPEN 表或 OPEN 表为空时(失败)终止。在搜索过程中，算法维护一个 BFS 树，其中只包括连接未访问顶点的边。在此树中，连接起点到其他可访问顶点的只有唯一一条路，如果存在一条从起点 N_s 到终点 N_g 的路，该路可以在树中找到。

在做深度优先搜索时，OPEN 表是一个栈，即一个 LIFO(后入先出)的数据结构。与广度优先相仿，初始状态下，OPEN 表中只有起点 N_s，标记为已访问。当顶点 N_j 被加入 OPEN 表时，记录下之前已加入的顶点 N_i。在每次迭代时，扩展 OPEN 表中第一个顶点，如果是未访问的，则标记为已访问，并将连接 N_i 和 N_j 的边加入 DFS 树中。该搜索过程在将 N_g 加入 OPEN 表或 OPEN 表为空时(失败)终止。与在 BFS 树中相仿，如果存在从起点 N_s 到终点
606 N_g 的路存在，该路可以由 DFS 树中给出结果。

广度优先搜索和深度优先搜索时间复杂度均为 $O(a)$。注意：BFS 和 DFS 实际上采用的是遍历策略，它们并未利用关于终点的任何信息而只是简单遍历直至访问到终点 N_g。这两种算法都是“完全”的，即：对存在的路，总能找到；而不存在时报告失败。

E.3 A^* 算法

在很多应用中，图中的边被赋予了正数权值。由此，图中的路也被用各边权值之和赋予了相应“费用”值。考虑在图中找到一条连接从起点 N_s 到终点 N_g 且具有最小费用的路，简称为最小费用路。例如，在运动规划问题中，图的顶点通常表示配置空间中的点，自然地，相应边就以其长度定义了权值。最短路因其在图 G 中是从 N_s 到 N_g 的最短路径而具有了明显价值。

A^* 算法是解决最短路问题时广泛采用的一种算法。该算法从 N_s 开始迭代搜索图 G 中的各顶点，用一个树 T 存储当前从 N_s 到其他已访问顶点的最短路。A^* 算法在搜索过程中给 T 中的每个点 N_i 赋予费用函数值 $f(N_i)$，该函数用来估计从 N_s 经由 N_i 到 N_g 的最短路所具有的费用值，由下式计算：

$$f(N_i) = g(N_i) + h(N_i)$$

其中 $g(N_i)$是当前 T 中从 N_s 到 N_i 的费用，而 $h(N_i)$是对从 N_i 到 N_g 的最小费用 $h^*(N_i)$所作的启发式估计。$g(N_i)$的值由搜索过程唯一确定，而对 $h(\cdot)$的选择，只要满足下式都是允许的。

$$\forall N_i \in N: 0 \leqslant h(N_i) \leqslant h^*(N_i) \tag{E.1}$$

条件(E.1)意味着 $h(\cdot)$不能过高估计从 N_i 到 N_g 的最小费用。

以下将用伪码描述 A^* 算法的实现过程。为便于理解，先给出注释如下：

- 初始标记 N_s 为“已访问”，其他所有点为“未访问”；
- 初始时刻 T 中只有 N_s；
- OPEN 表是顶点的列表，初始时刻只有 N_s；
- N_{best}是 OPEN 表中 f 值最小的点(特殊地，如果 OPEN 表按 f 值的升序进行排列，该点是第一个。)
- ADJ(N_i)是 N_i 的相邻点列表；
- $c(N_i, N_j)$是连接 N_i 和 N_j 的边具有的权值。 607

在条件(E.1)下，A^* 算法是完全的。特殊情况下，如果算法终止时 OPEN 表为空，图 G 中不存在从 N_s 到 N_g 的路；否则，树 T 中包含从 N_s 到 N_g 的最短路，该最短路从 T 中用回溯的办法重建起来。

如果在 A^* 算法中对每个点 N_i 取 $h(N_i)=0$，则算法与 Dijkstra 算法是等效的。如果图 G 中的点表示欧氏空间中的点，则欧氏距离是也一个可行的启发式定义。

从 OPEN 表中抽取一个点并访问其相邻节点的过程称为节点扩展。给定两种不同的启发式定义 h_1 和 h_2 且 $h_2(N_i) \geqslant h_1(N_i)$，则对图 G 中的任意一个点 N_i，可以证明：采用 h_2 的 A^* 算法对点所作的拓展同样可以由 h_1 实现。这意味着采用 h_2 的 A^* 算法至少和采用 h_1 时一样有效；称 h_2 比 h_1 更具启发性。

A^* 算法可以在时间复杂度为 $O(a\lg n)$情况下实现。

参考书目

本附录中概要提到的概念，更详尽的描述可参见各种算法理论和人工智能方面的书目，比如[51, 189, 202]。 608

参考文献

1. C. Abdallah, D. Dawson, P. Dorato, M. Jamshidi, "Survey of robust control for rigid robots," *IEEE Control Systems Magazine*, vol. 11, no. 2, pp. 24–30, 1991.
2. M. Aicardi, G. Casalino, A. Bicchi, A. Balestrino, "Closed loop steering of unicycle-like vehicles via Lyapunov techniques," *IEEE Robotics and Automation Magazine*, vol. 2, no. 1, pp. 27–35, 1995.
3. J.S. Albus, H.G. McCain, R. Lumia, *NASA/NBS Standard Reference Model for Telerobot Control System Architecture (NASREM)*, NBS tech. note 1235, Gaithersburg, MD, 1987.
4. C.H. An, C.G. Atkeson, J.M. Hollerbach, *Model-Based Control of a Robot Manipulator*, MIT Press, Cambridge, MA, 1988.
5. R.J. Anderson, M.W. Spong, "Hybrid impedance control of robotic manipulators," *IEEE Journal of Robotics and Automation*, vol. 4, pp. 549–556, 1988.
6. J. Angeles, *Spatial Kinematic Chains: Analysis, Synthesis, Optimization*, Springer-Verlag, Berlin, 1982.
7. S. Arimoto, F. Miyazaki, "Stability and robustness of PID feedback control for robot manipulators of sensory capability," in *Robotics Research: The First International Symposium*, M. Brady, R. Paul (Eds.), MIT Press, Cambridge, MA, pp. 783–799, 1984.
8. R.C. Arkin, *Behavior-Based Robotics*, MIT Press, Cambridge, MA, 1998.
9. B. Armstrong-Hélouvry, *Control of Machines with Friction*, Kluwer, Boston, MA, 1991.
10. H. Asada, J.-J.E. Slotine, *Robot Analysis and Control*, Wiley, New York, 1986.
11. H. Asada, K. Youcef-Toumi, "Analysis and design of a direct-drive arm with a five-bar-link parallel drive mechanism," *ASME Journal of Dynamic Systems, Measurement, and Control*, vol. 106, pp. 225–230, 1984.
12. H. Asada, K. Youcef-Toumi, *Direct-Drive Robots*, MIT Press, Cambridge, MA, 1987.
13. C.G. Atkeson, C.H. An, J.M. Hollerbach, "Estimation of inertial parameters of manipulator loads and links," *International Journal of Robotics Research*, vol. 5, no. 3, pp. 101–119, 1986.
14. J. Baillieul, "Kinematic programming alternatives for redundant manipulators," *Proc. 1985 IEEE International Conference on Robotics and Automation*, St. Louis, MO, pp. 722–728, 1985.

15. A. Balestrino, G. De Maria, L. Sciavicco, "An adaptive model following control for robotic manipulators," *ASME Journal of Dynamic Systems, Measurement, and Control*, vol. 105, pp. 143–151, 1983.
16. A. Balestrino, G. De Maria, L. Sciavicco, B. Siciliano, "An algorithmic approach to coordinate transformation for robotic manipulators," *Advanced Robotics*, vol. 2, pp. 327–344, 1988.
17. J. Barraquand, J.-C. Latombe, "Robot motion planning: A distributed representation approach," *International Journal of Robotics Research*, vol. 10, pp. 628–649, 1991.
18. G. Bastin, G. Campion, B. D'Andréa-Novel, "Structural properties and classification of kinematic and dynamic models of wheeled mobile robots," *IEEE Transactions on Robotics and Automation*, vol. 12, pp. 47–62, 1996.
19. A.K. Bejczy, *Robot Arm Dynamics and Control*, memo. TM 33-669, Jet Propulsion Laboratory, California Institute of Technology, 1974.
20. W.M. Boothby, *An Introduction to Differentiable Manifolds and Riemannian Geometry*, Academic Press, Orlando, FL, 1986.
21. J. Borenstein, H.R. Everett, L. Feng, *Navigating Mobile Robots: Systems and Techniques*, A K Peters, Wellesley, MA, 1996.
22. B.K.K. Bose, *Modern Power Electronics and AC Drives*, Prentice-Hall, Englewood Cliffs, NJ, 2001.
23. O. Bottema, B. Roth, *Theoretical Kinematics*, North Holland, Amsterdam, 1979.
24. T.L. Boullion, P.L. Odell, *Generalized Inverse Matrices*, Wiley, New York, 1971.
25. M. Brady, "Artificial intelligence and robotics," *Artificial Intelligence*, vol. 26, pp. 79–121, 1985.
26. M. Brady, J.M. Hollerbach, T.L. Johnson, T. Lozano-Pérez, M.T. Mason, (Eds.), *Robot Motion: Planning and Control*, MIT Press, Cambridge, MA, 1982.
27. H. Bruyninckx, J. De Schutter, "Specification of force-controlled actions in the "task frame formalism" — A synthesis," *IEEE Transactions on Robotics and Automation*, vol. 12, pp. 581–589, 1996.
28. H. Bruyninckx, S. Dumey, S. Dutré, J. De Schutter, "Kinematic models for model-based compliant motion in the presence of uncertainty," *International Journal of Robotics Research*, vol. 14, pp. 465–482, 1995.
29. F. Caccavale, P. Chiacchio, "Identification of dynamic parameters and feedforward control for a conventional industrial manipulator," *Control Engineering Practice*, vol. 2, pp. 1039–1050, 1994.
30. F. Caccavale, C. Natale, B. Siciliano, L. Villani, "Resolved-acceleration control of robot manipulators: A critical review with experiments," *Robotica*, vol. 16, pp. 565–573, 1998.
31. F. Caccavale, C. Natale, B. Siciliano, L. Villani, "Six-DOF impedance control based on angle/axis representations," *IEEE Transactions on Robotics and Automation*, vol. 15, pp. 289–300, 1999.
32. F. Caccavale, C. Natale, B. Siciliano, L. Villani, "Robot impedance control with nondiagonal stiffness," *IEEE Transactions on Automatic Control*, vol. 44, pp. 1943–1946, 1999.
33. J.F. Canny, *The Complexity of Robot Motion Planning*, MIT Press, Cambridge, MA, 1988. 610

34. C. Canudas de Wit, H. Khennouf, C. Samson, O.J. Sørdalen, "Nonlinear control design for mobile robots," in *Recent Trends in Mobile Robots*, Y.F. Zheng, (Ed.), pp. 121–156, World Scientific Publisher, Singapore, 1993.
35. F. Chaumette, "Image moments: A general and useful set of features for visual servoing," *IEEE Transactions on Robotics and Automation*, vol. 21, pp. 1116-1127, 2005.
36. F. Chaumette, S. Hutchinson, "Visual servo control. Part I: Basic approaches," *IEEE Robotics and Automation Magazine*, vol. 13, no. 4, pp. 82–90, 2006.
37. P. Chiacchio, S. Chiaverini, L. Sciavicco, B. Siciliano, "Closed-loop inverse kinematics schemes for constrained redundant manipulators with task space augmentation and task priority strategy," *International Journal of Robotics Research*, vol. 10, pp. 410–425, 1991.
38. P. Chiacchio, S. Chiaverini, L. Sciavicco, B. Siciliano, "Influence of gravity on the manipulability ellipsoid for robot arms," *ASME Journal of Dynamic Systems, Measurement, and Control*, vol. 114, pp. 723–727, 1992.
39. P. Chiacchio, F. Pierrot, L. Sciavicco, B. Siciliano, "Robust design of independent joint controllers with experimentation on a high-speed parallel robot," *IEEE Transactions on Industrial Electronics*, vol. 40, pp. 393–403, 1993.
40. S. Chiaverini, L. Sciavicco, "The parallel approach to force/position control of robotic manipulators," *IEEE Transactions on Robotics and Automation*, vol. 4, pp. 361–373, 1993.
41. S. Chiaverini, B. Siciliano, "The unit quaternion: A useful tool for inverse kinematics of robot manipulators," *Systems Analysis Modelling Simulation*, vol. 35, pp. 45–60, 1999.
42. S. Chiaverini, B. Siciliano, O. Egeland, "Review of the damped least-squares inverse kinematics with experiments on an industrial robot manipulator," *IEEE Transactions on Control Systems Technology*, vol. 2, pp. 123–134, 1994.
43. S. Chiaverini, B. Siciliano, L. Villani, "Force/position regulation of compliant robot manipulators," *IEEE Transactions on Automatic Control*, vol. 39, pp. 647–652, 1994.
44. S.L. Chiu, "Task compatibility of manipulator postures," *International Journal of Robotics Research*, vol. 7, no. 5, pp. 13–21, 1988.
45. H. Choset, K.M. Lynch, S. Hutchinson, G. Kantor, W. Burgard, L.E. Kavraki, S. Thrun, *Principles of Robot Motion: Theory, Algorithms, and Implementations*, MIT Press, Cambridge, MA, 2005.
46. J.C.K. Chou, "Quaternion kinematic and dynamic differential equations. *IEEE Transactions on Robotics and Automation*, vol. 8, pp. 53–64, 1992.
47. A.I. Comport, E. Marchand, M. Pressigout, F. Chaumette, "Real-time markerless tracking for augmented reality: The virtual visual servoing framework," *IEEE Transactions on Visualization and Computer Graphics*, vol. 12, pp. 615–628, 2006.
48. P.I. Corke, *Visual Control of Robots: High-Performance Visual Servoing*, Research Studies Press, Taunton, UK, 1996.
49. P. Corke, S. Hutchinson, "A new partitioned approach to image-based visual servo control," *IEEE Transactions on Robotics and Automation*, vol. 17, pp. 507-515, 2001.
50. M. Corless, G. Leitmann, "Continuous state feedback guaranteeing uniform ultimate boundedness for uncertain dynamic systems," *IEEE Transactions on*
611 *Automatic Control*, vol. 26, pp. 1139–1144, 1981.

51. T.H. Cormen, C.E. Leiserson, R.L. Rivest, C. Stein, *Introduction to Algorithms*, 2nd ed., MIT Press, Cambridge, MA, 2001.
52. J.J. Craig, *Adaptive Control of Mechanical Manipulators*, Addison-Wesley, Reading, MA, 1988.
53. J.J. Craig, *Introduction to Robotics: Mechanics and Control*, 3rd ed., Pearson Prentice Hall, Upper Saddle River, NJ, 2004.
54. C. De Boor, *A Practical Guide to Splines*, Springer-Verlag, New York, 1978.
55. T.L. De Fazio, D.S. Seltzer, D.E. Whitney, "The instrumented Remote Center of Compliance," *Industrial Robot*, vol. 11, pp. 238–242, 1984.
56. A. De Luca, *A Spline Generator for Robot Arms*, tech. rep. RAL 68, Rensselaer Polytechnic Institute, Department of Electrical, Computer, and Systems Engineering, 1986.
57. A. De Luca, C. Manes, "Modeling robots in contact with a dynamic environment," *IEEE Transactions on Robotics and Automation*, vol. 10, pp. 542–548, 1994.
58. A. De Luca, G. Oriolo, C. Samson, "Feedback control of a nonholonomic car-like robot," in *Robot Motion Planning and Control*, J.-P. Laumond, (Ed.), Springer-Verlag, Berlin, Germany, 1998.
59. A. De Luca, G. Oriolo, B. Siciliano, "Robot redundancy resolution at the acceleration level," *Laboratory Robotics and Automation*, vol. 4, pp. 97–106, 1992.
60. J. Denavit, R.S. Hartenberg, "A kinematic notation for lower-pair mechanisms based on matrices," *ASME Journal of Applied Mechanics*, vol. 22, pp. 215–221, 1955.
61. P.M. DeRusso, R.J. Roy, C.M. Close, A.A. Desrochers, *State Variables for Engineers*, 2nd ed., Wiley, New York, 1998.
62. J. De Schutter, H. Bruyninckx, S. Dutré, J. De Geeter, J. Katupitiya, S. Demey, T. Lefebvre, "Estimating first-order geometric parameters and monitoring contact transitions during force-controlled compliant motions," *International Journal of Robotics Research*, vol. 18, pp. 1161–1184, 1999.
63. J. De Schutter, H. Bruyninckx, W.-H. Zhu, M.W. Spong, "Force control: A bird's eye view," in *Control Problems in Robotics and Automation*, B. Siciliano, K.P. Valavanis, (Ed.), pp. 1–17, Springer-Verlag, London, UK, 1998.
64. J. De Schutter, H. Van Brussel, "Compliant robot motion I. A formalism for specifying compliant motion tasks," *International Journal of Robotics Research*, vol. 7, no. 4, pp. 3–17, 1988.
65. J. De Schutter, H. Van Brussel, "Compliant robot motion II. A control approach based on external control loops," *International Journal of Robotics Research*, vol. 7, no. 4, pp. 18–33, 1988.
66. K.L. Doty, C. Melchiorri, C. Bonivento, "A theory of generalized inverses applied to robotics," *International Journal of Robotics Research*, vol. 12, pp. 1–19, 1993.
67. S. Dubowsky, D.T. DesForges, "The application of model referenced adaptive control to robotic manipulators," *ASME Journal of Dynamic Systems, Measurement, and Control*, vol. 101, pp. 193–200, 1979.
68. C. Edwards, L. Galloway, "A single-point calibration technique for a six-degree-of-freedom articulated arm," *International Journal of Robotics Research*, vol. 13, pp. 189–199, 1994.
69. O. Egeland, "Task-space tracking with redundant manipulators," *IEEE Journal of Robotics and Automation*, vol. 3, pp. 471–475, 1987. 612

70. S.D. Eppinger, W.P. Seering, "Introduction to dynamic models for robot force control," *IEEE Control Systems Magazine*, vol. 7, no. 2, pp. 48–52, 1987.
71. B. Espiau, F. Chaumette, P. Rives, "A new approach to visual servoing in robotics," *IEEE Transactions on Robotics and Automation*, vol. 8, pp. 313–326, 1992.
72. H.R. Everett, *Sensors for Mobile Robots: Theory and Application*, AK Peters, Wellesley, MA, 1995.
73. G.E. Farin, *Curves and Surfaces for CAGD: A Practical Guide*, 5th ed., Morgan Kaufmann Publishers, San Francisco, CA, 2001.
74. E.D. Fasse, P.C. Breedveld, "Modelling of elastically coupled bodies: Parts I–II", *ASME Journal of Dynamic Systems, Measurement, and Control*, vol. 120, pp. 496–506, 1998.
75. O. Faugeras, *Three-Dimensional Computer Vision: A Geometric Viewpoint*, MIT Press, Boston, MA, 1993.
76. R. Featherstone, "Position and velocity transformations between robot end-effector coordinates and joint angles," *International Journal of Robotics Research*, vol. 2, no. 2, pp. 35–45, 1983.
77. R. Featherstone, *Robot Dynamics Algorithms*, Kluwer, Boston, MA, 1987.
78. R. Featherstone, O. Khatib, "Load independence of the dynamically consistent inverse of the Jacobian matrix," *International Journal of Robotics Research*, vol. 16, pp. 168–170, 1997.
79. J. Feddema, O. Mitchell, "Vision-guided servoing with feature-based trajectory generation," *IEEE Transactions on Robotics and Automation*, vol. 5, pp. 691–700, 1989.
80. M. Fliess, J. Lévine, P. Martin, P. Rouchon, "Flatness and defect of nonlinear systems: Introductory theory and examples," *International Journal of Control*, vol. 61, pp. 1327–1361, 1995.
81. J. Fraden, *Handbook of Modern Sensors: Physics, Designs, and Applications*, Springer, New York, 2004.
82. G.F. Franklin, J.D. Powell, A. Emami-Naeini, *Feedback Control of Dynamic Systems*, 5th ed., Prentice-Hall, Lebanon, IN, 2005.
83. E. Freund, "Fast nonlinear control with arbitrary pole-placement for industrial robots and manipulators," *International Journal of Robotics Research*, vol. 1, no. 1, pp. 65–78, 1982.
84. L.-C. Fu, T.-L. Liao, "Globally stable robust tracking of nonlinear systems using variable structure control with an application to a robotic manipulator," *IEEE Transactions on Automatic Control*, vol. 35, pp. 1345–1350, 1990.
85. M. Gautier, W. Khalil, "Direct calculation of minimum set of inertial parameters of serial robots," *IEEE Transactions on Robotics and Automation*, vol. 6, pp. 368–373, 1990.
86. A.A. Goldenberg, B. Benhabib, R.G. Fenton, "A complete generalized solution to the inverse kinematics of robots," *IEEE Journal of Robotics and Automation*, vol. 1, pp. 14–20, 1985.
87. H. Goldstein, C.P. Poole, J.L. Safko, *Classical Mechanics*, 3rd ed., Addison-Wesley, Reading, MA, 2002.
88. G.H. Golub, C.F. Van Loan, *Matrix Computations*, 3rd ed., The Johns Hopkins University Press, Baltimore, MD, 1996.
89. M.C. Good, L.M. Sweet, K.L. Strobel, "Dynamic models for control system
613 design of integrated robot and drive systems," *ASME Journal of Dynamic Systems, Measurement, and Control*, vol. 107, pp. 53–59, 1985.

90. D.M. Gorinevski, A.M. Formalsky, A.Yu. Schneider, *Force Control of Robotics Systems*, CRC Press, Boca Raton, FL, 1997.
91. W.A. Gruver, B.I. Soroka, J.J. Craig, T.L. Turner, "Industrial robot programming languages: A comparative evaluation," *IEEE Transactions on Systems, Man, and Cybernetics*, vol. 14, pp. 565–570, 1984.
92. G. Hager, W. Chang, A. Morse, "Robot feedback control based on stereo vision: Towards calibration-free hand-eye coordination," *IEEE Control Systems Magazine*, vol. 15, no. 1, pp. 30–39, 1995.
93. R.M. Haralick, L.G. Shapiro, *Computer and Robot Vision*, vols. 1 & 2, Addison-Wesley, Reading, MA, 1993.
94. S. Helgason, *Differential Geometry and Symmetric Spaces*, Academic Press, New York, NY, 1962.
95. N. Hogan, "Impedance control: An approach to manipulation: Part I — Theory," *ASME Journal of Dynamic Systems, Measurement, and Control*, vol. 107, pp. 1–7, 1985.
96. J.M. Hollerbach, "A recursive Lagrangian formulation of manipulator dynamics and a comparative study of dynamics formulation complexity," *IEEE Transactions on Systems, Man, and Cybernetics*, vol. 10, pp. 730–736, 1980.
97. J.M. Hollerbach, "Dynamic scaling of manipulator trajectories," *ASME Journal of Dynamic Systems, Measurement, and Control*, vol. 106, pp. 102–106, 1984.
98. J.M. Hollerbach, "A survey of kinematic calibration," in *The Robotics Review 1*, O. Khatib, J.J. Craig, and T. Lozano-Pérez (Eds.), MIT Press, Cambridge, MA, pp. 207–242, 1989.
99. J.M. Hollerbach, G. Sahar, "Wrist-partitioned inverse kinematic accelerations and manipulator dynamics," *International Journal of Robotics Research*, vol. 2, no. 4, pp. 61–76, 1983.
100. R. Horowitz, M. Tomizuka, "An adaptive control scheme for mechanical manipulators — Compensation of nonlinearity and decoupling control," *ASME Journal of Dynamic Systems, Measurement, and Control*, vol. 108, pp. 127–135, 1986.
101. T.C.S. Hsia, T.A. Lasky, Z. Guo, "Robust independent joint controller design for industrial robot manipulators," *IEEE Transactions on Industrial Electronics*, vol. 38, pp. 21–25, 1991.
102. P. Hsu, J. Hauser, S. Sastry, "Dynamic control of redundant manipulators," *Journal of Robotic Systems*, vol. 6, pp. 133–148, 1989.
103. S. Hutchinson, G. Hager, P. Corke, "A tutorial on visual servo control," *IEEE Transactions on Robotics and Automation*, vol. 12, pp. 651–670, 1996.
104. A. Isidori, *Nonlinear Control Systems*, 3rd ed., Springer-Verlag, London, UK, 1995.
105. H. Kazerooni, P.K. Houpt, T.B. Sheridan, "Robust compliant motion of manipulators, Part I: The fundamental concepts of compliant motion," *IEEE Journal of Robotics and Automation*, vol. 2, pp. 83–92, 1986.
106. J.L. Jones, A.M. Flynn, *Mobile Robots: Inspiration to Implementation*, AK Peters, Wellesley, MA, 1993.
107. L.E. Kavraki, P. Svestka, J.-C. Latombe, M.H. Overmars, "Probabilistic roadmaps for path planning in high-dimensional configuration spaces," *IEEE Transactions on Robotics and Automation*, vol. 12, pp. 566–580, 1996.

614

108. R. Kelly, R. Carelli, O. Nasisi, B. Kuchen, F. Reyes, "Stable visual servoing of camera-in-hand robotic systems," *IEEE/ASME Transactions on Mechatronics*, vol. 5, pp. 39–48, 2000.
109. H.K. Khalil, *Nonlinear Systems*, Prentice-Hall, Englewood Cliffs, NJ, 2002.
110. W. Khalil, F. Bennis, "Symbolic calculation of the base inertial parameters of closed-loop robots," *International Journal of Robotics Research*, vol. 14, pp. 112–128, 1995.
111. W. Khalil, E. Dombre, *Modeling, Identification and Control of Robots*, Hermes Penton Ltd, London, 2002.
112. W. Khalil, J.F. Kleinfinger, "Minimum operations and minimum parameters of the dynamic model of tree structure robots," *IEEE Journal of Robotics and Automation*, vol. 3, pp. 517–526, 1987.
113. O. Khatib, "Real-time obstacle avoidance for manipulators and mobile robots," *International Journal of Robotics Research*, vol. 5, no. 1, pp. 90–98, 1986.
114. O. Khatib, "A unified approach to motion and force control of robot manipulators: The operational space formulation," *IEEE Journal of Robotics and Automation*, vol. 3, pp. 43–53, 1987.
115. P.K. Khosla, "Categorization of parameters in the dynamic robot model," *IEEE Transactions on Robotics and Automation*, vol. 5, pp. 261–268, 1989.
116. P.K. Khosla, T. Kanade, "Parameter identification of robot dynamics," in *Proceedings of 24th IEEE Conference on Decision and Control*, Fort Lauderdale, FL, pp. 1754–1760, 1985.
117. P.K. Khosla, T. Kanade, "Experimental evaluation of nonlinear feedback and feedforward control schemes for manipulators," *International Journal of Robotics Research*, vol. 7, no. 1, pp. 18–28, 1988.
118. C.A. Klein, C.H. Huang, "Review of pseudoinverse control for use with kinematically redundant manipulators," *IEEE Transactions on Systems, Man, and Cybernetics*, vol. 13, pp. 245–250, 1983.
119. D.E. Koditschek, "Natural motion for robot arms," *Proc. 23th IEEE Conference on Decision and Control*, Las Vegas, NV, pp. 733–735, 1984.
120. A.J. Koivo, *Fundamentals for Control of Robotic Manipulators*, Wiley, New York, 1989.
121. K. Kreutz, "On manipulator control by exact linearization," *IEEE Transactions on Automatic Control*, vol. 34, pp. 763–767, 1989.
122. J.-C. Latombe, *Robot Motion Planning*, Kluwer, Boston, MA, 1991.
123. J.-P. Laumond, (Ed.), *Robot Motion Planning and Control*, Springer-Verlag, Berlin, 1998.
124. S.M. LaValle, *Planning Algorithms*, Cambridge University Press, New York, 2006.
125. S.M. LaValle, J.J. Kuffner, "Rapidly-exploring random trees: Progress and prospects," in *New Directions in Algorithmic and Computational Robotics*, B.R. Donald, K. Lynch, D. Rus, (Eds.), AK Peters, Wellesley, MA, pp. 293–308, 2001.
126. M.B. Leahy, G.N. Saridis, "Compensation of industrial manipulator dynamics," *International Journal of Robotics Research*, vol. 8, no. 4, pp. 73–84, 1989.
127. C.S.G. Lee, "Robot kinematics, dynamics and control," *IEEE Computer*, vol. 15, no. 12, pp. 62–80, 1982.
128. W. Leonhard, *Control of Electrical Drives*, Springer-Verlag, New York, 2001.

129. A. Liégeois, "Automatic supervisory control of the configuration and behavior of multibody mechanisms," *IEEE Transactions on Systems, Man, and Cybernetics*, vol. 7, pp. 868–871, 1977.
130. K.Y. Lim, M. Eslami, "Robust adaptive controller designs for robot manipulator systems," *IEEE Journal of Robotics and Automation*, vol. 3, pp. 54–66, 1987.
131. C.S. Lin, P.R. Chang, J.Y.S. Luh, "Formulation and optimization of cubic polynomial joint trajectories for industrial robots," *IEEE Transactions on Automatic Control*, vol. 28, pp. 1066–1073, 1983.
132. S.K. Lin, "Singularity of a nonlinear feedback control scheme for robots," *IEEE Transactions on Systems, Man, and Cybernetics*, vol. 19, pp. 134–139, 1989.
133. H. Lipkin, J. Duffy, "Hybrid twist and wrench control for a robotic manipulator," *ASME Journal of Mechanism, Transmissions, and Automation Design*, vol. 110, pp. 138–144, 1988.
134. V. Lippiello, B. Siciliano, L. Villani, "Position-based visual servoing in industrial multirobot cells using a hybrid camera configuration," *IEEE Transactions on Robotics*, vol. 23, pp. 73–86, 2007.
135. D.A. Lizárraga, "Obstructions to the existence of universal stabilizers for smooth control systems," *Mathematics of Control, Signals, and Systems*, vol. 16, pp. 255–277, 2004.
136. J. Lončarić, "Normal forms of stiffness and compliance matrices," *IEEE Journal of Robotics and Automation*, vol. 3, pp. 567–572, 1987.
137. T. Lozano-Pérez, "Automatic planning of manipulator transfer movements," *IEEE Transactions on Systems, Man, and Cybernetics*, vol. 11, pp. 681–698, 1981.
138. T. Lozano-Pérez, "Spatial planning: A configuration space approach," *IEEE Transactions on Computing*, vol. 32, pp. 108–120, 1983.
139. T. Lozano-Pérez, "Robot programming," *Proceedings IEEE*, vol. 71, pp. 821–841, 1983.
140. T. Lozano-Pérez, M.T. Mason, R.H. Taylor, "Automatic synthesis of fine-motion strategies for robots," *International Journal of Robotics Research*, vol. 3, no. 1, pp. 3–24, 1984.
141. J.Y.S. Luh, "Conventional controller design for industrial robots: A tutorial," *IEEE Transactions on Systems, Man, and Cybernetics*, vol. 13, pp. 298–316, 1983.
142. J.Y.S. Luh, M.W. Walker, R.P.C. Paul, "On-line computational scheme for mechanical manipulators," *ASME Journal of Dynamic Systems, Measurement, and Control*, vol. 102, pp. 69–76, 1980.
143. J.Y.S. Luh, M.W. Walker, R.P.C. Paul, "Resolved-acceleration control of mechanical manipulators," *IEEE Transactions on Automatic Control*, vol. 25, pp. 468–474, 1980.
144. J.Y.S. Luh, Y.-F. Zheng, "Computation of input generalized forces for robots with closed kinematic chain mechanisms," *IEEE Journal of Robotics and Automation* vol. 1, pp. 95–103, 1985.
145. V.J. Lumelsky, *Sensing, Intelligence, Motion: How Robots and Humans Move in an Unstructured World*, Wiley, Hoboken, NJ, 2006.
146. Y. Ma, S. Soatto, J. Kosecka, S. Sastry, *An Invitation to 3-D Vision: From Images to Geometric Models*, Springer, New York, 2003.

616

147. A.A. Maciejewski, C.A. Klein, "Obstacle avoidance for kinematically redundant manipulators in dynamically varying environments," *International Journal of Robotics Research*, vol. 4, no. 3, pp. 109–117, 1985.
148. E. Malis, F. Chaumette, S. Boudet, "2-1/2D visual servoing," *IEEE Transactions on Robotics and Automation*, vol. 15, pp. 238–250, 1999.
149. B.R. Markiewicz, *Analysis of the Computed Torque Drive Method and Comparison with Conventional Position Servo for a Computer-Controlled Manipulator*, memo. TM 33-601, JPL, Pasadena, CA, 1973.
150. M.T. Mason, "Compliance and force control for computer controlled manipulators," *IEEE Transactions on Systems, Man, and Cybernetics*, vol. 6, pp. 418–432, 1981.
151. J.M. McCarthy, *An Introduction to Theoretical Kinematics*, MIT Press, Cambridge, MA, 1990.
152. N.H. McClamroch, D. Wang, "Feedback stabilization and tracking of constrained robots," *IEEE Transactions on Automatic Control*, vol. 33, pp. 419–426, 1988.
153. R.T. M'Closkey, R.M. Murray, "Exponential stabilization of driftless nonlinear control systems using homogeneous feedback," *IEEE Transactions on Automatic Control*, vol. 42, pp. 614–628, 1997.
154. L. Meirovitch, *Dynamics and Control of Structures*, Wiley, New York, 1990.
155. C. Melchiorri, *Traiettorie per Azionamenti Elettrici*, Progetto Leonardo, Bologna, I, 2000.
156. N. Manring, *Hydraulic Control Systems*, Wiley, New York, 2005.
157. R. Middleton, G.C. Goodwin, "Adaptive computed torque control for rigid link manipulators," *Systems & Control Letters*, vol. 10, pp. 9–16, 1988.
158. R.R. Murphy, *Introduction to AI Robotics*, MIT Press, Cambridge, MA, 2000.
159. R.M. Murray, Z. Li, S.S. Sastry, *A Mathematical Introduction to Robotic Manipulation*, CRC Press, Boca Raton, CA. 1994.
160. Y. Nakamura, *Advanced Robotics: Redundancy and Optimization*, Addison-Wesley, Reading, MA, 1991.
161. Y. Nakamura, H. Hanafusa, "Inverse kinematic solutions with singularity robustness for robot manipulator control," *ASME Journal of Dynamic Systems, Measurement, and Control*, vol. 108, pp. 163–171, 1986.
162. Y. Nakamura, H. Hanafusa, "Optimal redundancy control of robot manipulators," *International Journal of Robotics Research*, vol. 6, no. 1, pp. 32–42, 1987.
163. Y. Nakamura, H. Hanafusa, T. Yoshikawa, "Task-priority based redundancy control of robot manipulators," *International Journal of Robotics Research*, vol. 6, no. 2, pp. 3–15, 1987.
164. J.I. Neimark, F.A. Fufaev, *Dynamics of Nonholonomic Systems*, American Mathematical Society, Providence, RI, 1972.
165. I. Nevins, D.E. Whitney, "The force vector assembler concept," *Proc. First CISM-IFToMM Symposium on Theory and Practice of Robots and Manipulators*, Udine, I, 1973.
166. F. Nicolò, J. Katende, "A robust MRAC for industrial robots," *Proc. 2nd IASTED International Symposium on Robotics and Automation*, pp. 162–171, Lugano, Switzerland, 1983.
167. S. Nicosia, P. Tomei, "Model reference adaptive control algorithms for industrial robots," *Automatica*, vol. 20, pp. 635–644, 1984.

617

168. H. Nijmeijer, A. van der Schaft, *Nonlinear Dynamical Control Systems*, Springer-Verlag, Berlin, Germany, 1990.
169. B. Noble, *Applied Linear Algebra*, 3rd ed., Prentice-Hall, Englewood Cliffs, NJ, 1987.
170. C. O'Dúnlaing, C.K. Yap, "A retraction method for planning the motion of a disc," *Journal of Algorithms*, vol. 6, pp. 104–111, 1982.
171. K. Ogata, *Modern Control Engineering*, 4th ed., Prentice-Hall, Englewood Cliffs, NJ, 2002.
172. D.E. Orin, R.B. McGhee, M. Vukobratović, G. Hartoch, "Kinematic and kinetic analysis of open-chain linkages utilizing Newton–Euler methods," *Mathematical Biosciences* vol. 43, pp. 107–130, 1979.
173. D.E. Orin, W.W. Schrader, "Efficient computation of the Jacobian for robot manipulators," *International Journal of Robotics Research*, vol. 3, no. 4, pp. 66–75, 1984.
174. G. Oriolo, A. De Luca, M. Vendittelli, "WMR control via dynamic feedback linearization: Design, implementation and experimental validation," *IEEE Transactions on Control Systems Technology*, vol. 10, pp. 835–852, 2002.
175. R. Ortega, M.W. Spong, "Adaptive motion control of rigid robots: A tutorial," *Automatica*, vol. 25, pp. 877–888, 1989.
176. T. Patterson, H. Lipkin, "Duality of constrained elastic manipulation," *Proc. 1991 IEEE International Conference on Robotics and Automation*, pp. 2820–2825, Sacramento, CA, 1991.
177. T. Patterson, H. Lipkin, "Structure of robot compliance," *ASME Journal of Mechanical Design*, vol. 115, pp. 576–580, 1993.
178. R.P. Paul, *Modelling, Trajectory Calculation, and Servoing of a Computer Controlled Arm*, memo. AIM 177, Stanford Artificial Intelligence Laboratory, 1972.
179. R.P. Paul, "Manipulator Cartesian path control," *IEEE Transactions on Systems, Man, and Cybernetics*, vol. 9, pp. 702–711, 1979.
180. R.P. Paul, *Robot Manipulators: Mathematics, Programming, and Control*, MIT Press, Cambridge, MA, 1981.
181. R.P. Paul, B.E. Shimano, G. Mayer, "Kinematic control equations for simple manipulators," *IEEE Transactions on Systems, Man, and Cybernetics*, vol. 11, pp. 449–455, 1981.
182. R.P. Paul, H. Zhang, "Computationally efficient kinematics for manipulators with spherical wrists based on the homogeneous transformation representation," *International Journal of Robotics Research*, vol. 5, no. 2, pp. 32–44, 1986.
183. D.L. Pieper, *The Kinematics of Manipulators Under Computer Control* memo. AIM 72, Stanford Artificial Intelligence Laboratory, 1968.
184. M.H. Raibert, J.J. Craig, "Hybrid position/force control of manipulators," *ASME Journal of Dynamic Systems, Measurement, and Control*, vol. 103, pp. 126–133, 1981.
185. E. Rimon, D.E. Koditschek, "The construction of analytic diffeomorphisms for exact robot navigation on star worlds," *Proc. 1989 IEEE International Conference on Robotics and Automation*, Scottsdale, AZ, pp. 21–26, 1989.
186. E.I. Rivin, *Mechanical Design of Robots*, McGraw-Hill, New York, 1987.
187. R.E. Roberson, R. Schwertassek, *Dynamics of Multibody Systems*, Springer-Verlag, Berlin, Germany, 1988.
188. Z. Roth, B.W. Mooring, B. Ravani, "An overview of robot calibration," *IEEE Journal of Robotics and Automation*, vol. 3, pp. 377–386, 1987. 618

189. S. Russell, P. Norvig, *Artificial Intelligence: A Modern Approach*, 2nd ed., Prentice Hall, Englewood Cliffs, NJ, 2003.
190. J.K. Salisbury, "Active stiffness control of a manipulator in Cartesian coordinates," *Proc. 19th IEEE Conference on Decision and Control*, pp. 95–100, Albuquerque, NM, 1980.
191. J.K. Salisbury, J.J. Craig, "Articulated hands: Force control and kinematic issues," *International Journal of Robotics Research*, vol. 1, no. 1, pp. 4–17, 1982.
192. C. Samson, "Robust control of a class of nonlinear systems and applications to robotics," *International Journal of Adaptive Control and Signal Processing*, vol. 1, pp. 49–68, 1987.
193. C. Samson, "Time-varying feedback stabilization of car-like wheeled mobile robots," *International Journal of Robotics Research*, vol. 12, no. 1, pp. 55–64, 1993.
194. C. Samson, M. Le Borgne, B. Espiau, *Robot Control: The Task Function Approach*, Clarendon Press, Oxford, UK, 1991.
195. S. Sastry, *Nonlinear Systems: Analysis, Stability and Control*, Springer-Verlag, Berlin, Germany, 1999.
196. V.D. Scheinman, *Design of a Computer Controlled Manipulator*, memo. AIM 92, Stanford Artificial Intelligence Laboratory, 1969.
197. J.T. Schwartz, M. Sharir, "On the 'piano movers' problem: II. General techniques for computing topological properties of real algebraic manifolds," *Advances in Applied Mathematics*, vol. 4, pp. 298–351, 1983.
198. L. Sciavicco, B. Siciliano, "Coordinate transformation: A solution algorithm for one class of robots," *IEEE Transactions on Systems, Man, and Cybernetics*, vol. 16, pp. 550–559, 1986.
199. L. Sciavicco, B. Siciliano, "A solution algorithm to the inverse kinematic problem for redundant manipulators," *IEEE Journal of Robotics and Automation*, vol. 4, pp. 403–410, 1988.
200. L. Sciavicco, B. Siciliano, *Modelling and Control of Robot Manipulators*, 2nd ed., Springer, London, UK, 2000.
201. L. Sciavicco, B. Siciliano, L. Villani, "Lagrange and Newton–Euler dynamic modeling of a gear-driven rigid robot manipulator with inclusion of motor inertia effects," *Advanced Robotics*, vol. 10, pp. 317–334, 1996.
202. R. Sedgewick, *Algorithms*, 2nd ed., Addison-Wesley, Reading, MA, 1988.
203. H. Seraji, "Configuration control of redundant manipulators: Theory and implementation," *IEEE Transactions on Robotics and Automation*, vol. 5, pp. 472–490, 1989.
204. S.W. Shepperd, S.W., "Quaternion from rotation matrix," *AIAA Journal of Guidance and Control*, vol. 1, pp. 223–224, 1978.
205. R. Shoureshi, M.E. Momot, M.D. Roesler, "Robust control for manipulators with uncertain dynamics," *Automatica*, vol. 26, pp. 353–359, 1990.
206. B. Siciliano, "Kinematic control of redundant robot manipulators: A tutorial," *Journal of Intelligent and Robotic Systems*, vol. 3, pp. 201–212, 1990.
207. B. Siciliano, "A closed-loop inverse kinematic scheme for on-line joint based robot control," *Robotica*, vol. 8, pp. 231–243, 1990.
208. B. Siciliano, J.-J.E. Slotine, "A general framework for managing multiple tasks in highly redundant robotic systems," *Proc. 5th International Conference on Advanced Robotics*, Pisa, I, pp. 1211–1216, 1991.

619

209. B. Siciliano, L. Villani, *Robot Force Control*, Kluwer, Boston, MA, 2000.
210. R. Siegwart, I.R. Nourbakhsh, *Introduction to Autonomous Mobile Robots*, MIT Press, Cambridge, MA, 2004.
211. D.B. Silver, "On the equivalence of Lagrangian and Newton–Euler dynamics for manipulators," *International Journal of Robotics Research*, vol. 1, no. 2, pp. 60–70, 1982.
212. J.-J.E. Slotine, "The robust control of robot manipulators," *International Jorunal of Robotics Research*, vol. 4, no. 2, pp. 49–64, 1985.
213. J.-J.E. Slotine, "Putting physics in control — The example of robotics," *IEEE Control Systems Magazine*, vol. 8, no. 6, pp. 12–18, 1988.
214. J.-J.E. Slotine, W. Li, "On the adaptive control of robot manipulators," *International Journal of Robotics Research*, vol. 6, no. 3, pp. 49–59, 1987.
215. J.-J.E. Slotine, W. Li, *Applied Nonlinear Control*, Prentice-Hall, Englewood Cliffs, NJ, 1991.
216. M.W. Spong, "On the robust control of robot manipulators," *IEEE Transactions on Automatic Control*, vol. 37, pp. 1782–1786, 1992.
217. M.W. Spong, S. Hutchinson, M. Vidyasagar, *Robot Modeling and Control*, Wiley, New York, 2006.
218. M.W. Spong, R. Ortega, R. Kelly, "Comments on "Adaptive manipulator control: A case study"," *IEEE Transactions on Automatic Control*, vol. 35, pp. 761–762, 1990.
219. M.W. Spong, M. Vidyasagar, "Robust linear compensator design for nonlinear robotic control," *IEEE Journal of Robotics and Automation*, vol. 3, pp. 345–351, 1987.
220. SRI International, *Robot Design Handbook*, G.B. Andeen, (Ed.), McGraw-Hill, New York, 1988.
221. Y. Stepanenko, M. Vukobratović, "Dynamics of articulated open-chain active mechanisms," *Mathematical Biosciences*, vol. 28, pp. 137–170, 1976.
222. Y. Stepanenko, J. Yuan, "Robust adaptive control of a class of nonlinear mechanical systems with unbounded and fast varying uncertainties," *Automatica*, vol. 28, pp. 265–276, 1992.
223. S. Stramigioli, *Modeling and IPC Control of Interactive Mechanical Systems — A Coordinate Free Approach*, Springer, London, UK, 2001.
224. K.R. Symon, *Mechanics*, 3rd ed., Addison-Wesley, Reading, MA, 1971.
225. K. Takase, R. Paul, E. Berg, "A structured approach to robot programming and teaching," *IEEE Transactions on Systems, Man, and Cybernetics*, vol. 11, pp. 274–289, 1981.
226. M. Takegaki, S. Arimoto, "A new feedback method for dynamic control of manipulators," *ASME Journal of Dynamic Systems, Measurement, and Control*, vol. 102, pp. 119–125, 1981.
227. T.-J. Tarn, A.K. Bejczy, X. Yun, Z. Li, "Effect of motor dynamics on nonlinear feedback robot arm control," *IEEE Transactions on Robotics and Automation*, vol. 7, pp. 114–122, 1991.
228. T.-J. Tarn, Y. Wu, N. Xi, A. Isidori, "Force regulation and contact transition control," *IEEE Control Systems Magazine*, vol. 16, no. 1, pp. 32–40, 1996.
229. R.H. Taylor, "Planning and execution of straight line manipulator trajectories," *IBM Journal of Research and Development*, vol. 23, pp. 424–436, 1979.
230. R.H. Taylor, D.D. Grossman, "An integrated robot system architecture," *Proceedings IEEE*, vol. 71, pp. 842–856, 1983. 620

231. S. Thrun, W. Burgard, D. Fox, *Probabilistic Robotics*, MIT Press, Cambridge, MA, 2005.
232. L.W. Tsai, A.P. Morgan, "Solving the kinematics of the most general six- and five-degree-of-freedom manipulators by continuation methods," *ASME Journal of Mechanisms, Transmission, and Automation in Design*, vol. 107, pp. 189–200, 1985.
233. R. Tsai, "A versatile camera calibration technique for high accuracy 3-D machine vision metrology using off-the-shelf TV cameras and lenses," *IEEE Transactions on Robotics and Automation*, vol. 3, pp. 323–344, 1987.
234. J.J.Uicker, "Dynamic force analysis of spatial linkages," *ASME Journal of Applied Mechanics*, vol. 34, pp. 418–424, 1967.
235. L. Villani, C. Canudas de Wit, B. Brogliato, "An exponentially stable adaptive control for force and position tracking of robot manipulators," *IEEE Transactions on Automatic Control*, vol. 44, pp. 798–802, 1999.
236. M. Vukobratović, "Dynamics of active articulated mechanisms and synthesis of artificial motion," *Mechanism and Machine Theory*, vol. 13, pp. 1–56, 1978.
237. M.W. Walker, D.E. Orin, "Efficient dynamic computer simulation of robotic mechanisms," *ASME Journal of Dynamic Systems, Measurement, and Control*, vol. 104, pp. 205–211, 1982.
238. C.W. Wampler, "Manipulator inverse kinematic solutions based on damped least-squares solutions," *IEEE Transactions on Systems, Man, and Cybernetics*, vol. 16, pp. 93–101, 1986.
239. L. Weiss, A. Sanderson, C. Neuman, "Dynamic sensor-based control of robots with visual feedback," *IEEE Journal of Robotics and Automation*, vol. 3, pp. 404–417, 1987.
240. D.E. Whitney, "Resolved motion rate control of manipulators and human prostheses," *IEEE Transactions on Man-Machine Systems*, vol. 10, pp. 47–53, 1969.
241. D.E. Whitney, "Force feedback control of manipulator fine motions," *ASME Journal of Dynamic Systems, Measurement, and Control*, vol. 99, pp. 91–97, 1977.
242. D.E. Whitney, "Quasi-static assembly of compliantly supported rigid parts," *ASME Journal of Dynamic Systems, Measurement, and Control*, vol. 104, pp. 65–77, 1982.
243. D.E. Whitney, "Historical perspective and state of the art in robot force control," *International Journal of Robotics Research*, vol. 6, no. 1, pp. 3–14, 1987.
244. W. Wilson, C. Hulls, G. Bell, "Relative end-effector control using Cartesian position based visual servoing," *IEEE Transactions on Robotics and Automation*, vol. 12, pp. 684–696, 1996.
245. T. Yoshikawa, "Manipulability of robotic mechanisms," *International Journal of Robotics Research*, vol. 4, no. 2, pp. 3–9, 1985.
246. T. Yoshikawa, "Dynamic manipulability ellipsoid of robot manipulators," *Journal of Robotic Systems*, vol. 2, pp. 113–124, 1985.
247. T. Yoshikawa, "Dynamic hybrid position/force control of robot manipulators — Description of hand constraints and calculation of joint driving force," *IEEE Journal of Robotics and Automation*, vol. 3, pp. 386–392, 1987.
248. T. Yoshikawa, *Foundations of Robotics*, MIT Press, Boston, MA, 1990.
249. T. Yoshikawa, T. Sugie, N. Tanaka, "Dynamic hybrid position/force control of robot manipulators — Controller design and experiment," *IEEE Journal of Robotics and Automation*, vol. 4, pp. 699–705, 1988.

621

231. S. Thrun, W. Burgard, D. Fox, *Probabilistic Robotics*, MIT Press, Cambridge, MA, 2005.
232. L.W. Tsai, A.P. Morgan, "Solving the kinematics of the most general six- and five-degree-of-freedom manipulators by continuation methods," *ASME Journal of Mechanisms, Transmission, and Automation in Design*, vol. 107, pp. 189–200, 1985.
233. R. Tsai, "A versatile camera calibration technique for high accuracy 3-D machine vision metrology using off-the-shelf TV cameras and lenses," *IEEE Transactions on Robotics and Automation*, vol. 3, pp. 323–344, 1987.
234. J.J.Uicker, "Dynamic force analysis of spatial linkages," *ASME Journal of Applied Mechanics*, vol. 34, pp. 418–424, 1967.
235. L. Villani, C. Canudas de Wit, B. Brogliato, "An exponentially stable adaptive control for force and position tracking of robot manipulators," *IEEE Transactions on Automatic Control*, vol. 44, pp. 798–802, 1999.
236. M. Vukobratović, "Dynamics of active articulated mechanisms and synthesis of artificial motion," *Mechanism and Machine Theory*, vol. 13, pp. 1–56, 1978.
237. M.W. Walker, D.E. Orin, "Efficient dynamic computer simulation of robotic mechanisms," *ASME Journal of Dynamic Systems, Measurement, and Control*, vol. 104, pp. 205–211, 1982.
238. C.W. Wampler, "Manipulator inverse kinematic solutions based on damped least-squares solutions," *IEEE Transactions on Systems, Man, and Cybernetics*, vol. 16, pp. 93–101, 1986.
239. L. Weiss, A. Sanderson, C. Neuman, "Dynamic sensor-based control of robots with visual feedback," *IEEE Journal of Robotics and Automation*, vol. 3, pp. 404–417, 1987.
240. D.E. Whitney, "Resolved motion rate control of manipulators and human prostheses," *IEEE Transactions on Man-Machine Systems*, vol. 10, pp. 47–53, 1969.
241. D.E. Whitney, "Force feedback control of manipulator fine motions," *ASME Journal of Dynamic Systems, Measurement, and Control*, vol. 99, pp. 91–97, 1977.
242. D.E. Whitney, "Quasi-static assembly of compliantly supported rigid parts," *ASME Journal of Dynamic Systems, Measurement, and Control*, vol. 104, pp. 65–77, 1982.
243. D.E. Whitney, "Historical perspective and state of the art in robot force control," *International Journal of Robotics Research*, vol. 6, no. 1, pp. 3–14, 1987.
244. W. Wilson, C. Hulls, G. Bell, "Relative end-effector control using Cartesian position based visual servoing," *IEEE Transactions on Robotics and Automation*, vol. 12, pp. 684–696, 1996.
245. T. Yoshikawa, "Manipulability of robotic mechanisms," *International Journal of Robotics Research*, vol. 4, no. 2, pp. 3–9, 1985.
246. T. Yoshikawa, "Dynamic manipulability ellipsoid of robot manipulators," *Journal of Robotic Systems*, vol. 2, pp. 113–124, 1985.
247. T. Yoshikawa, "Dynamic hybrid position/force control of robot manipulators — Description of hand constraints and calculation of joint driving force," *IEEE Journal of Robotics and Automation*, vol. 3, pp. 386–392, 1987.
248. T. Yoshikawa, *Foundations of Robotics*, MIT Press, Boston, MA, 1990.
249. T. Yoshikawa, T. Sugie, N. Tanaka, "Dynamic hybrid position/force control of robot manipulators — Controller design and experiment," *IEEE Journal of Robotics and Automation*, vol. 4, pp. 699–705, 1988.

623 250. J.S.-C. Yuan, "Closed-loop manipulator control using quaternion feedback," *IEEE Journal of Robotics and Automation*, vol. 4, pp. 434–440, 1988.

索引

（本索引中页码指原著页码，基本对应于本书正文页面外侧所标注的边码）

acceleration 加速度
    Feedback 反馈，317
    Gravity 重力，255，583
    Joint 关节，141，256
    Link 连杆，285
Accessibility 可达性
Loss 损失，471，476
    rank condition 秩条件，477，603
Accuracy 准确性，87
Actuator 执行器，3，191
Algorithm 算法
    best-first 最佳优先，552
    Complete 完全的，535
    Complexity 复杂性，605
    inverse kinematics 逆运动学，132，143
    pose estimation 位姿估计，427
    probabilistically complete 概率完全的，543
    randomized best-first 随机最佳优先，553
    resolution complete 分辨率完全的，540
    Search 搜索，606
    steepest descent 最速下降，551
    sweep line 扫描线，536
    sweep plane 扫描面，539
    wavefront expansion 波前扩展，554
Angle 角
    and axis 和轴，52，139，187
    Euler 欧拉，48
architecture 架构，结构
    Control 控制，233，237
    Functional 泛函，功能，实用的，可使用的 233
    Hardware 硬件，242
arm 臂
    Anthropomorphic 拟人的，仿人化的，73，96，114
anthropomorphic with spherical Wrist 带球形腕的拟人臂，77
    Parallelogram 平行四边形，70
    Singularity 奇点，119
    Spherical 球形，72，95
    three-link planar 三连杆平面，69，91，113
automation 自动化
    Flexible 灵活，17
    Industrial 工业，24
    Programmable 可编程，16
    Rigid 刚性的，刚体，16
axis 轴
    and angle 和角度，52
    Central 中点，重要的，582
    Joint 关节，62
    Principal 主要的，首要的，原理，582
Barbalat 巴巴莱特
    Lemma 引理，507，512，513，598
bicycle 自行车
    chained-form transformation 链式变换，485
    flat outputs 平滑输出，平稳输出，491
    front-wheel drive 前轮驱动，481
    rear-wheel drive 后轮驱动，481
calibration 校准，标定
    Camera 相机，摄像头，229，440
    Kinematic 运动学，88
    Matrix 矩阵，217
camera 相机

Calibration 校准,标定 440
eye-in-hand 眼在手,409
eye-to-hand 眼到手,409
fixed configuration 固定配置,409
hybrid configuration 混合配置,409
mobile configuration 移动配置,409
pan-tilt 云台,410
cell decomposition 单元分解
Approximate 近似的,539
Exac 准确的,536
chained form 链式,482
flat outputs 平滑输出,平稳输出,492
Transformation 变换,483
Christoffel 克里斯托费尔
Symbols 符号,258
collision checking 碰撞检查,532
compensation 补偿
decentralized feedforward, 分散前馈,319
Feedforward 前馈,593
feedforward computed torque 前馈计算力矩,324
Gravity 重力,328,345,368,446,449
compliance 遵守,灵活性
Active 主动,367
Control 控制,364,367
Matrix 矩阵,366
Passive 被动的,中性的,366
Configuration 位形,470,525,585
configuration space 位形空间
2R manipulator 2 自由度机械手,526
as a manifold 作为一个流形,527
Distance 距离 527
Free 自由,528
free path 自由路径,528
Obstacles 障碍,527
connectivity graph 连通图,536,537
constraint 约束
Artificial 人工的,391
Bilateral 双向的,386,585
Epipolar 极线,434
Frame 框架,坐标系,391
Holonomic 完整约束,385,470,585
Jacobian 雅可比,385
Kinematic 运动学,471
Natural 自然,391
Nonholonomic 非完整约束,469,585
Pfaffian 普法夫,471
pure rolling 纯滚动,472
Scleronomic 与时间无关的约束,585
Unilateral 单向的,386
control 控制
Adaptive 自适应,338
Admittance 准入,377
Architecture 体系,233,237
centralized, 集中,327
comparison among schemes, 方案比较,349,453
compliance, 遵守,灵活性,364,367
decentralized, 分散的,309
force, 驱动力,378
force with inner position loop 内位置回路驱动,379
force with inner velocity loop 内速度回路驱动,380
hybrid force/motion 混合力/运动,396
hybrid force/position 混合力/位置,403
hybrid force/velocity 混合力/速度,398,402
impedance 阻抗,372
independent joint 独立关节,311
interaction 互动,363
inverse dynamics 逆动力学,330,347,372,487,594
inverse model 逆模型,逆模式,594
Jacobian inverse 雅可比逆矩阵,344
Jacobian transpose 雅可比矩阵的转置,345
joint space 关节空间,305
kinematic 运动学,134
linear systems 线性系统,589
motion 运动,303
operational space 操作空间,343,364
parallel force/position 并行力/位置,381
PD with gravity compensation 重力补偿的 PD 控制,328,345,368
PI PI 控制,311,322,380,591
PID PID 控制,322,591
$PIDD^2$ $PIDD^2$ 控制,322
points 点,555

position　位置,206,312,314,317
resolved-velocity　速度分解,448
robust　健壮,鲁棒,333
system　系统,3
unit vector　单位向量,337
velocity　速度,134,314,317,502
vision-based　基于视觉的,408
voltage　电压 199
controllability 可控性
nonholonomy　非完整,477
condition　条件,477
system　系统,603
coordinate 坐标
generalized　广义,247,296,585
homogeneous　齐次的,56,418
Lagrange　拉格朗日,585
transformation　变换,56
degree　度
nonholonomy　非完整,603
of freedom　自由度的,4,585
Denavit-HartenbergDenavit- Hartenberg,D-H 法
convention　约定,规矩,61
parameters　参数,63,69,71,72,74,75,78,79
differential flatness　微分平滑,491
displacement 位移
elementary　微元,366,368,581,586
virtual　虚拟的,385,586
distribution 分布式
accessibility　可达性,603
dimension　维度,602
involutive　对合的,602
involutive closure　闭合,602
disturbance 扰动
compensation　补偿,325
rejection　抑制,207,376,590
drive 驱动器
electric　电动,198
hydraulic　液压,202
with gear　齿轮,204
dynamic extension　动力学扩展,487
dynamic model 动力学模型
constrained mechanical system　有约束机械系统,486
joint space　关节空间,257
linearity in the parameters　参数的线性度,259
notable properties　值得注意的属性,257
operational space　操作空间,296
parallelogram arm　平行四边形臂,277
parameter identification　参数辨识,280
reduced order　降阶,402
skew-symmetry of matrix,257 反对称矩阵,257
two-link Cartesian arm　双连杆笛卡儿坐标系机械手,264
two-link planar arm　双连杆平面机械手,265
dynamics 动力学
direct　直接 298
fundamental principles　基本原则,584
inverse　逆,298,330,347
encoder 编码器
absolute　绝对的,210
incremental　增量,212,517
end-effector 终端/末端执行器
force　力,147
frame　框架,坐标系,59
orientation　方向,187
pose　姿态,58,184
position　位置,184
energy 能源,能量
conservation　守恒,保持,588
conservation principle　守恒原理,259
kinetic　运动学的,249
potential　潜力,潜在的,255,585
environment 环境
compliant　柔性,389,397
interaction　互动,363
programming　编程 238
rigid　刚体,385,401
structured　结构化的,15
unstructured　非结构化的,25
epipolar 极线
geometry　几何学,433
line　线,435
error 误差
estimation　估计,430
force　力,378

joint space 关节空间,328
operational space 操作空间,132,345,367,445
orientation 方向,137
position 位置,137
tracking 跟踪,324
estimation 估计
pose 姿态,427
Euler 欧拉
angles 角度,48,137,187
feedback 反馈
nonlinear 非线性,594
position 位置,312
position and velocity 位置和速度,314
position, velocity and acceleration 位置,速度和加速度,317
flat outputs 平滑输出,平稳输出,491
force 力
active 主动的,作用,583,586
centrifugal 离心的,256
conservative 保守的,585,587
contact 接触,364
control 控制,378
controlled subspace 控制子空间,387
Coriolis 科氏,科里奥利(法国数学家),257
elementary work 元功,584
end-effector 终端/末端执行器,147
Error,误差,378
External 外部的,583,584
Generalized 广义,一般化,248,587
Gravity 重力,255,583
internal 内部,583
nonconservative 非保守的,587
reaction 反作用,385,583,586
resultant 合成的,583
transformation 变换,151
form 形式
bilinear 双线性,574
negative definite 负定的,574
positive definite 正定,574
quadratic 二次,574,597
frame 框架,坐标系
attached 固连,40
base 基,59
central 中点,要点,582
compliant 柔性,377
constraint 约束,391
current 当前,46
fixed 固定的,46,579
moving 移动,579
principal 主要的, 首要的,原理,582
Rotation 旋转,40
friction 摩擦
Coulomb 库仑,257
electric 电气,200
viscous 粘性,257
Frobenius 弗罗贝纽斯
norm 规范,范数,421
theorem 定理,476
function 函数
gradient 梯度,569
Hamiltonian 哈密顿 588
Lagrangian 拉格朗日 588
Lyapunov 李亚普诺夫,596
gear 齿轮,换档
reduction ratio 减速比,205,306
generator 发电机
torque-controlled 转矩控制,200,309
velocity-controlled 速度控制,200,309
graph search 图上搜索,606
breadth-first 广度优先,606
depth-first 深度优先,606
gravity 重力
acceleration 加速度,255,583
compensation 补偿,328,345,368,446,449
force 力,255,583
Hamilton 汉密尔顿
principle of conservation of energy 能量守恒原理,259
homography 单应性
planar 平面,极坐标,420,438
identification 辨识
dynamic parameters 动力学参数 280
kinematic parameters 运动学参数,88
image 图像
binary 二进制,412
centroid 质心,416

feature parameters　特征参数,410
interpretation　解释,416
Jacobian　雅可比,424
moment　矩,416
processing　处理,410
segmentation　分割,411
impedance 阻抗
active　主动,373
control　控制,372
mechanical　机械的,373
passive　被动的,374
inertia 惯性
first moment　一阶矩,262
matrix　矩阵,254
moment　矩,262,581
product　产品,乘积,582
tensor　张量,251,582
integrability 可积性
multiple kinematic constraints　多个运动学约束,475, 477
single kinematic constrain　单一的运动学约束,473
interaction 互动
control　控制,363
environment　环境,363
matrix　矩阵,424
inverse kinematics 逆运动学
algorithm　算法,132
anthropomorphic arm　拟人臂,96
comparison among algorithms　算法比较,143
manipulator with spherical wrist　带球形腕机械手,94
second-order algorithm　二阶算法,141
spherical arm　球形机械手,95
spherical wrist　球形腕,99
three-link planar arm　三连杆平面机械手,91
Jacobian 雅可比矩阵
analytical　分析 128
anthropomorphic arm　拟人臂,114
computation,111 计算,111
constraint　约束,385
damped least-squares　阻尼最小二乘,127
geometric　几何的,105
image　图像,424
inverse　逆,133,344
pseudo-inverse　广义逆,133
Stanford manipulator　斯坦福机械手,115
three-link planar arm　三连杆平面机械手,113
transpose　变换,134,345
joint 关节
acceleration　加速度,141,256
actuating system　执行系统,191
axis　轴,62
prismatic　移动型,4
revolute　对合的,4
space　空间,84
torque　力矩,147,248
variable　变量,58,248
kinematic chain 运动链
closed　封闭,4,65,151
open　开放,4,60
kinematics 运动学
anthropomorphic arm　拟人机械手,73
anthropomorphic arm with spherical　带球形腕机械手,77
differential　微分,105
direct　正向,58
DLR manipulator　DLR 机械手,79
humanoid manipulator　类人形机械手,81
inverse　逆,90
inverse differential　逆微分,123
parallelogram arm　平行四边形机械手,70
spherical arm　球形机械手,72,95
spherical wrist　球形腕,75
Stanford manipulator　斯坦福机械手,76
three-link planar arm　三连杆平面机械手,69
kineto-statics duality　运动-静力二元性,148
La Salle 拉・萨利
theorem　定理,507,597
Lagrange 拉格朗日
coordinates　坐标系,585
equations　方程组,587
formulation　公式,247,292
function　功能,函数,588
multipliers　乘法器,124,485
level 水平

action 行动,动作,235
gray 灰色,410
hierarchical 分层次的,234
primitive 初始的,236
servo 伺服电机,236
task 任务,235
Lie 李代数
bracket 支架,框架,600
derivative 导数,衍生工具,601
link 链接,连杆
acceleration 加速度,285
centre of mass 质心,249
inertia 惯性,251
velocity 速度,108
local 本地的,局部的,区域的
minima 极小,550,551
planner 规划器,542
Lyapunov 李亚普诺夫
direct method 直接方法,596
equation 方程,597
Function 函数,功能,135,328,335,340,341,345,368,431,446,449,452,506,513,596
manipulability 可操作性
dynamic 动力学的,299
ellipsoid 椭球体,152
measure 衡量,测量,126,153
manipulability ellipsoid 可操作椭球区域
dynamic 动力学的,299
force 力,156
velocity 速度,153
manipulator 机械手
anthropomorphic 拟人化,8
Cartesian 笛卡儿,4
cylindrical 圆柱形,5
DLR (DLR),79
end-effector 末端执行器,4
humanoid 类人形,81
joint 关节,58
joints 接头,4
link 链接,连杆,58
links 链接,4
mechanical structure 机械结构,4
mobile 移动的,14
parallel 并行,9
posture 姿势,58
redundant 冗余的,4,87,124,134,142,296
SCARA SCARA 机器人,7
spherical 球形,6
Stanford 斯坦福大学,76,115
with spherical wrist 球形腕,94
wrist 手腕,4
matrix 矩阵
adjoint 伴随矩阵 567
algebraic complement 代数的补集,565
block-partitioned 分块,564
calibration 校准,标定,217,229
compliance 柔量,柔性,366
condition number 条件数,577
damped least-squares 阻尼最小二乘,127
damped least-squares inverse 阻尼最小二乘逆,282
derivative 导数,568
determinant 行列式,566
diagonal 对角型 564
eigenvalues 特征值,573
eigenvectors 特征向量,573
essential 本质的,434
homogeneous transformation 齐次变换,56
idempotent 幂等的,568
identity 单位矩阵,564
inertia 惯性,254
interaction 互动,424
inverse 逆(矩阵),567
Jacobian 雅可比,569
left pseudo-inverse 左广义逆,90,281,386,428,431,452,576
minor 子矩阵,566
negative definite 负定的,574
negative semi-definite 半负定,575
norm 规范,范数,572
null 空,零,564
operations 操作,运算,565
orthogonal 正交,568,579
positive definite 正定,255,574,582
positive semi-definite 半正定的,575

product　乘积,566
product of scalar by　数量积,565
projection　投影,389,572
right pseudo-inverse　右广义逆,125,299,576
rotation　旋转,40,579
selection　选择,389
singular value decomposition　奇异值分解,577
skew-symmetric　反对称,257,564
square　平方,563
stiffness　刚度,366
sum　总之,总和,565
symmetric　对称的,251,255,564
trace　迹,565
transpose　转置(矩阵),564
triangular　三角形,563
mobile robot 移动机器人
car-like　车形,13,482
control　控制,502
differential drive　差分驱动器,12,479
dynamic model　动力学模型,486
kinematic model　运动学模型,476
legged　有腿的,步行的,11
mechanical structure　机械结构,10
omnidirectional　全方位,全向的,13
path planning　路径规划,492
planning　规划,489
second-order kinematic model　二阶运动学模型,488
synchro drive　同步驱动,12,479
trajectory planning　轨迹规划,498
tricycle-like　三轮车一样,12,482
wheeled　轮式,10,469
moment 矩
image　图像,416
inertia　惯性,262,581
inertia first　惯性优先,262
resultant　合矢量,583
motion 运动
constrained　有限制的,受限的,363,384
control　控制,303
equations　方程组,255
internal　内部,296
planning　规划,523
point-to-point　点到点,163
primitives　基元,545
through a sequence of points　通过一系列点,168
motion planning 运动规划
canonical problem　规范的问题,523
multiple-query　多个查询,535
off-line　脱线,离线,524
on-line　在线,524
probabilistic　概率的,541
query　查询 535
reactive　反应,反作用,551
sampling-based　基于采样的,541
single-query　单查询,543
via artificial potentials　通过人工势场,546
via cell decomposition　通过单元分解,536
via retraction　通过收缩,532
motor 电机
electric　电动,193
hydraulic　液压,193
pneumatic　气动,193
navigation function　导航功能,553
Newton-Euler 牛顿-欧拉
equations　方程组,584
formulation　公式,282,292
recursive algorithm　递归算法,286
nonholonomy　非完整的,469
octree　八叉树,541
odometric localization　里程计定位,514
operational 优化的
space　空间,84,445
operator 算子,操作符
Laplacian　拉普拉斯算子,415
Roberts　罗伯茨算子,414
Sobel　索贝尔算子,414
orientation 方向
absolute　绝对的,436
end-effector　终端/末端执行器,187
error　误差,137
minimal representation　最小表示,49
rigid body　刚体,40
trajectory　轨迹,187
parameters 参数

Denavit-Hartenberg Denavit-Hartenberg(D-H法),63
dynamic 动态的,259
extrinsic 外在的,229,440
intrinsic 内在的,229,440
uncertainty 不确定性,332,444
path 路径
circular 圆形,循环的,183
geometrically admissible 几何上可接受的,490
minimum 最小 607
primitive 原始的,基元,181
rectilinear 直线型的,182
plane 平面
epipolar 极线,435
osculating 密切值,181
points 点
feature 功能,特征,417
path 路径,169
via 通过,186,539
virtual 虚拟的,173
polynomial 多项式
cubic 立方,164,169
interpolating 插值,169
sequence 序列,170,172,175
Pontryagin 庞特里亚金
minimum principle 最小值原理,499
pose 姿态
estimation 估计,418
regulation 规则, 规章, 调节, 校准 345
rigid body 刚体,39
position 位置
control 控制,206,312
end-effector 终端/末端执行器,184
feedback 反馈,312,314,317
rigid body 刚体,39
trajectory 轨迹,184
transducer 传感器,210
posture 姿势
manipulator 机械手,58
regulation 规则, 规章, 调节, 校准,328,503,512
potential 潜在的
artificial 人工的,546
attractive 有吸引力的,546
repulsive 排斥的,547
total 总数 549
power 电源
amplifier 放大器,197
supply 供应,198
principle 原则,原理
conservation of energy 能量守恒,259
virtual work 虚功,147,385,587
PRM (Probabilistic Roadmap) PRM(概率路径图),541
programming 编程
environment 环境,238
language 语言,238
object-oriented 面向对象的,242
robot-oriented 面向机器人的,241
teaching-by-showing 示教,240
quadtree 四叉树,540
range 范围,量程
sensor 传感器,219
reciprocity 互易性,387
redundancy 冗余
kinematic 运动学,121
analysis 分析,121
kinematic 运动学的,有 87
resolution 解,123,298
Reeds - Shepp
curves 曲线,501
regulation 规则, 规章, 调节, 校准
Cartesian 笛卡儿,511
discontinuous and/or time-varying 连续和/或随时间变化的,514
pose 位姿,345
posture 姿势,328,503,512
Remote Centre of Compliance (RCC), 远中心柔量设备(RCC),366
resolver 变压器,213
retraction 回缩,534
rigid body 刚体
angular momentum 角动量,583
angular velocity 角速度,580
inertia moment 转动惯量,581
inertia product 惯性积,582

inertia tensor　惯性张量,582
kinematics　运动学,579
linear momentum　线性动量/冲量,583
mass　质量 581
orientation　方向,40
pose　姿态,39,580
position　位置,39
potential energy　势能,585
roadmap　路线图,532
robot 机器人
applications　应用,18
field　野外,室外,26
industrial　工业,17
manipulator　机械手,4
mobile　移动的,10
origin　起源,原点,1
service　服务,27
robotics 机器人学
advanced　先进的,25
definition　定义 2
fundamental laws　基本定律,2
industrial　工业的,15
rotation 旋转
elementary　基本的,41
instantaneous centre　瞬时中心,480
matrix　矩阵,40,579
vector　向量,44
rotation matrix 旋转矩阵
composition　合成,组成,45
derivative　导数,106
RRT (Rapidly-exploring Random Tree),RRT(快速探索随机树), 543
segmentation 分割
binary　二进制,412
image　图像 411
sensor 传感器
exteroceptive　外部传感器,3,215,517
laser　激光,222
proprioceptive　内部传感器,3,209,516
range　量程,219
shaft torque　轴转矩,216
sonar　声纳,219
vision　视觉,225
wrist force　腕力,216
servomotor 伺服电机
brushless DC　无刷直流电机,194
electric　电动,193
hydraulic　液压,195
permanent-magnet DC　永磁直流(电机),194
simulation 模拟,仿真
force control　力控制,382
hybrid visual servoing　混合视觉伺服,464
impedance control　阻抗控制,376
inverse dynamics　逆动力学,269
inverse kinematics algorithms　逆运动学算法,143
motion control schemes　运动控制计划/方案,349
pose estimation　姿态/位姿估计,432
regulation for mobile robots　移动机器人的规则/调节,514
trajectory tracking for mobile robots,移动机器人的轨迹跟踪,508
visual control schemes　视觉控制计划/方案,453
visual servoing　视觉伺服,453
singularity 奇异
arm　臂,119
classification　分类,116
decoupling　解耦,117
kinematic　运动学,116,127
representation　代表,表征,130
wrist　手腕,119
space 空间
configuration　位形 470
joint　关节,83,84,162
null　零,值域,122,149
operational　操作的,83,84,296,343
projection　投影,572
range　范围内,122,149,572
vector　向量,570
work　工作,85
special group 特殊群
Euclidean　欧几里得,57,580
orthonormal　正交,41,49,579
stability　稳定,133,135,141,328,368,446,447,452,

590,595,596
statics 静，静力学，147，587
Steiner 斯坦纳
theorem 定理，260，582
stiffness 刚性
matrix 矩阵，366
tachometer 转速表，214
torque 转矩
actuating 驱动，执行，257
computed 计算，324
controlled generator 受控发电机，200
driving 驱动，199，203
friction 摩擦，257
joint 关节，147，248
limit 极限，294
reaction 反应，反作用，199
sensor 传感器，216
tracking 跟踪
error 误差，504
reference 参考，输入，590
trajectory 轨迹，503，595
via input/output linearization 通过将输入/输出线性化，507
via linear control 通过线性控制，505
via nonlinear control 通过非线性控制，506
trajectory 轨迹
dynamic scaling 动态标度，294
joint space 关节空间，162
operational space 操作空间，179
orientation 方向，187
planning 规划，161，179
position 位置，184
tracking 跟踪，503
transducer 传感器
position 位置，210
velocity 速度，214
transformation 变换
coordinate 坐标，56
force 力，151
homogeneous 齐次的，56
linear 线性，572
matrix 矩阵，56
perspective 透视，227
similarity 相似性，573
velocity 速度，149
transmission 传动（装置），192
triangulation 三角测量，435
unicycle 独轮车
chained-form transformation 链式变换，484
dynamic model 动力学模型，488
flat outputs 平滑输出，平稳输出，491
kinematic model 运动学模型，478
minimum-time trajectories 最小时间轨迹，500
optimal trajectories 最佳/优轨迹，499
second-order kinematic model 二阶运动学模型，489
unit quaternion 单位四元数，54，140
unit vector 单位向量
approach 接近，途经，方法，59
binormal 副/次法线，181
control 控制，337
normal 垂直，正交，59，181
sliding 滑动，59
tangent 相切，181
vector 向量
basis 基，570
bound 边界约束，580
column 列，563
components 坐标，570
feature 特征，418
field 场，599
homogeneous representation 齐次表示，56
linear independence 线性无关，569
norm 规范，范数，570
null 零，值域，564
operations 操作，569
product 乘积，571
product of scalar by 数乘，570
representation 代表，表示，42
rotation 旋转，44
scalar product 数量积，570
scalar triple product 数量三重积，571
space 空间，570
subspace 子空间，570
sum 和，570
unit 单位，571

velocity 速度
controlled generator　受控发电机,200
controlled subspace　控制子空间,387
feedback　反馈,314,317
link　连杆,108
transducer　传感器,214
transformation　变换,149
trapezoidal profile　梯形轮廓,165
triangular profile　三角轮廓,167
vision 视觉
sensor　传感器,225
stereo　立体声,409,433
visual servoing 视觉伺服
hybrid　混合的,460
image-based　基于图像的,449
PD with gravity compensation　重力补偿的 PD (控制),446,449
position-based　基于位置的,445
resolved-velocity　速度分解,447,451
Voronoi　Voronoi 图
generalized diagram　广义图,533
wheel 轮
caster　(家具的)轮脚,11
fixed　固定的,11
Mecanum　麦克纳姆,13
steerable　可操纵的,11
work 功
elementary　基本的,584
virtual　虚拟的,147,385,586
workspace　工作区,4,14
wrist 腕
force sensor　力传感器,216
singularity　奇点,119
spherical　球形,75,99